W0224548

Vollmar · Dingermann

Immunologie

Immunologie

Grundlagen und Wirkstoffe

von

Professor Dr. Angelika Vollmar, München

Professor Dr. Theodor Dingermann, Frankfurt/M.

unter Mitarbeit von

Dr. Ilse Zündorf, Frankfurt/M.

Abbildungen von Veronika Rickl, München

Mit 203 Abbildungen und 47 Tabellen

WVG Wissenschaftliche Verlagsgesellschaft mbH Stuttgart

Anschriften der Autoren
Prof. Dr. Angelika Vollmar
Ludwig Maximilians Universität
Institut für Pharmazeutische Biologie
Butenandtstr. 5–13
81377 München

Dr. Ilse Zündorf
Prof. Dr. Theodor Dingermann
Johann Wolfgang Goethe-Universität
Institut für Pharmazeutische Biologie
Marie-Curie-Straße 9
60439 Frankfurt am Main

Ein Markenzeichen kann warenzeichenrechtlich geschützt sein, auch wenn ein Hinweis auf bestehende Schutzrechte fehlt. Trotz größter Sorgfalt der Autoren sind vor Anwendung eines Arzneimittels Dosierungsangaben, Indikationen und Kontraindikationen anhand der Gebrauchsinformation zu überprüfen.

Jede Verwertung des Werkes außerhalb der Grenzen des Urheberrechtsgesetzes ist unzulässig und strafbar. Dies gilt insbesondere für Übersetzung, Nachdruck, Mikroverfilmung oder vergleichbare Verfahren sowie für die Speicherung in Datenverarbeitungsanlagen.

Bibliographische Information Der Deutschen Bibliothek
Die Deutsche Bibiliothek verzeichnet diese Publikation
in der Deutschen Nationalbibliografie;
detaillierte bibliografische Daten sind im
Internet über http://dnb.ddb.de abrufbar.

ISBN 3-8047-2189-3

© 2005 Wissenschaftliche Verlagsgesellschaft mbH Stuttgart, Birkenwaldstraße 44, 70191 Stuttgart
Printed in Germany
Umschlaggestaltung: Atelier Schäfer, Esslingen
Satz: Dörr + Schiller GmbH, Stuttgart
Druck und Bindung: H. Stürtz, Würzburg

Vorwort

Der Grund für unseren kühnen Entschluss, gemeinsam ein Immunologie-Lehrbuch zu schreiben, war nicht etwa ein „offensichtlicher" Mangel an exzellenter einschlägiger Literatur. Im Gegenteil, gerade diese noch recht junge, aber hoch spezialisierte Disziplin hat didaktisch gut aufbereitete Lehrbücher hervorgebracht. Dennoch glaubten wir, ein Defizit ausgemacht zu haben: Es fehlte ein Buch, das die Immunologie in den Kontext unseres Arzneimittelschatzes stellt.

Für den immunologischen Spezialisten mag das verwunderlich klingen. Er nimmt das Arzneimittel aus der Sicht des Immunologen wahr. Ganz anders ist das jedoch für die Vielzahl derer, die in die andere Richtung schauen und Immunologie aus dem Blickwinkel des Arzneimittelfachmanns betrachten. Viele von Ihnen sehen die Immunologie nach wie vor als ein kompliziertes, in all seinen Verknüpfungen kaum zu durchschauendes Fach, wohl wissend, dass eine enorme Anzahl von Arzneimitteln direkt oder indirekt mit den Funktionen des Immunsystems zusammenhängt. Zwar tragen moderne Pharmakologiebücher der Bedeutung des Immunsystems sehr wohl Rechnung; sie besprechen Wirkungen und Nebenwirkungen von Arzneimitteln natürlich auch unter Berücksichtigung immunologischer Aspekte. Dies ist aber nicht immer zwingend zielführend, denn nicht selten überliest der Leser die Erklärungsansätze, weil ihm das immunologische Basiswissen fehlt.

Unsere Motivation, dieses Buch zu schreiben, war geleitet von dem Anspruch, Immunologie in einer Komplexität darzustellen, die erforderlich aber auch ausreichend ist, um Arzneimittel, die mit Komponenten unseres Immunsystems – gewollt oder ungewollt – in Wechselwirkung treten, hinsichtlich Wirkungen und Nebenwirkungen verstehen zu können.

Um uns diesem Ziel zu nähern, haben wir das Buch in drei große Abschnitte unterteilt: „Grundlagen der Immunologie", „Immuntherapeutika" und „Immunologische Techniken und Methoden". Diese Gliederung erschien uns zwingend, da ohne ein Basisverständnis immunologischer Prozesse Ansätze und Konsequenzen einer medikamentösen Intervention kaum hinreichend nachvollziehbar sind. So werden in diesem ersten Abschnitt nach einer Einleitung zunächst die Besonderheiten der angeborenen Immunität und dann die der erworbenen Immunität besprochen. Immunologie „in Aktion" lernt der Leser im vierten Kapitel, in dem die Reaktionen des Systems auf die wichtigsten Krankheitserreger erklärt werden. Kapitel 5 gibt eine Einführung in die Immunpathologie als Basis für verschiedene Interventionsstrategien.

Im zweiten Abschnitt werden Wirkstoffe besprochen, die die Homöostase unseres Immunsystems beeinflussen. Einzelne Kapitel beschäftigen sich mit Immunsuppressiva, mit Immunstimulanzien, mit Impfstoffen, mit Seren und Immunglobulinen, mit therapeutischen Antikörpern und Antikörpervarianten sowie mit den Antiallergika. Zwei weitere Kapitel komplettieren diesen Abschnitt: „Insektenstich-Allergie: Grundlagen und Verhaltensmaßnahmen" sowie „die allergenspezifische Immuntherapie (Hyposensibilisierung)". Diese beiden Kapitel wurden besonders deshalb mit aufgenommen, um Patienten kompetent beraten zu können.

Der dritte Abschnitt geht auf einige wichtige immunologische Methoden ein, die sowohl diagnostische Bedeutung besitzen als auch in der immunologischen Forschung relevant sind.

Dass wir bei unserer Themenauswahl auch Lücken hinterlassen mussten, war uns klar, schien uns aber auch mit Blick auf den gewählten Fokus unvermeidbar. So haben wir die Immunpathologie nur in Grundzügen gestreift und haben die Immunpharmakologie nicht systematisch sondern nur in Teilaspekten abgedeckt.

Deshalb erhebt das vorliegende Buch nicht den Anspruch, die Immunologie in allen Aspekten und Details abzubilden. Auch will es nicht in eine Rolle schlüpfen, in der es als neue Variante eines Pharmakologiebuches wahrgenommen wird. Wir hoffen aber, unserem Anliegen, immunologische Prinzipien und Arzneimittelwirkungen miteinander zu verknüpfen, gerecht geworden zu sein – und dies obwohl wir aus didaktischen Überlegungen eine klare Trennung von „Prinzipien", „Wirkstoffen" und „Methoden" vornehmen mussten. Verknüpft werden diese drei Abschnitte aber durch unzählige Querverweise, so dass wir unsere Leser auffordern, immer wieder zwischen den Abschnitten hin und her zu springen.

Ein besonderes Anliegen war es auch, dieses Buch nicht nur für Studenten zu verfassen, die unterrichtsbegleitend oder zur Vorbereitung auf eine Prüfung das Buch in die Hand nehmen. Wir wollten auch diejenigen ansprechen, die bereits im Beruf stehen und die moderne Immunologie nicht in ihrem Studium vermittelt bekommen haben. In Zeiten, wo von jedem ein *life long learning* gefordert wird, ist uns diese Leserschaft besonders wichtig. Gerade diese Leser bitten wir um Verständnis, dass wir Immunologie so dargestellt haben, wie sie „gelebt" wird. Damit verknüpft sind eine Vielzahl von Abkürzungen und Anglizismen. Wir haben uns bemüht, Anglizismen dann zu vermeiden, wenn es sinnvoll ist, sie aber andererseits auch dort zu gebrauchen, wo der Sinn verstellt würde oder wo der Fachmann verständnislos den Kopf schütteln würde, wenn wir eine deutsche Übersetzung gewählt hätten.

Die intensive Beschäftigung mit der Thematik und die didaktische Aufbereitung der Verknüpfung von Wirkstoffen und moderner Immunologie hat sehr viel Spaß gemacht. Wir hoffen, dass ein Funken Enthusiasmus auch bei den Lesern dieses Buches zündet. Dies ist erforderlich, um zu erkennen, wie schnelllebig Wissensgenerierung in der heutigen Zeit ist und wie notwenig es ist, sich stetig weiterzubilden, will man nicht riskieren intellektuell „abgehängt" zu werden.

Ein solches Buch schreibt man nicht „alleine" – auch nicht als Autorenteam. Unser Dank geht an Frau Dr. Sybille Haraida und Herrn Prof. Dr. med. Udo Löhrs, Pathologisches Institut der Ludwig-Maximilians-Universität München für die Bereitstellung der Histologiebilder und insbesondere für die Unterstützung bei deren Interpretationen.

Ein besonderes Vergnügen war die Zusammenarbeit mit Frau Veronika Rickl, Department Pharmazie der Universität München. In vielen gemeinsamen Stunden entstanden durch ihr besonderes Empfinden für Ästethik verknüpft mit naturwissenschaftlichem Verständnis, wie wir meinen, überaus ansprechende und didaktisch wertvolle Abbildungen.

Herrn Prof. Dr. med. Alexander Gerbes sei von Herzen für seine vorbehaltlose, konstruktive und immerwährende Unterstützung gedankt. Dem kleinen Stefan ist es zu verdanken, dass trotz aller Begeisterung für das Verfassen des Buches der Blick für andere wichtige Dinge nicht verloren ging.

Angelika Vollmar
Theodor Dingermann
Ilse Zündorf

Inhaltsverzeichnis

Immuntherapeutika II

Immunologische Techniken und Methoden III

Abkürzungsverzeichnis

ACE	Acetylcholin-Esterase
ACR	Kriterien des American College of Rheumatology
ACTH	Adrenocorticotropes Hormon
ADA	Adenosindesamidase
ADCC	Antikörper-vermittelte zelluläre Zytotoxizität (antibody dependent cellular cytotoxicity)
AIDS	erworbene Immunschwächekrankheit (acquired immune deficiency syndrome)
ALG	Anti-Lymphozyten-Globulin
ALT	Alanin-aminotransferase
AML	akute myeloische Leukämie
AMS	Antikörpermangelsyndrom
ANA	anti-nukleärer Antikörper
AP-1	activating protein 1
APC	antigenpräsentierende Zellen
AST	Aspartat-aminotransferase
ATG	Anti-Thymozyten-Globulin
AUC	area under the curve
AZT	Azidothymidin
BAK-Zellen	BCG-aktivierte Killerzellen
BALT	bronchial associated lymphoid tissue
BCG	Bacillus Calmette-Guérin
BCR	B-Zell-Rezeptor
BLC	B-Lymphozyten-Chemokin
BSG	Blutkörperchensenkungsgeschwindigkeit
Btk	Bruton-Tyrosinkinase
C1-INH	C1-Inhibitor
C4BP	C4-bindendes Protein
CAM	Zelladhäsionsmolekül
cbML1, 2, 3	Chitin-bindende Mistellektine 1, 2, 3
CD-Antigen	cluster of differentiation antigen
CDR	complementarity determining region
CEA	carcinoembryonales Antigen
CGD	chronische Granulomatose
CHOP	Cyclophosphamid, Doxorubicin, Vincristin, Prednison
CIFN	Consensus-Interferon
CJD	Creutzfeldt-Jakob-Erkrankung
CLA	Lymphozytenantigen der Haut (cutaneous lymphocyte antigen)
CLIP	class-II invariant chain peptide
CLL	chronisch-lymphozytäre Leukämie
CML	chronisch-myeloische Leukämie
CMV	Cytomegalovirus
ConA	Concanavalin A
Cox-2	Cyclooxygenase 2
CR-1, –2, etc.	Komplementrezeptor 1, 2, etc.
CRP	C-reaktives Protein
CTCL	kutanes T-Zell-Lymphom
CYP	Cytochrom P450
CVP	Cyclophosphamid/Vincristin/Prednisolon
DAF	decay-accelerating factor
DHR	verzögerte Überempfindlichkeitsreaktion (delayed hypersensitivity reaction)
DMARD	disease modifying antirheumatic drug
DNCG	Dinatrium-cromoglicinat
DPT	Diphtherie/Pertussis/Tetanus-Impfung
DTaP	Diphtherie/Tetanus/azelluläre Pertussis-Impfung
DTH	Hypersensibilität vom verzögerten Typ (delayed type hypersensitivity)
EAE	experimentelle allergische Enzephalomyelitis
ECF	eosinophiler chemotaktischer Faktor
EGF	epidermaler Wachstumsfaktor
EIA	Enzym-Immunassay
ELISA	Enzym-gekoppelter Immunadsorptionsassay
EMEA	European Medicines Agency, Europäische Arzneimittel-Zulassungsbehörde
Ep-CAM	epitheliales Zell-Adhäsionsmolekül
ER	Endoplasmatisches Retikulum
ESPED	Erhebungseinheit für seltene pädiatrische Erkrankungen in Deutschland
ETEC	enterotoxische *Escherichia coli*
Fab	fragment antigen binding
FACS	fluorescence activated cell sorting
FITC	Fluorescein
FHA	filamentöses Hämagglutinin
Fc	fragment crystallizable
FKBP	FK-Bindeprotein
F-Protein	Fusionsprotein

FR	framework region
FRAP	FKBP-Rapamycin-assoziiertes Protein
FSME	Frühsommer-Meningoenzephalitis
5-FU	5-Fluorouracil
Fv	fragment variable
GALT	gut associated lymphoid tissue
GC-R	Glucocorticoid-Rezeptor
G-CSF	Granulozyten-koloniestimulierender Faktor
GM-CSF	Granulozyten/Makrophagen-koloniestimulierender Faktor
GPI	Glykosylphosphatidylinositol
GRE	Glucocorticoid-responsives Element
GVHD	graft versus host disease
HAART	hoch-aktive antiretrovirale Therapie
HAMA	humaner Anti-Maus-Antikörper
HAT	Hypoxanthin-Aminopterin-Thymidin
HAV	Hepatitis-A-Virus
HBsAg	Hepatitis-B-Oberflächenantigen
HBV	Hepatitis-B-Virus
HCV	Hepatitis-C-Virus
HES	Hypereosinophiles Syndrom
HEV	high endothelial venules
HGPRT	Hypoxanthin-Guanin-Phosphoribosyl-transferase
Hib	*Haemophilus influenzae* Typ b
HIV	humanes Immundefizienz-Virus (human immune deficiency virus)
HLA	human leukocyte antigen
HSA	humanes Serum-Albumin
HSP	heat shock protein
HVR	hypervariable Region
ICAM	interzelluläres Adhäsionsmolekül
IDC	interdigitierende dendritische Zellen
IDDM	Diabetes Typ-1, Insulin-abhängiger Diabetes mellitus
I.E.	Internationale Einheit
IFN-α, -β, -γ	Interferon α, β, γ
IfSG	Infektionsschutzgesetz
Ig	Immunglobulin
IHC	immunhistochemische Untersuchung
IL-1, -2, etc.	Interleukin 1, 2, etc.
IL-1RI	Interleukin-1-Typ-I-Rezeptor
iNOS	induzierbare NO-Synthase
IPV	inaktivierte Polio-Vakzine
IRIV	immunopotentiating reconstituted Influenza virosome
ISG	Immun-Serumglobulin
ITAM	immunoreceptor tyrosine-based activation motifs
ITP	Idiopathische thrombozytopenische Purpura
JAK	Janus-Kinase
KG	Körpergewicht
KIR	Killerzell-inhibierende Rezeptoren
LAK-Zellen	Lymphokin-aktivierte Killerzellen
LBP	LPS-bindende Protein
LDH	Laktat-Dehydrogenase
LFA-1	lymphocyte function-associated antigen-1
LPS	Lipopolysaccharid
LT-α	Lymphotoxin alpha
MAK	Membran-angreifender Komplex
MALT	mucosa associated lymphoid tissue
MAPK	mitogen-activated protein kinase
MBL	Mannose-bindendes Lektin
MBP	basisches Myelinprotein (myelin basic protein)
MCP-1	monocyte chemoattractant protein 1
M-CSF	Makrophagen-koloniestimulierender Faktor
MF	Mycosis fungoides
MHC	major histocompatibility complex
ML-I, -II, -III	Mistellektin I, II, III
MLR	mixed lymphocyte reaction
MMP	Matrixmetalloproteinasen
MS	Multiple Sklerose
mTOR	mammalian target of rapamycin
NCF	neutrophiler chemotaktischer Faktor
NFAT	nuclear factor of activated T-cells
NF-κB	nuclear factor κB
nGRE	negatives Glucocorticoid-responsives Element
NHL	Non-Hodgkin-Lymphom
NK-Zellen	Natürliche Killerzellen
NSAR	nicht-steroidales Antirheumatikum
OMPC	outer membrane protein complex
OPV	Orale Polio-Vakzine
PAF	Plättchen-aktivierender Faktor (platelet activating factor)
PAI	Plasminogen-Aktivator-Inhibitor
PAMP	pathogen associated molecular pattern
PARP	Poly-(ADP-Ribosyl)-Polymerase
PAS	p-Aminosalicylsäure
PCP	Pneumocystis-carinii-Pneumonie
PDGF	platelet derived growth factor

PE Phycoerythrin
PECAM platelet-endothelial cell adhesion molecule
PEG Polyethylenglykol
PEI Paul-Ehrlich-Institut
P-gp P-Glykoprotein
PHA Phythämagglutinin
PI3-Kinase Phosphatidylinositol-3-Kinase
PKC Protein-Kinase C
PKR Proteinkinase, aktiviert durch dsRNA
PLA_2 Phospholipase A_2
PMBC periphere mononukleäre Blutzellen
PMN polymorphkernige neutrophile Leukozyten
PNH paroxysmale nächtliche Hämoglobinurie
PNP Purinnukleotidphosphorylase
PRP Polyribosyl(1–1)ribitolphosphat
PRR pattern recognition receptor
PT Pertussis-Toxin
PWM Pokeweed mitogen

RA Rheumatoide Arthritis
RAST Radioallergosorbent-Test
rCTB rekombinante Cholera-Toxin-B-Untereinheit
RIA Radioimmunoassay
RIST Radioimmunosorbent-Test
RKI Robert-Koch-Institut
ROS reaktive Sauerstoff-Moleküle
RSV respiratory syncytial virus

S1P Sphingosin-1-Phosphat
S1P-R Sphingosin-1-Phosphat-Rezeptor
SAM selektives Adhäsionsmolekül
SCID schwerer kombinierter Immundefekt (severe combined immune deficiency)
SEA Staphylokokken-Enterotoxin A
SEREX serological screening of recombinant cDNA expression libraries
SGOT Serum-Glutamat/Oxalacetat-Transaminase
SGPT Serum-Glutamat/Pyruvat-Transaminase
SLC secondary lymphoid chemokine
SLE systemischer Lupus erythematodes
SP-A, -D Surfactant-Protein A bzw. D
SphK Sphingosin-Kinase
SSPE subakut sklerosierende Panenzephalitis
STAT signal transducers and activators of transcription
STIKO Ständige Impfkommission

TAA Tumor-assoziiertes Antigen
TAFI Thrombin-aktivierbarer Fibrinolyse-Inhibitor
TAK TGF-β activated kinase
TAP transporter associated with antigen processing
TCR T-Zell-Rezeptor
T_c-Zelle zytotoxische T-Zelle
TD-Antigen Thymus-abhängiges Antigen (thymus-dependent antigen)
TGF-α/-β transforming growth factor α bzw. β
T_H-Zelle T-Helferzelle
TI-Antigen Thymus-unabhängiges Antigen (thymus-independent antigen)
TIL Tumor-infiltrierende Lymphozyten (tumor infiltrating lymphocyte)
TLR-1, -2, etc. Toll-like Rezeptor 1, 2, etc.
TNF-α Tumornekrosefaktor α
TOLLIP Toll-interacting protein
tPA Gewebe-Plasminogen-Aktivator
TPMT Thiopurinmethyltransferase
TRA Tumorabstoßungsantigene
TRAF TNF-receptor associated factor
TRAIL Tumornekrosefaktor-Apoptose-induzierender Faktor
T_{reg}-Zelle regulatorische T-Zelle
TSH Thyroidea-stimulierendes Hormon
TSHR Rezeptor des Thyroidea-stimulierenden Hormons
TSTA Tumorspezifische Transplantationsantigene
TTS tumor targeted superantigen

UAW unerwünschte Arzneimittelwirkung

VAA-I *Viscum-album*-Agglutinin I
VCAM vascular cell adhesion molecule
VEGF vaskulärer endothelialer Wachstumsfaktor
VLA very late activation antigen

WHO Weltgesundheitsorganisation

XLA X-gekoppelte Agammaglobulinämie (X-linked agammaglobulinemia

ZNS Zentrales Nervensystem

Symbole

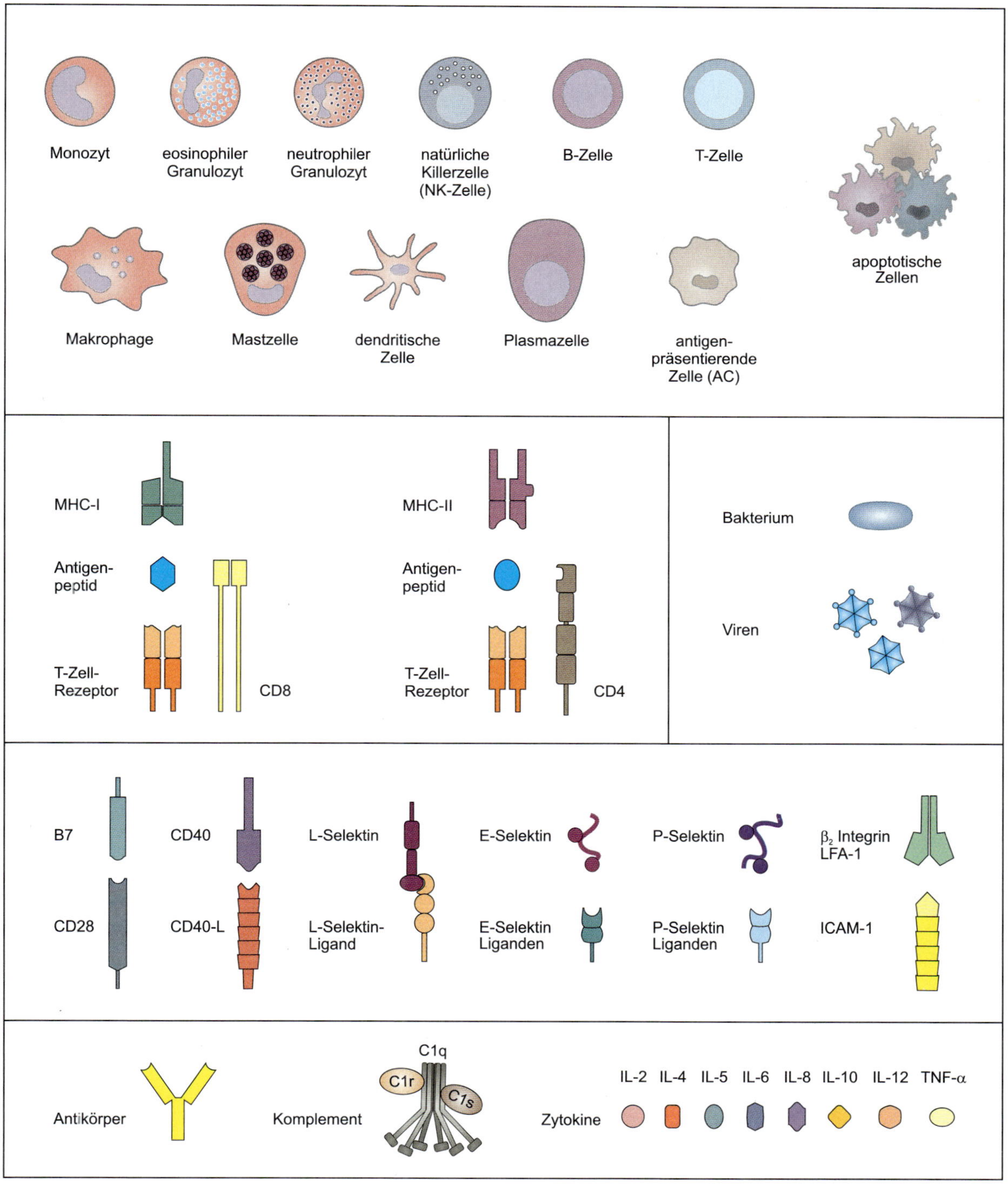
Monozyt
eosinophiler Granulozyt
neutrophiler Granulozyt
natürliche Killerzelle (NK-Zelle)
B-Zelle
T-Zelle
apoptotische Zellen
Makrophage
Mastzelle
dendritische Zelle
Plasmazelle
antigen-präsentierende Zelle (AC)
MHC-I
Antigen-peptid
T-Zell-Rezeptor
CD8
MHC-II
Antigen-peptid
T-Zell-Rezeptor
CD4
Bakterium
Viren
B7
CD28
CD40
CD40-L
L-Selektin
L-Selektin-Ligand
E-Selektin
E-Selektin Liganden
P-Selektin
P-Selektin Liganden
β2 Integrin LFA-1
ICAM-1
Antikörper
Komplement
C1q
C1r
C1s
Zytokine
IL-2
IL-4
IL-5
IL-6
IL-8
IL-10
IL-12
TNF-α

Icons

allgemeines Proteinsymbol

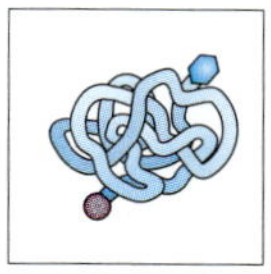

allgemeines Proteinsymbol,
nicht glykosyliert

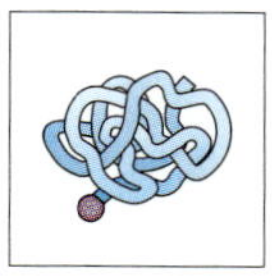

Proteinsymbol
mit Pegylierung

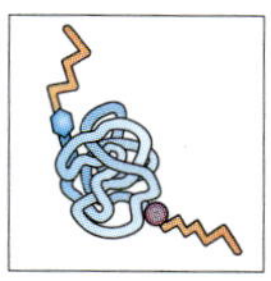

allgemeines Fusionsprotein

polyklonale humane
Antikörper

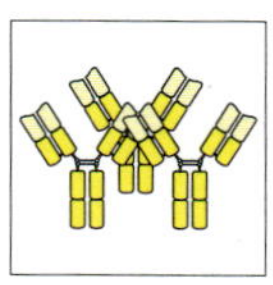

polyklonale
Pferde-Antikörper

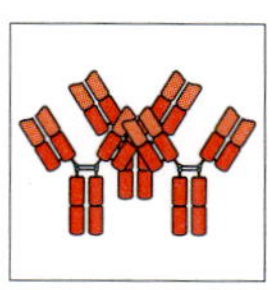

polyklonale
Kaninchen-Antikörper

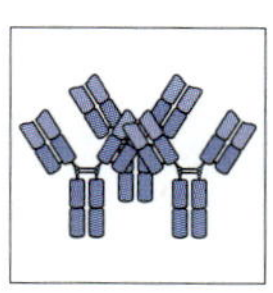

Maus-Antikörper

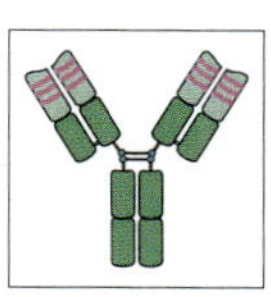

chimärisierter Antikörper

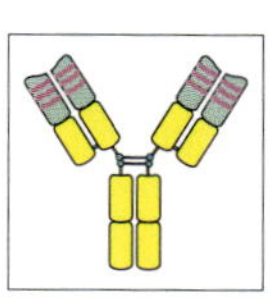

humanisierter Antikörper

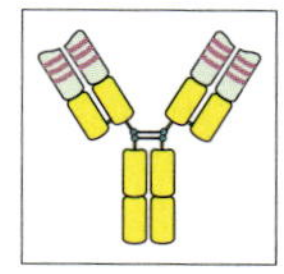

humaner Antikörper

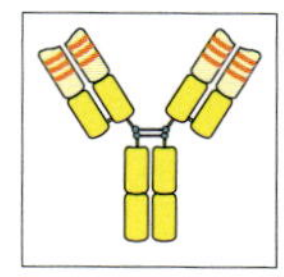

Maus-Antikörper
radioaktiv markiert

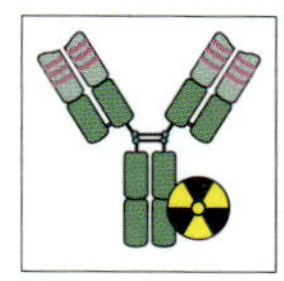

humanisierter Antikörper
mit Toxin

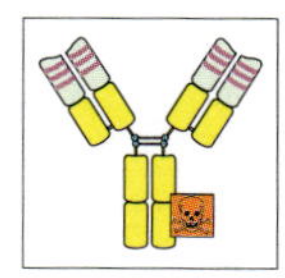

humaner Antikörper
radioaktiv markiert

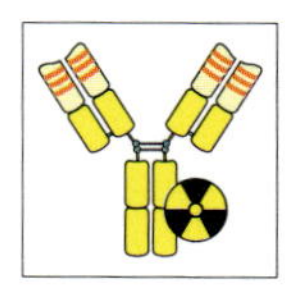

Fusionsantikörper

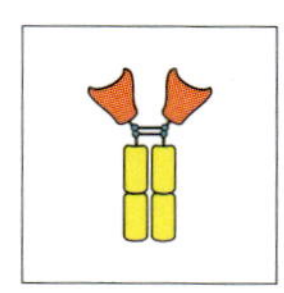

Fab-Fragmente vom Schaf

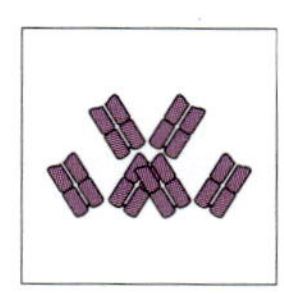

Maus-Fab-Fragment
radioaktiv markiert

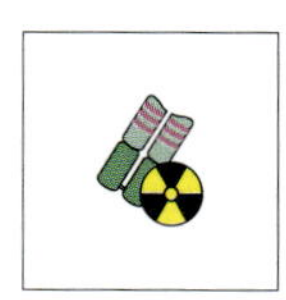

humanisiertes, pegyliertes
Fab-Fragment

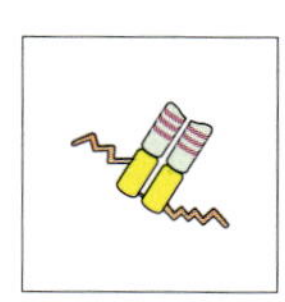

Grundlagen der Immunologie

I

1 Einleitung

Die physiologische Funktion des Immunsystems ist es, Individuen vor Infektionen zu schützen. Die angeborene Immunantwort ist die erste und äußerst wirksame Abwehrreaktion, die Infektionen unter Kontrolle halten oder sogar beseitigen kann, bevor das erworbene Immunsystem aktiv wird; allerdings besitzt sie keine Spezifität in der Erkennung der Krankheitserreger. Die angeborene Immunantwort wird durch Zellen (Phagozyten) und löslichen Faktoren (Komplement) bewerkstelligt, die immer vorhanden sind. Die erworbene Immunantwort entwickelt sich dagegen erst durch die Präsenz des Krankheitserregers und zeigt eine klare Spezifität für das Pathogen. Das erworbene Immunsystem reagiert auf wiederholte Pathogenexposition effektiver (immunologisches Gedächtnis). Lymphozyten sind die wesentlichen zellulären Komponenten, Antikörper die wichtigsten löslichen Bestandteile. Die Gewebe des Immunsystems bestehen aus den primären Immunorganen, in denen Lymphozyten reifen und kompetent werden, Antigene zu erkennen. In den sekundären Immunorganen wird die erworbene Immunantwort durch ein Zusammenbringen von antigenpräsentierenden Zellen und Lymphozyten initiiert. Durch B- und T-Zellinteraktionen wird diese weiterentwickelt.

1.1 Aufgabe des Immunsystems

Die Leistung des Immunsystems besteht darin, die Integrität eines Individuums zu bewahren, indem ein Schutz gegen Angriffe von „außen" (Bakterien, Viren, etc.) und von „innen" (entartete Zellen) vermittelt wird. Dazu muss das Immunsystem zwei wesentliche Aufgaben bewältigen:

1. „Eigen" und „Fremd" unterscheiden und damit Pathogene erkennen.
2. Fremdstoffe bzw. Pathogene effektiv beseitigen und einen stärkeren Schutz gegen erneuten Kontakt bieten.

Die Ausführung dieser Aufgaben wird als Immunantwort bezeichnet, wobei die Art der Immunantwort abhängig ist von der Art des Krankheitserregers und von der Lokalisation der Infektion (intra- bzw. extrazellulär).
Eine Immunantwort kann grundsätzlich über zwei unterschiedlich organisierte immunologische Effektorsysteme vermittelt sein: über das angeborene (unspezifische) und über das erworbene (spezifische) Immunsystem. Häufig werden synonym auch die Begriffe nicht-adaptive und adaptive Immunantwort bzw. Immunität verwendet. Nur das Zusammenspiel von angeborener und erworbener Immunantwort gewährleistet die Beseitigung von und den Schutz vor Pathogenen.

1.2 Angeborene und erworbene Immunantwort

Die angeborene Immunantwort dient der ersten Abwehr von Krankheitserregern. Dabei werden die Erreger nicht spezifisch erkannt und auch kein gezielter Schutz gegen eine erneute Infektion (= immunologisches Gedächtnis) entwickelt. Im Wesentlichen soll die angeborene Immunantwort die Entstehung eines Infektionsherdes verhindern oder zumindest seine Verbreitung eindämmen. Wichtige Effektoren des angeborenen Immunsystems sind die Phagozyten (Makrophagen und neutrophile Granulozyten) und das Komplementsystem. Diese sorgen für die Beseitigung von extrazellulären, zumeist

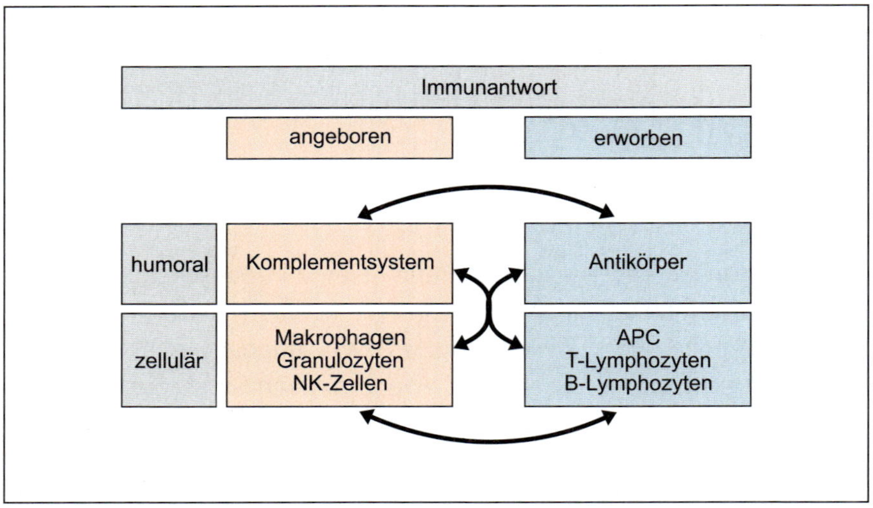

Für eine erfolgreiche Abwehr von Pathogenen müssen die humoralen und zellulären Bestandteile sowohl des angeborenen als auch des erworbenen Immunsystems miteinander interagieren (APC: antigenpräsentierende Zelle, NK-Zellen: Natürliche Killerzellen).

Abb. I.1.1: Kooperation von angeborenem und erworbenem Immunsystem bei einer erfolgreichen Immunantwort.

bakteriellen Erregern. Natürliche Killerzellen (NK-Zellen) und Interferone spielen eine wichtige Rolle bei der angeborenen Abwehr von intrazellulären Erregern, zumeist Viren.

Häufig gelingt es der angeborenen Immunantwort alleine nicht, den Erreger zu vernichten. Sie ist aber auch Basis für die Auslösung einer erworbenen Immunantwort. Eine erworbene Immunantwort zeichnet sich durch die Spezifität der Pathogenerkennung und durch das immunologische Gedächtnis aus, das einen verstärkten Schutz gegen eine erneute Infektion gewährleistet. Lymphozyten spielen die zentrale Rolle in allen erworbenen Immunantworten. Durch klonale Selektion entstehen Lymphozyten, die jeweils Rezeptoren einer einzigen Spezifität tragen. Nach Antigenkontakt durch antigenpräsentierende Zellen kommt es zur Proliferation der einzelnen Lymphozytenklone und zur Aktivierung entsprechender spezifischer Effektorsysteme, die den Erreger vernichten: B-Zellen produzieren Antikörper, die extrazelluläre Pathogene binden; T-Zellen können andere Immunzellen unterstützen bzw. infizierte Zellen töten. Ein Teil der proliferierenden B- bzw. T-Lymphozyten differenziert zu Gedächtniszellen.

Eine erfolgreiche Immunantwort basiert auf der Interaktion von erworbenen und angeborenen Effektorsystemen (Abb. I.1.1).

1.3 Bestandteile des Immunsystems

Immunantworten werden durch unterschiedliche Zellen und durch lösliche Mediatoren in lymphatischen Geweben vermittelt.

1.3.1 Zellen des Immunsystems

Alle immunkompetenten Zellen haben ihren Ursprung in einer pluripotenten hämatopoetischen Stammzelle im Knochenmark. Aus ihr können sich über eine lymphatische Vorläuferzelle Lymphozyten und Natürliche Killerzellen (NK-Zellen) und bestimmte dendritische Zellen entwickeln. Myeloische Vorläuferzellen generieren Vorläuferzellen der roten Blutzellen und der Blutplättchen sowie Granulozyten-/Makrophagen-Vorläuferzellen, aus denen sich Monozyten und neutrophile sowie eosinophile und basophile Granulozyten ableiten. Ins Gewebe eingewanderte Monozyten entwickeln sich zu Makropha-

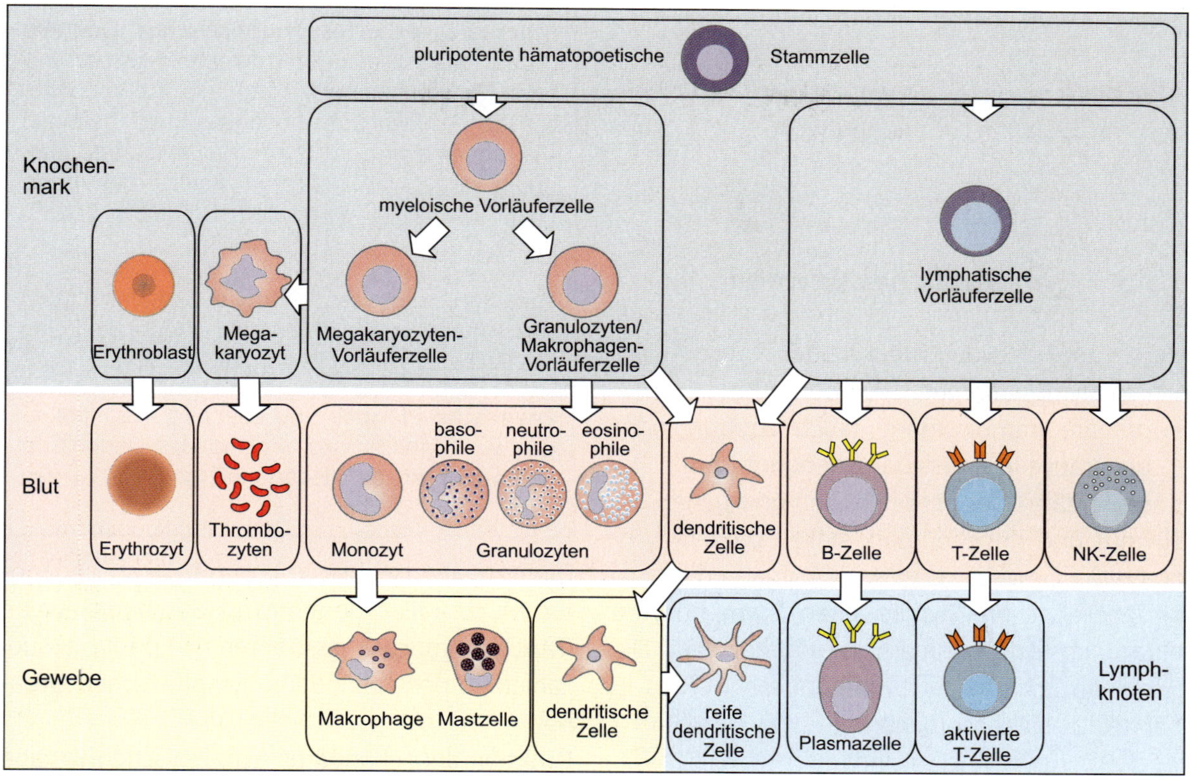

Abb. I.1.2: Hämatopoese.
Aus selbsterneuernden, pluripotenten hämatopoetischen Stammzellen entstehen myeloische und lymphatische Vorläuferzellen. Aus diesen Vorläuferzellen entwickeln sich Lymphozyten und unterschiedliche myeloische Zellen, die das zelluläre Arsenal des Immunsystems darstellen.

gen. Granulozyten werden auf Grund ihres ungleichmäßig geformten Zellkerns auch als polymorphkernige Leukozyten bezeichnet. Gewebeständige Mastzellen und gewisse dendritische Zellen haben ihren Ursprung ebenfalls in der myeloischen Vorläuferzelle (Abb. I.1.2).
Lymphozyten sind bei allen erworbenen Immunantworten essentiell. NK-Zellen besitzen im Gegensatz zu den Lymphozyten keine Antigen-Spezifität und sind insbesondere für die Abwehr intrazellulärer Erreger wichtig. Makrophagen und neutrophile Granulozyten nehmen Erreger auf und können sie abtöten und werden daher auch als Phagozyten bezeichnet. Eosinophile und basophile Granulozyten sowie Mastzellen sind in der Lage, über Freisetzung ihrer zytotoxischen Granula Erreger zu töten, schädigen aber häufig auch umliegendes Gewebe. Dendritische Zellen nehmen Erreger auf, um die entsprechenden Antigene anschließend Lymphozyten zu präsentieren, die daraufhin zu Antigen-spezifischen Lymphozyten differenzieren.

1.3.2 Lösliche Immunmodulatoren

Eine Immunantwort wird durch eine Vielzahl von löslichen Molekülen moduliert.
Das Komplement, ein komplexes Enzymsystem, spielt sowohl bei der angeborenen als auch bei der erworbenen Immunantwort eine wichtige Rolle (vgl. Kap. I.2.1.2 und I.3.3.4).
Zytokine, eine große Gruppe von Proteinen, vermitteln die Kommunikation unterschiedlicher immunkompetenter Zellen im Vorlauf einer Immunantwort und sind wichtig für die erworbene und angeborene Immunität (vgl. Kap. I.2.3.1).
Akute-Phase-Proteine dienen durch Opsonisierung der Krankheitserreger in der Regel einer verbesserten Phagozytose und damit vorwie-

gend der angeborenen Immunantwort (vgl. Kap. I.2.3.1).

Antikörper fungieren als wesentliche Werkzeuge der erworbenen Immunantwort (vgl. Kap. I.3.3.4).

1.3.3 Lymphatisches Gewebe

Nach ihrer Funktion unterscheidet man zwei Arten von lymphatischen Geweben (Abb. I.1.3):

- primäre Immunorgane, auch zentrale oder generative Immunorgane genannt und
- sekundäre oder periphere Immunorgane.

Thymus und Knochenmark stellen primäre lymphatische Gewebe dar, deren Aufgabe die Lymphopoese ist. Im Thymus reifen T-Lymphozyten heran, im Knochenmark B-Lymphozyten. Die einzelnen Schritte der Lymphopoese werden in Kapitel I.3.1.1. besprochen.

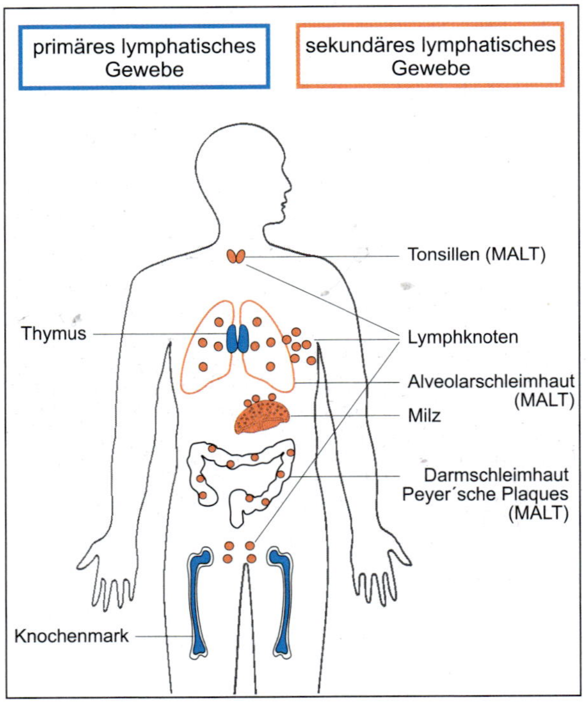

Abb. I.1.3: Lymphatisches System.
Thymus und Knochenmark sind primäre Immunorgane, in denen T- bzw. B-Zellen heranreifen.
Lymphknoten, Milz, und Mucosa-assoziierte Gewebe (MALT) gehören zu den sekundären Immungeweben. Dort werden erworbene Immunantworten initiiert.

Mucosa-assoziiertes lymphatisches Gewebe (MALT, mucosa associated lymphoid tissue) umfasst alle lymphatischen Zellen, die sich in Epithelien der Schleimhäute befinden. MALT befinden sich überwiegend im Darm (gut associated lymphoid tissues, GALT) und im Bereich der Atemwege (bronchial associated lymphoid tissues, BALT).

Tonsillen sind mandelförmige Ansammlungen von lymphatischen Zellen und liegen beidseitig des Rachens; sie sind Bestandteil des GALT.

Peyer'sche Plaques sind ebenfalls Ansammlungen von Lymphozyten entlang des Dünndarms und vor allem des Ileums und gehören zu den GALT.

Die Milz, die Lymphknoten und die so genannten Mucosa-assoziierten lymphatischen Gewebe (MALT = mucosa associated lymphoid tissue) zählen zu den sekundären lymphatischen Organen.

Funktion der sekundären lymphatischen Organe ist, die Entwicklung einer erworbenen Immunantwort zu gewährleisten.

Sie sind anatomisch so organisiert, dass Antigene bzw. antigenpräsentierende Zellen und die entsprechenden Lymphozyten, die beide nur in äußerst geringen Mengen vorkommen, so konzentriert und lokalisiert werden, dass eine Interaktion dieser Zellen und damit der Beginn einer erworbenen Immunantwort möglich ist (vgl. Kap. I.3). Antigene werden nach der ersten Runde der Infektabwehr (angeborene Immunantwort) durch Makrophagen oder dendritische Zellen aus den Infektionsherden über Blut oder Lymphflüssigkeit abtransportiert und im peripheren Lymphgewebe festgehalten. Lymphozyten haben die Fähigkeit, durch sekundäre lymphatische Gewebe zu wandern, in denen das Antigen konzentriert ist. So wird ein Kontakt von naiven Lymphozyten mit ihrem spezifischen Antigen ermöglicht. Wichtig ist weiterhin, dass sekundäre lymphatische Gewebe erlauben, dass Antigen-spezifische T-Zellen mit Antigen-spezifischen B-Zellen interagieren und zu Effektorzellen des erworbenen Immunsystems differenzieren können (vgl. Kap. I.3).

Die Milz ist ein sekundäres Immunorgan im abdominalen Bereich unseres Körpers, das hauptsächlich Antigene, die aus dem Blut kommen, konzentriert und festhält. Dies geschieht durch dendritische Zellen oder Makrophagen als klassische antigenpräsentierende Zellen, die in der Milz in großer Zahl vorhanden sind.

Lymphknoten sind knotenförmige Ansammlungen lymphoiden Gewebes, die entlang der Lymphgefäße in allen Körperregionen lokalisiert sind. Die Lymphknoten fangen Antigene ab, die sich in der Lymphflüssigkeit befinden oder durch antigenpräsentierende Zellen jeweils aus epithelialem Gewebe oder Bindegewebe absorbiert wurden.

Die so genannten Mucosa-assoziierten lymphatischen Gewebe (MALT), zu denen die Tonsillen, die Peyer'schen Plaques des Darmes sowie die Schleimhäute der Lunge oder des Urogenitaltraktes zählen, präsentieren Antigene, die Schleimhautbarrieren passiert haben.

Die verschiedenen sekundären Immunorgane sind ähnlich aufgebaut, was in Abbildung I.1.4 am Beispiel eines Lymphknotens dargestellt ist. Die anatomische Organisation der peripheren lymphatischen Gewebe ist streng reguliert, um die Initiation einer erworbenen Immunantwort möglich zu machen. B-Lymphozyten sind in Follikeln lokalisiert. Spezifische Chemokine, die von follikulären Zellen ausgeschüttet werden, bewirken, dass sich B-Zellen aus der Zirkulation dort einfinden. Ähnlich ist es bei den T-Lymphozyten, die sich in paracorticalen Bereichen anreichern, was ebenfalls durch das Vorhandensein eines T-Zell-spezifischen Chemokins bewirkt wird. Wenn die Lymphozyten durch Antigenpräsentation aktiviert sind, können sie ihre zugeteilten Bereiche verlassen. B-Zellen können nun T-Zellen entgegen wandern und sie am Rande der Follikel treffen. Dort helfen dann die T-Zellen den B-Zellen, sich zu Antikörper-produzierenden Plasmazellen zu differenzieren.

Nachdem Antigen-spezifische Lymphozyten Proliferations- und Differenzierungsphasen in den peripheren Lymphorganen durchlaufen haben, verlassen sie und/oder ihre Produkte (Antikörper,

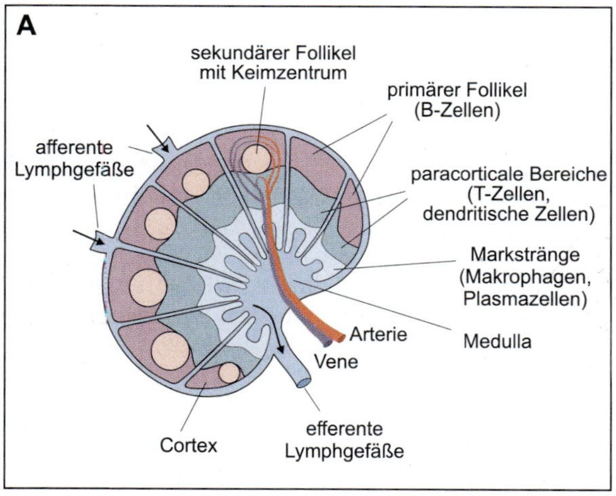

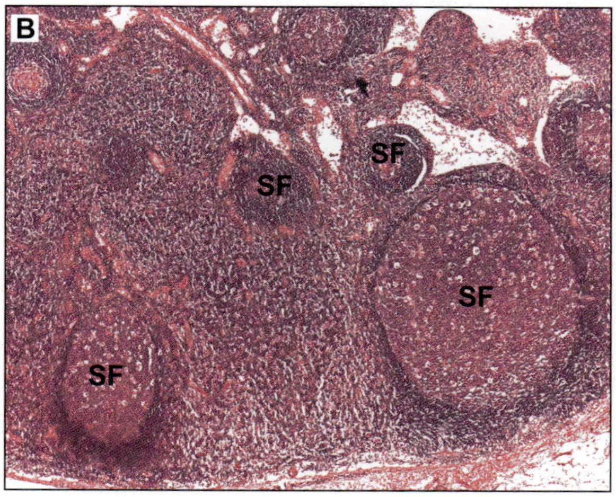

Abb. I.1.4: Aufbau und Funktion von sekundären Immunorganen: Beispiel Lymphknoten.
A Ein Lymphknoten besteht aus einer äußeren Rindenschicht (Cortex) und dem inneren Mark (Medulla), die durch einen paracorticalen Bereich getrennt sind. Im Bereich des Cortex sind die B-Lymphozyten in Follikeln (primäre Follikel) organisiert. Nach Stimulation durch ein Antigen transformieren ruhende Primärfollikel durch Einwandern aktivierter und stark proliferierender B-Zellen in Sekundärfollikel mit Keimzentren. Im Paracortex befinden sich v. a. T-Zellen und dendritische Zellen. Die Medulla besteht aus Strängen von Makrophagen und Plasmazellen.
B Lichtmikroskopische Aufnahme eines Lymphknotensegmentes. Deutlich sind die hervortretenden sekundären Follikel (SF) mit Keimzentren zu sehen.

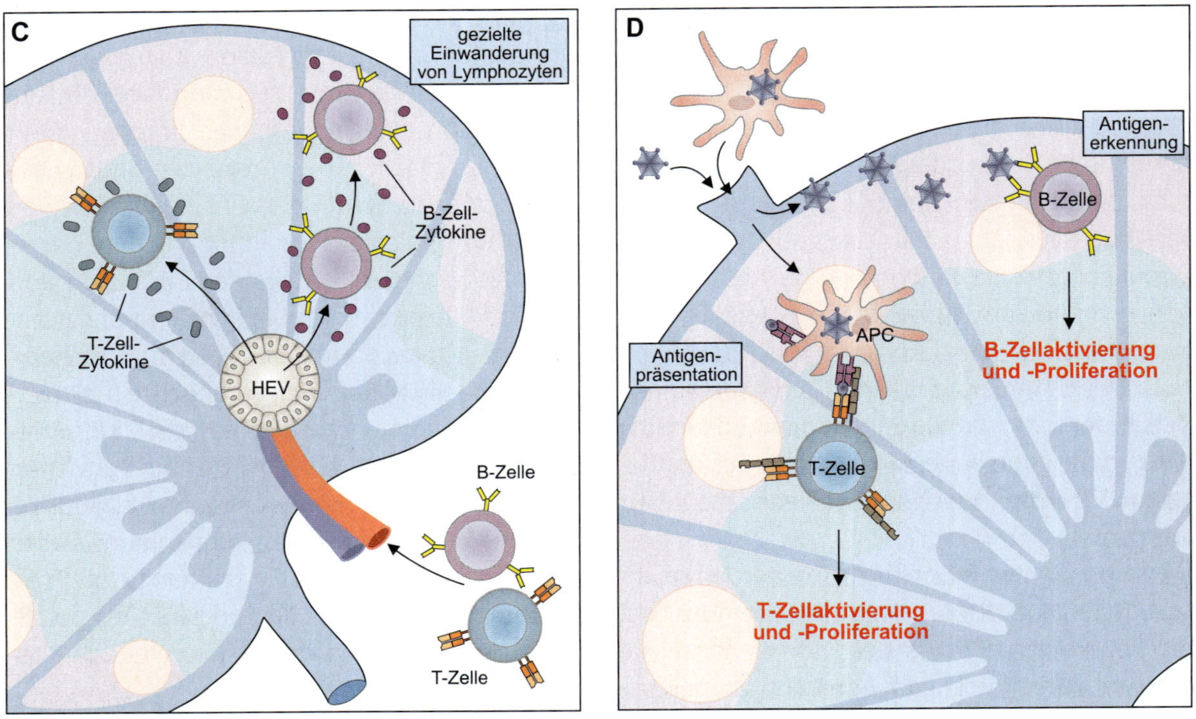

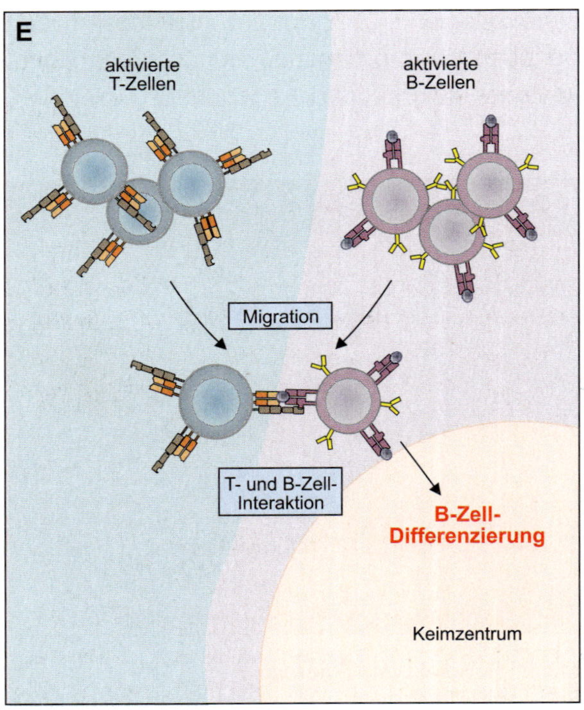

Abb. I.1.4: Aufbau und Funktion von sekundären Immunorganen: Beispiel Lymphknoten (Fortsetzung).
C Nach ihrem Einwandern in den Lymphknoten durch spezielle postkapilläre Venen (HEV, high endothelial venules) werden naive B- und T-Lymphozyten durch spezifische Chemokine in die entsprechenden anatomischen Areale dirigiert.
D Antigene, präsentiert von dendritischen Zellen oder Makrophagen, werden über afferente Lymphgefäße von den Geweben in die Lymphknoten transportiert und treffen bevorzugt auf T-Lymphozyten. Antigenspezifische T-Zellen werden aktiviert und proliferieren. B-Zellen können direkt Antigen erkennen und werden in der Folge aktiviert bzw. proliferieren.
E Antigen-spezifische B-Zellen benötigen u. U. aktivierte antigenspezifische T-Zellen, um zu Antikörper-produzierenden Plasmazellen zu differenzieren. Durch die Interaktion der entsprechenden T- und B-Zellen am Rande eines B-Zell-Follikels ist dies gewährleistet.
Orte der B-Zellproliferation und Differenzierung sind die Keimzentren (sekundärer Follikel). Antikörper-produzierende Plasmazellen wandern zu den Strängen der Medulla und können – wie auch antigenspezifische T-Zellen – den Lymphknoten über efferente Lymphgefäße bzw. über Blutgefäße verlassen.

Zytokine) die Organe über efferente lymphatische Gefäße oder das Blut. Dabei ist wichtig zu erwähnen, dass die ausdifferenzierten B-Zellen bevorzugt im Lymphknoten bleiben und ihre Effektormoleküle, die Antikörper, in die Zirkulation freisetzen. Die aktivierten T-Lymphozyten dagegen verlassen den Lymphknoten und wandern zum Infektionsherd, um ihre Effektorfunktionen auszuüben. Dies wird im Kapitel I.3 „Die erworbene Immunantwort" näher besprochen.

2 Die angeborene Immunantwort

Das angeborene Immunsystem bildet die vorderste Front in der Abwehr von Krankheitserregern. Alle Vielzeller besitzen diese intrinsischen Abwehrmechanismen. Zunächst verhindert die Barrierefunktion der Körperepithelien das Eindringen des Erregers. Falls die Abwehr der Epithelien dennoch durchbrochen wurde, stehen Phagozyten und Komplement bereit, den extrazellulären Erreger sofort aus dem Verkehr zu ziehen. Die Erkennung eines Erregers als „fremd" läuft über Rezeptoren ab, die bestimmte Erkennungsstrukturen, die unterschiedlichen Klassen von Erregern gemeinsam sind, binden können.

Gelingt die Beseitigung des Erregers durch vor Ort vorhandene Phagozyten und Komplement nicht, werden Effektormechanismen induziert, die sich als akute Entzündungsreaktion äußern. Die Aktivierung des Toll-like-Rezeptor-Signalweges ist für die Mobilisierung und Aktivierung von Effektorzellen von großer Bedeutung. Über den Toll-like-Rezeptor-Pathway werden Makrophagen aktiviert, Chemokine und Zytokine – insbesondere TNF-α – freizusetzen, die essentiell für die Rekrutierung von Phagozyten an den Infektionsort und deren Aktivierung sind.

Interferone und natürliche Killerzellen sind bedeutende Effektoren der angeborenen Immunantwort, die gegen Viren gerichtet ist. Zytokine, Chemokine, Phagozyten und NK-Zellen mediieren Effektormechanismen, die auch bei der erworbenen Immunantwort beteilt sind, wie wir in Kapitel I.3 lesen werden.

Die angeborene Immunantwort kann in einer Sofortreaktion oder in einer frühen, induzierten Abwehrreaktion mit dem Krankheitserreger umgehen (Abb. I.2.1). Bei der Sofortreaktion kommt es unmittelbar nach dem Erkennen durch bereits vorhandene Effektoren (Phagozyten bzw. Komplement) zur Beseitigung des Erregers, bevor sich eine Infektion etablieren kann. Diese Reaktion läuft innerhalb weniger Stunden nach Infektion ab. Falls dies nicht gelingt, werden durch das Pathogen Reaktionen induziert, die zur Eindämmung bzw. Beseitigung des Erregers führen sollen. Es kommt zu einer akuten Entzündungsreaktion mit Mobilisierung und Aktivierung von Effektorzellen. Dieser Prozess beginnt einige Stunden nach der Infektion und hält für 2 bis 4 Tage an. Ist die Infektion nicht vollständig beseitigt, wird dann später (nach 4–5 Tagen) eine erworbene Immunantwort ausgelöst. Hierbei werden durch klonale Expansion Antigen-spezifischer Lymphozyten spezialisierte Effektorzellen bereitgestellt, die die Beseitigung des Erregers gewährleisten.

2.1 Hauptakteure

Das angeborene Immunsystem besteht aus den Epithelien, die eine Barriere für den Krankheitserreger darstellen, aus Immunzellen in der Zirkulation und im Gewebe sowie aus verschiedenen Plasmaproteinen.

2.1.1 Zellen bzw. Gewebe

Die Epithelien, die die inneren und äußeren Oberflächen des Körpers abdecken, übernehmen die erste Abwehrfunktion indem sie eine chemische, mechanische und mikrobielle Barriere gegen Infektionen darstellen können (Abb. I.2.2). Die Haut und die Schleimhäute des Gastrointestinaltrakts bzw. der Atemwege und des Urogenitaltraktes sind die wichtigsten Trennflächen zwischen dem Körperinneren und der Außenwelt. Neben einer rein physikalischen Bar-

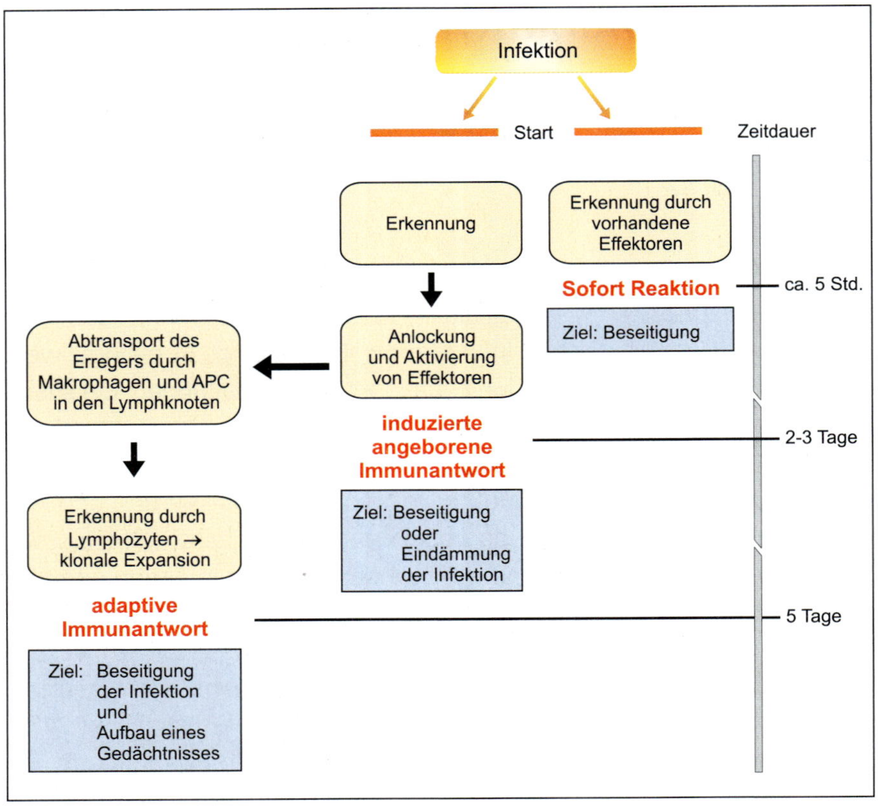

Vorhandene Effektoren des angeborenen Immunsystems können eingedrungene Erreger in einer Sofortreaktion beseitigen.
Gelingt dies nicht, wird durch Anlocken und Aktivieren angeborener Effektoren eine angeborene Immunantwort induziert.
Wird der Erreger auch hier nicht beseitigt, werden durch Antigenpräsentation und klonale Expansion spezifischer Lymphozyten Effektormechanismen der adaptiven Immunantwort zugeschaltet und ein immunologisches Gedächtnis induziert.
(APC: Antigen-präsentierende Zellen)

Abb. I.2.1: Zeitliche Abfolge von Immunantworten.

Antimikrobielle Peptide sind endogene Polypeptide, die in meist hohen Konzentrationen in Epithelzellen gebildet werden, Arginin-reich, daher positiv geladen sind, und mikrobielle Pathogene in unterschiedlicher Art und Spezifität abtöten können. In Säugetieren gibt es zwei wichtige Familien: die Defensine und die Cathelicidine.

Surfactant-Proteine A und D sind antimikrobielle Proteine in der Flüssigkeit, die die Lungenepithelien benetzt. Sie sind oberflächenaktiv und heften sich an die Oberfläche von Krankheitserregern. Sie wirken als Opsonine, d. h. sie erleichtern Phagozyten die Aufnahme der umhüllten Krankheitserreger.

riere, die Epithelien für Krankheitserreger darstellen, können sie antibakterielle Peptide, verschiedene Enzyme (Pepsin, Lysozym) und Opsonine wie Surfactant Proteine A/D produzieren, die Mikroben abtöten bzw. beseitigen helfen. Die wichtige Rolle der Schleimhäute in der Vermittlung adaptiver Immunantworten wird später besprochen (vgl. Kap. I.4.1.).
Gelingt es einem Krankheitserreger dennoch, die Abwehrmechanismen der Oberflächenepithelien zu überwinden, wird er in der Regel von Fresszellen (Phagozyten) im Gewebe erkannt und aufgenommen.
Der Vorgang der Aufnahme wird Phagozytose genannt und stellt einen essentiellen Effektormechanismus der angeborenen Immunantwort

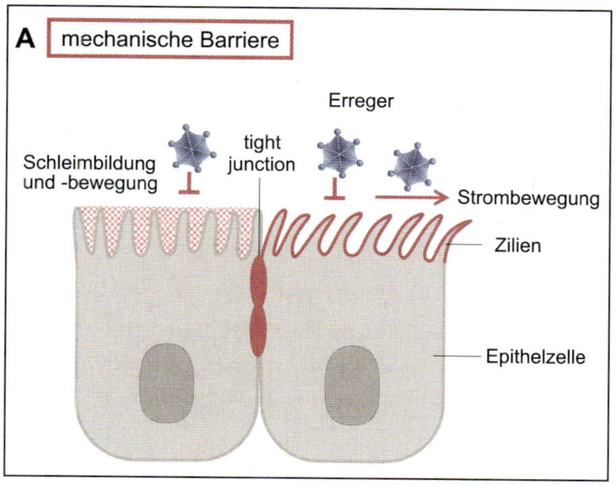

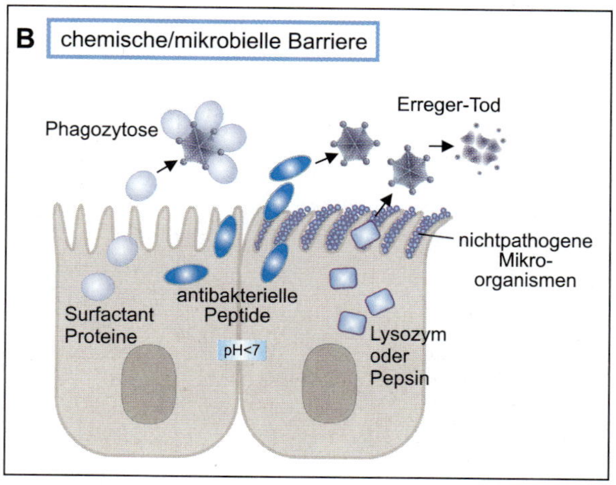

Abb. I.2.2: Oberflächenepithelien als erste Barriere gegen Infektionen.

A Mechanische Barriere: Epithelien bilden durch feste Zell-Zell-Verbindungen *(tight junctions)* eine Schranke gegen das Eindringen von Erregern. Schleimhautepithelien können zudem Schleime freisetzen, die ein Anhaften des Erregers verhindern. Durch das Schlagen der Zilien auf Epithelzellen in der Lunge oder der Peristaltik des Darmes werden Strombewegungen erzeugt, die ein Anhaften des Erregers ebenfalls verhindern können.

B Chemische/mikrobielle Barriere: Epithelien können chemische Substanzen produzieren, die Erreger abtöten können. Als Beispiele seien hier Enzyme wie Lysozym in Speichel oder Tränenflüssigkeit oder Pepsin im Gastrointestinalbereich genannt. Epithelien können antimikrobielle Peptide wie β/α-Defensine oder Cathelicidine produzieren. Insbesondere das Lungenepithel kann Proteine (Surfactant-Proteine) sezernieren, die Erreger opsonisieren und deren Phagozytose erleichtern. Nichtpathogene Mikroorganismen können eine mikrobielle Flora darstellen, die durch Produktion von antibakteriellen Proteinen eine Besiedelung durch pathogene Mikroorganismen verhindert.

dar (vgl. Kap. I.2.3.). Makrophagen und neutrophile Granulozyten sind professionelle Fresszellen (Abb. I.2.3). Neutrophile Granulozyten werden auf Grund ihrer Morphologie auch polymorphkernige neutrophile Leukozyten (PMN) genannt. Einkernige Makrophagen reifen kontinuierlich aus zirkulierenden Monozyten. In großer Zahl befinden sie sich im Verdauungstrakt, in der Lunge (Alveolarmakrophagen) und in der Milz. Blutmonozyten und Gewebemakrophagen stammen von der gleichen Vorläuferlinie ab und werden daher auch häufig mononukleäres System genannt. Aktivierte, d.h. phagozytierende Makrophagen locken durch Freisetzung chemotaktischer Faktoren (Chemokine) vermehrt neutrophile Granulozyten aus dem Blut durch die Gefäßwand zum Infektionsherd. Neutrophile Granulozyten sind kurzlebig und sterben bald nachdem sie ihre Aufgabe, nämlich die Phagozytose des Erregers erfüllt haben, selbst ab. Sie sind Hauptbestandteile des Eiters, der bei manchen Infektionen entsteht. Krankheitserreger, die solche Infektionen verursachen, nennt man pyogene Pathogene (grampositive Staphylokokken und Streptokokken). Makrophagen hingegen sind langlebig und wieder aktivierbar. Makrophagen haben nicht nur Effektorfunktion sondern spielen auch eine wichtige Rolle in der Signalübertragung von Abwehrreaktionen wie wir unten sehen werden.

Die Phagozytose ist ein aktiver Vorgang; das Pathogen wird zunächst über allgemeine Strukturelemente an der Oberfläche des Phagozyten erkannt, von dessen Plasmamembran umhüllt und

Endozytose ist der Prozess der Aufnahme von *extrazellulären Makromolekülen* durch Einstülpung der Plasmamembran in die Zelle.

Phagozytose ist der Prozess der Aufnahme von *großen Partikeln* wie intakten Mikroben (<0,5 µm) durch Makrophagen oder Granulozyten.

Pinozytose beschreibt die Endozytose von *extrazellulärer Flüssigkeit* und darin gelösten Materials.

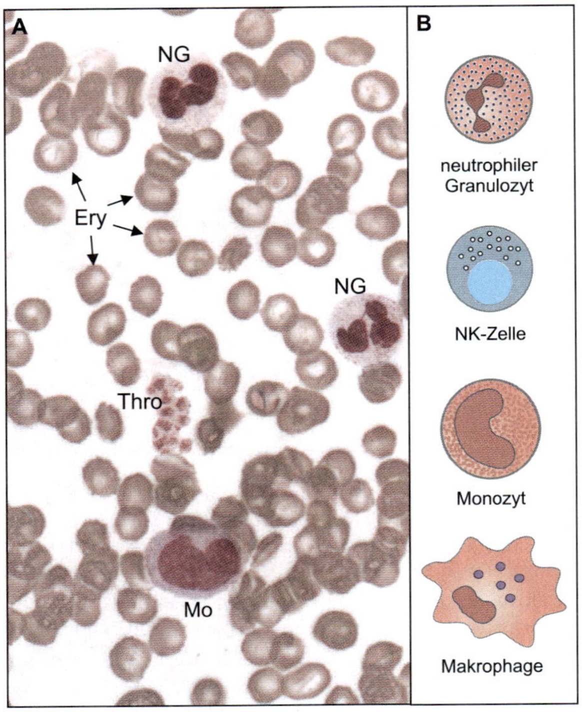

Abb. I.2.3: Periphere Immunzellen.
A Ein typischer Blutausstrich zeigt nach Giesma-Färbung neutrophile Granulozyten (NG), Monozyten (Mo), Thrombozyten (Thro) und Erythrozyten (Ery).
B Schematische Darstellung wesentlicher Merkmale von polymorphkernigen neutrophilen Granulozyten, NK-Zellen und Monozyten/Makrophagen als essentielle Zellen des angeborenen Immunsystems

in ein Vesikel aufgenommen (Phagosom). Dieses verschmilzt in der Folge mit den Granula der Phagozyten (Lysosomen) zum Phagolysosom. Toxische lysosomale Faktoren können eine Abtötung des Krankheitserregers bewirken. Bei der Phagozytose produzieren die Fresszellen eine Reihe von Produkten wie reaktive Sauerstoff- und Stickstoffderivate, die für Bakterien direkt toxisch sind, aber auch zur Schädigung des umliegenden Gewebes führen können. Makrophagen und neutrophile Zellen werden auch als die klassischen Entzündungszellen bezeichnet. Die Produktion von toxischen Radikalen ist für die Erregerabwehr von großer Bedeutung, was man aus entsprechenden genetischen Defekten ableiten kann. Menschen mit so genannter chronischer Granulomatose weisen einen Defekt im NADPH-Oxidasesystem auf, das für die Sauerstoffproduktion verantwortlich ist. Sie sind damit nicht in der Lage, Krankheitserreger effektiv zu beseitigen und leiden unter starker Infektanfälligkeit (vgl. Kap. I.5.1.1., Kap. II.3 und v. a. II.3.4.5).

Eine sofortige erfolgreiche Phagozytose von Krankheitserregern ist die Hauptaufgabe von neutrophilen Granulozyten. Makrophagen hingegen haben noch eine zusätzliche wichtige Rolle in der Weiterleitung von Signalen, die zur Induktion von gegebenenfalls effektiveren Reaktionen führen. Makrophagen spielen also nicht nur für die Sofortreaktion des angeborenen Immunsystems eine Rolle, sondern auch für die frühe, induzierte Abwehrreaktion der angeborenen Antwort. Aktivierte Makrophagen produzieren nämlich eine Reihe von Zytokinen (z. B. TNF-α, IL-1, IL-6, IL-8, IL-12) und Lipidmediatoren (Prostaglandine, Leukotriene, Plättchenaktivierender Faktor), die als Mediatoren der induzierten Abwehrmechanismen dienen. Insofern sind Makrophagen also nicht nur auf Grund ihrer Fressaktivitäten von Bedeutung, sondern spielen auch als sekretorische Zellen eine wesentliche Rolle.

Lysosomen sind von einer Membran umhüllte Organellen mit saurem Milieu, die besonders häufig in Phagozyten vorkommen. Sie enthalten hydrolytische Enzyme, die insbesondere Proteine abbauen, die extrazellulären Ursprungs sind. Lysosomen sind auch wichtig bei der Antigenpräsentation durch MHC-II-Moleküle.

NADPH-Oxidase ist ein Multienzymkomplex, der insbesondere in phagozytierenden Zellen aktiviert wird und einen wichtigen Beitrag zur Abwehr von Krankheitserregern leistet. Aktivierte NADPH-Oxidase besteht aus unterschiedlichen Komponenten (gp22phox, gp91phox, p47phox, p67phox, p40phox und rac) und überträgt ein Elektron von NADPH auf molekularen Sauerstoff, was zur Generierung von toxischen Superoxid-Anionen führt.

NO ist ein biologisches Effektormolekül mit vielfältigen Aktivitäten. In aktivierten Makrophagen wird es durch die **induzierbare NO-Synthase (iNOS)** in großen Mengen produziert und kann aufgenommene Mikroben abtöten.

Zytokine sind Proteine, die sezerniert werden und bei Immunantworten und Entzündungsreaktionen eine Rolle spielen. Zytokine, die für die angeborene Immunantwort wichtig sind, werden bevorzugt von Makrophagen und NK-Zellen produziert. Zytokine, die in der erworbenen Immunantwort von Bedeutung sind, werden hauptsächlich von T-Lymphozyten synthetisiert.

Prostaglandine und **Leukotriene** sind biologisch aktive Abkömmlinge der Arachidonsäure. Sie haben Mediatorfunktionen vor allem in der Entzündung und bei Überempfindlichkeitsreaktionen vom Typ I.

Die durch Makrophagenfaktoren induzierten Abwehrmechanismen äußern sich als eine akute Entzündungsreaktion, wie wir unter Kapitel I.2.3 noch im Detail sehen werden. Es kommt zum klassischen Erscheinungsbild einer Entzündung, d. h. es kommt

- zur Erweiterung lokaler Blutgefäße (was zur Rötung und Erhitzung führt),
- zur Extravasation von Leukozyten, insbesondere von neutrophilen Granulozyten, und
- zur erhöhten Durchlässigkeit der Gefäßwand, wodurch sich Flüssigkeit und Plasmaproteine wie Komplement am Infektionsherd anreichern können (führt zur Schwellung und Schmerz).

Durch diese akute Entzündungsreaktion wird neben einer möglichen Beseitigung des Erregers auch die Ausbreitung des Pathogens verhindert. Wichtig zu erwähnen ist, dass Makrophagen während der angeborenen Immunreaktion dazu beitragen, eine erworbene Immunantwort auszulösen. Aktivierte Makrophagen können beispielsweise Antigene als MHC-II-Komplexe T-Zellen präsentieren. Des Weiteren aktivieren von Makrophagen freigesetzte Zytokine (z. B. IL-1, IL-6) Lymphozyten (vgl. Kap. I.3.3).

Natürliche Killerzellen (NK-Zellen) entwickeln sich aus lymphatischen Vorläuferzellen und zirkulieren im Blut (Abb. I.2.3). Sie spielen eine Rolle in der angeborenen Abwehr von intrazellulären Pathogenen, insbesondere von Viren, indem sie infizierte Zellen durch zytotoxische Faktoren, die sie in Granula gespeichert haben, abtöten. NK-Zellen können durch Makrophagen-Zytokine aktiviert werden und setzen selbst Zytokine (IFN-γ) frei, durch die sie wiederum Makrophagen aktivieren.

2.1.2 Lösliche Faktoren

Neben Phagozyten als zelluläre Bestandteile ist das lösliche Komplement ebenfalls in der Lage, sowohl sofort als auch nach Induktion von Effektorzellen auf Krankheitserreger zu reagieren. Das Komplement ist ein aus über 20 Aktivator- und Regulationsproteinen bestehendes enzymatisches Kaskadensystem, das einen essentiellen Teil der Immunabwehr darstellt. Es erfüllt als humorales System eigenständig seine Aufgaben in der angeborenen Immunantwort, kann aber auch erworbene Immunantworten verstärkend beeinflussen. Somit ist das Komplement ein Bindeglied zwischen humoralen und zellulären Reaktionsketten in angeborenen wie adaptiven Immunantworten (vgl. Abb. I.1.1).

Komplement hat seinen Namen von seiner Fähigkeit, Antikörpern in der Abwehr von Mikroorganismen zu helfen, ihre antimikrobielle Aktivität zu „komplementieren". Komplement kann aber auch in Abwesenheit von Antikörpern agieren und ist in dieser Form ein Teil der angeborenen Immunantwort. Aktiviert durch Antikörper an der Oberfläche von Mikroben ist es hingegen Teil der erworbenen Immunantwort.

Das Komplementsystem besitzt eine Reihe von Eigenschaften, die für seine Funktionen wichtig sind:

1. Die Aktivierung der Komplementproteine beinhaltet deren sequentielle proteolytische Spaltung, was zu mehreren Effektormolekülen führt, die in unterschiedlicher Art und Weise zur Eliminierung des Krankheitserregers beitragen.
2. Die kaskadenförmige Aktivierung der Komplementproteine führt zu einer erheblichen Amplifikation der Effekte, da aus einer limi-

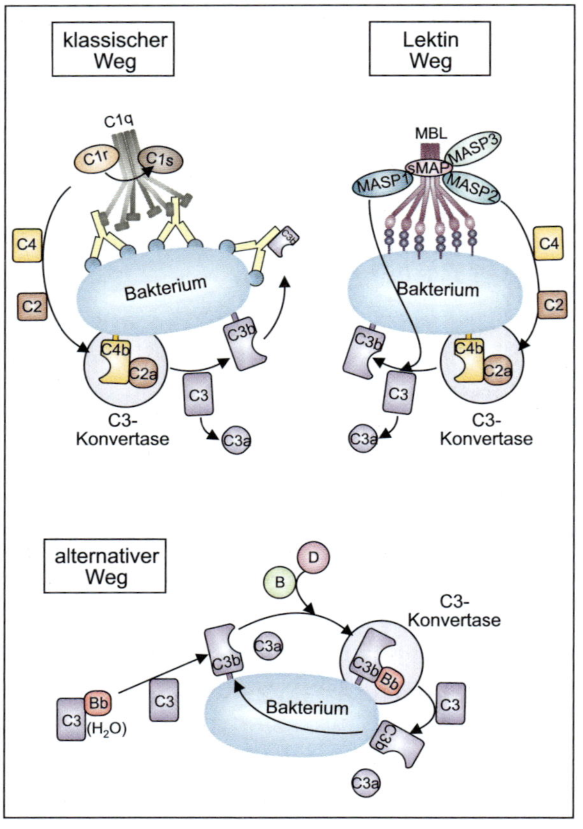

Abb. I.2.4: Frühe Aktivierungsschritte des Komplementsystems.

A Klassischer Weg: Initiiert wird die Komplementaktivierung durch die Bindung des C1-Komplexes an die Fc-Region von Antikörpern auf der Bakterienoberfläche. C1 besteht aus C1q, C1r und C1s. Die Serinprotease C1r wird zunächst autoaktiviert und aktiviert dann C1s, was in der Folge C4- und C2-Serumfaktoren spaltet. Die entstandenen C4b- und C2a-Fragmente bilden einen Komplex, der sich an der Oberfläche des Bakteriums bzw. an den Antikörper (nicht gezeigt) anlagert. Dieser C4bC2a-Komplex fungiert als C3-Konvertase, die C3-Fragmente spaltet. C3b-Fragmente binden an die Bakterienoberfläche bzw. die Fc-Bereiche der Antikörper und sind essentiell für die Eliminierung des Bakteriums durch Phagozytose. C3a-Fragmente werden freigesetzt und dienen als Signalmoleküle.

B Der Lektin-Weg wird dadurch gestartet, dass Mannose-bindendes Lektin (MBL), das wiederum mit drei Serinproteasen (MASP1-3) und einem MBL-bindenden Protein (sMAP) assoziiert ist, an die entsprechenden Kohlenhydratgruppen auf der Oberfläche des Bakteriums bindet. MASP-2 spaltet C4 und C2, was ebenfalls zur C3-Konvertase (C4bC2a) führt. MASP-1 kann C3 aber auch direkt spalten.

C Der alternative Weg beginnt durch eine spontane Aktivierung von C3 durch die Bindung von aktiviertem Faktor B (Bb) an hydrolysiertes C3 (C3-H_2O) im Serum. Entstandenes C3b bindet Faktor B, der durch Faktor D in das Fragment Bb gespalten wird. Der Komplex aus C3b und Bb stellt die C3-Konvertase (C3bBb) des alternativen Weges dar. Wenn C3b an die Oberfläche des Bakteriums gebunden ist, kommt es zu einem Verstärkungskreis, in dem die alternative C3-Konvertase C3-Moleküle zu C3b-Fragmenten spaltet.

tierten Anzahl von aktivierten Komplementmolekülen eine große Menge an Effektormolekülen entsteht.

3. Aktivierte Komplementproteine werden kovalent an die Mikrobenoberfläche gebunden, an der die Aktivierung erfolgt. Damit ist sichergestellt, dass die Aktivierung auf das entsprechende Target limitiert bleibt.
4. Das Komplementsystem wird streng durch Moleküle reguliert, die auf normalen Wirtszellen vorkommen, um eine potentiell schädigende Aktivierung von Komplement zu verhindern.

Im Folgenden wird auf die Aktivierung, Funktion und Regulation des Komplementsystems kurz eingegangen.

2.1.2.1 Aktivierung von Komplement

Komplement kann grundsätzlich auf drei Arten aktiviert werden (Abb. I.2.4):

1. über die Bindung an Antikörpern auf der Oberfläche von Pathogenen (klassischer Weg),
2. über ein Lektin, das an Mannose-Molekülen auf der Pathogenoberfläche bindet (Lektin-Weg) und
3. über die Bindung eines spontan aktivierten Komplementproteins an die Oberfläche des Pathogens (alternativer Weg).

Die Aktivierung besteht aus einer präzisen Sequenz von Interaktionen verschiedener Komplementproteine, die in die Bildung der so genannten C3-Konvertase-Aktivität mündet und als frühe Aktivierungsschritte zusammengefasst werden.

Der klassische Weg wird ausgelöst, wenn IgM- oder bestimmte Subtypen von IgG-Antikörpern (IgG1und IgG3) an Antigene auf Zelloberflächen von Mikroben binden. Die Fc-Teile der Immunglobuline kommen einander näher, so dass das C1-Komplementprotein binden kann und damit aktiviert wird. Dies führt zur Spaltung der Komplement-Proteine C4 und C2. Es kommt zur Ausbildung eines Komplexes von C4bC2a, der kovalent an den Antikörper bzw. an die Mikrobenoberfläche gebunden ist. Dieser Komplex ist die C3-Konvertase (C4bC2a) des klassischen Weges. Sie spaltet C3-Moleküle und das dabei entstandene C3b bindet entweder direkt an die Mikrobe oder an den Fc-Bereich des Antikörpers. Durch Bindung eines weiteren C3b-Moleküls an C4bC2a entsteht eine so genannte C5-Konvertase (C4bC2aC3b)-Aktivität, die späte Schritte der Komplementaktivierung vermittelt (Abb. I.2.5).

Der zweite Weg der Aktivierung wird durch die Bindung des Mannose-bindenden Lektins (MBL) an Mikroben gestartet und Lektin-Weg genannt. MBL aktiviert in der Folge die Proteine des klassischen Weges und unterscheidet sich in den anschließenden Schritten nicht vom klassischen Weg (Abb. I.2.4).

Der alternative Weg ist Antikörper-unabhängig und kann durch mikrobielle Bestandteile im Blut initiiert werden. Hierzu zählen beispielsweise Zymosan (Bestandteile von Hefen) oder Lipopolysaccharide (LPS, Bestandteile gramnegativer Bakterien); aber auch bestimmte Mikroorganismen wie Leishmanien, Trypanosomen und Mykobakterien aktivieren den alternativen Weg direkt. Ein spontan im Plasma entstandenes C3-Spaltprodukt, das C3b, bindet an die Mikrobenoberfläche und kann damit nicht mehr abgebaut werden. Durch diese Bindung wird eine Kaskade ausgelöst, wobei C3b als Substrat für die Bindung des Faktors B fungiert, der seinerseits durch eine Plasmaprotease zu Bb gespalten wird. Bb bleibt an C3b gebunden und beide fungieren als alternative C3-Konvertase (C3bBb), deren Aufgabe es ist, mehr C3 zu spalten und in der Folge mehr C3b und C3bBb-Komplexe zu generieren, die an die Mikroben binden. Wenn sich ein weiteres C3b an den C3bBb-Konvertase-Komplex bindet, entsteht auch auf diesem Weg die so genannte C5-Konvertase (C3bBbC3b), die späte Schritte der Komplementaktivierung mediiert (Abb. I.2.5).

Das Ergebnis der frühen Aktivierungsschritte des Komplements (unabhängig über welchen Weg) ist,

- dass Mikroben eine Fülle von kovalent gebundenen C3b-Molekülen erhalten, die ihre Aufnahme durch Phagozyten erleichtern und
- dass spätere Aktivierungsschritte durch die C5-Konvertase eingeleitet werden, die, wie wir gleich sehen werden, Entzündungsreaktionen mediieren und zur Lyse der Pathogene führen können.

2.1.2.2 Funktion von Komplement

Die Beseitigung von Krankheitserregern während der angeborenen wie auch der erworbenen Immunantwort stellt die essentielle Aufgabe des Komplementsystems dar und wird durch drei Effektorfunktionen gewährleistet (Abb. I.2.5):

1. Phagozytose: Durch Komplementfaktoren (C4b, C3b) opsonisierte Pathogene bzw. Antikörperkomplexe werden von Komplementrezeptoren (z. B. CR-1) auf Phagozyten erkannt und durch Phagozytose wirksam entfernt.
2. Mobilisierung von Effektorzellen: Über bestimmte Komplementspaltprodukte (C4a, C5a, C3a) werden Immunzellen angelockt und Entzündungsreaktionen stimuliert, die zur Beseitigung der Pathogene beitragen.
3. Lyse: Über die Bildung von membranangreifenden Komplexen (C5b, C6-C9) kommt es zur direkten osmotischen Lyse von Mikroorganismen.

Zusätzlich zu den antimikrobiellen Effektorfunktionen stimulieren Komplementfaktoren wie C3d (durch Spaltung von C3 entstanden) über CR-2-Rezeptoren auf B-Lymphozyten die Antikörperproduktion und stellen ein gutes Beispiel für die Interaktion von angeborenem und erworbenem Immunsystem dar (vgl. Kap. I.3.3.3.1).

Ad 1) Die wichtigste Aufgabe des Komplements ist es, die Aufnahme und Zerstörung von Pathogenen durch phagozytäre Zellen zu erleichtern. Dies geschieht dadurch, dass Komplementre-

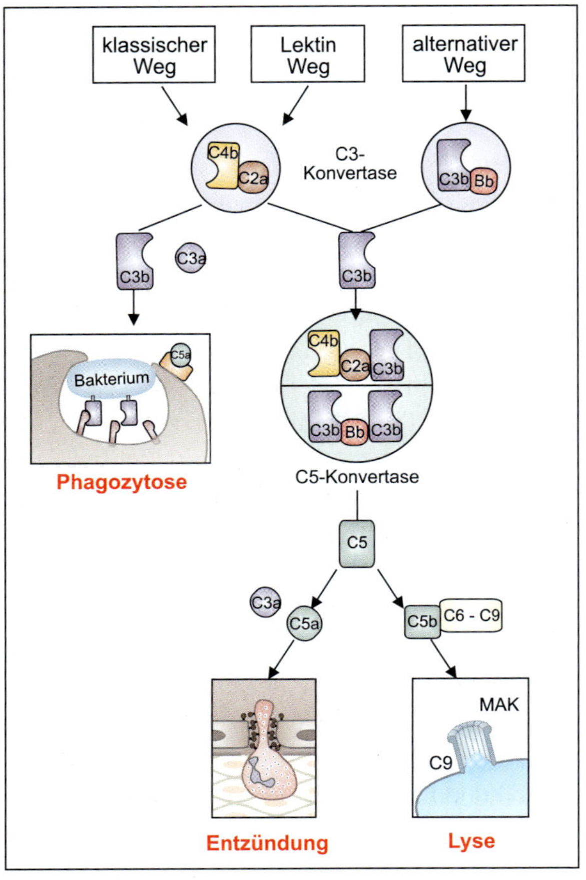

Abb. I.2.5: Effektorfunktionen des Komplements.
Die drei unterschiedlichen Wege der Komplementaktivierung führen zum Schlüsselereignis: der Generierung der C3-Konvertase-Aktivität.
Es entsteht das große Fragment C3b, das an Pathogenoberflächen und Immunkomplexen bindet und essentiell für die Opsonisierung von Pathogenen und für die Entfernung von Immunkomplexen ist.
C3b bindet außerdem an die C3-Konvertase, so dass die C5-Konvertase entsteht, die die späten Ereignisse der Komplementaktivierung in Gang setzt. Dabei wird C5b und das kleine C5a-Fragment freigesetzt. Die kleinen Fragmente C5a und C3a stellen Entzündungsmediatoren dar, die insbesondere Phagozyten anlocken und somit C3b-Effekte verstärken.
Freies C5b induziert Polymerisierungsreaktionen, bei denen die terminalen Komplementbestandteile (C5b, C6-C9) einen Membran-angreifenden Komplex (MAK) bilden, der eine Pore (bestehend aus C9-Molekülen) in der Zellmembran bestimmter Krankheitserreger erzeugt und damit zur Lyse des Pathogens führt.

zeptoren auf Phagozyten gebundene Komplementfaktoren spezifisch erkennen und deshalb an Pathogene binden, die mit bestimmten Komplementfaktoren opsonisiert sind. Hierbei hat das C3b eine Hauptfunktion, das vom Komplementrezeptor CR-1 (CD35) auf Phagozyten spezifisch erkannt wird. Die Bindung von C3b an CR-1 alleine kann eine Phagozytose allerdings noch nicht anregen. Dazu sind kleinere Komplementfragmente wie z. B. C5a nötig, die an ihre entsprechenden Rezeptoren auf Phagozyten binden (C5a-R) und über G-Proteine die Aufnahme der an CR-1 gebundenen Pathogene stimulieren. Drei weitere Komplementrezeptoren CR-2 (CD21) CR-3 (CD11b/CD18) und CR-4 (CD11c/CD18) binden inaktive Formen von C3b (iC3b), die an den Pathogenoberflächen angeheftet bleiben. iC3b-Fragmente dienen ausschließlich zur Opsonisierung und können keine C5-Konvertase-Aktivität ausbilden. Die Bindung von iC3b an z. B. CR-3 reicht jedoch aus, um eine Phagozytose zu aktivieren.

Ad 2) Durch die Spaltung von C4, C3 und C5 entstehen neben den großen Fragmenten, die an der Aktivierungskaskade beteiligt sind (C4b, C3b und C5b), die entsprechenden kleinen Fragmente C4a, C3a und C5a, die Signalmoleküle darstellen. Sie werden als Anaphylatoxine bezeichnet, da sie anaphylaktische Reaktionen auslösen können. Diese Komplementkomponenten binden an ihre G-Protein-gekoppelten Rezeptoren und stimulieren über die Freisetzung vasoaktiver Amine am Ort der Infektion eine Entzündungsreaktion, durch die Phagozyten und andere Entzündungszellen (Mastzellen) angelockt werden. C5a besitzt zusätzlich direkt chemotaktische Eigenschaften für Granulozyten, und erhöht die Expression von CR-1 und CR-3, die für die Phagozytose opsonisierter Pathogene von Bedeutung sind.

Anaphylatoxine sind kleine Fragmente von Komplementfaktoren (C5a, C3a, C4a), die während der Komplement-Aktivierungsphase abgespalten werden und über spezifische Rezeptoren inflammatorische Zellen anlocken und zu Flüssigkeitsansammlung führen.

Ad 3) Ein weiterer wichtiger, später Effekt der Komplementaktivierung besteht in der Zusammenlagerung der terminalen Komplementkomponenten, so dass ein Membran-angreifender Komplex (MAK) entsteht. C3b, gebunden an die C3-Konvertase, führt zur C5-Konvertase-Aktivität, die aus C5 das kleine C5a-Fragment (siehe oben) und C5b generiert. C5b löst eine Zusammenlagerung von C6, C7 und C8 aus. Durch Konformationsänderung kann dieser Komplex nun in die Membran eines Pathogens eindringen. Dadurch wird die Polymerisation von C9-Fragmenten induziert, die dann einen Kanal von etwa 100 Å bilden und eine Lyse des Pathogens hervorrufen. Eine solche direkte Lyse durch Komplement scheint jedoch nur für die Bekämpfung bestimmter Krankheitserreger von Bedeutung, wie beispielsweise der Neisserien und in geringerem Ausmaß von *E. coli*, *Vibrio cholerae* und *Haemophilus influenzae.*

Die verschiedenen Effekte der Komplementfaktoren werden über spezifische Komplementrezeptoren vermittelt. Die Tabelle I.2.1 gibt eine Übersicht über Komplement-bindende Rezeptoren und ihre zelluläre Verteilung.
Neben der Vermittlung der biologischen Effekte von Komplement sind einige Rezeptoren auch in der Regulation der Komplementaktivität involviert (z.B. CR-1). Die Bindung von aktivierten Komplementfaktoren kann zum Abbau der Faktoren in inaktive Produkte führen.

2.1.2.3 Regulation des Komplementsystems

Das Komplementsystem ist durch die Aktivierung seiner Enzymkaskade schnell in der Lage, seine biologischen Effekte zu verstärken, die nicht nur pleiotrop sondern auch potent wirken. Es ist daher verständlich, dass ein solches System endogenen Regulationsmechanismen unterliegen muss. Zum einen stellen die Besonderheiten der Komplementaktivierung an sich eine Sicherung gegen unkontrollierte Aktivierung dar. Die Kaskade der Aktivierung erfolgt in der Regel nur an der Oberfläche eines Pathogens, im Serum werden die Faktoren sehr leicht und schnell hydrolysiert und damit inaktiviert. Wenn aktivierte Komplementfaktoren dennoch an Körperzellen binden, sorgt ein System von endogenen regulatorischen/inhibitorischen Proteinen für den Schutz von Wirtszellen vor zufälliger Schädigung durch Komplement. Diese Kontrollproteine des Komplementsystems sind von großer Bedeutung, was Untersuchungen zu erblichen Defekte in diesen inhibitorischen Proteinen beweisen. Beispielsweise führt das Fehlen von C1-INH, einem C1-Inhibitor, durch die übermäßige Produktion von Komplementfaktoren zu lebensbedrohlichen Zuständen (angioneurotisches Ödem). Es kann dabei zu lokalen Schwellungen der Luft-

Tab. I.2.1: Komplement-bindende Rezeptoren

Rezeptor	Ligand	Aktivität	Zelluläre Verteilung
CR-1 (CD35)	C3b, C4b	Steigerung der Phagozytose, Bindung von Immunkomplexen und Phagozytose; blockiert C3-Konvertase	Phagozyten, Erythrozyten, Eosinophile, B-Zellen, bestimmteT-Zellen
CR-2 (CD21)	C3d, iC3b	Teil des B-Zellrezeptors	B-Zellen, follikuläre dendritische Zellen
CR-3 (CD11b/18, Mac-1) CR-4 (CD11c/18)	iC3b	Steigerung der Phagozytose, Bindung von Immunkomplexen und Phagozytose; Bindung von Zelladhäsionsmolekülen auf Neutrophilen, Erleichterung der Extravasation	Phagozyten, Natürliche Killerzellen, bestimmte T-Zellen
C3a/C4a-Rezeptor	C3a, C4a	Induktion der Degranulation von Mastzellen und Basophilen	Mastzellen, Basophile, Granulozyten
C5a-Rezeptor	C5a	Induktion der Degranulation von Mastzellen und Basophilen	Mastzellen, Basophile, Granulozyten, Monozyten/Makrophagen, Endothelzellen

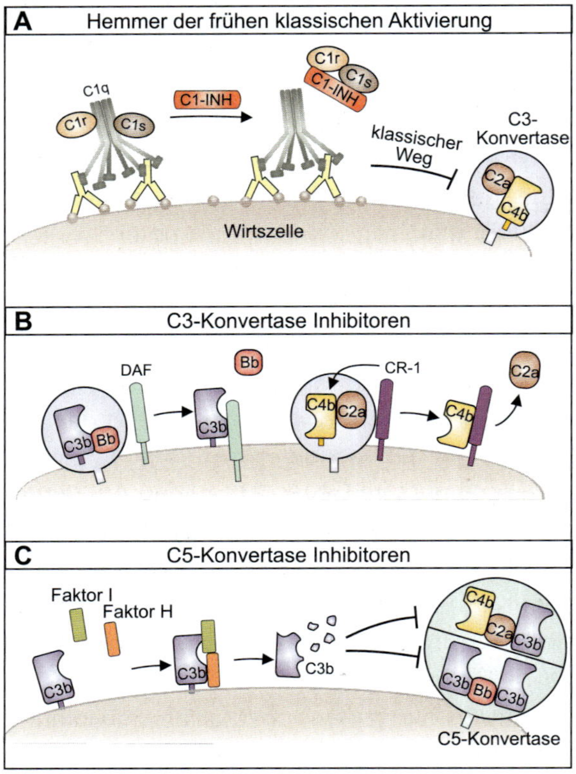

Abb. I.2.6: Komplement-regulierende Proteine und ihre Angriffspunkte.

A C1-INH: Der C1-Inhibitor trennt C1r und C1s vom aktivierten C1-Komplex und verhindert damit die Spaltung von C4 und C2, d. h. die Entstehung der C3-Konvertase (C4bC2b) des klassischen Weges.

B DAF und CR-1 sind Inhibitoren der C3-Konvertase (C4bC2b und C3bBb). Decay accelerating factor (DAF) und Typ1-Komplement-Rezeptor (CR-1) verhindern die Ausbildung der C3-Konvertase, indem sie Bb (alternativer Weg) oder C2a (klassischer Weg) verdrängen.

C Die Faktoren H und I sind Inhibitoren der C5-Konvertase. Sie binden bzw. spalten C3b, so dass kein Komplex aus C4bC2bC3b (klassischer Weg) bzw. aus C3bBbC3b (alternativer Weg) entstehen kann, der jeweils die C5-Konvertase des klassischen bzw. alternativen Weges darstellt.

Tab. I.2.2: Einige Komplement-regulierende Proteine

Bezeichnung	Funktion
C1-Inhibitor = Serpin = C1-INH	Bindet aktiviertes C1
C4-bindendes Protein = C4BP	Bindet C4b und verdrängt C2a; Cofaktor für Faktor I
Decay-accelerating factor (DAF)	Verdrängt Bb und C2a von C3b bzw. C4b
CR-1	Bindet C4b bzw. C3b und verdrängt C2a bzw. Bb; Cofaktor für Faktor I
Faktor H	Bindet C3b, verdrängt Bb, Cofaktor für Faktor I
Faktor I	Spaltet C3b und C4b
CD59	Verhindert die Bildung des Membran-angreifenden Komplexes

röhre und zum Ersticken kommen. Durch Substitution mit C1-INH kann diese Erkrankung geheilt werden. In Abbildung I.2.6 und Tabelle I.2.2 sind wichtige regulatorische Proteine und ihre Angriffspunkte in der Komplementkaskade erläutert. Die regulatorischen Proteine können Komplexe aus Komplementfaktoren zersetzen (C1-INH), bestimmte Komplementfaktoren in inaktive Formen überführen (DAF, C4BP, CR-1) oder die Zusammenlegung des membranangreifenden Komplexes verhindern (CD59).

Check-Liste: 2.1 Hauptakteure des angeborenen Immunsystems

- **Epithelien** – physikalische, chemische und mikrobielle Barrieren gegen Infektionen
- **Phagozyten** (Neutrophile Granulozyten und Monozyten/Makrophagen) – Erkennung und Beseitigung extrazellulärer Mikroben
- **Natürliche Killerzellen (NK-Zellen)** – Abtötung von infizierten Zellen und Stimulation von Makrophagen durch IFN-γ
- **Komplement-Proteine** – Opsonisierung von Mikroben zur besseren Phagozytose, Stimulation von Entzündungsprozessen, Lyse von Mikroben

2.2 Prinzipien der Antigenerkennung

2.2.1 Mustererkennungsrezeptoren

Das angeborene Immunsystem besitzt im Gegensatz zum erworbenen Immunsystem keine Spezifität, kann aber „körperfremd" von „körpereigen" unterscheiden. Phagozyten und Komplement – die essentiellen Effektoren – müssen also über ein Repertoire an Erkennungsstrukturen (Rezeptoren) verfügen, die ermöglichen, Krankheiterreger breit zu erkennen und die Mechanismen der angeborenen Immunantwort zu aktivieren. Diese Rezeptoren, die generell Pathogene erkennen, bezeichnet man auch als Mustererkennungsmoleküle oder PRR (pattern recognition receptors), da sie sich regelmäßig wiederholende Strukturmuster von Mikroorganismen erkennen und binden können. Die Strukturen, die erkannt werden, werden Musterstrukturen oder PAMPs (pathogen-associated molecular pattern) genannt. Diese Strukturen befinden sich nur auf Mikroben und nicht auf Wirtszellen, was eine Unterscheidung von „fremd" und „eigen" möglich macht. Die PAMPs unterscheiden sich innerhalb einer Klasse von Krankheitserregern nicht, so dass unterschiedliche Erreger durch eine limitierte Menge an Rezeptoren erkannt werden. Beispiele für solche PAMPs sind die in LPS konservierten Lipid-A-Strukturen, die für gramnegative Bakterien charakteristisch sind oder die Lipoteichonsäure, die auf grampositiven Bakterien vorkommt. Eine Mutation in diesen Strukturen ist für die entsprechenden Mikroben letal, was andererseits sicherstellt, dass das Pathogen diesen Erkennungsmechanismen in der Regel nicht entgehen kann.

> **Mustererkennungsmoleküle** sind Rezeptoren, die gemeinsame Molekülmuster auf Krankheitserregern, die so genannten PAMPs (pathogen-associated-molecular pattern) erkennen. Man nennt sie auch PRR für „pattern recognition receptors".

Noch nicht ganz geklärt ist die Frage, über welche Mechanismen das angeborene Immunsystem zwischen PAMPs pathogener Erreger und PAMPs der physiologischen Mikroflora unterscheidet. Diskutiert wird hierbei der Einfluss der Kompartimentierung (*E. coli* kommt nur auf der luminalen Seite der Darmschleimhäute vor) und antiinflammatorischer Zytokine (wie IL-10 und TGF-β).

Mustererkennungsrezeptoren sind Keimbahn-codiert und entstehen nicht durch somatische Rekombination wie die Antigenrezeptoren des erworbenen Immunsystems (vgl. Kap. I.3.2). Sie sind – ebenfalls im Gegensatz zu den Antigenrezeptoren des adaptiven Immunsystems – nicht klonal auf Zellen verteilt, d.h. Zellen einer bestimmten Art haben alle die identischen PRR.

Beispiele für Mustererkennungsrezeptoren (PRR) (Abb. I.2.7) sind

1. Lösliche Rezeptoren, wie das Mannose-bindende Lektin (MBL), das bei der Erkennung von Pathogenen durch das Komplement von Bedeutung ist (vgl. Kap. I.2.1) und als Opsonin wirkt. Andere Akute-Phase-Proteine wie C-reaktives Protein (CRP) oder die Surfactant-Proteine A und D (SP-A, SP-D) dienen ebenfalls zur Erkennung und Opsonisierung von Pathogenen. Das C-reaktive Protein bindet Phosphatidylcholinstrukturen bestimmter Lipopolysaccharide von Bakterien und Pilzen. SP-A und SP-D spielen eine wichtige Rolle in der Lunge. Sie binden über lektinähnliche Domänen an Pathogene und sind bei der angeborenen Abwehr von Atemwegspathogenen wichtig. Das LPS-bindende Protein (LBP) enthält Leucin-reiche Strukturmotive und bindet an Lipopolysaccharide (LPS), die Bestandteile der Zellwand von gramnegativen Bakterien sind. Der LPS/LBP-Komplex kann dann an CD14 binden, das löslich bzw. an der Oberfläche von Makrophagen vorkommt und aktiviert den Toll-like Rezeptor-4.
2. Zelloberflächenrezeptoren, wie z.B. Mannoserezeptoren, die zellgebundene Lektine darstellen und Pathogene auf Grund von Mannoseresten in ihrer Zellwand erkennen. Sca-

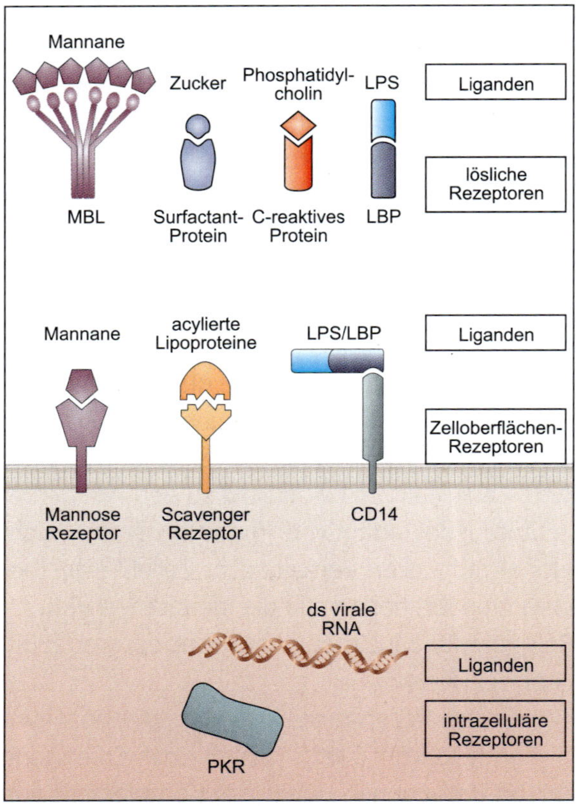

Abb. I.2.7: Erkennungssysteme der angeborenen Immunantwort.
Man kann die Mustererkennungsstrukturen nach ihrer Lokalisation in lösliche, zellmembrangebunden und intrazelluläre Rezeptoren einteilen.
MBL (Mannose-bindendes Lektin) erkennt Mannosestrukturen, Surfactant Protein A/D bindet an bestimmte Zucker und C-reaktives Protein an Phosphorylcholinstrukturen, LBP (Lipopolysaccharid-bindendes Protein) erkennt LPS. Diese löslichen Rezeptoren dienen meist als Opsonine, d.h. sie erleichtern die Phagozytose des Pathogens.
Die membranständigen Rezeptoren wie CD14 erkennen LPS/LBP-Komplexe, Scavenger-Rezeptoren binden acylierte Lipidproteine und der Mannoserezeptor findet Mannosemoleküle auf Pathogenoberflächen.
Intrazelluläre Rezeptoren wie PKR (Proteinkinase aktiviert durch dsRNA) erkennen doppelsträngige virale RNA.

venger-Rezeptoren, die bestimmte anionische Polymere oder acylierte Lipoproteine erkennen. CD14, das LPS und Peptidoglykane bindet und als Corezeptor für die Toll-like Rezeptoren fungiert.

3. Intrazelluläre PRRs, wie die so genannten PKR (Proteinkinase aktiviert durch ds RNA), welche virale doppelsträngige RNA erkennt.

Die besprochenen PRRs haben im Wesentlichen die Aufgabe, das Pathogen zu erkennen und zu binden und dessen Phagozytose bzw. Lyse einzuleiten.
Daneben gibt es auch Rezeptoren, die ihre Rolle in der Signalübertragung der induzierten angeborenen Immunantwort (Auslösung einer lokalen Entzündung) haben.

2.2.2 *Toll-like Rezeptoren*

Die wichtigsten, signalgebenden Rezeptoren sind die Toll-like Rezeptoren (TLR). In Säugetieren kommen mindestens zehn verschiedene Toll-like Rezeptoren vor, die alle eine ganz bestimmte Funktion in der angeborenen Immunantwort haben. Sie unterscheiden sich durch ihre Ligandenspezifität und durch die Notwendigkeit bestimmter akzessorischer Proteine (Abb. I.2.8 A).

> **Toll-like Rezeptoren** haben ihren Namen von ihrer Ähnlichkeit mit den Toll-Proteinen von *Drosophila melanogaster*, sind essentielle PRR der angeborenen Immunantwort und vermitteln hier Signale, die u.a. zu einer Entzündungsreaktion führen.

Der Toll-like Rezeptor-4 (TLR-4) wurde als erster Vertreter dieser Rezeptorfamilie identifiziert. Er ist wesentlich an der Weitergabe von Signalen beteiligt, wenn LPS – d.h. gramnegative Bakterien – vorhanden sind. LPS wird über das LBP und CD14 erkannt und an die Phagozytenoberfläche gebunden. TLR-4 erkennt den CD14/LBP/LPS-Komplex, allerdings erst nachdem er mit einem weiteren Protein, MD-2, im Komplex vorliegt. Neben der Erkennung von LPS ist TLR-4 auch bei der Erkennung des Fusionproteins (F-Protein) des respiratory syncytial virus (RSV) und dem heat shock protein HSP 60 von Bedeutung.
Der Toll-like Rezeptor-2 (TLR-2) ist wichtig für die Erkennung eines sehr breiten Spektrums von mikrobiellen Produkten, wie Peptidoglykanen und Lipoteichonsäure von grampositiven Bakterien, Lipoarabinomannanen von Mykobakterien, Li-

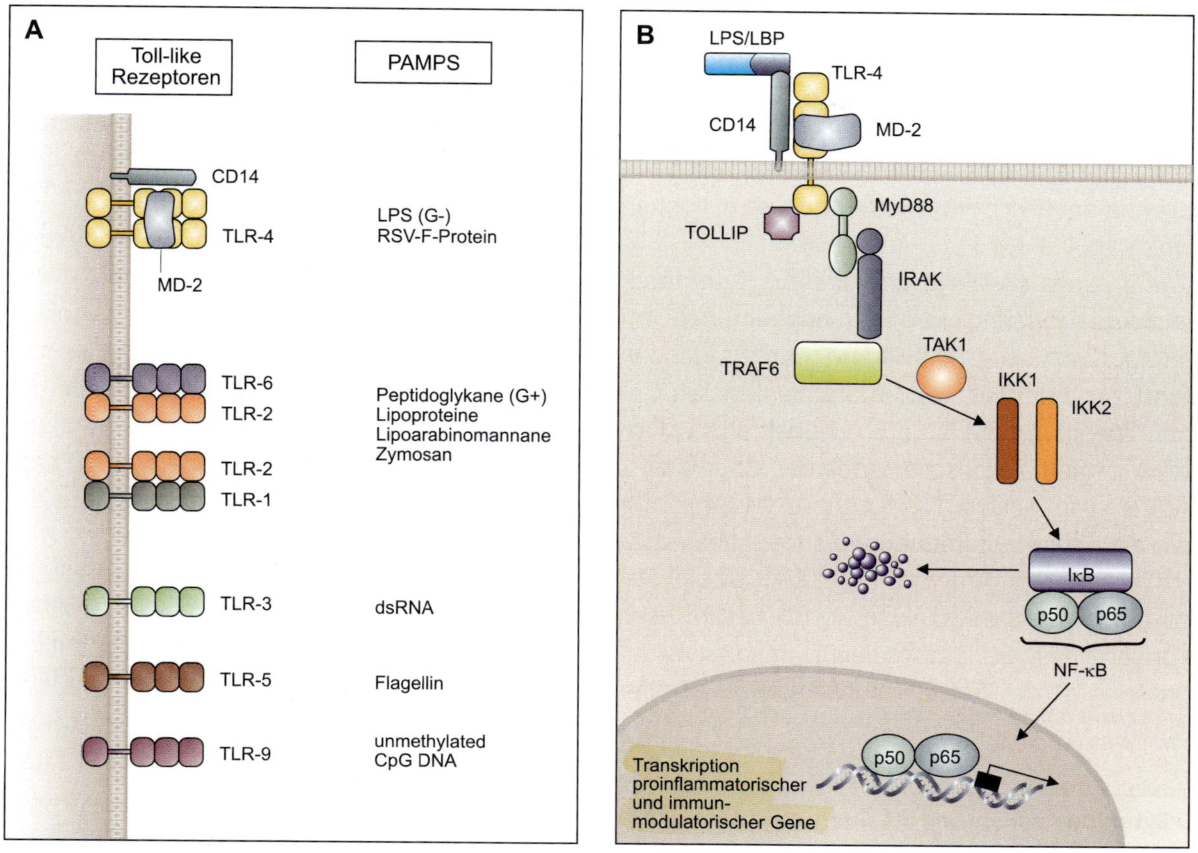

Abb. I.2.8: Das Toll-like-Rezeptor (TLR)-System.

A Verschiedene TLR und ihre Ligandenspezifität. TLR erkennen eine Vielzahl von Pathogen-assoziierten Strukturen (PAMPs). Die Erkennung von LPS durch TLR-4 benötigt die akzessorischen Proteine CD14 und MD-2. TLR-2 erkennt sehr unterschiedliche Liganden und interagiert dabei mit TLR-6 und TLR-1. TLR-3 ist in der Erkennung viraler doppelsträngiger RNA (dsRNA) involviert, TLR-5 bindet Flagellin, ein Protein bakterieller Flagellen und TRL-9 erkennt bakterielle DNA auf Grund ihrer unmethylierten CpG-Motive.

B Signaltransduktionswege der Toll-like Rezeptoren. Die Bindung des Liganden (LPS/LBP/CD14; MD-2) an TLR führt zur Assoziation von Adapter-Molekülen, wie MyD88, Toll-interacting Protein (TOLLIP), der Protein-Kinase IRAK, und TRAF6 (TNF-receptor associated factor 6). TRAF6 aktiviert über die Kinase TAK1 (TGF-β activated kinase) die IκB-Kinasen 1 und 2 (IKK-1/2). Diese Kinasen phosphorylieren IκB, was zur Degradation des inhibitorischen Proteins führt und NF-κB als Dimer freisetzt. NF-κB wandert in den Zellkern und induziert eine transkriptionelle Aktivierung proinflammatorischer und immunmodulatorischer Gene.

poproteinen aus gramnegativen Bakterien und Zymosan aus Hefen. Die breite Erkennungsfähigkeit von TLR-2 lässt sich zum Teil durch seine Kooperation mit zwei anderen Toll-like Rezeptoren, TLR-1 und TLR-6 erklären. TLR-1 und TLR-6 sind auf vielen Zellen konstitutiv vorhanden, TLR-2 wird dagegen nur auf antigenpräsentierenden Zellen und Endothelzellen exprimiert.

Der Toll-like Rezeptor-3 (TLR-3) besitzt zwei interessante Merkmale, die ihn von den anderen TLR unterscheidet: Er scheint fast ausschließlich von dendritischen Zellen gebildet zu werden und erkennt virale doppelsträngige RNA. Die Bedeutung von TLR-3 in der Abwehr von Viren ist jedoch noch nicht klar.

Der Toll-like Rezeptor-5 (TLR-5) erkennt Flagellin, ein Protein aus dem die Flagellen von Bakterien bestehen. Interessanterweise ist TLR-5 auf der basolateralen Seite der Darmschleimhäute lokalisiert, wo er Flagellin pathogener Bakterien erkennen kann, da nur pathogene Bakterien Epithelien durchdringen können.

Der Toll-like Rezeptor-9 (TLR-9) erkennt unmethylierte CpG-Motive in bakterieller DNA. CpG-

Motive in Säugerzellen sind methyliert; da Bakterien aber keine Cytosinreste methylieren können, signalisiert unmethyliertes CpG die Präsenz einer bakteriellen Infektion. CpG aus bakterieller DNA hat immunstimulierende Eigenschaften, die therapeutisch von Bedeutung sein können (vgl. Kap. II.3.3.4.1).
Wie anfangs erwähnt, sind Toll-like Rezeptoren wichtige Signalmoleküle der angeborenen Immunantwort. Ihre Aktivierung durch Liganden führt zur Induktion von unterschiedlichsten Genen, deren Produkte (z. B. antibakterielle Proteine, inflammatorische Zytokine, Chemokine, Adhäsionsmoleküle, NO-Synthase) essentiell für die angeborene Immunantwort sind, aber auch die erworbene Antwort (z. B. MHC-Moleküle, costimulatorische Moleküle, IL-12) beeinflussen können. Ein Schlüsselmolekül in diesem Signalweg ist der Transkriptionsfaktor NF-κB, der durch TLR-4 aktiviert wird.

Zytokine sind Proteine die sezerniert werden und eine Rolle als Mediatoren der Immunantwort sowie im Entzündungsgeschehen spielen. Zytokine der angeborenen Immunantwort werden von Makrophagen und NK-Zellen produziert, bei der erworbenen Immunantwort sind die T-Lymphozyten die Hauptproduzenten.

Chemokine sind strukturell homologe, niedrigmolekulare Zytokine, die die gerichtete Bewegung von Leukozyten stimulieren und die Einwanderung von Leukozyten aus dem Blut ins Gewebe regulieren.

Zelladhäsionsmoleküle (CAMs, cell adhesion molecules) sind Oberflächenmoleküle auf Zellen und spielen eine wichtige Rolle bei Zell/Zell-Kontakten aber auch bei transienten Wechselwirkungen zwischen Zellen.

NF-κB beschreibt eine Familie von Transkriptionsfaktoren, die aus Homo- bzw. Heterodimeren von c-rel-Proteinen (z. B. p50, p65) bestehen. Im inaktiven Zustand liegen sie im Zytosol an IκB gebunden vor. Nach Aktivierung wird dieses abgespalten und NF-κB transloziert in den Zellkern und bewirkt die Aktivierung proinflammatorischer Gene.

Mitogen-aktivierte Proteinkinasen (MAPK) sind Kinasen, die auf unterschiedlichste Stimuli hin aktiviert d. h. phosphoryliert werden und durch Phosphorylierung von Transkriptionsfaktoren zur Expression neuer Gene führen.

Die Aktivierung von NF-κB führt zur Produktion wichtiger Mediatoren bzw. Effektoren der angeborenen Immunität: der Zytokine, Chemokine und Zelladhäsionsmoleküle. Diese Moleküle mediieren wesentliche Effektormechanismen der angeborenen Immunantwort, die sich als akute lokale Entzündungsreaktion äußern (vgl. Kap. I.2.3.). Die einzelnen notwendigen Schritte der NF-κB-Aktivierung sind in Abbildung I.2.8 B dargestellt und erläutert. Unterschiedliche Adaptorproteine des TLR-Signalweges (MyD88, TOLLIP, TRAF6) und eine Proteinkinase (IRAK) sind dafür notwendig.
Neben NF-κB werden über den TLR-Pathway auch Proteinkinasen der Familie der MAP-Kinasen (mitogen-activated protein kinases) aktiviert, die für die Aktivierung unterschiedlicher Transkriptionsfaktoren und damit ebenfalls für die Induktion proinflammatorischer Produkte von Bedeutung sind.
Der Toll-Signalweg ist zwar ein alter Mechanismus, der bei der angeborenen Immunität wahrscheinlich aller vielzelligen Organismen vorkommt, allerdings ist er Gegenstand aktueller, immunologischer Forschung. Es ist wichtig anzumerken, dass über den Toll-Weg auch Moleküle induziert werden, die für die Induktion der erworbenen Immunantwort unabdingbar sind. Toll-like Rezeptoren auf dendritischen Zellen erkennen Pathogene und bewirken eine Reifung dieser antigenpräsentierenden Zellen, was zu einer erhöhten Expression von costimulierenden Molekülen (B7.1, B7.2) führt (vgl. Kap. I.3.1). Diese Costimulatoren müssen an der Oberfläche einer antigenpräsentierenden Zelle vorhanden sein, um in Kombination mit dem Antigen-MHC-Komplex T-Zellen zu aktivieren und eine adaptive Immunantwort auszulösen.
Über das Toll-Signalsystem ist das angeborene Immunsystem in der Lage, die Induktion geeig-

Checkliste: 2.2 Erkennungsprinzipien der angeborenen Immunantwort	
Erkennungsstrukturen (PAMP) bzw. ihre -rezeptoren (PRR) • PAMPs sind konservierte Strukturen, die für eine Klasse von Krankheitserregern charakteristisch sind. • PRRs erkennen diese PAMPs und sind nicht gegen Wirtszellen gerichtet. • PRR haben keine Spezifität, sind Keimbahn-codiert und nicht-klonal verteilt. • PRR spielen eine Rolle in Erkennung und Phagozytose von Pathogenen	**Toll-like Rezeptoren** • haben ihre Aufgabe in der Signalübertragung d. h. in der Induktion von Entzündungsreaktionen

neter adaptiver Immunantworten zu unterstützen und zu steuern. Darauf beruht der Einsatz von so genannten Adjuvanzien, die aus Bakterienbestandteilen zusammengesetzt sind und zusammen mit einem Antigen/Impfstoff verabreicht werden, um über den Toll-Signalweg die spezifische adaptive Immunantwort zu steigern (vgl. Kap. II.3.3.4).

autokrin – selbst stimulierend
parakrin – Stimulation von Nachbarzellen

2.3 Effektormechanismen

Effektormechanismen der angeborenen Immunantwort haben die Aufgabe, Erreger zu beseitigen oder zumindest die Infektion einzudämmen und eine erworbene Immunantwort – wenn nötig – zu unterstützen.

Man kann Effektormechanismen der Sofortreaktion der angeborenen Immunreaktion von Effektormechanismen der induzierten angeborenen Immunreaktion unterscheiden.

Im Folgenden wird weiterhin zwischen Abwehrmechanismen, die gegen extrazelluläre Pathogene gerichtet sind und solchen, die intrazelluläre Erreger (d. h. infizierte Wirtszellen) angreifen, unterschieden.

2.3.1 Effektormechanismen gegen extrazelluläre Erreger

Neben der Abwehr durch Epithelien sind die Effektormechanismen der Sofortreaktion bei extrazellulären Erregern im Wesentlichen die Komplementaktivierung und Phagozytose zur schnellen Entfernung des Pathogens (Abb. I.2.9 A).

Sind diese Sofort-Effektormechanismen nicht erfolgreich gewesen, werden Mechanismen induziert, die sich in einer lokalen Entzündungsreaktion äußern (Abb. I.2.9 B). Hierbei nehmen neben den kleinen Komplementfaktoren (C4a, C3a, C5a, vgl. Kap. I.2.1) der aktivierte, d. h. der phagozytierende Makrophage und seine Produkte eine Schlüsselrolle ein. Über die Freisetzung von Zytokinen werden zwei essentielle Effektormechanismen der angeborenen Immunantwort induziert:

- Die Mobilisierung/Anlockung zusätzlicher Effektorzellen und
- Die Aktivierung diverser Effektorzellen.

Zytokine der angeborenen Immunantwort nehmen eine Schlüsselrolle in diesen induzierten Prozessen ein. Im Folgenden werden diese wichtigen Signalmoleküle kurz vorgestellt.

Zytokine sind kleine Proteine, die im Körper von verschiedenen Zellen auf Stimuli freigesetzt werden und über ihre Bindung an spezifische Rezeptoren verschiedene Reaktionen auslösen. Sie gewährleisten autokrine oder parakrine Zellkommunikation. Zytokine werden von Zellen sowohl des erworbenen als auch des angeborenen Immunsystems freigesetzt und vermitteln sowohl erworbene und auch angeborene Effektormechanismen. Die Zytokine sind funktionell und strukturell eine sehr große und sehr heterogene Gruppe. Es gibt die Familie der Interferone und der Interleukine, die TNF-Familie sowie die Familie der Chemokine und der Hämatopoetischen Wachstumsfaktoren. Funktionell lassen sich die Zytokine sinnvollerweise in fünf Gruppen einteilen:

- Zytokine, die die Funktion von Lymphozyten regulieren: IL-2, IL-4, IL-10 oder TGF-β regulieren beispielsweise die Aktivierung, Differenzierung und das Wachstum von Lymphozyten.
- Zytokine, die Entzündungszellen aktivieren: Hierzu zählen die Makrophagen-aktivierenden Zytokine wie IFN-γ, TNF-α sowie die Interleukine IL-5, IL-10 und IL-12.
- Chemokine, wie IL-8 und MCP-1, die durch ihre chemotaktische Aktivität charakterisiert sind.
- Zytokine, die die Hämatopoese stimulieren, wie z. B. IL-3, G-CSF, M-CSF, GM-CSF.
- Zytokine, die in der angeborenen Immunantwort von Bedeutung sind. Hier sind zwei wesentliche Gruppen zu nennen: TNF-α, IL-1 und IL-12 sowie die Interferone IFN-α und IFN-β bzw. IFN-γ.

Ihrer Schlüsselrolle gerecht werdend, sind bereits etliche Zytokine als Wirkstoffe bzw. als Zielstrukturen von Wirkstoffen eingeführt (vgl. Kap. II.2.4, II.3.4).

Nun zurück zu den beiden wesentlichen Effektormechanismen:

Mobilisierung/Anlockung von Effektorzellen: Trifft ein Makrophage auf ein Pathogen, so setzt er u. a. IL-8, TNF-α und IL-1 frei, die unterschiedliche Aufgaben in den angeborenen Effektormechanismen haben. IL-8 ist funktionell ein Chemokin. Chemokine gehören zu den ers-

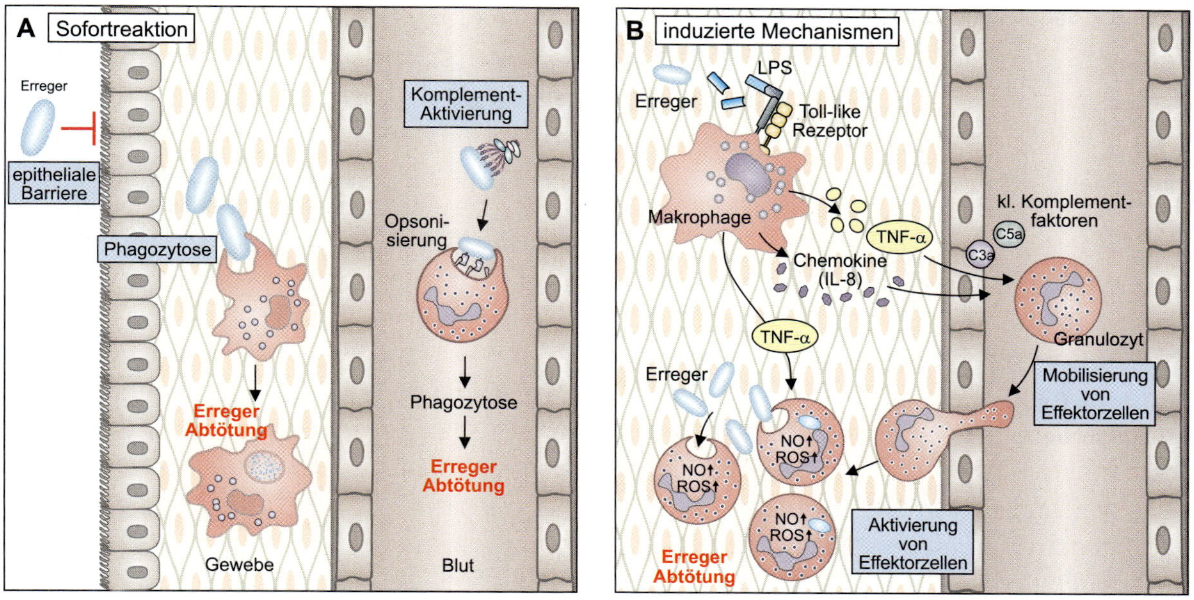

Abb. I.2.9: Übersicht: angeborene Effektormechanismen gegen extrazelluläre Erreger.

A Sofortreaktion

- Epithelien stellen die erste physikalische und chemische Abwehrmaßnahme dar.
- Dringt der Erreger ins Blut vor, kommt es durch die Aktivierung von Komplement zur Opsonisierung und Phagozytose durch Granulozyten und ggf. zur Abtötung des Pathogens.
- Dringt der Erreger ins Gewebe ein, kommt es zur Aufnahme durch ortständige Makrophagen, die durch die Phagozytose aktiviert werden und mikrobizide Faktoren produzieren, was ggf. ebenfalls zur Vernichtung des Pathogens führt.

Gelingt die Beseitigung nicht in der Sofortreaktion werden weitere Effektormechanismen induziert.

B Induzierte Mechanismen

- Aktivierte Toll-like Rezeptoren auf phagozytierenden Makrophagen bewirken die Ausschüttung von Zytokinen, insbesondere TNF-α und Chemokine, was zur Endothelaktivierung und Mobilisierung von weiteren Effektorzellen in das infizierte Gewebe führt. Kleine Komplementfaktoren sind hierbei ebenfalls beteiligt.
- Makrophagen-Zytokine stimulieren dann wiederum Effektorzellen, mit den Erregern auf unterschiedlichste Art fertig zu werden. Insbesondere TNF-α spielt hierbei eine wichtige Rolle.

ten Zytokinen, die bei einer Infektion freigesetzt werden. Neben IL-8 ist MCP-1 ein gut charakterisiertes Chemokin, das von Makrophagen sezerniert wird.

Die große Vielzahl unterschiedlicher Chemokine lassen sich in vier Gruppen einteilen, die sich durch die Anordnung der vier konservierten Cysteinreste (C) in ihrer Aminosäuresequenz unterscheiden. Die C-C- und C-X-C-Chemokine stellen die größten Gruppen dar.

Diese Moleküle induzieren eine gerichtete Chemotaxis für Leukozyten, d. h. sie leiten Monozyten und neutrophile Zellen aus dem Blut an den Infektionsherd. Diese Mobilisierung von Phagozyten zu Infektionsherden ist eine der wichtigsten Effektorfunktionen der angeborenen Immunantwort, um Erreger zu eliminieren bzw. einzudämmen. Chemokine besitzen zwei Fähigkeiten, die zur Anlockung von Zellen führen:

1. Sie können über Beinflussung von Adhäsionsmoleküle bewirken, dass Leukozyten, die entlang des Endothels rollen, stabil gebunden werden.
2. Sie können durch Aufbau eines Chemokin-Gradienten, dessen Konzentration am Infektionsherd zunimmt, die Wanderung der Leukozyten steuern.

Neben den Chemokinen sind die so genannten Zelladhäsionsmoleküle für die Auswanderung von Leukozyten ins entzündete Gewebe von entscheidender Bedeutung. Dabei spielen mehrere strukturell unterschiedliche Proteinfamilien eine Rolle: Selektine, Integrine und Proteine der Immunglobulin-Superfamilie (Tab. I.2.3).

Tab. I.2.3: Beispiele für Zelladhäsionsmoleküle

Gruppe	Vertreter	Bindungspartner	Gewebeverteilung
Selektine	P-Selektin E-Selektin	Kohlenhydrate Sialyl-Lewis-Einheit	aktiviertes Endothel
Integrine	$\alpha_L\beta_2$ (LFA-1)	ICAM	Monozyten, Makrophagen, Neutrophile, T-Zellen, Dendritische Zellen
	$\alpha_M\beta_2$ (CR-3)	ICAM, iC3b, Fibrinogen	Monozyten, Makrophagen, Neutrophile
	$\alpha_x\beta_2$ (CR-4)	iC3b	Dendritische Zellen, Makrophagen, Neutrophile
	$\alpha_5\beta_1$ (VLA-5)	Fibronectin	Monozyten, Makrophagen
Immunglobulin-superfamilie	ICAM-1	LFA-1	aktiviertes Endothel
	VCAM-1	VLA-4/5	aktiviertes Endothel
	PECAM (CD31)	PECAM (CD31)	aktivierte Leukozyten; endotheliale Zell/Zell-Verbindung

Die Selektine (z. B. E-Selektin, P-Selektin) sind auf aktiviertem Endothel exprimiert und starten die Endothel/Leukozyt-Wechselwirkung indem sie an Oligosaccharide (Sialyl-Lewis) auf der Zelloberfläche von Leukozyten binden (Abb. I.2.10). Dies hat zur Folge, dass die Leukozyten entlang des Endothels „rollen". Der nächste Schritt ist eine feste Adhäsion des Leukozyten an das Endothel. Dies kommt durch eine Chemokin-vermittelte Ausbildung einer affineren Bindung von ICAM (intrazelluläres Adhäsionsmolekül; Ig-Familie) des aktivierten Endothels an Leukozyten-Integrine (β_2-Integrine wie z. B. LFA-1) des Leukozyten zustande. Die eigentliche Durchquerung des Endothels, auch Diapedese genannt, wird durch Integrine und das Immunglobulin-ähnliche PECAM (Platelet-endothelial cell adhesion molecule, CD31), welches sowohl am Endothel als auch auf Leukozyten exprimiert wird, ermöglicht. Die Basalmembran des Gewebes wird mit Hilfe von freigesetzten proteolytischen Enzymen zerstört und lässt schließlich die Leukozyten entlang eines Chemokin-Gradienten, der durch die unterschiedliche Bindung von IL-8 an extrazelluläre Matrixproteine bewirkt wird, gezielt einwandern. Unter dem Einfluss von IL-8, das von Makrophagen produziert wurde, wandern zunächst Neutrophile massiv ins Gewebe ein. Monozyten werden erst später durch MCP-1 angelockt und differenzieren im Gewebe zu Makrophagen. Bei der Mobilisierung von Effektorzellen ist neben den Chemokinen das Zytokin TNF-α, das ebenfalls von aktivierten Makrophagen freigesetzt wird, von entscheidender Bedeutung (Abb. I.2.11). Ruhendes Endothel exprimiert nur geringe Mengen an ICAM, VCAM oder E-Selektinen. Kontakt von TNF-α mit Endothelzellen führt zu einer raschen (1–2 h) Expression dieser wichtigen Adhäsionsmoleküle. Weiterhin bewirkt TNF-α akut eine Freisetzung von P-Selektinen an der Zelloberfläche, die im ruhenden Endothel in Granula gespeichert sind.

Selektine sind Kohlenhydrat-bindende Proteine, die die Adhäsion von Leukozyten an das Endothel vermitteln. Ihr Namen kommt von einer extrazellulären lektinartigen Bindungsdomäne. L-Selektin wird von Leukozyten, E-Selektin und P-Selektin auf Endothelzellen bzw. Thrombozyten exprimiert.

Integrine haben ihren Namen von ihrer Eigenschaft, extrinsische Signale in Veränderungen des Zytoskeletts der Zellen zu integrieren. Es sind Zelloberflächenproteine, die für unterschiedliche Zellinteraktionen von Bedeutung sind, insbesondere für die Migration von Leukozyten ins Gewebe und die Interaktion von T-Zellen mit antigenpräsentierenden Zellen. Es gibt zwei Subtypen von Integrinen, die β_1-Integrine (VLA-4 auf T-Zellen) und die β_2-Integrine (z. B. LFA-1 auf Phagozyten und T-Zellen).

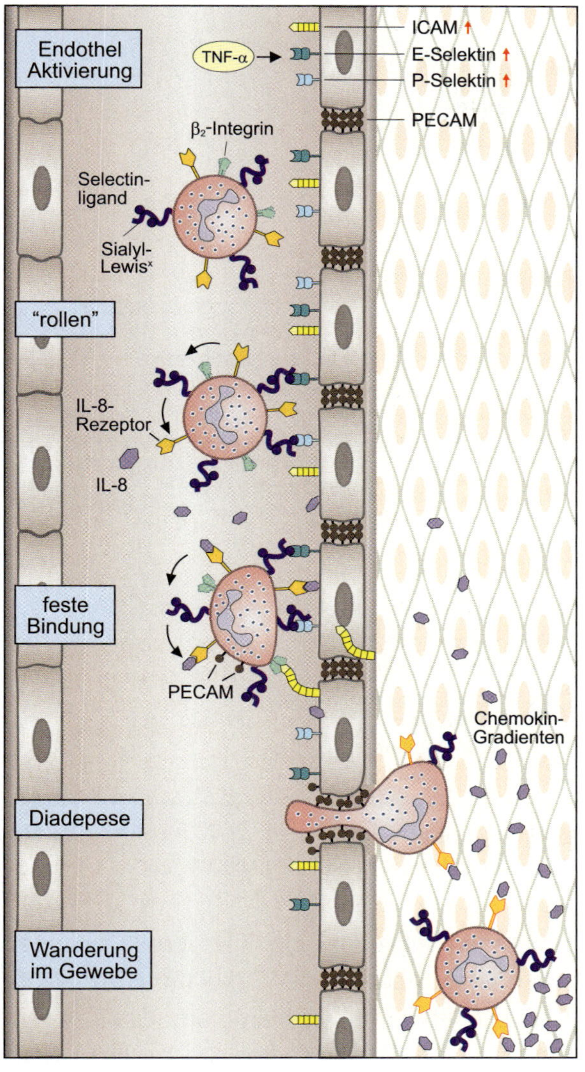

Abb. I.2.10 Mobilisierung von Effektorzellen: Mechanismus der Extravasation von Leukozyten.

- Endothelaktivierung: Durch Entzündungsmediatoren (TNF-α) sind Adhäsionsmoleküle wie E- und P-Selektin, sowie ICAM auf dem Endothel vermehrt exprimiert.
- „Rollen": Endotheliale E- und P-Selektine binden Sialyl-Lewis-Reste an Selektin-Liganden auf der Leukozytenoberfläche. Dadurch werden Leukozyten in ihrem Fluss gestoppt und rollen an der Endothelzellschicht entlang.
- Feste Bindung: Chemokine wie IL-8 aktivieren Leukozyten mit der Folge, dass die Avidität der β_2-Integrine für eine Bindung mit ICAM ansteigt und eine feste Bindung des Leukozyten an das Endothel erfolgt.
- Diapedese: Mit Hilfe von PECAM (CD31) und anderer Moleküle migriert der Leukozyt zwischen zwei Endothelzellen hindurch ins Gewebe.
- Wanderung im Gewebe: Durch einen Chemokin-Gradienten geleitet, wandert der Leukozyt an den Infektionsort im Gewebe.

Wichtig in diesem Zusammenhang ist, dass TNF-α zu einer Erhöhung der Permeabilität der Gefäße und damit zum Austritt von Plasmaproteinen und Flüssigkeit führt und die für eine Entzündung charakteristische Schwellung hervorruft.

Der zweite wichtige Effektormechanismus der angeborenen Immunantwort ist die **Aktivierung von Effektorzellen:** Die vermehrt an den Infektionsort eingewanderten Zellen werden in der Folge aktiviert, um den Erreger abzutöten bzw. zu beseitigen. Hier spielt das Zytokin TNF-α die essentielle Rolle (Abb. I.2.11). TNF-α führt in diesem Zusammenhang zu

- einer Aktivierung von Makrophagen und Granulozyten, verstärkt zytotoxische Faktoren (wie ROS, NO, etc.) zu produzieren. Dies trägt effizient zur Beseitigung aufgenommener Pathogene bei,
- einer Stimulation der Produktion von Leukozyten, insbesondere von Neutrophilen aus dem Knochenmark,
- einer Freisetzung von Akute-Phase-Proteinen (C-reaktives Protein, Surfactant Proteine A und D) aus Hepatozyten. Diese können als induzierbare, lösliche Rezeptoren fungieren, die das angeborene Immunsystem benutzt, um Erreger zu erkennen und deren Phagozytose zu stimulieren und
- einer verstärkten Wanderung von dendritischen Zellen in die peripheren Lymphknoten und so zu einer effizienten Antigenpräsentation. Damit unterstützt die angeborene Immunantwort den Beginn einer spezifischen, adaptiven Immunantwort.

TNF-α spielt jedoch nicht nur in der Auslösung von Entzündungsreaktionen (Mobilisierung und Aktivierung von Effektorzellen) eine wesentliche Rolle, sondern auch in ihrer lokalen Eindämmung, was ja eine essentielle Aufgabe der angeborenen Immunantwort darstellt, um einen Schutz bis zum Anlaufen der adaptiven Antwort sicher zu stellen. Entzündungsmediatoren, wie TNF-α, bedingen neben einer Endothelzellaktivierung auch die Produktion von Proteinen, die zur lokalen Blutgerinnung und damit Abkapse-

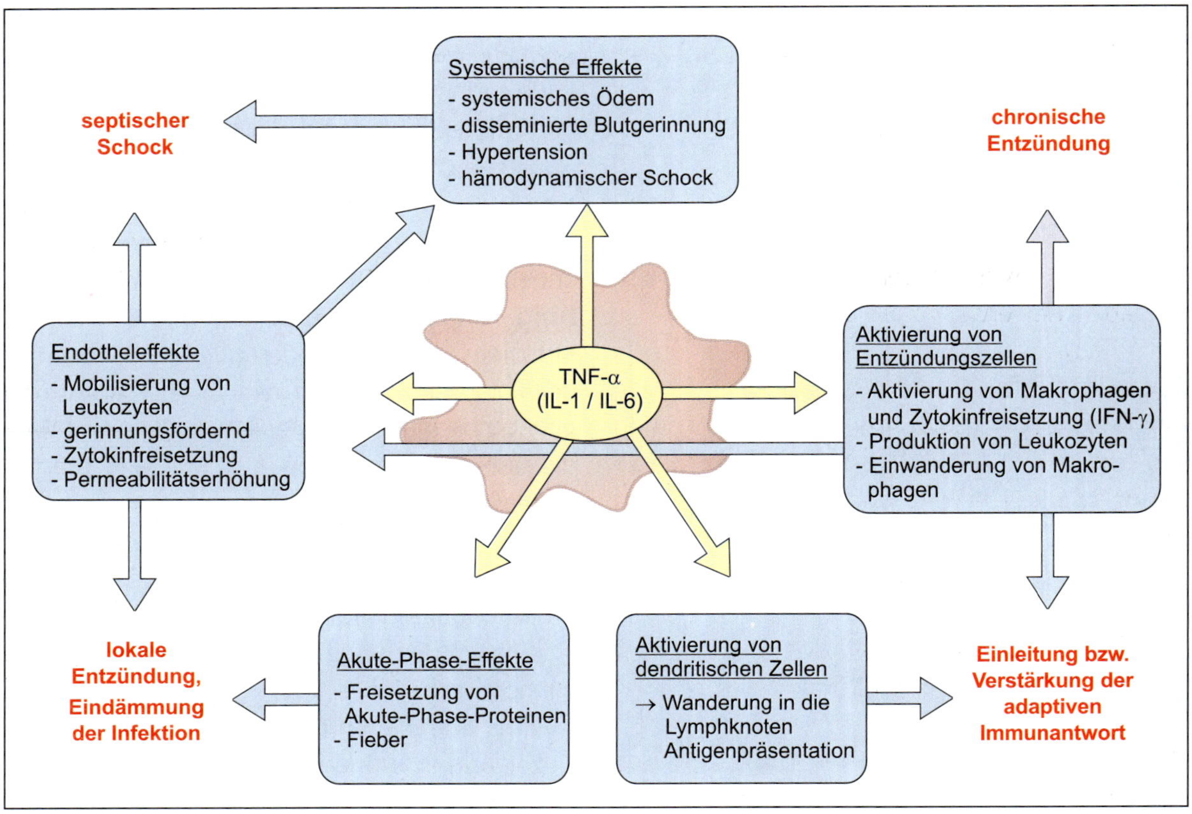

Abb. I.2.11: Aktivierung von Effektorzellen durch Makrophagen-Zytokine.
Haupteffekte von TNF-α und anderer Makrophagen-Zytokine (IL-1, IL-6) und ihre pathogenen Auswirkungen.

lung des Infektionsherdes von der systemischen Zirkulation beitragen. Die durch die Endothelaktivierung herbeigeführte Ansammlung von Flüssigkeit in Kombination mit der großen Menge an Phagozyten gewährleistet, dass der Erreger durch das Lymphsystem zu einem regionalen Lymphknoten transportiert wird, wo dann eine adaptive Immunantwort ausgelöst werden kann.

Es ist in Tierversuchen gezeigt worden, dass sich in Abwesenheit von TNF-α eine Infektion über das Blut ausbreitet. Dies hat zur Folge, dass über den Toll-like-Rezeptor-Signalweg aktivierte Makrophagen in Leber und Milz große Mengen TNF-α systemisch in die Zirkulation freisetzen. Über die erwähnten Effekte am Gefäßsystem kommt es zum systemischen Ödem, einer Neutropenie und zum Zusammenbruch des Gefäßsystems. Dies wird als septischer Schock bezeichnet. Durch eine disseminierte Blutgerinnung kommt es zum Versagen lebensnotwendiger Organe, die durch die ungenügende Blutversorgung schnell geschädigt werden. Ein Multi-Organversagen im septischen Schock führt häufig zum Tod.

TNF-α ist also zum einen ein Schlüsselmolekül zur Eindämmung einer Infektion und induziert zum anderen – wenn diese Eingrenzung des Erregers scheitert – verheerende systemische Effekte (Abb. I.2.11).

Das für die Regulation der TNF-α-Produktion verantwortliche Toll-Signalsystem ist daher ein wichtiges „Target" zur Entwicklung neuer Immuntherapeutika.

Septischer Schock (syn.: **Endotoxin-Schock**) ist eine häufig tödlich verlaufende gramnegative Infektion, die durch eine disseminierte intravaskuläre Koagulation, einen Kollaps des Gefäßsystems und metabolischen Entgleisungen charakterisiert ist. Die Zytokine TNF-α, IL-1 und IL-12 spielen dabei eine wichtige Rolle.

Makrophagen produzieren auch IL-12, wenn sie mikrobielle Bestandteile aufnehmen. IL-12 wiederum aktiviert natürliche Killerzellen, IFN-γ freizusetzen, was daraufhin die Makrophagen in ihrer Aufgabe, aufgenommene Mikroben abzutöten, stimuliert. IFN-γ wird – wie wir später sehen werden – auch von T-Zellen produziert und ist daher ein Zytokin von beiden, der angeborenen wie auch der erworbenen Immunantwort (vgl. Kap. I.3.3).

Bei viralen Infekten sezernieren Makrophagen und andere infizierte Zellen die so genannten Typ-I-Interferone (α und β), die – wie wir im Folgenden sehen werden – wichtige Mediatoren in Effektormechanismen gegen Viren darstellen.

2.3.2 Effektormechanismen gegen intrazelluläre Erreger (Viren)

Die bisher dargestellten Effektormechanismen bezogen sich im Wesentlichen auf die Abwehr gegen extrazelluläre (bakterielle) Krankheitserreger. Diese Effektormechanismen können auch bei einer Virusinfektion aktiv werden. Allerdings spielen hier die Interferone α und β und die natürlichen Killerzellen (NK-Zellen) eine wesentlichere Rolle (Abb. I.2.12, I.2.13). Die durch NK-Zellen und Interferone mediierten Effektormechanismen bewirken im Wesentlichen zwei Dinge:

- Die Virus-infizierte Zelle wird getötet und die Vermehrung des Virus unterdrückt,
- Nachbarzellen werden gegen eine Virusinfektion resistent.

Natürliche Killerzellen entwickeln sich aus der lymphatischen Vorläuferzelllinie im Knochenmark und zirkulieren im Blut. Sie stellen ungefähr 10 % der Lymphozyten im Blut und in den peripheren lymphatischen Organen dar. NK-Zellen besitzen charakteristische Oberflächenmarker, jedoch keine Antigenrezeptoren wie T- oder B-Lymphozyten. NK-Zellen können jedoch Virus-infizierte Zellen von nicht-infizierten Zellen unterscheiden. Wie ihnen dies gelingt, ist noch nicht ganz geklärt. Man weiß jedoch, dass NK-Zellen verschiedene Rezeptoren besitzen, die das Signal zum Abtöten vermitteln bzw. inhibieren können. Das Töten geschieht über die Freisetzung zytotoxischer Granula, die Proteine (z. B. Perforin) enthalten, die Apoptose induzieren. Es gibt die so genannten „aktivierenden Killerrezeptoren", die lektinähnliche Strukturen haben und die so genannten „Killerhemmenden Rezeptoren (KIRs)" (Abb. I.2.12). Wenn KIRs MHC-I-Moleküle an den Zielzellen erkennen, wird ein inhibitorisches Signal ausgesandt, das den Apoptose-Prozess verhindert. Über diesen Mechanismus schützen sich körpereigene, nicht-in-

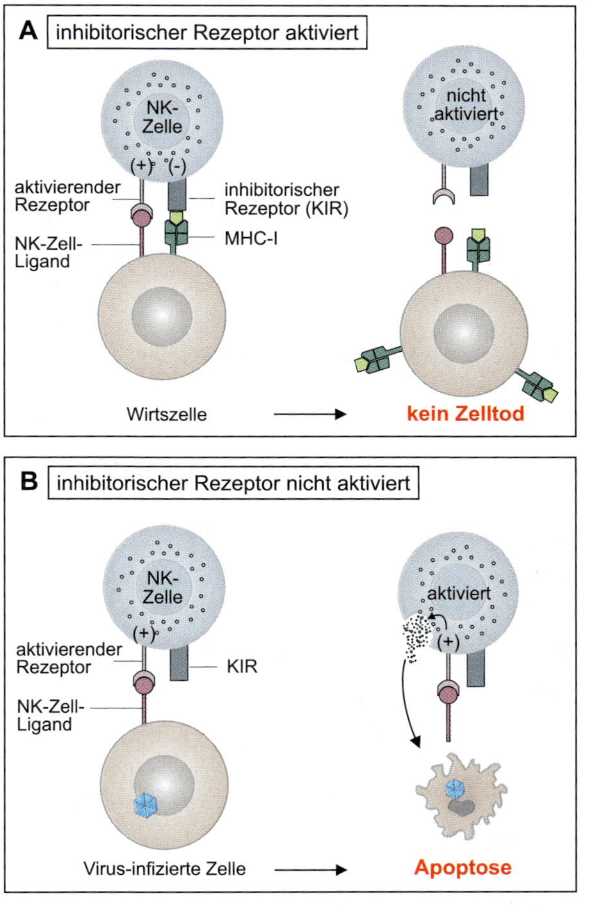

Abb. I.2.12: Funktion der inhibitorischen Rezeptoren auf NK-Zellen.

A Ein inhibitorischer Rezeptor (KIR; Killerzell-inhibierende Rezeptoren) erkennt MHC-I-Moleküle und gewährleistet durch seine Aktivierung, dass die NK-Zelle sich nicht gegen körpereigene Zellen richtet.

B NK-Zellen werden durch infizierte Zellen aktiviert, da diese eine verringerte MHC-I-Expression haben und damit die Signale der inhibitorischen Rezeptoren ausbleiben. Das Ergebnis ist, dass die NK-Zelle über die aktivierenden Rezeptoren die infizierte Zelle abtötet.

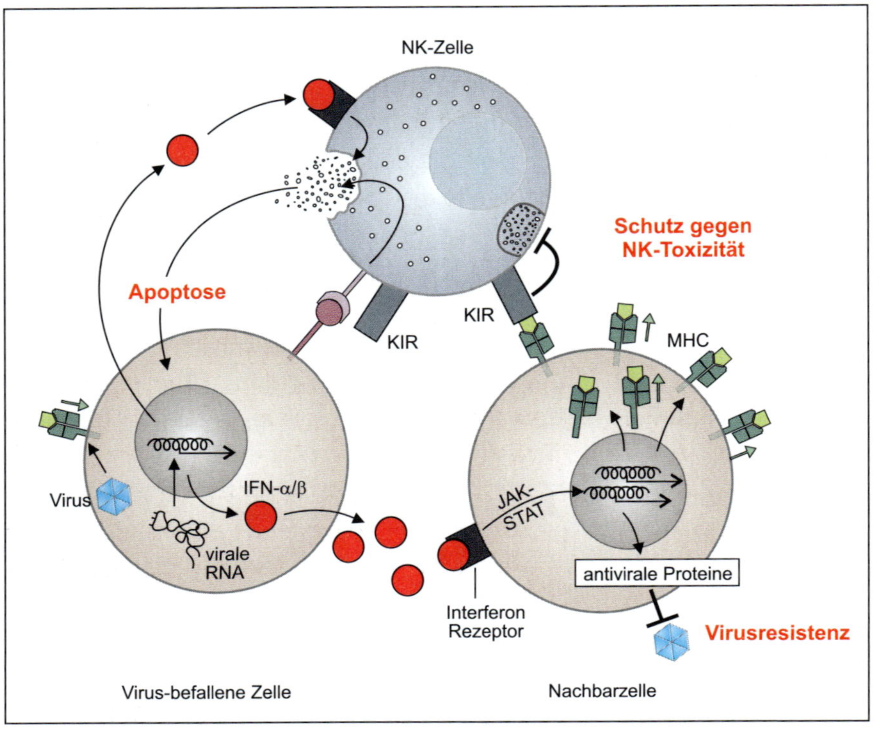

KIR= Killer Inhibierende Rezeptoren

Eine Virus-befallene Zelle produziert durch den Stimulus einer viralen doppelsträngigen RNA die Interferone α und β.
Aktivierte Natürliche Killerzellen (NK-Zellen) töten die infizierte Zelle über die Freisetzung von Apoptose-induzierenden Faktoren. IFN-α/IFN-β können diese Freisetzung aktivieren.
An noch nicht befallenen Nachbarzellen induzieren IFN-α/IFN-β über Bindung an Interferon-Rezeptoren und den JAK/STAT-Pathway antivirale Proteine, die die Virusreplikation hemmen und die Zelle Virus-resistent machen.
Weiterhin kommt es durch IFN-α/IFN-β in der nicht-infizierten Zelle zu einer erhöhten Expression von MHC-Molekülen. Killerzell-inhibierende Rezeptoren (KIR) erkennen MHC-Moleküle. Durch Bindung der KIR an MHC-Moleküle wird die Aktivität der NK-Zellen inhibiert und die noch nicht befallene Zelle wird vor Zelltod durch NK-Zellen geschützt.
Auf der anderen Seite führt die ausbleibende Bindung von KIR an MHC-Moleküle der Virus-befallenen Zelle (die entweder durch Virusbefall verändert oder zu gering exprimiert sind) zur Aktivierung der apoptotischen Fähigkeiten der NK-Zelle.

Abb. I.2.13: Angeborene Immunantwort gegenüber Virusbefall: Interferone und NK-Zellen.

MHC – major histocompatibility complex ist ein großer Genlocus auf Chromosom 6, welcher stark polymorphe Gene u. a. für die MHC-Moleküle beinhaltet.
MHC-Moleküle sind heterodimere Membranproteine, die als Erkennungsmoleküle für T-Lymphozyten dienen. Zwei Klassen von MHC-Molekülen sind hier von Bedeutung: die MHC-I-Proteine, die auf allen kernhaltigen Zellen vorhanden sind und die MHC-II-Proteine, die vor allem auf antigenpräsentierenden Zellen, einschließlich Makrophagen oder B-Zellen, vorkommen.

fizierte Zellen gegenüber einer Aktivität der NK-Zellen. Wenn die Wirtszelle sehr wenig oder keine MHC-I-Moleküle, oder in der Konformation veränderte MHC-I-Moleküle exprimiert (häufig bei infizierten Zellen) bleibt die Bindung von KIR an die infizierte Zelle aus, was zur Aktivierung der NK-Zellen führt (Abb. I.2.12).
Die MHC-I-Moleküle sind offensichtlich wichtig zur Erkennung von intrazellulären Infektionen durch NK-Zellen und einer entsprechenden angeborenen Immunantwort. Dieselben Moleküle haben aber auch eine essentielle Bedeutung bei der Erkennung von intrazellulären Antigenen durch T-Zellen im Rahmen der spezifischen

adaptiven Immunantwort. Auch an diesem Beispiel wird deutlich, wie Strukturen von angeborenem und adaptivem Immunsystem interagieren.

Die Interferone α und β sind antivirale Proteine, die im Rahmen einer angeborenen Immunantwort von Virus-infizierten Zellen freigesetzt werden (Abb. I.2.13).

IFN-α und -β hemmen zum einen die Virusreplikation und bewirken in nicht-infizierten Zellen durch Synthese von antiviralen Proteinen eine Resistenz gegenüber Virusbefall. Sie bedingen weiterhin über eine Hochregulierung der MHC-I-Expression in nicht-infizierten Zellen einen Schutz gegenüber NK-Zell-Aktivität. MHC-I wird von allen kernhaltigen Wirtszellen exprimiert und fehlendes MHC-I wird von NK-Zellen als Stimulus für ihre zytotoxische Aktivität aufgefasst. IFN-α und -β aktivieren über spezifische Interferon-Rezeptoren den sehr rasch verlaufenden JAK/STAT-Signalweg und führen damit zur schnellen Genexpression. Durch IFN-α und -β werden also autokrin bzw. parakrin schnelle, angeborene Immunreaktionen ausgeführt, die die Virusinfektion und -ausbreitung in Schach halten, bis in der Folge – ebenfalls über IFN-α und -β vermittelt – eine gesteigerte Präsentation des intrazellulären Antigens an der Zelloberfläche der befallenen Zelle (über Steigerung der Expression der MHC-I-Moleküle) und eine T-Zell-vermittelte spezifische adaptive Abtötung von infizierten Zellen stattfindet (vgl. Kap. I.3.3.).

> **JAK/STAT-Pathway** beschreibt die Signale, die die Bindung von Zytokinen an ihre Rezeptoren (Typ I und II) auslösen. Janus-Kinasen (JAK) phosphorylieren STAT-Proteine, die an die Zytokin-Rezeptoren rekrutiert sind. Dies bedingt eine Dimerisierung der STAT-Proteine und eine Translokation in den Kern, wo sie als Transkriptionsfaktoren agieren.

Checkliste: 2.3 Effektormechanismen der angeborenen Immunantwort

Beseitigung extrazellulärer Pathogene
- Phagozytose und Komplementaktivierung als Mechanismen der Sofortreaktion
- Aktivierter Makrophage und seine freigesetzten Zytokine und Chemokine – Auslöser für induzierte Effektormechanismen:
  - Mobilisierung von Effektorzellen durch eine Zytokin-induzierte Endothelzellaktivierung und Leukozyten-Diapedese
  - Aktivierung von Effektorzellen d. h. Makrophagen, Neutrophile und NK-Zellen durch Zytokine; Steigerung der antimikrobiellen Funktionen.

Beseitigung intrazellulärer Pathogene (insbesondere Viren)
- NK-Zellen töten Virus-infizierte Zellen ab, aber nicht gesunde Zellen (System der inhibierenden Rezeptoren)
- Infizierte Zellen produzieren IFN-α und -β, die antivirale Eigenschaften haben

3 Die erworbene Immunantwort

Das erworbene Immunsystem greift immer dann ein, wenn die Eliminierung des Erregers durch das angeborene Immunsystem nicht erfolgreich war. Eine erworbene Immunantwort zeichnet sich durch eine Antigenspezifität aus, das heißt, sie ist die Reaktion auf ein ganz spezifisches Antigen und muss damit eine enorme Diversität in den Erkennungsstrukturen aufweisen. Lymphozyten sind die Hauptakteure der erworbenen Immunantwort, indem sie in zwei unterschiedlichen Systemen extrazelluläre und intrazelluläre Krankheitserreger erkennen und bekämpfen können. B-Zellen tragen an ihrer Zelloberfläche Immunglobuline als Antigenrezeptoren (BCR) und sezernieren nach ihrer Aktivierung und Differenzierung diese Moleküle als lösliche Antikörper. Antikörper ermöglichen als lösliche Waffen die Bekämpfung von Krankheitserregern, die sich im Extrazellularraum aufhalten (humorale Antwort). T-Zellen besitzen Rezeptoren (TCR), die Peptidfragmente intrazellulärer Krankheitserreger erkennen können. Je nachdem, in welchen Zellkompartimenten sich die Pathogene aufhalten, werden die abgebauten Antigene mit Hilfe der MHC-Moleküle an die Zelloberfläche der infizierten Wirtszelle gebracht. Der Typ von MHC/Peptid-Komplex bestimmt die Wechselwirkung der Wirtszelle mit den verschiedenen T-Effektorzellen. Zytotoxische T-Zellen erkennen MHC-I-Komplexe und töten die infizierte Zelle ab. T_H1- und T_H2-Zellen sind auf MHC-II-Komplexe spezialisiert und aktivieren den gebundenen Makrophagen bzw. die B-Zelle. T-Zellen sind also sowohl für die zelluläre als auch für die humorale adaptive Immunantwort von entscheidender Bedeutung

Die enorme Diversität der Rezeptorstrukturen von Lymphozyten ist im Wesentlichen durch die somatische Rekombination von Genfragmenten, die für die variablen antigenbindenden Regionen der Rezeptoren codieren, ermöglicht. Die adaptive Immunantwort kann aber nicht nur Krankheitserreger beseitigen. Sie erzeugt gleichzeitig durch klonale Selektion eine Population von ausdifferenzierten Gedächtniszellen. Dies ermöglicht bei einer erneuten Infektion eine schnellere und wirksamere Effektorreaktion.

3.1 Hauptakteure

3.1.1 Zellen

Mikrobielle Antigene, die in den Körper gelangen, werden von professionellen antigenpräsentierenden Zellen (APC, antigen presenting cells) abgefangen, in den peripheren lymphatischen Organen konzentriert und dort naiven Lymphozyten präsentiert (vgl. Kap. I.1.3.). Dies ist der Beginn einer erworbenen Immunantwort.

> **Antigenpräsentation** ist das Vorzeigen von Peptiden, die über MHC-Moleküle an die Oberfläche von antigenpräsentierenden Zellen gebunden sind. Dadurch wird ein Erkennen des Peptidantigens durch T-Zellen und deren Aktivierung gewährleistet.

Antigenpräsentierende Zellen sind vor allem in epithelialen Geweben zu finden und lassen sich in drei Zelltypen unterteilen: Dendritische Zellen, Makrophagen und B-Zellen (Abb. I.3.1.).

Dendritische Zellen, wie die Langerhans-Zellen der Haut oder interdigitierende dendritische Zellen (IDC) in Lymphknoten und anderen lymphatischen Organen sind die wichtigsten Vertreter antigenpräsentierender Zellen.

PRR = Pattern Recognition Receptors

Dendritische Zellen stammen aus dem Knochenmark und sind in unreifer Form bevorzugt im Epithel aber auch den meisten anderen Organen zu finden. Sie haben charakteristische dünne membranäre Ausläufer. Durch Antigenaufnahme werden sie aktiviert und wandern in T-Zellareale lymphoider Gewebe und stellen die potentesten Stimulatoren von T-Zellen dar.

Dendritische Zellen kommen in Geweben in unreifer Form vor und können Erreger über unspezifische Rezeptoren (PRR) oder Rezeptor-unabhängig über den Mechanismus der Phago-/Endo- bzw. Pinozytose aufnehmen. Dendritische Zellen agieren diesbezüglich als Teil des angeborenen Immunsystems. Sie werden durch Signale

antigenpräsentierende Zellen	Antigen-Aufnahme	MHC-II-Expression	costimulatorische Aktivität	T-Zell-Aktivierung
dendritische Zelle 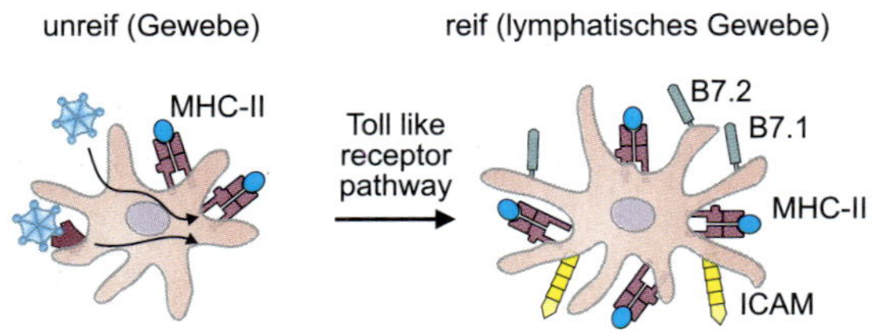	Endozytose Pinozytose Phagozytose PRR-vermittelt	konstitutiv, aber steigerbar	induzierbar	unreif: keine reif: • naive T-Zelle • Effektorzellen
Makrophage 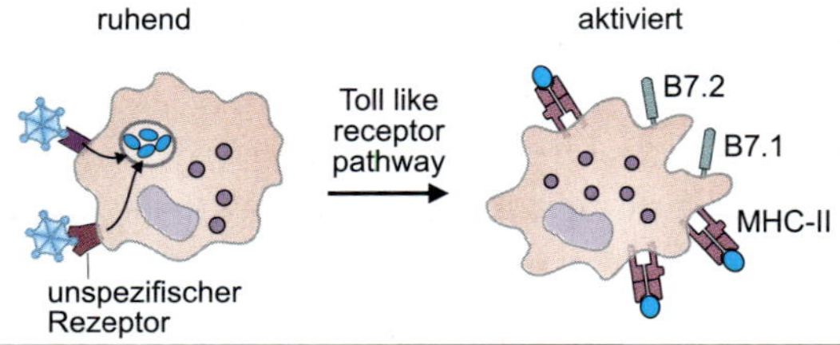	Phagozytose	induzierbar	induzierbar	ruhend: keine aktiviert: • Effektorzellen • Gedächtniszellen
B-Zelle 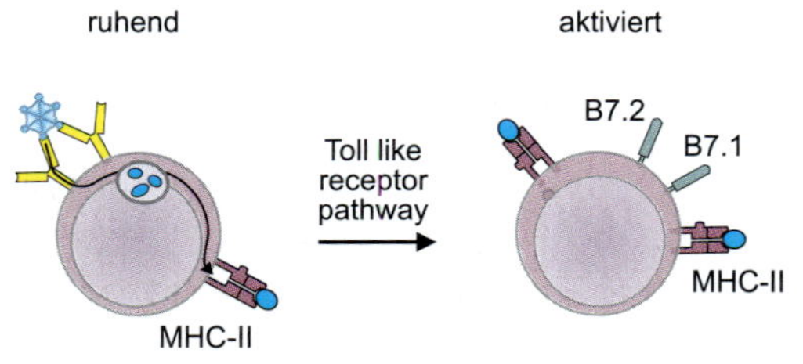	Rezeptor-vermittelte Endozytose	konstitutiv, aber steigerbar	induzierbar	ruhend: • Effektorzellen • Gedächtniszellen aktiviert: • naive T-Zellen • Effektorzellen • Gedächtniszellen

Abb. I.3.1: Professionelle antigenpräsentierende Zellen (APC) und deren Eigenschaften.

A Dendritische Zellen können im unreifen Stadium Rezeptor-vermittelt oder über Pino-, Endo- bzw. Phagozytose sowie durch Infektion zwar Antigene im Gewebe aufnehmen, jedoch noch keine naiven T-Zellen aktivieren. Beim Prozess der Antigenaufnahme werden Signale der angeborenen Immunantwort (z. B. Toll-like-Rezeptor-Pathway bei gramnegativen Bakterien) aktiviert. Es kommt zur Sekretion von Zytokinen (z. B. TNF-α), die eine Wanderung der dendritischen Zellen in den Lymphknoten einleiten. Dort verliert sich die Phagozytose-Fähigkeit der dendritischen Zellen. Stattdessen werden die costimulatorischen B7-Proteine induziert und vermehrt MHC-II-Moleküle, sowie große Mengen an Adhäsionsmolekülen (z. B. ICAM, intercellular cell adhesion molecule) exprimiert. Die nun reifen dendritischen Zellen können mit naiven antigenspezifischen T-Zellen in engen Kontakt treten und diese aktivieren.

B Makrophagen nehmen Antigene (bevorzugt partikulär) über unspezifische Rezeptoren oder Komplementrezeptoren auf. Ruhende Makrophagen exprimieren keine costimulatorischen B7-Moleküle und nur sehr wenig MHC-II-Moleküle. Erst über die Aktivierung der Rezeptoren der angeborenen Immunantwort, die bakterielle Proteinbestandteile erkennen, kommt es zur Induktion der B7-Protein-Expression. Dies befähigt den Makrophagen, die entsprechenden Antigene T-Effektorzellen zu präsentieren, welche wiederum die Makrophagen stimulieren, den Erreger abzutöten.

C B-Zellen können lösliche Antigene, die an ihre Oberflächenglobuline binden, präsentieren. B-Zellen exprimieren costimulierende B7-Moleküle jedoch ebenfalls nicht konstitutiv. B-Zellen können lösliche Antigene nur in Anwesenheit von mikrobiellen Bestandteilen, die eine Induktion von costimulierenden Faktoren bewirken, naiven T-Zellen effizient präsentieren.

des Toll-like-Rezeptorsystems aktiviert und wandern ins lokale Lymphgewebe (vgl. Abb. I.1.4). Die Zellen reifen hier zu hochspezialisierten APC. Sie exprimieren dann eine große Anzahl von MHC-II-Molekülen, sowie costimulatorischen Proteinen und Adhäsionmolekülen, die notwendig sind, um mit naiven T-Zellen in Kontakt zu treten und diese zu aktivieren.

Neben dendritischen Zellen können auch aktivierte Makrophagen und B-Zellen als antigenpräsentierende Zellen fungieren, jedoch nicht so gut wie dendritische Zellen. Unterschiede in den Eigenschaften der drei Typen von APC sind in Abb. I.3.1 dargestellt.

Reife antigenpräsentierende Zellen haben jedoch auf jeden Fall zwei wesentliche Merkmale:

- Sie exprimieren MHC-II-Moleküle auf ihrer Oberfläche, die sie zur Antigenpräsentation benötigen
- Sie exprimieren costimulatorische Moleküle (B7-Moleküle), die für eine Aktivierung von naiven T-Zellen essentiell sind.

Neben den antigenpräsentierenden Zellen sind Lymphozyten die wesentlichen Akteure der adaptiven Immunantwort. Zu den Lymphozyten gehören die B-Lymphozyten, die T-Lymphozyten und die Natürlichen Killerzellen (NK-Zellen, vgl. Kap. I.2.1. und I.2.3.2.). Eine Unterscheidung dieser Lymphozytenpopulationen kann auf Grund von Markerproteinen (CD-Antigene) auf ihrer Zelloberfläche, die durch monoklonale Antikörper erkannt werden, vorgenommen werden (Tab. I.3.1).

> **CD-Antigene: cluster of differentiation antigens** sind Zellmembranmoleküle, die zur Differenzierung von Leukozyten-Populationen herangezogen und durch monoklonale Antikörper erkannt werden. Alle monoklonalen Antikörper, die mit demselben Membranmolekül reagieren, gehören einem CD, d. h. Cluster of Differentiation, an.

Ganz grob kann man T-Lymphozyten anhand des T-Zell-Antigenrezeptors (TCR, T-cell receptor) von B-Lymphozyten, die Immunglobuline (IgM, IgD) als Antigenrezeptoren (BCR, B-cell receptor) auf ihrer Zelloberfläche tragen, unterscheiden. Beide Rezeptoren ähneln sich strukturell derart, dass sie zur Familie der Immunglobuline gehören und aus variablen und konstanten Ketten aufgebaut sind. Die variablen Bereiche sind für die Antigenerken-

Tab. I.3.1: Geläufigste CD-Marker zur Differenzierung von Lymphozytensubtypen

CD-Bezeichnung	Funktion	B-Zelle	T-Zelle		NK-Zelle
			T_H-Zelle	Tc-Zelle	
CD2	Adhäsionsmolekül	–	+	+	+
CD3	TCR-Corezeptor	–	+	+	–
CD4	Adhäsionsmolekül an MHC-II	–	+	–	–
CD5	unbekannt	+	+ (subset)	+	–
CD8	Adhäsionsmolekül an MHC-I	–	–	+	+ (variabel)
CD16 (FcγRIII)	IgG-Fc-Rezeptor (niedrig affin)	–	–	–	+
CD21 (CR-2)	Komplementrezeptor für C3d	+	–	–	–
CD28	Rezeptor für B7-Moleküle auf APC	–	+	+	–
CD32 (FcγRII)	IgG-Fc-Rezeptor	+	–	–	–
CD35 (CR-1)	Komplementrezeptor für C3b	+	–	–	–
CD40	Signaltransduktion	+	–	–	–
CD45	Signaltransduktion	+	+	+	+
CD56	Adhäsionsmolekül	–	–	–	+

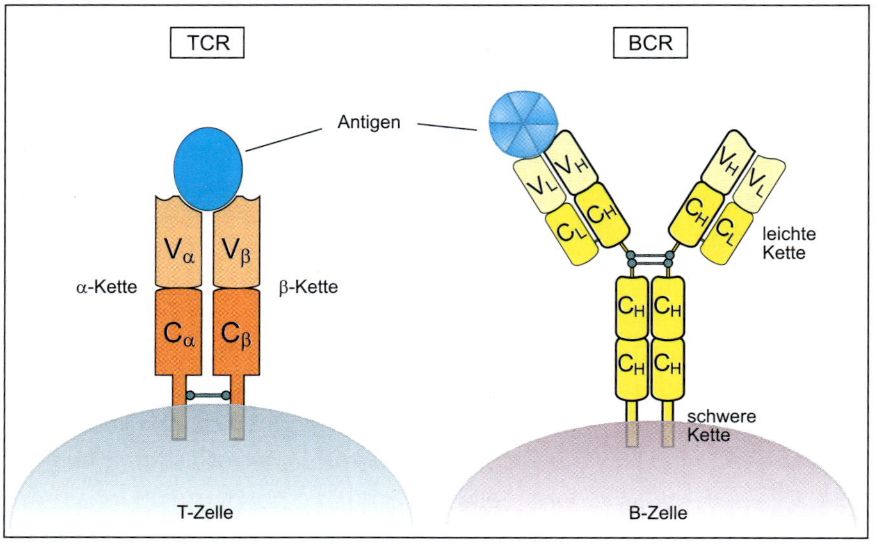

Der TCR ist ein Heterodimer aus einer α- und einer β-Kette, die über eine Disulfidbrücke verknüpft sind. Jede Kette enthält eine konstante (C) und eine variable (V) Region. Die nebeneinander liegenden variablen Domänen bilden hier die Antigenbindungsstelle aus.
Der BCR besteht aus einem membranständigen Immunglobulin, das aus je zwei schweren (H) und leichten (L) Proteinketten aufgebaut ist. Jede Kette enthält, wie der TCR konstante (C) und variable (V) Domänen. Disulfidbrücken verbinden die Ketten derart miteinander, dass die nebeneinander liegenden variablen Domänen die Antigenbindungsstelle bilden können.

Abb. I.3.2: Strukturelle Ähnlichkeiten von B-Zell-Rezeptor (BCR) und T-Zell-Rezeptor (TCR).

nung verantwortlich, die konstanten Bereiche besitzen Effektorfunktionen und sind für die Signalübertragung wichtig (Abb. I.3.2).

Lymphozyten werden in sehr hohen Raten in den primären lymphatischen Organen Thymus und Knochenmark gebildet und durchlaufen eine Reihe von Reifungsprozessen bis sie dann als reife Lymphozyten in die sekundären Immunorgane wandern. Die Entwicklung von Lymphozyten aus den Stammzellen des Knochenmarks besteht aus drei wesentlichen Prozessen (Abb. I.3.3): einer Proliferation von unreifen Zellen, der Expression von Antigenrezeptoren und der Selektion derjeniger Lymphozyten, die sinnvolle Antigenrezeptoren tragen. Diese Prozesse sind für B- und T-Lymphozyten gleich, obgleich B-Zellen im Knochenmark und T-Zellen im Thymus heranreifen.

Der erste Schritt, die Proliferation von B/T-Lymphozytenvorläuferzellen (Pro-B/T-Zellen), wird durch Interleukin-7 (IL-7), das von Stromazellen im Knochenmark und Thymus gebildet wird, induziert. Es kommt im nächsten Schritt zur Expression von unterschiedlichsten Antigenrezeptoren, die nur eine Kette aufweisen und als Prä-B/T-Antigenrezeptoren bezeichnet werden. Nur Zellen (Prä-B/T-Zellen), die diese Rezeptoren aufweisen, überleben. In einem weiteren Reifungsschritt wird der komplette Antigenrezeptor (TCR bzw. IgM) exprimiert, der die Grundlage der nun folgenden Selektionprozesse ist. Unreife B-Zellen, die kein IgM an der Oberfläche exprimieren, sterben. Unreife B-Zellen, die Antigene im Knochenmark mit hoher Affinität binden, sterben ebenfalls ab. Dies bezeichnet man als negative Selektion. Reife B-Zellen entstehen dagegen durch Coexpression von IgD.

Unreife T-Zellen entwickeln sich weiter, wenn sie körpereigene MHC/Peptid-Moleküle im Thymus mit nur niedriger Affinität erkennen. Dies bezeichnet man als positive Selektion. Werden MHC-I/Peptid-Komplexe erkannt, entstehen CD8-positive T-Zellen, während CD4-positive Zellen im Thymus heranreifen, wenn MHC-II/Peptid-Komplexe mit niedriger Affinität gebunden werden (siehe Abb. I.3.4). Bindet der Antigenrezeptor jedoch mit hoher Affinität an MHC-Komplexe, stirbt die potentiell autoreaktive Zelle durch Apoptose (negative Selektion).

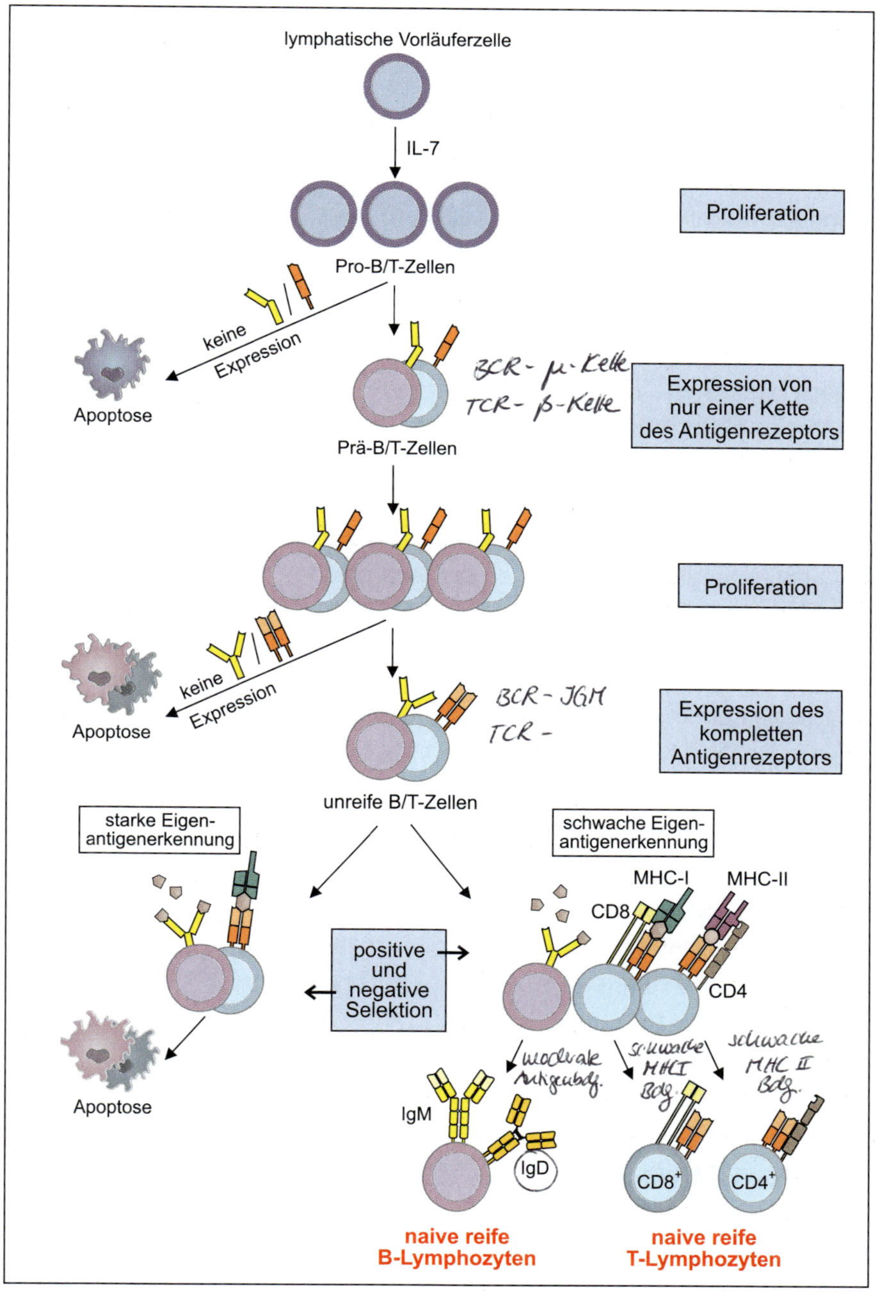

Abb. I.3.3: Reifungsprozess von Lymphozyten.

Während ihres Reifungsprozesses durchlaufen die lymphatischen Vorläuferzellen (Pro-B/T-Zellen) Zyklen der Proliferation und Expression von Antigenrezeptorketten.
Die Prä-B/T-Zellen exprimieren jeweils nur eine Kette ihres Antigenrezeptors (μ-Kette des BCR bzw. β-Kette des TCR). Zellen, die keine Rezeptorketten produzieren, sterben durch Apoptose, da sie die notwendigen Überlebenssignale nicht erhalten. Prä-B/T-Zellen proliferieren und exprimieren dann den kompletten Antigenrezeptor (IgM, bzw. TCR) und sind nun unreife B/T-Zellen, die sich anschließend positiven oder negativen Selektionsprozessen unterziehen. Zellen, die in der Lage sind, Antigene (z. B. MHC/Peptid-Komplexe) in moderater Weise zu erkennen, entwickeln sich zu reifen naiven Lymphozyten (positive Selektion). Unreife T-Zellen, die MHC-I/Peptid-Komplexe schwach binden, differenzieren zu CD8-positiven T-Zellen aus, T-Zellen, die MHC-II/Peptid-Komplexe mit niedriger Affinität binden, werden zu CD4-positiven T-Zellen. Unreife B-Zellen reifen nach moderater Antigenbindung zu naiven reifen B-Lymphozyten, die neben IgM auch IgD auf der Zelloberfläche exprimieren.
Unreife B/T-Zellen, die Antigen mit hoher Affinität binden, werden durch Apoptose eliminiert, um der Gefahr von autoreaktiven Lymphozyten vorzubeugen.

Effektorlymphozyten brauchen keine weitere Differenzierung, um ihre Funktion in der Erregerabwehr wahrzunehmen. Dadurch unterscheiden sie sich einerseits von den **naiven Lymphozyten**, die erst differenzieren müssen, um Effektoraufgaben zu übernehmen und andererseits von den **Gedächtniszellen**, die ebenfalls erst nach ihrer Differenzierung zu Effektorzellen aktiv sind.

Die reifen Lymphozyten, die sich im Blut oder in sekundären Immunorganen befinden, können in unterschiedlichen Differenzierungsstufen vorkommen. Unter naiven Lymphozyten versteht man T- oder B-Zellen, die bisher noch keinen Kontakt mit ihrem spezifischen Antigen hatten. Nach Antigenkontakt differenzieren sie zu Effektorlymphozyten: entweder zu antikörperproduzierenden B-Zellen oder zu Effektor-T-Zellen (T_H- bzw. T_C-Zellen). Ein Teil der Lymphozyten entwickelt sich nach Antigenkontakt zu Gedächtniszellen. Darunter versteht man B- und T-Zellen, die schnell und in gesteigertem Maße auf einen zweiten Antigenkontakt reagieren können. Die unterschiedlichen Differenzierungsstufen der Lymphozyten lassen sich ebenfalls durch Markerproteine auf der Zelloberfläche identifizieren. Im Abschnitt I.3.2. werden die Prozesse der Reifung und Differenzierung von Lymphozyten besprochen.

B-Lymphozyten können im Verlauf einer Immunantwort zu Plasmazellen differenzieren, die lösliche Antikörper mit der gleichen Antigenspezifität wie die entsprechenden BCR produzieren.

T-Lymphozyten lassen sich in mehrere Subpopulationen unterteilen. Die überwiegende Anzahl von T-Zellen trägt den TCR-2 (TCRα/β) auf ihrer Oberfläche. Die Rolle der in geringem Ausmaß vorkommenden TCR-1 (TCRγ/δ)-positiven T-Zellen ist nicht genau bekannt. Sie scheinen eine Rolle in der Schleimhaut-assoziierten Immunantwort zu spielen.

TCR-2-Zellen lassen sich funktionell und auf Grund von Markerproteinen in zwei Gruppen einteilen: die T-Helferzellen (T_H) und die zytotoxi-

Zyotoxische T-Zellen (T_C): T-Zellen, die Zielzellen antigenabhängig töten.

T-Helferzellen (T_H): T-Zellen, die durch ein Antigen stimuliert werden, Signale weiterzuleiten, die wiederum die Immunantwort verstärken.

T_H1-Zellen produzieren Zytokine, die Entzündungsreaktionen und eine zelluläre Immunantwort unterstützen.

T_H2-Zellen produzieren Zytokine, die Antikörper-abhängige Immunantworten unterstützen.

T_{reg} sind reife CD4-/CD25-positive T-Lymphozyten, die Immunantworten negativ regulieren und bei der Entwicklung von Autoimmunreaktionen von Bedeutung sind.

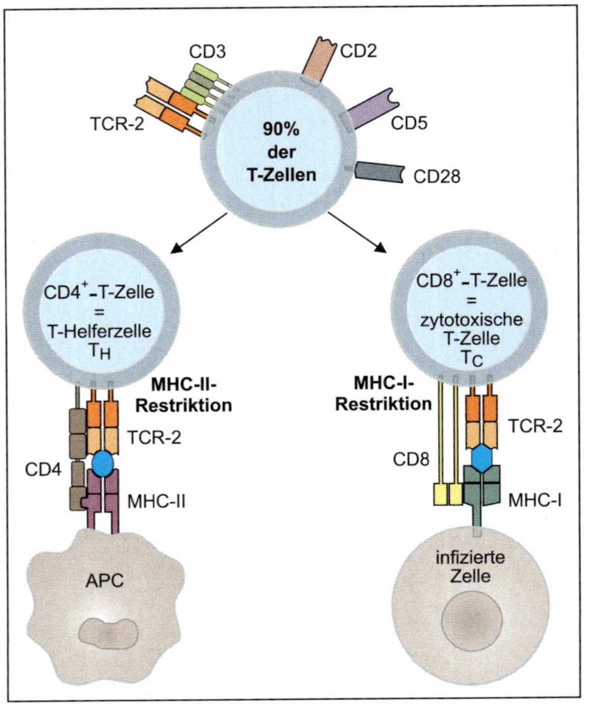

Abb. I.3.4: T-Lymphozyten: Unterteilung auf Grund von Oberflächenmarkern.
90 % der T-Lymphozyten tragen den T-Zellrezeptor 2 (TCR-2, TCR-α/β), CD3 als Cofaktor, sowie CD2, CD5 und CD28 auf ihrer Oberfläche. CD2 ist ein Adhäsionsmolekül, das für die Aktivierung von T-Zellen wichtig ist. Die Funktion von CD5 ist noch nicht genau bekannt, es wird als T-Zellmarker verwendet. CD28 bindet an B7-costimulatorische Proteine und ist ebenfalls wie CD2 für die Aktivierung von T-Zellen bedeutend.
Diese T-Zellpopulation lässt sich weiter in CD4-positive und CD8-positive T-Zellen unterteilen. CD4-positive T-Zellen werden überwiegend T-Helferzellen (T_H) genannt und erkennen Antigene, die an MHC-II-Moleküle auf antigenpräsentierenden Zellen (APC) gebunden sind. CD8-positive T-Zellen können Zellen, die MHC-I-assoziierte Antigene auf ihrer Oberfläche tragen, abtöten und werden daher in der Regel auch als zytotoxische T-Zellen (T_C) bezeichnet.

schen T-Zellen (T_C) die CD8-positiv sind (Abb. I.3.4). T-Helferzellen (T_H) tragen CD4-Moleküle, zytotoxische T-Zellen (T_C) dagegen CD8-Moleküle auf ihrer Oberfläche. In neuerer Zeit wurden die so genannten regulatorischen T-Zellen (T_{reg}) als eine weitere funktionelle Klasse von T-Zellen identifiziert. Sie sind CD4-positiv und tragen zusätzlich CD25 auf ihrer Oberfläche. T_{reg}-Zellen spielen eine Rolle in der negativen Kontrolle von Immunantworten und in der Ausbildung von Immuntoleranz (vgl. Kap. III.3.). Die T-Helferzellen, die B- bzw. T-Zellantworten unterstützen, lassen sich auf Grund ihres Musters an freigesetzten Zytokinen in T_H1-und T_H2-Zellen unterteilen (Abb. I.3.5). Sie unterscheiden sich damit in der Art der Immunantwort, die sie auslösen (vgl. Kap. I.3.3.2.):

- T_H1-Zellen setzen Faktoren wie IFN-γ frei, welche Makrophagen aktivieren. Sie vermitteln damit eine zelluläre Immunantwort gegenüber intrazellulären Krankheitserregern und induzieren Entzündungsreaktionen.
- T_H2-Zellen sezernieren IL-4 und IL-5 und stimulieren damit die B-Zellproliferation und Antikörperproduktion, sowie die Produktion von Eosinophilen. T_H2-Zellen vermitteln eine humorale Antwort und wirken daher primär als Schutz gegen extrazelluläre Mikroorganismen.

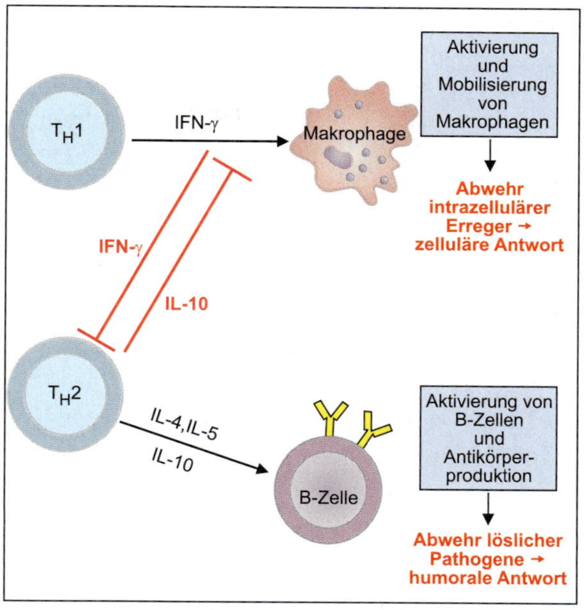

Abb. I.3.5: Untergruppen der CD4-positiven T-Zellen und ihre Funktionen.
T_H1-Zellen sezernieren Zytokine, insbesondere IFN-γ, die antibakterielle Mechanismen der Makrophagen aktivieren. T_H1-Zellen werden daher für die Bekämpfung intrazellulärer Bakterieninfektionen gebraucht (zelluläre Immunantwort).
T_H2-Zellen produzieren IL-4, IL-5 sowie IL-10 und sind für eine Stimulierung von B-Zellen und damit für die Antikörperproduktion von großer Bedeutung. T_H2-Zellen sind daher für die Vernichtung extrazellulärer Erreger wichtig (humorale Immunantwort).
T_H1- und T_H2-vermittelte Immunantworten regulieren sich gegenseitig über die Zytokine IFN-γ und IL-10.

T_H1- und T_H2-Zell-vermittelte Immunreaktionen können sich gegenseitig hemmen, d. h. das von T_H1-Zellen gebildete IFN-γ inhibiert die Proliferation von T_H2-Zellen und IL-10, das von T_H2-Zellen freigesetzt wird, verhindert die IFN-γ-Sekretion und damit eine Makrophagenstimulation. T_H1- und T_H2-Zell-gesteuerte Antwortmechanismen werden also entscheidend durch Zytokine beeinflusst (Abb. I.3.5).

Die Einzigartigkeit der erworbenen Immunantwort – nämlich ihre Spezifität und ihr Gedächtnis – wird durch Lymphozyten repräsentiert. Unser Körper kann auf jedes mögliche Antigen über einen ganz spezifischen Lymphozytenklon mit einer spezifischen Immunantwort reagieren. Dies ist dadurch möglich, dass jeder Lymphozyt einen Antigenrezeptortyp von einmaliger Spezifität aufweist und damit eine enorme Diversität in den Erkennungsstrukturen liegt.

Dies wiederum wird durch den Vorgang der klonalen Selektion in der Entstehung von Lymphozyten gewährleistet, was letztlich das Hauptprinzip der adaptiven Immunantwort darstellt (Abb. I.3.6). Jeder aus einer Lymphozytenvorläuferzelle entstandene Lymphozyt trägt einen ganz be-

Klonale Selektion ist das Fundament des erworbenen Immunsystems, das besagt, dass jedes Individuum unzählige Lymphozytenklone besitzt, wobei jeder Klon die individuelle Eigenschaft hat, ein ganz bestimmtes Antigen zu erkennen. Kommt dieses Antigen in den Körper, trifft es auf seinen ganz spezifischen Lymphozytenklon und aktiviert ihn.

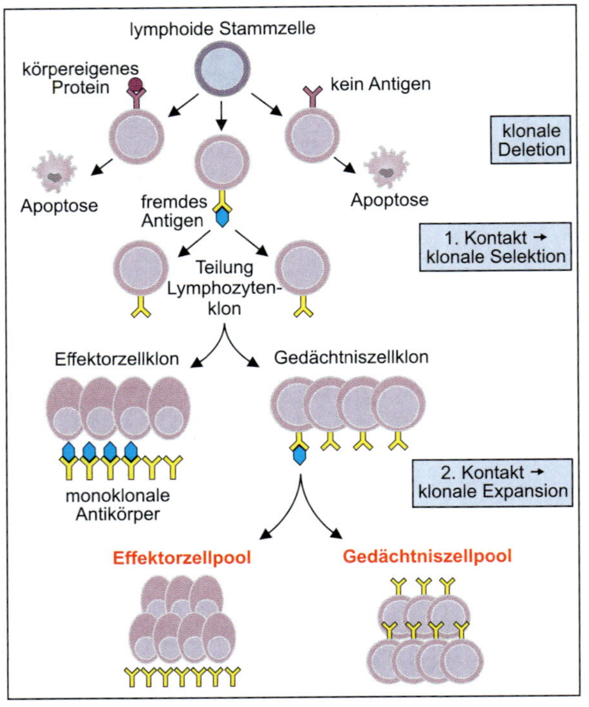

Abb. I.3.6: Klonale Selektion von Lymphozyten.
Die lymphoide Stammzelle produziert eine Vielzahl von Lymphozyten mit unterschiedlichen Antigenrezeptoren.
Hier sind B-Zellen mit ihren Immunglobulin-Rezeptoren (BCR) dargestellt. Diejenigen B-Zellen, die mit körpereigenen Proteinen stark reagieren, sterben noch im Knochenmark ab (klonale Deletion).
Naive reife B-Lymphozyten, die keinen Antigenkontakt bekommen, sterben ebenfalls ab.
Naive reife Lymphozyten, deren Rezeptoren durch ein spezifisches Antigen aktiviert werden, teilen sich zunächst und differenzieren dann zu antigenspezifischen Effektorzellen (z. B. antikörperproduzierende Plasmazellen).
Gleichzeitig entstehen die so genannten Gedächtniszellen, die nach einem zweiten Antigenkontakt zu einem großen Pool an spezifischen Effektor- und Gedächtniszellen führen (klonale Expansion).

stimmten Antigenrezeptor (wie die große Diversität möglich gemacht wird, wird im Kapitel I.3.2.2. besprochen). Lymphozyten, die mit ubiquitär im Körper vorkommenden Molekülen stark reagieren, sterben ab (klonale Deletion) und sind im reifen Lymphozytenreservoir nicht mehr vorhanden (vgl. Abb. I.3.4). Die Bindung eines fremden Antigens an den Antigenrezeptor eines naiven reifen Lymphozyten führt zu seiner Aktivierung und Teilung. Es entsteht ein Klon von Lymphozyten, die alle den gleichen antigenspezifischen Rezeptor tragen (klonale Selektion) und anschließend durch weitere Differenzierung zu spezifischen Effektorzellen (z. B. Plasmazellen oder T_H- bzw. T_C-Effektorzellen) und den entsprechenden Gedächtniszellen (T- und B-Gedächtniszellen) proliferieren. Bei einem zweiten Antigenkontakt kommt es zur so genannten klonalen Expansion, wobei aus den vorhandenen spezifischen Gedächtniszellen rasch ein größerer Pool an spezifischen Effektor- und Gedächtniszellen entsteht. Dadurch wird eine rasche Abwehr und damit ein Schutz vor dem Pathogen gewährleistet.

Naive Lymphozyten, die kein hinreichendes Antigensignal erhalten, sterben durch Apoptose ab. Man geht daher davon aus, dass reife Lymphozyten von anderen Zellen des Immunsystems (z. B. Stromazellen des Knochenmarks oder Thymus) Überlebenssignale erhalten, die man auch Selbstantigene nennt, und so ein gewisses Repertoire an Lymphoyztenklonen bzw. Rezeptoren bereitgestellt wird.

3.1.2 *Lösliche Faktoren*

Antikörper gehören zur Immunglobulin-Superfamilie. Sie können als Membran-gebundene Antigenrezeptoren (BCR) und als sezernierte Proteine im Blut und Schleimhautsekreten vorkommen. Sezernierte Antikörper sind essentielle lösliche Effektormoleküle einer adaptiven Immunantwort, indem sie Krankheitserreger neutralisieren und eliminieren. Die unterschiedlichen Funktionen der zirkulierenden Antikörper werden im Kapitel I.3.3. genau erklärt. Im Folgenden werden der Aufbau, das Vorkommen und die unterschiedlichen Typen von Antikörpern besprochen.

Die Immunglobulin-Superfamilie ist eine große Familie von Proteinen, die alle ein globuläres Strukturmotiv aufweisen, das Immunglobulin-Domäne genannt wird und ursprünglich für Antikörper beschrieben wurde. Zahlreiche Proteine, die im Immunsystem wichtig sind, gehören zu dieser Familie, z. B. TCR, MHC, CD4, CD8.

Antikörper besitzen annähernd die Form eines Y und bestehen aus ungefähr drei gleich großen Teilen, die über eine bewegliche Gelenkregion („hinge") miteinander verbunden sind (Abb. I.3.7). Aufgebaut werden Antikörper aus zwei identischen Hälften, die über Disulfidbrücken miteinander fixiert sind und jeweils von einer langen („schweren") und einer kürzeren („leichten") Protein-Kette gebildet werden. Die beiden schweren Protein-Ketten (H-Ketten; je 50 kDa) sind je nach Typus aus drei bis vier konstanten Domänen (C_H1-C_H4) und einer variablen Domäne V_H aufgebaut. Die leichten Ketten (L-Ketten; je 25 kDa) bestehen aus einer variablen (V_L) und einer konstanten Domäne (C_L).

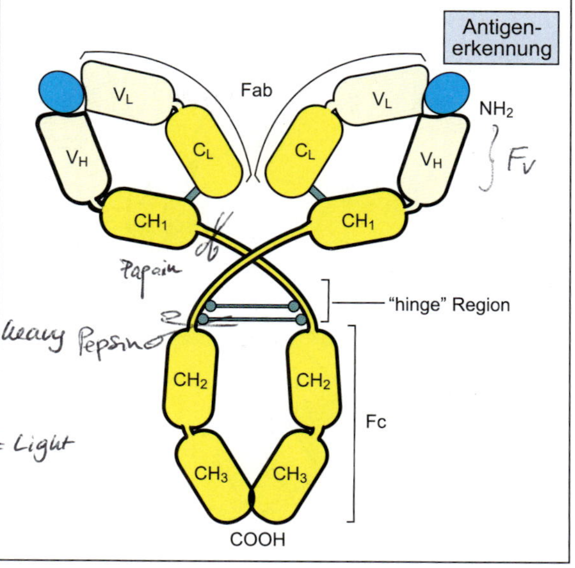

Abb. I.3.7: Struktur eines Antikörpermoleküls.
Drei globuläre Bereiche bilden die Y-förmige Struktur. Die schweren Ketten sind jeweils aus drei bis vier konstanten Domänen (C_H1–4) mit ähnlichem Faltungsmuster und einer variablen (V_H) Domäne aufgebaut. Die Ketten sind durch Disulfidbrücken miteinander verbunden. Im Bereich zwischen Fab- und Fc-Teil besteht durch eine bewegliche Gelenkregion („hinge"-Region) eine hohe Flexibilität, ebenso wie durch die hohe Beweglichkeit der V- und C-Domänen zueinander. Diese Flexibilität ist für das Bindungsvermögen von Antikörpern an voneinander weit entfernten Stellen wichtig.

Das **Fab-Fragment** ist ein proteolytisches Fragment eines Ig-Moleküls, das aus einer kompletten leichten Kette, gepaart mit einem Fragment der schweren Kette, das die variable und die erste konstante Region enthält, besteht. Das Fab-Fragment kann ein Antigen binden, aber nicht mit Fc-Rezeptoren interagieren oder Komplement binden. Fab-Fragmente werden therapeutisch eingesetzt, wenn man eine Antigenbindung ohne Aktivierung von Effektorfunktionen wünscht.

Mit Hilfe von Proteasen lassen sich funktionell unterschiedliche Fragmente spalten (Abb. I.3.8). Papain spaltet Antikörpermoleküle in drei Fragmente: zwei Fab-Fragmente (Fab = fragment antigen binding), die die Antigenbindungsstelle enthalten und ein Fc-Fragment, das keine antigenbindende Aktivität besitzt (Fc, fragment crystallizable). Das Fc-Fragment ist für die meisten Effektorfunktionen (Komplementbindung, Phagozytose) von Antikörpern verantwortlich. Ein verkürztes Fab-Fragment, das nur aus den variablen Regionen der schweren und leichten Ketten besteht, das so genannte Fv-Fragment (Fv, fragment variable), kann gentechnologisch hergestellt werden und wird in Zukunft sicherlich eine Rolle in der Therapie spielen. Es kann auf Grund der geringen Größe gut in Gewebe eindringen und könnte – gekoppelt an bestimmte Toxine – beispielsweise zur Tumortherapie eingesetzt werden. Fab-Fragmente, die mit Technecium markiert werden, spielen bereits in der Tumordiagnostik eine wichtige Rolle (vgl. Kap. II.6.6).

Fc-Fragmente entstehen durch Proteolyse eines Antikörpers und bestehen aus den über Disulfidbrücken verbundenen carboxyterminalen Regionen der beiden schweren Ketten. Fc-Regionen mediieren Effektorfunktionen von löslichen Antikörpern wie Komplement-Aktivierung oder Bindung an Fc-Rezeptoren von Makrophagen.

Pepsin spaltet das Immunglobulin in zwei Teile: Es entsteht das $F(ab)_2$-Dimer und einige kurze Fc-Fragmente. Das $F(ab)_2$-Fragment besitzt genau die gleiche Bindungseigenschaft wie das ursprüngliche Immunglobulin, kann aber nicht mit Effektorzellen/-molekülen (Makrophagen, Komplement) in Wechselwirkung treten. $F(ab)_2$-Fragmente können für die therapeutische Anwendung wichtig sein.

Wie schon erwähnt, befindet sich am N-termi-

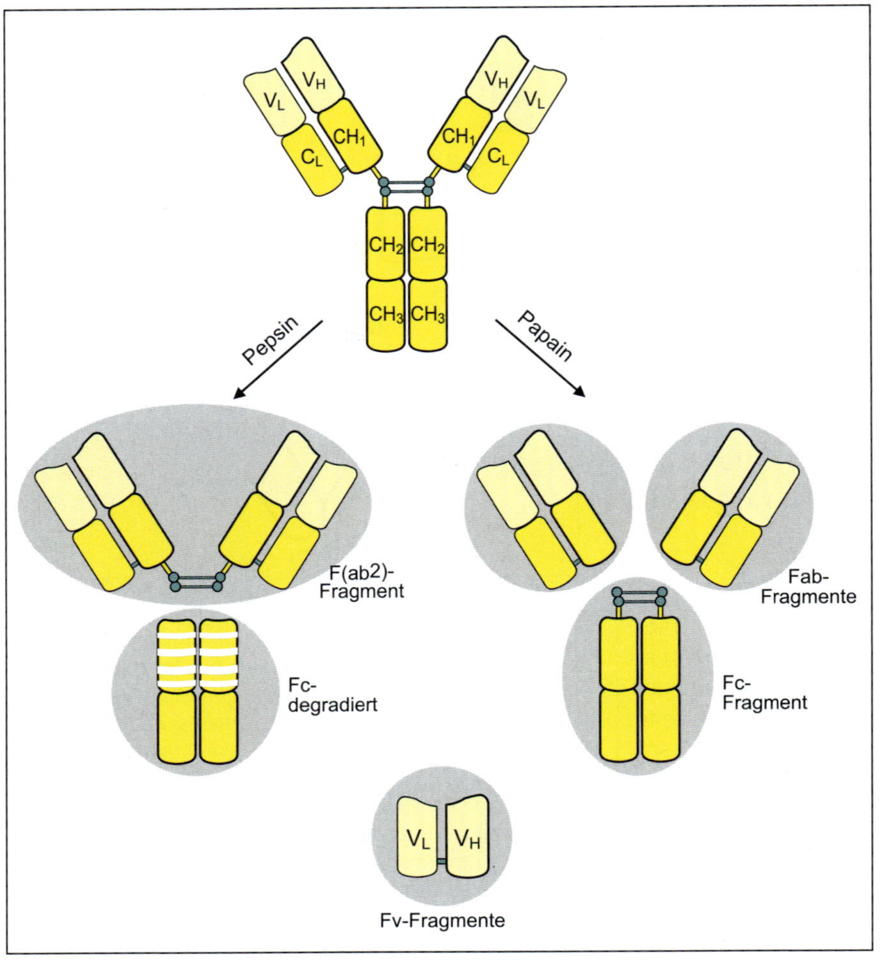

Antikörper lassen sich durch Enzyme in unterschiedliche Fragmente spalten. Durch Hydrolyse mit Pepsin entsteht ein F(ab)$_2$-Fragment, mit Papain zwei Fab- und ein Fc-Fragment. Die Fab-Fragmente weisen am N-Terminus hochspezifische Erkennungsdomänen für das entsprechende Antigen auf. Der konstante Teil (Fc) der schweren Kette dient als Effektordomäne.
Fv-Fragmente bestehen nur aus den variablen Regionen der schweren und leichten Ketten und werden gentechnologisch zu Therapiezwecken hergestellt.

Abb. I.3.8: Antikörperfragmente.

nalen Ende, d. h. am Ende der Fab-Arme die Antigenbindungsstelle. Die Antigenbindungsstelle setzt sich aus jeweils drei Regionen der leichten und der schweren Kette zusammen, deren Variabilität besonders hoch ist. Diese Bereiche werden komplementaritätsbestimmende Regionen (CDRs, complementarity determining regions) genannt (vgl. Kap. I.3.2., Abb. I.3.13 A)

Es gibt fünf verschiedene Klassen von Immunglobulinen (IgG, IgM, IgA, IgD und IgE), die durch den Typ ihrer schweren Kette (γ, μ, α, δ, ε) festgelegt sind (Abb. I.3.9). Es können weiterhin Subklassen vorkommen, die sich ebenfalls durch ihre schweren Ketten definieren. IgG beispielsweise liegt beim Menschen in vier Subklassen vor, definiert durch die γ1-, γ2-, γ3-, γ4-Typen von schweren Ketten. In der Tabelle I.3.2 sind die wichtigen Eigenschaften der menschlichen Immunglobulinklassen zusammengefasst. Sezernierte IgM und IgA liegen als Penta- bzw. Dimer vor und besitzen eine weitere Polypeptidkette (J-Kette). Die multimere Form dieser Antikörper ermöglicht die Erkennung von repetitiven Epitopen, wie sie bei Zellwandpolysacchariden vorliegen und bedingt eine höhere Avidität der Antigenbindung.

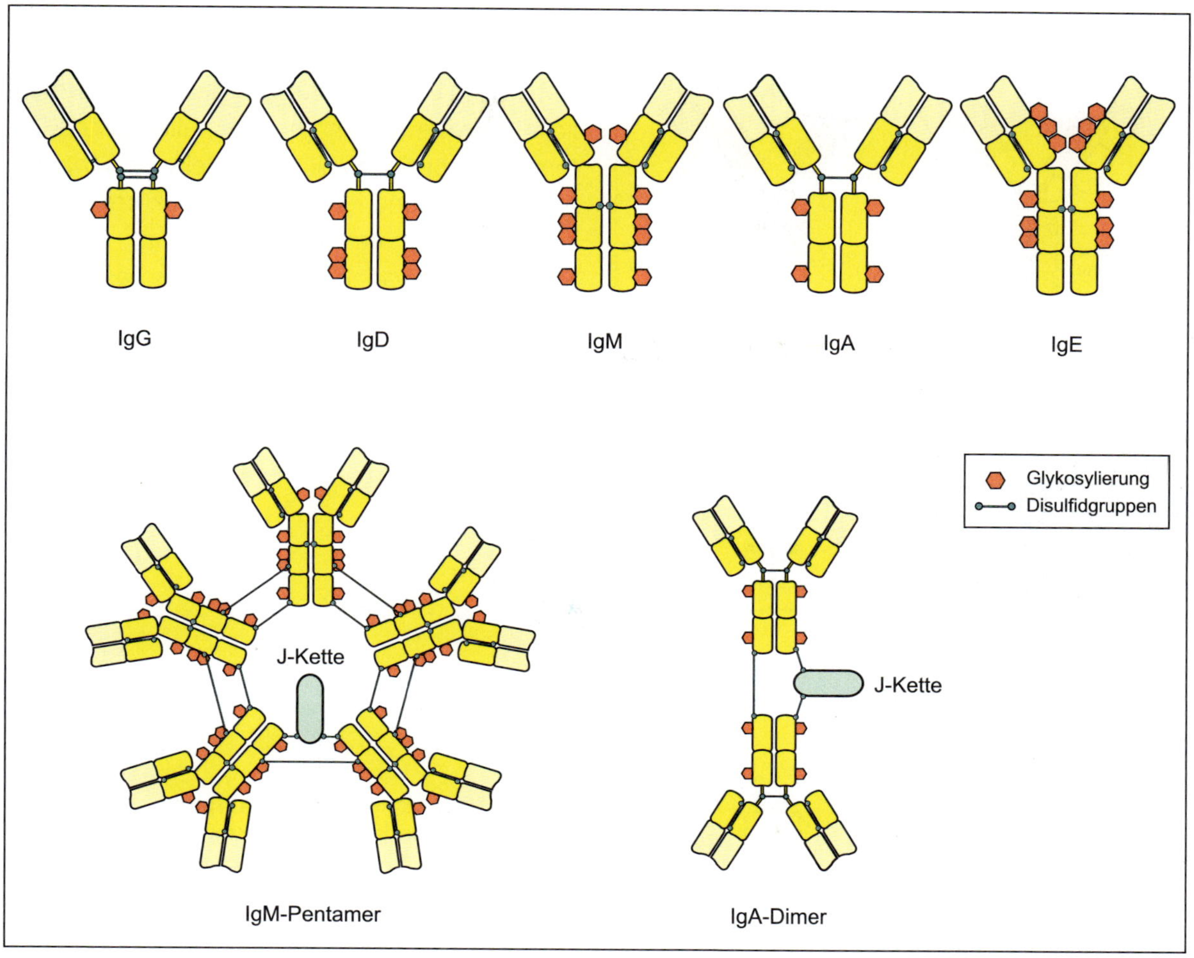

Abb. I.3.9: Struktur der menschlichen Immunglobulin-Klassen.
Die Immunglobulin-Isotypen unterscheiden sich in den schweren Ketten, in der Anzahl und Lokalisation von Disulfidbrücken und im Glykosylierungsmuster. Des Weiteren fehlt den IgM- und IgE-Immunglobulinen die „hinge"-Region; sie weisen aber eine weitere konstante Region in der schweren Kette auf. Sezernierte IgM und IgA bilden Pentamere bzw. Dimere. Die entsprechenden Monomere sind über Disulfidbrücken miteinander und mit der so genannten J-Kette verbunden.

≠ Affinität
Avidität = Die Gesamtheit der Affinitäten
Die Kraft einer multivalenten Bindung
zw. Antigen und Antikörper.
Diese Bindung kann spezifisch oder
multispezifisch sein. Multispezifisch ist sie
dann, wenn ein Antikörper mit verschiedenen
Antigen-Determinanten reagiert (Kreuzreaktivität)
Monovalente Interaktionen haben eine niedrige,
bivalente eine hohe
polyvalente eine sehr hohe

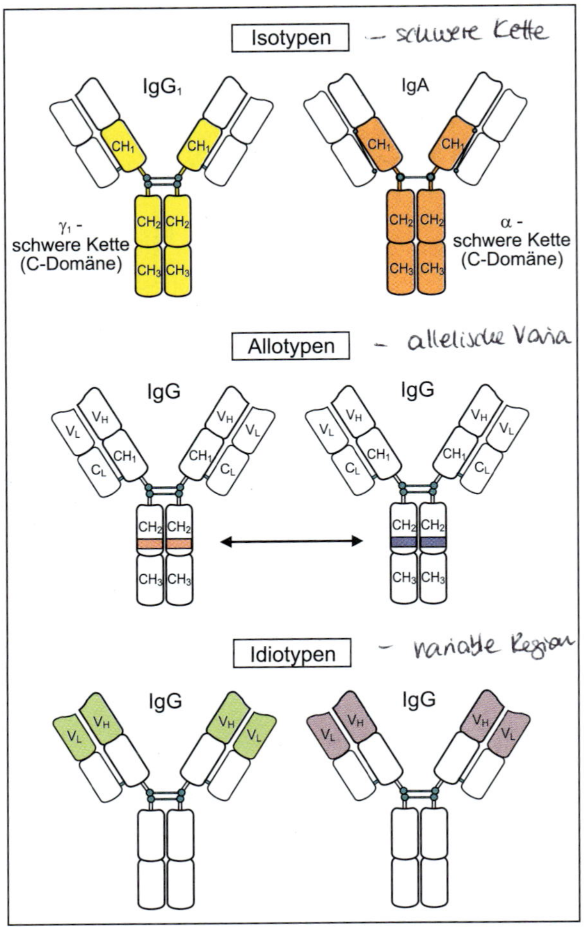

Antikörper unterscheiden sich in ihren Isotypen, Allotypen und Idiotypen (Abb. I.3.10): Isotypische Unterschiede sind durch unterschiedliche schwere Ketten gegeben, allotypische Unterschiede beziehen sich auf allelische Varianten eines Isotyps und idiotypische Antikörper unterscheiden sich in der variablen Region.

Da sich ja die variable Region eines bestimmten Antikörpers immer von der eines anderen Antikörpers unterscheidet, bedeutet dies, dass jeder Antikörper einen spezifischen Idiotyp darstellt.

Abb. I.3.10: Varianten von Antikörpern.
Isotypen unterscheiden sich in der schweren Kette. Allotypen zeigen Variationen in der konstanten Region der schweren Kette auf. Idiotypen unterscheiden sich in der variablen Region, d. h. jeder Antikörper hat einen spezifischen Idiotyp.

Tab. I.3.2: Eigenschaften der Immunglobulin-Isotypen

Isotypen	Eigenschaften	Vorkommen	Funktion
IgG1 IgG2 IgG3 IgG4	Hauptimmunglobulin (70 %-75 %); Monomer lange Halbwertszeit (7–20 Tage); Plazentagängig; Bindung an Makrophagen	Intra- und extravaskulär	Wichtigster Antikörper der sekundären Art; Opsonisierung, Komplement-Aktivierung, neonatale Immunität, Antikörper-abhängige Zytotoxizität
IgM	10 % der Immunglobuline; Pentamer; keine Gelenkregion, vier C_H-Domänen	Intravaskulär und auf zirkulierenden B-Zellen	Naiver B-Zellrezeptor vorherrschender „früher" Antikörper, Komplement-Aktivierung
IgA1 IgA2	15 %-20 % der Immungl.; als Monomer und Dimer möglich; als sekretorisches IgA Transport durch Epithel	Sekrete wie Speichel, Muttermilch, Bronchialsekrete, Urogenitalsekrete	Abwehr in Schleimhäuten, passive neonatale Immunität durch Muttermilch
IgD	< 1 % der Gesamtglobuline	Oberfläche von B-Lymphozyten	Naiver B-Zellrezeptor
IgE	Ähnlich wie IgM, keine Gelenkregion und vier C_H-Domänen	in Spuren im Blut; auf der Oberfläche von Basophilen und Mastzellen	Rolle bei Überempfindlichkeitsreaktion vom Soforttyp: Asthma/Heuschnupfen Parasitenabwehr

Check-Liste: 3.1 Hauptakteure des adaptiven Immunsystems

1. Zellen

Antigenpräsentierende Zellen
vorherrschend dendritische Zellen, aber auch Makrophagen und B-Zellen.

- Aufgabe: Erregerproteine zu prozessieren und entsprechende Antigene an ihrer Oberfläche mittels MHC-Proteine zu präsentieren. In Kontakt tretende T-Zellen werden aktiviert.
- Merkmale: MHC-II-Expression, Expression von costimulatorischen Proteinen

Lymphoyzten
B- und T-Lymphozyten mit strukturell ähnlichen Antigenrezeptoren (BCR und TCR)

- Reifung von B-/T-Lymphozyten über Schritte der Proliferation, Expression von Antigenrezeptor und Selektion nach tauglichen Antigenrezeptoren (positive/negative Selektion)
- Unterschiedliche reife Lymphozyten: Naive Lymphozyten, Effektorlymphozyten, Gedächtniszellen
- B-Lymphozyten: Wichtig für humorale Immunantwort

T-Lymphozyten: Wichtig für zelluläre Immunantwort

CD8-positive	T-Zellen = i. d. R. zytotoxische T-Zellen
CD4-positive	T-Zellen = i. d. R. T-Helferzellen
	T_H1-Zellen, helfen bei zellulären Abwehrreaktionen
	T_H2-Zellen helfen bei humoralen Abwehrreaktionen

- Klonale Selektion der Lymphozyten als Grundlage der Spezifität und Diversität der adaptiven Antwort

2. Lösliche Faktoren

Lösliche Antikörper sind Glykoproteine der Familie der Immunglobuline (Ig), die von B-Lymphozyten produziert werden und Antigene mit hoher Spezifität und Affinität binden. Sie bestehen aus zwei identischen schweren und zwei identischen leichten Ketten. N-terminale variable Regionen der schweren und leichten Ketten bilden die Antigenbindungsstelle.

3.2 Prinzipien der Antigenerkennung

Die spezifische Antigenerkennung der erworbenen Immunantwort wird von zwei strukturell ähnlichen Rezeptoren auf Lymphozyten erfüllt. Die B-Zellen tragen membrangebundene Antikörper (Immunglobuline) auf ihrer Oberfläche (BCR), die in sezernierter Form als humorale Antikörper lösliche Antigenrezeptoren darstellen. T-Lymphozyten besitzen spezifische T-Zellantigenrezeptoren (TCR) auf ihrer Oberfläche.

BCR und TCR sind sehr ähnlich aufgebaut, unterscheiden sich aber gravierend in der Art der Antigenerkennung. Immunglobuline erkennen Antigene direkt, indem sie kleine chemische Gruppen von nativen Makromolekülen binden. Die Form und Konformation des Makromoleküls spielt dabei eine wichtige Rolle. Dagegen kann der TCR nur kurze Peptidfragmente von Antigenen erkennen, die nach entsprechender Prozessierung in Wirtszellen an so genannte MHC-Moleküle gebunden sind und eingelagert in die Zellmembran den T-Zellen präsentiert werden können. Diese unterschiedlichen Erkennungsprinzipien tragen den unterschiedlichen Aufgaben von B- und T-Zellen Rechnung: B-Zellen sind über die Produktion von Antikörpern darauf spezialisiert, ein zirkulierendes Pathogen abzufangen. Gleichzeitig liefern sie über die sezernierten Antikörpermoleküle eine lösliche Waffe, die den gesamten extrazellulären Raum nach dem Pathogen absuchen kann. T-Zellen hingegen sind auf Wechselwirkungen zwischen Zellen spezialisiert, d.h. es werden Krankheitserreger erkannt, die sich in Zellen befinden oder aufgenommen wurden.

Im Folgenden werden wir auf die Prozessierung und Präsentation von Antigenen eingehen, bevor wir uns den Antigenrezeptoren der B- und T-Zellen widmen.

> **MHC (major histocompatibility complex)** ist ein großer Genlocus auf Chromosom 6, der u.a. stark polymorphe Gene der MHC-I- und MHC-II-Moleküle enthält. MHC codiert aber auch für verschiedene Zytokine und Komplementproteine (MHC-III). Der MHC ist das am stärksten polymorphe Gencluster des menschlichen Genoms und für allogene Gewebe-Unverträglichkeiten verantwortlich. Die MHC-Moleküle werden auch häufig **HLA (human leukocyte antigens)** genannt, da die MHC-Moleküle durch Antikörper detektierbar sind und ursprünglich auf Leukozyten identifiziert wurden.

3.2.1 Antigenprozessierung und -präsentation

Der TCR auf T-Zellen erkennt also nur Antigene, die von körpereigenen Zellen als Fragmente präsentiert werden. Das Prinzip der „self-MHC-Restriktion" von T-Zellen gewährleistet, dass T-Zellen nur auf Zell-assoziiertes Antigen reagieren. Es werden nur Krankheitserreger erkannt, die sich im Zytoplasma einer Zelle befinden oder in Phagolysosomen aufgenommen wurden. Die Wirtszelle hat spezialisierte Glykoproteine, die nach Abbau des Pathogens Antigenfragmente an die Zelloberfläche transportieren. Man nennt diese Proteine MHC- (major histocompatibility complex)-Moleküle. Diese membrangebundenen Glykoproteine werden von einer Gruppe von Genen codiert, die man unter dem Haupt- (major) histokompatibilitätskomplex (MHC) zusammenfasst. MHC-Glykoproteine sind hochpolymorph und sind entscheidend für die Verträglichkeit (Kompatibilität) bzw. Unverträglichkeit von Gewebetransplantaten verantwortlich. Man bezeichnet sie daher auch als Histokompatibilitätsantigene oder menschliche Leukozytenantigene (HLA, human leukocyte antigen), da sie erstmals auf Leukozyten identifiziert wurden. Der MHC-Locus weist neben einer Reihe nichtpolymorpher Gene zwei Sets an hochpolymorphen Genen auf. Sie codieren für die MHC-I- bzw. MHC-II-Moleküle.

Die zwei Klassen von MHC-Molekülen, MHC-I und MHC-II sind sich in ihrer Struktur sehr ähnlich, unterscheiden sich aber in der Art und Weise, wie und welche Peptide in der Zelle von ihnen aufgenommen und transportiert werden.

Beide MHC-Moleküle sind Membranproteine, deren extrazelluläre Domäne eine Vertiefung aufweist, in der ein Peptidfragment gebunden werden kann (Abb. I.3.11). MHC-I-Moleküle bestehen aus einer α-Kette, die nicht kovalent an ein Protein gebunden ist, das als β_2-Mikroglobulin bezeichnet wird. Das β_2-Mikroglobulin wird nicht durch den MHC-Locus codiert und zeigt keinen Polymorphismus. Die N-terminalen Domänen α_1 und α_2 bilden eine Mulde, in die Peptide einer Länge von 8 bis 11 Aminosäuren passen. Die polymorphen Bereiche des MHC-I, d. h. die Aminosäuren in denen sich MHC-Moleküle einzelner Individuen am meisten unterscheiden, sind in den α_1- und α_2-Domänen zu finden. Die α_3-Region ist nicht variabel und enthält die Bindungsstelle für den T-Zell-Corezeptor CD8.

MHC-II-Moleküle sind aus zwei Ketten zusammengesetzt, die α und β genannt werden. Die N-terminalen Bereiche beider Ketten (α_1 und β_1) beinhalten die polymorphen Aminosäuren und bilden eine Mulde aus, die Peptide von einer ungefähren Größe zwischen 10 und 30 Aminosäuren aufnehmen kann. Die β_2-Domäne ist nicht polymorph und stellt die Bindungsstelle für den CD4-T-Zell-Corezeptor dar.

Wie wir später sehen werden, sind die MHC-Bindungsstellen der T-Zell-Corezeptoren in zweierlei Hinsicht von Bedeutung: zum einen hinsichtlich der Auswahl des richtigen T-Zelltyps und zum anderen für die Aktivierung der T-Zelle nach Antigenerkennung.

Im unteren Teil der Abbildung I.3.11 sind noch weitere wichtige Eigenschaften der MHC-Moleküle aufgeführt: MHC-I-Moleküle kommen beispielsweise auf allen kernhaltigen Zellen vor, MHC-II-Moleküle sind dagegen bevorzugt auf antigenpräsentierenden Zellen zu finden. MHC-Moleküle sind in der Lage, viele verschiedene Peptide zu präsentieren, haben also eine breite Spezifität, die mit geringer Affinität verbunden ist. Eine langsame Dissoziationsrate gewährleistet die Präsentation des Peptids gegenüber der T-Zelle. MHC-Moleküle binden nur Peptide und keine anderen chemischen Verbindungen wie Lipide, Kohlenhydrate oder Nukleinsäuren. Nur die MHC-Moleküle, die ein Peptid gebunden haben, werden an der Zelloberfläche exprimiert.

An welches MHC-Molekül (MHC-I oder MHC-II) sich ein Antigenfragment anlagert und anschließend an die Zelloberfläche transportiert wird,

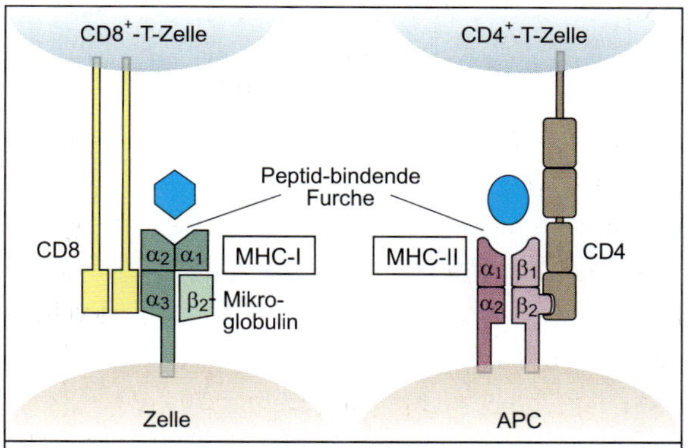

Eigenschaften der MHC-Moleküle:
- binden nur Peptide
- breite Spezifität, geringe Bindungsaffinität
- Expression an der Zelloberfläche nur wenn mit Peptid beladen
- MHC-I kommt auf allen kernhaltigen Zellen vor
- MHC-II kommt vor allem auf antigenpräsentierenden Zellen vor

Abb. I.3.11: Struktur von MHC-I- und MHC-II-Molekülen.
Beide MHC-Moleküle sind mit ihrem C-Terminus in der Zellmembran verankert, im N-terminalen Bereich besitzen sie eine Peptid-bindende Furche, die die zu präsentierenden Antigenfragmente bindet. MHC-I ist aus einer α-Kette, die drei unterschiedliche Domänen hat (α_1, α_2, α_3) und nicht kovalent gebundenem β_2-Mikroglobulin aufgebaut. MHC-II besteht aus den zwei Ketten α und β, die aus jeweils zwei Domänen (α_1, α_2 bzw. β_1, β_2) zusammengesetzt sind. Die Regionen der Peptid-bindenden Furche zeichnen sich durch einen hohen Polymorphismus aus, wogegen die Bereiche, die an CD8 (MHC-I: α_3) und CD4 (MHC-II: β_2) binden, einheitlich zwischen den verschiedenen Individuen sind.
Im unteren Teil der Abbildung sind wichtige Eigenschaften der MHC-Moleküle aufgelistet.

Corezeptoren sind Membranrezeptoren, die, wenn der BCR bzw. TCR ein Antigen erkennt, an einen Teil des Antigen/MHC-Komplexes binden. Sie sind wichtig für die Signalweiterleitung. CD4 und CD8 sind T-Zell-Corezeptoren, die an nichtpolymorphe Regionen der MHC-Moleküle binden, sobald der TCR die polymorphen Regionen der MHC/Peptid-Komplexe bindet. Der Typ2-Komplement-Rezeptor (CR-2) ist der Corezeptor auf B-Zellen und bindet an von Komplement umhülltes Antigen, während BCR mit dem Epitop des Antigens interagiert.

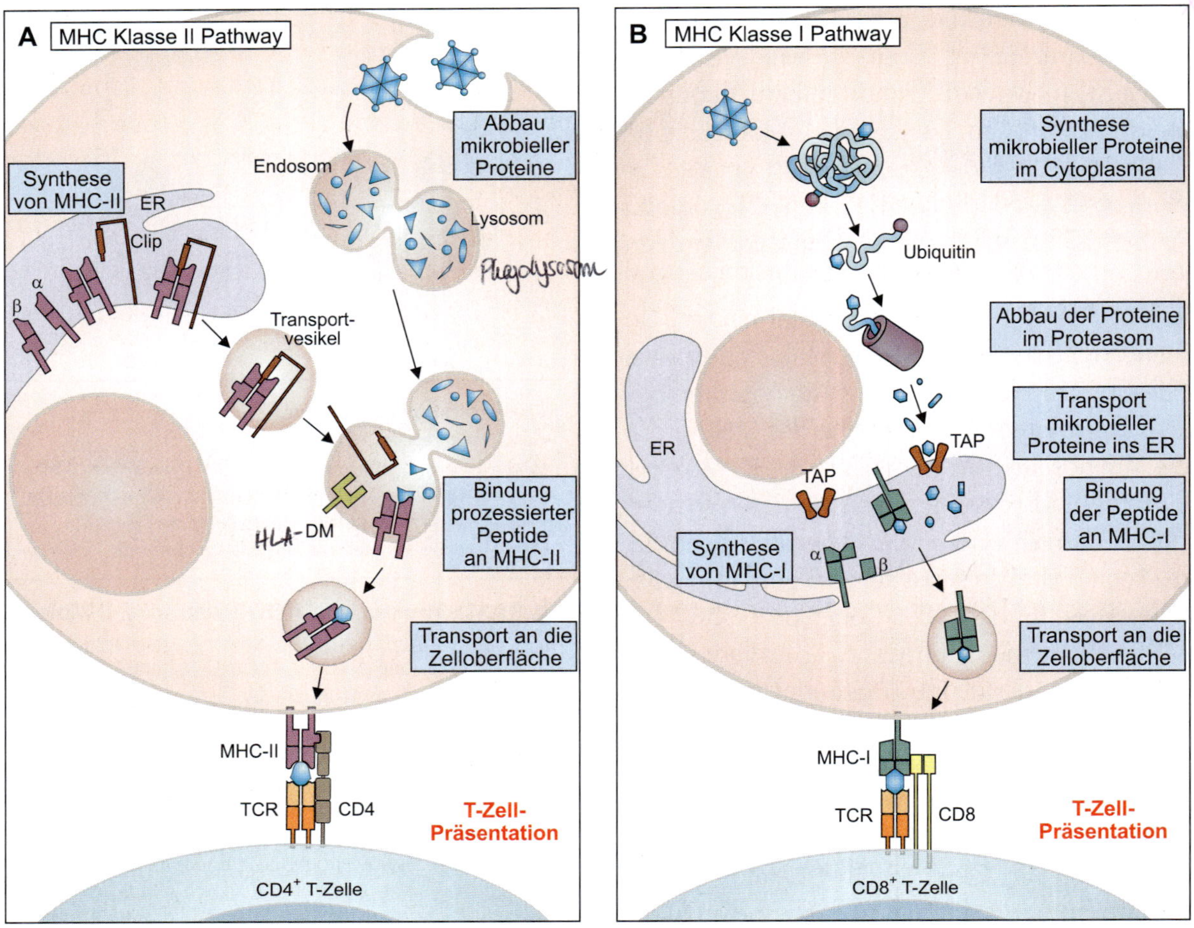

Abb. I.3.12: Prozessierung von Protein-Antigenen.
A Der MHC-II-Pathway. Protein-Antigene werden von antigenpräsentierenden Zellen (APC) in Endosomen aufgenommen, die dann mit Lysosomen verschmelzen. Dort werden die Proteine in Peptidfragmente abgebaut. MHC-II werden nach ihrer Synthese im ER in Vesikel transportiert. Neu synthetisierte MHC-II-Moleküle tragen ein Peptid, das die Antigenpeptidbindungsstelle besetzt und CLIP (class-II invariant chain peptide) genannt wird. Fusionieren beide Vesikel, wird CLIP durch das Protein DM aus der Peptidbindungsstelle des MHC-II freigesetzt und MHC-II kann nun Antigenfragmente binden. Diese MHC-II/Peptid-Komplexe werden dann an die Zellmembran transportiert und können von CD4-positiven Zellen erkannt werden.

B Der MHC-I-Pathway. Manche Antigene befinden sich im Zytoplasma, weil sie endogen von Mikroben wie Viren oder zytosolischen Bakterien synthetisiert wurden. Diese Proteine sind ungefaltet und werden damit zunächst ubiquitinyliert und anschließend im Proteasom abgebaut. Die Peptidfragmente, die dabei entstehen, werden durch den Transporter TAP ins Endoplasmatische Retikulum transportiert, wo MHC-I-Moleküle neu synthetisiert werden. MHC-I kann diese Peptide binden und der entstehende Komplex wird dann an die Zelloberfläche transportiert und von CD8-positiven Zellen erkannt.

hängt davon ab, ob das Antigen von der Zelle synthetisiert wird (endogenes Antigen) oder ob das Antigen vom Verdau eines exogenen Pathogens herrührt (exogenes Antigen). MHC-I-Moleküle binden Peptide, die im Zytosol der Wirtszelle synthetisiert und prozessiert werden. Dies können virale oder bakterielle Proteine in einer infizierten Zelle sein, aber auch normale zelluläre Proteine oder Tumorproteine. MHC-II-Moleküle binden dagegen Peptide, die von exogenen Antigenen stammen und durch Endozytose internalisiert und in Phagolysosomen abgebaut wurden.

Diese zwei unterschiedlichen Wege der Antigenprozessierung (Abb. I.3.12) tragen der Aufgabe Rechnung, dass extrazelluläre und intrazelluläre Pathogene sortiert werden müssen, um dann der entsprechenden T-Lymphozytenklasse präsentiert zu werden. Diese Sortierung gelingt durch unterschiedliche Kompartimentierungsstrukturen, die bei der Antigenprozessierung eine Rolle spielen.

Extrazelluläre Mikroben oder mikrobielle Proteine werden von antigenpräsentierenden Zellen (APC) aufgenommen und gelangen in intrazelluläre Vesikel, die mit Lysosomen fusionieren. In diesen Phagolysosomen werden die Proteine durch proteolytische Enzyme gespalten und es entstehen unterschiedlichste Spaltprodukte. APC synthetisieren konstant MHC-II-Moleküle im Endoplasmatischen Retikulum (ER). Mit jedem neu synthetisierten MHC-II-Molekül ist ein Peptid assoziiert, das fest an die Peptid-bindende Mulde des MHC-Moleküls bindet und damit das MHC-Molekül besetzt. Dieses Protein wird CLIP (class II invariant chain peptide) genannt. Das „gesperrte" MHC-Molekül wird in einem exozytotischen Vesikel transportiert. Wenn dieses Transportvesikel mit dem endosomalen Vesikel, das die Antigenfragmente beinhaltet, fusioniert, wird ein weiteres MHC-II-ähnliches Protein, genannt HLA-DM aktiv und entfernt CLIP. Das MHC-II-Molekül kann nun ein entsprechendes Peptidfragment aufnehmen, ist stabil und wird zur Zelloberfläche transportiert. Ein leeres MHC-II-Molekül wird dagegen abgebaut. Die Peptidfragmente, die an MHC-Moleküle gebunden werden, werden immundominante Epitope eines Antigens genannt.

Immundominante Epitope beschreiben die Sequenzen eines Antigens, welche von den meisten Lymphozyten erkannt werden.

Intrazelluläre Erreger wie Viren oder bestimmte Bakterien produzieren im Zytosol der Wirtszelle antigene Proteine. Endogene Antigene können auch zelluläre Proteine von Tumorzellen darstellen. Diese „unnützen" Proteine werden in der Regel nach Ubiquitinylierung einer Proteolyse im Proteasom zugeführt. Es entstehen dabei zytosolische Peptidfragmente, die mittels eines spezifischen Transporters (TAP, transporter associated with antigen processing) in das ER transportiert werden, wo sie auf neu synthetisierte MHC-I-Moleküle treffen und gebunden werden können. Wichtig ist, dass diese Art von Peptidfragmenten im ER nicht an MHC-II binden können, da diese Moleküle im ER gesperrt sind. MHC-I-Moleküle, die beladen mit zytosolischem Antigenfragment sind, wandern direkt über Transportvesikel an die Zelloberfläche.

Sobald die MHC-Moleküle mit ihren gebundenen Peptiden die Zelloberfläche erreicht haben, werden sie funktionell unterschiedlichen T-Lymphozyten präsentiert. Zytotoxische T-Zellen (T_C) erkennen Zellen mit MHC-I/Peptid-Komplexen auf der Oberfläche, wohingegen T-Helferzellen mit Zellen mit MHC-II/Peptid-Molekülen in Kontakt treten.

Die Prinzipien der Antigenerkennung durch B- und T-Zellen werden im Folgenden besprochen.

3.2.2 *Antigenerkennung durch spezifische Rezeptoren*

Die Aufgabe, Antigene spezifisch zu erkennen, wird von Rezeptormolekülen auf der Oberfläche von B- und T-Zellen übernommen. TCR und BCR haben neben der Antigenerkennung die Funktion, bestimmte Antworten der Zelle zu triggern, sobald Antigen gebunden wird. Den einzelnen Antigenrezeptoren muss es also möglich sein, zwischen zahlreichen, z. T. verwandten chemischen Strukturen zu unterscheiden. Antigenrezeptoren sind klonal verteilt, d. h. jeder Lymphozyt trägt einen einzigartigen Rezeptor, der sich von den Rezeptoren aller anderen Lymphozytenklone unterscheidet. Das adaptive Immunsystem zeichnet sich durch ein riesiges Repertoire an unterschiedlichen Lymphozyten-Spezifitäten aus, was auch als Diversität des adaptiven Immunsystems bezeichnet wird. Obgleich jeder Lymphozytenklon ein anderes Antigen erkennt, reagieren alle B- bzw. T-Zellen in gleicher Weise auf die Erkennung eines Antigens. Das heißt, die biochemischen Signale sind im Grundsatz dieselben in allen Lymphozyten und nicht abhängig von ihrer Antigenspezifität.

> **Immunglobulin-Superfamilie** ist eine große Familie von Proteinen, die ein globuläres Strukturmotiv besitzen, das Ig (Immunglobulin)-Domäne genannt wird und ursprünglich in Antikörpern beschrieben wurde. Viele wichtige Proteine im Immunsystem sind Mitglieder dieser Familie z. B. Antikörper, T-Zellrezeptoren, MHC-Moleküle, CD4 und CD8.

Zwei wichtige Punkte sollen einleitend geklärt werden

1. Wie können Lymphozyten-Antigenrezeptoren extrem unterschiedliche Antigene erkennen und in der Folge stark konservierte Signale der Zellaktivierung induzieren?
2. Wie lässt sich die extreme Diversität der Rezeptorstrukturen erzeugen?

Zunächst müssen wir uns also die Struktur der Antigenrezeptoren anschauen und verstehen, wie diese Rezeptoren Antigene erkennen und Signale weiterleiten.

BCR und TCR besitzen strukturelle Ähnlichkeiten und gehören zur Immunglobulin-Superfamilie. Sie besitzen einerseits Regionen oder Domänen, die für die Antigenerkennung wichtig sind und daher auch von Lymphozytenklon zu Lymphozytenklon unterschiedlich sind und andererseits Regionen, die für die strukturelle Integrität und für Effektorfunktionen von Bedeutung sind. Diese Domänen sind relativ konserviert zwischen den Klonen.

Die Antigen-erkennenden Teile der Rezeptoren werden als variable (V) Regionen, die konservierten als konstante Regionen (C) bezeichnet (Abb. I.3.13).

Innerhalb der variablen Regionen wiederum ist die strukturelle Variabilität in kurzen Sequenzen konzentriert. Diese Bereiche werden hypervariable Regionen oder auch komplementaritätsbe-

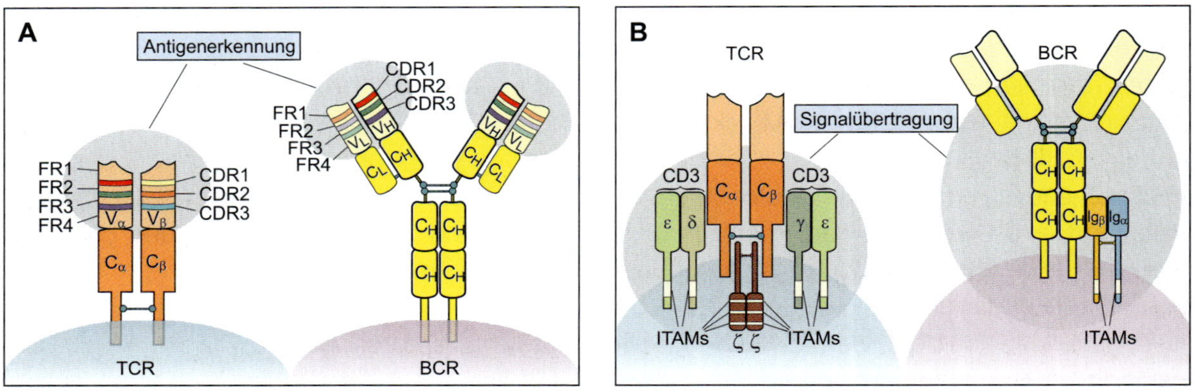

Abb. I.3.13: Struktur/Funktion-Beziehung von Antigenrezeptoren auf Lymphozyten.

A Antigenerkennung.
TCR, wie auch BCR, bestehen aus zwei Ketten (TCR: α und β-Kette, BCR: leichte und schwere Kette (L und H)). Jede Kette enthält eine konstante (C) und eine variable Domäne (V). Die nebeneinander liegenden variablen Domänen bilden die Antigenbindungsstelle. Die Sequenzen in den variablen Bereichen, die für den eigentlichen Antigenkontakt verantwortlich sind, werden CDR-Regionen („complementarity determining regions") oder hypervariable Regionen (HVR) genannt. In jeder variablen Region gibt es drei solcher extrem variabler Regionen (CDR1, CDR2 und CDR3). Eingerahmt werden sie von so genannten „framework regions" (FR), die relativ konserviert sind und als strukturelles Gerüst für die CDRs dienen.

B Signalübertragung, Aktivierung.
Der konstante Teil der schweren Ketten wird benötigt, um der Zelle zu signalisieren, dass Antigen gebunden hat. Dafür sind aber noch weitere Proteine notwendig, die als Cofaktorproteine bezeichnet werden und nach Antigenkontakt eng mit dem konstanten Teil der Ketten assoziiert sind. Für den BCR sind dies Igα und Igβ, für den TCR sind dies vier Signalketten (zwei ε-, eine δ- und eine γ-Kette) die man als CD3 zusammenfasst, und zusätzlich ein Homodimer aus zwei ζ-Ketten. Cofaktorproteine zeigen keine Antigenspezifität, besitzen aber Sequenzen, die man als Tyrosinaktivierungssequenzen von Immunrezeptoren (ITAMs= immunoreceptor tyrosine-based activation motifs) bezeichnet. Nach Antigenbindung kommt es zur Aktivierung einer rezeptorassoziierten Tyrosin-Kinase (Src-Kinase). Diese phosphoryliert die ITAMs der Cofaktorproteine. Phosphorylierte Cofaktorproteine übertragen Signale in den Kern, indem sie weitere Kinasen aktivieren, die schließlich zur Aktivierung unterschiedlicher Transkriptionsfaktoren und somit zur Expression entsprechender Gene führen.

stimmende Regionen (complementarity determining regions, CDRs) genannt. Die dazwischen liegenden Domänen bezeichnet man als Gerüstregion (framework region, FR) (Abb. I.3.13 A).

> **CDRs** sind kurze Segmente in denen die größten Unterschiede zwischen den einzelnen BCR/TCR definiert sind. Es gibt drei CDRs pro variabler Kette. Diese Regionen bilden Loop-Strukturen aus, die eine dem gebundenen Antigen komplementäre Oberfläche bilden.

Durch die Tatsache, dass die für die Spezifität notwendigen Variationen in der Aminosäuresequenz in kleinen Regionen des Rezeptors konzentriert sind, wird eine maximale Variabilität bei Beibehaltung der Basisstrukturen des Rezeptors möglich gemacht. Die extreme Diversität in den antigenerkennenden Domänen bei einer limitierten Anzahl von Genen wird weiterhin durch einen speziellen genetischen Mechanismus möglich, den man als genetische Rekombination bezeichnet. Wir werden diesen Mechanismus am Ende dieses Abschnittes besprechen.

Antigenrezeptoren (TCR/BCR) sind mit unveränderlichen Molekülen assoziiert (Cofaktoren), deren Funktion in der Signalübertragung und damit der Aktivierung der Lymphozyten nach Antigenkontakt liegt (Abb. I.3.13 B). Proteine wie CD3 und die ζ-Kette sind die Cofaktoren des TCR, Igα und Igβ sind die Cofaktorproteine des BCR. Cofaktorproteine besitzen alle so genannte Tyrosinaktivierungssequenzen von Immunrezeptoren (ITAMs = *immunoreceptor tyrosine-based activation motifs*). Sobald ein Antigen an die Rezeptoren bindet, kommt es zur Ausbildung von Aggregaten (crosslinking), welche die Cofaktoren in die Nähe der Rezeptoren bringen. Rezeptorständige Tyrosinkinasen der Src-Familie phosphorylieren in der Folge die ITAMs. Über eine Kaskade von Kinase-Aktivierungen werden entsprechende Signale in den Kern weitergeleitet.

Antigenspezifische Rezeptoren sind bifunktional: Sie erkennen das Antigen und sind auch für die Signalübertragung und die nachfolgenden Effektormechanismen verantwortlich.

Wichtig ist, dass diese beiden Funktionen der Antigenrezeptoren voneinander getrennt durch verschiedene Proteindomänen vermittelt werden. So ist es möglich, dass ein hochvariables System (die eigentlichen Rezeptoren) in ein einheitliches, konserviertes Signaltransduktionssystem konvergiert.

Jetzt wenden wir uns der Frage zu, wie sich die enorme Diversität der Antigenrezeptoren erzeugen lässt.

Die Expression von T- und B-Lymphozyten-Antigenrezeptoren beginnt mit der somatischen Rekombination von Gensegmenten, die für die variablen Bereiche der Rezeptoren codieren. Durch diesen Mechanismus ist eine extreme Diversität der Rezeptoren möglich. Hämatopoetische Stammzellen im Knochenmark und lymphatische Vorläuferzellen in den primären Immunorganen besitzen Ig- und TCR-Gene in ihrer vererbten, sprich Keimzellkonfiguration. In dieser Konfiguration sind die Loci der einzelnen Rezeptorketten aus zahlreichen Genen (bis zu einigen hundert), die für die variable Region codieren (V-Gene) und einigen wenigen Genen, die für konstante Regionen (C-Gene) codieren, aufgebaut (Abb. I.3.14). Zwischen den V-Genen und C-Genen liegen einige kurze Abfolgen von

> **Somatische Rekombination** steht für die Rekombination von DNA-Abschnitten, die für variable Regionen der Antigenrezeptoren codieren. Diese Rekombination ereignet sich während der Lymphozytenreifung. Ein limitiertes Set an Keimzell-DNA-Sequenzen, die getrennt voneinander organisiert sind (V,J,D-Segmente), werden für eine variable Region individuell kombiniert. Dieser Prozess findet nur in heranreifenden Lymphozyten statt.
>
> **V-, J- und D-Segmente** sind DNA-Sequenzen, die für die variable Domäne der Ketten von TCR und BCR codieren. Es gibt zahlreiche unterschiedliche V-Gensegmente, die sich mit einer geringeren Anzahl von J- und/oder D-Segmenten in somatischen Zellen rekombinieren können. Dies geschieht während der Lymphozytenreifung und gewährleistet die Diversität der Antigenrezeptoren bei einer limitierten Zahl an Genen.

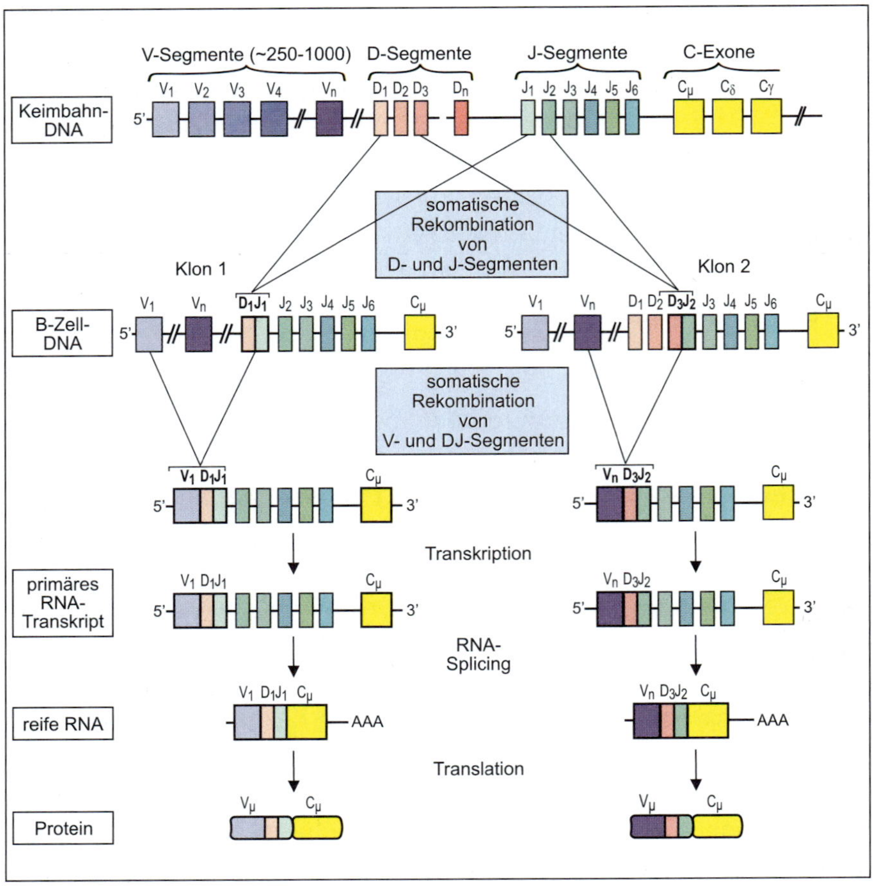

In Keimbahnzellen befinden sich multiple Gensegmente, die für die variablen Regionen einer μ-Kette codieren können. Die konstante Region ist durch ein einziges Cμ-Segment codiert. Es gibt zahlreiche V-(variable Region)-Gensegmente, die sich mit einigen D- (Diversität)-, und J- (Joining)-Segmenten kombinieren. Dabei werden bei den schweren Ketten zuerst zwei DJ-Segmente kombiniert und in einem weiteren Schritt wird eine V-Region der DJ-Kombination zugeteilt. Diese V-DJ-Gensegmentkombination stellt dann die entsprechende DNA für den variablen Bereich der μ-Kette eines bestimmten B-Zellklons dar. Ein anderer B-Zellklon weist eine unterschiedliche Kombination der V-DJ-Segmente auf.
Dieser Vorgang der Kombination von Gensegmenten wird als somatische Rekombination bezeichnet. Die rekombinierten Gene werden dann transkribiert und das V-DJ-Segment wird durch Splicing-Vorgänge mit der Cμ-Region vereint. Diese mRNA wird in eine schwere Antikörperkette vom μ-Typ translatiert.
Die Rekombination anderer Antigenrezeptorgene vorläuft im Wesentlichen nach dem gleichen Prinzip.

Abb. I.3.14: Grundlage der Diversität von Antigenrezeptoren am Beispiel von Ig-Genen (μ-Kette).

Nukleotiden, die „Joining" (J)- und „Diversity" (D)-Gensegmente genannt werden. D-Segmente kommen nur bei den Loci der schweren Kette der Ig und der β-Kette des TCR vor, alle anderen Loci bestehen aus V-, J-, und C-Gensegmenten. Während der Reifung zu B- oder T-Zellen werden einzelne Gensegmente ausgewählt und kombiniert. Eine unreife B-Zelle besitzt beispielsweise ein bestimmtes rekombiniertes V-D-J-Gen, das für die variable Region einer schweren Kette codiert. Dieses Gen wird transkribiert. Die primäre mRNA des V-D-J-Gens wird dann durch Splicing mit dem RNA-Abschnitt, der für die C-Region (z. B. Cμ) codiert, zusammengebracht. Die Translation dieser mRNA führt schließlich zur Expression der schweren μ-Kette, und somit zu einem IgM-Antikörper. IgM ist das erste Ig-Protein, das während der B-Zell-Reifung hergestellt wird (vergleiche Abb. I.3.3).

Der Mechanismus der somatischen Rekombination hat wichtige Konsequenzen:

- Aus einer begrenzten Anzahl von Genen lässt sich durch Kombination eine enorme Diversität an Proteinen erreichen.
- Jede Zelle exprimiert damit einen einzigartigen Rezeptor, da eine einzigartige Rekombination gewählt wurde.
- Durch Irreversibilität der Genumlagerung ist die Spezifität des Genprodukts innerhalb des Zellklons vererbbar.

Die durch somatische Rekombination erreichte Vielfalt an Rezeptorproteinen wird noch durch zwei weitere Mechanismen erhöht: erstens durch die Tatsache, dass sich jeder Rezeptor aus zwei unterschiedlichen variablen Ketten zusammensetzt, die jeweils durch einen anderen Satz an Gensegmenten codiert sein kann und die dann noch zufällig kombiniert werden können. Hier spricht man von kombinatorischer Diversität.

Zweitens ist es möglich, dass einzelne Nukleotide während der Rekombination der Gensegmente entfernt oder hinzugefügt werden, so dass neue Sequenzen entstehen. Dies geschieht an der Stelle der V(D)J-Rekombination, die für die CDR-3-Domäne codiert, die die variabelste der CDR-Domänen und für die Antigenerkennung die wichtigste ist. Das Ergebnis wird als „junctional diversity" bezeichnet (Abb. I.3.15).

Ausgehend von einer relativ geringen Menge an genetischem Material besitzt somit ein Lebewesen zu jedem Zeitpunkt ungefähr 10^8 bis 10^{11} unterschiedliche Lymphozyten-Spezifitäten.

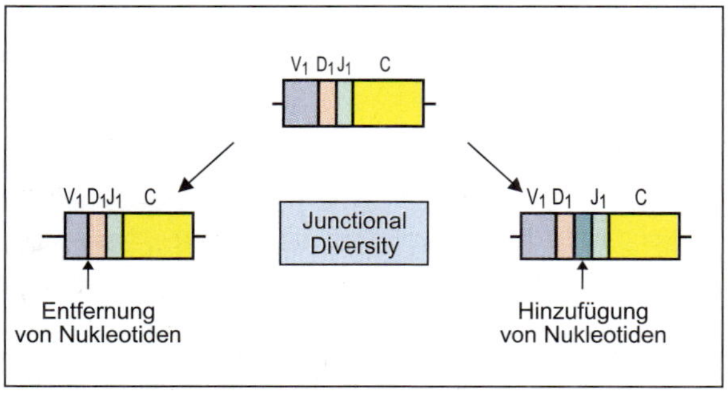

Abb. I.3.15: „Junctional diversity".
Die s.g. „Junctional diversity" stellt einen wichtigen Mechanismus dar, der entscheidend zur Maximierung der Diversität beiträgt. Hierbei können nahezu unbegrenzt Nukleotide an D-J- oder V-DJ-Übergängen hinzugefügt oder entfernt werden.

Zusammenfassend unterscheiden sich TCR und BCR strukturell wenig und sind auch hinsichtlich ihres genetischen Mechanismus, der ihre Variabilität erzeugt, sehr verwandt.

Sie unterscheiden sich aber gravierend in der Art der Antigenerkennung wie im Folgenden erörtert wird.

3.2.2.1 Antigenerkennung durch TCR

Der T-Zell-Rezeptor erkennt nicht das Antigen direkt, wie das der BCR tut, sondern Peptid-Fragmente, die an MHC-Moleküle gebunden von Wirtszellen präsentiert werden. Antigenfragmente binden über Ankersequenzen in der Bindungstasche des MHC-Moleküls. Die variablen Bereiche insbesondere die CDRs des TCR erkennen bestimmte Aminosäuresequenzen des Peptid-Fragments wie auch bestimmte polymorphe Sequenzen des MHC-Moleküls (Abb. I.3.16). Jede reife T-Zelle exprimiert einen TCR-Corezeptor (CD4 bzw. CD8). CD4 erkennt nur MHC-II-, CD8 nur MHC-I-Moleküle. Die Corezeptoren sind für das Zusammenbringen des „funktionell richtigen" T-Zellsubtyps mit dem „richtigen" MHC/Peptid-Komplex von großer Bedeutung (Abb. I.3.17). MHC-I/Peptid-Komplexe stammen von Antigenen, die intrazellulärer Herkunft sind und von Viren oder infektiösen Bakterien stammen. Sie werden von zytotoxischen T-Zellen, die CD8-positiv sind, erkannt, was in der Folge zu deren Aktivierung und zur Zerstörung der infizierten Zelle führt. TCR-Komplexe von CD4-positiven T- Helferzellen erkennen Antigene von extrazellulären Krankheitserregern, die über MHC-II-Komplexe präsentiert werden.

Antigen-aktivierte Helferzellen sorgen dann durch die weitere Aktivierung von Makrophagen oder B-Zellen dafür, dass die extrazellulären Erreger eliminiert werden.

Jede T-Zelle hat also einen einzigartigen TCR-Corezeptorkomplex, der ein bestimmtes antigenes Peptid im Komplex mit einem bestimmten MHC-

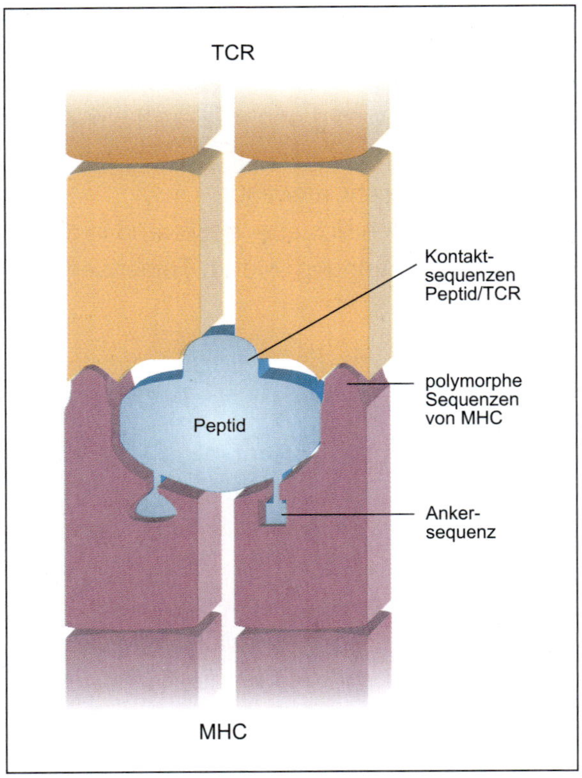

Abb. I.3.16: Antigenerkennung durch den TCR.
MHC-Moleküle auf APC haben die Aufgabe, dem TCR ein Peptidfragment eines Antigens zu präsentieren. Das Peptid bindet mittels einer Ankersequenz in die Tasche des MHC-Moleküls. Der TCR erkennt Sequenzen des Peptides und gleichzeitig polymorphe Sequenzen des MHC-Moleküls.

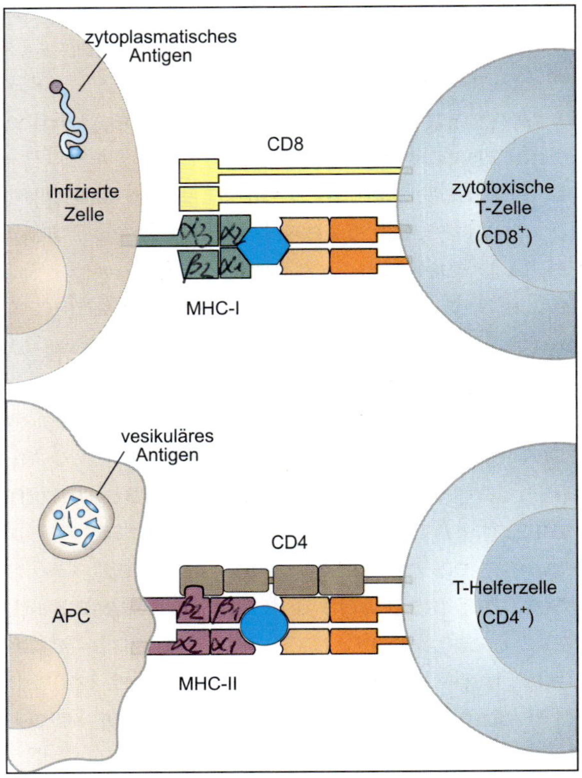

Abb. I.3.17: MHC-Restriktion der T-Zell-Antigenerkennung.
MHC-I/Peptid-Komplexe auf infizierten Zellen, die zytosolische Antigene präsentieren, werden vom TCR einer T-Zelle erkannt, die den Corezeptor CD8 exprimiert.
MHC-II/Peptid-Komplexe auf APC, die phagozytierte, vesikuläre Antigene präsentieren, werden vom TCR einer T-Zelle erkannt, die den Corezeptor CD4 exprimiert.

Molekül erkennen kann. Antigenerkennung durch T-Zellen ist also MHC-restringiert.

CDR= complementaritäts bestimmende Regionen

3.2.2.2 Antigenerkennung durch BCR

Ein Antikörper erkennt ein Antigen direkt und hierbei im Allgemeinen nur eine kleine Region auf der Oberfläche eines Moleküls. Die Struktur, die von den CDRs erkannt wird, nennt man Antigendeterminante oder Epitop. Die Strukturen der Bindungsoberfläche der CDRs hängen von der Größe und der Form des Antigens ab: Kleine Antigene können in Taschen oder Furchen gebunden werden, große werden an eine ausgedehntere Oberfläche der CDRs gebunden (Abb. I.3.18).

Die Bindung von Antigenen an Antikörper ist grundsätzlich reversibel und beruht auf nichtkovalente Wechselwirkungen, an denen elektrostatische Kräfte, Wasserstoffbrückenbindungen, van der Waal'sche Kräfte und hydrophobe Kräfte beteiligt sind.

Die Kraft einer einzelnen Antigen-Antikörper-Bindung nennt man Affinität. Die Summe der Kräfte, die bei multivalenten Bindungen zwischen Antikörper und Antigen eintreten, nennt man Avidität oder funktionale Affinität. Beispielsweise hat ein IgM, das als Pentamer vorliegt (multivalenter Antikörper), eine größere Avidität als ein bivalenter IgG-Antikörper.

Antigen-Antikörper-Reaktionen können in hohem Maße spezifisch sein. Es kann aber auch

Überschneidungen geben, wenn die Antigene A und B gemeinsame Determinanten haben. Es kann dann zu Kreuzreaktivitäten kommen.

Nach der Expression eines Immunglobulins kann es bei der Stimulation der entsprechenden B-Zellen durch ein Antigen zur weiteren Variation durch somatische Hypermutation in der V-Region kommen. Punktmutationen in den Genen für die V-Regionen der Immunglobuline können zur Erhöhung der Antigenaffinität führen (vgl. Kap. I.3.3.). In Kombination mit den bereits genannten Diversifikationsmechanismen führt dies zur Erzeugung eines riesigen Repertoires an Antikörpern aus einer relativ begrenzten Anzahl von Genen.

Ein B-Lymphozyt kann ein Immunglobulin in Membran-gebundener (BCR) und in sezernierter Form produzieren. Dies ist auf unterschiedliches Spleißen der mRNA zurückzuführen.

Wo findet nun Antigenpräsentation und -erkennung im Körper statt?

Erinnern wir uns, dass wir im Kapitel I.1.2. besprochen haben, dass es in sekundären lymphatischen Organen, wie den Lymphknoten und der Milz, zu einer Konzentrierung von Antigen kommt (vgl. Abb. I.1.4). APC werden bei Kontakt mit Antigen durch Signale der angeborenen Immunantwort aktiviert, wandern zu den Lymphknoten und differenzieren zu reifen APC, die dann große Mengen an costimulatorischen Molekülen und Adhäsionsmolekülen exprimieren (vgl. Abb. I.3.1). Naive T-Lymphozyten und B-Lymphozyten durchwandern Lymphknoten auf der Suche nach ihrem spezifischen Antigen. Dabei kommt es zur Bindung von Lymphozyten durch L-Selektin auf ihrer Oberfläche an L-Selektin-Liganden an den so genannten „high endothelial venules (HEVs)", die nur in Lymphknoten vorkommen. Mit Hilfe spezifischer Chemokine wandern die naiven T-Zellen in die paracorticalen Bereiche, die B-Zellen in die Primärfollikel. T-Lymphozyten wird durch ein Zusammentreffen mit der entsprechenden APC im Paracortex ermöglicht, Antigen zu erkennen. Dadurch werden sie aktiviert und differenzieren zu Effektorzellen aus (vgl. Kap. I.3.3.1).

Wie B-Zellen ihr spezifisches Antigen im lymphatischen Gewebe finden, ist weniger gut studiert. Die eigentliche Antigenerkennung durch B-Zellen erfolgt direkt und erscheint daher grundsätzlich weniger reguliert als die der T-Zellen.

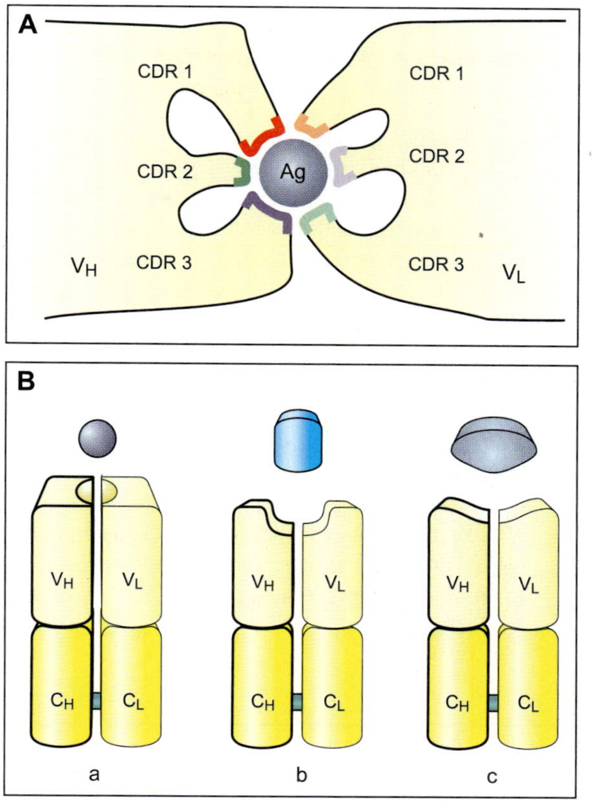

Abb. I.3.18: Antigenerkennung durch BCR.
A Antigene binden an bestimmte Aminosäuren der CDRs innerhalb der variablen Bereiche von schwerer und leichter Kette (V_H bzw. V_L).
B Die Art der Bindung hängt von der Größe und von der Form des Antigens ab. Kleine Antigene binden in Taschen innerhalb der CDRs (a), größere Peptide können in Furchen (b) der antigenbindenden Regionen gebunden werde. Große Protein- oder Polysaccharidstrukturen binden in der Regel über eine ausgedehntere Oberfläche der CDRs (c).

Check-Liste: 3.2 Antigenpräsentation und -erkennung

- Jeder T- und B-Lymphozyt besitzt einen spezifischen Rezeptor (TCR, BCR), der ein ganz spezifisches Antigen erkennt. TCR und BCR gehören zur Familie der Immunglobuline und unterscheiden sich strukturell nur wenig.
- B- und T-Zellen unterscheiden sich jedoch deutlich in der Art der Antigenerkennung: Der BCR erkennt Antigene direkt, der TCR erkennt nur Antigenfragmente, die von Zellen über MHC-Moleküle präsentiert werden.
- Zwei Typen von MHC-Molekülen sind hierbei wichtig: MHC-I-Moleküle kommen auf allen kernhaltigen Zellen vor, präsentieren Peptide, die von zytosolischen Proteinen stammen und werden von CD8-positiven T-Zellen erkannt. MHC-II-Moleküle kommen im Wesentlichen auf APC vor, binden Peptide, die von phagozytierten Proteinen stammen und werden von CD4-positiven Zellen erkannt. Die Antigenerkennung durch T-Zellen ist also MHC-restringiert.
- Die Rezeptoren der adaptiven Immunantwort sind strukturell so organisiert, dass sie Bereiche besitzen, die variabel und für die Antigenerkennung verantwortlich sind und Bereiche, die konstant sind und der Signaltransduktion und damit der Aktivierung der Lymphozyten dienen. Neben den eigentlichen BCR- und TCR-Molekülen sind für die Signalübertragungsfunktion noch weitere akzessorische Proteine (Cofaktoren) notwendig (TCR: CD3 und ζ-Kette; BCR: Igα und Igβ)
- Die enorme Diversität der antigenerkennenden Sequenzen wird durch somatische Rekombination von Gensegmenten (V-, J- und D-Segmente) der variablen Bereiche der Rezeptoren bedingt. Die Kombination der verschiedenen Ketten (kombinatorische Diversität) und das Hinzufügen bzw. Entfernen von Nukleotiden („junctional diversity") sind weitere Mechanismen, die die große Diversität der Antigenrezeptoren ermöglichen.
- Antigenpräsentation und -erkennung finden in sekundären Immunorganen statt.

3.3 Effektorzellen und Effektormechanismen

Naive reife Lymphozyten exprimieren Antigenrezeptoren und akzessorische Proteine, die für den Prozess der Antigenerkennnung notwendig sind. Allerdings sind naive Lymphozyten nicht fähig, Effektorfunktionen durchzuführen, die zur Beseitigung des Krankheitserregers führen. Um diese Funktion zu besitzen, müssen naive Lymphozyten aktiviert werden, sich in Effektorzellen auszudifferenzieren. Dieser Prozess wird durch Antigenerkennung in den sekundären lymphatischen Organen ausgelöst.

Wir werden zunächst die Prozesse der T- und B-Lymphozytendifferenzierung, d. h. die Generierung von Effektorzellen besprechen und uns dann mit den Effektormechanismen der jeweiligen Zellen (T-Zellen: zelluläre Antwort; B-Zellen: humorale Antwort) beschäftigen.

3.3.1 T-Effektorzellen

Die zelluläre Immunantwort ist der Arm der erworbenen Immunantwort, der Infektionen mit intrazellulären Kankheitserregern bekämpft. Zwei Arten von Infektionen führen zu einer intrazellulären Lokalisation des Erregers:

1. Der Erreger wird von Phagozyten im Rahmen der angeborenen Immunantwort aufgenommen, kann aber ihrer bakteriziden Aktivität entkommen und vermehrt sich in Phagozyten.
2. Viren binden an Rezeptoren unterschiedlichster Zellen, dringen in die Zelle ein und vermehren sich in deren Zytoplasma.

T-Lymphozyten haben die Aufgabe, diese beiden unterschiedlichen Erregertypen zu entfernen. Dazu müssen T-Lymphozyten mit den infizierten Zellen interagieren und Effektormechanismen initiieren. Eine gezielte Interaktion mit der infizierten Zelle wird durch die MHC-Restriktion bei der Antigenerkennung durch T-Zellen gewährleistet. Die Antigenerkennung löst dann eine Aktivierung bzw. Differenzierung der T-Lymphozyten zu entsprechenden Effektorzellen aus.

3.3.1.1 Phasen der T-Zellaktivierung und -differenzierung

Die Aktivierung/Differenzierung der T-Zelle lässt sich in einzelne Phasen unterteilen:

1. Antigenerkennung und Costimulation führt zur Produktion von Zytokinen.
2. Durch die Zytokine wird eine Proliferation des entsprechenden antigenspezifischen T-Zellklons ausgelöst.
3. Die aktivierten T-Zellen differenzieren zu CD4- bzw. CD8-Effektorzellen oder zu Gedächtniszellen.

Im Folgenden werden wir die einzelnen Phasen der T-Zelldifferenzierung besprechen.

1. Antigenerkennung und Costimulation

T-Zellen erkennen über ihre TCR und Corezeptoren die entsprechenden, infizierten Zellen (CD4-T-Zellen erkennen MHC-II-Komplexe auf APC; CD8-T-Zellen erkennen MHC-I-Komplexe auf infizierten Zellen). Neben dem TCR-Komplex (TCR, CD3 und ζ-Kette) werden noch weitere, so genannte akzessorische Proteine benötigt, um in der Folge die T-Zellen zu aktivieren.

So sind Adhäsionsmoleküle vom Typ der Integrine und Immunglobuline sowie costimulatorische Moleküle essentiell für die Aktivierung naiver T-Lymphozyten.

Adhäsionsmoleküle auf T-Lymphozyten erkennen ihre Liganden auf antigenpräsentierenden Zellen. Das Immunglobulin CD2 bindet CD58 auf APC und kann einen ersten Zell-Zellkontakt herstellen. Das Integrin LFA-1 (lymphocyte function-associated antigen-1) spielt ebenfalls eine bedeutende Rolle, indem es das interzelluläre Adhäsionsmolekül-1 (ICAM-1) auf der Oberfläche der APC erkennt und die Bindung von T-Zellen an APC stabilisiert. Die TCR-Komplexe binden nämlich mit sehr niedriger Affinität an die MHC/Peptid-Komplexe. Die Bindung muss aber über einen genügend langen Zeitraum aufrechtgehalten werden, damit die notwendigen Signale zur Aktivierung der T-Zellen induziert werden. Wie wird dies bewerkstelligt? Die Integrine auf naiven T-Zellen haben zunächst eine

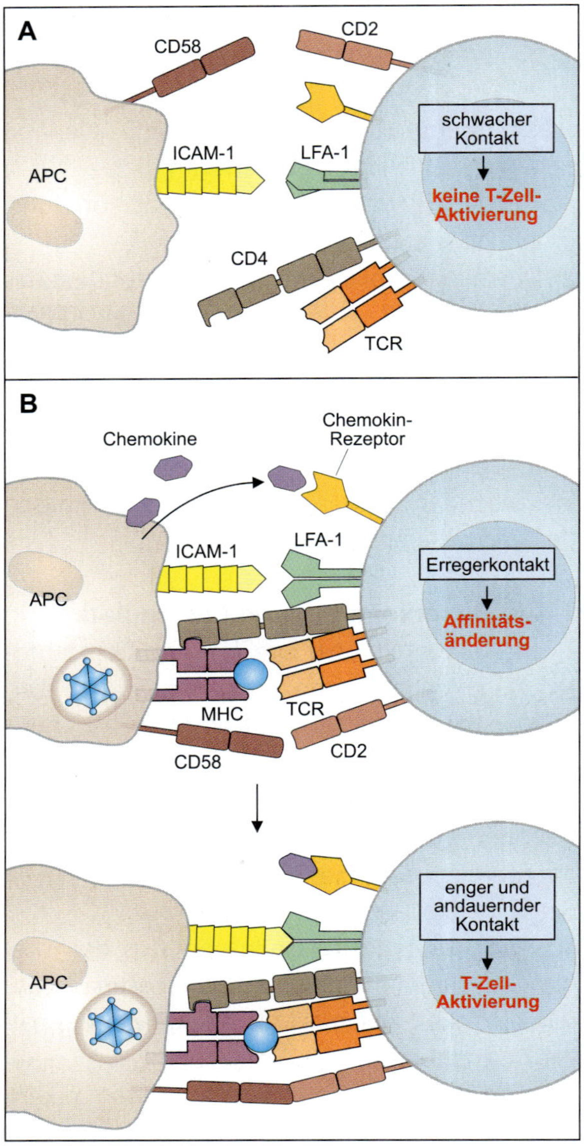

Abb. I.3.19: Rolle von Adhäsionsmolekülen bei der T-Zellaktivierung.

A Ruhende naive T-Zellen exprimieren auf ihrer Zelloberfläche Integrine (LFA-1), die niedrig affin sind und daher nur schwach an ihre Liganden (ICAM-1) auf den APC binden.

B Sobald die APC auf einen Erreger trifft, kommt es zur Sekretion von Chemokinen, die an Chemokinrezeptoren der T-Zelle binden. Dies bedingt, dass die Integrine ihre Liganden auf den APC nun mit hoher Affinität binden. Die LFA-1/ICAM-1-Interaktion wird auch dadurch verstärkt, dass TCR an den MHC-Komplex bindet. Der nun enge Kontakt zwischen der T-Zelle und der APC ist eine Voraussetzung für die folgende Aktivierung der T-Zelle.

niedrige Affinität und binden nur schwach an ihre Liganden auf den APC (Abb. I.3.19). APC setzen nach Kontakt mit Mikroben Chemokine frei, die an ihre Rezeptoren auf der T-Zelle binden können. Dadurch wird das LFA-1 in kurzer Zeit hoch affin und die T-Zelle bindet fest an die APC. Die Affinität von LFA-1 wird andererseits auch durch die TCR-bedingte Antigenerkennung erhöht.

Das bedeutet also, dass in dem Moment, in dem eine T-Zelle ein Antigen erkennt, diese T-Zelle ihre Bindung an die APC erhöht, die das entsprechende Antigen präsentiert. Dieser starke und lang anhaltende Kontakt ist die Voraussetzung für die Aktivierung der T-Zellen nach Antigenkontakt.

Für die Aktivierung von T-Zellen werden zwei Signale benötigt. Das erste Signal kommt durch die Bindung von Antigen an den TCR-Komplex. Das zweite Signal für die Aktivierung von T-Zellen ist gegeben, wenn T-Zellen costimulatorische Moleküle auf APC erkennen und eine Bindung eingehen (Abb. I.3.20). Die am besten charakterisierten costimulatorischen Moleküle sind die B7.1 (CD80)- und die B7.2 (CD86)-Proteine, die auf professionellen APC exprimiert werden und deren Expression deutlich erhöht wird, wenn die APC Kontakt mit Erregern hatte (vgl. Abb. I.3.1). CD28, ein Protein auf fast allen T-Zellen, erkennt die costimulatorischen Moleküle. Eine Bindung von CD28 an B7 ist essentiell, um in naiven T-Zellen die Aktivierungskaskade zu initiieren. CD40 ist ein weiteres costimulatorisches Protein auf APC, das eine T-Zellaktivierung nicht direkt auslöst; vielmehr bindet es den CD40-Ligand, der auf T-Zellen vorkommt. Durch die Bindung wird nicht die T-Zelle selbst, sondern die APC stimuliert. Diese Stimulation führt zu einer erhöhten Expression von B7-Molekülen und von Zytokinen wie dem IL-12, die für die T-Zell-Differenzierung von Bedeutung sind. Die CD40/CD40-L-Interaktion fördert also die T-Zellaktivierung, indem sie die APC zu einer „besseren" APC macht. Costimulatorische Moleküle sind vorherrschend auf APC exprimiert. Die Frage stellt sich, wie CD8-positive T-Zellen, die MHC-I/Peptid-Komplexe auf infizierten Zellen erkennen, die keine costimulatorischen Proteine besitzen, aktiviert werden. Es wird angenommen, dass die CD8-positiven T-Zellen CD4-Helfer-Zellen benötigen,

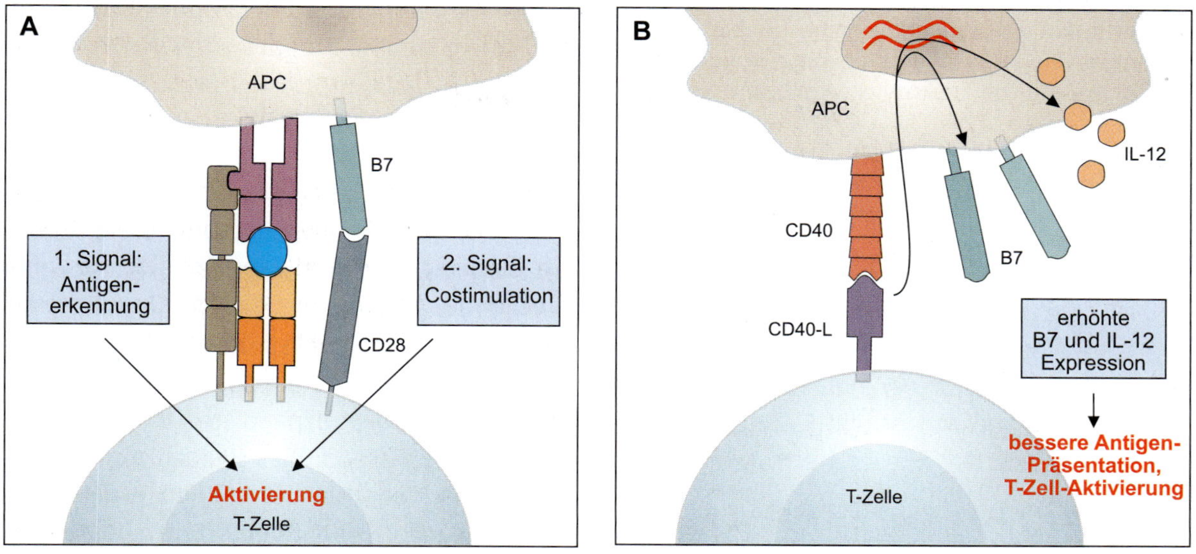

Abb. I.3.20: Rolle der Costimulation bei der T-Zellaktivierung.

A APC exprimieren erst nach Erregerexposition die costimulatorischen Moleküle B7 in ausreichender Menge. Die Bindung von B7-Molekülen an CD28 auf T-Zellen ist essentiell für die Initiation einer Aktivierungskaskade und stellt das „zweite Signal" der Aktivierung dar, während die Antigenerkennung über die TCR/MHC-Bindung das „erste Signal" ist.

B CD40 ist ein indirekter Costimulator von T-Zellen. Es ist auf APC exprimiert und bindet an CD40-L auf T-Zellen. Durch diesen Kontakt wird die APC stimuliert, mehr B7-Moleküle zu exprimieren, die für die Aktivierung der T-Zellen nötig sind. Darüber hinaus wird die Produktion von IL-12 angeregt, das wichtig für Differenzierungsprozesse von T-Zellen ist.

die ihrerseits aktiviert sind und Zytokine freisetzen, insbesondere IL-2, die dann wiederum die $CD8^+$-T-Zellen stimulieren.

Die Biologie und Funktion von Adhäsionsmolekülen und costimulatorischen Molekülen zu verstehen, ist auch aus therapeutischer Sicht sehr interessant. Es gibt Ansätze, Inhibitoren für Adhäsionsmoleküle sowie für costimulatorische Moleküle zu entwickeln. Klinische Studien werden mit Inhibitoren der B7/CD28- und der CD40/CD40-L-Interaktion durchgeführt und haben das Ziel, als Immunsuppressiva die T-Zellaktivierung bei Organtransplantationen zu unterbinden. Antikörper gegen CD2 sollen die Antigenerkennung und Aktivierung von T-Zellen bei Autoimmunerkrankungen reduzieren.

2. Proliferation – klonale Expansion

Als Antwort auf Antigen und Costimulation sezernieren T-Zellen – insbesondere CD4-positive Zellen – verschiedene Zytokine mit unterschiedlichen Aktivitäten. Zytokine sind essentielle Mediatoren in der Immunantwort. Wir haben bereits gehört, dass Zytokine in der angeborenen Immunantwort im Wesentlichen von Makrophagen produziert werden (vgl. auch Kap. I.2.3). In der erworbenen Immunantwort werden Zytokine hauptsächlich von T-Zellen sezerniert. In Tabelle I.3.3 sind wichtige T-Zell-Zytokine zusammengestellt.

Tab. I.3.3: Biologische Effekte von einigen T-Zell-Zytokinen

Zytokin	Hauptsächliche Funktion	Zelluläre Quelle
Interleukin-2 (IL-2)	T-Zell-Wachstumsfaktor	$CD4^+$- und $CD8^+$-Zellen
Interleukin-4 (IL-4)	Antikörper-Switch zu IgE	$CD4^+$-Zellen, Mastzellen
Interleukin-5 (IL-5)	Aktivierung von Eosinophilen	$CD4^+$-Zellen, Mastzellen
Interferon-γ (IFN-γ)	Aktivierung von Makrophagen	$CD4^+$- und $CD8^+$-Zellen, NK-Zellen
TGF-β	Inhibierung der T-Zellaktivierung	$CD4^+$-Zellen und viele andere Zellen

Interleukin ist ein Sammelname für bestimmte Zytokine. Er war urspünglich benutzt worden, um Zytokine, die von Leukozyten produziert werden, zu beschreiben.
Der Begriff **Interferone** sollte Zytokine beschreiben, die mit Immunzellen interferieren.

Das erste Zytokin, das nach Antigenkontakt von einer T-Zelle produziert wird, ist Interleukin-2 (IL-2). Naive T-Zellen exprimieren nur einen niedrig affinen IL-2-Rezeptor der nur aus zwei Ketten (βγ) zusammengesetzt ist und IL-2 nur schwach bindet. Aktivierte T-Zellen entwickeln sehr schnell die Fähigkeit, auf IL-2 optimal zu reagieren, indem sie IL-2-Rezeptoren exprimieren, die durch zusätzliche Expression und Zusammenlagerung der α-Kette (CD25) einen hoch affinen Zustand erreichen (Abb. I.3.21). Eine hoch affine autokrine Bindung von IL-2 an seinen Rezeptor führt zu einer ausgeprägten Proliferation der T-Zelle, die man auch als klonale Expansion bezeichnet (vgl. Abb. I.3.6). Die expandierten Klone sind in der Regel spezifisch für einige wenige immundominante Peptide des Erregers. CD8-positive Zellen expandieren viel stärker als CD4-positive T-Zellen. Dies spiegelt nicht zuletzt ihre unterschiedlichen Funktionen wider. CD8-positive T-Zellen sind Effektorzellen, die selbst die infizierten Zellen abtöten und deshalb in großer Anzahl benötigt werden. CD4-positive T-Zellen hingegen sezernieren Zytokine, die dann andere Effektorzellen aktivieren. Es reicht daher aus, wenn sie in geringerer Anzahl zur Verfügung stehen.

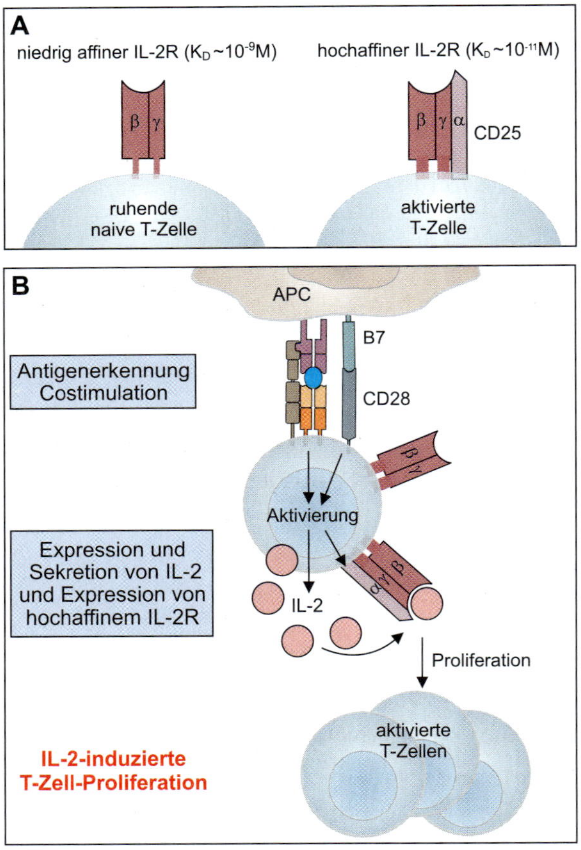

Abb. I.3.21: Das IL-2-System und die T-Zellaktivierung.
A Der IL-2-Rezeptor (IL-2R) existiert in zwei verschiedenen Formen: Auf ruhenden naiven T-Zellen ist er aus einer β- und γ-Kette aufgebaut und bindet IL-2 mit niedriger Affinität. Aktivierte proliferierende T-Zellen exprimieren einen hoch affinen IL-2-Rezeptor, der eine zusätzlich α-Kette (CD25) besitzt.
B Nach Antigenbindung und Costimulation sezernieren T-Zellen IL-2 und exprimieren die α-Kette des IL-2R, die zur Formation von hoch affinen IL-2Rαβγ führt. IL-2 bindet an IL-2Rαβγ und induziert über einen autokrinen Mechanismus die Proliferation der T-Zelle. v.a. für CD8+ - T-Zellen
→ klonale Expansion

3. Differenzierung von naiven T-Zellen zu Effektorzellen und Gedächtniszellen

Antigen-stimulierte proliferierende T-Zellen beginnen, zu Effektorzellen zu differenzieren, um ihre Aufgabe zu erfüllen, den Erreger zu eliminieren. Die Differenzierung ist das Ergebnis einer veränderten Genexpression der T-Zelle. In CD4- und CD8-positiven T-Zellen werden Gene hochreguliert, die beispielsweise für Zytokine und Adhäsionsmoleküle codieren. Effektorzellen exprimieren zwei- bis viermal soviel Adhäsionsmoleküle CD2 und LFA-1 als naive T-Zellen, was ihnen eine effiziente Bindung an APC und Zielzellen ermöglicht.
CD8-positive Zellen differenzieren zu zytotoxischen T-Zellen (T_C-Zellen) aus. Die Differenzierung ist neben der Synthese von Zytokinen von der Produktion von Molekülen (Fas-L, etc.) begleitet, die infizierte Zellen abtöten können (vgl. Kap. I.3.3.2.3).
Von einer CD4-positiven Zelle wird erwartet, dass sie als Effektorzelle die Funktion von Makrophagen und B-Zellen unterstützt. Dies wird durch Produktion von Zytokinen und durch die

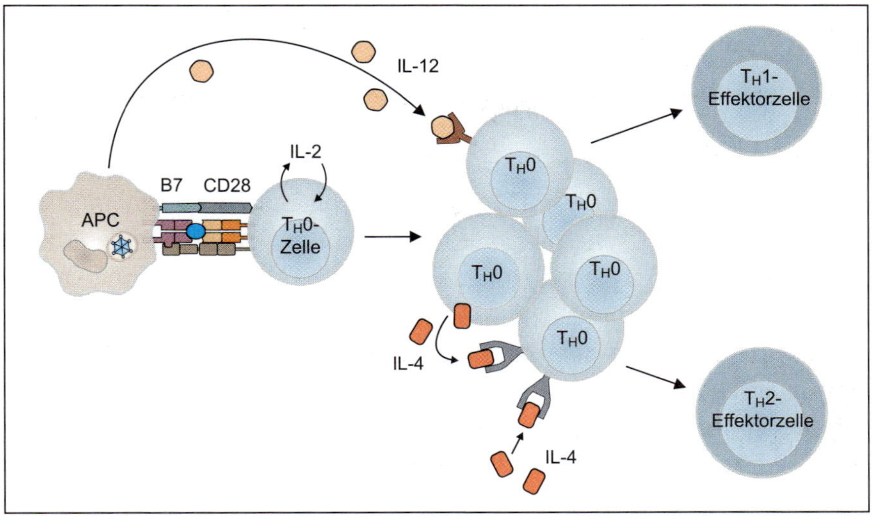

Abb. I.3.22: Differenzierung von naiven CD4-positiven T-Zellen in T_H1- bzw. T_H2-Zellen. Die Entwicklung naiver CD4-positiver T-Zellen (T_H0-Zellen) wird durch Zytokine gesteuert. Nach Aktivierung der T-Zellen durch Antigenerkennung und Costimulation kommt es unter dem Einfluss von IL-12 zur Ausdifferenzierung von T_H1-Zellen. IL-12 wird von aktivierten APC (Makrophagen oder dendritischen Zellen) freigesetzt. Wenn kein IL-12 vorhanden ist, produzieren T-Zellen (und wahrscheinlich auch andere Zellen) IL-4, das die Ausdifferenzierung der Zellen zu T_H2-Effektorzellen steuert.

Hochregulation von CD40-Liganden auf der T-Zelle bedingt. Eine CD4-positive T-Zelle bindet mit CD40-L an CD40, das auf Makrophagen, B-Zellen und dendritischen Zellen exprimiert wird. Diese Bindung induziert eine Aktivierung von Makrophagen und B-Zellen, sowie von dendritischen Zellen, was zu einer gesteigerten Phagozytose, einer Stimulation der Antikörperproduktion und einer gesteigerten Expression von costimulatorischen Proteinen auf APC führt. Von der T-Zelle freigesetzte Zytokine bedingen ähnliche Effekte. Differenzierte $CD4^+$-T-Zellen stimulieren also andere Effektorzellen, ihre Mechanismen zur Erregerentfernung in Gang zu setzen (vgl. Kap. I.3.3.2.2).

CD4-positive aktivierte T-Zellen (so genannte T_H0-Zellen) können in zwei Untergruppen von Effektorzellen (T_H1 und T_H2) ausdifferenzieren, die verschiedene Zytokine produzieren und unterschiedliche Funktionen besitzen (vgl. Abb. I.3.5). T_H1-Zellen produzieren im Wesentlichen IFN-γ und sind für die Aktivierung der Makrophagen wichtig. T_H2-Zellen produzieren IL-4, welches generell die Proliferation von B-Zellen stimuliert und bevorzugt eine Produktion von IgE- und IgM-Antikörpern induziert sowie IL-5, was eosinophile Granulozyten zur Beseitigung von Helminthen anregt.

Die Differenzierung in T_H1- bzw. T_H2-Zellen ist kein zufälliger Prozess, sondern wird durch Stimuli reguliert, die aktivierte naive CD4-positive T-Effektorzellen (T_H0-Zellen) aus ihrer Umgebung empfangen, sobald Antigen präsent ist. T_H0-Zellen, die IL-12 ausgesetzt sind, differenzieren zu T_H1-Zellen. IL-12 wird von APC als Reaktion auf die Aufnahme von Bakterien oder Viren freigesetzt. Die Produktion von IL-12 kann aber auch ausbleiben, beispielsweise bei einer Infektion mit Würmern. Bleibt der Kontakt mit IL-12 aus, so entwickeln sich unter dem Einfluss von IL-4 T_H2-Zellen (Abb. I.3.22). Das IL-4 stammt möglicherweise von einer spezialisierten Untergruppe von $CD4^+$-T-Zellen, die man $NK1.1.^+$-T-Zellen nennt, da sie den auf NK-Zellen vorkommenden Marker NK1.1. exprimieren. $NK1.1.^+$-T-Zellen erkennen nicht MHC-II-assoziierte Komplexe, sondern die so genannten CD1-Moleküle, die von professionellen APC, Darmepithelien und von Thymozyten exprimiert werden. Es wird angenommen, dass die Aktivierung von $NK1.1.^+$-T-Zellen von der Expression der CD1-Moleküle abhängt, die wiederum durch eine Infektion mit bestimmten Krankheitserregern induziert wird. Folge der Aktivierung von NK1.1.$^{+}$-T-Zellen ist die Sekretion von IL-4, die mit einer beschleunigten Differenzierung von T_H2-Zellen und der Induktion der humoralen Immunantwort einhergeht. Aktivierte T_H2-Zellen sezernieren TGF-β und IL-10, welche die Aktivierung und Proliferation von T_H1-Zellen hemmen.

Das Gleichgewicht zwischen T_H1- und T_H2-Zellen und damit die Art der Immunantwort, nämlich zellulär oder humoral, scheint also stark unter dem Einfluss von Zytokinen zu stehen.

Ein weiterer Faktor, der die Differenzierung von CD4^{+}-T-Zellen beeinflusst, ist die Art und Menge des Antigens, das von einer APC präsentiert wird. Antigenfragmente, die nur schwach an den T-Zellrezeptor binden und in geringer Menge auf der APC-Oberfläche präsentiert werden, lösen bevorzugt eine Differenzierung von T_H2-Zellen aus. Treffen T-Zellen dagegen auf zahlreiche MHC/Peptid-Komplexe, die stark an den T-Zellrezeptor binden, entwickeln sich diese zu T_H1-Zellen. Dieser Regulationsmechanismus ist dann von besonderer Bedeutung wenn eine Infektion bzw. eine Begegnung mit körperfremdem Material (vgl. Kap. I.5.2) keine der bekannten angeborenen Immunantworten auslöst und damit die Freisetzung von Zytokinen ausbleibt.

Neben Effektorzellen differenzieren klonal expandierte T-Zellen auch zu Gedächtniszellen aus, die sehr langlebig sind und auch nach Abklingen der Infektion und Abwesenheit des Erregers überleben. Effektorzellen sterben dagegen nach Beseitigung der Infektion durch Apoptose ab, weil ihnen die Überlebensfaktoren entzogen werden. Gedächtniszellen stellen einen Pool von ausdifferenzierten T-Lymphozyten dar, die auf eine erneute Infektion warten, um sich dann äußerst rasch in Effektorzellen umzuwandeln. Damit bilden die Gedächtniszellen den für eine erworbene Immunantwort charakteristischen immunologischen Schutz. Siehe dazu auch Kapitel II.4, in dem nochmals auf die Induktion des immunologischen Gedächtnisses im Zusammenhang mit der aktiven Immunisierung eingegangen wird.

3.3.1.2 Signaltransduktion der T-Zellaktivierung und -differenzierung

Wir haben gelernt, dass bei Antigenerkennung und Costimulation Signale ausgesendet werden, die zur Proliferation und Differenzierung von T-Zellen führen. Die biochemischen Wege, die diesen Signalen zugrunde liegen, haben ihren Ausgangspunkt in der Aktivierung des TCR-Komplexes. Wie schon in Abbildung I.3.13 dargestellt, ist für die Signalübertragung der Antigenerkennung der konstante Teil des TCR und seine invariablen Cofaktorproteine (CD3 und ζ-Ketten) sowie die Corezeptoren CD8 und CD4 entscheidend. Wir werden nun die Prozesse der Signalübertragung im Einzelnen betrachten (Abb. I.3.23).

Wenn TCR an MHC-Komplexe auf APC binden, kommt es zu einem Zusammenschluss mehrerer Rezeptoren. Das Clustern der Corezeptoren (CD4 bzw. CD8) führt zur Aktivierung einer Tyrosinkinase (Lck), die mit dem zytoplasmatischen Teil der Corezeptoren assoziiert ist. Lck phosphoryliert die ITAMs (immunoreceptor tyrosine-based activation motifs) von CD3- und ζ-Ketten (vgl. Abb. I.3.13). Eine weitere Kinase, die ZAP-70 (ζ-associated protein of 70 kD) genannt wird, wird ebenfalls durch Lck phosphoryliert und dadurch aktiviert und bindet an die phosphorylierten ITAMs. Von dort aus kann ZAP andere Adapterproteine phosphorylieren, die über unterschiedliche Mediatorsysteme wie Ca^{2+} oder kleine G-Proteine (Rac-GTP/Ras-GTP) zur Aktivierung von Enzymsystemen wie Protein-Kinase C (PKC), Mitogen-aktivierte Kinasen (MAPK: ERK, JNK) oder Calcineurin führen. In der Folge kommt es zur Aktivierung von wichtigen Transkriptionsfaktoren. Die Aktivierung von Transkriptionsfaktoren wie NF-κB (Nuclear Factor-kappa-B), NFAT (Nuclear Factor of Activated T-cells) und AP-1 (Activating Protein-1) induziert dann die Transkription und Expression von Zytokinen und Zytokinrezeptoren, von CD40-L und Zellzyklus-regulierenden Proteinen.

Die Bindung von costimulatorischen B7-Proteinen an CD28 ist – wie wir gehört haben – als zweites Signal essentiell für die vollständige Ak-

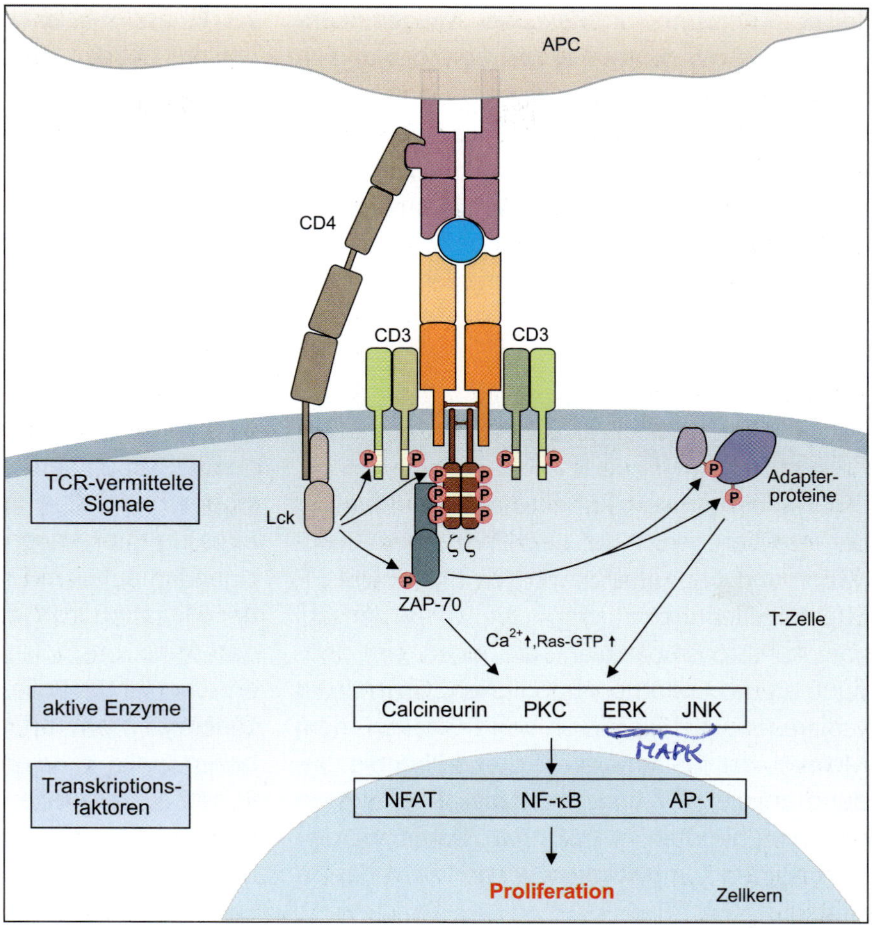

Abb. I.3.23: Signaltransduktion der Aktivierung von T-Lymphozyten.

Nach Antigenerkennung kommt es zu „Clustern" der Rezeptoren (nicht gezeigt) und zu Aktivierung der Tyrosinkinase Lck, die mit den Corezeptoren assoziiert ist.
Lck phosphoryliert die ITAMs von CD3 und der ζ-Ketten ebenso wie die Kinase ZAP-70. Phosphoryliertes ZAP-70 wird an ITAMs rekrutiert und phosphoryliert in der Folge verschiedene Adapterproteine. Über unterschiedliche Mediatorsysteme kommt es zur Aktivierung verschiedener Enzymsysteme (Calcineurin, PKC, ERK und JNK), die dann wiederum Transkriptionsfaktoren (NFAT, NF-κB, AP-1) aktivieren. In der Folge kommt es zur Expression von Zytokinen bzw. Zytokinrezeptoren, Zellzyklus-regulierenden Proteinen und anderen Proteinen, die für die Proliferation und Differenzierung von T-Lymphozyten notwendig sind.

tivierung von T-Zellen. Die genauen Signale, die von der B7/CD28-Bindung ausgehen, sind jedoch nicht bekannt. Es wird vermutet, dass es entweder zu einer Verstärkung des TCR-induzierten Pathways kommt, oder dass eigene, noch unbekannte Signalwege induziert werden.

3.3.2 Effektormechanismen der T-Zellantwort

Nochmals zur Erinnerung: Die Beseitigung von intrazellulären Krankheitserregern ist die Aufgabe der zellulären Immunantwort. Antikörper spielen hierbei keine Rolle. Die zelluläre Immunantwort wird durch unterschiedliche Effektormechanismen aktivierter, differenzierter T-Lymphozyten bewerkstelligt. Wir haben in den vorangegangenen Kapiteln gelernt, dass naive T-

Zellen in den Lymphknoten über Antigenerkennung und Costimulation aktiviert werden und zu Effektor-T-Zellen differenzieren.

Wir werden uns nun mit zwei Fragen beschäftigen:

1. Wie kommen T-Effektorzellen vom Lymphknoten an den Ort der Infektion?
2. Wie beseitigen die T-Effektorzellen die intrazelluläre Infektion?

3.3.2.1 *Migration von T-Effektorzellen*

Die Wanderung von T-Effektorzellen an den Ort der Infektion beruht auf dem Prinzip der Zelladhäsion und der Anlockung durch Chemokine. T-Effektorzellen exprimieren eine große Anzahl von Adhäsionsmolekülen, die ihnen eine Bindung an das Endothel ermöglichen. Gleichzeitig verlieren sie die Expression von L-Selektin, dem Molekül, das sie im naiven Zustand über die Bindung an die HEV (high endothelial venules) in den Lymphknoten gelenkt hat. Damit werden sie frei, den Lymphknoten wieder zu verlassen (Abb. I.3.24 A).

Die wichtigsten T-Zelladhäsionsmoleküle auf T-Effektorzellen sind die Glykoproteinliganden für E- und P-Selektin, sowie die hoch affinen Formen der Integrine LFA-1 (lymphocyte function associated antigen-1, = β_2-Integrin) und VLA-4 (very late activation antigen, = β_1-Integrin). Diese T-Zelladhäsionsmoleküle werden auch „homing-Rezeptoren" genannt. Das Endothel im Bereich der Infektion wird durch Signale der angeborenen Immunantwort (TNF-α/IL-1 vgl. Abb. I.2.10 bzw. I.2.11) zur erhöhten Expression von E- und P-Selektinen sowie zur Synthese der entsprechenden Liganden für die β_2- und β_1-Integrine (ICAM für LFA-1 und VCAM für VLA-4) stimuliert. Diese Liganden der „homing-Rezeptoren" werden auch als Adressine bezeichnet.

> **„homing"** von Lymphozyten beschreibt die gerichtete Wanderung von zirkulierenden Lymphozyten in bestimmte Gewebe. Diese Wanderung wird durch eine selektive Expression von Adhäsionsmolekülen auf Lymphozyten, die man auch **„homing-Rezeptoren"** nennt und gewebespezifische Expression von endothelialen Liganden dieser „homing-Rezeptoren", die man Adressine nennt, induziert.

Die T-Effektorzellen sind in der Lage, das Blutgefäß zu verlassen und in das infizierte Gewebe einzuwandern (Abb. I.3.24 B). Die zugrunde liegenden Mechanismen sind denen, die wir für Neutrophile und Monozyten im Rahmen der angeborenen Immunantwort kennen gelernt haben, ähnlich (vgl. Abb. I.2.10). Über die Bindung an Selektine werden die T-Effektorzellen gestoppt und rollen entlang des Endothels. Die Bindung ihrer Integrine an die entsprechenden Liganden auf dem Endothel initiiert den Prozess der Migration ins Gewebe. Dabei spielen neben den Adhäsionsmolekülen auch Chemokine eine entscheidende Rolle. Chemokine werden von Leukozyten am Ort der Infektion gebildet und bilden einen Gradienten in Richtung Infektion. Endothel-assoziierte Chemokine bewirken, dass die nur locker gebundenen T-Zellen die Affinität ihrer Integrine gegenüber ICAM und VCAM am Endothel erhöhen. Chemokine stimulieren weiterhin den Migrationsprozess von fest am Endothel gebundenen T-Effektorzellen. Die T-Zellen wandern dann entlang des Chemokingradienten zum Ort der Infektion. Dies wird auch als „homing" der T-Effektorzellen bezeichnet. Das „homing" von Effektorzellen an den Infektionsort ist unabhängig von der Antigenerkennung, d. h. verschiedenste T-Effektorzellen, die sich im Blut befinden, können zu einem bestimmten Infektionsherd wandern. Jedoch werden die Effektorzellen, die am Ort der Infektion das entsprechende Antigen erkennen, erneut aktiviert und verweilen am Infektionsherd, um Effektormechanismen zu induzieren. Das Verbleiben am Infektionsort wird durch eine erhöhte Expression von VLA-Integrinen auf den Effektorzellen initiiert. Sie binden an VLA-Liganden, die sich in der extrazellulären Matrix (z. B. Fibronektin, Hyaluronsäure) befinden. So werden antigenaktivierte Effektorzellen fest an das Gewebe gebunden, das den Infektionsort umgibt.

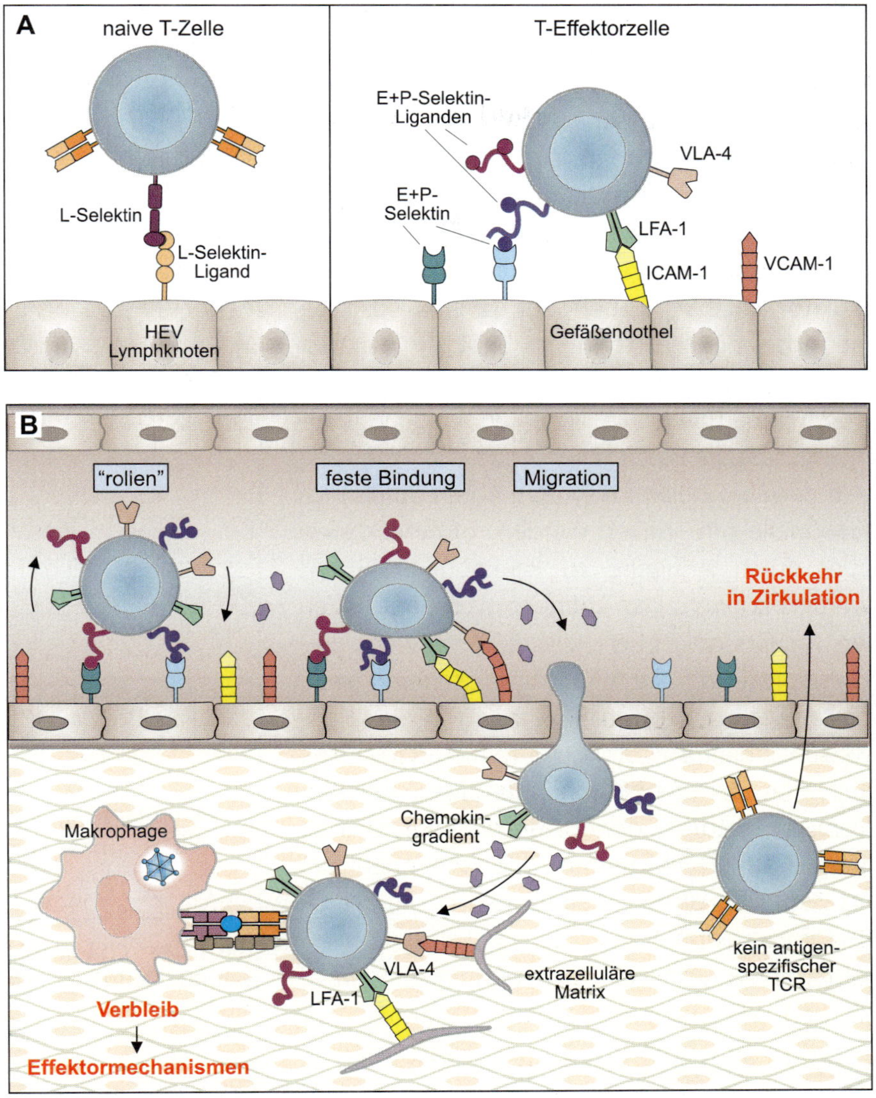

Abb. I.3.24: Wanderung und Verbleib von T-Effektorzellen am Ort der Infektion.

A Naive T-Lymphozyten finden über die Interaktion von L-Selektin mit seinem Liganden auf den hohen Endothelvenolen (HEV) der Lymphknoten ihren Weg dorthin. Nachdem dort die Antigenpräsentation stattgefunden hat, müssen die aktivierten T-Zellen den Lymphknoten wieder verlassen und an den Ort der Infektion geleitet werden. T-Effektorzellen reduzieren dazu die Expression von L-Selektin und steigern dagegen die Produktion der E- und P-Selektinliganden und der Integrine LFA-1 und VLA-4 auf ihrer Oberfläche.

B Aktiviertes Endothel bewirkt das Abstoppen von aktivierten T-Zellen („Rollen") über die Interaktion seiner E- und P-Selektine mit den entsprechenden Liganden auf den T-Zellen. Die Bindung von LFA-1 und VLA-4 an ICAM bzw. VCAM führt dann zum festen Kontakt und anschließend zur Migration der T-Effektorzelle. Über Chemokingradienten findet der aktivierte T-Lymphozyt den Ort der Infektion. Die aktivierten T-Zellen, die ihr Antigen über MHC-Komplexe auf Wirtszellen präsentiert im Gewebe finden, werden durch eine erhöhte Bindung an Integrinliganden auf der extrazellulären Matrix festgehalten und können nun Effektormechanismen auslösen.

Diejenigen aktivierten T-Zellen, die keinen, für das Antigen spezifischen TCR tragen, kehren über Lymphgefäße in die Zirkulation zurück.

Die Effektorzellen, die vor Ort kein Antigen erkennen, verbleiben dort jedoch nicht, sondern kehren über die Lymphe zurück in die Zirkulation und gelangen auf die beschriebene Weise zu weiteren Infektionsorten, auf der Suche nach ihrem spezifischen Antigen.

Im Gegensatz zur Aktivierung von naiven T-Zellen, die neben der Antigenerkennung ein costimulatorisches Signal benötigt, ist eine Costimulation bei der Induktion der Effektormechanismen durch das Antigen nicht mehr erforderlich. Durch diese unterschiedliche Regulation wird erreicht, dass die Proliferation und Differenzierung von naiven T-Zellen im Lymphknoten durch professionelle APC initiiert werden, T-Effektorzellen aber durch Antigene zu Reaktionen aktiviert werden können. Die Antigene werden von Zellen vor Ort präsentiert, die nicht notwendigerweise professionelle APC sein müssen und keine costimulatorischen Moleküle besitzen. Beispielsweise kann eine zytotoxische T-Effektorzelle eine Zelle mit dem entsprechenden MHC-I/Peptid-Komplex abtöten, ohne dass costimulatorische Signale auf der infizierten Zelle vorhanden sein müssen. Dies ist essentiell für den Erfolg der Effektormechanismen.

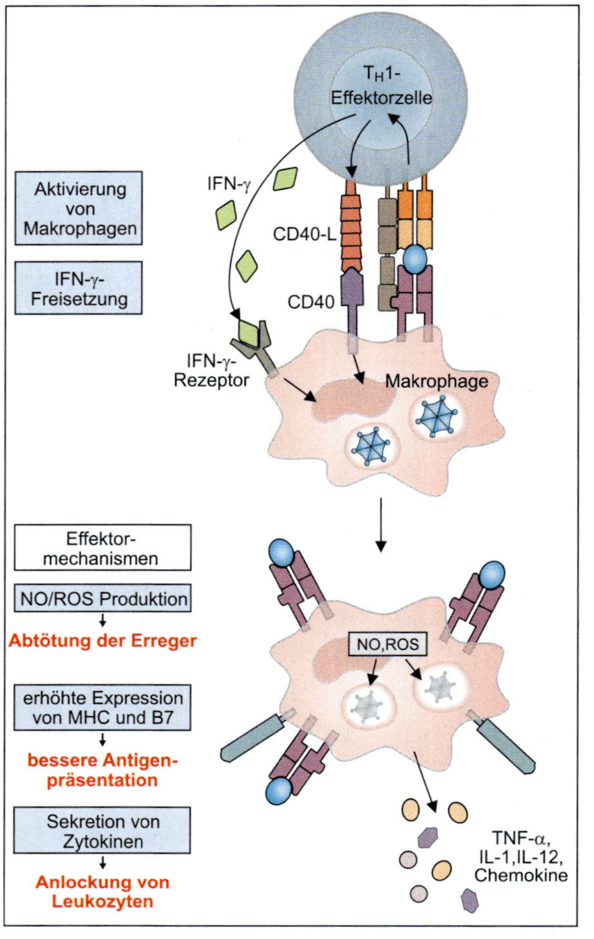

Abb. I.3.25: CD4-positive T-Effektorzell-mediierte Abwehrmechanismen: Aktivierung von Makrophagen durch T_H1-Zellen.

T_H1-Effektorzellen erkennen auf Makrophagen Antigene von aufgenommenen Mikroben. Durch die Antigenerkennung stimuliert, exprimieren T-Zellen CD40-L und sezernieren IFN-γ. Diese neu synthetisierten, T_H1-spezifischen Proteine aktivieren über die Bindung an ihre Rezeptoren (CD40 bzw. IFN-γR) Makrophagen. Aktivierte Makrophagen führen die eigentlichen Effektormechanismen aus, die zur Beseitigung der Erreger führen und eine Amplifizierung der Immunantwort initiieren. Vesikuläre Erreger werden durch Generierung von großen Mengen NO und ROS abgetötet. Gleichzeitig kommt es zu einer erhöhten Expression von MHC- und B7-costimulatorischen Molekülen und damit zu einer verbesserten Antigenpräsentation durch aktivierte Makrophagen. Aktivierte Makrophagen sezernieren zum einen proinflammatorische Zytokine, die für die Rekrutierung weiterer Entzündungszellen wichtig sind und zum anderen IL-12, das wiederum die Bereitstellung von T_H1-Zellen vermittelt.

3.3.2.2 Effektorfunktionen von CD4-positiven T-Zellen

Der T_H1-Subtyp CD4-positiver T-Zellen spielt eine essentielle Rolle in der Aktivierung von Makrophagen, die Krankheitserreger aufgenommen haben, diese abzutöten. Die Fähigkeit der T_H1-Effektorzellen, Makrophagen zu aktivieren, ist abhängig von der Antigenerkennung und besitzt daher hohe Spezifität. Die Spezifität der Erregererkennung der zellulären Antwort liegt also bei den T-Zellen, die Erregerbeseitigung selbst ist jedoch die Aufgabe der durch antigenspezifische T-Zellen aktivierten Makrophagen (Abb. I.3.25).

T_H1-Effektorzellen, die Makrophagen-assoziierte Antigene erkennen, aktivieren Makrophagen durch die Interaktion von CD40-Liganden und CD40, sowie durch die Freisetzung von Makrophagen-stimulierendem IFN-γ. Wie in Kapitel I.3.2.1 besprochen, nehmen Makrophagen Erreger in Phagosomen auf, die dann mit Lysosomen verschmelzen. Im so genannten Phagolysosom werden Erregerproteine prozessiert und bestimmte Peptidfragmente werden dann mittels MHC-II-Molekülen naiven T-Zellen präsentiert. Die T-Zellen werden daraufhin aktiviert und differenzieren zu T-Effektorzellen aus, die CD40-Liganden auf ihrer Oberfläche exprimieren. Durch Bindung der T-Zellen über den CD40-L an CD40 auf der Oberfläche des infizierten Makrophagen wird die T_H1-Zelle stimuliert, Interferon-γ zu sezernieren. Die Bindung von IFN-γ an seinen Makrophagenrezeptor und die CD40-L/CD40-Interaktion bewirken über die Aktivierung verschiedener Transkriptionsfaktoren die Synthese unterschiedlicher Enyzmsysteme in den Makrophagen, deren Produkte dann die Erreger abtöten. Hierbei sind vor allem lysosomale Enzyme und Enzyme wie die NADPH-Oxidase und induzierbare NO-Synthase (iNOS) zu nennen, die reaktive Sauerstoffspezies (ROS) und NO in großen, d. h. tödlichen Mengen produzieren. Die Produktion dieses tödlichen Cocktails ist im Wesentlichen auf die Vesikel beschränkt, so dass diese Abwehrmechanismen gegen Erreger, die sich im Zytoplasma der Makrophagen (z. B. Viren) befinden, wenig effektiv sind. Virale Antigene werden ja über MHC-I-Moleküle präsentiert und von CD8-positiven T-Zellen erkannt. In der Tat können CD8-positive T-Effektorzellen Makrophagen ebenfalls über CD40-L/CD40 und IFN-γ aktivieren, allerdings ist diese Aktivierung – wie gerade besprochen – nicht nützlich gegen Erreger, die sich im Zytoplasma vermehren und tragen eher zur Pathophysiologie der chronischen, T-Zell-vermittelten Immunreaktion bei (vgl. Kap. I.5.3).

Aktivierte Makrophagen produzieren neben den toxischen Substanzen auch eine Reihe von Zytokinen, wie TNF-α und IL-1, die die T-Zell-Antwort verstärken, indem vermehrt Makrophagen, aber auch aktivierte T-Zellen an den Ort der Infektion gelockt werden. TNF-α bewirkt eine Aktivierung des Endothels, die mit einer vermehrten Expression von Adhäsionsmolekülen und Chemokinen einhergeht und die Extravasation von Leukozyten fördert (vgl. Abb. I.2.9 bis I.2.11).

Die Interaktion von T_H1-Effektorzellen mit Makrophagen ist ein gutes Beispiel für die enge Interaktion von angeborenem und adaptivem Im-

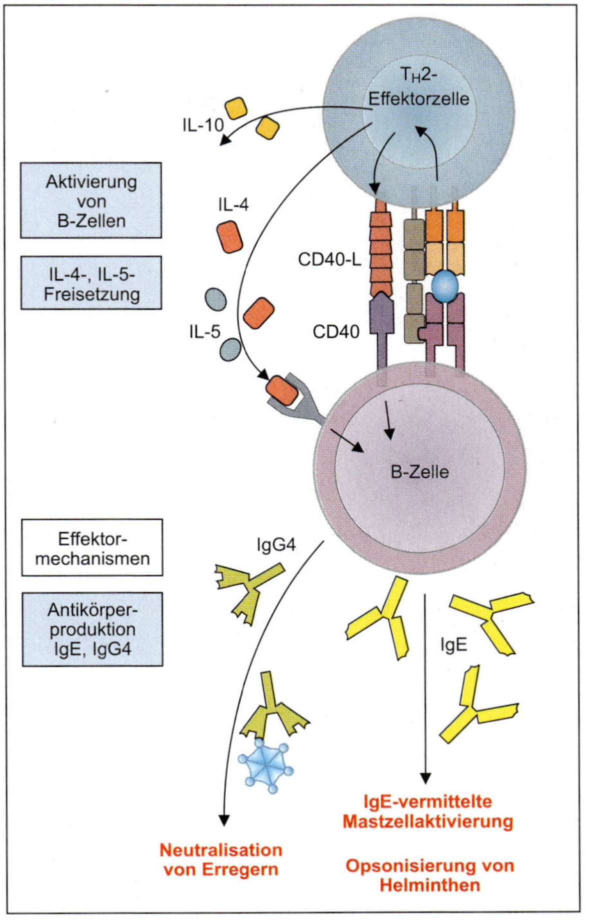

Abb. I.3.26: CD4-positive T-Effektorzell-mediierte Abwehrmechanismen: Aktivierung von B-Zellen durch T_H2-Zellen.

T_H2-Effektorzellen erkennen Antigene, die von B-Zellen aufgenommen und als MHC-II/Peptid-Komplexe präsentiert werden. Durch Antigenerkennung stimuliert, exprimieren T-Zellen CD40-L und sezernieren die B-Zellwachstumsfaktoren IL-4 und IL-5. Es kommt zur Proliferation und Differenzierung von B-Zellen. T_H2-aktivierte B-Zellen produzieren neutralisierende Antikörper des IgG4-Subtyps und IgE-Moleküle.
Als resultierende Effektormechanismen sind vor allem eine Neutralisierung von Erregern und Toxinen, eine IgE-vermittelte Mastzellaktivierung sowie die Opsonisierung von Helminthen zu nennen.

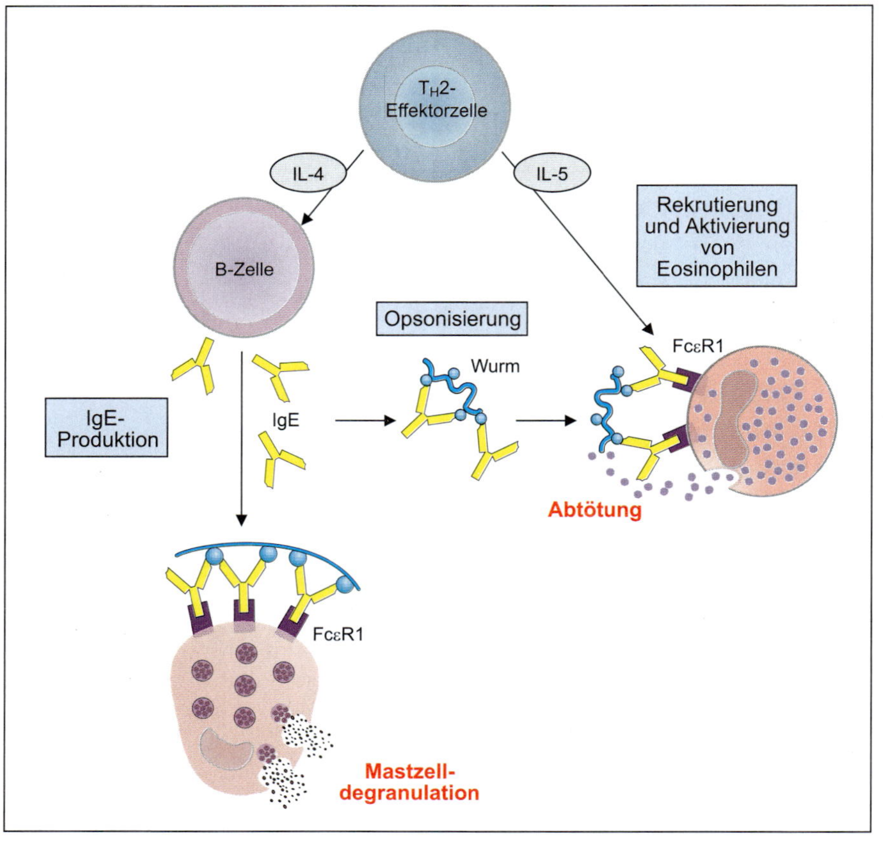

Aktivierte T_H2-Zellen setzen IL-4 und IL-5 frei. Unter dem Einfluss von IL-4 kommt es zur Produktion von IgE-Antikörper. IgE-Antikörper sind bei der Aktivierung von Mastzellen durch Proteinantigene wichtig und umhüllen Helminthen zur Vernichtung durch Eosinophile. Eosinophile Granulozyten werden durch IL-5 aktiviert und greifen den IgE-umhüllten Wurm durch Bindung an hoch affine Fcε-Rezeptoren an. Die Eosinophilen setzen dann den toxischen Inhalt ihrer Granula direkt am Helminthen frei.

Abb. I.3.27: T_H2-Zell-induzierte Helminthen-Abwehr.

munsystem. Makrophagen, die Erreger als erste Reaktion der angeborenen Immunantwort aufgenommen haben, sezernieren nämlich IL-12. Dieses Zytokin bewirkt, dass sich naive CD4-positive T-Zellen in T_H1-Effektorzellen differenzieren, die wiederum IFN-γ zur Aktivierung der Makrophagen produzieren.

Die T-Zell-vermittelte Aktivierung von Makrophagen ist immer dann besonders wichtig, wenn die Makrophagen nicht durch den Erreger selbst aktiviert werden können und wenn Erreger Resistenzen gegen die angeborene Abwehr erworben haben (vgl. Kap. I.4.3).

T_H1-Zellen können weiterhin wichtig für die Aktivierung von B-Zellen sein, bestimmte Subklassen von IgG-Antikörpern (opsonisierende IgG1 und IgG3) zu produzieren (vgl. Abb. I.3.32).

Generell ist jedoch der T_H2-Subtyp der CD4-positiven Zellen für die Initiation der B-Zellantwort von großer Bedeutung. Aktivierte T_H2-Zellen exprimieren CD40-L, der an CD40 auf B-Zellen bindet und ihre Proliferation induziert (Abb. I.3.26). T_H2-Effektorzellen sezernieren bei Antigenkontakt die B-Zellwachstumsfaktoren IL-4 und IL-5 sowie IL-10. IL-4 stimuliert die Produktion von neutralisierenden IgG-Antikörpern (IgG4) und IgE-Antikörpern (vgl. Kap. I.3.3.3). IL-5 aktiviert eosinophile Granulozyten. Diese Effekte sind für die Abwehr von Helminthen von großer Bedeutung. Würmer sind in der Regel zu groß, um von

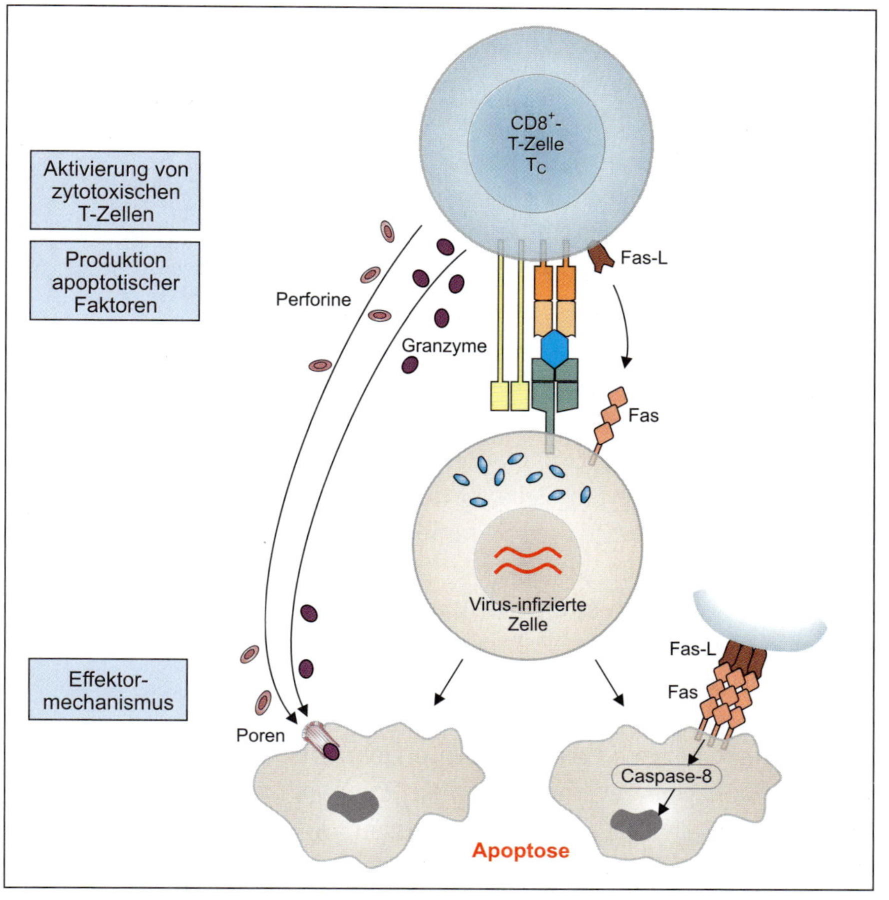

Abb. I.3.28: CD8-positive T-Effektorzell-vermittelte Abwehrmechanismen. CD8-positive T-Zellen sind zumeist zytotoxische T-Killerzellen (T_C-Zellen), die MHC-I-assoziierte Peptide von zytoplasmatischen Erregern infizierter Zellen erkennen. Durch Antigenerkennung werden die T_C-Zellen stimuliert, Effektormoleküle wie Perforine und Granzyme zu sezernieren. Perforine bilden Poren in der Membran der infizierten Zelle, durch die die Protease Granzym in die Zelle gelangen und als klassischen Effektormechanismus Apoptose auslöst. Ein weiteres Effektormolekül, das membrangebunden auf T_C-Zellen vorliegt, ist der Fas-L. Fas-L bindet an Fas auf der infizierten Zelle und führt über die Aktivierung unterschiedlicher Caspasen zum Tod durch Apoptose.

Makrophagen phagozytiert zu werden. Sie werden mit IgE-Antikörper umhüllt und binden über die Fc-Rzeptoren für IgE an Eosinophile. Eosinophile schütten daraufhin toxische Proteine aus ihren Granula aus und töten die Helminthen (Abb. I.3.27).

IL-4, IL-5 und insbesondere IL-10, die von T_H2-Zellen freigesetzt werden, inhibieren die Aktivierung von Makrophagen und können in Fällen, in denen es durch eine T_H1-Reaktion zur Schädigung des umliegenden Gewebes kommt, eine wichtige Gegenregulation darstellen.

Die relative Beteiligung von T_H1- und T_H2-Effektorzellen bei einer Erregerabwehr beeinflusst also das Ergebnis der Immunantwort entscheidend.

Die Rolle von T_H-Zellen in der Entwicklung von B-Zellen wird auch im Kapitel I.3.3.3 behandelt.

3.3.2.3 Effektorfunktionen von CD8-positiven T-Zellen

CD8-positive T-Effektorzellen – auch T_C-Zellen genannt – erkennen MHC-I-assoziierte Peptide auf infizierten Zellen (vgl. Abb. I.3.12) und töten diese Zellen ab (Abb. I.3.28). Damit wird das Reservoir der Infektion beseitigt.

Die T_C-Zellen binden über Integrine fest an ihre Zielzellen. Die Antigen-Rezeptoren und CD8-Corezeptoren clustern an der Seite des Kontaktes mit der Zielzelle. Dadurch kommt es zur Aktivierung der T_C-Zelle, die jedoch keine costimulatorischen Signale oder T-Helferzellen benötigt. Damit kann eine T_C-Zelle jede infizierte Zelle in jedem beliebigen Gewebe töten. Durch das Clustern der Antigen-Rezeptorkomplexe kommt es zur Exozytose von Granula-Inhalt, der die Membran der infizierten Zelle perforiert. Das poreninduzierende Protein des Granula-Inhaltes wird Perforin genannt. Von T_C-Zellen freigesetztes Perforin lagert sich in die Membran der Zielzelle ein und bildet nach Polymerisation durch hohe Calcium-Konzentrationen Poren (Abb. I.3.28). T_C-Zellen sezernieren gleichzeitig mit den Granula Enzyme, die Granzyme genannt werden. Granzyme gelangen durch die Poren in die infizierte Zelle und aktivieren Caspasen, die sich im Zytoplasma befinden und daraufhin Apoptose induzieren. Die Apoptose der infizierten Zelle kann auch durch ein Membranprotein auf den T_C-Zellen induziert werden. Aktivierte T_C-Zellen exprimieren Fas-Liganden (CD95-L) auf ihrer Oberfläche, die an Fas (CD95), einen Todesrezeptor auf Zielzellen, binden können.

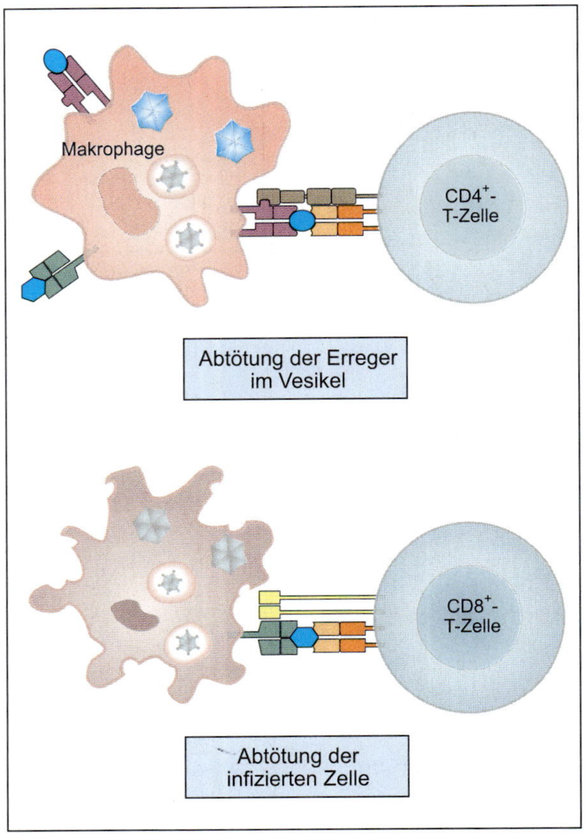

Abb. I.3.29: Kooperation von CD4- und CD8-positiven T-Effektorzellmechanismen.
Wird ein Makrophage von einem Erreger infiziert, gelangen die meisten Erreger in Vesikel (Phagolysosomen) und werden durch CD4-positive T-Zell-getriebene Aktivierung der Makrophagen in den Vesikeln abgetötet.
Es gibt aber auch Erreger, die den Vesikeln entkommen und sich im Zytoplasma befinden. CD8-positive T-Zellen erkennen Antigene von zytoplasmatischen Erregern und werden benötigt, um die infizierte Zelle abzutöten und so das Reservoir an Erregern zu eliminieren.

Check-Liste: 3.3.2 Effektormechanismen der T-Zellantwort

- Änderungen im Expressionsmuster von Adhäsionsmolekülen und Chemokinen führen zu einer Wanderung von T-Effektorzellen aus den sekundären lymphatischen Organen zum Ort der Infektion.
- T_H1-Zellen aktivieren Antigen-spezifisch Makrophagen, die die in Vesikel aufgenommenen Erreger über Synthese toxischer Substanzen abtöten.
- T_H2-Zellen aktivieren B-Zellen, insbesondere IgE-Antikörper und neutralisierende IgG4-Antikörper zu produzieren.
- CD8-positive T-Effektorzellen spüren infizierte Zellen über Erkennung von MHC-I/Peptid-Komplexen auf und töten diese durch Apoptose-induzierende Proteine (Fas-L, Perforin, Granzyme).

Durch die Bindung von Fas-L an Fas werden in der infizierten Zelle Caspasen (z. B. Caspase-8) aktiviert und es kommt ebenfalls zur Apoptose der Zielzelle. Die Apoptose über das Fas/Fas-L-System läuft unabhängig von der Exozytose Perforin/Granzyme-haltiger Granula ab und dürfte eher eine untergeordnete Rolle bei den Effektormechanismen der CD8-positive T-Effektorzellen spielen.

Abgetötete, apoptotische Zellen werden rasch phagozytiert und damit der Erregerherd eliminiert. CD8-positive T-Effektorzellen sezernieren IFN-γ, das dazu beiträgt, Makrophagen bei der Beseitigung von apoptotischen Zellen zu unterstützen.

Obgleich Effektormechanismen von CD4- und CD8-positiven T-Zellen getrennt voneinander beschrieben wurden, ist es wichtig anzumerken, dass beide Effektortypen in der Erregerabwehr eng kooperieren (Abb. I.3.29). Erreger, die von Makrophagen aufgenommen wurden und in Vesikel verbleiben, werden in der Regel von T_H1-vermittelten Mechanismen erfolgreich beseitigt. Wenn jedoch Erreger aus den Vesikeln ins Zytoplasma gelangen, oder wenn es sich um Viren handelt, ist eine T_H1-vermittelte Makrophagenaktivierung wirkungslos. Ein Abtöten der infizierten Zelle durch CD8-positive T_C-Zellen ist notwendig, um den Erregerherd zu eliminieren.

3.3.3 *B-Effektorzellen*

Die humorale Immunantwort ist der Arm der adaptiven Immunantwort, der extrazelluläre Krankheitserreger und mikrobielle Toxine neutralisiert und eliminiert. Die humorale Antwort wird durch Antikörper bewerkstelligt, die von B-Lymphozyten produziert werden. Naive B-Lymphozyten erkennen Antigene, sezernieren aber keine Antikörper. Dazu ist eine Aktivierung und Differenzierung zu B-Effektorzellen (Plasmazellen) notwendig. Wir werden im Folgenden besprechen, wie 1) naive B-Zellen aktiviert werden und sich zu Antikörper-produzierenden Zellen differenzieren und 2) wie Differenzierungsprozesse reguliert werden, um möglichst nützliche Antikörper für die jeweilige Infektion zu erhalten.

3.3.3.1 *Signaltransduktion der B-Zellaktivierung bzw. -differenzierung*

Naive B-Lymphozyten, die sich in lymphoiden sekundären Immunorganen befinden, erkennen über ihre BCR (IgM bzw. IgD) Antigene in ihrer nativen Form (vgl. T-Lymphozyten). Diese Antigenerkennung triggert Signalwege, die eine B-Zellaktivierung initiieren. Antigen-induziertes „Clustern" der membranständigen Ig-Rezeptoren startet den biochemischen Prozess der B-Zellaktivierung, der dem der T-Zellaktivierung sehr ähnlich ist (Abb. I.3.30). Die Ig-Rezeptoren erkennen und binden zwar Antigen, sind aber nicht in der Lage, die Signale weiterzuleiten (vgl. Kap. I.3.2.2). Nicht-kovalent gebundenes Igα und Igβ sind die notwendigen Signalmoleküle. Sie besitzen ITAMs, die durch Kinasen phosphoryliert werden, die wiederum mit dem BCR-Komplex assoziiert sind und durch Antigenbindung aktiviert werden. Phosphorylierte ITAMs stellen Zielstrukturen für Adapterproteine dar, die ebenfalls phosphoryliert werden und über unterschiedliche biochemische Zwischenstufen Enzyme wie PKC, und die MAP-Kinasen ERK und JNK aktivieren. In der Folge bewirken Transkriptionsfaktoren im Zellkern die Expression von Proteinen, die für die Proliferation und Differenzierung der B-Zelle notwendig sind. Insgesamt sind die Mechanismen der B-Zellaktivierung weniger gut verstanden als die der T-Zellaktivierung; die prinzipiellen Mechanismen scheinen aber sehr ähnlich zu sein.

3.3.3.2 *Phasen der B-Zellaktivierung bzw. -differenzierung*

Die B-Zellaktivierung benötigt, wie die Aktivierung von T-Zellen, neben dem Signal der Antigenerkennung und Bindung ein zweites Signal (vgl. Abb. I.3.20). Hierbei müssen wir zunächst

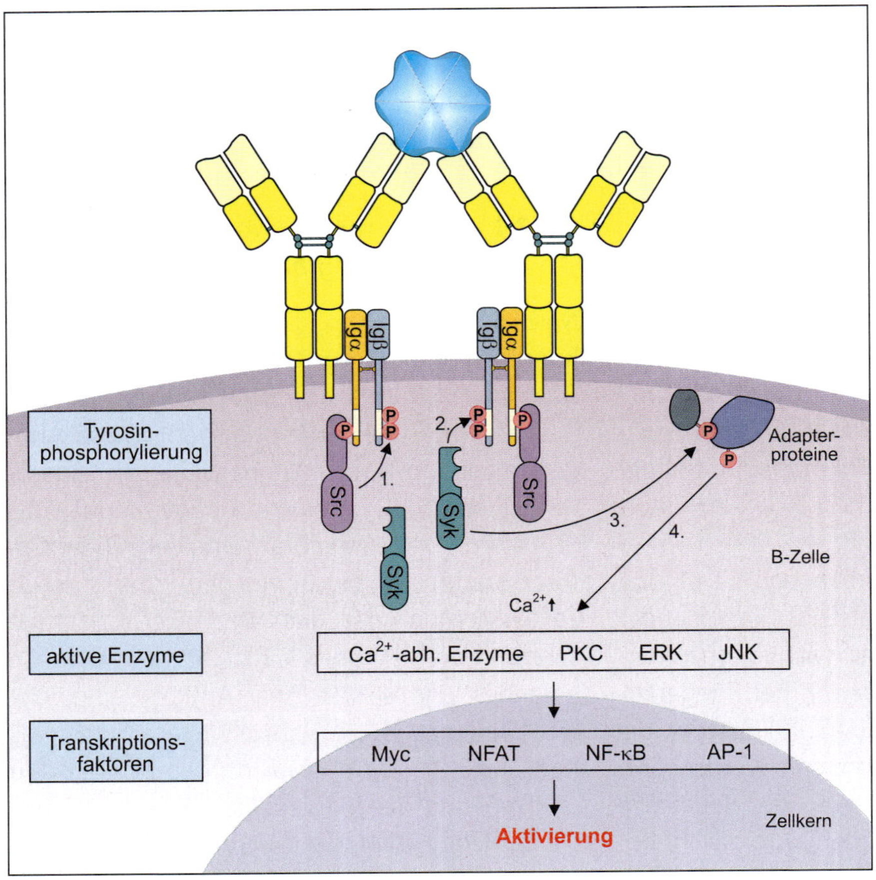

Abb. I.3.30: Signaltransduktion der Aktivierung von B-Zellen.

Antigenbindung bedingt ein „Crosslinking" der Ig-Rezeptoren, was Rezeptor-assoziierte Tyrosinkinasen der Src-Familie aktiviert. Die Src-Kinasen phosphorylieren die ITAMs von Igα und Igβ. Dies führt zur Rekrutierung einer weiteren Kinase, der Syk. Aktivierte Syk phosphoryliert ihrerseits verschiedene Adapterproteine, die eine Aktivierung unterschiedlicher Enzyme (Ca^{2+}-abhängige Enzyme, PKC, MAPK) vermitteln. Am Ende der Kaskade werden Transkriptionsfaktoren aktiviert, die für die Proliferation und Differenzierung von B-Zellen von Bedeutung sind.

zwischen zwei unterschiedlichen Typen von Antigenen unterscheiden. BCR erkennen im Gegensatz zu TCR nicht nur Protein als Antigen, sondern auch polymere Antigene wie Polysaccharide, Glykolipide oder Nukleinsäuren. Protein-Antigene benötigen in der Regel T-Helferzellen, um eine B-Zellantwort zu induzieren und werden daher Thymus-abhängige Antigene genannt (TD-Antigene, thymus-dependent antigens). Antigene, die B-Zellen ohne Mitwirkung von T-Helferzellen aktivieren können, nennt man Thymus-unabhängige Antigene (TI-Antigene, thymus-independent antigens). TI-Antigene sind zumeist polymere Strukturen, die in der Lage sind, mehrere BCR-Moleküle zu vernetzen.

Für beide Antigentypen gilt, dass ihre Bindung an den BCR das erste Signal der B-Zellaktivierung auslöst und eine erhöhte Expression von MHC-II- und B7-Molekülen auf der B-Zelle bewirkt.

Für die Aktivierung von B-Zellen, die TD-Protein-Antigene erkennen, wird das zweite Signal durch T-Helferzellen vermittelt, die an die entsprechenden MHC-II/Peptid-Komplexe auf der B-Zelle binden.

Wie in Abbildung I.1.4 schon dargestellt, kommt der Kontakt von B-Zellen und Helferzellen im Lymphknoten zustande: CD4-positive T-Helferzellen erkennen Antigene auf APC, proliferieren und differenzieren zu Effektorzellen. Diese wan-

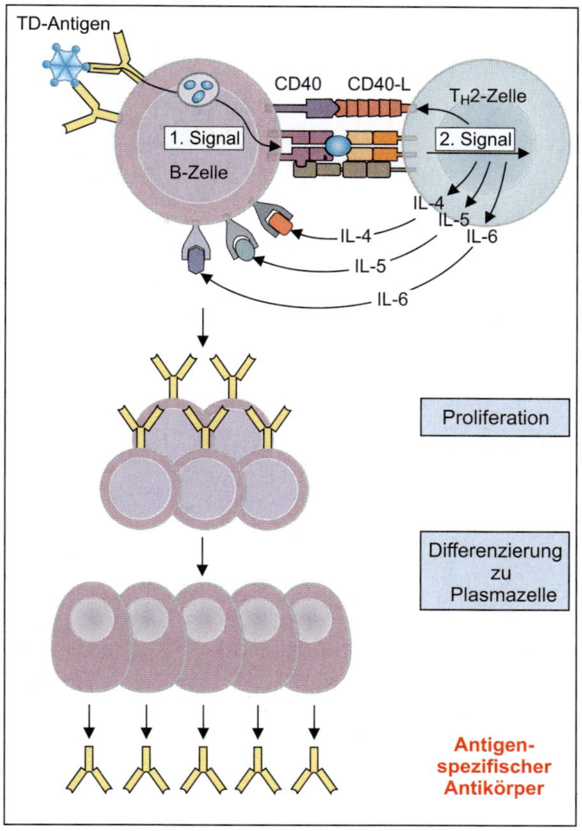

Abb. I.3.31: B-Zellaktivierung durch T-Helferzellen. B-Zellen präsentieren an BCR gebundene Antigene nach Aufnahme und Prozessierung als MHC-II/Peptid-Komplex. Antigenspezifische CD4-Zellen (insbesondere T_H2-Zellen) binden über ihren TCR an den MHC-II-Komplex (1. Signal). Dieser Kontakt induziert die CD40-L-Expression und Freisetzung von IL-4, IL-5 und IL-6. Diese Zytokine sind B-Zellwachstumsfaktoren. Nach Bindung an ihre Rezeptoren auf den B-Zellen, kommt es zur klonalen Expansion und Differenzierung der B-Zellen in antikörperproduzierende Plasmazellen (2. Signal). Der Plasmazellklon produziert einen monoklonalen Antikörper, der die gleiche Antigenspezifität besitzt wie das membrangebundene Immunglobulin der B-Zelle (BCR). TD: Thymus- bzw. T-Zell-abhängiges Antigen

dern in Richtung Lymphfollikel, wo sich naive B-Zellen befinden. Durch Antigenbindung aktivierte B-Zellen wandern aus den Follikeln heraus und treffen auf die entsprechenden T-Helferzellen. B-Zellen präsentieren Antigen in Form von MHC-II/Peptid-Komplexen auf der Zelloberfläche.

Die Interaktion mit der B-Zelle induziert CD40-L auf der T-Zelle und die Produktion von B-Zell-stimulierenden Zytokinen (Abb. I.3.31). Dies führt zur Proliferation der B-Zellen und deren Differenzierung zu Plasmazellen, die antigenspezifische Antikörper produzieren.

Eine von T-Helferzellen vermittelte Aktivierung von B-Zellen bedingt Differenzierungsprozesse, die zur Produktion von Antikörpern mit unterschiedlichen schweren Ketten führen (so genanntes „Isotyp-Switching"). Wie wird nun dieser Differenzierungsprozess reguliert, der das Ziel hat, den für den Erreger optimalen Antikörpertyp zu generieren?

Naive B-Zellen exprimieren Antigenrezeptoren vom IgM- und IgD-Isotyp. Die Umwandlung der schweren Kette wird durch CD40-L-vermittelte Signale der T-Helferzelle gestartet und durch unterschiedliche Zytokine reguliert (Abb. I.3.32). In Abwesenheit einer CD40/CD40-L-Interaktion, d. h. in Abwesenheit von T-Helferzellen, sezernieren aktivierte B-Zellen nur IgM-Isotypantikörper. Ist ein Kontakt mit der T-Helferzelle über CD40-L gegeben, bestimmen Zytokine, welcher Isotyp produziert wird. T-Helferzellen vom T_H1-Typ sezernieren IFN-γ, das die Produktion von opsonisierenden Antikörpern der IgG1- und IgG3-Subklassen induziert (vgl. Kap. I.3.3.2). Diese Antikörper erleichtern die Phagozytose und unterstützen damit eine T_H1-Antwort. Dagegen wird durch IL-4, einem Zytokin das von T_H2-Zellen freigesetzt wird, ein Switch zum IgE-Isotyp vollzogen. IgE ist wichtig zur Entfernung von Würmern, einer wichtigen Aufgabe der T_H2-Antwort.

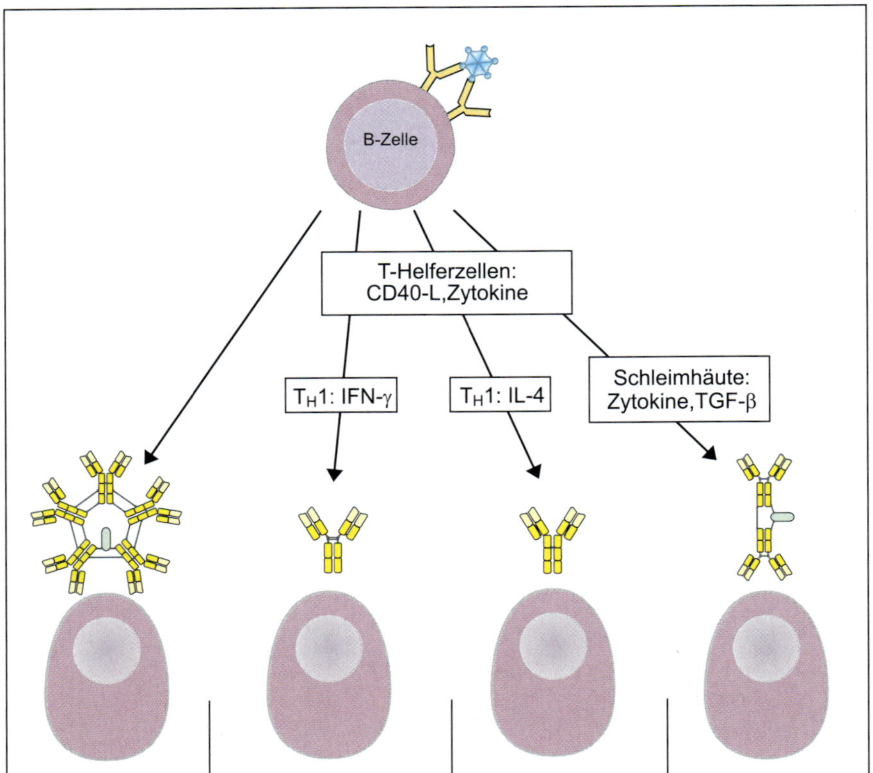

IgM	IgG-Unterklassen (IgG1, IgG3)	IgE	IgA
Effektorfunktionen			
Komplement-Aktivierung	Fc-Rezeptor-abhängige Phagozytoseantwort Komplement-Aktivierung Neonatale Immunität (Plazentagängig)	Immunität gegen Würmer Mastzell-degranulation (sofortige Hypersensitivität)	Schleimhaut-immunität (Transport des IgA durch das Epithel)

Antigen-stimulierte B-Zellen differenzieren zu IgM-produzierenden B-Zellen, falls sie keinen Kontakt mit T-Helferzellen bzw. CD40-L haben. Die Interaktion einer T-Helferzelle mit einer B-Zelle führt, je nach T-Zellsubtyp, zur Sekretion unterschiedlicher Zytokine. In Abhängigkeit der Art der freigesetzten T-Zellzytokine kommt es zur Änderung des Antikörper-Isotyps, der von der entsprechenden B-Zelle produziert wird. Die Funktionen der unterschiedlichen Isotypen sind aufgelistet.

Abb. I.3.32: Isotyp-„Switching".

Die Art der schweren Kette wird auch durch den Ort der Immunantwort beeinflusst. So ist IgA der Hauptisotyp in Schleimhäuten. Die B-Zellen, die sich in den lymphatischen Geweben der Schleimhäute (MALT) befinden, sind in der Lage, nach Antigenkontakt zu IgA-produzierenden B-Zellen zu differenzieren.

Ein wiederholter Kontakt mit dem Protein-Antigen führt zur Produktion von Antikörpern mit steigender Affinität. Dies wird Affinitätsreifung genannt. Der Anstieg der Affinität des Antikörpers ist durch Punktmutationen in den variablen Bereichen – insbesondere in den CDRs – bedingt. Dieser Vorgang wird somatische Hyper-

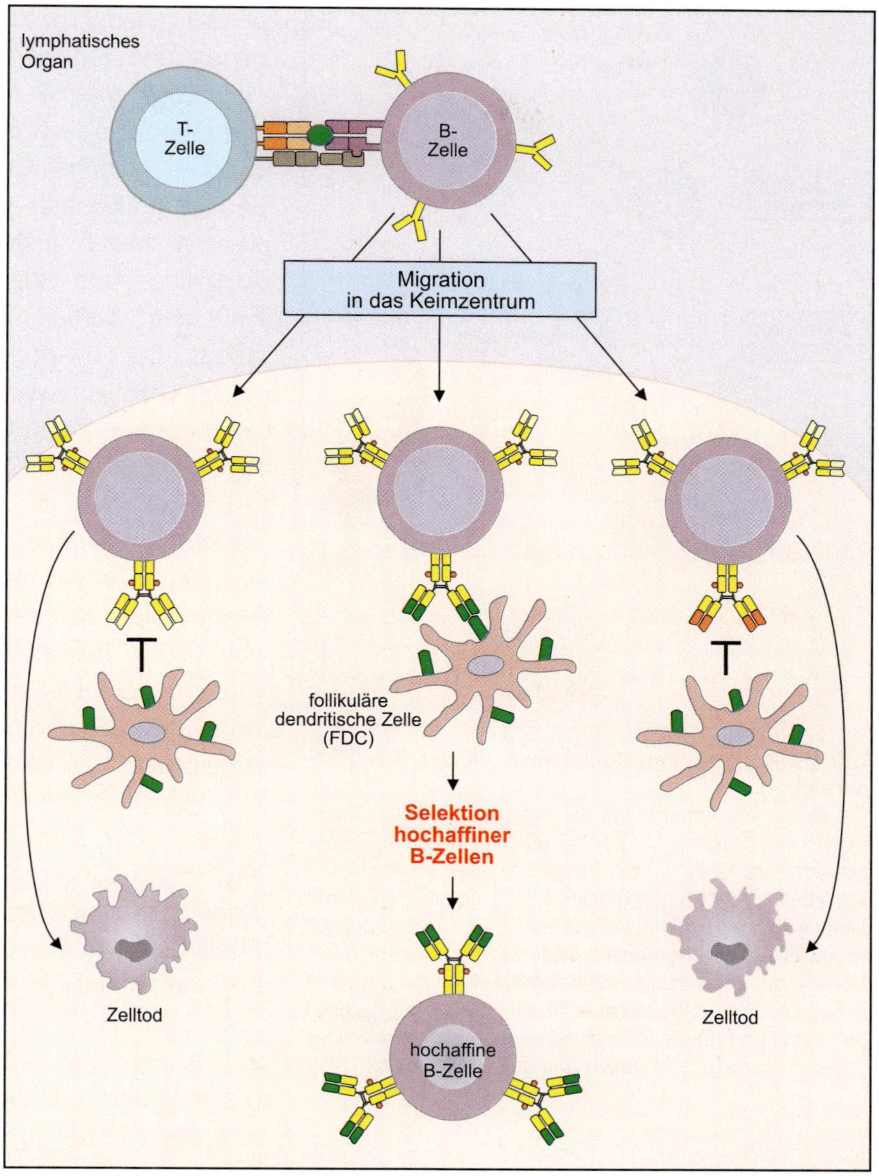

Abb. I.3.33: Selektion hoch affiner B-Zellen.

B-Zellen, die durch Kontakt mit T-Helferzellen aktiviert wurden, wandern in die Keimzentren der lymphatischen Organe. Während der Proliferationsprozesse kommt es zu somatischen Mutationen in den variablen Bereichen der Ig-Gene und zu einer veränderten Affinität der Immunglobuline. Hoch affine B-Zellklone werden selektioniert. So genannte follikuläre dendritische Zellen tragen Antigene in Form von Immunkomplexen oder Komplementkomplexen auf ihrer Oberfläche. Nur diejenigen B-Zellen, deren Ig-Rezeptoren entsprechende Antigene auf follikulären Zellen mit hoher Affinität erkennen, überleben.

mutation genannt. Plasmazellen, die hoch affine Antikörper produzieren, werden durch die so genannten follikulären dendritischen Zellen, die das entsprechende Antigen präsentieren, in den Keimzentren der sekundären lymphatischen Organe selektioniert (Abb. I.3.33).

Nun zur B-Zellaktivierung durch T-Zell-unabhängige Antigene wie Polysaccharide oder Lipide: Diese Antigene können ohne ein Signal von T-Helferzellen eine Antikörperproduktion auslösen. Die meisten TI-Antigene enthalten zahlreiche identische Epitope, die in der Lage sind, Ig-Rezeptoren extensiv querzuvernetzen. Diese Quervernetzung könnte neben der eigentlichen

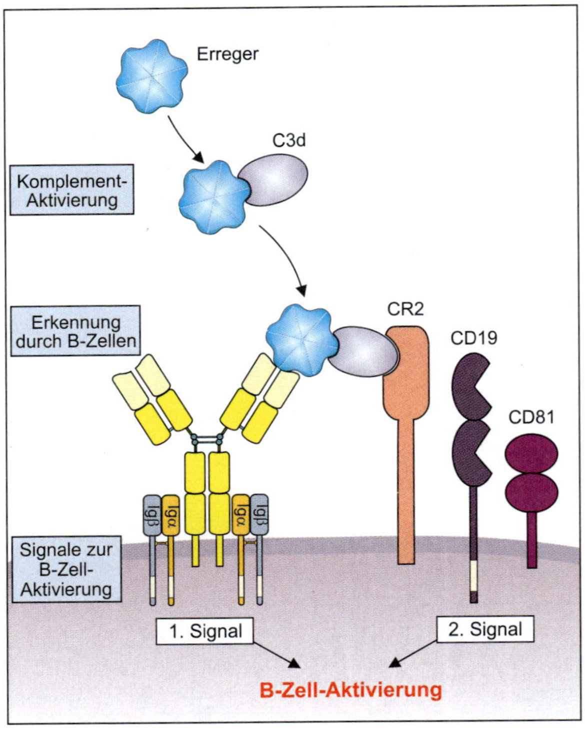

Abb. I.3.34: Rolle von Komplement in der B-Zellaktivierung.
Aktivierung von Komplement als angeborene Immunantwort gegen Krankheitserreger führt zur Bindung von Komplementfaktoren, u. a. C3d, an den Erreger. B-Zellen erkennen C3d über ihren CR-2-Rezeptor (Komplementrezeptor 2). CR-2 wiederum ist mit einem Proteinkomplex (CD19, CD81) assoziiert, der in der Aktivierungssignalkaskade von Bedeutung ist. Eine B-Zelle kann also simultan ein Antigen mit ihrem Ig-Rezeptor binden und über gebundenes C3d mit ihrem CR-2-Rezeptor. Die Komplementproteine können somit das notwendige „zweite" Signal für eine Aktivierung der B-Zelle liefern.

Antigenerkennung und -Bindung (1. Signal) das zweite Signal darstellen und ausreichen, die B-Zellen zu aktivieren. Das notwendige zweite Signal kann aber auch von einer angeborenen Immunantwort auf den Erreger herrühren. TI-Antigene können an Toll-like Rezeptoren binden oder an den Komplementfaktor C3d. Im letzteren Fall führt die Bindung an den Komplementrezeptor 2 (CR-2) auf B-Zellen über einen Proteinkomplex (CD19/CD81) zu einer Signalweiterleitung, die die Proliferation von B-Zellen bewirkt (Abb. I.3.34).
Polysaccharidstrukturen, wie sie in den Zellwänden gramnegativer Bakterien vorkommen (Lipopolysaccharid, LPS), sind Prototypen von TI-Antigenen und induzieren dosisabhängig sowohl eine polyklonale B-Zellaktivierung (hohe Konzentration) als auch die Produktion von IgM-Antikörper (niedrige Konzentration). Die Antikörper, die auf Kontakt mit TI-Antigenen produziert werden, zeigen in der Regel wenig „Isotypen-Switching" und eine geringe Affinitätsreifung. Außerdem werden keine Gedächtniszellen angelegt. Die TI-Antigen-induzierten Antikörper spielen aber eine wichtige Rolle in der Abwehr von Erregern, deren Oberflächenantigene keine Peptid-spezifischen T-Zellantworten induzieren (z. B. Bakterien mit Polysaccharidkapseln wie *Haemophilus influenzae*).
Antikörper-Antworten auf einen ersten bzw. auf wiederholten Kontakt mit Antigen unterscheiden sich in quantitativer wie auch qualitativer Hinsicht und werden primäre bzw. sekundäre Antworten genannt (Abb. I.3.35). Die Menge an Antikörpern, die nach dem ersten Antigenkontakt gebildet wird, ist geringer als die nach der zweiten oder wiederholten Immunisierung. Bei Protein-Antigenen zeichnen sich die sekundären Antworten durch Isotyp-Änderung und Affinitätsreifung aus, da eine wiederholte Antigenexposition zu einer erhöhten Anzahl von T-Helferzellen führt.
Eine Fraktion von aktivierten B-Zellen, die häufig die Vorläufer für hoch affine B-Zellen sind, differenzieren nicht zu antikörperproduzierenden Zellen, sondern werden zu Gedächtniszellen. Gedächtniszellen sezernieren keine Antikörper, zirkulieren im Blut, überleben dort oder im Knochenmark ohne weitere Stimulation durch das Antigen und können sehr schnell zu antikörperproduzierenden Zellen differenzieren, sobald ein erneuter Antigenkontakt stattgefunden hat.
Die überwiegende Anzahl von aktivierten B-Zellen stirbt jedoch nach einer überstandenen Infektion durch Apoptose und limitiert damit die Antikörperproduktion auf das notwendige Maß. Antikörper selbst können ebenfalls ihre Produktion regulieren. Der Prozess wird als „Antikörper-Feedback" bezeichnet. Antikörper bilden mit ihren Antigenen Immunkomplexe, solange

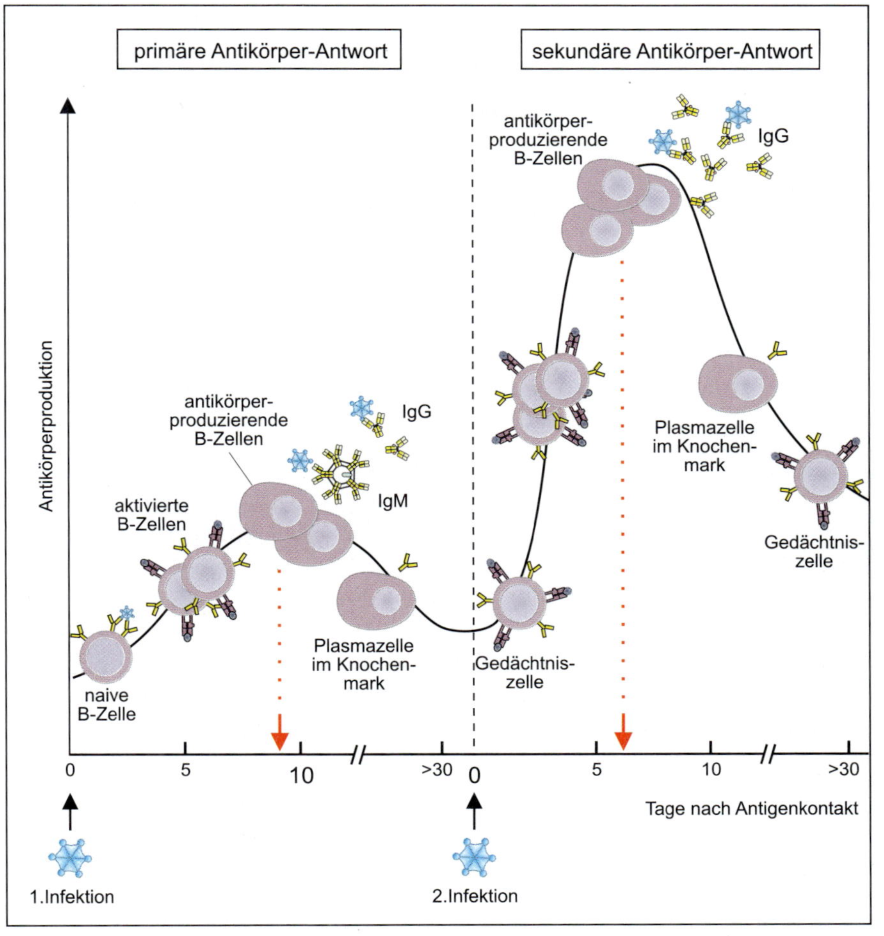

Abb. I.3.35: Primäre und sekundäre Antikörper-Antwort.

In der primären Antwort reagiert eine naive B-Zelle in peripheren lymphatischen Organen auf eine Antigenerkennung mit Proliferation und Differenzierung in antikörperproduzierende B-Zellen und Gedächtniszellen.

Nach erneutem Antigenkontakt kommt es zur Sekundärantwort, die sich durch die Aktivierung von Gedächtniszellen auszeichnet. Dies führt zu größeren Mengen an Antikörpern, die häufig einen anderen Isotyp und eine höhere Affinität im Vergleich zu den Antikörpern der Primärantwort aufweisen. Die Merkmale der Sekundärantwort treten vor allem bei Protein-Antigenen (TD-Antigenen) auf.

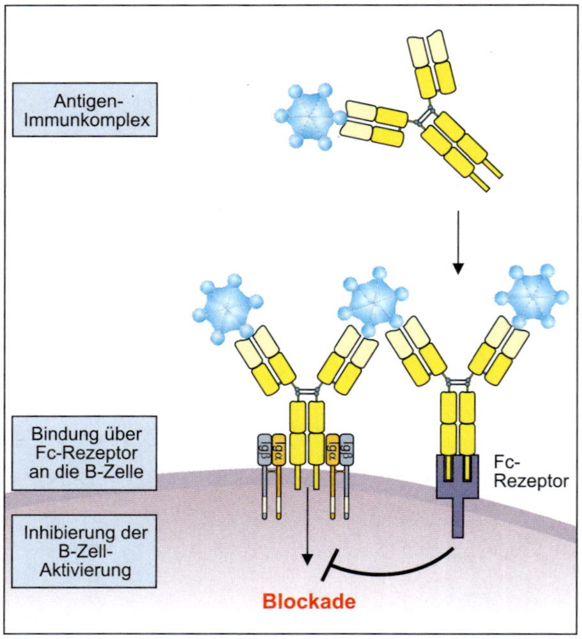

Abb. I.3.36: Regulation der Antikörper-Produktion. Sezernierte IgG-Moleküle bilden Immunkomplexe mit dem Antigen. Diese Immunkomplexe können über Fc-Rezeptoren an eine B-Zelle binden. Gleichzeitig binden Ig-Rezeptoren auf der B-Zelloberfläche das Antigen des Immunkomplexes. Die Aktivierung der Fc-Rezeptoren führt zur Inhibierung der B-Zellaktivierung, die eigentlich durch die Antigenbindung ausgelöst wird.

Antigen im Blut verfügbar ist. Diese Immunkomplexe binden an Fc-Rezeptoren und an den entsprechenden Ig-Rezeptor auf B-Zellen und unterbinden eine Aktivierung der B-Zelle (Abb. I.3.36).

3.3.4 Effektormechanismen der B-Zellantwort

Effektormechanismen der humoralen Immunantwort sind durch Antikörper vermittelt, die für zwei Aufgaben des adaptiven Immunsystems von größter Bedeutung sind:

1. für die Verhinderung einer Infektion und
2. für die Elimination von Erregern und deren schädlichen Produkten.

Die Wirksamkeit der meisten Vakzine basiert daher auf der Stimulation der Antikörperproduktion.

Zunächst wollen wir uns die Eigenschaften von Antikörpern vergegenwärtigen, auf die ihre Effektorfunktionen basieren.

3.3.4.1 Eigenschaften von Antikörpern

Antikörper werden in peripheren lymphatischen Organen gebildet. Sie können ins Blut und in Schleimhautsekrete gelangen und von dort aus jeden beliebigen Ort der Infektion erreichen.

Antikörper binden mit ihren Antigen-bindenden Regionen (Fab) beispielsweise Erreger oder bakterielle Toxine und blockieren so schädliche Effekte. Ihre Fc-Regionen können diverse Effektormechanismen aktivieren, um diese Erreger und Toxine zu eliminieren (vgl. Kap. I.3.3.4.2). Fc-Regionen können an Phagozyten und an Komple-

Check-Liste: 3.3.3 B-Effektorzellen

- Die humorale Antwort ist durch Antikörper vermittelt und richtet sich gegen extrazelluläre Erreger und deren Toxine.
- Die humorale Antwort wird durch eine Antigenerkennung spezifischer Immunglobulin-Rezeptoren auf B-Zellen initiiert. Die Signaltransduktion, die von durch Antigen quervernetzte Ig-Rezeptoren ausgelöst wird, ist durch Aktivierung von Tyrosinkinasen gekennzeichnet und mündet in der Aktivierung bestimmter Transkriptionsfaktoren, die für die Proliferation und die Differenzierung von B-Zellen in Antikörper-produzierende Zellen von Bedeutung sind.
- Es gibt T-Zell (bzw. Thymus)-abhängige Antigene (Protein-Antigene) und T-Zell-unabhängige Antigene (Polysaccharide, Lipide, Nukleinsäuren). Protein-Antigene aktivieren CD4-Helferzellen, die als zweites Signal für die B-Zellaktivierung nötig sind. Die Interaktion mit CD40-L und die Freisetzung bestimmter T-Zell-Zytokine bewirken einen Isotypenwechsel der Antikörper, die von der aktivierten B-Zelle produziert werden.
- Aktivierte B-Zellen bilden Keimzentren in den lymphatischen Organen aus. Dort kommt es zu ausgeprägten somatischen Mutationen (Affinitätsreifung). Die Antikörper mit der höchsten Affinität werden durch Kontakt mit follikulären dendritischen Zellen selektioniert.

ment binden. Die Bindung kommt aber nur zustande, wenn sich ein Immunkomplex gebildet hat, d. h. die Fc-vermittelten Effekte von Antikörpern benötigen eine Antigenerkennung durch den Fab-Teil. Diese Eigenschaft der Antikörper garantiert, dass die Effektormechanismen nur dann in Kraft gesetzt werden, wenn die Gefahr, d. h. Erreger oder Toxin vom Antikörper erkannt wurden.

Schützende Antikörper werden während der primären Antwort gebildet und einige der Antikörper-bildenden B-Zellen wandern ins Knochenmark, wo sie über Monate oder Jahre kleine Mengen Antikörper sezernieren. Diese kontinuierlich produzierten Antikörper sind sofort verfügbar, sobald ein Erreger versucht, in den Wirt einzudringen. Andere der Antikörper-bildenden B-Zellen differenzieren nach der primären Antwort zu Gedächtniszellen, die keine Antikörper sezernieren, aber auf das entsprechende Antigen lauern. Die bei erneutem Antigenkontakt eintretende sekundäre Antwort zeichnet sich durch eine rasche Differenzierung der Gedächtniszellen in antikörperproduzierende Zellen aus. Es kommt zur Produktion von großen Mengen an Antikörpern, um nun noch effizienter die Erreger abzuwehren (vgl. Abb. I.3.35).

Der Wechsel zu anderen Isotypen von Antikörpern und die Affinitätsreifung sind wichtige Prozesse, um die Schutzfunktion der Antikörper zu erhöhen (vgl. Abb. I.3.32 und I.3.33). Antikörper mit unterschiedlichen Fc-Regionen induzieren unterschiedliche Effektorfunktionen (vgl. IgE: Mastzellaktivierung; IgG: Opsonisierung für Phagozytose). Durch diesen Regulationsmechanismus ist das humorale Immunsystem in der Lage, für die Abwehr eines bestimmten Erregers den optimalen Antikörper zu produzieren.

3.3.4.2 Effektormechanismen von Antikörpern

Die Abbildung I.3.37 gibt einen Überblick über die unterschiedlichen Effekte von Antikörpern in der Erregerabwehr.

Neutralisation von Mikroben und mikrobiellen Toxinen: Antikörper verhindern durch Interaktion mit dem Erreger dessen Bindung und Eindringen in die Wirtszelle. Antikörper können auch die Ausbreitung von Erregern von einer infizierten Zelle auf benachbarte nicht-befallene Zellen verhindern. Schließlich können Antikörper Toxine binden und damit ihre pathogenen Effekte verhindern. Das Ziel von Impfungen ist es, Gedächtniszellen und B-Zellen, die kontinuierlich hoch affine neutralisierende Antikörper produzieren, zu stimulieren. Neutralisierende Antikörper sind in der Regel IgG- oder IgA-Isotypen. IgG-Antikörper zirkulieren im Blut, IgA-Antikörper befinden sich in Schleimhautsekreten.

Opsonisierung und Phagozytose (Abb. I.3.38): Antikörper bestimmter IgG-Subklassen (IgG1, IgG3) binden Mikroben und werden dann von Fc-Rezeptoren auf Phagozyten erkannt. Der Prozess des Umhüllens und nachfolgender Phagozytose wird Opsonisierung genannt.

Auf Phagozyten ist ein hoch affiner Rezeptor für die Fc-Regionen von γ-Ketten exprimiert (FcγRI). Wenn ein mit IgG1- bzw. IgG3-Antikörper opsonisierter Erreger über die Fc-Regionen an den Phagozyten bindet, kommt es zur Aufnahme des Erregers in Vesikel. Die Bindung der Fc-Region an den FcγRI aktiviert Makrophagen, toxische Substanzen zu bilden, die den Erreger zerstören können. Die Entfernung derartig opsonisierter Erreger erfolgt hauptsächlich in der Milz, die zahlreiche Phagozyten besitzt. Diese Antikörper-vermittelte Phagozytose ist der Hauptabwehrmechanismus gegen Erreger mit einer Polysaccharidkapsel (z. B. Pneumokokken).

Antikörper-vermittelte zelluläre Zytotoxizität (ADCC, antibody dependent cellular cytotoxicity) (Abb. I.3.39): Natürliche Killerzellen und andere Leukozyten (Makrophagen, Neutrophile und Eosinophile) binden an Antikörper-umhüllte Zellen und zerstören diese. NK-Zellen, wie auch die anderen Zellen, exprimieren Fc-Rezeptoren, die eine Reihe von IgG-Antikörper erkennen, die an Zellen gebunden haben. Durch die Interak-

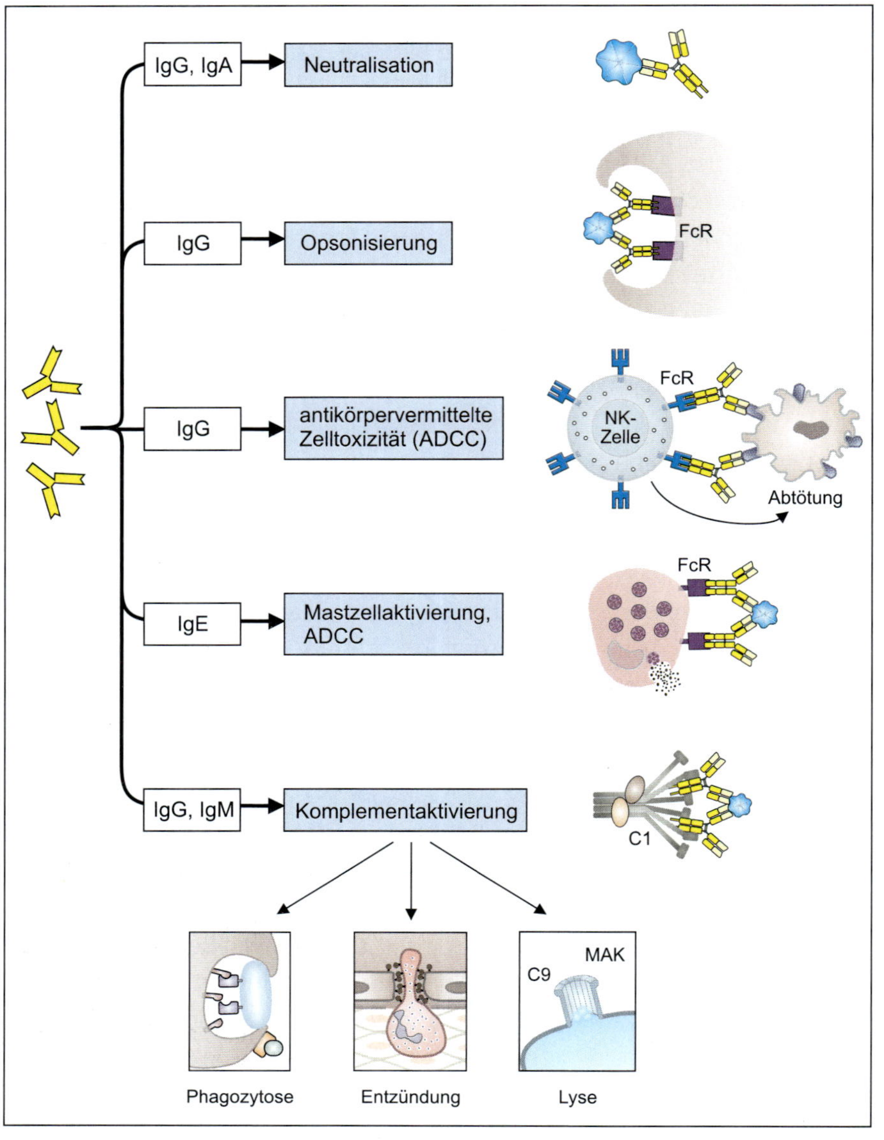

B-Zellen, die durch Antigene aktiviert werden, produzieren Antikörper, die je nach Isotyp unterschiedliche Effektorfunktionen ausüben.

Abb. I.3.37: Effektorfunktionen von Antikörpern.

tion zwischen Antikörper und Fc-Rezeptor werden die potentiell zytotoxischen Zellen aktiviert, den Inhalt ihrer Granula bzw. Vesikel (Perforin, Granzyme, lytische Enzyme, TNF) freizusetzen und damit die opsonisierte Zielzelle abzutöten. Man nennt den Vorgang Antikörper-vermittelte Zytotoxizität. Die Bedeutung dieses Mechanismus für die Abwehr ist nicht geklärt, da nicht bekannt ist, ob infizierte Zellen generell Oberflächenmoleküle exprimieren, die von Antikörpern erkannt werden. Sicherlich ist die Phagozytose opsonisierter Mikroben ein wesentlich wichtigerer Effektormechanismus der humoralen Antwort. Es wird allerdings angenommen, dass ADCC eine Rolle bei der Bekämpfung von Tumorzellen spielt (vgl. Kap. II.6.4.). Darüber lässt sich ein Teil der Wirkung beim Einsatz von therapeutischen Antikörpern zur Tumorbekämpfung erklären.

Aktivierung von Mastzellen und Eosinophilen: IgE-Antikörper haben die Eigenschaft, an hoch

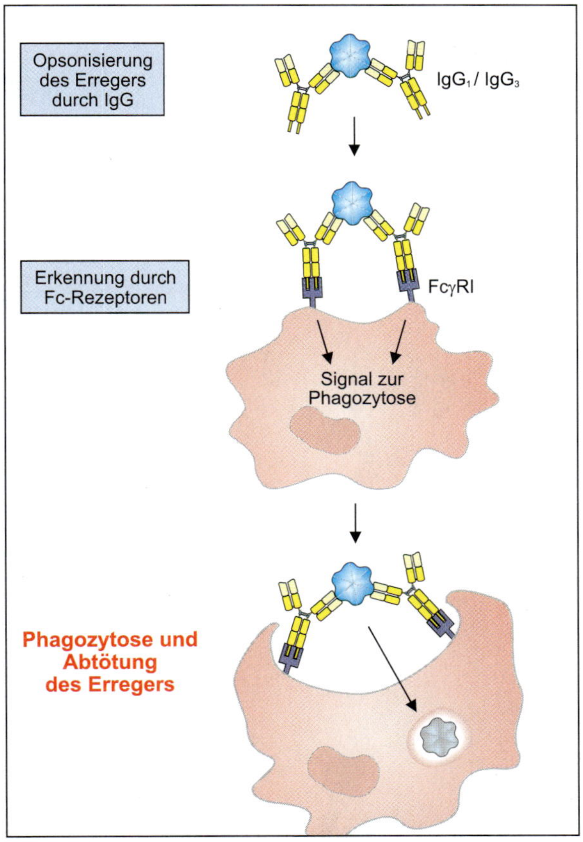

Abb. I.3.38: Antikörper-vermittelte Opsonisierung und Phagozytose.
Antikörper, bevorzugt der Subklassen IgG1 und IgG3, haften an Erregern und werden dann von Fc-Rezeptoren hoher Affinität (FcγRI, CD64), die sich auf Phagozyten befinden, erkannt. Durch die IgG-Bindung aktivierte FcγRI-Rezeptoren vermitteln eine verbesserte Phagozytose der opsonisierten Erreger und die Produktion toxischer Faktoren.

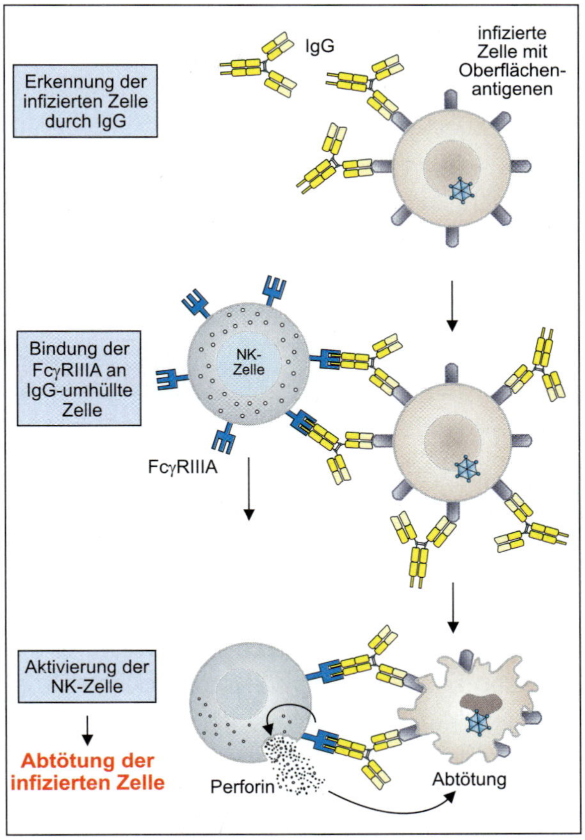

Abb. I.3.39: Antikörper-vermittelte Abtötung von Zellen.
Antikörper bestimmter Isotypen (IgG) erkennen infizierte Zellen und binden an deren Oberfläche. NK-Zellen tragen Fc-Rezeptoren vom FcγRIIIA (CD16)-Typ und binden an die mit IgG umhüllten, infizierten Zellen. Der Fc-Rezeptor vermittelt die Aktivierung der NK-Zelle und in der Folge die Freisetzung ihrer zytotoxischen Granula. Dies führt zur Abtötung der infizierten Zelle.

affine Fc-Rezeptoren auf Mastzellen und eosinophilen Granulozyten zu binden. Die Vernetzung der zellgebundenen IgE-Rezeptoren durch ein Antigen führt zur Aktivierung der Zellen und Freisetzung zytotoxischer Faktoren. Diese Mechanismen spielen bei der Abwehr von Parasiten eine Rolle und wurden bereits unter I.3.3.2.2 besprochen und in Abb. I.3.27 illustriert. Die Bedeutung der IgE-vermittelten Effekte in Überempfindlichkeitsreaktion vom Typ I wird im Kapitel I.5.2. behandelt.

Aktivierung des Komplementsystems: Der klassische Weg der Komplementaktivierung setzt gebundenes IgG bzw. IgM auf der Oberfläche des Erregers voraus. C1q bindet dann an den Fc-Teil von IgM- oder IgG-Antikörper und die Aktivierungskaskade beginnt. Die Aktivierung und Funktion von Komplement wurde bereits im Detail in Kapitel I.2.1.2 besprochen, worauf hier nur verwiesen werden soll. Die Komplement-Aktivierung trägt essentiell zu den Effektormechanismen der humoralen Antwort bei, indem es zur verbesserten Phagozytose der mit Komplement opsonisierten Erreger führt. Die Komplement-Aktivierung kann zur Lyse von Erregern führen und induziert Entzündungsreaktionen, um den Erreger effizient zu eliminieren.

3.3.4.3 *Funktion von Antikörpern an speziellen Orten des Körpers*

Es wurde eingangs erwähnt, dass Antikörper im ganzen Körper verteilt vorkommen. Es gibt diesbezüglich spezielle Transportmechanismen für Antikörper durch Epithelien und die Plazenta, die im Folgenden besprochen werden.

IgA-Antikörper werden in lymphoiden Geweben der Schleimhäute produziert und aktiv durch die Epithelien transportiert, um Erreger zu neutralisieren, die an Schleimhäuten angreifen. Erreger werden häufig inhaliert oder geschluckt und eine Immunantwort in den Schleimhäuten der Atem- und Verdauungswege ist daher besonders wichtig. Man nennt dies auch Schleimhautimmunität (mucosal immunity). Die mit der Schleimhaut assoziierten Lymphgewebe unterscheiden sich von anderen lymphatischen Organen (vgl. Kap. I.1.). IgA ist der vorherrschende Antikörper in der Schleimhaut, da dieses Gewebe große Mengen an TGF-β produziert und TGF-β den Isotypenwechsel zu IgA induziert (vgl. Abb. I.3.32). Die Schleimhaut-assoziierten lymphatischen Gewebe, die IgA produzieren, sind in der Lamina propria lokalisiert. IgA wird von der Lamina propria über das Schleimhautepithel ins Lumen der Organe transportiert, die in Kontakt mit der äußeren Umgebung stehen (Abb. I.3.40). Der Transport wird durch einen speziellen Fc-Rezeptor vermittelt, der Poly-Ig-Rezeptor genannt wird und auf der basolateralen Oberfläche der Epithelzellen exprimiert wird. Das IgA, das als Dimer an eine J-Kette gebunden von B-Zellen sezerniert wird, diffundiert durch die Basalmembran und lagert sich an den Poly-Ig-Rezeptor an. Es kommt zur Endozytose des Komplexes und zum Transport zur apikalen Oberfläche. Dort wird der Poly-Ig-Rezeptor so gespalten, dass ein Teil noch am sezernierten IgA-Dimer gebunden bleibt. Der Antikörper kann Erreger neutralisieren, die sich im Lumen befinden und über die Schleimhäute in den Wirt eindringen wollen.

Ein weiteres, wichtiges Transportsystem für Antikörper garantiert den immunologischen Schutz des Fötus im Mutterleib. Antikörper der Mutter werden aktiv über die Plazenta in den Blutkreislauf des Ungeborenen, sowie über das Darmepithel in die Zirkulation des Neugeborenen trans-

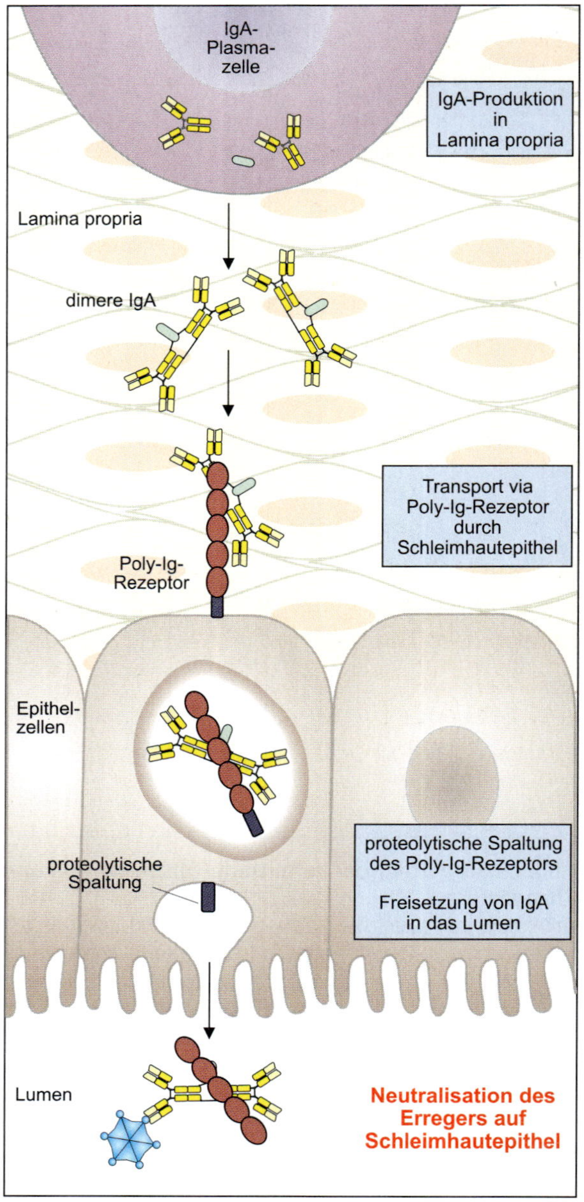

Abb. I.3.40: Transport von IgA durch die Schleimhautepithelien.
In den Schleimhäuten der Atemwege und des Gastrointestinaltraktes werden IgA von Plasmazellen in der Lamina propria produziert. Sie binden an einen spezifischen Fc-Rezeptor, der Poly-Ig-Rezeptor genannt wird und an der basolateralen Seite der Schleimhautepithelzellen exprimiert wird. Es kommt zur Transzytose und IgA wird an der luminalen Seite des Epithels freigesetzt. Dazu ist eine proteolytische Spaltung des Poly-Ig-Rezeptors notwendig. IgA-Moleküle fangen Erreger im Lumen ab und verhindern eine Infektion über die Schleimhäute.

Check-Liste: 3.3.4 Effektormechanismen der B-Zellantwort

- Antikörper vermitteln unterschiedliche Effektormechanismen. Sie verhindern eine Infektion, indem sie den Erreger binden. Sie neutralisieren die schädliche Wirkung von Toxinen. Sie opsonisieren Erreger und verbessern deren Phagozytose und Abtötung. Antikörper können in einigen Zellen über Aktivierung von Fc-Rezeptoren eine Killer-Aktivität induzieren und damit infizierte Zellen abtöten (ADCC). Schließlich induzieren Antikörper die Aktivierung des Komplementsystems.
- Antikörper übernehmen an speziellen Orten des Körpers besondere Funktionen und sorgen damit für die Schleimhautimmunität und für den immunologischen Schutz des Fötus.

portiert. Während der Schwangerschaft binden bestimmte Subklassen von mütterlichem IgG an Fc-Rezeptoren in der Plazenta. Die gebundenen IgGs werden dann aktiv in den fötalen Kreislauf transportiert. Neugeborene haben kein vollständig ausgebildetes Immunsystem und sind nicht in der Lage, Erreger effektiv abzuwehren. In ihren ersten Tagen sind sie durch die Antikörper, die sie von der Mutter erhalten haben, geschützt. Neugeborene können zusätzlich über die Muttermilch Antikörper aufnehmen. Dies funktioniert ebenfalls über Fc-Rezeptoren am Darmepithel des Neugeborenen. Neugeborene besitzen also das gleiche IgG-Profil wie ihre Mutter und sind vor denjenigen Erregern geschützt, gegen die die Mutter immun ist.

4 Krankheitserreger und die entsprechenden Immunantworten

Um ein einheitliches Verteidigungssystem gegen Krankheitserreger aufzubauen, müssen die unterschiedlichen Effektoren des Immunsystems, die wir in den letzten Kapiteln kennen gelernt haben, komplex und z. T. individuell zusammenspielen. Nachdem zunächst die Mechanismen des angeborenen Immunsystems aktiviert werden, kommt es zu einem späteren Zeitpunkt der Infektion zu Immunantworten des erworbenen Immunsystems, die je nach Typ des Krankheitserregers (Bakterien, Viren, Protozoen, Pilze) sehr spezifisch agieren. Bedingt durch die Immunantwort, aber z. T. auch durch die Krankheitserreger selbst, kann es zu Schädigungen des gesunden Gewebes kommen. Einige Krankheitserreger haben zudem spezielle Mechanismen entwickelt, um einer Immunantwort des Wirtsorganismus zu entgehen.

4.1 Generelle Mechanismen im Verlauf einer Infektion und das immunologische Gedächtnis

Eine Infektion verläuft generell in unterschiedlichen mechanistischen und zeitlichen Phasen (Abb. I.4.1):

4.1.1 Etablierung einer Infektion

Der erste Kontakt eines Pathogens mit seinem Wirt findet an einer epithelialen Oberfläche (Haut bzw. Schleimhäute) statt. Der Krankheitserreger heftet sich an das Epithel und durchdringt es, um sich im Gewebe zu vermehren. In diesem Stadium wird in der Regel das angeborene Immunsystem aktiv und es wird – wie im Kapitel I.2 besprochen – eine erfolgreiche Verteidigung durch Makrophagen, Neutrophile und Komplement in Form einer lokalen Entzündungsreaktion eingeleitet. NK-Zellen können ebenfalls bei Infektion der Epithelzellen aktiviert werden und eine Ausbreitung der Infektion dadurch verhindern, dass sie Zytokine freisetzen und allgemeine Entzündungszellen anlocken. Diese Etablierungsphase der Infektion dauert zwischen 4 und 96 Stunden.

Zu einem deutlich späteren Zeitpunkt können auch Komponenten des adaptiven Immunsystems, insbesondere Antikörper (in den Schleimhäuten vom IgA-Typ) und T-Zellen vom $\gamma\delta$-TCR-Typ (siehe unten) ein Eindringen und eine Ausbreitung des Erregers verhindern.

Da die Schleimhautoberflächen des Körpers äußerst anfällig für Infektionen sind, weisen sie eine komplexe und spezielle Ansammlung von Bestandteilen (Abb. I.4.2) sowohl der angeborenen als auch der erworbenen Immunabwehr auf, die im Folgenden kurz besprochen werden soll. In Abbildung I.4.3 sind histologische Aufnahmen von unterschiedlichen Schleimhäuten zu sehen.

Beispielsweise sind Schleimhäute – insbesondere die Darmschleimhaut – von einer großen Menge kommensaler Bakterien besiedelt, die einen wichtigen Schutz bietet, indem sie mit pathogenen Bakterien und auch Pilzen (vgl. Kap. I.4.2.3) um Platz und Nährstoffe konkurriert und dadurch eine Ansiedlung des Krankheitserregers verhindert. Die Bedeutung dieser angeborenen Abwehr zeigt sich, sobald die Darmflora beispielsweise durch Antibiotika geschädigt wird. Dadurch wird ein Ausbreiten pathogener Bakterien, wie z. B. *Clostridium difficile*, ermöglicht, welche durch Freisetzung von Toxinen die Schleimhäute ernstlich verletzen können.

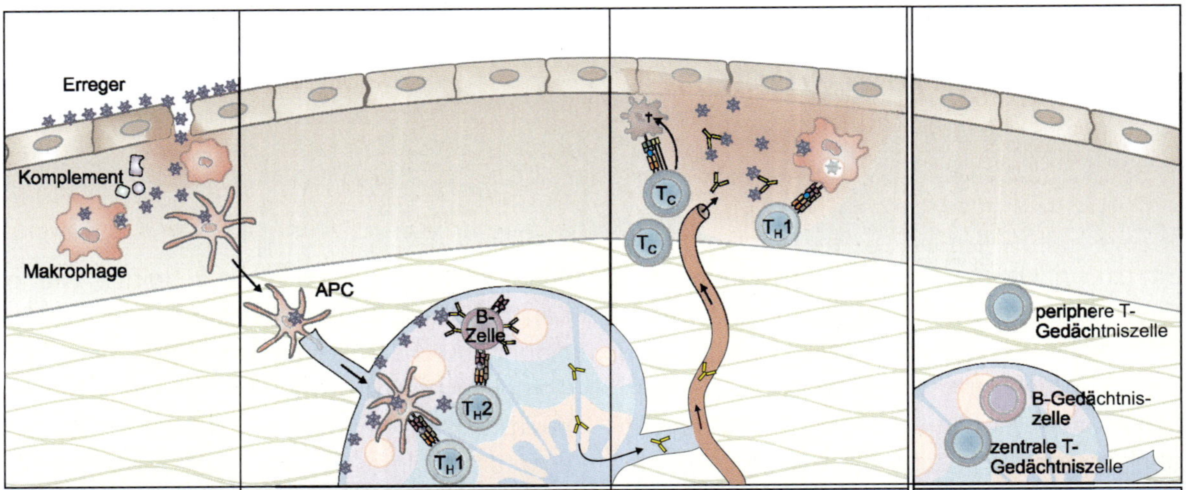

Etablierung der Infektion	Induktion einer adaptiven Immunantwort	Effektormechanismen der adaptiven Immunantwort	Induktion eines immunologischen Gedächtnisses
• Eindringen durch das Epithel • angeborene Immunabwehr • Kontrolle der Infektion durch lokale Entzündungsreaktion	• Aktivierung von antigenpräsentierenden Zellen durch Komponenten der angeborenen Immunantwort und Wanderung in Lymphknoten • Einfangen von naiven Lymphozyten und deren Aktivierung • Stimulation von B-Zellen durch T_H2-Zellen	• Einwandern der T_H1- und T_C-Effektorzellen in das Infektionsgebiet • humorale Abwehr durch ins Gewebe infundierte Antikörper • Beseitigung des Erregers	• Ausbildung von B-Gedächtniszellen • Ausbildung von T-Gedächtniszellen des peripheren oder zentralen Typs

Abb. I.4.1: Phasen der Entstehung einer Infektion und die Abwehrmechanismen des Immunsystems.
Die häufigste Eintrittspforte eines Krankheitserregers ist das Epithel. Erreger müssen den Abwehrmechanismen der Schleimhäute trotzen und das Epithel durchdringen, bevor sie sich im darunter liegenden Gewebe ausbreiten und dort Reaktionen des angeborenen Immunsystems auslösen können. Es kommt zur Etablierung der Infektion, wobei zunächst das angeborene Immunsystem die Infektion unter Kontrolle hält. Lokal entsteht eine Entzündung. Erreger bzw. Antigene breiten sich durch APC in das lymphatische Gewebe aus und induzieren eine adaptive Immunantwort. In der Folge laufen zelluläre und humorale Effektormechanismen am Ort der Infektion ab und der Erreger wird beseitigt. Sobald die Pathogenmenge eine bestimmte Schwelle unterschritten hat, hört die erworbene Immunantwort auf. Allerdings schützen Gedächtniszellen in den meisten Fällen vor einer erneuten Infektion mit demselben Erreger.
Die Abwehrmechanismen, die in den einzelnen Phasen auftreten, sind unter den einzelnen Bildern aufgeführt.

Die Ausstattung der Schleimhautepithelien mit sekretorischen IgA ist eine weitere Besonderheit, mit der Schleimhäute Erreger, aber auch ihre toxischen Produkte unschädlich machen (vgl. Abb. I.3.40).

Schleimhäute unterscheiden sich auch in der Art und Verteilung von T-Zellen. Es befinden sich in den Schleimhäuten mehr T-Zellen, die den $\gamma\delta$-TCR besitzen, als im Blut und in anderen lymphatischen Geweben. Diese Zellen stehen phylogenetisch zwischen dem adaptiven und dem angeborenen Immunsystem und haben wahrscheinlich eine Funktion in der Antigen-unabhängigen Abtötung von verletzten Schleimhautzellen (Abb. I.4.2 A).

Schleimhäute verfügen aber auch über adaptive Immunmechanismen. Antigene im Darmlumen können von so genannten M-Zellen aufgenommen werden. M-Zellen liegen zwischen Enterozyten (Darm) und stehen in engem Kontakt mit subepithelialen Lymphozyten und dendritischen Zellen. In M-Zellen aufgenommene Antigene werden an der Basis der M-Zellen freigesetzt, von dendritischen Zellen bzw. B-Zellen aufgenommen und T-Zellen präsentiert (Abb. I.4.2 B).

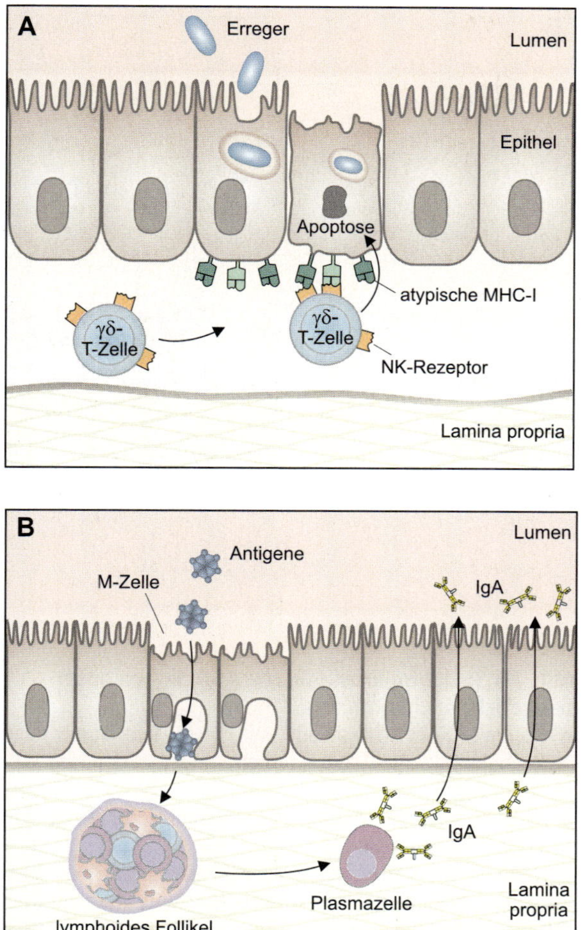

Abb. I.4.2: Immunsystem der Schleimhaut.
A Rolle der γδ-T-Zellen: Epithelzellen der Schleimhaut exprimieren nach Infektion mit einem Erreger atypische MHC-I-Moleküle (MIC-A; MIC-B). γδ-T-Zellen binden über ihre NK-Rezeptoren (NKG2D) Antigen-unabhängig an diese atypischen MHC-I-Moleküle und töten die infizierte Schleimhautzelle durch Apoptose.

B Rolle von M-Zellen: M-Zellen, die zwischen epithelialen Schleimhautzellen angesiedelt sind, können Antigene vom Lumen des Verdauungs- oder Urogenitaltrakts bzw. der Atemwege aufnehmen. Das Antigen wird durch die M-Zelle transportiert und an ihrer Basis freigesetzt. Dort wird es von APC bzw. B-Zellen aufgenommen. In den lymphoiden Follikeln des Darmes differenzieren aktivierte B-Zellen zu IgA-produzierenden Plasmazellen, die entlang der Submucosa wandern und IgA ins Lumen sezernieren (vgl. Abb. I.3.40).

4.1.2 Induktion einer adaptiven Immunantwort

Nach einer Etablierung der Infektion folgt die Induktion einer adaptiven Phase, die – wie wir ja bereits besprochen haben – von angeborenen Effektormechanismen stark beeinflusst wird. Die lokale Entzündungsreaktion verändert das Milieu des Entzündungsherdes. Aktivierte Makrophagen setzen Zytokine frei, die zu einer Endothelaktivierung und damit zur Rekrutierung weiterer Leukozyten führen. (vgl. Abb. I.2.9, I.2.10, I.2.11) Entscheidend für die Induktion der adaptiven Antwort ist die Tatsache, dass über die Aktivierung von Rezeptoren des angeborenen Immunsystems (insbesondere das Toll-like Rezeptorsystem) potentielle professionelle antigenpräsentierende Zellen (insbesondere dendritische Zellen und Makrophagen) aktiviert werden, die in den meisten Geweben als unreife Zellen vorhanden sind (vgl. Abb. I.2.8, I.3.1). Die Aktivierung führt zur Expression costimulatorischer Moleküle (B7-Proteine) auf ihrer Oberfläche. Die reifen APC nehmen Antigene im infizierten Gewebe auf und wandern zu den Lymphknoten (vgl. Abb. I.1.4) oder zu anderen lymphatischen Geweben (z. B. MALT) in ihrer Nähe. Die Wanderung zu den lymphatischen Organen wird wiederum durch spezifische Chemokine, wie z. B. IL-8 und SLC, das von Stromazellen oder Endothelzellen der Gefäße in peripheren Lymphorganen (so genanntes hohes Endothel) produziert wird, dirigiert. Dendritische Zellen exprimieren Rezeptoren für SLC und IL-8. Im lymphatischen Gewebe sezernieren dendritische Zellen dann selbst SLC und

IL-8, SLC, MIP-3β (= **ELC**) und **BLC** sind Chemokine, die für die Wanderung von Zellen in den Lymphknoten verantwortlich sind. SLC und IL-8 locken APC in den Lymphknoten, SLC und MIP-3β sind für die Einwanderung von T-Zellen wichtig, locken jedoch auch B-Zellen an. B-Zellen wiederum stimulieren APC, einen weiteren Lockstoff für B-Zellen, nämlich BLC zu bilden.

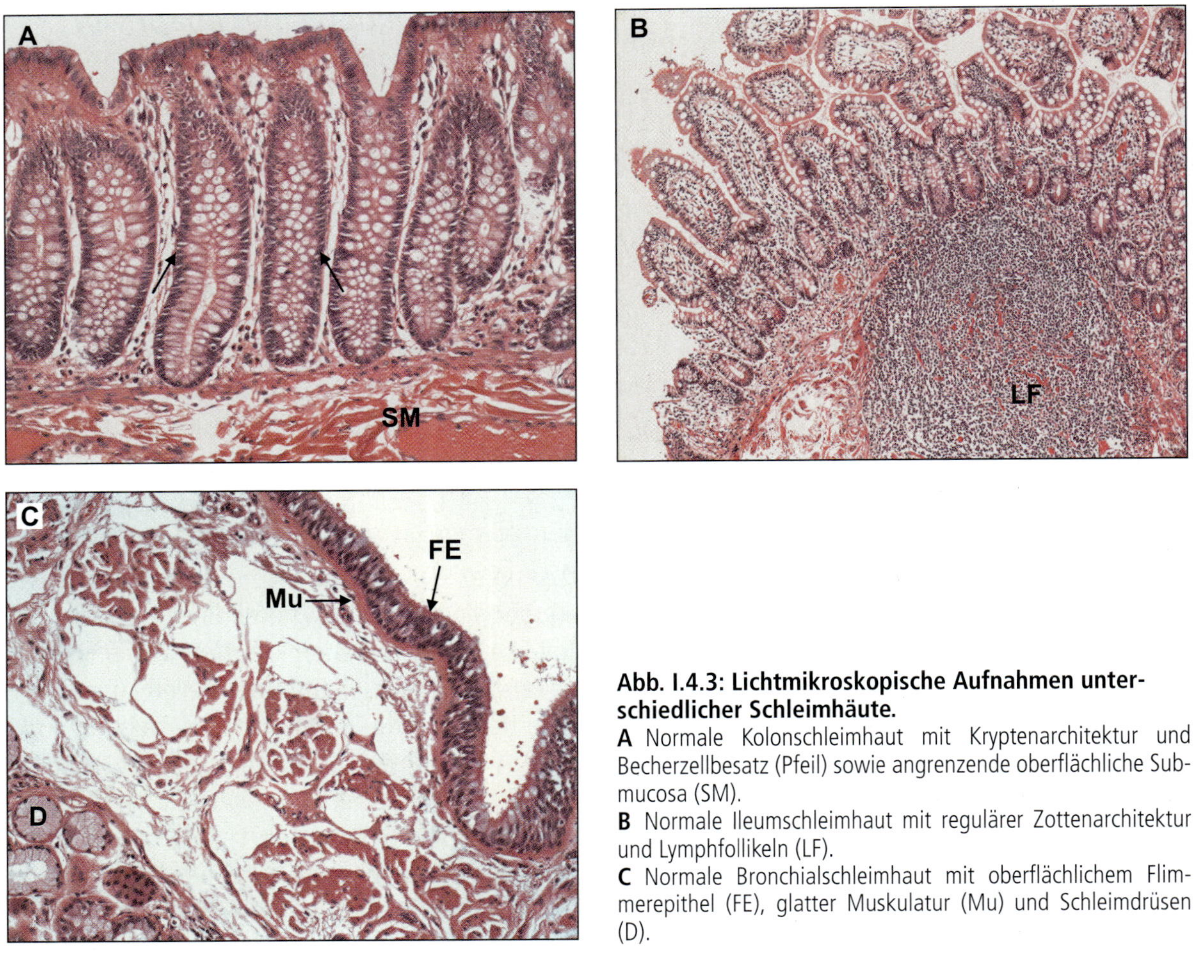

Abb. I.4.3: Lichtmikroskopische Aufnahmen unterschiedlicher Schleimhäute.
A Normale Kolonschleimhaut mit Kryptenarchitektur und Becherzellbesatz (Pfeil) sowie angrenzende oberflächliche Submucosa (SM).
B Normale Ileumschleimhaut mit regulärer Zottenarchitektur und Lymphfollikeln (LF).
C Normale Bronchialschleimhaut mit oberflächlichem Flimmerepithel (FE), glatter Muskulatur (Mu) und Schleimdrüsen (D).

ein zweites Chemokin, MIP-3β. Die Kombination aus SLC und MIP-3β ist wichtig, damit T-Zellen, aber auch B-Zellen, in den Lymphknoten einwandern.
Die peripheren Lymphorgane sind für die Auslösung und Ausführung einer adaptiven Immunantwort von großer Bedeutung. Man nimmt an, dass Krankheitserreger, die durch die Haut eindringen, eine Immunantwort induzieren, die im Lymphknoten stattfindet. Hingegen rufen Krankheitserreger, die sich im Blut befinden, eine Reaktion in der Milz hervor und Erreger, die sich in Schleimhäuten ansiedeln, werden durch Immunreaktionen im „MALT" bekämpft (vgl. Kap. I.1.3 und Abb. I.4.2).
Je nach Lebensraum der Pathogene im Wirtsorganismus können also etwas unterschiedliche Verteidigungsstrategien gewählt werden.

4.1.3 Effektormechanismen der adaptiven Immunantwort

Die APC im lymphatischen Gewebe haben nun die Aufgabe, naive antigenspezifische T-Lymphozyten zu aktivieren. Naive Lymphozyten im Blut oder der Lymphe durchqueren unablässig die Lymphknoten und können über die Aktivierung und Expression spezifischer Adhäsionsmoleküle in das lymphatische Gewebe übertreten. Naive T-Zellen exprimieren zunächst L-Selektin auf ihrer Oberfläche, das an Sulfatgruppen so genannter vaskulärer Adressine wie GlyCAM-1 oder CD34, bindet. Wichtig dabei ist, dass nur Zellen der Venolen mit hohem Endothel, wie sie im Lymphgewebe vorkommen, L-Selektin auf naiven T-Zellen spezifisch binden können (vgl. Abb. I.3.24 A). Diese Interaktion führt zum „Rolling" der T-Zellen entlang der Venolen, währenddessen lokale Chemokine (IL-8, SLC) die LFA-1-Moleküle auf den T-Zellen aktivieren. LFA-1-Moleküle sind wiederum Liganden für ICAM-1 auf dem Endothel. Die feste Bindung von LFA-1 an endotheliales ICAM-1 bewirkt, dass die T-Zellen die Gefäßwand durchwandern können (Diapedese). Mit Hilfe spezifischer Chemokine siedeln sie sich dann in den T-Zell-Zonen an, wo sie die Oberflächen der antigenpräsentierenden dendritischen Zellen nach spezifischen MHC/Peptid-Komplexen absuchen. Finden sie das passende Antigen, binden sie über eine Aktivierung von LFA-1 stabil an die APC. Durch die Interaktion zwischen dem TCR und dem MHC/Peptid-Komplex der APC, sowie durch die Bindung an ihre costimulatorischen Moleküle entstehen in Abhängigkeit vom Typ des MHC-Komplexes entweder CD8-positive T-Effektorzellen bzw. T_C-Zellen (MHC-I-restringiert) oder CD4-positive T-Effektorzellen bzw. T_H-Zellen (MHC-II-restringiert) (vgl. Abb. I.3.18). Das Einfangen von naiven T-Zellen und deren Aktivierung zu T-Effektorzellen bis zu ihrem Verlassen des lymphatischen Gewebes ist sehr effizient und dauert etwa 5 Tage.

Beim Verlassen des lymphatischen Gewebes exprimieren die T-Effektorzellen vermehrt die Adhäsionsmoleküle VLA-4 und LFA-1. Diese Integrine können in den Infektionsherden an VCAM-1 bzw. ICAM-1 auf den Endothelzellen peripherer Gefäße binden und ihre Extravasation bewirken (vgl. Abb. I.3.24). Eine rasche Diapedese von T-Effektorzellen ins Gewebe wird durch die Erhöhung der Gefäßpermeabilität, die durch Komponenten des angeborenen Immunsystems im Rahmen der Entzündungsreaktion induziert wird, begünstigt.

Es wird angenommen, dass eine differentielle Expression von Adhäsionsmolekülen die T-Effektorzellen spezifisch an bestimmte Stellen des Körpers bringen kann. T-Zellen, die beispielsweise das Darmepithel ansteuern, exprimieren zunächst das $\alpha_\varepsilon\beta_7$-Integrin, das sich an das von Epithelzellen exprimierte E-Cadherin anheftet. T-Zellen, die in die Haut wandern, produzieren dagegen das so genannte CLA (cutaneous lymphocyte antigen, Lymphozytenantigen der Haut) das an E-Selektin bindet. Die T-Effektorzellen werden also über bestimmte Rezeptoren an ihrer Oberfläche, die man auch als „homing-Rezeptoren" bezeichnet, an ihren Bestimmungsort geleitet, wo die entsprechenden gewebespezifischen Liganden (Adressine) exprimiert werden.

Homing: Eigenschaft von Lymphozyten, lymphoides Gewebe unter physiologischen und pathophysiologischen Bedingungen aufzusuchen und es in typischer Weise zu besiedeln.

Embryonales Homing: Wanderung lymphoider Stammzellen vom Knochenmark *via* Blut zu den für ihre Differenzierung notwendigen primären lymphoiden Organen (Thymus, Knochenmark).

Funktionelles Homing: Wanderung der spezifischen, Antigen-geprägten reifen Lymphozyten zu sekundären Lymphorganen, um nach Antigenerkennung zu Effektorlymphozyten zu differenzieren.

T_H1-Effektorzellen wie auch T_C-Zellen müssen in der Regel das lymphatische Gewebe wieder verlassen, um ihre Aufgabe zu erfüllen, nämlich infizierte Makrophagen zu stimulieren bzw. infizierte Zellen abzutöten (vgl. Abb. I.3.25). Die Funktion der T_H2-Zellen ist demgegenüber, naive B-Zellen zu aktivieren (vgl. Abb. I.3.26). Dies findet im lymphatischen Gewebe statt. Antigenspezifische B-Zellen treffen erstmals in den T-Zell-Zonen der lymphatischen Gewebe auf ihre entsprechenden T_H2-Effektorzellen und werden durch Bindung an sie dort festgehalten. Durch die Interaktion zwischen dem MHC-II/Antigen-Komplex auf der B-Zelloberfläche mit dem TCR der T_H2-Zelle sowie durch die Wechselwirkung der costimulatorischen Faktoren kommt es zur Vermehrung und Bildung eines primären Focus von proliferierenden B-Zellen an der Grenze zwischen der B- und T-Zell-Zone (vgl. Abb. I.1.4). Im Primärfocus bilden sich Plasmazellen aus, die rasch spezifische Antikörper ausschütten, um einen sofortigen Schutz zu gewährleisten. Diese Antikörper sind aber in der Regel niedrig affin, was bewirkt, dass die B-Zellen nach einigen Tagen absterben, da sie durch T-Helferzellen nicht mehr aktiviert werden. Andere B-Zellen wandern zu einem nahe gelegenen Follikel, wo sie sich weiter vermehren und ein so genanntes Keimzentrum bilden. Dort durchlaufen B-Zellen beispielsweise einen Isotypenwechsel (vgl. Abb. I.3.32). Durch den Prozess der somatischen Hypermutation können in den variablen Regionen der Antikörper Aminosäuren ausgetauscht werden, was dann zu einer verbesserten Bindung des Antigens führen kann. Während der so genannten Affinitätsreifung werden hoch affine B-Zellen durch Bindung an entsprechende follikuläre dendritische Zellen selektioniert (vgl. Abb. I.3.33). Solche B-Zellen bleiben dann entweder als Gedächtniszellen im lymphatischen Gewebe oder verlassen die Keimzentren als Plasmablasten (Vorläufer von Plasmazellen). Diese Plasmablasten wandern über efferente Lymphbahnen in das Knochenmark oder – je nach Herkunft – zur Lamina propria der Darmwand bzw. zu anderen Epitheloberflächen und bilden dort Antikörperproduktionsstätten, die über Monate aktiv sein können. Die Abwehr über Antikörper spielt insbesondere bei den Krankheitserregern eine wesentliche Rolle, die sich bevorzugt extrazellulär aufhalten.

Die primäre adaptive Immunantwort, die in den wesentlichen Phasen hier beschrieben wurde, soll den Körper von der primären Infektion befreien. Zu diesem Zweck stehen neben den Effektoren der angeborenen Immunantwort die Reaktionspartner der adaptiven Antwort – nämlich Antikörper bei der humoralen Antwort und T-Effektorzellen als zelluläre Antwort – zur Verfügung. Nach Beseitigung des Krankheitserregers sterben Effektorzellen in der Regel ab und auch die Konzentration spezifischer Antikörper geht zurück.

In den meisten Fällen schützt eine solch erfolgreich überstandene Primärinfektion durch die Induktion eines immunologischen Gedächtnisses auch vor einer erneuten Infektion durch denselben Erreger. Die Induktion eines immunologischen Gedächtnisses ist also als letzte Phase einer geglückten Immunantwort zu betrachten.

4.1.4 Induktion eines immunologischen Gedächtnisses

Der immunologische Schutz beruht nicht auf den noch vorhandenen Antikörpern oder gar den noch zirkulierenden, bewaffneten Effektorzellen. Der Schutz wird vielmehr durch die langlebige Population spezialisierter Gedächtniszellen gewährleistet, die unabhängig davon existiert, ob das ursprüngliche Antigen noch im Körper vorhanden ist. Es wird angenommen, dass sich die meisten Gedächtniszellen in einem ruhenden Zustand in unterschiedlichen Geweben befinden und sich nur ein kleiner Prozentsatz davon von Zeit zu Zeit durch den Einfluss von Zytokinen teilt. In Tierversuchen konnte gezeigt werden, dass das immunologische Gedächtnis über B- und T-Zellen, die bereits Kontakt mit dem Antigen hatten, übertragbar ist. Es existieren somit sowohl B- als auch T-Gedächtniszellen.

> **Gedächtniszellen** oder **memory cells** sind kleine, langlebige (bis zu mehreren Jahren) Lymphozyten vom B- bzw. T-Typ. Diese sterben nicht wie Effektorlymphoyzten nach Antigenkontakt ab. Sie sind auf das Antigen geprägt, mit dem sie als naive Zelle den ersten Kontakt hatten und reagieren schneller und affiner auf das Antigen.

Antikörper, die von B-Gedächtniszellen produziert werden (sekundäre Antikörperantwort), unterscheiden sich von Antikörpern, die von erstmals aktivierten B-Zellen hergestellt werden (primäre Antikörperantwort) (vgl. Abb. I.3.35). Charakteristisch für eine sekundäre Antwort ist der geringe Anteil an IgM (der Isotypen-Switch ist bereits vollzogen) und große Mengen an IgG sowie etwas IgA und IgE. Durch somatische Hypermutationen haben die sekundären Antikörper höhere Antigenaffinitäten als die der primären Antwort (Affinitätsreifung) Die B-Gedächtniszellen unterscheiden sich ebenfalls von primären B-Lymphozyten: Durch eine erhöhte Expression von MHC-II-Molekülen und IgG-, IgA- oder

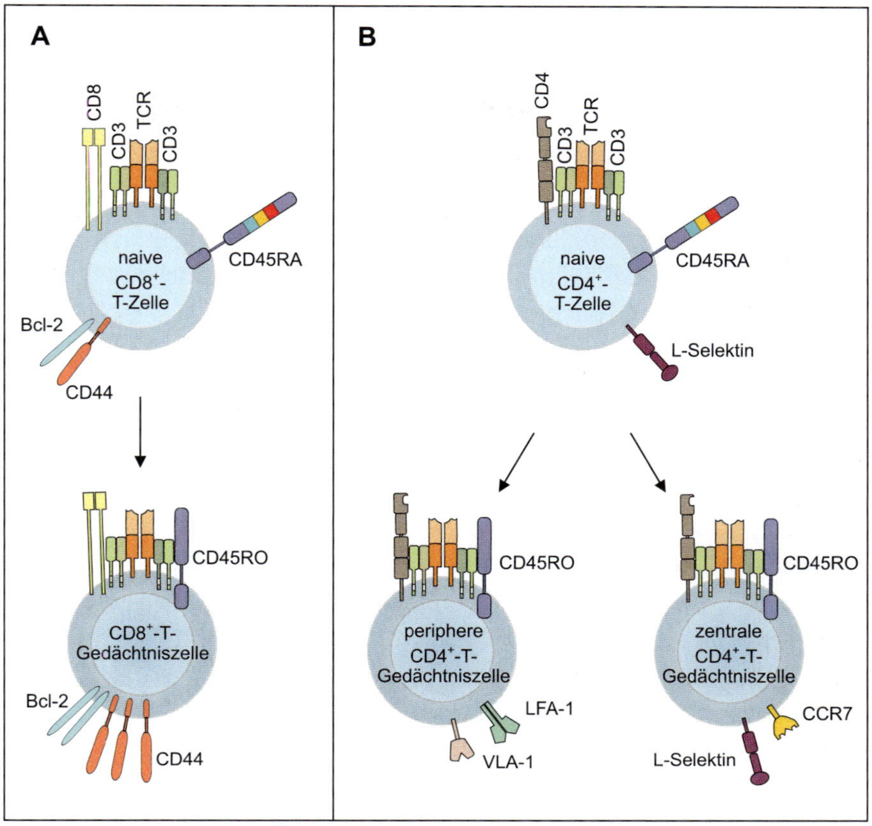

Abb. I.4.4: T-Gedächtniszellen.

Generell exprimieren T-Gedächtniszellen im Vergleich zu T-Zellen eine Isoform von CD45 auf ihrer Oberfläche. CD45 ist eine transmembranäre Tyrosinphosphatase, die auf naiven T-Zellen in einer hochmolekularen Form (CD45RA) vorliegt und nicht mit dem TCR/CD3/CD4 bzw- CD8-Rezeptorkomplex assoziiert ist. Auf T-Gedächtniszellen (und T-Effektorzellen) kommt eine Spleißform von CD45 vor, die man CD45RO nennt. CD45RO liegt mit dem TCR-Komplex assoziiert vor und bedingt eine effizientere Signalübertragung als der TCR-Komplex auf naiven T-Zellen.

A CD8-positive Gedächtniszellen exprimieren beispielsweise mehr CD44 und Bcl-2 als T_C-Zellen.

B CD4-positive Gedächtniszellen lassen sich in zwei unterschiedliche Typen einteilen:
Die peripheren T-Gedächtniszellen exprimieren hohe Konzentrationen von β_1/β_2-Integrinen, um rasch ins entzündete Gewebe zu kommen. Allerdings bilden sie keinen Chemokinrezeptor CCR7 und nur wenig L-Selektin.
Die zentralen T-Gedächtniszellen exprimieren etwas L-Selektin und CCR7, um schnell in die T-Zell-Zonen der Lymphknoten zu gelangen.

IgE-Antikörpern auf ihrer Oberfläche (nicht IgM und IgD), die eine höhere Antigenaffinität aufweisen, können Gedächtniszellen das Antigen leichter aufnehmen und effizienter präsentieren. Ein Kontakt mit T-Effektorzellen kommt dadurch ebenfalls schneller zustande, d. h. eine sekundäre Immunantwort läuft in der Regel schneller an. Bedingt durch die höhere Affinität der BCR werden während einer sekundären Immunantwort nur B-Gedächtniszellen effizient durch T-Helferzellen stimuliert. Bei einer tertiären Immunreaktion findet eine weitere Selektion von B-Zellen statt, die Rezeptoren mit noch höherer Affinität besitzen.

T-Gedächtniszellen (Abb. I.4.4) sind schwieriger zu charakterisieren als B-Gedächtniszellen, da der T-Zellrezeptor ja weder einen Klassenwechsel noch Affinitätsänderungen durchläuft. T-Effektorzellen sterben nach überstandener Infektion rasch ab. Man konnte jedoch eine T-

Zellpopulation identifizieren, die langlebig ist und sich in ihren Oberflächenmolekülen von naiven T-Zellen unterscheidet.
Für alle T-Gedächtniszellen gilt, dass sie eine Isoform (Spleiß-Variante) des Markers CD45 nämlich CD45RO auf ihrer Oberfläche aufweisen, welche die Signalübertragung des TCR/MHC-Rezeptorkomplexes begünstigt (Abb. I.4.4).
Für CD8-positive T-Gedächtniszellen konnte gezeigt werden, dass sie einige Marker exprimieren, die eigentlich für aktivierte T-Zellen charakteristisch sind, wie CD44, andere jedoch, wie das CD69, nicht. Sie produzieren weiterhin antiapoptotische Proteine vom Bcl-2-Typ, die ihr Überleben und den Fortbestand als CD8-positive T-Gedächtniszelle sichert.

Bcl – anti-apoptotisch

CD4-positive T-Gedächtniszellen können als zwei Typen vorkommen. Der eine Typ wird T-Effektor-Gedächtniszelle oder periphere T-Gedächtniszelle genannt und zeichnet sich durch die rasche Reifung zu einer CD4-positiven T-Effektorzelle aus, die schnell große Mengen an entsprechenden Zytokinen sezernieren kann. Dieser Zelltyp exprimiert hohe Konzentrationen an β_1- bzw. β_2-Integrinen und Rezeptoren für entzündungsspezifische Chemokine. Beides gewährleistet einen raschen Eintritt in infiziertes Gewebe. Die T-Effektor-Gedächtniszelle exprimiert jedoch nicht den Chemokinrezeptor CCR7.
Dieser Rezeptor wird allerdings vom zweiten Typ von CD4-positiven T-Gedächtniszellen, der so genannten zentralen T-Gedächtniszelle, exprimiert und dient daher als Unterscheidungsmerkmal. Man nimmt an, dass dieser Zelltyp schneller als naive T-Zellen in die T-Zonen der Lymphknoten gelangen und dort seiner Aufgabe der B-Zellaktivierung nachkommen kann.

Immunität bezeichnet einen biologischen Schutz gegenüber einem Krankheitserreger. Sie kann aktiv durch entsprechende Infektion oder Impfung erworben sein und ist damit an ein intaktes Immunsystem gebunden (Gedächtniszellen). Bei der passiven Immunität werden humorale Faktoren, d. h. Antikörper verabreicht. Die passive Immunität ist im Gegensatz zur aktiven Immunität nur von kurzer Dauer.

Durch die Existenz von Gedächtniszellen kommt es nach einer überstandenen Infektion in der Regel zu einem Zustand, den man Immunität nennt. Sekundäre und spätere Reaktionen auf ein schon bekanntes Antigen werden in immunen Personen nur von den Gedächtniszellen und nicht von naiven Lymphozyten hervorgerufen. Durch gezielte Verabreichung von Antigenen eines Erregers im Rahmen einer Impfung (siehe Kapitel II.4) wird versucht, ein immunologisches Gedächtnis und damit einen Schutz vor dem entsprechenden Pathogen aufzubauen.

Check-Liste: 4.1 Generelle Mechanismen im Verlauf einer Infektion und das immunologische Gedächtnis

- Eine Infektion verläuft in verschiedenen Phasen
  1. Etablierung einer Infektion, geprägt durch lokale Entzündungsreaktionen
  2. Auslösung einer adaptiven Immunantwort, geprägt durch Antigenpräsentation und Differenzierung von Effektorzellen
  3. Effektormechanismen der adaptiven Immunantwort und Beseitigung des Erregers
  4. Die Induktion des immunologischen Gedächtnisses, geprägt durch Entwicklung von spezifischen Gedächtniszellen (T- und B-Gedächtniszellen).
- Schleimhäute als häufigste Ziele einer Infektion zeigen Besonderheiten:
  – T-Zellen, die den $\gamma\delta$-TCR tragen und zytotoxische Eigenschaften haben
  – M-Zellen, die Antigen aufnehmen
  – Lokale Produktion von IgA

4.2 Immunantworten auf spezifische Krankheitserreger

Es gibt fünf Haupttypen pathogener Organismen: Bakterien, Viren, Pilze, Protozoen und Würmer. An Hand von Beispielen sollen im Folgenden Merkmale der Immunantworten dargestellt werden, die von den unterschiedlichen Pathogenen ausgelöst werden.

4.2.1 Viren

Viren sind infektiöse Partikel, die sich im Zytoplasma infizierter Zellen vermehren können. Viren sind raffinierte Parasiten: Ihnen fehlt ein eigener Biosynthese- und Stoffwechselapparat, dafür nutzen sie aber den der Wirtszelle zu ihrer Replikation. Einige Viren, die häufig beim Menschen Krankheiten verursachen, sind in der Tabelle I.4.1 beispielhaft aufgeführt. Die Abbildung I.4.5 zeigt einen immunhistochemischen Nachweis von Herpes-simplex-Viren in Schleimhautgewebe.

Eine typische Virusinfektion beginnt mit dem Eindringen des Virus in das Epithel, seiner Vermehrung in Blutzellen (virämische Phase) und im Zielorgan bzw. in der Zielzelle. Viren bevorzugen in der Regel bestimmte Zellen, die sie infizieren. Dies ist zum Teil durch die Ausstattung der Zellen mit bestimmten Rezeptoren, die das Virus erkennt, zu erklären. Beispielsweise erkennt das HI-Virus CD4 auf T-Zellen und infiziert deshalb bevorzugt T-Helferzellen. Das Tollwutvirus erkennt den Acetylcholinrezeptor und infiziert daher Neurone. Das Epstein-Barr-Virus bindet an den CR-2-Komplementrezeptor, der auf B-Zellen vorhanden ist.

Tab. I.4.1: Einige humanpathogene Viren und die durch sie ausgelösten Erkrankungen

Virus	Erkrankung
Herpes-simplex-Virus	„cold sores"
Hepatitis-B-Virus	Leberzirrhose, Lebertumor
Epstein-Barr-Virus	Mononukleose
Influenza-Virus	Grippe
Mumps-Virus	Mumps
Polio-Virus	Poliomyelitis
HI-Virus	AIDS
Masern-Virus	Masern

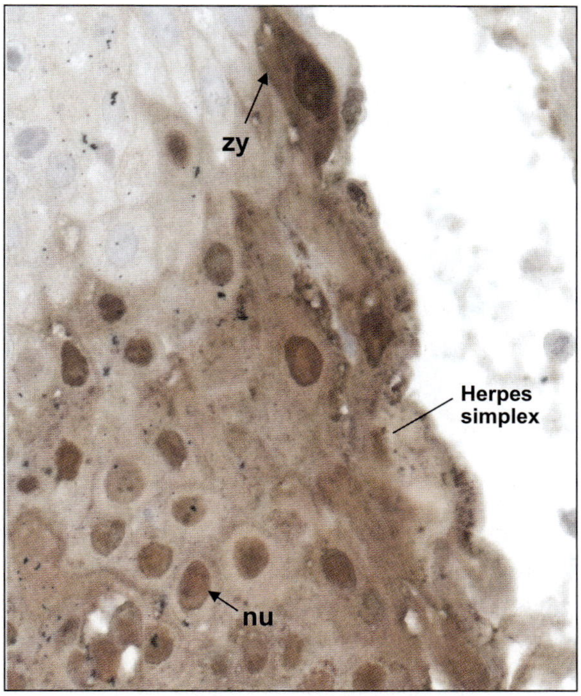

Abb. I.4.5: Herpes-simplex-Virus in Schleimhaut. Dargestellt ist Oesophagusschleimhaut mit infizierten Plattenepithelzellen. Antikörper gegen HSV-I-Antigen ermöglichen die spezifische immunhistochemische Darstellung des DNA-Virus, das teils nukleär (nu) und teils zytoplasmatisch (zy) lokalisiert ist.

Normalerweise „verraten" sich Viren, die in Zellen eingedrungen sind, da sie die Synthese von viralen Proteinen veranlassen, die gegebenenfalls auf der Zelloberfläche der Wirtszelle exprimiert und als fremd erkannt werden können. Virale Proteine können jedoch auch in der Wirtszelle prozessiert und im Komplex mit MHC-I-, und unter Umständen auch mit MHC-II-Molekülen auf der Oberfläche der Wirtszelle präsentiert werden (vgl. Abb. I.3.12), wo sie von den entsprechenden T-Lymphozyten erkannt werden und eine adaptive Immunantwort auslösen kön-

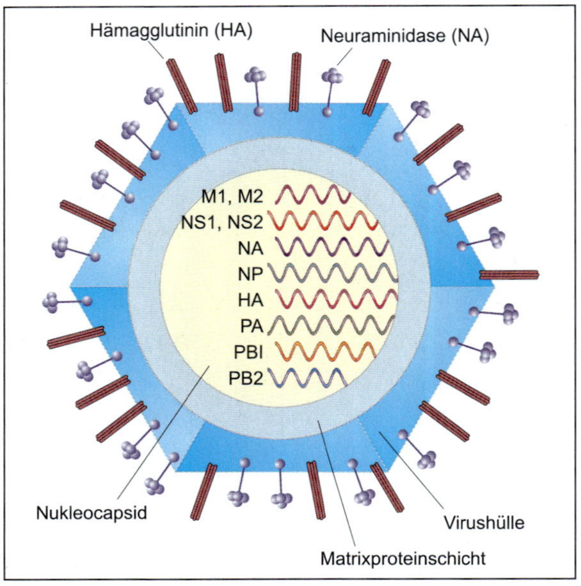

Abb. I.4.6: Schematischer Aufbau eines Influenza-A-Virus.
Die Virushülle ist mit „Stacheln" bedeckt, die von den viralen Proteinen Neuraminidase (NA) und Hämagglutinin (HA) gebildet werden. Hämagglutinin, welches in Form von Trimeren vorkommt, ist für das Andocken des Virus an die Wirtszelle von Bedeutung. Neuraminidase spaltet Glykoproteine der Wirtszellmembranen und erleichtert so das „budding" der Viren. Es folgt eine Schicht von Matrixproteinen, die das Nukleocapsid umhüllt. Das Nukleocapsid besteht aus 8 ssRNA-Molekülen, die mit Nukleoproteinen assoziiert sind. NA und HA liefern die wesentlichen antigenen Strukturen des Influenza-Virus und bestimmen die Zusammensetzung des wirksamen Impfstoffes (vgl. auch Kap. II.4.8.1).

nen. Hierbei steht die T-Zell-vermittelte Immunreaktion im Mittelpunkt.

Betrachten wir zunächst die einzelnen Phasen der erfolgreichen Abwehr eines Virus:

Die erste Abwehr zielt darauf ab, das Virus daran zu hindern, in epitheliale Oberflächen einzudringen bzw. sich dort zu vermehren. Hier können sekretorische IgA-Antikörper der epithelialen Schleimhäute und Interferone (α und β) die vorderste Front der Verteidigung übernehmen. Die Interferone induzieren die Bildung von antiviralen Proteinen, die nicht-infizierte Zellen vor dem Befall durch Viruspartikel schützt (vgl. Abb. I.2.13). IgA kann das Virus neutralisieren, d. h. von seinen Bindungsstellen an der Zelloberfläche fernhalten. Neutralisierende Antikörper gegen das Hämagglutinin des Influenza-Virus verhindern beispielsweise die Anheftung dieses viralen Hüllproteins an Sialylgruppen von Glykoproteinen auf Epithelzellen der Atemwege (Abb. I.4.6). Neutralisierende Antikörper können in Anwesenheit von Komplement sogar unter Umständen zu einer direkten Lyse des Virus führen, falls es von einer Lipidmembran umhüllt ist (vgl. Abb. I.2.5).

Gelangt das Virus ins Blut und infiziert Blutzellen, werden zunächst Komponenten des angeborenen Immunsystems aktiv, insbesondere werden NK-Zellen aktiviert, was einerseits zur Abtötung der infizierten Zellen führt und andererseits über die Freisetzung der Interferone α und β noch nicht infizierte Zellen resistent gegen eine Infektion macht (vgl. Kap. I.2.3.2.).

Die Antworten des erworbenen Immunsystems hängen von Antikörpern und T-Zellen ab, die Antigene auf Viren bzw. auf Virus-infizierten Zellen erkennen. Eine Virusinfektion führt zur Synthese von viralen Proteinen, die von antigenpräsentierenden Zellen, wie z. B. dendritischen Zellen, normalerweise über MHC-I-Komplexe präsentiert werden und eine Aktivierung und Differenzierung von T_C-Zellen nach sich zieht. T_C-Effektorzellen erkennen infizierte Zellen durch MHC-I/Antigen-Komplexe auf ihrer Oberfläche und es kommt über die Aktivierung von Fas zur Induktion von Apoptose. Dieser Effektormechanismus der zellulären Antwort ist für eine virale Infektion charakteristisch und wichtig.

Virale Antigene können aber auch MHC-II-restringiert präsentiert werden, wenn beispielweise Makrophagen Viren in Lysosomen aufbereiten oder B-Zellen Viren an ihren BCR binden und prozessieren. Es kommt zur Aktivierung von CD4-positiven T-Zellen und einer spezifischen Antikörperantwort.

Ein humorale Antwort durch IgG- und IgM-Antikörper im Sinne einer Neutralisation kann nur im Extrazellulärraum aktiv sein, so dass diese Abwehrphase nur sehr kurz effektiv ist.

Allerdings spielen Antikörper durchaus eine Rolle in der Vermittlung von zytotoxischen Mechanismen, die sich gegen infizierte Zellen richten. Über den klassischen Weg der Komplementaktivierung (C1-C9, vgl. Abb. I.2.5) können Zellen lysiert werden, die infolge einer Virusinfektion virale Proteine auf ihrer Oberfläche exprimieren.

Auch die antikörperabhängige zellvermittelte Zytotoxizität (ADCC) ist ein möglicher Mechanismus, eine Virus-infizierte Zelle abzutöten. Hierbei werden Zellen mit Fc-Rezeptoren (FcγRIIIA) wie z. B. NK-Zellen benötigt. Zellen mit viralen Antigenen auf der Oberfläche binden spezifische Antikörper, die wiederum über den Fc-Rezeptor an zytotoxische Zellen binden, die dann die Lyse der infizierten Zelle herbeiführen (vgl. Abb. I.3.39).

4.2.2 Bakterien

Die körpereigenen Abwehrmechanismen gegen pathogene Bakterien sind aus einer Vielzahl von angeborenen und adaptiven Mechanismen zusammengesetzt. Die Art der Immunantwort ist in hohem Maße vom Typ und den Eigenschaften des Krankheitserregers abhängig. Der Aufbau der Zellwände beispielsweise ist ein wichtiger Faktor, der Immunantworten bestimmt. Es gibt vier Typen von Bakterienzellwänden und damit Bakterientypen. Allen gemeinsam – ein-

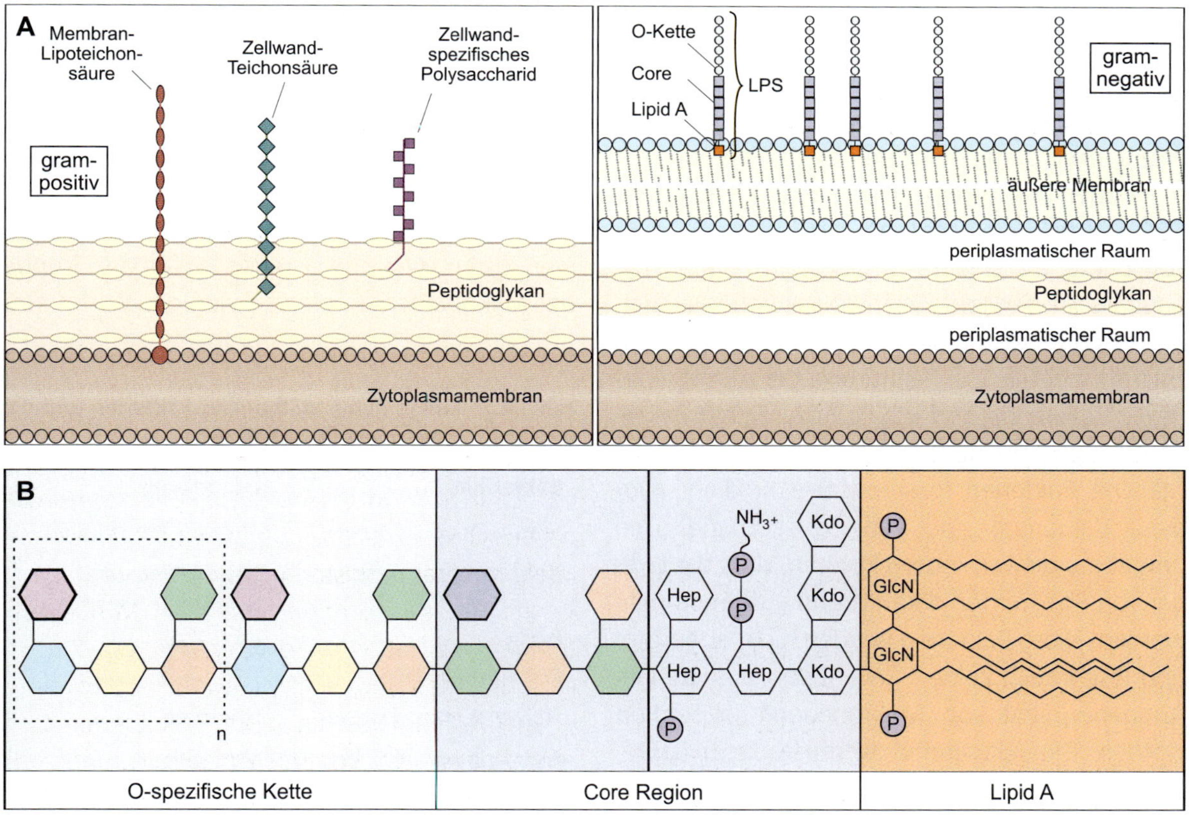

Abb. I.4.7: Bakterienzellwände.

A Aufbau von Bakterienzellwänden am Beispiel eines grampositiven und gramnegativen Bakteriums.
Grampositive Bakterien sind durch eine dicke Peptidoglykanschicht und mit ihr verknüpften Teichonsäuren und Lipoteichonsäuren charakterisiert. Polysaccharidketten können sich zu einer Kapsel verdichten (links).
Gramnegative Bakterien zeichnen sich durch eine dünne Peptidoglykanschicht aus, die über Lipoproteine mit einer äußeren Membran verbunden ist. An deren Oberfläche befinden sich Lipopolysaccharide (LPS), die beim Zerfall des Bakteriums als Endotoxine wirken. Das äußere Ende des Lipopolysaccharids ist die O-Kette, die für die Typisierung von Bakterien herangezogen wird (rechts).

B Das Endotoxin von gramnegativen Bakterien ist aus drei strukturellen Teilen aufgebaut: Die Oligosaccharid-spezifische Kette (O-spezifische Kette) stellt eine wichtige antigene Struktur dar. Der Kernteil, oder „core"-Region bildet das eigentliche Gerüst des Moleküls und ist für ganze Gruppen von Bakterien identisch. Mit dem Lipid A ist das LPS in der Membran verankert. Lipid A stellt die eigentliche toxische Komponente dar. (Hep: L-Glycero-D-mannoheptose; Kdo: 2-Keto-3-desoxyoctansäure; GlcN: Glucosamin).

schließlich den grampositiven Bakterien – ist eine innere Zellmembran und eine Peptidoglykanwand (Abb. I.4.7 A). Gramnegative Bakterien sind darüber hinaus von einer Lipiddoppelschicht umgeben, die manchmal Lipopolysaccharide (LPS) besitzt (Abb. I.4.7 B). LPS ist ein Endotoxin, das – wie wir gehört haben – über das Toll-like Rezeptorsystem wichtige Effektorfunktionen ausübt (vgl. Kap. I.2.2.). Mykobakterien haben eine sehr widerstandsfähige Wand, die aus Glykolipiden, Mykolsäuren und Arabinogalaktan besteht, die im Übrigen ähnlich wie LPS adjuvante Eigenschaften besitzt. Die Spirochäten besitzen zusätzlich eine äußere Umhüllung.

Es ist wichtig anzumerken, dass auf Grund des Aufbaus der Wände nur gramnegative Bakterien empfindlich gegenüber membranlysierende Mechanismen, wie Komplement oder zytotoxische Zellen sind. Zur Abtötung der anderen Typen von Bakterien ist die Aufnahme in Phagozyten unerlässlich. Peptidoglykanwände können allgemein durch lysosomale Enzyme der Phagozyten zerstört werden. Zur Zerstörung der mykobakteriellen Zellwände sind häufig Enzyme der Bakterien selbst notwendig.

Manche Bakterien (grampositive Kokken; pyogene Bakterien) sind von Polysaccharidhüllen umgeben, die verhindern können, dass die Erreger von Phagozyten erkannt und aufgenommen werden. Diese Bakterien werden nicht abgetötet und lösen auch keine T-Zellantwort aus, da ihre Antigene nicht von Makrophagen präsentiert werden. Die Zellwandbestandteile dieser Bakterien stellen jedoch so genannte Thymus-unabhängige Antigene dar (vgl. Kap. I.3.3.3.2.), die reife B-Zellen zur Produktion von Immunglobulinen (IgM) stimulieren können. Über die Opsonisierung mit Antikörpern und Aktivierung des Komplementsystems können diese Bakterien nun von Phagozyten aufgenommen und getötet werden (vgl. Abb. I.3.37, I.3.38).

Manche Bakterien (anaerobe Bakterien, wie Clostridien, grampositive, wie bestimmte Staphylokokken und Streptokokken) schädigen Zellen nicht durch Infektion, sondern durch die Freisetzung von toxischen Proteinen (Exotoxine). Diese Toxine bestehen in der Regel aus zwei Untereinheiten, wobei eine für die Bindung des Toxins an die Zelloberfläche verantwortlich ist. Die zweite Untereinheit gelangt dann ins Zytoplasma und vergiftet die Zelle. Antikörper, die die Bindung des Toxins an die Zellen unterbinden können, sind essentielle Effektoren der Immunantwort bei der Infektion mit Toxin-produzierenden Bakterien.

In Tabelle I.4.2 sind einige wichtige, pathogene Bakterien aufgelistet.

Die Art der Immunantwort auf Bakterien ist neben ihren strukturellen Eigenschaften wesentlich von ihrem Lebensraum im infizierten Organismus beeinflusst (Abb. I.4.8). Viele Bakterien vermehren sich im Gegensatz zu Viren in den Extrazellularräumen des Körpers oder auf der Oberfläche von Epithelien (Schleimhäuten). Es gibt aber auch Bakterien, wie bestimmte Chlamydien, Rickettsien und Listerien, sowie die Gruppe der Mykobakterien, die in Zellen des Wirtes ein-

Tab. I.4.2: Einige humanpathogene Bakterien und die durch sie ausgelösten Erkrankungen

Bakterium	Erkrankung
Staphylococcus aureus	Abszess, Osteomyelitis
Streptococcus pyogenes	Tonsilitis, Endocarditis, Scharlach
Streptococcus pneumoniae	Pneumonie
Neisseria gonorrhoeae	Gonorrhoe
Neisseria meningitidis	Meningitis
Corynebacterium diphtheriae	Diphtherie
Clostridium tetani	Tetanus
Salmonella typhi	Erbrechen, Durchfall, Lebensmittelintox.
Vibrio cholerae	Cholera
Chlamydia trachomatis	Trachom
Mycobacterium tuberculosis	Tuberkulose
Mycobacterium avium	Durchfall
Rickettsia prowazekii	Typhus

	Organismen			
	extrazellulär		intrazellulär	
	Würmer Mycoplasmen Pilze *Helicobacter pylori* *Streptococcus pneumoniae*	vorübergehend alle Krankheits-erreger	Viren Chlamydien Richettsien Listerien	Mycobakterien Salmonellen *Legionella pneumophila* *Trypanosoma ssp.*
Lebens-räume	Epithelien	Blut	Zytoplasma	Vesikel
Immun-antwort	IgA-Neutralisation antimikrobielle Peptide	Phagozytose Komplement Antikörper	T_C-Zellen NK-Zellen	T_H1- und NK-mediierte Makrophagen-aktivität

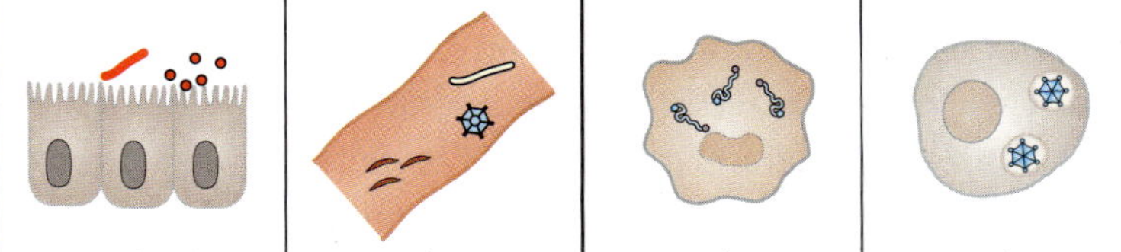

Abb. I.4.8: Lebensräume unterschiedlicher Erreger und die durch sie hervorgerufene Immunantworten.

dringen, um sich zu vermehren. Die Mykobakterien halten sich im Gegensatz zu den anderen intrazellulären Bakterien, die sich frei im Zytoplasma befinden, in zellulären Vesikeln auf (vgl. Kap. I.4.3.2.). Die Abbildung I.4.9 zeigt den Befall von Schleimhautmakrophagen durch *Mycobacterium avium* im Darm.

Eine erfolgreiche Abwehrstrategie gegen intrazelluläre bakterielle Erreger beinhaltet natürlich generell zunächst – wie es eigentlich für alle Infektionen gültig ist – den Erreger durch erste nicht spezifische Barrieren (Epitheliale Barrieren) abzuwehren (vgl. Abb. I.2.2). Kommt es dennoch zum Eindringen ins Gewebe, werden Bakterien von Komponenten des angeborenen Immunsystems, insbesondere des Komplements und der Phagozyten, erkannt und es kommt zur Induktion einer lokalen Entzündung. Im Rahmen dieser Entzündungsreaktion soll der Erreger im Wesentlichen durch Phagozytose beseitigt werden (vgl. Abb. I.2.9). Falls dies nicht gelingt, werden adaptive Mechanismen induziert, wobei die humorale Immunantwort bei extrazellulären Bakterien und die zelluläre Antwort bei intrazellulären Bakterien die jeweils wichtigere Rolle spielt.

Intrazelluläre Bakterien, die sich im Zytoplasma befinden, führen gegebenenfalls zu einer Präsentation ihrer Antigene in Form von MHC-I-Komplexen auf der Oberfläche der befallenen Zelle. In der Folge induzieren solche Erreger eine

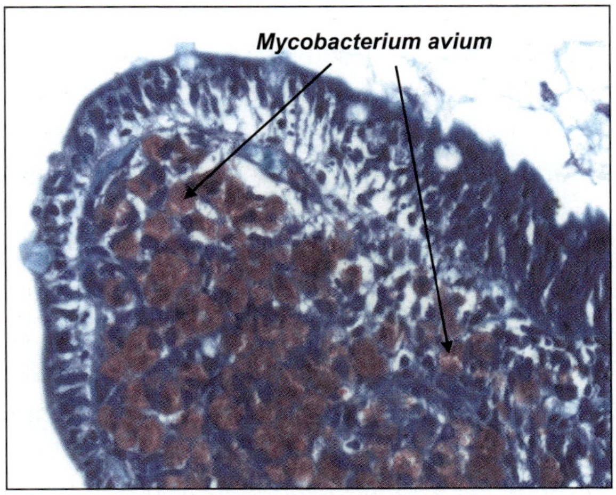

Abb. I.4.9: Atypische Mykobakteriose.
Die Dünndarmschleimhaut zeigt hochgradigen Befall durch *Mycobacterium avium (Ziehl-Neelsen*-Färbung*)* mit Bakteriennachweis in den Makrophagen.

T_C-vermittelte Antwort, die schließlich in der Zerstörung der infizierten Zelle mündet. Auch NK-Zellen können an der Beseitigung infizierter Zellen eine Rolle spielen. Mykobakterien, die sich in Vesikeln von Makrophagen befinden (vgl. Abb. I.4.9), induzieren dagegen eine T_H1-vermittelte Aktivierung der Makrophagen, die zur Abtötung des Mykobakteriums führen soll. Aktivierte NK-Zellen können IFN-γ freisetzen und dadurch die notwendige Makrophagenaktivierung verstärken. Aktivierte Makrophagen wiederum verfügen über eine Reihe von bakteriziden Mechanismen: Die Freisetzung von großen Mengen an reaktiven Sauerstoffradikalen über das Enzym NADPH-Oxidase, wie auch die Produktion von reaktiven Stickstoffoxiden (NO-Synthase) können intrazelluläre Bakterien schädigen (vgl. Abb. I.3.25). Außerdem sind Faktoren wichtig, die in den Phagolysosomen vorhanden sind, wie kationische Proteine bzw. antibakterielle Proteine (Defensine), die ionendurchlässige Kanäle in Lipiddoppelschichten bilden und damit Bakterien abtöten können.

Bei extrazellulär vorkommenden Bakterien sollte man unterscheiden, ob sie in Körperflüssigkeiten wie dem Blut, der Lymphe oder im Interstitium vorkommen, oder ob sie sich auf Körperoberflächen (Epithelien) ansiedeln. Im ersten Fall konzentriert sich die Abwehr im Wesentlichen auf eine effiziente Beseitigung des Erregers durch Phagozytose. Hierbei spielen Elemente des adaptiven Immunsystems wie Antikörper, und des angeborenen Immunsystems wie das Komplementsystem eine wichtige Rolle, da Opsonisierungs- und Neutralisierungsprozesse hierbei essentiell sind.

Trotz der großen Bandbreite der angeborenen Immunmechanismen werden Schleimhäute dennoch von Erregern infiziert und können auch zu systemischen Infektionen führen. Beispiele für die Darmschleimhaut sind Salmonellen, Shigellen oder Listerien. Diese Bakterien können über die Infektion von M-Zellen (vgl. Abb. I.4.2.) die epitheliale Barriere überwinden und gelangen auf direktem Weg ins Lymphsystem des Wirtes. Bakterielle Infektionen, wie durch *Salmonella typhi*, dem Erreger des Typhus oder *Salmonella typhimurium*, dem Auslöser von Lebensmittelvergiftungen, zeigen als Immunantworten rasche lokale Entzündungsreaktionen, die dann gleichzeitig zelluläre Reaktionen von T_H1-Zellen und humorale Immunantworten mit IgG- und IgA-Antikörpern auslösen, die den Erreger entfernen sollen.

4.2.3 Pilze

Über die genauen Mechanismen der Immunantwort gegenüber Pilzen ist noch wenig bekannt. Man geht aber davon aus, dass sie den durch bakterielle Infektionen ausgelösten ähnlich sind. Der Lebensraum des pathogenen Pilzes ist hier sicher ein wichtiges Kriterium. Häufig sind Pilzinfektionen auf Oberflächen wie Haut und Schleimhäute beschränkt (Abb. I.4.10), systemische Pilzerkrankungen sind selten.

Die Besiedelung von Schleimhäuten durch beispielsweise *Candida albicans* scheint häufig durch eine Immunsuppression ausgelöst zu sein, was bedeutet, dass ein funktionierendes Immunsystem bestimmte Pilze als Kommensalen in Schranken hält. Als erste Maßnahme in der Abwehr von Pilzen scheint hier die Phagozytose ebenso wie die T-Zell-vermittelte Makrophagenaktivierung eine Rolle zu spielen.

4.2.4 Parasiten (Protozoen und Würmer)

Protozoen (Einzeller) und Würmer fasst man zu dem Begriff Parasiten zusammen. In Tabelle I.4.3 sind einige wichtige Parasiten aufgeführt.

Ein wesentlicher Unterschied von Parasiten gegenüber anderen Krankheitserregern ist die Tatsache, dass sie deutlich größer sind, häufig zu groß, um in menschlichen Zellen zu leben oder aufgenommen zu werden. Diese Tatsache beeinflusst in hohem Maße die Immunantworten.

T-Zellen bilden die Basis für die Kontrolle der Parasitenvermehrung. T_H2-vermittelte Immunant-

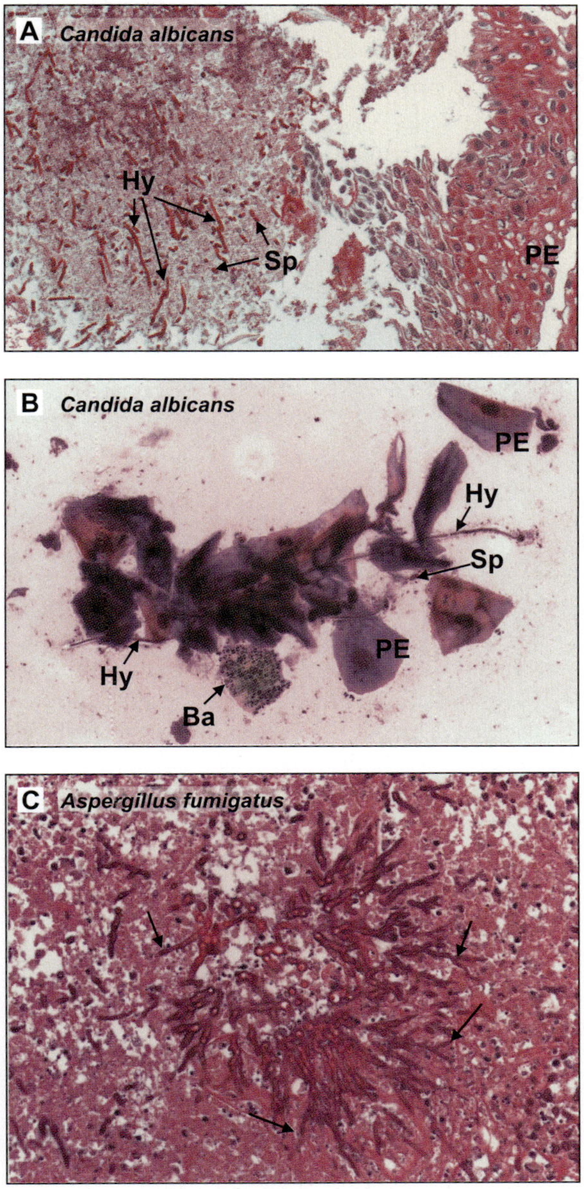

Abb. I.4.10: Histologischer Nachweis von Pilzinfektionen.

A Befall der Oesophagusschleimhaut mit *Candida albicans* (Sprosspilze/Hefen). Zu erkennen ist typisches Plattenepithel (PE); in einer PAS-Reaktion lassen sich Hyphen (Hy) wie auch Sporen (Sp) von *Candida albicans* im angelagerten entzündlichen Detritus nachweisen.

B Ein Bürstenabstrich der infizierten Oesophagusschleimhaut zeigt *Candida-albicans*-Hyphen (Hy) und -Sporen (Sp) in Vergrößerung (Papanicolaou-Färbung). PE: Plattenepithelzelle; Ba: Bakterien.

C Befall von Lungengewebe mit *Aspergillus fumigatus* (Schimmelpilze). Deutlich ist die radiäre Anordnung der dichotom verzweigten und septierten Hyphen zu erkennen (Pfeile; PAS-Färbung).

worten und damit die Produktion von Antikörpern, insbesondere vom IgE-Typ scheinen bei den meisten antiparasitären Immunantworten vorherrschend zu sein. Antikörper-vermittelte Mechanismen wie die der Komplement-vermittelten Lyse, und auch einfache Neutralisationsmechanismen verhindern ein Eindringen des Parasiten in den Körper. Parasiten können aber auch über die antikörperabhängige Zytotoxizität (ADCC) von Zellen, die über Fc-Rezeptoren aktiviert werden, abgetötet werden (vgl. Abb. I.3.37).

Antikörper, insbesondere IgE-Moleküle, sind bei einer Schädigung des Parasiten durch Mechanismen der Mastzellgranulierung und/oder einer Degranulation von Eosinophilen essentiell. Dies ist charakteristisch für Würmer (vgl. Abb. I.3.27). Spezifische IgE-Antikörper können nach Bindung an den Parasiten quervernetzen und darüber Mastzellen/Eosinophile aktivieren, die daraufhin ihre mit zytotoxischen Faktoren beladenen Granula freisetzen. Dieses Mastzellabwehrsystem verteilt sich anatomisch vor allem auf die Bereiche, an denen Würmer eindringen können. Das ist unter der Haut, unter den Oberflächenepithelien der Atemwege und des Darms. Zellen des angeborenen wie auch des erworbenen Immunsystems sind in diesen Bereichen darauf spezialisiert, vor allem Zytokine freizusetzen, die eine T_H2-Reaktion auslösen. Insbesondere IL-4 induziert dann einen Isotypenwechsel zu IgE.

Tab. I.4.3: Übersicht über einige Parasiten

Protozoen	
	Leishmania donovani, Plasmodium falciparum, Trypanosoma brucei, Toxoplasma gondii, Entamoeba histolytica
Würmer	
Darm	*Trichuris trichura, Trichinella spiralis, Enterobius vermicularis, Ascaris lumbricoides*
Gewebe	Filaria, *Onchocerca vovulus, Loa loa, Dracuncula medinensis*
Blut, Leber	Schistosoma, *Clonorchis sinensis*

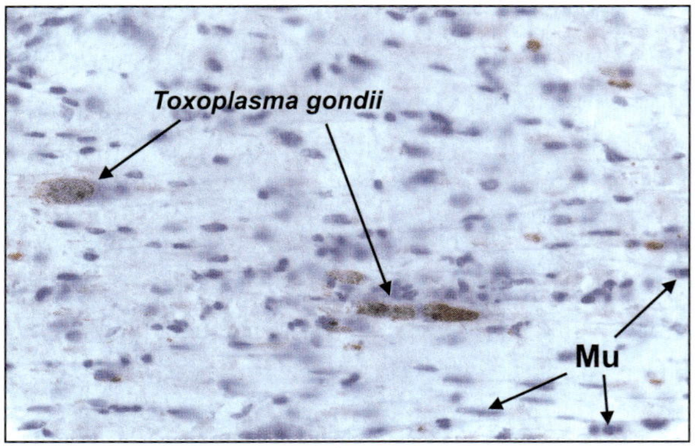

Abb. I.4.11: Intrazellulärer Parasitenbefall.
Spezifischer immunhistochemischer Nachweis von *Toxoplasma gondii* in Herzmuskelzellen (Mu). Der Parasit befindet sich intrazellulär.

Es gibt aber auch intrazelluläre Parasiten, wie beispielsweise *Toxoplasma gondii* (Abb. I.4.11), die durch zytotoxische T-Zellen bekämpft werden. Zum einen wird die infizierte Zelle über die Sekretion von Perforin und Granzym abgetötet. T_C-Zellen setzen dabei IFN-γ frei, was wiederum Makrophagen aktiviert, die Parasiten aufzunehmen. IFN-γ hat darüberhinaus auch einen direkten Effekt auf *Toxoplasma gondii*, indem es durch Senkung des Tryptophanlevels ein Aushungern des Parasiten bewirkt.

Check-Liste: 4.2 Krankheitserreger

- Es gibt fünf große Gruppen von Krankheitserregern: Bakterien, Viren, Pilze, Protozoen und Würmer
- Die Immunantworten auf die Erreger sind maßgeblich geprägt durch die Art des Erregers und durch seinen Lebensraum im infizierten Organismus.

4.3 Schädigungsmechanismen von Krankheitserregern und ihre Wege, einer Immunantwort zu entgehen

Das Immunsystem verfügt – wie wir gehört haben – über effiziente Mechanismen, Erreger abzuwehren und zu beseitigen. Allerdings schließt dies nicht aus, dass durch den Erreger bzw. durch die gegen ihn gerichteten Abwehrreaktionen auch gesundes Gewebe geschädigt wird. Weiterhin entwickeln Erreger Mechanismen, der Immunreaktion zu entgehen.

4.3.1 Schädigungsmechanismen von Krankheitserregern (Abb. I.4.12)

Gewebe kann durch Krankheitserreger auf unterschiedlichste Art geschädigt werden, was wiederum von den Eigenschaften und Lebensräumen des Pathogens im infizierten Organismus und auch von den möglichen Immunantworten, die induziert werden, abhängt.

Grundsätzlich können Krankheitserreger selbst direkt das Gewebe schädigen.

- Mechanismen, die dabei in Frage kommen, sind zum Beispiel die Produktion von toxischen Proteinen, so genannten Exotoxinen. Exotoxine von *Streptococcus pyogenes* verursachen beispielsweise die Symptome einer Mandelentzündung. Das Tetanustoxin von *Clostridium tetani* führt zum Wundstarrkrampf, und das Choleratoxin von *Vibrio cholerae* ist die Ursache der Cholera.
- Aber auch Endotoxine, die innere Strukturelemente von Pathogenen darstellen, können lokale und systemische Krankheitssymptome hervorrufen, indem sie Phagozyten aktivieren. LPS von *Escherichia coli* kann im systemischen Kreislauf zu einer massiven Feisetzung von TNF-α und nachfolgenden Entzündungsreaktionen führen, die bis zum septischen Schock gehen können. Endotoxine von *Haemophilus influenzae* können Meningitis auslösen.
- Schließlich kann natürlich allein die Tatsache, dass ein Krankheitserreger eine Zelle infiziert, ihre Schädigung nach sich ziehen. Beste Beispiele sind die Symptome, die Viren verursachen. Das Hepatitis-Virus führt zu einer Leberentzündung. Das Herpes-simplex-Virus verursacht Lippenbläschen.

Nicht nur die Erreger selbst verursachen die Krankheitssymptome, sondern häufig die gegen sie gerichtete Immunreaktion.

- Es können beispielsweise Immunkomplexe entstehen, die sich in Organe ablagern und Entzündungsreaktionen verursachen (vgl. Überempfindlichkeitsreaktionen Typ III, Kap. I.5.2.3). Hier sind z. B. Nierenerkrankungen bei Hepatitis-B-Virusinfektion oder *Streptococcus-pyogenes*-Infektion zu nennen.
- Weiterhin können im Rahmen einer erworbenen Immunantwort auch Antikörper entstehen, die mit körpereigenen Proteinen kreuzreagieren und damit Gewebe schädigen. Hier ist eine Infektion mit *Streptococcus pyogenes* ein gutes Beispiel, da sie rheumatisches Fieber nach sich ziehen kann.
- Auch T-Zellen, die gegen infizierte Zellen gerichtet sind, haben ein gewisses Potential, Wirtszellen zu schädigen. Als Beispiel lässt sich eine Infektion mit *Mycobacterium tuberculosis* anführen. Durch eine Überstimulation von Makrophagen durch T_H1-Zellen werden bestimmte Symptome der Tuberkulose hervorgerufen.

Zusätzlich muss man auch bedenken, dass alle angeborenen Immunantworten, die durch Krankheitserreger induziert werden, Erreger-unabhängig zu mehr oder weniger starken Entzündungsreaktionen führen und dadurch Gewebe zerstören können.

direkte Gewebeschädigung		
durch Exotoxine 	durch Endotoxine 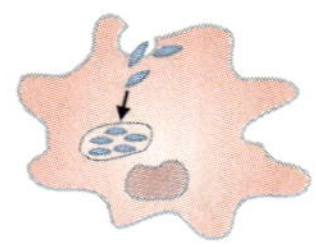	durch Krankheitserreger 
Streptococcus pyogenes → Mandelentzündung *Staphylococcus aureus* → Lebensmittelvergiftung *Clostridium tetani* → Wundstarrkrampf	*Escherichia coli* → Sepsis *Haemophilus influenzae* → Meningitis *Pseudomonas aeroginosa* → Wundinfektion	Hepatitis-B-Virus → Leberentzündung Herpes-simplex-Virus → Meningitis
indirekte Gewebeschädigung		
durch Immunkomplexe 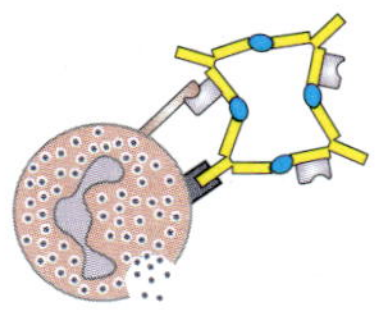	durch Autoantikörper 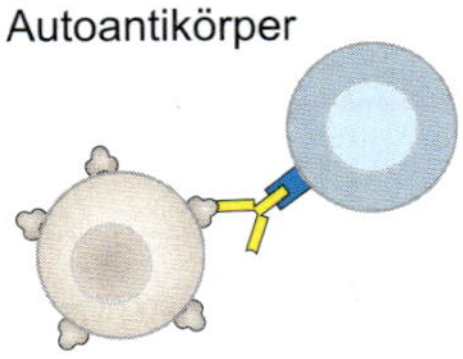	durch aktivierte Immunzellen 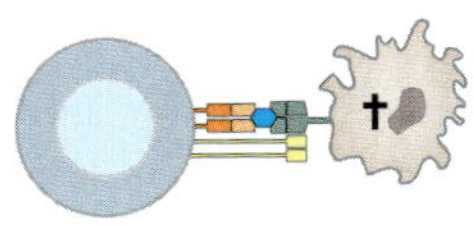
Hepatitis-B-Virus → Glomerulonephritis viele akute Infektionen → vorübergehende renale Immunkomplexe	*Streptococcus pyogenes* → reumatisches Fieber *Mycoplasma pneumoniae* → hämolytische Anämie Herpes-simplex-Virus → Herpes cornea	*Mycobacterium tuberculosis* → Tuberkulose *Borrelia burgdorferi* → Lyme-Arthritis

Krankheitserreger können direkt durch die Produktion von Exotoxinen, durch ihre Endotoxine oder durch direkte Zellschädigung eine Gewebeschädigung auslösen.
Pathogene können aber auch indirekt durch Formen von Immunkomplexen, gegen den Wirt gerichtete Antikörper oder durch zellvermittelte Immunantworten das Gewebe schädigen.
Beispiele von entsprechenden Pathogenen und den von ihnen ausgelösten Krankheiten sind in Tabellenform angefügt.

Abb. I.4.12: Mechanismen der Gewebeschädigung durch Pathogene.

4.3.2 Mechanismen, der Immunantwort zu entgehen

Krankheitserreger haben Strategien entwickelt, oben genannten Immunantworten zu entgehen, bzw. sie sich selbst zunutze zu machen.
Die wesentlichen Strategien, um einer Immunantwort zu entgehen bzw. sie umzufunktionieren, sind

- Variation des Antigens,
- Latenz von Pathogenen,
- Resistenz gegenüber einer Immunantwort,
- Suppression der Immunantwort oder
- Pathogenität der Immunantwort.

Diese Strategien können zu persistierenden und medizinisch bedeutsamen Infektionen führen und werden im Folgenden anhand von Beispielen erläutert.

Variation des Antigens: Es gibt Krankheitserreger wie z. B. *Streptococcus pneumoniae*, die in vielen Formen und verschiedenen Antigentypen vorkommen. Bei *Streptococcus pneumoniae* unterscheiden sich die einzelnen Stämme, die so genannten Serotypen, in den Polysacchariden an der Zelloberfläche. Eine Infektion mit dem einen Serotyp schützt daher nicht vor einer späteren Infektion mit dem gleichen Bakterium eines anderen Serotyps. Infolgedessen kann es trotz einer überstandenen Lungenentzündung zu einer erneuten Erkrankung kommen.

Beim Grippevirus ist eine dynamische Veränderung der Antigenität zu beobachten. Es kann zum so genannten Antigendrift oder aber zum Antigenshift kommen. Gegen ein Influenza-Virus eines bestimmten Typs entwickelt sich in der Regel eine Immunität in Form von neutralisierenden Antikörpern gegen Hämagglutinin oder Neuraminidase (vgl. Abb. I.4.6), zwei Oberflächenproteine des Virus. Das Virus kann nun durch Punktmutationen in den Genen für Hämagglutinin und Neuraminidase seine Antigenität variieren. Ein Großteil der Antikörper bindet das Virus auf Grund dieses Antigendrifts nicht mehr. Da jedoch T-Zellen und einige Antikörper immer noch Epitope erkennen können, die sich nicht verändert haben, verursachen diese durch Antigendrift neu entstandenen Virus-Varianten beim Menschen, die schon eine Grippevirusinfektion durchgemacht haben, eine relativ milde Erkrankung. Anders ist das bei Infektion mit Influenza-Viren, die durch Antigenshift neu entstanden sind. Bei diesem Vorgang werden in einer Wirtszelle bei Infektion mit zwei verschiedenen Viren einzelne RNA-Moleküle dieser Viren ausgetauscht. Dieser selten vorkommende Antigenshift verursacht große Veränderungen in den viralen Oberflächenproteinen, so dass kein immunologischer Schutz durch eine frühere Infektion gegeben ist. Die neu entstandenen Virus-Varianten verursachen schwere Infektionen, die sich sehr schnell verbreiten und zu den alle paar Jahre auftretenden Grippe-Epidemien führen (Abb. I.4.13).

Latenz von Pathogenen: Sobald ein Virus in eine Wirtszelle eindringt, werden virale Proteine synthetisiert, an Hand derer das Immunsystem die Anwesenheit des Eindringlings erkennt und

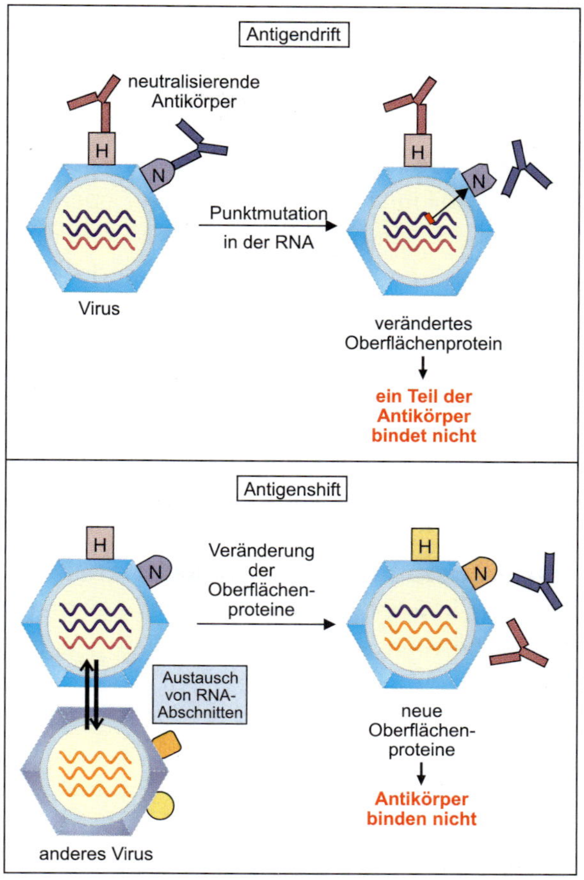

Abb. I.4.13: Variation des Erregers am Beispiel des Influenza-Virus.
Antigendrift: Durch eine Punktmutation in der RNA des Virus kommt es zu veränderten Oberflächenproteinen (N: Neuraminidase, H: Hämagglutinin). Ein Teil der Antikörper kann das Virus nicht mehr neutralisieren. Es kommt zu einer schwach ausgeprägten Erkrankung.
Antigenshift: Ganze RNA-Moleküle werden zwischen zwei unterschiedlichen Virusvarianten ausgetauscht. Dies führt zu völlig veränderten Oberflächenproteinen. Bestehende Antikörper binden nicht mehr und es kommt zum Ausbruch einer schweren Influenza.

wirksam dagegen vorgehen kann. Einige Viren können in eine so genannte Latenzphase eintreten, in der sie sich nicht vermehren, kein Protein produzieren und damit vom Immunsystem unerkannt bleiben. Herpesviren sind dazu häufig in der Lage. Das Herpes-simplex-Virus beispielsweise befällt Epithelien, um sich dann in sensorischen Neuronen auszubreiten. Nach einer erfolgreichen Immunantwort auf eine epitheliale Infektion kann das Virus dennoch in den sensorischen Neuronen in einem latenten Stadium, das keine

Erkrankung hervorruft, überdauern. Durch Veränderung im Wirt (Stress, Veränderung des Hormonstatus, Sonnenlicht, bakterielle Infektionen) kann das Virus reaktiviert werden und verursacht eine erneute Infektion von Epithelzellen, was sich in der Ausbildung von so genannten Fieberbläschen äußert. Sensorische Nervenzellen sind gute „Verstecke" für latente Viren: Sie produzieren wenig virales Protein und exprimieren wenig MHC-I-Moleküle an der Zelloberfläche, was beides dazu führt, dass infizierte Neuronen sehr schlecht von CD8-positiven T-Zellen erkannt werden. Die geringe MHC-I-Expressionsrate ist allerdings auch sinnvoll, um Nervenzellen, die sich ja nur sehr ineffektiv regenerieren können, vor unnötiger Zerstörung durch T_C-Zellen zu schützen.
Das Epstein-Barr-Virus ist ein weiterer Vertreter der Herpesviren und infiziert B-Zellen (Pfeiffersches Drüsenfieber). Einige B-Zellen bleiben latent infiziert und es besteht die Möglichkeit einer malignen Transformation, die dann zu einem B-Zell-Lymphom, dem so genannten Burkitt-Lymphom, führen kann.

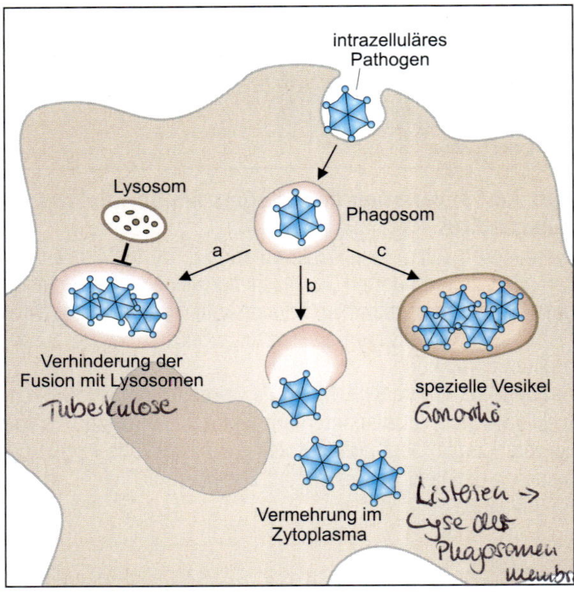

Abb. I.4.14: Überlebensstrategien von intrazellulären Erregern.
Nachdem ein intrazelluläres Pathogen über Phagozytose bzw. Endozytose in eine Zelle gelangt ist, befindet es sich im Membran-umgrenzten Kompartiment des Phagosoms. Es kann drei Strategien einsetzen, um zu überleben und sich zu vermehren. *Mycobacterium tuberculosis* kann beispielsweise verhindern, dass die Phagosomen mit den für den Krankheitserreger toxischen Lysosomen fusionieren (a).
Demgegenüber lysiert *Listeria monocytogenes* die Phagosomenmembran und vermehrt sich im Zytoplasma (b).
Toxoplasma gondii umgibt sich mit einer eigenen Membran. Diese speziellen Vesikel können nicht mit Lysosomen fusionieren (c).

Resistenz gegenüber einer Immunantwort: Einige Krankheitserreger induzieren eine ganz normale Immunantwort, sind aber gegen die Abwehrmechanismen resistent. Bestimmte Bakterien, wie z. B. der Erreger der Tuberkulose *Mycobacterium tuberculosis*, können ganz normal von Makrophagen erkannt und aufgenommen werden. Die phagozytierten Bakterien können dann aber verhindern, dass das Phagosom mit dem Lysosom verschmilzt und schützen sich so vor der bakteriziden Wirkung des Lysosomeninhalts. Das Mykobakterium kann sich nun in den Makrophagen vermehren und es kommt zur chronischen Infektion. Eine andauernde T-Zellaktivierung und Akkumulation gekoppelt mit einer Zytokinfreisetzung und Anlockung von weiteren Entzündungszellen führt zur Granulombildung (Abb. I.4.14a und Kap. I.5.2.4).
Andere Bakterien, wie *Listeria monocytogenes*, können aus Phagosomen entwischen und sich im Zytoplasma schnell vermehren (Abb. I.4.14b). Sie entgehen damit einer T_H1-Antwort, können aber von zytotoxischen T-Zellen vernichtet werden. Das parasitäre Protozoon *Toxoplasma gondii* kann sich in einer Wirtszelle ein eigenes Vesikel bilden und sich so völlig einer Präsentation durch MHC-Moleküle entziehen (Abb. I.4.14c).

Suppression der Immunantwort: Viele Krankheitserreger sind fähig, Immunreaktionen des Wirtes zu unterdrücken oder abzuschwächen und haben damit einen Überlebensvorteil. Das Masern-Virus induziert beispielsweise eine Immunsuppression über mehrere Monate. Es kommt in der Folge zu einer verminderten humoralen und zellulären Immunantwort, die wahrscheinlich durch eine Virusinfektion von dendritischen Zellen bedingt ist. In dieser Zeit sind die infizierten Organismen stark anfällig für Mykobakterien und so genannten opportunistischen Krankheitserreger. Dies sind Mikroorganismen, die selbst keine Erkrankung hervorrufen, solange eine funktionierende Immunantwort gegeben ist. Staphylokokken bilden Toxine (z. B. *Staphylococcus*-Enterotoxine oder das Toxic Shock Syndrome Toxin-1), die als so genannte Superantigene fungieren. Superantigene binden an Antigenrezeptoren sehr vieler T-Zellen und lösen die Produktion von immunsuppressiv wirkenden Zytokinen aus. Die derart unspezifisch aktivierten T-Zellen proliferieren zunächst und sterben dann sehr schnell durch Apoptose ab. Der genaue Mechanismus ist noch nicht geklärt. Das eindrücklichste Beispiel für die Auslösung einer Immunsuppression durch ein Pathogen ist das Syndrom der erworbenen Immunschwäche auf Grund einer HIV-Infektion (AIDS), welches im Detail später besprochen wird (Kap. I.5.1.2).

Pathogenität der Immunantwort: Das respiratorische Synzytialvirus (RSV) löst eine Immunantwort aus, welche einen Teil der Pathogenese der Erkrankung darstellt und klinisch wichtig ist. Das Virus ruft eine häufig tödlich verlaufende Bronchiolitis bei Kleinkindern hervor. Eine RSV-Infektion führt nicht zur Bildung von neutralisierenden Antikörpern, sondern zur verstärkten Bildung von überwiegend T_H2-Zellen, die IL-3, IL-4 und IL-5 ausschütten. Es kommt daraufhin zur Einwanderung von Eosinophilen in die Lunge, zu einer gesteigerten Schleimbildung und zu lebensgefährlichen Bronchospasmen. Der humanisierte monoklonale Antikörper Palivizumab (Synagis®) ist der erste rekombinante Wirkstoff, der zur passiven Immunisierung eingesetzt wird (vgl. Kap. II.6.5.1).

Synzytialvirus (RSV) gehört zur Familie der Paramyxoviren. Auf der Oberfläche besitzt RSV so genannte F-Proteine. Diese F-Proteine sind für die Fusion der Viren mit der Plasmamembran der Wirtszelle verantwortlich. Die F-Proteine sind sehr konservierte Proteine und für unterschiedliche RSV-Subtypen gleich. Der therapeutische Antikörper ist gegen das F-Protein gerichtet.

Helicobacter pylori ist ein gramnegatives Bakterium, das als häufige Ursache für Ulkuskrankheit, Magenschleimhaut-Entzündung und wahrscheinlich auch das Magenkarzinom entdeckt worden ist. Der Infektionsweg ist noch nicht endgültig geklärt. Sicher ist, dass Nahrung, die mit *Helicobacter pylori* enthaltenden Fäkalien verunreinigt ist, eine Infektion auslösen kann. Vermutet wird auch eine Übertragung von Mensch zu Mensch. Die Durchseuchung nimmt mit dem Lebensalter zu. Ein Nachweis ist mittels feingeweblicher und mikrobiologischer Untersuchung einer bei der Magenspiegelung gewonnenen Gewebeprobe oder durch den Urease-Schnelltest möglich.

Auch bei einer Infektion mit dem Bakterium *Helicobacter pylori* verursacht erst die Immunantwort des Körpers auf das Pathogen die eigentliche Krankheit. *Helicobacter pylori* heftet sich an die Magenschleimhaut und induziert eine Entzündungsreaktion, bei der es über die Freisetzung von IL-8 zu einer massiven Anlockung von Leukozyten kommt. Wird der Erreger nicht durch eine Antibiotikatherapie entfernt, verursacht die chronische Entzündung des Magens die Entwicklung von Ulcera und kann auch mit einem erhöhten Karzinomrisiko einhergehen.

Check-Liste: 4.3 Schädigungsmechanismen von Krankheitserregern und ihre Wege, einer Immunantwort zu entgehen

- **Schädigungsmechanismen:**
  - direkt über Exo- bzw. Endotoxine oder durch direkte Zellschädigung.
  - indirekt über die gegen sie gerichteten Abwehrmechanismen.
- **Mechanismen, der Immunantwort zu entgehen:**
  - Variation des Antigens,
  - Latenz von Erregern,
  - Resistenz gegenüber einer Immunantwort,
  - Suppression der Immunantwort
  - Pathogenität der Immunantwort.

5 Immunpathologie

Ein Versagen des Immunsystems kann zu unterschiedlichsten Erkrankungen führen, die hier examplarisch besprochen werden. Grundsätzlich lassen sich zwei Szenarien unterscheiden, eine unzulängliche Immunantwort (Immundefizienzen), die sich in häufig auftretenden Infektionen äußert und eine überschießende bzw. falsch ausgerichtete Immunantwort, die sich in Überempfindlichkeitsreaktionen und Autoimmunerkrankungen bemerkbar macht.

Immundefizienz-Erkrankungen können ihren Ursprung sowohl im angeborenen als auch im erworbenen Immunsystem haben.

Überempfindlichkeitsreaktionen stellen Entzündungsreaktionen dar, die entweder humoral (Antikörper) oder zellulär (T-Zellen) vermittelt sind. Sie werden in vier Typen eingeteilt: Die Typ-I-Reaktion stellt die klassische Allergie dar und ist durch IgE bzw. Mastzellaktivierung charakterisiert. Typ-II- und Typ-III-Reaktionen sind durch Bindung von IgG an Zelloberflächen bzw. die Bildung von Immunkomplexen gekennzeichnet. Die Typ-IV-Reaktion läuft verzögert ab und wird durch T-Zellen vermittelt.

Autoimmunerkrankungen sind die Folge eines Versagens der Selbsttoleranz und werden in organspezifische und systemische Erkrankungen unterteilt. Häufig werden Antikörper gebildet, die gegen körpereigene Strukturen gerichtet sind.

Die Transplantatabstoßung ist eine Reaktion des Immunsystems gegen allogene oder xenogene MHC-Moleküle und kann unterschiedlich verlaufen (hyperakute, akute oder chronische Abstossung).

Es gibt Evidenzen dass das Immunsystem die Entstehung von Tumoren kontrolliert bzw. bei ihrer Beseitigung eine wichtige Rolle spielt. Strategien der Immuntherapie zielen auf eine Aktivierung einer Anti-Tumor-spezifischen Immunantwort ab.

5.1 Immundefizienz

Eine Immundefizienz wird durch den Defekt einer oder mehrerer Komponente/n des Immunsystems hervorgerufen. Die Folge sind häufig auftretende Infektionen, die zum Tod führen können. Je nach den betroffenen Komponenten des Immunsystems unterscheidet man spezifische Immundefekte, die T- und/oder B-Zell-Antworten betreffen, und unspezifische Immundefekte, deren Ursachen in Defekten von Phagozyten oder Komplement liegen. Zusätzlich lassen sich jeweils primäre bzw. erblich bedingte, angeborene Immundefekte von sekundären bzw. erworbenen Immundefizienzen unterscheiden. Angeborene Immunschwächen sind auf Genmutationen zurückzuführen. Ursachen für eine erworbene Immunschwäche sind beispielsweise Unterernährung, Infektionen mit bestimmten Erregern, sowie Einnahme bestimmter Medikamente oder Strahlung. Zur Diagnose einer Immundefizienz stehen unterschiedlichste Tests zur Verfügung, die im Teil III besprochen werden.

→ Masern

5.1.1 Angeborene Immundefizienz

Erbliche Immundefekte sind meist rezessiv und daher zumeist auf Mutationen in Genen auf dem X-Chromosom zurückzuführen. Generell lässt sich auf Grund der Art der immer wiederkehrenden Infektionen auf die Komponenten des Immunsystems schließen, die defekt sind.

Die wiederholte Infektion mit so genannten pyogenen Bakterien lässt beispielsweise auf einen

Defekt in der Produktion bzw. Funktion von Antikörpern oder der Phagozyten und des Komplements schließen. Pyogene Bakterien, wie z.B. Staphylokokken und Streptokokken, tragen eine Polysaccharidhülle, die verhindert, dass sie von Makrophagen und Granulozyten in einer Sofort-Reaktion beseitigt werden können. Die Bekämpfung erfolgt dann zunächst über Opsonisierung der Bakterien mit Antikörpern oder Komplement und nachfolgender Phagozytose.

Eine wiederholte Virusinfektion dagegen deutet beispielsweise auf einen Immundefekt der T-Zellpopulation hin.

Im Folgenden werden Defekte des spezifischen, adaptiven Immunsystems (Lymphozytendefekte) von Defekten des unspezifischen, angeborenen Immunsystems (Phagozyten-, Komplementdefekte) unterschieden.

Angeborene Lymphozyten-Immundefizienzen lassen sich in Defekte der Lymphozytenentwicklung und in Defekte der Aktivierung und Funktion von Lymphozyten unterteilen.

Immundefekte der Lymphozytenentwicklung sind in der Abbildung I.5.1 A zusammengefasst: Genetische Defekte, die sowohl den T-Zell- wie auch den B-Zellarm der Immunantwort betreffen, werden unter dem Begriff schwere kombinierte Immundefekte oder SCID (severe combined immune deficiency) zusammengefasst. In diesen Patienten kommt es weder zu einer B- noch zu einer T-Zellantwort. Es gibt mehrere genetische Defekte, die zum SCID-Phänotyp führen:

Beispielsweise führt ein Defekt in den Enzymen Adenosindesaminase (ADA) oder Purinnukleotidphosphorylase (PNP) zur Akkumulation von Nukleotidmetaboliten, die besonders toxisch für T-Zellen sind. B-Zellen sind jedoch ebenfalls beeinträchtigt. Des weiteren gibt es einen Gendefekt, der in der γ-Kette des IL-2-Rezeptors liegt und als X-gekoppelter schwerer kombinierter Immundefekt (X-gekoppelter SCID) bezeichnet wird. Eine T-Zellentwicklung kann in diesen männlichen Patienten nicht stattfinden. Man konnte in diesem Zusammenhang zeigen, dass die γ-Kette des IL-2-Rezeptors auch in anderen Zytokinrezeptoren vorkommt, wie z.B. im IL-4- und IL-7-Rezeptor. Demnach können bei diesem Gendefekt auch B-Zellen im Rahmen der T-Zell-abhängigen Antikörperreaktion nicht mehr proliferieren.

SCID ist eine so schwerwiegende Erkrankung, dass betroffene Kinder nur in völlig keimfreier Umgebung (vgl. das *bubble baby*, das durch eine Plastikhülle abgeschirmt war), oder durch Gabe von Antikörpern und nach erfolgreicher Knochenmarktransplantation überleben können. Gentherapeutische Strategien, die auf einen Transfer des „normalen" Gens abzielen, bieten sich bei solchen Erbkrankheiten an, befinden sich aber noch im experimentellen klinischen Stadium.

Bei einer anderen Gruppe von Patienten können T-Zellen im Thymus nicht reifen, da kein normal entwickeltes Epithelgewebe im Thymus vorhanden ist, das die Reifung von Thymozyten in T-Lymphozyten reguliert (Di-George-Syndrom).

Das Unvermögen von Patienten, MHC-II-Moleküle auf Makrophagen und B-Zellen sowie auf Thymusepithel zu exprimieren, führt dazu, dass diese Personen einen Mangel an CD4-positiven T-Lymphozyten haben (Nacktes-Lymphozyten-Syndrom). Dieser Mangel führt dann gleichzeitig zu einem Antikörpermangel.

In der B-Zellentwicklung äußert sich eine X-gekoppelte Agammaglobulinämie (XLA, X-linked agammaglobulinemia) in einem kompletten Fehlen von Antikörpern bei männlichen Kindern. Man weiß inzwischen, dass XLA auf ein fehlerhaftes Gen einer Tyrosinkinase zurückzuführen

SCID-Maus ist ein Mäusestamm, der keine B-und T-Zellen besitzt. Der Grund hierfür ist eine Blockade der Lymphozyten-Reifung. Die Lymphozyten-Vorläuferzellen exprimieren keine Antigenrezeptoren.

Nackt-Maus ist ein Inzuchtstamm mit homozygotem genetischen Defekt, der sich im Fehlen des Thymusorgans äußert, was zu einer ausgeprägten T-Zell-Defizienz führt. Die Mäuse sind haarlos und können Organe anderer Spezies akzeptieren, da sie keine funktionierende T-Zellantwort ausführen können.

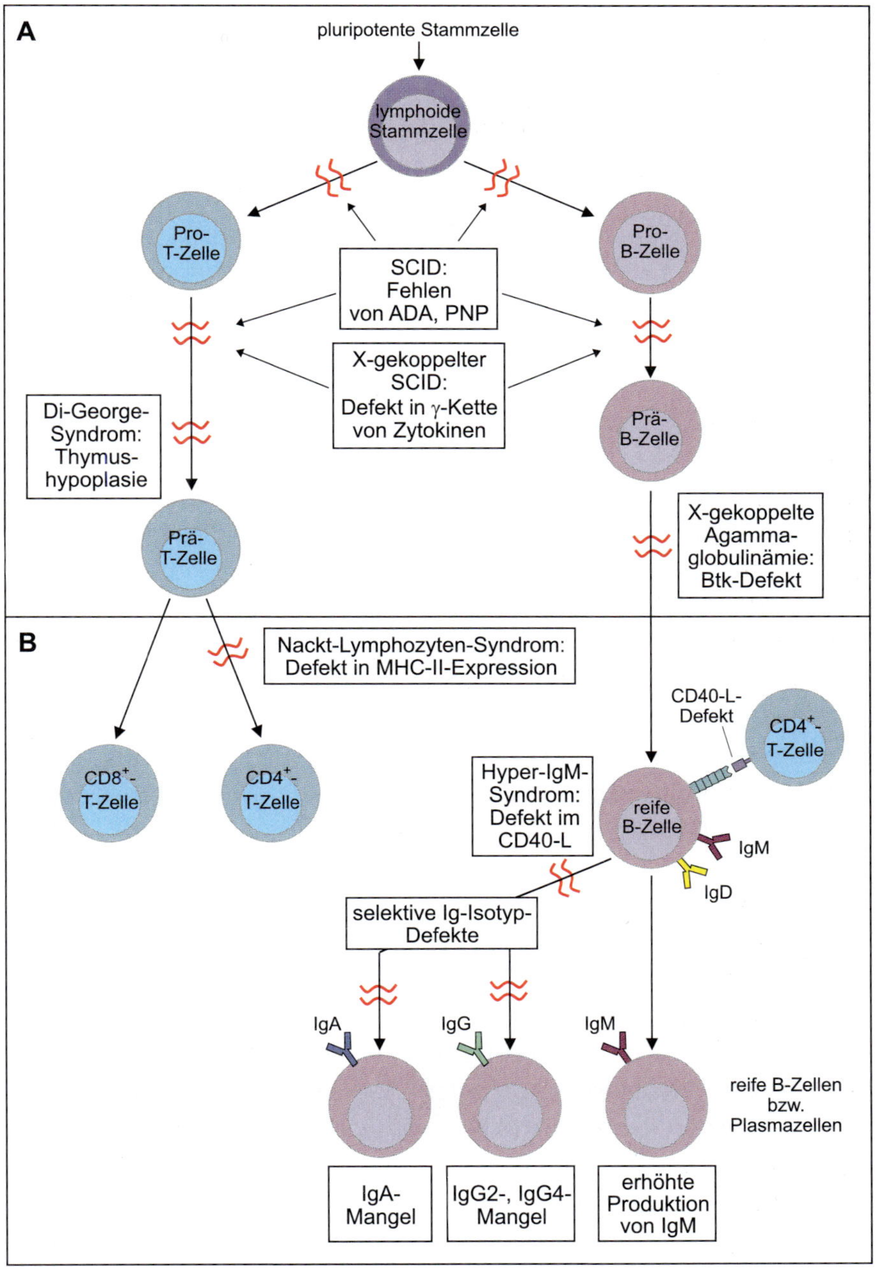

Abb. I.5.1: Angeborene (primäre) Immundefekte.

A Defekte in der Lymphozytenentwicklung: Vorkommende genetische Defekte in der Reifung von T- und B-Lymphozyten sind durch Pfeile gekennzeichnet und mit Namen versehen. (ADA: Adenosindesaminase; PNP: Purinnukleotidphosphorylase; Btk: Bruton-Tyrosinkinase).

B Defekte in der Lymphozytenaktivierung und deren Funktionen: Genetische Defekte können in der Expression von Molekülen auftreten, die für die Antigenpräsentation (MHC-II), Rezeptorsignalübertragung und Costimulationssignale (CD40-L) von Bedeutung sind. Der Ort der entsprechenden Blockade ist gekennzeichnet.

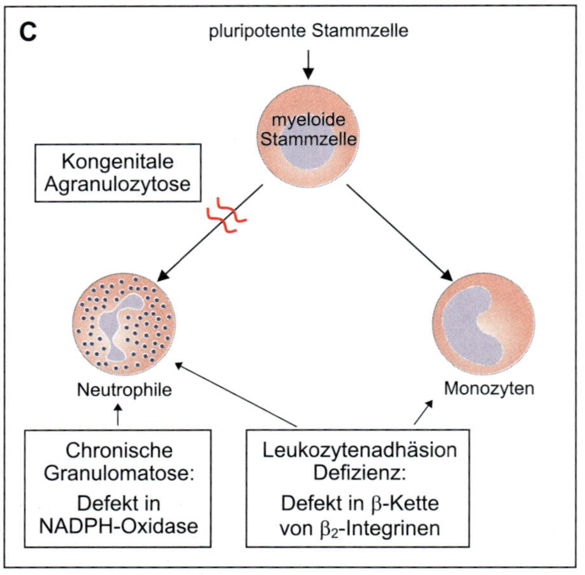

Abb. I.5.1: Angeborene (primäre) Immundefekte.
C Defekte in der Entwicklung und Funktion von Phagozyten: Die markierten Defekte führen überwiegend zu einem Funktionsverlust von Phagozyten in der angeborenen Immunabwehr.

ist. Die so genannte Bruton-Tyrosinkinase (Btk) ist wahrscheinlich an Ereignissen der Differenzierung von Prä-B-Zellen zu B-Zellen beteiligt.
Die Abbildung I.5.1 B illustriert angeborene Immundefekte, die durch fehlerhafte Lymphozyten-Aktivierung oder -Funktionen hervorgerufen sind:
Genetisch bedingte Defekte in der T-Zellaktivierung (CD40-L-Defekt) und das Fehlen von MHC-II-Molekülen (Nacktes-Lymphozyten-Syndrom) führen zu gestörten zellulären Immunantworten sowie zu gestörten T-Zell-abhängigen humoralen Antworten.
Eine Mutation des CD40-Liganden auf aktivierten T-Zellen kann dazu führen, dass CD40-L nicht mehr an das CD40 auf B-Zellen bzw. Makrophagen binden kann, was Defekte in der T_H-Zell-abhängigen Aktivierung von B-Zellen und Makrophagen nach sich zieht (vgl. Kap. I.3.3). Dieser Defekt wird X-gekoppeltes Hyper-IgM-Syndrom genannt. Ein Kontakt mit T-Helferzellen und entsprechenden Zytokinen ist notwendig, um eine IgM-produzierende B-Zellen zur Produktion anderer Immunglobulin-Isotypen anzuregen (Isotyp-Switching). Der Defekt in der Interaktion zwischen CD40 und CD40-L beschränkt sich nicht nur auf die B-Zelldifferenzierung, sondern spielt auch eine wesentliche Rolle bei der Aktivierung von Makrophagen und bei der Entwicklung zytotoxischer T-Zellen. Die Patienten mit Hyper-IgM-Syndrom sind also nicht nur gegenüber pyogenen Infektionen sehr empfindlich, sondern beispielsweise auch gegenüber *Pneumocystis carinii*, einem opportunistischen Krankheitserreger der Lunge, der normalerweise von aktivierten Makrophagen vernichtet wird.
Es gibt neben dem Hyper-IgM-Syndrom noch weitere selektive Ig-Isotyp-Defekte, z. B. IgA- und IgG-Subklassen-Mangel. Das IgA-Mangelsyndrom ist vor allem bei Kaukasiern verbreitet und liegt in einem Defekt in der Differenzierung von IgA-produzierenden B-Lymphozyten begründet. Die Patienten besitzen eine normale Anzahl von IgA-produzierenden B-Zellen, aber keine IgA-produzierende Plasmazellen. Diese Personen sind zumeist symptomfrei, können aber häufiger an pulmonalen Infektionen oder Durchfällen leiden, was mit der Rolle von IgA bei der Abwehr von Fremdorganismen in Schleimhäuten im Einklang steht. Der fehlende Schutz könnte auch die erhöhte Frequenz von allergischen Erkrankungen und Autoimmunerkrankungen bei IgA-defizienten Patienten erklären.
Einige Personen können neben IgA- auch zusätzlich keine IgG-Antikörper (insbesondere IgG2 und IgG4) produzieren. Generell lässt sich sagen, dass Patienten mit solch reinen B-Zell-Defekten die meisten Krankheitserreger erfolgreich bekämpfen können. Anfälligkeiten bestehen gegenüber pyogenen Bakterien, die eine Opsonisierung mit spezifischen Antikörpern zu deren Elimination durch Phagozytose benötigen.
Der am weitesten verbreitete Defekt in der humoralen Immunantwort ist ein vorübergehender Mangel an Immunglobulinen während der ersten sechs bis zwölf Lebensmonate. Das Neugeborene besitzt durch die Übertragung von der Mutter nach der Geburt IgG-Immunglobuline. Diese IgG-Moleküle werden jedoch abgebaut und der Antikörperspiegel nimmt ab. Durch die Antikörper in der Muttermilch (IgG und IgA) kann der Mangel durch Stillen etwas verbessert werden.

Erst im Alter von etwa sechs Monaten beginnt das Baby, selbst IgG-Antikörper zu bilden. Die Synthese von IgM-Antikörper setzt allerdings schon kurz nach der Geburt ein. Durch die sehr niedrigen IgG-Konzentrationen sind humorale Antworten also zwischen dem 3. und 12. Lebensmonat besonders schwach. Es kann sich als erhöhte Infektanfälligkeit bemerkbar machen.
Neben den Defekten in Lymphozytenfunktionen, die Einfluss auf erworbene Immunantworten haben, gibt es auch Defekte des Komplementsystems und der Phagozyten, die sich in der angeborenen Immunantwort zeigen.
Die verschiedenen Faktoren des Komplementsystems spielen – wie beschrieben (vgl. Kap. I.2.1.2) – eine wichtige Rolle bei Immunantworten. Für alle Komponenten des Komplementsystems, einschließlich der Inhibitoren, sind erbliche Defekte beschrieben. Eine Defizienz im Faktor C2 kommt am häufigsten vor. Das Fehlen von C2 oder anderer Faktoren des klassischen Aktivierungsweges (vgl. Abb. I.2.4) führt zu einer erhöhten Infektanfälligkeit, aber besonders auch zu einer krankhaften Anhäufung von Immunkomplexen, da diese offensichtlich nicht mehr adäquat durch Makrophagen entfernt werden können. Defekte in frühen Komponenten des alternativen Weges (Faktor D bzw. B; vgl. Abb. I.2.4) führen, ebenso wie Defekte von C3, zu einer erhöhten Anfälligkeit gegenüber extrazellulären Bakterien, insbesondere pyogene Bakterien und *Neisseria*-Stämmen, den Erregern von Meningitis und Gonorrhö. Ein Mangel in den membranangreifenden Komponenten (C5-C9) führt nur zu einer Infektion mit *Neisseria ssp.*, was die Bedeutung der Komplement-induzierten Lyse in der Abwehr gegenüber *Neisseria*-Stämmen unterstreicht.
Eine überschießende Reaktion des Komplementsystems ist bei einem Defekt im C1-Inhibitorprotein zu beobachten. Dieser autosomal dominante Gendefekt ist häufiger anzutreffen als Defizienzen in Komplementfaktoren. Die ungeregelte Aktivität des Komplementsystems führt zur übermäßigen Produktion von gefäßaktiven Mediatoren (z. B. C5a und Bradykinin), die zu lebensbedrohlichen Ödemen führen können. Man nennt das Syndrom das erbliche angioneurotische Ödem.
Defekte des phagozytären Systems können ebenfalls eine Immunschwäche hervorrufen (Abb. I.5.1 C). Bei der kongenitalen Agranulozytose ist die Differenzierung der myeloischen Vorläuferzellen in Neutrophile und Monozyten gestört. Das Syndrom der Leukozyten-Adhäsionsdefizienz beruht auf einen Gendefekt eines Leukozyten-Integrins (Integrin-β_2-Untereinheit, CD18) und verhindert, dass Makrophagen und Neutrophile an den Ort der Infektion wandern.
Andere Funktionsstörungen der Phagozyten betreffen ihre Fähigkeit, phagozytierte Bakterien abzutöten. Die septische (chronische) Ganulomatose zeichnet sich durch einen Defekt von Granulozyten aus, Superoxidradikale zu bilden und damit bakterizid zu wirken. Der Defekt befindet sich in einem Protein des NADPH-Oxidase-Systems. Diese Patienten leiden unter chronischen bakteriellen Infektionen, die zur Ausbildung von Granulomen führen können (vgl. Kap. I.5.2.4).
Das sehr komplexe Chediak-Higashi-Syndrom ist durch einen Gendefekt gekennzeichnet, der verhindert, dass Lysosomen mit Phagosomen fusionieren. Damit können die Phagozyten dieser Patienten aufgenommene Krankheitserreger nur wenig effizient abtöten. Die Patienten zeigen daher u. a. eine verminderte Resistenz gegenüber pyogenen Bakterien.

5.1.1.1 Therapiemöglichkeiten von erblichen Immunschwächeerkrankungen

Während Defizienzen in der humoralen und unspezifischen Immunantwort in der Regel nicht lebensbedrohlich sind, sind T-Zell-Defekte wie z. B. das SCID-Syndrom häufig mit tödlich verlaufenden Infektionen gekoppelt. Defizienzen der Antiikörperproduktion lassen sich entweder symptomatisch durch Gabe von Antibiotika gegen pyogene Pathogene behandeln oder können durch Gabe entsprechender Immunoglobuline behoben werden (siehe Kapitel II.5).

Die Defekte, die zum SCID-Phänotyp führen, lassen sich im Allgemeinen nur durch Knochenmarktransplantation beheben. Wie wir im Kapitel I.5.4. detaillierter besprechen werden, treten hierbei zwei Probleme auf, die durch den Polymorphismus der MHC-Moleküle gegeben sind: Zum einen muss eine gewisse Übereinstimmung der exprimierten MHC-Moleküle des Thymusgewebes des Empfängers mit denen des Transplantats bestehen, da sonst das Thymusgewebe keine T-Zellen aus den Spender-Vorläuferzellen produzieren kann. Es besteht zum zweiten die Gefahr, dass reife T-Zellen im Transplantat den Empfänger als fremd erkennen und angreifen. Diese Reaktion wird als Transplantat-gegen-Wirt-Reaktion (graft versus host) bezeichnet. Dies wird dadurch behoben, dass reife T-Zellen aus dem Transplantat entfernt werden.

Die Gefahr einer Wirt-gegen-Transplantat-Reaktion ist weniger gegeben, da T-Zellen des Wirtes im Falle der SCID-Patienten nicht vorhanden sind.

Ein relativ neuer Ansatz der Therapie ist bei Erkrankungen, die durch einen spezifischen Defekt in einem Gen hervorgerufen sind, die somatische Gentherapie. Die Idee ist, Stammzellen – beispielsweise aus dem Nabelschnurblut entnommen oder auch Knochenmarkzellen – das intakte Gen, z. B. für ADA oder für die γ-Kette des IL-2R einzupflanzen und die so veränderten Zellen dem Patienten zu reinfundieren. Die wesentlichen Probleme sind hierbei immer noch, dass zum einen effiziente und unbedenkliche Genfähren gefunden werden müssen, die eine ausreichende Genmenge in die Zellen einschleusen und dass zum anderen durch die Integration des Gens in das Genom der Wirtszelle keine unerwünschten Effekte, wie eine Tumorentstehung, ausgelöst werden.

5.1.2 *Erworbene Immundefizienz*

Erworbene Immunschwächen können durch Medikamente, wie beispielsweise Chemotherapeutika, oder Bestrahlung verursacht sein, die häufig auf T-Lymphozyten toxisch wirken. Mangelernährung in der dritten Welt führt zu ausgeprägten T-Zell-Defekten und schließlich kann beispielsweise eine Infektion mit dem HI-(human immunodeficiency)-Virus zu der bis heute schwerwiegendsten erworbenen Immunschwäche führen, nämlich zu AIDS (acquired immune deficiency syndrome).

Retrovirus ist ein RNA-Virus, das das Enzym Reverse Transkriptase benutzt, um eine DNA-Kopie von seiner RNA zu produzieren. HTLV (Erreger der T-Zell-Leukämie) und HIV (AIDS) sind Retroviren.

HIV ist ein Retrovirus mit Hülle und zählt zur Gruppe der Lentiviren. Die Bezeichnung kommt von *lentus* (= langsam) und bezieht sich auf den langsamen Verlauf bzw. das allmähliche Voranschreiten der Krankheiten, die diese Viren verursachen. HI-Viren können jahrelang persistieren, bis sich die Anzeichen der Krankheit offen zeigen. HIV ist ein Virus, das CD4-positive T-Zellen, dendritische Zellen und Mıakrophagen infiziert (Abb. I.5.2).

Das Virus dringt mit Hilfe von zwei Glykoproteinen in der Virushülle (gp120 und gp41) in die Zelle ein. Gp120 bindet hoch affin an CD4. Vor dem Eindringen des Virus muss gp120 aber auch an einen Corezeptor in der Membran der Wirtszelle binden, nämlich die Chemokinrezeptoren CCR5, exprimiert auf dendritischen Zellen, Makrophagen und CD4-positiven T-Zellen bzw. CXCR4 auf aktivierten T-Zellen. Nach der Bindung von gp120 an Rezeptor und Corezeptor induziert gp41 die Fusion von Virushülle und Plasmamembran der Wirtszelle. Die weiteren Stadien der Infektion sind in Abbildung I.5.2 B dargestellt. Individuen, die eine nicht-funktio-

C-C- bzw. C-X-C-Chemokine: Chemokin-Untergruppen, die durch die Anordnung der Cysteinreste (C) charakterisiert sind.

CCR bzw. CXCR: die entsprechenden Rezeptoren der C-C- und C-X-C-Chemokine.

Abb. I.5.2: Lebenszyklus eines HI-Virus und therapeutische Angriffspunkte.

A Struktur eines HI-Virus. Ein HI-Virion besteht aus zwei identischen einzelsträngigen RNA-Molekülen (ssRNA) und den assoziierten Enzymen Reverse Transkriptase, Integrase und Protease. Das p24-Capsidprotein und das p17-Matrixprotein bilden eine „Hülse" (core), die von einer Phospholipidmembran umgeben ist. Wichtige Membranproteine sind gp41 und gp120.
B Die einzelnen Schritte einer HIV-Infektion und Reproduktion sind gezeigt: Das Virion bindet mittels gp120 an CD4 und den Chemokin-Rezeptor (CCR5), gp41 induziert die Fusion von Virushülle und Plasmamembran der Wirtszelle. Virale RNA wird ins Zytoplasma freigesetzt und durch die Reverse Transkriptase in provirale DNA umgeschrieben. Die virale DNA integriert dann ins Wirtsgenom. Virale Proteine werden synthetisiert und nach Umstrukturierung durch virale Proteasen zur Virion-Core-Struktur zusammengesetzt. Neue HIV-Partikel werden freigesetzt. Therapeutische Ansätze sind in den rot umrandeten Kästchen zu sehen (Gestrichelte Kästchen: noch nicht zugelassene Arzneistoffe).

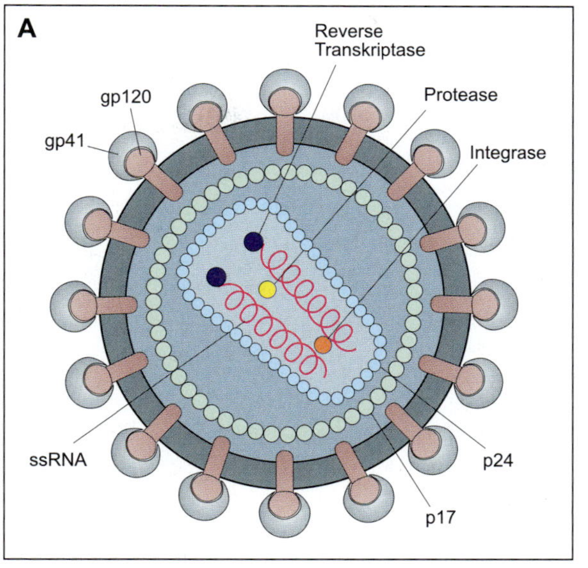

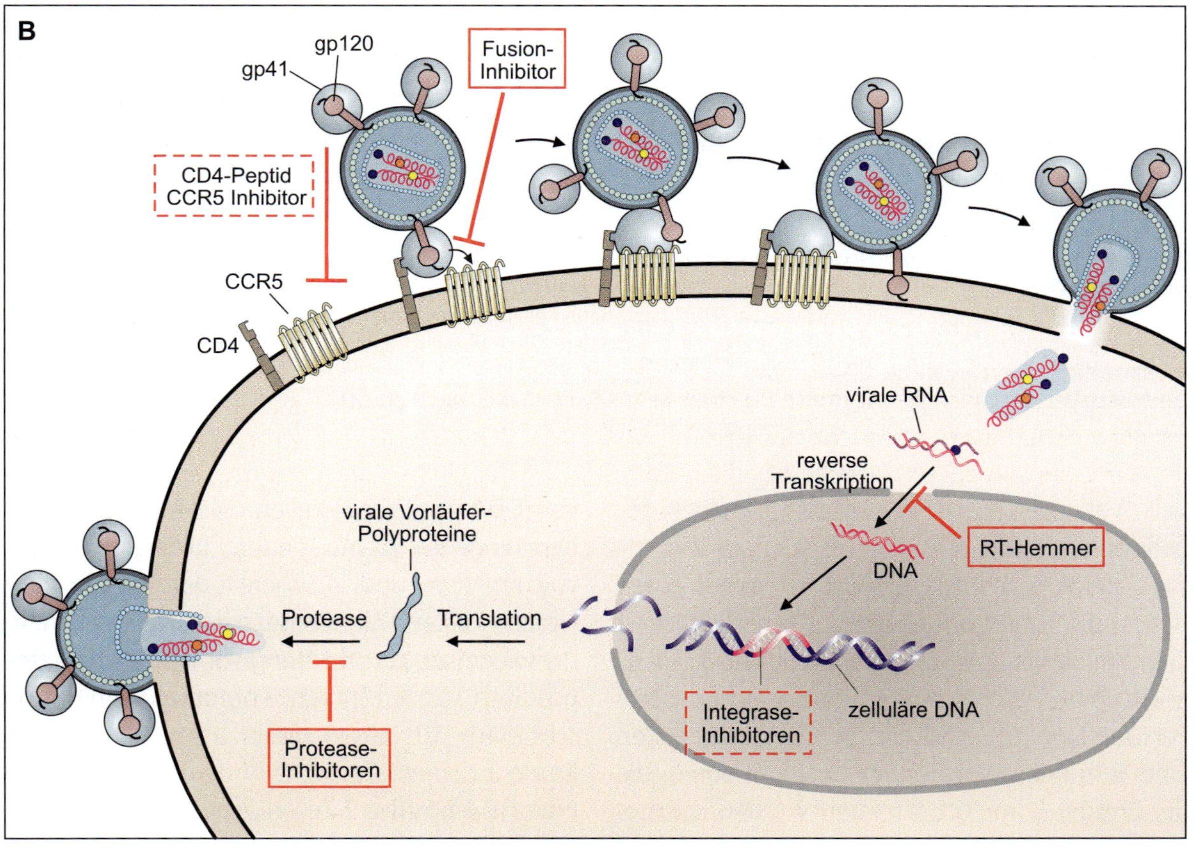

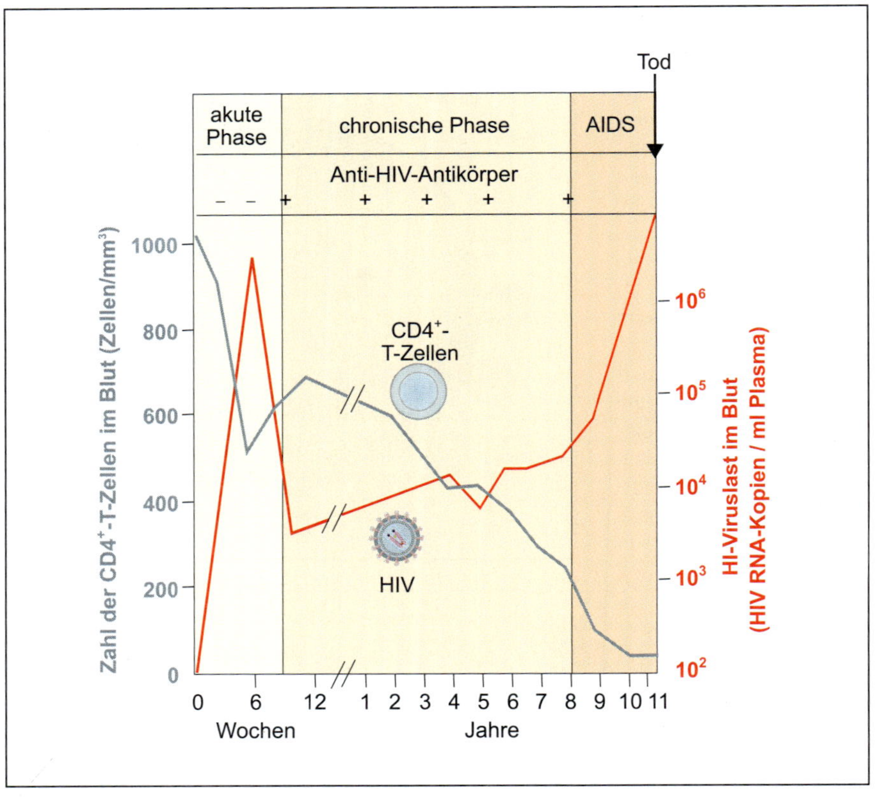

Die drei Stadien einer HIV-Infektion sind dargestellt:
Die akute Phase ist geprägt durch einen starken Anstieg der Virus-Menge im Blut. Eine Immunantwort des Wirtes hält die Infektion temporär unter Kontrolle. Zu diesem Zeitpunkt werden allmählich Anti-HIV-Antikörper im Blut nachweisbar. Die Manifestation einer chronischen Infektion von Immunzellen (chronische Phase) wird aber nicht verhindert. Diese Phase ist dadurch gekennzeichnet, dass die Zahl der CD4-positiven T-Zellen stetig abfällt und es zu einem erneuten Anstieg der HI-Viruslast im Blut kommt. Die Endphase (AIDS) ist erreicht, wenn die CD4-positiven T-Zellen mehr oder weniger vollständig depletiert sind.

Abb. I.5.3: Klinischer Verlauf einer HIV-Infektion.

nelle Variante von CCR5 besitzen, scheinen gegenüber einer HIV-Infektion resistent zu sein.
Die Infektion mit HIV erfolgt im Allgemeinen durch die Übertragung von Körperflüssigkeit (Samenflüssigkeit, Vaginalflüssigkeit, Blut, Milch) einer infizierten auf eine nicht-infizierte Person. Eine HIV-Infektion scheint sehr selten eine Immunantwort hervorzurufen, durch die der Erreger komplett eliminiert werden könnte. Nach einer Abwehr der akuten Infektion durch neutralisierende Antikörper und zytotoxische T-Zellen vermehrt sich das Virus kontinuierlich und scheint in eine klinisch latente Phase einzutreten (Abb. I.5.3). Das Virus vermehrt sich nun in geringem Ausmaß in CD4-positiven T-Zellen, dendritischen Zellen und Makrophagen. Es kommt dadurch zu einem stetigen Abbau der Anzahl von CD4-positiven T-Zellen. Makrophagen sterben hingegen nicht, sondern bilden ein Reservoir an Viren und induzieren durch ihren aktivierten Zustand die Freisetzung von Zytokinen, die wiederum zur Abtötung von infizierten CD4-positiven T-Zellen führen. Kommt es nach durchschnittlich 10 Jahren dieser asymptomatischen Phase zu einem Zustand, in dem nur noch wenige CD4-positive T-Zellen vorhanden sind, entwickelt der Patient die klinischen Symptome von AIDS. Die zelluläre Immunantwort versagt bei diesen Patienten und Infektionen mit Pilzen wie *Candida albicans* oder Mykobakterien (*Mycobacterium tuberculosis*) sind sehr häufig. Lungenentzündungen durch *Pneumocystis carinii* kommen vermehrt hinzu und können zum Tod führen.

5.1.2.1 Therapiemöglichkeiten von erworbenen Immunschwächeerkrankungen – Beispiel HIV-Infektion

Die derzeitige Therapie der HIV-Infektion umfasst eine Kombination aus Protease-Inhibitoren (Saquinavir, Ritonavir, Indinavir, Nelfinavir, Amprenavir, Lopinavir) und Nukleosid-Analoga (AZT, d4T, 3Tc). Protease-Inhibitoren hemmen eine virale Protease, die aus Vorläufer-Polyproteinen des Virus funktionsfähige Proteine spaltet. Durch diese Wirkstoffe wird die Reifung der Viruspartikel verhindert. Die Nukleosid-Analoga sollen die Reverse Transkriptase, die die Pro-Virus-DNA synthetisiert, hemmen. Zusätzlich gibt es die Klasse der Nicht-Nukleosid-Hemmstoffe (Nevirapin, Efavirenz, Delavirdin) der Reversen Transkriptase. Bei der so genannten HAART (hoch-aktive anti-retrovirale Therapie) werden drei verschiedene Wirkstoffe kombiniert (Tripel-Therapie), um möglichst effektiv die Virus-Vermehrung zu inhibieren.

Derzeit wird an der Entwicklung von Substanzen gearbeitet, die die Bindung des Virus an die Wirtszelle verhindern. Hier ist lösliches CD4-Protein zu nennen oder die bereits erwähnten CCR5-Rezeptorantagonisten. Ein anderer Angriffspunkt ist die Integration der viralen DNA in das Genom der Wirtszelle. Auch hierfür sind einige Inhibitoren in der Entwicklung. Bereits auf dem Markt ist eine peptidische Verbindung, die die Fusion des Virus mit der Wirtszelle inhibiert (Enfuvirtide). Ebenfalls zu erwähnen sind Immuntherapien mit dem Einsatz von IL-12, IL-2 oder GM-CSF (vgl. Kap. II.3.4).

Bestrebungen, einen Impfstoff gegen HIV zu entwickeln, sind außerordentlich attraktiv, bergen aber Schwierigkeiten, mit denen man bei Impfstoffen gegen andere Erreger nicht konfrontiert wird.

> **DNA-Impfstoff** ist eine Vakzine, die aus einer (Plasmid-)DNA besteht. Nach Verabreichung kommt es zu einer Immunantwort gegen das Protein, für das dieses DNA-Stück codiert. Die (Plasmid-)DNA enthält außerdem unmethylierte CpG-Nukleotide, die als Adjuvans verstärkend wirken können.

Die erste Schwierigkeit ist die Tatsache, dass eine induzierte Immunantwort offensichtlich nicht vor einer dauerhaften Infektion schützen kann. Das zweite Problem ist, dass man nicht weiß, ob die schützende Immunantwort humoraler oder zellulärer Art sein soll bzw. muss. Falls zur Erlangung eines Schutzes eine starke zytotoxische T-Zell-Komponente notwendig ist, müsste der Einsatz von Lebend-Impfstoff möglich sein, was bei HIV ein großes Risiko darstellt. Eine andere Möglichkeit ist hier ein DNA-Impfstoff (vgl. Kap. II.4.10.5). Beide Verfahren sind aber noch in Testphasen.

Darüber hinaus kann sich die Antigenität des Virus ändern (vgl. Kap. I.4.3.2) und schließlich kann es natürlich auch sein, dass das Immunsystem überhaupt nicht in der Lage ist, dieses Virus zu bekämpfen, so dass Impfen ein falscher Ansatz ist.

Check-Liste: 5.1 Immundefienz

- Unterscheidung: Primäre angeborene Immunschwäche und erworbene Immunschwäche
- Ursache angeborener Immunschwäche: Genmutationen; Ursache erworbener Immunschwäche: Medikamente, Infektionen, Unterernährung
- Angeborene Immunschwäche kann sich auf das erworbene Immunsystem beziehen: Defekte in Lymphozytenreifung und Funktion (z. B. SCID, Hyper-IgM-Syndrom) und auf das angeborene Immunsystem: Defekte im Komplementsystem und in Phagozytenreifung und -funktion (z. B. angioneurotisches Ödem; septische Granulomatose)
- Erworbene Immunschwäche: Infektion mit HIV, wesentlicher Angriffspunkt des Virus: CD4-positive T-Zellen

5.2 Überempfindlichkeits-reaktionen

Von einer Überempfindlichkeitsreaktion spricht man, wenn körpereigenes Gewebe durch eine überschießende bzw. nicht richtige Immunantwort auf ein Antigen geschädigt wird. Eine solche Reaktion tritt frühestens nach dem zweiten Kontakt mit einem Antigen auf und ist individuell sehr unterschiedlich. Die Antigene können exogenen Ursprungs sein und beispielsweise in Staub, Pollen, Nahrung oder Arzneimitteln vorkommen; sie können aber auch endogene Substanzen darstellen (Autoantigene).

> **Überempfindlichkeitsreaktion** ist eine überschiessende Immunantwort, die individuell abläuft und körpereigenes Gewebe schädigt. Man unterscheidet zwischen Antikörper-vermittelten (Typ I–III) und T-Zell-vermittelten (Typ IV) Reaktionen.

Es werden 4 Typen von Überempfindlichkeitsreaktionen unterschieden, wobei die Unterscheidungskriterien die unterschiedlichen, zugrunde liegenden Mechanismen sind: Typ I–III werden von Antikörpern vermittelt, Typ IV von T-Zellen (Abb. I.5.4).

Beim Typ I oder Überempfindlichkeit vom Soforttyp ist das zentrale Ereignis die Aktivierung von Mastzellen durch IgE. Die Typ-I-Reaktion wird auch als Allergie bezeichnet.

Beim Typ II kommt es durch Bindung von Antikörpern (IgG, IgM) an Antigenen auf körpereigenen Zellen zur Komplement-Aktivierung und zur Fc-Rezeptor-vermittelten Rekrutierung von Immunzellen und damit zur Entzündung. Über die Bindung von Antikörpern können körpereigene Zellen auch durch zytotoxische Zellen oder durch Komplement vermittelt getötet werden.

Der Typ III unterscheidet sich von Typ II dadurch, dass es sich um lösliches Antigen handelt, mit dem IgG-Antikörper Immunkomplexe ausbilden, die sich dann über Fc-Rezeptoren an Gewebe binden können und Komplement und Phagozyten aktivieren.

Eine Typ-IV-Reaktion tritt dann auf, wenn durch Antigen aktivierte T-Zellen ihre Zielzellen abtöten oder dazu bewegen, übermäßige Mengen an Zytokinen und Entzündungsmediatoren freizusetzen, die das Gewebe schädigen.

Die Typen II–IV der Überempfindlichkeitsreaktionen spielen bei Autoimmunerkrankungen eine wesentliche Rolle, da sich die Antikörper- bzw. T-Zell-Antwort auch gegen körpereigene Strukturen richten können. Es wird daher Überlappungen der Kapitel I.5.2.2-I.5.2.4. und I.5.3 geben.

5.2.1 Überempfindlichkeit vom Soforttyp = Allergie

Allergie wird heute als eine Krankheit definiert, die durch eine Immunantwort gegenüber einem harmlosen, nicht pathogenen Antigen ausgelöst wird. Allergische Reaktionen entstehen durch die Produktion spezifischer IgE-Antikörper gegen an sich unbedenkliche und meist weitverbreitete Antigene. Ein Antigen wird daher als Allergen bezeichnet, wenn es eine IgE-Antikörperantwort auslöst. Nach dem ersten Kontakt eines Allergens, zumeist mit Schleimhäuten, finden eine Reihe von Ereignissen statt, die man unter dem Begriff der Sensibilisierung zusammenfasst und die dann beim zweiten Kontakt des Individuums mit diesem Allergen zu allergischen Symptomen führt.

> **Allergen** ist ein nicht infektiöses Antigen, das eine IgE-Antikörperantwort auslöst und in der Regel zu Typ-I-Überempfindlichkeitsreaktionen führt.

Die Mechanismen, die bei einer allergischen Reaktion ablaufen, sind ein Beispiel für eine Immunantwort, die physiologisch eine wichtige Rolle in der Abwehr von Parasiten spielt, aber ebenso unter pathophysiologischen Bedingungen zur Schädigung der Körpers führen kann.

Im Folgenden wollen wir nun besprechen, wie es zur Produktion von antigenspezifischen IgE-Antikörpern nach Allergenkontakt kommt und welche IgE-mediierten Effektormechanismen zum allergischen Erscheinungsbild führen. Wir

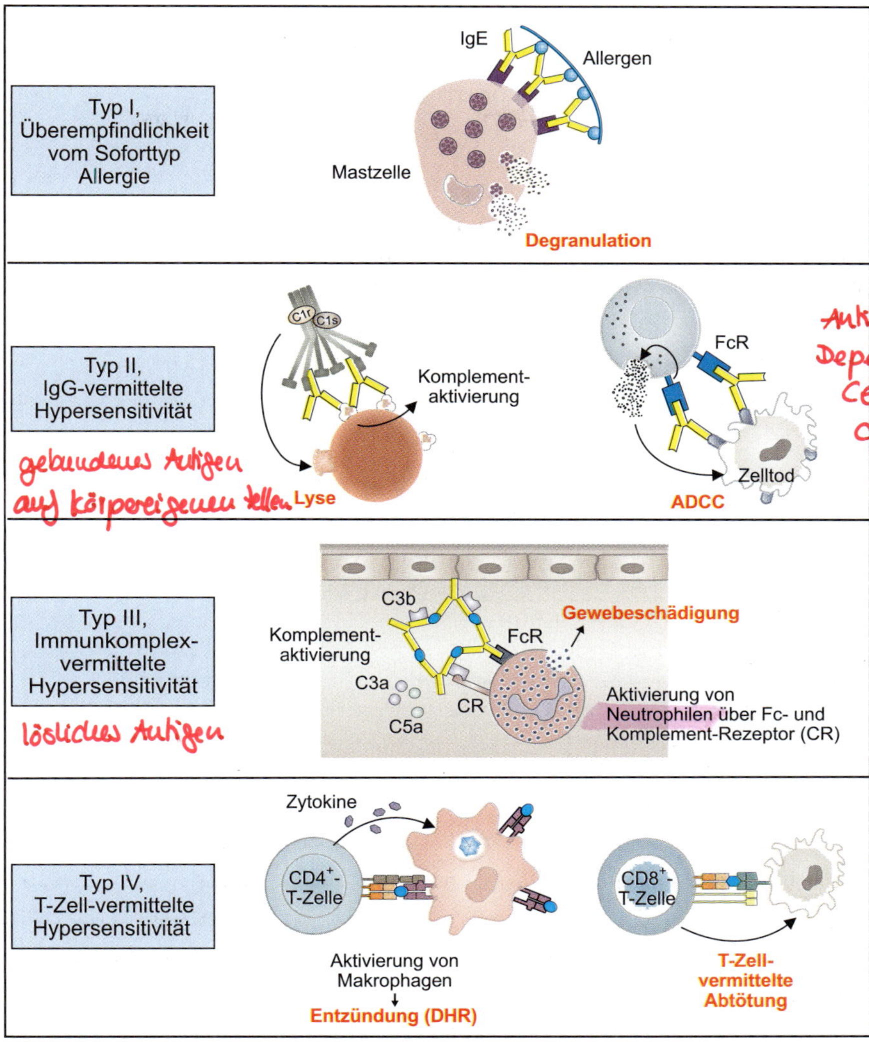

Abb. I.5.4: Die vier verschiedenen Typen von Überempfindlichkeitsreaktionen.

Pathologische Immunantworten und die Mechanismen, die zur Erkrankung führen.
Eine **Typ-I**-Reaktion ist durch eine Degranulation von Mastzellen durch Allergen-vernetztes IgE charakterisiert.
Eine **Typ-II**-Reaktion zeichnet sich durch Bindung von Antikörpern an Wirtszellen und der resultierenden toxischen Reaktion und/oder Zelllyse aus.
Eine **Typ-III**-Reaktion ist durch Bildung von Immunkomplexen charakterisiert, die Entzündungsreaktionen und letztlich Gewebeschädigungen hervorrufen.
Eine **Typ-IV**-Reaktion ist durch überschießende Effektormechanismen aktivierter T-Zellen gekennzeichnet und wird auch als verzögerte Überempfindlichkeitsreaktion (DHR, delayed hypersensitivity reaction) bezeichnet. Es kommt zu Entzündungs- und toxischen Reaktionen.

werden dann das klinische Erscheinungsbild allergischer Reaktionen beschreiben und kurz auf neue therapeutische Ansätze eingehen.

5.2.1.1 Produktion von IgE

Die Produktion von IgE wird durch die Lokalisation der Antigenpräsentation und durch die Art des Antigens bestimmt. Man weiß ja, dass IgE-Antikörper bei der Abwehr von Infektionen mit Parasiten von großer Bedeutung sind. Daher werden die Elemente des Immunsystems, die darauf spezialisiert sind, die IgE-Produktion zu aktivieren, besonders in den anatomischen Bereichen angetroffen, in die Parasiten eindringen können. Dies sind vor allem Oberflächenepithelien der Atemwege und die Submucosa des Darmes.

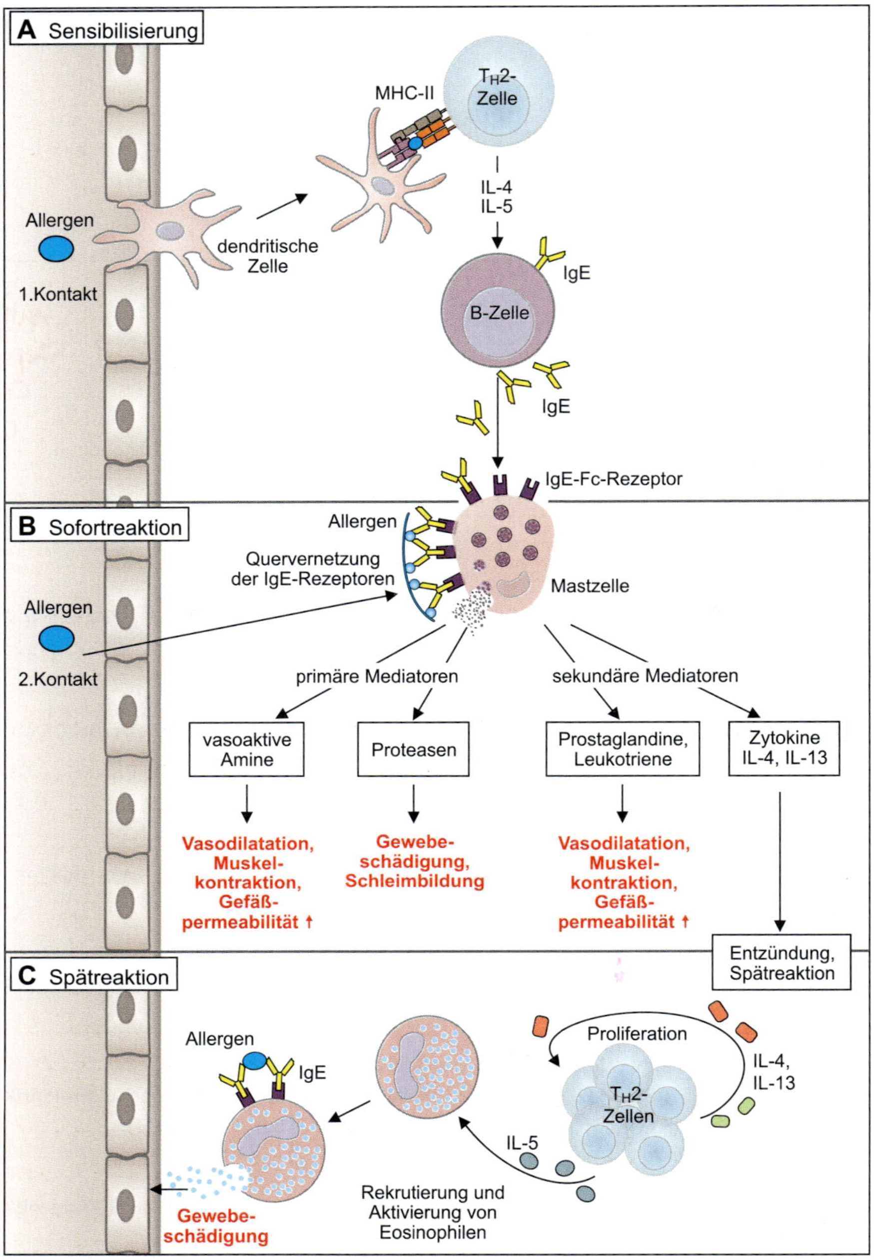

Abb. I.5.5: Ablauf einer Typ-I-Überempfindlichkeitsreaktion.

A Sensibilisierung: Ein erster Kontakt mit Allergen führt über die Präsentation durch dendritische Zellen zur Aktivierung von allergenspezifischen T_H2-Zellen. Diese stimulieren B-Zellen, sich zu IgE-produzierenden Plasmazellen zu differenzieren. IgE binden an den hoch affinen Fcε-RI-Rezeptor auf Mastzellen.

B Allergische Sofortreaktion: Die eigentliche allergische Reaktion tritt erst nach einem zweiten Kontakt mit dem Allergen auf. Die Bindung von Allergen an IgE-Moleküle auf der Mastzelle bewirkt durch cross-linking der Fcε-RI-Rezeptoren eine Aktivierung der Mastzelle. Dabei werden primäre und sekundäre Mediatoren freigesetzt, die z. T. innerhalb von Minuten (primär) oder Stunden (sekundär) eine Vasodilation, eine erhöhte Gefäßpermeabilität und eine Konstriktion der glatten Muskulatur hervorrufen.

C Allergische Spätreaktion: In der Sofortreaktion freigesetzte Zytokine wie IL-4 und IL-13 aktivieren weiterhin allergenspezifische T_H2-Zellen, wodurch die IgE-Produktion der B-Zellen weiter aufrecht erhalten wird. Aktivierte T_H2-Zellen sezernieren ihrerseits IL-5, ein Zytokin, das Eosinophile ins Gewebe rekrutiert und aktiviert. Eine Quervernetzung der IgE-Rezeptoren auf Eosinophilen führt letztlich zur Freisetzung gewebeschädigender Faktoren aus den Granula.

Allergene sind in der Regel kleine, lösliche Proteine, die in geringen Dosen über die Luft oder durch Verzehr in Kontakt mit der Schleimhaut der Lunge oder des Darms kommen. Sie lösen nur bei bestimmten Individuen eine Immunantwort aus. Viele Allergene stellen Enzyme dar und können dadurch beispielsweise die festen Zellbindungen zwischen Epithelzellen der Lungenschleimhäute zerstören und so ins Gewebe gelangen, wo sie auf dendritische Zellen treffen (Abb. I.5.5 A).

Die Produktion von IgE-Antikörpern verläuft dann in zwei wesentlichen Schritten (vgl. Abb. I.3.26): Nach der Aufnahme des Antigens wandern diese dendritischen Zellen zu regionalen Lymphknoten, wo sie in Wechselwirkung mit naiven CD4-positiven T-Zellen treten, die sich daraufhin zu T_H2-Zellen ausdifferenzieren und IL-4 sowie IL-10 sezernieren.

Von den T_H2-Zellen gehen dann zwei getrennte Signale aus, die den Isotypenwechsel von IgM- zu IgE-produzierenden B-Zellen auslösen. Nach Antigenerkennung sezerniert die aktivierte allergenspezifische T_H2-Zelle IL-4, welches als erstes Signal an IL-4-Rezeptoren auf der Oberfläche der B-Zelle bindet. Die Signalübertragung läuft über den JAK/STAT-Weg in die B-Zelle hinein. Das zweite Signal für den Isotypenwechsel zu IgE-Antikörpern ist die costimulatorische Bindung zwischen CD40-L auf der T-Zelle und CD40 auf der Oberfläche der B-Zelle.

JAK phosphoryliert STAT → Translokation i.d. Zellkern → Funktion als Transkriptionsfaktor

5.2.1.2 IgE-vermittelte Effektormechanismen

Nach der Sensibilisierungsphase besitzt das betroffene Individuum allergenspezifische IgE-Antikörper (Abb. I.5.5 A). IgE-Moleküle unterscheiden sich von den meisten anderen Antikörper-Isotypen darin, dass sie zum größten Teil an Zellen gebunden sind, ohne dass eine Antigen/Antikörper-Interaktion vorliegt. Ein essentieller Zelltyp, an den sich allergenspezifische IgE-Antikörper binden, sind Mastzellen. Mastzellen besitzen hoch affine Bindungsstellen für IgE (Fcε-Rezeptor Typ I, Fcε-RI) und sind die zentralen Effektorzellen bei einer allergischen Reaktion. Sie enthalten zytoplasmatische Granula, in denen eine Vielzahl von Enzymen, wie z. B. Tryptase, Chymase, Cathepsine und Metalloproteasen sowie toxische Mediatoren wie Histamin oder Heparin gespeichert sind. Mastzellen sind hoch spezialisierte Zellen, die im Gegensatz zu zirkulierenden Basophilen oder Eosinophilen nur im Gewebe und zwar bevorzugt in Schleimhäuten, Epithelien und subendothelialen Bindegewebe, nahe kleiner Blutgefäße, vorkommen (Abb. I.5.6).

> **Mastzellen** entwickeln sich im Knochenmark und sind ausschließlich im Gewebe und nicht in der Zirkulation zu finden. Sie tragen hoch affine Rezeptoren für den Fc-Teil von IgE-Antikörpern. Eine Quervernetzung der IgE-Moleküle an Mastzellen durch Allergenbindung führt zur Degranulation, d. h. zur Freisetzung des Granula-Inhalts (Proteasen, Histamin, etc.).

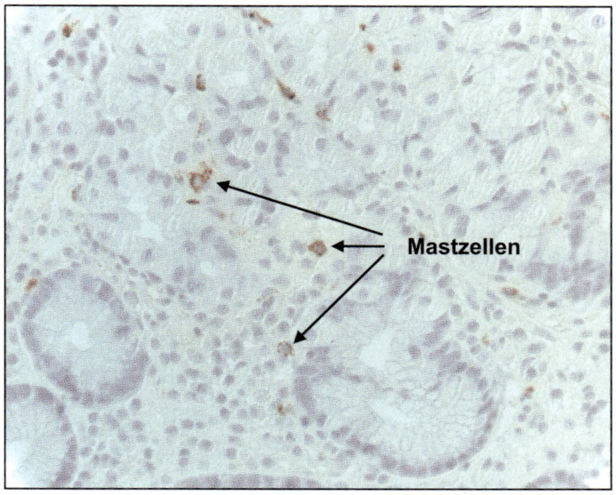

Abb. I.5.6: Immunhistochemische Darstellung von Mastzellen in der Magenschleimhaut.

Wie wird nun eine allergische Reaktion ausgelöst? Der spezifische IgE-Antikörper, der als Reaktion auf den ersten Allergenkontakt gebildet wurde, bindet während der Sensibilisierungsphase an den hoch affinen Fcε-RI-Rezeptor auf der Oberfläche der Mastzelle. Die eigentliche allergische Reaktion wird erst dann ausgelöst, wenn das Allergen bei einem zweiten Kontakt die an Mastzellen gebundenen IgE-Rezeptoren quervernetzt (Abb. I.5.5 B). Dies setzt allerdings

Histamin ist ein vasoaktives Amin, das in Granula von Mastzellen gespeichert wird und bei Degranulation zur sofortigen Vasodilatation und Permeabilitätserhöhung sowie zur Kontraktion der glatten Muskulatur führt.

voraus, dass das Allergen multivalente Eigenschaften besitzt. Mastzellen setzen daraufhin in einer ersten Antwort die in vorgeformten Granula gespeicherten, primären Mediatoren frei. Zu diesen primären allergischen Mediatoren zählt vor allem Histamin, ein kurzlebiges, vasoaktives Amin, das zu einer sofortigen Erhöhung der lokalen Durchblutung und Gefäßdurchlässigkeit führt. Außerdem wird eine Reihe von Enzymen (Proteasen) aus den präformierten Granula freigesetzt, die Bindegewebe abbauen und so zu Zellschäden führen.

Diese Aktivierung der Mastzellen über Quervernetzung der IgE-Rezeptoren führt in einer später folgenden Reaktion zur Synthese und Sekretion einer Reihe so genannter sekundärer Mediatoren. Hier sind Lipidmediatoren zu nennen, wie die Leukotriene (C4, D4 und E4), Prostaglandine und PAF (Plättchen-aktivierender Faktor). Diese wirken schnell und verursachen Kontraktionen der glatten Muskulatur, eine erhöhte Gefäßpermeabilität und Anlockung von Leukozyten sowie Schleimbildung. Es werden aber auch die Zytokine IL-4 und IL-13 vermehrt gebildet und sezerniert, die die Aktivierung von T_H2-Zellen aufrechterhalten und daher zur Synthese von noch mehr IgE-Molekülen führen. Über diesen Mechanismus bewirkt die Sofortreaktion eine Aufrechterhaltung der allergischen Immunantwort, die

Eosinophile Granulozyten sind mobile, mäßig phagozytierende Granulozyten, die vom Blut ins Gewebe migrieren können. Sie weisen Granula auf, die toxische Faktoren beinhalten. Im aktivierten Zustand exprimieren sie große Mengen an IgE-Rezeptoren. Durch Quervernetzung von IgE-Molekülen auf der Oberfläche der Eosinophilen kommt es zur Ausschüttung der toxischen Faktoren. Eosinophile spielen ein wichtige physiologische Rolle bei der Abwehr von Parasiten wie z. B. Würmern.

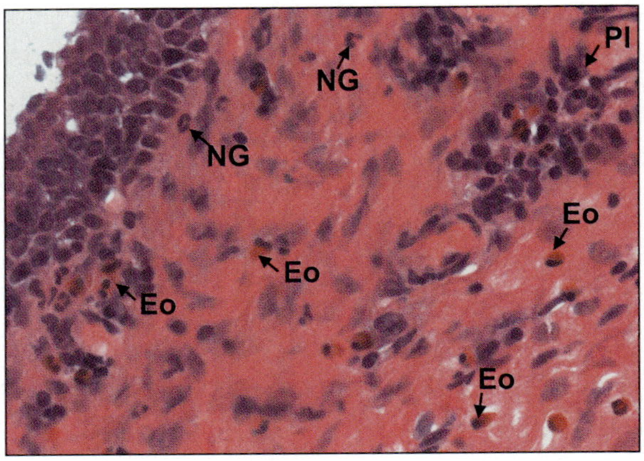

Abb. I.5.7: Histologische Aufnahme einer Bronchialschleimhaut, die zahlreiche eosinophile Granulozyten (Eo) mit charakteristischen bisegmentierten Kernen und granuliertem Zytoplasma zeigt. Dies kann auf eine allergische Reaktion hindeuten. (NG: neutrophiler Granulozyt; Pl: Plasmazelle)

dann chronische Allergie genannt wird und als Spätreaktion gesehen wird (Abb. I.5.5 C). Aktivierte T_H2-Zellen setzen IL-5 und IL-3 frei. Dadurch wird die Proliferation und Aktivierung von Eosinophilen gefördert, die – wie wir weiter unten sehen werden – entscheidend für die Gewebeschädigung bei allergischen Reaktionen und vor allem im chronischen Verlauf einer Erkrankung von großer Bedeutung sind. Chronische, allergische Erkrankungen zählen genau genommen zu den Typ-IV-Überempfindlichkeitsreaktionen, da hier – wie erläutert wurde – eine T-Zellantwort Auslöser der pathogenen Situation ist.

Eine starke Ansammlung von Eosinophilen und ihre nachhaltige Aktivierung sind charakteristisch für das Vorliegen einer chronischen, allergischen Entzündung und verantwortlich für die auftretenden Gewebeschädigungen (Abb. I.5.7).

Eosinophile Granulozyten erfüllen, ähnlich wie Mastzellen, zwei Arten von Effektorfunktionen: Nach Aktivierung durch quervernetzte IgE-Moleküle setzen sie erstens hochtoxische Proteine (*major basic protein,* u. a.) und Radikale aus den Granula frei, die beträchtliche Zellschäden hervorrufen. Zweitens synthetisieren sie Entzündungsmediatoren (Prostaglandine, Leukotriene, PAF, u. a.), die weitere Eosinophile sowie andere Entzündungszellen anlocken. Da eine unangemessene Aktivierung von eosinophilen Granulozyten in hohem Maße gewebeschädigend ist, obliegt sie normalerweise einer strengen Kontrolle.

Die erste Kontrollinstanz liegt in der Regulation der Produktion von Eosinophilen im Knochenmark. Ohne Infektion befinden sich nur sehr wenige Eosinophile im Körper. Wie erwähnt, bewirkt die Freisetzung von IL-5 aus T_H2-Zellen oder aktivierten Mastzellen eine erhöhte Produktion von Eosinophilen. Die Rekrutierung von Eosinophilen ins Gewebe wird ebenfalls streng reguliert und zwar über C-C-Chemokine, die spezifisch für eosinophile Granulozyten sind. Eotaxin 1 und Eotaxin 2 binden an den CCR3-Rezeptor auf Eosinophilen und führen zu einer Einwanderung ins Gewebe.

Die dritte Kontrollinstanz liegt im Aktivierungszustand der eosinophilen Zellen. Im nicht-aktivierten Zustand exprimieren eosinophile Zellen keine IgE-Rezeptoren. Nach Aktivierung durch Zytokine und Chemokine bilden die Zellen jedoch große Mengen an $Fc\varepsilon$-RI und reagieren auf Quervernetzung der IgE-Moleküle durch Antigen mit einer Degranulierung und einer anschließenden Freisetzung von Entzündungsmediatoren.

Basophile Granulozyten sind in ähnlicher Weise wie Mastzellen und eosinophile Granulozyten an allergischen Entzündungsreaktionen beteiligt, allerdings in untergeordneter Rolle. Interessanterweise können die Effektormechanismen von Mastzellen, eosinophilen und basophilen Granulozyten miteinander in Wechselwirkung treten. Das von Eosinophilen freigesetzte *major basic protein* beispielsweise verursacht wiederum eine Degranulierung von Mastzellen, die dann IL-3 und IL-5 produzieren und die Produktion von Eosinophilen im Knochenmark stimulieren.

5.2.1.3 *Klinisches Bild einer allergischen Reaktion und Prädisposition*

Eine allergische Reaktion wird vom klinischen Erscheinungsbild typischerweise in eine Sofort- und eine Spätreaktion eingeteilt. Die Sofortreaktion (nach Minuten) ist geprägt durch die Effekte der primären Mediatoren, insbesondere dem Histamin, und äußert sich in einer schnellen Erhöhung der Gefäßdurchlässigkeit und einer Dilatation kleiner Gefäße, sowie einer vorübergehenden Kontraktion glatter Muskeln. Die sekundären Mediatoren führen nach Stunden zu einer typischen Entzündungsreaktion mit Leukozyteninfiltration und Ödembildung. Diese Spätreaktion ist zwar klinisch in der Regel weniger ausgeprägt als die Sofortreaktion, kann aber einen chronischen Verlauf annehmen und ist die Hauptursache für spätere, schwerwiegende chronische Krankheitsbilder (Tab. I.5.1). In Abhängigkeit vom Ort der Mastzellaktivierung kann eine allergische Reaktion ganz unterschiedliche klinische Auswirkungen haben. Es gibt zwei primäre Aufenthaltsorte für Mastzellen: in den Schleimhäuten, insbesondere der Atemwege und des Darms oder perivaskulär im Bindegewebe und in der Haut.

Das Atemwegsystem ist der häufigste Eintrittsweg für Allergene. Eine schwache Reaktion auf ein Allergen äußert sich als Heuschnupfen oder allergische Rhinitis, was sich in häufigem Niesen und lästigem „Laufen der Nase“ äußert. Diese Reaktion wird durch Mastzellen in der Schleimhaut des Riechepithels hervorgerufen. Eine ähnliche Reaktion wird ausgelöst, wenn Allergen

Tab. I.5.1: Klinische Manifestation von wichtigen Typ-I-Überempfindlichkeitsreaktionen

Klinisches Symptom	Klinisches und pathologisches Bild
Allergische Rhinitis, Sinusitis „Heuschnupfen“	Vermehrte Schleimsekretion, Entzündung der oberen Atemwege
Lebensmittelallergie	Erhöhte Peristaltik des Darms auf Grund von Kontraktionen der Darmmuskulatur
Bronchialasthma	Überreaktion, Kontraktion der glatten Muskulatur, Schleimbildung, Entzündung und Gewebeschädigung durch allergische Spätreaktion
Anaphylaxie (Arzneimittel, Bienenstich, Nahrung)	Abfall des Blutdruckes durch ausgeprägte Vasodilatation und Flüssigkeitsverlust, Obstruktion der Atemwege durch Ödeme in der Luftröhre

aus der Luft mit Mastzellen-gebundenem IgE im Bereich der Augenbindehaut interagiert. Es kommt zur Konjunktivitis.

Eine wesentlich schwerwiegendere Reaktion ist das allergische Asthma, welches durch Mastzellen der Submucosa der unteren Atemwege verursacht wird. Dies führt in Sekunden zur Konstriktion der Bronchien, verbunden mit einer Erhöhung der Flüssigkeits- und Schleimproduktion und kann lebensbedrohlich sein.

Asthma kann einen chronischen Verlauf nehmen und ist dann häufig vom eigentlich verursachenden Allergen unabhängig. Asthmatiker können empfindlicher gegenüber einer großen Menge an Reizen aus der Umwelt sein.

Allergene sind in vielen Nahrungsmitteln zu finden (Erdnüsse, Schalentiere, Gewürze). Die Aktivierung der Mastzellen in der Schleimhaut des Verdauungstraktes führt durch Flüssigkeitsverlust und Kontraktion zu Durchfall und Erbrechen. Aus noch nicht geklärten Gründen können auch Bindegewebe-Makrophagen der Haut aktiviert werden und zu einer typischen Urticaria (Nesselsucht) führen. Diese Allergieform kommt häufig bei der Verabreichung von oralem Penicillin beim Patienten mit Penicillin-spezifischen IgE-Antikörpern vor.

So genannte Kontakt-Allergene sind Allergene, die eine lokale allergische Reaktion in der Haut auslösen können. Eine Aktivierung der Mastzellen führt dann zu einer erythematösen Quaddelbildung. Ist das Ödem nicht begrenzt, sondern zerstreut, bezeichnet man dies als Urticaria (Nesselsucht). Diese Form kommt meist bei durch die Nahrung in den Blutkreislauf aufgenommenen Allergenen vor. Es gibt allerdings auch eine chronische Urticaria, die wahrscheinlich eine Autoimmunerkrankung ist und zum Typ II der Empfindlichkeitsreaktionen zu zählen ist. Bei der Ätiologie der atopischen Dermatitis, die hauptsächlich bei Kindern vorkommt, scheinen ebenfalls T_H2-Zellen und IgE an der chronischen Entzündungsreaktion beteiligt zu sein.

Bei einer systemischen Exposition des Allergens kann es zu einem sehr gefährlichen Syndrom der so genannten systemischen Anaphylaxie kommen. Eine Aktivierung von Mastzellen überall im Körper hat lebensbedrohliche Auswirkungen. Es kann zu einem extremen Blutdruckabfall und Konstriktion der Atemwege mit Anschwellen des Kehlkopfdeckels und damit Ersticken kommen. Dies wird auch als anaphylaktischer Schock bezeichnet.

Insektenstiche, die Aufnahme bestimmter Nahrungsmittel oder i.v.-Verabreichung von Medikamenten, für die ein Patient IgE-Antikörper entwickelt hat, können einen solchen anaphylaktischen Schock auslösen.

Anaphylaktische Schockreaktionen kommen nicht selten bei der Applikation von Penicillin und ähnlichen Substanzen vor. Man geht davon aus, dass das kleine Molekül Penicillin durch seine hochreaktive β-Lactamstruktur mit körpereigenen Proteinen reagiert (Haptenfunktion) und die entstandenen Konjugate T_H2-Zellen aktivieren können.

In unseren entwickelten Industrieländern scheint bei fast der Hälfte der Menschen eine Veranlagung vorhanden zu sein, auf eine Reihe von Umweltantigenen mit einer erhöhten Menge an IgE-Antikörpern zu reagieren. Die damit assoziierten Erkrankungen werden unter dem Begriff „Atopie" zusammengefasst. Bei so genannten atopischen Personen findet man einen erhöhten Gesamtspiegel von IgE-Molekülen und eine erhöhte Konzentration von eosinophilen Granulozyten im Blut. Hierbei sind wahrscheinlich genetische Faktoren, aber auch Umweltfaktoren von Bedeutung. Beispielsweise wurde eine Reihe von Kandidatengenen identifiziert, die bei Asthmatikern an der Ursache ihrer Erkrankung beteiligt sein könnten. Diese liegen in bestimmten Gen-Loci auf den Chromosomenabschnitten 11q und 5q. Eine Veränderung des Promotors für IL-4, sowie eine Struk-

> Unter **„Atopischen Erkrankungen"** sind klinische Krankheitsbilder zusammengefasst, die durch eine Typ-I-Überempfindlichkeitsreaktion bedingt ist. Hierzu zählen die allergische Rhinitis (Heuschnupfen), Ekzeme, Asthma und verschiedene Nahrungsmittelallergien.

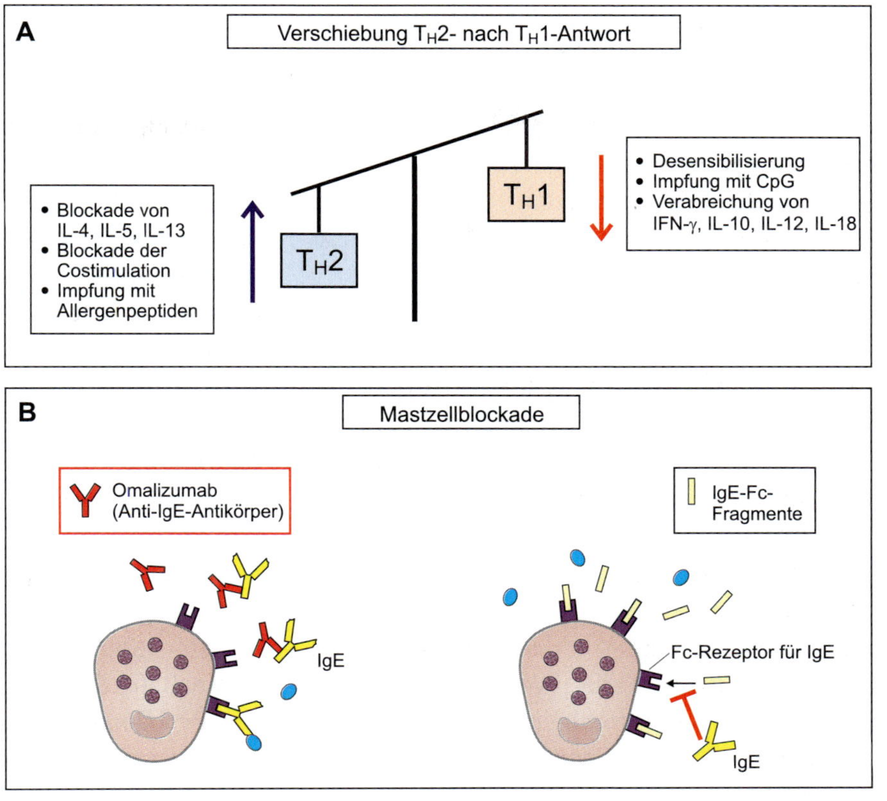

Abb. I.5.8: Kausale therapeutische Ansätze zur Behandlung von Allergien.

A Eine Verminderung der T_H2-Antwort könnte durch eine Blockade von IL-4, IL-5 und IL-13 bzw. der Costimulation oder durch Impfung mit Allergen-abgeleiteten Peptiden erreicht werden. Auf der anderen Seite kann die T_H1-Antwort durch Desensibilisierung, durch Impfung mit CpG-Nukleotiden oder einer Verabreichung von INF-γ, IL-10 und IL-12 stimuliert werden.
B Eine Mastzellblockade kann durch Abfangen von IgE mittels Anti-IgE-Antikörper (z. B. Omalizumab, siehe auch Kap. II.6.5.2) erreicht werden. Die Fcε-RI-Rezeptoren können durch IgE-Fc-Fragmente blockiert werden, die kein Allergen binden können. Damit kann eine Mastzellaktivierung verhindert werden.

turvariante des IL-4-Rezeptors könnten z. B. der Grund für eine gesteigerte IgE-Produktion sein. Manche Allergiker scheinen weiterhin eine Strukturvariante der MHC-II-Moleküle zu besitzen, die zu einer verstärkten Präsentation einzelner Allergen-abgeleiteter Peptide führen. Des Weiteren besteht ein Polymorphismus der β-Kette des hoch affinen IgE-Rezeptors, der zu einer besseren Vernetzung nach Antigenkontakt führt.
Neben diesen genetischen Faktoren, deren genereller kausaler Zusammenhang mit der Entwicklung einer Allergie nicht eindeutig geklärt ist, kommen Umwelteinflüsse in Betracht. Allerdings lassen sich hier auch keine klaren, generell zutreffenden Beziehungen identifizieren.

5.2.1.4 Therapiemöglichkeiten einer Allergie

Etablierte Strategien (Abb. I.5.8) haben zum einen das Ziel, durch Gabe steigender Mengen von Allergen den Patienten zu desensibilisieren. Das Ziel besteht darin, durch die Desensibilisierung die Antikörperantwort von IgE zu IgG zu verschieben, bzw. das Gleichgewicht von der Seite der T_H2-Reaktion auf die T_H1-Immunantwort zu verlegen (vgl. Kap. II.9).
Zum anderen behandelt man die Symptome der Allergie. Adrenalin ist das Mittel der Wahl beim anaphylaktischen Schock, da es die Herztätigkeit anregt, die Bronchialgefäße dilatiert und das Endothel regeneriert. Bei akuten Asthmaanfällen

sind β_2-Sympathomimetika in Inhalationsform für eine sofortige Erweiterung der Bronchien von großer Bedeutung. Die Folgen der Histaminfreisetzung werden durch Gabe von Antihistaminika vom H1-Typ verhindert (vgl. Kap. II. 7), ebenso wie man durch Verabreichung von Corticosteroiden die generellen Auswirkungen einer chronischen Entzündung verhindern will (vgl. Kap. II. 2.3.6). Zur Beseitigung der Bronchokonstriktion bei Asthma können der bereits zugelassene Cysteinyl-Leukotrien-Rezeptorantagonist oder aber auch die noch in der Entwicklung steckenden Inhibitoren der Lipoxygenase und der Phosphodiesterase-4 eingesetzt werden.

Neuere kausal ausgerichtete Ansätze (Abb. I.5.8 B) sind beispielsweise die Neutralisation und Elimination von IgE-Molekülen durch Verabreichung von Anti-IgE-Antikörper (Omalizumab, vgl. Kapitel II.6.5.2). Des Weiteren gibt es den Ansatz, IgE-Fc-Konstrukte zu verwenden, die zwar an den hoch affinen IgE-Mastzellrezeptor binden, aber keinen variablen Teil besitzen. Deshalb kann kein Antigen binden und es kommt nicht zur Quervernetzung der Antikörper und damit zur Aktivierung der Mastzelle. Eine Mastzellblockade kann auch durch Gabe von Cromonen oder Furosemid, die die Freisetzung von Mastzellmediatoren verhindern, erreicht werden.

Noch in der experimentellen Phase befinden sich auch Inhibitoren von IL-4, IL-5 und IL-13, die eine T_H2-Antwort verhindern sollen. Eine Inhibition costimulatorischer Moleküle wie B7.2 oder CD28 durch Antikörper könnte genauso wie die Verabreichung von antiinflammatorischen Zytokinen (IFN-γ, IL-12 oder IL-18) erfolgversprechend sein. Eine weitere Strategie, die starke T_H2-Antwort auf ein Peptidallergen zu verhindern, wird in Form einer Impfung des Allergikers mit Peptiden verfolgt. Die Peptide leiten sich von gewöhnlichen Allergenen ab, stellen also in der Regel keine stark immunogenen Substanzen dar. Die Hoffnung ist, dass durch die Verabreichung der schwachen Immunogene eine T-Zell-Anergie induziert wird, da die T-Zellen diese Allergenfragmente zwar erkennen, aber keine Costimulation erfolgt. Somit wird die T-Zelle nicht aktiviert und verfällt in einen anergischen Zustand. Es kommt zur reduzierten Zytokinproduktion. Die Gefahr des Auslösens einer Allergie ist gering, da IgE-Moleküle im Gegensatz zu T-Zellen nur das vollständige Allergen erkennen. Das Problem bei diesem Ansatz ist allerdings, dass eine Vielzahl an unterschiedlichen Peptiden zur Impfung notwendig ist, da der Polymorphismus der MHC-II-Moleküle, die diese Peptide präsentieren müssen, sehr groß ist.

Ein weiterer Ansatz ist es, die T_H1-Antwort zu aktivieren. Man experimentiert hier mit der Verabreichung von Zytokinen, wie z. B. IFN-γ oder IL-10. Erste experimentelle Erfolge gibt es für die Impfung mit so genannten Cytosin-Guanin-Dinukleotiden (CpG, vgl. Kap. II.3.3.4.1). Diese Oligonukleotide imitieren bakterielle DNA-Sequenzen und stimulieren daher im besonderen Ausmaß die T_H1-Antwort.

Die Inhibierung der Mobilisierung von Eosinophilen ist ebenfalls ein wichtiges Target, insbesondere bei chronischen Allergien, wie z. B. Asthma bronchiale, wo den Eosinophilen eine entscheidende Rolle in der Pathophysiologie zugeschrieben wird. Hierfür kommen Inhibitoren des Eotaxinrezeptors CCR3 in Frage.

5.2.2 *Überempfindlichkeitsreaktion Typ II*

Typ-II-Reaktionen führen zu einer Antikörper-vermittelten Zerstörung oder zum Funktionsverlust von Zellen. Die pathogene Immunantwort kann über drei Wege laufen.

5.2.2.1 *Komplement-abhängige Reaktionen*

Die Bindung von Komplement an Antikörper auf der Zelloberfläche führt über den klassischen Weg entweder zur Lyse oder nach Opsonisierung zur Phagozytose der Zelle. Wenn die Struktur, an die Antikörper gebunden haben, für eine Phagozytose zu groß ist (z. B. bei einer Basalmembran), behilft sich der aktivierte Phagozyt damit, dass er seine Lysosomen freisetzt, wodurch auch Nachbarzellen geschädigt werden (vgl. Abb. I.5.11).

Beispiele für eine Komplement-bedingte Lyse sind Immunantworten auf Erythrozyten bei so genannten Transfusionszwischenfällen, wenn der Empfänger Antikörper gegen Erythrozyten des Spenders besitzt. Es kommt bei der Transfusion dann zur Komplement-abhängigen Lyse der roten Blutkörperchen (hämolytische Anämie). Wesentliche Antigene sind hierbei die Blutgruppenantigene.

Es gibt beim Menschen mindestens 20 verschiedene Blutgruppensysteme. Das AB0-System mit den vier verschiedenen Blutgruppen A, B, AB und 0 ist für die Transfusionsmedizin von besonderer Bedeutung. Ein Individuum einer bestimmten Blutgruppe kann Erythrozyten erkennen, die Antigene einer anderen Blutgruppe tragen und Antikörper gegen diese bilden. Diese Antigene sind bestimmte Zuckerketten, die Teil von Glykoproteinen und Glykolipiden sind und sich auf der Mehrzahl zellulärer Oberflächen befinden. Beim AB0-System werden bereits im 1. Lebensjahr Antikörper (Isoagglutinine) gegen diejenigen Antigene gebildet, die nicht auf der Erythrozytenoberfläche vorhanden sind. Daher ist eine Prüfung der Übereinstimmung zwischen Blutspender und Empfänger bei diesem Blutgruppensystem besonders wichtig, um eine Typ-II-Reaktion und damit eine Lyse der Erythrozyten auszuschliessen (vgl. Kap. III.2; Abb. III.2.5 A).

Die Tabelle I.5.2 veranschaulicht das Auftreten von Antigen und Antikörpern beim AB0-Blutgruppensystem; in Tabelle I.5.3 sind die im Notfall möglichen, kompatiblen Transfusionen gegenübergestellt.

Rhesus-System ist nach den Rhesus-Affen benannt, bei denen es erstmalig festgestellt wurde. Es ist ein komplexes System an Antigenen, von denen das dominant vererbliche D-Antigen am wichtigsten ist. 85 % der europäischen Bevölkerung besitzt es und wird als Rh^+ bezeichnet. Gelangen Rh^+-Erythrozyten in das Blut eines Rh^--Menschen, so werden Antikörper gegen das Rhesus-Antigen D gebildet.

Von Bedeutung ist auch das Rhesus-System, ein weiteres Blutgruppensystem, das eine *Erythroblastosis fetalis,* eine hämolytische Anämie beim Neugeborenen, hervorrufen kann (Abb. I.5.9). Rhesusantigene sind Lipoproteine, die vor allem auf Erythrozyten vorkommen. Besonders wichtig ist hierbei das Rhesus-D-Antigen. Eine Mutter, die kein Rhesus-D-Antigen trägt (Rh^-), kann durch Rhesus-D-positive Erythrozyten, die ge-

Tab. I.5.2: Häufigkeit und Merkmale des AB0-Systems

Blutgruppe	Vorhandenes Antigen	Antikörper gegen	Häufigkeit in Mitteleuropa
A	Antigen A	B	48 %
B	Antigen B	A	9 %
AB	Antigen A und Antigen B	keine Antiköper	4 %
0	kein Antigen	A, B	39 %

Tab. I.5.3: Möglichkeiten von kompatiblen Transfusionen

Erythrozytensubstitution		Plasmatransfusion	
Empfänger	Spender	Empfänger	Spender
0	0	0	0, A, B und AB
A	A und 0	A	A und AB
B	B und 0	B	B und AB
AB	AB, A, B und 0	AB	AB

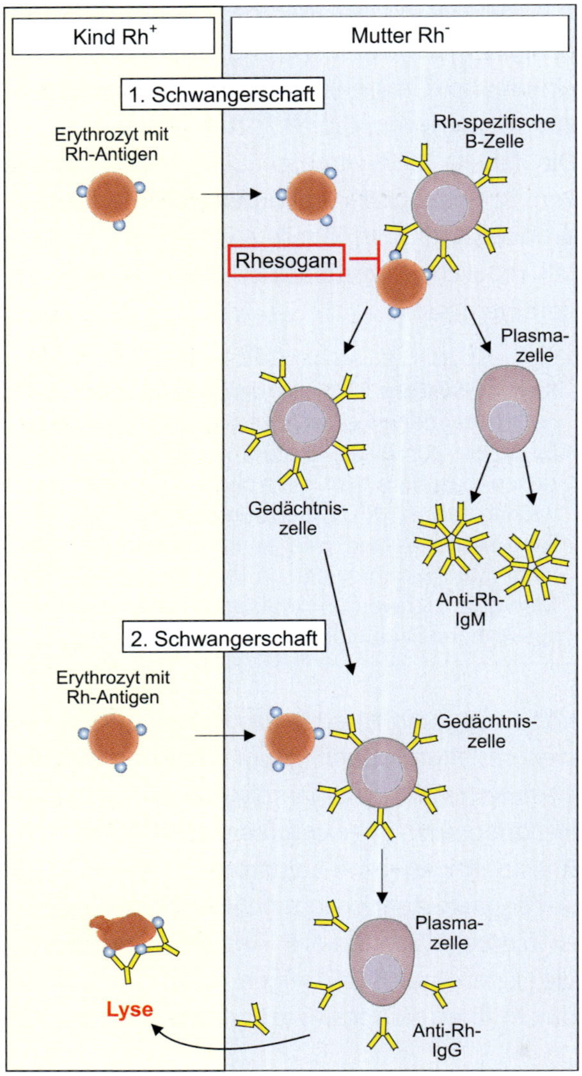

Abb. I.5.9: Erythroblastosis fetalis als Beispiel einer Typ-II-Überempfindlichkeitsreaktion.
Wenn eine Rh⁻-Mutter ein Rh⁺-Baby austrägt, entwickelt die Mutter Antikörper und Gedächtniszellen gegen das Rhesusprotein. Bei einer zweiten Schwangerschaft mit einem Rh⁺-Kind kommt es zur Zerstörung der fötalen Erythrozyten durch das anti-RhD-IgG der Mutter. Als Prophylaxe wird die Mutter unmittelbar nach der 1. Geburt mit Anti-RhD-Antikörper (Rhesogam) passiv immunisiert. Es kommt zur Zerstörung der Rh⁺-fötalen Erythrozyten. Damit wird eine Bildung von Anti-Rhesus-D-Antikörper verhindert.

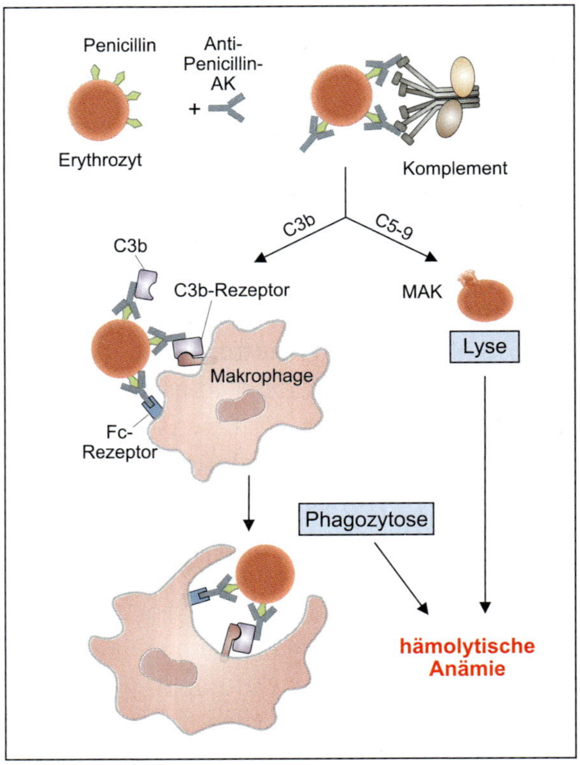

Abb. I.5.10: Typ-II-Überempfindlichkeitsreaktion am Beispiel einer durch anti-Penicillin-IgG induzierten Hämolyse.
Antikörper bindet an Penicillin, das sich auf der Oberfläche von Erythrozyten befindet. Durch die Aktivierung von Komplement kommt es entweder über C5-C9-Fragmente zur direkten Lyse der Erythrozyten oder nach Opsonisierung durch C3b-Fragmente zur Phagozytose der Erythrozyten durch Makrophagen. Beides führt schließlich zu einer hämolytischen Anämie.

wöhnlich bei der Geburt retrograd vom fötalen in den mütterlichen Kreislauf übertreten, sensibilisiert werden. Da sich erst dann Rh-D-Antikörper bilden, verläuft die erste Schwangerschaft bzw. Geburt in der Regel ohne Komplikationen. Bei einer zweiten Schwangerschaft können die Anti-Rhesus-D-Antikörper der Mutter über die Plazenta in den fötalen Blutkreislauf übertreten und die kindlichen Erythrozyten zerstören (Morbus haemolyticus neonatorum). Um die Bildung von Anti-Rhesus-D-Antikörper in der Mutter zu verhindern, werden ihr kurz nach der Geburt des ersten Rh⁺-Kindes im Rahmen der Rhesus-Prophylaxe Anti-RhD-Antikörper (Rhesogam) injiziert, die die fötalen Erythrozyten, die in den mütterlichen Blutkreislauf gelangt sind, sofort zerstören sollen (vgl. Kap. II. 5.5.4.1).

Eine Lyse von Erythrozyten kann auch durch so genannte Autoantikörper gegen Erythrozytenantigene verursacht sein (autoimmunhämolytische Reaktion). Es gibt Individuen, die gegen körpereigene Erythrozyten und auch neutrophile Granulozyten und Thrombozyten Antikörper bilden können (Autoantikörper). Der Nachweis von Autoantikörpern wird mit dem so genannten Coombs-Test geführt (vgl. Kap. III.2). Hier wird durch Agglutination von körpereigenen Erythrozyten die Anwesenheit von Auto-Erythrozytenantikörpern bestimmt. Bei den Autoantikörpern gibt es wärmereaktiv- und kältereaktiv-wirkende Antikörper. Während wärmereaktive Autoantikörper eine autoimmunhämolytische Anämie bei einer Reaktionstemperatur von 37 °C herbeiführen, findet die Reaktion von kältereaktiven Autoantikörpern zumeist in der Peripherie statt, wo im Winter die Temperatur in den Kapillarschlingen der Haut bis auf 30 °C abfallen kann. In schweren Fällen kann es bis zu Nekrosen in Fingern und Zehenspitzen, oder anderen peripheren Endstrombahnen kommen.

Die Einnahme bestimmter Medikamente, z.B. Penicillin oder Methyldopa, führt in seltenen Fällen ebenfalls zu einer hämolytischen Anämie. Diese Anämie wird durch die Bildung von Antikörpern gegen das entsprechende Medikament ausgelöst. Bindet das entsprechende Arzneimittel an die Zelloberfläche von Erythrozyten, kann sich der Antikörper anlagern und eine Komplementaktivierung auslösen. Dies bedingt entwe-

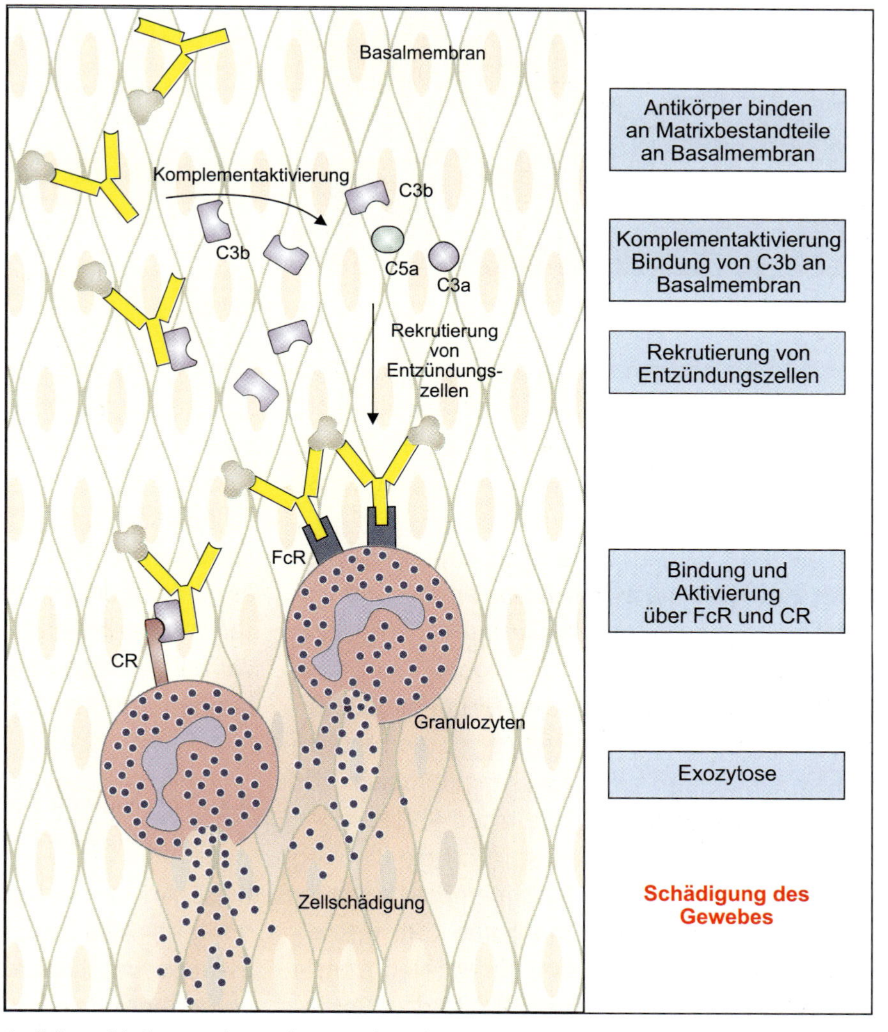

Abb. I.5.11: Goodpasture-Syndrom als Beispiel einer Typ-II-Überempfindlichkeitsreaktion. Antikörper binden an glomeruläre Basalmembranen. Es kommt zur Aktivierung von Komplement und zur Bindung von C3b-Fragmenten an die Membranen. Neutrophile Granulozyten werden über Fc-Rezeptoren und ihre Komplementrezeptoren gebunden und aktiviert. Die Basalmembran ist zu groß für eine Phagozytose. In der Folge setzt der Granulozyt seine Granula frei (Exozytose) und schädigt das umliegende Gewebe.

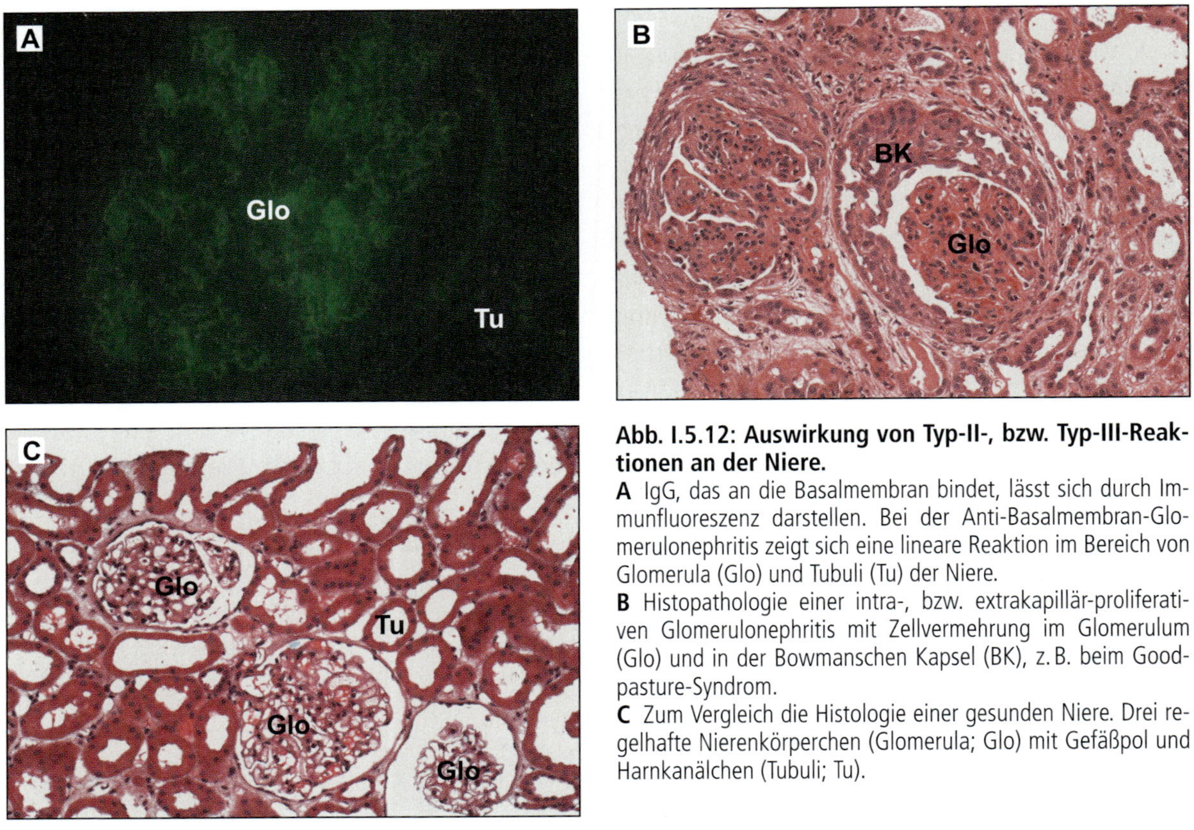

Abb. I.5.12: Auswirkung von Typ-II-, bzw. Typ-III-Reaktionen an der Niere.
A IgG, das an die Basalmembran bindet, lässt sich durch Immunfluoreszenz darstellen. Bei der Anti-Basalmembran-Glomerulonephritis zeigt sich eine lineare Reaktion im Bereich von Glomerula (Glo) und Tubuli (Tu) der Niere.
B Histopathologie einer intra-, bzw. extrakapillär-proliferativen Glomerulonephritis mit Zellvermehrung im Glomerulum (Glo) und in der Bowmanschen Kapsel (BK), z. B. beim Goodpasture-Syndrom.
C Zum Vergleich die Histologie einer gesunden Niere. Drei regelhafte Nierenkörperchen (Glomerula; Glo) mit Gefäßpol und Harnkanälchen (Tubuli; Tu).

der eine nachfolgende Lyse oder die Opsonisierung und Phagozytose der Erythrozyten (Abb. I.5.10). Neben Erythrozyten können auch Granulozyten und Thrombozyten in gleicher Weise betroffen sein.

Ein weiteres Beispiel für eine Typ-II-Reaktion, die über die Aktivierung von Komplement und insbesondere durch eine Aktivierung von Phagozyten charakterisiert ist, ist das so genannte Goodpasture-Syndrom. Dies ist eine Glomerulonephritis, die durch Autoantikörper gegen glomeruläre Basalmembranen und Basalmembranen der Lunge hervorgerufen ist. Wie in den Abbildungen I.5.11 und I.5.12 zu sehen ist, führt die Bindung von Antikörpern an die Basalmembran zu einer Aktivierung von Komplement und C3b opsoniert daraufhin die Basalmembran. Neutrophile Granulozyten werden über C3b- und Fc-Rezeptoren an den Antikörper-Basalmembran-Komplex gebunden. Da die Basalmembran für eine Phagozytose zu groß ist, setzt der Phagozyt seine Granula und Lysosomen nach außen frei, was zur Schädigung der umliegenden Zellen führt. Dieser Vorgang wird auch Exozytose genannt und scheint auch bei Erkrankungen wie der Rheumatoiden Arthritis ein Mechanismus der Gewebeschädigung zu sein. Solche Typ-II-Reaktionen sind häufig an der Pathophysiologie von Autoimmunerkrankungen, die durch Autoantikörper verursacht werden, beteiligt. Weitere Beispiele werden wir bei der Besprechung von Autoimmunerkrankungen (vgl. Kap. I.5.3.2.) kennenlernen.

5.2.2.2 Antikörper-abhängige Zell-mediierte Toxizität (ADCC)

Diese Art der Antikörper-mediierten Zellschädigung ist nicht von der Aktivierung des Komplementsystems abhängig. Die Zielzelle, die Antikörper auf ihrer Zelloberfläche trägt, wird durch eine Reihe von nicht sensibilisierten Zellen, die aber Fc-Rezeptoren tragen, abgetötet. Dazu wird die Zielzelle über IgG-Moleküle auf ihrer Oberfläche an die Fc-Rezeptoren der Killerzellen gebunden. Es tritt eine Zelllyse ein, ohne dass eine Phagozytose stattfindet. Diese so genannte Antikörper-abhängige Zell-mediierte Toxizität (antibody-dependent cell-mediated cytotoxicity, ADCC) kann durch Fc-Rezeptoren auf NK-Zellen, Eosinophile, Neutrophile oder Monozyten vermittelt werden. ADCC spielt ebenfalls immer dann eine Rolle, wenn die Zielstruktur, die zerstört werden soll, zu groß ist, um phagozytiert zu werden.

5.2.2.3 Antikörper-mediierte zelluläre Dysfunktion

Typ-II-Reaktionen führen nicht immer zur Zerstörung der Zielzelle, sondern können auch die Funktion des entsprechenden Oberflächenantigens, an das der Antikörper bindet, inhibieren. Zwei Beispiele sind die Störung der Neurotransmission bei *Myasthenia gravis* durch Blockade des Acetylcholin-Rezeptors durch Autoantikör-

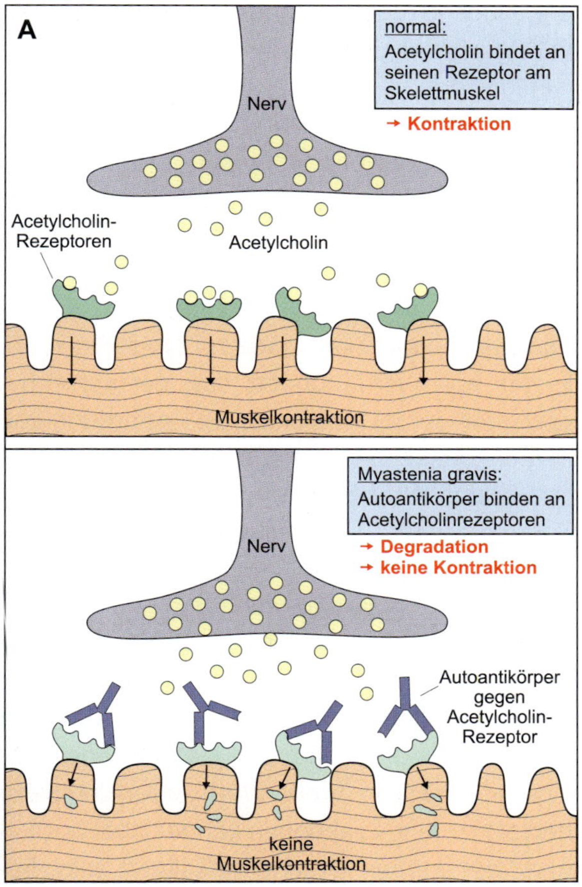

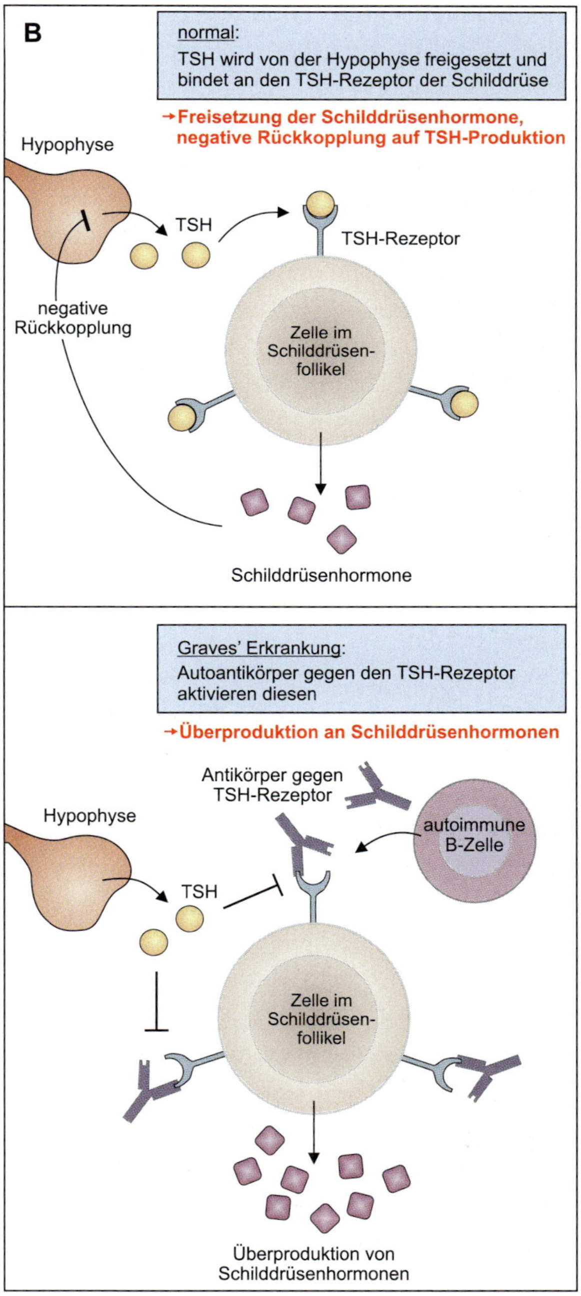

Abb. I.5.13: Funktionsverlust von Rezeptoren durch Antikörper.
A Antikörper gegen den Acetylcholin-Rezeptor inhibieren die neuromuskuläre Transmission und verursachen eine Paralyse (Myasthenia gravis)
B Antikörper gegen den TSH-Rezeptor bewirken die Ausschüttung von Schilddrüsenhormonen (Graves' Erkrankung).

per und die Stimulation der Schilddrüse durch Antikörper gegen den TSH-Rezeptor (Abb. I.5.13). Die Acetylcholin-Rezeptoren befinden sich auf der motorischen Endplatte, wo das Neuron mit den Muskeln Kontakt aufnimmt. Normalerweise leitet das Neuron die Impulse durch die Freisetzung von Acetylcholin aus den Nervenendigungen in den neuromuskulären Spalt weiter. Acetylcholin bindet an den entsprechenden Rezeptor und führt zur Kontraktion der Muskelfibrillen. Durch Blockade des Acetylcholin-Rezeptors können diese Impulse nicht mehr die Muskelfibrillen erreichen. Zudem kommt es durch die Bindung des Autoantikörpers zu einer Degradation des Rezeptorproteins und damit zu einer fortschreitenden Muskelschwäche.

Das Thyroidea-stimulierende Hormon (TSH) aus der Hypophyse stimuliert die Schilddrüsenzellen nach Bindung an den TSH-Rezeptor (TSHR) dazu, Schilddrüsenhormone zu bilden. TSHR-Antikörper können als Agonist an den TSH-Rezeptor der Schilddrüsenzelle binden und TSH-unabhängig eine Ausschüttung von Schilddrüsenhormonen hervorrufen. Es kommt zur Überproduktion von Schilddrüsenhormonen, die nicht mehr durch TSH regulierbar ist. Diese Hyperthyreose wird als Morbus Basedow oder im Englischen als Graves' Disease bezeichnet.

5.2.3 Überempfindlichkeitsreaktion Typ III

Eine Typ-III-Überempfindlichkeitsreaktion ist durch die Aktivierung von Komplement durch lösliche Antigen/Antikörper-Komplexe bedingt und wird auch als Immunkomplex-Erkrankung bezeichnet.

Die Bildung von Antigen/Antikörper-Komplexen erleichtert normalerweise die Phagozytose und damit die Entfernung eines Antigens. In einigen Fällen führen jedoch größere Mengen an solchen Immunkomplexen zu Typ-III-Überempfindlichkeitsreaktionen. Das Ausmaß dieser Reaktionen ist abhängig von der Menge und der Lokalisation der Immunkomplexe.

Die Menge bzw. die Größe der gebildeten Immunkomplexe und damit die Schwere der Reaktion ist von der Menge an Antikörper abhängig. Ein Antikörperüberschuss führt zu großen Komplexen, die zunächst über Komplement an Erythrozyten gebunden werden und dann effizient in der Leber oder Milz von Makrophagen entfernt werden. Diese großen Komplexe bewirken in der Regel keine unerwünschten Reaktionen.

Kleine Komplexe bilden sich dann, wenn das Antigen im Überschuss vorhanden ist, d. h. eine ungenügend hohe Menge an Antikörpern zur Verfügung steht. Die kleineren Komplexe binden weniger gut an Erythrozyten, zirkulieren länger und haben geringere Affinitäten zu Phagozyten.

Neben der Größe der Immunkomplexe ist auch der funktionelle Status des phagozytären Systems entscheidend für die Entstehung einer Typ-III-Überempfindlichkeitsreaktion: Sind die Phagozyten nicht in der Lage, die Immunkomplexe zu eliminieren, kommt es verstärkt zur Typ-III-Reaktion. Es gibt auch Vermutungen, dass der Kohlenhydratanteil der IgG-Moleküle die Entfernung von Immunkomplexen durch Phagozyten maßgeblich beeinflusst und dass Anomalien in diesen Zuckereinheiten bei bestimmten Immunkomplex-Erkrankungen, wie z. B. der Rheumatoiden Arthritis, eine Rolle spielen.

Immunkomplex-vermittelte Erkrankungen können dann von generalisiertem Charakter sein, wenn die Immunkomplexe in der Zirkulation entstehen und sich an den Gefäßwänden ablagern. Durch Antigen/Antikörper-Komplexe hervorgerufene Reaktionen können aber auch in ganz bestimmten Organen lokalisiert sein. Bevorzugt kommen Komplexablagerungen beispielsweise an der Basalmembran von Glomeruli in der Niere, an Synovialmembranen der Gelenke (Arthritis) oder in den kleinen Blutgefäßen der Haut vor. Eine Glomerulonephritis, eine Arthritis bzw. eine so genannte Arthus-Erkrankung sind die Folgeerscheinung.

Welche Faktoren beeinflussen die Entstehung solcher Immunkomplex-Erkrankungen und welche pathophysiologischen Mechanismen sind involviert?

Die Art des Antigens kann die Entstehung von Immunkomplex-Erkrankungen beeinflussen. Grundsätzlich können es exogene Antigene sein, wie Fremdproteine (z. B. Arzneimittel) oder Pathogene. Unter Umständen sind es aber auch endogene Antigene, gegen die ein Individuum Antikörper und damit Immunkomplexe bildet. Diese Erkrankungen werden im Detail im Kapitel I.5.3 „Autoimmunerkrankungen" besprochen.

Bei den exogenen Antigenen stehen Krankheitserreger, die eine persistierende Infektion, gleichzeitig eine nur schwache humorale Antwort und damit eine chronische Bildung von Immunkomplexen verursachen, im Blickpunkt des Interesses. Hier sind Krankheitserreger wie Streptokokken und Staphylokokken zu nennen, deren Persistenz durch Ablagerung von Immunkomplexen zu einer Glomerulonephritis bzw. einer subakuten Endocarditis führt. Eine chronische Hepatitis ist ebenfalls charakterisiert durch eine konstante Produktion von viralen Hepatitis-B-Antigenen, die fortwährend mit den entsprechenden Antikörpern reagieren. Die Folgen der Immunkomplex-Bildung sind Ablagerungen in Gefäßen und bestimmten Organen und deren Schädigung. Immunkomplexe können auch auf Körperoberflächen, insbesondere in der Lunge, entstehen. Hier sind es vor allem Antigene, die von Schimmelpilzen stammen und interessanterweise keine IgE-Reaktion, sondern die Bildung von zirkulierenden IgG bewirken. Bei kontinuierlicher Exposition von Actinomyceten-Antigen, wie es bei Bauern häufig der Fall ist, kommt es zu einer Alveolitis, die maßgeblich durch die Formierung von Immunkomplexen hervorgerufen ist. Man bezeichnet diese Krankheit, die berufsbedingt durch wiederholten Kontakt mit Heustaub und Pilzsporen auftritt, „Farmerlunge" oder „Dreschfieber".

Hinsichtlich der pathophysiologischen Mechanismen einer Immunkomplex-bedingten Erkrankung lassen sich drei Phasen unterscheiden (Abb. I.5.14):

1. Entstehung der Antigen/Antikörper-Komplexe in der Zirkulation,
2. Ablagerung der entstandenen Antigen/Antikörper-Komplexe in den Gefäßen oder entsprechenden Geweben und
3. Auslösen einer Entzündungsreaktion (generalisiert oder lokalisiert) durch Rekrutierung von Leukozyten und deren Exozytose.

Die Entzündungsreaktion führt zu einem Gewebeschaden und wird maßgeblich durch eine Aktivierung des Komplementsystems initiiert. Die freigesetzten kleinen Fragmente C3a, C4a und C5a sind Anaphylatoxine und führen zum einen zu einer Degranulation der Mastzellen und damit zu einer Erhöhung der Gefäßpermeabilität, zum anderen sind die Fragmente chemotaktische Faktoren und rekrutieren Neutrophile an den Ort der Komplexablagerungen. Das C3b-Fragment fungiert als Opsonin, welches die Immunkomplexe umhüllt. Durch Bindung der Komplexe an die Oberfläche von Neutrophilen (sowohl über Komplementrezeptoren wie auch über Fc-Rezeptoren) kommt es zu deren Aktivierung und damit zur Freisetzung von lytischen, gewebeschädigenden Enzymen (Exozytose).

> **Opsonin** ist eine Substanz, die die Phagozytose eines Antigens, das an das Opsonin gebunden ist, aktiviert. Opsonine sind klassischerweise Antikörper oder das Komplement-Fragment C3b.

Die Aktivierung des Komplements kann weiterhin eine Aggregation von Blutplättchen bewirken und so die Bildung von Mikrothromben initiieren.

Zusammenfassend lässt sich sagen, dass eine Aktivierung des Komplementsystems wahrscheinlich die bedeutendste Rolle in der Pathogenese von Immunkomplex-Erkrankungen spielt.

Zwei gute Beispiele für eine systemische (generalisierte) und eine lokale Immunkomplex-Erkrankung sind die Serumkrankheit und die Arthus-Erkrankung.

Wird ein therapeutisches Immunserum verabreicht, z. B. Pferdeserum gegen bestimmte Gifte oder Serum gegen Thymozytenantigene, werden dabei als fremd erkannte Serumproteine in

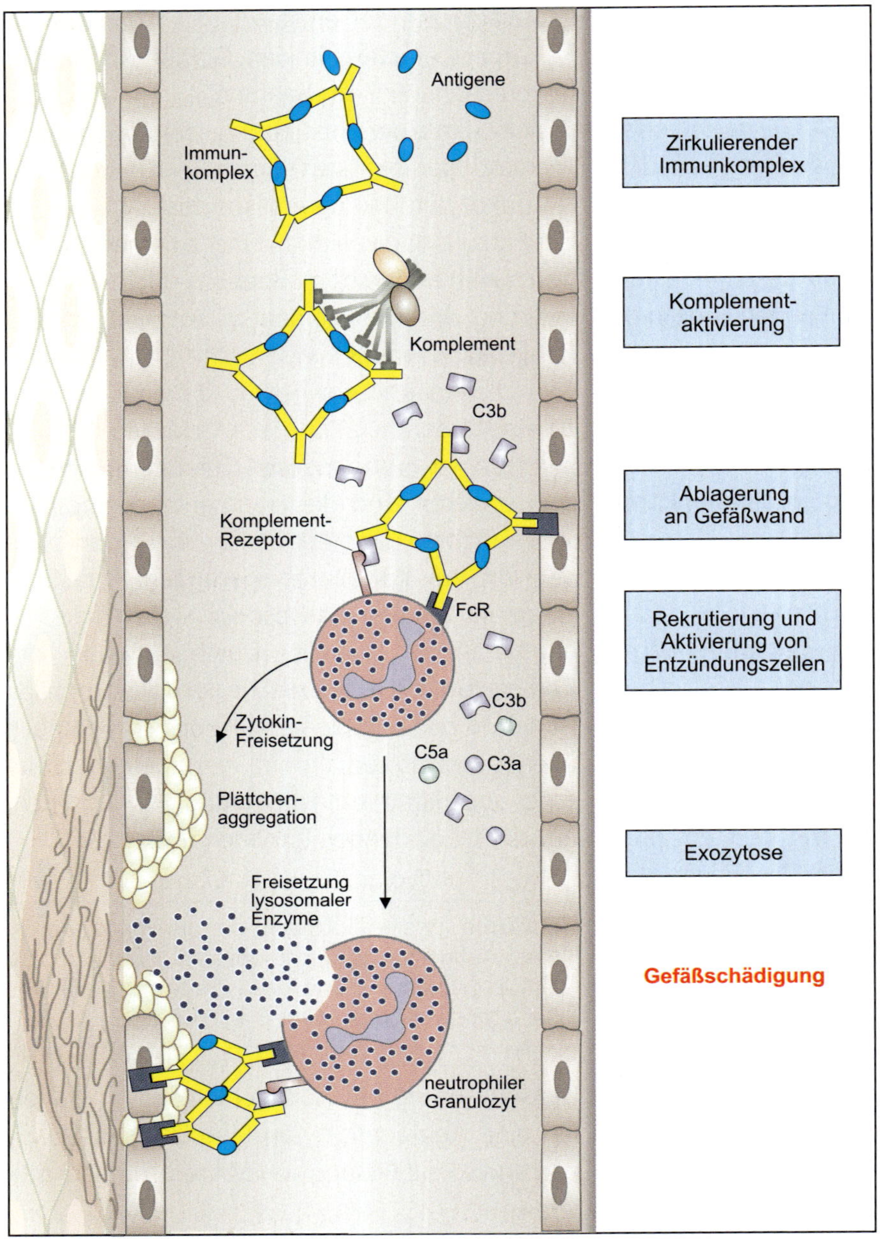

Lösliches Antigen in der Zirkulation bedingt die Produktion von Antikörpern. Bei Überschuss von Antigen bilden sich kleine Immunkomplexe, die nicht vom phagozytären System entfernt werden. Die Immunkomplexe lagern sich an der Gefäßwand ab. Es kommt zur Aktivierung von Komplement und C3b opsonisiert die Immunkomplexe. Kleine Komplementfaktoren (C5a, C3a) locken neutrophile Granulozyten an, die über Komplement- und Fc-Rezeptoren an die Immunkomplexe binden. Weiterhin führen sie zu einer Aggregation der Blutplättchen. Die neutrophilen Granulozyten werden aktiviert und setzen proinflammatorische, vasoaktive und permeabilitätserhöhende Faktoren frei (Exozytose). Es kommt zu einer Gefäßentzündung und -Schädigung.

Abb. I.5.14: Immunkomplex-vermittelte Gewebeschädigung.

die Zirkulation gebracht. Nach 6 bis 7 Tagen kann die so genannte Serumkrankheit auftreten. Zu diesem Zeitpunkt haben sich IgG-Antikörper gegen die equinen Serumproteine gebildet und es kommt zur Ausbildung und Ablagerungen von Immunkomplexen in Gefäßwänden und Geweben. Dies führt über die Aktivierung von Komplement und Phagozyten zu den typischen entzündlichen Erkrankungen, beispielsweise der Niere, der Gefäße oder den Gelenken. Die Symptome werden durch den Abfall der Komplement-Konzentration im Serum sowie mit vermehrter Antikörperproduktion besser. Die Komplexbildung wird hinsichtlich einer effizienten Elimination mit der Zeit optimiert und daher sind die Symptome der Serumkrankheit nur vorübergehend, bis das Antigen entfernt ist.

Antitoxinseren sind Seren, die durch Injektion eines Toxins in Pferden, Ziegen oder anderen Spendertieren gewonnen werden und hohe Antikörpertiter aufweisen. Beispiele sind Botulismus-Antitoxin, Diphtherie-Antitoxin, Gasbrand-Antitoxin, Schlangengift-Seren oder Skorpiongift-Serum. Die Nativseren werden zur Vermeidung der Serumkrankheit von Begleitproteinen gereinigt (Fermo-Seren, vgl. Kap. II.5).

Die Arthus-Reaktion ist lokal begrenzt auf die Wände und das perivaskuläre Gewebe der kleinen Blutgefäße, zumeist der Haut. Eine solche Reaktion kann experimentell zum Nachweis von gegen ein bestimmtes Antigen gerichtete IgG-Antikörper benutzt werden. Dazu wird das entsprechende Antigen subkutan in die Haut gespritzt. Die zirkulierenden Antikörper diffundieren ins Gewebe und bilden an dieser Stelle Immunkomplexe, die wiederum an Fc-Rezeptoren von Mastzellen und anderen Leukozyten binden und dadurch eine lokale Entzündungsreaktion mit erhöhter Gefäßdurchlässigkeit auslösen. Dadurch wird der Prozess weiter verstärkt und es entsteht nach einigen Stunden an der Einstichstelle ein hämorrhagisches Ödem, welches als Nachweis zirkulierender Antikörper dient (Abb. I.5.15).

Der in der Klinik wichtige Nachweis von Immunkomplexen kann auch durch eine Reihe von *In-vitro*-Testverfahren geführt werden, die im Kapitel III.2 im Detail besprochen werden.

Zum Schluss dieses Kapitels sei angemerkt, dass rekombinante Arzneimittel, die i.v. gegeben werden, unter Umständen Typ-III-Reaktionen induzieren können, da es nicht auszuschließen ist, dass die rekombinanten Proteine als fremd erkannt werden und eine nur moderate Antikörperproduktion auslösen.

5.2.4 *Überempfindlichkeitsreaktion Typ IV*

Typ-IV-Überempfindlichkeitsreaktionen sind T-Zell-abhängig und verlaufen prinzipiell genauso wie für die zelluläre Immunantwort gegenüber Pathogenen bereits beschrieben (d. h. T_H1-, T_H2- und T_C-mediiert). Da die Immunantwort T-Zell-vermittelt ist, benötigen die Mechanismen der Typ-IV-Reaktion immer einige Zeit, sich zu entwickeln und wird deshalb als Hypersensibilität vom verzögerten Typ bezeichnet (delayed type hypersensitivity, DTH).

Eine Typ-IV-Reaktion lässt sich in verschiedene Phasen unterteilen:

Nach dem initialen Kontakt mit dem Antigen kommt es zunächst zur Sensibilisierung. Nach Aufnahme des Antigens durch antigenpräsentierende Zellen (Makrophagen) kommt es zur Aktivierung und Differenzierung von T_H1-Zellen und zur Ausbildung von Gedächtniszellen. Seltener kommt es zur Aktivierung von CD4-positiven T_H2-Zellen und von CD8-positiven T-Zellen.

Bei einem zweiten Kontakt mit dem Antigen setzen sensibilisierte T_H1-Zellen eine Vielzahl von Zytokinen frei, insbesondere IFN-γ, TNF-β, IL-12, IL-3 und IL-8.

Diese Faktoren rekrutieren und aktivieren Makrophagen und andere Entzündungszellen. Akti-

TNF-β wird auch als Lymphotoxin (LT) bezeichnet und ist ein Zytokin, das von aktivierten CD4-positiven T-Zellen sezerniert wird und auf Zellen direkt toxisch wirken kann.

I

5

Immunpathologie

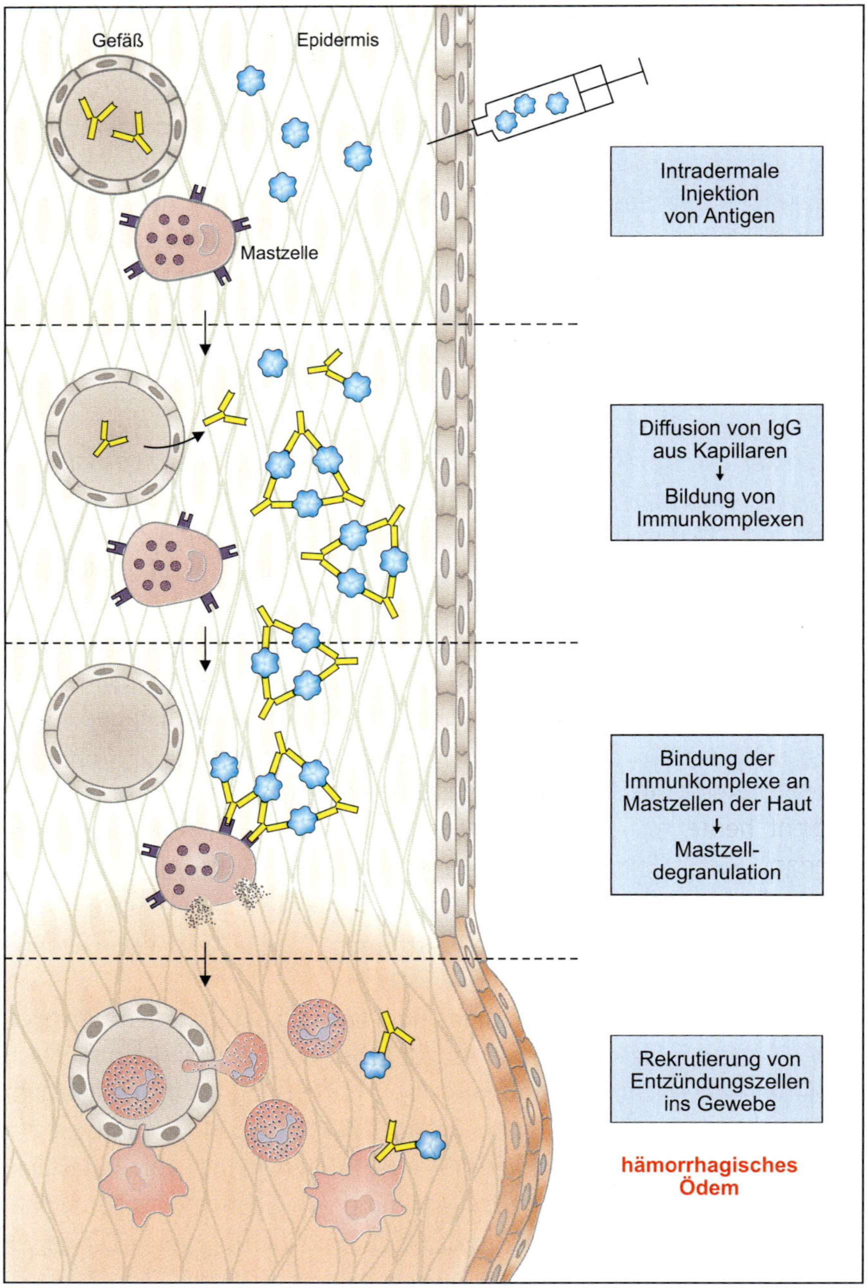

Personen, die bereits Antikörper gegen ein bestimmtes Antigen gebildet haben, reagieren auf Injektion dieses Antigens in die Haut mit der so genannten Arthus-Reaktion, die als Nachweis für antigenspezifisches IgG verwendet wird. IgG-Antikörper, die aus den Kapillaren heraus diffundieren, bilden mit injiziertem Antigen lokale Immunkomplexe. Die Immunkomplexe binden an Fcγ-Rezeptoren auf Mastzellen und aktivieren sie. Durch die Degranulation der Mastzellen wandern inflammatorische Zellen in die Region ein und die Gefäßpermeabilität sowie der Blutfluss werden erhöht. Es kommt zur Blockade der kleinen Blutgefäße. An der Einstichstelle entsteht ein hämorrhagisches Ödem, welches als Nachweis für eine Arthus-Reaktion dient.

Abb. I.5.15: Die Arthus-Reaktion als Nachweis für IgG-Moleküle gegen ein bestimmtes Antigen.

vierte Makrophagen präsentieren ihrerseits verstärkt Antigen, sodass die Überempfindlichkeitsreaktion erhalten bleibt und sich je nach Lokalisation und Antigen in intensiven Entzündungserscheinungen äußern kann.
Man kann die Überempfindlichkeitsreaktionen vom verzögerten Typ in drei verschiedene Formen unterteilen:

- Tuberkulin-Reaktion,
- granulomatöse Überempfindlichkeitsreaktion
- Kontaktdermatitis

5.2.4.1 *Tuberkulin-Reaktion*

Die Überempfindlichkeitsreaktion vom Tuberkulin-Typ ist eine klassische Typ-IV-Reaktion vom verzögerten Typ. Diese Reaktion wurde erstmals 1890 von Robert Koch beschrieben, als er eine lokalisierte Entzündungsreaktion an Patienten beobachtete, die mit *Mycobacterium tuberculosis* infiziert waren, nachdem er ihnen *Mycobacterium*-Filtrat intradermal verabreichte. Der so genannte Tuberkulin-Test dient heute noch der Feststellung einer vorangegangenen Infektion mit *Mycobacterium tuberculosis* und einiger anderer intrazellulärer Bakterien und Pilze. Geringe Mengen an Antigen werden in die Haut injiziert und bewirken nach 24 bis 72 h eine typische Schwellung und Entzündung der Hautstellen. Bei der Tuberkulin-Reaktion sind wahrscheinlich die Makrophagen die primären antigenpräsentierenden Zellen, die dann T_H1-Zellen aktivieren.

5.2.4.2 *Granulomatöse Überempfindlichkeitsreaktion*

Die Überempfindlichkeitsreaktion vom granulomatösen Typ hat ihre Ursache in der Persistenz von Mikroorganismen in Makrophagen, die diese nicht beseitigen können. Die Granulombildung ist dadurch bedingt, dass durch lokale, aktivierte T_H1-Zellen Zytokine freigesetzt werden, die weitere Makrophagen anlocken und aktivieren. Hier sind insbesondere IFN-γ und TNF-β, IL-3 und IL-6 von Bedeutung. Die sich ansammelnden Makrophagen werden zu einer Hauptquelle für TNF-α. Makrophagen können sich unter diesen Bedingungen zu epitheloiden Zellen ausdifferenzieren, die weiter TNF-α freisetzen, was letztlich zur Ausbildung der für diese Granulome charakteristischen Riesenzellen führt (Abb. I.5.16 und I.5.17). Solche Granulome treten bei verschiedenen Erkrankungen auf, bei denen der Erreger (zumeist Mykobakterien) persistiert, wie z. B. bei der Tuberkulose (Abb. I.5.17), Lepra, Leishmaniose oder Wurminfektionen (Trematoden).

5.2.4.3 *Kontaktdermatitis*

Bei der Kontaktdermatitis ist das auslösende Agens meist ein kleines, hochreaktives Molekül, das die intakte Haut leicht durchdringen kann (Abb. I.5.18). Diese Substanzen reagieren mit körpereigenen Proteinen und es entstehen so genannte Protein/Hapten-Komplexe, die dann von antigenpräsentierenden Zellen der Haut, die man Langerhans-Zellen nennt, aufgenommen und als MHC-II-Komplexe den T_H1-Zellen präsentiert werden. Im Verlauf der Immunantwort entstehen auch T-Gedächtniszellen (vgl. Kap. I.4.1), die sich u. a. in der Dermis ansiedeln. Diese Sensibilisierungsphase dauert etwa 14 Tage. Ein weiterer Kontakt (Auslösephase) mit der sensibilisierenden Substanz führt dann zu einer raschen Aktivierung von spezifischen T_H1-Zellen in der Dermis, die Zytokine freisetzen, wobei hier vor allem IFN-γ und IL-17 eine wichtige Rolle spielen. Diese Zytokine aktivieren dann nämlich die Keratinozyten der Epidermis, proinflammatorische Zytokine, wie IL-1, TNF-α, IL-8 etc. freizusetzen. Die wiederum locken Monozyten in die Haut und induzieren deren Reifung zu aktivierten Gewebemakrophagen, die starke Entzündungsreaktionen hervorrufen können. Werden durch die

> **Langerhans-Zellen** sind phagozytierende dendritische Zellen in der Epidermis. Sie können von dort über die Lymphgefäße zu regionalen Lymphknoten wandern, wo sie zu reifen dendritischen Zellen differenzieren.

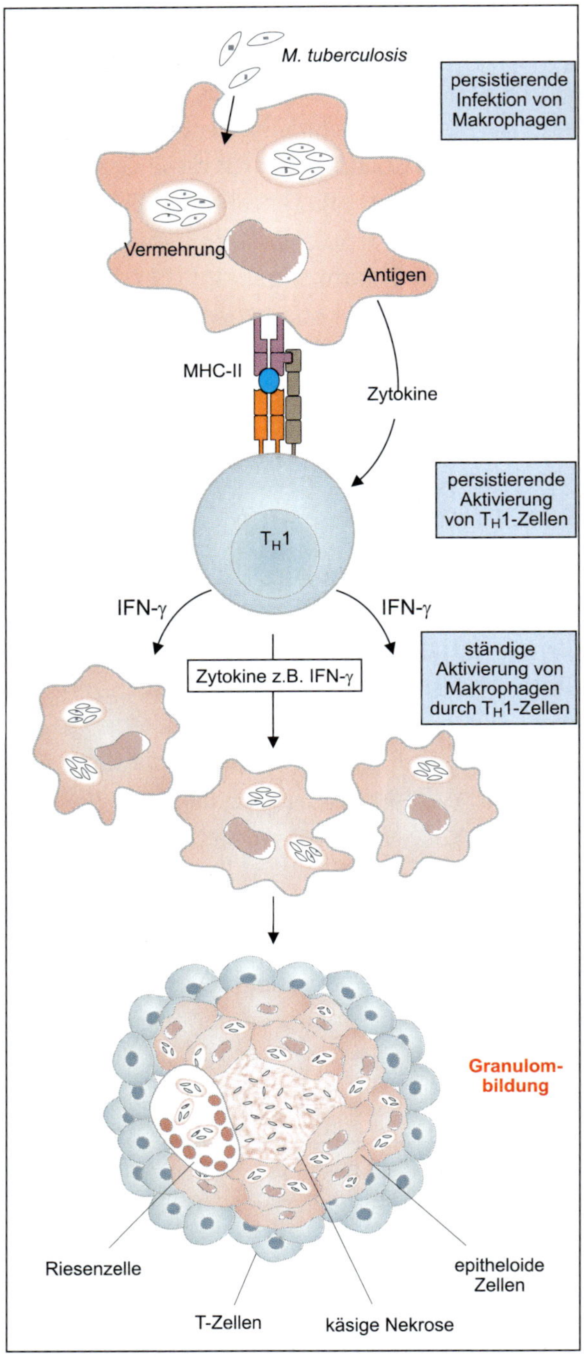

Abb. I.5.16: Pathogenese der Granulombildung bei einer Typ-IV-Überempfindlichkeitsreaktion.
Durch die persistierende Infektion von Makrophagen kommt es zu einer anhaltenden Stimulation von T_H1-Zellen, die wiederum Makrophagen aktivierende Zytokine, wie IFN-γ freisetzen. Die ständige Aktivierung von Makrophagen führt dazu, dass sie sich zusammenlagern, zu epithelialen Zellen mutieren, z. T. absterben (käsige Nekrose) oder so genannte Riesenzellen ausbilden. Diese Riesenzellen verdrängen normale Gewebezellen und setzen große Mengen an lytischen Enzymen frei, die dann das umliegende Gewebe schädigen, z. B. die Lunge bei einer persistierenden Infektion mit *Mycobacterium tuberculosis.*

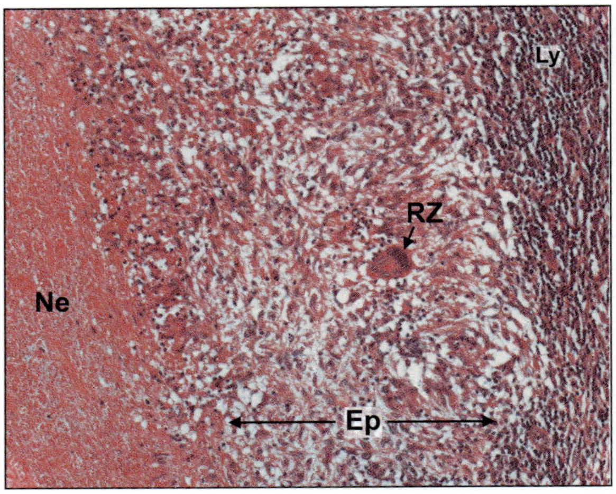

Abb. I.5.17: Histologische Analyse einer Granulombildung im Lymphknoten bei Tuberkulose.
Zu erkennen ist ein zonaler Granulom-Aufbau mit zentraler käsiger Nekrose (Ne) und charakteristischem Epitheloidsaum (Ep) und Langhansscher Riesenzelle (RZ). Außen ist Lymphknotengewebe (Ly) erkennbar.

sensibilisierenden Substanzen im Zytosol veränderte Proteine erzeugt, kann auch eine MHC-I-vermittelte CD8-Zell-induzierte zytotoxische Reaktion in der Dermis entstehen.
Häufige, so genannte Kontaktallergene sind Nickel und Chromat, unterschiedlichste Chemikalien und eine Reihe von Pflanzeninhaltsstoffen. Beispielsweise lösen die in Asteraceen vorkommmenden Sesquiterpenlactone (z. B. Helenalin) häufig eine Kontaktdermatitis aus.
Gewebeschädigung eines chronischen Asthmas bzw. einer chronischen allergischen Rhinitis sind ebenfalls Typ-IV-Reaktionen, weil sie im Gegensatz zur allergischen Sofortreaktion sehr verzögert eintreffen. Der Mechanismus beruht allerdings auf einer T_H2-Zellaktivierung, wobei hier weniger die Mastzellen, als vielmehr die Aktivierung der Eosinophilen von großer pathogener Bedeutung sind.

5.2.4.4 Überempfindlichkeitsreaktionen durch Arzneimittel

Überempfindlichkeitsreaktionen machen ungefähr 10 % der beobachteten Nebenwirkungen von Arzneimitteln aus. In den meisten Fällen ist es sehr schwierig, die zu Grunde liegenden Mecha-

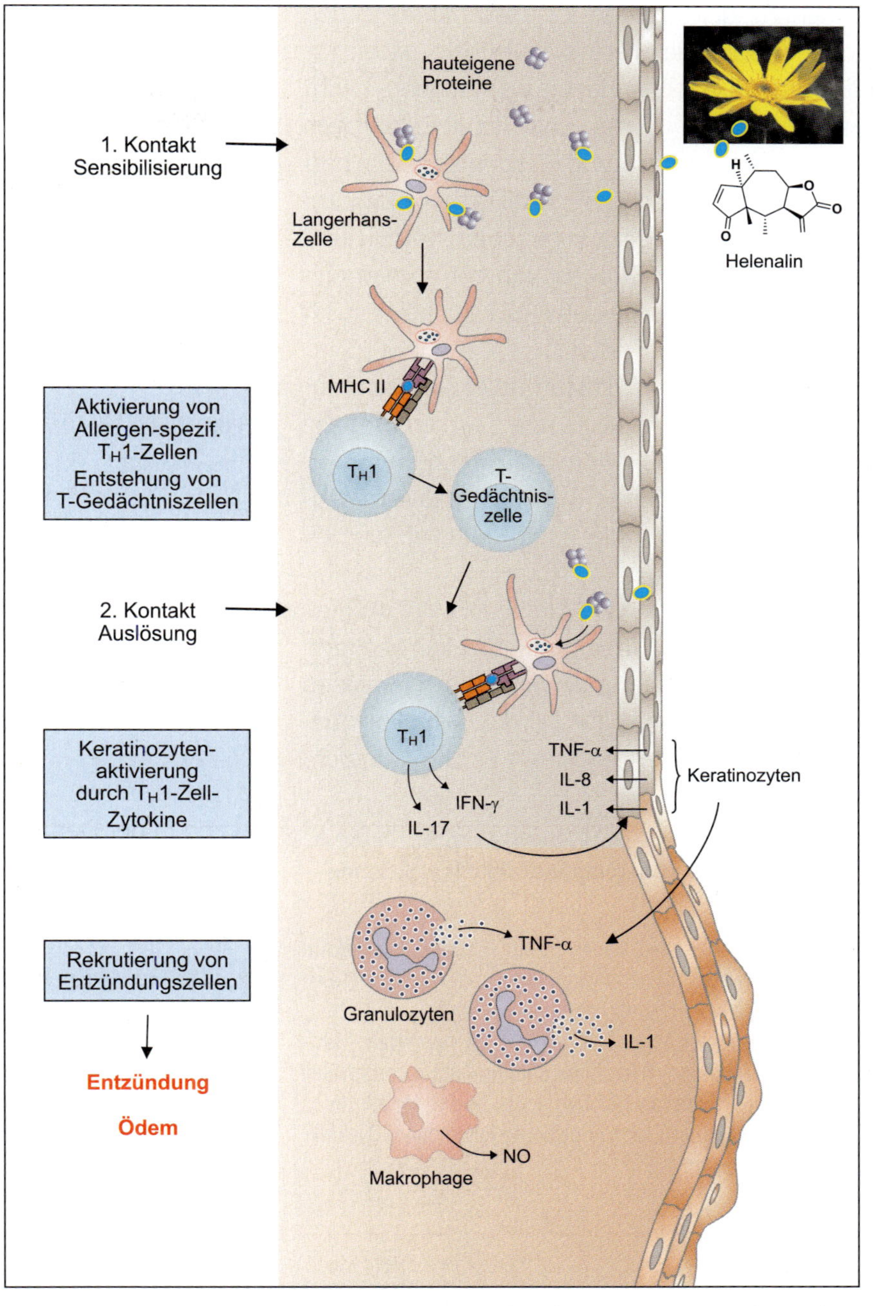

Abb. I.5.18: Kontaktdermatitis durch Sesquiterpenlactone als Beispiel einer Typ-IV-Überempfindlichkeitsreaktion.

Helenalin bildet mit hauteigenen Proteinen einen Komplex, der von APC der Haut (Langerhans-Zellen) als fremd erkannt wird. Es kommt nach einer MHC-II-vermittelten Antigenpräsentation zur Aktivierung von T_H1-Zellen und zur Ausbildung von Gedächtniszellen. Ein wiederholter Antigen-Kontakt führt zur raschen Aktivierung der T_H1-Antwort und zur Zytokin-Freisetzung. Diese aktivieren Keratinozyten, die daraufhin proinflammatorische Mediatoren freisetzen. Es kommt zur Anlockung weiterer Entzündungszellen, wie Makrophagen und Neutrophilen, die lytische Enzyme freisetzen. In der Folge kommt es zur Entzündung und Ödembildung. Es zeigt sich das charakteristische Bild einer Kontaktdermatitis mit geröteter Haut und Pustelbildung.

nismen zu identifizieren. Eine Ausnahme bilden jedoch hochmolekulare Arzneistoffe, wie Proteine und Polysaccharide, die als Antigen erkannt werden können. Typ-I- und Typ-III-Reaktionen können bei Verabreichung von gentechnisch hergestellten Proteinen oder Antikörpern vorkommen, die in der Regel i. v. gegeben werden und sich häufig in ihrer Struktur von der human naiven Struktur unterscheiden (vgl. Kap. II.2.4, II.3.4 und II.6).

Bei vielen kleinen Arzneistoffmolekülen wird angenommen, dass sie als Hapten wirken und alle Typen von Immunreaktionen auslösen konnten.

Auf häufig auftretende Allergien, wie auf Penicillin oder Sulfonamide kann getestet werden (vgl. Kap. III.4.2).

Grundsätzlich sollte bei Vorliegen einer Arzneimittel-induzierten Überempfindlichkeitsreaktion eine Überdosierung des Arzneistoffes vermieden werden. Außerdem sollte auf die Gabe von Arzneistoffen mit einer ähnlichen Struktur verzichtet werden. Bei Unsicherheit sollte ein Hauttest durchgeführt werden (vgl. Kap. III.4.2). Die Tabelle I.5.4 zeigt Arzneimittelgruppen, von denen bekannt ist, dass sie gehäuft Überempfindlichkeitsreaktionen auslösen.

Tab. I.5.4: Beispiele von Arzneimittel mit allergenem Potential

Arzneimittel-Typ	Beispiele
Antibiotika	Penicilline, Sulfonamide
Antihypertensiva	Hydralazin, Methyldopa
Antiarrhythmika	Quinidin, Procainamid
Antipsychotika	Trizyklika, Phenothiazine
Proteine und Peptide	Hormone (z. B. Insuline), Enzyme (z. B. L-Asparaginase)
Antikörper	Immunseren, monoklonale und polyklonale Antikörper
Phytopharmaka	Asteraceen (z. B. Arnika), Cumarindrogen, Psoralen-haltige Pflanzen, etc., Pollen

Check-Liste: 5.2 Überempfindlichkeitsreaktionen

Überempfindlichkeitsreaktionen sind Entzündungsreaktionen, die entweder humoral (Antikörper) oder zellulär (T-Zellen) vermittelt sind. Unterscheidung in 4 Typen:

- Typ I: Übergewicht der T_H2-Antwort, IgE-vermittelt, Mastzelldegranulation, Allergische Rhinitis, Asthma bronchiale
- Typ II: IgG bindet an Zelloberflächen und vermittelt deren Schädigung oder Tod; hämolytische Reaktionen, Dysfunktionen
- Typ III: Bildung von Immunkomplexen (generalisiert oder lokalisiert), Komplementaktivierung als Ausgang der Gewebeschädigung durch Neutrophile; Serumkrankheit, Arthus-Reaktion
- Typ IV: durch T-Zellen, meist T_H1-Zellen vermittelt, Makrophagenaktivierung durch T_H1-Zytokine, Gewebeschädigung durch Makrophagenmediatoren (lytische Enzyme, NO, ROS, etc.); Tuberkulin-Reaktion, Granulombildung bei Mykobakterien-Infektion; Kontaktdermatitis.

5.3 Immuntoleranz und Autoimmunität

Die ganz große Leistung unseres Immunsystems ist es, zwischen körpereigenen und fremden Antigenen zu unterscheiden. Während der Entstehung und Reifung von Lymphozyten werden konstant auch immer Lymphozyten gebildet, die eigene Antigene erkennen. Es müssen also Mechanismen existieren, die verhindern, dass es zu einer Immunreaktion gegen Eigenantigene kommt. Normalerweise reagiert das Immunsystem mit Toleranz auf Autoantigene, das heißt, es kommt zu keiner Immunantwort gegen körpereigenes Gewebe. Man bezeichnet diesen Zustand als Selbsttoleranz.

Wird der Zustand der Selbsttoleranz aufgehoben, so kann Autoimmunität die Folge sein. Unter Autoimmunität versteht man Immunreaktionen, die gegen körpereigene Gewebeantigene gerichtet sind und charakteristische Gewebeschäden hervorrufen können.

Der Begriff „Immuntoleranz" beschreibt den generellen Zustand der Unfähigkeit eines Individuums, gegen ein spezifisches Antigen eine Immunreaktion auszulösen. Dies kann ebenso wie die Autoimmunität pathophysiologische Folgen haben, wie beispielsweise bei der Entstehung von Tumoren.

Wir werden im Folgenden zwei essentielle Fragen angehen:

1. Wie erreicht das Immunsystem im Regelfall den Zustand der Selbsttoleranz?
2. Welche Faktoren und Mechanismen führen zu einer Autoimmunität?

5.3.1 Mechanismen der Selbsttoleranz

Selbsttoleranz wird durch eine Abfolge unterschiedlicher immunologischer Kontrollmechanis-

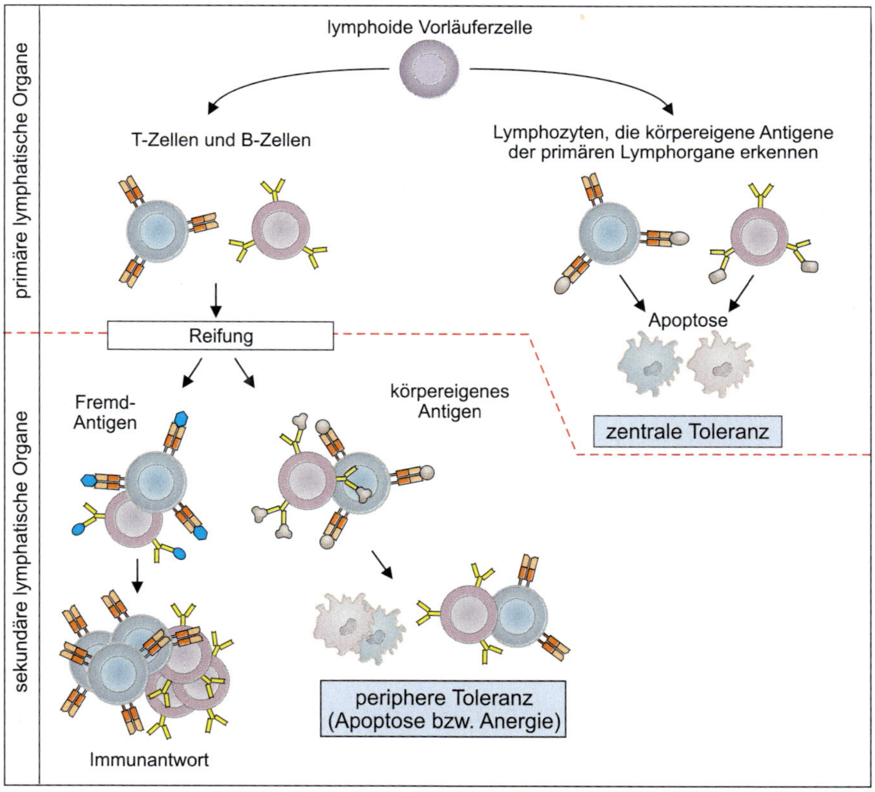

Abb. I.5.19: Zentrale und periphere Toleranz gegenüber Autoantigenen. Unreife Lymphozyten, die körpereigene Antigene in primären (generativen) Immunorganen erkennen, werden durch Apoptose entfernt (zentrale Toleranz).
Autoreaktive Lymphozyten werden inaktiviert (Anergie) oder entfernt (Apoptose) wenn sie mit Autoantigen in peripheren Immunorganen reagieren (periphere Toleranz).

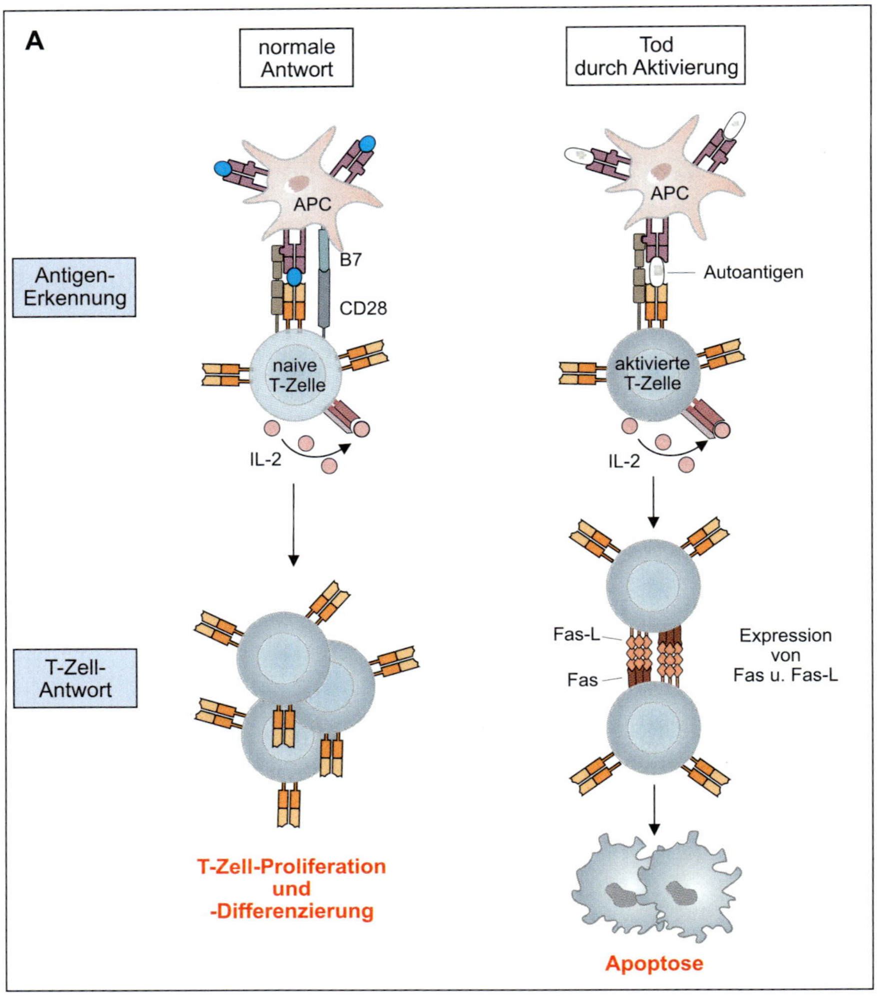

A Aktivierungs-vermittelter Tod von T-Lymphozyten (klonale Deletion).
T-Zellen, die ein Antigen auf APC erkannt haben, sezernieren IL-2, proliferieren und differenzieren zu Effektorzellen.
Die wiederholt auftretende Stimulation von T-Zellen durch ein ständig präsentes Autoantigen bedingt eine Coexpression von Fas und Fas-L, so dass sie sich gegenseitig umbringen.

Abb. I.5.20: Mechanismen der Selbsttoleranz.

men gewährleistet. Grundsätzlich kann man Mechanismen der so genannten zentralen Toleranz von denen der peripheren Toleranz unterscheiden (Abb. I.5.19).

Der Begriff „zentrale Toleranz" bezieht sich auf die Eliminierung autoreaktiver Lymphozyten während ihrer Reifung in den primären Immunorganen Thymus und Knochenmark und stellt den ersten und wichtigsten Kontrollpunkt dar. Die zentrale Toleranz kann sich aber nur auf die Antigene beziehen, die in den primären Immunorganen vorkommen. Den Kern der zentralen Toleranz stellt die klonale Deletion von heranreifenden T- und B-Zellen dar, die ubiquitär vorkommende Antigene mit hoher Affinität binden. Dies geschieht für T-Zellen im Thymus und für B-Zellen im Knochenmark. Die T-Zell-Toleranz, die entscheidend für ein Verhindern einer Autoimmunität ist, ist relativ gut untersucht. Autoantigene werden im Thymus-Epithel präsentiert und die T-Zellklone, die hoch affine Rezeptoren für ein Selbstpeptid besitzen, werden durch Apoptose deletiert.

Dennoch entwischen autoreaktive T-Zellen dieser Kontrolle und gelangen in die Peripherie. Sie können hier noch durch Mechanismen der peripheren Toleranz beseitigt werden. Man kennt drei wesentliche Mechanismen der peripheren Toleranz (Abb. I.5.20 A–C).

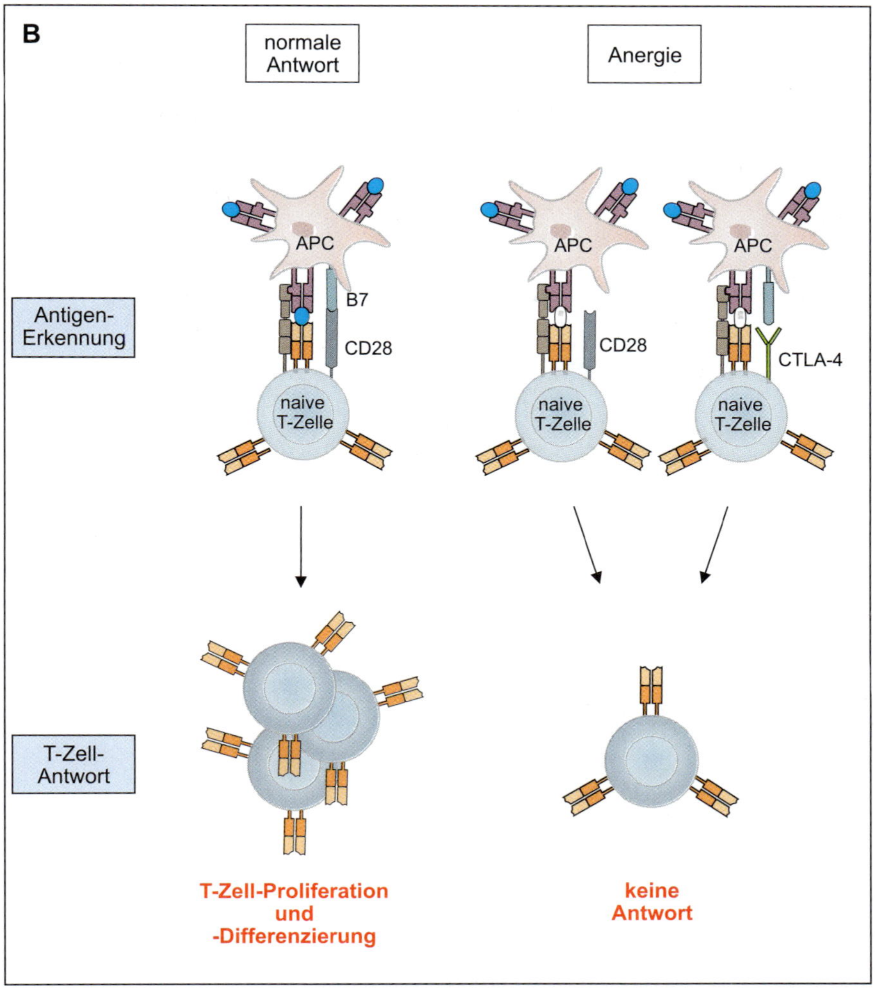

Abb. I.5.20: Mechanismen der Selbsttoleranz.

B T-Zell-Anergie. Wird ein Antigen durch APC präsentiert, die costimulatorische Moleküle (B7) exprimieren, so wird eine T-Zell-Antwort induziert.
Ein Autoantigen kann entweder ohne costimulatorisches Signal von der APC präsentiert werden oder in Anwesenheit von CTLA-4. In beiden Fällen kommt es nicht zu einer T-Zellaktivierung. Die T-Zellen befinden sich im Zustand der Anergie.

1. Klonale Deletion von aktivierten autoreaktiven Lymphozyten über das Fas/Fas-L-System: Im Gegensatz zu Fremdantigenen, die in der Regel eliminiert werden, bewirken Autoantigene durch ihre permanente Präsenz eine ständige Stimulation peripherer T-Zellen. Die wiederkehrende Stimulation von T-Zellen führt dazu, dass diese vermehrt Fas-Liganden (Fas-L) exprimieren und über Bindung an den Fas-Rezeptor sich selbst in die Apoptose führen.

2. Klonale Anergie: Darunter versteht man die Inaktivierung von Lymphozyten durch die Tatsache, dass kein costimulatorisches Signal gegeben wird, wenn die antigenpräsentierende Zelle ein Autoantigen anstelle eines Pathogens über ihre MHC-Moleküle präsentiert. Dies hat zur Folge, dass der autoreaktive Lymphozyt nicht in der Lage ist, nach Antigen-Kontakt aktiviert zu werden. Er verfällt in den Zustand der Anergie. In manchen Fällen fangen die T-Zellen, denen körpereigene Antigene begegnen, an, ein Protein an ihrer Oberfläche zu exprimieren, das CTLA-4 genannt wird. CTLA-4 bindet B7-Moleküle und sendet dann aber inhibitorische Signale in Richtung T-Zelle aus.

3. Dominante Suppression: Neue Arbeiten zeigen, dass sich im Thymus auf moderaten Auto-

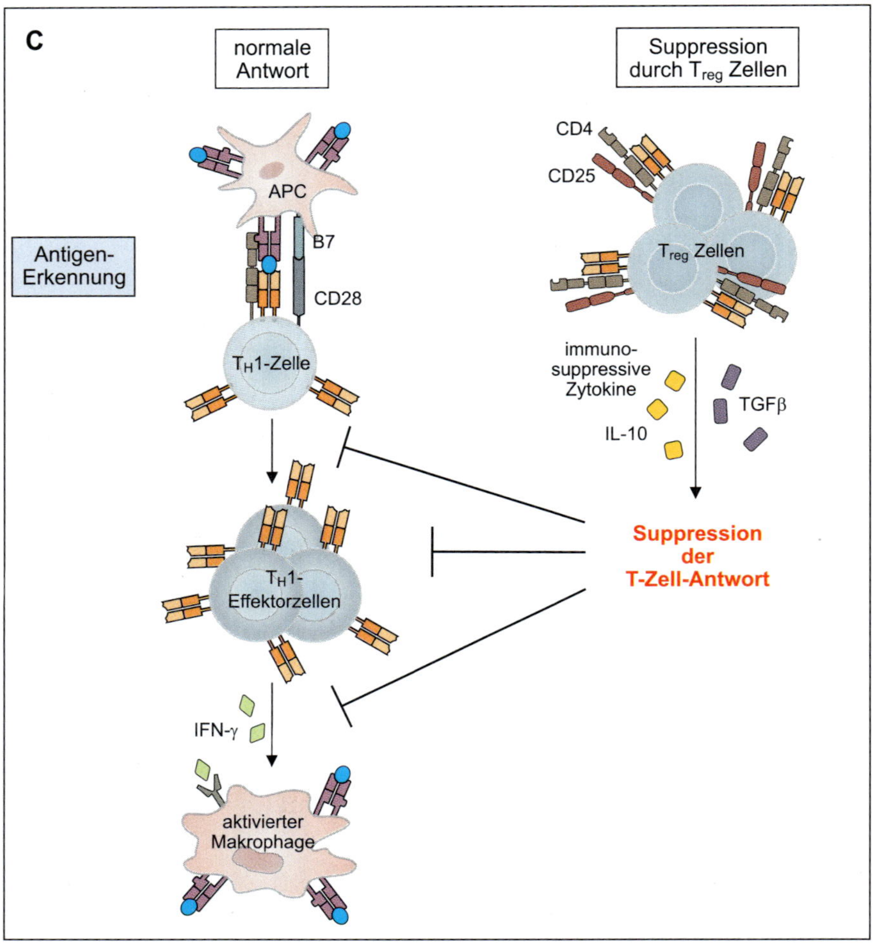

C T_{reg}-Zell-vermittelte Immunsuppression. Antigenspezifische T-Zellen differenzieren zu Effektorzellen. Hier dargestellt sind T_H1-Zellen, die durch Freisetzung von IFN-γ Makrophagen aktivieren.
Es wird vermutet, dass T-Zellen, die körpereigene Antigene moderat erkennen, im Thymus zu regulatorischen T-Zellen ($CD4^+$-/$CD25^+$-T-Zellen = T_{reg}-Zellen) differenzieren. Diese sezernieren Zytokine wie IL-10 und TGF-β, welche eine Aktivierung von T_H1-Zellen und die entsprechende Immunantwort inhibieren.

Abb. I.5.20: Mechanismen der Selbsttoleranz.

antigen-Kontakt eine Population von T-Zellen entwickeln kann, die regulatorische T-Zellen (T_{reg}) genannt werden. Die Mehrheit dieser Zellen tragen neben CD4 das Oberflächenantigen CD25, sodass diese Zellen $CD4^+$-/$CD25^+$-T_{reg} genannt werden. T_H3- und T_R1-Zellen sind zwei weitere T-Zellpopulationen, denen regulatorische Eigenschaften zugeschrieben werden. $CD4^+$-/$CD25^+$-T_{reg}-Zellen sind in der Lage, eine autoreaktive T-Zellantwort zu unterdrücken und damit eine Autoimmunitätsreaktion zu verhindern. Diese regulatorischen Zellen könnten also von großem therapeutischen Nutzen sein. T_{reg}-Zellen sezernieren IL-10 und TGF-β, beides Zytokine, die eine T-Zellproliferation, insbesondere der T_H1-Zellen hemmen.

TGF-β (transforming growth factor) hat den Namen von seinen wachstums-inhibierenden Eigenschaften. Es inhibiert beispielsweise die Proliferation von T_H1-Zellen und wirkt so anti-inflammatorisch. Es scheint bei der Entwicklung der peripheren Toleranz von Bedeutung zu sein.

Die Mechanismen, die zur zentralen Toleranz von B-Zellen führen, sind denen der T-Zellen sehr ähnlich. Die B-Zellen, die bereits im Knochen-

> **Anergie** bezeichnet den Zustand fehlender Reaktivität auf Antigene. Personen sind anergisch, wenn sie bei Kontakt mit entsprechenden Antigenen keine Typ-IV-Reaktion zeigen. Lymphozyten sind anergisch, wenn sie selbst bei optimaler Stimulation nicht auf ihr Antigen reagieren.

mark körpereigene Proteine erkennen, sterben durch Apoptose.

Die periphere Toleranz wird dadurch erreicht, dass B-Zellen, die nach Erkennung von körpereigenen Proteinen keine T-Zellhilfe bekommen in Anergie verfallen oder abgehalten werden, in den Lymphknoten zu wandern. Sie sterben dann, weil sie keine entsprechenden Überlebenssignale erhalten.

Wie oben erwähnt, kann es beim Versagen dieser Mechanismen der Selbsttoleranz zu Autoimmunerkrankungen kommen. Was versteht man unter einer Autoimmunerkrankung und welche Faktoren führen dazu?

5.3.2 Autoimmunität

Von einer Autoimmunerkrankung spricht man streng genommen nur dann, wenn drei Kriterien erfüllt sind:

1. Es ist eine Autoimmunreaktion vorhanden.
2. Diese Reaktion ist nicht als Folge einer Gewebezerstörung anderer Genese zu sehen.
3. Es gibt keinen anderen Grund für die Erkrankung.

Autoimmunerkrankungen können als organspezifische oder nicht-organspezifische = systemische Erkrankungen klassifiziert werden (Tab. I.5.5). Bei Erkrankungen, wie Diabetes mellitus Typ I, Morbus Basedow oder Multiple Sklerose sind die autoimmunen Effekte auf ein Organ bzw. spezifische Zellen beschränkt, wie z. B. auf die Insulin-produzierenden β-Zellen des Pankreas. Bei systemischen Autoimmunerkrankungen wie der Rheumatoiden Arthritis oder Lupus erythematodes ist die Immunreaktion auf Antigene gerichtet, die ubiquitär vorkommen, wie z. B. Immunglobulin oder Bestandteile des Chromatins.

5.3.2.1 Mechanismen der Autoimmunerkrankungen

Die Pathogenese von Autoimmunerkrankungen ist sehr komplex und lässt sich nicht auf einen verantwortlichen Mechanismus zurückführen. Des Weiteren variieren die Defekte von einer Autoimmunerkrankung zur anderen. Ein kompliziertes Zusammenspiel von immunologischen/mikrobiellen, genetischen und Umwelt-Faktoren (Abb. I.5.21), das bisher sehr wenig verstanden ist, ist für das Entstehen einer Autoimmunerkrankung verantwortlich. Im Folgenden werden einzelne Defekte bei den immunologischen, ge-

Tab. I.5.5: Einteilung von häufigen Autoimmunerkrankungen

Organspezifische Autoimmunerkrankungen	Mechanismus	Systemische Autoimmunerkrankungen	Mechanismus
Morbus Basedow (Graves' Erkrankung) Hashimoto-Thyroiditis	Autoantikörper (stimulatorisch) T-Zellen	Essentielle Kryoglobulinämie	Immunkomplexe
Autoimmun-hämolytische Anämie, autoimmun-thrombozytopenische Purpura	Autoantikörper	Lupus erythematodes	Autoantikörper, Immunkomplexe
Multiple Sklerose	T_H1/T_C; Autoantikörper	Rheumatoide Arthritis	Autoantikörper, Immunkomplexe
Diabetes mellitus Typ I	T-Zellen	Sjögren-Syndrom I	Autoantikörper
Myasthenia gravis	Blockierende Autoantikörper	Sklerodermie	Autoantikörper
Goodpasture Syndrom	Autoantikörper		

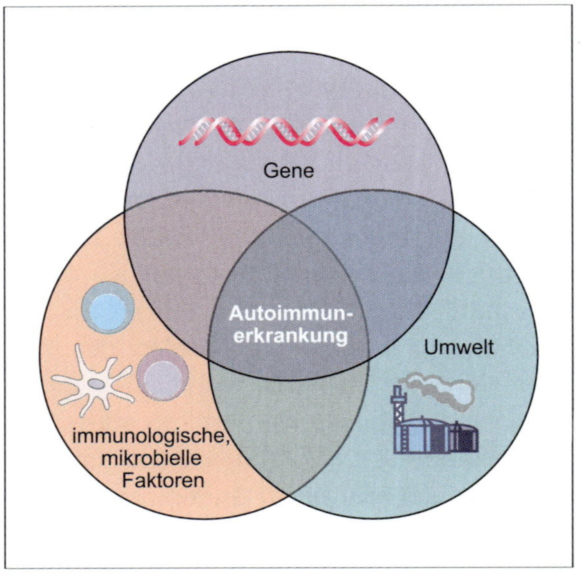

Abb. I.5.21: Wesentliche Faktoren, die an der Pathogenese der Autoimmunerkrankung beteiligt sind.
Neben genetischen Faktoren, die eine gewisse individuelle Prädisposition bedingen, können auch immunologische Faktoren, die z. T. auch genetische Ursachen haben, sowie mikrobielle Faktoren und Umweltfaktoren eine Autoimmunerkrankung hervorrufen.

netischen und mikrobiellen Faktoren, die für Autoimmunerkrankungen verantwortlich gemacht werden, erörtert.

Immunologische Faktoren

Bisher gibt es keine überzeugenden Hinweise, dass ein Versagen der zentralen Toleranz als Grund für Autoimmunerkrankungen in Frage kommt, wohl aber Defekte in der peripheren Toleranz.

Versagen der T-Zell-Anergie: Autoreaktive Zellen, die einer klonalen Deletion entwischt sind, können – wie erwähnt – durch das Ausbleiben von costimulatorischen Signalen Autoantigen-präsentierender Zellen in einen anergen, unreaktiven Zustand übergehen. Diese T-Zellanergie kann aber durchbrochen werden, wenn es durch unterschiedliche Umstände wie z. B. durch eine Infektion bzw. Entzündungsreaktion zur Expression solcher costimulatorischen Moleküle kommt. Die Folge ist eine Freisetzung von IL-12 und die Aktivierung von T_H1-Zellen. Eine erhöhte Expression von B7-costimulatorischen Molekülen wurde beispielsweise im zentralen Nervensystem von Patienten mit Multipler Sklerose, in den Gelenken von Patienten mit Rheumatoider Arthritis oder in der Haut von Patienten mit Psoriasis gefunden. In einem experimentellen Tiermodell wurde weiterhin gezeigt, dass die Expression von B7 in β-Zellen des Pankreas für die Zerstörung von Inselzellen durch autoreaktive T-Zellen und für die Entstehung von Diabetes mellitus Typ I verantwortlich gemacht werden kann. Dies eröffnet die attraktiven Möglichkeiten, durch gezielte Manipulation der costimulatorischen Signale Autoimmunerkrankungen zu therapieren (vgl. Abb. I.5.26).

Versagen des Fas-mediierten Zelltodes aktivierter T-Zellen: Eine persistierende Aktivierung von autoreaktiven T-Zellen führt im Normalfall zur Apoptose der Zellen durch Induktion des Fas/Fas-L-Systems. Experimentelle Hinweise bestehen, dass ein Defekt im Fas/Fas-L-System zur Ausbildung einer massiven Lymphozyten-Ansammlung führt und in Mäusen eine Autoimmunerkrankung hervorruft, die der des systemischen Lupus erythematodes (SLE) des Menschen ähnlich ist.

Versagen der T_{reg}-Zell-mediierten Immunsuppression: Möglicherweise entstehen auch durch Fehlen oder durch funktionelle Defekte der T_{reg}-Zellen Autoimmunerkrankungen. Am Modell einer autoimmunen Colitis wurde für die Maus gezeigt, dass die Gabe von $CD4^+$-/$CD25^+$-T-Zellen, die IL-10 aber kein IL-4 sezernieren, das Ausbrechen der Krankheit verhindern kann. Im Modellsystem des Diabetes mellitus Typ I der Maus (NOD-Mäuse) lässt sich durch Übertragung eines insulinspezifischen T-Zellklons, was die Freisetzung von TGF-β zur Folge hat, die Zerstörung der β-Zellen durch autoreaktive T-Zellen verhindern.

Neben Defekten in den Mechanismen, die zur Selbsttoleranz führen (Klonale Deletion, Anergie, Suppression) sind auch Mechanismen der Autoimmunität vorstellbar, die von der Natur des Autoantigens und seiner Erkennung abhängig sind. Hierzu zwei Beispiele:

Freisetzung von sequestrierten Antigenen: Antigene, die in immunologisch privilegierten Regionen sitzen (Tab. I.5.6), induzieren keine Immunreaktion (weder Toleranz noch Aktivierung), können jedoch zum Ziel eines Immunangriffs werden, wenn sie in die Zirkulation oder umgebende Gewebe gelangen. Gründe für die Freisetzung dieser Antigene in die Umgebung können Verletzungen oder Entzündungsreaktionen sein, die wiederum mit einer Induktion von costimulatorischen Signalwegen und damit dem Versagen der T-Zell-Anergie in Verbindung stehen. Ein Beispiel ist die Erkrankung *Ophthalmia sympathica*, die auf einer Schädigung des Auges beruht. Dabei gelangen Antigene aus dem betroffenen Auge in das umgebende Gewebe, wo sie von T-Zellen erkannt werden. Die gebildeten Effektorzellen greifen das verletzte, aber auch das gesunde Auge an.

Tab. I.5.6: Immunprivilegierte Körperregionen

Auge
Gehirn
Hoden
Uterus (Fötus)

Antigen-Ausbreitung – „Epitop-Spreading": Ein körpereigenes Protein hat in der Regel relativ wenige antigene Determinanten (Epitope), die effektiv prozessiert und T-Zellen präsentiert werden. Das heißt, die meisten Autoantigene werden nicht besonders gut vom Immunsystem erkannt. Daher werden T-Zellen, die für diese so genannte „kryptischen Epitope" spezifisch sind, nicht effizient über klonale Deletion oder Anergie entfernt. Gründe für eine mangelnde Erkennung durch das Immunsystem können beispielsweise ein zu geringes Vorkommen des Autoantigens, ein unzureichendes Prozessieren durch APC oder aber auch das Fehlen costimulatorischer Faktoren sein. Es ist also möglich, dass Autoantigen-spezifische T-Zellen eine Autoimmunität auslösen können, wenn die bisher versteckten Epitope sich plötzlich in immunogener Form präsentieren. Die auslösenden Faktoren für eine solche Demaskierung sind noch nicht gut charakterisiert. Man nennt diesen Vorgang Antigenausbreitung oder Epitop-Spreading, da sich die Immunantwort auf Epitope ausweitet, die initial nicht erkannt wurden. Es gibt Hinweise, dass „Epitop-Spreading" in der Pathogenese der Multiplen Sklerose, Typ-I-Diabetes und *Lupus erythematodes* beteiligt sein könnte.

Epitop ist eine Stelle auf einem Antigen, die von Antikörpern oder von Antigenrezeptoren erkannt wird.

Mikrobielle Faktoren – Infektionen

(Abb. I.5.22)

Es gibt eine Reihe von Hinweisen, dass Infektionen in vorbelasteten Personen Autoimmunerkrankungen auslösen können. Infektiöse Organismen können die Selbst-Toleranz auf verschiedene Weise durchbrechen. Hierzu Beispiele:

Infektion von antigenpräsentierenden Zellen (Abb. I.5.22 B): Es ist möglich, dass Krankheitserreger, die von antigenpräsentierenden Zellen aufgenommen worden sind, die Expression von costimulatorischen Substanzen stimulieren und so einen Zusammenbruch der Anergie autoreaktiver T-Zellen bewirken. Beispielsweise kann durch Gabe von Freund'schem Adjuvans und einem Rückenmarkshomogenat eine experimentelle allergische Enzephalomyelitis (EAE) induziert werden. Die Erkrankung ist durch T_H1-Zellen vermittelt, die sich gegen Myelinproteine richten. EAE der Maus ist ein Modell für die Multiple Sklerose des Menschen.

Mechanismus der molekularen Mimikry (Abb. I.5.22 C): Manche Krankheitserreger weisen gleiche Epitope wie Autoantigene auf. Das hat zur Folge, dass eine Immunantwort auf den Erreger gleichzeitig eine Reaktion gegen körpereigene Proteine auslöst und somit zu einer Gewebeschädigung führt. Es ist bekannt, dass Menschen nach einer Infektion mit einigen Streptokokken-Arten Antikörper gegen Autoantigene in der Niere, der Gelenke und vor allem auch des

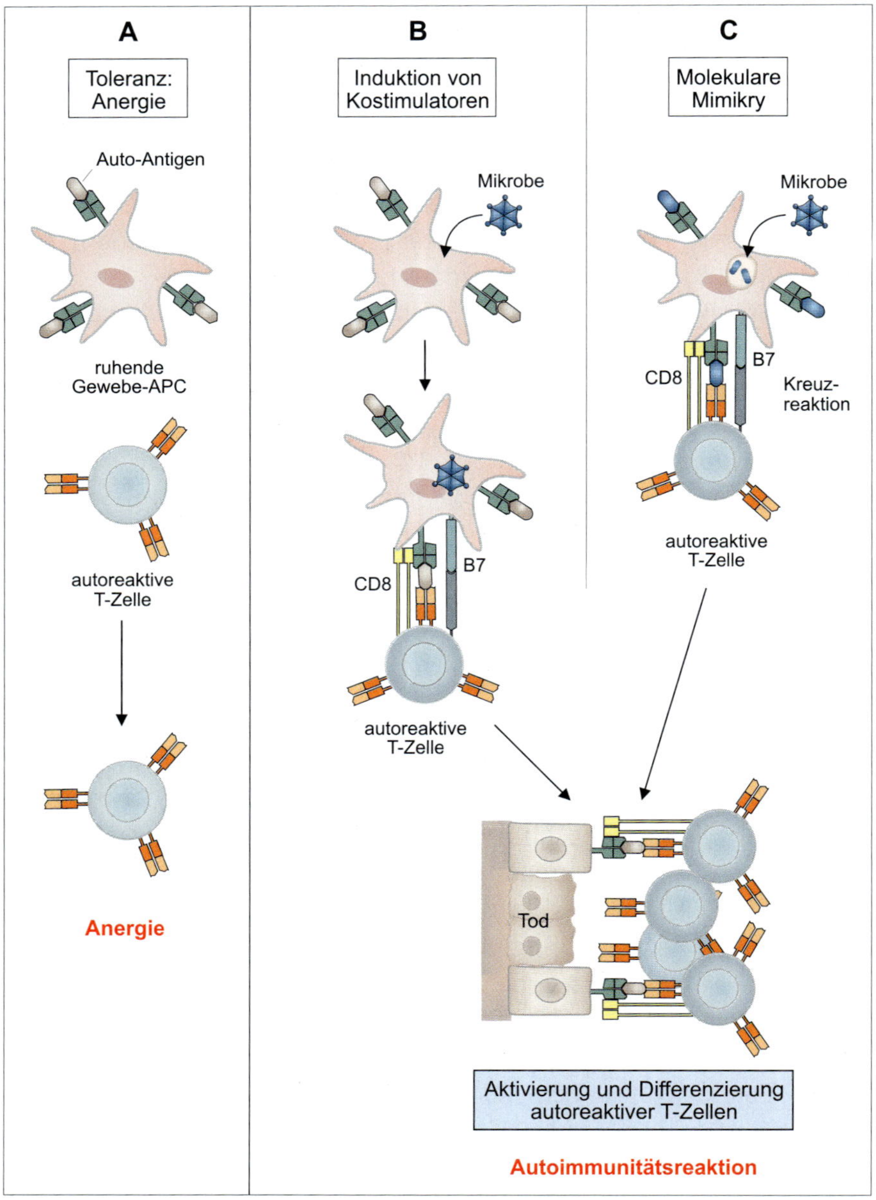

Abb. I.5.22: Pathogenese von Autoimmunerkrankungen durch Krankheitserreger.

A Normalfall: Toleranz. Eine reife autoreaktive T-Zelle, die einer APC begegnet, die körpereigene Antigene exprimiert, verfällt normalerweise in Anergie, da keine costimulatorischen Signale vorhanden sind.
B Induktion von Costimulatoren. Wird eine APC, die körpereigene Antigene präsentiert, infiziert, kommt es zur Expression von B7-Molekülen und zur Aktivierung entsprechender autoreaktiver T-Zellen.
C Molekulare Mimikry. Einige mikrobielle Antigene können mit körpereigenen Antigenen kreuzreagieren (Mimikry). Damit kann die Erreger-spezifische Immunantwort auch auf körpereigene Strukturen gerichtet sein.
In beiden Fällen (**B** und **C**) kommt es zu einer Aktivierung von autoreaktiven T-Zellen (sowohl $CD4^+$- als auch $CD8^+$-T-Zellen) und damit zur Bildung von Autoantikörpern (aus Gründen der Übersichtlichkeit nicht gezeigt) und zur Aktivierung zytotoxischer T-Effektorzellen. Die Autoimmunitätsreaktion bedingt eine Schädigung des Gewebes.

Herzens entwickeln können. Es kommt zu einer Überempfindlichkeitsreaktion vom Typ II, welche rheumatisches Fieber genannt wird. Molekulare Mimikry scheint auch T-Zell-Epitope mit einzubeziehen. Bei Patienten mit Multipler Sklerose wurden aktivierte T-Zellklone gegen das „myelin basic protein" identifiziert, die auch gegen eine Reihe von viralen Peptiden stark reagierten. Es bestehen auch gewisse Kreuzreaktivitäten zwischen bestimmten Coxsackie-Viren und der Glutaminsäuredecarboxylase in Inselzellen des Pankreas. Neben dem rheumatischen Fieber könnte molekulare Mimikry also auch bei Diabetes Typ I und Multipler Sklerose eine Rolle spielen.

Polyklonale Lymphozyten-Aktivierung: Eine Reihe von Mikroorganismen bzw. ihre Produkte sind in der Lage, sich wie Superantigene zu verhalten, d.h. durch Bindung an MHC-II-Moleküle oder an die β-Kette von T-Zellrezeptoren antigenunabhängig einen großen Pool von CD4-positiven T-Zellen zu aktivieren. Es wird angenommen, dass unter der großen Menge von T-Zellen auch autoreaktive T-Zellen zu finden sind, die dann nicht über klonale Anergie eliminiert werden und deshalb eine Autoimmunität auslösen können. Bakterielle Endotoxine wie z.B. LPS können auch eine polyklonale Aktivierung von B-Zellen bewirken, was dann zumindest *in vitro* zur Produktion von anti-DNA-, anti-Thymozyten- und anti-Erythrozyten-Antikörper führen kann. Ein Beteiligung der polyklonalen Lymphozyten-Aktivierung bei Rheumatoider Arthritis und eventuell Diabetes wird diskutiert.

Freisetzung von „kryptischen" Epitopen durch Infektion – Zerstörung von Gewebe-/Zellbarrieren: Wie erwähnt, sind bestimmte Antigene von der Zirkulation abgeschirmt, entweder durch eine Gewebebarriere (immunprivilegierte Organe, Tab. I.5.6) oder innerhalb einer Zelle. Kann eine Infektion solche Barrieren zerstören, kommt es zur Exposition bisher versteckter Antigene. Als Beispiel wurde bereits die Krankheit *Ophthalmia sympathica* genannt. Eine Entzündungsreaktion kann weiterhin die Präsentation von kryptischen Epitopen und damit den schon angesprochenen Mechanismus der Epitop-Ausbreitung begünstigen.

Bindung von Krankheitserregern an körpereigene Proteine: In einigen Fällen können Krankheitserreger an körpereigene Proteine binden und diese so als Carrier wirken. Der Fremdorganismus induziert eine T-Zellreaktion und darüber wird dann eine zelluläre und humorale Reaktion auch gegen das körpereigene Protein ausgelöst. Solche Autoimmunreaktionen sollten mit der Beseitigung des Erregers beendet sein. Bei der interstitiellen Nephritis werden derartige Mechanismen diskutiert.

Genetische Faktoren – Umweltfaktoren

Genetische Faktoren: Es besteht wenig Zweifel, dass genetische Faktoren die Häufigkeit und die Art von Autoimmunerkrankungen beeinflusst. Hierfür gibt es verschiedene Evidenzen:

- Bestimmte Autoimmunerkrankungen treten familiär gehäuft auf, wie z.B. eine Autoimmunthyroiditis oder eine autoimmune hämolytische Anämie.
- Nahezu alle untersuchten Autoimmunerkrankungen sind mit einer bestimmten HLA-Spezifität (human leukocyte antigen) assoziiert. Beispielsweise exprimieren fast alle Diabetes-mellitus-Patienten HLA-DR-3 und -DR-4, wogegen HLA-DR-2, welches vor Diabetes mellitus schützen kann, bei den Patienten nicht vorkommt. Ein Zusammenhang zwischen dem MHC-Genotyp und einer Autoimmunerkrankung ist nicht abwegig, weiß man ja, dass die Fähigkeit einer T-Zelle aktiv zu wer-

> **HLA** steht für human leukocyte antigen und ist die genetische Bezeichnung für MHC. Der Mensch besitzt sechs Klassen von MHC-I-Molekülen (jeweils ein Allel von HLA-A, HLA-B und HLA-C) und mindestens sechs Klassen MHC-II-Moleküle (jeweils ein Allel von HLA-DR, HLA-DQ und HLA-DP und Kombinationen). Die einzelnen Genloci sind durch Großbuchstaben gekennzeichnet, wie z.B. HLA-DR, und die Allele durch Zahlen, z.B. HLA-DR-3.

den, vom entsprechenden MHC-/Antigen-Komplex abhängt. Außerdem weiß man, dass MHC-Gene bei der Entwicklung von T-Zellrezeptoren von Bedeutung sind.

- Am Beispiel von Diabetes mellitus ist aber auch gezeigt worden, dass der MHC-Genotyp nicht allein über den Ausbruch der Erkrankung entscheidet. Die individuelle Transkriptionsrate, mit der ein Protein im Thymus exprimiert wird, entscheidet beispielsweise, ob dieses Protein ein potentielles Autoantigen werden kann. Eine hohe Expression von Insulin im Thymus schützt vor der Entstehung von Autoimmunreaktionen, weil die Wahrscheinlichkeit der klonalen Deletion von autoreaktiven T-Zellen vor der eigentlichen Ausreifung von T-Zellen sehr hoch ist. Weiterhin zeigen Autoimmunerkrankungen eine eindeutige Abhängigkeit vom Geschlecht, sind also auch abhängig vom Hormonstatus des Individuums.

Umweltfaktoren: Bei der Abhängigkeit von Umweltfaktoren lässt sich klar zeigen, dass weniger die generelle Disposition zu einer Autoimmunerkrankung, als vielmehr ihr Ausbruch stark von äußerlichen Faktoren abhängen kann. Bei Rauchern tritt beispielsweise eine Blutung in der Lunge im Rahmen des Goodpasture Syndroms signifikant häufiger auf als bei Nichtrauchern. Beim Goodpasture Syndrom führen Autoantikörper gegen die α-Kette des Typ-IV-Kollagens, das normalerweise in Basalmembranen des Körpers weit verbreitet aber unterschiedlich zugänglich ist, bevorzugt in der Niere zu einer Glomerulonephritis. Die Lunge ist ebenfalls betroffen, wenn auch seltener. Der Grund, warum die Lunge weniger häufig in Mitleidenschaft gezogen ist, liegt an der Tatsache, dass das Antigen in der Lunge durch die festen Zell/Zell-Verbindungen des alveolären Epithels schwerer zugänglich ist als in der Basalmembran der Niere. Rauchen löst eine Entzündungsreaktion in der Lunge aus, wodurch die Kapillaren geschädigt werden und das Antigen für den Autoantikörper zugänglich wird.

5.3.2.2 *Beispiele von Autoimmunerkrankungen und zugrunde liegende Mechanismen*

In Abhängigkeit der Art und Lokalisation des Autoantigens laufen Autoimmunreaktionen, wie Überempfindlichkeitsreaktionen der Typen II–IV ab. Sie können also Antikörper- und/oder T-Zell-vermittelt sein (siehe Tab. I.5.5). Die IgE-vermittelte Immunantwort scheint für autoimmune Erkrankungen allerdings keine Rolle zu spielen.

Autoantikörper-vermittelte Erkrankungen: Die Zerstörung von Blutzellen durch Autoantikörper gegen ihre Membranproteine sind typische Autoimmunerkrankungen vom Typ II. Ein Beispiel ist die autoimmune hämolytische Anämie, wo Erythrozyten durch Komplement, das durch IgM/IgG an der Oberfläche der Erythrozyten aktiviert wird, lysiert werden (vgl. Abb. I.5.10). Bei der autoimmunen thrombozytopenischen Purpura bindet ein Autoantikörper an den GPIIb/IIIa Fibrinogenrezeptor und führt über die Aktivierung des Komplement-Systems zur Lyse der Thrombozyten.

Kernhaltige Zellen sind vor Komplement-induzierter Lyse besser geschützt. Allerdings werden diese Zellen, wenn Autoantikörper binden, durch nicht-lytische Mengen an Komplement in der Regel stark aktiviert. Dies kann zur Freisetzung von Zytokinen oder Eicosanoiden führen. Durch Komplementbestandteile wie C5a und andere freigesetzte Chemokine, wie dem Leukotrien B4, werden dann Entzündungszellen angelockt, die zur Gewebeschädigung führen können. Die Bindung von Autoantikörpern kann weiterhin eine antikörperabhängige Zytotoxizität vermittelt durch NK-Zellen (ADCC) bewirken und damit zum Zellschaden beitragen. Die Hashimoto-Thyroiditis ist ein Beispiel für eine Art von Typ-II-Überempfindlichkeit, die durch Antikörper gegen Thyreoglobulin und nachfolgender Entzündungsreaktion ausgelöst wird.

Durch Bindung von Autoantikörpern an Rezeptormoleküle einer Zelle kann nicht nur eine Entzündungsreaktion ausgelöst, sondern auch unter Umständen die Funktion dieses Rezeptors inhibiert oder aktiviert werden. Beides kann pathologische Folgen haben. Als Beispiele sei die Basedow Erkrankung (= Graves' Disease) genannt, bei der es durch Autoantikörper gegen den Rezeptor des TSH zu einer Überproduktion von Schilddrüsenhormonen kommt, da der normale Rückkopplungsmechanismus an die Hypophyse nicht funktioniert (vgl. Abb. I.5.13 B).

Bei der *Myasthenia gravis* werden Autoantikörper gegen die α-Kette des Acetylcholin-Rezeptors an den neuromuskulären Endplatten gebildet und blockieren so die Signalübertragung. Durch ebenfalls auftretende Degradation des Rezeptors kommt es zu einer fortlaufenden Schwächung des Körpers, die tödlich verlaufen kann (vgl. Abb. I.5.13 A).

Eine Typ-III-Immunreaktion entsteht – wie wir ja schon gehört haben – dann, wenn nach Antigen/Antikörper-Reaktion Immunkomplexe in dem Umfang entstehen, dass sie nicht mehr adäquat von mononukleären Phagozyten beseitigt werden können. *Lupus erythematodes* ist ein Beispiel für eine Typ-III-Autoimmunerkrankung. Durch eine chronische Produktion von IgG gegen ubiquitäre körpereigene Antigene, die vor allem im Kern vorkommen (antinukleäre Antikörper), werden, wenn die Antigene beim Absterben von Zellen nach außen treten, viele kleine Immunkomplexe gebildet, die sich überall in Wänden kleiner Blutgefäße ablagern. Dies führt zu einer Fc- und Komplement-Rezeptor-mediierten Aktivierung von Phagozyten. Durch die Freisetzung toxischer Faktoren kommt es zur Gewebeschädigung, was wiederum die Freisetzung nukleärer Antigene aus sterbenden Zellen nach sich zieht. Organe wie die Niere, Lunge, Haut oder Gelenke sind davon bevorzugt betroffen (Abb. I.5.23). Dieser Circulus vitiosus führt zur Bildung weiterer Immunkomplexe bzw. Entzündungsreaktionen, die schließlich großen Schaden anrichten können. Insbesondere Fc-Rezeptoren sind bei dieser Art von Autoimmunerkrankung von zentraler Bedeutung.

Autoimmunerkrankungen, die ursächlich durch Autoantikörper verursacht sind, werden durch die Plazenta auf den Fötus übertragen. Beispiele sind hierfür Myasthenia gravis, Morbus Basedow oder thrombozytopenische Purpura. Da sich die maternellen IgG jedoch rasch abbauen, ist dieses Problem nur temporär. Autoantikörper müssen nämlich nicht notwendigerweise die Ursache von Autoimmunerkrankungen sein, sie können vielmehr auch die Folge der Gewebeschädigung durch eine Autoimmunreaktion sein.

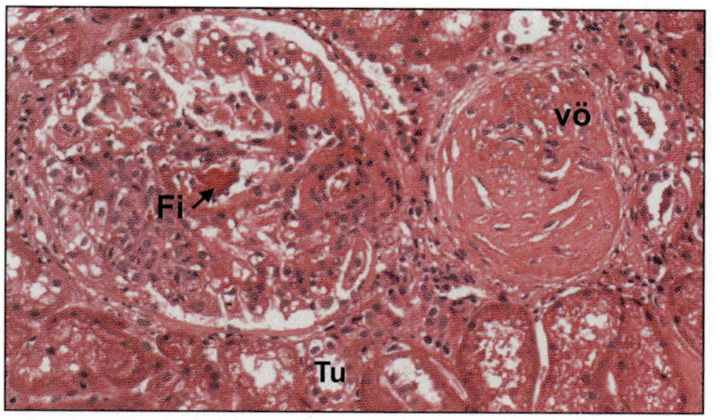

Abb. I.5.23: Gewebeschädigung der Niere bei Lupus erythematodes.
Die Stanzzylinderbiopsie der Niere zeigt ein bereits verödetes Glomerulum (vö), mit intra-, extrakapillär-proliferativer Zellproliferation (Glomerulonephritis). (Fi: Fibrinniederschläge, Tu: Tubulus).

Autoreaktive T-Zell-vermittelte Erkrankungen: Autoreaktive T-Zellen sind neben Autoantikörpern die maßgeblichen Effektoren bei einer Autoimmunerkrankung. Wichtige Krankheiten, die durch eine Typ-IV-Reaktion bedingt sind, sind Diabetes mellitus Typ I, die Rheumatoide Arthritis und die Multiple Sklerose. Im Gegensatz zum Nachweis von Autoantikörpern lassen sich autoreaktive T-Zellen sehr schwer nachweisen. Allerdings weiß man, dass Insulin-spezifische CD8-positive T-Zellen für das Abtöten von β-Zellen des Pankreas verantwortlich sind (Abb. I.5.24). Es gibt aber auch Hinweise auf eine Beteiligung von $CD4^+$-T-Zellen am Diabetes mellitus Typ I. Dies steht im Einklang mit der Korrelation der Erkrankung mit bestimmten MHC-II-Allelen. Bei Patienten mit Multipler Sklerose (MS) hat man aktivierte T-Zellen identifizieren können, die auf Myelinkomponenten, insbesondere dem so ge-

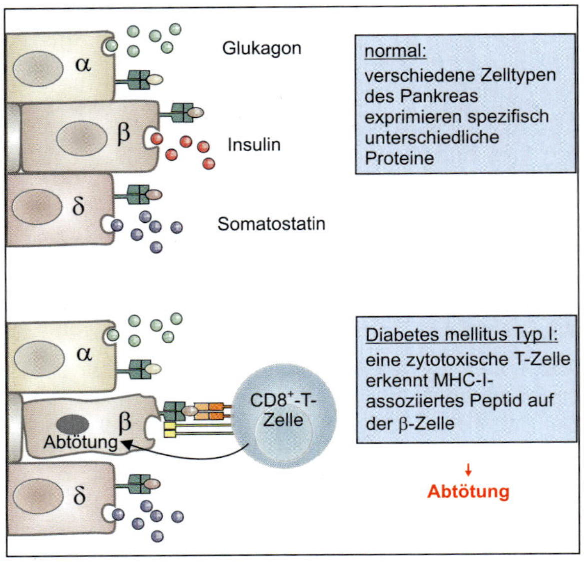

Abb. I.5.24: Pathogenese des Diabetes mellitus Typ I.
Beim Diabetes mellitus Typ I werden die Insulin-produzierenden β-Zellen des Pankreas zerstört. CD8-positive zytotoxische T-Zellen, die gegen MHC-I-präsentierte Insulinpeptide gerichtet sind, sind an der Zerstörung der β-Zellen maßgeblich beteiligt.

nannten basischen Myelinprotein (myelin basic protein, MBP) gerichtet sind. Bei MS kommt es zu einer Infiltration des Nervengewebes durch T-Lymphozyten, B-Lymphozyten und Makrophagen (Abb. I.5.25). Durch Autoantikörper aktiviertes Komplement und autoreaktive T-Zellen führen zur Zerstörung der Myelinscheiden um die Axone von Nervenzellen in Gehirn und Rückenmark. Ob die primäre Ursache der MS jedoch eine Autoimmunitätsreaktion ist, die im Wesentlichen durch T_H1-Zellen und deren Zytokine bedingt ist, wird aktuell intensiv diskutiert. Die chronische Entzündung des Nervensystems bei der MS könnte auch eine Folge ganz unterschiedlicher noch nicht genau charakterisierter Grunderkrankungen des ZNS sein.

Für entzündliche Autoimmunerkrankungen allerdings scheinen T_H1-Zellen verantwortlich zu sein. Bei der Rheumatoiden Arthritis erweist sich

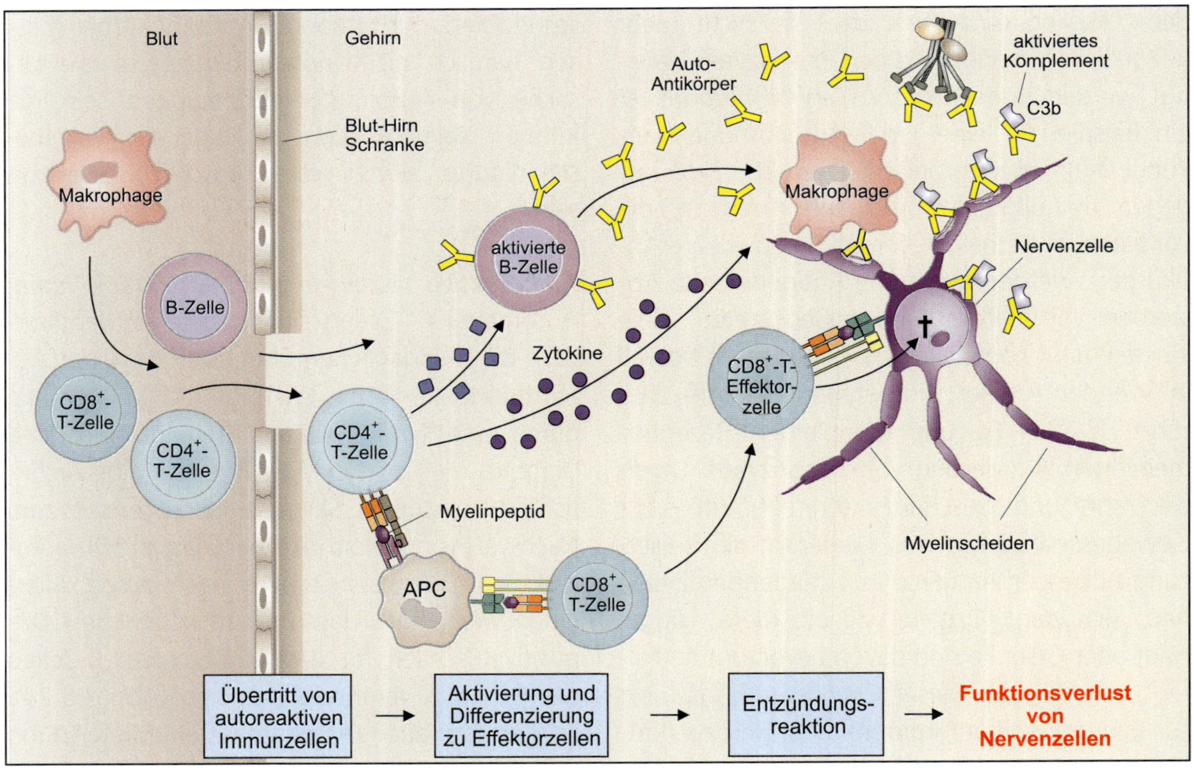

Abb. I.5.25: Klassisches Konzept der Pathogenese der Multiplen Sklerose.
Lymphozyten und Makrophagen durchdringen die Blut/Hirn-Schranke. Autoreaktive T-Zellen sind gegen Proteine der Myelinschicht gerichtet. Es kommt zur Produktion von Autoantikörpern und zur Aktivierung von Komplement und Makrophagen, welche die Myelinschichten der Nervenzellen schädigen. CD4-positive T-Zellen und ihre Zytokine sind wesentliche Mediatoren dieser Prozesse. Allerdings sind auch CD-8-positive zytotoxische T-Effektorzellen an der Gewebeschädigung beteiligt, da sie direkt die Oligodendrozyten abtöten können. Die Erkrankung ist durch eine chronische Entzündungsreaktion charakterisiert. Neuere Konzepte stellen eine Autoimmunreaktion als alleinige Ursache für die MS in Frage.

beispielsweise eine Therapie mit Antikörpern gegen CD4-positive T-Zellen als erfolgreich. Das verursachende Antigen, das T_H1-Zellen MHC-II-abhängig präsentieren, ist nicht identifiziert. Neben T_H1-Zellen scheinen an der komplexen Erkrankung auch Antikörper beteiligt zu sein. Häufig wird ein IgM-Anti-IgG-Autoantikörper gefunden, den man als Rheumafaktor bezeichnet.

5.3.2.3 Einige Therapieansätze für Autoimmunerkrankungen (s. auch Kap. II)

Bisher werden eigentlich nur Symptome behandelt, wie die Wiederherstellung des metabolischen Gleichgewichts durch Gabe z. B. von Insulin (bei Diabetes mellitus Typ I), die Entzündung (bei Rheumatoider Arthritis, Lupus erythematodes) durch entzündungshemmende Medikamente (Corticosteroide), und die T-Zell-mediierte Überempfindlichkeit durch Immunsuppressiva, wie Ciclosporin. Neuere Entwicklungen beinhalten Anti-TNF-α-Antikörper oder lösliche rekombinante TNF-α-Rezeptoren. Beide Ansätze werden zur Unterdrückung der chronischen Entzündungsreaktionen bei Rheumatoider Arthritis eingesetzt (vgl. Kap. II.6.3). Eine T-Zellaktivierung kann man durch Gabe von rekombinanten IL-2-Rezeptorantagonisten unterdrücken oder durch Antikörper gegen CD4-positive T-Zellen reduzieren (Abb. I.5.26). Wichtig für kausale und individuelle Therapieansätze wäre es, die von T-Zellen erkannten Autoantigene zu identifizieren, um dann die Aktivität der autoreaktiven T-Zellen regulieren bzw. verhindern zu können. Die Idee einer Vakzinierung mit autoreaktiven T-Zellklonen ist attraktiv. Abgewandelte Autoantigene könnten zur Blockade der MHC/TCR-Bindung eingesetzt werden. Denkbar sind auch monoklonale Antikörper gegen spezifische MHC-Allele, die häufig bei Autoimmunerkrankungen zu finden sind. Ein detailliertes Wissen über die Regulation der so genannten Immuntoleranz, insbesondere der Aktivierung der T_{reg}-Zellen, ist ebenfalls eine Voraussetzung für die Entwicklung von selektiven Arzneimitteln und stellt eine große Herausforderung dar.

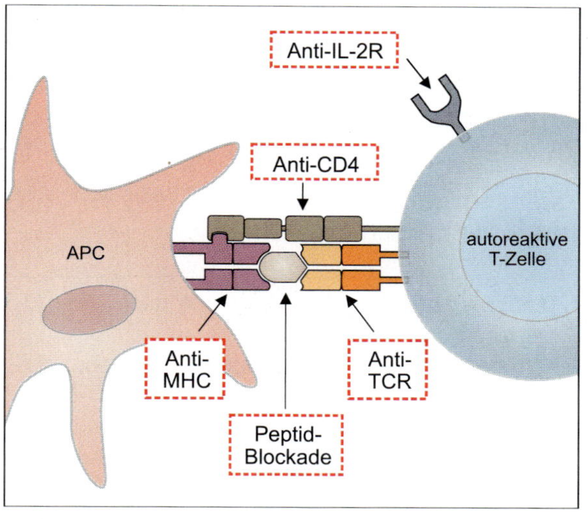

Abb. I.5.26: Einige neue Therapiestrategien zur kausalen Bekämpfung von Autoimmunreaktionen.
Monoklonale Antikörper gegen das CD4-Membranmolekül und gegen den aktivierten IL-2-Rezeptor auf T-Zellen haben in Tiermodellen bereits Erfolge gezeigt. Die für die Prophylaxe der Transplantatabstoßung zugelassenen Antikörper Basilixumab und Daclizumab gegen den IL-2-Rezeptor könnten insofern auch bei der Therapie der Autoimmunerkrankungen Verwendung finden.
Vorstellbar wären außerdem monoklonale Antikörper gegen MHC-Allele, die bevorzugt bei Autoimmunerkrankungen vorkommen, ebenso wie gegen die entsprechenden TCRs.
Sind Autoantigene identifiziert, könnten abgewandelte blockierende Peptide entwickelt werden (siehe auch Kap. II.2.3.7).

Check-Liste: 5.3 Immuntoleranz und Autoimmunität

- Ein gesundes Individuum ist gegen seine eigenen Antigene tolerant, d. h. es kommt zu keiner Immunantwort.
- Man unterscheidet zw. zentraler u. peripherer Toleranz
- Autoimmunität ist das Resultat eines Versagens der Selbsttoleranz
- Verschiedenste Faktoren können für die Autoimmunität verantwortlich sein: Versagen der immunologischen Mechanismen, die die periphere Toleranz hervorrufen (Aktivierungs-induzierter Zelltod, Immunsuppression, Anergie) sowie Infektionen mit Krankheitserreger (mikrobielle Faktoren). Genetische Faktoren wie bestimmte HLA-Genotypen werden diskutiert, ebenso wie Umweltfaktoren.
- Therapie ist zumeist symptomatisch ausgerichtet und umfasst im Wesentlichen Immunsuppressiva. Neue Strategien zielen auf Möglichkeiten ab, autoreaktive T-Zellen spezifisch zu blockieren.

5.4 Transplantatabstoßung

Die Transplantation von Organen zum Ersatz ernsthaft erkrankter Organe stellt einen großen Fortschritt der modernen Medizin dar. Die am häufigsten vorgenommenen Transplantationen betreffen das Knochenmark, die Niere, Herz, Leber und Lunge sowie die Hornhaut des Auges (Abb. I.5.27).

Die große Herausforderung bei einer Transplantation ist, die Abstoßungsreaktion in Schach zu halten, bzw. zu verhindern. Eine Transplantatabstoßung ist die Folge einer erworbenen Immunantwort gegen das transplantierte Gewebe, das als fremd erkannt wird. Die Antigene, die für eine Abstoßungsreaktion verantwortlich sind, nennt man Alloantigene.

Transplantationsgewebe wird je nach „Fremdheitsgrad" unterschieden in:

- **Autograft**: Eigenes (autogenes) Gewebe, das von einer Körperstelle zu einer anderen transplantiert wird (z. B. Haut).
- **Isograft**: Gewebe von einer genetisch identischen Person (syngen).
- **Allograft**: Gewebe eines genetisch unterschiedlichen (allogenen) Individuums gleicher Spezies (z. B. Mensch).
- **Xenograft**: Gewebe eines Individuums unterschiedlicher (xenogener) Spezies (z. B. Schwein).

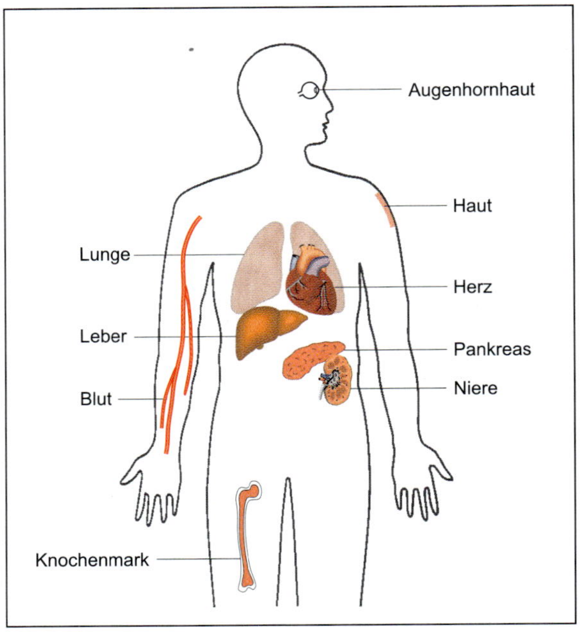

Abb. I.5.27: Routinemäßig transplantierte Organe.

5.4.1 Abstoßungsantigene – Alloantigene

Alloantigene sind Proteine, die sich bei den einzelnen Individuen einer Spezies unterscheiden. Die stärksten Alloantigene stellen – wie wir schon gehört haben – die Produkte des MHC dar, die auch MHC-Antigene genannt werden. MHC-Antigene sind nicht gleichmäßig auf allen Zellen des Körpers verteilt. MHC-I-Moleküle werden auf allen kernhaltigen Zellen exprimiert, wogegen MHC-II-Moleküle auf antigenpräsentierende Zellen beschränkt sind. Die Expression von MHC-Molekülen wird durch IFN-γ und TNF stark hochreguliert.

T-Zellen, die gegen allogene MHC-Moleküle gerichtet sind, kommen im Körper in hoher Konzentration vor, so dass Unterschiede in den MHC-Molekülen den stärksten Auslöser einer Transplantatabstoßung darstellen. Es wird also bei der Auswahl eines geeigneten Spenderorgans – wenn möglich – sehr sorgfältig auf eine größtmögliche Übereinstimmung der HLA-Typen geachtet. Allerdings ist eine genaue Übereinstimmung nur in seltenen Fällen zu erreichen und eine Behandlung mit Immunsuppressiva ist immer angezeigt. Vor einer Transplantation werden Spender und Empfänger hinsichtlich ihrer Blutgruppe und ihrer HLA-Spezifität typisiert (siehe Kap. III.4).

Selbst bei identischem MHC-Transplantat (Isograft, d. h. von einem eineiigen Zwilling) kommt es in der Regel zu einer Abstoßung. Diese beruht auf Nicht-MHC-Molekülen, die aber durch MHC-Moleküle des Empfängers präsentiert werden. Diese polymorphen Antigene nennt man daher Nebenhistokompatibilitätsantigene. Reaktionen gegen diese Nebenhistokompatibilitätsantigene ähneln der Immunantwort gegen eine virale Infektion, d. h. sie ist im Wesentlichen T_C-Zell mediiert. Diese Abstoßungsreaktion läuft aber langsamer und weniger heftig als eine Abstoßungsreaktion, die gegen fremde MHC gerichtet ist, was darin begründet ist, dass weitaus weniger reaktive T-Zellen gegen Nebenhistokompatibilitätsantigene im Körper vorkommen.

5.4.2 Erkennung von Alloantigenen – Sensibilisierungsphase

Während der Sensibilisierungsphase erkennen CD4- und CD8-positive T-Zellen die Alloantigene und werden aktiviert. Die molekularen Mechanismen der Erkennung von Alloantigenen sind noch nicht vollständig geklärt. Man geht davon aus, dass Alloantigene eines Transplantates vom Empfänger auf zweierlei Arten erkannt werden können, die sich nicht gegenseitig ausschließen müssen (Abb. I.5.28).

- Die so genannte direkte Erkennung erfolgt über T-Zellen des Empfängers, deren Rezeptoren ein allogenes MHC-I- bzw. MHC-II-Molekül auf APC des Spenders erkennen. Da die entsprechenden APC-Zellen des Spenders costimulierende Faktoren exprimieren, werden die T-Zellen, sowohl CD8- als auch CD4-positive T-Zellen, aktiviert und zur Proliferation angeregt. Die APC-Zellen des Spenders werden auch „Passagierleukozyten" genannt. Sie gelangen aus dem Transplantat in den Blutkreislauf und in sekundäre lymphatische Organe des Empfängers. Aktivierte T-Zellen wandern in der Folge zum Transplantat und zerstören es im Fall von aktivierten T_C-Zellen. CD4-positive T-Zellen setzen Zytokine frei, die die Proliferation von T_C-Zellen fördern (IL-2), aber auch typische Entzündungsreaktion induzieren (IFN-γ, TNF-α). Die direkte Erkennung dürfte maßgeblich für eine akute Abstoßung verantwortlich sein.
- Der indirekte Weg läuft so ab, dass allogene MHC-Proteine auf Zellen bzw. Gewebe des Spenders durch APC des Empfängers erkannt, prozessiert und präsentiert werden und zwar sowohl von MHC-I- als auch MHC-II-Molekülen des Empfängers. Die T-Zellen werden also durch die körpereigene APC, die fremde MHC-Antigene präsentieren, aktiviert. Der indirekte Weg führt in der Regel nicht zum direkten zytotoxischen Angriff von T-Zellen, kann aber trotzdem zur Gewebeabstoßung (chronischer Verlauf) beitragen, indem durch eine vorwiegend $CD4^+$-T-Zell-mediierte Antwort Makrophagen aktiviert werden und die Produktion von allogenen Antikörpern stimuliert wird.

Beide Erkennungswege verstärken sich gegenseitig durch die Freisetzung von Zytokinen. Die wichtigsten Zytokine bei einer Abstoßungsreaktion sind IL-2 und IFN-γ. IL-2 aktiviert zytotoxische T-Zellen und IFN-γ induziert die MHC-Antigenexpression und aktiviert Makrophagen.
Die so genannte „mixed lymphocyte reaction (MLR)" ist ein *In-vitro*-Modell für die Erkennung von Alloantigenen durch T-Zellen (siehe Kap. III.4.4).

5.4.3 Effektormechanismen, die zur Abstoßung führen – Effektorphase

Eine Abstoßungsreaktion ist ein komplexer Prozess, in welchem zelluläre wie auch humorale Immunreaktionen eine Rolle spielen. Die T-Zellen sind jedoch bei der Abstoßung von zentraler Bedeutung.
Sowohl die Aktivierung von CD8-positiven T_C-Zellen als auch Überempfindlichkeitsreaktionen vom Typ II und IV und damit aktivierte CD4-positive T-Zellen sind bei einer Transplantatabstoßung involviert (Abb. I.5.29).
Auf Grund der Geschwindigkeit, mit der es zu einer Abstoßung kommt, lassen sich Aussagen zum Mechanismus machen. Diese Information ist für potentielle Interventionsstrategien von großer Bedeutung.

- Eine hyperakute Transplantatabstoßung kann innerhalb von Minuten auftreten und kommt dadurch zustande, dass präformierte Antikörper gegen das Transplantat vorhanden sind, insbesondere gegen Antigene des Gefäßen-

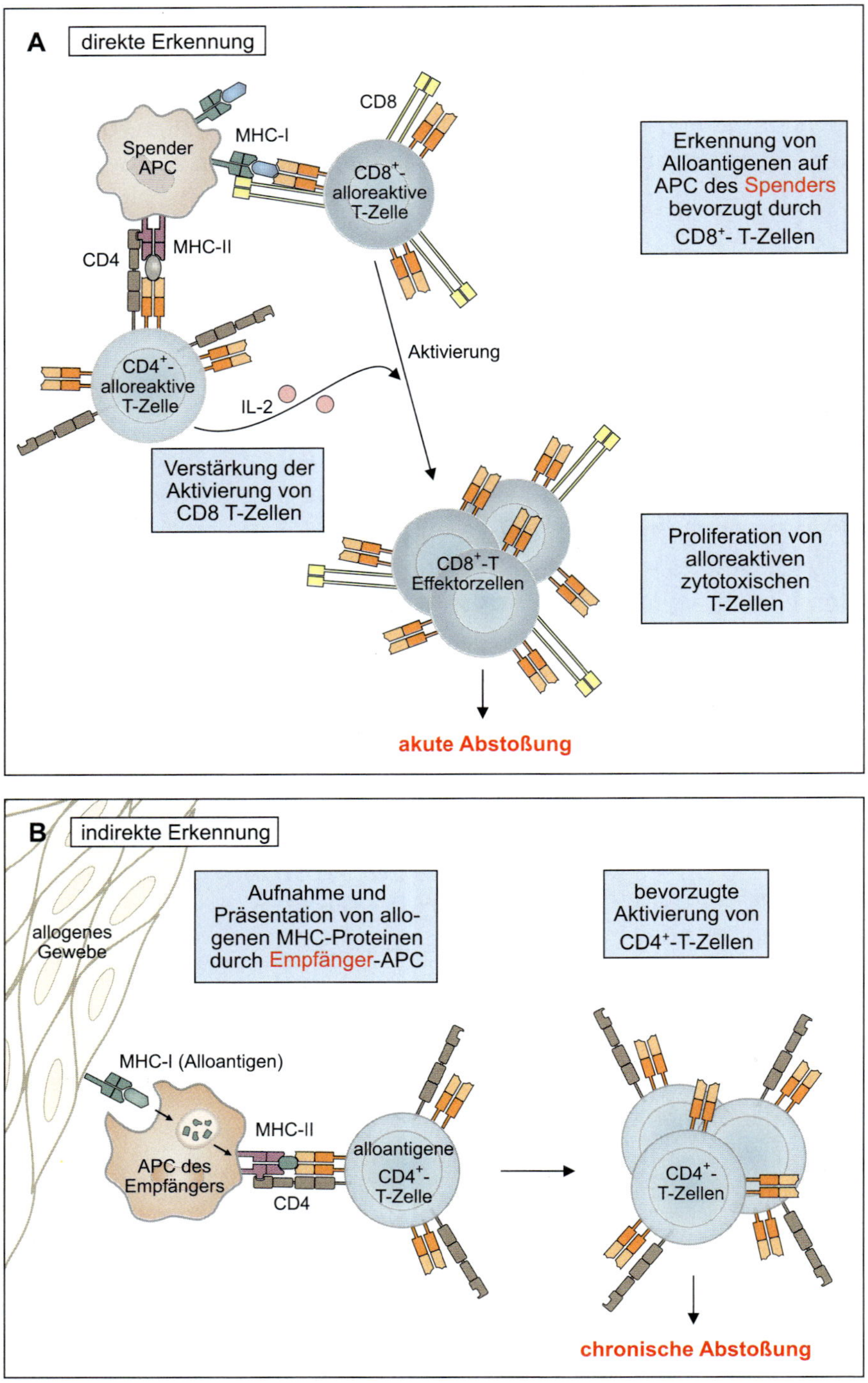

A Direkte Erkennung: T-Zellen des Empfängers erkennen allogene MHC-Moleküle auf APC des Spenders als fremd. Die Immunantwort erfolgt schnell und wird vor allem über CD8-positive zytotoxische T-Effektorzellen vermittelt. Aktivierte CD4-positive T-Zellen können diesen Prozess verstärken.

B Indirekte Erkennung: Allogene MHC-Moleküle aus dem Gewebe des Spenders werden von APC des Empfängers aufgenommen, prozessiert und von Alloantigen-spezifischen T-Zellen (bevorzugt CD4-positive T-Zellen) als fremd erkannt. Die Immunantwort erfolgt verzögert und beinhaltet insbesondere eine T-Helferzell-Antwort (CD4-positive T-Zellen).

Abb. I.5.28: Erkennung von Alloantigenen.

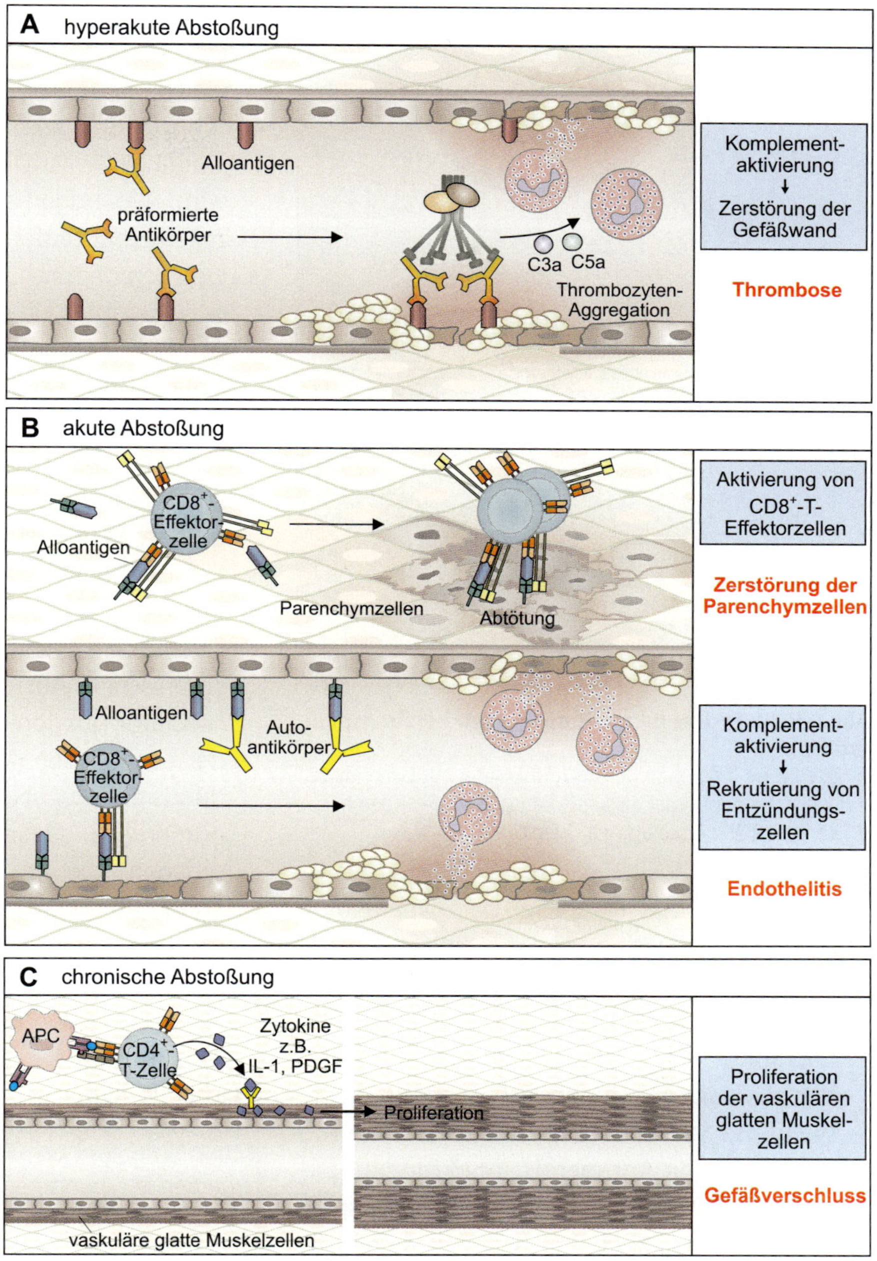

Abb. I.5.29: Mechanismen einer Transplantat-Abstoßung.

A Hyperakute Abstoßung: Präformierte Antikörper reagieren mit Alloantigenen auf dem Gefäßendothel des transplantierten Organs. Komplement wird aktiviert und es kommt zur Thrombose und zur Zerstörung der Gefäßwand.

B Akute Abstoßung: Zum einen reagieren CD8-positive T-Effektorzellen mit Alloantigen auf den Endothelzellen und Parenchymzellen, zum anderen tragen Autoantikörper über Komplementaktivierung und Rekrutierung von Entzündungszellen zur Zerstörung der Endothelzellen bei und verursachen eine so genannte Endothelitis.

C Chronische Abstoßung: Alloantigen-spezifische CD4-positive T-Zellen haben sich entwickelt und produzieren Zytokine, die Endothelzellen und vaskuläre glatte Muskelzellen zur Proliferation anregen und so zum Gefäßverschluss führen können.

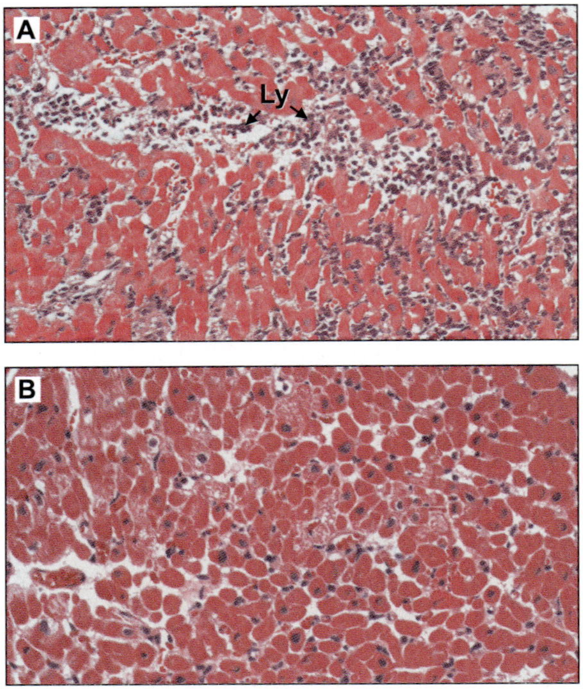

Abb. I.5.30: Endomyokard-Biopsie nach Herztransplantation.
A Die diffuse Infiltration der Herzmuskulatur mit Lymphozyten (Ly) weist auf eine akute zelluläre Transplantat-Reaktion hin.
B Normale Herzmuskulatur im Querschnitt.

dothels. Da das Hauptziel der hyperakuten Abstoßungsreaktion die Endothelzellen sind, kommt es als Typ-II-Überempfindlichkeitsreaktion zur Schädigung des Endothels und nachfolgender Thrombenausbildung. Da diese Reaktion verhindert werden kann, wenn das Serum des Empfängers auf die Anwesenheit von Antispender-Antikörper untersucht wird (so genannte Kreuzprobe), spielt diese Form der Abstoßungsreaktion in der Klinik kaum noch eine Rolle.

- Eine akute Abstoßung benötigt Tage bis Wochen und ist auf eine primäre Aktivierung von T-Lymphozyten (Abb. I.5.30) und die folgenden Effektormechanismen zurückzuführen. Zum einen zerstören Alloantigen-spezifische CD8-positive T-Effektorzellen das Parenchym des Transplantats, zum anderen kommt es vermittelt durch Autoantikörper und Komplementaktivierung in den Gefäßen zu Entzündungsreaktionen d. h. zu einer Endothelitis. Wenn ein Empfänger ein Transplantat abgestoßen hat und erneut ein Organ erhält, setzt eine sekundäre Aktivierung der T-Zellen ein, welche zu einer beschleunigten Abstoßung führt (6–8 Tage), bevor das Organ überhaupt eingeheilt war. Dies ist auf die Ausbildung von Alloantigen-spezifischen T-Gedächtniszellen zurückzuführen.
- Eine chronische Abstoßungsreaktion kann sich über Monate und Jahre hinziehen und ist von charakteristischen atherosklerotischen Ablagerungen und einer Verengung der Blutgefäße begleitet. Man nimmt an, dass diese Lumenverdichtung über IL-1 mediiert ist, das zur Freisetzung von PDGF (platelet derived growth factor) führt, welches zur Proliferation der glatten Muskelzellen führt. Da inflammatorische Zytokine wie IL-1, TNF-α oder Chemokine wie MCP und RANTES bei der chronischen Abstoßung eine entscheidende Mediatorfunktion haben, sind die Ursachen der chronischen Abstoßung in einer Entzündungsreaktion als Folge alloreaktiver Mechanismen zu suchen. Ischämie-Reperfusionsschäden, die bei der Operation auftreten, können diese späten Folgen ebenfalls verursachen. Schließlich kann eine Ciclosporin-Toxizität oder eine virale Infektion zur chronischen Abstoßung führen.

Ischämie-Reperfusionsschäden sind Schäden, die durch vorübergehende Blockade der Blutzufuhr ausgelöst werden. Während der Ischämie werden Mechanismen initiiert, die in der anschließenden Reperfusionsphase des Organs zu Zellschäden führen. Diskutiert wird hierbei die Beteiligung von reaktiven Sauerstoffradikalen.

5.4.4 *Umgekehrte Abstoßungsreaktion – Transplantat-gegen-Wirt-Krankheit*

Abstoßungsreaktionen richten sich in der Regel gegen das Transplantat (host versus graft). Es gibt aber auch die umgekehrte Abstoßungsreaktion, die man „graft-versus-host-Reaktion" nennt. Diese führt zur so genannten graft versus host disease (GVHD) und ist vor allem bei Knochenmarktransplantationen von Bedeutung. Allogene Knochenmarktransplantationen werden zur Therapie bestimmter Formen von Leukämie oder Lymphomen, aber auch bei einigen primären Immunschwäche-Erkrankungen durchgeführt. Bei einer Leukämiebehandlung wird das Knochenmark des Empfängers zerstört (durch aggressive Chemotherapie). Falls im Spenderknochenmark reife T-Zellen vorkommen, können diese Gewebe des Empfängers als fremd erkennen und schwere Entzündungsreaktionen auslösen. Diese GVHD kann nicht nur bei schlechter Übereinstimmung der HLA-Typen auftreten, sondern auch bei HLA-identischen Geschwistern, die sich in zahlreichen, nicht MHC-gekoppelten Genen unterscheiden.

Das Vorhandensein alloreaktiver T-Zellen kann relativ leicht durch die so genannte „mixed lymphocyte reaction" getestet werden (vgl. Kap. III.4.4 und Abb. III.4.6). Die reaktiven T-Zellen lassen sich aus dem Knochenmark *in vitro* entfernen. Eine GVHD ist jedoch nicht nur negativ zu bewerten, möglicherweise werden dabei insbesondere Leukämie-Zellen zerstört.

5.4.5 Verhinderung der Abstoßung durch Immunsuppressiva

Die Behandlung bzw. Vorbeugung einer Transplantat-Abstoßung erfolgt heute durch Einsatz von Immunsuppressiva. Hierbei werden Makrolide, wie Ciclosporin, FK 506 und Rapamycin eingesetzt (siehe Kap. II.2). Auch Steroide und antimitotische Substanzen, wie Azathioprin, werden verwendet. Des Weiteren gibt es auch T-Zell-selektive Anti-T-Zellimmunglobuline (ATG, vgl. Kap. II.6.2.1) und murine, monoklonale (Muromomab, vgl. Kap. II.6.2.2.1) bzw. auch seit wenigen Jahren rekombinante monoklonale Antikörper (Basiliximab, Daclizumab, vgl. Kap. II.6.2.2.2 und II.6.2.2.3) gegen reife bzw. aktivierte T-Zellen (Anti-CD3; Anti-CD25), die zum Einsatz kommen. Ein sehr aktuelles Forschungsgebiet beschäftigt sich mit Möglichkeiten, mittels therapeutischer Impfstrategien Toleranz gegen HLA-Allogene zu induzieren.

Darüberhinaus wird der Einsatz von Zytokin-Inhibitoren wie IL-1RA oder TNF-α-Inhibitoren und Verabreichung von IL-10 experimentell untersucht. Detaillierte Information zu Immunsuppressiva ist im Kapitel II.2 zu finden.

Check-Liste: 5.4 Transplantatabstoßung

- Gewebe eines anderen Individuums wird auf Grund einer zellulären Reaktion gegen allogene oder xenogene MHC-Moleküle abgestoßen.
- Antigene des Transplantats können direkt durch T-Zellen des Empfängers oder indirekt über APC des Empfängers erkannt werden.
- Die Abstoßungsreaktion kann über unterschiedliche Mechanismen ablaufen
  1. über präformierte Antikörper gegen das Spender-Endothel = hyperakute Abstoßung
  2. über eine T-Zell-vermittelte Schädigung – ($CD8^+$-T-Zellen, Autoantikörper) der Gefäße, die durch Thrombenbildung und Entzündungsreaktion charakterisiert ist = akute Abstoßung.
  3. Über vorwiegend $CD4^+$-T-Zellen, die über Zytokin-Freisetzung eine Proliferation von Gefäßzellen bewirken, was letztlich zum Gefäßverschluss führt = chronische Abstoßung.
- Einer Transplantatabstoßung wird routinemäßig mit Immunsuppressiva vorgebeugt. Neue Ansätze richten sich auf Strategien der Toleranzentwicklung gegen allogene MHC-Moleküle.

5.5 *Tumorimmunologie*

Die Vorstellung, dass das Immunsystem kontinuierlich darauf achtet, sich abnormal entwickelnde Zellen zu zerstören und damit einer Tumorgenese entgegenwirkt, gibt es schon sehr lange. Man geht auch davon aus, dass ein funktionstüchtiges Immunsystem grundsätzlich zur Regression bestehender Tumoren führen kann. Einer der Pioniere, die eine Aktivierung des Immunsystems schon vor dem zweiten Weltkrieg gezielt zur Bekämpfung von Krebs einsetzen wollten, war WILLIAM B. COLEY. Er impfte Tumorpatienten mit bakteriellen Impfstoffen und konnte Erfolge erzielen.

Es gibt in der Tat eine Reihe von Anhaltspunkten, die diese Theorie der Immunüberwachung oder „immune surveillance" unterstützen:

1. Man findet beispielsweise in vielen Tumoren lymphatische Infiltrate, die man auch „TIL, tumor infiltrating lymphocytes" nennt. Diese werden auch als Therapieansatz in Kombination mit Zytokinen verwendet (vgl. Kap. II.3.4.4).
2. Es kann zu spontanen Regressionen von Tumoren kommen, die man als einen geglückten Angriff des Immunsystems wertet.
3. Man hat beobachtet, dass bei bestimmten Immundefizienzen (z. B. AIDS) oder bei Autoimmunerkrankungen, insbesondere wenn Viren beteiligt sind, eine erhöhte Frequenz von Tumoren des lymphatischen Systems zu beobachten ist.
4. Weiterhin treten Tumoren vermehrt in der Kindheit oder im Alter auf – dann also, wenn das Immunsystem nicht optimal arbeitet.

Allerdings gibt es auch schlagende Argumente gegen eine bedeutende Rolle des Immunsystems. Insbesondere die Tatsache, dass bei allen Beispielen von Immundefizienzen nur ein limitiertes Spektrum an Tumorarten auftritt. Diese Beobachtung lässt eher auf die entscheidende Bedeutung von Viren bei der Entstehung dieser Tumoren schließen. Das Immunsystem kann dabei wohl eher die Ausbreitung der potentiell onkogen wirkenden Viren reduzieren, als die entstandenen Tumorzellen eliminieren.

Auf der anderen Seite kommen von Tierexperimenten Hinweise, dass einige Tumoren spezifi-

„immune surveillance" beschreibt die physiologische Funktion des Immunsystems, Klone transformierter Zellen zu erkennen und zu zerstören, bevor sich ein Tumor bildet, bzw. Tumorzellen abzutöten, wenn sie entstanden sind.
Manchmal wird der Begriff auch für die Aufgabe von T-Zellen benutzt, Zellen, die Fremdantigen exprimieren, zu eliminieren.

TIL, Tumor-infiltrierende Lymphozyten sind Lymphozyten, die man in entzündlichen Infiltraten eines Tumors nach chirurgischer Entfernung finden kann. Tumorspezifische zytotoxische T-Lymphozyten und NK-Zellen sind vorherrschend. Experimentell wird versucht, TILs aus Patienten *ex vivo* mit IL-2 zu behandeln und zu reinfundieren.

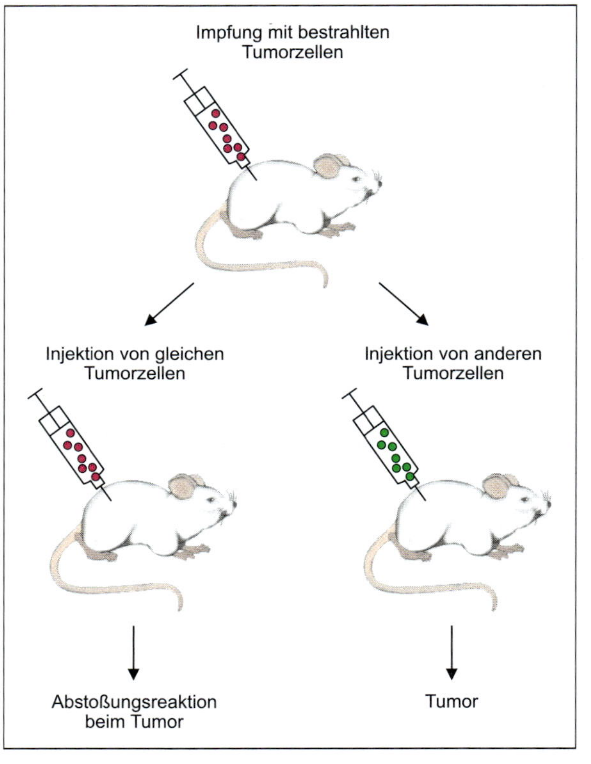

Abb. I.5.31: Abstoßung von Tumorantigenen.
Werden Tumorzellen, die durch Bestrahlung gehindert sind, sich zu vermehren, einer Maus injiziert, kommt es offensichtlich zur Ausbildung einer Immunantwort. Dadurch wird bei einer zweiten Injektion vermehrungsfähiger Tumorzellen des gleichen Typs verhindert, dass ein Tumor entsteht. Ein Tumor entsteht aber, wenn andere Tumorzellen verwendet werden als die, gegen die geimpft wurde.

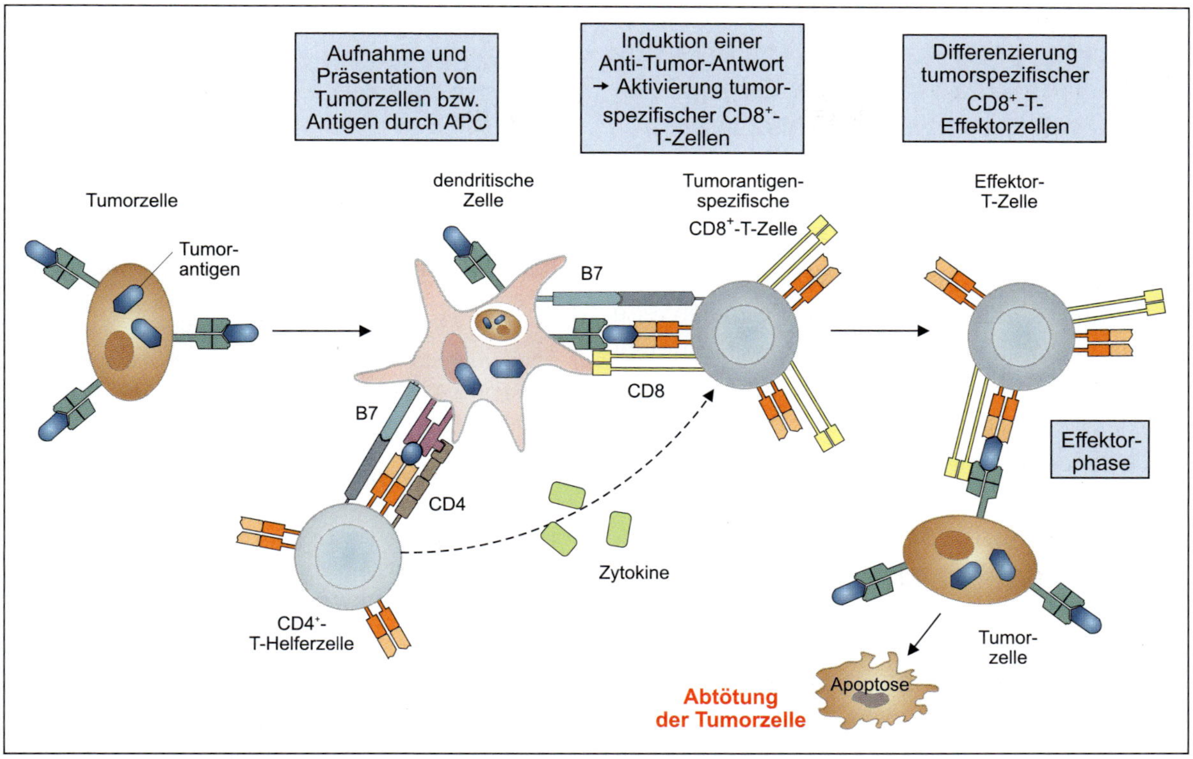

Abb. I.5.32: Induktion einer CD8-positiven T-Zellantwort gegen Tumorzellen.
Tumorzellen oder ihre Antigene können von APC aufgenommen und T-Zellen präsentiert werden. Die APC können CD4-positive Zellen ebenso wie CD8-positive T-Zellen stimulieren. CD4-positive Zellen unterstützen die Differenzierung tumorspezifischer zytotoxischer Zellen. CD8-positive T-Effektorzellen können Tumorzellen ohne Costimulation und T-Zellhilfe abtöten.

sche Immunreaktionen auslösen, durch die ihr Wachstum unterdrückt wird, also eine schützende Immunantwort gegen Tumoren möglich ist. So ist es z. B. möglich, durch Injektion von bestrahlten Tumorzellen zu einem bestimmten Grad eine schützende Immunität gegen eine zweite Injektion mit lebensfähigen Tumorzellen auszulösen (Abb. I.5.31). Die eintretende Tumorabstoßung ist ein T-Zell-abhängiger Prozess und ist wohl gegen so genannte Tumorspezifische Transplantationsantigene (TSTA) oder Tumorabstoßungsantigene (TRA) gerichtet. Dennoch entwickeln sich bei Individuen ohne T-Zellen nicht mehr Tumore als bei Gesunden. In Abbildung I.5.32 ist der Mechanismus der Induktion einer tumorspezifischen T-Zellantwort dargestellt.
Wie entstehen nun solche Tumorantigene und wie können sie identifiziert werden?

5.5.1 Tumorantigene

Tumorantigene können auf unterschiedliche Weise entstehen:

1. Während der Onkogenese kann es zu Punktmutationen in den Genen körpereigener Proteine kommen. Wirken sich diese Mutationen auch in der Sequenz oder Struktur der Proteine aus, können diese von reifen T-Zellen als fremd erkannt werden. Diese Antigene sind dann streng tumorspezifisch. Beispiele hierfür

> **Tumorantigene** sind Moleküle auf Tumoren, die vom Immunsystem experimentell als fremd erkannt werden und eine Abstoßungsreaktion, d. h. eine T-Zellantwort bewirken. Sie werden daher auch Tumor-spezifische Transplantationsantigene (TSTA) oder Tumorabstoßungsantigene (TRA) genannt. Diese Antigene sind einzigartig für den Tumor.

sind Punktmutationen im Gen der Cyclin-abhängigen Kinase 4, einem wichtigen Zellzyklusregulator, oder im Gen der Caspase-8, einem wichtigen Enzym in der Apoptose.

2. Tumorantigene können aber auch durch abnomale Expression eines Proteins oder durch seine abnormale posttranslationale Modifikation entstehen. Insbesondere sind die so genannten Keimzellproteine, die normalerweise nur in männlichen Keimzellen vorkommen, potente Antigene, wenn sie fälschlicherweise in anderen Geweben exprimiert werden. Die Hodenproteine MAGE-1 und MAGE-3 sind in Melanomen, Brustkrebsgewebe und Glioma zu finden. Auch die Überexpression eines normalen Selbst-Proteins durch eine Tumorzelle erhöht die Dichte, in der die Proteine präsentiert werden und kann so zur Erkennung durch T-Zellen führen. Ein Beispiel hierfür ist HER-2/neu, eine Rezeptor-Tyrosinkinase, die z. B. in Mamma- und Ovarialkarzinomen überexprimiert ist und normalerweise mit einer schlechten Prognose einhergeht.

   Eine weitere Gruppe von Tumorabstoßungsantigenen entsteht durch abnormale posttranslationale Modifikationen. Beispiel ist das MUC-1, ein Mucin, das unterglykosyliert ist und bei einer Reihe von Tumoren, wie Mamma- und Pankreaskarzinomen vorkommt.

3. Eine weitere Gruppe von Tumorantigenen stellen die Produkte von viralen Onkogenen, Tumorsuppressorgenen oder bestimmte Differenzierungsantigene dar. Beispiele sind die Proteine E6 und E7 des menschlichen Papillomavirus Typ 16, die in Gebärmutterhalskarzinomen exprimiert werden. Bestimmte Differenzierungsantigene können ebenfalls Tumorantigene sein. Die besten Beispiele sind die Differenzierungsantigene, die von Melanozyten und Melanomzellen exprimiert werden und für die Synthese des Melanins wichtig sind. Spezifische Oberflächen-Ig sind in Lymphomen exprimiert und entstehen nach Gen-Umlagerungen in B-Zell-Klonen.

4. Tumorantigene können auch von onkogenen Viren stammen, die nach Infektion von Wirtszellen zur Expression von Virusantigenen an der Zelloberfläche führen.

Systematik der malignen Tumore:

- **Karzinome** sind Tumore des epithelialen Gewebes,
- **Sarkome** sind mesenchymalen Ursprungs,
- **Glioblastome** sind Tumore des Nervengewebes,
- **Melanome** sind Pigmenttumore.
- **Leukämien** und **Myelome** sind Tumoren des blutbildenden Systems und gehören mit den malignen Lymphomen zu den malignen Systemerkrankungen.

Onkogen ist ein Gen, das für ein Protein codiert, das Zellen transformieren kann. Onkogene, die von Viren stammen, werden als *v-onc* geschrieben, die entsprechenden Gene in normalen Zellen *c-onc*. Weitere Beispiele sind mutiertes Ras, oder Bcr/Abl.

Protoonkogen ist ein Tumor-assoziiertes Gen, das für einen Faktor codiert, der Proliferation, Überleben oder Tod reguliert und für die normalen Funktionen der Zelle notwendig ist. Wenn es aber überexprimiert wird oder in mutierter Form vorliegt, kann es die Transformation der Zelle bewirken.

Tumorsuppressorgene sind Gene, die für Proteine codieren, die Proliferation und Zelltod regulieren. Ein Beispiel ist p53, das in vielen Tumoren als mutiertes Protein vorliegt.

Tumorantigene können identifiziert werden, indem eine andere Spezies mit Tumormaterial immunisiert wird. Es erfolgt – wie bereits erwähnt – eine tumorspezifische T-Zellantwort, die eine Abstoßung des Tumors bewirkt. Man muss erwähnen, dass, obwohl jede dieser Gruppen von Tumorabstoßungsantigenen eine Anti-Tumor-Reaktion *in vitro* und *in vivo* auslösen kann, eine spontane Reaktion gegen einen etablierten Tumor jedoch nur in Ausnahmefällen entsteht.

Um eine solche Abstoßungsreaktion durch therapeutische Impfstrategien zu triggern ist die Identifizierung von spezifischen Tumorantigenen von entscheidender Bedeutung. Tumorspezifische Antigene lassen sich neben der oben erwähnten Methode der Injektion ins Tier und nachfolgender Isolierung der reaktiven T-Zellen, auch *in vitro* durch die so genannte „Lymphozyten-Tumorzellen-Mischkultur" entdecken. Bestrahlte Tumorzellen werden zusammen mit Lymphozyten aus dem gleichen Individuum inkubiert. Aus dieser Cokultur werden zytotoxische T-Zellen, die auf Tumorzellantigene reagieren, kloniert und können zur Charakterisierung der entsprechenden Antigene herangezogen werden. Ein weiterer technologischer Fortschritt zur Identifizierung von Tumorantigenen ist die so genannte SEREX-Methode. SEREX steht für serological screening of recombinant cDNA expression libraries, wobei eine rekombinante Protein-Bibliothek des Tumors die Grundlage darstellt. Die einzelnen Tumorproteine werden auf Nitrocellulosefolien übertragen und daraufhin getestet, ob Antikörper im Serum des Patienten an sie binden. Dies geschieht nur dann, wenn das betreffende Tumorprotein T-Helfer-Lymphozyten im Patienten aktiviert hat, und diese wiederum B-Zellen dazu anregen, spezifische Antikörper gegen das Tumorprotein zu produzieren. Tumorproteine, die Serumantikörper binden, können isoliert und ihr genetischer Code unmittelbar entschlüsselt werden.

Wie oben schon erwähnt, lässt die Tatsache, dass bei Menschen mit einem T-Zell-Mangel keine signifikante Tumorhäufigkeit auftritt und Menschen mit Immunschwäche nur für Virus-assoziierte Tumoren empfänglich sind, vermuten, dass die meisten Tumoren doch nicht vom Immunsystem überwacht werden. Tumoren verfügen wohl über Methoden, trotz der Präsenz von Antigenen, einen Zustand der Immuntoleranz zu entwickeln. Dies bezeichnet man als „immune

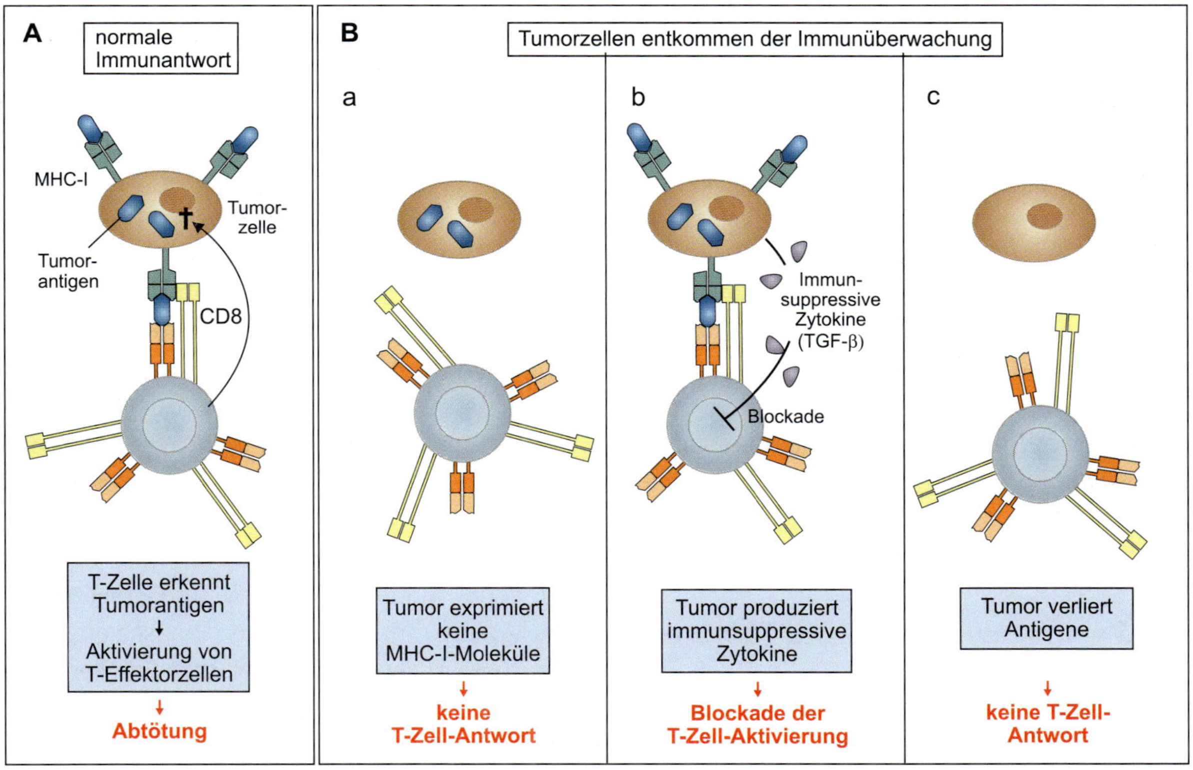

Abb. I.5.33: Mechanismen des „Immune Escape" von Tumoren.
A Tumorzellen können eine normale Immunantwort auslösen, wenn sie Antigene besitzen, die als ausreichend fremd erkannt werden.
B Tumorzellen können dieser Überwachung durch das Immunsystem entkommen, indem sie beispielsweise
a) keine MHC-Moleküle exprimieren,
b) immunsuppressive Zytokine produzieren oder
c) ihre Antigene verlieren.

Immuntoleranz ist die Unfähigkeit des Immunsystems, auf ein Antigen zu reagieren. Immuntoleranz besteht gegen körpereigene Antigene. Falls diese Selbsttoleranz nicht funktioniert, kommt es zu Autoimmunerkrankungen. Immuntoleranz kann auch eine Tumorgenese begünstigen.

escape". Es werden mehrere Mechanismen des „immune escape" diskutiert, die natürlich hoch interessante therapeutische Angriffspunkte darstellen können (Abb. I.5.33).

1. Es gibt Tumoren, die nicht immunogen sind, da sie im Verlauf ihrer Entwicklung MHC-I-Moleküle verlieren.
2. Es können auch Adhäsionsmoleküle, wie LFA-1 oder LFA-3 fehlen, die für eine Adhäsion an Lymphozyten benötigt werden.
3. Tumorzellen können immunsuppressive Zytokine produzieren, die noch nicht exakt definiert sind. IL-10 und TGF-β sind hoffnungsvolle Kandidaten.
4. Tumorzellen sind generell genetisch instabil und können auch dadurch entkommen, dass sie immunogene Antigene einfach verändern.

Krebs ist eine der drei häufigsten Todesursachen in den industrialisierten Ländern. Die Tumortherapie ist daher ein zentrales Thema der biomedizinischen Wissenschaften. In den letzten Jahren haben – wie oben erläutert – neue Erkenntnisse zum besseren Verständnis der Immunantworten und ihrer Effektormechanismen geführt.
Dies wiederum hat neue immuntherapeutische Strategien aufgezeigt, die insbesondere auch bei der Bekämpfung von Krebs immer wichtiger werden.

5.5.2 Immuntherapie bei Tumoren

Obgleich Ansätze, Tumoren über eine gezielte Beeinflussung des Immunsystems zu behandeln, eine lange Geschichte haben, haben sich bisher nicht sehr viele dieser wichtigen Ansätze wirklich in die Praxis umsetzen lassen. Die unterschiedlichen Ansätze haben alle ein gemeinsames Ziel: die Aktivierung des Immunsystems, um gezielt maligne Zellen zu zerstören. Im Gegensatz zu Pathogenen, die in den Körper eindringen, induzieren Tumor-assoziierte Antigene (TAA) meistens nur eine schwache Immunantwort. Ziel muss es sein, die immunologische Toleranzschwelle, die Tumorantigene genießen, zu durchbrechen. Drei angewandte Ansätze werden besprochen:

- Vakzinierungsstrategien (Abb. I.5.34),
- Einsatz von monoklonalen Antikörpern und
- Einsatz von Zytokinen

Gegen den Tumor aktiv zu immunisieren, d.h. eine aktive Immunantwort gegen Tumorzellen zu induzieren, ist eine attraktive Strategie. Man hat in der Vergangenheit versucht, Tumorzellen, die chirurgisch entfernt wurden, als Grundlage einer Vakzine in Kombination mit Adjuvanzien, die die Immunogenität erhöhen sollten, zu verwenden. Bei Melanomen wurde diese Methode versucht, brachte allerdings nicht den erwünschten Erfolg. Der Grund hierfür liegt ziemlich wahrscheinlich in einer zu geringen Immunogenität der Tumorzellen. Um diese Immunogenität zu erhöhen, werden gentherapeutische Maßnahmen ergriffen: Falls Tumorantigene identifiziert sind, können deren Gene in die Tumorzelle eingebracht werden, was die Immunogenität des Tumors erhöhen kann (Abb. I.5.24 A). Es werden aber auch Gene, die für bestimmte Zytokine oder costimulatorische Proteine codieren, in Tumorzellen eingeschleust. Eine Tumorzelle, die keine costimulatorischen Moleküle exprimiert, kann auch keine Immunantwort induzieren, selbst wenn sie Tumorantigene bildet, die von $CD8^+$-T-Zellen erkannt werden. Eine Aktivierung zur Effektorzellen geschieht erst auf Grund eines zweiten, costimulierenden Signals. Werden Tumorzellen beispielsweise mit dem B7-Gen transfiziert, können diese Zellen tumorspezifische T-Zellen aktivieren, sich in toxische Effektorzellen umzuwandeln (Abb. I.5.34 B).
Eine weitere Möglichkeit, die experimentell versucht wird, ist das Einbringen von Genen, die für den GM-CSF codieren. Dieser Faktor induziert die Differenzierung von hämatopoetischen Vorläuferzellen und lockt diese in den Tumor.

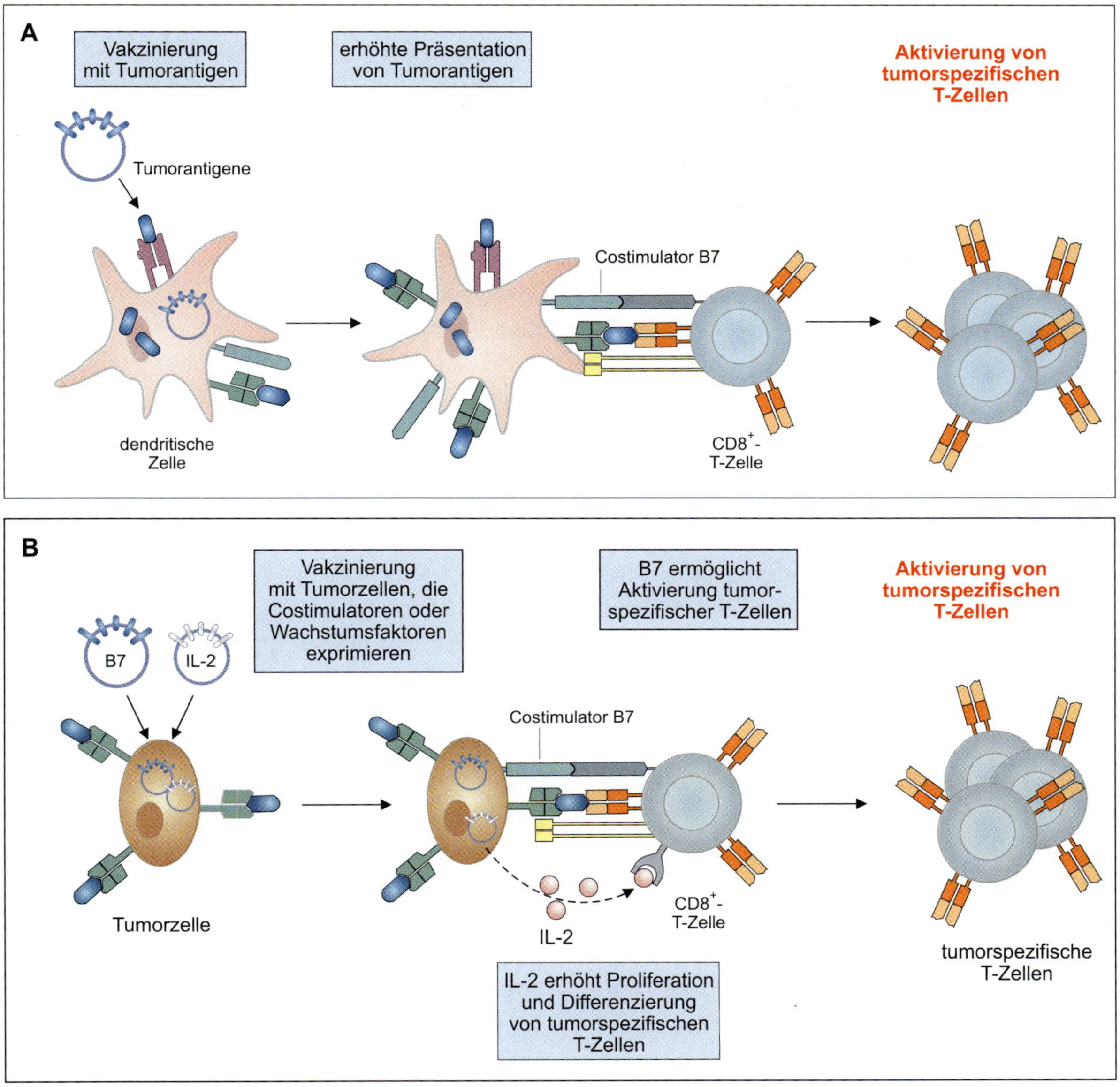

Abb. I.5.34: Strategien, die Immunantwort gegen Tumoren zu erhöhen – Beispiele einer Tumorvakzinierung.
A Dendritische Zellen des Tumorpatienten könnten mit Tumorantigen transfiziert werden. In der Folge sollte es zur verstärkten Präsentation von Tumorantigen und damit zur Ausbildung von Tumorantigen-spezifischen T-Effektorzellen kommen.
B Tumorzellen könnten mit costimulatorisch wirkenden Molekülen oder Wachstumsfaktoren für Immunzellen (B7, IL-2) transfiziert werden. Dadurch sollte es zur Differenzierung und Aktivierung von tumorspezifischen T-Effektorzellen kommen.
In der Abbildung sind nur $CD8^+$-T-Zellantworten dargestellt, allerdings werden $CD4^+$-T-Zellantworten ebenfalls durch diese Strategien aktiviert.

Neben Tumorzellen lassen sich auch dendritische Zellen zur Tumorvakzinierung einsetzen. Die Vorstellung ist, dass diese dendritischen Zellen dann Tumorantigene aufnehmen und im Lymphknoten T-Zellen präsentieren (indirekte Erkennung) und so als Antigenitätsverstärker fungieren. Dendritische Zellen können *ex vivo* mit DNA-Nukleotiden aktiviert oder mit Tumorantigen behandelt bzw. transfiziert und dann dem Patienten reinfundiert werden.

Zellen als Vakzine haben den Nachteil der Heterogenität. Deshalb werden Vakzinierungsansätze auf der Basis von definierten Peptiden/Proteinen ebenfalls erprobt. Der Nachteil dieses

Ansatzes ist der große Aufwand, immunogene Peptiddomänen in einem Tumorprotein zu definieren. Häufig werden diese Proteine/Peptide in Kombination mit antigenpräsentierenden Zellen oder Adjuvanzien verabreicht.

Eine weitere Vakzinierungsstrategie ist die Verwendung von viralen oder bakteriellen Vektoren, die Tumorantigene enthalten. Immunreaktionen gegen die Erreger richten sich dann z. T. auch gegen die von ihnen codierten Tumorantigene.

Als alternatives, experimentelles Verfahren der Tumorimpfung ist die Verarbeitung von Hitzeschockproteinen aus dem Tumor zusammen mit dem Tumorantigen anzusehen. Man weiß, dass die Aufnahme von Tumorantigenen und damit ihre Präsentation als MHC-I-Komplex in Anwesenheit von Chaperonen deutlich verbessert werden kann.

Eine andere Möglichkeit besteht darin, nicht nur die Tumorzellen immunogener, sondern auch die entsprechenden T-Zellen aktiver zu machen. Dazu gibt es Ansätze, bei denen die so genannten tumorinfiltrierenden Lymphozyten isoliert und mit dem Gen für IL-2 transfiziert werden. Dies soll bewirken, dass es zu einer starken klonalen Expansion der möglicherweise tumorspezifischen T-Zellen kommt. Diese Zellen werden dem Patienten reinfundiert. Alternativ dazu kann man auch periphere Lymphozyten gewinnen und mit IL-2 transfizieren.

Bisher ist allerdings noch nicht klar, ob die unterschiedlichen Strategien der Tumorimpfung klinisch wirklich wirksam sind. Die wichtige Frage bleibt, ob Patienten mit bereits etablierten Tumoren eine wirklich ausreichend starke Immunantwort aufbauen können, um Tumorzellen zu beseitigen. Möglicherweise ist ja im Patienten schon ein Stadium erreicht, in dem alle tumorspezifischen naiven T-Zellen bereits tolerant gegenüber dem Tumor geworden sind.

Außerdem besteht die große Gefahr, dass die transfizierten Zellen bzw. die Tumorantigene Autoimmunerkrankungen in den Organen auslösen, aus denen die Zellen bzw. Antigene hervorgegangen sind.

Eine andere Strategie, Tumorzellen durch immunologische Mechanismen zu bekämpfen, ist der Einsatz von Antikörpern – sozusagen eine „passive Immunisierung".

Antikörper gegen Tumorantigene sind nicht nur für die Therapie erfolgversprechend (vgl. Kap. II.6.4), sondern haben sich natürlich auch in der Diagnose, Prognose und Verlaufskontrolle von Tumorerkrankungen unersetzlich gemacht (vgl. Kap. II.6.6).

In der Vergangenheit hat der Einsatz von monoklonalen Antikörpern leider nur begrenzten Erfolg gebracht, was im Wesentlichen daran liegt, dass keine Antikörper gegen Tumorantigene verfügbar sind, die sich nur gegen die Tumorzelle richten und somit keine effiziente Eliminierung gewährleistet ist. Weitere Gründe sind in der schlechten Bioverfügbarkeit von Antikörpern zu suchen. Sie sind zu groß, um gewebegängig zu sein. Dieses könnte durch Herstellung von Fab- oder Fv-Fragmenten überwunden werden (vgl. Kap. I. 3.1.2), allerdings kommt es dann zum Ausbleiben einer Antikörper-/Komplement-induzierten Zellabtötung (vgl. Kap. I. 3.3.4.2).

Das Problem einer effizienten Abtötung von Tumorzellen, die Antikörper gebunden haben, lässt sich durch Kopplung an Wirkstoffe (Chemotherapeutika) Radionukleotide oder Toxine (Immunotoxine) bewerkstelligen. Einige solcher Antikörper bzw. Fusionsproteine sind z. T. bereits auf dem Markt (vgl. Kap. II.6.4.5 bis II.6.4.8).

Die Spezifität der Antikörpertherapie lässt sich durch Einsatz so genannter bifunktioneller Antikörper verbessern, die beispielsweise gegen zwei unterschiedliche Tumorantigene gerichtet sind. Bifunktionelle Antikörper lassen sich auch sehr elegant zum so genannten „targeting" verwenden. Die Idee ist, dass ein Antikörper, der z. B. durch chemische Kopplung zweier monoklonaler Antikörper so konstruiert ist, dass er an einer Antigenbindungsstelle ein Tumorantigen bindet und an der anderen Seite ein Oberflächenepitop einer Effektorzelle, z. B. CD3 einer T-Zelle oder CD16 einer NK-Zelle. Ein solcher bifunktioneller Antikörper kann dann eingesetzt werden,

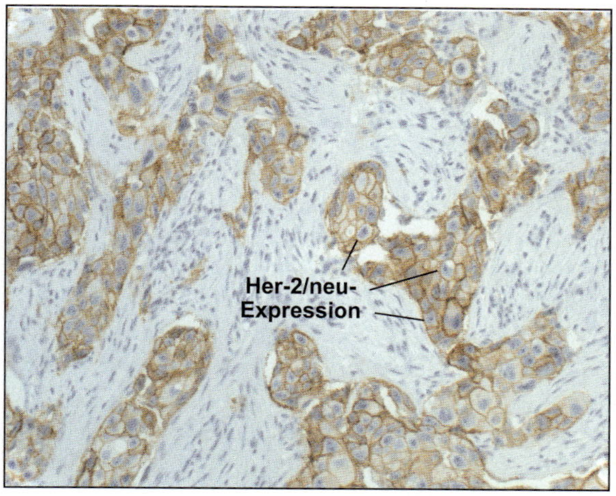

Abb. I.5.35: Expression von Her-2-Rezeptor bei Mammakarzinom.
Immunhistochemische Analyse von Brustgewebe auf Her-2/neu-Antigen (Hercep-Test) zeigt eine stark positive, membranöse Expression.

um Effektorzellen zu Tumorzellen zu transportieren.

Viele dieser Strategien sind noch in der experimentellen Phase, es gibt aber auch Beispiele – wie der Einsatz von Antikörpern – die zumindest als Zusatztherapie durchaus Erfolge bringen. Herceptin (vgl. Kap. II.6.4.2) ist ein humanisierter monoklonaler Antikörper gegen das Tumorantigen HER-2/neu, das ein Rezeptor für den Epidermalen Wachstumsfaktor ist, und auch auf gesundem Gewebe vorkommt, allerdings in wesentlich geringerem Ausmaß als in Tumoren, insbesondere der Brust (Abb. I.5.35). Die Wirkung des Antikörpers ist wahrscheinlich eine Blockade des Rezeptors und damit eine Hemmung der Proliferation sowie eine Antikörperabhängige Zytotoxizität (ADCC).

CD20 ist ein Oberflächenprotein auf B-Zellen, das als Oligomer Ca^{2+}-Kanäle bilden kann und wahrscheinlich an der Regulation der B-Zellaktivierung beteiligt ist.

Rituximab ist ein Antikörper, der an CD20 von B-Zellen bindet und durch Clusterbildung Apoptose auslöst (vgl. Kap. II.6.4.4). Weiterentwicklungen sind die beiden murinen monoklonalen Antikörper Ibritumomab und Tositumomab, die ebenfalls gegen CD20 gerichtet sind, allerdings zusätzlich mit Yttrium-90 bzw. mit Jod-131 markiert werden (vgl. Kap. II.6.4.5 und II.6.4.6).

Erfolgreich ist auch der Einsatz von antiidiotypischen Antikörpern zur Bekämpfung von B-Zell-Lymphomen, die einen ganz spezifischen Immunglobulin-Idiotyp exprimieren.

Neben der Tumorvakzinierung und Antikörperverabreichung werden auch Zytokine zur Tumortherapie verwendet. IFN-α wird erfolgreich bei viral induzierten Leukämieformen eingesetzt. IL-2 wird als T-Zell- und NK-Aktivator zur Behandlung von Melanomen und Nierenkarzinomen verwendet.

IFN-γ soll über eine Überexpression von MHC-Molekülen und T_C-Aktivierung positiv bei einer intraperitonealen (= lokalen) Gabe bei Ovarialkarzinom wirken. Auch TNF-α soll – wenn lokal verabreicht – u. U. zur Reduktion der malignen Ascites bei Ovarialkarzinom führen.

Einige andere Zytokine, insbesondere die hämatopoetischen Wachstumsfaktoren sind für die Unterstützung einer Chemotherapie von großer Bedeutung, um die therapiebedingte Aplasie von Blutzellen möglichst zeitlich kurz zu halten.

Der Einsatz von monoklonalen Antikörpern und Zytokinen in der Tumortherapie wird nochmals in den Kapiteln II.3.4 und II.6.4 detailliert besprochen.

Check-Liste: 5.4 Tumorimmunologie

- Tumore zu beseitigen und ihr Wachstum zu hemmen wird zur physiologischen Funktion des Immunsystems gerechnet
- Tumore tragen Antigene. Diese können Produkte von Onkogenen, mutierten Tumorsuppressorgenen, sonstigen mutierten oder überexprimierten zellulären Proteinen, oder Produkte onkogener Viren sein.
- Die Tumorabstoßung ist eine Reaktion von CD8-positiven zytotoxischen T- Effektorzellen. APC präsentieren die Tumorantigene nach Aufnahme von Tumorzellen. Tumorspezifische CD4-positive Zellen können die CD8-positive T-Zellantwort verstärken.
- Tumorzellen können der Immunüberwachung entgehen („immune escape"), indem sie ihre Antigene nicht mehr exprimieren, keine MHC-Moleküle oder andere Moleküle der Antigenerkennung tragen, sowie immunsuppressive Zytokine freisetzen.
- Immuntherapie von Tumoren zielt auf eine Aktivierung einer Anti-Tumor-spezifischen Immunantwort ab. Strategien dazu sind eine passive Immunisierung mit monoklonalen Antikörpern, die gegen Epitope auf Tumorzellen gerichtet sind. Aktives therapeutisches Impfen beinhaltet die Gabe von Tumorzellen, die gentechnisch verändert sind und vermehrt Zytokine oder costimulatorische Moleküle exprimieren. Gentechnisch modulierte dendritische Zellen werden ebenfalls eingesetzt.

II

Immuntherapeutika

1 Spektrum der Immuntherapeutika

Prinzipiell können Immuntherapeutika mit unterschiedlicher Zielrichtung hergestellt und eingesetzt werden (Abb. II.1.1).

- Arzneimittel, die ein überschießendes Immunsystem in seiner Funktion „bremsen", bezeichnen wir als Immunsuppressiva.
- Umgekehrt schieben Immunstimulanzien ein zu wenig aktives Immunsystem an.
- Von ernormer Bedeutung ist das rechtzeitige „Training" des Immunsystems für den Ernstfall bei Bedrohung durch aggressive infektiöse Agenzien wie Viren, Bakterien, Pilze oder Protozoen.

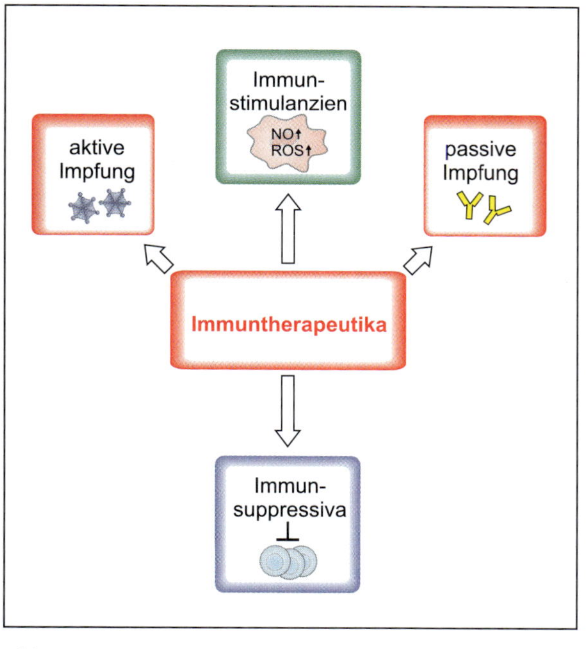

Abb. II.1.1

Hier stehen sehr gute und sichere Impfstoffe zur aktiven Immunisierung zur Verfügung, und Konzepte werden erprobt, deren Potential vielversprechend, aber noch nicht bewiesen ist.

Sollte dieses „Training" versäumt oder nicht möglich gewesen sein, kann man in aller Regel auf eine passive Immunisierung mit Hilfe von Seren oder Antikörpern zurückgreifen.

Es gibt eine Vielzahl von Medikamenten, die sich auf das Immunsystem in der einen oder anderen Weise auswirken. Oft – allerdings keineswegs ausschließlich – wurden Immuntherapeutika als Immunmodulatoren konzipiert. Es gibt sehr viele Beispiele, wo die immunmodulatorische Wirkung als Nebeneffekt im Laufe der Entwicklung aufgefallen ist, also zufällig entdeckt wurde. In einigen Fällen ließen sich die beobachteten immunmodulatorischen Wirkungen für neue Therapiekonzepte nutzen. Bei anderen Medikamenten ist man gezwungen, diese immunmodulatorischen Effekte als unerwünschte Arzneimittelwirkungen in Kauf zu nehmen.

2 Immunsuppressiva

2.1 Einleitung

Das Immunsystem ist im physiologisch intakten Zustand ein fein gesteuertes, in hohem Maße ausbalanciertes System, das bei Bedarf sowohl in Richtung Aktivierung als auch in Richtung Inhibition ausschlagen kann. In diesem Kapitel beleuchten wir die Möglichkeit, das Immunsystem in seiner Funktion zu inhibieren. Dieser Prozess wird als Immunsuppression bezeichnet.

Die Suppression der Immunreaktivität kann entweder ein ungewollter oder ein gewollter Effekt sein. Sie kann also dem Patienten sowohl schaden als auch nutzen.

Es gibt eine Vielzahl von Medikamenten, die unerwünschte immunsuppressive Eigenschaften besitzen. Hierzu zählen beispielsweise die Zytostatika, die als unerwünschte Effekte u.a. auch das Immunsystem schwächen, obwohl gerade in einer Situation, wo Zytostatika indiziert sind, ein besonders aktives Immunsystem nötig wäre.

Andererseits kann eine induzierte Immunsuppression auch therapeutisch notwendig oder gar lebensrettend sein. Lebensrettend sind Immunsuppressiva bei Organtransplantationen (vgl. Kap. I.5.4), um die gefürchtete Abstoßungsreaktion zu kontrollieren. Zunächst werden hohe Dosen meist mehrerer Immunsuppressiva benötigt, um die erste Transplantationsperiode im Rahmen der so genannten Induktionstherapie zu überstehen. Später, in der Erhaltungsphase, können die Dosen reduziert werden, wobei aber in jedem Fall eine lebenslange Therapie mit Immunsuppressiva erforderlich ist.

Als therapeutisch wichtig (wenn nicht gar notwendig) stuft man heute beispielsweise Immunsuppressiva bei der Behandlung von Autoimmunerkrankungen (vgl. Kap. I.5.3.2), wie die Rheumatoide Arthritis, ein. Dies bedeutet nicht, dass diese Immuntherapeutika die klassischen Antiphlogistika, die in der entzündlichen Effektorphase eingreifen, verdrängt haben. Aber es hat sich gezeigt, dass auch Patienten mit Autoimmunerkrankungen von direkten T-Zell-Immunsuppressiva, wie beispielsweise Ciclosporin, die ursprünglich ausschließlich bei Transplantationen eingesetzt wurden, sehr profitieren können. Es gibt heute eine große Zahl dieser, als so genannte Basistherapeutika eingestuften Wirkstoffe, deren Wirkprinzipien längst noch nicht in jedem Fall verstanden sind.

Zwei prinzipielle Mechanismen kommen hier in Betracht:

- Zum einen können derartige Wirkstoffe direkt in das biochemische Geschehen eines Immunregelkreislaufes eingreifen.
- Zum anderen können sie als Zytostatika fungieren, die die Proliferation und Differenzierung von zellulären Komponenten des Immunsystems blockieren und so das Immunsystem schwächen.

Neben chemisch-synthetischen Substanzen finden sich unter den Immunsuppressiva vor allem auch wichtige Xenobiotika, d.h. oral verfügbare Wirkstoffe, die von Mikroorganismen produziert werden, und seit einigen Jahren auch biotechnologisch gewonnene Wirkstoffe.

Ein Durchbruch in der Transplantationsmedizin, einem der bedeutendsten Indikationsgebiete für Immunsuppressiva, war die Einführung von Cyclosporin A (Sandimmun®) im Jahre 1983. Durch den Einsatz dieses Wirkstoffs in Kombination mit Azathioprin und Corticosteroiden erhöhte sich die 1-Jahresüberlebensrate nach Nieren-Transplantationen um 80 bis 90 %. 1-Jahresüberlebensraten nach Herztransplantationen wurden durch diese Wirkstoffkombination um nahezu 80 % gesteigert.

Einer der lange Zeit dominierenden biotechnologisch hergestellten Wirkstoffe, der in der Transplantationsmedizin zweifelsohne unzählige Leben gerettet hat, war der monoklonale Maus-Antikörper OKT3, der eine Depletion praktisch des gesamten T-Zell-Pools bewirkte. Dieser erste reine Antikörper bekommt heute, ebenso wie das lange eingesetzte Anti-Lymphozyten-Globulin (ALG), ernst zu nehmende Konkurrenz durch die – wahrscheinlich – besser verträglichen Biotechnologika auf dem Markt.

Im Folgenden sollen zunächst die klassischen, in der Rheumatologie eingesetzten, Basistherapeutika vorgestellt werden, die alle auch immunsupprimierende Eigenschaften besitzen. Danach folgen die in der antirheumatischen bzw. immunsuppressiven Therapie gebräuchlichen Zytostatika. Eine Reihe von Naturstoffen werden als wichtige Vertreter der Gruppe der Immunsuppressiva vorgestellt, und zum Schluss werden wir die biotechnologisch/gentechnologisch hergestellten Immunsuppressiva besprechen.

2.2 Chemisch-synthetische Wirkstoffe

2.2.1 Chloroquin, Hydroxychloroquin

Ursprünglich wurden Chloroquin und Hydroxychloroquin (Abb. II.2.1) als Antimalariamittel in den Markt eingeführt. Zwischenzeitlich zählen die Substanzen aber auch zu den am häufigsten eingesetzten Wirkstoffen in der Rheumatherapie, obwohl der antirheumatische Wirkungsmechanismus nach wie vor nicht genau bekannt ist.

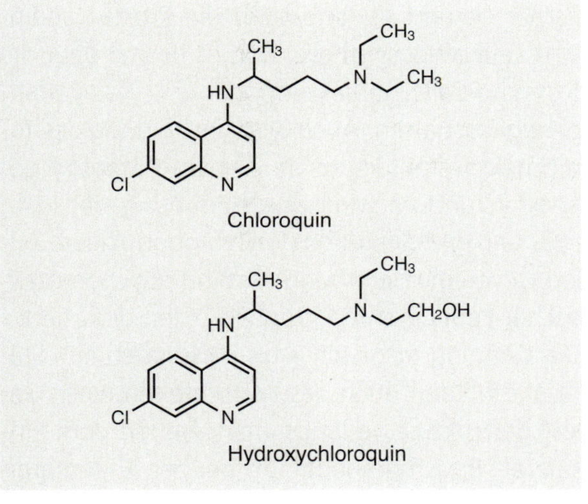

Abb. II.2.1

Man diskutiert z. B. eine „Stabilisierung der Lysosomenmembran" und eine Hemmung lysosomaler Enzyme, da Chloroquin den pH-Wert in den lysosomalen Vesikeln erhöht (Abb. II.2.2). Dies inhibiert unter anderem auch die Präsentation von Antigenen, da die proteolytische Prozessierung der Antigene verlangsamt wird und der Aufbau der MHC-Moleküle und deren Transport an die Zelloberfläche wegen der pH-Verschiebung gestört sind. Ferner diskutiert man einen Prostaglandin-Antagonismus und eben auch immunsuppressive Eigenschaften. Neben der Tatsache, dass die beiden Substanzen relativ sicher eingesetzt werden können, zählen sie auch zu den kostengünstigsten Basistherapeutika in der Rheumatologie.

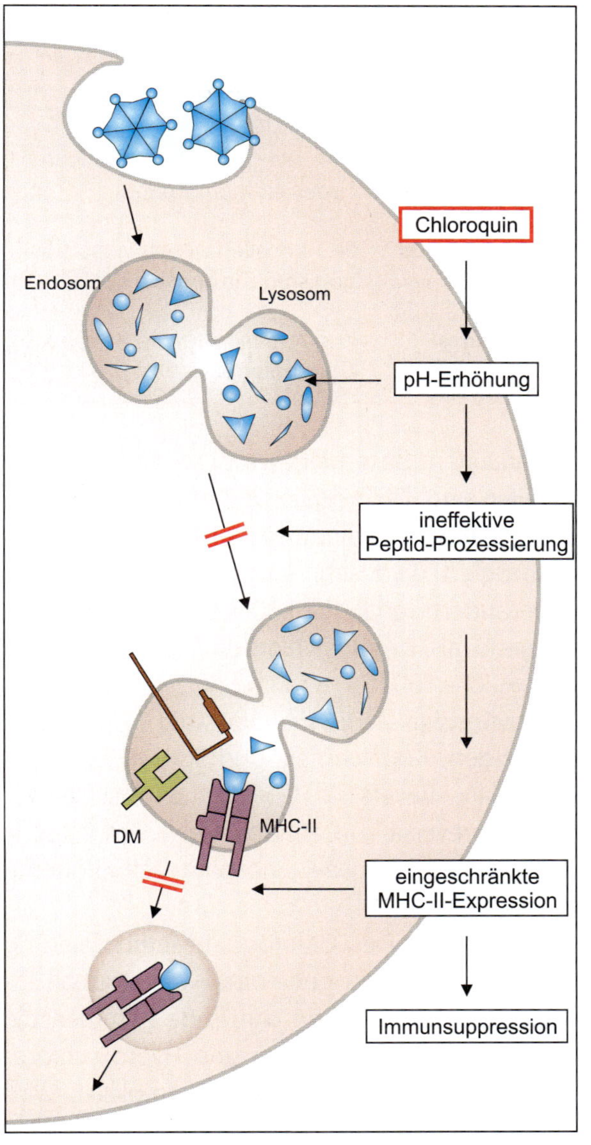

Abb. II.2.2: Wirkmechanismus von Chloroquin. Chloroquin und Hydrochloroquin erhöhen den lysosomalen pH-Wert. Dies verringert die Aktivität lysosomaler Enzyme, wodurch MHC-Peptide schlechter gebildet und MHC-Komplexe nicht so effizient an die Zelloberfläche transportiert werden können.

Die Wirkung tritt nach ca. 2 bis 6 Monaten ein. Eine Hemmung der Gelenkdestruktion wird mit diesen Substanzen allerdings nicht erreicht.

Metabolismus: Die Substanz wird gut aus dem Magen-Darm-Trakt resorbiert und reichert sich in vielen Geweben (Leber, Lunge, Nieren) in Konzentrationen an, die die Serumkonzentration um ein Vielfaches überschreiten. Hohe Konzentrationen befinden sich im Übrigen auch in

Name	**Chloroquin, Hydroxychloroquin**
Spezialitäten	**Resochin®, Quensyl®**
Indikation	U.a. als „Basistherapeutikum" bei chronischer Polyarthritis und zur Behandlung des Lupus erythematodes
Mechanismus	Nicht in allen Details verstanden. Hemmung lysosomaler Aktivitäten, Prostaglandin-Antagonismus, Immunsuppression
Dosierung	Zur Vermeidung von Retinopathien sollte nach Körpergewicht dosiert werde (3,5 – 4 mg Chloroquinphosphat pro kg KG; 6 – 6,5 mg Hydroxychloroquinsulfat pro kg KG

Erythrozyten, besonders wenn sie von Parasiten befallen sind (Chloroquin als Antimalariamittel!). Die Plasmaeiweißbindung beträgt etwa 50 %. Chloroquin wird sehr langsam eliminiert, z.T. unverändert renal (ca. 50 %), der Rest überwiegend als Desethylchloroquin ausgeschieden ($t_{1/2}$ = 20 – 160 h).

Unerwünschte Wirkungen: Gastrointestinale Beschwerden, Kopfschmerz und Schwindel, Hautausschlag. Reversible Cornea- und Linsentrübung, irreversible Retinopathie. Hämolytische Anämie bei Glukose-6-Phosphat-Dehydrogenasemangel!

Interaktionen: Der Chloroquin-Metabolisierung wird von Cimetidin gehemmt, was toxische Effekte verursachen kann. Antazida hemmen die Resorption von Chloroquin und Hydroxychloroquin. Die Bioverfügbarkeit von Ampicillin wird durch Chloroquin verringert. Chloroquin verringert die Bioverfügbarkeit von Methotrexat um etwa 30 %.

2.2.2 Sulfasalazin

Sulfasalazin (Azulfidine® RA, Pleon® RA) ist ein Konjugat zwischen dem Sulfonamid Sulfapyridin und dem Salicylat Mesalazin (5-Aminosalicylsäure) (Abb. II.2.3). Der Wirkungsmechanismus von Sulfasalazin ist nicht recht verstanden. Vermutlich ist der Metabolit Mesalazin der pharmakologisch wirksame Bestandteil, der intraluminal freigesetzt wird. Für Sulfasalazin ist jedoch auch ein „second-line"-Effekt nachgewiesen, der vermutlich auf die Sulfapyridinkomponente zurückzuführen ist.

Sulfasalazin wirkt nachweislich immunsuppressiv. Ferner hemmt es (schwach) die Prostaglandin- und Leukotriensynthese, und es besitzt über die 5-Amino-Salicylsäurekomponente Radikalfängereigenschaften. Auch wird die Bindung des Tumornekrosefaktors α an seinen Rezeptor gehemmt, und es wird eine Hemmung der IgA-, IgG- und IgM-Sekretion durch mononukleäre Zellen sowie eine Hemmung der Bindung chemotaktischer Peptide an neutrophile Zellen diskutiert.

Die Wirkung tritt nach 1 bis 3 Monaten ein. Sulfasalazin kann auch das Fortschreiten einer Gelenkdestruktion verlangsamen. Neben dem Einsatz als Basistherapeutikum bei der Rheumatoiden Arthritis wird Sulfasalazin auch bei chronisch entzündlichen Darmerkrankungen (Colitis ulcerosa und Morbus Crohn) eingesetzt.

Sulfasalazin und seine Metabolite sind plazentagängig und gehen in die Muttermilch über. Al-

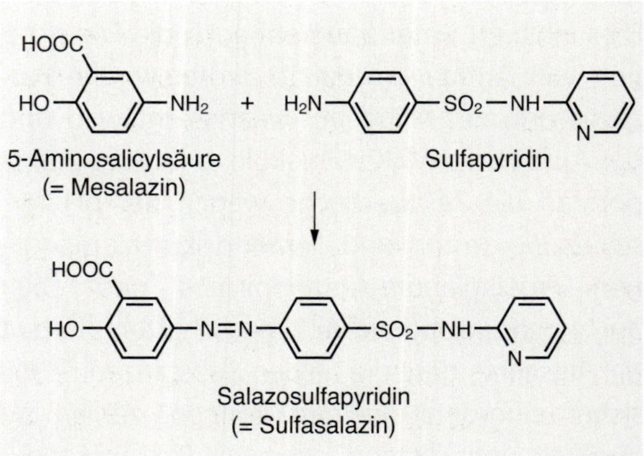

Abb. II.2.3

Name	Sulfasalazin
Spezialitäten	**Azulfidine® RA, Pleon® RA**
Indikation	Colitis ulcerosa, Morbus Crohn, Strahlencolitis, kollagene Colitis, aktive chronische Polyarthritis (Rheumatoide Arthritis)
Mechanismus	Nicht genau verstanden. Hemmung der Prostaglandin- und Leukotriensynthese, Immunsuppression, Radikalfängereigenschaften
Dosierung	Einschleichende Dosierung mit initial 500 mg/Tag als abendliche Gabe. Dosissteigerung um 500 mg/Woche bis auf 2 × 1 g/Tag. Maximaldosis 3 × 1 g/Tag

lerdings kann Sulfasalazin (bei gleichzeitiger Folsäuresubstitution) nach einer sorgfältigen Risikoabschätzung durchaus während Schwangerschaft und Stillzeit eingenommen werden, da kaum eine Gefährdung für den Fortgang der Schwangerschaft und für den Fötus bzw. den Säugling besteht.

Die Patienten sollten darauf hingewiesen werden, das Medikament mit viel Flüssigkeit einzunehmen und dass sich der Urin verfärben kann. Außerdem kann Sulfasalazin „Analgetika-Asthma" induzieren.

Metabolismus: Ca. 30 % des Sulfasalazins werden im Dünndarm resorbiert, wovon ca. 90 % wieder biliär sezerniert werden. Im Colon erfolgt die Spaltung zu Sulfapyridin und zu 5-Aminosalicylsäure. Sulfapyridin wird zu 90 %, die 5-Aminosalicylsäure zu 30 % resorbiert. Metabolisiert wird durch N-Acetylierung, Hydroxylierung und Glukuronidierung. Die Plasma-Eliminationshalbwertszeit $t_{1/2}$ beträgt ca. 6 bis 14 Stunden.

Unerwünschte Wirkungen: Unerwünschte Arzneimittelwirkungen sind vielschichtig und dosisabhängig, z. B. allergische Reaktionen an Haut und Schleimhäuten, Übelkeit, abdominale Beschwerden, Kopfschmerzen, Ohrensausen und Hörstörungen, Blutbildveränderungen und Oligospermie, verringerte intestinale Folsäureresorption, Leukopenie.

Interaktionen: Bei gleichzeitiger Gabe von Antibiotika kann durch Störung der Darmflora der Grad der Spaltung des Wirkstoffs verringert werden. Sulfasalazin kann die Resorption von Digoxin reduzieren.

Eine gleichzeitige Gabe von Purin-Antagonisten wie Azathioprin kann deren Wirkung verstärken, da das Enzym Thiopurinmethyltransferase (TPMT) durch Salazine gehemmt wird. Unerwünschte Wirkungen (Blutbildschäden, Leukopenie, Anämie, Panzytopenie) können dadurch vermehrt auftreten.

Ein Glukose-6-Phosphat-Dehydrogenasemangel gilt wegen der Gefahr des Auftretens einer hämolytischen Anämie als Kontraindikation.

2.2.3 Auranofin

Auranofin (Ridaura®) ist ein oral applizierbares Goldpräparat, dessen genauer Wirkungsmechanismus im Detail nicht verstanden ist (Abb. II.2.4). Als Schwermetall besitzt Gold eine hohe Affinität zu Thiol-Gruppen. Verschiedene „proinflammatorische" Transkriptionsfaktoren – einschließlich AP-1 (ein Komplex aus den Proto-Onkogenen Jun und Fos) und NFκB – besitzen Cysteine im Bereich ihrer positiv geladenen DNA-Bindungsdomänen (Abb. II.2.5). Diese ungewöhnliche elektrostatische Umgebung im Bereich der DNA-Bindungsdomänen begünstigt

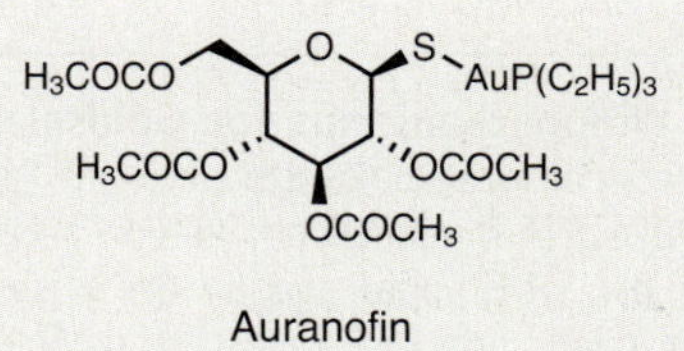

Abb. II.2.4

Name	**Auranofin**
Spezialitäten	**Ridaura®**
Indikation	Progredient chronische Polyarthritis
Mechanismus	Nicht genau verstanden. Hemmung lysosomaler Enzyme, Hemmung der Bildung von Sauerstoffradikalen, Hemmung der Makrophagenfunktion und der Stimulierbarkeit von Lymphozyten
Dosierung	1 – 2 × 3 mg/Tag, maximal 3 × 3 mg/Tag

die Ausbildung von Thiolat-Anionen, so dass die Affinität des Golds noch verstärkt wird. Daher zeigen Gold-Präparate eine gewisse selektive „Toxizität" für Transkriptionsfaktoren, beispielsweise im Vergleich zu Enzymen, für deren Hemmung durch SH-Gruppenblockade zehnfach höhere Dosen erforderlich sind.

Man diskutiert für Auranofin auch eine Hemmung lysosomaler Enzyme, Schutz von Kollagen vor Kollagenasen und eine Hemmung der Bildung von Sauerstoffradikalen. Eine immunsuppressive Wirkung erscheint auch durch die beobachtete Hemmung der Makrophagenfunktion, die Stimulierbarkeit von Lymphozyten, die Hemmung der Leukozyten-Chemotaxis und die reduzierte Expression von Adhäsionsmolekülen wie ICAM-1 und VCAM-1 plausibel.

Wegen des hohen Anteils an renaler und hepatischer Elimination ist Auranofin bei Patienten mit schwerer Leber- oder Nierenfunktionseinschränkung kontraindiziert.

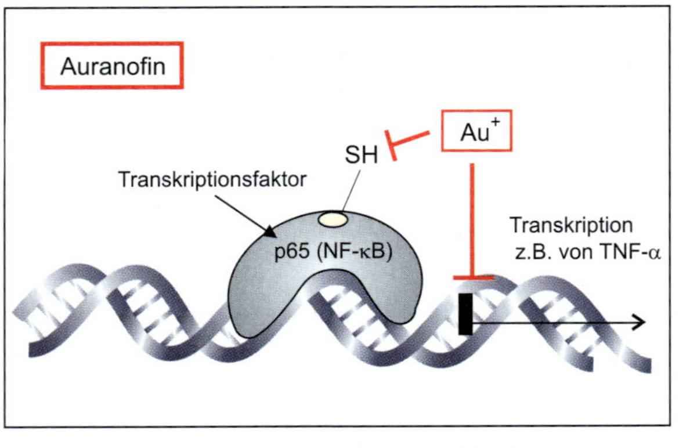

Abb. II.2.5: Wirkmechanismus von Goldsalzen.
Als Schwermetall besitzen Goldsalze eine hohe Affinität zu SH-Gruppen. In der DNA-Bindungsdomäne von Transkriptionsfaktoren liegen die SH-Gruppen wegen der positiv geladenen Umgebung in relativ hohem Prozentsatz als Thiolate vor und binden daher besonders gut Goldverbindungen. Dadurch wird die Transkription einzelner Gene gezielt gehemmt.

Das Medikament sollte zu den Mahlzeiten eingenommen werden.

Metabolismus: Ca. 25 % der Dosis werden resorbiert. Davon werden je die Hälfte renal und hepatisch (biliär) eliminiert. Die Plasma-Eliminationshalbwertszeit $t_{1/2}$ beträgt 17 bis 25 Tage, die Ganzkörper-Eliminationshalbwertszeit ca. 81 Tage. In Lysosomen (Aurosomen) wird ein Teil des Goldes angereichert.

Unerwünschte Wirkungen: Ca. 50 % der Patienten klagen unter abdominalen Schmerzen, Übelkeit und Diarrhö. Ferner werden Haut- und Schleimhautreizungen (Pruritis, Exantheme, Ulzerationen der Mundschleimhaut) beobachtet. Eine Enterokolitis mit bis zu 50 % Letalität tritt bei weniger als 1 % der Patienten auf. Am Auge kann es zu Einlagerungen von Gold kommen.

Interaktionen: Bei gleichzeitiger Gabe von Komplexbildnern (Dimercaptol, D-Penicillamin, Acetylcystein) ist mit einer Beeinflussung von Verteilung und Elimination zu rechnen. Die gleichzeitige Gabe von nephro- und myelotoxischen Substanzen ist zu vermeiden.

2.2.4 *Parenterale Goldpräparate*

Parenterales Gold (Tauredon®) wird zunehmend seltener eingesetzt, obwohl dessen Wirksamkeit und Sicherheit in annähernd 70 Jahren gut belegt ist. Nachteilig ist, dass die Wirkung erst sehr spät (nach 3 bis 6 Monaten) einsetzt. Der Wirk-

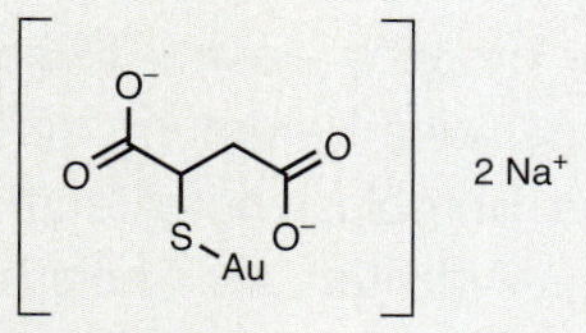
Natriumaurothiomalat

Abb. II.2.6

stoff ist Natriumaurothiomalat (46 % Gold) (Abb. II.2.6). Der genaue Wirkungsmechanismus ist nicht verstanden. Er entspricht aber sicherlich dem, der bereits für Auranofin diskutiert wurde. Ein bekannter Metabolit parenteraler Goldpräparate ist Aurocyanid [$Au(CN)_2$]. Aurocyanid wird durch Oxidation von Thiocyanate durch die Myeloperoxidase gebildet, ein wichtiges Enzym des „oxidativen *Bursts*" der Neutrophilen und Monozyten. Aurocyanid ist ein potenter Inhibitor sowohl des „oxidativen *Bursts*" als auch der Lymphozytenproliferation. Es ist denkbar, dass dieser Metabolit für viele antirheumatische Effekte aber auch für viele unerwünschte Wirkungen verantwortlich ist.

Bis zu 40 % aller Patienten erfahren unerwünschte Arzneimittelwirkungen. Allerdings sind diese in der Regel eher milde und gut beherrschbar, wenn eine sorgfältige Dosisanpassung vorgenommen wird. Schwere Komplikationen wie Thrombozytopenie, aplastische Anämie Pneumonitis und membranöse Glomerulonephritis sind glücklicherweise sehr selten. Dennoch sind die unerwünschten Arzneimittelwirkungen wohl als Grund dafür anzusehen, dass viele Patienten nach 2 bis 4 Jahren die Goldpräparate absetzen. Dies kann jedoch auch daran liegen, dass die Injektionen teils als schmerzhaft empfunden werden.

Patienten sollten darauf hingewiesen werden, dass übermäßige UV-Strahlung (z. B. in Solarien oder durch Sonnenbaden) gemieden werden sollte. Ferner sollte während einer Behandlung mit Tauredon® nicht gestillt werden, da der Wirkstoff in die Muttermilch übertritt und Schädigungen des Säuglings nicht ausgeschlossen werden können.

Metabolismus: Natriumaurothiomalat gelangt nach i. m.-Applikation schnell in den systemischen Kreislauf. Die Elimination erfolgt zu 70 % renal, zu 30 % biliär. Die Plasma-Eliminationshalbwertszeit $t_{1/2}$ beträgt 10 bis 35 Tage, die Ganzkörper-Eliminationshalbwertszeit 250 Tage.

Unerwünschte Wirkungen: Abdominale Schmerzen, Übelkeit, Diarrhö, Ausschlag. Proteinurie, unterschiedliche Schädigungen des blutbildenden Systems mit Thrombozytopenie, Granulozytopenie, Anämie. Vasomotorische Reaktionen treten bei 5 % der Patienten auf. Am Auge kann es zu Einlagerungen von Gold kommen.

Interaktionen: Bei gleichzeitiger Gabe von Komplexbildnern (Dimercaptol, D-Penicillamin, Acetylcystein) ist mit einer Beeinflussung von Verteilung und Elimination zu rechnen. Die gleichzeitige Gabe von nephro- und myelotoxischen Substanzen ist zu vermeiden.

Name	**Natriumaurothiomalat**
Spezialitäten	**Tauredon®**
Indikation	Chronische Polyarthritis (Rheumatoide Arthritis), einschl. juveniler Arthritis, Arthritis psoriatica
Mechanismus	Nicht genau verstanden. Hemmung lysosomaler Enzyme, Hemmung der Bildung von Sauerstoffradikalen, Hemmung der Makrophagen-Funktion und der Stimulierbarkeit von Lymphozyten
Dosierung	Initial 10 mg Natriumaurothiomalat als Testdosis. Nachfolgend 1 × 50 mg/Woche. Nach 6 Monaten bei Wirkungseintritt Reduzierung auf 50 mg alle 2 Wochen, bei Erreichen einer Vollremission 50 mg alle 4 Wochen

2.2.5 D-Penicillamin

D-Penicillamin (Metalcaptase®, Tiscorcin®) ist ein Strukturanaloges des Cysteins, das mit einem Teil des Penicillins kondensiert ist (Abb. II.2.7). Es besitzt wegen seines ungünstigen Nutzen-Risiko-Profils kaum noch eine Bedeutung in der Therapie der Rheumatoiden Arthritis. Dazu kommt, dass auch für D-Penicillamin der Wirkungsmechanismus kaum verstanden ist. Es wurde in die Rheumatherapie eingeführt, da es als „Thiol-Molekül" die Disulfid-Brücken von IgM-Molekülen reduzieren konnte. Diese Eigenschaft scheint aber für den Einsatz als Antirheumatikum keine Rolle zu spielen.

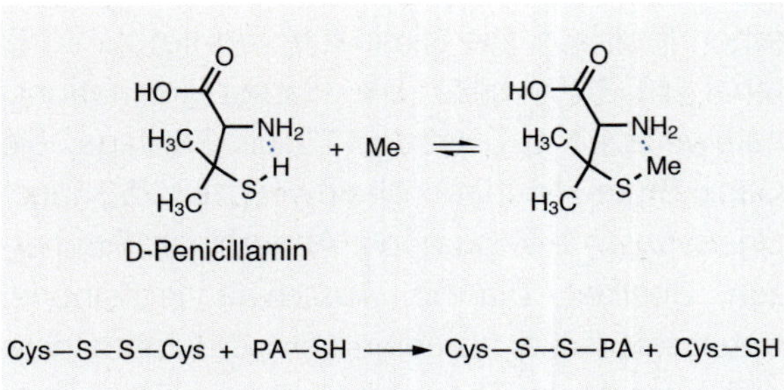

Abb. II.2.7: Wirkmechanismus von D-Penicillamin. D-Penicillamin bildet Metall-Komplexe (oben) und spaltet Disulfidbrücken (unten) unter Ausbildung von gemischten Penicillamin-Disulfiden (Me: Schwermetall; PA: D-Penicillamin).

Ähnlich wie Goldkomplexe hemmt auch D-Penicillamin das DNA-Bindevermögen des Transkriptionsfaktors AP-1 (Komplex aus den Proto-Onkogenen Jun und Fos). Mutationsexperimente haben gezeigt, dass für diesen Effekt die Thiolgruppen der Cysteine essentiell sind. Nachweisbar sind ferner eine Hemmung der T-Helferzellfunktion, der Fibroblastenproliferation und eine Radikalfänger-Aktivität. Als Chelatbildner ist D-Penicillamin nach wie vor bei Morbus Wilson und bei Schwermetallvergiftungen (Blei, Quecksilber, Kupfer, Zink) Mittel der ersten Wahl.

D-Penicillamin verbessert die klinischen Symptome der Rheumatoiden Arthritis und bessert auch relevante Laborparameter. Allerdings scheint es nicht die Gelenkdestruktion aufhalten zu können. Leider ist die Compliance nicht optimal. Gründe sind wahrscheinlich unbefriedigende Wirksamkeit oder unerwünschte Arzneimittelwirkungen.

D-Penicillamin sollte mit viel Flüssigkeit vor den Mahlzeiten eingenommen werden. Zur Einnahme von Antazida sollte ein Zeitabstand von mindestens zwei Stunden eingehalten werden.

Metabolismus: D-Penicillamin wird oral zu 40 bis 70 % resorbiert. Die Elimination erfolgt fast ausschließlich renal, vorwiegend als Disulfidmetaboliten. 3 bis 25 % werden unverändert mit dem Urin ausgeschieden. Die Plasma-Eliminationshalbwertszeit $t_{1/2}$ beträgt 1 bis 3 Stunden, die Ganzkörper-Eliminationshalbwertszeit 4 bis 6 Tage.

Unerwünschte Wirkungen: Häufig sind reversible Geschmacksstörungen, abdominale Schmerzen, Übelkeit, Exantheme. Bis zu 30 % der Patienten entwickeln eine Proteinurie, die bei fortgesetzter D-Penicillamin-Gabe bei 30 % der

Name	**D-Penicillamin**
Spezialitäten	**Metalcaptase®, Tiscorcin®**
Indikation	Chronische Polyarthritis rheumatica, Sklerodermie, Morbus Wilson, Vergiftungen mit Schwermetallen, Cystinurie, Cystinsteine
Mechanismus	Nicht genau verstanden. Hemmung der T-Helferzellfunktion, der Fibroblastenproliferation; Radikalfänger-Aktivität
Dosierung	Einschleichende Dosierung mit initial 1 × 150 mg/Tag (abendliche Gabe). Alle 2 Wochen Steigerung um 150 mg/Tag bis zu einer Tagesdosis von 2 × 300 mg/Tag (morgens und abends). Vorübergehend maximal 1200 mg/Tag. Bei Eintreten einer Remission schrittweise Reduktion auf 5 – 10 mg/kg KG und Tag.

Fälle in ein nephrotisches Syndrom auf Grund einer Immunkomplexnephritis übergeht. Selten sind Antikörpermangelsyndrom, Leukopenie, Thrombozytopenie, aplastische Anämie und Hepatitis.

Interaktionen: D-Penicillamin kann die Digoxin-Konzentration im Blut verringern. Die D-Penicillamin-Resorption wird bei gleichzeitiger Einnahme von Eisenpräparaten oder Aluminium-/Magnesium-haltigen Antazida vermindert.

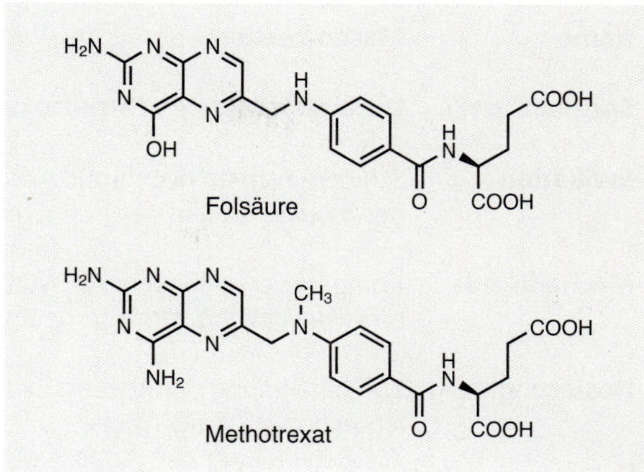

Abb. II.2.8

2.2.6 Methotrexat

Methotrexat (Lantarel®, Metex®, Farmitrexat® u. a.) ist ein Folat-Antagonist (Abb. II.2.8), der das Enzym Dihydrofolat-Reduktase kompetitiv hemmt (Abb. II.2.9). Somit interferiert Methotrexat mit dem C-1-Stoffwechsel. Methotrexat wirkt in höheren Dosen antiproliferativ und immunsuppressiv. Der genaue Wirkmechanismus, beispielsweise bei der Behandlung der Rheumatoiden Arthritis, ist jedoch nicht bekannt. Man spekuliert, dass bei niedrigen Dosen (bis zu 25 mg) – wie sie in der Rheumatologie eingesetzt werden – Methotrexat und sein Metabolit 7-Hydroxy-Methotrexat zu Polyglutamaten modifiziert werden, die ihrerseits die Thymidylat-Synthase und damit Transmethylierungsreaktionen inhibieren. Zusätzlich kann Methotrexat die Sekretion von IL-1, IFN-γ und TNF-α inhibieren. Die Sekretion von IL-4 scheint gesteigert zu werden. Methotrexat zeichnet sich in niedriger Dosierung (bis zu 25 mg/Woche) durch gute Wirksamkeit und ein relativ günstiges Nebenwirkungsprofil aus. Die Kosten sind besonders bei oraler Applikation immer noch gering.

Wegen seiner positiven Eigenschaften ist die Pa-

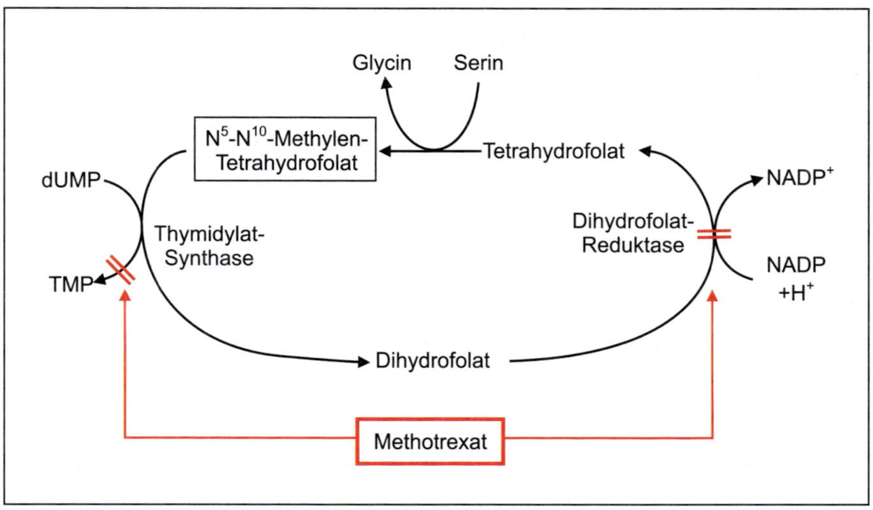

Abb. II.2.9: Wirkmechanismus von Methotrexat. Methotrexat inhibiert das Enzym Dihydrofolat-Reduktase. Diese ist wichtig, um die Zelle mit dem C-1-Gruppen-Donator N^5,N^{10}-Methylen-Tetrahydrofolat zu versorgen. Liegt dieser C-Faktor der Thymidylat-Synthase nicht in ausreichender Menge vor, werden u. a. einige DNA-Bausteine (z. B. TMP) nicht mehr synthetisiert. Der Metabolit 7-Hydroxy-Methotrexat und dessen Polyglutamat-Varianten inhibieren ihrerseits die Thymidylat-Synthase. Dies erklärt auch die antiproliferative und immunsuppressive Wirkung des Methotrexats.

Name	Methotrexat
Spezialitäten	**Lantarel®, Metex®, Farmitrexat® u. a.**
Indikation	Schwere Formen der chronischen Polyarthritis und Arthritis psoriatica, schwerste Formen der Psoriasis vulgaris
Mechanismus	Kompetitiver Inhibitor der Dihydrofolat-Reduktase, daher antiproliferative und immunsuppressive Wirkung. Der antirheumatische Mechanismus ist aber nicht genau verstanden.
Dosierung	Zur Behandlung der Rheumatoiden Arthritis: wöchentliche Dosis 5 – 15 mg. In Einzelfällen maximal 20 mg/Woche Zur Behandlung der Psoriasis vulgaris: wöchentliche Dosis 7,5 – 25 mg. In Einzelfällen maximal 30 mg/Woche

tienten-Compliance bei Methotrexat höher als bei anderen Basistherapeutika in der Behandlung der Rheumatoiden Arthritis. Während Abbrüche wegen fehlender Wirksamkeit eher selten sind, ist der Methotrexat-Einsatz aber doch durch typische Nebenwirkungen begrenzt. Stomatitis, Nausea, Diarrhö und Alopezie können durch die Comedikation mit Folsäure (z. B. 5 mg 12 bis 24 Std. nach Methotrexat-Applikation) oder Folinsäure begrenzt werden. Allerdings vermindert die Folsäure wahrscheinlich die erwünschten Effekte des Methotrexats. Relative Kontraindikationen für Methotrexat sind Lebererkrankungen, Niereninsuffizienz und schwerere Lungenerkrankungen sowie Alkoholabusus. Selten – aber bedrohlich – ist die Methotrexat-Pneumonitis. Methotrexat ist teratogen und darf nicht in der Schwangerschaft angewendet werden. Männer und Frauen im geschlechtsreifen Alter müssen während und bis zu 3 bis 6 Monate nach Beendigung der Therapie mit Methotrexat wirksame kontrazeptive Maßnahmen einhalten. Bei regelmäßigen Kontrollen müssen Leberenzyme mitbestimmt werden. Das Risiko einer lebertoxischen Wirkung von Methotrexat ist gering.

Die Präparate sollten nach den Mahlzeiten mit viel Flüssigkeit eingenommen werden.

Metabolismus: Es wurden erhebliche interindividuelle Resorptionsschwankungen von 25 bis 100 % beobachtet. Methotrexat gelangt durch aktiven Transport in den Intrazellularraum, wo es als Polyglutamatkonjugat über Monate verweilen kann. Die Elimination erfolgt zu mehr als 80 % als unmodifiziertes Molekül über die Niere. Ein kleiner Teil wird als 7-Hydroxy-Methotrexat ausgeschieden. Die terminale Plasma-Eliminationshalbwertszeit $t_{1/2}$ beträgt 7 Stunden.

Unerwünschte Wirkungen: Dyspepsie, Nausea, Diarrhö, Exantheme, Kopfschmerzen. Bis zu 30 % der Patienten zeigen eine vorübergehende Erhöhung der Transaminasen, die bis zum 2- bis 3fachen der Norm ansteigen kann. Außerdem besteht ein Risiko der Entwicklung einer Leberzirrhose. Bei allen immunsuppressiven Therapieformen besteht ein erhöhtes Risiko für die Entstehung von lymphoproliferativen Neoplasien.

Interaktionen: Probenecid und andere organische Säuren (NSARs, Penicillin, Sulfonamide) sowie Sulfonamide hemmen kompetitiv die renale Methotrexat-Ausscheidung. Die Methotrexat-Toxizität ist bei gleichzeitiger Gabe anderer Inhibitoren der Dihydrofolat-Reduktase (z. B. Trimethoprim) erhöht. Vorsicht ist geboten bei gleichzeitiger Gabe myelo-, hepato- oder nephrotoxischer Substanzen.

2.2.7 Azathioprin

Azathioprin (Imurek® u. a.) wird als Immunsuppressivum seit 1961 klinisch genutzt. Azathioprin (Abb. II.2.10A) selbst ist inaktiv. Erst seine Metaboliten (6-Mercaptopurin und vor allem die

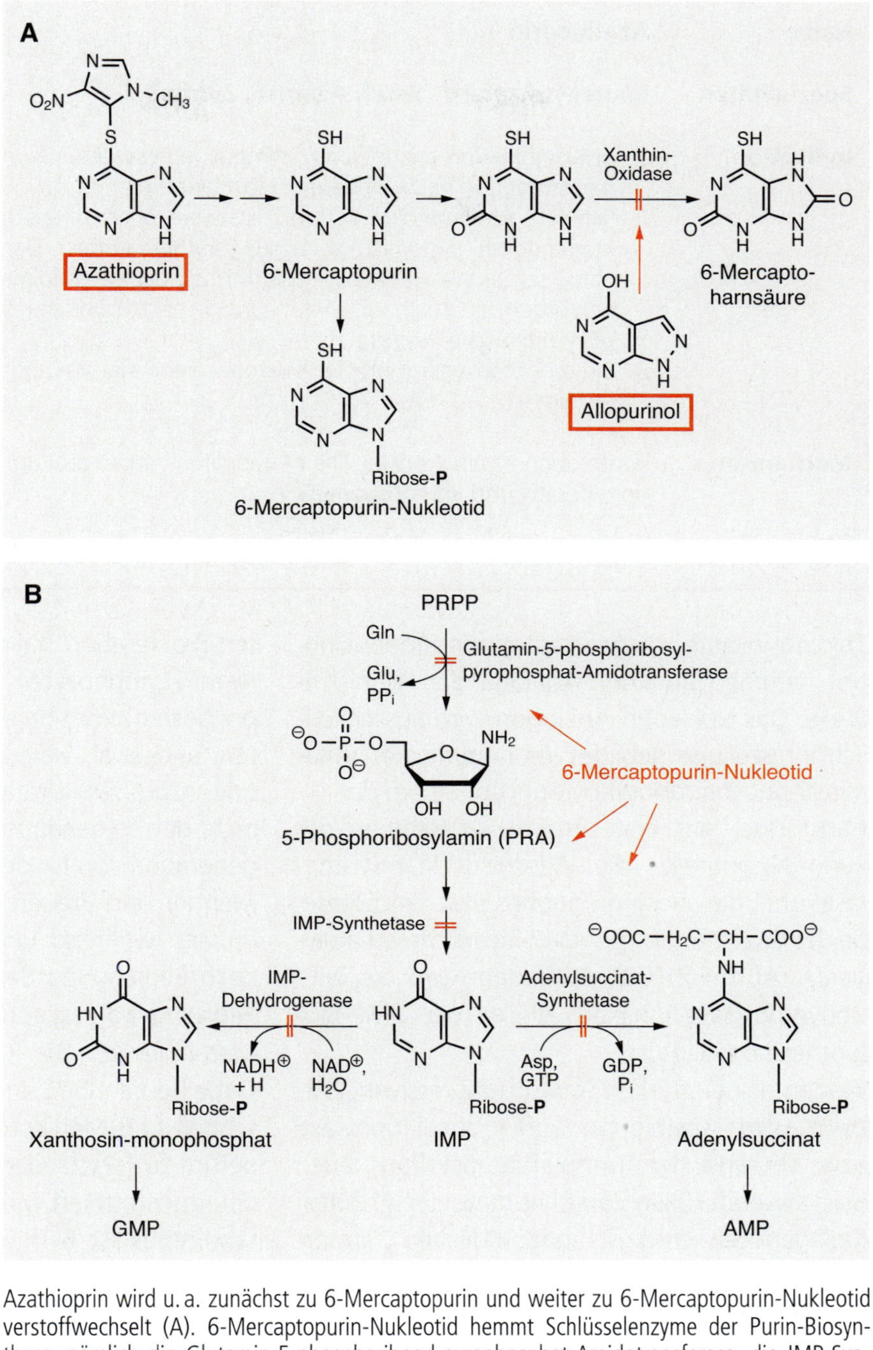

Abb. II.2.10: Wirkmechanismus von Azathioprin.

Azathioprin wird u. a. zunächst zu 6-Mercaptopurin und weiter zu 6-Mercaptopurin-Nukleotid verstoffwechselt (A). 6-Mercaptopurin-Nukleotid hemmt Schlüsselenzyme der Purin-Biosynthese, nämlich die Glutamin-5-phosphoribosyl-pyrophosphat-Amidotransferase, die IMP-Synthetase, die Adenylsuccinat-Synthetase und die IMP-Dehydrogenase. Dadurch können die Purine AMP und GMP nicht mehr in ausreichendem Maße synthetisiert werden. Abgebaut wird 6-Mercaptopurin u. a. zu 6-Mercaptoharnsäure. Die Xanthin-Oxidase, die diese Reaktion katalysiert, wird durch Allopurinol gehemmt, so dass bei einer gleichzeitigen Gabe von Azathioprin und Allopurinal die Dosis angepasst werden muss.

Name	Azathioprin
Spezialitäten	**Imurek®, Azafalk®, Aza®, Azarek®, Zytrim® u. a.**
Indikation	1. In Kombination mit anderen Immunsuppressiva zur Vorbeugung der akuten Abstoßungsreaktion nach allogener Transplantation 2. Schwere Rheumatoide Arthritis, schwere oder mittelschwere entzündliche Darmerkrankungen, systemischer Lupus erythematodes, Dermatomyositis, autoimmune chronisch aktive Hepatitis, Polyarthritis nodosa, autoimmune hämolytische Anämie, hervorgerufen durch IgG-Wärmeantikörper, chronisch refraktäre idiopathische thrombozytopenische Purpura 3. Bei schubförmiger multipler Sklerose, wenn eine immunprophylaktische Therapie angezeigt ist
Mechanismus	Azathioprin ist ein Prodrug. Die Metaboliten wirken als Purin-Analoga und wirken so antiproliferativ und immunsuppressiv
Dosierung	Je nach Indikation und Schwere der Erkrankung 1 – 5 mg/kg KG und Tag

Thioinosinsäure = 6-Mercaptopurin-Ribonukleotid) hemmen als Purin-Analoga die Purin-Synthese. Das Nukleotid-Analogon wird ausschließlich intrazellulär gebildet. Es hemmt die Glutamin-5-phosphoribosyl-pyrophosphat-Amidotransferase, das erste Enzym im Rahmen der Purin-Biosynthese, die Adenylsuccinat-Synthetase und die Inosinmonophosphat-Synthetase, beides Enzyme, die die AMP-Biosynthese katalysieren (Abb. II.2.10B). Außerdem wird die IMP-Dehydrogenase inhibiert, die an der GMP-Biosynthese beteiligt ist.

Wegen seiner starken immunsuppressiven Wirkung wird Azathioprin außer zur Prophylaxe bzw. Therapie der Transplantatabstoßung auch bei schweren Fällen von Rheumatoider Arthritis, Kollagenosen, chronisch-entzündlichen Darmerkrankungen und anderen Autoimmunerkrankungen eingesetzt.

Die Toxizität von Azathioprin ist nicht zu vernachlässigen. Daher ist im Einzelfall eine kritische Nutzen/Risiko-Bewertung notwendig. Azathioprin sollte beispielsweise bei der Rheumatoiden Arthritis nur eingesetzt werden, wenn die therapeutischen Möglichkeiten mit anderen Basistherapeutika ausgeschöpft sind. Zusammen mit Ciclosporin wird es in der Transplantationsmedizin (vgl. Kap. I.5.4) als Basis-Immunsuppressivum genutzt.

Die relative selektive Hemmung der Lymphozyten-Proliferation (Killer-Lymphozyten, CD8-positiven T-Lymphozyten mit zytotoxischer und Suppressorfunktion) beruht darauf, dass Lymphozyten, anders als viele andere Zellen, ihre Nukleotide in großem Umfang neu synthetisieren und nicht den so genannten *salvage pathway* zur Regeneration von Nukleotiden benutzen.

Männer und Frauen im geschlechtsreifen Alter müssen während und bis zu 6 bis 12 Monate nach Beendigung der Therapie mit Azathioprin wirksame kontrazeptive Maßnahmen einhalten.

Metabolismus: Die Resorption liegt nach oraler Gabe bei ca. 85 %. In der Leber wird Azathioprin schnell zu 6-Mercaptopurin umgesetzt, das wiederum zu verschiedenen 6-Thioguanin-Nukleotiden transformiert wird. Das Endprodukt des Metabolismus ist 6-Thio-Harnsäure. Die terminale Plasma-Eliminationshalbwertszeit $t_{1/2}$ von Azathioprin bzw. Mercaptopurin beträgt 1,7 bzw. 1,2 Stunden.

Unerwünschte Wirkungen: Übelkeit, Erbrechen, Diarrhö, Stomatitis, Alopezie, Knochenmarkdepression, cholestatische Hepatitis, Verschlimmerung einer Myasthenia gravis mit myastenischer Krise, progrediente Hyperpigmentierung. Diese Nebenwirkungen treten eher bei höheren Dosen auf. Dosisunabhängig sind Exantheme, Myalgien, Arthalgien, Rigor, Pneumonitis, Pankreatitis, Meningitis und Arrhythmien. Bei länger dauernder Immunsuppression besteht ein erhöhtes Risiko für die Entstehung von lymphoproliferativen Neoplasien.

Interaktionen: Bei gleichzeitiger Anwendung von Allopurinol muss die Azathioprin-Dosis um 25 % reduziert werden. Bei Comedikation von Präparaten, die ebenfalls Störungen der Hämatopoese hervorrufen, ist Vorsicht geboten. Solche Wechselwirkungen sind für ACE-Hemmer, Sulfasalazin, Aminosalicylate wie Mesalazin, Cotrimazol, Cimetidin, Indometacin, D-Penicillamin oder Zytostatika beschrieben. Die antikoagulatorische Wirkung von Warfarin kann durch Azathioprin vermindert werden. Die Wirkung von nicht-depolarisierenden Muskelrelaxanzien wird abgeschwächt, die neuromuskuläre Blockade durch Succinylcholin wird dagegen verstärkt.

2.2.8 Leflunomid

Leflunomid (Arava®) ist eine neuere Alternative zum Methotrexat. Das Isoxazol-Derivat wurde ursprünglich Mitte der 1970er Jahre im Rahmen eines Herbizid-Programms synthetisiert. Erste Hinweise auf immunsuppressive Eigenschaften in Autoimmun-Modellen wurden 1990 dokumentiert. In diesen Arbeiten erwies sich Leflunomid als potenter Inhibitor sowohl von T- als auch von B-Zellen. Seitdem wurde die Substanz intensiv beforscht.

Als Prodrug ist es selbst nicht aktiv. Sein aktiver Metabolit A77 1726 hemmt reversibel die Dihydroorotat-Dehydrogenase und verhindert somit die Neusynthese von Pyrimidin-Nukleotiden (Abb. II.2.11).

Das Konzept einer möglichst selektiven Toxizität besteht darin, dass ruhende Lymphozyten und andere weniger aktive Zellen ihren Bedarf an Pyrimidin-Nukleotiden durch Wiederverwertung von Pyrimidin-Nukleotiden decken können, wohingegen aktive, schnell proliferierende Lymphozyten auf eine Pyrimidin-Neusynthese angewiesen sind. Vorteilhaft für das aktive Prinzip ist die Tatsache, dass die Konzentration an Dihydroorotat-Dehydrogenase in lymphatischen Zellen rela-

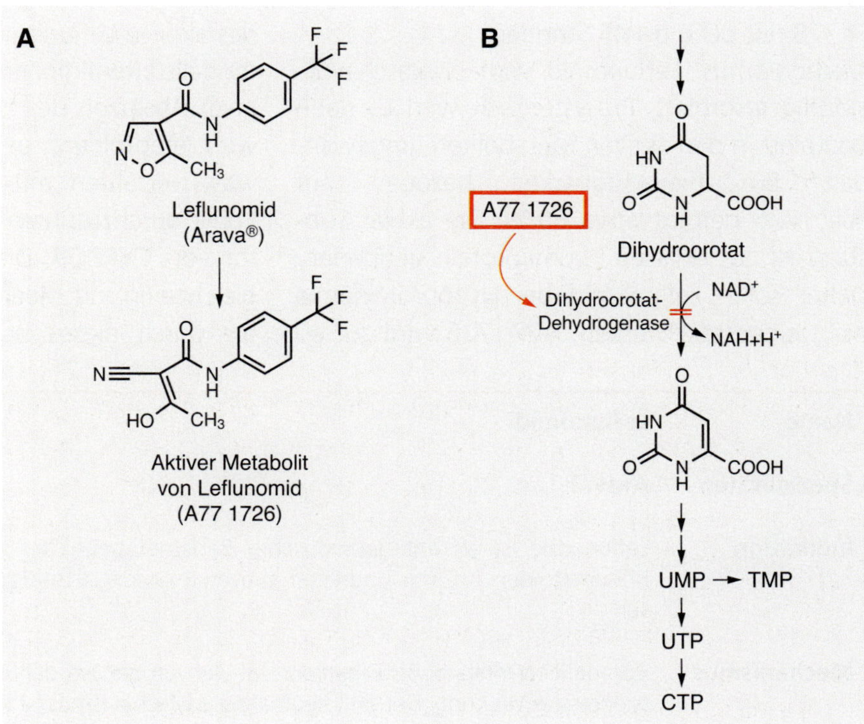

Abb. II.2.11: Wirkmechanismus von Leflunomid. Das aktive Prinzip ist nicht Leflunomid sondern der Metabolit A77 1726. A77 1726 hemmt reversibel das Enzym Dihydroorotat-Dehydrogenase, so dass die Pyrimidin-Neusynthese (UMP, TMP, CMP) zum Erliegen kommt.

tiv gering und daher gut hemmbar ist. Als weitere Effekte von A77 1726 werden eine Hemmung der Tyrosinkinase-Aktivität, eine direkte Hemmung der Synthese von IL-1 und TNF-α, und eine Hemmung von Transkriptionsfaktoren diskutiert, die die Bildung inflammatorischer Zytokine steuern.

Leflunomid wird eine dem Methotrexat vergleichbare Wirksamkeit und Toxizität nachgesagt. Leflunomid hat wegen seiner enterohepatischen Rezirkulation eine sehr lange Eliminationshalbwertszeit. Da Leflunomid wie Methotrexat teratogen ist, muss es vor einer geplanten Schwangerschaft mit Colestyramin ausgewaschen werden. Kontraindikationen für den Einsatz von Leflunomid sind obstruktive Gallenwegserkrankungen, Lebererkrankungen, schwere Immundefekte und eine Behandlung mit Rifampicin, unter der die Leflunomid-Spiegel ansteigen.

Ein recht neues Analogon (FK778) der aktiven Substanz A77 1726 wird wegen des möglicherweise günstigeren pharmakokinetischen Profils intensiv beforscht: Statt der 15 bis 18 Tagen von Leflunomid liegt die Plasma-Halbwertszeit von FK778 nur bei 6 bis 45 Stunden.

Metabolismus: Leflunomid wird praktisch vollständig resorbiert. Präsystemisch wird es dann komplett in den aktiven Metaboliten umgewandelt. Die Bioverfügbarkeit bezogen auf A77 1726 beträgt etwa 80 %. Die aktive Substanz ist zu 99 % an Plasmaprotein gebunden. Daher sollte Leflunomid bei Hypoproteinämie nicht eingesetzt werden. A77 1726 wird zur einen Hälfte unverändert mit dem Stuhl, zur anderen Hälfte als Glukuronide mit dem Urin ausgeschieden. A77 1726 unterliegt einem ausgeprägten enterohepatischen Kreislauf. Die terminale Plasma-Eliminationshalbwertszeit $t_{1/2}$ beträgt 14 Tage.

Unerwünschte Wirkungen: Wegen des enterohepatischen Kreislaufes oft (10–30 % der Patienten) gastrointestinale Symptome wie Übelkeit und Diarrhö. Häufig sind auch leichte allergische oder toxische Hautreaktionen sowie ein reversibler Haarausfall. Ebenfalls häufig sind Stomatitis, Mundulzera, leichte Hypertonie, Gewichtsabnahme, Kopfschmerz, Schwindel, Parästhesien und Sehnenscheidenentzündungen. Leberwerte können bei 2 bis 5 % der Patienten bis über das Dreifache der Norm ansteigen (Absetzen der Therapie!). Auch dosisabhängige, reversible hämatologische Nebenwirkungen sind typisch. Bei allen immunsuppressiven Therapieformen besteht ein erhöhtes Risiko für die Entstehung von lymphoproliferativen Neoplasien.

Interaktionen: Wegen der langen Verweildauer des aktiven Leflunomid-Metaboliten können potentielle Interaktionen auch noch 1 bis 2 Monate nach Absetzen des Wirkstoffs auftreten. Daher wird empfohlen, bei Therapie-Ende ein Auswaschverfahren mit Colestyramin oder Aktivkohle durchzuführen. Leflunomid ist ein Inhibitor von CYP2C9. Dies ist zu bedenken, wenn gleichzeitig mit Medikamenten behandelt wird, die durch dieses Isoenzym abgebaut werden

Name	**Leflunomid**
Spezialitäten	**Arava®**
Indikation	Leflunomid ist als antirheumatisches Basistherapeutikum zur Behandlung der aktiven Rheumatoiden Arthritis und einer aktiven Psoriasis-Arthritis (Arthritis psoriatica) zugelassen
Mechanismus	Kompetitiver Inhibitor der Dihydroorotat-Dehydrogenase, daher antiproliferative und immunsuppressive Wirkung. Der antirheumatische Mechanismus ist aber nicht genau verstanden
Dosierung	Nach einer Ladungsdosis von 1 × 100 mg/Tag über 3 Tage werden 10 – 20 mg Leflunomid 1 × tgl. als Erhaltungsdosis gegeben

(z. B. Phenytoin, Warfarin, Tolbutamid). Die gleichzeitige Verabreichung von hepato- und hämatotoxischen DMARDs (z. B. Methotrexat) wird nicht empfohlen. Eine klinisch nicht relevante Interaktion wurde mit Rifampicin beobachtet, wobei bei gleichzeitiger Gabe beider Wirkstoffe die Spitzenspiegel des aktiven Leflunomid-Metaboliten um etwa 40 % erhöht waren. Die AUC änderte sich allerdings nicht.

2.2.9 Cyclophosphamid

Cyclophosphamid (Endoxan®, Cyclostin®) war einer der ersten bekannten immunsuppressiven Wirkstoffe. Eigentlich wurde es als Alkylans im Rahmen der Tumortherapie entwickelt, wo es nach wie vor einen wichtigen Platz als Monotherapeutikum oder besonders im Rahmen von Polychemotherapie-Programmen einnimmt. Cyclophosphamid ist bekanntlich ein Prodrug (Abb. II.2.12). Erst seine in der Leber durch mikrosomale Enzyme gebildeten Metabolite wirken DNA-alkylierend und damit antiproliferativ und immunsuppressiv. Die Substanz hindert proliferierende Zellen daran, in die S-Phase vorzurücken.

Die Ratio, Cyclophosphamid als Immunsuppressivum einzusetzen, beruht darauf, dass die Substanz natürlich auch die Proliferation sich schnell teilender Lymphozyten blockiert. Erste Versuche dazu wurden in den 1970er Jahren vor allem bei Patienten unternommen, die Azathioprin nicht vertrugen. Schwere Nebenwirkungen begrenzen allerdings den Einsatz dieser Substanz.

Da Cyclophosphamid in die Muttermilch über-

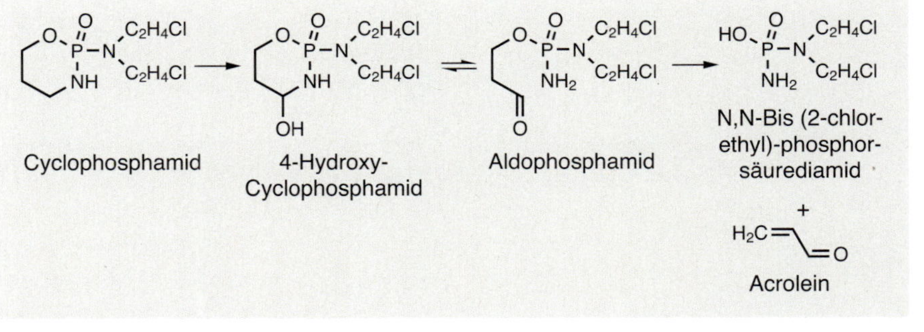

Abb. II.2.12: Metabolismus von Cyclophosphamid. Cyclophosphamid wird in der Leber zunächst hydroxyliert und dann nicht-enzymatisch unter Abspaltung von Acrolein in ein aktives Alkylans überführt.

Name	**Cyclophosphamid**
Spezialitäten	**Endoxan®, Cyclostin®**
Indikation	Neben seinem Einsatz als Zytostatikum in der Tumortherapie ist Cyclophosphamid zugelassen • bei bedrohlich verlaufenden „Autoimmunkrankheiten" z. B. Rheumatoide Arthritis, Arthropathia psoriaca, systemischer Lupus erythematodes, Sklerodermie, systemische Vaskulitiden, bestimmte Formen der Glomerulonephritis, Myasthenia gravis, autoimmunhämolytische Anämie, Kälteagglutinationskrankheit • zur immunsuppressiven Behandlung bei Organtransplantationen
Mechanismus	Nach Aktivierung in der Leber wirkt Cyclophosphamid als Alkylans. Es hemmt die Proliferation durch einen Block in der S-Phase
Dosierung	Orale Tagesdosis 1 – 2 mg/kg KG. Zur Therapie der Glomerulonephritis bei systemischem Lupus erythematodes werden 0,5 – 1,0 g Cyclophosphamid/m^2 Körperoberfläche als intravenöse Pulstherapie alle 4 Wochen verabreicht.

II 2 Immunsuppressiva

geht, darf während einer Behandlung nicht gestillt werden.
Metabolismus: Die gastrointestinale Resorption liegt bei ca. 90 %. Die Wiederfindungsrate der Muttersubstanz liegt bei ca. 6,5 %, die der Metabolite bei ca. 60 %. Die Eliminationshalbwertszeit $t_{1/2}$ der alkylierenden Aktivität beträgt ca. 7,5 h. Bei Niereninsuffizienz und chronischen Lebererkrankungen ist die Plasmahalbwertszeit verlängert.
Unerwünschte Wirkungen: Übelkeit, Erbrechen, Alopezie treten häufig und dosisabhängig auf. Ein besonders schwerwiegendes Problem bei der immunsuppressiven Therapie mit Cyclophosphamid ist das 2- bis 4fach erhöhte Risiko für das Auftreten von Malignomen, hauptsächlich Neoplasien der Harmblase, der Haut und des blutbildenden Systems.
Interaktionen: Mit einer Verstärkung der Myelotoxizität ist bei gleichzeitiger Allopurinolgabe durch signifikante Erhöhung der Konzentration von Cyclophosphamid und seiner Metabolite im Serum zu rechnen. Cyclophosphamid führt zur Verstärkung der kardiotoxischen Effekte von Anthrazyklinen und der blutzuckersenkenden Wirkung von Sulfonylharnstoffen.

2.3 Naturstoffe

2.3.1 Mycophenolsäure

Mycophenolat-mofetil (CellCept®) ist der 2-Morpholinoethylester der Mycophenolsäure (Abb. II.2.13A), einem Fermentationsprodukt verschiedener *Penicillium*-Arten. Es wurde bereits 1910 isoliert und gereinigt.

Ursprünglich wurde Mycophenolsäure als antibaktieller, dann als Antitumor-Wirkstoff beforscht. Mycophenolsäure hemmt hochwirksam die Inosinmonophosphat-Dehydrogenase (Abb. II.2.13B). Da Mycophenolsäure keine Ähnlichkeit mit Nukleotiden besitzt, ist sie als ein nicht-kompetitiver, reversibler Inhibitor einzustufen, der effizient die Purin-Neusynthese hemmt. Dieser Wirkmechanismus wurde Mitte der 1980er Jahre entdeckt.

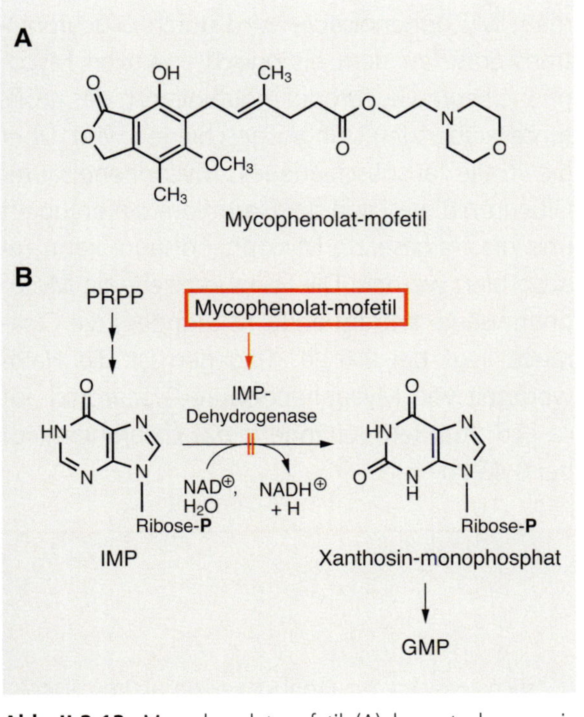

Abb. II.2.13: Mycophenolat-mofetil (A) hemmt ebenso wie die Azathioprin-Metaboliten (siehe Abb. II.2.10) die IMP-Dehydrogenase und blockiert damit die Purin-Biosynthese (B).

Die relative selektive Hemmung der Lymphozyten-Proliferation beruht darauf, dass Lymphozyten, anders als viele andere Zellen, ihre Nukleotide in großem Umfang neu synthetisieren und nicht den so genannten *salvage pathway* zur Regeneration von Nukleotiden benutzen. Außerdem konnte man zwei Isoformen der Inosinmonophosphat-Dehydrogenase in Lymphozyten identifizieren: Die Isoform I wird vorwiegend in ruhenden Lymphozyten exprimiert, wohingegen die Isoform II in aktivierten Lymphozyten stark exprimiert wird. Diese induzierte Isoform erweist sich 4- bis 5fach sensitiver gegen Mycophenolsäure als die konstitutive Isoform, was ebenfalls zur relativen Selektivität beiträgt. Mycophenolsäure hemmt nicht nur die T-Zell-, sondern auch die B-Zell-Funktion. Dies kann bei Xenotransplantationen von Bedeutung werden, wo Xeno-Antikörper ein kritisches Problem darstellen.

Neben der Hemmung der Nukleinsäuresynthese hat die Hemmung der Inosinmonophosphat-Dehydrogenase auch noch andere Folgen: Es kommt nämlich zu einer Verarmung an GTP in den Lymphozyten. Dies beeinträchtigt den Transfer von Fucose und Mannose auf Glykoproteine, da die Zucker in Form von GDP-Fucose bzw. GDP-Mannose übertragen werden. Die Folge ist eine schlechtere Ausstattung der Zelloberflächen mit Adhäsionsmolekülen. Somit scheint der Inosinmonophosphat-Dehydrogenase-Inhibitor Mycophenolsäure auch das Anlocken inflammatorischer Zellen ins Gewebe und die Effektor-Zielzell-Interaktion zu inhibieren (vgl. Kap. I.3.3.2.1).

Mycophenolat-mofetil ist derzeit in Kombination mit Ciclosporin und Corticosteroiden zugelassen zur Prophylaxe von akuten Abstoßungsreaktionen nach Nieren-, Herz und Lebertransplantation, wo es wegen seines günstigen Nutzen/Risiko-Verhältnisses Azathioprin weitgehend ersetzt hat. Nach ersten optimistischen Mitteilungen über die Wirksamkeit bei Rheumatoider Arthritis konnte eine kontrollierte klinische Studie jedoch keine signifikante Überlegenheit gegenüber Placebo nachweisen.

Eine wirksame Kontrazeption muss vor Beginn der Behandlung mit Mycophenolsäure, während der Therapie sowie sechs Wochen nach Beendigung der Behandlung angewendet werden.

Metabolismus: Mycophenolat-mofetil wird prak-

II

2

Immunsuppressiva

tisch vollständig resorbiert und präsystemisch zu Mycophenolsäure hydrolysiert. Die Bioverfügbarkeit bezogen auf Mycophenolsäure beträgt etwa 95 %. In der Leber wird das inaktive Glucuronid gebildet, das einem ausgeprägten enterohepatischen Kreislauf unterliegt und mit dem Urin ausgeschieden wird. Die Plasma-Eliminationshalbwertszeit $t_{1/2}$ beträgt 16 bis 18 Stunden.
Unerwünschte Wirkungen: Wegen des enterohepatischen Kreislaufes kommt es häufig zu gastrointestinalen Symptomen wie Übelkeit und Diarrhö. Dosisabhängig (bei 2 – 3 g/Tag) treten Magen-Darm-Blutungen oder gar gastrointestinale Perforationen auf. Ferner werden reversible hämatologische Nebenwirkungen beobachtet. Wegen der Immunsuppression steigt das Risiko für Infektionen. Ausgenommen ist eine *Pneumocystis-carinii*-Pneumonie, gegen die Mycophenolat-mofetil schützt. Bei allen immunsuppressiven Therapieformen besteht ein erhöhtes Risiko für die Entstehung von lymphoproliferativen Neoplasien.
Interaktionen: Antazida hemmen die Resorption von Mycophenolat-mofetil. Bei Comedikation mit Colestyramin kommt es zur Unterbrechung des enterohepatischen Kreislaufs und die Plasmaspiegel sinken auf etwa die Hälfte. Eine wechselseitige Hemmung der tubulären Sekretion ist dokumentiert für Mycophenolsäure-Glucuronid und Probenecid sowie Aciclovir. Als Konsequenz ist mit einer erhöhten Toxizität der beiden Substanzen zu rechnen.
Wegen der teils schwerwiegenden gastrointestinalen unerwünschten Nebenwirkungen waren immer wieder Dosisanpassungen/-reduktionen, Therapieunterbrechungen oder gar Therapieabbrüche notwendig, was zu einer erhöhten Zahl an Transplantatabstoßungen führte. Dieses Problem wurde dadurch verringert, dass eine neue, magensaftresistente Formulierung (Natrium-Mycophenolat, Myfortic®) entwickelt wurde, wodurch der Wirkstoff nicht mehr im Magen, sondern gezielt im Dünndarm freigesetzt wird.
Metabolismus: Nach oraler Anwendung wird Natrium-Mycophenolat nahezu vollständig resorbiert (ca. 93 %). Maximale Mycophenolsäure-Konzentrationen werden wegen der magensaftresistenten Formulierung nach 1,5 bis 2 Stunden (t_{max}) erreicht. Die absolute Bioverfügbarkeit beträgt 72 %. Mycophenolsäure wird zu 97 % an Proteine gebunden. Bei Urämie, Leberversagen oder Hypoalbuminämie kann es deshalb zu einer erhöhten freien Wirkstoff-Konzentration kommen. Mycophenolsäure wird durch Glucuronyltransferase zu dem biologisch inaktiven Mycophenolsäure-Glucuronid metabolisiert, das größtenteils über den Urin ausgeschieden wird. Über die Galle ausgeschiedenes Mycophenolsäure-Glucuronid wird von der Darmflora dekonjugiert und die freigesetzte Mycophenolsäure kann reabsorbiert werden. Die Halbwertszeit von Mycophenolsäure beträgt etwa 12 Stunden, die Clearance liegt bei 8,6 l/h. Dagegen ist die Halbwertszeit von Mycophenolsäure-Glucuronid auf ca. 16 Stunden verlängert, die Clearance liegt bei 0,45 l/h.

Name	**Mycophenolat-mofetil**
Spezialitäten	**CellCept®**
Indikation	In Kombination mit Ciclosporin und Corticosteroiden zur Prophylaxe von akuten Transplantatabstoßungsreaktionen bei Patienten mit allogener Nieren-, Herz- oder Lebertransplantation
Mechanismus	Nicht-kompetitiver, reversibler Inhibitor der Inosinmonophosphat-Dehydrogenase, daher antiproliferative und immunsuppressive Wirkung
Dosierung	Oral 2 × 1 g/Tag bei Nierentransplantation; 2 × 1,5 g/Tag bei Herz- und Lebertransplantation

Name	Natrium-Mycophenolat
Spezialitäten	Myfortic®
Indikation	In Kombination mit Ciclosporin ind Corticosteroiden zur Prophylaxe der akuten Transplantatabstoßung nach allogener Nierentransplantation bei erwachsenen Patienten
Mechanismus	Nicht-kompetitiver Inhibitor der Inosinmonophosphat-Dehydrogenase, daher antiproliferative und immunsuppressive Wirkung
Dosierung	Oral 2 × 720 mg/Tag, das entspricht einer Tagesgesamtdosis von 2 g Mycophenolat-mofetil, bezogen auf Mycophenolsäure

Unerwünschte Wirkungen: Patienten, die unter Behandlung mit Immunsuppressiva stehen und hierzu eine Kombination von Arzneimitteln einschließlich Mycophenolsäure erhalten, sind einem erhöhten Risiko an Lymphomen und anderen Malignomen – insbesondere der Haut – zu erkranken, ausgesetzt. Außerdem haben diese Patienten ein erhöhtes Risiko opportunistischer Infektionen, v. a. CMV-Infektionen, Candidiasis und Herpes-simplex-Infektionen. Weitere beobachtete, unerwünschte Wirkungen sind Leukopenie, Diarrhö, Anämie, Thrombozytopenie, Kopfschmerzen, Husten, Müdigkeit, Fieber sowie gastrointestinale Störungen.

Interaktionen: Bei der gleichzeitigen Verabreichung mit Aciclovir/Ganciclovir kann es zu erhöhten Plasmaspiegeln sowohl von Aciclovir/Ganciclovir als auch von Mycophenolsäure-Glucuronid kommen, wahrscheinlich infolge einer Konkurrenz bei der tubulären Sekretion. Gleichzeitig eingenommene Magnesium/Aluminium-haltige Antazida reduzieren die Mycophenolsäure-Exposition und -Wirksamkeit. Auch Colestyramin bzw. Gallensäure-bindende Arzneimittel sollten wegen der Einschränkung des enterohepatischen Kreislaufs und der damit verbundenen Reduktion der Mycophenolsäure-Exposition nicht gleichzeitig verabreicht werden.

2.3.2 *Ciclosporin*

Cyclosporin A (Sandimmun®, Sandimmun® Optoral, Immunosporin® u. a.) ist ein aus *Tolypocladium inflatum gams* isoliertes zyklisches Undecapeptid (Abb. II.2.14), das als relativ spezifischer

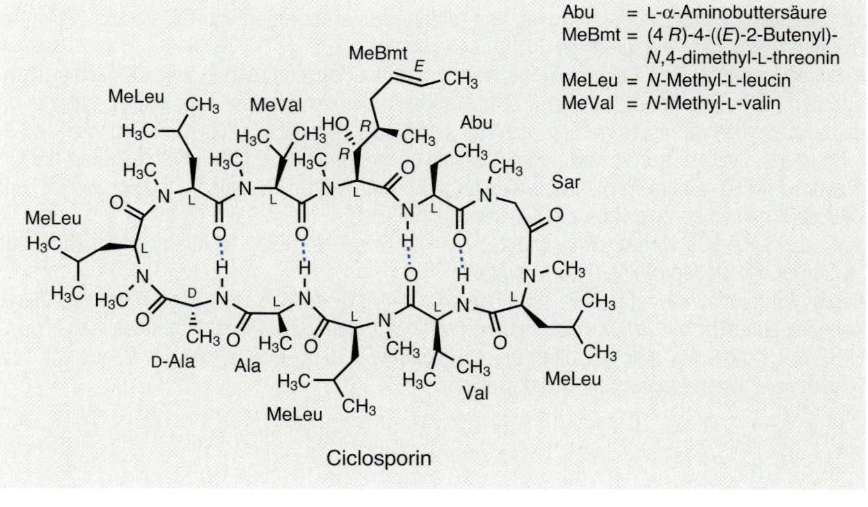

Abb. II.2.14

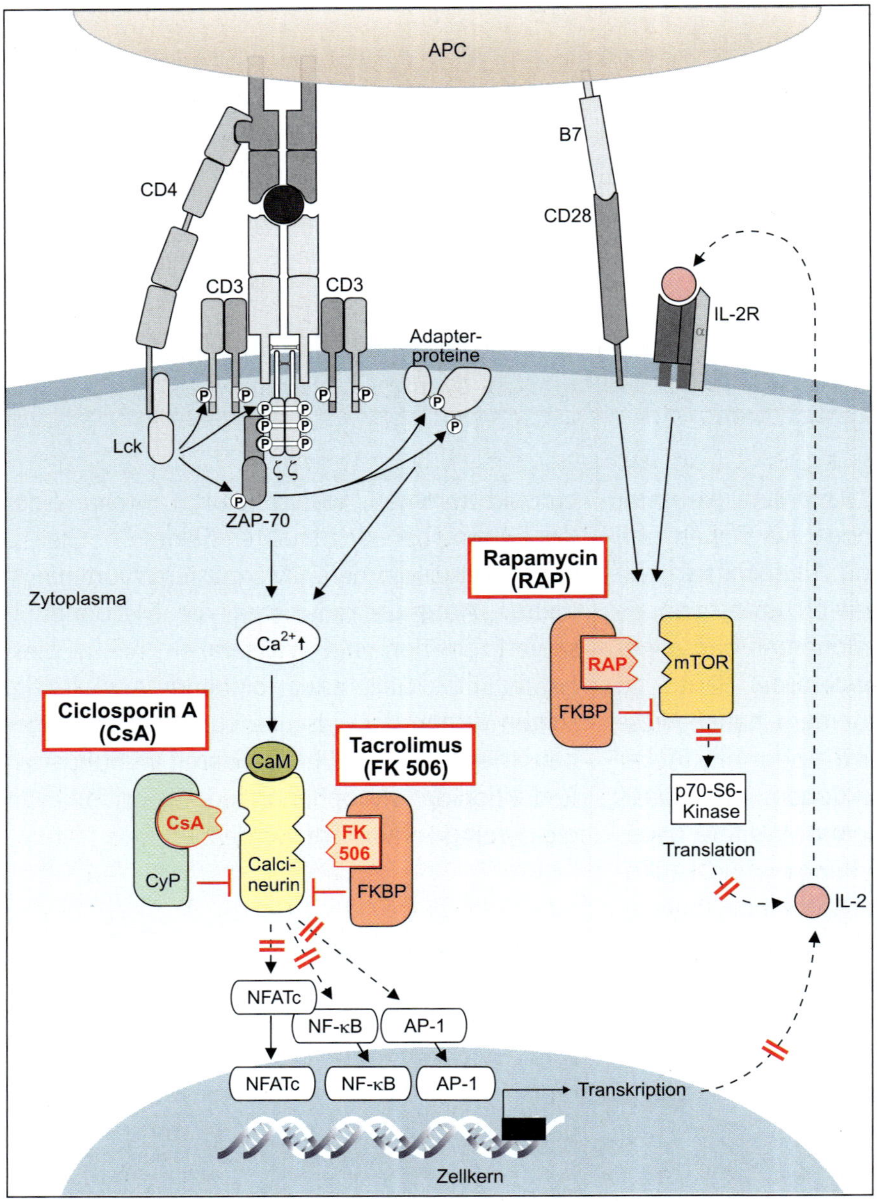

Intrazellulärer Signaltransduktionsweg und Inhibitionsmechanismen von Ciclosporin (CsA), Tacrolimus (FK 506) und Rapamycin (RAP):
Normalerweise aktiviert Calmodulin bei hohen Calcium-Konzentrationen, wie sie nach Interaktion der T-Zelle mit der APC in der T-Zelle vorliegen, die Phosphatase Calcineurin. Calcineurin dephosphoryliert dann den *nuclear factor of activated T cells* (NFAT), der nach Dephosphorylierung in den Zellkern transloziert, wo er zusammen mit anderen Transkriptionsfaktoren die Expression früher Gene nach T-Zell-Aktivierung kontrolliert. Ciclosporin bildet jedoch mit Cyclophilin einen Komplex aus, der Calcineurin inhibiert.
Auch durch FK 506 wird die Phosphatase-Aktivität von Calcineurin inhibiert, wobei allerdings FK 506 an FK-Bindeproteine (FKBPs) bindet.
Rapamycin bindet – wie FK 506 – an Mitglieder der FKBP-Familie, allerdings interagiert dieser Komplex zunächst mit mTOR (*mammalian target of rapamycin*). Der entstandene Rapamycin-FKBP-mTOR-Komplex inhibiert dann die so genannte p70-S6-Kinase, die die Translation verschiedener Proteine, wie z. B. IL-2, kontrolliert.

Abb. II.2.15: Wirkmechanismen von Ciclosporin, Tacrolimus und Rapamycin.

Inhibitor der T-Zell-Aktivierung fungiert (Abb. II.2.15, vgl. Kap. I.3.3.1.2). Seine biologische Aktivität wurde 1973 im Rahmen eines großen mikrobiologischen Screenings entdeckt. Seit 1983 ist es als Immunsuppressivum in der Transplantationsmedizin eingeführt.

Lange war der genaue Wirkungsmechanismus dieses wichtigen Immunsuppressivums unklar. Man beobachtete, dass die Produktion von IL-2, eines der ersten Zytokine, die nach T-Zell-Aktivierung sezerniert werden (vgl. Kap. I.3.3.1), gehemmt wurde. Es konnte dann gezeigt werden, dass Ciclosporin tatsächlich die **Synthese** von IL-2 inhibiert, indem es mit einem intrazellulären Calcium-abhängigen Signalweg interferiert.

Zunächst wurde eine Familie zytoplasmatischer Proteine, die Cyclophiline, identifiziert, die Ciclosporin hoch affin binden und hemmen. Cyclophiline sind Prolin-Isomerasen, die bei der Proteinaktivierung sehr häufig eine wichtige Rolle spielen. Allerdings ist diese Hemmung nicht der Grund für die immunsuppressive Wirkung des Ciclosporins. Vielmehr wird durch die Bindung von Ciclosporin an die Cyclophiline eine Bindung der Cyclophiline an Calmodulin vermittelt, wobei eine wichtige Funktion des Calmodulins blockiert wird. Denn normalerweise aktiviert Calmodulin bei hohen Calcium-Konzentrationen die Phosphatase Calcineurin. Der Ciclosporin/Cyclophilin-Komplex bindet an Calcineurin und inhibiert dessen Phosphatase-Aktivität. Das ist kritisch, denn Calcineurin dephosphoryliert normalerweise den *nuclear factor of activated T cells* (NFAT), der nach Dephosphorylierung in den Zellkern transloziert, wo er zusammen mit anderen Transkriptionsfaktoren wie NF-κB und AP-1 die Expression früher Gene nach T-Zell-Aktivierung kontrolliert. Eines dieser Gene ist das Gen für IL-2.

Ciclosporin kam zunächst als Sandimmun® in den Handel. Auf Grund einer unvollständigen und schwankenden Resorption des Standard-Ciclosporin-Präparates Sandimmun® wurde ein Mikroemulsionspräparat, Sandimmun® Optoral, entwickelt, das eine um 20 % bessere relative Bioverfügbarkeit besitzt. In Umstellungsstudien konnte die mittlere Ciclosporin-Dosis bei gleicher Wirksamkeit von 3,2 bzw. 3,4 auf 2,7 bzw. 2,8 mg/kg/d reduziert werden. Daher wurde empfohlen, beim Wechsel zu Sandimmun® Optoral generell mit einer Dosis von 2,5 mg/kg/d zu beginnen

Name	**Ciclosporin**
Spezialitäten	**Sandimmun®, Sandimmun® Optoral, Immunosporin® u. a.**
Indikation	1. Prophylaxe der Transplantatabstoßung nach allogener Transplantation von Niere, Leber, Herz, Herz-Lunge, Lunge und Pankreas 2. Prophylaxe der Transplantatabstoßung nach Knochenmarktransplantation 3. Schwere endogene Uveitis 4. Schwerste therapieresistente Formen der Psoriasis, insbesondere vom Plaque-Typ 5. Schwere aktive Rheumatoide Arthritis 6. Steroidabhängiges und steroidresistentes nephrotisches Syndrom 7. Schwere therapieresistente Formen einer länger bestehenden atopischen Dermatitis
Mechanismus	Inhibitor der T-Zellaktivierung durch Hemmung der Ca^{2+}/Calmodulin-abhängigen Phosphatase Calcineurin
Dosierung	Als Basistherapeutikum in der Rheumatherapie oder zur Behandlung einer atopischen Dermatitis 2,5 (Initialdosis) – 5 mg/kg KG verteilt auf 2 Einzeldosen. Bei Organtransplantationen initial 10 – 14 mg/kg KG über 1 – 2 Wochen. Danach stufenweise Reduktion auf 2 – 6 mg/kg KG. Bei Knochenmarktransplantationen 12,5 – 15 mg/kg KG über 6 Monate. Danach über ein Jahr stufenweise Reduktion bis zum Absetzen

Metabolismus: Die Bioverfügbarkeit von Ciclosporin ist nach oraler Gabe stark schwankend und beträgt im Mittel 35 %. Bei Verwendung der Mikroemulsion wird eine gleichmäßigere Bioverfügbarkeit von ca. 60 % erreicht. Fettreiche Nahrung erhöht die Bioverfügbarkeit. Ciclosporin wird intensiv über CYP3A4 metabolisiert. Die inaktiven Metabolite werden vornehmlich biliär eliminiert. Die terminale Plasma-Eliminationshalbwertszeit $t_{1/2}$ beträgt im Mittel 10 Stunden und ist im Alter und bei Patienten mit Leberfunktionsstörungen verlängert.

Unerwünschte Wirkungen: Schwere Nebenwirkungen sind Nephrotoxizität, Hypertonie und Cholestase. Diese sind meist bei Dosisreduktion reversibel. Häufig sind auch Übelkeit, Diarrhö, Tremor, Parästhesien, Gingivahyperplasie und Hypertrichose. Gelegentlich werden Kopfschmerzen, Exantheme, Thrombozytopenie, Anämie und allergische Reaktionen beobachtet.

Interaktionen: Viele Substanzen führen über eine Hemmung bzw. Induktion von CYP3A4 zu erhöhten (z. B. durch Makrolide, Ketoconazol, Allopurinol, Calciumkanalblocker, orale Kontrazeptiva) bzw. erniedrigten (z. B. durch Antiepileptika, Johanniskraut, Rifampicin, Metamizol) Ciclosporin-Blutkonzentrationen. Ciclosporin seinerseits vermindert die Elimination von Digoxin, Prednisolon, Colchicin und HMG-CoA-Reduktasehemmern wie Lovastatin. Vorsicht ist auch geboten bei Gabe anderer nephrotoxischer Pharmaka, insbesondere NSARs. So führt die gleichzeitige Gabe von Ciclosporin und Diclofenac zu einem Anstieg der systemischen Bioverfügbarkeit von Diclofenac, wahrscheinlich weil der First-Pass-Effekt an Effektivität verliert.

2.3.3 *Tacrolimus (FK 506)*

Tacrolimus/FK 506 (Prograf®) ist ein makrozyklisches Lacton, das aus dem Actinomyceten *Streptomyces tsububaensis* isoliert wurde (Abb. II.2.16). Es wurde 1984 in Rahmen eines immunologischen Screening-Programms als Immunsuppressivum entdeckt.

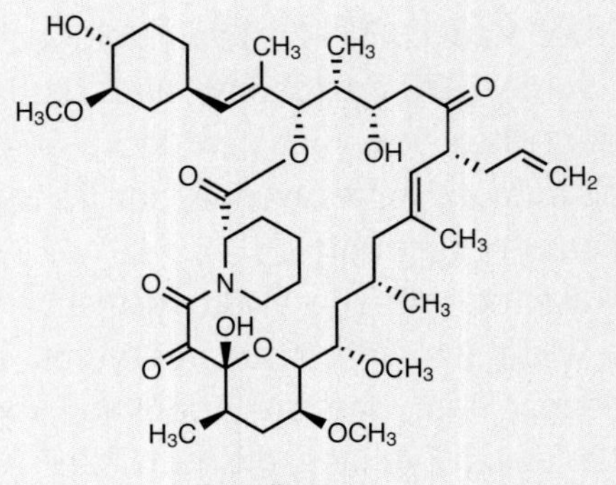

Tacrolimus

Abb. II.2.16

Das Spektrum der immunsuppressiven Eigenschaften von FK 506 erschien zunächst in weiten Bereichen identisch mit dem von Ciclosporin, obwohl sich die beiden Moleküle strukturell nicht ähneln. Allerdings fiel auf, dass deutlich niedrigere Dosen *in vitro* als *in vivo* benötigt wurden. Auch die therapeutischen Plasmakonzentrationen sind deutlich niedriger als die von Ciclosporin.

Ebenso wie Ciclosporin ist auch FK 506 extrem lipophil und stellt große Ansprüche an die Formulierung, um eine reproduzierbare Bioverfügbarkeit zu gewährleisten.

Prinzipiell ist der Wirkmechanismus identisch mit dem des Ciclosporins (Abb. II.2.15). Auch durch FK 506 wird die Phosphatase-Aktivität von Calcineurin inhibiert. Allerdings ist diese Inhibition durch einen anderen Komplex als beim Ciclosporin vermittelt. FK 506 bindet an FK-Bindeproteine (FKBPs), Mitglieder einer Immunophilin-Familie, die ebenfalls wie die Cyclophiline Prolin-Isomerase-Aktivität besitzen. FKBP12 scheint der relevanteste Vertreter für die FK-506-Aktivität zu sein. Der FKBP12/FK-506-Komplex bindet an die gleiche Stelle am Calcineurin, wie der Cyclophilin/Ciclosporin-Komplex und inaktiviert somit in analoger Weise die Phosphatase-Aktivität.

FK 506 wird heute bei Patienten eingesetzt, die Ciclosporin schlecht vertragen. Allerdings ist zu beachten, dass für FK 506 auch zentral-nervöse Nebenwirkungen beobachtet werden. Auch

Name	Tacrolimus (FK 506)
Spezialitäten	Prograf®
Indikation	In Kombination mit Corticosteroiden zur Prophylaxe der Transplantatabstoßung nach Nieren- und Lebertransplantation und zur Behandlung einer manifesten, steroidresistenten Transplantatabstoßung
Mechanismus	Hemmer der T-Zellaktivierung durch Hemmung der Ca^{2+}/Calmodulin-abhängigen Phosphatase Calcineurin
Dosierung	Die Initialdosis beträgt 0,1 – 0,3 mg/kg KG verteilt auf 2 Einzeldosen. Die Dosis muss dann individuell eingestellt werden. Die Maximaldosis von 0,4 mg/kg KG pro Tag sollte nicht überschritten werden

scheint Tacrolimus nephrotoxischer zu sein als Ciclosporin.

In neueren Studien wird das Potential von Tacrolimus für die topische Behandlung einer Neurodermitis erkundet.

Metabolismus: Die Bioverfügbarkeit von Tacrolimus schwankt nach oraler Gabe zwischen 14 und 32 %. Bei Einnahme mit den Mahlzeiten verringern sich die Resorptionsquote und -geschwindigkeit. Tacrolimus reichert sich in Erythrozyten an und ist zu 99 % an Plasmaeiweiß gebunden. Tacrolimus wird intensiv über CYP3A4 metabolisiert. Die inaktiven Metabolite werden vornehmlich biliär eliminiert. Die terminale Plasma-Eliminationshalbwertszeit $t_{1/2}$ beträgt 10 Stunden und ist im Alter und bei Patienten mit Leberfunktionsstörungen verlängert.

Unerwünschte Wirkungen: Schwere Nebenwirkungen sind Nephrotoxizität (ausgeprägter als bei Ciclosporin), Hypertonie und Cholestase. Diese sind meist bei Dosisreduktion reversibel. Tacrolimus weist eine relevante Neurotoxizität (Tremor, Parästhesien, Koordinationsstörungen, Verwirrtheit, Depression) auf. Diese Symptome verschwinden aber meist nach den ersten Therapiewochen. Die für Ciclosporin typischen Gingivahyperplasie und Hypertrichose stellen unter Tacrolimus kein Problem dar. Häufig sind auch Übelkeit und Diarrhö. Gelegentlich werden Kopfschmerzen, Exantheme, Thrombozytopenie, Anämie und allergische Reaktionen beobachtet.

Interaktionen: Viele Substanzen führen über eine Hemmung bzw. Induktion von CYP3A4 zu erhöhten (z. B. durch Makrolide, Ketoconazol, Allopurinol, Calciumkanalblocker, orale Kontrazeptiva) bzw. erniedrigten (z. B. durch Antiepileptika, Johanniskraut, Rifampicin, Metamizol) Blutkonzentrationen von Tacrolimus. Tacrolimus seinerseits vermindert die Elimination von Digoxin, Prednisolon, Colchicin und HMG-CoA-Reduktasehemmern wie Lovastatin. Vorsicht ist auch geboten bei Gabe anderer nephrotoxischer Pharmaka, insbesondere NSARs bzw. Aciclovir.

2.3.4 Rapamycin (Sirolimus)

Sirolimus/Rapamycin (Rapamune®) ist ein makrozyklisches Lacton, das aus dem Actinomyceten *Streptomyces hygroscopicus* bereits Mitte der 1970er Jahre isoliert wurde (Abb. II.2.17). Zunächst wurde es als Fungistatikum eingestuft, als solches aber wegen vieler Nebenwirkungen nicht weiter entwickelt. Als man die strukturellen Ähnlichkeiten zu FK 506 erkannte, wurden 1989 erstmals Studien in Allograft-Modellen durchgeführt. Seit 2001 ist Sirolimus zur Prophylaxe der Transplantatabstoßung nach Nierentransplantation zugelassen. Wegen seiner extremen Lipophilie stellt Sirolimus ähnlich hohe Anforderungen an die Formulierung wie Tacrolimus und Ciclosporin.

Sirolimus ist ein extrem potentes Immunsuppres-

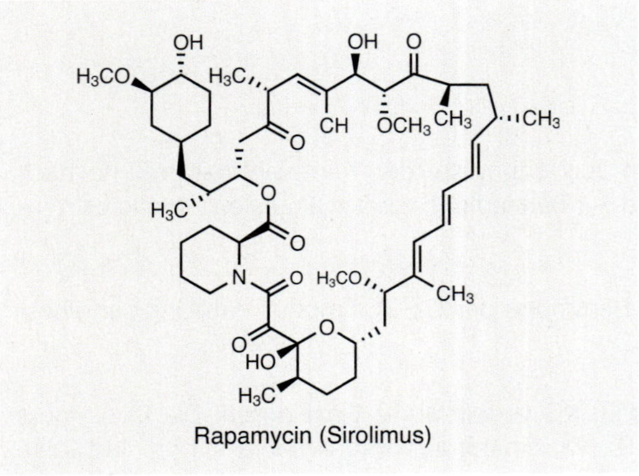

Abb. II.2.17

sivum, das sowohl die T-Zell-Aktivierung als auch die Antikörperproduktion durch B-Zellen inhibiert. Die erforderlichen Wirkstoffplasmaspiegel sind sehr gering. Mit Ciclosporin wirkt Rapamycin synergistisch, was auf unterschiedliche Wirkmechanismen hindeutet. Das ist auch tatsächlich der Fall. Denn während Ciclosporin und FK 506 in der G_0- und G_1-Phase die Expression wichtiger Faktoren der frühen T-Zell-Aktivierung inhibieren, blockiert Rapamycin den Übergang von der G_1- in die S-Phase und damit letztlich die Zellproliferation.

Auf molekularer Ebene konnte gezeigt werden, dass Rapamycin, wie FK 506, an Mitglieder der FKBP-Familie – besonders an FKBP12 – bindet. Dieser Rapamycin/FKBP-Komplex bindet allerdings nicht an die Serin-Threonin-Phosphatase Calcineurin. Stattdessen bindet er an Proteine, die als mTOR (*mammalian targets of rapamycin*) bezeichnet werden (Abb. II.2.15). Diese Proteine besitzen keine Phosphatase-, sondern eine Kinase-Aktivität. Der Rapamycin/FKBP/mTOR-Komplex inhibiert die Zytokin-gesteuerte Zellproliferation, wahrscheinlich über die so genannte p70-S6-Kinase, die die Translation kontrolliert. Diese Kontrolle scheint in lymphoiden Zellen besonders wichtig zu sein, weshalb die Wirkung von Rapamycin auch gerade in diesen Zellen besonders hoch ist.

Ein deutlicher Vorteil von Sirolimus ist die fehlende Nephrotoxizität. Es beeinflusst weder die renale Durchblutung noch die glomeruläre Filtrationsrate. In Studien lagen die Serumkreatininwerte nach zwei Jahren unter Basis-Immunsuppression mit Sirolimus niedriger als mit Ciclosporin. Allerdings könnte Sirolimus die renale Toxizität von Ciclosporin steigern, wenn es dauerhaft mit diesem kombiniert wird. Daher soll Ciclosporin nach zwei- bis dreimonatiger Kombinations-Therapie stufenweise abgesetzt werden.

Metabolismus: Die Bioverfügbarkeit von Sirolimus ist mit ca. 15 % gering. Bei Einnahme mit einer fettreichen Mahlzeit erhöht sich die Bioverfügbarkeit. Maximale Blutkonzentrationen werden nach 1 bis 3 Stunden erreicht. Sirolimus wird intensiv über CYP3A4 metabolisiert. Die inaktiven Metabolite werden vornehmlich biliär eliminiert. Ferner wird es über P-Glykoprotein

Name	**Sirolimus (Rapamycin)**
Spezialitäten	**Rapamune®**
Indikation	Prophylaxe der Organabstoßung bei erwachsenen Patienten mit einem geringen bis mittelgradigen immunologischen Risiko, die ein Nierentransplantat erhalten
Mechanismus	Hemmer der T- und B-Zellproliferation durch Hemmung der p70-S6-Kinase (Translationskontrolle)
Dosierung	Als orale Initialdosis wird einmalig 6 mg sobald wie möglich nach der Transplantation verabreicht. Anschließend beträgt die Dosis im Mittel einmal 2 mg/Tag. Die Dosis muss individuell eingestellt werden. Es werden Vollblutspiegel von 4 – 12 ng/ml angestrebt, solange eine Kombinationstherapie mit Ciclosporin erfolgt. Nach dem Absetzen von Ciclosporin sind etwa 8 mg Sirolimus/Tag erforderlich, um den nun höheren Zieltalspiegel von 12 – 20 ng/ml zu erreichen

wieder in das Darmlumen ausgeschieden. Sirolimus reichert sich über 30fach in Erythrozyten an. Von dem im Plasma verbeibenden Anteil sind 40 % an Protein gebunden. Die terminale Plasma-Eliminationshalbwertszeit $t_{1/2}$ beträgt ca. 60 Stunden und ist bei Leberfunktionsstörungen auf ca. 90 Stunden verlängert.

Unerwünschte Wirkungen: Blutbildungsstörungen aller Art, erhöhte Blutfette, Hypertonie, Ödeme, Durchfall und Akne treten dosisabhängig bei 20 bis 50 % der Patienten auf. Im Gegensatz zur Hyperkaliämie bei Ciclosporin und FK 506 führt Sirolimus sehr häufig zu Hypokaliämie. Andere, häufige unerwünschte Wirkungen sind Osteonekrose, Tachykardie, Transaminasenanstieg, Nasenbluten, Stomatitis, Obstipation, Dyspepsie und Hautausschlag. Gelegentlich kommt es zu Pankreatitis. Im Gegensatz zu Ciclosporin und FK 506 ist Sirolimus nicht nephrotoxisch. Auch die Neurotoxizität ist weniger ausgeprägt.

Interaktionen: Viele Substanzen führen über eine Hemmung bzw. Induktion von CYP3A4 zu erhöhten (z. B. durch Makrolide, Ketoconazol, Allopurinol, Calciumkanalblocker, orale Kontrazeptiva) bzw. erniedrigten (z. B. durch Antiepileptika, Johanniskraut, Rifampicin) Sirolimus-Blutkonzentrationen. Auch Ciclosporin hemmt den Sirolimus-Metabolismus. Bei gleichzeitiger Einnahme steigt der Sirolimus-Spiegel auf mehr als das Doppelte, bei 4-stündigem Abstand immerhin noch um 80 %. Sirolimus ist nur ein schwacher Inhibitor von CYP2C9, 2C19, 2D6 und 3A4. Daraus resultierende klinisch relevante Interaktionen sind nicht zu erwarten.

2.3.5 *Everolimus*

Seit März 2004 ist mit Everolimus (Certican®) ein weiterer Vertreter der immunsuppressiv wirksamen Makrolide zugelassen (Abb. II.2.18). Wie Siroliums und Tacrolimus ist auch Everolimus zur Prophylaxe der Transplantatabstoßung nach Nierentransplantation und zusätzlich nach Herztransplantationen zugelassen.

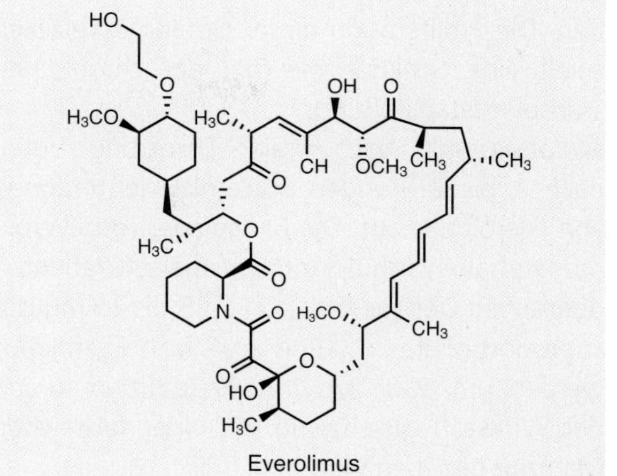

Everolimus

Abb. II.2.18

Everolimus wird semisynthetisch aus einem makrozyklischen Lacton, das von *Streptomyces hygroscopicus* gebildet wird, hergestellt. Chemisch unterscheidet es sich nur marginal (in einer Seitenkette des Cyclohexanrings) von Sirolimus und hat auch den gleichen Wirkmechanismus. Beide Moleküle hemmen die Proliferation von Antigen-aktivierten T-Lymphozyten.

Tacrolimus, Sirolimus und auch Everolimus binden zunächst im Zytoplasma an das gleiche Zielprotein, das FK-506-Bindeprotein-12 (FKBP12),. Der Tacrolimus-Proteinkomplex interagiert direkt mit der Serin/Threonin-Phosphatase Calcineurin. In der Folge wird die Expression von Zytokinen gehemmt und der Zellzyklus in der G_0-Phase gestoppt. Dagegen interagieren sowohl der Sirolimus- als auch der Everolismus/FKBP12-Komplex mit einem weiteren Schlüsselprotein namens FRAP, eine Kinase, die Zellmetabolismus, -wachstum und -proliferation regelt. FRAP steht für FKBP-Rapamycin-assoziiertes Protein und wird auch *„mammalian target of rapamycin"* (m-TOR) genannt. Die Aktivität der FRAP-Kinase ist essentiell für den Übergang des Zellzyklus von der G_1- in die S-Phase. Fällt diese Kinase aus, stoppt die Zellproliferation.

Everolimus hemmt sowohl die durch T-Zell-spezifische Wachstumsfaktoren (IL-2 und IL-15) stimulierte Vermehrung von T- und B-Zellen als auch die von nichthämatopoetischen Zellen, zum Beispiel von glatten Muskelzellen in Gefäßen. Die Proliferation dieser Gefäßmuskelzellen spielt eine Schlüsselrolle bei der chronischen Transplantatabstoßung.

Metabolismus: Nach oraler Dosierung treten nach 1 bis 2 Stunden Spitzenkonzentrationen von Everolimus auf. Die Blutspiegel von Everolimus verhalten sich bei transplantierten Patienten über einen Dosisbereich von 0,25 bis 15 mg dosisproportional. C_{max} und AUC von Everolimus werden um 60 % bzw. 16 % reduziert, wenn der Wirkstoff gleichzeitig mit einer fettreichen Mahlzeit gegeben wird.

Markiertes Everolimus wird zum größten Teil (80 %) in den Fäzes, und nur ein kleinerer Teil (5 %) mit dem Urin ausgeschieden. Nicht-metabolisierte Substanz wurde in Urin und Fäzes nicht gefunden.

Die Pharmakokinetik war bei Nieren- und Herztransplantierten Patienten, die Everolimus zweimal täglich gleichzeitig mit einer Ciclosporin-Mikroemulsion erhielten, vergleichbar. Ein Steady-State wird am vierten Tag erreicht. Verglichen mit der Anfangsdosis liegen die Blutspiegelwerte 2- bis 3fach höher.

Unerwünschte Wirkungen: Virale, bakterielle und Pilz-Infektionen, Sepsis, Leukopenie, Thrombozytopenie, Anämie, Koagulopathie, thrombotische-thrombozytopenische Purpura/hämolytisch-urämisches Syndrom, Hypercholesterinämie, Hyperlipidämie, Hypertriglyzeridämie, Hypertonie, venöse Thromboembolie, Pneumonie, Bauchschmerzen, Diarrhö, Übelkeit, Erbrechen, Akne, Wundheilungsstörungen nach Operationen, Infektionen der Harnwege, Ödeme, Schmerzen.

Interaktionen: Everolimus wird hauptsächlich über CYP3A4 in der Leber und in gewissem Ausmaß in der Darmwand metabolisiert. Es ist ein Substrat für das P-Glykoprotein (P-gp). Die gleichzeitige Behandlung mit starken CYP3A4-Inhibitoren und -Induktoren wird nicht empfohlen. Inhibitoren von P-gp können die Ausschleusung von Everolimus aus den Darmzellen behindern und die Blutspiegel von Everolimus erhöhen.

In vitro erwies sich Everolimus als kompetitiver Inhibitor von CYP3A4 und CYP2D6. Die Bioverfügbarkeit von Everolimus war bei gleichzeitiger Anwendung mit Ciclosporin signifikant erhöht. In einer Studie mit einer Einmalgabe an gesunden Probanden erhöhte die Ciclosporin-Mikroemulsion die AUC von Everolimus um 168 % (46 % – 365 %) und die C_{max} um 82 % (25 % – 158 %) im Vergleich zur alleinigen Gabe von Everolimus.

Die Vorbehandlung gesunder Probanden mit Mehrfach-Dosen von Rifampicin (CYP3A4-In-

Name	**Everolimus**
Spezialitäten	**Certican®**
Indikation	Zur Prophylaxe der Transplantatabstoßung nach allogener Nieren- oder Herztransplantation bei erwachsenen Personen mit einem geringen bis mittelgradigen immunologischen Risiko
Mechanismus	Everolimus hemmt die Proliferation und damit die klonale Expansion Antigen-aktivierter T-Zellen, welche durch die T-Zell-spezifischen Interleukine, z. B. IL-2 und IL-15, gesteuert wird Ferner hemmt Everolimus einen intrazellulären Signalweg, der normalerweise zur Zellproliferation führt. Dadurch verharren die Zellen im G_1-Stadium des Zellzyklus
Dosierung	Für die allgemeine Nieren- und Herz-Transplantationspopulation wird eine anfängliche Dosierung von 0,75 mg zweimal täglich empfohlen, beginnend sobald wie möglich nach der Transplantation

duktor) gefolgt von einer Einmal-Dosis von Certican® erhöhte die Clearance von Everolimus fast um das 3fache, erniedrigte C_{max} um 58 % und die AUC um 63 %. Eine Kombination mit Rifampicin wird nicht empfohlen

Mäßige Inhibitoren von CYP3A4 und P-gp können die Blutspiegel von Everolimus erhöhen (z. B. Fluconazol, Erythromycin, Verapamil, Nicardipin, Diltiazem, Nelfinavir, Indinavir, Amprenavir). Induktoren von CYP3A4 können den Metabolismus von Everolimus verstärken und die Blutspiegel von Everolimus erniedrigen (z. B. Johanniskraut, Carbamazepin, Phenobarbital, Phenytoin, Efavirenz, Nevirapin).

2.3.6 Glucocorticoide

Glucocorticoide (Urbason®, Decortin® u. a.) sind nach wie vor unverzichtbarer Bestandteil der medikamentösen Therapie entzündlich-rheumatischer Erkrankungen. Die Effekte von Glucocorticoiden auf immunkompetente Zellen sind komplex (Abb. II.2.19). Glucocorticoide hemmen Proliferation, Wachstum und Differenzierung, Adhäsion, Migration und Chemotaxis von Monozyten/Makrophagen, Neutrophilen und T-Zellen. Zusätzlich werden die Antigenpräsentation durch Monozyten/Makrophagen sowie die Antikörperproduktion von B-Zellen supprimiert und die Apoptose von Monozyten/Makrophagen, T- und B-Zellen gefördert.

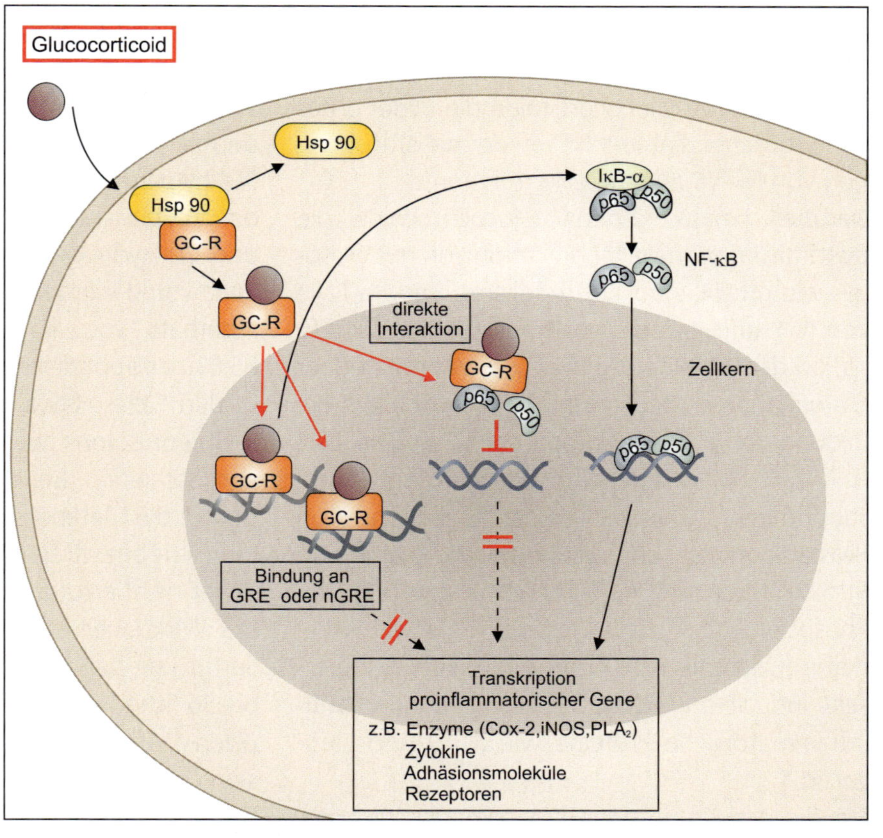

Abb. II.2.19: Wirkmechanismen der Glucocorticoide.

Glucocorticoide binden an intrazelluläre Rezeptoren, die dann in Form des Glucocorticoid-Rezeptor-Komplexes in den Zellkern einwandern. Dort wirken sie auf unterschiedliche Weise: Zum einen inhibieren sie Transkriptionsfaktoren wie NF-κB und AP-1 (FOS/JUN), die die Expression proinflammatorischer Gene regulieren. Sie binden ferner an Glucocorticoid-responsive Elemente (GRE) oder an negative Glucocorticoid-responsive Elemente (nGRE). Im ersten Fall wirken sie selbst als Transkriptionsfaktoren; im zweiten Fall fungieren sie als Transkriptions-Silencer, die die Expression proinflammatorischer Gene abschalten (GC-R: Glucocorticoid-Rezeptor, Hsp: Hitzeschockprotein, Cox-2: Cyclooxygenase 2, iNOS: induzierbare NO-Synthase, PLA_2: Phospholipase A_2).

Bemerkenswert sind die Effekte von Glucocorticoiden auf die Gentranskription. Sie werden über einen intrazellulären Rezeptor realisiert, der in Form eines Komplexes an ein Hitzeschockprotein gebunden ist. Bindet ein Glucocorticoid an einen Rezeptor, so führt dies zur Dissoziation des Hitzeschockproteins. Der nun in einem aktivierten Zustand vorliegende Rezeptor kann einerseits an so genannte Glucocorticoid-responsive Elemente (GREs) der DNA binden und die Transkription des entsprechenden Gens aktivieren. Er kann aber auch durch Interferenz mit Transkriptionsfaktoren wie AP-1 und NF-κB die Transkription von Genen hemmen. Der letztgenannte repressive Mechanismus hat besondere Bedeutung für die Suppression der Expression von proinflammatorischen Zytokinen. Der Glucocorticoid-Rezeptor-Komplex verhindert dabei einerseits die Bindung von NF-κB an die DNA, andererseits induzieren Glucocorticoide die Bildung des inhibitorischen Faktors IκB-α, der die Translokation von NF-κB in den Zellkern hemmt.

Darüber hinaus können Glucocorticoide die posttranskriptionale Modifikation von mRNA sowie die mRNA-Stabilität regulieren und im Falle von IL-1 und IL-2 die posttranslationale Modifikation der Proteine beeinflussen. Vermittelt über die genannten Mechanismen wird vor allem die Bildung der proinflammatorischen Zytokine IL-1, IL-2, IL-6, TNF-α und IFN-γ gehemmt. Außerdem supprimieren Glucocorticoide die Bildung von Prostaglandinen und Leukotrienen sowie von Stickstoffmonoxid (NO) durch Hemmung der Phospholipase A_2 bzw. Hemmung der Induktion der induzierbaren NO-Synthase (iNOS). Andererseits induzieren Glucocorticoide endogene antiinflammatorische Proteine wie IL-10 und Lipocortin 1.

Für die Amplitude der Glucocorticoid-stimulierten Gentranskription und damit die Effekte an der Zielzelle ist neueren Untersuchungen zufolge nicht nur die freie Hormonkonzentration und die Affinität zum Rezeptor (GC-R) entscheidend. Intrazellulär kann die Fähigkeit des GR-Systems, das Glucocorticoid-Signal zu empfangen und zu transduzieren, zum Beispiel durch das Verhältnis zwischen GC-R und den Transkriptionsfaktoren AP-1 und NF-κB sowie durch dominant negative Inhibitoren des GC-R modifiziert werden. Diese Modifikationsmöglichkeiten des Glucocorticoid-Signals auf verschiedenen Ebenen der Signaltransduktion bieten Ansatzpunkte für die Erklärung der großen individuellen Unterschiede bezüglich unerwünschter Effekte von Glucocorticoiden am Knochen und bedürfen gerade im Hinblick auf die Steroid-Osteoporose bei entzündlichen Erkrankungen weiterer Aufklärung.

Eine längere Therapie mit Glucocorticoiden muss ausschleichend beendet werden.

Metabolismus: Nach i.v.-Injektion von Methylprednisolon wird der Wirkstoff rasch aus dem Ester freigesetzt, ein Teil ist sofort biologisch verfügbar. Die Serumhalbwertszeit von Methylprednisolon beträgt etwa 2 bis 3 Stunden. Dosisunabhängig werden 77 % an Eiweiß gebunden, und zwar nur an Albumin, nicht an Transkortin. Methylprednisolon wird hauptsächlich in der Leber metabolisiert. Die Metaboliten (11-Keto- und 20-Hydroxy-Verbindungen) sind hormonell inaktiv und werden vorwiegend renal eliminiert. Innerhalb von 10 Stunden erscheinen etwa 85 % der applizierten Dosis im Urin, etwa 10 % in den Fäzes. Etwa 3 % des freigesetzten Methylprednisolons werden unmetabolisiert renal ausgeschieden. Bei eingeschränkter Nierenfunktion ist die Metabolisierung von Methylprednisolon nicht beeinträchtigt, eine Dosisanpassung ist daher nicht erforderlich.

Die Wirkdauer ist länger als die Verweilzeit im Serum, sie beträgt im mittleren Dosisbereich 12 bis 36 Stunden.

Unerwünschte Wirkungen: Adrenale Suppression und die Induktion einer Cushing-ähnlichen Symptomatik, Wachstumsverzögerung bei Kindern, Störungen der Sexualhormonsekretion, verminderte Glukosetoleranz, Diabetes mellitus, Natriumretention mit Ödembildung, vermehrte Kaliumausscheidung mit möglicher Hypokaliämie (cave: Rhythmusstörungen!), Zunahme der pulmonalen Stauung bei Patienten mit Herzinsuffizienz, Gewichtszunahme, Veränderungen der Serumlipidfraktionen, verstärkter Eiweißabbau mit möglichem begleitendem Harnstoffanstieg, Hautveränderungen, Atrophie, Petechien, Ekchymosen, Steroidakne, verzögerte Wundheilung, periorale Dermatitis, Muskelatrophie (bei Patienten mit Myasthenia gravis kann eine reversible Verschlechterung der Muskelschwäche auftreten, die zu einer myasthenischen Krise fortschreiten kann), Auslösung einer akuten Myopathie bei zusätzlicher Anwendung von nichtdepolarisierenden Muskelrelaxanzien, Osteoporose, aseptische Knochennekrosen, Sehnenruptur, zerebrale Krampfanfälle, Pseudotumor cerebri, Auftreten oder Verstärkung psychischer Störungen, Gereiztheit, Antriebs- und Appetitsteigerung, Manifestation einer latenten Epilepsie, Schwindel, Kopfschmerzen, Schlaflosigkeit, Magen-Darm-Ulzera mit der Gefahr einer Perforation, gastrointestinale Blutungen, Pankreatitis, Oberbauchbeschwerden, Hypertonie, Erhöhung des Thromboserisikos, Vaskulitis, Leukozytose (initial, im Therapieverlauf reversibel), Lymphopenie, Eosinopenie, Polyglobulie, Thrombozytoseneigung, Schwächung der Immunabwehr mit Erhöhung des Infektionsrisikos, Maskierung von Infektionen, Katarakt, Glaukom.

Interaktionen:

- Bei gleichzeitiger Anwendung von Salicylaten, Indometacin und anderen nichtsteroidalen Antiphlogistika kann die Gefahr gastrointestinaler Ulzerationen und Blutungen erhöht sein.
- Die blutzuckersenkende Wirkung von oralen Antidiabetika und Insulin wird vermindert.

Name	**Methylprednisolon, Prednisolon**
Spezialitäten	**Urbason®, Decortin® u. a.**
Indikation	Erkrankungen, die einer Therapie mit Glucocorticoiden bedürfen, z. B.: • Asthma bronchiale, obstruktive Atemwegserkrankungen • interstitielle Lungenerkrankungen • schwere Verlaufsformen von Pollinosis und Rhinitis allergica • Hauterkrankungen, die auf Grund ihres Schweregrades und/oder des Befalls tiefer gelegener Hautkompartimente nicht mit Corticoidexterna ausreichend behandelt werden können • Autoimmunerkrankungen wie Pemphigus, systemischer Lupus erythematodes, Dermatomyositis, Vaskulitiden und Arteriitiden • chronische Polyarthritis • juvenile Arthritis in hochaktiven Phasen • Blutkrankheiten, die nicht auf medikamentösen Schäden beruhen • Magen-Darm-Krankheiten wie Colitis ulcerosa und Morbus Crohn. • zur Immunsuppression nach Transplantationen • als ergänzende Maßnahme bei einer Zytostatika- oder Strahlentherapie
Mechanismus	Hemmung der Transkription spezifischer, proinflammatorischer Gene, vermittelt über einen Glucocorticoid-Rezeptor-Komplex
Dosierung	Die Höhe der Dosierung ist abhängig vom eingesetzten Wirkstoff, von der Art und Schwere der Erkrankung und vom individuellen Ansprechverhalten des Patienten. Generell werden relativ hohe Initialdosen eingesetzt, die bei akuten, schweren Verlaufsformen deutlich höher sein müssen als bei chronischen Erkrankungen. Nach erfolgreicher Einleitung der Behandlung wird die Dosis schrittweise – je nach klinischer Symptomatik und Ansprechverhalten in Abständen von einem bis mehreren Tagen – bis auf die Erhaltungsdosis reduziert. Speziell bei chronischen Erkrankungen ist oft eine Langzeitbehandlung mit niedrigen Erhaltungsdosen erforderlich

- Enzyminduktoren, z. B. Barbiturate, Phenytoin, Primidon, Rifampicin, vermindern die Glucocorticoidwirkung.
- Orale Antikoagulanzien (Cumarinderivate) werden in ihrer Wirkung abgeschwächt; bei gleichzeitiger Anwendung ist eine Dosisanpassung der Antikoagulanzien erforderlich.
- Estrogene (z. B. Ovulationshemmer) können die klinische Wirkung der Glucocoticoide verstärken.
- Zusätzliche Augeninnendrucksteigerung bei gleichzeitiger Anwendung von Atropin sowie anderen Anticholinergika ist nicht ausgeschlossen.
- Herzwirksame Glykoside können durch Kaliummangel in ihrer Wirkung verstärkt werden. Bei gleichzeitiger Anwendung von Saluretika kommt es zu einer zusätzlichen Kaliumausscheidung. Auch durch Laxanzien kann der Kaliumverlust verstärkt werden.
- Bei gleichzeitiger Gabe von ACE-Hemmstoffen kann das Risiko des Auftretens von Blutbildveränderungen erhöht sein.
- Chloroquin, Hydroxychloroquin, Mefloquin: Erhöhtes Risiko des Auftretens von Myopathien, Kardiomyopathien.
- Die Wirkung von Somatropin kann bei Langzeitgabe vermindert werden.
- Ciclosporin: Gegenseitige Hemmung der Metabolisierung; erhöhte Gefahr zerebraler Krampfanfälle. Bei gleichzeitiger Gabe von nicht-depolarisierenden Muskelrelaxanzien kann die Muskelrelaxation länger anhalten.

2.3.7 Glatirameracetat

Glatirameracetat (Copaxone®) wurde zunächst unter dem Namen Copolymer-1 bekannt. Seit November 2001 ist Glatirameracetat EU-weit zur Reduktion der Schubfrequenz bei Patienten mit schubförmig remittierender Multipler Sklerose zugelassen (Abb. II.2.20).

Glatirameracetat ist ein Gemisch aus hydrophilen Polypeptiden, die zufällig aus den L-Aminosäuren Lysin, Alanin, Glutamin und Tyrosin (ungefähres molekulares Verhältnis 5:3:1,5:1) synthetisiert werden. Die Polypeptide haben eine Molmasse zwischen 4.700 und 13.000 Da. Da die Substanz nach dem Zufallsprinzip polymerisiert wird, muss die Wirksamkeit jeder Charge im Tierversuch überprüft werden. Für die Therapie werden 20 mg der Substanz einmal täglich unter die Haut gespritzt.

Der Pathomechanismus der Multipler Sklerose ist noch nicht vollständig aufgeklärt. Als Auslöser gilt jedoch eine Autoimmunreaktion (vgl. Kap. I.5.3.2). Das Immunsystem scheint das Myelinbasische Protein (MBP) zu attackieren. Im Tiermodell konnte ein ähnliches Krankheitsbild, die experimentell allergische Enzephalomyelitis (EAE), durch Myelinbasisches Protein ausgelöst werden.

In der Pathogenese der experimentell allergischen Enzephalomyelitis dominieren T_H1-Zellen ganz signifikant über T_H2-Zellen und die von T_H1-Zellen sezernierten Zytokine IFN-γ, TNF-α, und IL-2 werden für die Zerstörung der Myelinscheide mitverantwortlich gemacht.

Im Tiermodell unterdrückte Glatirameracetat eine EAE. Neue Befunde lassen vermuten, dass durch Glatirameracetat verstärkt die Bildung von Helferzellen vom Typ T_H2 induziert wird. Ferner wurde gezeigt, dass die artifiziellen Peptide sehr bevorzugt an MHC-II-Moleküle binden und mit der Bindung von Myelin-Antigenen effizient kompetieren. Dadurch wird eine Aktivierung spezifischer T-Zellen unterdrückt und die Myelinscheiden der Nervenfasern vor dem „Angriff" dieser Zellen verschont. Auch klinische Daten deuten auf eine Verschiebung der immunologischen Reaktion von T_H1 nach T_H2 hin. Nach welchem Mechanismus das Polypeptid jedoch genau wirkt, wird weiter untersucht.

In einer großen Doppelblindstudie senkte Glatirameracetat in einer Dosierung von täglich 20 mg über zwei Jahre die Schubfrequenz im Schnitt um 30 %. Auch beim Vergleich der nach 24 Monaten anhand der EDS-Skala gemessenen Behinderung schnitt das Verum signifikant besser ab. Allerdings verzögerte die Substanz nicht

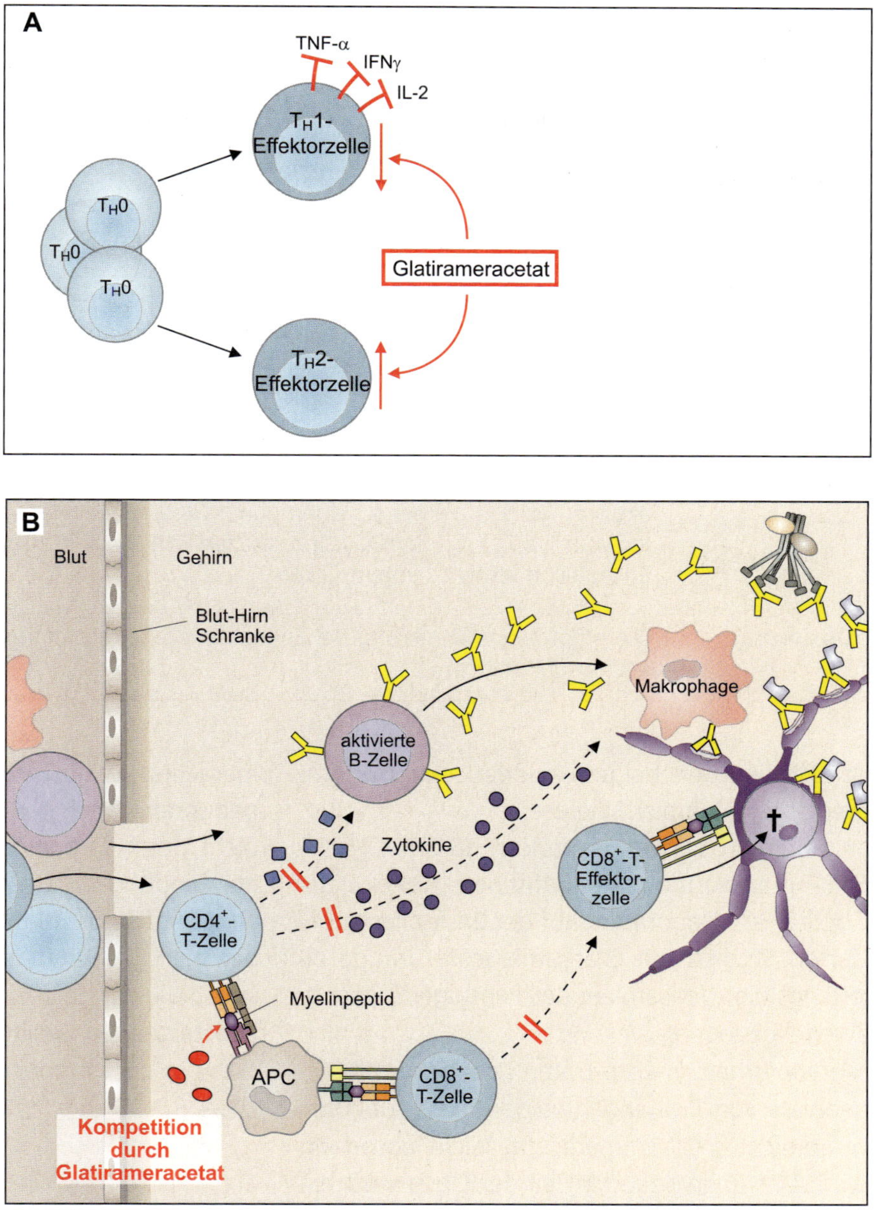

Abb. II.2.20: Wirkmechanismus von Glatirameracetat.

A Bei der immunologischen MS-Pathogenese dominiert die zelluläre Toxizität durch ein Übergewicht der T_H1-Reaktivität gegenüber der T_H2-Reaktivität. Glatirameracetat verschiebt das Verhältnis $T_H1{:}T_H2$ stark in Richtung T_H2, wodurch die Stimulation der zellulären Immunantwort stark zurückgedrängt wird. Ferner wird auch die Bildung proinflammatorischer Zytokine wie IFN-γ, TNF-α und IL-2 reduziert.
B Außerdem kompetieren Glatiramer-Peptide sehr effizient mit Myelin-Peptiden um MHC-II-Moleküle, was die Aktivierung von Myelin-reaktiven T-Zellen herabsetzt und somit den weiteren Verlauf der Multiplen Sklerose lindert.

die Progression der Behinderung bei Patienten mit schubförmig remittierender Multipler Sklerose. Ebenso gelang es bislang nicht, einen positiven Effekt auf Dauer und Schweregrad eines Schubes nachzuweisen.

Copaxone® ist angezeigt zur Reduktion der Schubfrequenz bei ambulanten Patienten (d. h. solche Patienten, die ohne Hilfe gehfähig sind) mit schubförmig remittierender Multipler Sklerose, bei denen mindestens zwei Schübe mit neurologischen Funktionsstörungen während der letzten 2 Jahre aufgetreten sind. Copaxone®

Name	**Glitarameracetat**
Spezialitäten	**Copaxone®**
Indikation	Zur Reduktion der Schubfrequenz bei ambulanten Patienten mit schubförmig remittierender Multiplen Sklerose, bei denen mindestens zwei Schübe mit neurologischen Funktionsstörungen während der letzten zwei Jahre aufgetreten sind
Mechanismus	Man geht davon aus, dass Glatirameracetat modifizierend in Immunprozesse eingreift, die für die Pathogenese der Multiplen Sklerose verantwortlich gemacht werden. Diese Hypothese wird durch Ergebnisse unterstützt, die sich aus Untersuchungen der Pathogenese der experimentellen allergischen Enzephalomyelitis (einem experimentellen Tiermodell für MS) ergaben Studien an Tieren und MS-Patienten weisen darauf hin, dass nach Verabreichung von Glatirameracetat wirkstoffspezifische T-Suppressorzellen induziert und in der Peripherie aktiviert werden. Ferner scheinen durch Glatirameracetat verstärkt induzierte Helferzellen vom Typ T_H2 mit dem Myelinbasischen Protein zu interagieren und so eine allergische Enzephalomyelitis zu unterdrücken
Dosierung	Die empfohlene Dosierung bei Erwachsenen beträgt einmal täglich 20 mg Glatirameracetat subkutan

ist nicht indiziert bei primär oder sekundär progredienter Multipler Sklerose.

In einem in Lancet Neurology (3/2004, Seite 641) publizierten systematischen Review der Cochrane Collaboration auf der Basis aller publizierten Studien mit Glatirameracetat wurde allerdings die Wirksamkeit des Peptidgemisches in Zweifel gezogen.

Metabolismus: *In-vitro*-Daten und begrenzte Ergebnisse von Probanden zeigen, dass subkutan verabreichtes Glatirameracetat leicht absorbiert wird. Der überwiegende Teil der Dosis wird bereits im subkutanen Gewebe schnell in kleinere Fragmente abgebaut.

Unerwünschte Wirkungen: Reaktionen an der Injektionsstelle, Brustschmerzen, grippeähnliche Symptome, Asthenie, Rückenschmerzen, Kopfschmerzen, Herzklopfen, Vasodilatation, Übelkeit, Obstipation, Diarrhö, Arthralgie, Angst, Depression, Schwindel, Hypertonie, Dyspnoe, Rash, Schwitzen.

Interaktionen: Daten zu Wechselwirkungen mit IFN-β liegen nicht vor. Bei gleichzeitiger Behandlung mit Corticosteroiden wurden Reaktionen an der Injektionsstelle häufiger beobachtet. *In-vitro*-Untersuchungen deuten an, dass Glatirameracetat in starkem Maße an Plasmaproteine gebunden wird. Jedoch wird Glatirameracetat nicht durch Phenytoin oder Carbamazepin aus der Bindung an Plasmaproteine verdrängt und verdrängt selbst diese Substanzen nicht. Da Copaxone® jedoch theoretisch das Potential besitzt, die Verteilung von proteingebundenen Substanzen zu beeinflussen, ist die gleichzeitige Gabe solcher Arzneimittel sorgfältig zu überwachen.

2.3.8 *FTY720*

Ein in der klinischen Entwicklung befindlicher neuer Wirkstoff für die Transplantationsmedizin ist FTY720 (Abb. II.2.21). Hierbei handelt es sich um einen Sphingosin-1-Phosphat-Rezeptor-

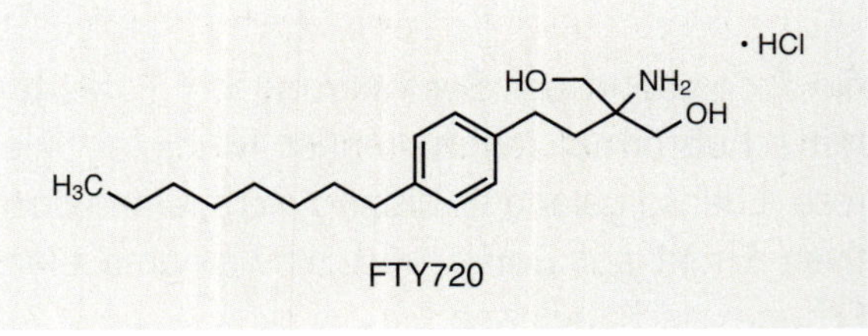

Abb. II.2.21

(S1P-R)-Agonist, d.h. um einen Rezeptor-Liganden, der den S1P-Signaltransduktionsweg stimuliert.

FTY720 wird zunächst von der S1P-Kinase SphK1 phosphoryliert. In dieser Form vermindert es die Rezirkulation der Lymphozyten in die Blutbahn und in das periphere Gewebe – und damit auch in ein Transplantat. Die Lymphozyten werden vielmehr von Entzündungsherden und Transplantaten abgezogen und im sekundären lymphatischen Gewebe festgehalten. Das Resultat ist eine Lymphopenie – eine Reduktion der Lymphozytenanzahl im Blut und in entzündlichem Gewebe –, die beispielsweise nach einer Organtransplantation gewünscht ist (Abb. II.2.22).

Das neue Prinzip von FTY720 besteht darin, dass es keine der Aktivitäten klassischer Immunsuppressiva besitzt, wie eine Blockade der T- oder B-Zellaktivierung, der Zell-Proliferation, der Zytokinproduktion oder der Antikörperproduktion. Somit ist FTY720 eher als „Immunmodulator" und nicht als Immunsuppressivum im eigentlichen Sinne einzustufen.

Das pharmakokinetische Profil von FTY720 ermöglicht eine einmalige Gabe täglich. Es besteht eine lineare Beziehung zwischen Dosis und Blutkonzentration, und eine geringe pharmakokinetische Variabilität zwischen den Patienten. Wechselwirkungen mit anderen Substanzen sind nicht zu erwarten.

FTY720 wird für die Prophylaxe akuter Abstoßungen bei nierentransplantierten Patienten entwickelt.

In Kombination mit Sandimmun® Optoral in subtherapeutischen Dosen schützte FTY720 in präklinischen Studien transplantierte Haut, Herz, Leber, Niere und Dünndarm vor akuten Abstoßungen und verhinderte darüber hinaus perivaskuläre Entzündungsprozesse und Transplantat-Arteriosklerose, die Kennzeichen für chronische vaskuläre Abstoßungsprozesse sind.

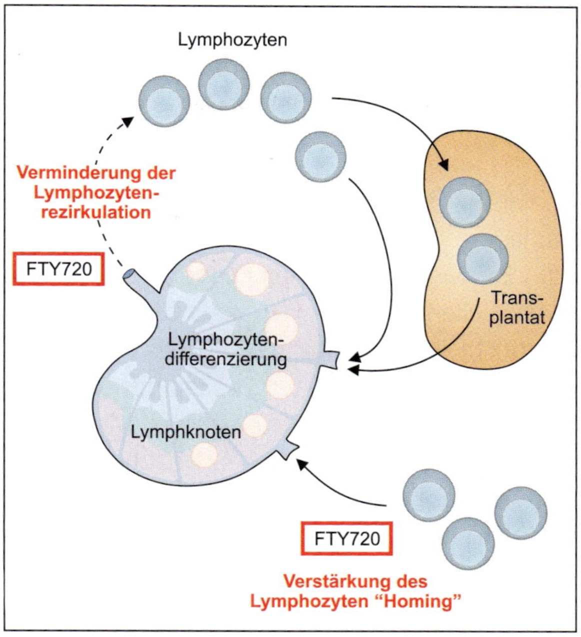

Abb. II.2.22 Wirkmechanismus von FTY720.
Das von der SphK1 phosphorylierte FTY720 vermindert die Rezirkulation der Lymphozyten in die Blutbahn und in das periphere Gewebe, wie z.B. das Transplantat. Die Lymphozyten werden stattdessen im sekundären lymphatischen Gewebe festgehalten, was zu einer Lymphopenie führt und das Transplantat vor der zerstörerischen Aktivität der T-Zellen schützt.

Erfolgversprechende Resultate zeigte FTY720 auch bei der Behandlung des Autoimmun-Diabetes (Typ1 Diabetes – IDDM) bei Mäusen. Denn es wurde nachgewiesen, dass FTY720 in verschiedenen Modellen wirksam die Allo- und Autoimmunität gegen transplantierte Inselzellen supprimiert. Und im Gegensatz zu klassischen antiproliferativen Wirkstoffen zeigt FTY720 *in vitro* keine Toxizität auf Inselzellen.

In präklinischen Studien zeigte sich FTY720 auch hoch wirksam bei anderen Autoimmunkrankheiten wie Arthritis, Herzmuskelentzündung, Uveoretinitis und systemischem Lupus erythematodes. Interessanterweise unterdrückte niedrigdosiertes FTY720 (0,3 mg/Tag) akute und chronische Rezidive einer experimentellen Autoimmun-Enzephalomyelitis.

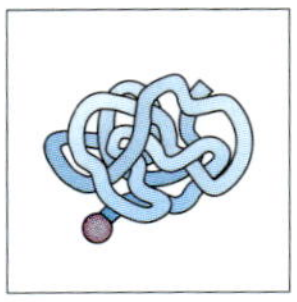

2.4 Biologicals

2.4.1 Anakinra

Anakinra (Kineret®) ist ein rekombinanter, humaner IL-1-Rezeptorantagonist (r-metHuIL-1a). Er wird aus entsprechend modifizierten *E.-coli*-Zellen isoliert. Die Aminosäuresequenz entspricht im Wesentlichen der des natürlichen IL-1-Rezeptorantagonisten. Allerdings befindet sich am N-Terminus ein zusätzliches Methionin, das offensichtlich von *E. coli* nicht abhydrolysiert wird. Bedingt durch die Herstellung in Bakterien ist Anakinra im Gegensatz zum humanen IL-1-Rezeptorantagonisten nicht glykosyliert. Das Molekulargewicht des 153 Aminosäuren großen rekombinanten Wirkstoffs beträgt 17,3 kDa.

Anakinra neutralisiert die biologische Aktivität von Interleukin-1α (IL-1α) und Interleukin-1β (IL-1β), indem es kompetitiv deren Bindung an den Interleukin-1-Typ-I-Rezeptor (IL-1RI) hemmt. Interleukin-1 (IL-1) ist ein zentrales proinflammatorisches Zytokin, das als Mediator vieler zellulärer Antworten dient (Abb. II.2.23; vgl. Kap. I.2.3.1, I.5.3.2, I.5.4.3, I.5.4.5), einschließlich solcher, die bei Synovitis wesentlich sind. IL-1 findet sich im Plasma und der Synovialflüssigkeit von Patienten mit Rheumatoider Arthritis. Eine Korrelation zwischen der IL-1-Konzentration im Plasma und der Aktivität der Erkrankung wurde berichtet. Anakinra hemmt *in vitro* die von IL-1 hervorgerufenen Reaktionen, einschließlich der Induktion von Stickstoffmonoxid und der Produktion von Prostaglandin E_2 und/oder von Kollagenase durch Synovialzellen, Fibroblasten und Chondrozyten.

Kineret® ist zur Behandlung der Symptome der Rheumatoiden Arthritis in Kombination mit Methotrexat bei Patienten indiziert, die nur unzureichend auf Methotrexat alleine ansprechen.

Kineret® wurde mit einer erhöhten Inzidenz für schwerwiegende Infektionen (1,8 % versus 0,7 % in der Placebogruppe) in Verbindung gebracht. Das kann auch erwartet werden, da es sich hier um eine immunsupprimierende Therapie handelt. Patienten, die an Asthma litten, waren stärker betroffen als Patienten ohne Vorgeschichte von Asthma.

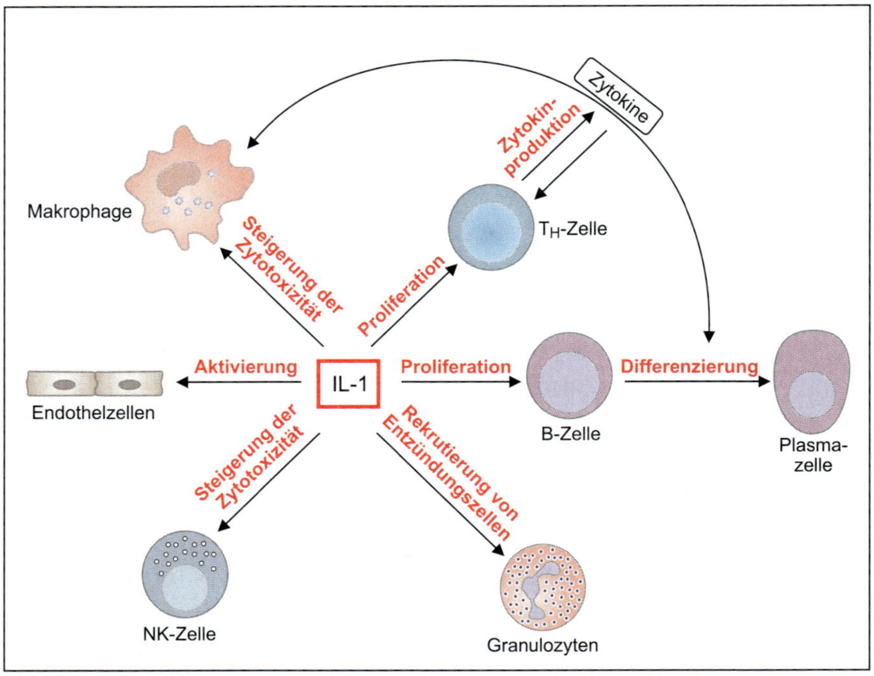

Interleukin 1 wird von vielen Zellen als Antwort auf z. B. Verletzung oder Infektion gebildet und beeinflusst verschiedene Zelltypen und Prozesse.

Abb. II.2.23 Effekte von IL-1 auf Zellen des Immunsystems.

Name	Anakinra
Spezialitäten	Kineret®
Indikation	Zur Behandlung der Symptome der Rheumatoiden Arthritis in Kombination mit Methotrexat bei Patienten, die nur unzureichend auf Methotrexat alleine ansprechen
Mechanismus	Anakinra hemmt kompetitiv die Bindung von IL-1 an den Typ-I-Rezeptor (IL-1RI). Dadurch wird die Funktion des zentralen, proinflammatorischen Zytokins IL-1 neutralisiert
Dosierung	Die empfohlene Dosis beträgt 100 mg. Sie wird einmal täglich subkutan angewendet. Die Dosis sollte an den einzelnen Tagen jeweils zur gleichen Zeit verabreicht werden

Anakinra ist nicht für die gleichzeitige Anwendung mit Etanercept zugelassen. Die gleichzeitige Anwendung von Anakinra und Etanercept wurde mit einem erhöhten Risiko schwerwiegender Infektionen und einem erhöhten Risiko von Neutropenien in Verbindung gebracht und ergab keinen zusätzlichen Nutzen, verglichen mit der alleinigen Anwendung von Etanercept.

Metabolismus: Die absolute Bioverfügbarkeit von Anakinra nach einer subkutanen Bolusinjektion von 70 mg liegt bei gesunden Probanden bei 95 %. Die terminale Halbwertszeit bei RA-Patienten beträgt zwischen 4 und 6 Stunden. Die geschätzte Clearance von Anakinra scheint mit steigender Kreatinin-Clearance und zunehmendem Körpergewicht zu steigen. Auch liegt die mittlere Plasma-Clearance nach subkutaner Bolusgabe bei Männern um ca. 14 % höher als bei Frauen, und bei Probanden < 65 Jahren um ca. 10 % höher als bei Probanden ≥ 65 Jahren.

Unerwünschte Wirkungen: Reaktionen an der Einstichstelle, Kopfschmerzen, Neutropenie, schwerwiegende Infektionen.

Interaktionen: Interaktionsstudien mit Kineret® sind nicht durchgeführt worden. In den klinischen Studien wurden keine Interaktionen mit nichtsteroidalen Antiphlogistika, Corticosteroiden und Basitherapeutika (DMARDs) beobachtet.

Hinsichtlich der Unbedenklichkeit des gleichzeitigen Einsatzes von TNF-Antagonisten liegen keine gesicherten Erkenntnisse vor.

2.4.2 Beta-Interferone

Zu den wichtigsten Wirkstoffen zur Behandlung der Multiplen Sklerose gehören die rekombinanten Beta-Interferone.

Interferone sind Proteine, die von eukaryontischen Zellen im Rahmen der Immunantwort auf virale Infektionen und andere biologische Stimuli gebildet werden (vgl. Kap. I.2.3.2, I.3.3.2, I.4.2.1). Sie wirken antiviral, antiproliferativ und immunmodulierend. Sie werden in drei Hauptgruppen – den Interferonen alpha, beta und gamma – unterteilt, wobei IFN-α und IFN-β zusammen die Klasse I und IFN-γ die Klasse II bilden. Die einzelnen Interferone besitzen überschneidende aber dennoch klar voneinander abgrenzbare Wirkungen.

IFN-β ist ein Glykoprotein, das von Fibroblasten und Makrophagen produziert wird. Die Zuckerkette ist N-glykosidisch mit dem Protein verknüpft. Wie alle Zytokine, so entfaltet auch IFN-β seine Wirkung durch Bindung an einen spezifischen Rezeptor. Die Reaktionskaskade ist komplex und führt schließlich zur Expression verschiedener Gene und Marker. Dazu zählen MHC-Klasse-I-Antigene, Mx-Protein, 2',5'-Oligoadenylat-Synthetase, β_2-Mikroglobulin und Neopterin.

Die Bedeutung von IFN-β bei der Multiplen Sklerose ist unbekannt. Dies liegt auch daran, dass die Pathophysiologie der Krankheit längst nicht verstanden ist. Klar ist allerdings, dass IFN-β positive Effekte auf die Progredienz der MS besitzt. Dies wurde in vielen Studien bewiesen.

Bei der Multiplen Sklerose handelt es sich um eine chronisch-entzündliche Erkrankung des zentralen Nervensystems, bei der die Markscheiden der Nervenfasern zerstört werden. Sie gehört deshalb zur Gruppe der so genannten Entmarkungserkrankungen (vgl. Kap. I.5.3.2).

Multiple Sklerose führt zu vielfältigen Symptomen wie Sehstörungen, Gefühlsstörungen der Haut, Nervenschmerzen oder Muskellähmungen, die oft schubweise auftreten. Auslösend sind Entzündungen an den Markscheiden der Nervenfasern des zentralen Nervensystems, deren Ursachen noch nicht genau bekannt sind. Eine immunologische Genese wird als eine Möglichkeit diskutiert. Genauer gesagt wird angenommen, dass die Multiple Sklerose zur Gruppe der Autoimmunerkrankungen gehört, bei denen Abwehrreaktionen des Immunsystems gegen körpereigene Strukturen gerichtet sind. Wegen dieser möglichen Genese verwundert es nicht, dass Wirkstoffe wie Beta-Interferone sicherlich zu den wichtigsten Arzneistoffen zur Behandlung dieser Krankheit gehören.

Zur Diagnosestellung werden neben der neurologischen Untersuchung Methoden wie Liquoruntersuchung, visuell evozierte Potentiale und Kernspintomographie (MRT) herangezogen. Eine Heilung der Erkrankung ist derzeit noch nicht möglich. Allerdings kann durch die Gabe entzündungshemmender Medikamente bzw. von Präparaten, die die Immunabwehr herabsetzen, die Intensität der Krankheitsschübe vermindert werden. Daneben steht vor allem die Behandlung der mit der Erkrankung verbundenen Symptome im Vordergrund, um den Betroffenen eine hohe Lebensqualität zu sichern.

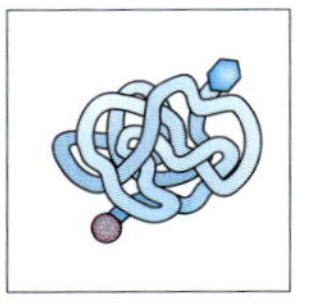

2.4.2.1 Interferon beta-1a

Interferon beta-1a (Avonex®, Rebif®) besteht aus der Aminosäuresequenz von natürlichem, menschlichem Interferon beta (IFN-β). Es wird von Säugetierzellen produziert und ist deshalb wie das natürliche Protein glykosyliert.

Interferon beta-1a ist zur Behandlung einer schubförmigen Multiplen Sklerose (MS) oder einem einmaligen demyelinisierenden Ereignis mit entzündlichem Prozess indiziert. Patienten, die eine progrediente Form der MS entwickeln, sollten Interferon beta-1a nicht mehr bekommen.

Metabolismus: Bei angemessener Korrektur beträgt die berechnete Bioverfügbarkeit für Avonex® bei einer i. m.-Verabreichung ca. 40 %. Diese Bioverfügbarkeit ist dreimal höher als die subkutane Bioverfügbarkeit, so dass Avonex® nicht subkutan verabreicht werden darf.

Für Rebif® bleibt nach s.c.- oder i. m.-Verabreichung von IFN-β der Serumspiegel niedrig, ist aber noch nach 12 bis 24 Stunden messbar. Subkutane oder intramuskuläre Anwendungen sind hier bezüglich der Verfügbarkeit von IFN-β äquivalent.

Name	**Interferon beta-1a**
Spezialitäten	**Avonex®; Rebif®**
Indikation	Zur Behandlung einer schubförmigen Multipler Sklerose (MS) oder einem einmaligen demyelinisierenden Ereignis mit entzündlichem Prozess
Mechanismus	Interferon der Klasse I, das hauptsächlich antiviral und immunmodulatorisch zu wirken scheint
Dosierung	Avonex® wird in der Regel einmal wöchentlich in einer Dosis von 30 µg intramuskulär appliziert Rebif® wird dreimal wöchentlich in einer Dosis von 22 oder 44 µg subkutan appliziert

Unerwünschte Wirkungen: Grippeähnliches Syndrom, Entzündungen der Injektionsstelle, Gelenk- und Muskelschmerzen, asymptomatischer Anstieg der Transaminase, Pruritus, Ausschlag, Neutropenie, Lymphopenie, Leukopenie, Thrombozytopenie, Anämie, Durchfall, Erbrechen, Übelkeit, Depression, Schlaflosigkeit, Krampfanfälle (sehr selten).

Interaktionen: Es wurde berichtet, dass Interferone die Aktivität von Cytochrom-P450-abhängigen Leberenzymen verringern. Obwohl nicht durch harte Daten belegt, sollte bei einer gleichzeitigen Gabe von Interferon beta-1a und Medikamenten mit geringer therapeutischer Breite, deren Ausscheidung weitgehend vom Cytochrom-P450-System der Leber abhängt, Vorsicht geboten sein. Von Bedeutung sind hier Antiepileptika und einige Antidepressiva.

Gezielte Interaktionsstudien wurden nicht durchgeführt. Eine gleichzeitige Gabe von Interferon beta-1a und Corticosteroiden oder ACTH während eines Schubes scheint gut vertragen zu werden.

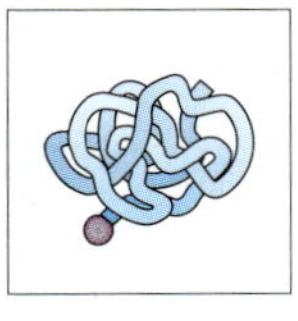

2.4.2.2 Interferon beta-1b

Interferon beta-1b (Betaferon®) kann als „frühes Mutein" bezeichnet werden, da es nicht exakt dem humanen Beta-Interferon entspricht. Es wird in *E. coli* hergestellt und ist daher nicht glykosyliert. Ferner wurde eines der drei Cysteine durch gezielte Genmutation in ein Serin umgewandelt, so dass keine inkorrekten Disulfid-Brücken gebildet werden können. Schließlich fehlt dem Interferon beta-1b das N-terminale Methionin, das enzymatisch in *E. coli* abhydrolysiert wird. Abgesehen von den drei beschriebenen Modifikationen entspricht Interferon beta-1b dem natürlichen, menschlichen IFN-β.

Durch die Modifikationen werden die pharmakodynamischen Eigenschaften nicht signifikant geändert. So bindet auch Interferon beta-1b an die spezifischen Zelloberflächen-Rezeptoren und induziert so die Bildung der typischen Genprodukte, die als Mediatoren der biologischen Wirkung von Beta-Interferonen gelten.

Interferon beta-1b ist zur Behandlung einer schubförmigen Multipler Sklerose (MS) oder einer sekundär progredient verlaufenden Multiplen Sklerose, die sich in einem akuten Krankheitsstadium befindet, zugelassen.

In mehreren Vergleichsstudien mit Avonex® und Rebif® zeigte sich Betaferon® signifikant überlegen. Gründe für diese Überlegenheit könnten entweder in den molekularen Unterschieden liegen. Sie können aber auch in den unterschiedlichen Dosier-Schemata begründet sein. Avonex® wird – bezogen auf die Wochendosis – am niedrigsten dosiert und wird auch nur einmal wöchentlich appliziert. Ferner wird Avonex® als einziger Beta-Interferon-Wirkstoff intramuskulär verabreicht. Rebif®, das ebenfalls wie Avonex® human-identisches, glykosyliertes Beta-Interferon enthält, wird 3 × wöchentlich in einer Dosierung von 22 oder 44 µg subkutan appliziert. Demgegenüber wird Betaferon® mit einer dreimal-wöchentlichen subkutanen Gabe von 250 µg am höchsten dosiert. Diese höhere Dosierung wird sicherlich mit mehr unerwünschten Arzneimittelwirkungen erkauft. Allerdings scheint die bessere Wirksamkeit diese Nachteile zu rechtfertigen. In der INCOMIN-Studie (The Lancet, 359, 1453), in der die Therapien mit Betaferon® und Avonex® direkt verglichen wurden, ziehen die Autoren das Fazit, dass die Therapie mit Betaferon® einer Therapie mit Avonex® um ca. 20 % überlegen ist.

Metabolismus: Maximale Serumkonzentrationen von etwa 40 IE/ml werden 1 bis 8 Stunden nach subkutaner Injektion von 500 µg (16 Millionen IE) Interferon beta-1b gefunden. Die mittlere Clearance-Rate beträgt bis zu 30 ml/min/kg, und die Dispositions-Halbwertszeit wurde mit bis zu 5 Stunden bestimmt. Betaferon-Injektionen in zweitägigem Abstand führen nicht zu einem Anstieg der Serumspiegel. Die absolute Bioverfügbarkeit bei subkutaner Verabreichung beträgt ca. 50 %.

Name	Interferon beta-1b
Spezialitäten	Betaferon®
Indikation	Interferon beta-1b ist zur Behandlung einer schubförmigen Multipler Sklerose oder einer sekundär progredient verlaufenden Multiplen Sklerose, die sich in einem akuten Krankheitsstadium befindet, zugelassen
Mechanismus	Interferon der Klasse I, das hauptsächlich antiviral und immunmodulatorisch zu wirken scheint
Dosierung:	Betaferon® wird in der Regel an jedem zweiten Tag in einer Dosierung von 250 µg subkutan injiziert

Unerwünschte Wirkungen: Zu Beginn der Behandlung sind unerwünschte Wirkungen häufig, diese klingen aber im Allgemeinen im Laufe der Behandlung ab. Diese sind: grippeähnliches Syndrom, Entzündungen oder Nekrosen an der Injektionsstelle, Gelenk- und Muskelschmerzen, asymptomatischer Anstieg der Transaminase, Pruritus, Ausschlag, Neutropenie, Lymphopenie, Leukopenie, Thrombozytopenie, Anämie, Durchfall, Erbrechen, Übelkeit, Depression, Schlaflosigkeit, Krampfanfälle (sehr selten).

Interaktionen: Es wurde berichtet, dass Interferone die Aktivität von Cytochrom-P450-abhängigen Leberenzymen verringern. Obwohl nicht durch harte Daten belegt, sollte bei einer gleichzeitigen Gabe von Interferon beta-1a und Medikamenten mit geringer therapeutischer Breite, deren Ausscheidung weitgehend vom Cytochrom-P450-System der Leber abhängt, Vorsicht geboten sein. Von Bedeutung sind hier Antiepileptika und einige Antidepressiva.

Gezielte Interaktionsstudien wurden nicht durchgeführt. Eine gleichzeitige Gabe von Interferon beta-1b und Corticosteroiden oder ACTH während eines Schubes scheint gut vertragen zu werden.

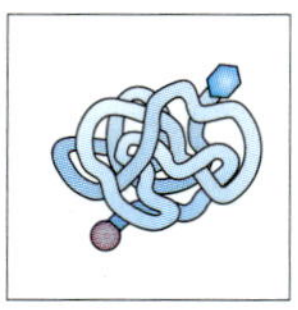

2.4.3 *Drotrecogin alfa*

Drotrecogin alfa (Xigris®) ist eine rekombinante Variante des aktivierten Protein C. Die inaktive Vorstufe von Xigris®, rekombinantes humanes Protein C, wird in der humanen Nierenzelllinie HEK 293 produziert. Nach der Reinigung wird das Protein C mit Hilfe von Thrombin aktiviert.

Xigris® ist angezeigt zur Behandlung von erwachsenen Patienten mit schwerer Sepsis mit multiplem Organversagen zusätzlich zur Standardtherapie.

Stand früher das infektiöse Geschehen im Zentrum des Interesses bei der Sepsis-Behandlung, so fokussiert man sich heute auf Gerinnung, Fibrinolyse und Inflammation. Gerinnung und Inflammation sind bei der Sepsis aktiviert, wohingegen die Fibrinolyse nach initialer Aktivierung im weiteren Verlauf der Sepsis gehemmt wird. Dies resultiert in einer tiefgreifenden Störung der Homöostase.

Eines der wichtigsten Regulationssysteme der Gerinnung ist dabei das Protein-C-System. Es besteht aus Protein C, aktiviertem Protein C, Thrombomodulin, Protein S und dem Endothelzell-Protein-C-Rezeptor. Das „wirksame Agens" des Protein-C-Systems ist „aktiviertes Protein C", das aus Protein C entsteht, wenn durch Thrombin ein Peptid von 12 Aminosäuren abgespaltet wird. Aktiviertes Protein C ist eine Serin-Protease, die die aktivierten Gerinnungsfaktoren Va und VIIIa degradiert, was wiederum zu einer verringerten Bildung von Thrombin führt. Somit ist die Aktivierung von Protein C durch Thrombin ein negativer Rückkopplungsmechanismus, wodurch Thrombin selbst seine überschießende Bildung verhindert. Thrombin ist nämlich auch ein wichtiges pro-thrombotisches und pro-inflam-

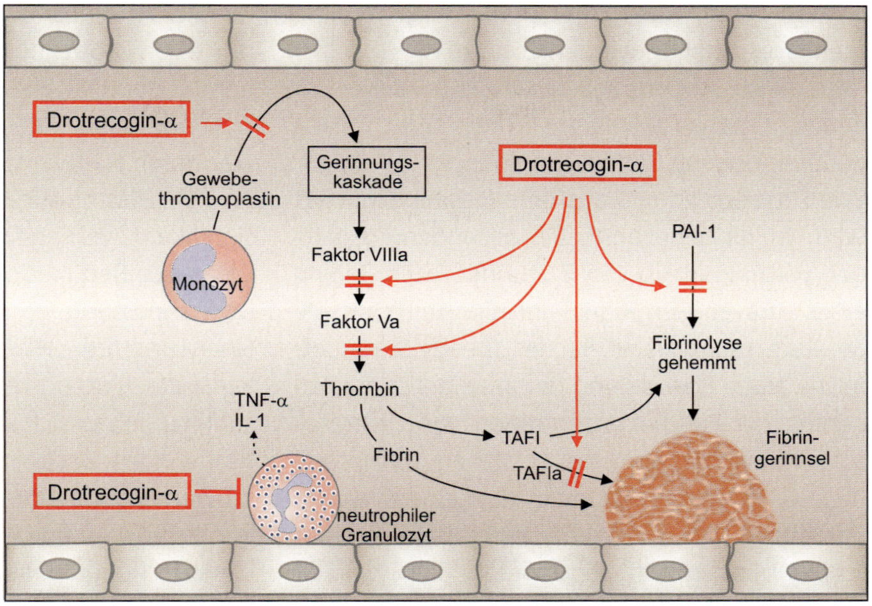

Abb. II.2.24 Wirkmechanismus von Drotrecogin alfa. Aktiviertes Protein C degradiert als Serin-Protease die aktivierten Gerinnungsfaktoren Va und VIIIa, was wiederum zu einer verringerten Bildung von Thrombin führt. Außerdem wirkt es profibrinolytisch, indem es den Plasminogen-Aktivator-Inhibitor 1 (PAI-1) inaktiviert und die Aktivierung des Thrombin-aktivierbaren Fibrinolyse-Inhibitors (TAFI) hemmt.

matorisches Substrat. Aktiviertes Protein C hat demnach antithrombotische und anti-inflammatorische Effekte. Darüber hinaus wirkt es pro-fibrinolytisch, indem es den Plasminogen-Aktivator-Inhibitor 1 (PAI-1) inaktiviert und die Aktivierung des Thrombin-aktivierbaren Fibrinolyse-Inhibitors (TAFI) hemmt. Die Aktivierung von Protein C durch Thrombin geschieht nur, wenn beide Moleküle an den Endothelzellrezeptor Thrombomodulin binden. Aktiviertes Protein C wird durch Komplexbildung mit dem Protein-C_a-Inhibitor inaktiviert. Der Protein-C_a-Inhibitor ist identisch mit Plasminogen-Aktivator-Inhibitor Typ 3 (PAI-3) und inhibiert auch t-PA, Thrombin und FXa (Abb. II.2.24).

Drotrecogin alfa entfaltet im Rahmen einer Sepsis-Behandlung eine anti-thrombotische Wirkung durch Hemmung der Thrombinbildung und Verbesserung der sepsisbedingten Gerinnungsstörung, was sich durch eine raschere Verbesserung von Markern der Gerinnung und Fibrinolyse zeigt. Man beobachtet eine raschere Abnahme der Gerinnungsmarker, wie z. B. D-Di-mer-, Prothrombin-F1+2- und Thrombin/Antithrombin-Spiegel sowie einen rascheren Anstieg der Protein-C- und Antithrombin-Spiegel. Ebenso stellte Drotrecogin alfa die körpereigene Fähigkeit zur Fibrinolyse wieder her, was durch eine raschere Tendenz zur Normalisierung der Plasminogen-Spiegel und einen rascheren Abfall der PAI-1-Spiegel zum Ausdruck kommt. Außerdem kommt es zu einem rascheren Abfall der IL-6-Spiegel, einem allgemeinen Entzündungsmarker, was auf eine Verminderung der Entzündungsreaktion hinweist.

Die Wirksamkeit von Xigris® wurde in der PROWESS-Studie gezeigt. Diese prospektive, multizentrische, randomisierte, doppelblinde placebokontrollierte klinische Phase-III-Studie schloss 1690 Patienten mit schwerer Sepsis ein. Die Patienten erhielten Xigris® in einer Dosierung von 24 µg/kg Körpergewicht/h über 96 Stunden. Xigris® senkte die 28-Tage-Sterblichkeit absolut um 6,1 % im Vergleich zu Placebo. Das relative Risiko zu versterben wurde um 19,4 % gesenkt. Das bedeutet, dass 1 von 5 Patienten, die verstorben wären, durch die Therapie mit Xigris® überlebt. Die Sterblichkeitssenkung war so dramatisch, dass die Patientenrekrutierung vorzeitig beendet wurde, da den Patienten der Placebogruppe Xigris® aus ethischen Gründen nicht mehr vorenthalten werden konnte.

Metabolismus: Drotrecogin alfa wird wie endogenes humanes aktiviertes Protein C im Plasma durch endogene Protease-Inhibitoren inaktiviert; Wie Drotrecogin alfa aus dem Plasma eliminiert wird, ist nicht bekannt. Bei gesunden Freiwilligen wird innerhalb von 2 Stunden nach Beginn einer intravenösen Xigris®-Infusion mit konstanter Rate mehr als 90 % des Steady-States erreicht. Nach Beendigung der Infusion ist die Abnahme der Plasmakonzentration von Drotrecogin alfa zweiphasig: Einer schnellen Initialphase ($t_{1/2a}$ = 13 min) folgt eine langsamere zweite Phase ($t_{1/2b}$ = 1,6 Std.). Die kurze Halbwertszeit von 13 Minuten trifft für ungefähr 80 % der Fläche unter der Plasmakonzentrationskurve zu und bestimmt den initialen schnellen Anstieg der Plasmakonzentration von Drotrecogin alfa zum Steady-State. Die Steady-State-Plasmakonzentrationen von Drotrecogin alfa sind über einen Bereich von 12 mg/kg/h bis 48 mg/kg/h proportional zur Infusionsrate.

Die mittlere Steady-State-Plasmakonzentration von Drotrecogin alfa beträgt bei der Gabe von 24 mg/kg/h an Probanden 72 ng/ml. Bei Patienten mit schwerer Sepsis führten Infusionsraten von 12 mg/kg/h bis 24 mg/kg/h rasch zu Steady-State-Plasmakonzentrationen, die proportional zu den Infusionsraten waren. Die Plasma-Clearance von Drotrecogin alfa beträgt bei Sepsis-Patienten etwa 41,8 l/h verglichen mit 28,1 l/h bei Gesunden. Bei Patienten mit schwerer Sepsis war durch Niereninsuffizienz und Leberdysfunktion die Plasma-Clearance von Drotrecogin alfa signifikant verringert, aber das Ausmaß der Clearance-Reduktion (> 30 %) erfordert keine Dosisanpassung.

Unerwünschte Wirkungen: Drotrecogin alfa kann das Blutungsrisiko erhöhen. In der Mehrzahl handelt es sich um Hautblutungen und Blutungen des Gastrointestinaltrakts, seltener um schwerwiegende intrakranielle Blutungen. Gelegentlich bis selten beobachtet man: Schmerzen, schwere Koagulopathie und schwere Thrombozytopenie

Interaktionen: Xigris® sollte nur unter besonderer Vorsicht gleichzeitig mit anderen gerinnungsaktiven Arzneimitteln verabreicht werden. Dazu gehören Protein C, Thrombolytika (z. B. Streptokinase, tPA, rPA und Urokinase), orale Antikoagulanzien (z. B. Warfarin), Hirudin, Antithrombin, Acetylsalicylsäure und andere Thrombozytenaggregationshemmer, z. B. nichtsteroidale Antiphlogistika, Ticlopidin und Clopidogrel, Glykoprotein-IIb/IIIa-Antagonisten (z. B. Abciximab, Eptifibatide, Tirofiban) und Prostacycline wie z. B. Iloprost.

Name	**Drotrecogin alfa**
Spezialitäten	**Xigris ®**
Indikation	Zur Behandlung von erwachsenen Patienten mit schwerer Sepsis mit multiplem Organversagen zusätzlich zur Standardtherapie
Mechanismus	Aktiviertes Protein C begrenzt als wichtiger Regulator der Blutgerinnung die Thrombinbildung durch Inaktivierung der Faktoren Va und VIIIa. Damit korrigiert Drotrecogin alfa die Aktivierung der Blutgerinnung in der Mikrozirkulation, eine der wichtigsten Pathogenitätsfaktoren bei der schweren Sepsis
Dosierung	Die empfohlene Dosis von Xigris® beträgt 24 mg/kg/h als kontinuierliche intravenöse Infusion über einen Zeitraum von 96 Stunden. Wird die Infusion unterbrochen, sollte Xigris® erneut mit einer Infusionsrate von 24 mg/kg/h verabreicht und so lange fortgesetzt werden, bis die empfohlene Gesamtdauer der Infusion von 96 Stunden erreicht ist

3 Immunstimulanzien

3.1 Einleitung

In vielen lebenswichtigen Situationen ist das Immunsystem sehr stark gefordert, in manchen Situationen scheint es sogar überfordert zu sein. Beispielsweise muss sehr viel Energie in die vielfältigen zellulären und humoralen Funktionsabläufe des Immunsystems gesteckt werden, wenn der Organismus einem Infekt ausgesetzt ist. Nicht selten können sich solche Infektionsherde „festsetzen" und müssen somit – falls unbehandelt – über sehr lange Zeiträume durch das Immunsystem in Schach gehalten werden (vgl. Kap. I.4). Oder das Immunsystem ist damit beschäftigt, eine irgendwo im Körper entstandene Tumorentwicklung zu kontrollieren (vgl. Kap. I.5.5). Dies ist eine lang anhaltende und ständig komplexer werdende Aufgabe, die enorme biologische Ressourcen bindet. Die Konsequenzen für den Betroffenen sind generelle Abgeschlagenheit und Beeinträchtigung der Leistungsfähigkeit.

Aber nicht nur physiologische Sondersituationen fordern das Immunsystem. Es sind auch psychologische Konstellationen, die das Immunsystem stark beanspruchen können. Lange ist bekannt, dass sich viele psychische Probleme in immunologischen Parametern abbilden. Denkbar ist aber auch, dass umgekehrt unerkannte somatisch bedingte immunologische Stoffwechsellagen psychische Probleme hervorrufen. Dabei kann man in den meisten Fällen davon ausgehen, dass eine immunsuppressive Stoffwechsellage die Probleme verursacht. Hier setzen Immunstimulanzien an.

3.2 Chemisch synthetische Wirkstoffe

3.2.1 Imiquimod

Imiquimod (Aldara®) ist ein Imidazo-Chinolin-Derivat (Abb. II.3.1), das zugelassen wurde zur Behandlung äußerlicher Feigwarzen (Condylomata acuminata), die durch humane Papillomviren verursacht werden. Die anfangs stecknadelkopfgroßen Knötchen können sich zu größeren Wucherungen entwickeln und unter Umständen maligne entarten. Bisher standen bei der Therapie chirurgische Maßnahmen im Vordergrund. Die Viren werden meistens durch sexuelle Kontakte übertragen und ihre Manifestation durch feuchtes Klima oder Hautschäden begünstigt.

Imiquimod ist ein ärztlich verordneter Wirkstoff zur Selbstanwendung, der in einer Creme 2- bis 3mal in der Woche nachts auf die Feigwarzen aufgetragen wird. Imiquimod wirkt nicht direkt antiviral sondern zeigt immunmodulierende Wirkung. Rezeptorbindungsstudien haben gezeigt, dass Imiquimod an den Toll-Like Rezeptor 7 (TLR-7) bindet. Toll-Like Rezeptoren spielen im Rahmen der unspezifischen Immunantwort eine zentrale Rolle (vgl. Kap. I.2.2.2). Durch diese Stimulation werden IFN-α und andere Zytokine sezerniert, die antivirale Eigenschaften besitzen und ihrerseits T-Zellen und Monozyten aktivieren. Dadurch wird eine zelluläre Immunantwort induziert. Die Induktion von IFN-α und anderen Zytokinen nach Applikation von Imiquimod-Creme auf Genitalgewebe mit Feigwarzen wurde auch in klinischen Studien nachgewiesen. Die Wirkung von Imiquimod setzt nach etwa 2 bis 3 Wochen ein. Bis zur Abheilung können mehrere Wochen vergehen. Die Behandlung sollte maximal 16 Wochen erfolgen. Nach der Behandlung bleiben keine Narben zurück. Die Rezidivrate ist mit 12 bis 20 % die niedrigste aller bisherigen therapeutischen Verfahren. Als Begleiterscheinung der Behandlung können örtliche Rötungen und leichtes Brennen auftreten, die aber nur vorübergehend sind. Vorteil der Behandlung ist außerdem, dass sie zu Hause von den Betroffenen selbst durchgeführt werden kann.

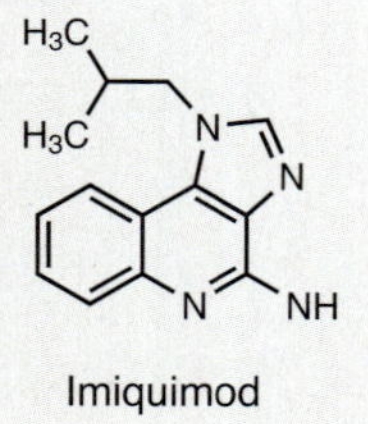

Abb. II.3.1

Metabolismus: Weniger als 0,9 % einer topisch applizierten Einzeldosis von radioaktiv markiertem Imiquimod wurde über die Haut von Probanden resorbiert. Die geringe Wirkstoffmenge,

Name	**Imiquimod**
Spezialitäten	**Aldara®**
Indikation	Zur topische Behandlung äußerlicher Feigwarzen im Genital- und Perianalbereich (Condylomata acuminata) bei Erwachsenen
Mechanismus	Imiquimod moduliert die Immunantwort durch Bindung an den Toll-Like-Rezeptor 7 (TLR-7). Man konnte zeigen, dass auf diese Stimulation hin eine Sekretion von IFN-α und anderen Zytokinen induziert wird
Dosierung	Dreimal wöchentlich vor dem Zubettgehen auftragen und 6 bis 10 Stunden lang auf der Haut belassen. Die Behandlung mit Imiquimod-Creme ist so lange fortzusetzen, bis alle sichtbaren Feigwarzen im Genital- oder Perianalbereich verschwunden sind, oder bis zu maximal 16 Wochen pro Behandlungszeitraum

die in den systemischen Kreislauf gelangte, wurde rasch wieder über Urin und Fäzes in einem durchschnittlichen Verhältnis von 3:1 ausgeschieden. Im Serum waren nach topisch applizierten Einzel- oder Mehrfachdosen keine quantifizierbaren Konzentrationen (> 5 ng/ml) des Wirkstoffs nachweisbar.

Unerwünschte Wirkungen: Juckreiz, Brennen und Schmerzen am Applikationsort, grippeähnliche Symptome, Myalgien, Kopfschmerzen.

Interaktionen: Es wurden keine Studien zu Wechselwirkungen mit anderen Arzneimitteln, einschließlich Immunsuppressiva, durchgeführt. Auf Grund der minimalen perkutanen Resorption von Imiquimod-Creme sind Wechselwirkungen mit systemisch applizierten Wirkstoffen nur in geringem Maße zu erwarten.

3.2.2 Dimepranol-4-acetamidobenzoat: Inosin

Dimepranol-4-acetamidobenzoat: Inosin (Isoprinosine®, Delimmun®, Abb. II.3.2) bildet im Körper einen Komplex, in dem die Einzelstoffe im Verhältnis 3:1 gebunden vorliegen (Inosiplex). Der Wirkstoff besitzt immunstimulierende und antivirale Eigenschaften. Im Sinne der ersten Wirkung wurden eine verstärkte Makrophagenaktivität, eine Potenzierung der Lymphozytenproliferation, eine Stimulierung der T-Lymphozyten (insbesondere T-Helfer- und T-Suppressorzellen), eine Differenzierung von Null-Zellen zu T-Zellen und eine Stimulierung von Lymphokinen gemessen. Die antivirale Wirkung ergibt sich aus einer Hemmung der Replikation einer Reihe von DNA- und RNA-Viren durch einen beschleunigten Transport der zellulären mRNA vom Kern ins Zytoplasma. Zusätzlich werden die zellulären mRNA/Polyribosomen-Komplexe stabilisiert. Durch die sich daraus ergebende kompetitive Hemmung des viralen Translationsprozesses wird die Synthese der Virusproteine gestört und die Virus-Replikation gehemmt.

Delimmun® und Isoprinosine® sind zugelassen zur Immunstimulation bei Herpes-simplex-Infektionen, bei der subakut sklerosierenden Panenzephalitis (SSPE) und bei Virusinfektionen bei immunsupprimierten Patienten (Herpes-simplex-, Varicella-zoster-, Masern-, Zytomegalie- und Epstein-Barr-Virusinfektionen).

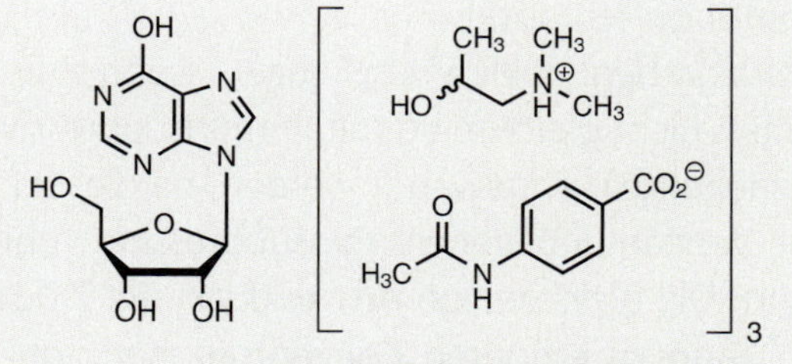

Dimepranol-4-acetamidobenzoat:Inosin, Inosiplex

Abb. II.3.2

Name	**Dimepranol-4-acetamidobenzoat: Inosin**
Spezialitäten	**Isoprinosine®, Delimmun ®**
Indikation	Zur Immunstimulation bei Herpes-simplex-Infektionen, bei subakut sklerosierender Panenzephalitis (SSPE) und bei Virusinfektionen bei immunsupprimierten Patienten (Varicella-zoster-, Masern-, Zytomeglie-, Epstein-Barr-Viren)
Mechanismus	Immunstimulierende Wirkung durch Stimulierung von Proliferation und Differenzierung immunkompetenter Zellen und Steigerung der Aktivitäten dieser Zellen. Die antivirale Wirkung ergibt sich aus einer Störung der viralen Replikation und der Stabilisierung zellulärer mRNA-Ribosomen-Komplexe
Dosierung	Im Allgemeinen werden 50 mg arzneilich wirksame Bestandteile/kg KG pro Tag verteilt in sechs Teildosen (alle 2 – 3 Stunden eine Teildosis) gegeben

Beide Präparate enthalten Weizenstärke, was Patienten mit Zöliakie wissen sollten.
Metabolismus: Im wässrigen Milieu bildet sich aus der in der Tablette vorliegenden Wirkstoffmischung der arzneilich wirksame Komplex. Dieser wird schnell resorbiert und metabolisiert. Inosin folgt dem für Nukleoside üblichen metabolischen Weg und wird beim Menschen über Hypoxanthin und Xanthin zu Harnsäure abgebaut.
Dimepranol (1-Dimethylamino-2-propanol) wird unverändert oder als N-Oxid, 4-Acetamidobenzoat hauptsächlich an Glukuronsäure gebunden, über die Nieren ausgeschieden.
Unerwünschte Wirkungen: Eine schwache, vorübergehende Erhöhung des Harnsäurespiegels im Serum und Urin (bedingt durch die Metabolisierung des Inosins) sowie eine Erhöhung der Transaminase- und alkalische-Phosphatase-Werte. Übelkeit, Urtikaria, Erythema, Kopfschmerzen, Schwindelgefühl, Durchfall, Verstopfung, Nervosität.
Interaktionen: Delimmun® bzw. Isoprinosine® sollten nicht gleichzeitig mit immunsuppressiven Arzneimitteln angewandt werden, da dies zu einer Verstärkung der Immunsuppression führen kann. Die gleichzeitige Anwendung mit Zidovudin kann zu erhöhten Konzentrationen von Zidovudin im Serum führen. Arzneimittel, die ebenfalls zu einer Erhöhung des Harnsäurespiegels führen oder Nierenfunktionsstörungen bewirken können, sollten mit Vorsicht eingesetzt werden.

3.2.3 *Zanamivir*

Zanamivir ist als Wirkstoff in Relenza® enthalten (Abb. II.3.3). Hierbei handelt es sich um den ersten Vertreter einer neuen Wirkstoffklasse, die nur indirekt als Immuntherapeutikum zu bezeichnen ist. Zanamivir ist ein selektiver Hemmstoff der Neuraminidase (Abb. II.3.4). Dieses Enzym befindet sich auf der Oberfläche der Influenza-Viren (vgl. Kap. I.4.2.1). Dort erfüllt es zwei Funktionen: Zum einen ermöglicht dieses Enzym den Viren durch den Mucus zur Oberfläche der Epithelzellen zu gelangen, um diese dann zu infizieren. Zum andern benötigen die Viren das Enzym, um die infizierte Zelle nach erfolgreicher Replikation wieder zu verlassen und neue Infektionszyklen zu initiieren.

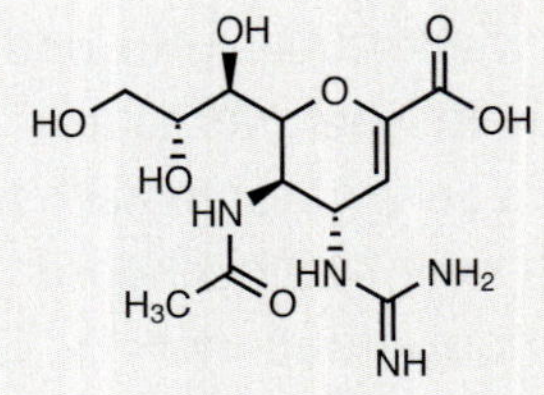

Abb. II.3.3

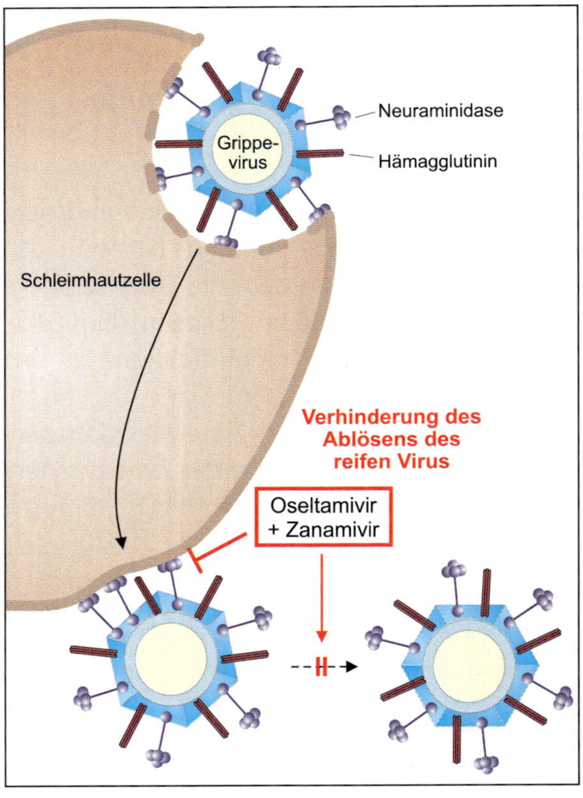

Abb. II.3.4 Wirkmechanismus der Neuraminidase-Inhibitoren.
Die Neuraminidase spaltet endständige N-Acetyl-Neuraminsäurereste (Sialylsäuren) auf viralen und zellulären Oberflächenproteinen ab, die normalerweise vom viralen Hämagglutinin als Rezeptoren bei der Adsorption verwendet werden. Wird die Neuraminidase allerdings gehemmt, aggregieren neu gebildete Influenzaviren miteinander oder binden direkt wieder an die Sialylsäuren der Zelloberfläche. Dadurch wird eine Neuinfektion weiterer Zellen verhindert.

Name	Zanamivir
Spezialitäten	Relenza®
Indikation	Behandlung der Influenza A und B bei Erwachsenen und Jugendlichen (ab 12 Jahre) mit typischen Influenza-Symptomen, wenn Influenza in der Region zirkuliert.
Mechanismus	Hemmung der Neuraminidase der Influenza-A- und -B-Viren
Dosierung	2-mal täglich 2 Inhalationen (entspricht 2-mal tägl. 2 × 5 mg Zanamivir) über 5 Tage

Die Neuraminidase-Hemmung setzt *in vitro* bei sehr geringen Zanamivir-Konzentrationen ein (50-%-Hemmung bei 0,64 – 7,9 nM gegen Influenza-A- und Influenza-B-Stämme). Die Hemmung der viralen Neuraminidase wurde auch *in-vivo* gezeigt und richtet sich sowohl gegen Influenza-A- und -B-Stämme und gegen alle bekannten Neuraminidase-Subtypen der Influenza-A-Viren.

Zanamivir muss nicht in die Zellen eindringen. Das Target für den Wirkstoff befindet sich an den an der Zelloberfläche fixierten Viren. Zanamivir blockiert die Vermehrung der Influenza-A- und Influenza-B-Viren durch Hemmung der Freisetzung von infektiösen Influenza-Virionen von den Epithelzellen des Respirationstraktes. Die Replikation der Influenza-Viren ist bekanntlich begrenzt auf das Oberflächenepithel des Respirationstraktes.

Die Wirksamkeit der lokalen Anwendung von Zanamivir ist durch klinische Studien bestätigt worden. Allerdings steht ein Beleg der Wirksamkeit bei älteren Patienten (> 65 Jahre) noch aus. Bisher wurden keine Viren mit reduzierter Empfindlichkeit auf Zanamivir nachgewiesen.

Metabolismus: Zanamivir wird nicht metabolisiert und unverändert renal ausgeschieden. Die Serumhalbwertszeit von Zanamivir nach Inhalation liegt zwischen 2,6 und 5,05 Stunden. Die renale Elimination ist innerhalb von 24 Stunden abgeschlossen.

Unerwünschte Wirkungen: Bei Patienten mit Asthma bronchiale oder chronisch obstruktiver Atemwegserkrankung besteht das Risiko eines Bronchospasmus. Häufig wird über Beschwerden im Nasenraum, Kopfschmerzen, gastrointestinale Beschwerden, Bronchitis und Husten geklagt.

Interaktionen: Zanamivir wird nicht an Proteine gebunden und nicht in der Leber metabolisiert. Klinisch signifikante Wechselwirkungen mit anderen Arzneimitteln sind unwahrscheinlich.

3.2.4 *Oseltamivir*

Oseltamivir ist der Wirkstoff in Tamiflu®. Dies ist der erste oral verfügbare Neuraminidase-Hemmer zur kausalen Therapie und Prophylaxe der Influenza A und B. Oseltamivir (Abb. II.3.5) ist ein Prodrug, das im Organismus zum Wirkmolekül Oseltamivircarboxylat metabolisiert wird. Dieses hemmt spezifisch die Neuraminidase aller klinisch relevanten Influenza-A- und -B-Viren (Abb. II.3.4).

Tamiflu® ist in Deutschland zur Behandlung der Influenza bei Erwachsenen und Kindern ab 1 Jahr zugelassen. Zur Therapie wird Tamiflu® 2 × täglich als Kapsel über einen Zeitraum von 5 Tagen eingenommen. Alternativ kann Tamiflu® –

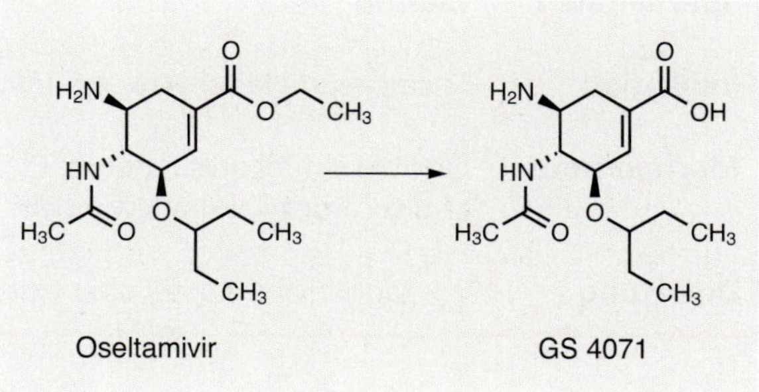

Abb. II.3.5

insbesondere bei Kindern oder bei Patienten mit Schluckstörungen – als Suspension gewichtsabhängig verabreicht werden. Die Behandlung mit Tamiflu® sollte so früh wie möglich, spätestens 48 Stunden nach Auftreten der Influenza-Symptome beginnen.

Zur Prophylaxe der Influenza ist Tamiflu® bei Erwachsenen und Jugendlichen ab 13 Jahren zugelassen und wird 1 × täglich über einen Zeitraum von mindestens 7 Tagen dosiert. In der Postexpositions-Prophylaxe sollte Tamiflu® so früh wie möglich nach Kontakt mit dem Influenza-Infizierten eingenommen werden. Während eines lokalen Influenza-Ausbruchs kann Tamiflu® in speziellen Situationen für maximal 6 Wochen vorbeugend eingenommen werden.

Durch das Wirkprinzip der Neuraminidase-Hemmung stoppt Tamiflu® die Ausbreitung der Infektion im Organismus. Je früher Tamiflu® nach Auftreten der Symptome eingenommen wird, desto schneller unterbricht das Medikament den Infektionszyklus der Viren. In den Atemwegen gehen weniger Epithelzellen zugrunde, die Abwehrreaktion des Organismus fällt geringer aus und die Sekretion von Entzündungsmediatoren verringert sich. Lokale respiratorische Influenza-Symptome wie Husten, Pharyngitis oder Rhinitis verlaufen milder. Auch systemische Symptome wie Fieber, Abgeschlagenheit, Kopfschmerzen, Myalgien und Arthralgien, sind deutlich schwächer ausgeprägt. Das Immunsystem kann die Viren schneller eliminieren und den Patienten geht es schneller wieder besser. Weil Tamiflu® die Virusvermehrung unterbricht, senkt es auch das Risiko für bakterielle Superinfektionen und kann schwerwiegende Komplikationen der Influenza verhindern.

Metabolismus: Oseltamivir wird rasch im Gastrointestinaltrakt resorbiert. Mehr als 75 % einer oralen Dosis gelangen als aktive Form in den Blutkreislauf. Bereits nach 30 min ist die aktive Form im Plasma nachweisbar und erreicht nach 3 bis 4 h ihren Maximalwert. Wirksame Konzentrationen sind mehr als 12 h nach Einmalgabe vorhanden. Die gleichzeitige Nahrungsaufnahme hat keinen Einfluss auf die Bioverfügbarkeit von Tamiflu®, die Verträglichkeit des Medikaments wird dadurch aber verbessert.

Das Verteilungsvolumen entspricht mit ca. 23 l der Extrazellulärflüssigkeit des Organismus. Somit erreicht der Wirkstoff alle Orte der Virusvermehrung inklusive oberer Respirationstrakt, Lunge, Mittelohr und Nasennebenhöhlen.

Die Plasmaproteinbindung der aktiven Form von Tamiflu® ist mit 3 % sehr gering.

Der aktive Metabolit hat eine Halbwertszeit von 6 bis 10 h und wird vollständig (> 99 %) renal ausgeschieden. In der Niere wird Oseltamivircarboxylat glomerulär filtriert und zusätzlich tubulär sezerniert (anionischer Transportweg).

Unerwünschte Wirkungen: Übelkeit, Erbrechen Bauchschmerzen, Schwindel, Kopfschmerzen, Schlaflosigkeit, bei Kindern auch Nasenbluten.

Interaktionen: Klinisch relevante Wechselwirkungen mit anderen Medikamenten sind unwahrscheinlich.

Name	**Oseltamivir**
Spezialitäten	**Tamiflu ®**
Indikation	Therapie und Prophylaxe der Influenza
Mechanismus	Oral bioverfügbares Prodrug. Es wird von der Leber in den Neuraminidase-Inhibitor Oseltamivircarboxylat umgewandelt
Dosierung	2 × täglich eine Kapsel über einen Zeitraum von 5 Tagen

3.3 Naturstoffe

3.3.1 Milde pflanzliche und diätetische Immunstimulanzien

Seit alters her werden pflanzliche Stoffe auch zur „Stärkung des Immunsystems" eingesetzt. Das Ziel ist, die physiologische Immunantwort durch pflanzliche Immunstimulanzien zu unterstützen, um eine vorhandene Abwehrschwäche zu kompensieren und einen immunologischen Infektionsschutz zu induzieren. Eine solche Immunstimulation kann indiziert sein bei Patienten mit angeborener oder erworbener Immunschwäche, bei gehäuft auftretenden Erkältungen und bei rezidivierenden Infekten im Bereich der oberen Atemwege, die durch Allgemeinmaßnahmen, z. B. durch körperliches Training, durch vitaminreiche Ernährung oder durch eine gesunde Lebensführung nicht reduziert werden können.
Häufig fehlen Belege für die beanspruchte Wirkung und Wirksamkeit der vielfältigen Präparate. Allerdings muss man auch anerkennen, dass sich einige Hersteller der Forderung der Schulmedizin stellen, Nachweise für die Wirksamkeit ihrer Präparate in einer Qualität zu liefern, die sich den Anforderungen der Evidenzbasierten Medizin zumindest annähert. Dies ist kein einfaches Unterfangen, denn im Idealfall sollten Immunstimulanzien als „Prophylaktika" eingestuft werden, die somit definitionsgemäß bei Gesunden eingesetzt werden, um eine Krankheit (in der Regel eine Infektionskrankheit) zu verhindern. Man kann sich leicht vorstellen, dass das Design einer Studie, die diese Charakterisierung eines Immunstimulans berücksichtigt, schwierig ist und dass die Zahl der Studienteilnehmer enorm hoch sein sollte, da ja viele der Probanden – sowohl in der Verum- als auch in der Placebogruppe – gar nicht erkranken.
Allerdings sind auch andere Indikationen für Immunstimulanzien denkbar. So ist eine bekannte und immer stärker tolerierte (vielleicht sogar akzeptierte) Form der Immunstimulation die Behandlung mit Mistelextraktpräparaten als adjuvante Maßnahme im Rahmen einer Tumortherapie. Diese wird vor allem dann akzeptiert, wenn sie als immunstimulierende Begleitmaßnahme zu einer Chemo- oder Strahlentherapie eingesetzt wird. Abzulehnen hingegen ist nach schulmedizinischer Auffassung die Misteltherapie als Ersatztherapie für eine angemessene Strahlen- oder Chemotherapie.
Der Einsatz pflanzlicher Extraktpräparate wird oft als Maßnahme im Rahmen der „Komplementärmedizin" eingestuft. Komplementärmedizin bedeutet, dass die entsprechenden therapeutischen Maßnahmen – wenn erforderlich – parallel (komplementär) zu schulmedizinischen Maßnahmen durchgeführt werden. Dies ist akzeptabel. Dagegen ist der Einsatz von Extraktpräparaten im Sinne einer „Alternativmedizin" in hohem Maß umstritten und in speziellen Fällen sogar abzulehnen.
Im Folgenden sollen die wichtigsten pflanzlichen Immunstimulanzien erörtert und im Sinne einer Komplementärtherapie bewertet werden. Zu den Arzneipflanzen mit immunstimulierendem Potential zählen u. a. *Echinacea purpurea, Echinacea pallida, Baptisia tinctoria* und *Thuja occidentalis*. Ferner ist die bereits angesprochene Mistel zu nennen.

3.3.2 Sonnenhutkraut

Zulassungsfähige Sonnenhutkraut-Präparate enthalten Frischpflanzen-Presssäfte aus *Echinacea purpurea* oder alkoholische Extrakte aus Echinaceae pallidae radix. Daneben besitzt eine Kombination aus Echinaecae purpureae herba, Baptisiae tinctoriae radix und Thujae occidentalis herba Marktrelevanz.
Folgende *in-vitro*-pharmakologische Effekte werden für diesen Wirkstoff beschrieben:

- Steigerung der unspezifischen Abwehr durch Mobilisation und Phagozytoseaktivität von Granulozyten (*Carbon-Clearance-Test*),
- Aktivierung von Makrophagen (Phagozytose; Freisetzung von IL-1),

- Stimulation zytotoxischer T-Zellen und T-Helferzellen,
- Erhöhung der Produktion der Interleukine IL-1, IL-2, IL-3, IL-6, sowie der Interferone IFN-α, IFN-β, IFN-γ, sowie der Zytokine TNF-α und TGF-β,
- Beschleunigte Ausdifferenzierung von B-Lymphozyten zu antikörperbildenden Plasmazellen (IgM),
- Hemmung der körpereigenen und der bakteriell gebildeten Hyaluronidase,
- Antivirale Aktivität.

Nicht selten sind die Daten schlecht reproduzierbar und auch widersprüchlich. Dies beruht u. a. darauf, dass zum einen unterschiedliche *Echinacea*-Arten und zum anderen sehr unterschiedlich hergestellte Extrakte getestet und miteinander verglichen wurden. Dies ist ein generelles Problem, mit dem sich die Phytopharmakologie verstärkt konfrontiert sieht, da die Spezifikation der Extrakte selbst in systematischen Reviews und Metaanalysen oft unberücksichtigt bleibt bzw. ignoriert wird. Das führt dazu, dass gut wirksame Extrakte durch die moderne Literatur in ihrer Wirksamkeit „verdünnt" und schlecht wirksame Extrakte ungerechtfertigt aufgewertet werden.

Nach klinisch-pharmakologischen Untersuchungen unterstützen und stimulieren *Echinacea-purpurea*-Extrakte die unspezifische humorale und zelluläre Immunabwehr. So konnte in einer placebo-kontrollierten Doppelblindstudie bei 42 Triathleten nach 4-wöchiger oraler Einnahme von 8 ml Echinacin® die Anzahl der immunkompetenten Zellen vor dem Wettkampf signifikant gegenüber Placebo gesteigert werden. Nach dem Wettkampf war der Gehalt an IL-6 im Blut und Urin in der Verum-Gruppe erhöht. Die Menge an löslichem IL-2-Rezeptor (IL-2R) war hingegen signifikant vermindert. Dies wird als Hinweis auf eine erhöhte IL-6-Freisetzung aus den Makrophagen und eine Produktion des IL-2R in Monozyten/Makrophagen gedeutet.

In einer weiteren Doppelblindstudie erhielten 24 Probanden über 5 Tage 3 × täglich 30 Tropfen einer *Echinacea*-Tinktur (DEV 1:5, Ethanol 55 % V/V). Die am 5. Tag gemessene Phagozytose war unter Verum auf 120 % gegenüber 20 % nach Placebo angestiegen. Der Effekt war reversibel und nach 6 Tagen nicht mehr nachweisbar.

Inzwischen belegen auch einige randomisierte, placebo-kontrollierte Studien eine klinische Wirksamkeit von Spezialextrakten u. a. aus *Echinacea* bzw. aus bestimmten fixen Kombinationen. Vorrangig geprüft wurde der Einfluss auf den Verlauf

Name	**Frischpflanzen-Presssäfte aus *Echinacea purpurea*, alkoholische Extrakte aus Echinaceae pallidae radix, Kombination aus Echinaecae purpureae herba, Baptisiae tinctoriae radix und Thujae occidentalis herba**
Spezialitäten	• Monopräparate: *Echan® Lösung, Echifit®, Echinacea Hevert purp. forte®, Echinacea-ratiopharm®, Echinacea STADA®, Echinacin® Madaus, Echinapur®, Esberitox® mono,* u. a. • Kombinationen: Esberitox® N
Indikation	*Ech. purp.*: Unterstützende Behandlung häufig wiederkehrender Infekte der Atemwege und der ableitenden Harnwege *Ech. pall.*: Unterstützende Therapie grippeartiger Infekte
Mechanismus	Steigerung der unspezifischen Abwehr durch Mobilisation und Phagozytoseaktivität von Granulozyten, Aktivierung von Makrophagen, Stimulation zytotoxischer T-Zellen und T-Helferzellen, Erhöhung der Produktion von Interleukinen, beschleunigte Ausdifferenzierung von B-Lymphozyten und Hemmung der körpereigenen und der bakteriell gebildeten Hyaluronidase
Dosierung	Präparatespezifisch. Anwendung bereits bei beginnenden Erkältungssymptomen und dann über einen begrenzten Zeitraum (nicht länger als 8 bis 10 Tage)!

von Erkältungskrankheiten bzw. auf den Verlauf banaler Infekte der oberen Atemwege.
Trotz teils berechtigter Kritik auch an neueren klinischen Studien kann für bestimmte pflanzliche Arzneispezialitäten eine klinische Wirksamkeit angenommen werden. Wichtig ist es, das Immunstimulans bereits bei beginnenden Erkältungssymptomen und dann über einen begrenzten Zeitraum einzunehmen. Eine Anwendung länger als 10 Tage ist weder klinisch-pharmakologisch noch durch klinische Studien begründet, zumal ein negativer Einfluss auf das Immunsystem insbesondere nach Hochdosierung bzw. bei infektanfälligen Patienten bisher nicht ausgeschlossen ist.

3.3.3 Mistel

Phytotherapeutisch werden Mistelpräparate als Immunstimulanzien betrachtet, obwohl Rudolf Steiner, der Begründer der Anthroposophie, Mistelextrakte ursprünglich als Krebstherapeutika eingeführt hat. Offensichtlich sind dies deutlich unterschiedliche Indikationen. Zwar ist das Immunsystem ganz prominent an der Tumorabwehr beteiligt. Einen manifesten Tumor allerdings ausschließlich durch Stimulation des Immunsystems zu behandeln, ist sicherlich nicht nur insuffizient, sondern „lebensgefährlich". Andererseits führen die etablierten Tumortherapie-Schemata fast alle auch zu einer Immunsuppression, weshalb man einer Co-Medikation mit einem Immunstimulans durchaus eine Rationale abringen kann. Jedoch liegt die Betonung ganz nachhaltig auf „Co-Medikation" im Sinne der oben angesprochenen „Komplementärmedizin".
Heute bekommen über 60 % der Krebspatienten unter anderem auch Mistelpräparate. Obwohl eine immunstimulierende Wirkung der Mistelpräparate in vielen *In-vitro*-Modellen eindeutig gezeigt werden kann, ist der therapeutische Nutzen der Präparate völlig unzureichend belegt. Darüber hinaus ist auch die Indikation für derartige Präparate nach wie vor nicht klar gefasst.
Das Festhalten an mystisch gefärbten Theorien einerseits und das Ringen um naturwissenschaftlich basierter Evidenz andererseits stellt die Mistel und die daraus abgeleiteten Arzneimittel in ein fulminantes Spannungsfeld zwischen Hoffen und Wissen. Leider hilft dies weder Patienten noch Ärzten, die angesichts einer lebensbedrohenden Krankheit die beiden Positionen kaum zu trennen vermögen.

3.3.3.1 Die unterschiedlichen Mistelpräparate

Kaum unterschiedlicher können Präparate sein, als die in Deutschland verfügbaren Mistelpräparate, obwohl sich doch all diese Präparate von der gleichen Stammpflanze ableiten.
Die aus der anthroposophischen Medizin entwickelten Präparate sind Gesamtextrakte aus frischem Mistelkraut, wobei Zweige und Blätter ohne größere Beerenanteile verwendet werden. Zur Verfügung stehen Präparate in verschiedenen Spezifikationen:

3.3.3.2 Iscador®

Das am häufigsten gebrauchte Mistelpräparat der anthroposophischen Krebstherapie geht direkt auf die Vorschläge von Rudolf Steiner zurück. Es wird aus Misteln auf Tanne, Apfelbaum, Kiefer oder Ulme gewonnen, mit Milchsäurebakterien fermentiert, mit „potenzierten" Metallen (Quecksilber, Silber oder Kupfer) versetzt und sehr stark verdünnt. Die Misteln werden im Sommer und im Winter geerntet. Die Mischung des Extraktes aus der Winter- und der Sommermistel geschieht in einer hochtourig rotierenden Maschine. Anschließend wird verdünnt.
Die Therapie mit Iscador® soll in zwei Phasen erfolgen: einer Einleitungsphase und einer Erhaltungsphase. Während der Einleitungsphase wird einschleichend aufdosiert, um Überreaktionen zu vermeiden. Die individuell zu ermittelnde „Reaktionsdosis" ist am Auftreten mindestens einer der folgenden Reaktionen zu erkennen:
- Änderung des subjektiven Befindens,
- Temperaturreaktion,

- immunologische Reaktion (z.B. Anstieg der Leukozyten),
- lokale Entzündungsreaktion.

Tritt eine dieser Reaktionen auf, wird in der Erhaltungsphase mit der ermittelten Reaktionsdosis dreimal wöchentlich weitertherapiert. Nach jeweils 14 Injektionen wird eine Pause von einer Woche eingelegt.

Mit Iscador® wurden zahlreiche, leider schlecht geplante und realisierte Untersuchungen an verschiedenen menschlichen Tumoren durchgeführt. Sie genügen mit wenigen Ausnahmen nicht den international üblichen wissenschaftlichen Anforderungen und lassen daher keine sichere Beurteilung der Wirksamkeit des Präparates Iscador® zu. Insbesondere ist die Wirkung beim so genannten „adjuvanten Einsatz", d.h. als Rückfallprophylaxe eines operativ entfernten Primärtumors, z.B. Brust- oder Magenkrebs bzw. Melanom bisher nicht bewiesen – Iscador® wird aber trotzdem häufig angewandt. In vielen Berichten werden eine Besserung des Allgemeinbefindens und eine Verminderung der Nebenwirkungen von Bestrahlung oder Chemotherapie unter Iscador® beschrieben. Auch dies muss mangels Vergleichsstudien als noch nicht sicher bewiesen angesehen werden.

Iscador® hat wenige, meist belanglose Nebenwirkungen (Fieber, Hautausschläge), was wohl auf die starke Verdünnung zurückzuführen ist. Daneben steht mit Iscador® M ein neues Präparat mit definiertem Gehalt an Mistellektin zur Verfügung.

Auch nach 70 Jahren anthroposophischer Tumortherapie muss festgestellt werden, dass die Wirksamkeit von Iscador® gegen Krebs bisher nicht bewiesen ist. Möglicherweise kann dieses relativ billige Präparat in der Zusatztherapie günstig wirken. Auch dies muss erst belegt werden.

3.3.3.3 Helixor®

Helixor® ist ein anthroposophisches Arzneimittel, das wässrige Kaltauszüge aus frischen Misteln enthält. Die Misteln werden zu vier verschiedenen definierten Jahreszeiten geerntet und verarbeitet. Die Mischung der Sommer- und Wintersäfte geschieht in speziell rotierenden Gefäßen, in denen auch die Verdünnungen hergestellt werden. Es stehen drei Präparate verschiedener Wirtsbaummisteln zur Verfügung (Apfel, Tanne, Kiefer). Sie sind in den Verdünnungen 0,01, 0,1, 1, 5, 10, 20, 30, 50 und 100 mg erhältlich. Der Extrakt ist chemisch ungenügend definiert. Helixor® wird wie Iscador® zur Prophylaxe und Therapie maligner Erkrankungen empfohlen. Die mit Helixor® durchgeführten Untersuchungen genügen qualitativ und quantitativ noch weniger als Iscador® den Anforderungen, wie sie an jedes Krebsmedikament gestellt werden müssen. Helixor® bleibt damit ein Krebsmedikament mit fraglicher bzw. unbewiesener Wirksamkeit.

3.3.3.4 ABNOBAviscum®

ABNOBAviscum® ist ein anthroposophisches Arzneimittel, das als Wirkstoff Presssäfte der Mistel enthält. Die Misteln werden zu definierten Jahreszeiten geerntet und verarbeitet. Durch spezielle Mischverfahren mit anschließender Sterilfiltrierung wird eine stabile Lösung erhalten, die eine gelb-grüne Farbe hat.

Das Präparat wird nach eigenem Verfahren rhythmisch in Dezimalstufen potenziert. Eine Ampulle ABNOBAviscum® der Verdünnungsstufen 2, 3, 4, 5 oder 6 enthält pro Milliliter 15 mg, 1,5 mg, 0,15 mg, 0,015 mg bzw. 0,0015 mg Presssaft aus 20 mg, 2 mg, 0,2 mg, 0,02 mg und 0,002 mg Mistelkraut. Analog sind auch noch die Verdünnungen 10, 20 und 30 erhältlich. Es stehen Präparate zur Verfügung, in denen Mistelkraut der Wirtsbäume *Abies* (Tanne), *Acer* (Ahorn), *Amygdalus* (Mandelbaum), *Betula* (Birke), *Crataegus* (Weißdorn), *Fraxinus* (Esche), *Malus* (Apfelbaum), *Pinus* (Kiefer) und *Quercus* (Eiche) verarbeitet sind.

Die Indikation für all diese anthroposophischen Präparate lautet: „Gemäß der anthroposophischen Therapierichtung: bösartige und gutartige Geschwulstkrankheiten, bösartige Erkrankungen der blutbildenden Organe, definierte Präkanzerosen, Vorbeugung gegen Rückfälle nach

Geschwulstoperationen und Bestrahlungen, Anregung der Knochenmarktätigkeit".

3.3.3.5 *Phytotherapeutische Anwendung*

Die phytotherapeutische Anwendung greift mehr und mehr auf Präparate zurück, die auf bestimmte Inhaltsstoffe der Mistel standardisiert bzw. normiert sind. Aus diesem Grund tritt auch die Bedeutung des Wirtsbaumes, auf dem die Mistel wächst, deutlich in den Hintergrund. Alleine die Forderung nach einem möglichst standardisierten Drogenmaterial für Phytopharmaka begründet die Verwendung von Misteln eines definierten Wirtsbaums.
Normierungsparameter für die phytotherapeutischen Mistelpräparate sind die Mistellektine. Ausnahmslos wird dabei bisher auf das Mistellektin I (ML-I) normiert, das mit Hilfe eines Immunoassays quantifiziert wird. Dieses Lektin wird zwischenzeitlich auch bereits gentechnisch hergestellt. Allerdings sind Präparate, die den rekombinanten Wirkstoff enthalten, noch nicht zugelassen.
Phytotherapeutische Präparate sind:

- Cefalektin®
- Eurixor®
- Lektinol® (normiert auf 15 ng Mistellektin/Ampulle, bestimmt als Mistellektin I)

Die Indikation dieser Präparate lautet: „Zur Palliativtherapie im Sinne einer unspezifischen Reiztherapie bei malignen Tumoren". Trotz dieser Indikation, die eindeutig in Richtung immunologischer Therapie deutet, sind die entsprechenden Präparate in der Roten Liste nach wie vor bei den „pflanzlichen Zytostatika" eingeordnet. Dies belegt die tiefe mentale Verwurzelung dieser Präparate in der Tumortherapie und unterstreicht die Gefahr, solche Präparate tatsächlich im Sinne von Zytostatika einzusetzen, was jeder klinischen Evidenz entbehrt.

3.3.3.6 *Mistellektine*

Sicherlich zählen die Mistellektine zu den wesentlichen Wirkstoffen der Mistel. Sie stellen die potenteste Form toxischer Zuckerrezeptoren aus Pflanzen dar. Immer wieder wurde versucht, den Einsatz der Mistel in der Krebstherapie über diese Moleküle zu rationalisieren.
Drei Mistellektine (ML-I, ML-II und ML-III) sind seit langem bekannt. Darüber hinaus wurden drei Chitin-bindende Lektine (cbML1-3) isoliert.
Die klassischen Mistellektine bestehen aus zwei Untereinheiten, einer lektinartigen und einer enzymatischen Untereinheit (Lektin/Toxin-Komplex). Beide Untereinheiten sind über Disulfidbrücken miteinander verbunden. Die drei Mistellektine unterscheiden sich jeweils in ihrer Bindungsspezifität für die Zuckerketten. So ging man bisher davon aus, dass ML-I spezifisch an D-Galaktose bindet, wohingegen ML-II bevorzugt an N-Acetylgalactosamin aber auch an Galaktose und ML-III an N-Acetylgalactosamin binden. Neuere sorgfältige Arbeiten haben gezeigt, dass ML-I als ein Sialinsäure-bindendes Lektin anzusehen ist, das präferenziell Neu5Acα2-6Galβ1-4GlcNAc-Epitope erkennt.
Als Haupteffektormolekül in Mistelextrakten wird das Mistellektin ML-I angesehen, das auch als *Viscum-album*-Agglutinin I (VAA-I) oder als Viscumin bezeichnet wird. Der Grund für diese Präferierung ist nicht klar. ML-I ist ein heterodimeres, zweikettiges (Typ II), Ribosomen inaktivierendes Protein (63 kDa), dessen katalytische A-Kette 29 kDa und dessen Zucker-bindende B-Kette 34 kDa groß ist. Nachdem die B-Kette ihren Bindungspartner erkannt hat, wird die A-Kette endozytotisch in die Zelle aufgenommen, gelangt in den Golgi-Apparat und an das endoplasmatische Retikulum und wirkt dort als rRNA-N-Glykosidase. Sie inaktiviert enzymatisch die ribosomale 60S-Untereinheit durch Depurinierung des $\text{Adenosinrestes}_{4324}$ innerhalb der 28S ribosomalen RNA. Die Funktionsfähigkeit des gesamten Ribosoms geht durch diese Modifikation eines einzigen Nukleotids verloren.
Lektine gehören zu den stärksten Giften, die die Natur bereithält. Die LD_{50} bei der Maus liegt bei ca. 1 µg. In einem engen Konzentrationsbereich lassen sich experimentell für Mistellektine *in vitro* und *in vivo* verschiedene immunmodulatorische Effekte zeigen:

Mistelextrakte oder -inhaltsstoffe führen *in vitro* zu einer spezifischen Stimulation immunkompetenter Zellen wie CD4-Zellen, NK-Zellen oder Monozyten/Makrophagen. Diese wird in vergleichsweise niedriger Konzentration durch die zuckerspezifische Bindung des ML-I an Oberflächenrezeptoren ausgelöst (vgl. Kap. I.2.2). Als Folge dieser Bindung kommt es unter anderem zur Ausschüttung relevanter proinflammatorischer Mediatoren, darunter vor allem IL-1, IL-6 und TNF-α. Diese *in vitro* gemessenen Effekte werden mit Sicherheit auch *in vivo* ausgelöst, wobei eine Dosis von 1 bis 2 ng/kg Körpergewicht als optimal erscheint. Somit liegt der Therapie mit definierten Mistelextrakten wohl kein Placebo-Effekt zugrunde. Allerdings sind die immunologischen *In-vivo*-Reaktionen auf eine subkutane Injektion von Mistelextrakten individuell sehr unterschiedlich und sicherlich abhängig von der applizierten Dosis. Hierbei lassen sich *Responder* und primäre *Non-* bzw. *Poor-Responder* unterscheiden.

Es erscheint durchaus plausibel, dass *Responder* von einer Therapie-begleitenden Behandlung mit Mistelextrakt-Präparaten profitieren, was sich in einem günstigeren Verlauf des Tumorleidens mit einer Verbesserung des Allgemeinbefindens und einer geringeren Infektanfälligkeit äußern kann. Ob auch mit einer verlängerten mittleren Überlebenszeit gerechnet werden kann, kann nur spekuliert werden. Harte Daten liegen hierzu nicht vor.

Wird die Begleittherapie mit Mistelextrakten ernst genommen, sollten regelmäßig immunologische Parameter erhoben werden. Fallen diese Parameter positiv aus, motivieren sie den Patienten, weiter gegen die Krankheit zu kämpfen. Dass eine positive Einstellung zum vorhandenen Tumorleiden lebensverlängernd wirkt, ist heute unbestritten. Umgekehrt werden Patienten den Kampf gegen ihren Tumor verlieren, wenn sie sich aufgeben.

3.3.4 *Bakterielle Immunstimulanzien*

3.3.4.1 *Bacillus Calmette-Guérin (BCG)*

Eine Durchstechflasche Bacillus Calmette-Gúerin (BCG-medac, BCG Connaught Immucyst®, OncoTICE®) enthält mindestens 2×10^8 und nicht mehr als 3×10^9 lebensfähige Einheiten von BCG-Bakterien (Stamm RIVM abgeleitet von Stamm 1173-P2), die in Form einer Instillationstherapie zur Behandlung nicht-invasiver urothelialer Harnblasenkarzinome eingesetzt werden.

BCG wird nach Instillation in die Blase nicht resorbiert. Es bewirkt eine lokale, nicht-spezifische Immunreaktion, deren Wirkung auf einer Vielzahl von Interaktionen mit den Zellen des Immunsystems beruht. Folge ist die vermehrte Infiltration der Blasenwand mit Granulozyten, Monozyten/Makrophagen, $CD4^+$- und $CD8^+$-Zellen sowie die Sekretion von Zytokinen, darunter IL-1, IL-2, IL-6 und TNF-α. Es bilden sich so genannte BAK-Zellen (*BCG activated killer cells*) die gegenüber Urothelkarzinomzellen zytotoxisch wirken.

Heute geht man davon aus, dass die BCG-DNA für die beobachtete Induktion der Produktion von Zytokinen, der Aktivierung von NK-Zellen, sowie der Induktion der antitumoralen Aktivität verantwortlich ist. Die immunstimulierende Aktivität konnte nämlich durch Vorinkubation mit DNasen, nicht aber mit RNasen zerstört werden. Die genaue Untersuchung der immunologisch aktiven DNA-Sequenzen ergab, dass es sich dabei um Oligonukleotide handelt, die aus einem zentralen Palindrom mit einem CpG-Motiv bestehen. Weitere Untersuchungen gaben Anlass zu der Hypothese, dass sich das für die immunstimulatorische Wirkung wichtige Motiv aus einer zentralen CpG-Gruppe zusammensetzt, die am 5'-Ende von zwei Purinen und am 3'-Ende von zwei Pyrimidinen flankiert wird. CpG-Dinukleotide kommen in eukaryonter DNA nur mit einem Fünftel der erwarteten Frequenz vor, andererseits sind sie zu 60 bis 90 % methyliert. Im Gegensatz dazu findet man das CpG-Motiv in bakterieller DNA unmethyliert und mit der erwarteten Frequenz (1:16). Es konnte gezeigt werden, dass die Methylierung das stimulatorische Potential des CpG-Motivs zerstört. Diese Unterschiede zwischen bakterieller und eukaryonter DNA ermöglichen es, die biologischen Beobachtungen bezüglich der immunstimulatorischen Wirkung von bakterieller DNA und CpG-DNA sinnvoll zu interpretieren. Man weiß heute, dass CpG-Motive Substrate für Toll-Like Rezeptoren (konkret für den TL-9-Rezeptor) sind, die im Rahmen der unspezifischen Immunantwort eine zentrale Rolle spielen (vgl. Kap. I.2.2.2). Im Unterschied zu anderen Toll-Like Rezeptoren wird TLR-9 nicht auf der Zelloberfläche exprimiert, sondern ist in Endosomen lokalisiert. Die Aktivierung von Immunzellen über CpG-DNA erfordert somit die intrazelluläre Aufnahme über eine von der DNA-Sequenz unabhängige Endozytose und eine Reifung von Endosomen. Die Signalweiterleitung über TLR-9 beginnt demnach in einem endosomalen Kompartiment.

Metabolismus: Die meisten BCG-Bakterien werden in den ersten Stunden nach Instillation mit dem Urin ausgeschieden. Ob die Mykobakterien die intakte Harnblasenwand überwinden können, ist noch unbekannt.

Unerwünschte Wirkungen: Übelkeit, Zystitis und entzündliche Reaktionen (Granulomata) der Blase, erhöhte Miktionsfrequenz mit Schmerzen und Unwohlsein, asymptomatische granulomatöse Prostatitis, Fieber, grippeähnliche Symptome, allgemeines Unwohlsein.

Interaktionen: BCG-Bakterien sind empfindlich gegenüber Tuberkulostatika (z. B. Ethambutol, Streptomycin, p-Aminosalicylsäure (PAS), Isoniazid (INH) und Rifampicin), Antibiotika, Antiseptika und Gleitmitteln. Eine Resistenz gegen Pyrazinamid und Cycloserin ist beschrieben worden. Während einer intravesikalen BCG-Instillationstherapie sollte die gleichzeitige Anwendung von Tuberkulostatika und Antibiotika wie Fluorchinolonen, Doxycyclin oder Gentamicin wegen der Empfindlichkeit der Bakterien gegenüber diesen Wirkstoffen vermieden werden.

Name	**Bacillus Calmette-Guérin (BCG)**
Spezialitäten	**BCG-medac®, BCG Connaught Immucyst®, OncoTICE®**
Indikation	Zur Behandlung nicht-invasiver urothelialer Harnblasenkarzinome, zur kurativen Behandlung eines *Carcinoma in situ,* zur prophylaktischen Behandlung zur Vermeidung eines erneuten Auftretens von urothelialen Karzinomen beschränkt auf die Schleimhaut, von urothelialen Karzinomen in der *Lamina propria* aber nicht im Muskelgewebe der Blase (T1) sowie von einem *Carcinoma in situ*
Mechanismus	BCG-medac stimuliert das Immunsystem und besitzt Antitumor-Aktivität. Der pharmakologische Effekt wird durch CpG-DNA vermittelt, die den Toll-Like-Rezeptor 9 (TLR-9) stimuliert
Dosierung	Der Inhalt einer Durchstechflasche wird für eine Blaseninstillation benötigt. Zur Behandlung eines *Carcinoma in situ* wird eine intravesikale Instillation pro Woche für 6 aufeinander folgende Wochen verabreicht. Nach einem behandlungsfreien Intervall von 4 Wochen sollte die intravesikale Behandlung mit einer Erhaltungstherapie fortgesetzt werden. Eine adjuvante Therapie sollte etwa 2 – 3 Wochen nach einer transurethralen Resektion oder Blasenbiopsie und ohne eine traumatische Katheterisierung beginnen und im wöchentlichen Abstand 6 Wochen lang wiederholt werden. Ein Erhaltungstherapieschema besteht aus einer 12-monatigen Therapie mit Behandlungen in monatlichem Abstand. Ein anderes Schema besteht aus einem Induktionskurs von 6 Wochen gefolgt von 3 Instillationen in wöchentlichem Abstand in den Monaten 3, 6, 12, 18, 24, 30 und 36.

3.3.4.2 Bakterien-Lysate

Verschiedene Bakterien-Lysate werden als Immunstimulanzien eingesetzt:

Uro-Vaxom® enthält als Wirkstoff eine lysierte, immunaktive Fraktion aus ausgewählten *Escherichia-coli*-Stämmen. Es ist als Immuntherapeutikum bei rezidivierenden Harnwegsinfektionen zugelassen. Uro-Vaxom® stimuliert die zelluläre und humorale Immunität, wodurch es zu einer verstärkten lokalen Immunantwort im Bereich der Harnwege kommt. Im Tierexperiment ließ sich eine Wirkung von Uro-Vaxom® auf das Immunsystem durch den Nachweis einer Stimulierung der B-Lymphozyten und der NK-Zellen, und anderer immunrelevanter Indikatoren zeigen. Als primärer Zielort für Uro-Vaxom® scheinen immunkompetente Zellen der Darmschleimhaut (z. B. in den Peyer'schen Plaques) zu fungieren.

Symbioflor® 1 enthält als Wirkstoff Zellen und Autolysat von 1,5 bis 4,5 × 10^7 *Enterococcus-faecalis*-Bakterien. Es wird eingesetzt zur Regulierung der körpereigenen Abwehrkräfte bei chronisch rezidivierenden Infektionen der oberen Luftwege, Entzündungen im Mund-, Nasen-, Rachenraum und Mittelohr, Bronchitis, Sinusitis, Tonsillitis, Erkältungskrankheiten und bei gastrointestinalen Störungen. Symbioflor® 1 soll immunregulierend wirken. Es wird behauptet, dass der Wirkstoff bei Immunschwäche immunstimulierend, bei überschießenden Immunreaktionen (z. B. bei vermehrter Zytokin-Freisetzung) dagegen immuninhibierend wirkt.

Symbioflor® 2 enthält als Wirkstoff Zellen und Autolysat von 1,5 bis 4,5 × 10^7 *Escherichia-coli*-Bakterien. Dieses Präparat wird eingesetzt zur Regulierung der körpereigenen Abwehrkräfte, bei gastrointestinalen Störungen und beim *Colon irritabile*.

Rephalysin® C enthält getrocknete Kulturen physiologischer *Escherichia-coli*-Bakterien mit 0,5 bis 5 × 10^6 nicht lebensfähigen Keimen, die in Form magensaftresistenter Dragees verabreicht werden.

Dieses Präparat soll Krankheitsbilder und deren Folgeerscheinungen positiv beeinflussen, die durch Störung der Darmbakterienflora (Dysbiose) hervorgerufenen werden. Ferner soll es als Modulator des unspezifischen körpereigenen Abwehrsystems bei chronisch wiederkehrenden Infekten bzw. Infektanfälligkeit wirken.

3.3.5 Niedermolekulare Thymus-Peptide und Thymus-Extrakte

Thym-Uvocal® enthält als Wirkstoff niedermolekulare, enzymatisch gewonnene Thymus-Peptide, die parenteral appliziert werden. Es wird eingesetzt zur „spezifischen Immunstimulierung" z. B. bei primärer Immundefizienz, bei entzündlichen rheumatischen Erkrankungen, als Zusatztherapie bei Tumoren und Präkanzerosen, bei Folgeschäden nach Bestrahlung und Behandlung mit Medikamenten mit immunsuppressiver Wirkung und in der Geriatrie. Pro Woche sollen 3 bis 6 Ampullen á 2 ml intramuskulär oder subkutan injiziert werden. Die Ratio dieser Therapie beruht darauf, dass Thymus-Peptide *in vitro* zu einer verbesserten Stimulierbarkeit von Lymphozyten führen. Tierexperimentell konnte gezeigt werden, dass Thymus-Peptide immunologische Funktionen der Thymusdrüse ersetzen können. Nach radioaktiver Bestrahlung kommt es nach Gabe von Thymus-Peptiden zu einer beschleunigten Regeneration der B-Zell-Funktionen. Im Lewis-Lung-Cell-Cancer-Modell reduzieren Thymus-Peptide deutlich die Anzahl von Krebszellkolonien in der Lunge.

Thymoject® Loges ist ein Präparat, das Thymus-Extrakt aus Kälbern (Extr. Glandulae thymi sicc. vitul.) enthält. Die enthaltenen Polypeptide besitzen Molekulargewichte < 10 kDa. Der Wirkstoff wird parenteral in Dosen von 0,5 bis 1,5 mg/kg KG appliziert. Thymoject® Loges beansprucht eine Wirksamkeit bei Erkrankungen, die mit einem Immundefekt verbunden sind, z. B. Tumoren, rheumatische Erkrankungen, allergische Erkrankungen und endokrine Regulationsstörungen. Ferner wird es als Geriatrikum verwendet. Akzeptable Evidenz für die Wirksamkeit derartiger Präparate gibt es nicht.

3.4 Biologicals

3.4.1 Alpha-Interferone

Alpha-Interferone wirken immunstimulierend und antiproliferativ, weshalb sie beispielsweise beim AIDS-assoziierten Kaposi-Sarkom, bei Blasen-, Cervix- oder Nierenkarzinomen oder beim Non-Hodgkin-Lymphom, beim malignen Melanom bzw. beim Multiplen Myelom experimentell eingesetzt werden. Vor allem aber versetzen Alpha-Interferone die Zelle in einen „antiviralen Zustand", d.h. viele Zellfunktionen werden so umfunktioniert, dass eine Virusreplikation nicht mehr oder nicht mehr effizient möglich ist (vgl. Kap. I.2.3.2). Diese Eigenschaft erklärt den Einsatz von Alpha-Interferon-Präparaten bei bestimmten viralen Erkrankungen, wie Hepatitiden oder Genital-Warzen, die durch Papillomaviren verursacht werden (Abb. II.3.6). Als Typ-I-Interferon induzieren Alpha-Interferone u.a. die Synthese einer 2',5'-Oligoadenylatsynthetase und von β_2-Mikroglobulin. Beide Aktivitäten werden hochreguliert, nachdem IFN-α an den spezifischen Interferon-Rezeptor gebunden hat.

Humane Interferonrezeptoren scheinen extrem asymmetrische Proteine zu sein, was auf eine hohe Spezies-Spezifität hindeutet. In der Tat binden humane Interferonrezeptoren zwar die verschiedenen Isoformen humaner Interferone, nicht aber Interferone anderer Säuger. Nur bei Rhesusaffen lässt sich mit menschlichen Typ-I-Interferonen eine gewisse pharmakodynamische Stimulation erzielen.

Als Wirkstoffe sind Interferon alfa-2a (Roferon A®), Interferon alfa-2b (Intron A®) und Interferon alfacon-1 (Inferax®) zugelassen. Darüber hinaus sind zwei pegylierte Interferone (Peginterferon alfa-2a und Peginterferon alfa-2b) als Wirkstoffe verfügbar.

Alle fünf Wirkstoffe werden in *E. coli* hergestellt und sind somit nicht glykosyliert.

Das humane Interferon-alpha-2a ist ein Glyko-

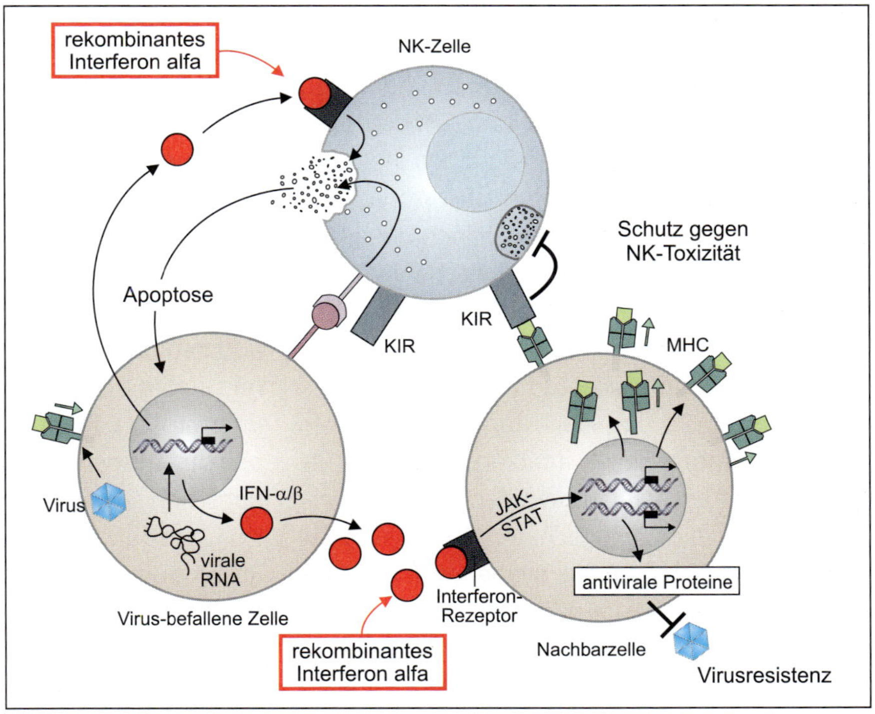

Abb. II.3.6 Wirkmechanismus der Alpha-Interferone. IFN-α versetzt Zellen natürlicherweise in einen antiviralen Zustand. Zusätzlich appliziertes IFN-α übernimmt ebenfalls diese Funktion und wird deshalb bei verschiedenen Virus-Erkrankungen eingesetzt.

protein mit einem Molekulargewicht von ca. 19,6 kDa. Das natürliche Protein besteht aus 165 Aminosäuren, und enthält zwei Disulfidbrücken zwischen den Aminosäuren in Position 1 und 98 sowie 29 und 138.

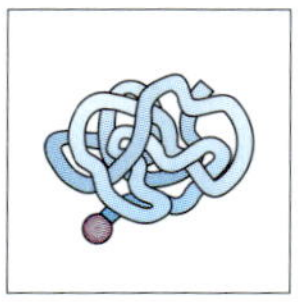

3.4.1.1 Interferon alfa-2a

Roferon A® enthält als Wirkstoff gentechnisch hergestelltes Interferon alfa-2a, das aus *E. coli* isoliert wird. Interferon alfa-2a besitzt ebenso wie das natürliche Vorbild 165 Aminosäuren. Anders als natürliches Alpha-Interferon-2a ist Roferon A® allerdings nicht glykosyliert. Die Diskriminator-Aminosäuren gegenüber den anderen Alpha-Interferon-2-Varianten befinden sich an den Positionen 23 und 34. Interferon alfa-2a trägt an der Position 23 die Aminosäure Lysin und an Position 34 die Aminosäure Histidin. Die spezifische Aktivität des Wirkstoffs beträgt $2,7 \times 10^8$ I. E./mg Protein.

Interferon alfa-2a wirkt – wie alle Alpha-Interferone und Interferon-Konzentrate aus humanen Leukozyten – antiproliferativ und antiviral. Die genauen Mechanismen sind allerdings nicht bekannt. Voraussetzung für die pleiotrope Wirkung der Alpha-Interferone ist jedoch die spezifische Bindung an spezielle Oberflächenrezeptoren. Diese Interaktion ist extrem Spezies-spezifisch, was eine präklinische Forschung stark einschränkt. Es konnte aber gezeigt werden, dass Interferon alfa-2a das Wachstum verschiedener humaner Tumorzelllinien inhibiert, die in Nacktmäuse xenotransplantiert worden waren. Allerdings war es nicht möglich, Antitumoraktivität in immunologisch intakten, syngenen Tumormodellen zu studieren.

Metabolismus: Der Metabolismus von Interferon alfa-2a entspricht dem anderer Alpha-Interferone, d. h. dass die Moleküle Glomeruli-filtriert und dann sehr schnell proteolytisch degradiert werden. Geringe Mengen verabreichten radioaktiven Materials findet man im Urin. Ein Lebermetabolismus und eine anschließende biliäre Exkretion kann als untergeordnet eingestuft werden.

In gesunden Probanden beobachtet man nach intravenöser Infusion eine mittlere Halbwertszeit von 5,1 Stunden (3,7 – 8,5 Stunden), eine Verteilungsvolumen in Steady-State von 0,4 l/kg (0,223 – 0,748 l/kg) und eine Clearance von 2,79 ml/min/kg (2,14 – 3,62 ml/min/kg). Nach intramuskulärer oder subkutaner Gabe von 36 Millionen I. E. wurde eine Peak-Serumkonzentration von durchschnittlich 2020 pg/ml (1500 – 2580 pg/ml) nach 3,8 Stunden und eine zweite von 1730 pg/ml (1250 – 2320 pg/ml) nach durchschnittlich 7,3 Stunden gemessen. Die Bioverfügbarkeit nach intamuskulärer Applikation betrug > 80 %. Interferon alfa-2-a zeigte ähnliche pharmakokinetische Eigenschaften bei Tumorpatienten. Wiederholt applizierte Dosen resultierten in einer Wirkstoff-Akkumulation, die dem 2- bis 4fachen einer Einzeldosis entsprachen. Ca. 25 % der Patienten entwickeln Antikörper gegen den Wirkstoff.

Unerwünschte Wirkungen: Fieber, Abgeschlagenheit, Kopfschmerzen, Myalgie, Übelkeit, Depression, Schlaflosigkeit, Angstzustände, Alopezie, Pruritus, Neutropenie, Thrombozytopenie, Leukopenie, Nervosität, Husten, Dyspnoe, Schwindel, Virusinfektionen

Interaktionen: Roferon A® kann die *Clearance* von Theophyllin beeinträchtigen. Vorsicht ist auch geboten, wenn Roferon A® zusammen mit anderen myelosuppressiven Arzneimitteln verabreicht wird.

Interferone können oxidative Stoffwechselwege beeinträchtigen und zur Verminderung der hepatischen Cytochrom-P450-Aktivität führen. Die Kombination von Roferon A® und IL-2 kann das Risiko eines Nierenversagens potenzieren.

Name	Interferon alfa-2a
Spezialitäten	Roferon A®
Indikation	• Haarzell-Leukämie. • Progressives, asymptomatisches Kaposi-Sarkom bei AIDS-Patienten, die eine CD4-Zellzahl >250/mm^3 aufweisen. • Philadelphia-Chromosom-positive chronisch-myeloische Leukämie (CML) in der chronischen Phase. • Kutanes T-Zell-Lymphom. • Chronische, histologisch nachgewiesene Hepatitis B u. C (in Kombination mit Ribavirin) bei erwachsenen Patienten. • Follikuläres Non-Hodgkin-Lymphom. • Fortgeschrittenes Nierenzell-Karzinom. • Malignes Melanom des AJCC-Stadiums II bei Patienten, die nach der Tumorresektion krankheitsfrei sind.
Mechanismus	Typ-I-Interferon, das nach Bindung an seinen Rezeptor eine pleiotrope Antwort induziert, wobei u. a. die Serumkonzentrationen von 2',5'-Oligoadenylatsynthetase und von β_2-Mikroglobulin ansteigen. Alpha-Interferone versetzen Zellen in einen so genannten „antiviralen Zustand". Ferner wirken Alpha-Interferone antiproliferativ, wobei die zugrunde liegenden Mechanismen noch nicht im Detail verstanden sind.
Dosierung	**Chronische Hepatitis C**: Dreimal wöchentlich 3 Millionen I. E. subkutan oder intramuskulär über einen Zeitraum von 12 Monaten. **CML**: Initialdosis täglich 9 Millionen I. E. subkutan oder intramuskulär. Die Therapie sollte solange fortgesetzt werden, bis der Tumor weiter proliferiert. **Haarzell-Leukämie**: Als Initialdosis werden täglich 3 Millionen I.E über 16 – 24 Wochen empfohlen, die subkutan oder intramuskulär appliziert werden. Besonders für Patienten mit Thrombozytopenie oder Patienten mit Blutungsneigung wird die subkutane Applikation empfohlen. Als Erhaltungsdosis sollten 3 Millionen I. E. dreimal wöchentlich gegeben werden. **AIDS-bedingtes Karposi-Sarkom**: Als Initialdosis werden täglich 36 Millionen I.E über 10 – 12 Wochen empfohlen, die subkutan oder intramuskulär appliziert werden. Besonders für Patienten mit Thrombozytopenie oder Patienten mit Blutungsneigung wird die subkutane Applikation empfohlen. Als Erhaltungsdosis sollten 36 Millionen I. E. dreimal wöchentlich gegeben werden.

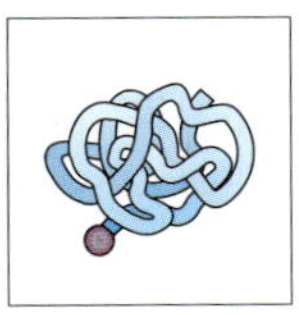

3.4.1.2 Interferon alfa-2b

Intron A® enthält als Wirkstoff gentechnisch hergestelltes Interferon alfa-2b, das aus *E. coli* isoliert wird. Interferon alfa-2b besitzt, ebenso wie natürliches Alpha-Interferon-2b, 165 Aminosäuren, ist aber nicht glykosyliert, da *E. coli* Proteine nicht posttranslational glykosylieren kann. An den Diskriminator-Positionen befinden sich beim Interferon alfa-2b ein Arginin an Position 23 und ein Histidin an Position 34.

Rekombinantes Interferon alfa-2b zeigte in Studien an menschlichen und tierischen Zellkultursystemen und auch an Tieren nach xenogener Transplantation humanen Tumormaterials antiproliferative Wirkungen. *In-vitro*-Untersuchungen belegten darüber hinaus eine signifikante immunmodulatorische Aktivität.

Außerdem hemmt das rekombinante Interferon alfa-2b sowohl *in vitro* wie *in vivo* die Virusreplikation. Die genauen Mechanismen dieser Effekte sind nicht bekannt.

Die Aktivität von Intron A® wird in I. E. angegeben, wobei 1 mg des rekombinanten Interferon-alfa-2b-Proteins 2,6 × 10^8 I. E. entsprechen.

Für Intron A® wurde zwischenzeitlich ein zentrales Zulassungsverfahren bei der EMEA abgeschlossen, das die nationalen Zulassungen ersetzt. Danach ist Intron A® zugelassen zur Behandlung von erwachsenen Patienten mit Chronischer Hepatitis B, die im Serum Marker für eine Hepatitis-B-Virus-Replikation (HBV-DNA und HBsAG), erhöhte ALT (GPT)-Werte und eine histologisch nachgewiesene aktive Leberentzündung und/oder Fibrose aufweisen.

Ferner ist Intron A® zugelassen zur Behandlung von erwachsenen Patienten mit Chronischer Hepatitis C, die erhöhte Transaminase-Werte ohne Leberdekompensation aufweisen und die Serum-HCV-RNA-positiv oder anti-HCV-positiv sind. Zu bedenken ist, dass für diese Indikationen zwischenzeitlich eine pegylierte Variante des Interferons alfa-2b (Peginterferon alfa-2b) zugelassen ist, die eine überlegene Wirksamkeit zeigt.

Für die Behandlung des AIDS-bedingten Karposi-Sarkoms ist Intron A® nicht mehr zugelassen.

Intron A® liegt in Form einer HSA-freien Formulierung vor. Nur in lyophilisierten Präparationen ist HSA vorhanden.

Metabolismus: Pharmakokinetische Studien wurden an gesunden Probanden mit 5 Millionen und 10 Millionen I. E./m^2 (subkutan) und 5 Millionen I.E (intramuskulär oder intravenös) als Einmaldosis durchgeführt. Nach intramuskulärer oder subkutaner Applikation wurden keine großen Unterschiede der mittleren Serumkonzentration beobachtet. C_{max} trat bei der niedrigeren Dosis nach 3 bis 12 Stunden und bei der höheren Dosis nach 6 bis 8 Stunden auf. Die Eliminationshalbwertszeit betrug etwa 2 bis 3 Stunden bzw. 6 bis 7 Stunden. Die Serumspiegel lagen 16 bzw. 24 Stunden nach der Injektion unterhalb der Nachweisgrenze. Sowohl nach subkutaner als auch nach intramuskulärer Gabe ergibt sich eine Bioverfügbarkeit > 100 %. Die Interferonspiegel im Urin liegen bei allen drei Applikationsarten unterhalb der Nachweisgrenze.

In gesunden Probanden beobachtet man nach intravenöser Infusion eine mittlere Halbwertszeit von 5,1 Stunden (3,7 – 8,5 Stunden) eine Verteilungsvolumen in Steady-State von 0,4 l/kg (0,223 – 0,748 l/kg) und eine Clearance von 2,79 ml/min/kg (2,14 – 3,62 ml/min/kg). Nach intramuskulärer oder subkutaner Gabe von 36 Millionen I. E. wurde eine Peak-Serumkonzentration von durchschnittlich 2020 pg/ml (1500 – 2580 pg/ml) nach 3,8 Stunden und eine zweite von 173 pg/ml (1250 – 2320 pg/ml) nach durchschnittlich 7,3 Stunden gemessen. Die Bioverfügbarkeit nach intramuskulärer Applikation betrug > 80 %. Interferon alfa-2a zeigte ähnliche pharmakokinetische Eigenschaften bei Tumorpatienten. Wiederholt applizierte Dosen resultierten in einer Wirkstoff-Akkumulation, die dem 2- bis 4fachen einer Einzeldosis entsprachen. Ca. 25 % der Patienten entwickeln Antikörper gegen den Wirkstoff.

Unerwünschte Wirkungen: Fieber, Abgeschlagenheit, Kopfschmerzen, Myalgie, Übelkeit, Depression, Schlaflosigkeit, Angstzustände, Alopezie, Pruritus, Neutropenie, Thrombozytopenie, Leukopenie, Nervosität, Husten, Dyspnoe, Schwindel, Virusinfektionen.

Interaktionen: Betäubungsmittel, Schlafmittel oder Sedativa dürfen nur mit Vorsicht gleichzeitig mit Intron A® verabreicht werden. Vorsicht ist auch geboten, wenn Intron A® zusammen mit anderen myelosuppressiven Arzneimitteln verabreicht wird.

Interferone können oxidative Stoffwechselwege beeinträchtigen. Dies ist zum Beispiel bei gleichzeitiger Gabe von Theophyllin oder Aminophyllin zu berücksichtigen.

Name	Interferon alfa-2b
Spezialitäten	Intron A®
Indikation	• Zur Behandlung von erwachsenen Patienten mit Chronischer Hepatitis B, die im Serum Marker für eine Hepatitis-B-Virus-Replikation (HBV-DNA und HBsAG), erhöhte ALT (GPT)-Werte und eine histologisch nachgewiesene aktive Leberentzündung und/oder Fibrose aufweisen. • Zur Behandlung von erwachsenen Patienten mit Chronischer Hepatitis C, die erhöhte Transaminase-Werte ohne Leberdekompensation aufweisen und die Serum-HCV-RNA-positiv oder anti-HCV-positiv sind. • Zur Behandlung von Patienten mit Haarzell-Leukämie. • Zur Behandlung erwachsener Patienten mit Philadelphia-Chromosom- oder bcr/abl-Translokations-positiver, chronisch-myeloischer Leukämie. • Zur Erhaltungstherapie bei Patienten mit Multiplem Myeloischen Myelom, die nach einer initialen Induktions-Chemotherapie eine objektive Remission erreichten (mehr als 50 %ige Reduktion des Myelomproteins). • Zur Therapie Follikulärer Lymphome mit großer Tumormasse zusätzlich zu einer geeigneten Kombinationstherapie zur Induktion, wie CHOP-ähnliche Behandlungsschemata. • Zur Behandlung von Karzinoiden mit Lymphknoten- oder Lebermetastasen und „Karzinoidsyndrom". • Als adjuvante Therapie bei Melanom-Patienten, die nach einem chirurgischen Eingriff tumorfrei sind, die aber in hohem Maße rezidivgefährdet sind, z. B. Patienten mit primärem oder rezidivierendem Befall der Lymphknoten.
Mechanismus	Typ-I-Interferon, das nach Bindung an seinen Rezeptor eine pleiotrope Antwort induziert, wobei u. a. die Serumkonzentrationen von 2',5'-Oligoadenylatsynthetase und von β_2-Mikroglobulin ansteigen. Alpha-Interferone versetzen Zellen in einen so genannten „antiviralen Zustand". Ferner wirken Alpha-Interferone aniproliferativ, wobei die zugrunde liegenden Mechanismen noch nicht im Detail verstanden sind.
Dosierung	**Chronische Hepatitis B**: Dreimal wöchentlich 5 – 10 Millionen I. E. subkutan über einen Zeitraum von 4 – 6 Monaten. **Chronische Hepatitis C**: Dreimal wöchentlich 3 Millionen I. E. subkutan als Monotherapie oder in Kombination mit Ribavirin über einen Zeitraum von mindestens 6 Monaten. **Haarzellenleukämie**: Dreimal wöchentlich 2 Millionen I. E./m² subkutan. Das Dosierungsschema sollte bis zur Manifestation einer raschen Progression des Krankheitsbildes oder einer deutlichen Unverträglichkeit beibehalten werden. **CML**: Täglich 4 – 5 Millionen I. E./m² subkutan (gegebenenfalls in Kombination mit Cytarabin). Unter Kontrolle der Leukozytenzahl ist die maximal tolerierbare Intron-A®-Dosis zur Erhaltung der hämatologischen Remission zu verabreichen. **Multiples Myelom**: Patienten, die sich nach einer initialen Induktions-Chemotherapie in der Plateau-Phase befinden, kann Interferon alfa-2b als Monotherapie in einer Dosierung von 3 Millionen I. E./m² subkutan dreimal wöchentlich verabreicht werden. **Follikuläres Lymphom**: Zusätzlich zur Chemotherapie kann Interferon alfa-2b in einer Dosierung von 5 Millionen I. E./m² subkutan dreimal wöchentlich über eine Dauer von 18 Monaten eingesetzt werden. **Karzinoid**: Die übliche Dosis liegt bei 5 Millionen I. E. subkutan dreimal wöchentlich. **Malignes Melanom**: Als Induktionstherapie wird Interferon alfa-2b in einer Dosis von 20 Millionen I. E./m² täglich für 5 Tage in der Woche über einen Zeitraum von 4 Wochen intravenös verabreicht. Für die Erhaltungstherapie ist die empfohlene Dosis 10 Millionen I. E./m² dreimal in der Woche subkutan über einen Zeitraum von 48 Wochen.

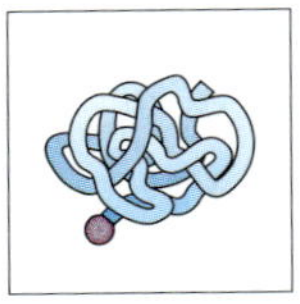

3.4.1.3 Interferon alfacon-1

Interferon alfacon-1 (INFERAX®, INFERGEN®) wurde früher auch als „Consensus-Interferon" (CIFN) bezeichnet, da es ein Kunstprotein darstellt, das aus einer von 14 natürlichen Alpha-Interferon-Proteinen abgeleiteten Konsensussequenz besteht. D.h. in Interferon alfacon-1 befindet sich an jeder Sequenzposition diejenige Aminosäure, die an dieser Position in den 14 natürlichen Proteinen am häufigsten vertreten ist. Das 166 Aminosäuren große Protein wird in *E. coli* produziert und ist daher nicht glykosyliert. Außerdem enthält es ein zusätzliches Methionin an seinem N-Terminus, das in *E. coli* nicht von der Methionin-Aminopeptidase entfernt wird.

Als Surrogat für einen Alpha-Interferon-Effekt dienen bei Probanden Dosis-Wirkungs-Beziehungen für die Serumkonzentrationen von 2',5'-Oligoadenylatsynthetase und von β_2-Mikroglobulin. Beide Aktivitäten werden hochreguliert, nachdem ein Alpha-Interferon an den Interferon-Rezeptor gebunden hat. Als Maß für die Wirksamkeit bei Hepatitis-C-Patienten ist die Viruslast, die über die Quantifizierung der viralen RNA ermittelt wird.

In *In-vitro*-Untersuchungen zeigte Interferon alfacon-1 eine fünf- bis 100fach stärkere biologische Wirksamkeit als andere Alfa-Interferone. Interferone wirken über spezifische Interferonrezeptoren auf der Zelloberfläche. Die Bindungsaffinität zu diesen Rezeptoren ist für Interferon alfacon-1 zehnmal größer als die für andere Interferone – auch die der biotechnologisch hergestellten Interferone alfa-2a und alfa-2b. Da nur durch diese Rezeptorbindung die pharmakodynamischen Wirkungen der Interferone vermittelt werden, benötigt man im Falle von Interferon alfacon-1 deutlich weniger Wirkstoff, um äquivalente Effekte zu erzielen. Dies gilt sowohl für die antivirale als auch für die antiproliferative Aktivität und die Aktivierung natürlicher Killerzellen.

Interferon alfacon-1 ist im zentralen Zulassungsverfahren durch die EMEA zugelassen zur Behandlung der histologisch nachgewiesenen chronischen Hepatitis C bei Patienten über 18 Jahren, bei denen Serum-Marker für die Hepatitis-C-Virus-Infektion (z.B. ein erhöhter Serumtransaminasespiegel ohne Leberkompensation) vorhanden sind. Ausdrücklich wird darauf hingewiesen, dass offizielle Therapieempfehlungen zur adäquaten Anwendung von Interferonen bei der Behandlung von HCV-Patienten zu beachten sind. Dazu zählt auch eine eventuelle Kombination mit Virustatika.

Die Prävalenz der Hepatitis-C-Virusinfektion liegt in Deutschland bei 0,7 bis 1,0 %. Risikogruppen mit hoher Prävalenz sind Patienten mit Hämophilie (70 – 90 %), i.v. Drogenabhängige (50 – 90 %), chronische Dialysepatienten (5 – 30 %) sowie Patienten mit Posttransfusionshepatitis (60 – 80 %). Insgesamt muss in Deutschland mit etwa 500.000 bis 800.000 chronischen Hepatitis-C-Virusträgern gerechnet werden. Die Prävalenz der chronischen HCV-Infektion liegt in anderen Ländern, z.B. im Mittelmeerraum, deutlich höher!

Der klassische Übertragungsweg des Hepatitis-C-Virus erfolgt parenteral, z.B. über Blutkonserven, Plasmaprodukte (Gerinnungsfaktoren, Immunglobuline), Mehrfachverwendung von Injektionskanülen (bei Reihenimpfungen, in Süditalien früher häufig verwendete „Familienspritzen") sowie beim intravenösen Drogenabusus (*needle-sharing*). Weitere dokumentierte Übertragungswege stellen die Organtransplantation, die Plasmaseparation mit Reinfusion korpuskulärer Blutbestandteile, Hämodialyseeinheiten, Tätowierungen u.Ä. dar. Wie für HIV beschrieben, ist auch für HCV eine Transmission durch mangelnde hygienische Bedingungen im Rahmen ärztlicher oder zahnärztlicher Behandlungen denkbar.

Eine vertikale Transmission des Hepatitis-C-Virus von der Mutter auf das Kind ist möglich, liegt aber unter 10 %. Sie erhöht sich jedoch deutlich beim Vorliegen einer Coinfektion mit HIV und HCV.

Die erhöhte Prävalenz von anti-HCV-Antikörpern bei homosexuellen Männern unterstreicht die Annahme, dass eine sexuelle Transmission des Hepatitis-C-Virus möglich ist. Das Risiko einer sexuellen Transmission bei heterosexuellen Partnern ist aber zumindest in westlichen Ländern niedrig (0 – 5 %).

Die Inkubationszeit der Transfusions-bedingten Hepatitis-C-Virusinfektion liegt zwischen 5 und 12 Wochen mit Extremwerten von 2 bis 26 Wochen. Die akute Phase der Erkrankung ist häufig durch einen milden, oft sogar inapparenten und anikterischen Krankheitsverlauf gekennzeichnet. Fulminante Verläufe sind zumindest in westlichen Ländern ausgesprochen selten. Die akute Hepatitis C weist eine hohe Chronifizierungsrate auf (50 – 80 %). Diese Angaben beziehen sich auf den persistierenden Nachweis HCV-spezifischer RNA und sind nicht gleichbedeutend mit chronischer Hepatitis. Histologische Untersuchungen bei Patienten mit persistierend normwertigen Transaminasen ergaben allerdings, dass in fast allen Fällen entzündliche Veränderungen in den Portalfeldern nachweisbar waren. Klinisch sind die Symptome der chronischen Hepatitis C häufig uncharakteristisch und mild (Müdigkeit, rechtsseitige Oberbauchbeschwerden). Biochemisch charakteristisch sind fluktuierende Transaminasenerhöhungen im chronischen Verlauf. Langfristig entwickeln etwa 20 bis 30 % der Patienten mit chronischer Hepatitis C eine Leberzirrhose. Das Risiko der Patienten, ein hepatozelluläres Karzinom zu entwickeln, ist erhöht.

In einer großen klinischen Studie mit 704 zuvor unbehandelten Patienten sprachen etwa gleich viele Patienten auf 9 µg INFERAX® und 3 Mio I. E. Interferon alfa-2b an. Beide Interferone waren dreimal wöchentlich subkutan injiziert worden. Kontrolliert wurde der therapeutische Erfolg sowohl am Ende der Behandlung wie auch nach einer Nachbeobachtungszeit von weiteren 6 Monaten mit einem Test, der noch 100 Virus-RNA-Kopien pro ml Serum nachweisen kann (sind am Ende der Nachbeobachtungszeit keine Viren mehr nachweisbar, gilt dies als dauerhafte Ansprechrate). Als Ergebnis dieser Studie wurde festgestellt, dass Interferon alfacon-1 der Vergleichssubstanz Interferon alfa-2b nicht unterlegen war.

Die Nebenwirkungen des INFERAX® sind denen anderer Interferone vergleichbar. Die Inzidenz der Nebenwirkungen stieg nicht an, wenn INFERAX® länger (12 statt 6 Monate) oder in höherer Dosis (15 µg statt 9 µg) gegeben wurde. Obwohl es sich bei Interferon alfacon-1 um ein nicht natürlich vorkommendes Protein handelt, entwickelten die Patienten nicht häufiger Antikörper als gegen Interferon alfa-2b.

Metabolismus: Auf Grund der niedrigen Plasmaspiegel ist es nicht möglich, die Pharmakokinetik von Interferon alfacon-1 beim Menschen zu be-

Name	**Interferon alfacon-1**
Spezialitäten	**Infergen®**
Indikation	Zur Behandlung der histologisch chronischen Hepatitis bei Patienten älter als 18 Jahren, bei denen im Serum Marker für eine Hepatitis-C-Virusinfektion vorhanden sind.
Mechanismus	Typ-I-Interferon, das nach Bindung an seinen Rezeptor eine pleiotrope Antwort induziert, wobei u. a. die Serumkonzentrationen von 2′,5′-Oligoadenylatsynthetase und von β_2-Mikroglobulin ansteigen. Alpha-Interferone versetzen Zellen in einen so genannten „antiviralen Zustand“.
Dosierung	Dreimal wöchentlich 9 µg subkutan als Einzelinjektion. Die optimale Behandlungsdauer von INFERGEN® ist noch nicht festgelegt. Derzeit wird eine Mindesttherapiedauer von 12 Monaten empfohlen.

stimmen. In Tierversuchen wurde der Wirkstoff nach subkutaner Verabreichung schnell absorbiert. Die höchste Serumkonzentration wurde bei Hamstern nach 1 Stunde, bei Rhesusaffen nach 4 Stunden gemessen. Die subkutane Bioverfügbarkeit betrug bei beiden Spezies fast 100 %. Die Clearance erfolgte hauptsächlich über die Nieren. Die terminale Eliminationshalbwertszeit betrug bei Hamstern 1,3 Stunden und beim Rhesusaffen 3,4 Stunden.

Unerwünschte Wirkungen: Neutropenie, Thrombozytopenie, Leukopenie, Nervosität, Depression, Angstzustände, emotionale Labilität, Schlaflosigkeit, Schwindel, Parästhesie, Hypästhesie, Infektionen, Husten, abdominale Schmerzen, Übelkeit, Durchfall, Alopezie, Pruritus, Schmerzen.

Interaktionen: Interferon alfacon-1 kann den Spiegel und die Aktivität von Cytochrom-P450-Enzymen absenken. Die Plasmaspiegel von Wirkstoffen, die bekannterweise über diese Enzyme metabolisiert werden, können dadurch erhöht werden.

3.4.1.4 Pegylierte Alfa-Interferone

Interessante Weiterentwicklungen sind die beiden Folgepräparate Peginterferon alfa-2a (Pegasys®) und Peginterferon alfa-2b (PegIntron®). Hier wurden Polyethylenketten an die Interferon-alfa-Moleküle ansynthetisiert. Im Falle von Peginterferon alfa-2a handelt es sich um eine verzweigte Polyethylenglykol-Kette von ca. 40 kDa. Peginterferon alfa-2b wurde mit einer linearen Polyethylenglykol-Kette von 12 kDa modifiziert. Durch diese Modifikationen werden die Moleküle signifikant vor Abbau geschützt, wodurch sich die *In-vivo*-Halbwertszeit deutlich erhöht. Gleichzeitig scheint auch die Immunogenität herabgesetzt zu sein. Klinische Studien haben zeigen können, dass die pegylierten Alfa-Interferone den nicht modifizierten Wirkstoffen klar überlegen sind. Diese Wirkstoffe werden daher heute bevorzugt zur Behandlung einer chronischen Hepatitis C eingesetzt und darüber hinaus noch mit dem Virustatikum Ribavirin (Abb. II.3.7) kombiniert.

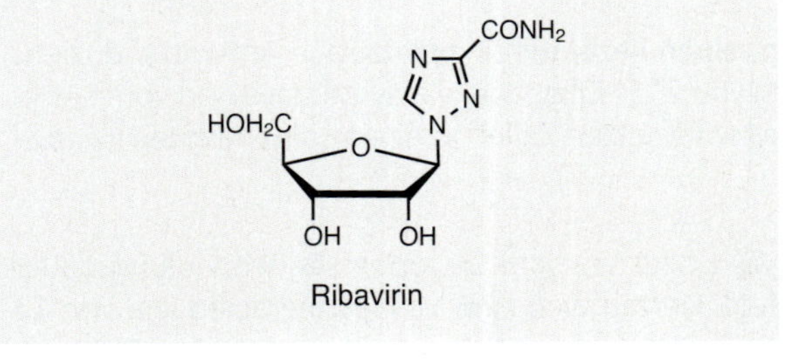

Abb. II.3.7

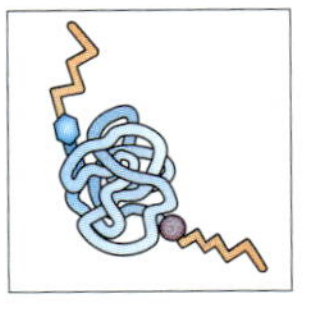

3.4.1.5 Peginterferon alfa-2a

Peginterferon alfa-2a (Pegasys®) enthält gentechnisch aus *E. coli* hergestelltes rekombinantes Interferon alfa-2a, das mit verzweigtkettigem bis-[Monomethoxy-Polyethylenglykol] einer Molmasse von 44.000 Da modifiziert wurde. Das Pegylierungsreagenz enthält zwei Monomethoxy-Polyethylenglykolketten (je 20.000 Da), die in Form einer Uretanbindung an die α- und ε-Aminogruppen eines Lysins gekoppelt sind. Die Carboxylgruppe wird zu einem N-Hydroxysuccinimid-Ester funktionalisiert und dann an Lysinreste in Interferonmolekül gekoppelt. Das modifizierte Interferon besitzt dann ein Molekulargewicht von ca. 60.000 Da. Durch die Modifikation nimmt zwar die spezifische Aktivität im Vergleich zum nicht modifizierten Wirkstoff ab. Dies wir aber biologisch deutlich überkompensiert durch die Zunahme der Eliminationshalbwertszeit auf Grund des größeren Molekulargewichts.

Pegasys® ist zugelassen zur Behandlung erwachsener Patienten mit histologisch nachgewiesener Hepatitis C, die erhöhte Transaminase-Werte aufweisen und deren Serum HCV-RNA-positiv ist. Die Zulassung erstreckt sich auch auf Patienten mit kompensierter Zirrhose. Es wird ausdrücklich darauf hingewiesen, dass Pegasys® am besten in Kombination mit Ribavirin angewendet werden sollte. Diese Kombination ist sowohl bei nicht vorbehandelten Patienten indiziert als auch bei Patienten, die vorher auf eine Therapie mit Interferon alfa angesprochen und nach Absetzen der Therapie einen Rückfall erlitten haben.

Die Patienten erhalten 180 µg subkutan appliziertes Peginterferon alfa-2a zusammen mit 1.000 mg (Patienten < 75 kg) bzw. 1.200 mg (Patienten ≥ 75 kg) Ribavirin (oral). Die Dauer der Kombinationstherapie hängt vom viralen Genotyp ab. Patienten mit Viren vom gefährlicheren Genotyp I sollten 48 Wochen therapiert werden. Patienten mit Viren anderer Genotypen können mit der Kombinationstherapie 24 Wochen behandelt werde. Für die Monotherapie wird derzeit eine Behandlungsdauer von 48 Wochen empfohlen. Zurzeit wird in Studien nach einer optimalen Behandlungsdauer gesucht.

Bei Patienten, die auf eine Therapie mit Pegasys® ansprechen, nehmen die HCV-RNA-Level biphasich ab. Die erste Phase der Abnahme tritt 24 bis 36 Stunden nach der ersten Dosis ein, und die zweite Phase in den folgenden 4 bis 16 Wochen. Patienten, die in der Woche 12 ein frühes virologisches Ansprechen zeigen (86 % aller in Studien behandelter Patienten) haben eine größere Wahrscheinlichkeit, im Verlauf der vollständigen Behandlung ein anhaltendes virologisches Ansprechen zu erreichen. Ein frühes virologisches Ansprechen ist definiert als HCV-RNA-Level unter der Nachweisgrenze oder als Reduktion des Viren-Titers um mindestens 99 % des Ausgangswertes in der Woche 12 der Therapie. In den klinischen Studien zeigten 65 % der Patienten mit frühem virologischen Ansprechen ein anhaltendes virologisches Ansprechen.

Metabolismus: Nach subkutaner Einmalinjektion von 180 µg Pegasys® sind bei gesunden Probanden innerhalb von 3 – 6 Stunden Serumkonzentrationen des Wirkstoffs nachweisbar. Innerhalb von 24 Stunden werden etwa 80 % der maximalen Serumkonzentration erreicht. Höchstkonzentrationen im Serum werden nach 72 – 96 Stunden erreicht. Die absolute Bioverfügbarkeit liegt bei ca. 84 %.

Die Metabolisierung ist nicht vollständig geklärt, allerdings scheint die Niere das Hauptausscheidungsorgan zu sein. Die systemische Clearance für Pegasys® ist etwa um den Faktor 100 geringer als bei unmodifiziertem Interferon alfa-2a. Nach i. v.-Applikation liegt die terminale Halbwertszeit für Peginterferon alfa-2a bei ca. 60 bis

Name	**Peginterferon alfa-2a**
Spezialitäten	**Pegasys®**
Indikation	Zur Behandlung erwachsener Patienten mit histologisch nachgewiesener Hepatitis C, die erhöhte Transaminase-Werte aufweisen und deren Serum HCV-RNA-positiv ist. Der Wirkstoff sollte in Kombination mit Ribavirin angewendet werden.
Mechanismus	Im Rahmen der Behandlung einer HCV-Infektion werden die antiviralen Eigenschaften der Typ-I-Interferone genutzt. Durch die Modifikation mit bis-(Monomethoxy-Polyethylenglykol) wird die Resorption und die Elimination so moduliert, dass hohe Wirkspiegel bei einmal wöchentlicher Applikation über die ganze Woche aufrechterhalten werden. Dies scheint für eine effektive antivirale Wirksamkeit entscheidend zu sein, weshalb die modifizierten Alfa-Interferone heute gegenüber den nicht-modifizierten Wirkstoffen bei der Behandlung der HCV-Infektion als überlegen eingestuft werden.
Dosierung	Die empfohlene Dosis für Pegasys® beträgt 180 µg einmal wöchentlich subkutan unter die Bauchdecke oder die Haut des Oberschenkels in Kombination mit oralem Ribavirin oder als Monotherapie. Die tägliche Dosis Ribavirin für Patienten < 75 kg beträgt 1.000 mg (2 Kapseln/Tabletten à 200 mg morgens und 3 Kapseln/Tabletten abends), für Patienten ≥ 75 kg 1.200 mg (3 Kapseln/Tabletten à 200 mg morgens und 3 Kapseln/Tabletten abends).

80 Stunden. Bei subkutaner Applikation verlängert sich die terminale Halbwertszeit auf Grund der anhaltenden Resorption des Wirkstoffs auf 50 bis 130 Stunden. Bei einer wöchentlichen Gabe von Peginterferon alfa-2a erhöht sich die Serumkonzentration auf das Zwei- bis Dreifache im Vergleich zu einer Einmaldosis. Relevante Konzentrationen von Peginterferon alfa-2a werden während einer vollen Woche aufrechterhalten. Bei Patienten mit einer Nierenerkrankung im Endstadium wird die Eliminationshalbwertszeit verlängert, so dass etwa 135 µg Peginterferon alfa-2a bei diesen Patienten 180 µg bei Patienten mit normaler Nierenfunktion entsprechen.

Unerwünschte Wirkungen: Müdigkeit, Fieber, Rigor, Schmerzen, Übelkeit, Diarrhö, Anorexie, Myalgie, Gelenkschmerzen, Depression, Schlaflosigkeit, Angstgefühl, Husten, Alopezie, Pruritus, Dermatitis, Schmerzen.

Interaktionen: Aus empirischen Beobachtungen kann vermutet werden, dass Peginterferon alfa-2a keine Bedeutung für die *In-vivo*-Stoffwechselaktivitäten der Isoenzyme Cytochrom P450 3A4, 2C9, 2C19 und 2D6 besitzt. Allerdings scheint der Wirkstoff das Isoenzym 1A2 zu hemmen, so dass Theophyllin-Serumkonzentrationen (bis vier Wochen nach Absetzen von Peginterferon alfa-2a) überwacht werden müssen.

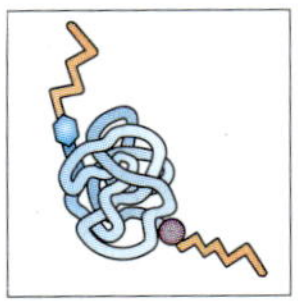

3.4.1.6 Peginterferon alfa-2b

Peginterferon alfa-2b (PegIntron®) enthält gentechnisch aus *E. coli* hergestelltes rekombinantes Interferon alfa-2b, das mit einer Monomethoxy-Polyethylenglykol-Ketten modifiziert wurde. Die PEG-Ketten sind an freie Aminogruppen im Interferon-alfa-2b-Molekül gebunden, so dass ein Gemisch unterschiedlicher Positionsisomere vorliegt, die jeweils unterschiedlich starke biologische Aktivitäten entfalten können. Der Herstellungsprozess ist so eingestellt, dass eine einheitliche Substanzheterogenität erhalten wird, so dass die Batch-zu-batch-Aktivität relativ konstant ist. Das modifizierte Interferon besitzt ein durchschnittliches Molekulargewicht von ca. 31.300 Da.

PegIntron® ist zur Behandlung einer histologisch nachgewiesenen Hepatitis C zugelassen. Es wird ausdrücklich darauf hingewiesen, dass PegIntron® am besten in Kombination mit Ribavirin angewendet werden sollte. Diese Kombination ist sowohl bei naiven Patienten indiziert als auch bei Patienten, die vorher auf eine Interferon-alfa-Monotherapie angesprochen, aber einen Rückfall erlitten haben.

Die Patienten erhalten 1,5 µg/kg/Woche subkutan appliziertes Peginterferon alfa-2b zusammen mit 800 mg (Patienten < 65 kg) bzw. 1.000 mg (Patienten 65 – 85 kg) bzw. 1.200 mg (Patienten ≥ 85 kg) Ribavirin (oral). Die Dauer der Kombinationstherapie hängt vom viralen Genotyp ab. Patienten mit Viren vom gefährlicheren Genotyp I sollten 1 Jahr therapiert werden. Patienten mit Viren anderer Genotypen sollten mit der Kombinationstherapie 6 Monate behandelt werden, wenn nicht andere, ungünstige prognostische Faktoren für eine längere Behandlungsdauer sprechen.

In der Monotherapie wird eine Dosis von 0,5 bis 1,0 µg/kg/Woche empfohlen, wobei die Patienten zunächst 6 Monate behandelt werden sollten. Wird nach 6 Monaten ein Rückgang an HCV-RNA festgestellt, sollte die Behandlung weitere 6 Monate fortgesetzt werden.

Metabolismus: Maximale Serumkonzentrationen treten zwischen 15 und 44 Stunden nach subkutaner Injektion auf und halten bis zu 48 bis 72 Stunden an. Die C_{max}- und AUC-Werte von PegIntron® steigen dosisabhängig an. Das mittlere scheinbare Verteilungsvolumen beträgt 0,99 l/kg. Bei Mehrfachapplikationen beobachtet man eine Akkumulation, die jedoch einen nur mäßigen Anstieg an biologischer Aktivität nach sich zieht.

Die mittlere Eliminationshalbwertszeit ist annähernd 40 Stunden mit einer scheinbaren Clearance von 22 ml/Std/kg. Nur annähernd 30 %

Name	Peginterferon alfa-2b
Spezialitäten	PegIntron ®
Indikation	Zur Behandlung erwachsener Patienten mit histologisch nachgewiesener Hepatitis C, die erhöhte Transaminase-Werte ohne Leberkompensation aufweisen und deren Serum HCV-RNA-positiv oder anti-HCV-positiv ist. Der Wirkstoff sollte in Kombination mit Ribavirin angewendet werden.
Mechanismus	Im Rahmen der Behandlung einer HCV-Infektion werden die antiviralen Eigenschaften der Typ-I-Interferone genutzt. Durch die Modifikation mit Monomethoxy-Polyethylenglykol werden die Resorption und die Elimination so moduliert, dass hohe Wirkspiegel bei einmal wöchentlicher Applikation über die ganze Woche aufrechterhalten werden. Dies scheint für eine effektive antivirale Wirksamkeit entscheidend zu sein, weshalb die modifizierten Alfa-Interferone heute gegenüber den nicht-modifizierten Wirkstoffen bei der Behandlung der HCV-Infektion als überlegen eingestuft werden.
Dosierung	Die empfohlene Dosis für PegIntron® beträgt 1,5 µg/kg/Woche einmal wöchentlich in Kombination mit oralem Ribavirin oder als Monotherapie. Die tägliche Dosis Ribavirin beträgt 800 mg für Patienten < 65 kg (2 Kapseln/Tabletten à 200 mg morgens und 2 Kapseln/Tabletten abends), 1.000 mg für Patienten mit einem KG von 65 – 85 kg (2 Kapseln/Tabletten à 200 mg morgens und 3 Kapseln/Tabletten abends) bzw. 1.200 mg für Patienten ≥ 85 kg (3 Kapseln/Tabletten à 200 mg morgens und 3 Kapseln/Tabletten abends). In der Monotherapie wird eine Dosis von 0,5 – 1,0 µg/kg/Woche empfohlen, wobei die Patienten zunächst 6 Monate behandlet werden sollten. Wird nach 6 Monaten ein Rückgang an HCV-RNA festgestellt, sollte die Behandlung weitere 6 Monate fortgesetzt werden.

der Wirksubstanz scheinen renal ausgeschieden zu werden. Eine Dosisanpassung bei Niereninsuffizienz wird nicht empfohlen. Stattdessen sollen die Patienten eng überwacht werden.

Unerwünschte Wirkungen: Kopfschmerzen, Müdigkeit, Schüttelfrost, Fieber, Asthenie, Gewichtsabnahme, Übelkeit, Diarrhö, Anorexie, Myalgie, Gelenkschmerzen, Depression, Reizbarkeit, Schlaflosigkeit, Angst, Husten, Alopezie, Pruritus, Dermatitis, Schwindel, Virusinfektionen, Mundtrockenheit.

Interaktionen: Ergebnisse einer Einmaldosis-Studie mit PegIntron® zeigten keine Auswirkungen auf die Aktivität der Isoenzyme Cytochrom P450 1A2, 2C8/9, 2D6 und 3A4, sowie auf die N-Acetyltransferase. Diese Ergebnisse sollten allerdings mit Vorsicht betrachtet werden, da das Peginterferon alfa-2a das Isoenzym 1A2 zu hemmen scheint, so dass beispielsweise die Theophyllin-Clearance verlangsamt ist.

3.4.2 Kolonie-stimulierende Faktoren

Die Wachstumsfaktoren des blutbildenden Systems, der Granulozyten- sowie der Granulozyten-Makrophagen-Kolonie-stimulierende-Faktor (G-CSF und GM-CSF), sind Wirkstoffe, die im Rahmen einer Tumorbehandlung eingesetzt werden. Physiologisch sind sie ganz wesentlich an der Bildung bestimmter Subpopulationen hämatopoetischer Zellen beteiligt (Abb. II.3.8). Sie wirken als Wachstums- und Differenzierungsfaktoren und initiieren Entwicklungsprogramme in den Zellen, mit denen sie kommunizieren, die diese Zellen in eine ganz bestimmte Differenzierungsrichtung lenken.

In der Chemotherapie werden nicht nur die Tumorzellen, sondern vor allem auch die Zellen des blutbildenden Systems und damit die zellulären Komponenten des Immunsystems geschädigt. Die Applikation der Wachstumsfaktoren G-CSF

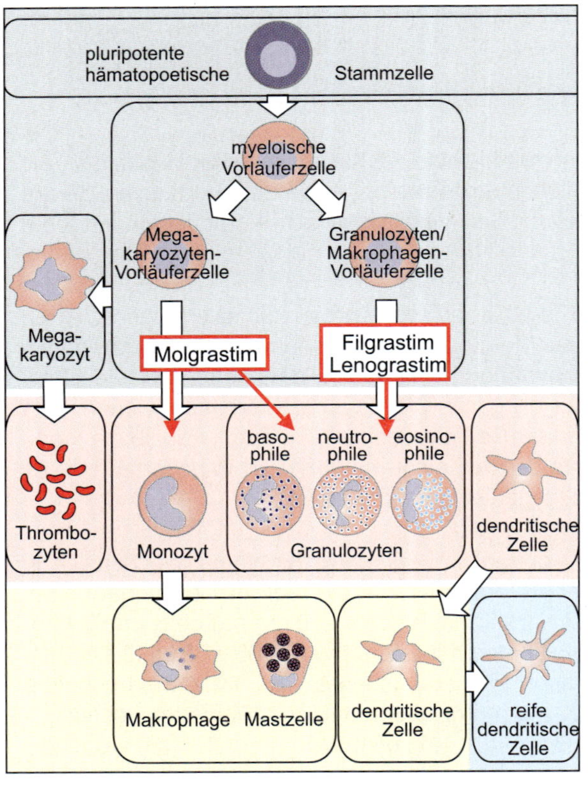

Abb. II.3.8 Wirkmechanismus der Kolonie-stimulierenden Faktoren.
Granulozyten- und Granulozyten-Makrophagen-Kolonie-stimulierende Faktoren (Filgrastim, Lenograstim und Molgramostim) fördern die Bildung bestimmter Subpopulationen hämatopoetischer Zellen. Durch die Applikation dieser Wachstumsfaktoren wird die Erholung des Blutbildes, z. B. nach Chemotherapien, beschleunigt.

und GM-CSF beschleunigt die Erholung des Blutbildes.

Trotz der Verfügbarkeit von hämatopoetischen Wachstumsfaktoren in der Hämatologie und Onkologie seit nunmehr fast zehn Jahren sind weiterhin nicht alle Fragen zum idealen Einsatz dieser Substanzklasse beantwortet. Unbestritten ist ihr supportiver Nutzen bei aggressiver myeloablativer Chemotherapie mit Verbesserung der Neutrophilenkonstitution, obwohl bisher eine geringere Inzidenz der behandlungsbedingten Mortalität in den meisten Studien nicht belegt wurde. Zudem besitzen sie eine herausragende Rolle für die Entwicklung von dosisintensiven Chemotherapien und im Bereich der autologen Stammzell-Transplantation. Hier sind weitere Fortschritte in den nächsten Jahren zu erwarten.

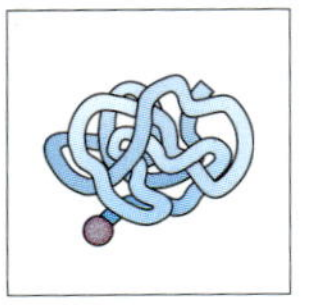

3.4.2.1 Molgramostim

Molgramostim oder rhuGM-CSF (Leucomax®) ist eine nicht-glykosylierte Variante des Granulozyten-Makrophagen-Kolonie-stimulierenden-Faktors, die in *E. coli* hergestellt wird. Das rekombinante Protein enthält 127 Aminosäuren und trägt an der Position 100 die Aminosäure Isoleucin. Damit entspricht Molgramostim in seiner Aminosäuresequenz dem authentischen GM-CSF. Zwei Disulfidbrücken verbinden die Aminosäurepositionen 54 und 96 sowie 88 und 121. Das Molekulargewicht von Molgramostim beträgt wegen der fehlenden Glykosylierung 16,1 kDa.

Der Faktor führt zur Proliferation und Differenzierung hämatopoetischer Vorläuferzellen und zur Aktivierung der reifen Effektorzellen. Die Wirkung wird über den membranständigen spezifischen GM-CSF-Rezeptor vermittelt. Die Rationale des Einsatzes von GM-CSF in der Klinik liegt in der Reduktion des Infektrisikos durch Verringerung des Schweregrades der Neutropenie (Anhebung des Neutrophilennadirs). Ferner wird die Dauer einer Neutropenie bei einer myelotoxischen Chemotherapie verkürzt. Eine Wirksamkeit ist sowohl bei einem prophylaktischen Einsatz nachgewiesen, mit dem frühestens 24 Stunden nach Ende der Chemotherapie begonnen werden sollte, als auch bei einem interventionellen Einsatz, der dann indiziert ist, wenn sich bereits eine febrile Neutropenie entwickelt hat.

GM-CSF stimuliert leukämische Blasten bei der akuten myeloischen Leukämie und bei der Myelodysplasie. Daher ist der Einsatz bei diesen Erkrankungen nur im Rahmen klinischer Studien möglich. Der Anteil proliferierender Vorläuferzellen der Granulo- und Monopoese wird erhöht, die Differenzierungszeit verkürzt, und es kommt zum Anstieg der Neutrophilen- und der Monozytenzahl sowie zur Erhöhung der Eosinophilen-Konzentration im peripheren Blut.

Name	**Molgramostim oder rhuGM-CSF**
Spezialitäten	**Leucomax®** (Das Präparat ist in Deutschland nicht mehr im Handel)
Indikation	Zur Reduktion des Infektionsrisikos durch Verringerung des Schweregrades von Neutropenien bei Patienten, die mit üblichen Dosen einer myelotoxischen Chemotherapie behandelt werden.
Mechanismus	Wachstums- und Differenzierungsfaktor für Granulozyten und Monozyten
Dosierung	5 – 10 µg/kg KG. Praktisch werden bei Patienten mit einem Körpergewicht von bis zu 60 kg 300 µg und bei Patienten mit einem Körpergewicht über 60 kg 400 µg subkutan pro Tag, jeweils bis zum Erreichen hämatologischer Normalwerte, meist über 7 – 10 Tage appliziert. 24 Stunden vor, während und bis zu 24 Stunden nach der zytostatischen Therapie soll der Wachstumsfaktor nicht verabreicht werden

Der Wachstumsfaktor sollte 24 Stunden vor, während und bis zu 24 Stunden nach der zytostatischen Therapie nicht verabreicht werden, da bei simultaner Gabe zusammen mit der Chemotherapie eine gesteigerte Toxizität gegenüber den dann stimulierten myeloischen Vorläuferzellen zu erwarten ist und die Gefahr schwerer und anhaltender Neutropenien besteht.

Metabolismus: Nach subkutanen Dosen von ≥ 3 µg/kg KG werden Plasmaspiegel von 1 ng/ml über einen Zeitraum von 8 bis 24 Stunden erreicht. Nach intravenöser Bolusgabe von 0,3 bis 3 µg/kg beträgt die terminale Eliminationshalbwertszeit 0,2 bis 1,2 Stunden und nach Infusion über 30 Minuten von 3 bis 10 µg/kg 0,6 bis 9 Stunden.

Die mittlere Eliminationshalbwertszeit ist annähernd 40 Stunden mit einer scheinbaren Clearance von 22 ml/Std/kg. Nur annähernd 30 % der Wirksubstanz scheinen renal ausgeschieden zu werden. Eine Dosisanpassung bei Niereninsuffizienz wird nicht empfohlen. Stattdessen sollen die Patienten eng überwacht werden.

Unerwünschte Wirkungen: Reaktionen an der Injektionsstelle, Hautausschlag, Fieber, Übelkeit, Diarrhö, Dyspnoe, Müdigkeit und Knochenschmerzen. Selten sind Kopfschmerzen, Schwitzen und Myalgien. GM-CSF scheint schlechter vertragen zu werden als G-CSF.

Interaktionen: Bei simultaner Gabe mit der Chemotherapie besteht eine gesteigerte Toxizität gegenüber den dann stimulierten myeloischen Vorläuferzellen und die Gefahr schwerer und anhaltender Neutropenien.

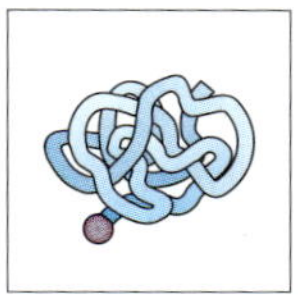

3.4.2.2 Filgrastim

Filgrastim oder r-metHuG-CSF (Neupogen®) ist eine nicht-glykosylierte Variante des humanen Granulozyten-Kolonie-stimulierenden Faktors (G-CSF), die an ihrem N-Terminus zusätzlich die Aminosäure Methionin trägt. Filgrastim wird in *E.-coli*-Zellen produziert, besitzt 175 Aminosäuren und hat ein Molekulargewicht von 18,8 kDa. Zwei Disulfidbrücken stabilisieren die Sekundärstruktur des Proteins. An Position 18 trägt der r-metHuG-CSF einen freien Cystein-Rest.

G-CSF bindet an spezifische Membranrezeptoren und stimuliert die Proliferation hämatopoetischer Vorläuferzellen. Ferner verkürzt G-CSF die Reifung der hämatopoetischen Vorläuferzellen von 5 bis 6 Tagen auf einen Tag. Dies führt zu einem starken Anstieg von Neutrophilen in der Peripherie (Schwellendosis 3,5 µg/kg/Tag) bei nur geringem Einfluss auf die Myozyten (Schwellendosis 10 µg/kg/Tag) und fehlendem Einfluss auf

Name	**Filgrastim, r-metHuG-CSF**
Spezialitäten	**Neupogen®**
Indikation	• Zur Verkürzung der Dauer von Neutropenien sowie zur Verminderung der Häufigkeit neutropenischen Fiebers bei Patienten, die wegen einer malignen Erkrankung (außer chronisch myeloischer Leukämie und myelodysplastischem Syndrom) mit üblicher zytotoxischer Chemotherapie behandelt werden. • Zur Verkürzung der Dauer von Neutropenien bei Patienten, die eine myeloablative Behandlung mit anschließender Knochenmarktransplantation erhalten, bei denen ein erhöhtes Risiko einer verlängerten schweren Neutropenie besteht. • Zur Mobilisierung peripherer Blutstammzellen. • Als Langzeittherapie zur Behandlung von Patienten (Kinder und Erwachsene) mit schwerer kongenitaler, zyklischer oder idiopathischer Neutropenie mit einer Gesamtanzahl an neutrophilen Granulozyten von $\leq 0{,}5 \times 10^9$/l sowie einer Vorgeschichte von schwerwiegenden oder wiederkehrenden Infektionen.
Mechanismus	Wachstums- und Differenzierungsfaktor für Granulozyten
Dosierung	Die wirksame Dosis beträgt 5 µg/kg/Tag. Praktisch werden Patienten mit einem Körpergewicht von bis zu 60 kg mit 300 µg und Patienten über 60 kg mit 480 µg subkutan pro Tag behandelt. Die Behandlung beginnt frühestens 24 Stunden nach Abschluss der myelosuppressiven Chemotherapie und wird bis zum Anstieg der Neutrophilen in den Normbereich meist über 7 – 10 Tage fortgeführt.

Eosinophile, Basophile, Lymphozyten und Thrombozyten. Neben der Proliferations- und Reifungsförderung kommt es zu einer Aktivitätszunahme der reifen Effektorzellen.

Beim klinischen Einsatz werden die Anzahl der Neutropenie-bedingten Fiebertage, der Tage mit Antibiotikagebrauch wie auch die Schwere einer Mucositis nach zytostatischer Chemotherapie vermindert.

Metabolismus: Nach intravenöser Gabe von 3 bis 60 µg Filgrastim (über 20 – 30 Minuten) beträgt die terminale Eliminationshalbwertszeit ($t_{1/2}$) 1,3 bis 7,2 Stunden und die Plasmaspiegelmaxima ca. 600 ng/ml. Nach einer einzigen subkutanen Gabe ergeben sich Plasmaspiegel von über 10 ng/ml für einen Zeitraum von 10 bis 16 Stunden.

Unerwünschte Wirkungen: Relevante Nebenwirkungen sind Knochenschmerzen im Bereich der Wirbelsäule, des Beckens und der Brust bei 15 bis 20 % der Patienten. Seltener: Erhöhte γ-Glutamyl-Transpeptidase-, alkalische-Phosphatase- sowie Laktatdehydrogenase-Werte, Ferner: Hyperurikämie, Übelkeit, Erbrechen, Haarausfall, Diarrhö, Müdigkeit, Appetitlosigkeit, Schleimhautentzündung, Kopfschmerzen, Husten, Exanthem, Brustschmerzen, allgemeines Schwächegefühl, Halsschmerzen, Obstipation und unbestimmte Schmerzen.

Mit einer Exazerbation entzündlich-immunologischer Erkrankungen, z. B. der Rheumatoiden Arthritis, ist zu rechnen. Ferner ist bei einer AML und beim myelodysplastischen Syndrom mit einer Stimulation der leukämischen Blasten zu rechnen. Eine Anwendung bei diesen Erkrankungen ist daher derzeit nur in klinischen Studien möglich.

Interaktionen: Bei simultaner Gabe mit der Chemotherapie besteht eine gesteigerte Toxizität gegenüber den dann stimulierten myeloischen Vorläuferzellen und die Gefahr schwerer und anhaltender Neutropenien.

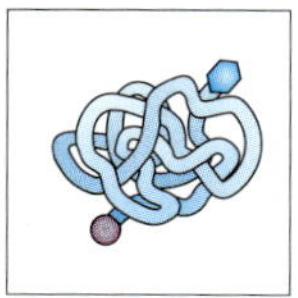

3.4.2.3 Lenograstim

Lenograstim oder rHuG-CSF (Granocyte®) ist ein human-identischer Granulozyten-Kolonie-stimulierenden Faktor. Das rekombinante Produkt wird aus Ovarial-Zellen des chinesischen Hamsters (CHO-Zellen) gewonnen, in die die cDNA für den humanen G-CSF stabil integriert wurde. Im Gegensatz zu Filgrastim handelt es sich bei Lenograstim um ein Glykoprotein.

G-CSF gehört zu den biologisch aktiven Proteinen, die Zelldifferenzierung und das Zellwachstum regulieren. Konkret werden die neutrophilen Vorläuferzellen zur Proliferation und Differenzierung stimuliert. Dies zeigt sich am Anstieg der CFU-S und CFU-GM-Werte im peripheren Blut. Innerhalb von 24 Stunden nach Verabreichung wird ein deutlicher Anstieg der Neutrophilenzahlen im peripheren Blut registriert. Die Erhöhung der Neutrophilenzahlen ist innerhalb des Bereichs von 1 bis 10 µg/kg KG/Tag dosisabhängig. Bei der empfohlenen Dosierung induziert die wiederholte Gabe eine Verstärkung der Neutrophilenantwort.

Wie andere haematopoetische Wachstumsfaktoren haben auch Granulozyten-Kolonie-stimulierende Faktoren *in vitro* stimulierende Eigenschaften bei menschlichen Endothelzellen gezeigt.

GRANOCYTE® führt bei den Patienten nach Knochenmarktransplantation oder nach zytotoxischer Chemotherapie zu einer signifikanten Verkürzung der Dauer der Neutropenie und der damit verbundenen Komplikationen.

Auch lassen sich Blutstammzellen durch die Gabe von Lenograstim ins periphere Blut mobilisieren. Diese Stammzellen können geerntet werden und nach einer hochdosierten Chemotherapie entweder anstelle von oder zusätzlich zu einer Knochenmarktransplantation infundiert werden. Es konnte gezeigt werden, dass diese reinfundierten Zellen die Hämatopoese rekonstituieren, die Zeit zum Anwachsen des Transplantats verkürzen und – verglichen mit einer autologen Knochenmarktransplantation – zu einer deutlichen Verkürzung der Dauer der Thrombozytopenie führen.

Metabolismus: Die Pharmakokinetik von Lenograstim ist dosis- und zeitabhängig. Nach wiederholter intravenöser und subkutaner Gabe sind die maximalen Serumkonzentrationen proportional zur applizierten Dosis. Eine Kumulation des Wirkstoffes bei wiederholter Gabe wird nicht beobachtet.

Bei der empfohlenen Dosis beträgt die absolute Bioverfügbarkeit 30 %. Nach subkutaner Applikation beträgt das apparente Verteilungsvolumen (V_d) etwa 1 l/kg KG und die mittlere Verweildauer nach subkutaner Dosierung etwa 7 Stunden. Die apparente Serum-Eliminationshalbwertszeit beträgt etwa 3 bis 4 Stunden im Steady-State und ist nach wiederholter *i. v.*-Infusion kürzer (1 – 1,5 Stunden).

Während wiederholter subkutaner Anwendung steigt die Plasma-Clearance um das 3fache (von 50 auf bis zu 150 ml/min) an. Weniger als 1 % der verabreichten Dosis wird unverändert renal ausgeschieden.

Während wiederholter subkutaner Gabe der empfohlenen Dosis betragen die maximalen Serumspiegel etwa 100 pg/ml/kg KG. Es besteht eine positive Korrelation zwischen der Lenograstim-Dosis und der Serumkonzentration sowie zwischen der Neutrophilen-Antwort und der Gesamtmenge von Lenograstim im Serum.

Unerwünschte Wirkungen:

Im Rahmen einer Knochenmarktransplantation: infektiös/entzündliche Erkrankungen der Mundhöhle, Fieber, Diarrhö, Ausschlag, abdominale Schmerzen, Erbrechen, Alopezie, Sepsis und Infektion.

Im Rahmen einer Chemotherapie: Die häufigsten unerwünschten Ereignisse wie Alopezie, Übelkeit, Erbrechen, Fieber und Kopfschmerzen entsprechen denjenigen, die bei chemotherapeutisch behandelten Krebspatienten auftreten. Bei den mit GRANOCYTE® behandelten Patienten wurde über eine geringfügig erhöhte Inzidenz (etwa 10 % höher) an Knochenschmerzen

Name	**Lenograstim, rHuG-CSF**
Spezialitäten	**Granocyte®**
Indikation	• Zur Verkürzung der Dauer von Neutropenien bei Patienten mit nicht-myeloischen malignen Erkrankungen, die sich einer myeloablativen Therapie mit anschließender Knochenmarktransplantation unterziehen und ein erhöhtes Risiko andauernder schwerer Neutropenien aufweisen. • Zur Verkürzung der Dauer schwerwiegender Neutropenien und Reduktion der sich daraus ergebenden Komplikationen bei Patienten, die sich einer Behandlung mit einem üblichen, zytotoxischen Chemotherapieschema, das mit einer erheblichen Inzidenz an neutropenischem Fieber verknüpft ist, unterziehen. • Zur Mobilisierung von Blutstammzellen ins periphere Blut.
Mechanismus	Wachstums- und Differenzierungsfaktor für Granulozyten
Dosierung	Die empfohlene Dosis von GRANOCYTE® beträgt 150 µg (19,2 Mio. I.E.) pro m^2 Körperoberfläche täglich, therapeutisch äquivalent zu 5 µg (0,64 Mio. I.E.) pro kg Körpergewicht täglich, für die Indikationen: Knochenmarktransplantation, konventionelle zytotoxische Chemotherapie, Mobilisierung von Blutstammzellen ins periphere Blut nach Chemotherapie.

sowie lokalen Reaktionen an der Einstichstelle (etwa 5 % höher) berichtet.

Bei der peripheren Blutstammzellmobilisierung: Kopfschmerzen, Knochenschmerzen, Rückenschmerzen, Asthenie, Abdominalschmerz und allgemeiner Schmerz. Das Risiko von Schmerzen ist erhöht bei den Personen, die einen hohen Spitzenwert an Leukozyten haben. Ein kann zu einem vorübergehenden Anstieg der ASAT und/oder ALAT und der alkalischen Phosphatase kommen.

Interaktionen: Die sichere Anwendung von GRANOCYTE® in Verbindung mit antineoplastischen Arzneimitteln, die sich durch eine kumulative Myelotoxizität oder eine überwiegend gegen die megakaryopoetische Reihe gerichtete Myelotoxizität auszeichnen (Nitrosoharnstoff, Mitomycin), ist nicht belegt und eine Verstärkung der insbesondere gegen die Thrombozyten gerichtete Toxizität derartiger Arzneimittel ist nicht ausgeschlossen

Eine Anwendung von GRANOCYTE® im Zeitraum von 24 Stunden vor bis 24 Stunden nach Ende der Chemotherapie wird nicht empfohlen.

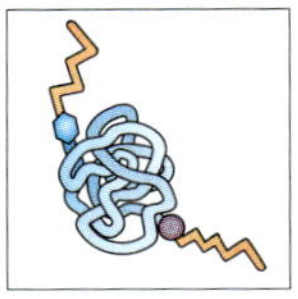

3.4.2.4 Pegfilgrastim

Pegfilgrastim (Neulasta®) ist eine pegylierte Variante von r-metHuG-CSF. Als ein in *E. coli* produzierter rekombinanter Granulozyten-Koloniestimulierender Faktor (G-CSF) ist r-metHuG-CSF nicht-glykosyliert und trägt zudem am N-Terminus die im humanen G-CSF nicht vorhandene Aminosäure Methionin. Das Molekül wird nach der Isolierung mit einer Methoxy-Polyethylenglykolkette von 20 kDa modifiziert, die kovalent an die N-terminale Aminosäure des Filgrastims angeknüpft wird. Das Molekulargewicht dieses so modifizierten Proteins beträgt etwa 39 kDa.

Pegfilgrastim ist als eine langwirksame Variante des G-CSF anzusehen, da es wegen der Pegylierung deutlich schlechter renal ausgeschieden wird und somit eine längere biologische Halbwertszeit aufweist. Ebenso wie Filgrastim induziert auch Pegfilgrastim die Anzahl peripherer Neutrophiler innerhalb 24 Stunden bei nur geringer Zunahme von Monozyten und/oder Lymphozyten.

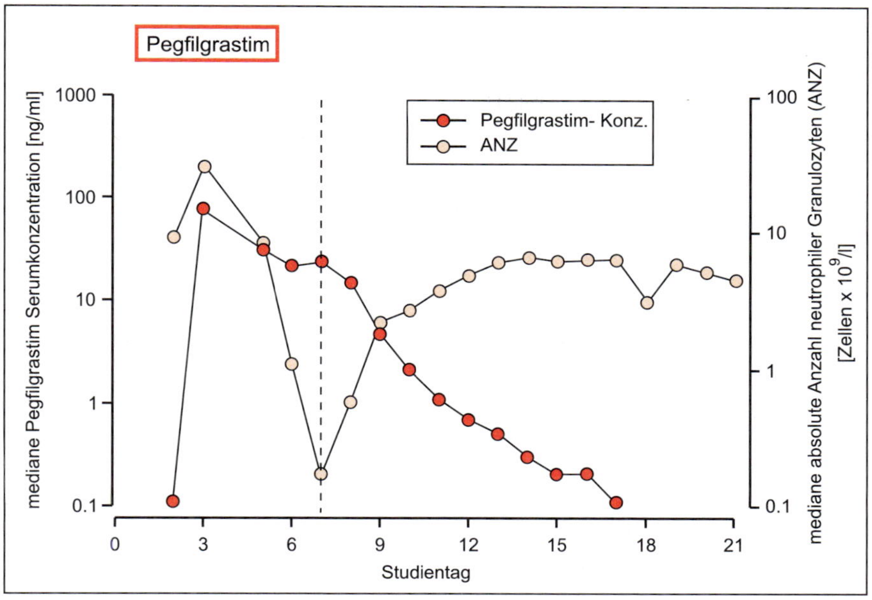

Abb. II.3.9 Profil der medianen Pegfilgrastim-Serumkonzentration und der Zahl neutrophiler Granulozyten. Nach einer Injektion von 6 mg Pegfilgrastim in chemotherapeutisch behandelten Patienten ist bereits nach wenigen Stunden eine Regeneration der Anzahl neutrophiler Granulozyten messbar.

Hinsichtlich der Elimination von Pegfilgrastim wird ein interessanter Mechanismus diskutiert. Die Elimination ist nämlich bezogen auf die Dosis nicht-linear, d. h. die Serum-Clearance nimmt mit steigender Dosierung ab. Pegfilgrastim scheint demnach hauptsächlich über eine Neutrophilen-vermittelte Clearance eliminiert zu werden, welche bei höherer Dosierung eine Sättigung erreicht. Einem selbst-regulierenden Clearance-Mechanismus entsprechend sinkt die Serumkonzentration rasch, sobald sich die neutrophilen Granulozyten zu erholen beginnen (Abb. II.3.9).

Metabolismus: Nach Verabreichung einer subkutanen Einzeldosis von Pegfilgrastim wird die maximale Serumkonzentration von Pegfilgrastim nach 16 bis 120 Stunden erreicht.

Auf Grund des durch neutrophile Granulozyten vermittelten Clearance-Mechanismus (siehe oben) ist nicht zu erwarten, dass die Pharmakokinetik von Pegfilgrastim durch Funktionsstörungen der Niere oder der Leber beeinflusst wird. Begrenzte Daten weisen darauf hin, dass die Pharmakokinetik von Pegfilgrastim bei älteren Patienten (> 65 Jahre) der bei erwachsenen Patienten ähnlich ist.

Unerwünschte Wirkungen: Sehr häufig: Knochenschmerzen, häufig: Schmerzen an der Einstichstelle, Schmerzen im Brustkorb, Kopfschmerzen, Arthralgie, Myalgie, Rücken-, Glieder-, Muskel-, Skelett- u. Nackenschmerzen, sowie eine Erhöhung von Laborparametern wie alkalische Phosphatase, LDH und Harnsäure. In Einzelfällen: Milzruptur.

Interaktionen: Neulasta® sollte nicht gleichzeitig, sondern 14 Tage vor oder ungefähr 24 Stunden nach Gabe einer zytotoxischen Chemotherapie angewendet werden.

Bei gleichzeitiger Anwendung von Neulasta® mit einem Chemotherapeutikum ist eine gesteigerte Toxizität gegenüber den dann stimulierten myeloischen Vorläuferzellen denkbar. In Tiermodellen ließ sich bei gleichzeitiger Anwendung von Neulasta® mit 5-Fluorouracil (5-FU) oder anderen Antimetaboliten eine gesteigerte Myelosuppression beobachten.

Mögliche Wechselwirkungen mit anderen hämatopoetischen Wachstumsfaktoren und Zyto-

Name	**Pegfilgrastim, r-metHuG-CSF**
Spezialitäten	**Neulasta®**
Indikation	Zur Verkürzung der Dauer von Neutropenien sowie zur Verminderung der Häufigkeit neutropenischen Fiebers bei Patienten, die wegen einer malignen Erkrankung mit zytotoxischer Chemotherapie behandelt werden (mit Ausnahme von chronisch-myeloischer Leukämie und myelodysplastischem Syndrom).
Mechanismus	Wachstums- und Differenzierungsfaktor für Granulozyten, der durch Pegylierung ein besseres pharmakokinetisches Profil besitzt, als die Vergleichssubstanz Filgrastim.
Dosierung	Pro Chemotherapiezyklus wird eine Dosis von 6 mg Neulasta® empfohlen, die als subkutane Injektion ca. 24 Stunden nach einer zytotoxischen Chemotherapie angewendet wird. Auf Grund unzureichender Daten wird die Anwendung von Neulasta® bei Kindern und Jugendlichen unter 18 Jahren nicht empfohlen.

kinen wurden in klinischen Studien nicht gezielt untersucht.

Es gibt keine Hinweise, dass eine Wechselwirkung mit Lithium, welches ebenfalls die Freisetzung von neutrophilen Granulozyten fördert, eine Gefährdung bedeuten würde. Spezifische Interaktions- oder Metabolisierungsstudien wurden nicht durchgeführt, jedoch ergaben klinische Studien keine Hinweise auf eine Wechselwirkung von Neulasta® mit anderen Arzneimitteln.

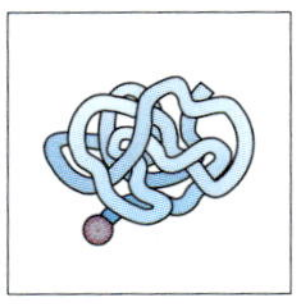

3.4.3 Tasonermin

Tasonermin (BEROMUN®) ist ein rekombinanter Tumornekrosefaktor alfa-1a (TNFα-1a), der aus einem stabil transformierten *E.-coli*-Stamm gewonnen wird. Ebenso wie der natürliche Tumornekrosefaktor liegt auch TNFα-1a in Form eines Homotrimers vor, wobei jede Polypeptidkette 157 Aminosäuren lang ist und jede Untereinheit ein Molekulargewicht von 17.350 Da besitzt.

Zwei Varianten des Tumornekrosefaktors gibt es beim Menschen:

- der Tumornekrosefaktor-alpha, der früher auch als Cachectin bezeichnet wurde, und
- der Tumornekrosefaktor-beta, den man ursprünglich Lymphotoxin-alpha genannt hatte.

Beide Moleküle sind strukturell und funktionell sehr ähnlich, weshalb oft nicht sauber unterschieden wird und man beide Varianten synonym als „TNF“ zusammenfasst. Zwei Rezeptoren (TNFRI und TNFRII) werden von den beiden Tumornekrosefaktoren angesteuert, die sowohl als membrangebundene Rezeptoren als auch als lösliche Rezeptoren vorkommen. Beides sind Glykoproteine mit Molekulargewichten von 75 bis 80 kDa (TNFRI) bzw. 55 bis 60 kDa (TNFRII).

Die Tumornekrosefaktoren sind ganz zentrale Zytokine bei Entzündungsprozessen (vgl. Kap. I.2.3). Ähnlich wie IL-2 hierarchisch ganz oben in der Immunkaskade steht, stehen die Tumornekrosefaktoren ganz oben in der Entzündungskaskade.

TNF-α wird von vielen Zellarten, besonders aber von Monozyten, Makrophagen und aktivierten T_H1-Zellen produziert. Praktisch alle Zellen scheinen Rezeptoren für den Tumornekrosefaktor alpha zu besitzen, so dass TNF-α eine Vielzahl von biochemischen Prozessen auslösen kann (Abb. II.3.10). Eine Rezeptoraktivierung der Zielzelle führt zur Induktion verschiedener Genen, die zur Entzündungsreaktion oder Akute-Phase-Reaktion beitragen. Typische biologische Aktivitäten, die durch die Tumornekrosefaktoren ausgelöst werden, sind beispielsweise die Induktion proinflammatorischer Zytokine wie IL-1 und IL-6, eine Steigerung der Leukozytenmigration durch Er-

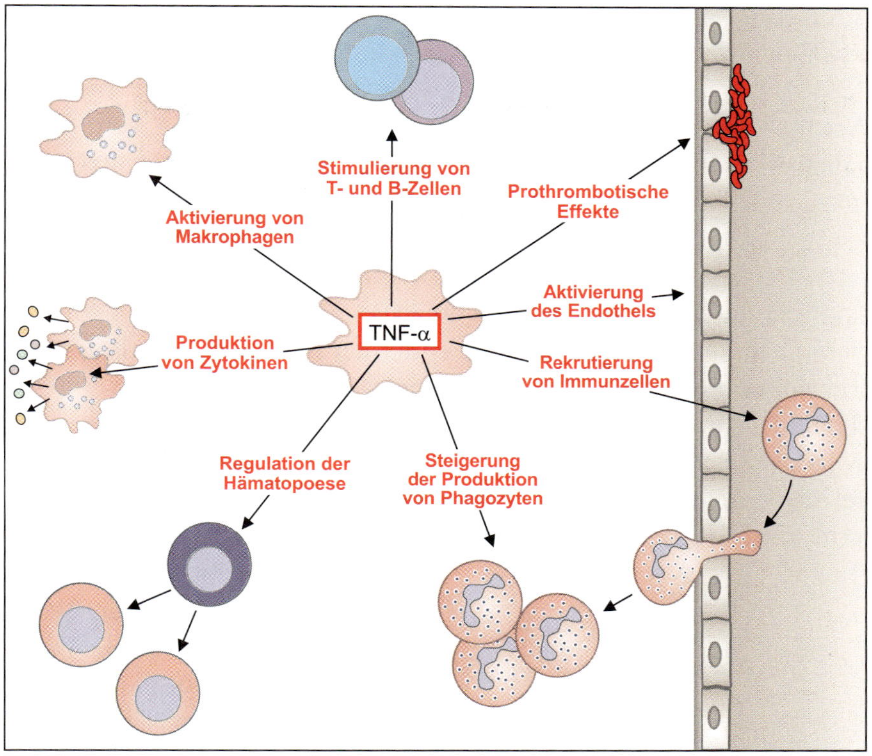

Abb. II.3.10: Wirkmechanismus von TNF-α. Die Tumornekrosefaktoren sind zentrale Zytokine bei Entzündungsprozessen. TNF-α wird von vielen Zellarten, besonders aber von Monozyten, Makrophagen und aktivierten T_H1-Zellen produziert. Praktisch alle Zellen scheinen Rezeptoren für den Tumornekrosefaktor alpha zu besitzen, so dass TNF-α eine Vielzahl von biochemischen Prozessen auslösen kann.

höhung der Endothel-Permeationsfähigkeit, die Expression von Adhäsionsmolekülen auf Endothelzellen und Leukozyten, die Aktivierung neutrophiler und eosinophiler Leukozyten und die Induktion so genannter Akute-Phase-Proteine und anderer Leber-Proteine.

Ferner kann TNF-α das Tumorwachstum über direkte und indirekte Mechanismen beeinflussen. Es konnte gezeigt werden, dass TNF-α auf unterschiedliche Tumorzelllinien zytotoxisch bzw. zytostatisch wirkt.

Durch diese Vielzahl unterschiedlicher Wirkungen wird eine Art prokoagulatorischen Zustands eingestellt, der zu mikrovaskulären Thrombosen führt. Diese Endothelschädigungen begünstigen beispielsweise das Eindringen von Immunzellen, wie Lymphozyten, Monozyten und Granulozyten in den Tumor.

Schließlich entfaltet TNF-α auch ausgeprägte Wirkungen auf zelluläre Komponenten des Immunsystems. Es fördert die Proliferation aktivierter B- und T-Zellen, begünstigt die Entwicklung zytotoxischer T-Zellen und Antikörper-sezernierender B-Lymphozyten, aktiviert Monozyten und Makrophagen und verstärkt die Phagozytoseaktivität, die Sauerstoffradikalbildung und die Degranulation von Granulozyten. Schließlich induziert TNF-α eine verstärkte Produktion von Zytokinen und niedermolekularen Mediatoren wie Prostaglandine und den Plättchen-aktivierenden Faktor. Es ist daher nicht verwunderlich, dass wegen dieser indirekten Effekte ein intaktes Immunsystem erforderlich ist, damit sich eine TNF-α-Wirkung voll entfalten kann.

Dieses komplexe Wirkspektrum, das von einem Tumornekrosefaktor ausgelöst wird, macht deutlich, dass die systemische Anwendung eines TNF-α-Wirkstoffs begrenzt ist. Hinzu kommt, dass die in präklinischen Studien ermittelte wirksame Anti-Tumor-Dosis wesentlich größer ist als die maximal tolerierte Dosis beim Menschen.

Aus diesem Grund hat man versucht, eine lokoregionale Anwendung zu etablieren. So wird BEROMUN® derzeit nur bei nichtresezierbaren Weichteilsarkomen der Extremitäten in Kombination mit Melphalan (einem Interstrang-Crosslinker, Abb. II.3.11) über eine isolierte Extremitäten-Perfusion unter milder Hyperthermie eingesetzt. Ziel der Therapie ist, durch die Therapie eine Schrumpfung des Tumors zu erreichen, um diesen dann anschließend operativ entfernen zu können. Dadurch wird eine Amputation vermieden und ein inoperabler Tumor kann lokal palliativ behandelt werden.

Bei dieser lokoregionalen Therapie kann man nicht davon ausgehen, dass die Behandlung mit BEROMUN® zusammen mit Melphalan die Überlebensrate positiv beeinflusst. Dies ergab auch eine *matched-pair*-Analyse der Überlebensrate von Patienten, die mit BEROMUN® zusammen mit Melphalan behandelt wurden, und eines historischen Vergleichkollektivs. Dennoch muss die lokoregionale Therapie mit BEROMUN® und Melphalan als eine äußerst wirksame Maßnahme eingestuft werden, inoperable Weichteilsarkome der Extremitäten zu kontrollieren.

Die Anwendung ist extrem komplex und birgt große Risiken. Daher kann eine solche Therapie nur in Spezialkliniken von chirurgischen Teams durchgeführt werden, die Erfahrungen in der Behandlung von Extremitätensarkomen haben und mit der isolierten Extremitäten-Perfusion (ILP) vertraut sind. Eine mögliche Arzneimittel-Leckage in den Körperkreislauf muss kontinuierlich mit Hilfe eines zugesetzten radioaktiven *Tracers* überwacht werden. Eine solche Leckage muss zwingend unter 10 % liegen.

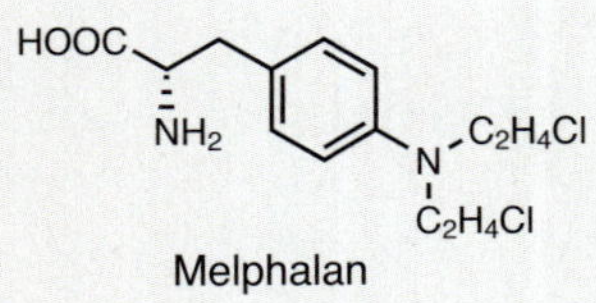

Abb. II.3.11

Name	**Tasonermin**
Spezialitäten	**BEROMUN®**
Indikation	Bei nichtresezierbaren Weichteilsarkomen der Extremitäten in Kombination mit Melphalan über eine isolierte Extremitäten-Perfusion unter milder Hyperthermie • zur Vorbereitung auf eine Entfernung des Tumors, um eine Amputation zu vermeiden bzw. zu verzögern • oder zur palliativen Behandlung
Mechanismus	TNF-α entfaltet ein pleiotropes, direktes und indirektes Wirkspektrum mit 1. einer Hemmung der Tumorzellproliferation; 2. einer Hemmung der Proliferation endothelialer Zellen und Veränderung der Expression von Adhäsionsmolekülen; 3. einer Induktion mikrovaskulärer Thrombosen, durch die das Eindringen von Immunzellen in den Tumor begünstigt wird; 4. einer ausgeprägten Wirkung auf zelluläre Komponenten des Immunsystems, die die direkten Effekte des Zytokins indirekt potenzieren.
Dosierung	Behandlung einer oberen Extremität: 3 mg Tasonermin-Gesamtdosis zur isolierten Extremitäten-Perfusion Behandlung einer unteren Extremität: 4 mg Tasonermin-Gesamtdosis zur isolierten Extremitäten-Perfusion Melphalan wird mit 13 mg/l perfundiertes Volumen der oberen Extremität oder 10 mg/l perfundiertes Volumen der unteren Extremität dosiert.

Metabolismus: Die maximal tolerierte intravenöse systemische Dosis von 150 µg/m² besitzt eine terminale Halbwertszeit von 15 bis 30 Minuten. Bei einer lokalen Anwendung in Form einer isolierten Extremitäten-Perfusion wird eine maximale Tasonermin-Konzentration im Perfusionskreislauf nach 30 Minuten mit Konzentrationen von 3 bis 4 µg/ml erreicht.

Unerwünschte Wirkungen:

Systemische Nebenwirkungen: Fieber, Übelkeit, Erbrechen, Herzrhythmusstörungen, Mattigkeit, Schüttelfrost, Lebertoxizität, Infektionen.

Lokale Nebenwirkungen: Hautreaktionen, Ödeme, Schmerzen in der perfundierten Extremität, Nervenschädigungen, Wundinfektionen

Interaktionen: Formelle Untersuchungen der Wechselwirkung von BEROMUN® mit anderen Arzneimitteln liegen nicht vor. Allerdings kann aus Beobachtungen abgeleitet werden, dass die Anwendung kardiotoxischer Wirkstoffe (z. B. Anthrazykline) vermieden werden sollte, da Tasonermin die Kardiotoxizität dieser Wirkstoffe erhöhen kann. Ferner ist die gleichzeitige Anwendung von Arzneimitteln nicht zu empfehlen, die zu einem starken Blutdruckabfall führen.

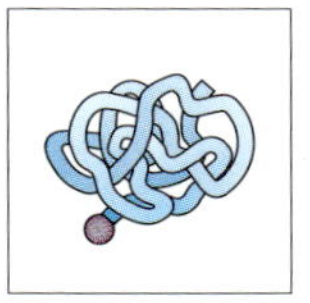

3.4.4 Aldesleukin

Aldesleukin (PROLEUKIN®) ist eine rekombinant hergestellte IL-2-Variante, die aus transformierten *E.-coli*-Zellen isoliert wird. Pro Ampulle sind 18×10^6 I. E. IL-2 enthalten, die entweder als Infusion oder als Injektion appliziert werden.

IL-2 ist ein Zytokin, das in der Hierarchie der immunologischen Signalvermittlung ganz oben steht (Abb. II.3.12). Nach Abspaltung des Signalpeptids (20 Aminosäuren) besitzt die reife Form des IL-2 133 Aminosäuren. Ferner enthält IL-2 eine essentielle Disulfidbrücke und eine einzelne (nicht essentielle) Zuckerkette, die O-glykosidisch an Threonin 3 gebunden ist. Der rekombinant hergestellte Wirkstoff ist nicht glykosyliert, da er aus *E. coli* isoliert wird. Dem Wirkstoff fehlt ferner die N-terminale Aminosäure Alanin, und er trägt eine Aminosäure-Substitution (Cys125Ser) an Position 125 (*des-alanyl-1, serin-125 interleukin-2*).

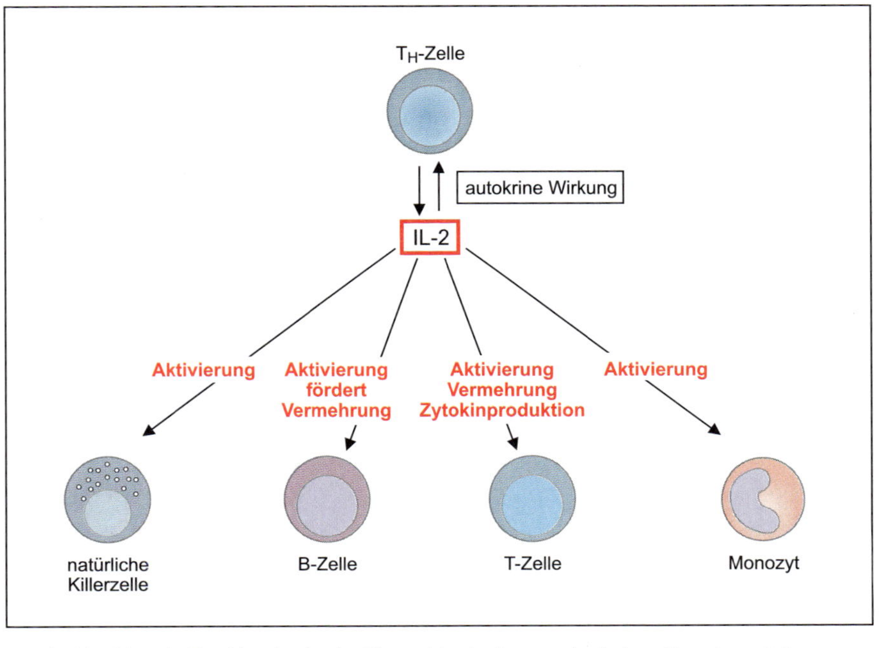

Abb. II.3.12: Wirkmechanismus von IL-2.

Interleukin 2 ist ein Zytokin, das in der Hierarchie der immunologischen Signalvermittlung ganz oben steht. Neben einem Proliferationssignal für T_H-Zellen induziert IL-2 wichtige Effektorfunktionen bei anderen Zellen des Immunsystems.

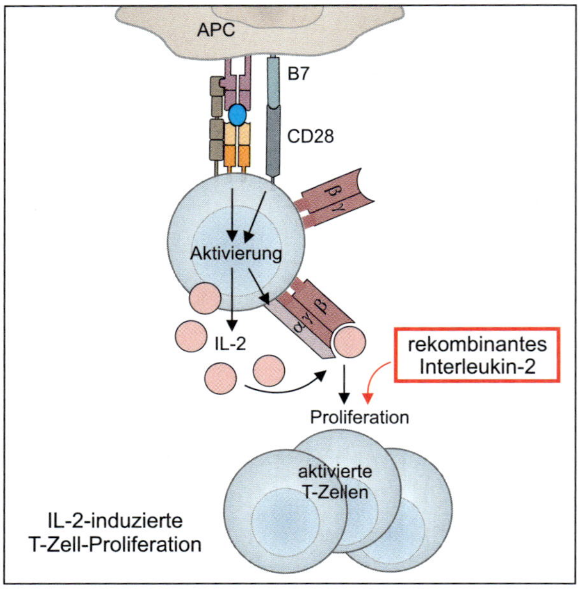

Abb. II.3.13: IL-2 und sein Rezeptor.
Rekombinantes IL-2 bindet ebenso wie natürliches IL-2 an die spezifischen Rezeptoren mit den drei Untereinheiten α, β und γ und induziert über die intrazelluläre Signaltransduktionskaskade die Proliferation aktivierter T-Zellen.

Das mature Protein bindet an spezifische Rezeptoren, die aus drei Untereinheiten, einer α-, einer β- und einer γ-Untereinheit, bestehen. Diese befinden sich primär auf T-Zellen, wobei die β- und γ-Untereinheit dort immer (konstitutiv) vorhanden sind. Die α-Untereinheit gesellt sich erst dazu, wenn die T-Zellen durch ein Antigen aktiviert werden (vgl. Kap. I.3.3.1.1). Erst dieser heterotrimere IL-2-Rezeptor wird mit hoher Affinität von IL-2 erkannt (Abb. II.3.13). Der Ligand/Rezeptor-Komplex induziert dann eine komplexe Kaskade der Immunantwort. So wird die Proliferation und Differenzierung von B-Zellen und besonders von verschiedenen T-Zell-Subpopulationen induziert, und es wird die Bildung verschiedener Interleukine, Interferone und Tumornekrosefaktoren angeregt. Eine antitumorale Wirkung entfaltet IL-2 beispielsweise über seinen Einfluss auf zytotoxische T-Zellen (T_C-Zellen), natürliche Killerzellen (NK-Zellen), Lymphokin-aktivierte Killerzellen (LAK-Zellen) und Tumor-infiltrierende Lymphozyten (TIL), die ebenfalls IL-2-Rezeptoren exprimieren.

Metabolismus: Die Halbwertszeit von Aldesleukin weist im humanen Serum nach einer intravenösen einmaligen Injektion eine biexponentielle Kurve auf; die $t_{1/2a}$ beträgt 13 Minuten, und die $t_{1/2b}$ 85 Minuten. Die a-Phase macht 87 % der Clearance bei einer Bolusinjektion aus. Die beobachteten Serumspiegel sind der Aldesleukin-Dosis proportional. Die Nieren sind der wichtigste Ausscheidungsweg von rIL-2 bei Tieren. Der größte Teil der injizierten Dosis wird in den Nieren metabolisiert, wobei im Urin kein biologisch aktives Aldesleukin erscheint. Die beobachtete Clearance am Menschen nach einer intravenösen Kurzinfusion (15 Minuten) und nach intravenöser Dauerinfusion über 24 Stunden ähnelt der glomerulären Filtrations-Clearance in den Nieren.

Unerwünschte Wirkungen: Aldesleukin verursacht sehr viele unerwünschte Arzneimittelwirkungen, von denen hier nur die häufigsten genannt sind: Leichte bis schwere Hypotonie, leichte bis schwere Tachykardie, leichte bis schwere Oligurie mit erhöhten Harnstoff- und Kreatininwerten, leichte bis schwere Dyspnoe, Husten, leichte bis schwere Übelkeit, mit oder ohne Erbrechen, leichter bis mäßiger Durchfall, leichte bis schwere Anorexie, leichte bis schwere Anämie, leichte bis schwere Thrombozytopenie, mäßige bis schwere Angst, leichter bis schwerer Verwirrtheitszustand, Schwindel, leichte bis schwere Somnolenz, leichtes bis schweres Erythem und Ausschlag, leichter bis schwerer Pruritus, leichte bis schwere exfoliative Dermatitis, leichte bis mäßige Gewichtszunahme mit Ödem, leichtes bis schweres Fieber, mit oder ohne Schüttelfrost, leichte bis schwere Müdigkeit und Lustlosigkeit, leichte bis starke Kopfschmerzen

Interaktionen: Proleukin® kann das zentrale Nervensystem beeinflussen und die Reaktion der Patienten auf psychotrope Arzneimittel verändern. Die gleichzeitige Anwendung von Arzneimitteln mit hepatotoxischen, nephrotoxischen, myelotoxischen oder kardiotoxischen Eigenschaften kann die Toxizität von Proleukin® in diesen Bereichen steigern. Die gleichzeitige Anwendung von

Name	Aldesleukin
Spezialitäten	Proleukin®
Indikation	Zur Behandlung des metastasierenden Nierenkarzinoms. In den USA wird Proleukin® als *Orphan Drug* zusätzlich eingesetzt zur Behandlung von T-Zell-Defekten, eines metastasierenden Melanoms, einer akuten myeloischen Leukämie und eines Non-Hodgkin-Lymphoms
Mechanismus	Aldesleukin steht ganz an der Spitze des immunologischen „*Cross-talks*" und wirkt immunregulatorisch. Wie genau der Wirkstoff sein antitumorales Potential entwickelt, ist nicht im Detail bekannt.
Dosierung	Täglich 18×10^6 I. E. als subkutane Injektion über einen Zeitraum von 5 Tagen, gefolgt von einer 2-tägigen Pause. Für die darauf folgenden 3 Wochen werden 18×10^6 I. E. s.c. an den Tagen 1 und 2 jeder Woche, gefolgt von 9×10^6 I. E. an den Tagen 3 bis 5, verabreicht. Die Tage 6 und 7 sind behandlungsfrei. Nach 1-wöchiger Therapiepause sollte dieser 4-wöchige Zyklus wiederholt werden. Alternativ können 18×10^6 I. E./m^2 Körperoberfläche pro Tag als kontinuierliche Dauerinfusion über einen Zeitraum von 5 Tagen appliziert werden. Es folgt eine Therapiepause von 2 – 6 Tagen. Danach wird über weitere 5 Tagen mit Proleukin® als kontinuierliche Dauerinfusion behandelt. Dieser Behandlungsablauf entspricht einem kompletten Induktionszyklus. Nach der dreiwöchigen Therapiepause sollte dieser Induktionszyklus wiederholt werden.

Glucocorticosteroiden kann die Wirksamkeit von Proleukin® verringern. Jedoch können Patienten, die eine lebensbedrohliche Symptomatik entwickeln, mit Dexamethason behandelt werden, bis die Toxizität auf ein akzeptables Maß zurückgegangen ist. Antihypertensive Mittel, wie z. B. Betablocker, können die von Proleukin® verursachte Blutdrucksenkung potenzieren. Die Anwendung von Kontrastmitteln nach Proleukin®-Gabe kann zu einem erneuten Auftreten der Symptomatik der Toxizität führen (*Recall*-Phänomen), die während der Proleukin®-Anwendung beobachtet wurde.

Über die meisten Ereignisse wurde berichtet, dass sie innerhalb von 2 Wochen nach der letzten Proleukin®-Gabe auftraten, aber einige wurden noch nach Monaten beobachtet.

Der renale oder hepatische Stoffwechsel oder die Ausscheidung gleichzeitig angewendeter Arzneimittel kann durch die Gabe von Proleukin® verändert werden. Andere Arzneimittel mit bekannter nieren- oder lebertoxischer Wirkung sind mit Vorsicht anzuwenden.

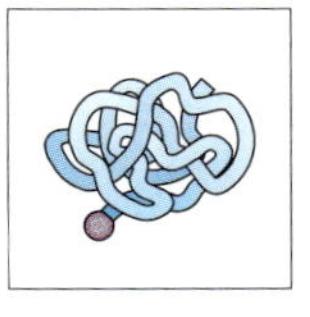

3.4.5 Interferon gamma-1b

Rekombinantes Interferon gamma-1b (Imukin®) ist als Zusatztherapie zur Verringerung der Häufigkeit schwerwiegender Infektionen bei Patienten mit chronischer Granulomatose (CGD) zugelassen. Es wird aus gentechnisch veränderten *E.-coli*-Zellen isoliert.

Interferon gamma (IFN-γ) wird primär von aktivierten T-Zellen produziert (vgl. Kap. I.3.3.2.2) und zusammen mit IL-2 freigesetzt. Es bindet dann an spezifische Rezeptoren auf der Oberfläche von Makrophagen und Monozyten, die so für die Abwehr von Pathogenen und für die Elimination von entarteten Zellen aktiviert werden (Abb. II.3.14). Ferner induziert und steigert IFN-γ die Expression von MHC-Molekülen der Klassen I und II, die Aktivität natürlicher Killerzellen (NK-Zellen) und die antikörperabhängige zellvermit-

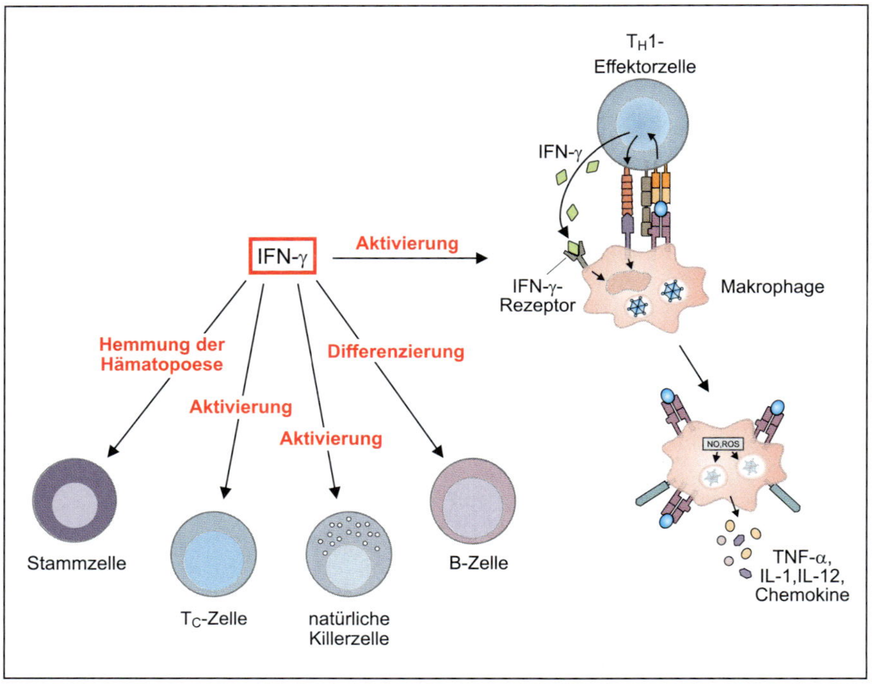

IFN-γ wird von aktivierten T-Zellen produziert und bindet dann an spezifische Rezeptoren auf der Oberfläche von Makrophagen und Monozyten, die für die Abwehr von Pathogenen und für die Elimination von entarteten Zellen aktiviert werden. Daneben stimuliert es noch andere immunkompetente Zellen. Rekombinantes IFN-γ ist als Zusatztherapie zur Verringerung der Häufigkeit schwerwiegender Infektionen bei Patienten mit chronischer Granulomatose zugelassen.

Abb. II.3.14: Wirkmechanismus von IFN-γ.

telte Zytotoxizität. Schließlich ist dieses Zytokin auch an der Bildung zytotoxischer T-Lymphozyten sowie an der Reifung und Differenzierung von B-Lymphozyten beteiligt.

Natürliches IFN-γ ist ein Glykoprotein, das aus 146 Aminosäuren besteht und ein Molekulargewicht von ca. 22 kDa besitzt. Zwei identische Proteinketten assoziieren *in vivo* zu einem aktiven Dimer. Imukin® enthält als Wirkstoff Interferon gamma-1b, das in *E. coli* hergestellt wird. Das rekombinante Interferon gamma-1b hat im Gegensatz zum humanen IFN-γ nur 140 Aminosäuren. Es fehlen die drei natürlichen N-terminalen Aminosäuren Cystein, Tyrosin und Cystein sowie die vier C-terminalen Aminosäuren Arginin, Alanin, Serin und Glutamin. Stattdessen besitzt das rekombinante Interferon gamma-1b am N-Terminus die zusätzliche Aminosäure Methionin.

In einer Placebo-kontrollierten klinischen Prüfung an 128 Patienten mit chronischer Granulomatose zeigte sich, dass Imukin® die Häufigkeit schwerer Infektionen bei den mit Imukin® behandelten Patienten während der 12-monatigen Studiendauer um 77 % reduzierte, im Vergleich zu 33 % in der Placebo-Gruppe ($p = 0{,}0006$). Die meisten dieser Patienten erhielten zusätzlich eine prophylaktische Antibiotika-Therapie.

Metabolismus: Nach intravenöser Applikation wird Imukin® rasch ausgeschieden. Nach intramuskulärer oder subkutaner Verabreichung wird Imukin® langsam und gut resorbiert. Mit dem empfohlenen Dosierungsregime der subkutanen Applikation von 50 µg/m^2 Imukin® betrugen die mittleren Eliminationshalbwertszeiten 4,9 Stunden und die mittlere Verweildauer 2,5 Stunden. Die maximale Plasmakonzentration wird nach 4 bis 14 Stunden, im Mittel nach 8 Stunden erreicht. IFN-γ wurde nach intramuskulärer oder subkutaner Verabreichung von 100 µg/m^2 Körperoberfläche im Urin von gesunden männlichen Probanden nicht nachgewiesen.

Unerwünschte Wirkungen: Kopfschmerzen, Übelkeit, Erbrechen, Ausschlag, Muskel- und

Name	Interferon gamma-1b
Spezialitäten	Imukin®
Indikation	Zur Zusatztherapie zur Verringerung der Häufigkeit schwerwiegender Infektionen bei Patienten mit chronischer Granulomatose (CGD)
Mechanismus	Obwohl der Wirkungsmechanismus von IFN-γ bei Patienten mit chronischer Granulomatose bisher nicht genau bekannt ist, geht man davon aus, dass die Aktivierung der Makrophagen – und damit die Erhöhung der antimikrobiellen Aktivität dieser Zellen – im Vordergrund steht.
Dosierung	Imukin® wird mit 50 µg/m² für Patienten mit einer Körperoberfläche von mehr als 0,5 m² dosiert. Patienten mit einer Körperoberfläche von 0,5 m² und kleiner erhalten 1,5 µg/kg. Die Applikation erfolgt subkutan dreimal pro Woche.

Gelenkschmerz, Fieber, Schüttelfrost, Schmerzen an der Injektionsstelle, Müdigkeit.

Interaktionen: Es ist theoretisch möglich, dass hepatotoxische und/oder nephrotoxische Wirkstoffe Auswirkungen auf die Clearance von Imukin® haben könnten. Ebenso sind die Auswirkungen von entzündungshemmenden Arzneimitteln, nicht-steroidalen Antiphlogistika, Theophyllin, Immunsuppressiva und Zytostatika auf die akuten zellulären Effekte von Imukin® und seine therapeutische Wirksamkeit bei Patienten mit chronischer Granulomatose nicht bekannt, wenn diese Präparate gleichzeitig in der Dauertherapie angewendet werden.

Imukin® kann möglicherweise die Halbwertszeiten von gleichzeitig verabreichten Wirkstoffen, die durch das Cytochrom-P450-System metabolisiert werden, verlängern. Die gleichzeitige Gabe von Arzneimitteln mit neurotoxischen, hämatotoxischen oder kardiotoxischen Wirkungen kann die Toxizität von Interferonen in diesen Systemen verstärken.

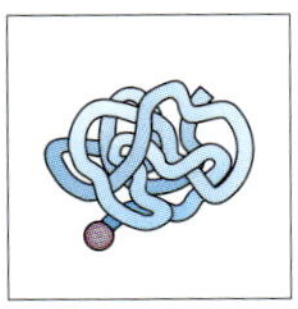

3.4.6 Oprelvekin

Oprelvekin wird in den USA als Neumega® vermarktet. Der Wirkstoff ist eine Variante des Zytokins Interleukin-11 (IL-11). Diese IL-11-Variante wird in *E. coli* exprimiert und ist daher nicht glykosyliert. Ferner fehlt dieser Variante die N-terminale Aminosäure Prolin, so dass das Protein mit 177 Aminosäuren kürzer ist als das natürliche IL-11, das aus 178 Aminosäuren besteht.

IL-11 ist ein pleiotropes Zytokin, das vor allem lymphohämatopoetische Vorläuferzellen stimuliert. Ferner wirkt es zusammen mit anderen Wachstumsfaktoren proliferations- und reifungsfördernd auf Megakaryozyten. Es wirkt somit als thrombopoetisches Zytokin, das ganz entscheidend die Bildung neuer Plättchen anregt (Abb. II.3.15).

IL-11 zeigt in Tiermodellen auch nicht-hämatopoetische Aktivitäten, darunter Wachstumsstimulation des intestinalen Epithels (forciert die Abheilung gastrointestinaler Läsionen), Inhibition der Adipogenese, Induktion der Synthese von Akute-Phase-Proteinen, Inhibition der Produktion proinflammatorischer Zytokine durch Makrophagen sowie die Stimulation der Osteoklastogenese und der Neurogenese. IL-11 wird natürlicherweise von den Stromazellen des Knochenmarks produziert und gehört zu der Proteinfamilie, die den gp130-Signaltransduktionsweg benutzt.

In den USA ist Neumega® zur Prophylaxe einer schweren Thrombozytopenie nach myelosuppressiver Chemotherapie zugelassen.

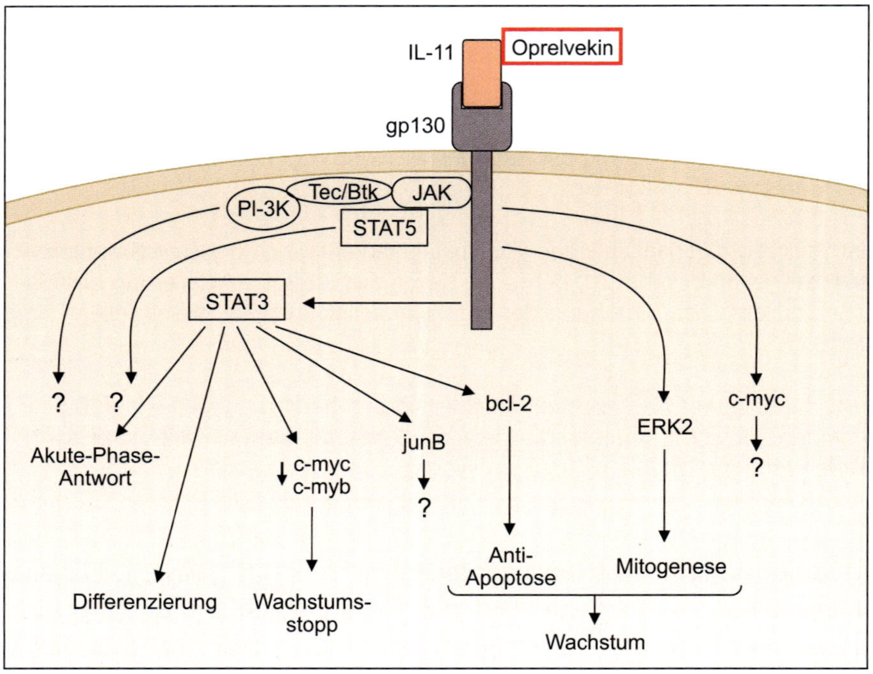

Oprelvekin ist das rekombinant hergestellte Zytokin IL-11 und bindet an den entsprechenden Rezeptor, wodurch der so genannte gp130-Signaltransduktionsweg aktiviert und Megakaryozyten zur Proliferation angeregt werden. Dadurch erklärt sich auch die Verwendung von Oprelvekin zur Prophylaxe schwerer Thrombozytopenien.

Abb. II.3.15: Wirkmechanismus von IL-11.

4 Impfstoffe

4.1 Einleitung

Impfstoffe gehören zu den wichtigsten Immuntherapeutika, da sie das Immunsystem für den Ernstfall konditionieren. Diese Konditionierung geschieht zu einem Zeitpunkt, wo das Individuum gesund ist. Oft ist „Gesundheit" eine unabdingbare Voraussetzung für eine bestimmte Art der Immunisierung. Beispielsweise kann man Immunsupprimierte nicht mit einer Lebendvakzine immunisieren. Immunisierung ist somit keine therapeutische, sondern eine prophylaktische Maßnahme. Dies erfordert Disziplin und Einsicht, die oft nicht vorhanden sind, weshalb der Immunstatus der Bevölkerung in vielen Fällen unzureichend ist. Es ist die Aufgabe des Apothekers, dies zu erkennen und mit dazu beizutragen, diese Situation zu verbessern. Nach wie vor gehören Impfungen zu den kosteneffektivsten und sichersten Maßnahmen zur Verhinderung von Infektionskrankheiten im Gesundheitswesen.

Die Erfolge, die durch Vakzinierung erzielt wurden, sind imposant. So konnte im Jahre 1970 die weltweite Eradikation der Pocken verkündet werden. Aber auch bei vielen anderen, zum Teil drastisch verlaufenden Infektionserkrankungen, wie Diphtherie, Tetanus, Keuchhusten, Poliomyelitis, Masern, Mumps und Röteln konnten beeindruckende Erfolge erzielt werden (Tab. II.4.1). Treffen solche Keime auf einen unvorbereiteten Organismus, hat das Immunsystem oft keine Chance, so zu reagieren, dass eine schwere Erkrankung vermieden werden kann. Viren und Mikroorganismen sind häufig schneller. Kennt das Immunsystem jedoch relevante Teilstruktu-

Tab. II.4.1: Gemeldete absolute Erkrankungszahlen (RKI) und Sterbefälle (Statistisches Bundesamt) einiger impfpräventabler Erkrankungen

	Erkrankungen					Sterbefälle		
	1980	1985	1990	1995	2000	1980	1990	1998
Masernfälle* (DDR bzw. NBL)	28.745	568	190	80	73	23	1	2
Mumpserkrankungen* (DDR bzw. NBL)	126.886	44.397	9647	354	268		4	3
Röteln* (DDR bzw. NBL)	22830 (1983)	69.230	22.269	507	352	0	1	0
Hepatitis B	ca. 6000	7088	4608	6146	4542	> 105	132	158
Pertussis* (DDR bzw. NBL)	258	306	57	369	2845	8	8	0
Diphtherie	19	4	6	4	0	2	1	2
Tetanus	21	18	18	11	8	12	8	4
Polio	8	4	3	3	1			
Meningokokken	1301	1269	877	651	757	114	89	68

* Daten aus den neuen Bundesländern (RKI), in den alten Bundesländern besteht keine Meldepflicht
Bundesgesundheitsblatt – Gesundheitsforschung – Gesundheitsschutz, 2002, 45: 323 – 331

Tab. II.4.2: Zahl der Erkrankungen in den USA vor und nach der Einführung der verschiedenen Schutzimpfungen

Krankheit	Jahr der Einführung der Impfung	Erkrankungen vor der Impfung	Erkrankungen 1997	Rückgang in Prozent
Diphtherie	1921	206.939	5	99,99
Masern	1941	894.134	135	99,98
Mumps	1968	152.209	612	99,60
Pertussis	1934	265.269	5519	97,92
Poliomyelitis	1952	21.269	0	100,00
Röteln-Embryopathie	1965	21.000	4	99,98
Tetanus	1948	1.560	43	97,24
Hib	1984	20.000	165	99,18

ren der ungebetenen Eindringlinge, können sehr schnell spezifische Instrumente mobilisiert werden, die dann eine persistierende Infektion sicher verhindern. Aus diesem Grund ist es unverantwortlich, diese hocheffektive Gelegenheit der Immunisierung zu verpassen und es auf den Ernstfall ankommen zu lassen. Dies gefährdet nicht nur das betroffene Individuum selbst, sondern auch andere Individuen, die sich entweder ebenfalls nicht haben schützen lassen, oder die sich nicht schützen konnten, weil sie an einer Grunderkrankung leiden, die eine Immunisierung verbietet. Wie effektiv die Impfungen sind, zeigt die Tabelle II.4.2 am Beispiel einiger Erkrankungen innerhalb der USA.

Mit diesem erfreulichen Rückgang der Risiken einiger Infektionskrankheiten drängen jedoch die selten auftretenden Impfkomplikationen und Nebenwirkungen in den Vordergrund öffentlicher Diskussionen.

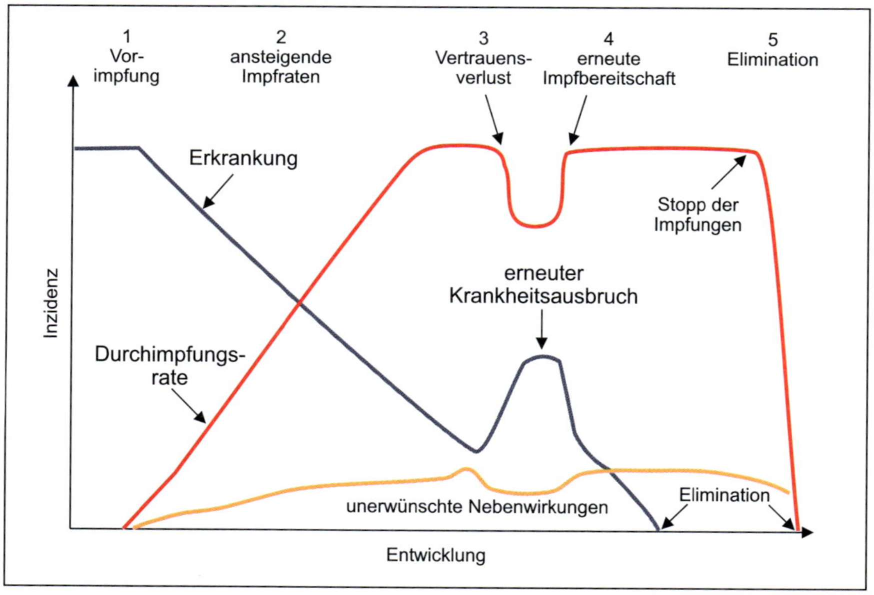

Im Verlauf der Elimination einer impfpräventablen Erkrankung kann es durch unterschiedliche Phasen der Wahrnehmung von Erkrankungs- und Impfkomplikationen zu einem Rückgang aber auch zu einer intermediären Steigerung der Erkrankungszahlen kommen.

Abb. II.4.1: Impfakzeptanz und Erkrankungszahlen.

4.1.1 *Impfreaktionen*

Bei den Impfreaktionen handelt es sich um kurzzeitig anhaltende (Stunden bis wenige Tage) anhaltende Reaktionen des Impflings, die keine Residuen hinterlassen. Zu üblichen Reaktionen gehören Anschwellen der regionalen Lymphknoten, Fieber und ein allgemeines Krankheitsgefühl. Dies ist in der Regel Ausdruck einer Immunreaktion auf den Antigenreiz. Auch lokale Effekte wie Rötungen, Schwellungen und Schmerzen an der Stichstelle kommen vor. Grundsätzlich sind die Reaktionen Patienten-spezifisch und bei Anwendungen von Impfungen wohl nicht zu vermeiden! Moderne Impfstoffe mit definiertem Antigengehalt reduzieren in der Regel die Häufigkeit der Impfreaktionen.

4.1.2 *Impfkomplikationen*

Impfkomplikationen unterteilt man in
- Impferkrankungen
- Impfdurchbrüche
- Impfschäden (siehe unten)

Impfkomplikationen wurden bei vielen der ver-

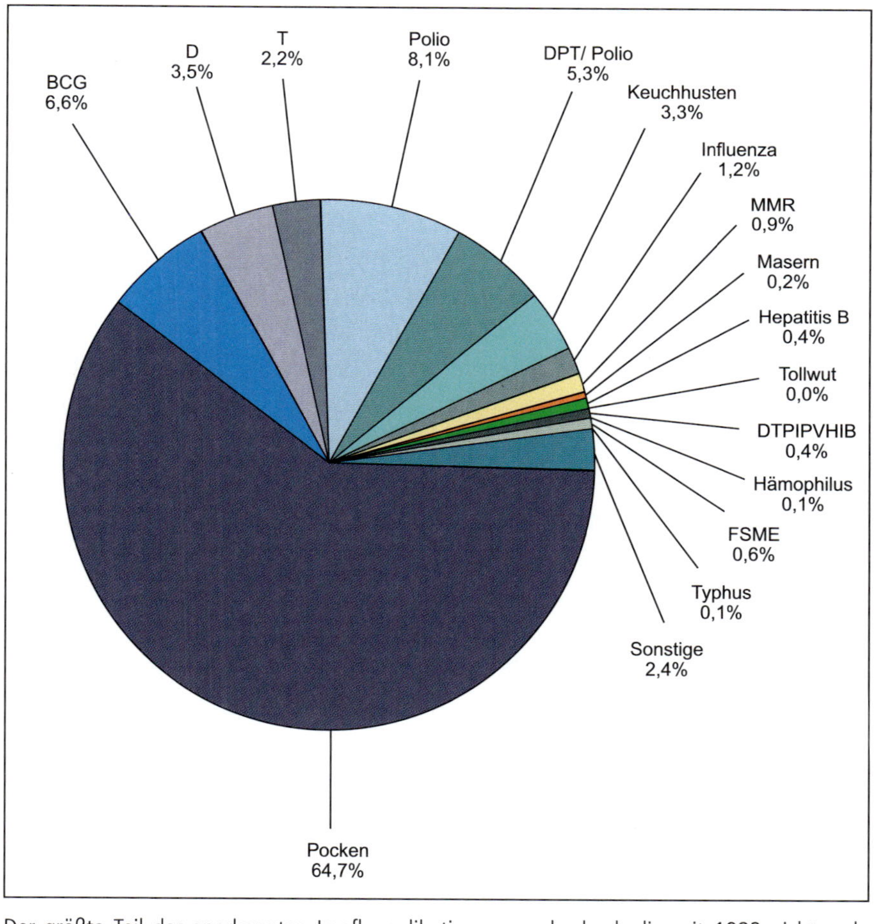

Abb. II.4.2: Verteilung der anerkannten Impfkomplikationen nach Art des Impfstoffes 1972 – 1999.

Der größte Teil der anerkannten Impfkomplikationen wurde durch die seit 1982 nicht mehr durchgeführte Pockenimpfung verursacht. Auch die BCG-Vakzine als Tuberkulose-Prophylaxe, die orale Poliomyelitis-Vakzine und die Ganzkeim-Pertussis-Vakzine werden inzwischen nicht mehr von der Ständigen Impfkommission (STIKO) empfohlen.
(Keuchhusten: Pertussis-Antigen und -Ganzkeim, Polio: OPV (orale Poliomyelitis-Vakzine) und IPV (inaktivierte Poliomyelitis-Vakzine), BCG: Tuberkulose-Impfung, D: Diphtherie-Monoimpfstoff, T: Tetanus-Monoimpfstoff, DPT/Polio: Diphtherie-Pertussis-Tetanus-Polio-Kombinationsimpfstoff, MMR: Masern-Mumps-Röteln-Kombinationsimpfstoff, HIB: *Hämophilus-influenzae*-Impfstoff, FSME: Frühsommer-Meningoenzephalitis)

II

4

Impfstoffe

fügbaren Vakzinen beobachtet. Sie sind im Allgemeinen aber sehr selten (weit unter 0,01 % der ausgegebenen Impfdosen).

Bei Impferkrankungen handelt es sich um postvakzinale Zwischenfälle, die auf Grund mangelhaft attenuierter Impfstämme, mangelhaft inaktivierter Erreger oder mangelhaft entgifteter Toxine resultieren. Obwohl solche Zwischenfälle auf Grund gestiegenen Qualitätsmanagements nicht mehr auftreten sollten, sind sie nicht völlig auszuschließen.

Impfdurchbrüche sind durch eine zu geringe oder nicht belastbare Immunität des Impflings und damit mit einer Erkrankung trotz vorhergehender Impfung charakterisiert.

Impfschäden sind sehr heterogener Natur. Zu den wichtigsten Impfschäden, die durch die Impfstoffe selbst ausgelöst werden können, gehören Allergien (Soforttyp oder verzögerter Typ), anaphylaktischer Schock, sowie Störungen der Schwangerschaft und Störungen am Zentralnervensystem. Abzugrenzen hiervon sind Schäden technischer Natur, die auf Grund einer Stresssituation beim Impfen, durch die Impfung aktivierte latente oder persistierende Infektionen oder durch Infektionen beim Impfen verursacht werden.

Durch Impfreaktionen und Impfkomplikationen kann die Impfakzeptanz in der Bevölkerung sinken, was zu einer erneuten Zunahme der Erkrankungszahlen führen kann, wie Erfahrungen mit dem Pertussisimpfstoff in Deutschland und dem Masernimpfstoff in England gezeigt haben (Abb. II.4.1). Um das Misstrauen in Impfstoffe möglichst zu reduzieren, werden Komplikationen, die in einem möglichen Zusammenhang mit einer Impfung auftreten, als Impfschaden anerkannt (§§ 60, 61 Infektionsschutzgesetz, IfSG) und entschädigt. Im Zeitraum von 1976 bis 1990 wurden in Deutschland (nur BRD) 4569 Anträge auf Entschädigung von Impfkomplikationen gestellt, von denen 1139 als Impfschäden anerkannt wurden. Zwischen 1991 und 1999 wurden nur 389 von insgesamt 2543 Anträgen (alte und neue Bundesländer) als Impfschäden anerkannt und entschädigt. 38 % aller Entschädigungsverfahren bezogen sich auf die seit 1982 nicht mehr durchgeführte Pockenimpfung (Abb. II.4.2).

4.2 Verschiedene Impfstrategien

4.2.1 Aktive Immunisierung

Hierunter verstehen wir die Stimulation zur Bildung spezifischer Antikörper und spezifischer T-Zellen durch die Applikation von Antigenen. Als Antigene kommen in Frage

- Attenuierte oder avirulente Erreger (Viren oder Bakterien) → Lebendimpfstoffe
- Abgetötete Bakterien oder inaktivierte Viren → Totimpfstoffe.
- Angereicherte oder isolierte Oberflächenantigene von Viren oder Bakterien → Extraktimpfstoffe, Spaltimpfstoffe, Subunit-Vakzine
- Modifizierte bakterielle Toxine → Toxoid-Impfstoffe
- Bakterielle Kohlenhydratstrukturen → Polysaccharid-Impfstoffe

4.2.2 Passive Immunisierung

Bei der passiven Immunisierung werden spezifische Immunglobuline (Immunseren, Gammaglobuline) appliziert. Diese Impfstoffe werden in Kapitel II.5 besprochen.

4.2.3 Postexpositionsprophylaxe

Bei der Postexpositionsprophylaxe werden ebenfalls Antikörper bzw. Immunseren mit dem Ziel verabreicht, eine mögliche Infektion zu begrenzen. Oft werden in diesen Fällen aktive und passive Immunisierung miteinander kombiniert.

4.2.4 Therapeutische Impfungen

Hierbei handelt es sich um Impfungen zur Therapie bereits bestehender Erkrankungen. Die klassischen therapeutischen Impfstoffe sind die so genannten Autovakzine, die streng Individuen- und Erreger-spezifisch hergestellt werden. Solche Impfstoffe werden entweder aus den für eine gegebene Krankheit ätiologisch verantwortlichen Bakterien oder Viren oder im Rahmen einer Krebstherapie aus patienteneigenen Tumorzellen hergestellt. Sinn dieser Strategie ist es, die spezifische Immunität gegen einen Erreger oder auch gegen einen Tumor so zu modulieren, dass der chronische Infekt oder der Tumor nun bekämpft wird. Bisher ist diese Form der Impfung noch experimentell und in ihrem Nutzen umstritten.

4.2.5 Impfen während der Schwangerschaft

Auf Lebendimpfungen sollte während der Schwangerschaft verzichtet werden, wobei nach dem ersten Trimenon Gelbfieberimpfungen möglich sind. Eine versehentlich in der Schwangerschaft durchgeführte Impfung mit Lebendimpfstoffen – auch gegen Röteln – ist jedoch keine Indikation für einen Schwangerschaftsabbruch.
Obwohl Totimpfstoffe generell auch während der Schwangerschaft gegeben werden können, sollte in jedem Fall die Indikation sehr genau geprüft werden. Empfehlenswert ist sicherlich, Impfungen mit Totimpfstoffen nach Möglichkeit nicht im ersten Trimenon durchzuführen.
Passive Immunisierungen sind während der gesamten Schwangerschaft durchführbar.

4.3 Impfstoffentwicklung

Als grundlegende Voraussetzungen für einen erfolgreichen Impfstoff gelten Qualität, Sicherheit und Wirksamkeit, die im Rahmen der behördlichen Registrierung in Form umfangreicher Dokumentation nachzuweisen sind.
Ebenso wichtig ist die Beurteilung der Wirksamkeit eines Impfstoffs nach der behördlichen Freigabe. Während das Bundesinstitut für Arzneimittel und Medizinprodukte in Bonn die Zulassungsbehörde für allgemeine Humanarzneimittel ist, müssen Sera, Impfstoffe, Testallergene, Testsera und Testantigene sowie Blutzubereitungen vom Paul-Ehrlich-Institut in Langen zugelassen werden.

4.3.1 Impfstoffkandidaten

Man schätzt den durchschnittlichen Zeitbedarf für die Entwicklung eines Impfstoffs auf 12 Jahre. Davon entfallen auf die präklinische Entwicklung etwa 2 bis 4 Jahre, auf die klinische Prüfung 5 bis 7 Jahre und auf die behördliche Registrierung 2 bis 3 Jahre.
Bevor ein Entwicklungsimpfstoff am Menschen erprobt werden kann, muss von der zuständigen Registrierungsbehörde und Ethikkommission eine Genehmigung erteilt werden.
Die Erprobung erfolgt an Freiwilligen aus allen Lebensbereichen. Diese müssen einwilligen, den Impfstoff zu erhalten, Termine für die ärztliche Beurteilung und Untersuchungen wahrzunehmen und sich Blutproben entnehmen zu lassen, die zur Beurteilung der Sicherheit und Wirksamkeit des Impfstoffs verwendet werden. In einem Studienprotokoll sind die Ziele der Studie, die Notwendigkeit ihrer Durchführung, das genaue Vorgehen, die Anforderungen an die freiwilligen Studienteilnehmer, die zu erwartenden Nebenwirkungen und die möglichen Vorteile und Risiken der Teilnahme an der Studie klar definiert. Mit der Einwilligung in die Studienteilnahme erklären sich die Probanden bereit, dass sie die Studie und die möglicherweise damit verbunde-

nen Risiken verstanden haben, zur Teilnahme gewillt sind und die Möglichkeit haben, ohne nachteilige Folgen ihre Einwilligung zurückzuziehen und die Teilnahme zu beenden. Bei Studien mit Kindern muss die Einwilligungserklärung von einem Elternteil oder Erziehungsberechtigten unterschrieben sein. Damit wird die Zustimmung zur rein freiwilligen Teilnahme des Kindes erteilt und gleichzeitig festgehalten, dass der Elternteil oder Erziehungsberechtigte das Kind jederzeit aus der Studie nehmen kann.

4.3.2 Drei Phasen der Klinischen Studien vor der behördlichen Zulassung

Wie die pharmazeutischen Wirkstoffe werden auch Impfstoffkandidaten in drei Phasen klinisch geprüft.

4.3.2.1 Phase 1 – Sicherheit

In der ersten Phase einer klinischen Studie wird die Sicherheit verschiedener Dosierungen des Impfstoffs an einer kleinen Zahl gesunder Freiwilliger (meist junge erwachsene Männer) getestet. In dieser Phase werden die Freiwilligen engmaschig überwacht, um die kurzfristigen Nebenwirkungen zu beurteilen und um ggf. die Dosis anzupassen.

4.3.2.2 Phase 2 – Sicherheit und Immunantwort

In Ergänzung zur Phase 1 werden in der Phase 2 weitere Informationen über die Sicherheit des Impfstoffs gesammelt. Parallel wird die Fähigkeit des Impfstoffs getestet, eine Immunantwort auszulösen. In der Phase 2 werden mehrere Hundert Teilnehmer/innen in die Studie aufgenommen, darunter auch die Zielbevölkerung wie ältere Menschen oder Kinder, für die der Impfstoff entwickelt wird.
Ferner werden Konsistenzstudien durchgeführt, um sicherzustellen, dass jede Herstellungscharge des Impfstoffs vergleichbare Qualität, Stabilität und Wirksamkeit besitzen.

4.3.2.3 Phase 3 – Sicherheit, Immunantwort und Wirksamkeit

Die Phase 3 umfasst so genannte Wirksamkeitsstudien, oft mit Tausenden von Teilnehmern/innen. Hier wird getestet, ob der Impfstoff bei einer akzeptablen Rate von Nebenwirkungen auch vor der Krankheit schützt.
Wenn der Impfstoff den Anforderungen an Sicherheit und Wirksamkeit genügt, kann er für die Herstellung und den Vertrieb behördlich freigegeben werden.

4.3.2.4 Phase 4

In Phase-4-Studien wird der Impfstoff nach der behördlichen Registrierung und Markteinführung beurteilt.

4.3.3 Die Netzwerk-Agentur der EMEA (europäische Arzneimittelbehörde)

Von der Europäischen Kommission und dem gemeinsamen Forschungszentrum wurde ein Netzwerk für Informationstechnik eingerichtet, dem die EMEA und die zuständigen nationalen Behörden der EU-Mitgliedstaaten angehören. Das Netzwerk garantiert den schnellen Austausch von Mitteilungen über unerwünschte Arzneimittelwirkungen und Informationen zur Arzneimittelsicherheit. Dem System gehören ungefähr 200 bis 300 Fachleute an, die von den nationalen Behörden der Mitgliedstaaten ernannt und entsandt werden.

4.4 Ständige Impfkommission (STIKO) und der Impfkalender

Seit 1982 gibt es in der Bundesrepublik Deutschland keine generelle Impfpflicht mehr. Damals lief die einzige Impfpflicht – die Pflicht zur Pockenimpfung – aus, die seit 1874 bestand. Allerdings werden von der Ständigen Impfkommission am Robert-Koch-Institut (STIKO) Impfempfehlungen ausgesprochen, die in Form des Impfkalenders publiziert werden. Diese Empfehlungen sollen für den Bereich der impfpräventablen Erkrankungen sowohl die Gesundheit des Einzelnen als auch die „Volksgesundheit" sicherstellen. Die meisten dieser empfohlenen Impfungen werden kostenfrei zur Verfügung gestellt, obwohl Impfungen nicht zu den Pflichtleistungen der Krankenkassen gehören und die Kostenübernahme daher durch die Krankenkassen uneinheitlich erfolgt. Daneben besteht ein Entschädigungsanspruch auf Grund erwiesener Impfschäden nach empfohlenen Impfungen. Der Impfkalender wird von der STIKO laufend aktualisiert, so dass der abgebildete Impfplan hinsichtlich seiner Aktualität überprüft werden sollte (http://www.rki.de/GESUND/IMPFEN/IMPFEN.HTM). Grundlage der Empfehlungen sind u. a. epidemiologische Daten, die am Robert-Koch-Institut erhoben und ausgewertet werden.

Derzeit empfiehlt die STIKO die in der Tabelle II.4.3 klassifizierten Schutzimpfungen im Impfkalender (Tab. II.4.4).

Tab. II.4.3: Klassifizierung von Schutzimpfungen nach den derzeit gültigen Empfehlungen der Ständigen Impfkommission (STIKO) vom Juli 2003

Klassifikation	Definition	Infektionskrankheit
Regelimpfungen für Säuglinge, Kinder und Jugendliche	Impfungen, die jedes Kind nach den Impfempfehlungen der STIKO routinemäßig erhalten sollte	– Hepatitis B
		– Diphtherie
		– Tetanus
		– Poliomyelitis – Haemophilus influenzae Typ B (HIB)-Infektion
		– Pertussis
		– Masern, Mumps, Röteln
		– Varizellen (ungeimpfte 12- bis 15-Jährige ohne vorherige Windpockenerkrankung
Auffrischimpfungen im Erwachsenenalter	Impfungen, die bei Erwachsenen regelmäßig aufgefrischt[1] bzw. bei fehlender Grundimmunisierung nachgeholt werden sollten[2]	– Diphtherie[1]
		– Tetanus[1]
		– Poliomyelitis[2]
Indikationsimpfungen bzw. Impfungen auf Grund eines erhöhten beruflichen Risikos	Impfungen bei erhöhter Gefährdung von Personen, Berufsgruppen und bei Angehörigen bestimmter Alters- bzw. Risikogruppen.	– Influenza
		– Pneumokokken-Infektion
		– Hepatitis A und B
		– FSME
		– Meningokokken-Infektion
		– Poliomyelitis
		– Tollwut
		– Masern, Mumps, Röteln
		– Pertussis
		– Varizellen
Reiseimpfungen	Impfungen gegen Erkrankungen, die in den Subtropen, Tropen bzw. anderen Endemiegebieten auftreten, wobei die von der WHO veröffentlichten Informationen über Gebiete mit besonderen Infektionsrisiken zu beachten sind.	– Hepatitis A und B
		– Gelbfieber
		– FSME
		– Poliomyelitis
		– Typhus
		– Tollwut
		– Meningokokken-Infektion
		– etc.

aus: Gesundheitsberichterstattung des Bundes, Heft 1, Überarbeitete Neuauflage 2004

Tab. II.4.4: Impfkalender (Stand Juli 2004)

Impfstoff-/ Antigen-Kombination	Alter in vollendeten Monaten						Alter in vollendeten Jahren			
	Geburt	2	3	4	11 – 14	15 – 23 siehe a)	5 – 6	9 – 17	ab 18	> 60
DTaP*		1.	2.	3.	4.					
Td[b)]							A	A	A***	
aP								A		
Hib*		1.	2.c)	3.	4.					
IPV*		1.	2.c)	3.	4.			A		
HB*	siehe d)	1.	2.c)	3.	4.			G		
MMR**					1.	2.				
Varizellen					1.			S2		
Influenza****										S
Pneumo-kokken*****										S

DTaP: Diphtherie (große Toxoidmenge = D), Tetanus (T), Pertussis (aP)
Td: Tetanus (T), Diphtherie (reduzierte Toxoidmenge = d)
aP: Pertussis
Hib: Haemophilus influenzae Typ b
IPV: Poliomyelitis
HB: Hepatitis B
MMR: Masern, Mumps, Röteln
A: Auffrischimpfung: Diese sollte möglichst nicht früher als 5 Jahre nach der vorhergehenden letzten Dosis erfolgen.
G: Grundimmunisierung aller noch nicht geimpften Jugendlichen bzw. Komplettierung eines unvollständigen Impfschutzes.
S: Standardimpfung mit allgemeiner Anwendung = Regelimpfung
S2: Standardimpfung bei 9- bis 17-jährigen Jugendlichen ohne Varizellen-Anamnese
a) Zu diesen Zeitpunkten soll der Impfstatus unbedingt überprüft und gegebenenfalls vervollständigt werden.
b) Ab einem Alter von 5 bzw. 6 Jahren wird zur Auffrischung ein Impfstoff mit reduziertem Diphtherietoxoid-Gehalt (d) verwendet.
c) Bei monovalenter Anwendung bzw. Kombinationsimpfstoffen ohne Pertussiskomponente kann diese Dosis entfallen.
d) Siehe Anmerkungen „Postexpositionelle Hepatitis-B-Immunprophylaxe bei Neugeborenen", Kap. II.4.8.2.
* Abstände zwischen den Impfungen mindestens 4 Wochen; Abstand zwischen vorletzter und letzter Impfung mindestens 6 Monate
** Mindestabstand zwischen den Impfungen 4 Wochen
*** Jeweils 10 Jahre nach der letzten vorangegangenen Dosis
**** Jährlich mit dem von der WHO empfohlenen aktuellen Impfstoff
***** Impfung mit Polysaccharid-Impfstoff; Wiederimpfung im Abstand von 6 Jahren

4.5 *Die verschiedenen Impfstoffklassen*

Die zurzeit verfügbaren Impfstoffe schützen vor verschiedenen viralen oder bakteriellen Infekten. Sie lassen sich in verschiedene Kategorien unterteilen (Tab. II.4.5).

Tab. II.4.5: Unterteilung der verschiedenen Impfstoffklassen

Kategorie	Beispiel	Vakzin-Charakteristika
Lebende, attenuierte Organismen (Lebendvakzine)		
Viral	Poliovirus (Sabin) (in Europa nicht mehr empfohlen)	Attenuierte Viren, Serotypen 1 – 3; Oral-Vakzine
	Masern-Virus	Attenuierte Viren
	Mumps-Virus	Attenuierte Viren
	Röteln-Virus	Attenuierte Viren
	Varizella-Virus	Attenuierte Viren
	Gelbfieber-Virus	Attenuierte Viren
Bakteriell	Bacillus Calmette-Guérin	Attenuiertes *Mycobacterium bovis*
	Salmonella typhi	Attenuierte Bakterien, Oral-Vakzine
Inaktivierte Organismen		
Viral	Poliovirus (Salk)	Formaldehyd-inaktivierte Viren, Serotypen 1–3
	Tollwut-Virus	β-Propiolacton-inaktivierte Viren
	Hepatitis-A-Virus	Formaldehyd-inaktivierte Viren
	FSME-Virus	Formaldehyd-inaktivierte Viren
Bakteriell	*Bordetella pertussis**	Hitze-inaktivierte Bakterien*
	Vibrio cholerae	Phenol-inaktivierte Bakterien
Subunit-Vakzine		
Viral	Influenza-Virus	Influenza-Oberflächenantigen
	Hepatitis-B-Virus	Rekombinantes Hepatitis-B-Oberflächenantigen
Bakteriell	*Haemophilus influenzae Typ B*	Polysaccharid-Protein-Konjugate
	Salmonella typhi	Vi-Kapselpolysaccharid von Stamm Ty2
	Bordetella pertussis	Mischung gereinigter Proteine: Pertussis-Toxoid, filamentöses Hämagglutinin
	Neisseria meningitidis, Gruppen A, C, Y und W135	Gereinigte Kapselpolysaccharide
	Streptococcus pneumoniae	Mischung gereinigter Kapselpolysaccharide verschiedener pathogener Stämme
Toxoide	*Corynebacterium diphtheriae*	Formaldehyd-behandeltes Toxin
	Clostridium tetani	Formaldehyd-behandeltes Toxin

* in Deutschland ist derzeit kein entsprechender Impfstoff vom Paul-Ehrlich-Institut zugelassen

4.6 Lebendvakzine

Lebendvakzine erhält man durch wiederholtes Passagieren virulenter Stämme und nachfolgende Suche nach weniger virulenten (attenuierten) Virus-Varianten. Ist ein solcher Stamm identifiziert, werden hiervon Master- und Arbeits-Stocks angelegt, die dann umfassend charakterisiert werden und als Basis für eine reproduzierbare Herstellung sicherer Lebend- (oder anderer) Vakzine dienen. Die Dosis einer einzelnen Vakzine wird auf der Basis der Anzahl der lebenden Organismen ermittelt.

Lebendvakzine haben eine Reihe von Vorteilen gegenüber Vakzinen, die abgetötete Organismen oder Teilstrukturen dieser Organismen enthalten. Sie induzieren am besten und zuverlässigsten eine Immunantwort, die oft lebenslang vor Infektionen schützt. Das liegt daran, dass sich die Organismen im Impfindividuum vermehren, wodurch das Impfindividuum mit einer lang anhaltenden Impfdosis exponiert wird. Lebendvakzine induzieren darüber hinaus auch am effizientesten eine Zell-vermittelte Immunität.

Es bestehen aber auch Risiken. So kann nur sehr schwer ausgeschlossen werden, dass ein attenuierter Impfstamm in einem Impfindividuum zu einem virulenten Stamm revertiert. Impfzwischenfälle mit Lebendvakzine sind zwar selten, aber sie kommen immer wieder vor. Wichtig ist es jedoch, zu bedenken, dass das Risiko eines Impfzwischenfalls um ein Vielfaches geringer ist, als das Risiko, an einer gefährlichen Infektion zu erkranken (Tab. II.4.6). Allerdings sollten Lebendvakzine niemals immunsupprimierten Personen gegeben werden.

4.6.1 Attenuierte Virus-Vakzine

Beispiele für attenuierte Virus-Vakzine sind Polio-, Masern-, Mumps- und Röteln-Virus.

4.6.1.1 Poliomyelitis und Polio-Impfung

Die Poliomyelitis wird von einem Picornavirus aus der Familie der Enteroviren verursacht. 1949 wurde der erste Polio-Virusstamm von Endres, Weller und Robbins aus einer Zellkultur isoliert. 1951 wurden die Polioviren-Isolate offiziell in die drei Serotypen 1 (Brunhilde), 2 (Lansing) und 3 (Leon) eingruppiert. Während der Serotyp 1 relativ häufig vorkommt, und schwere Infektionsverläufe verursacht, führt der Serotyp 2 nur zu leichten Erkrankungen. Der Serotyp 3 wird nur selten nachgewiesen, der Infektionsverlauf ist bei diesem Virustyp allerdings ebenfalls schwer.

Die Infektion erfolgt oral-fäkal. Polioviren vermehren sich bevorzugt in den Peyerschen Plaques des Darms. Es folgt eine primäre virämische Phase mit Ausbreitung der Viren über den Körper. Nach einer weiteren Vermehrungsphase

Tab. II.4.6: Impfkomplikationsraten im Vergleich zu Krankheitsrisiken

Erreger	Symptom	Wahrscheinlichkeit nach Erkrankung	Wahrscheinlichkeit nach Impfung
Masern-Virus	Enzephalitis	1:500 – 1:10.000 altersabhängig	< 1:1.000.000
Mumps-Virus	Meningitis	1:10	1:100.000 – 1:1.000.000
Bordetella pertussis	Bleibender Hirnschaden	1:100 – 1:1.000	Nicht sicher bewiesen, etwa 1:1.000.000 – 1:20.000.000
Hib (Säuglinge, Kleinkinder)	Meningitis	Bis 70:100	0
Polio-Virus	Bleibende Lähmung	1:100	0 (IPV)
HBV	Chron. Hepatitis mit Todesfolge	5 – 10:100 1:1.000	0
HBV	Leberkarzinom	1:1.000	0

II

4

Impfstoffe

folgt eine zweite virämische Phase sowie die Ausbreitung in das Zentralnervensystem mit intraneuraler Vermehrung. Infizierte Personen scheiden ca. 5 Wochen lang Virus-Partikel über den Stuhl aus.

Die Kinderlähmung ist eine schwere Infektionskrankheit, die tödlich enden oder zu schwerer Invalidität führen kann. Die weitaus meisten Infektionen verlaufen subklinisch. Bei den nichtparalytischen leichten Krankheitsformen zeigen sich nach wenigen Tagen, maximal nach zwei Wochen, bei fast allen Infizierten unspezifische Krankheitszeichen wie Fieber, Kopfschmerzen und Schluckbeschwerden. In 90 bis 95 % der Infektions-Fälle entwickelt das körpereigene Immunsystem während dieser Phase Antikörper und bildet so einen Langzeitschutz (stille Feiung).

Eine Woche nach Ausbruch kommt es bei etwa 1 % der Infizierten zu einer schweren Meningitis, die Lähmungen der Gliedmaßen oder des Zwerchfells nach sich ziehen kann. In diesen Fällen hat das Virus die Nerven im Rückenmark erreicht und geschädigt. Besonders gravierend ist die Zwerchfell-Lähmung: Sie macht das selbstständige Atmen unmöglich, so dass eine künstliche Beatmung – früher die „Eiserne Lunge" – oft lebenslang notwendig ist.

Es können Schäden an den Gliedmaßen, etwa Lähmungen oder Störungen im Bewegungsablauf (z. B. Hinken), Muskelschwund oder Wachstumsstörungen bleiben. Viele Patienten leiden auch an den Spätschäden der Kinderlähmung, die erst Jahrzehnte nach der Infektion auftreten können. Hierzu gehören extreme Müdigkeit, Muskelschwäche, ständige Muskelschmerzen und Atemschwäche (in Deutschland heute etwa 10.000 bis 50.000 Personen).

Eine große Immunisierungskampagne mit inaktiviertem Virus wurde in den frühen 1950iger Jahren begonnen, nur wenige Jahre nach der Entdeckung des Poliovirus. 1955 wurde diese inaktivierte Polio-Vakzine (IPV) für den generellen Einsatz in den USA zugelassen. Aber schon 1955 wurden Fälle einer atypischen Poliomyelitis berichtet, die fast alle mit zwei Vakzin-Chargen von CUTTER verknüpft waren. Dieser Fall unvollständiger Inaktivierung ging als der Cutter-Fall in die Geschichte ein. Insgesamt wurden 269 Impfzwischenfälle gemeldet. 192 dieser Fälle waren schwere Paralysen, zehn Patienten verstarben.

Nach diesem Zwischenfall wurde eine attenuierte Lebendkeim-Vakzine entwickelt, die als <u>o</u>rale <u>P</u>olio-<u>V</u>akzine (OPV) ab 1958 getestet und 1962 zugelassen wurde. Diese Vakzine wurde über eine lange Zeit auch in Deutschland als Schluckimpfung (OPV, *Sabin*) eingesetzt. Aber auch diese Vakzine war mit dem Risiko einer Rückmutation der eingesetzten Virusstämme behaftet. Dieses Risiko liegt bei 10^{-6} bis 10^{-7}, als Folge droht dem Impfling Kinderlähmung.

Seit Januar 1998 wird die OPV nicht mehr von der STIKO empfohlen. Statt der Schluckimpfung sollte heute eine „Spritz-Impfung" (IPV) verwendet werden, die inaktivierte Viren enthält und weiter unten (Kap. II.4.7.1.1) besprochen wird. Bereits mit OPV immunisierte Personen können mit IPV weitergeimpft werden. Dennoch hat der Schluckimpfstoff mit abgeschwächten Polioviren den entscheidenden Anteil daran, dass Europa seit 2002 als poliofrei gilt.

Eine einzelne humane Dosis einer trivalenten Oral-Vakzine sollte ca. $10^{5,5}$ – $10^{6,5}$ infektiöse Einheiten des Typ-1-Virus, ca. $10^{4,5}$ – $10^{5,5}$ infektiöse Einheiten des Typ-2-Virus und ca. $10^{5,0}$ – $10^{6,0}$ infektiöse Einheiten des Typ-3-Virus enthalten. Der Impfstoff wird stabilisiert, gewöhnlich mit $MgCl_2$ oder Sorbitol.

Die Grundimmunisierung mit OPV (Oral-Virelon®) bestand aus 3 Schluckimpfungen mit einem Mindestabstand von jeweils 6 Wochen.

Die WHO hat 1988 ein Programm zur globalen Eradikation der Poliomyelitis bis zum Jahr 2000 beschlossen. Inzwischen sind bereits viele Länder poliofrei, allerdings werden immer noch in Nigeria, Indien, Pakistan und Niger etliche und in Afghanistan sowie Ägypten einzelne Poliomyelitis-Fälle registriert. Da diese Wildvirusinfektionen immer noch nachweisbar sind, ist nun eine weltweite Eradikation für das Jahr 2005 angestrebt.

4.6.1.2 Masern und Masern-Impfung

Die Masern werden von einem Paramyxovirus hervorgerufen, das erstmals 1954 von ENDRES und PEEBLES isoliert wurde. Dies ist ein umhülltes Virus mit einem Genom aus einzelsträngiger RNA. Masern werden durch Tröpfcheninfektion aber auch durch die Luft ausschließlich von Mensch zu Mensch übertragen. Der Erreger ist weltweit verbreitet.

Früher galten Masern als typische „Kinderkrankheit". 1938 noch hatten 80 % aller Kinder bis zu ihrem vierten Geburtstag eine Masern-Infektion durchgemacht. Jährlich starben 30.000 Menschen an schweren Lungenentzündungen als Masern-Komplikation.

In den letzten Jahren steigt die Zahl der Erkrankten wieder, weil zu wenige Kinder und Jugendliche geimpft werden. Pro Jahr erkranken bis zu 60.000 Personen in Deutschland.

Die Viren vermehren sich in den regionalen Lymphknoten. Es folgt eine virämische Phase und die Verbreitung der Viren in das retikoendotheliale System. Die Infektion der Haut und des oberen Respirationstraktes erfolgt nach einer zweiten virämischen Phase. Nach einer Inkubationszeit von etwa 14 Tagen kommt die Krankheit bei 95 % der Infizierten zum Ausbruch. Die Symptome wie Fieber, Schnupfen, Husten und Bindehautentzündung mit entsprechender Lichtempfindlichkeit sind zunächst unspezifisch. Der typische Masern-Ausschlag mit kräftigroten, grobflächigen Flecken (Exanthem) beginnt hinter den Ohren und breitet sich langsam über den ganzen Körper aus. Die Ansteckungsfähigkeit besteht etwa 9 Tage, sie beginnt bereits 5 Tage vor Auftreten des Exanthems und hält bis 4 Tage nach Auftreten des Exanthems an. Unmittelbar vor Erscheinen des Exanthems ist sie am größten.

Wegen der geschwächten Immunlage während einer Masern-Infektion sind Komplikationen nicht selten. Dies können Entzündungen der Bronchien, der Lunge oder des Gehirns (Enzephalitis) sein. Das Risiko, an einer Masern-Enzephalitis (Hirnentzündung) zu erkranken, liegt bei 1:1.000 und steigt mit dem Alter des Infizierten. Jeder dritte stirbt daran und jeder fünfte erleidet eine bleibende Hirnschädigung, die geistige oder körperliche Behinderung zur Folge hat.

Zwei Ansätze wurden verfolgt, um einen Masern-Impfstoff zu entwickeln. Der eine basierte auf inaktivierte, der andere auf lebende, attenuierte Viren. Der Impfstoff, der durch Formaldehyd inaktivierte Viren enthielt, wurde 1967 vom Markt genommen, da er nur unzuverlässig schützte.

Heute verwendet man attenuierte Lebend-Vakzine, die sich vom Virusstamm „Edmonston B" ableiten. Durch weitere Attenuierung dieses Edmonston-B-Stammes auf embryonalen Hühnerzellen erhielt man zunächst die Stämme „Schwartz" und „Mortan". Attenuierung auf humanen diploiden Zellen ergab den Edmonston-Zagreb-Stamm.

Zum Schutz vor Masern wird zweimal geimpft: Auf die erste Masern-, Mumps- und Röteln-Impfung (MMR-Kombinationsimpfung) zwischen dem vollendeten 11. und 14. Lebensmonat folgt frühestens vier Wochen später die zweite MMR-Impfung. Eine frühere Impfung wäre durch das Vorhandensein maternaler Antikörper gegen das Impfvirus ineffektiv.

Ein monovalenter Masern-Impfstoff steht nicht mehr zur Verfügung. Einem früher zugelassenen Totimpfstoff wurde mittlerweile die Zulassung

Impfstoff-/ Antigen-Kombination	Alter in vollendeten Monaten						Alter in vollendeten Jahren			
	Geburt	2	3	4	11 – 14	15 – 23 siehe a)	5 – 6	9 – 17	ab 18	> 60
MMR**					1.	2.				

a) Zu diesen Zeitpunkten soll der Impfstatus unbedingt überprüft und gegebenenfalls vervollständigt werden.
** Mindestabstand zwischen den Impfungen 4 Wochen

Name	**Masern, Morbilli**
Erreger	**Masern-Virus**
Übertragung	Tröpfcheninfektion auch über größere Entfernungen, hohes Risiko
Inkubationszeit	8 – 14 Tage bis zum Erkrankungsausbruch. Etwa 2 Tage später Ausschlag.
Symptome	So genannte Koplikscher Flecken an der Wangenschleimhaut ca. 7 Tage nach Ansteckung, danach Husten, Kopfschmerzen; ab 14. Tag rote Flecken vom Kopf ausgehend.
Grund-immunisierung	1. Impfung: Zwischen dem vollendeten 11. bis 14. Lebensmonat in Kombination mit Mumps und Röteln.
Auffrischung	2. Impfung: Kann bereits 4 Wochen nach der 1. MMR-Impfung erfolgen.
Mögliche Impffolgen	Selten örtliche Reaktionen: Rötungen und Schwellungen; gelegentlich leichtes Fieber und Hautausschlag in der zweiten Woche nach der Impfung.
Schutzrate	Ca. 96 %.
Schutzdauer	Nach erfolgter Grundimmunisierung Jahrzehnte.

entzogen, da mit ihm kein allgemeiner Impfschutz erreicht werden konnte.

4.6.1.3 Mumps und Mumps-Impfung

Mumps wird von einem Paramyxovirus verursacht. Dieses Virus verbreitet sich von Mensch zu Mensch durch Tröpfcheninfektion. In etwa der Hälfte der Fälle bildet das Immunsystem nach der Infektion ausreichend schnell Antikörper, so dass es nicht zur Erkrankung kommt. Das Mumps-Virus kommt auf der ganzen Welt vor.

Die Inkubationszeit beträgt in der Regel 16 bis 18 Tage. Die Ansteckungsfähigkeit ist 2 Tage vor bis 4 Tage nach Erkrankungsbeginn am größten. Insgesamt kann ein Infizierter 7 Tage vor bis 9 Tage nach Auftreten der Parotisschwellung ansteckend sein. Auch klinisch inapparente Infektionen sind ansteckend.

Kinder unter einem Jahr erkranken in der Regel nicht an Mumps, da sie durch mütterliche Antikörper geschützt sind. Das Grundschul-Alter ist das typische „Mumps-Alter". Wenn der Organismus keine eigenen Antikörper bildet, erkrankt der Infizierte zwei bis fünf Wochen später. Typisch sind leichtes Fieber sowie Kopf-, Hals- und Ohrenschmerzen. Bald danach schwillt die Ohrspeicheldrüse schmerzhaft an und auch die anderen Speicheldrüsen im Halsbereich können sich entzünden, ebenso wie die Bauchspeicheldrüse (kann einen Diabetes mellitus verursachen), die Schilddrüse und die Eier-

Impfstoff-/ Antigen-Kombination	**Alter in vollendeten Monaten**						**Alter in vollendeten Jahren**			
	Geburt	**2**	**3**	**4**	**11 – 14**	**15 – 23 siehe a)**	**5 – 6**	**9 – 17**	**ab 18**	**> 60**
MMR**					1.	2.				

a) Zu diesen Zeitpunkten soll der Impfstatus unbedingt überprüft und gegebenenfalls vervollständigt werden.
** Mindestabstand zwischen den Impfungen 4 Wochen

Name	Mumps, Ziegenpeter, Parotitis epidemica
Erreger	Mumps-Virus
Übertragung	Tröpfcheninfektion
Inkubationszeit	17 – 21 Tage
Symptome	Schmerzhafte Schwellung der Ohrspeicheldrüsen, Schmerzen beim Kauen. Die Hälfte der Infizierten erkrankt an leichtem Fieber, Mattigkeit, Kopf- und Halsschmerzen.
Grundimmunisierung	1. Impfung: Zwischen dem vollendeten 11. bis 14. Lebensmonat in Kombination mit Masern und Röteln.
Auffrischung	2. Impfung: Kann bereits 4 Wochen nach der 1. MMR-Impfung erfolgen.
Mögliche Impffolgen	Selten örtliche Reaktionen wie Rötung und Schwellung. Gelegentlich Fieber und Abgeschlagenheit in der zweiten Woche nach der Impfung.
Schutzrate	Ca. 95 %.
Schutzdauer	Nach erfolgter Grundimmunisierung Jahrzehnte.

stöcke bzw. Hoden (kann vor allem bei Jungen in der Pubertät zu Unfruchtbarkeit führen).
Die vermeintlich harmlose Mumps-Erkrankung birgt zahlreiche Risiken. Mittlerweile ist sie die häufigste Ursache für bleibende Schwerhörigkeit von Kindern (1 Fall auf 10.000 Erkrankte). Bei etwa 10 % der Mumps-Patienten tritt zusätzlich eine Meningitis, selten eine Enzephalitis auf. Eine überstandene Mumps-Erkrankung verleiht meist lebenslange Immunität.
Das Mumps-Virus wurde 1945 von HABEL isoliert. Es gibt eine Reihe attenuierter Virusstämme, die entweder auf embryonalen Hühnerzellen (Jeryl Lynn, Urabe Am 9) oder auf humanen diploiden Zellen (Rubini) propagiert werden.
Gegen Mumps wird zweimal geimpft. Auf die erste Masern-, Mumps- und Röteln-Impfung (MMR-Kombinationsimpfung) zwischen dem vollendeten 11. und 14. Lebensmonat, folgt mindestens vier Wochen später die zweite MMR-Impfung. Ein monovalenter Mumps-Impfstoff steht nicht mehr zur Verfügung.

4.6.1.4 Röteln und Röteln-Impfung

Das Röteln-Virus gehört zu den Toga-Viren (umhüllte Viren mit einem einzelsträngigen RNA-Genom). Es wurde 1962 von zwei unabhängigen Amerikanischen Gruppen isoliert. Bereits 1941 hatte GREGG berichtet, dass diese relativ harmlose Erkrankung schwere Geburtsfehler verursachen konnte, wenn die Mütter während des ersten Trimenons an Röteln erkrankt waren.
Eine Infektion erfolgt über die Atemwege (Tröpfcheninfektion). Es folgen Virämie und Exanthembildung. Röteln-Viren sind weltweit verbreitet.
Der/die Infizierte entwickelt nach einer Inkubationszeit von zwei bis drei Wochen druckempfindliche Lymphdrüsenschwellungen im Nacken und hinter den Ohren. Bei leichtem Fieber kann ein bis zwei Tage später ein kleinfleckiger, blassrosa Ausschlag erscheinen. Er beginnt hinter den Ohren und greift rasch auf Gesicht, Hals und Rücken über. Mehr als die Hälfte der Kranken bekommt keinen Ausschlag, und der Infekt verläuft so unauffällig, dass er nicht erkannt wird. Die Patienten sind aber dennoch infektiös.

Impfstoff-/ Antigen-Kombination	Alter in vollendeten Monaten						Alter in vollendeten Jahren			
	Geburt	2	3	4	11 – 14	15 – 23 siehe a)	5 – 6	9 – 17	ab 18	> 60
MMR**					1.	2.				

a) Zu diesen Zeitpunkten soll der Impfstatus unbedingt überprüft und gegebenenfalls vervollständigt werden.
** Mindestabstand zwischen den Impfungen 4 Wochen

Röteln sind meist eine harmlose Krankheit. Gefährlich wird der Infekt – wie bereits erwähnt – in der frühen Schwangerschaft. Entweder kommt es zu einer Fehlgeburt oder schwere Entwicklungsstörungen verursachen beim ungeborenen Kind Missbildungen an Auge, Ohr, Herz und Gehirn. Von 6.000 bis 10.000 Neugeborenen kommt heute in Deutschland ein durch eine Röteln-Infektion geschädigtes Kind zur Welt. Schädigungen am Gehirn und Hörstörungen fallen meist erst später auf. Fehlbildungen des Knochenbaus, der Zähne und der Nieren sind ebenfalls möglich.

Die aktuelle Vakzine basiert auf dem Stamm RA 27/3, der auf diploiden humanen Zellen kultiviert wird. Etliche andere Vakzin-Varianten waren vorher in Gebrauch, die allerdings teilweise schlecht vertragen wurden und alle inzwischen durch die aktuelle Vakzine ersetzt sind.

Gegen Röteln wird zweimal geimpft. Auf die erste Masern-, Mumps- und Röteln-Impfung (MMR-Kombinationsimpfung) zwischen dem vollendeten 11. und 14. Lebensmonat folgt nach mindestens 4 Wochen die zweite MMR-Impfung. Bei Mädchen wird mit der zweimaligen MMR-Impfung auch der unverzichtbare Schutz vor einer Röteln-Embryopathie weitgehend gesichert.

4.6.1.5 Windpocken und Varizella-Impfung

Der Impfstoff enthält eine abgeschwächte und ungefährliche Variante des Windpocken-Virus.

Name	**Röteln, Rubella**
Erreger	**Röteln-Virus**
Übertragung	Tröpfcheninfektion
Inkubationszeit	14 – 23 Tage
Symptome	Meist nur leichter Krankheitsverlauf mit Schwellungen der Lymphknoten und Hautausschlag. Häufig keine Symptome trotz Infektion.
Grundimmunisierung	1. Impfung: Zwischen dem vollendeten 11. bis 14. Lebensmonat in Kombination mit Masern und Mumps.
Auffrischung	2. Impfung: Kann bereits 4 Wochen nach der 1. MMR-Impfung erfolgen.
Mögliche Impffolgen	Gelenkentzündungen; sehr selten Krampfanfälle, neurologische Komplikationen; selten örtliche Reaktionen.
Schutzrate	Ca. 95 %.
Schutzdauer	Jahrzehnte.

Impfstoff-/ Antigen-Kombination	Alter in vollendeten Monaten						Alter in vollendeten Jahren			
	Geburt	2	3	4	11 – 14	15 – 23 siehe a)	5 – 6	9 – 17	ab 18	> 60
Varizellen						1.		S2		
S2: Standardimpfung bei 9- bis 17-jährigen Jugendlichen ohne Varizellen-Anamnese										

Zur Herstellung wird es in speziellen Zellkulturen vermehrt.

Die Varizellen-Impfung ist ab einem Alter von 9 Monaten zugelassen. Üblich ist jedoch ein Impfalter ab 11 Monaten, wenn die mütterlichen Antikörper sicher nicht mehr vorhanden sind. Kinder bis 13 Jahre erhalten eine Dosis; ältere Kinder sollten zwei Dosen im Abstand von mindestens sechs Wochen erhalten. Der Impfstoff wird subkutan injiziert.

Nach der Impfung beträgt die Schutzrate je nach Alter der geimpften Personen 95 bis 98 %.

Folgende Personen sollten sich gegen Windpocken impfen lassen, falls sie die Krankheit noch nicht hatten:

- Patienten, bei denen das Immunsystem im Rahmen einer medizinischen Behandlung, z. B. wegen einer Organtransplantation, geschwächt werden soll
- Leukämie-Patienten
- Patienten mit schwerer Neurodermitis
- Personen mit Kontakt zu den vorher genannten Patientengruppen
- Frauen mit Kinderwunsch
- 12- bis 15-jährige Jugendliche, die noch nicht geimpft sind
- Personal im medizinischen Bereich (vor allem in der Kinderheilkunde, Geburtshilfe, Krebsbehandlung, Intensivmedizin) oder in Gemeinschaftseinrichtungen, besonders bei Kontakt zu Kindern und zu Patienten mit geschwächtem Immunsystem, außerdem neu eingestelltes Personal, das Kinder im Vorschulalter betreut.

Name	**Varizellen, Windpocken, Schafblattern**
Erreger	**Varizella-Zoster-Virus**
Übertragung	Tröpfcheninfektion
Inkubationszeit	9 – 21 Tage (gewöhnlich 14 Tage)
Symptome	Auftreten oberflächlicher linsengroßer Maculae, die schnell zu Papeln und einkammerigen Bläschen mit wasserklarem Inhalt werden.
Grundimmunisierung	Eine Impfung vor dem 13. Lebensjahr
Auffrischung	–
Mögliche Impffolgen	Selten leichtes Fieber und ein kurzzeitig nachweisbarer Hautausschlag
Schutzrate	Ca. 95 – 98 %.
Schutzdauer	Jahrzehnte.

Der Impfstoff ist gut verträglich. In sehr seltenen Fällen können leichtes Fieber und ein kurzzeitig nachweisbarer Hautausschlag auftreten. Bei immungeschwächten Personen, die geimpft werden, kann in seltenen Fällen eine gutartige, leichte Windpocken-Krankheit durch die Impfung ausgelöst werden.

4.6.1.6 Gelbfieber-Vakzine

Gelbfieber ist ein hämorrhagisches Fieber, das durch das Gelbfiebervirus, einem Vertreter der Flaviviren verursacht wird. Die Inkubationszeit beträgt 3 bis 6 Tage. Primäre Zielzellen sind Kupffer-Sternzellen und mononukleäre Leukozyten. Sekundäre Zielzellen sind Leberparenchymzellen.

Bei einem Teil der Infizierten kommt es zu asymptomatischen Verläufen oder auch zu Erkrankungen mit einer relativ milden Symptomatik. Üblicherweise verläuft die Erkrankung in zwei Phasen:

Nach einem akuten Beginn mit Fieber, Schüttelfrost, Myalgien, Kopfschmerzen, Übelkeit, Erbrechen, Nasenbluten und einer relativen Bradykardie kommt es innerhalb von 3 bis 4 Tagen zu einem Rückgang der klinischen Symptome. Bei der Mehrzahl der Patienten tritt daraufhin eine Genesung ein.

Bei etwa 15 % der Erkrankten entwickelt sich innerhalb kurzer Zeit eine so genannte „toxische Phase". Das Fieber steigt erneut an, und es treten Bluterbrechen, blutige Durchfälle und Blutungen aus verschiedenen Körperöffnungen, in Organe und in die Haut auf. Störungen der Nierenfunktion können von einer Albuminurie bis zur kompletten Anurie reichen. In manchen Fällen treten zentralnervöse Störungen auf, die sich u. a. in Sprachschwierigkeiten, Nystagmus, Bewegungsstörungen, Tremor und Krämpfen äußern können und durch eine metabolische Enzephalopathie sowie ein zerebrales Ödem hervorgerufen werden.

Etwa die Hälfte der Patienten, bei denen eine solche toxische Phase auftritt, stirbt. Die Ge-

Name	**Gelbfieber**
Erreger	**Gelbfiebervirus**
Übertragung	Stich einer *Aedes-sp.*-Stechmücke
Inkubationszeit	3 – 6 Tage
Symptome	Fieber, Übelkeit, Kopf- und Muskelschmerzen; nach kurzzeitiger Besserung Hämorrhagien, Dehydratation, Blutdruckabfall
Grund-immunisierung	Eine Impfung, der Impfschutz tritt 10 Tage nach der Impfung ein.
Auffrischung	Nach ca. 10 Jahren
Mögliche Impffolgen	Bei weniger als 10 % der Geimpften können leichte Lokalreaktionen, wie Rötung oder Schwellung auftreten; nach 4 – 6 Tagen werden bei 2 – 10 % der Geimpften ein leichter Temperaturanstieg und/oder Kopf- und Gliederschmerzen beobachtet, diese Erscheinungen halten höchstens 24 Stunden an.
Schutzrate	Ca. 95 %.
Schutzdauer	Ca. 10 Jahre.

samtletalität des Gelbfiebers beträgt 10 bis 20 %. Ein Überstehen der Krankheit, aber auch eine inapparente Infektion führen zu einer lebenslangen Immunität.

Es stehen eine 17-D-204-Vakzine und eine 17-DD-YF-Vakzine zur Verfügung. Sie werden seit ca. 50 Jahren eingesetzt: Es handelt sich um avirulente Varianten, die in Hühnerembryonen vermehrt werden. Die Ernte wird vor dem 12. Entwicklungstag vorgenommen und lyophilisiert.

In Deutschland stellt das Robert-Koch-Institut nach Freigabe der Impfstoff-Charge durch das Paul-Ehrlich-Institut den Impfstoff zur Verfügung und liefert ihn an von der WHO zugelassene Impfstellen, wobei sorgfältig auf die Einhaltung der Kühlkette geachtet werden muss. Eine Dosis von 0,5 ml wird subkutan appliziert. Bei einer Überempfindlichkeit gegen Hühnereiweiß sollte man die Dosis eventuell sukzessiv in multiplen kleinen Dosen verabreichen mit entsprechend mehrstündigen oder -tägigen Intervallen.

Die Immunität tritt am 10. Tag ein und persistiert länger als 10 Jahre. Eine Nachimpfung ist am nächsten Tag wirksam.

Bisher wurde keine teratogene Wirkung beobachtet, jedoch sollte man Schwangere nicht impfen, wenn keine Exposition vorliegt. In Einzelfällen kann, falls erforderlich, der Antikörpertiter bestimmt werden. Zwischen 1996 und 2001 sind 7 Personen bekannt geworden, die 2 bis 5 Tage nach einer Impfung mit 17-D-204- bzw. 17-DD-YF-Vakzine erkrankten, 6 starben.

Ein inhibierender Einfluss von Anti-Flavivirus-Antikörpern, einschließlich Anti-Gelbfieberantikörper in Gammaglobulinpräparaten zur Hepatitis-A-Prophylaxe, die im Reiseverkehr meist gleichzeitig verabreicht werden, konnte nicht nachgewiesen werden. Deshalb ist eine gleichzeitige Gabe bei Gelbfieberschutzimpfung nicht kontraindiziert. Auch eine Choleraimpfung kann gleichzeitig gegeben werden. Zu anderen Lebendimpfungen (Poliomyelitis, Typhus) ist ein Abstand von einem Monat einzuhalten.

4.6.2 Attenuierte Bakterien-Vakzine

Beispiele für attenuierte Bakterien-Vakzine sind der BCG-Impfstoff (Bacillus Calmette-Guérin) und die orale *Salmonella*-Vakzine.

Eine Impfung mit dem BCG-Impfstoff wird heute nicht mehr empfohlen. Diese Vakzine basierte auf *Mycobacterium bovis*, das nicht nur Rinder, sondern auch Menschen infizieren kann. Es wurde ein attenuierter Stamm isoliert, der intradermal Kindern appliziert wurde. Der genaue Schutzmechanismus ist nach wie vor unklar. Wahrscheinlich ist, dass zelluläre Mechanismen eine Rolle spielen. Antikörper scheinen hingegen nicht relevant zu sein. Weil die verfügbaren Impfstoffe sehr unterschiedlich waren und weil kein sicher reproduzierbarer Schutz (0 – 80 %) beobachtet wurde, verzichtet man heute auf eine Impfempfehlung. Zur unspezifischen Immunstimulation sind allerdings nach wie vor BCG-Präparate zugelassen (vgl. Kap. II.3.3.4.1).

4.6.2.1 Typhus und Typhus-Impfung

Der Typhus-Erreger (*Salmonella typhi*) ist ein gramnegatives Bakterium, das erstmals von GAFFKY 1884 isoliert wurde. Er breitet sich bei unzureichender Hygiene durch befallene Nahrungsmittel oder über das Wasser aus. Gefahr droht, wenn menschliche Exkremente ins Trinkwasser und in Lebensmittel gelangen. Die mittlere Infektionsdosis, die zu einer Erkrankung führt, sind 100.000 Keime. Das Bakterium durchdringt das Epithel des Dünndarms und wird dann von retikuloendothelialen Zellen phagozytiert. Anders als die meisten anderen Bakterien kann *S. typhi* intrazellulär überleben und sich auch vermehren. Sie werden so über Milz, Leber, Lymphknoten und Gallenblase verteilt. Die Symptome treten erst 1 bis 2 Wochen nach der Infektion auf, dann wenn die Bakterien ins Blut gelangt sind.

Typhus-Bakterien kommen in allen Ländern, besonders aber in tropischen und subtropischen Gebieten vor. Das Bakterium wird mit dem Harn und dem Stuhl ausgeschieden. 2 bis 5 % der Pa-

tienten bleiben nach der Genesung Dauer-Ausscheider. Reinfektionen sind möglich.
Nach Schätzungen der Weltgesundheits-Organisation (WHO) führen Typhus-Infektionen in annähernd 50.000.000 Fällen pro Jahr zu einer lang andauernden und komplikationsreichen Krankheit. Nach einer Inkubationszeit von 3 bis 60 Tagen (im Mittel 10 Tage) steigt die Temperatur innerhalb der ersten Woche allmählich „treppenförmig" an. Wenn die Krankheit nicht erkannt und behandelt wird, kann Fieber von 40 °C über 2 Wochen kontinuierlich anhalten. Begleiterscheinungen sind Benommenheit, Infekt-Delirien, Herzbeschwerden (verlangsamte Herztätigkeit), Leber- und Milzschwellungen, Stuhlveränderungen. Drei bis vier Wochen nach Ausbruch des Typhus kommt es bei anhaltenden, schweren Durchfällen zur Entfieberung.
Obwohl der Typhus durch Antibiotika behandelt werden kann, sterben 2 % der Erkrankten.
Eine überstandene Typhuserkrankung bietet eine Immunität von mindestens einem Jahr, die allerdings mit einer hohen Infektionsdosis jederzeit durchbrochen werden kann.
Zum Schutz vor Typhus steht eine effiziente Schluckimpfung mit dem attenuierten Stamm Ty21a zur Verfügung. Diese Variante wurde nach Behandlung mit Nitrosoguanidin isoliert. Ty21a besitzt keine aktive Glukose-1,4-Epimerase (*galε*-Mutante) mehr und kann nicht mehr die für die Virulenz essentiellen Kapsel-Lipopolysaccharide synthetisieren.
Kinder, Jugendliche und Erwachsene nehmen je eine magensaftresistente Kapsel mit 1 bis 5 × 10^9 Zellen am Tag 1, 3 und 5 ein. Durch die Vakzine wird eine relativ starke intestinale IgA-Synthese und eine zellvermittelte Immunantwort induziert. Die systemische Antikörperbildung ist relativ schwach. Protektive Antikörper sind gegen die Flagellen und gegen die Lipopolysaccharide gerichtet.
Die Impfung bietet in Ländern mit mäßiger und starker Verbreitung der Typhus-Bakterien einen sicheren Schutz. Dazu gehören die nordafrikanischen Länder, Mexiko und die meisten südamerikanischen Staaten. Die Schutzwirkung hält 1 bis 3 Jahre an. Eine Auffrischung ist angezeigt:

- alle drei Jahre bei ständigem Aufenthalt in Typhus-Gebieten,
- jährlich bei Reisen in Typhus-Gebiete.

Name	**Typhus**
Erreger	**Salmonella typhi**
Übertragung	Kontaminierte Nahrungsmittel, fäkal verschmutztes Wasser
Inkubationszeit	3 – 60 Tage
Symptome	„Treppenförmig" ansteigendes, sehr hohes Fieber, schwere Durchfälle
Grundimmunisierung	Schluckimpfung, magensaftresistente Kapsel an den Tagen 1, 3 und 5
Auffrischung	Nach 3 Jahren bei ständigem Aufenthalt in Typhus-Gebieten, sonst jährlich bei Reisen in Typhus-Gebiete.
Mögliche Impffolgen	–
Schutzrate	Ca. 60 %.
Schutzdauer	1 – 3 Jahre.

4.7 Inaktivierte Organismen

Vakzine, die inaktivierte Bakterien oder Viren enthalten, werden aus virulenten Stämmen hergestellt, die entweder durch Hitzebehandlung oder mit Hilfe von Chemikalien – meist durch Einsatz von Formaldehyd – inaktiviert wurden. Da diese abgetöteten Zellen oder Viruspartikel im Impfindividuum nicht mehr wachsen oder ihre Erbinformation nicht mehr replizieren können, sind die entsprechenden Vakzine gewöhnlich auch nicht so immunogen wie Lebendvakzine. Auf der anderen Seite sind sie aber sicherer, denn eine zufällige Revertierung zu einer virulenten Variante ist nicht mehr möglich. Das setzt allerdings voraus, dass die Inaktivierung zu 100 % erfolgt ist. Unzureichend inaktivierte Impfstoffe haben in der Vergangenheit zu schweren Zwischenfällen geführt. Beispielsweise verursachte im Jahre 1955 die Impfung mit einer unzureichend inaktivierten IPV-Polio-Vakzine Polio-Erkrankungen mit schwerer Lähmung (siehe unter II. 4.6.1.1).

4.7.1 Inaktivierte Virus-Vakzine

Beispiele für Impfstoffe, die inaktivierte Viren enthalten, sind Polio (IPV)-, Tollwut-, Hepatitis-A- und FSME-Impfstoffe. Einige Charakteristika dieser Impfstoffe und der Krankheiten, vor denen sie schützen, sind nachfolgend beschrieben.

4.7.1.1 Polio (IPV)-Vakzine

Die seit Januar 1998 von der STIKO empfohlene Polio-Impfung ist ein Impfstoff, der inaktivierte Viren enthält (IPV).

Zwar ist die Polio-Immunität der Bevölkerung in Industrieländern mit 85 % recht gut, Impf-Lücken dürfen jedoch nicht entstehen. Denn – wie weiter oben bereits ausgeführt (vgl. Kap. II.4.6.1.1) – kann die Poliomyelitis von schwersten Komplikationen begleitet sein.

Die „Spritz-Impfung" (IPV) wird aus den Stämmen Typ-I-Mahoney, Typ-II-MEF-1und den Typ-III-Saukett hergestellt. Zur Kultivierung der Viren werden primäre und sekundäre Affen-(*Cynomolgus*) Nieren-Zellkulturen oder diploide humane Zellen benutzt. Bisher (nach 30 Jahren Einsatz) ist kein Fall eines paralytischen Impfzwischenfalls gemeldet worden.

Die Vakzine ist geeignet für Säuglinge ab dem 3. Lebensmonat, Jugendliche und Erwachsene. Für Kinder gibt es Kombinationsimpfstoffe, die viermal zur Grundimmunisierung gespritzt werden müssen. Der Einfach-Spritzimpfstoff gegen Kinderlähmung wird zur Grundimmunisierung nur zweimal gegeben. Eine Wiederimpfung erfolgt zwischen dem vollendeten 9. und 17. Lebensjahr, in der Regel mit dem Kombinationsstoff gegen Tetanus-Diphtherie-Polio. Personen mit 4 oder mehr als 4 dokumentierten Impfungen gelten als vollständig immunisiert.

Aufgefrischt werden sollte vor allem, wenn Reisen in Länder mit Polio-Vorkommen geplant sind oder bei einer Tätigkeit im medizinischen Bereich.

Impfstoff-/ Antigen-Kombination	**Alter in vollendeten Monaten**						**Alter in vollendeten Jahren**			
	Geburt	**2**	**3**	**4**	**11 – 14**	**15 – 23 siehe a)**	**5 – 6**	**9 – 17**	**ab 18**	**> 60**
IPV*		1.	2.c)	3.	4.			A		

IPV: Poliomyelitis
A: Auffrischimpfung: Diese sollte möglichst nicht früher als 5 Jahre nach der vorhergehenden letzten Dosis erfolgen.
c) Bei monovalenter Anwendung bzw. Kombinationsimpfstoffen ohne Pertussiskomponente kann diese Dosis entfallen.
* Abstände zwischen den Impfungen mindestens 4 Wochen; Abstand zwischen vorletzter und letzter Impfung mindestens 6 Monate

II

4

Impfstoffe

Name	**Polio, Poliomyelitis, Kinderlähmung**
Erreger	**Poliomyelitis-Viren Typ I, II und III**
Übertragung	Durch Schmutz- und Schmierinfektionen von Mensch zu Mensch, Aufnahme über den Mund bei mangelnder Hygiene.
Inkubationszeit	3 – 35 Tage
Symptome	Grippeähnliche Symptome und bei Befall des Zentralnervensystems Lähmungen der Arme, Beine oder der Atmung
Grundimmunisierung	Ab Beginn des 3. Monats 2 Injektionen im Abstand von 2 bis 6 Monaten, bzw. 4 Injektionen bei Anwendung eines Kombinationsimpfstoffes.
Auffrischung	Zwischen dem vollendeten 9. und 17. Lebensjahr. Erwachsene mit 4 oder mehr als 4 dokumentierten Polio-Impfungen gelten als vollständig immunisiert.
Mögliche Impffolgen	Leichtes Fieber, Kopfschmerzen, örtliche Reaktionen.
Schutzrate	Über 95 %.
Schutzdauer	Nach Grundimmunisierung ca. 10 Jahre oder mehr.

4.7.1.2 Tollwut-Vakzine

Nach Schätzungen der WHO werden jährlich rund 35.000 Tollwuterkrankungen beim Menschen registriert, wobei jedoch – vor allem in Asien – von einer hohen Dunkelziffer ausgegangen werden kann. In Deutschland ist die Tollwut nahezu vollständig ausgerottet. Die Schweiz gilt als tollwutfrei und auch Belgien, Luxemburg und Frankreich haben diesen Status nahezu erreicht.
Die Tollwut wird durch ein Virus aus der Familie der Rhabdoviren übertragen. Alle warmblütigen Wirbeltiere, vor allem Säugetiere, sind für die Krankheit empfänglich. Eine Infektion erfolgt meist durch Biss oder Kratzverletzungen eines infizierten Tieres über Speichelkontakt, seltener durch Belecken von verletzten Hautstellen. Ob es nach einer Exposition bei nicht geimpften Personen zu einer Erkrankung kommt, hängt wesentlich von der Lokalisation der Verletzung sowie von Art und Ausmaß der Exposition ab. So erkranken beim Vorliegen mehrerer tiefer Bissstellen im Gesicht bis zu 60 % der betroffenen Personen, während bei oberflächlichen Bissverletzungen im Gesicht nur bis zu 10 % und bei oberflächlichen Bissverletzungen an der Hand nur bis zu 5 % erkranken.
Die Inkubationszeit beträgt in der Regel 3 bis 8 Wochen, selten weniger als 9 Tage, in Einzelfällen bis zu einem oder sogar mehreren Jahren. Die Zeit bis zum Ausbruch der klinischen Symptomatik ist abhängig von der Lokalisation der Bissstelle: Bei ZNS-nahen Eintrittspforten werden kürzere Inkubationszeiten beschrieben.
Das Virus befällt das zentrale Nervensystem. Die ersten Anzeichen der Krankheit sind Brennen und Rötungen an der Bissstelle, gefolgt von unspezifischen Symptomen wie Kopfschmerzen, Fieber, Übelkeit und Unwohlsein.
In weiterem Verlauf tritt bei den Erkrankten eine zunehmende Reizbarkeit und Empfindlichkeit gegen Licht, Wasser und Geräusche auf, sowie eine steigende Aggression und Verwirrtheit. Die Schluck- und Atemmuskulatur wird von Krämpfen befallen. Der Tod tritt nach mehreren Tagen durch Herz- und Atemlähmung ein.

Name	**Tollwut**
Erreger	**Tollwut-Virus (Familie der Rhabdoviren)**
Übertragung	Durch Bissverletzung tollwütiger oder tollwutverdächtiger Tiere sowie nach Kontakt der Schleimhäute oder der verletzten Haut mit deren Speichel
Inkubationszeit	3 – 8 Wochen
Symptome	Zunehmende Reizbarkeit und Empfindlichkeit gegen Licht, Wasser und Geräusche, sowie eine steigende Aggression und Verwirrtheit. Später Befall der Schluck- und Atemmuskulatur.
Postexpositionelle Impfung	Nicht oder unvollständig geimpfte Personen erhalten je eine Impfdosis an den Tagen 0, 3, 7, 14, 28 und 90 (fakultativ). Bei allen Verletzungen ist eine Simultanprophylaxe erforderlich.
Präexpositionelle Impfung	Je 1 Impfung an den Tagen 0, 7, 21 oder 28
Auffrischimpfung	Alle 2 – 5 Jahre eine Impfdosis
Mögliche Impffolgen	Leichtes Fieber, Kopfschmerzen, örtliche Reaktionen.
Schutzrate	Über 95 %.
Schutzdauer	Nach Grundimmunisierung ca. 10 Jahre oder mehr.

Bricht die Erkrankung wegen fehlender Impfung und Immunglobulingabe tatsächlich aus, verläuft sie immer tödlich.
Die verfügbaren Impfstoffe sind Gewebekultur-Impfstoffe, die mindestens 2,5 I. E. inaktiviertes Tollwut-Virus enthalten. Inaktiviert werden die Viren meist durch Behandlung mit β-Propiolacton, Phenol, Formaldehyd oder durch UV-Bestrahlung.
Rabipur® enthält inaktiviertes Tollwut-Virus, Stamm Flury LEP, das in primären Hühner-Fibroblasten-Zellkulturen (PCEC) vermehrt wird. Rabivac® enthält inaktiviertes Tollwut-Virus, Stamm Pitman-Moore, das in humanen diploiden Zellkulturen (HDC) vermehrt wird.
Eine vorbeugende Schutzimpfung, die aus 3 Injektionen besteht, empfiehlt sich für besonders gefährdete Personenkreise wie Tierärzte, Tierpfleger, Förster und Jäger. Besonders Reisende in Endemiegebiete, v. a. nach Indien und Südostasien, sollten sich unbedingt bereits vor der Abreise impfen lassen.
Nach dem Biss eines tollwutverdächtigen Tieres sollte bei ungeimpften Personen sofort der Impfstoff (5 Injektionen) zusammen mit einem Immunglobulin (vgl. Kap. II.5.5.2.4) gegeben werden. Nur so kann die tödliche Erkrankung verhindert werden.

4.7.1.3 Hepatitis-A-Vakzine

Das Hepatitis-A-Virus (HAV) ist vielleicht der „harmloseste" Vertreter der drei wichtigsten Hepatitis-Viren A, B und C. Denn die Hepatitis A (Leberentzündung) verläuft als einzige der drei Hepatitiden ausschließlich akut und wird nicht chronisch. Dennoch sollte man sich vor einer Infektion schützen. Die Hepatitis A ist unter Menschen ansteckend. Es besteht eine Meldepflicht nach dem Bundesseuchengesetz.

HAV gehört zur Familie der Picornaviren, vermehrt sich wahrscheinlich ausschließlich in den Hepatozyten und wird über den Darm ausgeschieden. Charakteristisch für HAV sind seine ausgeprägte Umweltstabilität, hohe Thermostabilität und hohe Resistenz gegenüber Desinfektionsmittel. Infektionsgefahr droht durch Virusverseuchte Speisen, z. B. Muscheln, Salat, ungeschältes Obst oder verunreinigtes Wasser, das zum Zähneputzen, zur Bereitung von Eiswürfeln oder Speiseeis verwendet wird (oral-fäkale Übertragung).

Die Erkrankung beginnt zwei bis sechs Wochen nach der Infektion mit unspezifischen Symptomen wie Übelkeit, Erbrechen, Kreislaufproblemen, Durchfällen oder auch mit psychischen Reaktionen. Bei Erwachsenen kann als äußeres Zeichen eine Gelbfärbung am Augapfel oder der Haut auftreten. Bei Kindern verläuft die Krankheit klinisch fast unauffällig. Bei älteren Menschen kann sie dagegen sehr lange dauern, vor allem wenn andere Grunderkrankungen vorliegen.

Der Impfstoff HAVpur® enthält Hepatitis-A-Viren eines RG-SB-Stammes, die in humanen diploiden Zellen (MCR-5) gezüchtet und mit Formaldehyd inaktiviert wurden. Die isolierten Viruspartikel sind an ein neues Immunadjuvans gebunden, das aus synthetischen, kugelförmigen Virosomen, den IRIVs besteht (IRIV: *Immunopotentiating Reconstituted Influenza Virosome*). Diese IRIVs bestehen aus einer Lecithin/Kephalin-Doppelmembran. In diese Membran sind die Glykoproteine Hämagglutinin und Neuraminidase aus inaktivierten Grippeviren (H1N1) eingebettet. Nach Verabreichung des Impfstoffs binden sich die IRIV- und Hepatitis-A-Komplexe aktiv an spezielle Makrophagen-Rezeptoren und werden anschließend phagozytiert. Es kommt zur verstärkten Antigenpräsentation und Stimulierung von T-Lymphozyten, die ihrerseits die Produktion von Hepatitis-A-Antikörpern durch B-Lymphozyten stimulieren.

Einen schnellen Schutz erzielt man durch eine

Name	**Hepatitis A**
Erreger	**Hepatitis-A-Virus (HAV)**
Übertragung	Fäkal verschmutzte Lebensmittel und Wasser
Inkubationszeit	2 – 5 Wochen
Symptome	Oft langwieriger Krankheitsverlauf; unspezifische Symptome wie Übelkeit, Erbrechen, Kreislaufprobleme, Durchfälle oder auch psychische Reaktionen.
Grundimmunisierung	1 Dosis kurz vor Reisebeginn
Postexpositionsimpfung	Nach Infektion mit Hepatis-A-Virus wird eine postexpositionelle Prophylaxe bis 14 Tage nach Kontakt für sinnvoll gehalten
Auffrischimpfung	1 Dosis nach 6 – 12 Monaten
Schutzrate	Über 95 %.
Schutzdauer	Nach Grundimmunisierung ca. 10 Jahre.

einmalige Hepatitis-A-Impfung, die etwa 14 Tage vor Reisebeginn erfolgen sollte, wobei die Impfung auch kurz vor der Reise noch möglich ist („last minute"). Für einen langfristigen Schutz sollte die Impfung bei Erwachsenen und Kindern nach 6 bis 12 Monaten aufgefrischt werden; der Impfschutz hält dann mindestens zehn Jahre.

4.7.1.4 FSME-Vakzine

Die Frühsommer-Meningoenzephalitis wird vom FSME-Virus, einem Flavivirus, verursacht. Das Virus wurde erstmals 1937 in der Sowjetunion isoliert. Übertragen wird das Virus mit dem Speichel einer beißenden Zecke, die selbst infiziert ist. Warmblütige Wild- und Haustiere beherbergen das Virus. Das Haupt-Tierreservoir sind kleine Warmblüter wie Feldmäuse. Von ihnen nimmt die Zecke das Virus beim Blutsaugen auf. Es gibt zwei antigen unterscheidbare Formen der Frühsommer-Meningoenzephalitis in Europa und im Osten der Sowjetunion. Der Haupt-Vektor der europäischen Form ist *Ixodes ricinus*, der der östlichen Form *Ixodes perulcatus*.

Jährlich treten in Deutschland ca. 200 FSME-Fälle auf, und zwar meistens in Bayern, Baden-Württemberg, Hessen und Rheinland-Pfalz. In den übrigen Bundesgebieten werden nur vereinzelt Erkrankungen an Frühsommer-Meningoenzephalitis registriert.

Nach einer Inkubationszeit von 7 bis 14 Tagen beginnt bei etwa 30 % der Infizierten die zweiphasige Krankheit mit grippeähnlichen, unspezifischen Symptomen wie Kopfschmerzen, Fieber, Schnupfen. In diesem Stadium endet die Krank-

Name	**Frühsommer-Meningoenzephalitis (FSME)**
Erreger	**FSME-Viren (Familie der Flaviviren)**
Übertragung	Durch den Biss Virus-infizierter Zecken
Inkubationszeit	5 – 14 Tage
Symptome	Meningitis, Meningoenzephalitis und Meningomyeloenzephalitis; Letalität: 1 – 2 % bei schweren Krankheitsverläufen
Grundimmunisierung	Schnellimmunisierungsschema: 3 Impfungen an den Tagen 0, 7 und 21 Langzeit-Schema: 3 Impfungen an den Tagen 0, 28 (1 – 3 Monate) und 300 (9 – 12 Monate)
Auffrischimpfung	Schnellimmunisierungsschema: 1. Auffrischimpfung nach 12 – 18 Monaten, danach eine Impfdosis mit 0,5 ml alle 3 – 5 Jahre Langzeit-Schema: Eine Impfdosis mit 0,5 ml alle 3 – 5 Jahre
Mögliche Impffolgen	Lokale Reaktionen wie Rötung, Schwellung und Schmerzen im Bereich der Injektionsstelle sowie Schwellungen der in der Nähe der Einstichstelle liegenden Lymphdrüsen. Selten Übelkeit oder Muskel- und Gelenkschmerzen.
Schutzrate	Über 95 %.
Schutzdauer	Nach Grundimmunisierung ca. 1 – 3 Jahre.

heit, wenn der Organismus Antikörper bildet. Bei ungefähr jedem dritten Patienten kommt es jedoch nach etwa einer Woche erneut zu Fieber. Der Erreger verursacht Infektionen der Hirnhaut, des Gehirns und des Rückenmarks. Von diesen Patienten stirbt ca. 1 %, und jeder zehnte wird dauerhaft geschädigt. Je älter der Patient, desto schwerer verläuft die Krankheit.

Die FSME-Vakzine enthält den mit Formaldehyd inaktivierten Impfstamm K-23 als Adsorbat-Impfstoff. Dieser schützt gegen den westlichen und östlichen Virus-Subtyp.

Zur Schnellimmunisierung werden drei Impfungen an den Tagen 1, 7 und 21 verabreicht.

Das Langzeit-Schema umfasst eine dreimalige Impfung an den Tagen 1, 28 (1 – 3 Monate) und 300 (9 – 12 Monate).

Auffrischimpfungen sollten beim Schnellimmunisierungs-Schema nach 12 bis 18 Monaten, danach alle drei Jahre durchgeführt werden. Beim Langzeit-Schema wird alle drei Jahre aufgefrischt.

Die Impfung ist sehr gut verträglich, was durch klinische Zulassungsstudien belegt wurde. Die sehr gute Verträglichkeit hat sich auch bei millionenfacher Verimpfung gezeigt.

4.7.2 *Inaktivierte Bakterien-Vakzine*

Ein Beispiel für einen Impfstoff, der inaktivierte Bakterien enthält, ist die Ganzkeim-Pertussis-Vakzine. Diese nicht unproblematische Vakzine verliert aber heute an Bedeutung, da sie durch eine azelluläre Vakzine ersetzt wird. Daneben sind für Reise- und Indikationsimpfungen eine Vakzine gegen *Vibrio cholerae* und gegen *Salmonalla typhi* mehr oder weniger von Bedeutung.

Der Nutzen der Cholera-Vakzine wird immer wieder hinterfragt, da sie nur für kurze Zeit gegen das Toxin, nicht jedoch gegen den Erreger wirksam ist. Sollte dennoch eine Impfung benötigt werden, stehen alternativ zwei orale Cholera-Impfstoffe zur Verfügung, von denen in Deutschland der Kombinationsimpfstoff aus inaktivierten Bakterien und rekombinant hergestelltem Choleratoxin B zugelassen sind.

4.7.2.1 *Ganzkeim-Pertussis-Vakzine*

Keuchhusten-Infekte werden durch direkten Kontakt mit einem Infizierten durch Tröpfcheninfektion übertragen. Das gramnegative Bakterium *Bordetella pertussis* dringt in die Atemwege ein und siedelt sich dort an. Toxine, die das Bakterium absondert, verursachen den Ausbruch der Krankheit. Neben dem eigentlichen Pertussis-Toxin (PT) sind auch andere Pathogenitätsfaktoren wie filamentöses Hämagglutinin (FHA), Adenylatzyklase und ein tracheales Zytotoxin an der Ausprägung der Krankheit beteiligt. Der Erreger bindet an die Cilien des Respirationstraktes und setzt die Toxine frei. Der Cilienschlag wird dadurch gehemmt, was nachfolgend zur Entzündung und zum Husten auf Grund mangelnder Sekretabfuhr führt. Antibiotika helfen nach Ausbruch der Krankheit nicht mehr.

Betroffen sind vor allem Säuglinge und Kleinkinder, von denen 80 bis 90 % ein bis drei Wochen nach der Infektion erkranken. In der ersten Woche verläuft die Krankheit zunächst völlig unspezifisch. Allerdings ist der Patient in dieser Zeit hochinfektiös. Das typische Krankheitsbild mit stoß- und krampfartigen Hustenanfällen entwickelt sich in der zweiten Woche. Dabei kann es zu Atemstillstand und Blauanlaufen durch Sauerstoffmangel kommen. Das Anfallstadium dauert im Allgemeinen 3 bis 4 Wochen, in manchen Fällen sogar bis zu einem halben Jahr. Bei Säuglingen ist meist ein Krankenhausaufenthalt notwendig. Der überstandene Keuchhusten verleiht eine zeitlich begrenzte Immunität.

Erwachsene zeigen atypische Krankheits-Formen mit uncharakteristischem Husten. Sie können aber Säuglinge und Kleinkinder anstecken. Viele Säuglinge werden von der Mutter angesteckt.

Da Säuglinge keine (!) schützenden Antikörper von der Mutter während der Schwangerschaft oder beim Stillen erhalten, sollten sie möglichst früh geimpft werden. Eine solche frühzeitige Impfung von Säuglingen empfiehlt auch die STIKO seit 1991. Verwendet wird in aller Regel ein Kombinations-Impfstoff gegen Diphtherie, Pertussis, Tetanus, Polio, Haemophilus und Hepatitis B.

Impfungen werden auch empfohlen für exponierte Erwachsene, z.B. Personal in Pädiatrie und Infektionsmedizin sowie Gemeinschaftseinrichtungen für das Vorschulalter und Kinderheimen.

Die Ganzkeim-Pertussis-Vakzine enthält Hitze-inaktivierte *Bordetella-pertussis*-Zellen. Die Dosis wird durch Trübungsmessung der inaktivierten Zellsuspension ermittelt. Die Effizienz der Vakzine wird durch einen Schutzassay in Mäusen bestimmt. Der von der Vakzine ausgelöste Schutzmechanismus wird wahrscheinlich durch die Induktion mehrerer Antikörper gegen unterschiedliche Pertussis-Antigene wie Pertussis-Toxin, filamentöses Hämagglutinin und Lipopolysaccharide vermittelt.

Ganzkeim-Pertussis-Vakzine sind bekannt dafür, dass sie nicht selten unangenehme Nebenwirkungen verursachen. Dazu zählen auch extreme Unruhe und Schlaflosigkeit, Schreikrämpfe und Schock-ähnliche Phänomene. Meldungen von Impf-Enzephalopathien, die man der Pertussis-Impfung anlastete, führten zu einer Einschränkung der Impfempfehlung für Säuglinge in Risikosituationen. Daraufhin sank die Durchimpfungsrate von durchschnittlich 40 bis 50 % auf nur noch 14 % (1990). Dies führte zu einer erneuten, starken Zunahme der Keuchhusten-Morbidität (vgl. Abb. II.4.1). Seit 1991 empfiehlt die STIKO die Impfung wieder für alle gesunden Säuglinge und Kinder. Allerdings wird heute nur noch eine azelluläre Vakzine eingesetzt, die neben gereinigtem Pertussis-Toxoid auch gereinigtes, filamentöses Hämagglutinin von *B. pertussis* enthält.

Name	**Keuchhusten, Pertussis**
Erreger	***Bordetella pertussis* (Bakterium)**
Übertragung	Durch Tröpfcheninfektion
Inkubationszeit	7 – 14 Tage
Symptome	Bronchitis mit heftigen Hustenanfällen und Erstickungsanzeichen; pfeifendes Atemgeräusch; Lungenentzündung, Krämpfe.
Grundimmunisierung	Ab vollendetem 2. Lebensmonat drei Impfungen im Abstand von je 4 bis 8 Wochen. Eine vierte Impfung zwischen vollendetem 11. und 14. Lebensmonat. In der Regel als Kombination mit anderen Impfungen. Impfung von Erwachsenen auch bei erhöhtem beruflichem Risiko.
Auffrischung	Ab dem 6. Lebensjahr, auch für Erwachsene alle 10 Jahre empfohlen
Mögliche Impffolgen	Örtliche Reaktionen wie Rötung, Schwellung, Schmerzen. Gelegentlich Fieber (Fieberzäpfchen), Durchfall, Erbrechen. Selten Unruhe und Schreikrämpfe.
Schutzrate	70 – 90 %; erkranken Kinder nach vollständiger Impfung, verläuft die Krankheit deutlich leichter.
Schutzdauer	Nach Grundimmunisierung ca. 10 Jahre oder mehr.

4.7.2.2 Cholera-Vakzine

Die Cholera ist eine schwere bakterielle Infektionskrankheit mit Durchfall und Erbrechen, die durch das gramnegative Bakterium *Vibrio cholerae* ausgelöst wird, dessen Toxin (Choleratoxin) zu starkem Durchfall mit Wasserverlust führt. Der Erreger wurde erstmals von PACINI 1854 als gekrümmtes, kommaförmiges und hochbewegliches Bakterium beschrieben. ROBERT KOCH hat 1883 zusammen mit FISCHER und GAFFKY in Ägypten den Erreger aus dem Darm von verstorbenen Patienten in Reinkultur angezüchtet. Dieser Biotyp wird als „klassischer Typ" bezeichnet. Seit 1817 sind insgesamt 7 Cholera-Pandemien registriert, die letzte begann 1961 und hält nach wie vor an. Während die früheren Pandemien vom „klassischen" Choleraerreger ausgelöst wurden, ist seit 1961 der Biotyp El Tor das dominante Pathogen. Seit 1961 sind mehr als 5 Millionen Cholerafälle registriert mit über 250.000 Todesfällen. Der letzte größere Choleraausbruch in Deutschland war in Hamburg im Jahr 1892, bei dem 8.600 Menschen starben. Cholera wird in der Regel durch Trinkwasser verursacht, das mit Choleraerregern verunreinigt ist. Choleraerreger finden sich vor allem in Fäkalien, sowie in Fluss- und Meerwasser, das mit Fäkalien belastet ist. Außerdem können Fische und andere Nahrungsmittel aus Flüssen und dem Meer mit Choleraerregern belastet sein. Während in den Industrieländern wegen hoher Hygienestandards Cholera kein Problem darstellt, ist die Cholera in den Entwicklungsländern eine weit verbreitete und gefährliche Krankheit. Für einen Krankheitsausbruch müssen ca. 10^8 bis 10^9 Bakterien aufgenommen werden, damit noch ausreichend infektiöse Partikel den Dünndarm nach der Passage durch die zerstörerische Magensäure erreichen können, um sich dort anzusiedeln. Die Schwellendosis verringert sich deutlich, wenn die Bakterien zusammen mit Nahrung aufgenommen werden.

Ausgelöst wird die Krankheit durch das Choleratoxin, ein aus einer so genannten A und fünf B-Proteinuntereinheiten aufgebautes Toxin. Über die B-Untereinheiten bindet der Proteinkomplex spezifisch an Glykolipide in der Zellmembran der Darm-Epithelzellen und wird in die Zelle aufgenommen. Hier hemmt die A-Untereinheit die für G-Proteine notwendige Umsetzung von GTP zu GDP, und blockiert damit die Signalabschaltung in der Zelle. Die Adenylatzyklase bleibt aktiviert und es kommt zu einem Überschuss des *second Messengers* cAMP, was wiederum dazu führt, dass kontinuierlich Cl^-, HCO_3^- und Wasser ins Darmlumen abgegeben werden. Nach einer Inkubationszeit von wenigen Stunden bis 4 Tagen kommt es zum Ausbruch der Krankheit, wobei der Verlauf der Cholera meist in 3 Stadien eingeteilt werden kann:

1. Stadium des Brechdurchfalls mit häufig dünnflüssigem Stuhl, oft mit Schleimflocken durchsetzt („Reiswasserstühle") und verbunden mit Schmerzen im Bauch.
2. Stadium des Flüssigkeitsmangels (Exsikkose). Dabei kommt es zur Untertemperatur und zu einem auffälligen Gesichtsausdruck mit spitzer Nase, eingefallenen Wangen und stehenden Hautfalten.
3. Stadium der allgemeinen Körperreaktion mit Fieber, Benommenheit, Verwirrtheit, Koma und Hautausschlag. Komplikationen wie eine Lungenentzündung, eine Entzündung der Ohrspeicheldrüse und eine Sepsis können hinzukommen.

Bei bis zu 80 % der Infizierten verläuft die Erkrankung nahezu symptomlos, bei weiteren 15 % verläuft sie eher mild. Auffälligerweise sind Menschen mit der Blutgruppe 0 gefährdeter.

Mit Dukoral® ist eine Schluckimpfung in Deutschland zugelassen, die folgendermaßen zusammengesetzt ist:

Eine Dosis der Impstoff-Suspension enthält

- Insgesamt 1×10^{11} Bakterien der Stämme
  Vibrio cholerae O1 Inaba, klassischer Biotyp (Hitze-inaktiviert), 25×10^9 Bakterien
  Vibrio cholerae O1 Inaba, El-Tor-Biotyp (Formalin-inaktiviert), 25×10^9 Bakterien
  Vibrio cholerae O1 Ogawa, klassischer Biotyp (Hitze-inaktiviert), 25×10^9 Bakterien

Vibrio cholerae O1 Ogawa, klassischer Biotyp (Formalin-inaktiviert), 25×10^9 Bakterien
- Rekombinante Cholera-Toxin-B-Untereinheit (rCTB) 1 mg

Zusammen mit dem Impfstoff wird ein Natriumhydrogencarbonat-Brausegranulat angeboten, das zunächst in einem Glas kaltem Wasser (etwa 150 ml) aufgelöst werden muss. Die Impfstoff-Suspension wird anschließend mit der Natriumhydrogencarbonat-Lösung gemischt und innerhalb von 2 Stunden getrunken. Da der Impfstoff im saueren Milieu labil ist und Nahrungsmittel oder Getränke die Säureproduktion im Magen erhöhen, sollte 1 Stunde vor und nach der Impfung auf den Verzehr von Nahrungsmitteln und Getränken verzichtet werden. Auch die Einnahme von anderen Arzneimitteln sollte 1 Stunde vor und nach der Einnahme von Dukoral® vermieden werden.

Bei Kindern von 2 bis 6 Jahren wird die Hälfte der Natriumhydrogencarbonat-Lösung verworfen, und die restliche Menge (etwa 75 ml) wird mit dem gesamten Inhalt der Impfstoff-Durchstechflasche gemischt.

Dukoral® verleiht einen speziellen Schutz gegen *Vibrio cholerae* Serogruppe O1. Die Immunisierung schützt nicht gegen *V. cholerae* Serogruppe O139 oder andere *Vibrio*-Spezies.

Der Impfstoff induziert die Bildung von Antikörpern sowohl gegen die bakteriellen Komponenten als auch gegen CTB. Die antibakteriellen Antikörper im Darm verhindern, dass die Bakterien sich an die Darmwand anbinden, wodurch eine Besiedelung mit *V. cholerae* O1 abgewehrt wird. Die Antitoxin-Antikörper im Darm verhindern, dass sich das Cholera-Toxin an die Schleimhautoberfläche des Darms bindet und vermeiden dadurch die durch das Toxin vermittelten Durchfallsymptome.

Das hitzelabile Toxin (LT) der enterotoxischen *E. coli* (ETEC) ist strukturell, funktionell und immunologisch dem CTB ähnlich. Es kommt daher zu einer immunologischen Kreuzreaktion der beiden Toxine.

Die Zwischenergebnisse aus einer klinischen Studie mit einer begrenzten Anzahl von Probanden zeigten keinerlei Wechselwirkung mit der Antikörperreaktion auf Dukoral®, wenn ein oraler Lebendimpfstoff (Enterokapseln) gegen Typhus zusammen mit Dukoral® gegeben wurde. Die Immunantwort auf Typhus-Lebendimpfstoff wurde in dieser Studie nicht untersucht. Ebenso wurde ein Gelbfieberimpfstoff zusammen mit Dukoral® verabreicht, und es wurde keine Wechselwirkung mit der Immunantwort auf den Gelbfieberimpfstoff beobachtet.

Dukoral® ist zur aktiven Immunisierung gegen die durch *Vibrio cholerae* Serogruppe O1 verursachten Erkrankungen bei Erwachsenen und Kindern ab 2 Jahren, die in endemische/epidemische Gebiete reisen wollen, angezeigt.

Dukoral® ersetzt nicht die üblichen Schutzmaßnahmen. Beim Auftreten einer Diarrhö sind Maßnahmen zur Rehydratation einzuleiten.

Das Standardverfahren zur Dukoral®-Erstimpfung gegen Cholera besteht bei Erwachsenen und Kindern ab 6 Jahren aus 2 Dosen.

Kinder von 2 bis 6 Jahren sollten 3 Dosen erhalten. Die Dosen sind in Abständen von mindestens einer Woche zu verabreichen. Wenn zwischen den Dosisgaben mehr als 6 Wochen liegen, muss die Grundimmunisierung von vorn begonnen werden.

Die Immunisierung sollte mindestens 1 Woche vor einer potenziellen Exposition mit *V. cholerae* O1 abgeschlossen sein.

Um einen kontinuierlichen Schutz gegen Cholera zu erreichen, wird für Erwachsene und Kinder ab 6 Jahren eine einzelne Auffrischungsimpfung nach 2 Jahren, und für Kinder von 2 bis 6 Jahren eine Auffrischung nach 6 Monaten empfohlen. Zu wiederholten Auffrischungsdosen wurden keine Daten hinsichtlich der klinischen Wirksamkeit erstellt. Die immunologischen Daten legen jedoch nahe, dass spätestens 2 Jahren nach der letzten Impfung eine einzelne Auffrischungsimpfung gegeben werden sollte. Wenn die letzte Impfung mehr als 2 Jahre zurück liegt, sollte das Erstimpfungsverfahren wiederholt werden.

Name	Cholera
Erreger	***Vibrio cholerae*** **(Bakterium)**
Übertragung	Durch mit Choleraerreger verunreinigtes Trinkwasser oder Nahrungsmittel
Inkubations-zeit	Wenige Stunden bis 4 Tage
Symptome	Diarrhö mit reiswasserähnlichem Stuhl
Grundimmu-nisierung	Kinder zwischen dem 2. und 6. Lebensjahr: 3 Dosen im Abstand von mindestens 1 aber nicht mehr als 6 Wochen; Kinder ab 6 Jahre, Jugendliche und Erwachsene: 2 Dosen
Auffrischung	Kinder zwischen dem 2. und 6. Lebensjahr: eine Auffrischung nach 6 Monaten; Kinder ab 6 Jahre, Jugendliche und Erwachsene: eine Auffrischung nach 2 Jahren
Mögliche Impffolgen	Gelegentlich: Diarrhö, Bauchschmerzen, Bauchkrämpfe, Magen/Bauchgeräusche, Bauchbeschwerden, Kopfschmerzen; selten Fieber, Unwohlsein, Übelkeit, Erbrechen, kein oder wenig Appetit, respiratorische Symptome (einschließlich Rhinitis und Husten), Schwindel.
Schutzrate	60 – 85 %
Schutzdauer	Nach Grundimmunisierung ca. 2 Jahre.

4.8 Subunit-Vakzine

Subunit-Vakzine enthalten ein oder mehrere ausgewählte Antigene (subunits), die einen Schutz gegen den pathogenen Keim induzieren können, von dem sie isoliert wurden. Diese Vakzine sind sicherlich physiko-chemisch besser definiert und somit homogener als Lebend- oder inaktivierte Ganzkeim-Vakzine. Auch zeigen sie weniger Nebenwirkungen. Allerdings sind sie nicht so immunogen wie die Ganzkeim-Vakzine. Antigene, die heute in Subunit-Vakzinen eingesetzt werden, beinhalten bakterielle oder virale Proteine oder bakterielle Kapsel-Polysaccharide.

Handelt es sich bei den Antigenen um Proteine, spricht man auch von Toxoid-Impfstoffen. Wichtige Beispiele für Toxoid-Impfstoffe sind die Diphtherie- und Tetanus-Vakzine. Der von ihnen induzierte Schutz vor der Krankheit basiert auf der Anwesenheit von Antikörpern gegen die entsprechenden Toxine. Dabei handelt es sich um wasserlösliche Proteine, die mit Hilfe von Formaldehyd vernetzt wurden. Diese Vernetzung führt zu intra- und intermolekularen kovalenten Bindungen, die einerseits die Toxine „entgiften“, die aber andererseits so beschaffen sein müssen, dass noch eine spezifische Antikörperinduktion gewährleistet ist. Um die mäßige Immunogenität dieser Aggregate zu erhöhen, werden sie an Aluminium-Salz-Suspensionen adsorbiert.

Im Falle der azellulären Pertussis-Vakzine wurde eine Mutation in das Gen für das Toxin eingeführt. Die resultierende Toxinvariante ist nicht mehr toxisch, genetisch stabil und immunogener als das chemisch modifizierte Toxin. Aber auch diese Variante ist mit niedrigen Dosen Formaldehyd modifiziert, um eine höhere Stabilität zu erzielen. Um die Immunogenität der Vakzine zu erhöhen, enthalten azelluläre Pertussis-Vakzine noch andere Komponenten wie filamentöses Hämagglutinin (FHA), das 69 kDa große Pertactin und/oder Agglutinogene.

Azelluläre Pertussis-Vakzine wurden in den 1980er Jahren zunächst in Japan eingeführt, das die Immunisierung mit der Ganzkeim-Vakzine wegen der unklaren Sicherheitslage ausgesetzt hatte. Heute dominiert dieser Impfstoff wegen seiner deutlich besseren Verträglichkeit. Auch die STIKO empfiehlt die azelluläre Pertussis-Vakzine (aP) in Form von Kombinationsimpfstoffen, beispielsweise gegen Diphtherie, Tetanus und Polio (DaPT-IPV). Wegen der hohen Pertussis-Gefährdung sollte mit der Impfung bereits zu Beginn des 3. Lebensmonats begonnen werden. Die Grundimmunisierung umfasst 3 Injektionen im ersten Lebensjahr im Abstand von jeweils 4 Wochen sowie 1 Impfung zu Beginn des 2. Lebensjahrs.

Die Hepatitis-B-Subunit-Vakzine gelangte als erste, und bisher einzige, rekombinante Vakzine in den Markt. Sie hat komplett eine bis dahin gebräuchliche Vakzine verdrängt, die aus Plasma infizierter Patienten hergestellt wurde. Die aktuelle Hepatitis-B-Vakzine enthält Hepatitis-B-Oberflächenantigen (HBsAg), das aus transgenen Hefe- oder Säugerzellen isoliert wird, die das entsprechende virale Gen exprimieren. Gereinigtes HBsAg aggregiert spontan zu 22-nm-Partikeln, die exakt denen entsprechen, die man durch Extraktion von Virus-infizierten Zellen enthält. Offensichtliche Vorteile dieser rekombinanten Subunit-Vakzine sind ein deutlich verbessertes Sicherheitsprofil, hohe Ausbeuten und eine gleich bleibende Qualität.

Als Antigene eignen sich auch die Kapsel-Polysaccharide einiger Bakterien. Sowohl unter den grampositiven (z. B. Pneumokokken) als auch unter den gramnegativen Bakterien (z. B. Meningokokken) findet man Spezies, die Kapseln bilden. Diese Kapseln bestehen aus hochmolekularen Polysacchariden, die als Virulenzfaktoren fungieren. Sie sind aus linearen Oligosaccharid-Wiederholungseinheiten aufgebaut, die sich Spezies-spezifisch in Länge und Zusammensetzung unterscheiden. Der infizierte Organismus bildet gegen diese Kapselkomponenten Anti-Polysaccharid-Antikörper, die die Eindringlinge opsonisieren und so eine Komplement-Reaktion induzieren. Zugelassene Kapsel-Polysaccharid-Vakzine sind die Meningokokken-Vakzine mit den Serogruppen A, C, W-135 und Y, die Pneumokokken-Vakzine mit einem 23-valenten Polysaccharid-Impfstoff und die *Haemophilus-influenzae*-Typ-b-Vakzine (Hib).

Ein Nachteil der Polysaccharid-Vakzine ist ihre T-Zell-Unabhängigkeit (vgl. Kap. I.3.3.3.2). Das bedeutet, dass die Vakzine keinen Memory-Effekt induzieren. Hinzu kommt, dass diese Impfstoffe Kinder unter 2 Jahren nur unzureichend schützen, obwohl gerade diese Patientengruppe besonders gefährdet ist. Wegen der unzureichenden Immunantwort bei Kindern unter 2 Jahren sind die Impfstoffe auch erst für Patienten ab dem vollendeten 2. Lebensjahr zugelassen.

Die mäßige Immunogenität der reinen Polysaccharid-Antigene kann dadurch überkommen werden, dass man sie kovalent mit Trägerproteinen koppelt, die T-Zell-Epitope tragen. Dadurch steigt nicht nur die Immunogenität, sondern es wird auch ein Memory-Effekt induziert.

Das Konzept sei hier noch einmal kurz zusammengefasst:

T-Helferzellen erkennen nur Peptide, die über den MHC-II-Komplex präsentiert werden. Es werden also keine Polysaccharide, Lipide und Nukleinsäuren erkannt. „Reife" B-Zellen hingegen erkennen auch Nicht-Protein-Antigene wie Zuckerpolymere ohne Unterstützung von T-Helfer-Zellen, weil diese so genannten Thymus(T-Zellen)-unabhängigen Antigene über multivalente Anordnung gleicher Epitope zu einem „cross-linking" von Antigen-Rezeptoren auf spezifischen B-Zellen und zu deren Aktivierung (Proliferation, Differenzierung, IgM/(IgG)-Antikörperproduktion) führen. Dies funktioniert allerdings erst ab etwa einem Alter von 2 Jahren. Bei Kindern unter 24 Monate sind B-Lymphozyten noch „unreif". Zwar dürften sie wohl auch Nicht-Protein-Antigene erkennen, können aber wahrscheinlich noch nicht sehr effizient oder nur Antikörper sehr niedriger Affinität produzieren.

Um diesem Dilemma zu begegnen, stellt man Protein-Konjugat-Impfstoffe her. Diese induzieren folgenden Reaktionsablauf: Spezifische B-Zell-Rezeptoren erkennen und binden zunächst das Polysaccharid-Epitop. Rezeptor-vermittelt gelangt das Konjugat durch Endozytose in die Zellen. In der B-Zelle wird der Proteinanteil des Konjugats prozessiert und Peptidfragmente über den MHC-II-Komplex T-Helferzellen präsentiert. Nun ist die T-Helferzelle mit der B-Zelle („gebunden" über MHC/Peptid an TCR sowie über B7 an CD28 u. a.) assoziiert und wird ihrerseits aktiviert. Dies führt zur Expression des CD40-Liganden, der an CD40-Rezeptoren auf B-Zellen bindet. Ferner beginnt die T-Helferzelle, Zytokine zu sezernieren, die parakrin noch „unreife" B-Zellen aktivieren. Dadurch wird eine deutlich effizientere Produktion von wahrscheinlich höheraffinen Antikörpern gegen das Kapsel-Kohlenhydrat-Antigen induziert.

Ein weiterer Vorteil der Konjugat-Impfstoffe besteht darin, dass zusätzlich über andere antigenpräsentierenden Zellen (z. B. Makrophagen) durch T-Helferzellen B-Zellen mit Ig-Rezeptor-Spezifitäten für den Proteinanteil des Konjugat-Impfstoffes aktiviert werden.

Konjugat-Impfstoffe sind die Meningokokken-C- und die Hib-Vakzine. Die Meningokokken-C-Vakzine (Menjugate®) enthält Oligosaccharide von *Neisseria meningitidis* der Serogruppe C, das an das CRM197-Protein von *Corynebacterium diphtheriae* konjugiert und an Aluminiumhydroxid adsorbiert ist. Zu beachten ist, dass dieser Impfstoff nur gegen den Serotyp C und nicht gegen Meningokokken anderer Serotypen (z. B. A, W-135 und Y) schützt.

Der bekannteste Konjugat-Impfstoff ist die Hib-Vakzine. Sie besteht aus Wiederholungseinheiten von Polyribosyl(1-1)ribitolphosphat (PRP). Da 95 % aller Infektionen mit *Haemophilus*-Arten durch *Haemophilus influenzae* verursacht werden, reicht es aus, nur das eine Kapsel-Polysaccharid in den Impfstoff zu integrieren. Die Zuckerkomponente wird an ein Trägerprotein gekoppelt, das beispielsweise im Impfstoff Pedvax-HIB® aus dem Proteinkomplex der äußeren Membran von *Neisseria meningitidis* B (OMPC = *outer membrane protein complex*) besteht. Ferner ist das Konjugat an Aluminiumhydroxid adsorbiert. Dieser Hib-Impfstoff ist häufig Teil einer Kombinationsvakzine (beispielsweise DTP-Hib).

4.8.1 *Influenza-Vakzine*

Es gibt drei menschenpathogene Typen des Influenza-Virus: Influenza-Virus Typ A, B und C; sie gehören zu den Orthomyxoviren. Influenza-A-Viren kommen beim Menschen und daneben auch bei Säugern (Schweine, Pferde) und in großer Vielfalt bei Vögeln, insbesondere Wasservögeln, vor. Influenza-B-Viren treten nur beim Menschen auf. Das Influenza-C-Virus ist für das Auftreten von Epidemien nicht von Bedeutung und wurde bei Mensch und Schwein nachgewiesen.

Der vorherrschende Subtyp entwickelt ständig neue Varianten, gegen die eine Immunität nach vorheriger Infektion mit einer anderen Variante des Subtyps nur sehr eingeschränkt schützt (vgl. Kap. I.4.3.2). Daher muss alljährlich mit der aktuellen Antigenkombination neu immunisiert werden. Die Empfehlungen werden von der WHO ausgesprochen (Abb. II.4.3).

Gefürchtet sind Pandemien, die alle 12 bis 24 Jahre auftreten. Sie treten dann ein, wenn sich das Influenza-Virus so weit verändert, dass ein völlig neuer Subtyp entstanden ist. Das geschieht auch dadurch, dass verwandte Spezies (z. B. Influenza- und Hühnerpest-Virus) in einem gemeinsamen Wirt rekombinieren.

Influenza-Viren gelangen über Tröpfcheninfektion in den Organismus und infizieren nach einer Inkubationszeit von 1 bis 3 Tagen zunächst die Epithelzellen der Mund-, Nasen- und Rachenschleimhaut. Von hier aus breiten sie sich in den unteren Respirationstrakt aus. Vor allem bei Erwachsenen kann die Infektion inapparent verlaufen. Erste Symptome sind plötzliches Einsetzen von Kopfschmerzen, Kältegefühl, Schüttelfrost und Husten. Anschließend tritt hohes Fieber bis 41 °C, Muskelschmerzen, Appetitlosigkeit und Schwächegefühl auf. Nach ca. 3 Tagen klingen diese Symptome wieder ab und das

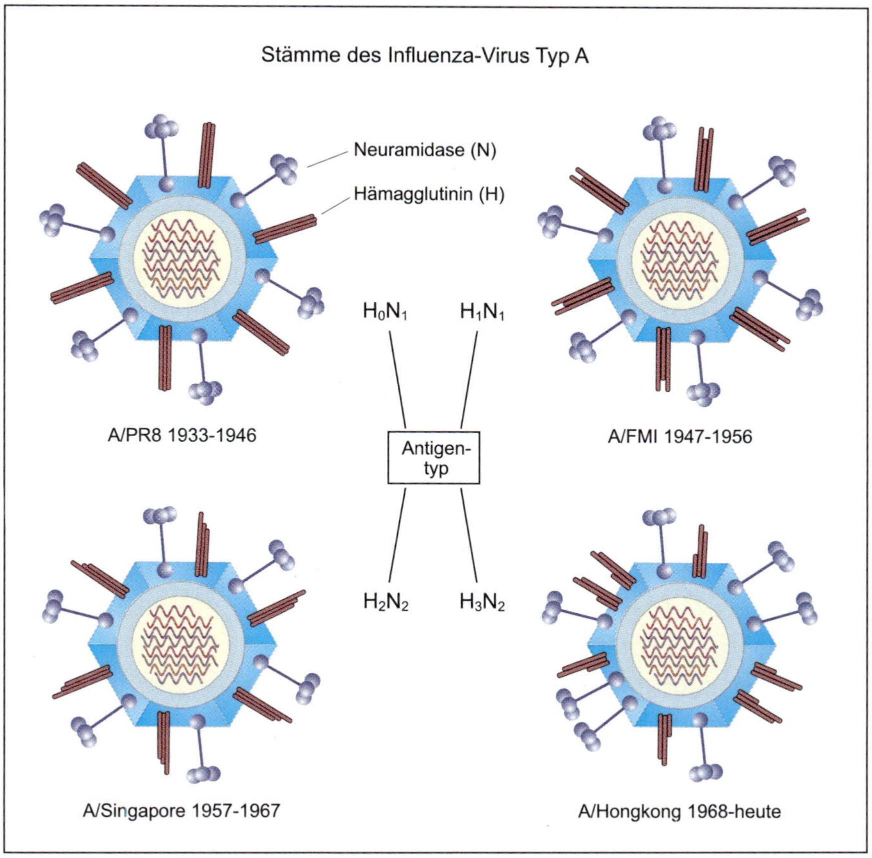

Abb. II.4.3: Unterschiede der antigenen Determinanten der Influenza-A-Viren. Influenza-A-Viren unterscheiden sich vor allem in den Oberflächen-Proteinen Neuraminidase und Hämagglutinin. Von dem trimeren Hämagglutinin sind bisher 15 verschiedene Varianten identifiziert worden, während man von der Neuraminidase 9 Subtypen kennt. Entsprechend dieser Variationen wird jährlich von der WHO eine Impfempfehlung herausgegeben, die z. B. auf den Internetseiten der WHO (www.who.int) oder der Zulassungsbehörde für Impfstoffe „Paul-Ehrlich-Institut" (www.pei.de) nachzulesen sind.

Fieber geht zurück. Nach 6 Tagen ist das Virus aus dem Körper eliminiert.

Eine schwere, lebensbedrohende Grippe tritt dann auf, wenn sich anschließend eine primäre virale interstitielle Lungenentzündung entwickelt. Sie tritt vor allem bei älteren (> 65 Jahre) oder immunsupprimierten Patienten auf, allerdings sind auch ca. 25 % jüngere, nicht-immunsupprimierte Patienten betroffen. Durch bakterielle Überinfektion, beispielsweise mit *Haemophilus influenzae* oder *Streptococcus pneumoniae*, kann sekundär ebenfalls eine Lungenentzündung entstehen. Kommen zusätzlich zur Lungenentzündung noch Kreislaufschäden mit Myocarditis dazu, kann es innerhalb von 1 bis 4 Tagen zum Tod kommen.

Die Influenza-Vakzine enthält einen Influenza-Spaltimpfstoff. Dieser besteht aus Influenza-Vi-

Impfstoff-/ Antigen-Kombination	Alter in vollendeten Monaten						Alter in vollendeten Jahren			
	Geburt	2	3	4	11 – 14	15 – 23 siehe a)	5 – 6	9 – 17	ab 18	> 60
Influenza****										S

S: Standardimpfung mit allgemeiner Anwendung = Regelimpfung
**** Jährlich mit dem von der WHO empfohlenen aktuellen Impfstoff

II 4 Impfstoffe

rus-Antigenen der Stämme, die von der WHO für die aktuelle Saison empfohlen wurden. Die Viren wurden auf embryonalen Hühnereiern gezüchtet, die Antigene durch Tween-Ether gespalten und mit Formaldehyd oder β-Propiolacton inaktiviert. Die Impfstoffe enthalten meist Komponenten aus zwei Influenza-A- und einem Influenza-B-Stamm. Der Hämagglutiningehalt pro Dosis beträgt 10 bis 15 µg.

Die vorbeugende Impfung sollte am besten im September, bevor die Grippe-Saison begonnen hat, verabreicht werden. Die Influenza-Impfung ist aber auch noch im Verlauf des Winters möglich.

Erwachsene und Kinder über 3 Jahre erhalten 1 × 0,5 ml, Kleinkinder bis 3 Jahre 2 × 0,25 ml im Abstand von 4 Wochen.

Die Impfung erfolgt per intramuskulärer Injektion. Neuere Studien haben gezeigt, dass zumindest bei jüngeren Patienten (< 66 Jahre) eine intradermale Applikation von mindestens 20 % der üblichen Dosis eine vergleichbare Immunität vermittelt.

Die Bildung von Antikörpern beginnt etwa 2 bis 3 Wochen nach der Impfung. Die Schutzdauer gegen gleiche oder eng verwandte Stämme beträgt im Allgemeinen 6 Monate bis 1 Jahr. Der Impfschutz muss bei den Risikogruppen jedes Jahr aufgefrischt werden.

Für den Winter 2004/2005 wurde von der WHO und der europäischen Kommission folgende Stammzusammensetzung der Influenza-Impfstoffe empfohlen:

- Ein A/New Caledonia/20/99 (H1N1)-ähnlicher Virusstamm (Reassortante IVR-116, abgeleitet von A/New Caledonia/20/99)
- Ein A/Fujian/411/2002 (H3N2)-ähnliches Virus (Reassortante X-147, abgeleitet von A/Wyoming/3/2003)
- Ein B/Shanghai/361/2002-ähnlicher Stamm (B/Jiangsu/10/2003)

In Klammern aufgeführt sind die Stämme/Reassortanten, die in den Impfstoffen enthalten sind. Diese entsprechen in ihren antigenen Eigenschaften dem jeweils empfohlenen Stamm.

In Deutschland entscheiden sich ca. 10 % der Bevölkerung (bzw. 15 bis 30 % der Risikogruppen) jährlich für eine Impfung.

Name	**Influenza, Grippe**
Erreger	**Influenza-Virus A und B**
Übertragung	Durch Tröpfcheninfektion
Inkubationszeit	7 – 14 Tage
Symptome	Plötzliche Kopfschmerzen, Kältegefühl, Schüttelfrost und Husten, hohes Fieber bis 41 °C, Muskelschmerzen, Appetitlosigkeit und Schwächegefühl
Grundimmunisierung	Im September bis Oktober: Erwachsene und Kinder über 3 Jahre 1 × 0,5 ml, Kleinkinder bis 3 Jahre 2 × 0,25 ml im Abstand von 4 Wochen
Auffrischung	Jährlich
Mögliche Impffolgen	–
Schutzrate	Jüngere Patienten zu ca. 90 %; bei älteren Patienten geringer.
Schutzdauer	Nur ca. 6 Monate bis 1 Jahr

4.8.2 Hepatitis-B-Vakzine

Hepatitis-B-Viren (HBV) gehören zu den Hepadnaviren. Diese Viren sind eigentlich ausschließlich humanpathogen, aber einige Affenarten, darunter auch Schimpansen, sind ebenfalls infektionskompetent.

Die Hepatitis B wird über kontaminiertes Blut, Blutprodukte oder Körpersekrete durch direkte Inokulation durch die Haut, z. B. bei Verletzungen mit infizierten Kanülen, oder durch Kontakt des Virus mit Schleimhäuten (z. B. beim Geschlechtsverkehr) übertragen. In Deutschland beträgt der prozentuale Anteil an HBV-Dauerträgern 0,5 bis 1 % der Bevölkerung. In subtropischen Regionen sind jedoch bereits 3 bis 5 % und in Teilen Asiens und Afrikas sogar 10 bis 20 % der Bevölkerung HBV-Dauerträger. Nach Angaben der WHO haben weltweit etwa 2 Milliarden Menschen eine HBV-Infektion durchgemacht und 300 bis 420 Millionen Menschen sind chronisch mit HBV infiziert. Pro Jahr wird weltweit mit bis zu einer Million Todesfällen infolge von HBV-bedingten Leberzirrhosen oder Leberzellkarzinomen gerechnet. In Deutschland sind 300.000 bis 650.000 Personen chronische HBsAg-Träger. Auf Grund der Impfung der jüngeren Altersgruppen wird die Verbreitung von Hepatitis B voraussichtlich innerhalb der nächsten 10 bis 20 Jahre deutlich zurückgehen.

Das Krankheitsbild wird geprägt durch die Immunantwort auf den Erreger. Die Viren vermehren sich in Hepatozyten. Diese werden daraufhin durch NK-Zellen bzw. CD8-positive zytotoxische T-Zellen eliminiert. Die Ausgangslage des Immunsystems determiniert daher die Schwere der Erkrankung.

In etwa 5 bis 10 % der ikterischen Verläufe beobachtet man chronische Erkrankungen (bei infizierten Säuglingen bis 90 %, die aber häufig symptomlos verlaufen) mit der Gefahr der Leberzirrhose und der Notwendigkeit einer Lebertransplantation (LTX). Nur bei etwa 0,5 bis 1 % der ikterischen Verläufe entstehen akute bzw. hypakute Erkrankungen mit sofortiger Notwendigkeit für eine LTX bzw. einer extrem hohen Letalität von bis zu 80 %.

Die STIKO empfiehlt besondere Maßnahmen für die postexpositionelle Hepatitis-B-Prophylaxe bei Neugeborenen von HBsAg-positiven Müttern bzw. von Müttern mit unbekanntem HBsAg-Status. Danach soll entsprechend den Mutterschafts-Richtlinien bei allen Schwangeren nach der 32. Schwangerschaftswoche, möglichst nahe am Geburtstermin, das Serum auf HBsAg untersucht werden. Ist das Ergebnis positiv, dann ist bei dem Neugeborenen unmittelbar *post partum*, d. h. innerhalb von 12 Stunden, mit einer Immunisierung gegen Hepatitis B zu beginnen. Dabei werden simultan die erste Dosis HB-Impfstoff und HB-Immunglobulin (vgl. Kap. II.5.5.2.2) verabreicht. Die begonnene HB-Grundimmunisierung wird einen Monat nach der 1. Impfung durch eine 2. und sechs Monate nach der 1. Impfung durch eine 3. Impfung vervollständigt. Bei Neugeborenen inklusive Frühgeborenen von Müttern, deren HBsAg-Status nicht bekannt ist und bei denen noch vor bzw. sofort nach der Geburt die serologische Kontrolle nicht möglich ist, wird unabhängig vom Geburtsgewicht ebenfalls unmittelbar *post partum* die Grundimmunisierung mit HB-Impfstoff begonnen. Bei nachträglicher Feststellung einer HBsAg-Positivität der Mutter kann beim

Impfstoff-/ Antigen-Kombination	**Alter in vollendeten Monaten**						**Alter in vollendeten Jahren**			
	Geburt	**2**	**3**	**4**	**11 – 14**	**15 – 23 siehe a)**	**5 – 6**	**9 – 17**	**ab 18**	**> 60**
HB*	siehe d)	1.	2.c)	3.	4.			G		

G: Grundimmunisierung aller noch nicht geimpften Jugendlichen bzw. Komplettierung eines unvollständigen Impfschutzes.
d) Siehe Anmerkungen „Postexpositionelle Hepatitis-B-Immunprophylaxe bei Neugeborenen"
* Abstände zwischen den Impfungen mindestens 4 Wochen; Abstand zwischen vorletzter und letzter Impfung mindestens 6 Monate

Neugeborenen innerhalb von 7 Tagen postnatal die passive Immunisierung nachgeholt werden. Nach Abschluss der Grundimmunisierung von Neugeborenen ist eine serologische Kontrolle erforderlich.

Seit der Einführung der ersten rekombinanten Vakzine in Form des HBsAg aus Hefe- oder Säugerzellen, ist die Hepatitis-B-Impfung völlig problemlos und sicher.

Die WHO hat 1992 empfohlen, bis 1997 die HB-Impfung in allen Ländern in die Impfprogramme aufzunehmen. Entsprechend diesem Vorschlag wurde in Deutschland 1995 die HB-Impfung für Säuglinge, Kinder und Jugendlichen in den Kalender der empfohlenen Impfungen aufgenommen. Damit folgte Deutschland dem Beispiel der USA, Kanadas und Frankreichs, die eine mit Deutschland vergleichbare epidemiologische Ausgangslage haben. Serologische Vor- bzw. Nachtestungen zur Kontrolle des Impferfolges sind bei der Regelimpfung im Kindesalter nicht erforderlich.

Eine serologische Kontrolle sollte allerdings bei besonders gefährdeten Personengruppen erfolgen, z.B. medizinisches und zahnmedizinisches Personal, Dialysepatienten, Angehörige von HBV-Trägern sowie intravenös Drogenabhängige.

Erste Vakzinierungsversuche wurden 1971 mit Hitze-inaktivierten HBsAg-positiven Seren von Krugman an Kindern durchgeführt. Immerhin konnten mit diesen Seren Schutzraten von ca. 70 % erreicht werden. Danach isolierte und inaktivierte man das HBsAg aus dem Plasma und zeigte auch für diese Vakzine eine sehr gute Schutzrate. 1981 erhielt diese Vakzine in den USA die Zulassung für den generellen Einsatz. Schließlich wurde das HBsAg kloniert und als rekombinantes Protein exprimiert.

Name	**Hepatitis B**
Erreger	**Hepatitis-B-Virus**
Übertragung	Über kontaminiertes Blut/Körpersekrete an Verletzungen
Inkubationszeit	40 – 200 Tage, im Durchschnitt 60 – 90 Tage
Symptome	Unspezifisch: Appetitlosigkeit, Gelenkschmerzen, Unwohlsein, Übelkeit, Erbrechen und Fieber; 3 – 10 Tage später beginnt ggf. die ikterische Phase
Grundimmunisierung	Bei Erwachsenen 3 intramuskuläre Injektionen, beim beschleunigten Impfschema: nach 0,1 und 2 Monaten sowie nach 12 Monaten eine vierte Dosis; ansonsten: nach 0,1 und 6 Monaten Für Kinder ab dem 2 Lebensmonat stehen Kombinationsimpfstoffe zur Verfügung
Auffrischung	Bei Anti-HBs-Werten < 100 I.E./l sofort mit 1 Dosis, bei Werten ≥ 100 I.E./l nach 10 Jahren
Mögliche Impffolgen	Vorübergehender Schmerz mit Rötung und Verhärtung an der Injektionsstelle
Schutzrate	Bei längerem Impfschema ≥ 96 %
Schutzdauer	Ca. 10 Jahre

4.8.3 *Haemophilus-influenzae-Vakzine (Hib)*

Erkrankungen, die durch das gramnegative Bakterium *Haemophilus influenzae* Typ b (Hib) hervorgerufen werden, gehören zu den schwersten bakteriellen Infektionskrankheiten des Kindesalters. Vor allem Kinder unter 5 Jahren sind betroffen.

Haemophilus influenzae wurde erstmals 1892 von PFEIFFER isoliert. Die Erreger verfügen über Fimbrien zur Adhärenz und über eine IgGA1-Protease (Serin-Protease) als wichtigste Pathogenitätsmechanismen. Unter noch nicht verstandenen Umständen kann der Erreger invasiv werden und eine Reihe schwerer Erkrankungen auslösen.

Das häufigste durch Hib ausgelöste Krankheitsbild ist die eitrige Meningitis. Die Kinder infizieren sich durch Inhalieren kontaminierter Aerosole. Je jünger das Kind, umso schwerer ist der Verlauf der Krankheit und die daraus resultierenden Spätfolgen. 5 % der erkrankten Kinder sterben an der Infektion. Bei jedem 3. Patienten kommt es zu neurologischen Dauerschäden mit schwerer geistiger Behinderung.

Allerdings zählt die invasive *Haemophilus-influenzae*-Infektion zu den seltenen pädiatrischen Erkrankungen. Die von der Erhebungseinheit für seltene pädiatrische Erkrankungen in Deutschland (ESPED) jährlich registrierten Fälle liegen – nicht zuletzt wegen der recht guten Durchimpfung – bei ca. 50. Die entsprechenden Jahresberichte sind nachzulesen auf der Homepage der ESPED unter www.esped.uni-duesseldorf.de/.

Das relevante Antigen zum Schutz vor einer *H.-influenzae*-Infektion ist das Kapsel-Polysaccharid b. Dieses Polysaccharid schützt die Bakterien normalerweise vor immunologischer Zerstörung durch Lyse. Umgekehrt vermitteln Antikörper, die der Organismus nach einer Impfung gegen die Polysaccharide gebildet hat, eine Antikörper-abhängige, Komplement-vermittelte Bakteriolyse und damit einen sicheren Schutz.

Das Kapsel-Polysaccharid wird durch Copräzipitation der Kapsel mit Detergenz isoliert. Anschließend wird mit Nukleasen und Proteasen behandelt, mit Phenol extrahiert und ultrazentrifugiert.

Impfstoff-/ Antigen-Kombination	Alter in vollendeten Monaten						Alter in vollendeten Jahren			
	Geburt	2	3	4	11 – 14	15 – 23 siehe a)	5 – 6	9 – 17	ab 18	> 60
Hib*		1.	2.c)	3.	4.					

c) Bei monovalenter Anwendung bzw. Kombinationsimpfstoffen ohne Pertussiskomponente kann diese Dosis entfallen.
* Abstände zwischen den Impfungen mindestens 4 Wochen; Abstand zwischen vorletzter und letzter Impfung mindestens 6 Monate

Tab. II.4.7: Unterschiedliche zugelassene *Haemophilus-influenzae*-Typ-b-Konjugat-Vakzine

Charakteristika	PRP-D	HbOC	PRP-OMP	PRP-T
Polysaccharid-Größe	Mittel	Klein	Mittel	Groß
Polysaccharid-Gehalt [µg]	25	10	15	10
Trägerprotein	Diphtherie-Toxoid	Mutiertes Diphtherie-Toxin	Äußere Membran-Proteine von Meningokokken Gruppe B	Tetanus-Toxoid
Proteingehalt [µg]	18	20	250	20
Verknüpfung	Über Spacer	Direkt	Über Spacer	Über Spacer
Formulierung	Wässrige Lösung	Wässrige Lösung	Lyophilisat; Rekonstitution mit Aluminium-Salz-Suspension	Lyophilisat; Rekonstitution mit gepuffertem Wasser

Name	Haemophilus influenzae
Erreger	*Haemophilus influenzae* Typ b (Hib)
Übertragung	Durch Inhalieren kontaminierter Aerosole
Inkubationszeit	1 – 4 Tage
Symptome	• Eitrige Hirnhautentzündung (Meningitis); typischer Verlauf mit hohem Fieber, stark reduziertem Allgemeinzustand, Kopfschmerzen, neurologischen Symptomen • Eitrige Kehldeckelentzündung (Epiglottitis acutissima phlegmonosa); akut einsetzende entzündliche Verschwellung des Kehldeckels mit starker Luftnot, Erstickungsgefahr, hohem Fieber
Grundimmunisierung	• Bei Impfbeginn im 1. Lebensjahr 2 Impfungen im Abstand von 4 – 8 Wochen, Auffrischung nach 1 Jahr • Bei Impfbeginn nach dem 12./15. Lebensmonat genügt eine einzige Impfung
Auffrischung	–
Mögliche Impffolgen	Allgemein gut verträglich! Aktuell hochkontrovers diskutiert wird die Möglichkeit, dass Hib-Impfung für das Auslösen eines Diabetes mellitus verantwortlich gemacht werden kann. Eine große (250.000 Kinder) finnische Studie hielt einen Kausalzusammenhang für unwahrscheinlich (Karvonen 1999), deren statistische Nachbefundung kommt zu widersprüchlichen Ergebnissen (Arzneitelegramm 1999). Zum jetzigen Zeitpunkt scheint eine definitive Aussage zu dieser Frage vor dem Hintergrund der vorliegenden Studienergebnisse nicht möglich. Hib-Erkrankung: Der früher verwendete PRP-Impfstoff führte zu einem signifikant erhöhten Risiko einer Hib-Erkrankung nach Impfung. Auch unter den neuen konjugierten Impfstoffen wurden mehrere solcher Früh-Hib-Fälle nach Impfung berichtet. Guillain-Barré-Syndrom, Myelitis transversa, Krampfanfälle
Schutzrate	> 95 %
Schutzdauer	3 – 5 Jahre

Die Impfung gegen Hib ist im März 1990 in der Bundesrepublik eingeführt worden. Schon zwei Jahre später waren Hib-Infektionen – und damit auch Meningitiden und Epiglottiden – um etwa 84 % zurückgegangen.

Es gibt zwei Möglichkeiten der Grundimmunisierung: Entweder mit einem monovalenten Hib-Impfstoff oder mit einem DPT-Hib-Kombinationsimpfstoff. Der Hib-Impfstoff wird im 3. Lebensmonat zweimal im Abstand von mindestens sechs Wochen gegeben. Sechs Monate später, im zweiten Lebensjahr, erfolgt eine weitere Impfung. Diese Impfungen können zusammen mit der DPT- oder der DTaP-Impfung verabreicht werden.

Der Kombinationsimpfstoff DPT-Hib wird dreimal im Abstand von vier Wochen und ein letztes Mal im zweiten Lebensjahr gegeben.

4.8.4 Azelluläre Bordetella-pertussis-Vakzine

Diese azellulären Mono-Impfstoffe enthalten nur noch kleinste Mengen der Lipopolysaccharide von *Bordetella pertussis* und sind im Vergleich

Impfstoff-/ Antigen-Kombination	Alter in vollendeten Monaten						Alter in vollendeten Jahren			
	Geburt	2	3	4	11 – 14	15 – 23 siehe a)	5 – 6	9 – 17	ab 18	> 60
DTaP*		1.	2.	3.	4.					
aP								A		

DTaP: Diphtherie (große Toxoidmenge = D), Tetanus (T), Pertussis (aP)
aP: Pertussis
A: Auffrischimpfung: Diese sollte möglichst nicht früher als 5 Jahre nach der vorhergehenden letzten Dosis erfolgen.
* Abstände zwischen den Impfungen mindestens 4 Wochen; Abstand zwischen vorletzter und letzter Impfung mindestens 6 Monate

Name	**Keuchhusten, Pertussis**
Erreger	***Bordetella pertussis*** **(Bakterium)**
Übertragung	Durch Tröpfcheninfektion
Inkubationszeit	7 – 14 Tage
Symptome	Bronchitis mit heftigen Hustenanfällen und Erstickungsanzeichen. Pfeifendes Atemgeräusch. Lungenentzündung, Krämpfe.
Grundimmunisierung	Ab vollendetem 2. Lebensmonat drei Impfungen im Abstand von je 4 – 8 Wochen. Eine 4. Impfung zwischen vollendetem 11. und 14. Lebensmonat. In der Regel als Kombination mit anderen Impfungen. Impfung von Erwachsenen auch bei erhöhtem beruflichem Risiko.
Auffrischung	Ab dem 6. Lebensjahr, auch für Erwachsene alle 10 Jahre empfohlen
Mögliche Impffolgen	Örtliche Reaktionen wie Rötung, Schwellung, Schmerzen. Gelegentlich Fieber (Fieberzäpfchen), Durchfall, Erbrechen. Selten Unruhe und Schreikrämpfe.
Schutzrate	70 – 90 %; erkranken Kinder nach vollständiger Impfung, verläuft die Krankheit deutlich leichter.
Schutzdauer	Nach Grundimmunisierung ca. 10 Jahre oder mehr.

zum Ganzkeim-Impfstoff besser verträglich. Die monovalenten Impfstoffe enthalten nur das detoxifizierte Pertussis-Toxin, die bivalenten Impfstoffe eine Kombination von detoxifiziertem Pertussis-Toxin plus filamentösem Hämagglutinin.
Zur Herstellung werden Kulturüberstände zunächst mit Ammoniumsulfat gefällt. Durch Dichtegradienten-Ultrazentrifugation werden das Pertussis-Toxin und das filamentöse Hämagglutinin gemeinsam angereichert. Danach wird das Pertussis-Toxin mit Formaldehyd inaktiviert.
Es werden weniger als ein Viertel der üblichen Impfreaktionen, wie Schmerzen und Rötung an der Einstichstelle sowie Fieber beobachtet.

4.8.5 Neisseria-meningitidis-Vakzine

Bakterien der Art *Neisseria meningitidis* verursachen die Meningokokken-Meningitis. *Neisseria meningitidis* ist ein gramnegativer Diplococcus, der nur den Menschen als Reservoir hat. Die

Bakterien kolonisieren im Nasopharynx. Selten gelangen sie in den Blutkreislauf und infizieren die Meningen.

Auf Grund der Zusammensetzung der Kapselpolysaccharide werden 13 Serogruppen unterschieden (A, B, C, D, X, Y, Z, E29, W135, H, I, K, L). Die äußeren Membranproteine (OMP) der Klassen 2 und 3 (Porin B) bestimmen den Serotyp, diejenigen der Klasse 1 (Porin A) den Serosubtyp. Die Antigenformel eines Meningokokkenstammes ergibt sich aus Serogruppe: Serotyp: Serosubtyp und Immunotyp (z. B. B : 15 : P1.7,16).

Bei den jährlich in Deutschland gemeldeten ca. 750 Meningokokken-Infektionen überwiegen Erreger der Serogruppe B (ca. 68 %), während andere Serogruppen (Gruppe C: ca. 22 %, Gruppe W135: ca. 3 %, Gruppe Y: ca. 4 %) wesentlich seltener vertreten sind. In endemischen Gebieten Afrikas, Nepals und Indiens kommen hingegen die Serotypen A und C am häufigsten vor.

Bevorzugt erkranken Kinder im Alter zwischen drei Monaten und fünf Jahren. Infektionsquellen sind meist gesunde Keimträger. Die Krankheit ist weltweit verbreitet und tritt mit einer Inzidenz von 3 : 100.000 auf. Im Laufe von Epidemien steigt die Inzidenz auf mehr ale 500 : 100.000.

Das Krankheitsbild kann sehr unterschiedlich sein und reicht von einer leichten Pharyngitis bis zum schweren tödlichen Schock. Am häufigsten ist die lebensbedrohliche eitrige Meningitis.

Bisher gibt es nur Impfstoffe gegen die Serogruppen A, C, W135 und Y (nicht gegen B!). Die Kapselantigene der in Fermentern angezüchteten Bakterien werden mit Detergens copräzipitiert. Anschließend werden sie mit organischem Lösungsmittel extrahiert und ultrazentrifugiert. Dabei muss darauf geachtet werden, dass die hochmolekulare Struktur erhalten bleibt. Jede Vakzin-Dosis enthält 50 µg Kapsel-Antigene pro Serotyp in lyophilisierter Form.

Die Schutzwirkung setzt 15 Tage nach einer einmaligen Injektion des Impfstoffes ein und hält drei bis fünf Jahre an. Das Mindestimpfalter ist der 7. Lebensmonat. Der Impfschutz ist bis zum 2. Lebensjahr fraglich. Ein ausreichender Impfschutz ist ab einem Alter von etwa zwei Jahren erreichbar.

Name	**Meningokokken-Erkrankungen**
Erreger	***Neisseria meningitidis***
Übertragung	Direkter, enger Kontakt, durch Tröpfcheninfektion
Inkubationszeit	3 – 4 Tage
Symptome	Beschwerden im Nasen/Rachen-Raum, plötzliche Kopfschmerzen, Fieber, Schüttelfrost, Schwindel, Erbrechen, Nackensteifigkeit
Grundimmunisierung	Einmalige Impfung
Auffrischung	Nur bei bestehendem Risiko
Mögliche Impffolgen	Leichte lokale Reaktionen an der Impfstelle
Schutzrate	70 – 90 %; erkranken Kinder nach vollständiger Impfung, verläuft die Krankheit deutlich leichter.
Schutzdauer	Ca. 2 – 3 Jahre.

Derzeit verlangt Saudi-Arabien eine Impfbescheinigung in der Zeit der Mekka-Wallfahrt (Hadsch).

Meningitec®/Menjugate

Meningitec® und Menjugate sind konjugierte Polysaccharid-Impfstoffe, die vor Infektionen mit Meningokokken (*Neisseria meningitidis*) schützen. Die Impfstoffe enthalten Meningokokken-Oligosaccharid der Gruppe C gekoppelt an das CRM_{197}-Protein von *Corynebacterium diphtheriae*.

Im Gegensatz zum reinen Polysaccharid-Impfstoff löst eine konjugierte Vakzine auch bei sehr jungen Kindern eine lang anhaltende Immunantwort (immunologisches Gedächtnis) aus. Daher können diese Impfstoffe bereits bei Säuglingen ab dem zweiten Lebensmonat eingesetzt werden.

Säuglinge unter zwölf Monaten erhalten drei Dosen intramuskulär im Abstand von mindestens vier Wochen; bei älteren Kindern, Jugendlichen und Erwachsenen genügt eine Dosis.

Mehr als 98 % der Säuglinge entwickelten nach der dritten Impfung bakterizide Antikörpertiter im Serum. Eine Auffrischimpfung im zweiten Lebensjahr wirkt als Booster; ob dies notwendig ist, wird noch untersucht. Fieber und lokale Reaktionen an der Einstichstelle treten häufig auf. Säuglinge und Kleinkinder reagieren auf die Impfung häufig mit Weinen, Gereizt- oder Benommenheit, Schlafstörungen, Diarrhö und Erbrechen.

Wichtig: Die Impfung schützt nur vor Keimen der Serogruppe C. Diese sind in Deutschland nur für etwa ein Fünftel der Meningokokken-Erkrankungen verantwortlich. Häufigste Auslöser sind hierzulande Typ-B-Bakterien, gegen die auch die eingeführten bi-(A, C)- und quadrivalenten (A, C, Y, W-135) Polysaccharid-Impfstoffe nicht schützen.

Ebenso können *Haemophilus influenzae* Typ b, Pneumokokken, Mykobakterien oder Viren eine Hirnhautentzündung auslösen. Eltern von geimpften Kindern müssen also weiterhin auf typische Symptome wie Fieber, Erbrechen, starke

Name	**Meningokokken-Erkrankungen**
Erreger	***Neisseria meningitidis***
Übertragung	Direkter, enger Kontakt, durch Tröpfcheninfektion
Inkubationszeit	3 – 4 Tage
Symptome	Beschwerden im Nasen-Rachen-Raum, plötzliche Kopfschmerzen, Fieber, Schüttelfrost, Schwindel, Erbrechen, Nackensteifigkeit
Grundimmunisierung	3 Impfungen ab 3. Monat im 1. Lebensjahr: jeweils 1 Monat Abstand; ab 2. Lebensjahr 1 Impfung
Auffrischung	–
Mögliche Impffolgen	Fieber und lokale Reaktionen an der Einstichstelle. Säuglinge und Kleinkinder reagieren auf die Impfung häufig mit Weinen, Gereizt- oder Benommenheit, Schlafstörungen, Diarrhöe und Erbrechen.
Schutzrate	70 – 90 %; erkranken Kinder nach vollständiger Impfung, verläuft die Krankheit deutlich leichter.
Schutzdauer	Noch nicht endgültig bekannt, wahrscheinlich länger als Polysaccharid-Impfstoff.

Kopfschmerzen, Nackensteifigkeit, Lichtempfindlichkeit und Bewusstseinstrübung bis hin zum Koma achten.

Die neue Vakzine kann gleichzeitig mit den üblichen Kinderimpfungen verabreicht werden. IPV-Impfstoffe sollen jedoch nur gleichzeitig gegeben werden, wenn dies medizinisch erforderlich ist. Die Ständige Impfkommission am Robert Koch-Insitut (STIKO) führt die Meningokokken-Vakzine in ihren Empfehlungen vom Juli 2004 nur als Indikationsimpfung für alle Altersgruppen (> 2 Monate) zur Prävention von Meningokokken-C-Erkrankungen Gefährdeter bei gehäuften Erkrankungen und regionalen Ausbrüchen im Inland.

4.8.6 Streptococcus-pneumoniae-Vakzine

Streptococcus pneumoniae ist ein grampositiver Diplococcus, der erstmals von Steinberg und Pasteur im Jahre 1881 isoliert wurde. Infektionen treten meist bei geschwächten, immunsupprimierten Patienten auf, so dass die Infektion in der Regel als opportunistische Infektion einzustufen ist.

Invasive Pneumokokken-Erkrankungen verlaufen mitunter schlagartig mit Schüttelfrost und plötzlichem hohem Fieber. Je nach Lokalisation können Pneumokokken für eine ganze Reihe von Krankheiten verantwortlich gemacht werden. Sie können verursachen:

- Lungenentzündung: Pneumokokken-Lungenentzündungen können fulminant verlaufen, so dass der Einsatz von Antibiotika oft zu spät kommt.
- Akute Mittelohrentzündung: davon sind vor allem Kleinkinder betroffen, wobei ausgehend vom Ohr schwere Komplikationen auftreten können.
- Akute eitrige Gehirnhautentzündung: Hier liegt die Sterblichkeitsrate bei 60 bis 80 %.
- Weitere schwere Pneumokokken-Erkrankungen können die Herzinnenhaut, das Bauchfell (Bauchfellentzündung) und die Gelenke im Sinne einer Arthritis betreffen.

Zunächst wurde versucht, einen Impfschutz mit Hitze-inaktivierten Bakterien zu erzielen. Schließlich erkannte man, dass eine Immunität durch serospezifische Antikörper gegen Kapselpolysaccharide erzielt werden kann.

Anhand der Kapselpolysaccharide werden 90 Pneumokokken-Serotypen unterschieden. Die ersten Pneumokokken-Polysaccharid-Vakzine waren hexavalent. Heute enthalten die Vakzine 23 gereinigte Kapselpolysaccharide.

Die Pneumokokken-Vakzine sind in der Lage, invasive Pneumokokken-Erkrankungen (jedoch nur der in der Impfung vorkommende Kapseltyp) mit einer Effektivität von nur 50 bis 80 % zu verhindern. Die Schutzrate ist abhängig vom Alter und allgemeinem Gesundheitszustand der Patienten.

Die Pneumokokken-Impfung ist eine Indikationsimpfung. Sie wird Kindern ab dem 3. Lebensmonat, Jugendlichen und Erwachsenen mit erhöhter gesundheitlicher Gefährdung infolge einer Grundkrankheit empfohlen:

- bei angeborenen und erworbenen Immundefekten (z. B. HIV-Infektion, A- und Hypogammaglobulinämie, Sichelzellanämie, andere Hämoglobinopathien oder Asplenie),
- bei chronischen Krankheiten (Diabetes, Atemswegserkrankungen, Niereninsuffizienz, vor Organtransplantationen),
- Frühgeborenen, Kindern mit niedrigem Geburtsgewicht, Säuglingen und Kindern mit Gedeihstörungen oder neurologischen Erkrankungen.

Der 23-valente Impfstoff ist bei Kindern bis zum vollendeten zweiten Lebensjahr allerdings nicht zuverlässig wirksam. Bis zum Ende des 2. Lebensjahres hat das Immunsystem offensichtlich eine nur eingeschränkte Fähigkeit, gegen bakterielle Kapselpolysaccharide mit einer IgG-Antwort und mit der Bildung von Gedächtniszellen zu reagieren. Vielmehr kommt es nur zu einer T-Zell-unabhängigen, nicht boosterungsfähigen Immunantwort und in Folge nur zu einer kurzfristigen B-Zellantwort mit Bildung von IgM.

Name	**Invasive Pneumokokken-Erkrankungen**
Erreger	***Streptococcus pneumoniae***
Übertragung	Durch Tröpfcheninfektion von Mensch zu Mensch
Inkubationszeit	2 – 5 Tage
Symptome	Lobärpneumonie, Bronchopneumonie, akute Exazerbation der chronischen Bronchitis, Otitis media, Sinusitis, Meningitis, Ulcus corneae, Sepsis
Grundimmunisierung	Indikationsimpfung! Zur Grundimmunisierung mit dem Impfstoff für ältere Kinder und Erwachsene (23vPnC) ist eine Impfung ausreichend
Auffrischung	Je nach Ansteckungsrisiko. Bei fortdauernder Gefährdung sollte nach 5 – 6 Jahren, bei abwehrgeschwächten Personen schon nach 2 – 3 Jahren erneut geimpft werden. Kinder unter 10 Jahren mit hohem Krankheitsrisiko sollten bereits nach 3 – 5 Jahren eine *Auffrischimpfung* erhalten
Mögliche Impffolgen	Leichte lokale Reaktionen an der Impfstelle
Schutzrate	50 – 80 %
Schutzdauer	ca. 2 – 3 Jahre.

Daher sollten Kinder bis zum 3. Lebensjahr den Pneumokokken-Konjugat-Impfstoff (Prevenar®) erhalten.

Prevenar®

Prevenar® ist zur aktiven Immunisierung von Säuglingen und Kleinkindern ab einem Alter von 2 Monaten bis 2 Jahren gegen *Streptococcus pneumoniae* zugelassen. Der Impfstoff schützt gegen die *Streptococcus-pneumoniae*-Serotypen 4, 6B, 9V, 14, 18C, 19F und 23F. Er wird intramuskulär verabreicht.

Das Carrierprotein, an das die Polysaccharide gekoppelt sind, ist CRM_{197}. CRM_{197} wird aus dem *C.-diphtheriae*-Stamm C7 (β197) gewonnen, der eine einzelne Punktmutation in seinem Toxin-Gen besitzt. Durch diese Punktmutation verliert das Diphtherie-Toxin seine enzymatische Aktivität. Dieses Trägerprotein wurde gewählt, da bereits gute Erfahrungen mit einem *Haemophilus-influenzae*-Konjugat-Impfstoff vorlagen. Die sieben Polysaccharide werden einzeln isoliert aufgereinigt und dann an das Trägerprotein kovalent gebunden. Erst danach werden die einzelnen Konjugate zu dem fertigen Impfstoff gemischt.

Problematisch ist, dass Kapselpolysaccharide der 4 häufigsten Serotypen fehlen. Der Impfstoff wurde nämlich in den USA entwickelt und dort sind andere Serotypen für die Erkrankungen verantwortlich. Da ein Großteil der Erreger-Untergruppen in diesem Impfstoff fehlt, ist die Wirkung der Impfung nur suboptimal. Zudem zeigt sich, dass die im Impfstoff nicht enthaltenen Serotypen als relevante Erreger stark zunehmen.

Der Konjugat-Impfstoff wurde in verschiedenen Studien untersucht. In einer Untersuchung mit knapp 38.000 Säuglingen in Nordkalifornien lag die Wirksamkeit bei mindestens 85 % gegen Serotyp-spezifische bakteriämische Pneumonien. Andere Studien belegen, dass die Impfung ebenfalls vor Mittelohrentzündungen schützt, die durch entsprechende Serotypen verursacht werden. Diesen Schutz schätzen die Experten je-

Name	**Invasive Pneumokokken-Erkrankungen**
Erreger	***Streptococcus pneumoniae***
Übertragung	Durch Tröpfcheninfektion von Mensch zu Mensch
Inkubations-zeit	2 – 5 Tage
Symptome	Lobärpneumonie, Bronchopneumonie, akute Exazerbation der chronischen Bronchitis, Otitis media, Sinusitis, Meningitis, Ulcus corneae, Sepsis
Grundimmu-nisierung	3 Impfungen in je 1 Monat Abstand für Säuglinge bis 6 Monate, 2 Impfungen für Säuglinge ab 7 Monate; jeweils gefolgt von einer 4. (3.) Impfung im 2. Lebensjahr. Kinder im 2.Lebensjahr: 2 Impfungen im Abstand von 2 Monaten
Auffrischung	–
Mögliche Impffolgen	Leichte lokale Reaktionen an der Impfstelle
Schutzrate	95 % für die enthaltenen Serotypen; < 20 % bezogen auf alle relevanten Serotypen
Schutzdauer	Noch nicht endgültig bekannt, wahrscheinlich länger als Polysaccharid-Impfstoff.

doch niedriger ein als bei invasiven Erkrankungen. In einer Studie mit 1662 finnischen Kindern schützte die Vakzine 57 % der Probanden vor einer Otitis media.

Kleinkinder unter sechs Monaten sollten insgesamt drei Impfdosen erhalten, die erste im zweiten Lebensmonat. Zusätzlich wird eine vierte Dosis im zweiten Lebensjahr empfohlen. Nicht geimpfte Kinder im Alter zwischen sieben und elf Monaten erhalten zwei Impfungen in einem Abstand von mindestens einem Monat. Hier wird zu einer dritten Impfung im zweiten Lebensjahr geraten. Kinder zwischen 12 und 23 Monaten müssen zweimal im Abstand von mindestens zwei Monaten geimpft werden.

Die Indikationsimpfung für Kinder, wie sie derzeit von der STIKO empfohlen wird, lässt bei 100 % Impfrate und 94 bis 100 % Wirksamkeit maximal eine Reduktion der invasiven Pneumokokken-Erkrankungen um 17,8 % (Meningitiden 12,8 %) erwarten, da die 7-valente Konjugat-Impfung nur 57,7 % des relevanten Erregerspektrums abdeckt.

4.9 Toxoid-Impfstoffe

4.9.1 Diphtherie-Vakzine

Ursache der Diphtherie ist eine Infektion mit *Corynebacterium diphtheriae*, das 1884 erstmals von LOEFFLER isoliert wurde und ein grampositives, unbekapseltes aerobes Stäbchen ist. Die Symptome Diphtherie werden ausschließlich durch das phagencodierte Diphtherie-Toxin (*tox*$^+$) verursacht. Dieses hemmt den Elongationsfaktor 2 der eukaryontischen Proteinbiosynthese irreversibel. Das Toxin wird nur unter Eisenmangel exprimiert. Ansonsten wird die Expression des Toxins durch das DNA-Bindeprotein *Dtx*R reprimiert.

Die Diphtherie wird überwiegend durch Tröpfcheninfektion übertragen. Auch nicht erkrankte Keimträger können die Infektion verbreiten. Nach der Infektion wird das Diphtherie-Toxin ausgehend vom Infektionsort über den Blut-

Impfstoff-/ Antigen-Kombination	Alter in vollendeten Monaten						Alter in vollendeten Jahren			
	Geburt	2	3	4	11 – 14	15 – 23 siehe a)	5 – 6	9 – 17	ab 18	> 60
DTaP*		1.	2.	3.	4.					
Td[b)]							A	A	A***	

DTaP: Diphtherie (große Toxoidmenge = D), Tetanus (T), Pertussis (aP)
Td: Tetanus (T), Diphtherie (reduzierte Toxoidmenge = d)
A: Auffrischimpfung: Diese sollte möglichst nicht früher als 5 Jahre nach der vorhergehenden letzten Dosis erfolgen.
b) Ab einem Alter von 5 bzw. 6 Jahren wird zur Auffrischung ein Impfstoff mit reduziertem Diphtherietoxoid-Gehalt (d) verwendet.
* Abstände zwischen den Impfungen mindestens 4 Wochen; Abstand zwischen vorletzter und letzter Impfung mindestens 6 Monate
*** Jeweils 10 Jahre nach der letzten vorangegangenen Dosis

strom im ganzen Organismus verteilt. Die Diphtherie ist also eine Toxikose.

Die Diphtherie ist heute keine Kinderkrankheit mehr. Sie betrifft in zunehmendem Maße Erwachsene, die wegen versäumter Auffrischimpfungen keinen ausreichenden Immunschutz mehr haben.

Die Grundimmunisierung besteht aus 3 Impfungen. Auffrischimpfungen sind alle 10 Jahre erforderlich. Liegt die Impfung länger als 10 Jahre zurück, sollte der Schutz durch eine Wiederimpfung erneuert werden. Dies gilt vor Reisen, aber auch für die Routine-Impfungen.

Tetanus- und Diphtherie-Impfungen sollten immer gleichzeitig durch die Verwendung eines kombinierten Impfstoffes aufgefrischt werden.

Der Impfstoff enthält durch Formaldehyd inaktiviertes Toxoid, das an Aluminiumhydroxid adsorbiert ist. Meist werden Derivate des hypertoxinogenen Park-William-8-Stamms benutzt. Große

Name	**Diphtherie**
Erreger	***Corynebacterium diphtheriae***
Übertragung	Durch Tröpfcheninfektion
Inkubationszeit	2 – 5 Tage
Symptome	Halsschmerzen, Temperaturen bis zu 39 °C, Schluckbeschwerden; später kommt es zu Heiserkeit, Stridor, Gaumensegellähmungen, Lymphknotenschwellungen.
Grundimmunisierung	2 Impfungen im Abstand von 4 bis 8 Wochen, 3. Impfung 6 – 12 Monate danach
Auffrischung	Alle 10 Jahre
Mögliche Impffolgen	Leichte lokale Reaktionen an der Impfstelle
Schutzrate	Ca. 95 %
Schutzdauer	Ca. 10 Jahre.

Mengen dieses Toxins werden in Fermentern (200 – 5.000 l) produziert, die Ausbeuten von 500 mg/l liefern. Die zellfreien Kulturüberstände werden mit 0,4 bis 0,6 % Formaldehyd bei 35 bis 37 °C für 3 bis 5 Wochen inkubiert. Entgiftung wird dadurch erreicht, dass zunächst Formaldehyd mit den ε-Aminogruppen der Lysinreste reagiert und sich dann irreversible Methylenbrücken zwischen aromatischen Aminosäuren bilden.

Die Schutzwirkung tritt etwa 14 Tage nach der 2. Impfung ein und hält bei nahezu allen Geimpften etwa 1 Jahr an. Wenige Tage nach der 3. Impfung wird ein Schutz bis zu 10 Jahren aufgebaut. Der immunologische Effekt besteht in der Antikörperbildung gegen das Diphtherie-Toxin. Die Impfung verhindert also nicht (!) die Infektion. Sie schützt allerdings vor der Krankheit.

Für Kinder ab dem 6. Lebensjahr und für Erwachsene steht ein Kombinations-Adsorbat-Impfstoff zur Verfügung, der eine reduzierte Diphtherie-Toxoid-Dosis und eine Tetanus-Toxoid-Komponente (Td-Impfstoff) enthält. Aber auch monovalente Diphtherie-Impfstoffe sind erhältlich.

Zu bedenken ist, dass eine überstandene Diphtherie-Erkrankung keine sichere Immunität hinterlässt, d. h. auch in diesem Fall ist eine Impfung erforderlich.

4.9.2 *Tetanus-Vakzine*

Das auslösende Agens einer Tetanus-Infektion ist das obligat anaerobe, grampositive, sporenbildende Stäbchenbakterium *Clostridium tetani*. Wundstarrkrampf wurde bereits bei Hippokrates beschrieben. Die im Erdreich ubiquitär vorkommenden Sporen sind extrem widerstandsfähig gegen Hitze und Desinfektionsmittel.

In Asien und Afrika liegt die Inzidenzrate bei 10 bis 50 Erkrankungen pro 100.000 Einwohner. Nach Schätzungen der WHO sterben weltweit jährlich über eine Million Menschen an Tetanus. In Deutschland wurden wegen der guten Durchimpfung der Bevölkerung in den letzten Jahren weniger als 15 Erkrankungsfälle registriert.

Ausgelöst wird die schwere Krankheit durch ein potentes Neurotoxin, das Tetanospasmin, das die in der Wunde replizierenden Bazillen produzieren. Verbreitet durch den Blutstrom verursacht dieses Neurotoxin die für Tetanus typische spastische Paralyse. Die Identifizierung von Tetanus als eine Toxikose gelang Faber 1890. Bereits 1893 wurden rohe Tetanus-Toxoid-Präparationen hergestellt. Die ersten Vakzinierungsversuche wurden während des 1. Weltkriegs unternommen.

Heute werden die meisten Toxoide aus dem hypertoxinogenen Harvard-Stamm von *C. tetani* gewonnen. Die Bakterien werden in Fermenten bis zur Autolyse gezüchtet, wobei sie das Toxin ins Medium abgeben. Die Inaktivierung des Toxins erfolg ähnlich wie bei der Diphtherie-Toxin-Herstellung mit Formaldehyd.

Die Tetanus-Vakzine ist ein Toxoid-Impfstoff, der an Aluminiumhydroxid adsorbiert ist. Der Impfstoff wird sehr gut vertragen. Die Schutzwirkung

Impfstoff-/ Antigen-Kombination	**Alter in vollendeten Monaten**						**Alter in vollendeten Jahren**			
	Geburt	**2**	**3**	**4**	**11 – 14**	**15 – 23 siehe a)**	**5 – 6**	**9 – 17**	**ab 18**	**> 60**
DTaP*		1.	2.	3.	4.					
Td[b)]							A	A	A***	

DTaP: Diphtherie (große Toxoidmenge = D), Tetanus (T), Pertussis (aP)
Td: Tetanus (T), Diphtherie (reduzierte Toxoidmenge = d)
A: Auffrischimpfung: Diese sollte möglichst nicht früher als 5 Jahre nach der vorhergehenden letzten Dosis erfolgen.
b) Ab einem Alter von 5 bzw. 6 Jahren wird zur Auffrischung ein Impfstoff mit reduziertem Diphtherietoxoid-Gehalt (d) verwendet.
* Abstände zwischen den Impfungen mindestens 4 Wochen; Abstand zwischen vorletzter und letzter Impfung mindestens 6 Monate
*** Jeweils 10 Jahre nach der letzten vorangegangenen Dosis

Name	Tetanus
Erreger	*Clostridium tetani*
Übertragung	Sporen-haltige Verunreinigungen in Wunden
Inkubationszeit	3 Tage bis 3 Wochen, bis mehrere Monate
Symptome	Durch Tetanospasmin: tonische Krämpfe; durch Tetanolysin: Hämolyse
Grundimmunisierung	Ab 3. Lebensmonat 2 Impfungen im Abstand von 4 – 8 Wochen, 3. Impfung 6 – 12 Monate danach
Auffrischung	Alle 10 Jahre
Mögliche Impffolgen	Leichte lokale Reaktionen an der Impfstelle
Schutzrate	Ca. 95 %
Schutzdauer	Ca. 10 Jahre

tritt etwa 14 Tage nach der 2. Impfung ein und hält etwa 1 Jahr. Nach der 3. Impfung hält der aktuelle Schutz für den Verletzungsfall bis zu 5 Jahre.
Die Grundimmunisierung sollte ab Beginn des 3. Lebensmonats mit einer Kombinations-Impfung gegen Diphtherie, Pertussis und Tetanus (DPT) beginnen.

4.10 Künftige Entwicklungsstrategien

Zweifelsohne waren die bisherigen Impfstrategien überaus erfolgreich. Aber sie waren nicht im Stande, alle Probleme zu lösen. Immer noch fehlen effiziente Möglichkeiten, um unser Immunsystem auf bestimmte bakterielle Infektionen (beispielsweise Meningokokken), auf virale Infektionen (z. B. HIV) oder auf parasitäre Infektionen (beispielsweise Malaria) sicher vorzubereiten. Auch sind immunologische Strategien dringend erforderlich, die sicher nach einer Exposition mit dem infektiösen Agens greifen. Chronische Erkrankungen wie AIDS oder Krebs warten auf eine effiziente immunologische Option, bekämpft oder gar kuriert zu werden. In diesem Fall liegt die Ratio darin, das durch die chronische Grunderkrankung geschwächte Immunsystem neu aufzubauen, um sich an der Bekämpfung der Grunderkrankung zu beteiligen.
Durch die modernen biotechnologischen Methoden ist es möglich, ganz neue Instrumentarien einzusetzen, um neue Immunisierungsstrategien zu realisieren. Bisher gibt es mit der Hepatitis-B-Vakzine nur einen gentechnisch hergestellten Impfstoff. Das wird sich mit Sicherheit in naher Zukunft ändern. Folgende Optionen werden mit Nachdruck erprobt:

4.10.1 Rekombinante Lebend-Vakzine

Nicht-pathogene oder attenuierte Organismen können als Träger für heterologe Proteinantigene modifiziert werden. Derartige Vektoren enthalten klonierte Gene, deren Produkte als Antigene fungieren. Virale (z. B. Vaccinia-Virus, attenuierte Polioviren) und bakterielle Spezies (z. B. *Salmo-*

nella, BCG) kommen als Vektoren in Frage. Die Eigenschaften derartiger Lebend-Vakzine entsprechen größtenteils denen, bereits zugelassener attenuierter Lebend-Vakzine. Ihr großer Vorteil besteht darin, dass sie extrem immunogen sind und meist einen sicheren Schutz nach einmaliger Impfung verleihen – in diesem Fall allerdings gegen ein Antigen, gegen das sich bisher nicht erfolgreich immunisieren lässt.

4.10.2 Fusionsproteine

Fusionsproteine sind nicht-toxische Proteine, die in ihrem Fusionsanteil Epitope pathogener Organismen enthalten. Sie werden gentechnisch durch Fusion mehrerer Genabschnitte mit einem „Trägergen" (beispielsweise das Gen für das HBsAg) hergestellt. Diese Fusionsgene werden dann in einem geeigneten Organismus exprimiert und die entsprechenden Proteine isoliert. So plausibel dieser Ansatz klingt, so problematisch kann er sein, wenn sich herausstellt, dass das Fusionsprotein nicht korrekt gefaltet wird und irrelevante Epitope exponiert.

4.10.3 Antiidiotyp-Antikörper

Antiidiotyp-Antikörper richten sich gegen das Idiotop – die Antigen-erkennende Strukturdomäne – eines bestimmten Antikörpers (vgl. Kap. I.3.1.2). Sie bilden demzufolge eine Analogoberfläche zur Oberfläche des eigentlichen Antigens und können stattdessen zur Immunisierung eingesetzt werden. Dies ist dann von Interesse, wenn das Antigen schlecht vertragen wird und unerwünschte Effekte bei dem Impfling verursacht.

4.10.4 Vakzine aus synthetischen Peptiden

Chemisch synthetisierte Peptide gehören verständlicherweise zu den am besten definierten Antigenen. Peptidsynthese ist heute sehr effizient möglich, und durch ein kluges Design können Antigene erhalten werden, die keine störenden Strukturen mehr enthalten. Zwar ist die Immunogenität synthetischer Peptide relativ schwach. Sie kann aber gesteigert werden, indem diese Peptide mit Trägerproteinen oder mit Lipiden konjugiert werden. Es können auch Multi-Antigen-Peptide synthetisiert werden. Schließlich kann durch gezielte chemische Modifikation die „Beweglichkeit" bestimmter Peptiddomänen eingeschränkt und dadurch eine gezielte Immunantwort gesteigert werden.

4.10.5 Nukleinsäure-Vakzine

Eine neuere, aber bereits weit fortgeschrittene, Entwicklung ist der Einsatz von Nukleinsäure bei Immunisierungsstrategien. Hierzu wird „nackte DNA", die für ein Antigen codiert, bevorzugt in Muskelgewebe injiziert. Offensichtlich wird die DNA von den Muskelzellen erstaunlich effizient aufgenommen, transkribiert und translatiert. Derartige Nukleinsäure-Vakzine können sowohl eine humorale wie eine zelluläre Immunantwort induzieren. Ähnlich wie bei einer Lebend-Vakzine wird über einen gewissen Zeitraum immer wieder Antigen produziert, so dass die Immunisierung sehr effizient ist.

4.11 Arzneibuchmonographie „Impfstoffe für Menschen"

In der Ph.Eur. sind Impfstoffe für Menschen definiert als „Zubereitungen, die antigene Stoffe enthalten, die in der Lage sind, eine spezifische, aktive Immunität beim Menschen gegen das infizierende Agens oder das von ihm gebildete Toxin oder Antigen zu induzieren". Impfstoffe für den Menschen können nach dieser Definition enthalten:

- Organismen, die chemisch oder physikalisch ohne Zerstörung ihrer antigenen Wirksamkeit inaktiviert wurden.
- Lebende Organismen, die avirulent sind oder in geeigneter Weise zur Abschwächung ihrer Virulenz behandelt worden sind, während eine ausreichende antigene Wirkung aufrechterhalten wurde.
- Antigenextrakte, die von Organismen extrahiert, abgegeben oder durch DNA-Rekombinationstechnik hergestellt werden.

Die Antigene können in ihrer nativen Form verwendet werden oder mit chemischen oder physikalischen Methoden entgiftet werden. Sie können zur Erhöhung der Immunogenität aggregiert, polymerisiert oder an einen Träger konjugiert werden.

Bakterielle Impfstoffe sind nach Ph.Eur. Suspensionen unterschiedlicher Trübung in farblosen bis fast farblosen Flüssigkeiten. Sie können gefriergetrocknet sein. Die Konzentration der lebenden oder inaktivierten Bakterien wird in Internationalen Trübungseinheiten ausgedrückt oder – soweit möglich – durch direkte Zellzählung oder – bei lebenden Bakterien – durch Auszählung der vermehrungsfähigen Einheiten bestimmt.

Bakterielle Toxoide werden aus Toxinen hergestellt; dabei wird deren Toxizität durch pyhsikalische oder chemische Verfahren auf ein nicht nachweisbares Niveau verringert oder vollständig beseitigt, während die immunisierende Eigenschaften erhalten bleiben. Die Toxine werden von ausgewählten Stämmen von Mikroorganismen gewonnen. Das Herstellungsverfahren gewährleistet, dass sich das Toxoid nicht zum Toxin zurückbildet. Die Toxoide können gelöst oder gefriergetrocknet, gereinigt und adsorbiert sein. Adsorbierte Toxoide sind Suspensionen weißer oder grauer Teilchen in farblosen oder hellgelben Flüssigkeiten; sie können im Behältnis einen Bodensatz bilden.

Virusimpfstoffe werden aus Viren hergestellt, die in Tieren, Geflügelembryonen, geeigneten Zellkulturen, geeigneten Geweben oder in gentechnologisch veränderten Zellkulturen gezüchtet werden. Je nach Art der Herstellung können sie in der Trübung unterschiedlich sein oder in gefriergetrockneter Form vorliegen. Flüssige oder rekonstituierte, gefriergetrocknete Zubereitungen können gefärbt sein, wenn im Kulturmedium ein pH-Indikator wie Phenolrot enthalten ist.

Unter der Überschrift „Herstellung" werden Angaben zu „Allgemeinen Anforderungen" zum „Substrat für die Vermehrung", zum „Saatgut", zu den „Kulturmedien", zur „Vermehrung und Ernte", zu „Kontrollzellen", zu „Kontrolleiern", zur „Reinigung", zur „Inaktivierung", zu „Zwischenprodukten", zum „Fertigen Impfstoff als Bulk" und zu „Fertigzubereitungen" gemacht.

Zu lagern sind Impfstoffe für Menschen vor Licht geschützt bei 5 ± 3 °C (falls nicht anders vorgeschrieben). Adsorbat-Impfstoffe dürfen nicht eingefroren werden.

Die Beschriftung muss folgende Angaben enthalten:

- Bezeichnung der Zubereitung
- Chargennummer oder andere Hinweise zur Identifikation
- empfohlene Dosis für den Menschen und empfohlene Art der Anwendung
- Lagerungsbedingungen
- Verfallsdatum
- Name und Konzentration jedes Konservierungsmittels
- Name jedes Antibiotikums, Adjuvans, Geschmackskorringens oder Stabilisators, die dem Impfstoff zugesetzt wurden
- Bezeichnung jedes Bestandteils, der möglicherweise nachteilige Reaktionen hervorrufen kann, sowie jede Kontraindikation für den Impfstoff

Für gefriergetrocknete Impfstoffe:

- Bezeichnung oder Zusammensetzung und Volumen der zuzusetzenden Flüssigkeit zum Rekonstituieren
- Zeitraum für die Verwendung des Impfstoffs nach dem Rekonstituieren

5 Seren und Immunglobuline

5.1 Einleitung

Trotz ihrer kaum vorstellbaren strukturellen Vielfalt, die die enorme Spezifität begründet, sind Antikörper doch sehr einheitlich aufgebaut (vgl. Kap. I.3.1.2). Alle Antikörper besitzen eine Y-förmige Struktur, die sich zunächst aus vier einzelnen Proteinketten, zwei identischen schweren und zwei identischen leichten Ketten, zusammensetzt. Diese sind über Disulfidbrücken miteinander zu einem einzigen Molekül verbunden. Man unterscheidet isotypische, allotypische und idiotypische Antikörper-Varianten (Abb. II.5.1 und II.5.2). Die isotypischen Varianten sind durch die fünf Antikörperklassen, IgA, IgE, IgD, IgG und IgM, sowie durch die leichten κ- und λ-Ketten repräsentiert. Allotypen sind genetische Varianten innerhalb einer Isotypgruppe. Sie wer-

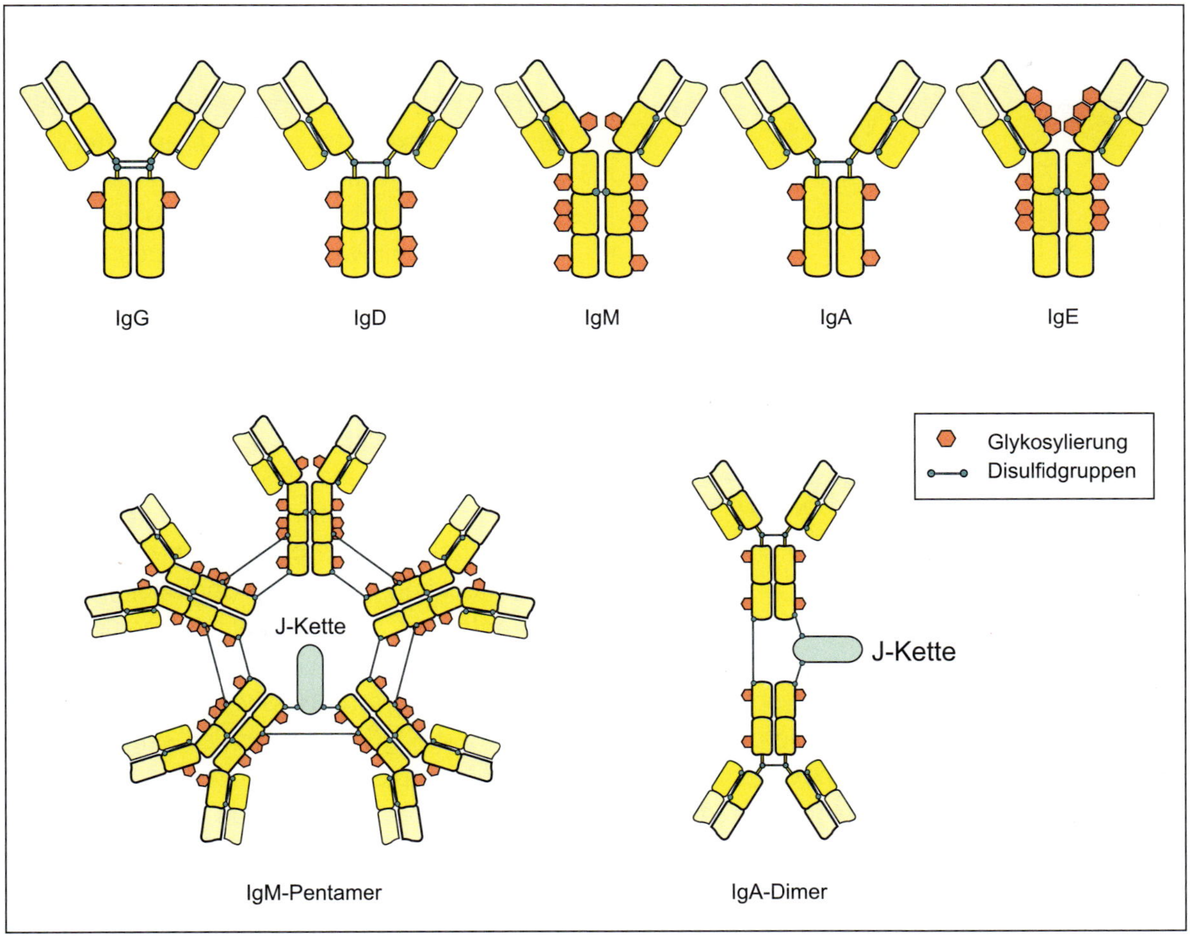

Abb. II.5.1: Immunglobulinklassen.
Die fünf (neun) Immunglobulinklassen IgG (IgG1, IgG2, IgG3, IgG4), IgA (IgA1, IgA2), IgM, IgD, und IgE werden auf der Basis der konstanten Regionen ihrer schweren Ketten unterschieden, die von entsprechenden Gen-Kassetten (γ1, γ2, γ3, γ4, α1, α2 μ, δ, ε) codiert werden. Die sekretorische Variante der IgA-Isotypen liegt als Dimer vor. IgM-Isotypen bilden Pentamere. Die leichten Ketten in all diesen Immunglobulinklassen (Isotypen) werden durch zwei Klassen (κ und λ) repräsentiert.

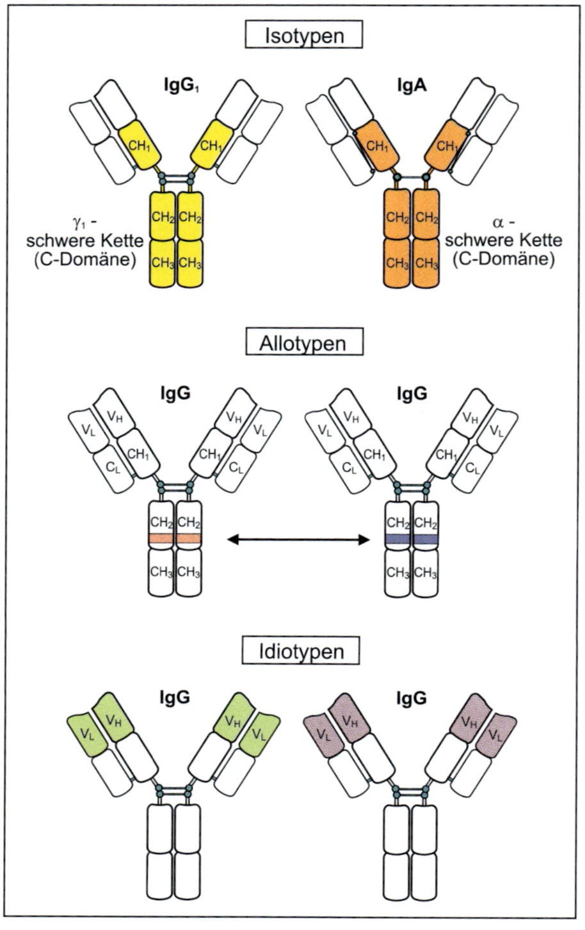

Abb. II.5.2: Antikörper-Varianten.
Die in Abb. II.5.1. gezeigten Antikörper-Varianten werden Isotypen genannt. Innerhalb der Isotypen können Varianten vorkommen, die als Allotypen bezeichnet werden. Sie werden durch Allele codiert, die sich meist in den konstanten Bereichen der leichten und schweren Ketten unterscheiden. Als Idiotypen bezeichnet man Antikörpervarianten, die sich in den variablen, Antigen-bindenden Bereichen unterscheiden.

den durch Allele eines bestimmten Genlocus codiert. Idiotypen unterscheiden sich im variablen Bereich der verschiedenen Allotypen und sind die Hauptverantwortlichen für die große Molekülvielfalt. Die Tabelle II.5.1 gibt einen Überblick über die wichtigsten Charakteristika der verschiedenen Antikörper-Varianten.

Will man diese Moleküle therapeutisch nutzen, interessieren neben der Pharmakodynamik der entsprechenden Wirkstoffe besonders auch die pharmakokinetischen Eigenschaften. Denn diese bestimmen letztlich die „Wirksamkeit" der Präparate, da nur bei einem ausreichend hohen Plasmaspiegel eine Wirkung erwartet werden kann.

In pharmakokinetischer Hinsicht verhalten sich Immunglobuline sehr verschieden von den meisten anderen Proteinen – erfreulicherweise jedoch zum Vorteil für einen therapeutischen Einsatz. Denn diese Moleküle sind außergewöhnlich stabil. So beträgt die biologische Halbwertszeit für IgG-Moleküle 18 bis 23 Tage; bei Patienten mit Agammaglobulinämie sogar 35 bis 40 Tage.

Gammaglobuline kommen im Serum in Konzentrationen von 6 bis 12 mg/ml vor und repräsentieren ca. 11 bis 14 % des Gesamt-Serumproteins. Die tägliche Syntheserate beträgt etwa 35 mg/kg KG.

Ca. 7 % der intravasal zirkulierenden IgG-Moleküle werden pro Tag katabolisiert. Allerdings befinden sich nur ca. 45 % aller IgG-Moleküle in der peripheren Zirkulation. Mehr als die Hälfte der IgG-Moleküle ist extravasal im Interstitialraum zu finden. Hier bilden sie einen wichtigen Teil der lokalen Immunantwort nach einer Infektion, wenn es ein wie auch immer geartetes Antigen geschafft hat, die äußeren Barrieren zu durchdringen.

Der Katabolismus der Immunglobuline scheint zu einem Drittel in der Leber stattzufinden. Ein zweites Drittel wird im Darm katabolisiert. Der Rest wird in immunologischen Reaktionen verbraucht, beispielsweise durch Makrophagen, die Immunkomplexe phagozytieren. Während einer Krankheit, wenn Immunglobuline besonders gefordert sind, ist der „Verbrauch" von IgG-Molekülen deutlich erhöht, so dass dann auch die biologische Halbwertszeit sinkt. Steigt hingegen die IgG-Konzentration ungewöhnlich stark an (beispielsweise durch eine therapeutische IgG-Substitution), kann das eine Hemmung der B-Zell-Differenzierung und damit eine Hemmung der Immunglobulin-Produktion nach sich ziehen (negativer Feedback-Mechanismus) (vgl. Kap. I.3.3.3, Abb. I.3.36). Umgekehrt kann ein starker Verlust von Immunglobulinen (beispielsweise durch eine Plasmapherese) eine Induktion der endogenen Antikör-

Tab. II.5.1: Charakteristika der humanen Antikörper-Varianten

Immunglobulin	IgG1	IgG2	IgG3	IgG4	IgM	IgA1	IgA2	IgD	IgE
Schwere Kette	γ1	γ2	γ3	γ4	μ	α1	α2	δ	ε
Mittlere Serumkonzentration [mg/ml]	9	3	1	0,5	1,5	3	0,5	0,03	0,00005
MG	146	146	170	146	970	160	160	184	188
Serum-Halbwertszeit [Tage]	21	20	7	21	10	6	6	3	2
Verteilung: % intravasal	45	45	45	45	80	42	42	75	50
Plazentagängig	++	++	++	++	–	–	–	–	–
Komplementaktivierung	++	+	+++	–	+++	–	–	–	–
Bindung an Monozyten	+++[1]	–	+++[1]	++[2]	–	–	–	–	+[3]
Bindung an Neutrophile	++[4]	–	++[4]	–	–	++[5]	++[5]	–	–
Bindung an Basophile und Mastzellen	–	–	–	–	–	–	–	–	+++[6]
Bindung an Staphylococcen-Protein A	+++	+++	–	+++	–	–	–	–	–
Bindung an Streptokokken-Protein G	+++	+++	+++	+++	–	–	–	–	–
Virus-Neutralisation	+	+	+	+	+	–	+	–	–

1) FcγRI (CD64), FcγRIIa (CD35), FcγRIII (CD16)
2) FcμR
3) FcεRII
4) FcγRIIa, FcγRIII-1
5) FcαR
6) FcεRI

perproduktion bewirken (positiver Feedback-Mechanismus).

Schneller als IgG-Moleküle werden IgM-Moleküle katabolisiert. Sie besitzen eine biologische Halbwertszeit von ungefähr 10 Stunden. Ca. 80 % dieser Immunglobulin-Klasse befindet sich intravasal und steht bereit für eine schnelle Antwort auf eine Infektion.

5.2 Immunglobulin-Präparationen für den therapeutischen Einsatz

Es waren Emil von Behring und Shibasaburo Kitasato, die vor über 100 Jahren Antikörper-Präparationen für die „Serum-Therapie" vorschlugen. Hierfür wurde beiden im Jahre 1901 der erste Nobelpreis für Physiologie und Medizin verliehen. Diese ersten „Antitoxine" enthielten heterologe Serum-Präparationen hyperimmunisierter Tiere, die höhere Konzentrationen von Antikörpern gegen Diphtherie- und Tetanus-Toxine enthielten. Zunächst erwiesen sich diese Präparate – besonders das Diphtherie-Antiserum – als sehr effektiv. Mit zunehmendem Einsatz zeigten sich jedoch sehr bald die schweren Nebenreaktionen, die durch das tierische Protein (Fremdprotein) verursacht wurden. Man bezeichnete diese Reaktionen damals als „Serumkrankheit" (siehe auch Kap. I.5.2.3). Als Reaktion darauf wurden reinere und folglich besser verträgliche Präparate entwickelt.

Um die Verträglichkeit weiter zu steigern, machte man sich die proteolytischen Eigenschaften von Trypsin, Pepsin und Papain zu Nutze. Bereits 1930 kamen proteolytisch behandelte Anti-

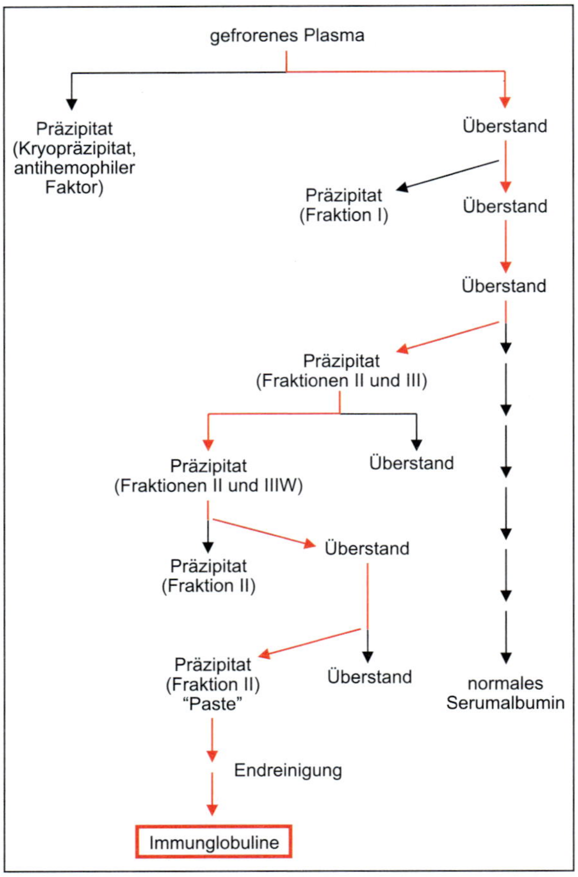

Abb. II.5.3: Herstellungsverfahren für Immmunglobulin-Präparate.
Aus einem riesigen Serum-Pool werden über verschiedene Schritte schließlich Gammaglobulinpräparate gewonnen.

körperfragmente in die Klinik, für die man damals den Namen „Fermo-Seren" prägte. Ein Fermo-Serum® ist ein durch fermentative (enzymatische) Behandlung „gereinigtes" Immunserum. Durch die Behandlung mit Pepsin wird die Gefahr der Sensibilisierung und infolgedessen allergischer Reaktionen nachhaltig verringert. Das Verfahren beruht darauf, dass Antikörpermoleküle gegenüber Pepsin resistenter sind als die übrigen Serumproteine. Während diese schon zu Peptiden und Peptonen abgebaut sind, werden die Antikörper-Globuline (7S) nur um etwa ein Drittel ihrer Molekülgröße (Fc-Teil) zum F(ab')2-Fragment (5S) unter weitgehender Beibehaltung ihrer Aktivität abgebaut (vgl. Kap. I.3.1.2). Allerdings konnten auch diese Präparate die Probleme der „Serumkrankheit" keinesfalls endgültig lösen. Dies gelang erst, als humane Immunglobulin-Präparationen eingeführt wurden. Durch protein-biochemische Verfahren gelang es, bestimmte Fraktionen anzukonzentrieren und unerwünschte Begleitstoffe zu eliminieren

Als Ausgangsmaterial für Immunglobulin-Präparationen dienen heute riesige Serum-Pools von mindestens 1.000 gesunden, freiwilligen humanen Spendern (vorgeschrieben durch die Arzneibücher), um ein möglichst weites Spektrum an Antikörperspezifitäten zu garantieren (Abb. II.5.3).

Die verwendeten Plasmen müssen der Monographie „Plasma vom Menschen (Humanplasma) zur Fraktionierung" entsprechen. Damit sind beispielsweise Plasmapräparationen aus Placentarblut für die Immunglobulin-Gewinnung ausgeschlossen.

Folgende Anforderungen werden an Immunglobulin-Produkte gestellt:

- Zur Herstellung dienen Pools von > 1.000 Spendern
- Sie müssen frei sein von Kininen, Plasmin und Prekallikrein-Aktivität
- Der IgA-Gehalt muss sehr gering sein
- Sie müssen so gut wie möglich frei sein von Immunglobulin-Aggregaten
- Mindestens 90 % der IgG-Moleküle müssen intakt sein (keine Fragmente)
- Sie sollten so nativ wie möglich sein, so dass opsonisierende, Komplement-bindende und andere biologische Aktivitäten erhalten bleiben.
- Sie sollten alle IgG-Subklassen enthalten
- Sie müssen hohe dokumentierte Antikörperkonzentrationen gegen mindestens zwei Bakterien-Spezies oder -Toxine oder gegen zwei Viren (nachgewiesen durch Neutralisierungstests) enthalten.
- Sie müssen mindestens 0,1 IU Antikörper gegen Hepatitis B und einen 1 : 1.000 Titer für Hepatitis A enthalten

Spezielle Immunglobuline werden aus Seren spezifisch immunisierter (beispielsweise gegen Masern, Tetanus, Pocken) Probanden oder aus

Die Herstellung von Serum-Präparate ist streng regulatorisch geregelt. Einige Dokumente sind hier gelistet:

- Gesetz über den Verkehr mit Arzneimitteln der Bundesrepublik Deutschland (AMG)
- European Pharmacopoeia Monograph (current edition): human plasma for fractionation
- Suitability of blood and plasma donors and the screening of donated blood in the European Community (98/463/EC)
- Guide to the preparation, use and quality assurance of blood components (Council of Europe; Rec. No R (95) 15, 4th edition)
- Annex 14 to the EU guide to GMP on the manufacture of medicinal products derived from human blood and plasma (91/365/EEC, rev. Sept 2000)
- Richtlinien zur Gewinnung von Blut und Blutbestandteilen und zur Anwendung von Blutprodukten (Hämotherapie). Vom Wissenschaftlichen Beirat der Bundesärztekammer und vom Paul-Ehrlich-Institut, Fassung 2000
- Leitlinien zur Therapie mit Blutkomponenten und Plasmaderivaten. Vorstand und wissenschaftlicher Beirat der Bundesärztekammer, April 2001
- Betriebsverordnung für pharmazeutische Unternehmer der Bundesrepublik Deutschland (Pharm.Betr.V. AMG, Anhang IX)
- Gesetz zur Regelung des Transfusionswesens (Transfusionsgesetz) der Bundesrepublik Deutschland, Juli 1998
- EMEA/CPMP: Note for Guidance on Plasma Derived Medicinal Products CPMP/BWP/269/9S, rev. 3 (2001)
- EMEA/CPMP: Plasma-derived medicinal products: position paper on ALT-testing CPMP/BWP/385/99 (1999)
- EMEA/CPMP: The introduction of nucleic acid amplification technology (NAT) for the detection of hepatitis C Virus RNA in plasma pools. CPMP/BWP/390/97 (1999)
- Requirements for Collection, Processing and Quality Control of Blood, Blood Components and Plasma Derivates. WHO Technical Report Series, No 840 (1994)
- Blood safety in the European Community: An initiative for optimal use. Conference proceedings (Ed W. Schramm) 20 – 22 May 1999, Wildbad Kreuth
- Control Authority Batch Release (EC-Dokument III/3010/93)
- Contribution to Part II of the Structure of the Dossier for Applications for Marketing Authorization – Control of Starting Materials for the Production of Blood Derivates (EC-Dokument III/5272/94)
- Kunststoffe auf Polyvinylchlorid-Basis für Behältnisse zur Aufnahme van Blut und Blutprodukten und für Behältnisse für wässrige Lösungen zur intravenösen Infusion (Ph.Eur/DAB)
- Stabilisatorlösungen für Blutkonserven (Ph.Eur/DAB)

Seren von Rekonvaleszenten gewonnen. Derartige Präparate werden manchmal auch als „Hyperimmunglobuline" bezeichnet, wobei jedoch zu beachten ist, dass hier nur eine quantitative Verschiebung der „Normalspezifität" zu einer gewünschten Spezifität angestrebt wurde. Vom normalen Spektrum spezifischer Antikörper enthalten diese speziellen Immunglobuline einen Antikörper in erhöhter und garantierter Konzentration.

„Immunglobulin vom Menschen" besteht zu über 95 % aus IgG und enthält bis zu 2,5 % IgA und bis zu 2 % IgM. Für die i. m.-Applikation kleiner Volumina von 0,2 bis 1,0 ml pro kg KG werden 16,5 %ige Proteinlösungen hergestellt. Diese Präparate enthalten im Vergleich zu normalem Serum eine etwa 20- bis 25fach höhere IgG-Konzentration. Wegen der hohen Viskosität können diese Präparate nur intramuskulär oder subkutan appliziert werden. 1 Gramm dieses Standard-Immun-Serumglobulins (ISG) enthält ca. 4×10^{18} Antikörper-Moleküle die $> 10^7$ Molekülspezies repräsentieren. Obwohl das Präparat bei 4 °C relativ stabil ist, laufen proteolytische Prozesse ab, die wahrscheinlich durch geringe Mengen an Plasmin katalysiert werden.

Die biologische Prüfung der Antikörperaktivität an mindestens einem bakteriellen und einem viralen Antikörper und der Nachweis einer mindestens zehnfachen Anreicherung der IgG-Konzentration gewährleisten, dass die Antikörper bei der Fraktionierung funktionsfähig geblieben sind.

Für die i. v.-Applikation werden hingegen in der

Regel 5 bis 10 %ige Immunglobulin-Präparationen eingesetzt, die in Volumina von 1 bis 40 ml mit einer maximalen Dosis von 2 g pro kg KG appliziert werden.

Bis 1960 war die Immunglobulin-Therapie auf die intramuskuläre Applikation beschränkt. Das änderte sich zunächst auch nicht, als humane Präparationen verfügbar wurden. Erst als „Fermo-Immunglobuline" durch partielle Proteolyse hergestellt werden konnten, wurden die Präparationen verträglicher. Wie bereits erläutert, fehlt diesen Immunglobulin-Varianten der konstante F_C-Teil der Antikörper. Die in diesen Präparationen vorhandenen $F(ab')_2$-Fragmente (5S-Komponente) können natürlich nicht mehr das Komplement aktivieren, so dass die entsprechenden unerwünschten Wirkungen bei diesen Präparaten weitgehend ausbleiben. Heute gelingt es aber auch, verträgliche 7S-Präparate (Präparate mit hohem Anteil an monomerem IgG) in einer für den Patienten verträglichen Zusammensetzung zu produzieren.

Die heute zur Verfügung stehenden Produkte können basierend auf die jeweiligen Herstellungsverfahren in drei Gruppen eingeteilt werden:

1. *Partiell, mit Hilfe von Proteasen hydrolysierte Immunglobulin-Präparationen:* Die Hauptprodukte einer Partial-Proteolyse mit Pepsin sind $F(ab')_2$-Moleküle. Wird die Proteolyse sehr schonend mit wenig Enzym bei pH 4 durchgeführt, so erhält man auch Präparate, die ebenfalls eine deutlich reduzierte Komplementaktivierung aufweisen, obwohl der Antikörper in weiten Teilen als 7S-Molekül erhalten bleibt. Partielle Hydrolyse durch immobilisiertes Trypsin führt hingegen zu Präparaten, die neben intaktem IgG auch Fab/Fc-, Fab- und Fc-Fragmente enthalten.
2. *Chemisch modifizierte Immunglobulin-Präparate:* Mit Hilfe von β-Propiolacton lassen sich selektiv und irreversibel die Aminosäuren Lysin, Cystein und Histidin modifizieren. Wendet man dieses Verfahren bei Immunglobulinen an, erhält man Varianten mit einer deutlich reduzierten Komplement-Bindung. Eine irreversible chemische Modifikation verursacht auch die Reduktion der Disulfidbrücken mit Hilfe von Dithiothreitol und anschließender Alkylierung mit Jod-Acetamid. Dagegen kann man durch S-Sulfonierung reversible Modifikationen einführen. Dabei werden in erster Linie die Disulfidbrücken gespalten, die die einzelnen Ketten verbinden. Dies führt zum Verlust der Komplementbindung. Diese Modifikation ist prinzipiell *in vitro* und *in vivo* reversibel.
3. *Durch spezielle Präzipitations-, Adsorptions- und Chromatographie-Verfahren angereicherte Immunglobulin-Präparationen:* Präzipitations-, Adsorptions- und Chromatographie-Verfahren werden einzeln oder in Kombination eingesetzt, wenn bestimmte Fraktionen angereichert oder unerwünschte Bestandteile abgereichert werden sollen. Es sind im Wesentlichen Verfahren, wie sie in der Protein-Biochemie gebräuchlich sind und viel genutzt werden. Das Problem besteht darin, die Normalverteilung der Ig-Subklassen im Laufe des Verfahrens möglichst beizubehalten, um nicht ungewollt wichtige Antikörpermoleküle zu verlieren. Eine bewährte Methode ist die fraktionierte Präzipitation mit Polyethylenglykol. Aerosil, Bentonit und Calciumphosphat werden zur Stabilisierung und zur Adsorption eingesetzt. Ionenaustauschchromatographie kann eingesetzt werden, um IgA-Varianten von IgG-Molekülen abzutrennen. All diese Verfahren zielen auch darauf ab, möglichst angereicherte IgG-Fraktionen (7S-immunglobuline) zu erhalten, ohne die Molekülstrukturen und kinetischen Parameter zu modifizieren.

Jede einzelne Maßnahme im Rahmen der vorgestellten Prozesse trägt auch zur Virussicherheit bei, da Viren entweder modifiziert oder abgereichert werden. Der viralen Sicherheit wird heute sehr große Aufmerksamkeit geschenkt, nachdem man schreckliche Erfahrungen mit HIV- oder HCV-kontaminierten Präparaten machen musste. So sind neben den geschilderten Methoden weitere Verfahren zur Virus-Inaktivierung und Virus-Abreicherung vorgeschrieben. Dazu zählt beispielsweise eine Pasteurisierung der Präparate bei 60 °C für 10 Stunden. Dazu zählen auch eine Behandlung mit löslichen Detergenzien und eine Abreicherung durch Nanofiltration.

I.v. zu verabreichende Immunglobuline werden sowohl gelöst als auch in Form gefriergetrockneter Präparate angeboten. Zur Stabilisierung enthalten sie verschiedene Zusätze wie Zucker, Zuckeralkohole, Aminosäuren, Human-Albumin und PEG in verschiedenen Konzentrationen. Die pH-Werte rangieren von 4,2 bis 7,0.

5.3 Virussicherheit von Immunglobulinpräparaten

Bereits in den 1940er Jahren hatte man erkannt, dass mit einer Immunglobulin-Behandlung das Risiko einer Hepatitis-Infektion verbunden war. Dieses Problem, das prinzipiell auch für humanes Serum-Albumin (HSA) galt, spielte dort eine deutlich untergeordnete Rolle, da man wegen der außergewöhnlichen Hitzestabilität dieses Proteins effiziente Inaktivierungsverfahren einsetzen konnte. Man pasteurisierte bei 60 °C für 10 Stunden in Gegenwart von Acyl-Tryptophan und Natrium-Caprylat. Abgesehen davon, dass man dieses Verfahren nicht einfach auf Immunglobulin-Präparate übertragen konnte, sah man zunächst auch gar keine Notwendigkeit für eine antivirale Behandlung. Man wusste, dass eine passive Immunisierung mit Immunglobulinen eine Hepatitis-Infektion verhindern konnte und glaubte, dass virale Kontaminationen für diese Gruppe von Wirkstoffen keine Relevanz hätten. Dass diese Einschätzung falsch war, wissen wir heute. Aus diesem Grund wird der viralen Sicherheit dieser Präparate große Aufmerksamkeit geschenkt. Neben den bereits erwähnten Fraktionierungs- und Inaktivierungsverfahren werden Plasma und Seren, die in den Pool zur Immunglobulin-Präparation einfließen, umfassend getestet. Routinemäßig wird auf HBsAg, auf Alanin-Aminotransferase (ALT)-Aktivität, und auf Anti-HCV- und Anti-HIV.1/2-Antikörper getestet (Tab. II.5.2).

Das Screening-Programm wird auf die in Tab. II.5.2 aufgeführten Virusmarker bei jeder Plasma-Einzelspende und – mit Ausnahme der Transaminasenprüfung – beim Plasmapool sowie im Endprodukt wiederholt. Positive Testresultate führen zum Ausschluss der Plasmaspende, respektive zur Verwerfung der produzierten Charge.

Nach einer gewissen Zeit wird das Screening-Programm wiederholt, um eine noch nicht stattgefundene Serokonversion zu erfassen. Erst danach wird die Spende für die Immunglobulingewinnung freigegeben. Besondere Aufmerksamkeit verlangt die Sicherstellung der Abwesenheit von HCV. Hierzu sind spezielle Inaktivierungsschritte erforderlich, und die Zulassungsbehörden verlangen den Nachweis der Abwesenheit von HCV-RNA durch einen sehr empfindlichen PCR-Test.

Generell werden heute im Sinne einer vorbeugenden Gefahrenminimierung für einzelne Pro-

Tab. II.5.2: Obligate Tests für jede einzelne Plasmaspende

Virus	Nachweis des Virusmarkers	Forderung für die Freigabe
Hepatitis B (HBV)	HBsAg	Negativ
Hepatitis C (HCV)	Anti-HCV	Negativ
Humanes Immundefizienz-Virus Typ 1/Typ 2 (HIV-1/-2)	Anti-HIV-1/-2	Negativ
Surrogat-Test für Hepatitisviren	SGPT (ALT)	Der Wert übersteigt nicht das Doppelte des Methoden-spezifischen oberen Grenzwertes des Normalbereichs

duktionsschritte so genannte Abreicherungs- und Inaktivierungsfaktoren experimentell ermittelt. Unter einem Abreicherungsfaktor (Reduktionsvermögen) versteht man den dekadischen Logarithmus des Verhältnisses einer Verunreinigung oder Kontamination vor einem bestimmten Reinigungsschritt bzw. nach dem Reinigungsschritt.

Ein individueller Abreicherungsfaktor errechnet sich nach:

$10^{Ri} = (v') (10^{a'})/(v'') (10^{a''})$

Dabei gilt:

- für das Material vor der Reinigung: Volumen v'; Titer $10^{a'}$; Belastung des Materials mit der Kontamination/Verunreinigung: $(v') \cdot (10^{a'})$
- für das Material nach der Reinigung: Volumen v''; Titer $10^{a''}$; Belastung des Materials mit der Kontamination/Verunreinigung: $(v'') \cdot (10^{a''})$

Analog ist der Inaktivierungsfaktor zu definieren, wenn es sich um aktive Kontaminationen (z. B. Viren, Bakterien, usw.) handelt.

Die Abreicherungsfaktoren werden durch Spiking ermittelt. Dazu setzt man dem Reinigungsansatz einen Erreger in bekannter Menge zu und bestimmt dann den noch vorhandenen bzw. noch aktiven Anteil nach dem Reinigungsschritt. Dadurch soll auch gewährleistet werden, dass unbekannte oder unentdeckte Kontaminationen keine Chance haben, mit dem Produkt angereichert zu werden. Da es unmöglich ist, eine solche Kontamination im Verlauf des Herstellungsprozesses sicher zu identifizieren, muss durch Validierung eine Abreicherung garantiert werden.

Beispiele für Virusabreicherungen in Immunglobulin-Präparaten sind in den Tabellen II.5.3 bis II.5.5 dargestellt.

Tab. II.5.3: Abreicherung von Modell-Viren (x log) für Intratect®

	Modellvirus				
	HIV	**PRS**	**BVDV**	**Reo**	**PPV**
Präzipitation und Abtrennung der Fraktion I, III	> 4,9	> 5,25	> 2,53	> 7,58	4,07
Behandlung mit Oktansäure/Calciumacetat	> 5,72	> 6,36	> 4,71	2,34	–
Solvent/Detergent-Verfahren	> 4,43	> 4,57	> 4,82	–	–
Gesamtreduktion	> 15,05	> 16,18	> 12,06	> 9,92	4,07

HIV: Humanes Immundefizienz-Virus = RNA-Virus mit Hülle;
PSR: Pseudorabies-Virus = DNA-Virus mit Hülle;
BVDV: Bovines virales Diarrhö-Virus = RNA-Virus mit Hülle = Modellvirus für HCV;
Reo: Reo-Virus = RNA-Virus ohne Hülle;
PPV: Porcines Parvo-Virus = DNA-Virus ohne Hülle.

Tab. II.5.4: Abreicherung und Inaktivierung von Modell-Viren (x log) für Cytotect® CP

	Modellvirus			
	HIV-1	**PSR**	**BVDV**	**Reo**
Kälte/Ethanol-Fällung (Fraktion III)	> 3,8	3,3	1,1	5,5
Oktansäure/CaAc-Filtration	> 6,4	> 5,7	> 4,5	> 1,1
Polysorbat 80/TNPD	> 6,4	> 6,5	> 6,6	–
Gesamtreduktion	> 16,6	> 15,5	> 12,2	> 6,6

HIV-1: Humanes Immundefizienz-Virus Typ 1 = RNA-Virus mit Hülle;
PSR: Pseudorabies-Virus = DNA-Virus mit Hülle;
BVDV: Bovines virales Diarrhö-Virus = RNA-Virus mit Hülle = Modellvirus für HCV;
Reo: Reo-Virus = RNA-Virus ohne Hülle

Tab. II.5.5: Abreicherung und Inaktivierung von Modell-Viren (x log) für Pentaglobin®

	Modellvirus			
	HIV-1	**PSR**	**BVDV**	**Reo**
Präzipitation und Resuspension Paste III	2,11	1,88	0,40	1,11
Behandlung mit Oktansäure	> 6,60	> 6,48	> 6,07	2,34
Behandlung mit β-Propiolacton	> 6,51	> 5,54	> 6,67	> 5,63
Gesamtreduktion	> 15,22	> 13,90	> 12,74	> 9,08

HIV-1: Humanes Immundefizienz-Virus Typ 1 = RNA-Virus mit Hülle;
PSR: Pseudorabies-Virus = DNA-Virus mit Hülle;
BVDV: Bovines virales Diarrhö-Virus = RNA-Virus mit Hülle = Modellvirus für HCV;
Reo: Reo-Virus = RNA-Virus ohne Hülle

Ein Immunglobulinpräparat gilt heute als unbedenklich, wenn die Virus-Validierung ergeben hat, dass umhüllte Viren bei mindestens zwei Herstellungsschritten um vier log-Stufen abgereichert oder inaktiviert werden und das Verfahren insgesamt eine Virus-Elimination von mindestens 10-log-Stufen sicherstellt.

Auch der BSE-/Creutzfeldt-Jakob-Problematik wurde im Hinblick auf die Sicherheit von Blut- und Plasmapräparaten umfänglich Rechnung getragen. Folgende Maßnahmen wurden (vorübergehend) angeordnet, nachdem das Problem erkannt war:

- Ausschluss von Spendern, die sich durch einen Aufenthalt von mindestens einem halben Jahr in Großbritannien zwischen 1980 und 1996 unwissentlich der Infektion mit dem BSE-Erreger ausgesetzt haben könnten
- Ausschluss des Bezugs und der Verarbeitung von Blut und Blutplasma aus Großbritannien, da hier die bei weitem größte Anzahl von vCJD-Fällen aufgetreten ist.
- Rückruf von Spenderplasmen und Plasmapräparaten sobald bei einem Spender eine vCJD-Diagnose gestellt wird.
- Reduktion der Leukozyten bei Vollblutspenden, ausgehend von der noch nicht allgemein akzeptierten Annahme, dass eventuell im Blut vorkommende Erreger mit Leukozyten assoziiert sein könnten.

In experimentellen Ansätzen zur Plasmafraktionierung konnte unter Verwendung analoger Prionen-Homogenate festgestellt werden, dass die angewendeten Herstellungsverfahren wie z. B. die Kalte-Ethanol-Präzipitation, die Nanofiltration oder auch Säulenchromatographie ein außerordentlich hohes Abreicherungspotential für Prionen besitzen. In vergleichenden Studien wurde gezeigt, dass dieses Abreicherungspotential auch konkret für das vCJD-Agens gilt. Tierexperimentell zeigte sich, dass – wenn überhaupt – nur sehr niedrig-infektiöse Titer im Plasma vorkommen, die durch die bestehenden Abreicherungsverfahren sicher eliminiert werden können.

5.4 Indikationen

Ursprünglich wurden Immunglobulin-Präparate im Wesentlichen eingesetzt (vgl. Kap. I.5.1)

- bei Agamma- und Hypogammaglobulinämie
- bei IgG- und/oder IgA-Subklassen-Defizienzen
- zur Prophylaxe und Behandlung viraler Infektionen wie HAV, Masern und Poliomyelitis
- zur Neutralisierung bakterieller Toxine (z. B. Enterotoxin von *Staphylococcus aureus*).

Heute ist das Indikationsspektrum durch die Behandlung von Antikörper-vermittelten Autoimmunerkrankungen und systemischen Infektionen deutlich erweitert. Ein abgestuftes Indikationsschema wurde vom NIH und von der Australischen Gesellschaft für Transfusionsmedizin erarbeitet (Tab. II.5.6). Für die Kategorie A gilt die Therapie mit hochdosierten Immunglobulinen als eine Therapie der ersten Wahl. Für die Kategorie B bildet die Therapie mit Immunglobulinen eine Option, wohingegen für die Kategorie C weitere Daten benötigt werden, um einen evidenzbasierten Einsatz zu gewährleisten.

Tab. II.5.6: Klassifizierung verschiedener Krankheiten für die Therapie mit Immunglobulin-Präparaten

Klassifizierung	Krankheit
Kategorie A	• Immunogene thrombozytopenische Purpura (ITP) • Kawasaki-Syndrom
Kategorie B	• Guillain-Barré-Syndrom • Chronisch entzündliche demyelisierende Polyneuropathie (CIDPNP) • autoimmune hämolytische Anämie • autoimmune Neutropenie • erworbene Hämophilie A • idiopathische thrombozytopenische Purpura (ITP) in der Schwangerschaft • Myasthenia gravis
Kategorie C	• Systemischer Lupus erythematodes • Polymyositis und Dermatomyositis • Rheumatoide Arthritis • Insulin-abhängiger Diabetes mellitus • Systemische Vaskulitis • Antiphospholipid-Antikörper-Syndrom • Multiple Sklerose

Zum Teil (z. B. bei der ITP und dem Kawasaki-Syndrom) werden sehr hohe Dosen bis zu maximal 2 g/kg KG infundiert. Ziel dabei ist es, durch negatives Feedback die pathologische Biosynthese der Autoantikörper zu begrenzen.

Im Falle einer Substitutionstherapie bei Agamma- und Hypogammaglobulinämie werden in der Regel 400 mg/kg KG pro Monat i. v. appliziert. Dabei ist unter Umständen die individuelle Halbwertszeit für die Patienten zu bestimmen und die Dosis entsprechend anzupassen.

Heute werden i. v.-Infusionen von Immunglobulin-Präparaten recht gut vertragen. Bei 10 bis 15 % der Patienten treten unerwünschte Wirkungen auf, die sich als Rücken- oder Bauchschmerzen, Tachykardie, erhöhter Blutdruck, Muskel- oder Kopfschmerz, Übelkeit, Hitze- oder Kältegefühl äußern können (typische phlogistische Reaktionen). Diese Nebenwirkungen sind dann besonders ausgeprägt, wenn die Patienten eine Infektion durchmachen. Daher sollten diese Patienten vor einer Substitutionstherapie gegebenenfalls adäquat mit Antibiotika behandelt werden.

Schwere anaphylaktische Reaktionen können bei Patienten ausgelöst werden, die an einer IgA-Defizienz leiden. Viele dieser Patienten (bis zu 40 %) entwickeln Anti-IgA-Antikörper. Werden mit einem IgG-Präparat auch IgA-Antikörper infundiert, können diese an entsprechende IgE-Antikörper binden und somit eine Mastzell-Degranulation induzieren. Aus diesem Grund sollten Präparate für solche Patienten sehr sorgfältig ausgewählt werden, wobei darauf zu achten ist, dass der IgA-Gehalt sehr gering ist.

Sicherlich ist das Potential einer Immunglobulin-Therapie noch lange nicht ausgeschöpft. Obwohl strukturelle Charakteristika der Antikörper völlig aufgeklärt sind, sind längst noch nicht alle Funktionen – besonders in einer pathologischen Stoffwechsellage – verstanden. Abzuwarten bleibt auch, von welchem Nutzen weiter aufgereinigte oder biotechnologische Präparate sind.

5.5 Immunglobulin-Präparate

Nach gegenwärtigen Schätzungen sind jährlich weltweit ca. 1 Mio. Patienten auf die Behandlung mit Präparaten angewiesen, die aus menschlichem Blutplasma gewonnen werden. Dazu gehören neben aufgereinigtem Humanplasma die Blutgerinnungsfaktoren VIII und IX und die menschlichen Immunglobuline. Einige Immunglobulin-Präparate tierischen Ursprungs werden wir noch bei den Antikörpern für den Einsatz bei Organtransplantationen kennen lernen (vgl. Kap. II. 6.2.1). Andere Tierseren werden als Anti-Tiergift-Immunglobuline verwendet.

5.5.1 Allgemeine Immunglobulin-Präparate

Wie wir bereits in Kapitel I.5.1 besprochen haben, gibt es einige angeborene aber auch erworbene Immundefizienz-Erkrankungen, die durch hohe Infektionsgefahren gekennzeichnet sind. Um das wiederholte Auftreten bakterieller Infektionen zu verhindern, gleichzeitig den Antibiotika-Einsatz zu reduzieren und die Lebensqualität der Patienten insgesamt zu verbessern, werden Immunglobulin-Präparate verabreicht.
Ende 2002 wurde mit Beriglobin® das erste Präparat zur subkutanen Therapie mit Standard-Immunglobulinen zugelassen. Dies erlaubt eine Heimselbsttherapie, bei der das Immunglobulin in kürzeren Abständen appliziert wird als bei der Infusionstherapie. Die Patienten empfinden die Therapie als angenehmer, da durch die subkutane Therapie gleichmäßigere, annähernd natürliche Serumspiegel erreicht werden. Besonders Patienten mit primärem Immundefekt, die ihr Leben lang auf eine Substitutionstherapie angewiesen sind, profitieren von dieser Option.

Name	**Immunglobulin-Konzentrat**
Spezialitäten	**Beriglobin®, Biseko®, Flebogamma®, Pentaglobin®, Polyglobin®, Sandoglobin®, u. a.**
Indikation	Präparate-spezifisch, z. B.: • Substitutionstherapie bei Erwachsenen und Kindern mit primärem Antikörpermangelsyndrom wie z. B. Kongenitale Agammaglobulinämie und Hypogammaglobulinämie, allgemeine variable Immunmangelkrankheiten, Wiskott-Aldrich-Syndrom, schwere kombinierte Immunmangelkrankheiten, IgG-Subklassenmangel mit rezidivierenden Infektionen, Volumentherapie, Hypoproteinämien, Hämodilution. • Substitutionstherapie bei Myelom oder chronischer lymphatischer Leukämie mit schwerer sekundärer Hypogammaglobulinämie und rezidivierenden Infektionen. • Bei idiopathischer thrombozytopenischer Purpura (ITP) bei Kindern oder Erwachsenen mit einem hohen Blutungsrisiko oder vor chirurgischen Eingriffen zur Korrektur der Thrombozytenzahl. • Zur Immunmodulation, z. B. bei Kawasaki-Syndrom oder Guillain-Barré-Syndrom. • Bei Kindern mit angeborenem AIDS und rezidivierenden Infektionen. • Bei allogener Knochenmarktransplantation. • Zur Therapie bakterieller Infektionen bei gleichzeitiger Anwendung von Antibiotika. • Zur Virusprophylaxe.
Mechanismus	Unterstützung des eigenen Immunsystems
Dosierung	Präparate- und Indikations-spezifisch

5.5.2 Anti-Virus-Immunglobulin-Präparate

Eine passive Immunisierung mit Immunserum-Globulinen wird immer dann empfohlen, wenn kurzfristig einer Infektionskrankheit vorgebeugt werden soll und wenn eine – eigentlich immer vorzuziehende – aktive Immunisierung (vgl. Kap. II.4) zeitlich nicht mehr möglich ist. Verschiedene Immunglobulin-Präparationen stehen zur Verfügung, von denen einige hier erwähnt werden. Auf eine passive Immuniserung gegen das Respiratorische Syncytialvirus (RSV) mit dem rekombinanten Antikörper Palivizumab werden wir in Kap. II.6.5.1 eingehen.

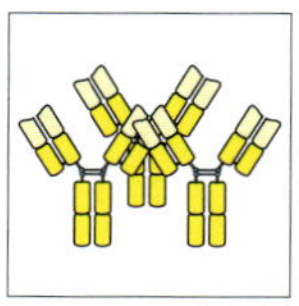

5.5.2.1 Anti-Hepatitis-A-Immunglobulin

Beriglobin® enthält Immunglobulin G, das mindestens 200 I. E. Hepatitis-A-Immunglobulin entspricht. Der Gesamt-Plasmaproteingehalt beträgt 320 mg in dem maximal 3,4 mg Hepatitis-A-Immunglobulin enthalten sind.

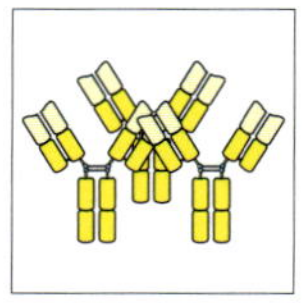

5.5.2.2 Anti-Hepatitis-B-Immunglobulin

Anti-Hepatitis-B-Immunglobulin ist ein Hepatitis-B-Immunglobulin vom Menschen. Die Präparate werden bei bestimmten Indikationen zur Hepatitis-B-Prophylaxe appliziert.

Das Virus, das zu den *Hepadnaviridae* gehört, besteht aus einer Virushülle, dem Nukleokapsid und dem viralen DNA-Genom. Eine Besonderheit besteht darin, dass im Serum Infizierter große Mengen nicht infektiöser Viruspartikel vorliegen. Diese bestehen im Wesentlichen aus dem Hüllprotein und enthalten kein Nukleokapsid und keine DNA (Abb. II.5.4). Das Hüllprotein wird auch als Hepatitis-B-Oberflächenantigen (HBsAg) bezeichnet. Antikörper gegen dieses

Name	**Anti-Hepatitis-A-Immunglobulin**
Spezialitäten	**Beriglobin®**
Indikation	• Zur Substitutionstherapie bei Erwachsenen und Kindern mit primärem Antikörpermangelsyndrom • Zur Substitutionstherapie bei Myelom oder chronischer lymphatischer Leukämie mit schwerer sekundärer Hypogammaglobulinämie und rezidivierenden Infektionen. • Zur Hepatitis-A-Prophylaxe für Reisende, die weniger als 2 Wochen vor einer möglichen Exposition stehen und für Personen, die weniger als 2 Wochen zuvor exponiert waren. • Zur Therapie der radiogenen Mucositis.
Mechanismus	Passive Immunisierung
Dosierung	• Zur Substitutionstherapie bei subkutaner Anwendung: Initialdosis mindestens 0,2 – 0,5 g/kg KG (1,3 – 3,1 ml/kg KG); die Erhaltungsdosis ist so zu ermitteln, dass in wiederholten Intervallen eine kumulative monatliche Dosis von 0,4 – 0,8 g/kg KG (2,5 – 5 ml/kg KG) erreicht wird. • Zur Hepatitis-A-Prophylaxe muss intramuskulär verabreicht werden in einer Dosierung von 3 – 4 mg/kg KG (20 µl/kg KG). • Zur Therapie der radiogenen Mucositis wird das Präparat intramuskulär wie folgt verabreicht: Initial 10 ml (1600 mg), nach 2 Tagen 5 ml (800 mg) und nach weiteren 2 Tagen nochmals 5 ml (800 mg).

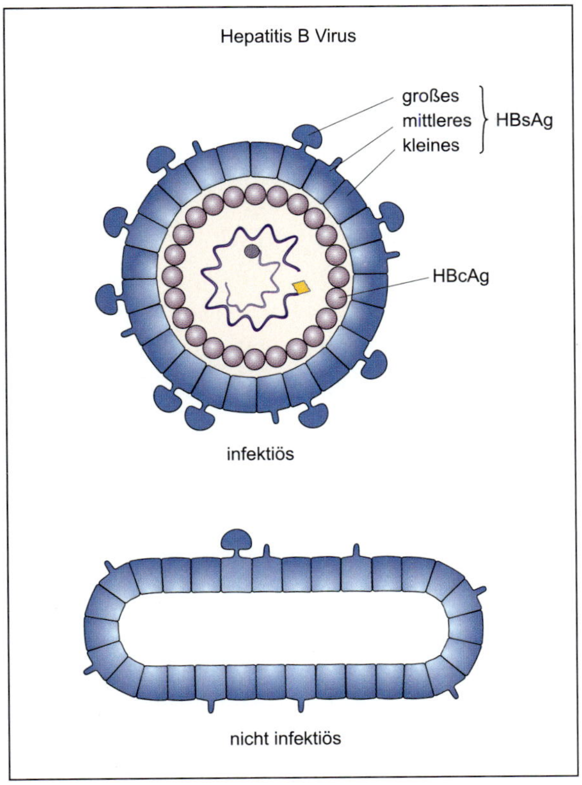

Abb. II.5.4: Hepatitis-B-Partikel.
Neben kompletten Hepatitis-B-Viren finden sich im Serum infizierter Patienten auch nicht-infektiöse Partikel, die nur aus Hepatitis-B-Hüllprotein bestehen und kein Nukleokapsid enthalten.

Protein sind bei serokonvertierten Infizierten nachzuweisen. Bestandteil des Nukleokapsids ist das Hepatitis-B-Core-Protein (HBcAg). Wird dieses HBc-Protein auf der Oberfläche infizierter Hepatozyten exprimiert, so induziert dies eine zelluläre Immunantwort, die zur Eliminierung der infizierten Zellen führt. Ein Teil der in der Leberzelle produzierten viralen Core-Proteine wird in der Leberzelle modifiziert, exportiert und zirkuliert dann als so genanntes Hepatitis-Be-Protein (HBeAg) in der Peripherie. Das HBeAg ist also eine Variante des HBcAg-Proteins und keine genuine Komponente von HBV. Das Antigen ist deshalb von Bedeutung, da der Nachweis dieser Variante auf eine aktive HBV-Replikation hindeutet. Besondere Bedeutung haben diese Seren für Neugeborene, deren Mütter mit dem Hepatitis-B-Virus infiziert sind. Unbehandelt entwickeln diese Kinder zu 80 bis 95 % eine schwere Hepatitis B oder werden chronische HBV-Träger. Das Risiko für eine perinatale Infektion hängt von den serologischen Markern der Mutter ab:

- Ein erhöhtes Risiko (50 – 70 %) besteht, wenn die Mütter HBsAg-positiv getestet wurden.

Name	**Anti-Hepatitis-B-Immunglobulin**
Spezialitäten	**Hepatect®, Hepatect® CP, Hepatitis-B-Immunglobulin Behring**
Indikation	• Zur Prophylaxe nach Exposition gegenüber HBsAg-positivem Material wie z. B. Blut, Plasma, Serum durch parenterale Exposition (z. B. Nadelstichverletzungen), durch direkten Schleimhaut-Kontakt oder durch orale Aufnahme (z. B. Pipettierunfall). • Zur Prophylaxe der Reinfektion eines Lebertransplantats bei HBsAg-positiven Patienten. • Zur Prophylaxe bei Neugeborenen von HBsAg-positiven Müttern. • Bei Personen mit erhöhtem Hepatitis-B-Virus-Infektionsrisiko vor oder gleichzeitig mit dem Beginn einer aktiven Immunisierung mit Hepatitis-B-Impfstoff. • Zur Prophylaxe bei Personen, die keinen ausreichenden Ansteckungsschutz aufbauen können und einem fortdauernden Infektionsrisiko ausgesetzt sind. • Das Präparat ist indiziert bei Personen, die einer akuten Hepatitis-B-Prophylaxe bedürfen und bei denen gleichzeitig eine hämorragische Diathese besteht.
Mechanismus	Passive Immunisierung
Dosierung	Präparate- und Indikations-spezifisch

- Ein hohes Risiko (70 – 90 %) besteht, wenn die Mütter einen HBsAg- und einen HBeAg-Titer aufweisen und wenn HBV-DNA-Konzentrationen von < 5 pg/ml nachweisbar sind.
- Ein sehr hohes Risiko (> 90 %) besteht, wenn die Mütter einen HBsAg- und einen HBeAg-Titer aufweisen und wenn HBV-DNA-Konzentration von > 5 pg/ml nachweisbar sind.

Um einer Hepatitis, einer Leberzirrhose oder einem Leber-Karzinom vorzubeugen, sollte bei bestehendem Risiko mit einer Postexpositionsprophylaxe in Form einer aktiven/passiven Immunisierung gleich nach der Geburt (am besten innerhalb der ersten 12 Stunden) begonnen werden.

Bestimmte schwere Nebenwirkungen können von der Infusionsgeschwindigkeit abhängen, wobei mit steigender Infusionsgeschwindigkeit eine Tendenz zur Zunahme unerwünschter Ereignisse verbunden ist. Die Patienten müssen während der gesamten Dauer der Infusion kontrolliert und auf Symptome unerwünschter Wirkungen beobachtet werden. Auch nach der Infusion sollte die Beobachtung der Patienten mindestens 20 min fortgesetzt werden.

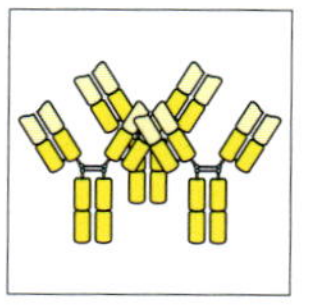

5.5.2.3 Anti-Röteln-Virus-Immunglobulin

Auf Röteln und eine aktive Immunisierung gegen diese Erkrankung sind wir bereits in Kapitel II.4.3.1.4 eingegangen. In einigen Fällen ist jedoch auch eine passive Immuniserung mit einem entsprechenden Immunglobulin-Präparat indiziert. Anti-Röteln-Virus-Immunglobulin (Gamma-Venin®) enthält pro 100 ml mindestens 4,75 g Immunglobulin vom Menschen mit mindestens 50.000 I. E. Röteln-Immunglobulin in einer Gesamt-Plasmaproteinmenge von 5 g.

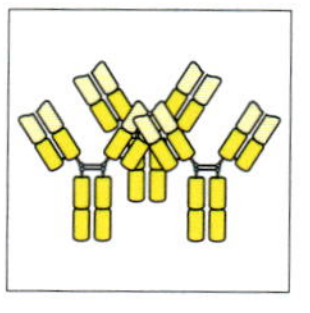

5.5.2.4 Anti-Tollwut-Virus-Immunglobulin

Nach einem Kontakt mit einem tollwutverdächtigem oder tollwütigem Wild- oder Haustier wie auch nach Berühren eines Impfstoffköders gilt als erste Post-Expositionsprophylaxe die aktive Immunisierung mit einem Tollwut-Impfstoff (vgl.

Name	**Anti-Röteln-Virus-Immunglobulin**
Spezialitäten	**Gamma-Venin®**
Indikation	• Schwere bakterielle Erkrankungen mit septisch-toxischen Komplikationen in Ergänzung zur Antibiotika-Therapie. • Infektionen bei Säuglingen. • Erkrankungen durch endemisch vorkommende Viren, z. B. Meningoenzephalitis, Pneumonie. • Akute Infektionen bei Patienten mit Antikörpermangelsyndrom (AMS) oder therapiebedingter Immunschwäche. • Prophylaxe bei Röteln bei Schwangeren, falls die Exposition bereits 5 – 7 Tage zurückliegt: Versuch der Verhütung einer Röteln-Embryopathie in Kombination mit Röteln-Immunglobulin.
Mechanismus	Passive Immunisierung
Dosierung	Zur Prophylaxe einer Röteln-Embryopathie: 50 ml Gamma-Venin® gleichzeitig mit mindestens 15 ml Röteln-Immunglobulin mit mindestens 4.500 I. E. Antikörper gegen Röteln.

Kap. II.4.4.1.2). Dieser Impfstoff soll an den Tagen 0, 3, 7, 14, 30, 90 angewendet werden. Sollten jedoch frische Hautverletzungen oder Schleimhäute mit Tollwutimpfstoffköder in Berührung gekommen sein, oder ein tollwutverdächtiges oder tollwütiges Tier gebissen oder gekratzt haben, ist außerdem mit der ersten aktiven Impfung 1 × 20 I. E./kg KG Anti-Tollwut-Immunglobulin intramuskulär zu verabreichen. Nach der Gabe des Immunglobulins wird eine Nachbeobachtungszeit von 20 Minuten empfohlen.
Wegen der Gefahr einer Interferenz mit der Antikörperbildung während der Impfbehandlung mit Tollwut-Vakzine darf weder die empfohlene Dosis erhöht, noch Tollwut-Immunglobulin wiederholt verabreicht werden.
Je nach Art bzw. Grad der Exposition (Grad I, II oder III) durch ein tollwutverdächtiges oder tollwütiges Wild- oder Haustier bzw. durch einen Tollwutimpfstoffköder werden verschiedene Impfschemata empfohlen. Dabei ist zu bedenken, dass als tollwutverdächtig jedes Tier eingeschätzt wird, das sich in einem amtlich als gefährdetem Bezirk gekennzeichneten Gebiet auffällig verhält. Auch frische Kadaver tollwütiger Tiere können noch ansteckend sein!

a) Grad der Exposition I
Berühren/Füttern von tollwutverdächtigen oder tollwütigen Wild- oder Haustieren, aber sicher kein Kontakt mit dessen Speichel, eigene Haut weder vor noch bei Kontakt verletzt, bzw. Berühren von Impfstoffködern bei intakter Haut:
→ Keine Impfung erforderlich. Bei Unklarheiten Impfung nach Schema B.

b) Grad der Exposition II
Knabbern an der unbedeckten Haut oder Belecken der nicht intakten Haut; oberflächliche, nicht blutende Kratzer durch ein Tier mit Ausnahme von Kratzern an Kopf, Hals, Schultergürtel, Armen oder Händen (vgl. Kategorie III) bzw. Kontakt mit der Impfflüssigkeit eines beschädigten Impfstoffköders mit nicht-intakter Haut:
→ Sofortige Impfung nach Schema B, bei Unklarheiten Simultanprophylaxe nach Schema C. Wenn ein Tier nach Untersuchungsergebnis gesund, Fortführung nach Schema A empfohlen. Impfschutz gegen Tetanus prüfen.

c) Grad der Exposition III
Jegliche Bissverletzungen; blutende Kratzwunden; jegliche Kratzwunden an Kopf, Hals, Schultergürtel, Armen oder Händen, Kontamination von Schleimhäuten mit Speichel (z. B. Lecken, Spritzer) bzw. Kontakt von Schleimhäuten und frischen Hautverletzungen mit Impfstoffködern:
→ Sofortige Simultanprophylaxe nach Schema C. Wenn Tier nach Untersuchungsergebnis gesund, Fortführung nach Schema A empfohlen. Impfschutz gegen Tetanus prüfen.

Durchführung der Impfung mit Tollwut-Vakzine und Tollwut-Immunglobulin:

1. Präexpositionelle Impfung
- **Schema A:** Je eine Impfstoffdosis an den Tagen: 0, 7, 28 (alternativ auch schon am Tag 21) sowie 1 Impfstoff-Dosis 1 Jahr später sowie anschließende Auffrischimpfungen mit 1 Impfstoff-Dosis im Abstand von jeweils 5 Jahren.

2. Postexpositionelle Impfung
Sofortiger Beginn der Impfung, sofortige Wundbehandlung
2.1. Durchführung der Impfung bei nicht oder unvollständig geimpften Personen (als unvollständig gelten Personen, die mit einem Impfstoff von zweifelhafter Wirksamkeit oder die mit einem Impfstoff einer Stärke < 2,5 I. E./ml geimpft wurden, sowie Personen mit begonnener oder abgebrochener Impfserie, die nicht sicher zur Grundimmunisierung geführt hat) nach Schema B (postexpositionelle Impfung) bzw. C (postexpositionelle Simultanprophylaxe):
- **Schema B:** Je eine Impfdosis an den Tagen 0, 3, 7, 14, 30 (und fakultativ am Tag 90)
- **Schema C:** Tollwut-Impfung nach Schema B plus 1 × 20 I. E./kg KG Tollwut-Immunglobulin vom Menschen gleichzeitig mit der ersten Tollwut-Impfstoff-Gabe oder spätestens bis

Name	Anti-Tollwut-Immunglobulin
Spezialitäten	Berirab®
Indikation	Prophylaxe der Tollwut nach vermuteter Exposition bei Personen, die über keinen oder über einen unvollständigen Impfschutz verfügen. Die Anwendung erfolgt ausschließlich in Verbindung mit einer Tollwut-Impfung.
Mechanismus	Passive Immunisierung
Dosierung	Einmalig 20 I.E./kg KG intramuskulär gleichzeitig mit aktiver Immunisierung (siehe genaue Anweisungen oben)

zum 7.Tag nach der ersten Tollwut-Impfstoffgabe (wenn das Immunglobulin am Tag 0 nicht verfügbar war.)

2.2. Impfschema für bereits vollständig geimpfte Personen (d. h. Personen mit abgeschlossener prä- oder postexpositioneller Impfung, einschließlich erforderlicher Auffrischimpfungen) nach erneuter Exposition:

- Abstand zur vorausgegangenen Impfung weniger als 1 Jahr: je eine Impfung an den Tagen 0 und 3. Eine Immunglobulingabe ist bei Expositionsgrad III (siehe oben) nicht erforderlich;
- Abstand zur vorausgegangenen Impfung zwischen 1 und 5 Jahren: je eine Impfung an den Tagen 0, 3 und 7;
- Abstand zur vorausgegangenen Impfung mehr als 5 Jahre: entsprechend der Exposition I-III vollständiger Impfzyklus nach Schema B oder C.

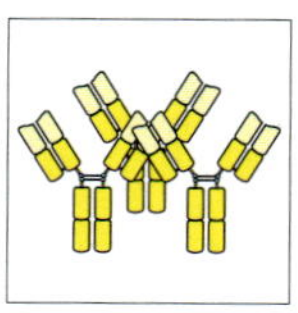

5.5.2.5 Anti-Varicella-zoster-Immunglobulin

Gegen das Varizella-zoster-Virus kann recht effizient eine prophylaktische, aktive Immunisierung angewendet werden (vgl. Kapit. II.4.3.1.5). Bei folgenden Patientengruppen ist eine Therapie mit einem Anti-Varicella-zoster-Immunglobulin (Varitect® CP) indiziert:

Als Varizellen-Prophylaxe nach Exposition bei

- Kindern ohne Varizellen-Anamnese, die eine immunsuppressive, zytostatische oder Strahlentherapie erhalten oder an erblichen Immundefekten leiden,
- Erwachsenen mit Immunschwäche, die nach sorgfältiger Untersuchung als empfänglich gelten müssen und signifikant exponiert waren,
- Neugeborenen von Müttern, die innerhalb von 5 Tagen vor und 2 Tagen nach der Geburt Varizellen entwickeln,
- Frühgeborenen von Müttern ohne Varizellen-Anamnese, solange sie Krankenhauspflege benötigen und
- Frühgeborenen nach weniger als 28 Schwangerschaftswochen oder mit weniger als 1000 g Geburtsgewicht, unabhängig von der Varizellen-Anamnese der Mutter.

Als adjuvante Therapie von Zoster-Patienten, insbesondere bei Patienten mit Immunschwäche und dem Risiko der Zoster-Generalisation.

Zur Postexpositionsprophylaxe sollte das Immunglobulin so schnell wie möglich, aber nicht später als 96 Stunden nach der Exposition verabreicht werden. 1 ml/kg KG (25 I.E.) Varitect® CP werden zunächst mit einer Infusionsgeschwindigkeit von 0,1 ml/kg KG pro Stunde über einen Zeitraum von 10 Minuten intravenös verabreicht, bei guter Verträglichkeit kann die Infusion auf maximal 1 ml/kg KG pro Stunde erhöht werden. Zur Zoster-Therapie werden 1 bis 2 ml/kg KG verabreicht mit weiteren Applikationen, abhängig vom klinischen Verlauf.

Name	**Anti-Varicella-zoster-Immunglobulin**
Spezialitäten	**Varitect® CP, Varicellon®**
Indikation	Prophylaxe und Therapie nach Exposition bei immunsupprimierten Patienten
Mechanismus	Passive Immunisierung
Dosierung	25 I. E./kg KG intravenös (Varitect®), bzw. intramuskulär (Varicellon®)

Nach Gabe des Immunglobulins sollte ein Abstand von mindestens 3 Monaten zur Impfung mit parenteralen Virus-Lebend-Impfstoffen (z. B. gegen Mumps, Masern, Röteln und deren Kombinationen sowie Varizellen) eingehalten werden. Andernfalls würden die in dem Präparat enthaltenen Antikörper die notwendige Vermehrung der attenuierten Viren behindern und damit den Impferfolg in Frage stellen.

Auch bei Immunisierung mit inaktivierten Erregern (z. B. gegen FSME, Hib, Influenza, Pertussis, Tollwut) oder Toxoiden (z. B. gegen Diphtherie, Tetanus bzw. den entsprechenden Kombinationen) ist die Einhaltung eines Impfabstandes erforderlich. Kein Abstand ist dagegen zu oral anzuwendenden Lebend-Impfstoffen (z. B. gegen Poliomyelitis, Typhus) erforderlich, weil in diesen Fällen die Immunität vorwiegend im Darm aufgebaut wird.

Das zweite verfügbare Präparat, Varicellon®, hat die gleichen Indikationen und Dosierungen wie Varitect® CP, wird jedoch nicht bei Frühgeborenen angewendet und wird auch nicht intravenös, sondern intramuskulär verabreicht.

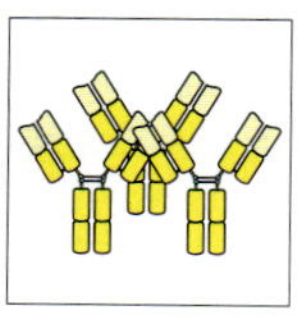

5.5.2.6 Anti-Cytomegalie-Virus-Immunglobulin

Das humane Cytomegalie-Virus gehört zu den Herpesviren, genauer zur Unterfamilie der β-Herpesviren, die durch eine strenge Wirtsspezifität charakterisiert sind. Nach einer meist asymptomatisch verlaufenden Primärinfektion persistiert das Virus lebenslang im Menschen und wird sporadisch reaktiviert. Man geht davon aus, dass zwischen 40 und 80 % der Bevölkerung latent infiziert sind. Bei immunsupprimierten Personen, z. B. Transplantat-Empfängern, Tumor- und AIDS-Patienten verursacht das Virus Erkrankungen. Bedingt durch die organspezifische Viruslokalisation kann es dann zu Hepatitiden, Chorioretinitis, gastrointestinalen Ulcerationen und selten zur Enzephalitis kommen.

> Eine erhöhte Gefahr einer manifesten CMV-Infektion besteht bei
> - allogener Knochenmarktransplantation
> - Herz-/Lungentransplantation
> - Lebertransplantation
> - Nierentransplantation
> - Tumorpatienten unter zytostatischer Therapie
> - Patienten mit akuter lymphoblastischer Anämie
> - Non-Hodgkin-Lymphom
> - AIDS-Patienten
> - Früh- und Neugeborenen

Eine interstitielle Cytomegalie-Virus-Pneumonie zeigt oft schwere Verläufe und ist die häufigste Todesursache bei AIDS-Patienten und Knochenmarktransplantierten. Erkrankungsgipfel bei Transplantationen sind die ersten 6 Monate nach der Behandlung und das größte Risiko haben CMV-Antikörper-negative Empfänger, die ein CMV-positives Organ bekommen. Insofern bietet sich bei diesen Patienten eine Therapie mit einem Immunglobulin-Präparat gegen das Cytomegalie-Virus an.

Die Präparate enthalten humane Immunglobuline mit ≥ 100 I. E. Anti-Cytomegalie-Virus-Antikörper pro 1 ml Lösung. Mit der Verabreichung

Name	**Anti-Cytomegalie-Virus-Immunglobulin**
Spezialitäten	**Cytotect® CP Biotest, Cytoglobin® 5 %, Gammagard®**
Indikation	Prophylaxe klinischer Manifestationen einer Cytomegalie-Virus-Infektion bei Patienten unter immunsuppressiver Therapie, insbesondere Transplantat-Empfängern
Mechanismus	Passive Immunisierung
Dosierung	Tagesdosis 1 ml/kg KG intravenös

der Immunglobuline sollte am Tag der Transplantation begonnen werden. Im Falle einer Knochenmarktransplantation kann mit der Prophylaxe auch bis zu 10 Tage vor der Transplantation begonnen werden, insbesondere bei CMV-seropositiven Patienten. Eine Prophylaxe ist dagegen nicht notwendig wenn ein CMV-seronegativer Empfänger ein seronegatives Organ erhält.
Das Präparat wird intravenös mit einer Geschwindigkeit von 80 µl/kg KG pro Stunde infundiert. Wird die Therapie gut vertragen, kann die Infusionsgeschwindigkeit auf max. 0,8 ml/kg KG pro Stunde erhöht werden. Insgesamt sollten mindestens 6 Tagesdosen im Abstand von 2 bis 3 Wochen für eine Gesamtdauer von 4 bis 6 Monaten verabreicht werden. Für die Therapie einer Cytomegalie-Virus-Infektion sollte die Dosis auf 2 ml/kg KG erhöht werden, die dann an 3 bis 5 aufeinander folgenden Tagen verabreicht werden.

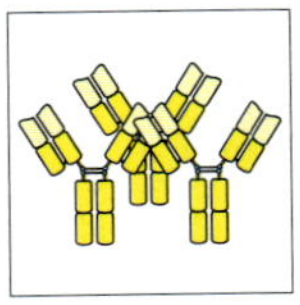

5.5.2.7 Anti-FSME-Virus-Immunglobulin

Aktive Immunisierungen gegen die Frühsommer-Meningoenzephalitis sind effizient, aber mehr oder weniger langwierig (vgl. Kap. II.4.7.1.4). Wenn ein Aufenthalt in einem FSME-Gefährdungsgebiet ansteht und die Zeit nicht mehr für eine Vakzinierung reicht, bzw. nach ei-

Name	**Anti-FSME-Virus-Immunglobulin**
Spezialitäten	**FSME-BULIN Immuno®**
Indikation	Zur Vorbeugung der FSME vor einem Aufenthalt in einem FSME-Gefährdungsgebiet, wenn z. B. vor Reisen keine ausreichende Zeit für eine aktive Impfung gegen die FSME zur Verfügung steht oder wenn eine aktive Impfung kontraindiziert ist. Zur Vorbeugung der FSME innerhalb von 96 Stunden nach einem Zeckenbiss in einem FSME-Gefährdungsgebiet bei Erwachsenen und Jugendlichen nach der Vollendung des 14. Lebensjahres, wenn keine aktive FSME-Impfung durchgeführt wurde und die letzte Gabe eines FSME-Immunglobulins mehr als 3 Wochen zurückliegt oder wenn die Impfabstände der aktiven Impfung wesentlich überzogen wurden.
Mechanismus	Passive Immunisierung
Dosierung	Zur Vorbeugung der FSME vor einem Aufenthalt in einem FSME-Gefährdungsgebiet: 50 µl/kg KG Zur Vorbeugung der FSME innerhalb von 96 Stunden nach einem Zeckenbiss in einem FSME-Gefährdungsgebiet: mindestens 0,2 ml/kg KG

nem Zeckenbiss in einem FSME-Gefährdungsgebiet wenn keine aktive Impfung durchgeführt wurde, empfiehlt sich die Verabreichung von Anti-FSME-Virus-Immunglobulinen.
FSME-BULIN Immuno® enthält Immunglobuline von aktiv geimpften, gesunden Spendern. Als Prophylaxe werden 50 µl/kg KG intramuskulär appliziert, nach einem Zeckenbiss in einem Gefährdungsgebiet sollten mindestens 200 µl/kg KG innerhalb von 96 Stunden verabreicht werden. Der Schutz tritt innerhalb von 24 Stunden ein und hält ca. 4 Wochen, allerdings kann nach 96 Stunden nach einem Zeckenbiss nicht mehr mit einer Schutzwirkung gerechnet werden.

5.5.3 Anti-Toxin-Immunglobulin-Präparate

Bei akuten Intoxikationen sollen entsprechende Immunglobulin-Präparate möglichst schnell das Toxin aus dem Körper entfernen, damit die durch das Toxin hervorgerufenen Krankheitssymptome verhindert werden. Da hier nur eine Interaktion des Toxins mit seiner Zielstruktur verhindert werden muss, ist eine Fc-Teil-vermittelte Effektorfunktion der Antikörper nicht nötig (vgl. Kap. I.3.1.2 und Kap. II.6). Deshalb können auch heterologe Immunglobuline aus Tierseren bzw. Antikörperfragmente eingesetzt werden.

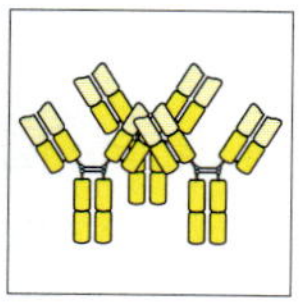

5.5.3.1 Anti-Tetanus-Immunglobulin

Obwohl die Durchimpfung in Deutschland sehr gut ist (vgl. Kap. II.4.9.2), sollte die Gefahr eines Wundstarrkrampfes nicht unterschätzt werden. Gerade wenn die Grundimmunisierung unvollständig, oder der Impfstatus infolge eines fehlenden Impfbuches unklar ist, sollte ein Tetanus-Immunglobulin verabreicht werden.
Nachdem durch die aktive Immunisierung die Zahl immunisierter Menschen sehr groß ist, werden Anti-Tetanus-Immunglobuline aus Plasma gesunder Spender mit ausreichend hohem Antikörpertiter gegen das Tetanus-Toxoid gewonnen. Entsprechende Präparate enthalten 250 I. E./ml spezifisches Immunglobulin. Bei einer Kontraindikation gegen eine aktive Immunisierung werden 250 I. E. (bzw. nach erheblichem Blut- oder Plasmaverlust, einem Körpergewicht über 90 kg und bei einem außergewöhnlichen Infektionsrisiko 500 I.E.) intramuskulär injiziert. Bei unklarem Immunstatus wird die gleiche Dosis verabreicht, allerdings wird simultan mit 0,5 ml Tetanus-Adsorbat-Impfstoff an kontralateralen Körperstellen aktiv immunisert.
Zur Therapie eines klinisch manifesten Tetanus werden Einzeldosen von 3000 bis 6000 I. E. (in Kombination mit weiteren Behandlungsmaßnahmen) verabreicht. In Abhängigkeit vom Krankheitsbild muss die Therapie wiederholt werden.
Obwohl bei Humanproteinen wenig allergische Reaktionen zu erwarten sind, sollten die Patienten während und nach der Injektion auf entsprechende Symptome beobachtet werden.
Nach Gabe des Immunglobulins ist ein Abstand von mindestens 3 Monaten zur Impfung mit parenteralen Virus-Lebend-Impfstoffen (z. B. gegen Mumps, Masern, Röteln und deren Kombinationen sowie Varizellen) einzuhalten, da sonst durch die in dem Arzneimittel enthaltenen Antikörper die notwendige Virusvermehrung behindert und damit der Impferfolg in Frage gestellt wird.
Zu folgenden Impfungen ist kein Abstand erforderlich:

- Oral anzuwendende Lebend-Impfstoffe (z. B. gegen Poliomyelitis, Typhus), weil nach Gabe dieser Impfstoffe die Immunität vorwiegend im Darm aufgebaut wird.
- Impfstoffe aus inaktivierten Erregern (z. B. gegen Influenza, FSME, Tollwut, Pertussis, Hib) oder Toxoiden (z. B. gegen Diphtherie, Tetanus, bzw. den entsprechenden Kombinationen), da hier die Antigenmenge von Anfang an hoch bemessen ist.

Name	Anti-Tetanus-Immunglobulin
Spezialitäten	Tetagam® N, TETANOBULIN Immuno®
Indikation	Zur Prophylaxe bei Verwundung und unklarem Immunstatus Zur Therapie eines klinisch manifesten Tetanus
Mechanismus	Spezifische Bindung an Tetanus-Toxin, dadurch werden die Krampfzustände der Muskulatur verhindert.
Dosierung	Möglichst schnell nach Verletzung 250 I. E. (in Einzelfällen 500 I.E.) intramuskulär, meist gleichzeitig 0,5 ml Tetanus-Adsorbat-Impfstoff an kontralaterale Seite

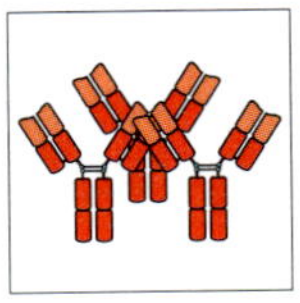

5.5.3.2 Anti-Botulismus-Immunserum

Ähnlich wie das Tetanus-Toxin wird auch das Botulinus-Toxin von einem obligat anaeroben, grampositiven, sporenbildenden Stäbchenbakterium der Gattung *Clostridium* gebildet: *Clostridium botulinum*. Sieben unterschiedliche Toxinbildende Subtypen (A bis G) von *C. botulinum* sind bekannt, die sich durch die Antigenität ihrer Toxine unterscheiden lassen. Die Typen A, B, E und F sind für den Botulismus beim Menschen verantwortlich. Die häufigste Form des Botulismus ist eine Intoxikation durch Lebensmittel, in denen sich das Bakterium unter anaeroben Bedingungen (Konserven) vermehren und das Toxin bilden konnte.
Botulinus-Toxine sind hochmolekulare Proteine, die erst durch 15minütiges Erhitzen auf 100 °C zerstört werden. Trotz ihres Proteincharakters werden sie zum Teil unbeschadet aus dem Magen-Darm-Trakt resorbiert und gelangen in den Kreislauf, wo sie an den cholinergen Nervenendigungen die Freisetzung von Acetylcholin inhibieren. Botulinus-Toxine zählen zu den stärksten bekannten Giften. Die letale Dosis für den Menschen beträgt bei oraler Aufnahme 1 bis 10 µg. Seltenere Formen des Botulismus finden sich nach einem Bakterienwachstum in einer schlecht gesäuberten Wunde oder auch bei Kleinkindern, deren Darm mit *C. botulinum* besiedelt ist.
Die Symptome beginnen mit einer Latenzzeit von 12 bis 24 Stunden. Wegen der hohen Letalität bei zu spät gestellter, sicherer Diagnose sollte schon bei geringstem Verdacht Botulismus-Antitoxin verabreicht werden. Bei dem Präparat handelt es sich um ein Fermo-Serum® vom Pferd (vgl. unter II.5.2), wobei pro ml 750 I. E. TypA-Antitoxin, 500 I. E. TypB-Antitoxin und 50 I. E. TypE-Antitoxin enthalten sind.
Da es sich dabei um eine vitale Indikation handelt, bestehen keine Gegenanzeigen. Auch während Schwangerschaft und Stillzeit besteht keine Beschränkung. Sowohl Erwachsene als auch Kinder erhalten als Initialdosis 500 ml, wobei 250 ml langsam unter Beobachtung der Kreislaufsituation, anschließend weitere 250 ml als Dauertropfinfusion infundiert werden. Je nach klinischem Bild sind nach 4 bis 6 Stunden weitere 250 ml zu empfehlen.
Bei schweren Intoxikationen wird die intralumbale Gabe von 20 ml Botulismus-Antitoxin empfohlen, besonders dann, wenn die i. v.-Anwendung keinen deutlichen Erfolg gezeigt hat. Dazu werden 20 ml Liquor abgelassen und 20 ml Antitoxin langsam injiziert. Nach Bedarf kann diese Therapie im Abstand von je 24 Stunden wiederholt werden.
Da es sich bei dem Präparat um Proteine aus Pferd handelt, sollte vorab eine Allergie abgeklärt werden. Der Patient sollte außerdem nach der Applikation 2 Stunden unter ärztlicher Kon-

Name	**Botulismus-Antitoxin**
Spezialitäten	**Botulismus-Antitoxin Behring®**
Indikation	Bei Verdacht auf Botulismus
Mechanismus	Spezifische Bindung an Botulinus-Toxin, dadurch wird die Hemmung der Acetylcholin-Freisetzung aus den Nervenendigungen verhindert
Dosierung	Sowohl Erwachsene als auch Kinder erhalten initial 500 ml und ggf. nach 4 – 6 Stunden weitere 250 ml

trolle sorgfältig auf allergische oder anaphylaktische Reaktionen beobachtet werden.

5.5.3.3 Anti-Digitalis-Immunserum

Herzwirksame Glykoside wie z. B. die Digitalis-Glykoside hemmen die Na^+-/K^+-ATPase und steigern darüber die Kontraktilität bei gleichzeitiger Abnahme der Herzfrequenz. Bei versehentlicher oder absichtlicher Einnahme eines mehrfachem der therapeutischen Dosis besteht die Gefahr des Todes durch Kammerflimmern. Fängt man die zirkulierenden Digitalis-Glykoside dagegen beispielsweise mit einem Antikörper ab, können sie nicht mehr an die ATPase binden.

Das Digitalis-Antidot besteht aus Fab-Fragmenten aus Blutserum immunisierter Schafe. Es handelt sich also bei dem Wirkstoff nicht um komplette Antikörpermoleküle, sondern um enzymatisch hergestellte Fragmente (vgl. Kap. I.3.1.2), die allerdings noch immer ihre Antigen-Spezifität aufweisen. Da es sich bei dem Präparat um einen Schaf-Antikörper handelt, sollte vor einer Applikation auf eine mögliche Allergie getestet und auch während bzw. nach der Anwendung auf Symptome einer allergischen Reaktion geachtet werden.

Die zu verabreichende Menge richtet sich sowohl bei Erwachsenen als auch bei Kindern an der aufgenommenen bzw. im Körper vorhandenen Glykosidmenge: 80 mg Digitalis-Antidot können 1 mg Glykosid binden. Bei der Dosisberechnung sollte man die durch Erbrechen und Magenspülung reduzierte Glykosid-Konzentration mit einkalkulieren.

> Beispiel einer Dosisberechnung:
> Bei Einnahme von 10 mg Digoxin stehen z. B. durch Erbrechen und Magenspülung ca. 10 bis 20 % (= 1 – 2 mg) nicht mehr zur Resorption zur Verfügung. Von der im Körper verbleibenden Glykosidmenge (8 – 9 mg) werden ca. 80 % (6 – 7 mg) resorbiert und davon ca. 10 % in 12 Stunden abgebaut. Es verbleiben ca. 6 mg im Körper, die durch Anwendung von 6 Ampullen zu 80 mg gebunden werden können. Wenn die eingenommene Glykosidmenge nicht ermittelt werden kann, sollte entsprechend der klinischen Erfahrung eine Dosis von 6 Durchstichflaschen verabreicht werden. Der Inhalt der benötigten Durchstichflaschen wird jeweils mit 20 ml steriler isotonischer Natriumchlorid-Lösung unter leichtem Schütteln – möglichst ohne Schaumbildung – gelöst und als Kurzinfusion während ca. 1/2 Stunde i. v. verabreicht.

Unmittelbar nach Beginn der Infusion von Digitalis-Antidot steigt die Konzentration der an Fab gebundenen Glykoside im Serum steil an (bisheriger Maximalwert über 300 ng/ml), während das freie Glykosid auf Werte unterhalb der Nachweisgrenze absinkt. Nach Überschreiten des Maximums sinkt der Gesamt-Glykosidspiegel kontinuierlich entsprechend der Eliminationsgeschwindigkeit der Fab/Glykosid-Komplexe mit einer anfänglichen Halbwertszeit von 15 Stunden, die sich nach einem Tag auf etwa 26

Name	**Digitalis-Antitoxin**
Spezialitäten	**Digitalis-Antidot®**
Indikation	Lebensbedrohliche Digitalisvergiftungen (Digoxin und -derivate, Digitoxin)
Mechanismus	Spezifische Bindung an die Digitalis-Glykoside, dadurch wird ihre Bindung an und damit Hemmung der Na^+-/K^+-ATPase verhindert
Dosierung	Abhängig von der im Körper vorhandenen Glykosidmenge: 80 mg Digitalis-Antidot binden 1 mg Digoxin oder -derivate bzw. Digitoxin

Stunden erhöht. Das Serum enthält also im Mittel während der ersten 10 Stunden nach Applikation von Digitalis-Antidot fast ausschließlich an Fab gebundenes, neutralisiertes Glykosid. Der freie Glykosidspiegel steigt zwischen der 8. und 12. Stunde nach Beginn der Fab-Gabe wieder an. Die Glykosid/Fab-Komplexe werden zu etwa 56 % renal ausgeschieden.

5.5.3.4 Anti-Tiergift-Immunserum

Eine passive Impfung gegen ein Tiergift ist nur nach einen Skorpion- oder Giftschlangen-Biss sinnvoll.

Die Gabe eines Antiserums kann zu allergischen Reaktionen bis hin zum tödlichen anaphylaktischen Schock führen; aber auch verzögerte allergische Reaktionen, wie die Serumkrankheit, die 8 bis 10 Tage nach der Injektion auftritt und von Fieber über Gelenkschmerzen bis zum Nierenversagen oder Lähmung begleitet sein kann, können auftreten. Für etliche Gifttiere sind zudem keine entsprechenden Antiseren vorhanden. Bei vielen Gifttierbissen ist eine Antiserumgabe auch nicht nötig, und bei einigen Antiseren ist die Wirksamkeit nicht erwiesen (z. B. bei etlichen Skorpionantiseren). Deshalb darf ein Antiserum nur von einem Arzt gegeben werden, der eine etwaige anaphylaktische Reaktion behandeln kann und der die Gefahr der Antiserumgabe gegen die Gefahr des Tiergiftes abwägen kann.

Genauere Angaben dazu kann man in einem Gifttier-Informationsdienst, meist unter dem jeweiligen Tiernamen finden, wobei zu beachten ist, dass nur lateinische Namen eine sichere Zuordnung erlauben. Bei eingetretenem Gifttierbiss sollte auf jeden Fall ein Giftnotruf befragt werden. Die eigene Bevorratung von Tiergift-Antiseren für Auslandsaufenthalte ist aus den bereits erwähnten Gründen nicht anzuraten. Außerdem sind bei gegebener Indikation oft 4 bis 8 der recht teuren Ampullen erforderlich, die außerdem meist kühl gelagert werden müssen. In Gegenden, in denen Gifttiere häufig sind, sind in aller Regel entsprechende Antiseren bevorratet. Für den eher seltenen Fall eines Gifttierbisses innerhalb Deutschlands findet man im Internet, beispielsweise unter www.toxinfo.org eine Auflistung der bei verschiedenen Giftzentren vorrätigen Tiergift-Antiseren.

Obwohl auf der Internetseite des Paul-Ehrlich-Instituts noch zugelassene Anti-Tiergift-Immunseren aufgelistet sind, werden in Deutschland keine entsprechenden Präparate mehr hergestellt: Die Qualitätsanforderungen sind – wie bereits erwähnt – hoch, demgegenüber ist der Verbrauch eher unsicher. Deshalb mussten oft genug ganze Chargen wegen eines überschrittenen Verfalldatums entsorgt werden.

5.5.4 *Sonstige Immunglobulin-Präparate*

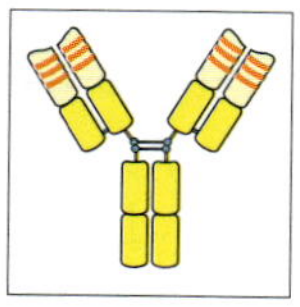

5.5.4.1 Anti-RhD-Immunserum

Das Rhesus-D-Antigen (RhD) ist ein Lipoprotein, das vor allem auf Erythrozyten vorkommt. Ca. 85 % der europäischen Bevölkerung besitzen dieses Antigen und werden als Rh^+ bezeichnet. Gelangt Rh^+-Blut in ein Rh^--Individuum, werden Antikörper gegen RhD gebildet und die entsprechenden Rh^+-Erythrozyten eliminiert (vgl. Kap. I.5.2.2).

Ist eine Rh^--Frau das erste Mal mit einem Rh^+-Kind schwanger, können bei der Geburt Erythrozyten vom Kind in den mütterlichen Kreislauf gelangen und die Frau dabei sensitivieren. Sie bildet daraufhin Antikörper gegen RhD, die bei einer zweiten Schwangerschaft mit einem Rh^+-Kind über die Plazenta in den fötalen Kreislauf übergehen und dort die Erythrozyten zerstören können (Morbus haemolyticus neonatorum). Verabreicht man dagegen der Rh^--Frau bereits vor oder zumindest unmittelbar nach der Geburt des ersten Rh^+-Kindes ein Anti-D-Immunglobulinpräparat, so fangen diese Antikörper die Erythrozyten des Kindes ab, und das Immunsystem der Mutter wird nicht zur eigenen Antikörperbildung stimuliert.

Für die präpartale Prophylaxe werden der Schwangeren in der 28. bis 30. Woche – in einigen Fällen ist eventuell auch eine frühere Applikation angezeigt – 1500 I. E. Anti-D-Immunglobulin intramuskulär verabreicht. Die gleiche Menge wird dann noch einmal postpartal, innerhalb von 72 Stunden nach der Geburt gegeben. 1500 I. E. Anti-D-Ig gilt als ausreichend für eine Transfusion von 25 bis 30 ml. Besteht der Verdacht, dass mehr Blut des Kindes in den Körper der Mutter gelangt ist, muss die Dosis erhöht werden, wobei ca. pro 25 ml Blut 1500 I. E. Anti-D-Ig appliziert werden sollten.

Bei der Applikation von Rhesogam® muss darauf geachtet werden, dass das Präparat nicht intravasal verabreicht wird, da die Patientin einen Schock entwickeln könnte. Auf jeden Fall soll die Patientin noch 20 min – bei unabsichtlicher i. v.-Applikation sogar ca. 1 Stunde – nachbeobachtet werden. Rhophylac® kann sowohl intravasal als auch intramuskulär verabreicht werden, allerdings wird auch hier eine Beobachtungszeit von mindestens 20 min empfohlen.

Die Verabreichung von Immunglobulinen kann für einen Zeitraum von 6 Wochen bis zu drei Monaten die Wirksamkeit von Impfungen mit Virus-Lebend-Impfstoffen wie z. B. gegen Mumps, Masern, Röteln und deren Kombinationen, sowie Varizellen beeinträchtigen. Eine Rötelnimpfung im Wochenbett ist allerdings trotzdem möglich. In diesem Fall sollte der Impferfolg durch eine Antikörperbestimmung 8 – 12 Wo-

Name	**Anti-D-Immunglobulin**
Spezialitäten	**Rhesogam®, Rhophylac®**
Indikation	Prophylaxe der RhD-Sensibilisierung
Mechanismus	Antikörper-abhängige Eliminierung von Rh^+-Erythrozyten aus dem Kreislauf eines Rh^--Patienten
Dosierung	• Bei Rh-unverträglicher Schwangerschaft prä- und postpartal 1500 I. E. (= 300 µg Präparat) • Nach Rh-unverträglicher Bluttransfusion pro 10 ml transfundierten Blutes 500 – 1250 I. E. (= 100 – 250 µg) als fraktionierte Gabe über mehrere Tage

chen nach der Impfung kontrolliert werden. Bei unzureichendem Titer muss die Impfung wiederholt werden.
Patienten, die nach Rh-unverträglicher Bluttransfusion eine Überdosis Anti-D-Immunglobulin erhalten haben, müssen wegen des Risikos einer hämolytischen Reaktion durch Kontrolle der klinischen und biologischen Parameter überwacht werden.

Messbare Antikörperspiegel werden ca. 20 min nach der Applikation gefunden. Das Maximum der erreichbaren Blutspiegel ist von Alter und Gesundheitszustand abhängig und wird 2 bis 3 Tage *post injectionem* erreicht. Die intravasale Halbwertszeit beträgt bei Personen mit normalem IgG-Spiegel 3 bis 4 Wochen. IgG und IgG-Komplexe werden in den Zellen des retikuloendothelialen Systems abgebaut.

6 Therapeutische Antikörper und Antikörper-Varianten

6.1 Einleitung

Eine sehr schnell wachsende Gruppe von Arzneimitteln sind therapeutische Antikörper (Abb. II.6.1). Diese Proteine sind hoch interessante Wirkstoffe, da sie sehr spezifisch und sehr selektiv beliebige Oberflächenstrukturen erkennen können.

Ein monomerer Antikörper (IgG, IgA, IgD und IgE) besteht aus je zwei schweren und leichten Proteinketten, die über Disulfidbrücken miteinander verbunden sind. Innerhalb dieser Proteinketten kann man einen stark konservierten Bereich von einem variableren Bereich unterscheiden (vgl. Kap. I.3.1.2). Die konservierten Bereiche sind für die Induktion der Effektorfunktionen verantwortlich und koppeln daher die Antikörperfunktion mit wichtigen Reaktionsketten im Organismus. Die variableren Bereiche repräsentieren bekanntlich die Antigen-Erkennungsdomänen und unterteilen sich ihrerseits noch einmal in hochvariable Sequenzen, die so genannten „*complementarity determining regions*" (CDR), die für die Antigenbindung wichtig sind, und in „*framework regions*" (FR), die eine bestimmte Struktur der Antigen-Erkennungsdomäne ermöglichen.

Durch die Fusion Antikörper-produzierender Milzzellen mit Myelomzellen erarbeiteten Köhler und Milstein die technischen Voraussetzungen, Antikörper gegen nahezu beliebige Strukturen in unbegrenzten Mengen zu produzieren (Abb. II.6.2). Die daraus resultierenden monoklonalen Maus-Antikörper sind jedoch selbst zu immunogen, um auf Dauer als Therapeutika eingesetzt zu werden. Die Lösung dieses Problems und damit der Durchbruch bei den Bemühungen, Antikörper therapeutisch zu nutzen, gelang, als man die Methoden der Gentechnologie mit den Methoden der Hybridomatechnologie kombinierte. Tauscht man nämlich auf DNA-Ebene die konservierten Bereiche des murinen monoklonalen Antikörpers durch die entsprechenden Bereiche eines humanen Antikörpers, gewinnt man enorm an Verträglichkeit, ohne Kompromisse bei der hohen Selektivität einzugehen. Je nachdem, wie viel von der murinen Sequenz im Antikörper erhalten bleibt, spricht man von chimären oder

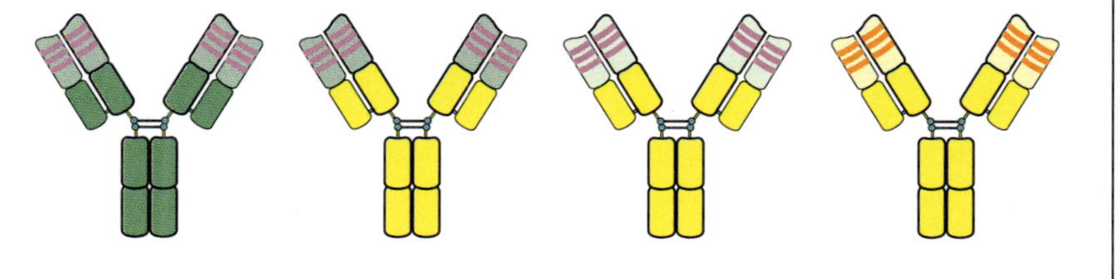

Abb. II.6.1: DNA-rekombinationstechnisch hergestellte Antikörper. Auf DNA-Ebene lassen sich die sehr immunogenen murinen Monoklonalen Antikörper schrittweise humanisieren. Tauscht man nur die konstanten Regionen der Immunglobuline aus, erhält man chimäre Antikörper. Bei diesen Molekülen ist noch der gesamte variable Bereich murinen Ursprungs. Ändert man auch noch die *framework*-Regionen von der Maus-Sequenz zu humanen Sequenzen, entstehen humanisierte Antikörper.

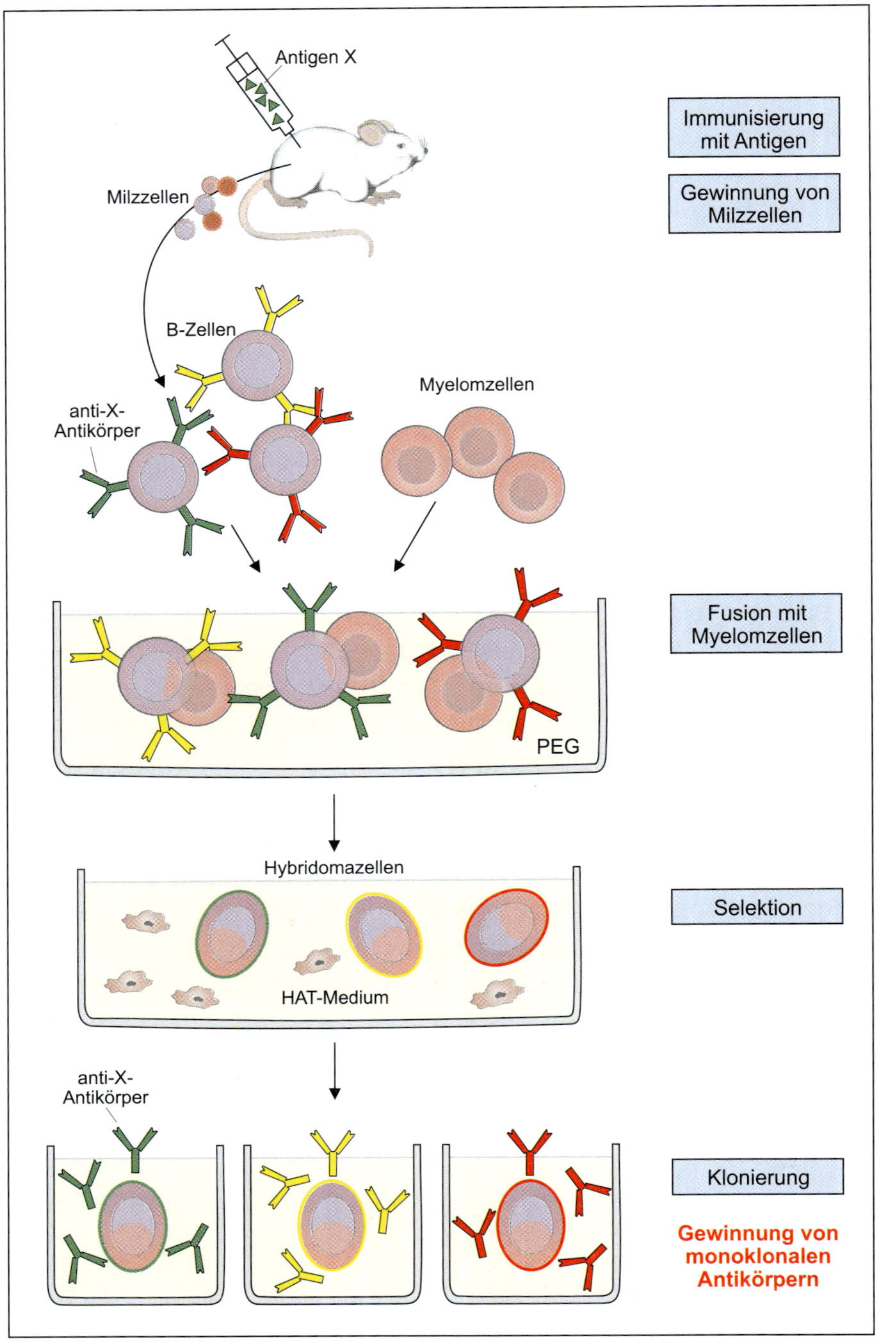

Milzzellen, die von einer mit dem Antigen X immunisierten Maus gewonnen wurden, enthalten B-Zellen, die anti-X-Antikörper produzieren. Diese Zellen werden in Gegenwart von PEG mit Myelomzellen fusioniert und dann in HAT-Medium überführt. Für Myelomzellen ist HAT (Hypoxanthin-Aminopterin-Thymidin) tödlich, da ihnen das Enzym Hypoxanthin-Guanin-Phosphoribosyltransferase (HGPRT) fehlt. Hybridomazellen erhielten jedoch dieses Enzym von den Milzzellen und können selektiv in HAT-Medium überleben.
Die wachsenden Hybridomazellen werden auf ihre Fähigkeit, Antikörper zu produzieren, überprüft und entsprechend kloniert. Jeder Zellklon sezerniert einen spezifischen Typ Antikörper, den Monoklonalen Antikörper gegen das Antigen X.

Abb. II.6.2: Hybridoma-Technik zur Herstellung von monoklonalen Antikörpern.

von humanisierten Antikörpern (Abb. II.6.1).

- Bei den chimären Antikörpern werden nur die konstanten Regionen durch humane Sequenzen ersetzt. Die gesamte variable Region ist in diesen Wirkstoffen murinen Ursprungs.
- Bei den humanisierten Antikörpern hingegen sind nur noch die CDR-Sequenzen murinen Ursprungs. Sowohl die konstanten Regionen als auch die *framework*-Regionen wurden durch Sequenzen eines humanen Antikörpers ersetzt. Letztlich sind in humanisierten Antikörpern weniger als 10 % der ursprünglich murinen Sequenzen enthalten.

6.2 Antikörper für den Einsatz bei Organtransplantationen

Nach ersten Versuchen im 17. Jahrhundert, krankes Gewebe (Haut) beim Menschen zu ersetzen, unternahmen Wissenschaftler 1883 erstmals den Versuch, innere Krankheiten durch den Ersatz geschädigter Organe zu behandeln. Darauf folgten Anfang des 20. Jahrhunderts Experimente mit der Transplantation von Nieren.

Heute werden Organtransplantationen in fast allen größeren medizinischen Zentren mit teils großem Erfolg durchgeführt. Maßgeblich verantwortlich für diese Erfolge sind detaillierte Kenntnisse zu den Mechanismen der Gewebetoleranz bzw. der immunologischen Inkompatibilität. Auf der Basis dieses Wissens konnten sehr gute Medikamente entwickelt und verfügbar gemacht werden, darunter in großem – und steigendem Umfang – auch Biologicals wie Seren, Antikörper und Antikörpervarianten.

6.2.1 Polyklonale Antikörper

Polyklonale Antikörper sind ein Gemisch tierischer Antikörper, die nur zum Teil gegen T-Zellen gerichtet sind. Sie lassen sich von Tieren, insbesondere Pferden und Kaninchen, gewinnen. Hierzu werden die Tiere mit menschlichen Thymozyten bzw. Lymphozyten immunisiert; die Tiere entwickeln daraufhin Antikörper gegen die Oberflächenstrukturen auf den entsprechenden Zellen. Aus dem Blut wird dann ein Antikörperkonzentrat – das Anti-Thymozyten-Globulin (ATG) bzw. das Anti-Lymphozyten-Globulin (ALG) – gewonnen (vgl. Kap. I.5.4.5). Wird Patienten ATG gespritzt, verteilen sich die enthaltenen Antikörper im Blut, binden die T-Lymphozyten und induzieren Apoptose. Das ist ein sehr wirksames Verfahren, allerdings mit zwei erheblichen Nachteilen:

- Die polyklonalen Antikörper eliminieren alle T-Zellen und verursachen dadurch ein breites Spektrum an Nebenwirkungen.
- Sie werden – weil tierischen Ursprungs – im Körper des Patienten, wie das transplantierte Organ, bald als fremd erkannt und vom Immunsystem attackiert. Das führt zu Anti-Antikörperbildungen und Überempfindlichkeitsreaktionen (vgl. Kap. I.5.2.3).

Derzeit sind drei solcher Seren zugelassen:

- ATG-Fresenius® S aus Kaninchen
- Thymoglobulin® aus Kaninchen
- Lymphoglobulin® aus Pferd

Ein viertes Serum, Tecelac® aus Kaninchen, ist inzwischen nicht mehr zugelassen, soll hier aber auch noch kurz besprochen werden.

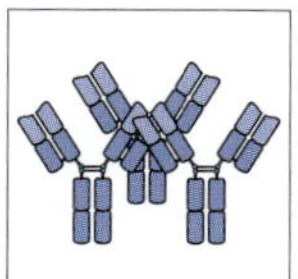

6.2.1.1 ATG-Fresenius® S

Anti-human-T-Lymphozyten-Globulin ist als ATG-Fresenius® S zugelassen. Es handelt sich um ein Anti-human-T-Lymphozyten-Globulin-Konzentrat, das aus Kaninchen gewonnen wird, die vorher mit humanen T-Lymphoblasten der Jurkat-Zelllinie immunisiert wurden. Die enthaltenen Antikörper binden u. a. an CD2, CD3, CD4, CD5, CD7, CD28, LFA-1 und ICAM-1 und führen über Opsonisierung und Komplement-abhängiger Zelllyse zur Depletion humaner T-Lymphozyten. Es ist zur Therapie und Prophylaxe der Transplantatabstoßung zugelassen.

Zur Prophylaxe wird eine Dosierung von 2 bis 5 mg/kg KG pro Tag über einen Zeitraum von 5 bis 14 Tagen in Kombination mit Glucocorticosteroiden, Azathioprin und/oder Ciclosporin in der unmittelbar postoperativen Phase nach Organtransplantation empfohlen.

Für die Therapie einer steroidresistenten akuten Abstoßung soll vom Tag der ersten Abstoßungsreaktion an eine Dosis von 3 bis 5 mg/kg KG pro Tag über 14 Tage verabreicht werden.

Wichtig ist, dass Patienten vor der Therapie auf allergische Reaktionen gegen Kaninchenimmunglobuline getestet werden. Hierzu können sowohl das auf Anforderung kostenfrei zur Verfügung gestellte Testserum (Kaninchenimmunglobulin mit 10 mg Immunglobulin/ml) als auch das Arzneimittel verwendet werden. Folgende Regeln sollten beachtet werden:

- Bei fehlender allergischer Prädisposition werden 0,1 ml Testserum unverdünnt, intrakutan, in die Innenseite des Unterarms, applizieren.
- Bei anamnestisch fraglicher Überempfindlichkeit gegen Kanincheneiweiß empfiehlt sich die vorherige Verdünnung (1:100) mit physiologischer Kochsalzlösung. Wird das Arzneimittel statt des Testserums verwendet, sollten 0,05 ml statt 0,1 ml verwendet werden.
- Bei vorbestehendem Verdacht auf eine allergische Prädisposition ist ebenfalls die Verdünnung (1:100) in physiologischer Kochsalzlösung anzuwenden. Als Kontrolle dient die intrakutane Injektion mit physiologischer Kochsalzlösung am kontralateralen Arm.

Wegen einer möglichen, beginnenden Schocksymptomatik während der ersten drei Anwendungstage ist eine besonders enge Überwachung durch medizinisches Fachpersonal notwendig.

Eine Eintragung der Behandlung mit tierischem Immunserum in den Notfall- oder Impfpass der Patienten wird empfohlen.

Metabolismus: Die Halbwertszeit von ATG-Fresenius® S beträgt bei einer Dosierung von 4 mg ATG/kg KG über 7 Tage ca. 14 Tage.

Unerwünschte Wirkungen: Unmittelbar nach Beginn, während oder kurz nach der Infusion kann es zu anaphylaktischen Reaktionen wie Blutdruckabfall, Spannungsgefühl im Brustkorb, Fieber und Urtikaria kommen. Ähnlich wie bei der Applikation anderer heterologer Antisera kann nach 8 bis 14 Tagen unter Behandlung einer Serumkrankheit auftreten.

Interaktionen: Wegen der starken Immunsuppression ist mit einer Beeinträchtigung einer Immunantwort zu rechnen, wenn geimpft wird.

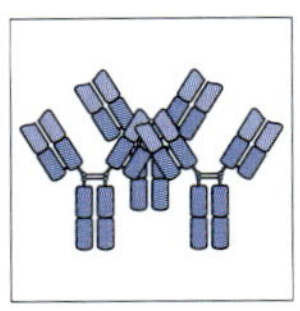

6.2.1.2 Thymoglobulin®

Thymoglobulin® ist ein Anti-Thymozyten-Globulin aus Kaninchen. Als Antigene zur Herstellung

Name	**Anti-human-T-Lymphozyten-Globulin aus Kaninchen**
Spezialitäten	**ATG Fresenius® S**
Indikation	Zur Immunsuppression in Kombination mit anderen immunsuppressiven Medikamenten (Methylprednisolon, Prednison, Azathioprin, Ciclosporin) nach Organtransplantationen.
Mechanismus	Polyklonales Antikörpergemisch gegen humane T-Lymphozyten.
Dosierung	Zur Prophylaxe nach Organtransplantation werden 0,1 – 0,25 ml/kg KG (entspricht 2 – 5 mg/kg KG) verabreicht. Bei der Therapie der steroidresistenten akuten Abstoßung setzt man 0,15 – 0,25 ml/kg KG (entspricht 3 – 5 mg/kg KG) ein.

des Serums werden menschliche Thymozyten verwendet. Das Serum enthält Antikörper u. a. gegen CD2, CD3, CD4, CD8, CD11a, CD18, CD25, CD44, CD45, HLA-DR und HLA-Klasse I und β_2-Mikroglobulin.

Das Serum wird nach dem Cohn-Verfahren fraktioniert, in dem durch verschiedene Präzipitationsschritte mit kaltem Alkohol und Natriumsulfat die Immunglobuline angereichert werden (vgl. Abb. II.5.3).

Thymoglobulin® wird eingesetzt zur Prophylaxe und Therapie von Abstoßungskrisen, üblicherweise in Kombination mit anderen immunsuppressiven Arzneimitteln. Ferner ist das Arzneimittel zur Therapie der aplastischen Anämie zugelassen.

Vor der Infusion muss durch Befragung und/oder Allergie-Testung festgestellt werden, ob eine Sensibilisierung gegen Kaninchenproteine vorliegt. Der Test kann als Intrakutan-Test oder als Konjunktival-Test durchgeführt werden.

Beim Intrakutan-Test werden 0,1 ml der Immunglobulin-Lösung, mit 0,9 ml Kochsalzlösung verdünnt, an der Innenseite des Unterarms appliziert und die Haut skarifiziert (Prick-Test, vgl. Kap. III.4.2 und Abb. III.4.1). Bildet sich an dieser Stelle innerhalb der nächsten 10 bis 15 min eine Quaddel oder Hautrötung, so liegt eine Überempfindlichkeit gegen das verwendete Protein vor. Ergibt sich aus der Befragung des Patienten ein Verdacht auf eine Allergie gegen Kaninchenproteine, so ist vorsichtshalber der Test mit einer Verdünnung der Immunglobulin-Lösung von 1:1000 durchzuführen.

Beim Konjunktival-Test wird ein Tropfen der oben beschriebenen verdünnten Immunglobulin-Lösung in den Konjunktivalsack gegeben. Der Test ist positiv, wenn innerhalb der nächsten 15 min Juckreiz, Tränenfluss, Lidödem und/oder eine konjunktivale Rötung auftreten.

Personen mit einer positiven Reaktion auf Kaninchenprotein im Allergie-Test dürfen das Arzneimittel nicht erhalten.

Zur Vorbeugung eventueller allergischer Unverträglichkeitsreaktionen sollte eine Stunde vor der ersten Anwendung des Immunglobulins ein Antihistaminikum i. v. verabreicht werden. Gleichzeitig mit der Lösung, allerdings nicht durch den gleichen intravenösen Zugang, sollten Corticosteroide gegeben werden, um eine eventuelle Sensibilisierung gegen Kaninchenproteine abzuschwächen. Während bzw. 2 bis 3 Stunden nach der Applikation ist der Patient auf eventuell beginnende Unverträglichkeitsreaktionen zu beobachten. Die Infusion muss bei Auftreten einer

Name	**Anti-Thymozyten-Globulin aus Kaninchen**
Spezialitäten	**Thymoglobulin®**
Indikation	Zur Prophylaxe von Abstoßungsreaktionen der Niere, des Herzens und der Leber und der Bauchspeicheldrüse; Zur Therapie von Abstoßungsreaktionen der Niere, Leber und des Herzens; Zur Therapie der aplastischen Anämie, wenn andere Therapien versagen
Mechanismus	Polyklonales Antikörpergemisch gegen humane Thymozyten.
Dosierung	Für die Prophylaxe von Organabstoßungskrisen werden 1 – 1,5 mg/kg KG täglich für 2 – 9 Tage nach Transplantation von Niere, Leber und Bauchspeicheldrüse und für 2 – 5 Tage nach Herztransplantation empfohlen. Für die Therapie von akuten Organabstoßungskrisen sollte eine Dosis von 1,5 mg/kg KG täglich an 3 – 14 Tagen (bis zur Besserung der klinischen und biologischen Symptome) angewendet werden. 2, 5 bis 3,5 mg/kg KG/Tag für 5 Tage werden für die Therapie der aplastischen Anämie empfohlen. Eine Prämedikation mit Corticosteroiden, Acetaminophen und/oder einem Antihistaminikum eine Stunde vor der Globulin-Infusion wird empfohlen.

anaphylaktischen Reaktion sofort gestoppt werden.

Metabolismus: Nach einer Infusion von 1,25 mg Thymoglobulin® pro kg KG werden Serumspiegel von 10 bis 40 µg/ml erreicht. Die Halbwertszeit beträgt 2 bis 3 Tage. Bei 80 % der Patienten kann nach 2 Monaten noch Kaninchen-IgG nachgewiesen werden.

Unerwünschte Wirkungen: Am häufigsten werden Fieber, Schüttelfrost und lokale Reaktionen, wie Schmerzen an der Infusionsstelle, Rötungen, entzündliche Reaktionen und Ödeme beobachtet. Häufig entwickeln sich Thrombozytopenien und Neutropenien, die gelegentlich auch stark ausgeprägt sein können. Gelegentlich kommt es zu Hautreaktionen, wie Urtikaria, Ausschlag und Juckreiz sowie zu gastrointestinalen Beschwerden, wie Übelkeit, Erbrechen und Durchfall. Auch Gelenk- und Muskelschmerzen sowie Blutdruckveränderungen und Atembeschwerden treten gelegentlich auf. Gelegentlich wird auch eine Serumkrankheit beobachtet. Selten kommt es zu anaphylaktischen Reaktionen.

Interaktionen: Wegen der starken Immunsuppression ist mit einer Beeinträchtigung einer Immunantwort zu rechnen, wenn geimpft wird.

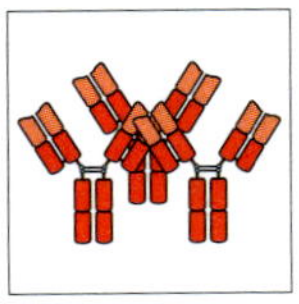

6.2.1.3 Lymphoglobulin®

Lymphoglobulin®, ein Anti-human-Thymozyten-Globulin vom Pferd, wird hergestellt, indem Pferde mit menschlichen Thymozyten immunisiert werden. Die im Präparat enthaltenen Antikörper erkennen die meisten Moleküle, die an der T-Zell-Aktivierungskaskade während der Abstoßungsreaktion beteiligt sind, wie z. B. den T-Zell-Rezeptor (TCR) und CD3, HLA-Klasse-I-Moleküle, CD4- und CD8-Co-Rezeptoren, co-aktivierende Moleküle oder die Adhäsionsmoleküle CD2, CD5, CD11a und CD18.

Lymphoglobulin® wird eingesetzt zur Prophylaxe und Therapie von Abstoßungskrisen sowie zur Therapie einer aplastischen Anämie.

Zur Vorbeugung eventueller allergischer Unverträglichkeitsreaktionen sollte eine Stunde vor der ersten Anwendung von Lymphoglobulin® ein Antihistaminikum i. v. verabreicht werden. Außerdem sollte mindestens 30 min vor der Lymphoglobulingabe mindestens die Hälfte der täglichen Corticosteroiddosis gegeben werden. Während und 2 bis 3 Stunden nach Verabrei-

Name	**Anti-human-Thymozyten-Globulin vom Pferd**
Spezialitäten	**Lymphoglobulin®**
Indikation	Zur Prophylaxe und Therapie von Abstoßungskrisen, üblicherweise in Kombination mit anderen immunsuppressiven Arzneimitteln, nach Transplantationen der Niere, des Knochenmarks (einschl. *Graft-versus-Host*-Reaktion), der Bauchspeicheldrüse und des Herzens. Zur Therapie einer aplastischen Anämie.
Mechanismus	Polyklonales Antikörpergemisch gegen humane T-Lymphozyten.
Dosierung	Zur Prophylaxe von Organabstoßungskrisen werden am Tag der Transplantation beginnend, täglich 10 mg/kg KG für die Dauer von üblicherweise 10 Tage verabreicht. Bei der Therapie von Abstoßungskrisen werden abhängig von der Krisenintensität 10 – 20 mg/kg KG pro Tag für 7 – 14 Tage appliziert. Die gleiche Dosis für in der Regel 5 Tage wird auch bei einer *Graft-versus-Host*-Reaktion nach Knochenmarktransplantation empfohlen. Für die Therapie der aplastischen Anämie werden für 5 Tage 15 mg/kg KG täglich verabreicht.

chung von Lymphoglobulin muss der Patient auf eventuell auftretende Unverträglichkeitsreaktionen beobachtet werden. Außerdem muss täglich das Blutbild kontrolliert werden, insbesondere die Zahl der Thrombozyten, Erythrozyten und Leukozyten. Fällt die Thrombozytenzahl unter 50.000/mm^3, sollte die Behandlung unterbrochen werden.

Metabolismus: Die mittlere Eliminationshalbwertszeit beträgt bei einer Dosis von 225,5 ± 104,7 mg/l 28 ± 12 Tage. Das mittlere Verteilungsvolumen ist 4,6 ± 2,2 l, entsprechend dem zweifachen Plasmavolumen. Die Clearence beträgt 0,14 ± 0,09 l/Tag.

Unerwünschte Wirkungen: Viele der beobachteten Nebenwirkungen sind auf die Freisetzung von Zytokinen zurückzuführen. Fieber, Schüttelfrost, Juckreiz, Hautrötungen sowie Hypo- und Hypertonie sind charakteristisch.

Interaktionen: Wegen der starken Immunsuppression ist mit einer Beeinträchtigung einer Immunantwort zu rechnen, wenn geimpft wird. Ferner können Cortison und andere Immunsuppressiva zur Verstärkung der Immunsuppression führen und das Risiko einer Infektion erhöhen. Selten werden Neutropenien oder Thrombozytopenien beobachtet.

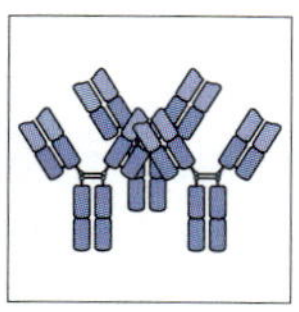

6.2.1.4 Tecelac®

Tecelac® ist ein Antihuman-T-Lymphozytenglobulin vom Kaninchen, das zu 95 % Immunglobuline enthält. Die Antikörper sind u. a. gegen die typischen T-Zell-Oberflächenmoleküle CD2, CD3, CD4, CD5, CD7, CD8 und CD25 gerichtet, erkennen jedoch auch CD16 auf NK-Zellen und Makrophagen sowie CD45 auf Leukozyten. Ferner binden sie an den TCR, an MHC-Moleküle und an die Adhäsionsmoleküle CD11a/b und CD54.

Tecelac® wird zur Prophylaxe der Transplantatabstoßung nach Herztransplantation eingesetzt. Die Verabreichung erfolgt über eine i. v.-Infusion, wobei bis max. 1,5 mg Wirkstoff pro kg KG als Tagesdosis appliziert wird. Die Wirkstofflösung muss dazu 1:100 mit isotoner NaCl-Lösung verdünnt und über mindestens 4 Stunden infundiert werden. Mindestens 30 min vor der Infusion soll eine intravenöse Medikation mit einem Glucocorticoid (z. B. Methylprednisolon oder Prednisolon) erfolgt sein. Durch denselben intravenösen Zugang dürfen zusammen mit Tecelac® keine weiteren Arzneimittel infundiert werden, da eine Ausfällung oder Denaturierung der Proteine nicht auszuschließen ist. Die Therapie mit Tecelac® sollte möglichst am Tag der Transplantation begonnen werden; die Gesamtdosis und auch die Dauer der Anwendung richten sich nach dem klinischen Bild und den T-Lymphozyten-Zahlen, allerdings wird eine Erhöhung der Gesamtdosis nicht empfohlen.

Vor der Erstanwendung ist eine Sensibilisierung gegen Kaninchenprotein auszuschließen. Dazu wird nach Ausschluss einer anamnestisch bekannten Überempfindlichkeit ein Intrakutantest mit einer Testlösung des Arzneimittels gemacht. Die Testlösung wird aus der zuvor durch 1:100-Verdünnung angesetzten Infusionslösung durch Weiterverdünnung auf 1:500 hergestellt. Als Negativkontrolle dient isotonische Natriumchlorid-Lösung, als Positivkontrolle eine Lösung von 10,0 mg Histaminphosphat in 10,0 ml Wasser für Injektionszwecke.

Je 20 µl dieser drei Lösungen werden auf der Beugeseite des Unterarms streng intrakutan injiziert. 15 min danach erfolgt die Ablesung und Vermessung der Längs- und Querachsen von Ödemen und Rötungen. Ödeme und Rötungen über 5 mm in beiden oder über 10 mm in einer Ausdehnungsachse gelten als positive Reaktion und lassen Überempfindlichkeitsreaktionen erwarten.

Bei einem positiven Hauttest darf das Arzneimittel nicht angewendet werden.

Metabolismus: Die Halbwertszeit des Immunglobulins hängt von der jeweiligen Immunitätslage des Patienten sowie bestehenden Grundkrankheiten wie Nieren- oder Leberinsuffizienz oder

Name	Antihuman-T-Lymphozytenglobulin vom Kaninchen
Spezialitäten	**Tecelac®** (ist nicht mehr zugelassen!)
Indikation	Zur Prophylaxe der Transplantatabstoßung nach Herztransplantation in Kombination mit chemisch definierten Immunsuppressiva wie z. B. Azathioprin, Ciclosporin und Glucocorticoiden.
Mechanismus	Polyklonales Antikörpergemisch gegen humane T-Lymphozyten.
Dosierung	Als Einzeldosis werden maximal 1,5 mg Wirkstoff pro kg KG pro Tag über einen zentralen Venenkatheter verabreicht.

Stoffwechseldefekten ab; im Allgemeinen beträgt sie mehrere Tage.

Unerwünschte Wirkungen: Gelegentlich kommt es zu einer Thrombozytopenie, einer Leukozytopenie und einem Hämoglobinabfall.

Es können anaphylaktische Reaktionen auftreten. Daher muss der Patient während der gesamten Dauer der Infusion und einige Stunden danach überwacht werden. Besonders nach wiederholter Gabe ist eine Serumkrankheit nicht auszuschließen. Schon bei der ersten Gabe kann ein Zytokin-Freisetzungssyndrom mit Kreislaufinstabilität, Hypotonie, Bluthochdruck, Erhöhung des pulmonal-arteriellen Druckes, Herzrhythmusstörungen, Tachykardie, Lungenödem, Handödeme, Herz-Kreislauf-Versagen und selten mit ausgeprägten Schock-Symptomen auftreten. Ferner: Urtikaria, kalter Schweiß, Übelkeit, Erbrechen, Durchfall, Dyspnoe, Bronchospasmus, vermehrtes Sputum, Gliederschmerzen, Schwindel, Fieber (häufig), Kopfschmerz, Rückenschmerzen, Schüttelfrost, Bauchschmerz, Magenkrämpfe, Zittern während der Anwendung.

Infolge der primär erwünschten Immunsuppression ist mit häufigerem Auftreten von Infektionen sowie mit vermehrter Bildung von Tumoren, insbesondere Lymphomen, zu rechnen.

Interaktionen: Wegen der starken Immunsuppression ist mit einer Beeinträchtigung einer Immunantwort zu rechnen, wenn geimpft wird.

6.2.2 Monoklonale und rekombinante Antikörper

Monoklonale und rekombinante Antikörper sind einzelne Wirkstoffmoleküle, die erhebliche Vorteile gegenüber den polyklonalen Antikörpern aufweisen. Auf Grund ihrer molekularen Homogenität besitzen sie eine kalkulierbare *In-vivo*-Aktivität, und sie haben eine deutlich höhere spezifische Aktivität. Beispielsweise entsprechen 0,7 mg eines monoklonalen Antikörpers gegen Tetanus-Toxin ca. 100 bis 170 mg eines Hyperimmunserums. Hinzu kommt, dass sowohl monoklonale als auch rekombinante Antikörper aus *In-vitro*-Kulturen mit weitgehend definierten Kulturmedien gewonnen werden und nicht – wie im Falle der polyklonalen Seren – aus Tieren oder direkt vom Menschen isoliert werden. Aus all dem kann man ableiten, dass monoklonale und rekombinante Antikörper wesentlich sicherer und verträglicher sein sollten als polyklonale Antikörpergemische.

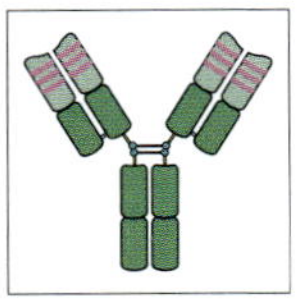

6.2.2.1 Muromomab

Muromomab (Orthoclone OKT®3) ist ein Maus-Antikörper (IgG2a), der gegen das CD3-Antigen (anti-human CD3ε) menschlicher T-Zellen gerichtet ist (Abb. II.6.3). Das Präparat ist nur zur intravenösen Anwendung bestimmt.

Der Antikörper ist ein biochemisch gereinigtes IgG2a-Immunglobulin. Er unterdrückt die Abstoßungsreaktion an Transplantaten durch eine selektive Blockade aller T-Zell-Funktionen, die bei der akuten Abstoßung eine Hauptrolle spielen. Orthoclone OKT®3 reagiert mit und blockiert die Funktion eines 20-kDa-Moleküls, der ε-Kette des CD3-Komplexes, in der Membran menschlicher T-Zellen. CD3 wiederum ist eine essentielle Komponente des T-Zell-Rezeptorkomplexes, die bei der Signaltransduktion am T-Zell-Rezeptor eine prominente Rolle spielt (vgl. Kap. I.3.2.2 und I.3.3.1.1). Nach der Bindung von Orthoclone OKT®3 werden die T-Lymphozyten zunächst aktiviert. Dies führt zu einer Freisetzung von Zytokinen, was sich auch in ersten Nebenwirkungen wie Schüttelfrost, Durchfall, Kopfschmerzen, Fieber, Erbrechen und Tachykardie, äußert (*first dose reaction*). Nach Beendigung der Therapie mit Muromomab normalisiert sich die T-Zell-Funktion üblicherweise innerhalb einer Woche.

Andere Lymphozyten wie B-Zellen werden durch den Antikörper nicht beeinträchtigt. Hingegen werden alle zirkulierenden CD2-, CD3-, CD4- und CD8-positiven T-Zellen einschließlich des Orthoclone-OKT®3-Antikörpers innerhalb von Minuten nach Applikation durch effektive Induktion des Zelltods in aktivierten T-Zellen zerstört. Zwischen dem zweiten und siebten Behandlungstag steigt die Zahl zirkulierender CD4- und CD8-positiver Zellen langsam wieder an, allerdings beeinflussen diese Zellen die Unterdrückung der Abstoßung nicht. CD3-positive Zellen bleiben hingegen nicht nachweisbar.

Nach Beendigung der Behandlung erholt sich das T-Zell-System wieder und CD3-positive Zellen erreichen innerhalb einer Woche die Werte vor Behandlung.

Eine Einschränkung beim Einsatz von Muromomab ist die Tatsache, dass es sich bei diesem Antikörper um einen reinen Maus-Antikörper handelt, der sehr schnell die Bildung humaner Anti-Maus-Antikörper (HAMAs) induziert. Dies bein-

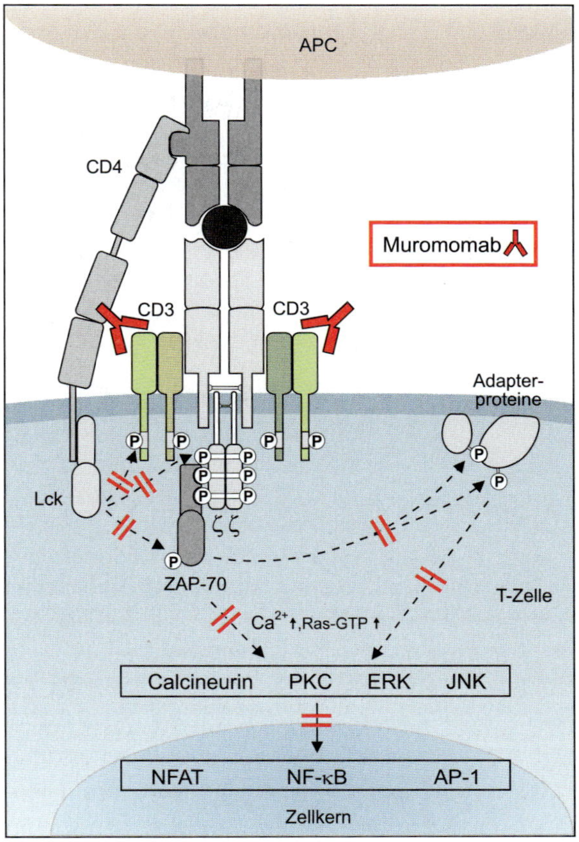

Abb. II.6.3: Wirkmechanismus von Muromomab. Muromomab ist ein muriner monoklonaler IgG2a-Antikörper, der gegen die ε-Kette des CD3-Corezeptorproteins gerichtet ist. Bindet der Antikörper an sein Antigen, funktioniert die Antigenerkennung über den TCR nicht mehr und die intrazelluläre Signaltransduktionskaskade wird blockiert. Stattdessen werden alle T-Zellen gleichsam markiert und abgetötet.

haltet nicht nur Verträglichkeitsprobleme, sondern führt auch dazu, dass bei einigen Patienten die Zahlen CD3-positiver Zellen bereits vor Beendigung der Therapie wieder ansteigen. Dieses Wiederauftreten der CD3-positiven Zellen wird auf die Bildung neutralisierender Antikörper gegen Muromomab zurückgeführt.

Metabolismus: In klinischen Studien wurde bei 14-tägiger Behandlung mit 5 mg Muromonab pro Tag ein Anstieg des Serumspiegels während der ersten 3 Tage gemessen, der dann an den Tagen 3 bis 14 durchschnittlich 900 ng/ml betrug. Serumspiegel von ≥ 800 ng/ml blockieren die Funktion zytotoxischer T-Zellen *in vitro* und *in vivo*. Bei mit Muromomab wiederbehandelten Patienten (mit und ohne Anti-Maus-Antikörper)

Name	Muromomab
Spezialitäten	**Orthoclone OKT®3**
Indikation	Zur Behandlung einer steroidresistenten akuten Abstoßung von allogenen Nieren-, Herz- und Lebertransplantaten
Mechanismus	Der Antikörper bindet an die ε-Untereinheit des CD3-Komplexes, der wiederum als Teil des T-Zell-Rezeptorkomplexes eine wichtige Rolle bei der Signaltransduktion spielt. Nachdem der Antikörper gebunden hat, werden die markierten T-Zellen innerhalb von Minuten durch effektive Induktion des Zelltods in aktivierten T-Zellen (AICD) zerstört.
Dosierung	Orthoclone OKT®3 wird als intravenöser Bolus (5 mg) in weniger als einer Minute injiziert. Es darf nicht gleichzeitig mit anderen Arzneimittellösungen verabreicht werden. Um die Inzidenz und den Schweregrad der Reaktionen auf die erste Dosis herabzusetzen, wird die intravenöse Gabe von Methylprednisolon, 8,0 mg/kg KG, ein bis vier Stunden vor der ersten Dosis nachdrücklich empfohlen. Paracetamol und Antihistaminika, die gleichzeitig mit Orthoclone OKT®3 verabreicht werden, können ebenfalls helfen, einige Frühreaktionen herabzusetzen.

stiegen die Serumspiegel langsamer an als bei Erstbehandlung und überschritten 800 ng/ml erst am 7. Behandlungstag. Wiederbehandelte Patienten neigen zu einer langsameren Clearance CD3-positiver Zellen aus der peripheren Zirkulation.

Unerwünschte Wirkungen: Teils schwere Überempfindlichkeitsreaktionen mit Zytokin-Freisetzungssyndrom mit Fieber, Schüttelfrost/Rigor, Kopfschmerz, Tremor, Übelkeit/Erbrechen, Durchfall, Bauchschmerzen, Unwohlsein, Muskel- und Gelenkschmerzen und allgemeines Schwächegefühl, Hautreaktionen (z. B. Rötung, Juckreiz, etc.) sowie eine Reihe von oft schweren, gelegentlich tödlich verlaufenden kardiorespiratorischen und neuropsychiatrischen Ereignissen, darunter Dyspnoe, Bronchospasmus, Tachypnoe, Atemstillstand/akute respiratorische Insuffizienz, Kreislaufkollaps, Herzstillstand, Angina pectoris/Myokardinfarkt, Brustschmerz, Tachykardie, Hypertonie, hämodynamische Instabilität, Hypotonie mit schwerem Schock, Herzinsuffizienz, Lungenödem (kardiogen und nichtkardiogen), Syndrom der Schocklunge (ARDS), Hypoxämie, Apnoe und Arrhythmie sowie Krampfanfälle, Enzephalopathie, zerebrales Ödem, aseptische Meningitis und Kopfschmerz. Ferner treten wegen der starken Immunsuppression vermehrt Infektionen auf, und mit einem erhöhten Risiko für bösartige Neubildungen, besonders lymphoproliferativer Erkrankungen (LPD) und Hautkrebs ist zu rechnen.

Orthoclone OKT®3 induziert häufig die Bildung humaner Anti-Maus-Antikörper (HAMAs).

Interaktionen: Begleitmedikationen (Azathioprin, Corticosteroide, Ciclosporin) könnten dazu beitragen, dass neuropsychiatrische, infektiöse, nephrotoxische, thrombotische und/oder neoplastische Ereignisse beobachtet werden. Außerdem kann die gleichzeitige Gabe von Indometacin und Muromomab bei einigen Patienten zu enzephalopathischen und anderen ZNS-Ereignissen führen.

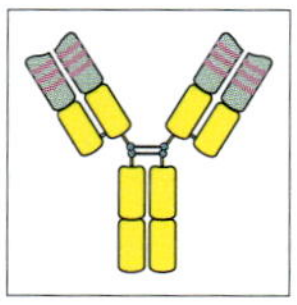

6.2.2.2 Basiliximab

Basiliximab (Simulect®) ist neben Daclizumab einer von zwei zugelassenen Anti-CD25-Antikörpern (Abb. II.6.4). CD25 wird als Synonym für die α-Untereinheit des Interleukin-2-Rezeptors (IL-2R) verwendet.

Simulect® ist ein chimärer monoklonaler human-muriner Antikörper. Der konstante Teil der schweren Kette stammt von einem humanen IgG1-Antikörper. Die leichte Kette ist eine κ-Kette.

Während die β- und γ-Untereinheiten des IL2-Rezeptors auf T-Lymphozyten konstitutiv exprimiert werden, erscheint die α-Untereinheit (CD25-Antigen) erst nach Antigenstimulation der T-Lymphozyten. Durch die Expression der α-Untereinheit wird der IL-2R komplettiert, und bindet in dieser Form mit hoher Affinität IL-2 (vgl. Kap. I.3.3.1.1).

Basiliximab bindet mit hoher Affinität (K_D-Wert 0,1 nM) spezifisch an das CD25-Antigen auf aktivierten T-Lymphozyten und verhindert damit die Bindung von IL-2, einem der entscheidenden Signalgeber für die T-Zell-Proliferation. Eine vollständige und dauerhafte Blockade des IL-2R ist gewährleistet, solange der Serumspiegel von Basiliximab über 0,2 mg/ml liegt. Bei dem gewählten Therapieschema ist das für ca. 4 bis 6 Wochen der Fall. Wenn die Konzentration unter diesen Wert fällt, geht die Expression des CD25-Antigens innerhalb von 1 bis 2 Wochen auf Werte vor der Therapie zurück.

Simulect® ist ein typischer Rezeptorantagonist, da er keine Zytokin-Ausschüttung oder Myelosuppression verursacht. Die Serumkonzentrationen an löslichem IL-2R steigen während der ersten 2 bis 3 Wochen nach der Gabe von Simulect® an und erreichen ein Plateau bei Werten von 80 bis 120 ng/ml. Diese Konzentrationen bleiben erhalten, solange die IL-2R-Bindungsstellen mit Basiliximab gesättigt sind. Sobald die IL-2R-Bindungsstellen nicht länger gesättigt werden können, fallen die Werte für löslichen IL-2R während der folgenden 1 bis 2 Wochen auf Werte vor der Transplantation.

Simulect® wird eingesetzt zur Prophylaxe der akuten Transplantatabstoßung nach allogener *de-novo*-Nierentransplantation bei Erwachsenen und Kindern in Kombination mit einer auf Ciclosporin und Corticosteroiden basierenden Immunsuppression bei Patienten mit weniger als 80 % lymphozytotoxischen Antikörpern oder im Rahmen einer immunsuppressiven Dauerbe-

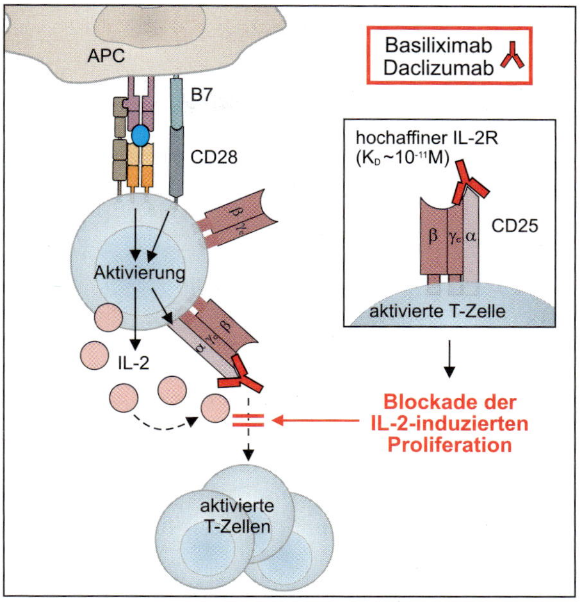

Abb. II.6.4: Wirkmechanismus von Basiliximab und Daclizumab.
Sowohl Basiliximab als auch Daclizumab sind gegen die α-Kette des IL-2-Rezeptors gerichtet. Während die β- und die γ-Kette des Rezeptors auf allen T-Zellen konstitutiv vorhanden ist, wird die α-Kette erst bei Aktivierung einer T-Zelle exprimiert. Deshalb blockieren beide Antikörper gezielt die Bindung von IL-2 an aktivierte T-Zellen, die nach einer Transplantation vor allem gegen das fremde Organ gerichtet sind.

handlung als Tripel-Therapie, bestehend aus Ciclosporin, Corticosteroiden und Azathioprin oder Mycophenolsäure.

Basiliximab stellt eine Alternative zum murinen monoklonalen Antikörper Orthoclone OKT®3 dar. Während Orthoclone OKT®3 relativ wenig spezifisch gegen das CD3-Antigen gerichtet ist und zur raschen Eliminierung aller reifen T-Zellen führt, eliminiert man mit Basiliximab (und Daclizumab) nur die immunrelevanten, aktivierten T-Zellen, da nur diese die α-Untereinheit (CD25) des IL-2R exprimieren. Auf ruhenden T-Zellen sind dagegen nur die β-Untereinheit (CD122) und die γ-Untereinheit (CD132) des IL-2R vorhanden. In dieser Form (CD122/CD132) weist der IL-2R nur eine geringe Affinität zu IL-2 auf (K_{diss} = 1 nM). Erst in aktivierten T-Zellen gesellt sich die α-Untereinheit (CD25 oder TAC) zu den β- und γ-Untereinheiten des Rezeptors, wodurch die Affinität zu IL-2 deutlich erhöht wird (K_{diss} = 10 pM).

Name	Basiliximab
Spezialitäten	Simulect®
Indikation	Zur Prophylaxe der akuten Transplantatabstoßung nach allogener *De-novo*-Nierentransplantation bei Erwachsenen und Kindern in Kombination mit einer auf Ciclosporin und Corticosteroiden basierenden Immunsuppression bei Patienten mit weniger als 80 % lymphozytotoxischen Antikörpern oder im Rahmen einer immunsuppressiven Dauerbehandlung mittels Tripeltherapie aus Ciclosporin, Corticosteroiden und entweder Azathioprin oder Mycophenolsäure.
Mechanismus	Basiliximab bindet spezifisch und mit hoher Affinität an die α-Untereinheit des IL-2R, das so genannte CD25-Epitop. Dieses wird – im Gegensatz zu den β- und γ-Untereinheiten – nur auf aktivierten T-Zellen exprimiert, so dass nur diese immunologisch relevante Subpopulation markiert und eliminiert wird. Hierin unterscheidet sich Simulect® von dem murinen Monoklonalen Antikörper Muromomab, der das Pan-T-Antigen CD3 erkennt und damit alle T-Zellen eliminiert.
Dosierung	Pädiatrische Patienten unter 35 kg erhalten 20 mg in zwei Einzeldosen von jeweils 10 mg. Pädiatrische Patienten über 35 kg und Erwachsene erhalten eine Gesamtdosis von 40 mg, aufgeteilt in zwei Einzeldosen von jeweils 20 mg. Die erste Dosis sollte innerhalb von 2 Stunden vor der Transplantation verabreicht werden, die zweite Dosis 4 Tage nach der Transplantation. Die zweite Dosis sollte nicht gegeben werden, wenn postoperative Komplikationen, zum Beispiel ein Verlust des Transplantats, auftreten.

Metabolismus: Die kumulativen Dosen variierten in Studien zwischen 20 und 60 mg. Die maximale Konzentration im Serum nach intravenöser Infusion von 20 mg über 30 min betrug 7,1 ± 5,1 mg/l. C_{max} und die AUC stiegen zwischen 20 und 60 mg, dem untersuchten Bereich einer Einzeldosis, proportional mit der Dosis an. Das Verteilungsvolumen im Steady-State betrug 8,6 ± 4,1 l. *In-vitro*-Studien mit menschlichen Geweben haben gezeigt, dass Simulect® nur an aktivierte Lymphozyten und Makrophagen/Monozyten bindet. Die terminale Halbwertszeit lag bei 7,2 ± 3,2 Tagen. Die Gesamtkörper-Clearance betrug 41 ± 19 ml/Stunde. Es konnte kein klinisch relevanter Einfluss von Körpergewicht oder Geschlecht auf Verteilungsvolumen oder *Clearance* bei erwachsenen Patienten beobachtet werden.

Unerwünschte Wirkungen:

Bei Erwachsenen: Obstipation, Harnwegsinfektionen, Schmerzen, Nausea, periphere Ödeme, Hypertonie, Anämie, Kopfschmerzen, Hyperkaliämie, Hypercholesterinämie, Komplikationen mit der Operationswunde, Gewichtszunahme, erhöhtes Serumkreatinin, Hyperphosphatämie, Diarrhö und Infektionen.

Bei Kindern: Infektionen der Harnwege, Hypertrichose, Rhinitis, Fieber, Hypertonie, Infektionen der oberen Atemwege, Virusinfektionen, Sepsis und Obstipation.

Interaktionen: In klinischen Studien wurden keine Interaktionen mit Wirkstoffen, die routinemäßig bei Organtransplantationen verabreicht werden, beobachtet. Es ist auch theoretisch nicht zu erwarten, dass ein Immunglobulin Interaktionen provozieren könnte.

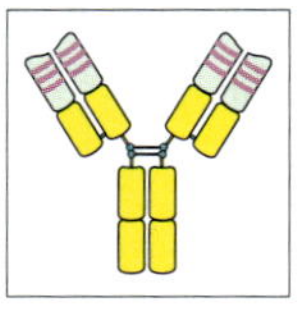

6.2.2.3 Daclizumab

Daclizumab (Zenapax®) ist ebenso wie Basiliximab ein Anti-CD25-Antikörper (Anti-Tac-Antikörper). Er bindet somit als Interleukin-2-Rezeptor-Antagonist an die α-Untereinheit (CD25) des Interleukin-2-Rezeptors und induziert dadurch

Apoptose in allen aktivierten T-Lymphozyten (Abb. II.6.4). Da die α-Untereinheit des Interleukin-2-Rezeptors nur auf aktivierten T-Zellen präsentiert wird, „schont" Daclizumab die nicht-aktivierten T-Zellen und ist damit in seiner Wirkung deutlich weniger „radikal" als Muromomab, der an allen T-Zellen bindet.

Zenapax® ist ein rekombinanter, humanisierter monoklonaler Antikörper (IgG1). Die Antigenerkennenden CDR-Regionen dieses Antikörpers stammen von einem monoklonalen Maus-Antikörper (IgG2a).

Daclizumab bindet mit hoher Affinität (IC_{50} der ^{125}J-IL-2-Bindung = $3{,}3 \times 10^{-9}$ M; maximale Hemmung der IL-2 stimulierten Lymphozyten-Proliferation = 51 %) spezifisch an das CD25-Antigen auf aktivierten T-Lymphozyten und verhindert damit die Bindung von IL-2, einem der entscheidenden Signalgeber für die T-Zell-Proliferation. Daclizumab führt in der empfohlenen Dosierung zu einer Sättigung der Tac-Rezeptoren, die bei der Mehrheit der Patienten ungefähr 90 Tage anhält. Antikörper gegen Daclizumab konnten in klinischen Studien bei knapp 10 % der Patienten im Serum nachgewiesen werden. Sie scheinen jedoch die Therapie nicht relevant zu beeinflussen.

Zenapax® ist zur Prophylaxe akuter Abstoßungsreaktionen nach allogener *De-novo*-Nierentransplantation angezeigt. Der Wirkstoff wird zusammen mit einer immunsuppressiven Standardtherapie, die Ciclosporin und Corticosteroide einschließt, nicht-hochimmunisierten Patienten verabreicht.

In den Phase-III-Studien zeigte Daclizumab 6 Monate nach der Transplantation eine statistisch signifikante Überlegenheit gegenüber Placebo bezüglich der Zahl der Abstoßungsreaktionen von allogenen Nierentransplantaten. Die Zeit bis zur Abstoßung war ebenfalls signifikant länger. Eine *„rebound"*-Abstoßung wurde nicht beobachtet.

Metabolismus: Bei Gabe von 1 mg Zenapax® pro kg KG alle 14 Tage (insgesamt 5 Dosen) steigen die mittleren maximalen Serumkonzentrationen zwischen der ersten Dosis (21 ± 14 mg/ml) und der fünften Dosis (32 ± 22 mg/ml) an. Die minimale Serumkonzentration vor der fünften Dosis betragen 7,6 ± 4,0 mg/ml. Für die Sättigung der IL-2R sind Serumspiegel zwischen 0,5 und 0,9 mg/ml erforderlich, die Blockade der durch IL-2 vermittelten biologischen Aktivität wird bei Serumspiegel zwischen 5 und 10 mg/ml erreicht. Die geschätzte terminale Eliminationshalbwertszeit von Daclizumab liegt bei Patienten, die ein allogenes Nierentransplantat erhalten haben, zwischen 270 und 919 Stunden (Durchschnitt: 480 Stunden) und entspricht der Halbwertszeit, die für humanes IgG angegeben wird (432 bis 552 Stunden). Gesamtkörpergewicht, Alter, Geschlecht, Proteinurie und ethnische Zugehörigkeit haben einen Einfluss auf die systemische Clearance von Daclizumab.

Die maximalen Serumkonzentrationen bei Kindern, die mit insgesamt 5 intravenösen Gaben von jeweils 1 mg/kg KG Zenapax® alle 14 Tage behandelt worden waren, stiegen zwischen der ersten (16 ± 12 mg/ml) und der fünften Dosis (21 ± 14 mg/ml) an. Die minimale Serumkonzentration vor Gabe der fünften Dosis betrug 5,0 ± 2,7 mg/ml.

Unerwünschte Wirkungen: Verstopfung, Übelkeit, Diarrhö, Erbrechen, Ödeme, Tremor, Kopfscherzen, posttraumatischer Schmerz, Brustschmerzen, Schwindel, Oligurie, Dysurie, Nierentubulusnekrose, Nierenschädigung, Fieber, Schüttelfrost, Hypertonie, Hypotonie, verstärkte Hypertonie, Dyspnoe, Lungenödem, Husten, beeinträchtigte Wundheilung, Akne, Pruritus, Schlaflosigkeit, Müdigkeit, Angst, muskuloskeletale Schmerzen, Rückenschmerzen, Tachykardie, Thrombose, Blutungen, Lymphozele, Irritationen an der Einstichstelle.

Es konnte gezeigt werden, dass das Nebenwirkungsprofil von Daclizumab bei Kindern vergleichbar mit dem bei Erwachsenen ist.

Bisherige Erfahrungen legen nahe, dass das Auftreten maligner Erkrankungen nach Zenapax®-Therapie im Vergleich zu einer Kontrollgruppe nicht erhöht zu sein scheint.

Interaktionen: Bei folgenden, in der Transplantationsmedizin typischerweise angewendeten Arz-

Name	**Daclizumab**
Spezialitäten	**Zenapax®**
Indikation	Prophylaxe akuter Abstoßungsreaktionen nach allogener *De-novo*-Nierentransplantation.
Mechanismus	Daclizumab bindet spezifisch und mit hoher Affinität an die α-Untereinheit des IL-2R, das so genannte CD25- oder Tac-Epitop. Dieses wird – im Gegensatz zu den β- und γ-Untereinheiten – nur auf aktivierten T-Zellen exprimiert, so dass nur diese immunologisch relevante Subpopulation markiert und eliminiert wird. Hierin unterscheidet sich Zenapax® von dem murinen Monoklonalen Antikörper Muromomab, der das Pan-T-Antigen CD3 erkennt und damit alle T-Zellen eliminiert.
Dosierung	Die für Zenapax® empfohlene Dosis beträgt für Erwachsene und Kinder 1 mg/kg KG und wird intravenös über einen Zeitraum von 15 min verabreicht. Die Infusion kann sowohl über eine periphere als auch über eine zentrale Vene erfolgen. Die erste Dosis Zenapax® sollte innerhalb von 24 Stunden vor der Transplantation gegeben werden. Die nächste, sowie alle weiteren Dosen werden im Abstand von jeweils 14 Tagen verabreicht, bis insgesamt fünf Dosen erreicht sind.

neimitteln wurden keine Interaktionen mit Zenapax® festgestellt: Ciclosporin, Mycophenolatmofetil, Ganciclovir, Aciclovir, Tacrolimus, Azathioprin, Anti-Thymozyten-Immunglobulin, Muromonab-CD3 (Orthoclone OKT®3) und Corticosteroide. Es gibt keine pharmakokinetischen Interaktionen zwischen Zenapax® und Mycophenolsäure, dem aktiven Metaboliten von Mycophenolatmofetil.

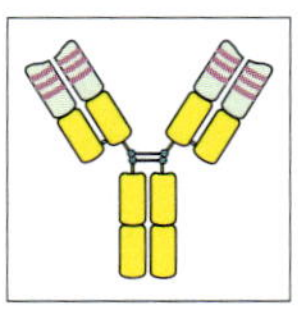

6.2.2.4 Visilizumab (anti-CD3)

Visilizumab (Nuvion®) ist ein noch nicht zugelassener rekombinanter, humanisierter Antikörper, der gegen die invariante CD3ε-Untereinheit des T-Zellrezeptors gerichtet ist. Im Grunde genommen könnte man Visilizumab als eine Weiterentwicklung des monoklonalen Maus-Antikörpers Muromomab (Orthoclone OKT®3) bezeichnen. Abgesehen von der Tatsache, dass es sich hier um einen humanisierten – und damit sicherlich verträglicheren – Antikörper handelt, gehört Visilizumab zusätzlich dem IgG2-Isotyp an (siehe Kap. II.5.1, Tab. II.5.1). Dies bedeutet, dass der Antikörper keine Erkennungsstelle für die Rezeptor FcγRI (CD64) und FcγRIII (CD16) auf Monozyten oder Neutrophilen besitzt und nur sehr eingeschränkt das Komplement-System aktivieren kann. Auf Grund einer Mutation (Val –> Ala) an den Positionen 234 und 237 hat der Antikörper auch die Fähigkeit verloren, mit dem FcγRIIa (CD35)-Rezeptor zu interagieren, der auf mononukleären Zellen vorhanden ist. Somit kann Visilizumab als eine deutlich „entschärfte" Variante von Muromomab angesehen werden, da weder eine T-Zell-Aktivierung durch Fc-Rezeptorbindung noch die dadurch induzierte Rekrutierung antigenpräsentierender Zellen erfolgen kann. Andererseits induziert Visilizumab nach dem Binden an das CD3-Epitop Apoptose in den T-Zellen.

Während Muromomab zur Unterdrückung der Abstoßungsreaktion an Transplantaten zugelassen ist, wird Visilizumab in klinischen Studien sowohl für die Behandlung der schweren Colitis ulcerosa als auch der akuten Graft-versus-Host-Krankheit (GvHD) überprüft.

6.3 Antikörper gegen den Tumornekrosefaktor-alpha (TNF-α)

Der Tumornekrosefaktor-alpha ist eines der wichtigsten Zytokine, die die natürliche Immunität modulieren. Er steht ganz an der Spitze des Cross-Talks bei Entzündungsreaktionen und bei Reaktionen nach Infektion mit gramnegativen Bakterien und er gilt als wichtiges Bindeglied zwischen inflammatorischen und immunologischen Reaktionen (vgl. Kap. I.2.1.1 und I.2.3.1). Das Lipopolysaccharid gramnegativer Bakterien ist eines der stärksten Stimuli für die TNF-α-Sekretion (vgl. Kap. I.4.2.2). Hauptquellen für TNF-α sind LPS-aktivierte mononukleäre Phagozyten, Antigen-stimulierte T-Zellen, aktivierte NK-Zellen und aktivierte Mastzellen.

TNF-α bindet als Homo-Trimer an spezifische Rezeptoren, die sich auf fast allen Zellen befinden. Die physiologische Bedeutung von TNF-α versteht man am besten unter quantitativen Aspekten. In niedrigen Konzentrationen (ca. 10^{-9} M) fungiert TNF-α lokal als ein parakriner und autokriner Regulator von Leukozyten und Endothelzellen. Effekte dieser Funktion sind (vgl. Abb. I.2.11):

- Endothelzellen werden adhäsiv für Leukozyten – zunächst Neutrophile, dann Monozyten und Lymphozyten. Dies führt zur lokalen Akkumulation von Leukozyten am Ort einer Entzündung.
- TNF-α aktiviert Leukozyten – besonders Neutrophile, aber auch Eosinophile und mononukleäre Phagozyten – und macht sie „scharf" für die Attacke auf Bakterien.
- TNF-α stimuliert mononukleäre Phagozyten und andere Zellen, Zytokine, darunter vor allem IL-1, IL-6, IL-8 und TNF-α selbst zu sezernieren.
- TNF-α ist einer der wichtigsten T-Zell-Aktivatoren und stimuliert Antikörper-produzierende B-Zellen. Allerdings sind hier die beiden dem TNF-α untergeordneten Zytokine, IL-1 und IL-6, effektiver.
- TNF-α induziert die Synthese Kolonie-stimulierender Faktoren durch vaskuläre Endothelzellen und Fibroblasten.
- TNF-α entfaltet Interferon-ähnliche protektive Effekte gegen Viren und stimuliert die Exposition von MHC-Klasse-I-Molekülen, wodurch die Lyse viral infizierter Zellen durch zytotoxische T-Lymphozyten verstärkt wird.

Wird hingegen deutlich mehr TNF-α produziert, steigt die Konzentration im Serum, und TNF-α wirkt als endokrines Hormon. Dann werden folgende Haupteffekte ausgelöst:

- TNF-α wirkt nun als endogenes Pyrogen, das über hyperthalamische Regulatorregionen Fieber induziert. Eine Folge ist auch eine verstärkte Prostaglandin-Produktion.
- TNF-α induziert die IL-1- und IL-6-Sekretion mononukleärer Phagozyten und vaskulärer Endothelzellen.
- TNF-α wirkt auf Hepatozyten und induziert beispielsweise die Synthese von Amyloid-A-Protein und u. U. – im Zusammenspiel mit IL-1 und IL-6 – eine Akute-Phase-Antwort.
- TNF-α aktiviert das Gerinnungssystem, indem es die Homöostase zwischen prokoagulatorischen und antikoagulatorischen Aktivitäten zu Gunsten der prokoagulatorischen Aktivitäten im vaskulären Endothel verschiebt.
- TNF-α supprimiert die Proliferation von Knochenmarkstammzellen. Daher können persistierende hohe TNF-α-Spiegel Lymphopenie und Immunsuppression zur Folge haben.
- Schließlich führen andauernd hohe TNF-α-Spiegel zur Kachexie.

In sehr hohen Konzentration (> 10^{-7} M), wie sie beispielsweise bei einer Sepsis vorkommen, werden die TNF-α-Effekte lebensbedrohlich. Dazu tragen folgende Eigenschaften bei:

- TNF-α reduziert die Gewebe-Perfusion durch eine Depression der myokardialen Kontraktivität.
- TNF-α führt zur Blutdruckerniedrigung und Gewebe-Perfusion durch eine Relaxation des vaskulären Muskeltonus. Dies wird auch dadurch bedingt, dass TNF-α die Synthese loka-

ler Gefäßdilatatoren wie Prostaglandin durch Endothelzellen induziert.

- TNF-α verursacht intravasale Thrombosen, die ihrerseits zur Reduktion der Gewebe-Perfusion beitragen.
- TNF-α verursacht schwerste metabolische Entgleisungen, wie ein Einbruch des Blutglukosespiegels, der unbehandelt tödlich ist.

Die im Folgenden zu besprechenden Antikörper und Antikörpervarianten werden als antiinflammatorische Wirkstoffe bei schwerer Rheumatoider Arthritis, bei Morbus Crohn und Ankylosierender Spondylitis eingesetzt. Im Falle von Beromun® (vgl. Kap. II.3.4.3) wird das „destruktive Potential" von TNF-α genutzt, wobei dieses so hoch ist, dass eine systemische Anwendung ausgeschlossen ist. Beromun® wird daher lokoregional über eine isolierte Extremitäten-Perfusion unter milder Hyperthermie eingesetzt, nicht-resezierbare Weichteilsarkome der Extremitäten zu kontrollieren. Schließlich wurde unter den immunsupprimierenden Biologicals (vgl. Kap. II.2.4.1) mit Anakinra (Kineret®) ein IL-1-Rezeptorantagonist besprochen, der insofern mit einer TNF-α-Wirkung in Verbindung steht, als IL-1 das dem TNF-α unmittelbar nachgeordnete Zytokin ist, das bei fast jeder TNF-α-Funktion ebenfalls beteiligt ist.

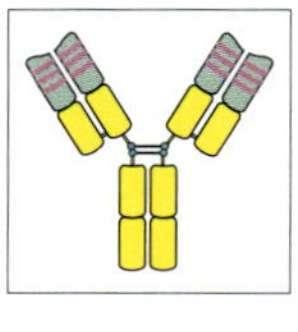

6.3.1 Infliximab

Seit 1999 ist Infliximab (Remicade®), ein chimärer monoklonaler Antikörper gegen TNF-α, zugelassen. Die Aminosäuresequenz des Moleküls besteht aus ca. 30 % murinen und 70 % humanen Anteilen. Der konstante Bereich der schweren Kette entstammt einem IgG1-Antikörper und die leichte Kette ist durch eine κ-Kette repräsentiert.

Infliximab erkennt und bindet nur TNF-α, nicht jedoch TNF-β. Die Assoziationskonstante dieser Bindung beträgt 10^{10} M^{-1}. Die *In-vivo*-Halbwertszeit des Antikörpers beträgt 9,5 Tage. Durch Modifikation des ursprünglich murinen monoklonalen Antikörpers (IgG1-κ) mit einer humanen Fc-Region verbesserten sich die Effektor-Funktionen, verlängerte sich die Halbwertszeit und reduzierte sich das immunogene Potential des Moleküls. Bindet Infliximab einen löslichen TNF-α, neutralisiert er dessen biologische Aktivität. Bindet Infliximab an einen membranfixierten TNF-α, wird die dann mit Antikörper markierte Zelle entweder durch das Komplementsystem (CDC) oder durch Effektorzellen lysiert (ADCC) (Abb. II.6.5; vgl. Kap. I.3.3.4.2). Bei Patienten, die mit Remicade® behandelt werden, werden erniedrigte Plasmaspiegel an IL-6 und C-reaktivem Protein gemessen. Remicade® ist für drei Indikationen zugelassen: Rheumatoide Arthritis (RA), Morbus Crohn und Ankylosierende Spondylitis.

Zur Behandlung der Rheumatoiden Arthritis wird Remicade® mit Methotrexat kombiniert, um die Symptomatik zu reduzieren und die körperliche Funktionsfähigkeit bei Patienten mit aktiver Erkrankung zu verbessern, wenn diese nur unzureichend auf krankheitsmodifizierende Präparate, angesprochen haben. Remicade® kann auch bei nicht mit DMARDs (*disease modifying antirheumatic drugs;* die so genannten Basistherapeutika bei Rheumatoider Arthritis) vorbehandelten Patienten eingesetzt werden, die an einer schwergradigen, aktiven und fortschreitenden RA leiden.

Remicade® wird dann bei Morbus Crohn eingesetzt, wenn sich die schwergradige, aktive Erkrankung trotz einer vollständigen und adäquaten Therapie mit einem Corticosteroid und einem Immunsuppressivum nicht bessert. Auch Patienten mit Fistelbildung können bei Nicht-Ansprechen einer konventionellen Therapie mit Remicade® behandelt werden.

Außerdem wurde die Zulassung zur Behandlung einer Ankylosierenden Spondylitis erteilt, wenn Patienten mit schwerer Wirbelsäulensymptomatik und erhöhten serologischen Entzündungsparametern nicht oder nur unzureichend auf eine konventionelle Therapie ansprechen.

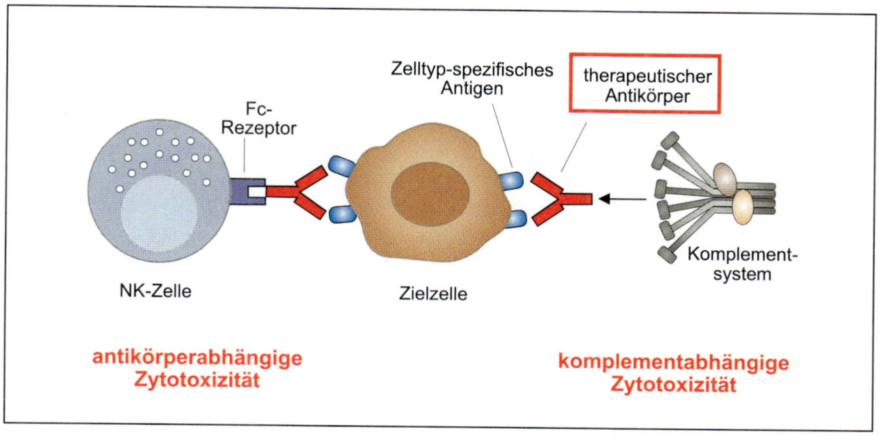

Abb. II.6.5: Effektormechanismen von Antikörpern.

Bindet ein therapeutischer Antikörper an ein für die Zielzelle spezifisches Oberflächenprotein so kann der Antigen/Antikörper-Komplex einerseits eine NK-Zelle mit einem Fc-Rezeptor stimulieren, die Tumorzelle abzutöten (Antikörper-abhängige Zytotoxizität, ADCC) und andererseits das Komplement aktivieren, die Zielzelle durch Membranperforation abzutöten (Komplement-abhängige Zytotoxizität, CDC).

Dass ein Abfangen des Immunmodulators TNF-α auch problematisch sein kann, zeigen die zwischenzeitlich gesammelten Erfahrungen mit dem Wirkstoff. Es gingen etliche Berichte ein, wo es unter einer Therapie mit Remicade® zu einer Tuberkulose kam. Einige der Patienten verstarben gar an der Tuberkulose. Die meisten Tuberkulosefälle traten innerhalb der ersten 3 bis 6 Monate der Behandlung auf. Das lässt darauf schließen, dass viele dieser Patienten latent bereits mit Tuberkulose infiziert waren. Die Inzidenz latenter Tuberkulose-Infektionen wird in den USA auf 4 bis 6 % geschätzt. In Europa liegt sie sicherlich höher. Dies hat die Behörden zu Warnhinweisen veranlasst (siehe Kasten rechts):

Metabolismus: Nach einmaligen intravenösen Infusionen steigen C_{max} und AUC linear, dosisproportional an. Das Verteilungsvolumen im Steady-State (mittleres V_d von 3,0 – 4,1 l) war von der verabreichten Dosis unabhängig und deutete darauf hin, dass Infliximab hauptsächlich in das vaskuläre Kompartiment verteilt wird. Im Urin wurde kein unverändertes Infliximab nachgewiesen. Bei Einzeldosen von 3, 5 oder 10 mg/kg KG betrugen die mittleren Werte für C_{max} 77, 118 bzw. 277 µg/ml. Die mittlere terminale Halbwertszeit lag bei diesen Dosen im Bereich von 8 bis 9,5 Tagen. Bei den meisten Patienten konnte Infliximab bei der empfohlenen Einzeldosis von 5 mg/kg und 3 mg/kg alle 8 Wochen über mindestens 8 Wochen im Serum nachgewiesen werden.

Die wiederholte Anwendung von Infliximab (5 mg/kg in den Wochen 0, 2 und 6 bei Morbus Crohn mit Fistelbildung, 3 mg/kg oder 10 mg/kg alle 4 oder 8 Wochen bei Rheumatoider Arthritis) führte nach der Applikation der zweiten Do-

„Bevor mit der Remicade®-Behandlung begonnen wird, müssen alle Patienten hinsichtlich einer aktiven oder inaktiven („latenten") Tuberkulose diagnostiziert werden. Die Diagnose sollte eine detaillierte medizinische Anamnese, einschließlich einer Tuberkulose-Vorerkrankung oder eines möglichen Kontakts zu Tuberkulose-Kranken und einer vorherigen und/oder derzeitigen immunsuppressiven Therapie, umfassen. Wird eine aktive Tuberkulose diagnostiziert, so darf die Remicade®-Therapie nicht begonnen werden. Falls eine inaktive („latente") Tuberkulose diagnostiziert wird, so muss eine prophylaktische Anti-Tuberkulose-Therapie entsprechend der lokalen Empfehlungen vor der Verabreichung von Remicade® eingeleitet werden. In diesem Fall sollte das Nutzen/Risiko-Verhältnis einer Remicade®-Therapie sorgfältig erwogen werden.
Bei Patienten mit Morbus Crohn mit Fistelbildung und akut eitrigen Fisteln darf die Therapie mit Remicade® erst eingeleitet werden, nachdem eine mögliche Infektionsquelle, insbesondere ein Abszess ausgeschlossen wurde."

sis zu einer leichten Kumulation von Infliximab im Serum. Im weiteren zeitlichen Verlauf wurde keine klinisch relevante Kumulation beschrieben.

Unerwünschte Wirkungen: In klinischen Studien wurden am häufigsten infusionsbedingte Nebenwirkungen, vor allem Dyspnoe, Urtikaria und Kopfschmerzen, berichtet. Derartige Reaktionen waren auch die häufigsten Ursachen für das Absetzen der Behandlung.

Weitere häufige UAWs sind Virusinfektionen (Influenza, Herpes), Fieber, Serumkrankheit-ähnliche Reaktionen, Schwindel, Benommenheit, Flushing, Infektionen des oberen und unteren Respirationstraktes, Übelkeit, Diarrhö, Abdominalschmerzen, erhöhte Lebertransaminase-Werte, Hautausschlag, Pruritus, vermehrte Schweißsekretion, Hauttrockenheit, Ermüdung, thorakale Schmerzen.

Interaktionen: Bei Patienten mit Rheumatoider Arthritis und bei Morbus-Crohn-Patienten liegen Hinweise darauf vor, dass bei einer gleichzeitigen Behandlung mit Methotrexat oder sonstigen Immunmodulatoren die Bildung von Anti-

Name	**Infliximab**
Spezialitäten	**Remicade ®**
Indikation	• Zur Reduktion der Symptomatik bei der Rheumatoiden Arthritis und zur Verbesserung der körperlichen Funktionsfähigkeit bei Patienten mit aktiver Erkrankung, die nur unzureichend auf krankheitsmodifizierende Präparate (einschließlich Methotrexat) angesprochen haben und bei Methotrexat-naiven Patienten oder Patienten, die nicht mit anderen DMARDs vorbehandelt wurden, mit schwerwiegender, aktiver und fortschreitender Erkrankung. • Zur Behandlung eines schwergradigen, aktiven Morbus Crohn bei Patienten, die trotz einer vollständigen und adäquaten Therapie mit einem Corticosteroid und einem Immunsuppressivum nicht angesprochen haben oder die eine Unverträglichkeit oder medizinische Gegenanzeige für solche Therapien haben. • Zur Behandlung von Morbus Crohn mit Fistelbildung bei Patienten, die trotz einer vollständigen und adäquaten Therapie mit einer konventionellen Behandlung (einschließlich Antibiotika, Drainage und immunsuppressiver Therapie) nicht angesprochen haben. • Zur Behandlung der Ankylosierenden Spondylitis bei Patienten mit schwerer Wirbelsäulensymptomatik und erhöhten serologischen Entzündungsparametern, die auf eine konventionelle Therapie unzureichend angesprochen haben.
Mechanismus	Infliximab ist ein Antikörper mit hoher Affinität sowohl zu löslichem als auch zu membrangebundenen Formen von TNF-α, aber nicht zu Lymphotoxin-α (TNF-β). Somit neutralisiert Infliximab die funktionelle Aktivität dieses zentralen proinflammatorischen Zytokins.
Dosierung	Zur Behandlung der RA wird Remicade® in einer Dosis von 3 mg/kg KG intravenös über einen Zeitraum von 2 Stunden verabreicht. Weitere Dosen von 3 mg/kg erhalten die Patienten nach 2 und 6 Wochen, danach alle 8 Wochen. Remicade® muss zusammen mit Methotrexat verabreicht werden. Zur Behandlung eines Morbus Crohn wird eine Dosis von 5 mg/kg intravenös über einen Zeitraum von 2 Stunden infundiert. Responder erhalten – falls erforderlich – im Sinne einer Erhaltungstherapie weitere Infusionen mit 5 mg/kg nach 2 und 6 Wochen, danach alle 8 Wochen Bei Ankylosierender Spondylitis wird eine Dosis von 5 mg/kg als intravenöse Infusion über einen Zeitraum von 2 Stunden verabreicht, gefolgt von weiteren Infusionen mit 5 mg/kg in Woche 2 und 6 nach der ersten Infusion, danach alle 6 bis 8 Wochen.

körpern gegen Infliximab reduziert wird und dass die Plasmakonzentrationen von Infliximab ansteigen. Diese Ergebnisse sind jedoch auf Grund von methodischen Grenzen bei der Serumanalyse auf Infliximab und auf Antikörper gegen Infliximab unsicher. Corticosteroide scheinen die Pharmakokinetik von Infliximab nicht in klinisch relevanter Weise zu beeinflussen. Es liegen keine Erkenntnisse zu möglichen Wechselwirkungen zwischen Infliximab und anderen wirksamen Substanzen vor.

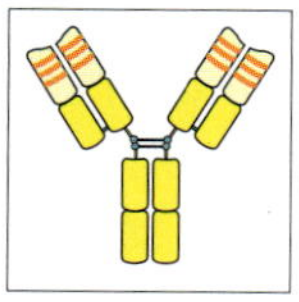

6.3.2 Adalimumab

Adalimumab (Humira®) wird als rekombinanter humaner monoklonaler IgG-Antikörper (IgG1) bezeichnet, der aus stabil transfizierten CHO-Zellen isoliert wird. Diese Bezeichnung ist insofern korrekt, als der Antikörper – anders als alle anderen derzeit verfügbaren rekombinanten Antikörper – keine Sequenzen der Maus oder anderer Tierspezies trägt (vgl. Kap. III.3.2). Die Basis dieses Moleküls ist ein humaner Antikörper. Allerdings wurde das Molekül *in vitro* stark modifiziert, um die Avidität des Antikörpers für sein spezielles Target zu optimieren, so dass die Bezeichnung „humaner Antikörper" sehr großzügig gewählt wurde.

Adalimumab bindet spezifisch TNF-α und neutralisiert dessen biologische Funktion, indem er die Interaktion des Liganden mit seinen zellständigen p55- und p75-TNF-Rezeptoren blockiert. Durch diese Blockade der Liganden-/Rezeptorbindung werden auch nachgeschaltete biologische Reaktionen beeinflusst, beispielsweise die Konzentration der Adhäsionsmoleküle ELAM-1, VCAM-1 und ICAM-1, die die Leukozytenmigration maßgeblich steuern. Man beobachtet bei den behandelten Patienten eine rasche Konzentrationsabnahme der Akute-Phase-Entzündungsparameter (C-reaktives Protein (CRP) und Blutkörperchensenkungsgeschwindigkeit (BSG)) und der Serumzytokine (z. B. IL-6). Auch die Serumspiegel an Matrixmetalloproteinasen (MMP-1 und MMP-2), die für die Knorpelzerstörung mitverantwortlich gemacht werden, werden vermindert.

Humira® ist indiziert zur Behandlung der mäßigen bis schweren aktiven Rheumatoiden Arthritis bei Erwachsenen, die nur unzureichend auf krankeitsmodifizierende Antirheumatika einschließlich Methotrexat ansprechen.

Eine Erweiterung der Indikation erscheint nach der Wirkweise von Adalimumab sinnvoll. Danach kann Adalimumab auch zur Reduktion des Fortschreitens der radiologisch nachweisbaren strukturellen Gelenkschädigungen und zur Verbesserung der körperlichen Funktionsfähigkeit im Rahmen der Behandlung von RA bei Erwachsenen eingesetzt werden. Die EMEA-Empfehlung beruht auf den klinischen Daten einer Studie mit RA-Patienten, die eine mittlere Erkrankungsdauer von etwa 11 Jahren aufwiesen. Die Studie zeigte, dass die Kombinationstherapie aus Adalimumab und Methotrexat in dieser Patientenpopulation das Fortschreiten der strukturellen Gelenkschädigungen verzögert. Das Ausmaß der Gelenkschädigungen wurde radiologisch auf Basis der Gelenkerosionen und der Gelenkspaltverengungen mit Hilfe des modifizierten *Total-Sharp-Scores* ermittelt. Die Patienten, die alle 14 Tage 40 mg Adalimumab in Kombination mit Methotrexat erhielten, wiesen nach 6 Monaten bzw. nach einem Jahr eine signifikant geringere Veränderung des *Total-Sharp-Scores* auf als die mit Placebo und Methotrexat behandelten Patienten. Darüber hinaus blieb der *Total-Sharp-Score* unter der Behandlung mit 40 mg Adalimumab und Methotrexat auch über einen Behandlungszeitraum von zwei Jahren nahezu unverändert. Durch die Behandlung mit Adalimumab konnte eine Verbesserung der körperlichen Funktionsfähigkeit und der Lebensqualität erreicht und über den Behandlungszeitraum von zwei Jahren aufrechterhalten werden. Wichtig ist zu beachten, dass eine aktive Tuberkulose oder andere schwere Infektionen wie Sepsis und opportunistische Infektionen Gegen-

Name	Adalimumab
Spezialitäten	Humira®
Indikation	Zur Behandlung der mäßigen bis schweren Rheumatoiden Arthritis bei erwachsenen Patienten, die nur unzureichend auf krankheitsmodifizierende Antirheumatika einschließlich Methotrexat angesprochen haben.
Mechanismus	Der Antikörper bindet den Tumornekrosefaktor-α (TNF-α) und unterbricht somit die durch TNF-α induzierte Signaltransduktionskaskade.
Dosierung	Erwachsene Patienten erhalten 40 mg Adalimumab alle 2 Wochen subkutan. Die Anwendung von Methotrexat sollte fortgesetzt werden.

anzeigen darstellen. Es ist einleuchtend, dass Patienten, bei denen eine TNF-α-Reaktion blockiert ist, immunsupprimiert sind. Daher müssen alle Patienten vor Beginn der Behandlung mit Humira® sowohl auf aktive als auch auf latente Tuberkulose-Infektionen untersucht werden. Da die Elimination von Adalimumab bis zu 5 Monaten dauern kann, müssen auch nach der Behandlung entsprechende Vorsichtsmaßnahmen beachtet werden.

Metabolismus: Die absolute Bioverfügbarkeit beträgt nach Gabe einer einzelnen subkutanen Dosis von 40 mg 64 %. Nach intravenösen Einzeldosen von 0,25 bis 10 mg/kg KG waren die Konzentrationen proportional zur Dosis. Bei Dosen von 0,5 mg/kg (≈ 40 mg) betrug die Clearance zwischen 11 und 15 ml/h, das Verteilungsvolumen (V_{ss}) zwischen 5 und 6 l und die mittlere terminale Halbwertszeit ca. 2 Wochen. Die Adalimumab-Konzentrationen in der Synovialflüssigkeit mehrerer Patienten lagen zwischen 31 und 95 % der Serumkonzentrationen.

Unerwünschte Wirkungen: Abfall der Hb-Konzentration, Granulozytopenie, Leukopenie, Hyperlipidämie, Depression, Somnolenz, Schlaflosigkeit, Kopfschmerzen, Schwindel/Benommenheit, Infektionen der oberen Atemwege, Übelkeit, Diarrhö, Halsschmerzen, Hautausschlag, Pruritus, Herpes-simplex-Infektionen, Harnwegsinfektionen, Schmerzen an der Injektionsstelle, allergische Reaktionen.

Interaktionen: Adalimumab wurde bei Patienten mit Rheumatoider Arthritis sowohl als Monotherapie, als auch in der Kombination mit Methotrexat untersucht. Die Bildung von Antikörpern war in der Kombinationstherapie niedriger als in der Monotherapie. Außerdem war in der Monotherapie die Clearance von Adalimumab höher als in der Kombinationstherapie.

Die gleichzeitige Anwendung von Etanercept bzw. Anakinra mit Adalimumab wird mit einem erhöhten Infektionsrisiko und einem erhöhten Risiko für Neutropenien in Zusammenhang gebracht, ohne dass ein zusätzlicher Nutzen erkennbar wäre.

6.3.3 Certolizumab pegol

Certolizumab pegol (CDP-870) ist ein pegyliertes Fab-Fragment eines humanisierten, monoklonalen Anti-TNFα-Antikörpers, das mit hoher Affinität an TNFα bindet und so dessen Aktivität neutralisiert. Das Protein wird in *E. coli* produziert.

Der Wirkstoff befindet sich derzeit in fortgeschrittener klinischer Prüfung für die Indikationen „moderater bis schwerer *Morbus Crohn*" und „Rheumatoide Arthritis".

Als Fab-Fragment wäre das Molekül nicht stabil genug, um ausreichend hohe Serumspiegel aufzubauen. Aus diesem Grund wurde das Antikörperfragment mit zwei verknüpften Polyethylenglykol-Ketten modifiziert, die dem Wirkstoff

eine hinreichende Stabilität verleiht. So besitzt das modifizierte Antikörperfragment eine biologische Halbwertszeit von ca. zwei Wochen.
Zur Therapie werden zunächst alle zwei Wochen 400 mg Wirkstoff subkutan appliziert. Ab der 4. Injektion wird das Dosierintervall auf eine Dosis in vier Wochen reduziert.
Die klinischen Studien sind ermutigend. Am meisten scheinen Patienten mit aktivem Entzündungsgeschehen zu profitieren. Die Infektanfälligkeit war bei den Studienpatienten zwar erhöht, jedoch wurden keine opportunistischen Infekte oder Tuberkulose beobachtet.

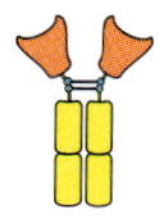

6.3.4 Etanercept

Etanercept (Enbrel®) ist ein Fusionsprotein aus zwei Molekülen Tumornekrosefaktor-Rezeptor (p75) und dem konstanten Bereich der schweren Kette eines IgG-Moleküls. Der Antikörperanteil besteht aus der *Hinge*-Region (dem Übergang von der CH1- zur CH2-Domäne), der CH2- und der CH3-Domäne (IgG1-Fc). Die CH1-Domäne fehlt jedoch. Dieses Molekül wird gewissermaßen von einem „Kunstgen" codiert. Etanercept besteht aus 934 Aminosäuren und hat eine relative Molekülmasse von ungefähr 150 kDa. Es wird gentechnisch aus CHO-Zellen gewonnen.
Das Fusionsprotein ist als löslicher TNF-Rezeptor ein kompetitiver Inhibitor der Bindung von TNF-α und TNF-β an seine Zelloberflächen-Rezeptoren. Es verhindert die Rezeptorstimulation und hemmt damit die biologische Aktivität des pathologisch überproduzierten Zytokins.
Der Tumornekrosefaktor ist ein dominantes Zytokin bei allen Entzündungsprozessen. TNF-α und Lymphotoxin sind proinflammatorische Zytokine, die an zwei unterschiedliche Zelloberflächen-Rezeptoren binden: die 55 kDa (p55) und die 75 kDa (p75) großen Tumornekrosefaktor-Rezeptoren (TNFRs). Beide Rezeptortypen kommen physiologisch in Membran-gebundener und löslicher Form vor. Man nimmt an, dass die löslichen TNFRs die biologische Aktivität von TNF regulieren.
In Form des Etanercepts liegt der TNF-Rezeptor als Dimer vor. Als Dimere haben sie eine höhere Affinität zu den hauptsächlich trimer vorkommenden Tumornekrosefaktoren als monomer vorliegende Rezeptoren. Sie sind deshalb potentere kompetitive Inhibitoren der TNF-Bindung an Zelloberflächenrezeptoren als die physiologischen löslichen Rezeptoren. Darüber hinaus sorgen die Immunglobulin-Fc-Elemente für eine hohe biologische Stabilität und folglich für eine verlängerte Serumhalbwertszeit.
Etanercept verhindert auch die Bindung von Lymphotoxin alpha (LT-α) an die membranständigen TNF-Rezeptoren. Es verursacht jedoch keine Lyse der TNF-produzierenden Zellen.
Die Wirksamkeit von Enbrel® wurde zwischenzeitlich in vielen klinischen Studien belegt. Zur Zulassung führten drei klinische Studien mit 234, 180 und 632 Patienten mit aktiver Rheumatoider Arthritis.
Metabolismus: Etanercept wird langsam von der Injektionsstelle der subkutanen Injektion resorbiert, wobei eine maximale Konzentration nach ca. 48 Stunden erreicht wird. Die absolute Bioverfügbarkeit liegt bei 76 %. Man geht davon aus, dass bei zweimal wöchentlicher Gabe die Steady-State-Konzentrationen ungefähr doppelt so hoch sind wie die Konzentrationen nach Gabe einer Einzeldosis. Die Konzentrations/Zeit-Kurve verläuft biexponentiell. Das zentrale Verteilungsvolumen liegt bei 7,6 l, wohingegen das Verteilungsvolumen unter *Steady-State*-Bedingungen bei 10,4 l liegt. Die Halbwertszeit beträgt etwa 70 Stunden.
Unerwünschte Wirkungen: Häufige unerwünschte Wirkungen sind Reaktionen an der Injektionsstelle, Infektionen der oberen und unteren Atemwege, Kopfschmerzen, Rhinitis, Bildung von anti-nukleären Antikörpern (ANA), Herzinsuffizienz, Myokardinfarkt, Myokard-Ischämie, zerebrale Ischämie, Hypertonie, Hypotonie, Cholezystitis, Pankreatitis, gastrointestinale Blutungen, Bursitis, Depression, Dyspnoe.

Name	**Etanercept**
Spezialitäten	**Enbrel®**
Indikation	• Zur Behandlung der aktiven Rheumatoiden Arthritis bei Erwachsenen, wenn das Ansprechen auf Basistherapeutika, einschließlich Methotrexat (sofern nicht kontraindiziert), unzureichend ist. • Zur Behandlung schwerer, aktiver und progressiver Formen der Rheumatoiden Arthritis bei Erwachsenen, die zuvor nicht mit Methotrexat behandelt worden sind. • Zur Behandlung der aktiven polyartikulären juvenilen chronischen Arthritis bei Kindern im Alter von 4 – 17 Jahren, die unzureichend auf eine Methotrexat-Behandlung angesprochen haben oder eine Methotrexat-Behandlung nicht vertragen. • Zur Behandlung der aktiven und progressiven Psoriasis-Arthropathie (*Arthritis psoriatica*) bei Erwachsenen, wenn das Ansprechen auf eine vorhergehende Basistherapie unzureichend ist. • Zur Behandlung des schweren aktiven Morbus Bechterew (*Spondylitis ankylosans*) bei Erwachsenen, die unzureichend auf eine konventionelle Behandlung angesprochen haben.
Mechanismus	Etanercept fungiert als kompetitiver Inhibitor der Bindung von TNF an seine Zelloberflächen-Rezeptoren
Dosierung	In der Regel werden zweimal wöchentlich 25 mg Enbrel® als subkutane Injektion verabreicht. Eine Dosisanpassung für Patienten ≥ 65 Jahre oder für Patienten mit Nieren- und Leberfunktionsstörungen ist nicht erforderlich. Kinder und Jugendliche ≥ 4 Jahre bis < 18 Jahre erhalten 0,4 mg Etanercept/kg KG bis zu einer Maximaldosis von 25 mg Etanercept.

Unerwünschte Wirkungen, die in den Studien nur oder signifikant häufiger bei juveniler chronischer Arthritis auftraten, sind Infektionen (62 %), Kopfschmerzen (19 %), Unterleibsschmerzen (19 %), Erbrechen (13 %), Varizellen-Infektionen mit den Zeichen und Symptomen einer aseptischen Meningitis, die ohne Folgeschäden überstanden wurden, Gastroenteritis, Depression/Persönlichkeitsstörungen, Hautgeschwür, Ösophagitis/Gastritis.

Gelegentlich beobachtet man Schwindelgefühl, Pharyngitis, Husten, Asthenie, Unterleibsschmerzen, Hautausschlag, Atemstörung, Dyspepsie, Sinusitis;

Interaktionen: Wechselwirkungen zwischen Enbrel® und anderen Wirkstoffen sind nicht durch gezielte klinische Studien untersucht worden. In klinischen Studien wurden bei gleichzeitiger Anwendung von Enbrel® mit Glucocorticoiden, Salicylaten, NSARs, Analgetika oder Methotrexat keine Wechselwirkungen festgestellt.

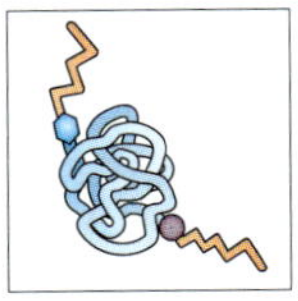

6.3.5 Pegsunercept

Pegsunercept (sTNF-RI) enthält eine verkürzte Form des p55-TNFα-Rezeptors, die in *E. coli* produziert wird. Dieser lösliche TNFα-Rezeptor ist allerdings nicht – wie im Falle von Etanercept – mit dem konstanten Bereich der schweren Kette eines IgG-Moleküls verknüpft. Vielmehr wurde hier das Stabilitätsproblem durch Pegylierung gelöst. So trägt Pegsunercept eine Polyethylenglykolkette am N-Terminus des Rezeptorproteins.

Der Wirkstoff wird von Amgen entwickelt. In bisher durchgeführten klinischen Studien mit Patienten, die an Rheumatoider Arthritis leiden, zeigt der Wirkstoff Wirksamkeit und eine gute Verträglichkeit. Getestet wird ferner eine Kombination von Pegsunercept mit Anakinra.

6.4 Onkologische Antikörper

Der Gedanke einer gezielten Aktivierung des Immunsystems zur effektiven Bekämpfung maligner Erkrankungen ist bereits sehr alt. Aber erst Entwicklungen in den letzten Jahren haben die wissenschaftliche Basis für die Durchführung der immuntherapeutischen Tumorbekämpfung geschaffen (vgl. Kap. I.5.5). Die einzelnen Ansätze unterscheiden sich vom Konzept und der Realisierung deutlich voneinander, haben aber alle ein gemeinsames Ziel: die Aktivierung des Immunsystems, um gezielt maligne Zellen zu zerstören (vgl. Kap. I.5.5.2). Im Gegensatz zu Pathogenen, die in den Körper eindringen, induzieren Tumor-assoziierte Antigene (TAA) meistens nur eine schwache Immunabwehr. Dies beruht darauf, dass Tumorantigene selten so genannte Neoantigene darstellen, sondern zumeist physiologisch vorkommende Antigene sind, die allerdings in Tumoren besonders stark exprimiert werden. Um gegen solche Antigene eine ausreichende Immunantwort zu induzieren, muss die vorhandene immunologische Toleranzschwelle durchbrochen werden. Ein Ansatz ist die Applikation von Antikörpern, die den Tumor über das Tumor-assoziierte Antigen aufspüren und ihn somit für das Immunsystem sichtbar machen.

Diese Option ließ sich lange nicht nutzen, da nur monoklonale Maus-Antikörper zur Verfügung standen, die zu schlecht vertragen wurden. Erst die Entwicklung rekombinanter Moleküle als chimäre beziehungsweise humanisierte Antikörper Mitte der 1990er-Jahre ermöglichte wiederholte Therapiezyklen, und verbesserte Produktionsbedingungen ließen zudem eine kosteneffiziente Herstellung der in Milligramm-Dosen benötigten Antikörper zu.

Zwei wesentliche Prozesse werden durch die Bindung der Antikörper an ein Tumor-assoziiertes Antigen induziert: Die Antikörper-abhängige zelluläre Zytotoxizität (ADCC) und die Komplement-abhängige Zytotoxizität (CDC) (Abb. II.6.5; vgl. Kap. I.3.3.4.2).

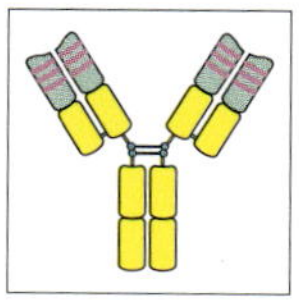

6.4.1 Cetuximab

Cetuximab (Erbitux®) ist ein chimärer monoklonaler IgG-Antikörper (IgG1), der von einer stabil transfizierten murinen Myeloma-Zelllinie produziert wird. Er ist gerichtet gegen den humanen epidermalen Wachstumsfaktor-Rezeptor (EGFR) und wird in der Regel zusammen mit dem Topoisomerase-I-Inhibitor Irinotecan (Abb. II.6.6) bei der Therapie des metastasierenden Kolon-Karzinoms eingesetzt, wenn eine Therapie mit Irinotecan allein nicht angeschlagen hat.

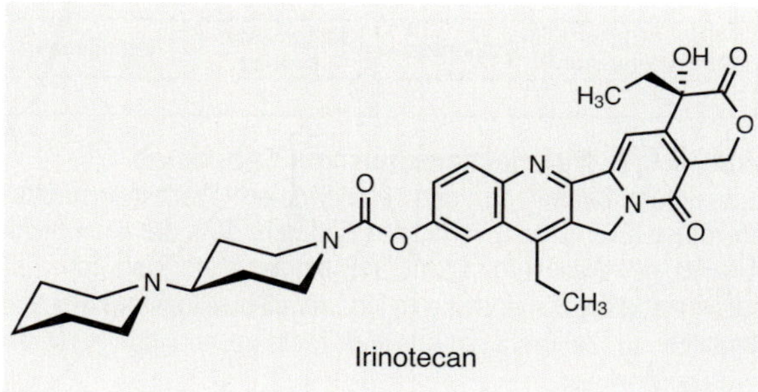

Abb. II.6.6

Der EGFR ist ein Mitglied der erbB-(Her)-Rezeptorfamilie. Dies sind Rezeptoren, die sich einmal durch die Membran ziehen und die nach Aktivierung durch den Liganden Tyrosinkinase-Aktivität besitzen. Durch diese Tyrosinkinase-Aktivität wird ein komplexes Signaltransduktionsnetzwerk aktiviert, das das Wachstum der Tumorzelle aufrechterhält. Hier setzt die Rationale für den therapeutischen Antikörper an, der den Rezeptor belegt und somit für das Andocken eines aktivierenden Liganden blockiert. Gleichzeitig wird deutlich, dass die Therapie nur greifen kann, wenn der Tumor als EGFR-positiv diagnostiziert wurde.

Zu der Rezeptorfamilie gehören neben dem EGFR auch noch der erbB-2/neu-Rezeptor (Her-2/neu), der erbB-3-Rezeptor (Her-3) und der erbB-4-Rezeptor (Her-4). Neben dem epidermalen Wachstumsfaktor EGF bindet an den EGFR

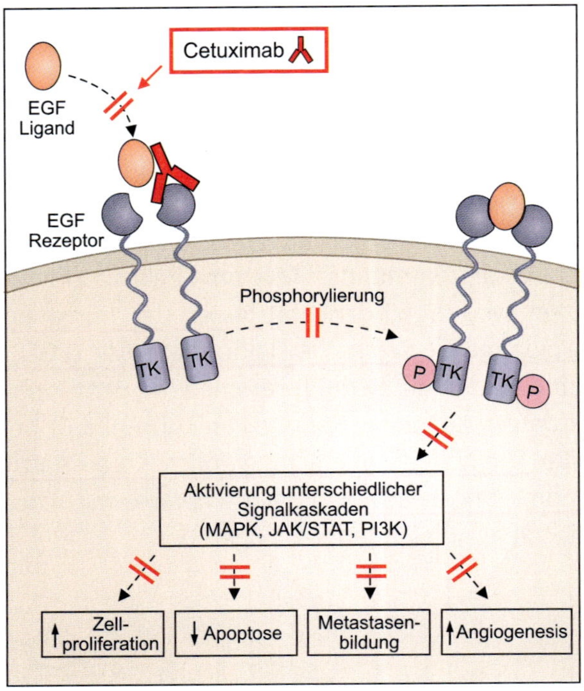

Abb. II.6.7: Wirkmechanismus von Cetuximab. Cituximab bindet an den epidermalen Wachstumsfaktor-Rezeptor (EGF-R) und verhindert dadurch, dass der eigentliche Ligand, der Wachstumsfaktor EGF, binden kann. Dadurch wird gleichzeitig die EGF-induzierte Signaltransduktionskaskade, die letztlich zu Zellproliferation und Metastasenbildung führen würde, blockiert.

auch noch der Transformierende Wachstumsfaktor-α (TGF-α). Die Liganden binden simultan zwei Rezeptormoleküle und vernetzen diese dadurch. Dies führt zur Aktivierung der intrinsischen Tyrosinkinase-Aktivität und anschließend zur Induktion verschiedener Signaltransduktionswege, darunter den RAS-induzierten MAP-Kinase-Weg, den PI3-Kinase-Weg und den JAK/STAT-Signaltransduktionsweg (Abb. II.6.7).

Sowohl *in vitro* als auch *in vivo* hemmt Cetuximab die Proliferation und induziert die Apoptose EGFR-exprimierender Tumorzellen. Ferner hemmt Cetuximab die Produktion von Angiogenesefaktoren durch Tumorzellen und blockiert die endotheliale Zellmigration.

Metabolismus: Bei einer Gabe von 400 mg/m^2 Cetuximab entspricht das mittlere Verteilungsvolumen etwa dem Intravasalraum von ca. 2,9 l/m^3. Die C_{max} liegt in der 3. Woche bei durchschnittlich 155,8 µg/ml und in der 8. Woche bei 151,6 µg/ml. Die AUC bei verschiedenen Dosierungen steigt überproportional. Die durchschnittliche Clearance fällt von 0,079 l/h/m^2 bei Gabe einer Einzeldosis von 20 mg/m^2 auf ca. 0,02 l/h/m^2 bei Gabe einer Einzeldosis von 200

Name	**Cetuximab**
Spezialitäten	**Erbitux®**
Indikation	In Kombination mit Irinotecan zur Behandlung von Patienten mit EGFR-exprimierendem, metastasierendem Kolorektalkarzinom, wenn eine Chemotherapie mit Irinotecan als Komponente versagt hat.
Mechanismus	Der Antikörper fungiert als kompetitiver Inhibitor der Bindung des epidermalen Wachstumsfaktors (EGF) an seinen Zelloberflächen-Rezeptor (EGFR). Der Antikörper bindet mit einer vielfach höheren Affinität an den Rezeptor als der natürliche Ligand. Die Folge ist eine Herabregulation der Rezeptorexpression, die Inhibition der intrazellulären Signaltransduktion, die Inhibition der Zellzyklusprogression, eine Induktion der Apoptose, die Inhibition von DNA-Reparaturmechnismen, eine Inhibition der Angiogenese sowie eine Inhibition der Zellwanderung, Zellinvasion und Metastasenbildung.
Dosierung	Erbitux® wird einmal wöchentlich verabreicht. Die Initialdosis beträgt 400 mg Cetuximab/m^2 Körperoberfläche. Danach werden einmal wöchentlich 250 mg/m^2 verabreicht. In der Regel wird die Therapie mit der Gabe von Irinotecan kombiniert. Dabei wird meist die Dosis beibehalten, die während des letzten Behandlungszyklusses eingesetzt wurde. Zwischen dem Ende der Cetuximab-Infusion und der Applikation von Irinotecan muss ein Mindestabstand von einer Stunde eingehalten werden.

bis 500 mg/m². Ähnlich steigt die mittlere Halbwertszeit ($t_{1/2}$) von 33,9 Stunden bei einer Einzeldosis von 20 mg/m² auf 119,4 Stunden bei einer Einzeldosis von 500 mg/m².

Unerwünschte Wirkungen: Teils schwere Überempfindlichkeitsreaktionen mit Bronchospasmus, Urtikaria, Blutdruckabfall. Weitere unerwünschte Wirkungen umfassen Fieber, Schüttelfrost, Übelkeit, Hautausschlag und Atemnot.

Interaktionen: Es liegen keine Hinweise dafür vor, dass das Sicherheitsprofil von Cetuximab oder von Irinotecan durch die kombinierte Anwendung beeinflusst wird. Formale Wechselwirkungsstudien wurden nicht durchgeführt.

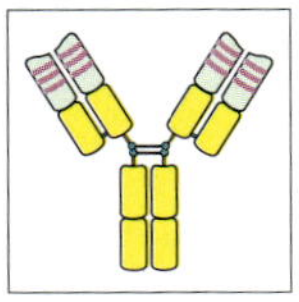

6.4.2 Trastuzumab

Trastuzumab (Herceptin®) ist ein humanisierter monoklonaler IgG-Antikörper (IgG1), der aus einer stabil transfizierten CHO-Zelllinie im kontinuierlichen Durchflussverfahren gewonnen wird. Er ist gerichtet gegen das menschliche HER2-Protein (humaner epidermaler Wachstumsfaktorrezeptor 2). Dieses Protein ist ein Mitglied der ErbB-(Her)-Rezeptorfamilie. Dies sind Rezeptoren, die sich einmal durch die Membran ziehen und die nach Aktivierung durch den Liganden Tyrosinkinase-Aktivität besitzen. Das HER2-Protein wird bei 20 bis 30 % aller primärer Mammakarzinome überexprimiert. Dies beruht in aller Regel auf einer massiven Amplifikation des DNA-Bereiches, der für das HER2-Protein codiert.

Es konnte gezeigt werden, dass Trastuzumab die Proliferation menschlicher Tumorzellen, die HER2 überexprimieren, hemmt. Dies scheint u. a. durch eine starke Antikörper-abhängige zelluläre Zytotoxizität (ADCC) bedingt zu sein, die durch Trastuzumab induziert wird (vgl. Abb. II.6.5). Eine Komplement-abhängige Zytolyse (CDC) scheint keine Rolle zu spielen, obwohl gezeigt wurde, dass die Komplement-Kaskade durch den Immunkomplex induziert wird. Verantwortlich für diesen überraschenden Befund könnten Regulatorproteine wie CD35, CD46 oder CD55 sein.

Wichtig für den Einsatz von Trastuzumab ist der Nachweis einer HER2-Überexpression (vgl. Abb. I.5.35). Nur bei Patientinnen, die diese Tumorcharakteristika aufweisen, ist ein Einsatz von Trastuzumab sinnvoll. Die Überexpression des HER2-Moleküls sollte durch eine immunhistochemische Untersuchung (IHC) fixierter Tumorblöcke diagnostiziert werden. Patientinnen sind dann für eine Therapie mit Herceptin® geeignet, wenn ihre Tumore eine starke HER2-Überexpression aufweisen, wie sie unter 3+-Einstufung für IHC beschrieben ist (Tab. II.6.1).

Metabolismus: Trastuzumab zeigt ein dosisabhängiges pharmakokinetisches Profil. Die Halbwertszeit bei der empfohlenen Dosis liegt bei etwa 28,5 Tagen. Die Auswaschperiode beträgt

Tab. II.6.1: Bewertungssystem für die Beurteilung der IHC-Färbemuster

Einstufung der Färbeintensität	Färbemuster	Beurteilung der HER2-Überexpression
0	Es ist keine Färbung oder eine Membranfärbung bei < 10 % der Tumorzellen zu beobachten	Negativ
1+	Eine schwache/kaum wahrnehmbare Membranfärbung ist bei > 10 % der Tumorzellen zu beobachten. Die Zellen sind nur an Teilen ihrer Membran gefärbt.	Negativ
2+	Eine schwache bis mäßige Färbung der gesamten Membran ist bei > 10 % der Tumorzellen zu beobachten.	Leicht bis mäßige Überexpression
3+	Eine mäßige bis starke vollständige Membranfärbung ist bei > 10 % der Tumorzellen zu beobachten	Mäßige bis starke Überexpression

Name	Trastuzumab
Spezialitäten	Herceptin®
Indikation	Zur Behandlung von Patienten mit metastasiertem Mammakarzinom, deren Tumoren HER2 überexprimieren: • als Monotherapie zur Behandlung von Patienten, die mindestens zwei Chemotherapieregime gegen ihre metastasierte Erkrankung erhalten haben. Die vorangegangene Chemotherapie muss mindestens ein Anthrazyklin und ein Taxan enthalten haben, außer diese Behandlung ist für die Patienten nicht geeignet. Bei Patienten mit positivem Hormonrezeptor-Status muss eine Hormonbehandlung erfolglos gewesen sein, außer diese Behandlung ist für die Patienten nicht geeignet; • in Kombination mit Paclitaxel zur Behandlung von Patienten, die noch keine Chemotherapie gegen ihre metastasierte Erkrankung erhalten haben und für die ein Anthrazyklin ungeeignet ist.
Mechanismus	Der Antikörper ist gegen das HER2-Protein gerichtet, das auf Grund massiver Überexpression in hoher Dichte in die Membran von Mamma-Karzinomzellen inseriert ist. Durch Binden des Antikörpers an das HER2-Protein wird die Zelle für den „Angriff" durch zytotoxische T-Zellen markiert, so dass es zu einer effektiven Antikörper-abhängigen zellulären Zytotoxizität (ADCC) kommt.
Dosierung	Als Initialdosis werden 4 mg Herceptin® pro kg KG empfohlen. Danach sollten, beginnend eine Woche nach der Initialdosis, wöchentlich einmal 2 mg Herceptin® pro kg KG gegeben werden. Herceptin® wird intravenös über einen Zeitraum von 90 min verabreicht.

bis zu 24 Wochen. Die Clearance nimmt mit zunehmender Dosis ab. In klinischen Prüfungen mit einer Initialdosis von 4 mg/kg Trastuzumab, gefolgt von einer weiteren wöchentlichen Dosis von 2 mg/kg, betrug die mittlere Clearance 0,225 l/Tag.

Unerwünschte Wirkungen: Fieber und Schüttelfrost, Bauchschmerzen, Asthenia, Schmerzen im Brustkorb, Diarrhö, Übelkeit, Erbrechen, Arthralgie, Myalgie, Ausschlag, Rigor, Kopfschmerzen, Husten, Benommenheit, Asthenie. Lebertoxizität der Grade III oder IV wurde bei 12 % der Studien-Patienten beobachtet.

Gelegentliche unerwünschte Wirkungen sind grippeähnliches Syndrom, Rückenschmerzen, Infektion, Nackenschmerzen, Unwohlsein, allergische Reaktion, Mastitis, Gewichtsverlust, Vasodilatation, Tachykardie, Hypotonie, Herzinsuffizienz, Kardiomyopathie, Palpitation, Anorexie, Obstipation, Dyspepsie, Druck- und Berührungsempfindlichkeit der Leber, trockener Mund, Störungen am Rektum (Hämorrhoiden), Leukopenie, Ekchymose, Ödeme, Knochenschmerzen, Beinkrämpfe, Arthritis, Angstzustände, Depression, Schlafstörungen, Parästhesie, Somnolenz, Hypertonus, Neuropathie, Tremor, Asthma, Dyspnoe, Epistaxis, Lungenfunktionsstörungen, Pharyngitis, Rhinitis, Sinusitis, Harnwegsinfekte, Pruritus, Schwitzen, Nagelveränderungen, trockene Haut, Alopezie, Akne, makulopapulöser Ausschlag, Geschmacksveränderung.

Interaktionen: Es wurden keine Wechselwirkungsstudien durchgeführt. Ein Risiko für Wechselwirkungen mit der Begleitmedikation kann nicht ausgeschlossen werden.

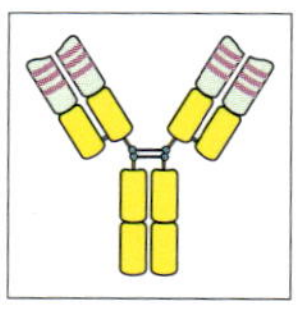

6.4.3 Alemtuzumab

Alemtuzumab (MabCampath®) ist ein rekombinanter humanisierter monoklonaler IgG-Antikörper (IgG1) mit einer leichten κ-Kette. Er wird aus stabil transfizierten CHO-Zellen isoliert. Alemtuzumab bindet an das CD52-Antigen, ein 21 bis 28 kDa großes Glykoprotein, das auf der Oberfläche von B- und T-Lymphozyten exprimiert wird und über einen Glykosylphosphatidyl-Inositol-Anker (GPI-Anker) fixiert ist. Mindestens 95 % aller peripheren Blut-Lymphozyten und Monozyten/Makrophagen tragen dieses Antigen, das darüber hinaus fast ausnahmslos bei chronisch-lymphozytärer Leukämie (CLL) und in den meisten Fällen von Non-Hodgkin-Lymphom gebildet wird. Eine kleine Subgruppe (< 5 %) der Granulozyten exprimiert ebenfalls CD52. Dagegen fehlt dieser Marker auf Erythrozyten, Thrombozyten und Knochenmarkstammzellen. Seine Spezifität erhielt der Antikörper durch den Austausch der sechs CDRs eines humanen IgG1-Antikörpers durch sechs CDRs eines monoklonalen Antikörpers aus der Ratte (IgG2a), der gegen das CD52-Antigen gerichtet war.

Bindet Alemtuzumab an das CD52-Antigen, werden durch den Immunkomplex sowohl eine Komplement-abhängige Zytolyse (CDC) als auch eine Antikörper-abhängige zelluläre Zytotoxizität (ADCC) induziert (vgl. Abb. II.6.5). Ferner werden auch apoptotische Mechanismen durch die Bindung des Antikörpers ausgelöst.

MabCampath® ist zugelassen zur Behandlung von Patienten mit chronischer lymphatischer Leukämie (CLL), die mit Alkylanzien behandelt wurden und bei denen nach der Fludarabinphosphat-Therapie keine totale oder partielle Remission oder nur eine kurzzeitige Remission (kürzer als 6 Monate) aufgetreten ist. Nach dieser Zulassungsdefinition muss MabCampath® als *Third-line*-Medikament eingestuft werden. Andererseits muss es als wichtige Ergänzung des bereits etablierten Wirkstoffspektrums zur Behandlung der CLL gesehen werden. Denn CLL ist die am weitesten verbreitete Leukämie-Form in den westlichen Ländern. Die Inzidenz liegt bei 1,8 bis 3 Fälle pro 100.000 Einwohner. Die CLL wird durch eine im Blut, Knochenmark, Lymphknoten und Milz klonal proliferierende und akkumulierende neoplastische B-Lymphozyten-Population verursacht. Die Patienten leiden an Lymphozytose, Lymphadenopathie, Splenomegalie mit Symptomen der Abgeschlagenheit und größeren Gewichtsverlustes. Als Standardtherapie werden die Patienten zunächst mit Alkylanzien wie Chlorambucil behandelt. Diese müssen oft mit Corticosteroiden, Anthrazyklinen und anderen Wirkstoffen kombiniert werden. Resistente Formen werden dann mit Fludarabin behandelt. Allerdings liefert auch diese Behandlung hinsichtlich der Überlebensverlängerung nur unbefriedigende Resultate. Mit MabCampath® steht nun eine weitere Therapieoption zur Verfügung. Da die Patienten durch die Behandlung mit MabCampath® massiv immunsupprimiert werden, sollten sie routinemäßig Antibiotika und antivirale Substanzen erhalten.

Metabolismus: Nach einer einzelnen intravenösen Infusion von 7,5 mg, 24 mg oder 75 mg MabCampath® zeigen die maximale Serumkonzentration (C_{max}) und die Fläche unter der Kurve (AUC) eine relative Dosisproportionalität. Die mittlere Halbwertszeit liegt zwischen ca. 23 und 30 Stunden.

Bei dreimal wöchentlicher Gabe von 30 mg MabCampath® als intravenöse Infusion bei CLL-Patienten steigen die *Peak*- und *Trough*-Werte in der ersten Behandlungswoche an und erreichen ungefähr in der sechsten Woche ein Steady-State-Niveau. Die maligne Lymphozytose scheint ein primäres Blutkompartiment darzustellen, in dem sich der Wirkstoff konzentriert. Wird dieses Kompartiment durch die Therapie kleiner, steigen die *Trough*- und *Peak*-Serumkonzentrationen.

Unerwünschte Wirkungen: Sehr häufig treten akute infusionsbedingte Reaktionen wie Fieber, Rigor, Übelkeit, Erbrechen, Hypotonie, Müdigkeit, Ausschlag, Urtikaria, Dyspnoe, Kopfschmerzen, Juckreiz, Durchfall, Anorexie, Sepsis, Herpes simplex, Pneumonie und vermehrtes Schwitzen auf. Ferner treten Infektionen 3. oder 4. Grades sehr häufig auf, einschließlich Herpes-simplex- und Pneumonieinfektionen 3. oder 4. Grades.

Gelegentliche unerwünschte Wirkungen sind opportunistische Infektionen einschließlich

Name	Alemtuzumab
Spezialitäten	MabCampath®
Indikation	Zur Behandlung von Patienten mit chronischer lymphatischer Leukämie (CLL), die mit Alkylanzien behandelt wurden und bei denen nach der Fludarabinphosphat-Therapie keine totale oder partielle Remission oder nur eine kurzzeitige Remission (kürzer als 6 Monate) aufgetreten ist.
Mechanismus	Der Antikörper bindet das CD52-Epitop auf lymphoiden Zellen. Dadurch wird sowohl eine Komplement-abhängige Zytolyse (CDC) als auch eine Antikörper-abhängige zelluläre Zytotoxizität (ADCC) induziert.
Dosierung	In der ersten Therapiewoche wird MabCampath® in einer eskalierenden Dosierung von 3 mg am 1. Tag, 10 mg am 2. Tag und 30 mg am 3. Tag verabreicht. Danach sollten dreimal wöchentlich mit jeweils eintägiger Unterbrechung 30 mg verabreicht werden. Die Behandlung kann bis zu 12 Wochen lang fortgesetzt werden.

Pneumocystis-carinii-Pneumonie (PCP), Zytomegalovirusinfektionen (CMV), *Aspergillus*-Pneumonie und Herpes zoster, schwere Blutungsreaktionen, Rückenschmerzen, neutropenisches Fieber, Brustschmerzen, Schmerzen, Mundödeme, Asthenie, Unwohlsein, grippeartige Symptome, Ödeme, verändertes Temperaturempfinden, Hypertonie, Tachykardie, Gefäßspasmen, Hitzewallungen, Palpitationen, Geschmacksverlust, Tremor, Hypästhesie, Benommenheit, Hyperkinese, Konjunktivitis, Parästhesie, Vertigo, Abdominalschmerzen, gastrointestinale Blutung, Stomatitis, Schleimhautentzündung, gestörte Leberfunktion, Obstipation, Dyspepsie, ulzerative Stomatitis, Flatulenz, Granulozytopenie, Thrombozytopenie, Anämie, Panzytopenie, Leukopenie, Lymphopenie, Purpura, Hyponatriämie, Dehydrierung, Gewichtsabnahme, Hypocalciämie, Durst, Skelettschmerzen, Arthralgie, Myalgie, Verwirrheit, Ängstlichkeit, Somnolenz, Depression, Insomnia, Moniliasis, Pilzinfektion, Abszess, Pneumonitis, Bronchospasmus, Sinusitis, Husten, Hypoxie, Infektion der Atemwege, Bronchitis, Pharyngitis, Hämoptyse, erythematöser Ausschlag und bullöse Eruption.

Interaktionen: Bisher wurden keine Studien zur Untersuchung von Wechselwirkungen von MabCampath® und anderen Arzneimitteln durchgeführt. Allerdings sollte der Wirkstoff nicht innerhalb von drei Wochen vor oder nach der Behandlung mit anderen Chemotherapeutika verabreicht werden. Es wird empfohlen, auf eine Impfung mit Lebendimpfstoff mindestens 12 Monate nach einer MabCampath®-Therapie zu verzichten.

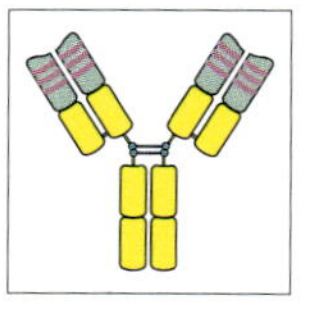

6.4.4 Rituximab

Rituximab (MabThera®) ist ein rekombinanter monoklonaler chimärer (Mensch/Maus) Antikörper (IgG1) gegen das CD20-Antigen. Er wird aus stabil transfizierten CHO-Zellen gewonnen. Das CD20-Antigen ist ein nicht glykosyliertes Phosphoprotein, das sich sowohl auf Prä-B-Zellen als auch auf reifen B-Zellen befindet (Abb. II.6.8).

Rituximab ist indiziert zur Behandlung von Patienten mit follikulärem Lymphom im Stadium III bis IV, bei denen eine Chemotherapie unwirksam war oder bei denen immer wieder Rezidive auftreten. Ferner ist Rituximab zugelassen zur Behandlung von Patienten mit CD20-positivem großzelligem B-Zell-Non-Hodgkin-Lymphom in

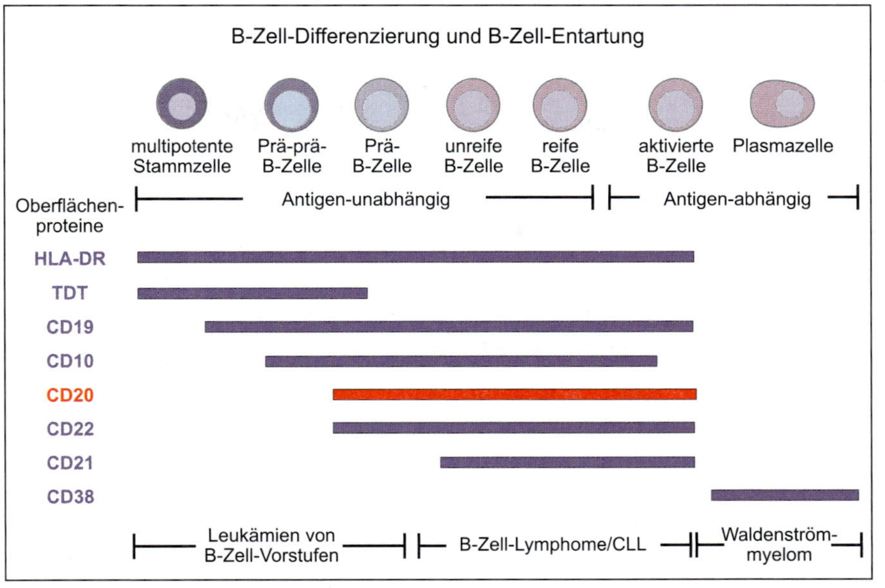

Abb. II.6.8: Oberflächenantigene während der B-Zell-Differenzierung. Die verschiedenen Differenzierungsstadien während der B-Zell-Reifung zeichnen sich dadurch aus, dass die Zellen unterschiedliche Oberflächenantigene präsentieren. CD20 findet sich z. B. auf Prä-B-Zellen, nicht jedoch auf multipotenten Stammzellen und Prä-prä-B-Zellen. Entartete Zellen von B-Zell-Lymphomen oder CLL tragen neben anderen Oberflächenantigenen auch CD20.

Verbindung mit einer CHOP-Chemotherapie (Cyclophosphamid, Doxorubicin, Vincristin und Prednisolon). Außerdem ist Rituximab in Kombination mit einer konventionellen Chemotherapie (CVP: Cyclophosphamid, Vincristin und Prednisolon) für die Primärtherapie fortgeschrittener, indolenter („follikulärer") Lymphome zugelassen. Die Inzidenz für Non-Hogkin-Lymphome wird für Westeuropa mit 6 bis 16 pro 100.000 angegeben. In der EU werden jährlich ca. 50.000 neue Fälle diagnostiziert.

Interessant ist das CD20-Antigen, weil es auf mehr als 95 % aller malignen Non-Hodgkin-Lymphome der B-Zellreihe exprimiert wird. Durch die Applikation von MabThera® werden Zellen mit dem entsprechenden CD-Antigen markiert und damit sowohl die Antikörper-abhängige, zellvermittelte Zytotoxizität (ADCC) als auch die Komplement-abhängige Zytolyse (CDC) induziert. Dadurch werden mit sehr hoher Effizienz die malignen Non-Hodgkin-Zellen entfernt, allerdings auch gesunde B-Zellen und gesunde Prä-B-Zellen, denn auch diese exprimieren das CD20-Epitop, das man damit streng genommen nicht als Tumor-assoziiertes Antigen bezeichnen kann. Dieser Nebeneffekt einer Eradikation auch gesunder B- und Prä-B-Zellen kann in Kauf genommen werden, weil das Immunsystem in der Lage ist, neue gesunde B-Zellen aus den multipotenten Stammzellen zu bilden. Diese Stammzellen exprimieren nämlich kein CD20-Epitop und werden daher von dem Antikörper nicht markiert.

Komplikationen bei der MabThera®-Therapie können bei Patienten mit einer sehr hohen Tumorlast auftreten. Hier kann es zu einem „Zytokin-Freisetzungssyndrom" kommen, das durchaus tödlich verlaufen kann. Dieses ist unter anderem gekennzeichnet durch eine schwere Dyspnoe, die häufig von Bronchospasmus und Hypoxie zusätzlich zu Fieber, Schüttelfrost, Rigor, Urtikaria und Angioödemen begleitet wird. Dieses Syndrom kann mit einigen Merkmalen des Tumor-Lysesyndroms wie Hyperurikämie, Hyperkaliämie, Hypocalcämie, akutem Nierenversagen, erhöhten LDH-Werten assoziiert sein. Das Syndrom manifestiert sich häufig innerhalb der ersten oder zweiten Stunde nach Beginn der ersten Infusion. Zur Vermeidung dieser Komplikation sind spezielle Vorsichtmaßnahmen zu beachten, die vor allem bei Patienten mit einer großen Zahl zirkulierender Krebszellen (> 50.000/mm³) während der ersten Infusion getroffen werden sollten.

Metabolismus: Serumspiegel und Halbwertszeit von Rituximab verhalten sich proportional zur Dosis. Bei Patienten mit rezidivierendem oder chemoresistentem niedriggradigem oder follikulärem Non-Hodgkin-Lymphom beträgt die Serumhalbwertszeit nach einmal wöchentlicher Infusion von 375 mg/m² Rituximab über 4 Wochen nach der ersten Infusion 76,3 Stunden (31,5 – 152,6 Stunden) und nach der vierten Infusion 205,8 Stunden (83,9 – 407,0 Stunden). Die c_{max} beträgt nach der ersten bzw. vierten Infusion durchschnittlich 205,6 ± 59,9 µg/ml bzw. 464,7 ± 119,0 µg/ml. Die durchschnittliche Plasma-Clearance nach der ersten bzw. vierten Infusion beträgt 0,0382 ± 0,0182 l/h bzw. 0,0092 ± 0,033 l/h.

Unerwünschte Wirkungen: Einige häufig beobachtete unerwünschte Wirkungen sind Fieber, Schüttelfrost und Rigor, Rötungen, Angioödem, Übelkeit, Urtikaria/Exanthem, Müdigkeit, Kopfschmerz, Halsirritationen, Rhinitis, Erbrechen und Tumorschmerzen. Diese Symptome werden in ca. 10 % der Fälle von Blutdruckabfall und Bronchospasmus begleitet.

Gelegentliche unerwünschte Wirkungen sind schwere Thrombozytopenie und Neutropenie, schwere Anämie, Asthenie, Bauch-, Rücken- und Brustschmerzen, Unwohlsein, Bauchausdehnung, Schmerzen an der Infusionsstelle, Hypertonie, Bradykardie, Tachykardie, Arrhythmie, orthostatische Hypotonie, Diarrhö, Dyspepsie, Anorexie, Lymphadenopathie, Hyperglykämie, peripheres Ödem, LDH-Anstieg, Hypocalcämie, Arthralgie, Myalgie, Schmerzen, erhöhter Muskeltonus, Schwindel, Angstgefühle, Parästhesie und Hypästhesie, Erregung, Nervosität, Schlaflosigkeit, vermehrtes Husten, Sinusitis, Bronchitis, Erkrankungen des Atemtraktes, Nachtschweiß, Schwitzen, Herpes simplex, Herpes zoster, Störung der Tränenbildung, Konjunktivitis, Veränderung der Geschmacksempfindung.

Selten werden auch Gerinnungsstörungen, Asthma, Lungenerkrankungen, hämolytische Anämie, Reaktionen vom Serumkrankheitstyp und kraniale Neuropathie mit oder ohne periphere Neuropathie beobachtet.

Name	**Rituximab**
Spezialitäten	**MabThera®**
Indikation	• Zur Behandlung von Patienten mit follikulärem Lymphom im Stadium III bis IV, die gegen eine Chemotherapie resistent sind oder nach einer solchen einen zweiten oder neuerlichen Rückfall haben. • In Kombination mit einer CVP-Chemotherapie (Cyclophosphamid, Vincristin, Prednisolon) für die Erstbehandlung von Patienten mit follikulärem Lymphom im Stadium III–IV. • Zur Behandlung von Patienten mit CD20-positivem großzellig diffusem B-Zell-Non-Hodgkin-Lymphom in Verbindung mit einer CHOP-Chemotherapie (Cyclophosphamid, Doxorubicin, Vincristin, Prednison).
Mechanismus	Der Antikörper bindet das CD20-Epitop auf Prä-B- und reifen B-Zellen. Dadurch wird sowohl eine Komplement-abhängige Zytolyse (CDC) als auch eine Antikörper-abhängige zelluläre Zytotoxizität (ADCC) induziert.
Dosierung	In der Regel wird eine Dosierung von einmal wöchentlich 375 mg/m² intravenös verabreicht empfohlen. In Kombination mit einer CHOP-Chemotherapie wird MabThera® am ersten Tag eines jeden Chemotherapiezyklusses, nach der intravenösen Gabe der Corticosteroid-Komponente der CHOP-Therapie infundiert.

Interaktion: Zurzeit liegen keine Daten über mögliche Wechselwirkungen von MabThera® und anderen Arzneimitteln vor. Die Verträglichkeit einer gleichzeitig oder sequentiell erfolgenden Anwendung von MabThera® mit einer anderen Chemotherapie als der CHOP oder mit Präparaten, die zu einer Depletion normaler B-Zellen führen können, ist nicht hinreichend untersucht.

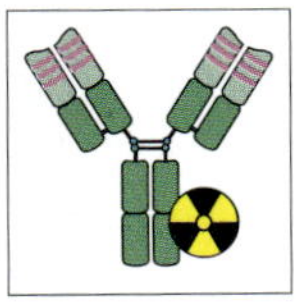

6.4.5 Ibritumomab-Tiuxetan

Ibritumomab-Tiuxetan (Zevalin®) ist ein rekombinanter monoklonaler Maus-Antikörper (IgG1/leichte κ-Kette), der aus stabil transfizierten CHO-Zellen gewonnen wird. Ebenso wie Rituximab ist der Antikörper gegen das CD20-Antigen auf Prä-B-Zellen und auf reifen B-Zellen gerichtet (Abb. II.6.8).

Der Antikörper Ibritumomab ist über eine stabile Thioharnstoffbindung mit Tiuxetan verknüpft, einem [N-[2-bis(carboxymethyl)-amino]-3-(p-isothiocyanatophenyl)-propyl]-[N-[2-bis(carboxymethyl)amino]-2-(methyl)ethyl]glycin (MX-DTPA). Dieser Linker dient als Chelator, der mit hoher Affinität Indium-111- oder Yttrium-90-Salze bindet.

[^{90}Y]-radiomarkiertes Zevalin® ist indiziert zur Behandlung von erwachsenen Patienten mit einem nach einer Behandlung mit Rituximab rezidivierendem oder refraktärem CD20-positiven follikulären Non-Hodgkin-Lymphom (NHL) vom B-Zell-Typ.

Zevalin® wird als Kit zur Herstellung eines radioaktiven Arzneimittels geliefert. Der Kit selbst enthält nur nicht-radioaktive Komponenten:

1 Gefäß mit 1,6 mg/ml Ibritumomab-Tiuxetan
1 Gefäß mit 50 mM Natrium-Acetat-Lösung
1 Gefäß mit Formulierungspuffer
1 leeres Reaktionsgefäß.

Kurz vor der Applikation wird der Antikörper mit Yttrium-90 [^{90}Y] zur fertigen parenteral zu applizierenden Arzneiform rekonstituiert.

Die Formulierung nach Radiomarkierung enthält 2,08 mg Ibritumomab-Tiuxetan in einem Gesamtvolumen von 10 ml. Für Patienten mit ≥ 150.000 Thrombozyten pro mm^3 werden 15 MBq [^{90}Y]-markiertes Zevalin® pro kg KG bis zu einer Maximaldosis von 1.200 MBq eingesetzt. Patienten mit ≤ 150.000 (aber ≥ 100.000) Thrombozyten pro mm^3 sollten 11 MBq [^{90}Y]-markiertes Zevalin® pro kg KG bis zu einer Maximaldosis von 1.200 MBq erhalten.

[^{90}Y] ist ein reiner Beta-Strahler mit einer physikalischen Halbwertszeit von 64,1 Stunden (2,67 Tagen). [^{90}Y] zerfällt zu stabilem Zirconium-90. In weichem Gewebe (c90) besitzen die Beta-Partikel (750 – 935 keV) eine Reichweite von 5 mm. Die externe Expositionsrate für 37 MBq (1 mCi) [^{90}Y] beträgt unmittelbar über der Öffnung des offenen Gefäßes 8,3 × 10^{-3} C/kg/Stunde (32 R/Stunde). Entsprechende Abschirmmaßnahmen sollten getroffen werden.

Die Behandlung setzt sich aus zwei intravenösen Verabreichungen von Rituximab und einer Gabe von [^{90}Y]-markiertem Zevalin® zusammen: Zunächst werden 250 mg/m^2 Rituximab infundiert. An Tag 8 wird wiederum eine intravenöse Infusion von 250 mg/m^2 Rituximab verabreicht. Danach werden maximal 1.200 MBq [^{90}Y]-markiertes Zevalin® über 10 Minuten intravenös infundiert. Wenn die durchschnittliche radiochemische Reinheit des markierten Antikörpers geringer als 95 % ist, darf die Zubereitung nicht verabreicht werden.

Eine Vorbehandlung mit Rituximab ist notwendig, um zirkulierende B-Zellen zu entfernen, so dass eine zielgerichtete Bestrahlung des Lymphomgewebes mit Zevalin® ermöglicht wird. Rituximab wird im Vergleich zur zugelassenen Monotherapie in einer niedrigeren Dosis verabreicht.

Die Behandlung mit [^{90}Y]-markiertem Zevalin® führt auch zur Depletion von normalen CD20-positiven B-Zellen. Die Erholung der normalen B-Zellen setzt innerhalb von 6 Monaten wieder ein und hat durchschnittlich innerhalb von 9 Monaten wieder den normalen Status erreicht.

Metabolismus: Bei Patienten, die i. v.-Infusionen von 250 mg/m^2 Rituximab, gefolgt von i. v.-Injektionen von 15 MBq/kg [^{90}Y]-markiertem Zevalin® erhielten, lag die mittlere effektive Halbwertszeit von [^{90}Y]-markiertem Zevalin® im Serum bei 28 h. Da Yttrium-90 mit Ibritumomab-Tiuxetan einen stabilen Komplex bildet, entspricht die Biodistribution des Radionuklids der Biodistribution des Antikörpers.

Unerwünschte Wirkungen: Schwäche, Schüttelfrost, Fieber, Infektionen, Bauchschmerzen, Kopfschmerzen, allgemeine Schmerzen, rauer Hals, Rückenschmerzen. Übelkeit, Erbrechen, Durchfall, Anorexie. Thrombozytopenie, Anämie, Leukozytopenie, Granulozytopenie, Ekchymose, Arthralgie, Schwindelgefühl, Husten, Dyspnoe, Pruritus.

Gelegentliche beobachtet man Hitzegefühl, allergische Reaktionen, Brustschmerz, Nackenschmerzen, Unwohlsein, Tumorschmerzen, Blähbauch, Grippesymptome, Moniliasis (Candidiasis), Schleimhauterkrankung, Überdosierung, Achselschmerz, Beckenschmerz, Sepsis, Hypotonie, Hypertonie, Tachykardie, Blässe, Herzrasen, Verstopfung, Verdauungsstörungen, Mundtrockenheit, Magen-Darm-Erkrankung, Stomatitis, rektale Blutungen, Zahnfleischbluten, Meläna, Petechien, hypochrome Anämie, febrile Neutropenie, Schmerzen an der Injektionsstelle, Periphere Ödeme, Angioödeme, erhöhte LDH, Dehydratation, Hyperglykämie, erhöhte alkalische Phosphatase, Ödeme, erhöhte SGOT, Gewichtsabnahme, erhöhter Blutharnstoff, Hypocalcämie, erhöhte SGPT, Myalgie, Knochenschmerzen, Beinkrämpfe, Myasthenie, Angst, Schlaflosigkeit, Depression, Parästhesie, Hypästhesie, Somnolenz, Vasodilatation, abnormer Gang, Rhinitis, Infektion, Bronchospasmen, Sinusitis, Epistaxis, Bronchitis, Veränderung der Stimme, Brustschmerz, Pharyngitis, Pneumonie, Ausschlag, Urtikaria, Schwitzen, Nachtschweiß, Hauterkrankungen, Herpes simplex, Konjunktivitis, Amblyopie, Sehstörungen, Infektionen des Harntrakts, Dysurie.

Interaktion: Wechselwirkungen mit anderen Medikamenten sind nicht bekannt. Formelle Untersuchungen zu Arzneimittelinteraktionen wurden nicht durchgeführt.

Name	**Ibritumomab-Tiuxetan**
Spezialitäten	**Zevalin®**
Indikation	Zur Behandlung von erwachsenen Patienten mit einem nach einer Behandlung mit Rituximab rezidivierenden oder refraktären CD20-positiven follikulären Non-Hodgkin-Lymphom (NHL) vom B-Zell-Typ.
Mechanismus	Der Antikörper bindet das CD20-Epitop auf Prä-B- und reifen B-Zellen. Durch die Beladung des Antikörpers mit Yttrium-90 wird die gebundene B-Zelle einer hohen Beta-Strahlung ausgesetzt. Die Vorbehandlung mit Rituximab dient dazu, zirkulierende B-Zellen durch Induktion einer Komplement-abhängigen Zytolyse (CDC) und einer Antikörper-abhängigen zellulären Zytotoxizität (ADCC) zu entfernen, so dass eine zielgerichtete Bestrahlung des Lymphomgewebes mit Zevalin® ermöglicht wird.
Dosierung	Zunächst werden 250 mg/m^2 Rituximab infundiert. An Tag 8 wird wiederum eine intravenöse Infusion von 250 mg/m^2 Rituximab verabreicht. Danach werden maximal 1.200 MBq [^{90}Y]-markiertes Zevalin® über 10 min intravenös infundiert.

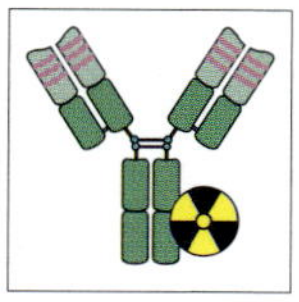

6.4.6 Tositumomab

Von der FDA (nicht jedoch von der EMEA) ist ein ähnlicher Wirkstoff mit dem Namen Tositumomab (Bexxar®) zugelassen. Auch dies ist ein Maus-Antikörper (IgG2a/leichte λ-Kette), der gegen das CD20-Epitop gerichtet ist. Tositumomab wird nicht mit [^{90}Y] sondern mit [^{131}J] markiert, das im Gegensatz zum [^{90}Y] ein gemischter β-/γ-Strahler ist.

Unmarkiertes Tositumomab wird in einer Konzentration von 14 mg/ml in 35-mg- und 225-mg-Einheiten angeboten. [^{131}J]-Tositumomab wird in einer Konzentration von 01 mg/ml und 0,61 mCi/ml geliefert.

Das therapeutische Regime besteht aus zwei diskreten Schritten: einem dosimetrischen und einem therapeutischen Schritt. Jeder dieser Schritte besteht wiederum aus einer sequentiellen Infusion von Tositumomab gefolgt von [^{131}J]-Tositumomab. Die therapeutische Dosis wird 7 bis 14 Tage nach der dosimetrischen Dosis verabreicht. Dazu werden zwei Gebinde ausgeliefert:

- Das erste (dosimetrische) Gebinde enthält einen Karton mit zwei Einmalspritzen à 225 mg und einer Einmalspritze à 35 mg Tositumomab. Ferner ist ein zweiter Karton mit einer Einmalspritze [^{131}J]-Tositumomab (0,61 mCi/ml) enthalten.
- Das zweite (therapeutische) Gebinde enthält einen Karton mit zwei Einmalspritzen à 225 mg und einer Einmalspritze à 35 mg Tositumomab. Ferner ist ein zweiter Karton mit einer oder zwei Einmalspritzen [^{131}J]-Tositumomab (5,6 mCi/ml) enthalten.

[^{131}J] ist ein gemischter β-/γ-Strahler mit einer physikalischen Halbwertszeit von 8,04 Tagen. Die Haupt-Beta-Strahlung besitzt eine mittlere Energie von 191,6 keV und die Haupt-Gamma-Strahlung eine Energie von 364,5 keV. In einer Entfernung von 1 cm beträgt die spezifische Gamma-Strahlung von [^{131}J] 2,2 R/mCi × Stunde. 2,55 cm Blei schirmen die Strahlung um den Faktor 1.000 ab.

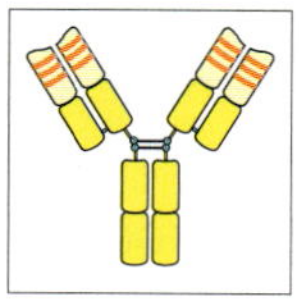

6.4.7 HuMax-CD4

HuMax-CD4 ist ein vollständig humaner Antikörper, der mit hoher Affinität an CD4-Rezeptoren von Lymphozyten bindet. Zwei abgeschlossene Phase-II-Studien zur Indikation „kutanes T-Zell-Lymphom (CTCL)" ergaben positive Resultate. Daraufhin wurde dem Antikörper der *Fast-Track*-Status (beschleunigtes Zulassungsverfahren) für den Einsatz von HuMax-CD4 bei der Behandlung von CTCL-Patienten zugesprochen, die auf ihre bisherige Therapie nicht ansprachen bzw. negativ darauf reagierten.

Unter allen Non-Hodgkin-Lymphomen werden ca. 5 % als CD4-positive T-Zell-Lymphome definiert. Die am häufigsten vorkommende Art von CTCL ist Mycosis fungoides (MF). In den USA leiden zwischen 16.000 und 20.000 Menschen an MF. CTCL-Patienten haben im Allgemeinen eine Lebenserwartung von 10 bis 30 Jahren und konnten aus diesem Grund mehrmals im Verlauf ihrer Krankheit behandelt werden, weswegen eine gute Verträglichkeit besonders wichtig ist. Die Tatsache, dass es sich bei HuMax-CD4 um einen vollständig humanen Antikörper handelt, ist in dieser Hinsicht sicherlich positiv zu werten. In den USA hat HuMax-CD4 von der FDA den Orphan-Drug-Status zur Behandlung der Mycosis fungoides erhalten.

Außer bei CTCL wird bei ungefähr der Hälfte der nicht-kutanen T-Zell-Lymphome der CD4-Rezeptor auf den Zelloberflächen exprimiert, so dass eine Indikation auch hier denkbar wäre. Allerdings liegen für diese Anwendung noch keine belastbaren klinischen Daten vor.

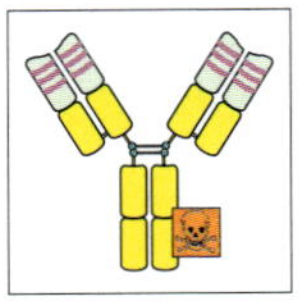

6.4.8 Gemtuzumab-Ozogamicin

Ein weiterer Wirkstoff aus der Gruppe der Antikörper-Konjugate ist Gemtuzumab-Ozogamicin (Mylotarg®), ein humanisierter monoklonaler Antikörper, der kovalent mit einem bakteriellen Toxin verbunden ist. Dieser Wirkstoff ist in den USA bereits zugelassen. Die Antikörperkomponente dieses Konjugats ist gegen das CD33-Epitop gerichtet, das von vielen leukämischen Zellen exprimiert wird. CD33 ist ein Sialinsäure-abhängiges Adhäsions-Glykoprotein, das von leukämischen Blasten und von immaturen Zellen der myelomonozytären Reihe auf der Oberfläche präsentiert wird. Dieses Oberflächenprotein wird aber auch von anderen Knochenmarkzellen der hämatopoetischen Reihe gebildet, nicht jedoch von normalen pluripotenten hämatopoetischen Stammzellen. Bei dem bakteriellen Toxin handelt es sich um Calicheamicin (Abb. II.6.9). Gelangt dieses Toxin in eine Zelle, bindet es sequenzspezifisch in die kleine Furche der DNA. Durch die Bindung tritt eine Konformationsänderung des Moleküls ein und freie Radikale werden gebildet. Dies führt zu DNA-Doppelstrangbrüchen, die ihrerseits Apoptose induzieren. Der Wirkstoff ist von der FDA zur Behandlung von Rezidiven bei akuter myeloischer Leukämie (AML) zugelassen.

Das Bakteriotoxin Calicheamicin wird aus *Micromonospora echinospora* isoliert. Es ist ein extrem potenter Antitumor-Wirkstoff, der mehr als 1.000fach wirksamer ist als Adriamycin. Calicheamicin gehört zur Gruppe der Endiyn-Antibiotika, die dadurch charakterisiert sind, dass sie ein großes Ringsystem mit zwei Dreifach-Bindungen besitzen, die durch eine Doppelbindung voneinander getrennt sind.

Das Konjugat wird gebildet, indem Calicheamicin-N-Acyl-gamma-Dimethylhydrazid über 4-Acetyl-Phenylessigsäure an den Antikörper gekoppelt wird. Im Schnitt werden zwei bis drei Calicheamicin-Moleküle pro CD33-Antikörper gebunden. Jedoch sind durchschnittlich nur 50 % der Antikörper modifiziert, d. h. die modifizierten Antikörper tragen im Durchschnitt vier bis sechs Calicheamicin-Moleküle. Gemtuzumab-Ozogamicin besitzt eine *In-vitro*-IC_{50} für Zielzellen von ≥ 0,005 ng/ml, und man kann einen Spezifitätsindex von 4.700 errechnen. D.h. für Zellen, die kein CD33-Epitop tragen, ist der Wirkstoff um den Faktor 4.700 untoxischer als für Zellen, die ein CD33-Epitop exprimieren.

6.4.9 Denileukin diftitox

Ein weiteres Immunkonjugat, das ebenfalls in Europa zugelassen werden könnte, ist Denileukin diftitox, das in den USA unter dem Handelsnamen Ontak® bereits zugelassen ist. Als immunaktive und Target-orientierte Komponente fungiert hier nicht ein Antikörper sondern das Zytokin Interleukin-2. An das IL-2 wurden gentechnisch die A- und B-Untereinheiten eines modifizierten Diphtherie-Toxins anfusioniert, so dass ein Fusionsprotein gebildet wird, das aus

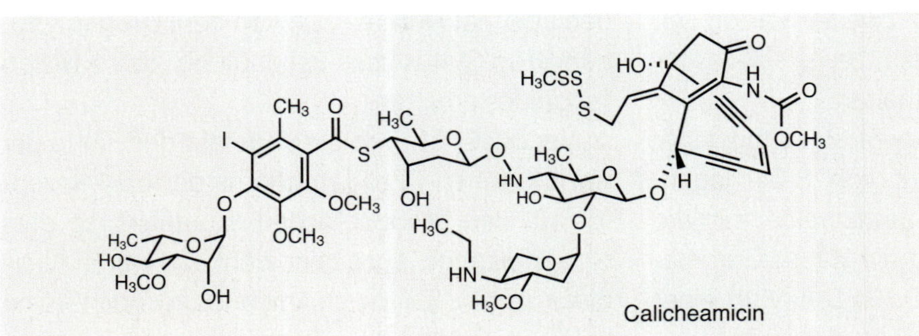

Abb. II.6.9

rekombinanten *E.-coli*-Zellen isoliert wird. Durch die IL-2-Komponente in diesem Fusionsprotein wird das toxische Prinzip in Form des Diphtherie-Toxins an Zellen gelenkt, die einen IL-2-Rezeptor exprimieren. Dies sind z.B. kutane T-Zell-Lymphome (CTCL). Hat das Fusionsprotein gebunden, wird es Rezeptor-vermittelt aufgenommen und tötet über den Diphtherie-Toxin-Anteil die Zelle ab.

Das toxische Prinzip des Diphtherie-Toxins besteht darin, dass die B-Untereinheit eine enzymatische Aktivität besitzt, die den Elongationsfaktor-2 des zellulären Translationsapparates durch ADP-Ribosylierung inaktiviert. D.h. aus einem NAD-Molekül, das als Cosubstrat fungiert, wird ADP-Ribose auf die Aminosäure Histidin übertragen. Die Zellen verlieren sofort die Fähigkeit, neue Proteine zu synthetisieren und sterben ab.

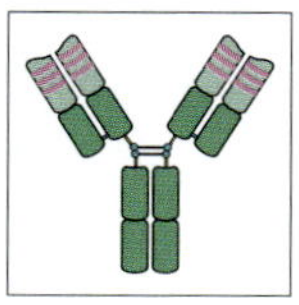

6.4.10 Oregovomab

Oregovomab (OvaRex®) ist ein muriner monoklonaler Antikörper, der das Tumor-assoziierte Antigen CA-125 erkennt. Dieses Antigen (Tumormarker) ist in der Mehrzahl aller Spätstadien-Ovarialkarzinome überexprimiert. Der Antikörper erkennt das Antigen und bildet einen Komplex mit dem Antigen. Man vermutet, dass dieser Komplex von Antigen-präsentierenden Zellen prozessiert wird und eine Immunantwort gegen die Tumorzellen induziert. Dies ist eine Art Impfkonzept, das allerdings sein Potential erst noch beweisen muss. Immerhin zeigten erste klinische Studien viel versprechende Resultate. In einer Studie an 145 Patientinnen mit Ovarialkarzinom Stadium III/IV, die bereits die primäre Therapie erfolgreich abgeschlossen hatten, zeigte die Therapie mit Oregovomab jedoch keinen Vorteil gegenüber Placebo hinsichtlich der Zeit bis zum Wiederauftreten des Karzinoms.

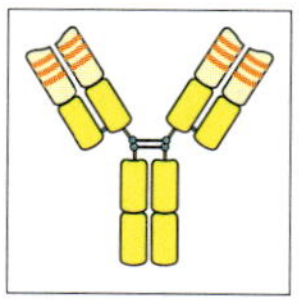

6.4.11 Adecatumumab

Adecatumumab (MT201) ist ein vollständig humaner monoklonaler IgG1-Antikörper, der gegen das Zelladhäsionsmolekül Ep-CAM (epithelial cell adhesion molecule) gerichtet ist. Ep-CAM ist ein 40 kDa großes transmembranäres Glykoprotein, das auf ausdifferenzierten Epithelzellen nur in sehr geringen Mengen vorkommt. Dagegen ist es sehr häufig auf Krebszellen überexprimiert und wird auch als pan-Karzinoma-Zielstruktur bezeichnet. Darüber hinaus wurde Ep-CAM bereits als prognostisch ungünstiger Marker identifiziert. Insofern ist dieses Molekül eine interessante Zielstruktur für die Tumortherapie.

Gegen das gleiche Antigen war auch der inzwischen vom Markt genommene murine Antikörper Edrecolomab (Panorex®) gerichtet, der in ersten klinischen Studien zunächst gute Ergebnisse gezeigt hatte, die aber in Folgestudien nicht reproduziert werden konnten. Letztlich ließen sich im Vergleich zur Chemotherapie mit 5-Fluorouracil/Leucovorin keine Vorteile erkennen. Hinzu kam, dass wegen seines murinen Ursprungs sehr schnell eine neutralisierende Immunantwort in den behandelten Patienten induziert wurde.

Adecatumumab wurde über eine „Guided Selection" mit Hilfe eines murinen monoklonalen Antikörpers gegen Ep-CAM aus einer Phagenbank isoliert, die Immunglobulin-Gene von normalen und IgD-positiven, humanen Spendern enthielt. Es wurden gezielt IgD-Isotype mit in die Bank eingeschlossen, weil sie mit höherer Wahrscheinlichkeit Autoantigene erkennen und weil sie noch nicht vollständig somatisch rekombiniert sind.

Bei der „Guided Selection" wurde zunächst die murine schwere Kette des Ep-CAM-Antikörpers zusammen mit einer Bank von humanen leichten κ-Antikörperketten exprimiert und Ep-CAM-bindende Klone über Phagenpanning gegen immobilisiertes Ep-CAM isoliert (vgl. Kap. III.3.2). Die dabei gefundene humane leichte κ-Antikörperkette wurde in einem zweiten Schritt mit dem Pool humaner schwerer Antikörperketten kombiniert und erneut im Phagenpanning gegen Ep-CAM gescreent.

Der resultierende vollständig humane Antikörper wird in CHO-Zellen exprimiert und besitzt nur eine mäßige Affinität zu dem Zelladhäsionsmolekül. Dies ist allerdings gewünscht, da sich gezeigt hatte, dass hochaffine Antikörper gegen Ep-CAM ein erhebliches Nebenwirkungsspektrum wie z.B. die Induktion einer Pankreatitis besitzen.

Adecatumumab scheint bei Brust-Tumorzelllinien sowohl eine Antikörper-abhängige zelluläre Zytotoxizität (ADCC) als auch eine Komplement-abhängige Zytotoxizität (CDC) zu induzieren. Neben einem Einsatz bei Mamma-Karzinomen wird das Potential des Antikörpers zunächst auch bei der Behandlung eines Prostata-Karzinoms getestet.

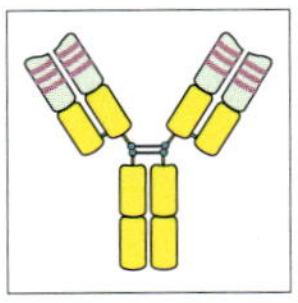

6.4.12 Pertuzumab

Pertuzumab (Omnitarg®) ist ein humanisierter monoklonaler IgG1-Antikörper, der – ähnlich wie Trastuzumab (Herceptin®) – an die extrazelluläre Domäne des HER2-Tyrosinkinaserezeptors bindet. Allerdings binden die beiden Antikörper an unterschiedliche Epitope des Rezeptors. Während Trastuzumab (vgl. Kap. II.6.4.2) in erster Linie die Zellen für den „Angriff" durch zytotoxische T-Zellen für eine effektive Antikörper-abhängige zelluläre Zytotoxizität (ADCC) markiert, scheint Pertuzumab die Dimerisierung des Rezeptors mit anderen HER-Rezeptoren zu verhindern. Damit unterbindet Pertuzumab die Signalweiterleitung, die z.B. aus einer Dimerisierung mit dem EGF-Rezeptor resultiert. Wegen der unterschiedlichen Bindungsstellen und der unterschiedlichen Wirkweise könnte Pertuzumab synergistisch zu Trastuzumab eingesetzt werden und auch dann noch zu einem Therapieerfolg führen, wenn die Patientinnen nach einem anfänglichen Ansprechen auf Trastuzumab nach ca. einem Jahr ein Rezidiv aufweisen. Darüber hinaus wird Pertuzumab für die Therapie des Prostata-, Ovarial- und nicht-kleinzelligen Lungenkarzinoms getestet, unabhängig davon, ob die Tumorzellen HER2 überexprimieren.

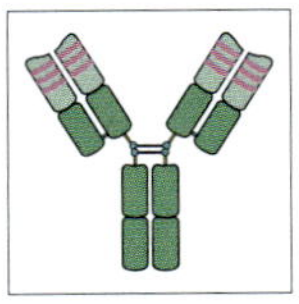

6.4.13 Pemtumomab

Pemtumomab (frühere Bezeichnung: Theragyn oder HMFG1) ist ein muriner monoklonaler Antikörper, der gegen eine Glykoform des Oberflächenproteins Mucin 1 (MUC1, CD227) gerichtet ist. MUC1 ist ein Typ-1 transmembranäres Protein mit einer großen extrazellulären Wiederholungseinheit, die sehr stark O-glykosyliert wird. Spezielle Glykosylierungsformen von MUC1 konnten auf epithelialen Tumorzellen nachgewiesen werden.

Pemtumomab wird als Yttrium-90 markierter Antikörper eingesetzt und zeigte in der SMART-Studie (study of monoclonal antibody radioimmunotherapy) erste vielversprechende Resultate. Allerdings korrelierten die klinischen Effekte nicht mit der eingesetzten Radioaktivität, so dass noch andere Wirkmechanismen in Betracht gezogen werden mussten. In einer weiteren Untersuchung konnte dann gezeigt werden, dass eine Impfung mit unmarkiertem Pemtumomab (erste Dosis 25 mg i.v. oder i.p., bis zu 6 intradermale Applikationen im Abstand von jeweils einem Monat) die Bildung anti-idiotypischer und anti-anti-idiotypischer Antikörper in den Patienten induzieren kann. Durch dieses Idiotypen-Netzwerk wird das Immunsystem zur Eliminierung der Tumorzellen angeregt, so dass Pemtumomab – ähnlich wie Oregovomab (vgl. Kap. II.6.4.10) – als Tumorvakzine verwendet werden könnte.

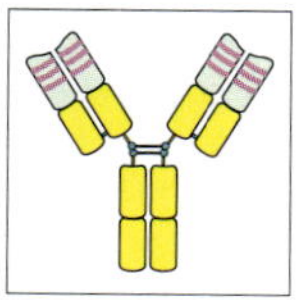

6.4.14 Matuzumab

Matuzumab ist ein humanisierter monoklonaler IgG1-Antikörper, der – ähnlich wie Cetuximab (vgl. Kap. II.6.4.1) – an die extrazelluläre Domäne des Rezeptors für den epidermalen Wachstumsfaktor (EGFR) bindet und sowohl EGF als auch TGF-α an der Rezeptorbindung hindert. Dadurch verhindert der Antikörper einerseits die Liganden-vermittelte Aktivierung des Rezeptors und induziert andererseits die Antikörper-abhängige zelluläre Zytotoxizität (ADCC).

Die maximal tolerierte Dosis des Antikörpers wurde auf 1600 mg/Woche festgelegt; eine höhere Dosis führte zu Kopfschmerzen und Fieber. Die Serumhalbwertszeit von Matuzumab wird auf ca. 6 bis 7 Tage geschätzt, so dass Dosierungsintervalle bis zu einmal alle 3 Wochen gegen verschiedene, EGFR-exprimierende Tumoren wie nicht-kleinzelliges Lungen-Karzinom, Ovarial- und Cervixkarzinome – zum Teil in Kombination mit Paclitaxel – getestet werden.

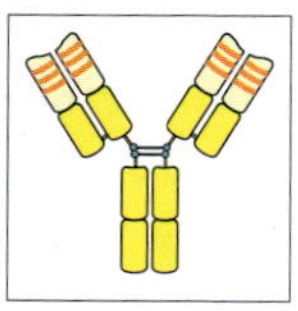

6.4.15 Panitumumab

Panitumumab ist ein komplett humaner monoklonaler Antikörper gegen EGFR, der mithilfe der XenoMouse®-Technologie hergestellt wurde. Bei der XenoMouse® handelt es sich um Mausstämme, deren eigene Antikörper-Gene inaktiviert und funktionell durch die entsprechenden menschlichen Gene ersetzt wurden.

Die Firma Abgenix bietet Mausstämme an, die entweder humane schwere IgG1-, IgG2- oder IgG4-Antikörperketten zusätzlich zu humanen κ-leichten Antikörperketten exprimieren. Diese Mäuse werden mit dem gewünschten Antigen immunisiert. und monoklonale Antikörper werden über die übliche Hybridoma-Technologie gewonnen. Der Vorteil dieser Technik besteht darin, dass zwar der Antikörper aus der Maus stammt, der aber dennoch zu 100 % aus humanen Sequenzen besteht.

Panitumumab bindet wie Cetuximab und Matuzumab (vgl. Kap. II.6.4.1 und II.6.4.14) mit hoher Affinität an den EGFR, verhindert die Bindung sowohl von EGF als auch von TGF-α und inhibiert die Dimerisierung und damit Aktivierung des Rezeptors. Panitumumab wird in Kombination mit Chemotherapie gegen metastasierendes Kolorektal-Karzinom sowie nicht-kleinzelliges Lungen-Karzinom getestet.

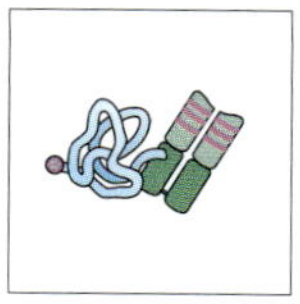

6.4.16 Anatumomab mafenatox

Anatumomab mafenatox ist ein Fusionsprotein aus dem mutierten Staphylokokken-Enterotoxin A (SEA) und dem Fab-Fragment eines murinen monoklonalen Antikörpers gegen das onkofötale Antigen 5T4. Dieses wird sowohl auf Nierenzelltumoren als auch auf Pankreastumorzellen überexprimiert.

Das Staphylokokken-Enterotoxin A ist ein so genanntes Superantigen (vgl. Kap. I.4.3.2), und das Anatumomab-mafenatox-Fusionsprotein ist ein erster Vertreter eines neuen Therapieprinzips, der so genannten *tumor targeted superantigen* (TTS)-Therapie. Hierbei wird das Superantigen SEA über das Fab-Fragment in den Tumor gelenkt und aktiviert anschließend zytotoxische T-Zellen dahingehend, die Tumorzellen zu eliminieren.

Sowohl in Phase-II-Studien zur Therapie des fortgeschrittenen Adenokarzinoms des Pankreas als auch des fortgeschrittenen Nierenzellkarzinoms wurde Anatumomab mafenatox den Patienten an 4 aufeinander folgenden Tagen jeweils über 3 Stunden infundiert. Die Dosis wurde individuell anhand des vorher bestehenden Anti-SEA-Antikörpertiters bestimmt, da diese zirkulierenden Antikörper den Wirkstoff neutralisieren würden. In beiden Studien wurde Anatumomab mafenatox gut vertragen und die Ergebnisse waren vielversprechend.

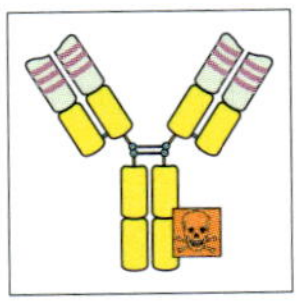

6.4.17 Cantuzumab mertansine

Cantuzumab mertansine (huC242-DM1) ist ein Immunkonjugat aus dem humanisierten monoklonalen Antikörper huC242, der gegen die extrazelluläre Domäne des Tumor-assoziierten Can-Antigen gerichtet ist, und ungefähr 4 Molekülen des Antimikrotubuli-Wirkstoffs DM1 ($N^{2'}$-deacetyl-$N^{2'}$-(3-mercapto-1-oxopropyl)-maytansin). Das Can-Antigen (CanAg) ist eine Glykoform von Mucin 1 (MUC1), die von verschiedenen Tumorzellen wie z. B. bei Pankreas-, Gallengang- und Kolorektalkarzinoma aber auch bei einem Großteil der nicht-kleinzelligen Lungenkarzinoma, Magen-, Harnwegs- und Blasenkarzinoma überexprimiert wird. In normalem Gewebe wird CanAg dagegen nur gering gebildet.

DM1 (Abb. II.6.10) ist ein Derivat des mikrobiellen Fermentationsproduktes Ansamitocin P-3, das wegen schwerer Nebenwirkungen nicht als direktes Tumortherapeutikum entwickelt werden konnte. Das chemisch abgewandelte DM1 ist 3- bis 10mal wirksamer als Ansamitocin P-3 mit einer IC_{50} im pikomolaren Bereich und wird über eine stabile Disulfid-Brücke an den Antikörper gekoppelt. Bindet Cantuzumab mertansine an sein Tumorantigen, wird der Komplex internalisiert, die Disulfidbindungen werden reduziert und die DM1-Moleküle intrazellulär freigesetzt. Cantuzumab mertansine wird in wöchentlichen Dosen von 115 mg/m² i.v. verabreicht, wobei zunächst für 15 min mit einer Geschwindigkeit von 1 mg/min infundiert wird; treten keine Hypersensitivitätsreaktionen auf, wird auf 3 mg/min erhöht. Das Immunkonjugat wird für den Einsatz bei verschiedenen, fortgeschrittenen soliden Tumoren getestet.

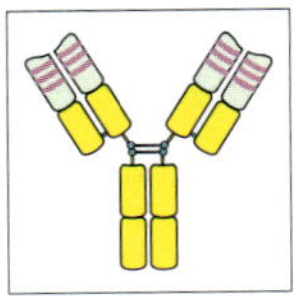

6.4.18 Apolizumab

Apolizumab (Hu1D10, Remitogen®) ist ein humanisierter monoklonaler IgG1-Antikörper gegen eine Variante der HLA-DR-β-Kette (vgl. Kap. I.5.3.2.1) Dieses Antigen wird sowohl auf normalen als auch auf entarteten B-Zellen von Patienten mit lymphoiden Erkrankungen aber auch auf Monozyten und dendritischen Zellen exprimiert. Nach Bindung an sein Antigen induziert Apolizumab eine Antikörper-anhängige zelluläre Zytotoxizität (ADCC), eine Komplement-vermittelte Zelllyse (CDC) und Apoptose. Apolizumab wird zur Therapie der chronischen Lymphozyten-Leukämie (CLL) und von Lymphomrezidiven, auch in Kombination mit Rituximab (vgl. Kap. II.6.4.4) getestet.

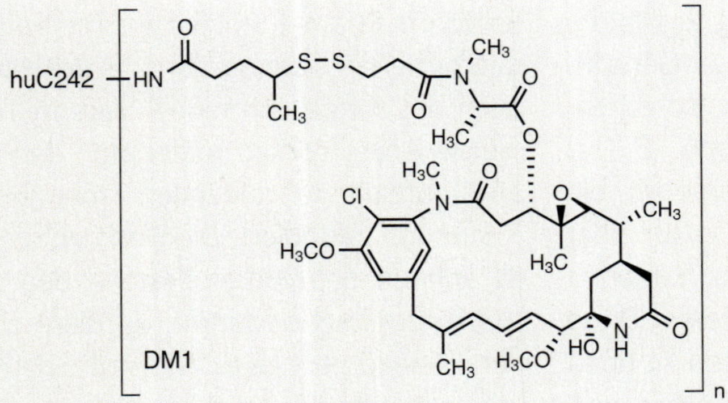

Cantuzumab mertansine
(n = 3 bis 4)

Abb. II.6.10

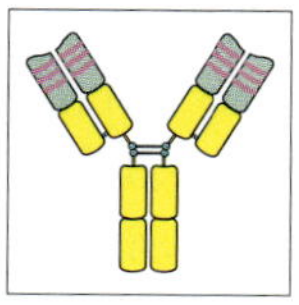

6.4.19 Lumiliximab

Bei Lumiliximab handelt es sich um einen chimären Antikörper, der Proteinbereiche des Makaken (Berberaffe) und des Menschen enthält. Der Antikörper erkennt das CD23-Epitop, das den niedrig affinen IgE-Rezeptor auf B-Zellen repräsentiert. Dieser „Marker" ist auf Zellen einer chronisch lymphatischen Leukämie (CLL) regelmäßig stark überexprimiert. Es konnte gezeigt werden, dass nach Binden des Antikörpers an dieses Antigen Apoptose induziert wird. Dabei werden die Caspasen 3 und 9 sowie die Poly-(ADP-Ribose)-Polymerase (PARP) gespalten, JNK und die p38-Kinase aktiviert und die anti-apoptotischen Proteine Mcl-1 und XIAP herunterreguliert. Ob dies jedoch ein therapeutisch relevanter Mechanismus ist, muss erst noch gezeigt werden. Erste klinische Studien deuten an, dass austherapierte CLL-Patienten von einer Behandlung mit Lumiliximab profitieren können, da bei einer signifikanten Gruppe der behandelten Patienten die absolute Lymphozytenzahl reduziert werden konnte. Allerdings lassen sich zum jetzigen Zeitpunkt noch keine Aussagen zur Überlebensrate nach Behandlung mit Lumiliximab machen.

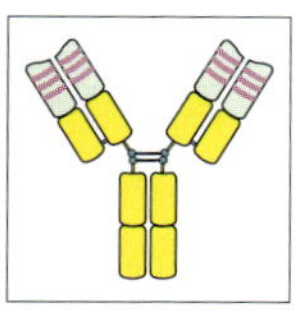

6.4.20 Epratuzumab

Epratuzumab (HB22.7) ist ein humanisierter monoklonaler IgG1-Antikörper, der das CD22-Antigen erkennt und den CD22-Liganden daran hindert, an seinen Rezeptor zu binden. CD22 ist ein Membran-Glykophosphoprotein, das auf fast allen B-Lymphozyten und auch auf den meisten B-Lymphomen exprimiert ist. In dieser Hinsicht ähnelt das CD22-Epitop sehr dem CD20-Epitop, gegen das zwei bereits zugelassene Antikörper (Rituximab und Ibritumomab-Tiuxetan, vgl. Kap. II.6.4.4 und II.6.4.5) gerichtet sind. Und ebenso wie das „Wirkstoffpaar" Rituximab und Ibritumomab-Tiuxetan als unmodifizierter Antikörper und als $[^{90}Y]$-radiomarkierter Antikörper eingesetzt werden, wird auch Epratuzumab als unmodifizierter Antikörper zusammen mit einem $[^{90}Y]$-radiomarkierten DOTA-peptide-Lym-1 zur Behandlung von B-Zell-Lymphomen klinisch erprobt. Lym-1 ist ein muriner IgG2a monoklonaler Antikörper, der ein diskontinuierliches Epitop auf der leichten Kette von HLA-DR 10 erkennt, die auf malignen B-Zellen exprimiert wird.

Epratuzumab bindet mit einer Affinität von 0,7 nM an den CD22-Rezeptor. Nach Bindung wird der Antikörper zusammen mit dem Rezeptor schnell internalisiert. Schließlich führt die Bindung von Epratuzumab auch zu einer moderaten aber signifikanten Phosphorylierung des Rezeptors.

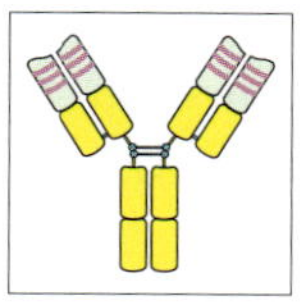

6.4.21 Labetuzumab

Labetuzumab (hMN-14, CEA-Cide®) ist ein humanisierter monoklonaler IgG1-Antikörper gegen das Carcinoembryo-Antigen (CEA). CEA (andere Bezeichnungen sind: CD66e und CEA-CAM5) wurde zunächst als gastrointestinales onkofötales Antigen beschrieben. Inzwischen weiß man aber, dass es in einer Vielzahl von Karzinomen, inklusive der des Gastrointestinal-, des respiratorischen und des Urogenitaltraktes sowie der Mammae überexprimiert wird. CEA gehört zur Immunglobulin-Superfamilie (vgl. Kap. I.3.1.2) mit einer N-terminalen variablen Domäne (N) und sechs konstanten Domänen (abgekürzt: A1B1-A2B2-A3B3) und ist über einen Glykosylphosphatidylinositol-Rest in der Zellmembran verankert. Über homophile (CEA an CEA) und heterophile (CEA an nicht-CEA-Moleküle) Bindungen findet ein interzellulärer Kontakt statt, der auch für die Tumorinvasion und –

metastasierung verantwortlich gemacht wird. Darüber hinaus wird diskutiert, dass CEA als Signalüberträger bei der Unterdrückung von Zellkontakten zur Verstärkung der Tumorzellmobilität beiträgt und darüber die Metastasierung fördert. Zusätzlich scheint CEA die Expression verschiedener Gene zu beeinflussen, die für die Aufrechterhaltung der Zellteilung und die Unterdrückung der Apoptose verantwortlich sind. Insofern könnte die Expression von CEA dafür verantwortlich gemacht werden, dass Tumorzellen Apoptose-induzierende Therapieschemata umgehen können.
Labetuzumab bindet an die A3B3-Domäne von CEA, induziert daraufhin die Antikörper-abhängige zelluläre Zytotoxizität (ADCC) und erhöht die Chemosensitivität der Tumorzellen. Der Antikörper kann allein, in Kombination mit Chemotherapie oder mit Yttrium-90 markiert zur Therapie verschiedener, metastasierender solider Tumore eingesetzt werden.
CEA wird auch von Arcitumomab (CEA-Scan®), dem Fab-Fragment eines monoklonalen Maus-Antikörpers, zur Diagnostik von Rezidiven bzw. Metastasen histologisch nachgewiesener Kolon- oder Rektumkarzinome erkannt (vgl. Kap. II.6.6.1).

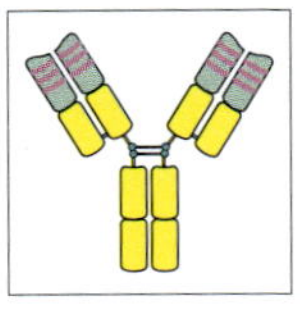

6.4.22 Galiximab

Galiximab ist – ähnlich wie Lumiliximab (vgl. Kap. 6.4.19) – ein chimärer Antikörper aus einer schweren IgG1- und einer leichten λ-Antikörperkette, die sowohl Sequenzen eines humanen als auch Sequenzen eines Antikörpers aus *Macaca irus* (Javaneraffe) enthalten. Galiximab ist gegen das humane Antigen CD80 gerichtet. CD80 (B7.1) ist ein kostimulatorisches Molekül auf der Oberfläche von B-Zellen und APCs, das an der Aktivierung von T-Zellen beteiligt ist (vgl. Kap. I.3.3.1.1 und Abb. I.3.20). Auch Non-Hodgkin-Lymphomzellen präsentieren dieses Antigen. Aus diesen Spezifitäten ergeben sich die Einsatzmöglichkeiten von Galiximab entweder zur Unterbindung der ungewollten T-Zellaktivierung bei Autoimmunerkrankungen, wie die Plaque-Psoriasis, oder in Kombination mit Rituximab zur Therapie von B-Zell-Lymphomen. Entsprechende Indikationen werden derzeit auf Validität überprüft.

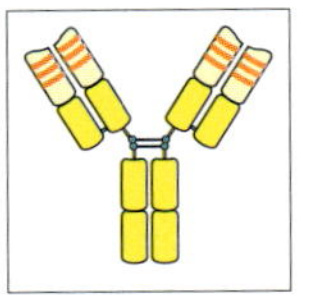

6.4.23 Mapatumumab

Mapatumumab (HGS-ETR1) ist ein humaner monoklonaler Antikörper, der aus einer Phagenbank isoliert wurde und als Agonist an den TRAIL-Rezeptor 1 bindet. Der TRAIL-Rezeptor 1 gehört zur Familie der Tumornekrosefaktor-Rezeptoren und wird häufig auch als „Todesrezeptor" bezeichnet, weil er nach Bindung des natürlichen Liganden TRAIL (*tumor necrosis factor apoptosis-inducing ligand*) in der betroffenen Zelle Apoptose induziert. Etliche solide Tumore aber auch hämatopoetische Tumore exprimieren den TRAIL-Rezeptor 1, und es konnte gezeigt werden, dass die isolierten Tumorzellen tatsächlich sensitiv gegenüber TRAIL-induzierte Apoptose sind.
Mapatumumab bindet ähnlich wie TRAIL an den Rezeptor und induziert ebenfalls Apoptose in der Zelle. In ersten Studien wurde der Antikörper nach intravenösen Gaben von 10 mg/kg KG im Abstand von 28 Tagen gut vertragen und zeigte vielversprechende Resultate bei Patienten mit verschiedenen, fortgeschrittenen soliden Tumoren, v. a. Kolorektal- und nicht-kleinzellige Lungen-Karzinoma, oder Non-Hodgkin-Lymphome.

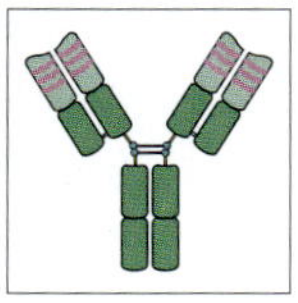

6.4.24 Mitumomab

Mitumomab (BEC2) ist ein muriner monoklonaler IgG2b-Antikörper, der das Gangliosid GD3 imitiert. GD3 ist ein komplexes Glykolipid, das als Tumorantigen auf verschiedenen Krebszelllinien exponiert wird. Dadurch, dass Mitumomab das Gangliosid imitiert, induziert der Antikörper nach einer Verabreichung mit dem Immunstimulans Bacillus Calmette-Guérin (BCG, vgl. Kap. II.3.3.4.1) eine Immunantwort gegen GD3, die sich dann auch gegen die Tumorzellen richtet, die GD3 auf ihrer Oberfläche tragen. Diese Vakzinierungsstrategie wird sowohl bei kleinzelligem Lungenkarzinom als auch beim Melanom nach Beendigung der Standard-Chemo- und Strahlentherapie getestet, wobei fünf Dosen à 2,5 mg Mitumomab alle zwei Wochen intradermal appliziert werden. Mitumomab zählt also zusammen mit Oregovomab (Kap. II.6.4.10) und Pemtumomab (Kap. II.6.4.13) zu den Tumorvakzinen.

6.5 Andere Antikörper

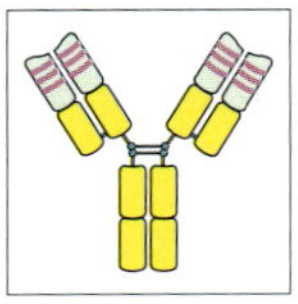

6.5.1 Palivizumab

Nur wenige Antikörper werden bisher im Sinne eines Immunstimulans eingesetzt. Einer dieser Antikörper ist Palivizumab (Synagis®), ein Anti-RSV-Antikörper, der bereits seit 1999 zugelassen ist. Bei Palivizumab handelt es sich um einen humanisierten monoklonalen Antikörper, der gegen den antigenen A-Teil des Fusionsproteins auf der Hülle des Respiratorischen Synzytialvirus (RSV) gerichtet ist (vgl. Kap. I.4.3.2). Somit ist Synagis® der erste rekombinante Wirkstoff, der in Form einer passiven Immunisierung eingesetzt wird. Der Antikörper ist indiziert zur Behandlung von Kindern, die in der 35. Schwangerschaftswoche oder früher geboren wurden und die zu Beginn der RSV-Saison jünger als 6 Monate sind, oder von Kindern, die jünger als 2 Jahre sind und innerhalb der letzten 6 Monate wegen bronchopulmonaler Dysplasie behandelt werden mussten. Ferner ist Synagis® bei Kindern unter 2 Jahren mit hämodynamisch signifikanten angeborenen Herzfehlern indiziert.

Das Fusions- oder F-Protein des Virus ist für die Fusion der Virushülle mit der Plasmamembran der Wirtszelle verantwortlich und vermittelt die Ausbildung von Synzytien. Palivizumab neutralisiert einerseits die infektiösen Partikel, andererseits verhindert er die Fusion von Zellen. Da das F-Protein jahrelang sehr konserviert geblieben ist und extrem homolog zwischen den beiden Virus-Subtypen A und B ist, bietet Palivizumab einen umfassenden Schutz vor einer RSV-Infektion.

Palivizumab soll intramuskulär verabreicht werden, vorzugsweise in die anterolaterale Seite des Oberschenkels. Auf Grund des Risikos einer Schädigung des Ischiasnervs sollte der M. glutaeus nicht routinemäßig als Injektionsstelle gewählt werden. Injektionsvolumina von mehr als 1 ml sollten als geteilte Dosen verabreicht werden.

Metabolismus: In klinischen Studien mit erwachsenen Probanden zeigte Palivizumab ein, in Bezug auf das Verteilungsvolumen (Durchschnitt: 57 ml/kg) und die Halbwertszeit (Durchschnitt: 18 Tage), ein zu einem humanen IgG1-Antikörper ähnliches pharmakologisches Profil.

In Prophylaxe-Studien bei Frühgeborenen und Kindern mit bronchopulmonaler Dysplasie betrug die durchschnittliche Halbwertszeit von Palivizumab 20 Tage. Die nach den monatlichen, intramuskulären Gaben von 15 mg Palivizumab/kg KG ermittelten mittleren Serumkonzentrationen lagen am 30. Tag bei ungefähr 40 mg/ml nach der ersten, bei ungefähr 60 mg/ml nach der zweiten und bei ungefähr 70 mg/ml nach der dritten und vierten Injektion. In der Studie bei Kindern mit angeborenen Herzfehlern wurden am 30. Tag nach der monatlichen intramuskulären Dosis von 15 mg/kg Serum-Talkonzentrationen ermittelt. Die gemessenen mittleren Werte lagen hierbei nach der ersten Injektion bei 55 mg/ml und ungefähr 90 mg/ml nach der vierten Injektion.

In der Studie an Kindern mit angeborener Herzkrankheit lag die mittlere Serumkonzentration von Palivizumab bei den 139 Kindern der Palivizumab-Gruppe, die einen kardiopulmonalen Bypass hatten und von denen gepaarte Serumproben verfügbar waren, bei ungefähr 100 mg/ml präoperativ und sank postoperativ auf ungefähr 40 mg/ml.

Unerwünschte Wirkungen: Nervosität, Fieber, Reaktionen an der Injektionsstelle. Seltener traten Infektion der Atemwege, Rhinitis, Husten, Leukopenie, Exanthem, Diarrhö, Erbrechen, Erhöhung der AST und ALT, Veränderungen beim Leberfunktionstest, virale Infektionen, Schmerzen, Apnoe, Anaphylaxie und Urtikaria auf. In weniger als 1 % der Behandlungen wurden Infektionen der oberen Atemwege, Gastroenteritis, Nervosität, Somnolenz, Hyperkinesie, Hämorrhagie, Rhinitis, Diarrhö, Erbrechen, Obstipation, Exanthem, Ekzem oder Asthenie beobachtet.

Name	Palivizumab
Spezialitäten	Synagis®
Indikation	Zur Prävention der durch das Respiratory-Syncytial-Virus (RSV) hervorgerufenen schweren Erkrankungen der unteren Atemwege, die Krankenhausaufenthalte erforderlich machen, bei Kindern mit hohem Risiko für RSV-Erkrankungen, • die in der 35. Schwangerschaftswoche oder früher geboren wurden und zu Beginn der RSV-Saison jünger als 6 Monate sind. • die jünger als 2 Jahren sind und innerhalb der letzten 6 Monate wegen bronchopulmonaler Dysplasie behandelt wurden. • die jünger als 2 Jahren sind und hämodynamisch signifikante angeborene Herzfehler haben.
Mechanismus	Passive Immunisierung gegen RSV-Erkrankungen
Dosierung	Die empfohlene Dosierung beträgt 15 mg Palivizumab/kg KG, die einmal im Monat während des Zeitraums eines erhöhten RSV-Infektionsrisikos in der Bevölkerung, verabreicht werden sollte. Wenn möglich, sollte die erste Dosis vor Beginn der RSV-Saison appliziert werden.

Interaktion: Wechselwirkungen mit anderen Medikamenten sind nicht bekannt. Formelle Untersuchungen zu Arzneimittelinteraktionen wurden nicht durchgeführt.

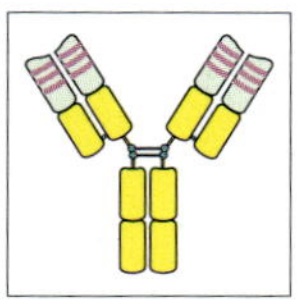

6.5.2 Omalizumab

Mit einer baldigen Europa-weiten Zulassung von Omalizumab (Xolair®), einem rekombinanten Anti-IgE-Antikörper (IgG1/leichte κ-Kette), kann gerechnet werden. Dieser humanisierte monoklonale Maus-Antikörper (rhuMAb-E25) neutralisiert IgE-Antikörper, die vor allem im Zuge allergischer Reaktionen gebildet werden (vgl. Kap. I.5.2.1) und maßgeblich an der Auslösung einer allergischen Symptomatik beteiligt sind (Abb. II.6.11).

IgE-Antikörper sind eine wichtige Ursache des allergischen Asthma bronchiale. Wenn ein Allergen (z. B. Staub, Schimmel, Blütenstaub) mit IgE, das an Mastzellen im menschlichen Immunsystem gebunden ist, interagiert, schütten die Mastzellen Histamin und Leukotriene aus, die zur Entzündung und Bronchokonstriktion des allergischen Asthmas führen. Omalizumab (Xolair®) bindet freies IgE im Blut, verringert die an Mastzellen gebundene IgE-Menge und verhindert dadurch die Ausschüttung dieser chemischen Mediatoren und darüber frühzeitig die

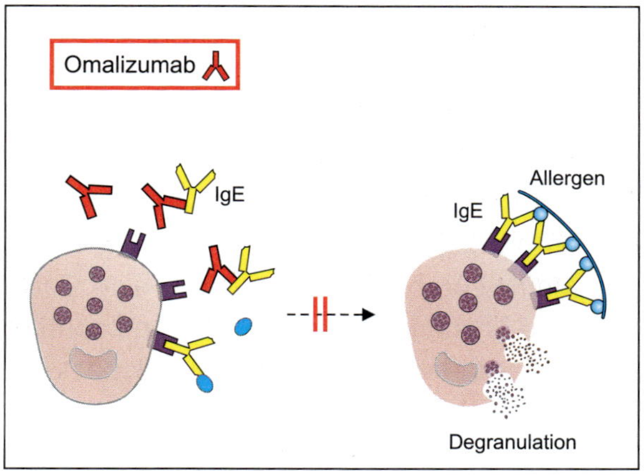

Abb. II.6.11: Wirkmechanismus von Omalizumab. Die Symptomatik der allergischen Reaktion wird durch die Degranulation von Mastzellen verursacht. Auslöser für die Degranulation ist die Vernetzung von IgE-Rezeptoren auf der Oberfläche von Mastzellen. An diese Rezeptoren binden IgE-Antikörper über ihren Fc-Teil. Mehrere Antikörper binden dann ein einzelnes Antigen, wodurch es zur Vernetzung der Rezeptoren und zur anschließenden Degranulation kommt. Omalizumab kompetiert mit der Rezeptorbindung, da er – ähnlich wie die IgE-Rezeptoren – die Fc-Region der IgE-Antikörper bindet.

Entzündungsreaktion und Bronchokonstriktion des allergischen Asthmas (vgl. Kap. I.5.2.1).
Allergisches Asthma ist eine chronische Erkrankung der Atemwege, von der weltweit nahezu 150 Millionen Menschen betroffen sind. Sie ist Ursache für über 180.000 Todesfälle jährlich. Zu den Symptomen gehören Atemnot, Giemen, Husten, Engegefühl in der Brust und Kurzatmigkeit. Allergien tragen bei der Mehrzahl der Asthmatiker zur Erkrankung bei.
Von der FDA wurde der Antikörper zur Behandlung von Erwachsenen und Jugendlichen über 12 Jahren zugelassen, die an moderatem bis schwerem Asthma leiden, das sich nur unzureichend durch inhalative Corticosteroide behandeln lässt, und die einen positiven Hauttest oder *In-vitro*-Reaktivität gegen saisonale Allergene zeigen.
Die Basis der Zulassung bilden klinische Studien, die gezeigt haben, dass Omalizumab als Ergänzungstherapie zu inhalativen Corticosteroiden die Exazerbationen um rund 50 % reduziert. Außerdem wurde die Durchschnittsdosis der inhalierten Corticosteroide bei Patienten unter Omalizumab-Therapie in den beiden pivotalen Studien um 83 bzw. 75 % reduziert. Die Verwendung von Steroiden wurde bei 40 bis 43 % der Patienten in den Omalizumab-Gruppen eingestellt, gegenüber 19 % in den Placebo-Gruppen.
Für Omalizumab konnten auch antientzündliche Eigenschaften gezeigt werden. Hierzu wurden 43 Patienten im Alter von 19 bis 43 Jahren mit leichter bis mäßiger Erkrankung untersucht, deren Atemwege bislang nicht durch eine Corticosteroid-Therapie beeinflusst werden konnten. In der 16-wöchigen, randomisierten, doppelblinden, placebokontrollierten, multizentrischen Parallelgruppenstudie zeigte sich, dass Omalizumab zu einer Reduktion einer Vielzahl von Zellen – darunter vor allem auch der Eosinophilen – führte, die an der Entzündung der Atemwege beteiligt sind. Die durchschnittliche Anzahl der Eosinophilen im Sputum nahm signifikant von 6,6 % auf 1,7 % in der Omalizumab-Gruppe ab ($p < 0{,}001$). Dies entspricht einer Reduktion, die signifikant ($p < 0{,}05$) größer ist als bei Placebo (8,5 % auf 7,0 %). Die Autoren der Studie ziehen daraus den Schluss, dass Omalizumab das erste nicht-steroidale Therapeutikum ist, das eine ausgeprägte antientzündliche Wirkung in den Atemwegen allergischer Asthmatiker entfaltet.
Omalizumab wird als zwei- bis vier-wöchentliche subkutane Injektion verabreicht. Die Behandlung mit Omalizumab wurde in den klinischen Studien generell gut vertragen, und die Häufigkeit der gemeldeten unerwünschten Wirkungen war in den mit Omalizumab behandelten und in den Kontrollgruppen vergleichbar. Zu den häufigsten Nebenwirkungen zählten Virusinfektionen, Sinusitis, Atemwegsinfektionen und Kopfschmerzen. Starke Nebenwirkungen waren selten und traten bei den Omalizumab- und den Kontrollgruppen etwa gleich häufig auf.
In Europa soll als Indikation die Prävention von Asthma-Exazerbationen und Symptomkontrolle bei Erwachsenen und Jugendlichen mit schwerem, persistierendem allergischem Asthma gelten, deren Erkrankung sich trotz der Verwendung inhalativer Corticosteroide und lang wirksamer β_2-Agonisten nicht ausreichend kontrollieren lässt.

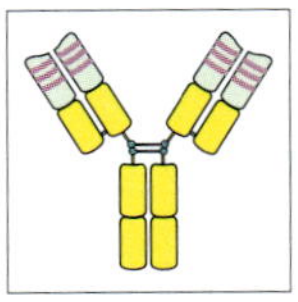

6.5.3 Efalizumab

Efalizumab (Raptiva®) ist ein humanisierter therapeutischer Antikörper zur selektiven und reversiblen Hemmung der Aktivierung, Reaktivierung und des Auswanderns von T-Zellen, die zur Entwicklung der Psoriasis-Symptome führen. Der Antikörper moduliert selektiv die T-Zell-Funktion, ohne die T-Zellen zu zerstören (Abb. II.6.12).
Psoriasis ist durch ein übermäßiges Wachstum von Hautzellen gekennzeichnet, was die Entstehung dicker, rötlich-entzündeter, schuppenartiger Pusteln auf der Haut zur Folge hat. Plaque-Psoriasis, die meist verbreitete Form der Psoria-

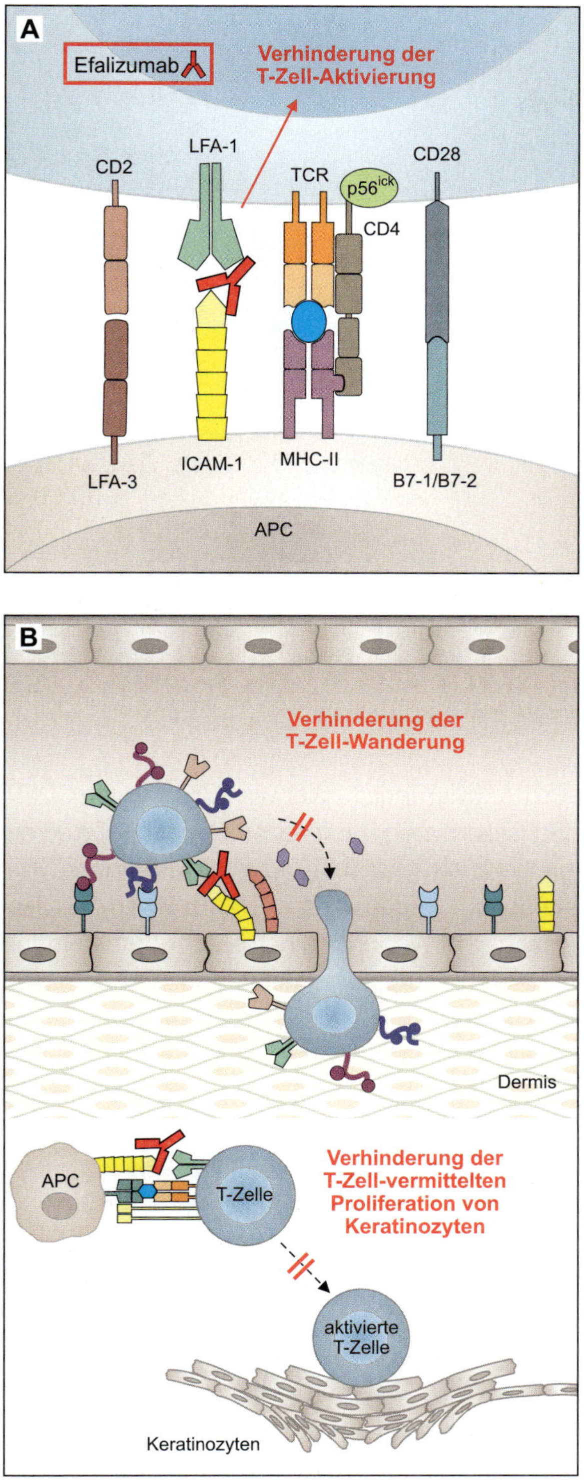

sis, äußert sich in entzündeten Pusteln („Läsionen"), die mit silbrigen Schuppen überzogen sind. Psoriasis kann sich auf wenige Flecken beschränken oder große Hautflächen erfassen, wobei die Kopfhaut, Knie, Ellbogen und der Leib am meisten betroffen sind. An Psoriasis leiden in den USA etwa 4,5 Millionen Patienten und in Europa etwa 5,7 Millionen Menschen. Obwohl Psoriasis sehr auffällig ist, ist diese Erkrankung nicht ansteckend. Es gibt zwar einige Medikamente, die helfen können, die Symptome der Erkrankung zu kontrollieren, eine ursächliche Therapie existiert jedoch bisher nicht.

Efalizumab bindet an die α-Untereinheit (CD11a) des „Leukozytenfunktions-assoziierten Antigens 1" (LFA-1) an der T-Zell-Oberfläche. LFA-1 ist ein Mitglied der Integrin-Familie von Zell-Adhäsions-Molekülen, das auf der Oberfläche aller Leukozyten exprimiert wird. Efalizumab verhindert die Interaktion von LFA-1 mit dem „interzellulären Adhäsionsmolekül 1" (ICAM-1) auf der Oberfläche von Blutgefäß-Endothelzellen (vgl. Kap. I.2.3 und I.3.3.2.1). Diese Interaktion spielt vermutlich eine essentielle Rolle im Rahmen der Pathogenese der Psoriasis und ist ein maßgeblicher Trigger der T-Zell-Aktivierung und der Penetration von T-Zellen in die Haut (Dermis und Epidermis).

In klinischen Studien konnte gezeigt werden, dass die Wirkung von Raptiva® hinsichtlich der Verringerung der mit Psoriasis in Verbindung gebrachten Symptome bei manchen Patienten bereits innerhalb von vier Wochen nach Beginn der Behandlung einsetzt.

Raptiva® wurde zur Behandlung der mittelschweren bis schweren Plaque-Psoriasis bei Patienten ab 18 Jahren entwickelt, wird einmal wöchentlich als subkutane Injektion verabreicht und kann von den Patienten zuhause selbst an-

Abb. II.6.12: Wirkmechanismus von Efalizumab.
Die rötlich-entzündeten, schuppenartigen Pusteln auf der Haut von Patienten, die an Plaque-Psoriasis leiden, werden durch aktivierte T-Zellen verursacht, die das vaskuläre System verlassen und durch das Endothel in die Haut einwandern. Efalizumab interagiert mit T-Effektorzellen im Rahmen der Psoriasis-Pathogenese, indem er an LFA-1 bindet und somit dessen Interaktion mit ICAM-1 auf der Endothel-Zelloberfläche verhindert. Dadurch wird zum einen die Aktivierung der T-Zelle (**A**) und zum anderen das Einwandern der aktivierten T-Zellen in die Dermis und Epidermis behindert (**B**). Somit unterbricht Efalizumab eine essentielle Reaktionskette bei der Aufrechterhaltung der Psoriasis-Pathologie.

gewendet werden. Efalizumab wurde in allen Phase-III-Studien gut vertragen. Häufigste Nebenwirkungen waren grippeartige Symptome. Diese wurden zumeist nur nach der ersten und zweiten Injektion beobachtet. Ab der dritten Injektion war die Zahl der akuten unerwünschten Ereignisse in der Verum- und Placebogruppe gleich. Insgesamt brachen weniger als 3 % der Patienten die Behandlung auf Grund von Nebenwirkungen ab.

Von der FDA wurde der Wirkstoff bereits zugelassen. Mit der Zulassung durch die EMEA wird gerechnet.

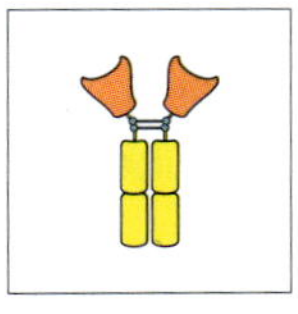

6.5.4 Alefacept

Alefacept (Amevive®) ist ein Fusionsprotein, das zum einen aus dem extrazellulären Bindungsdomäne des Leukozytenfunktions-assoziierten Antigens 3 (LFA-3) für den CD2-Rezeptor und zum anderen aus dem Fc-Teil eines humanen IgG1-Antikörpers besteht. Das Konzept des Designs dieses „Kunstproteins" ist das gleiche wie bei Etanercept (Enbrel®), wo statt des CD2-Teils der extrazelluläre Teil des TNF-α-Rezeptors an die konstante Region eines IgG1-Meleküls gekoppelt wurde.

CD2 wird auf T-Zellen exprimiert (vgl. Abb. I.3.4) und ist der Interaktionspartner des Leukozytenfuktions-assoziierten Antigens 3 (LFA-3) das auf antigenpräsentierenden Zellen exprimiert wird. Die CD2/LFA-3-Interaktion ist Teil des Aktivierungsmechanismus' von T-Zellen. Wenn der LFA-3-Teil des Alefacept-Fusionsproteins an CD2-Moleküle auf T-Zellen bindet, wird eine Interaktion der T-Zellen mit APC verhindert (Abb. II.6.13).

Die Mehrzahl der T-Zellen bei Psoriasis-Patienten besitzt einen Memory-Effektor-Phänotyp ($CD4^+CD45RO^+$ und $CD8^+CD45RO^+$). Auf solchen Zellen ist CD2 typischerweise besonders stark exprimiert und derartige Zellen exprimieren

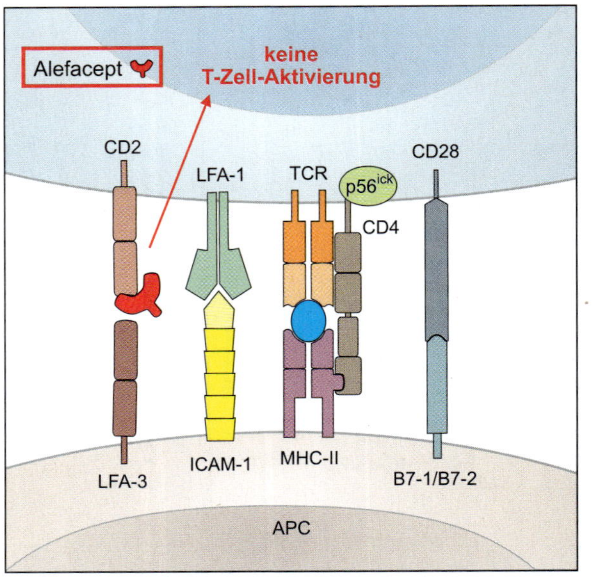

Abb. II.6.13: Wirkmechanismus von Alefacept.
Verschiedene Proteine sind an den wichtigen Interaktionen zwischen T-Zellen und antigenpräsentierenen Zellen beteiligt. Alefacept bindet an den CD2-Marker auf T-Zellen und verhindert dadurch diese Interaktion.

auch Aktivierungsmarker wie CD25 sowie CD69 und sezernieren proinflammatorische Zytokine wie beispielsweise IFN-γ. Durch die Bindung von Alefacept werden diese CD2-positiven T-Zellen „markiert", wodurch einerseits Apoptose induziert wird, andererseits aber auch durch den IgG1-Anteil ein Effektormechanismus über den Fcγ-Rezeptor III vermittelt wird.

Alefacept wird in CHO-Zellen produziert und besitzt ein Molekulargewicht von ca. 91,4 kDa. Es ist von der FDA zur Behandlung von Patienten zugelassen, die an mittelschwerer bis schwerer Plaque-Psoriasis leiden und die als Kandidaten für eine systemische oder Phototherapie gelten. In klinischen Studien setzte die Wirkung nach ca. 60 Tagen nach Behandlungsbeginn ein.

Nicht zuletzt wegen der deutlichen Immunsuppression und wegen der Vermutung, dass sich unter der Therapie Neoplasien entwickeln könnten, hat die EMEA das Fusionsprotein noch nicht zugelassen.

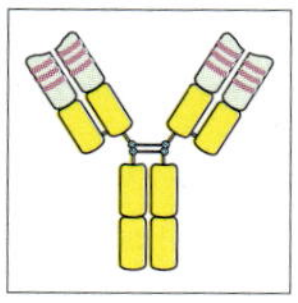

6.5.5 Natalizumab

Natalizumab (Antegren®), ein rekombinanter, humanisierter Antikörper, ist – ähnlich wie Efalizumab – ein Wirkstoff aus der Gruppe von Arzneimitteln, die als SAM-Inhibitoren bezeichnet werden. SAM steht für „Selektives Adhäsions-Molekül". Zu dieser Molekülklasse zählt auch α_4-Integrin, das Zielmolekül für Natalizumab.

Der Antikörper hemmt spezifisch den Übertritt von Leukozyten ins Gewebe und bremst somit die lokale Entzündungsreaktion wirkungsvoll. Geprüft wird der Einsatz von Natalizumab bei der Multiplen Sklerose (MS) und bei Morbus Crohn.

Bei der MS wandern Immunzellen durch die Blut-Hirn-Schranke in das Gehirn, was zur Entzündung und Zerstörung der Myelinscheide und schließlich zum Tod der Nervenzelle führt (vgl. Kap. I.5.3.2.2). Bei der Crohn-Krankheit findet ein ähnlicher Prozess statt, allerdings im Gastrointestinaltrakt.

α_4-Integrine sind heterodimere Rezeptoren, die aus einer α_4-Untereinheit und entweder einer β_1- oder einer β_7-Untereinheit aufgebaut sind. Sowohl $\alpha_4\beta_1$- als auch $\alpha_4\beta_7$-Integrine spielen eine wichtige Rolle bei der Auswanderung der Leukozyten durch das vaskuläre Endothel und sind an der Aktivierung der Leukozyten im Parenchym beteiligt. Das $\alpha_4\beta_1$-Integrin, das auch als *very late antigen-4* (VLA-4) bezeichnet wird, bindet an das vaskuläre Zell-Adhäsions-Molekül-1, das besonders stark dort am vaskulären Endothel exprimiert wird, wo sich chronische Entzündungsherde, wie beispielsweise beim Morbus Crohn, befinden. $\alpha_4\beta_1$-Integrin bindet auch an spezielle Formen des extrazelluären Matrix-Proteins Fibronectin, wohingegen das $\alpha_4\beta_7$-Dimer mit dem mucosalen *addressing-cell-adhesion*-Molekül interagiert und Lymphozyten in den Darm lockt.

Durch die Bindung an das α_4-Integrin kann Natalizumab die Leukozyten daran hindern, den Blutstrom zu verlassen, die Bluthirnschranke zu überwinden oder in entzündetes Darmgewebe vorzudringen, um so ein Entzündungsgeschehen aufrecht zu erhalten.

Präklinische Studien haben angedeutet, dass diese Überlegungen von klinischer Relevanz sein können, und zwischenzeitlich haben Phase-III-Studien gezeigt, dass MS-Patienten und Patienten, die an Morbus Crohn leiden, von einer Behandlung mit Natalizumab profitieren können. Auch der Effekt einer Kombination von Natalizumab mit Avonex® wurde bei MS-Patienten getestet.

Auf der Basis verschiedener Dosisfindungsstudien soll Antegren® in monatlichen Abständen intravenös verabreicht werden. Sollte sich dieser Ansatz bewähren, würden die Therapieoptionen für die Behandlung von MS- und Crohn-Patienten um ein völlig neues Therapieprinzip erweitert. Entsprechend groß sind die Hoffnung bei Ärzten und Patienten.

Noch ist Natalizumab nicht zugelassen. Die Daten sind allerdings vielversprechend.

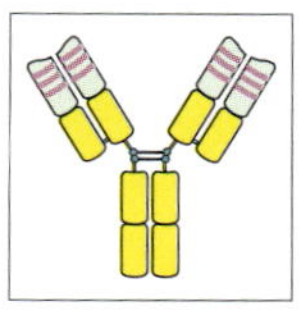

6.5.6 Bevacizumab

Bevacizumab (Avastin®) ist ein rekombinanter humanisierter Antikörper, der zusammen mit einer intravenösen Chemotherapie auf der Basis von 5-*Fluoruracil* bei nicht vorbehandelten Patienten mit metastasierendem Dick- oder Enddarmkrebs als Erstbehandlung angewendet wird. Der Antikörper richtet sich gezielt gegen den *vascular endothelial growth factor* (VEGF), der beim Aufbau der Blutversorgung eines soliden Tumors eine Rolle spielt. Indem Bevacizumab den VEGF bindet, verhindert der Antikörper, dass VEGF an seine Rezeptoren VEGFR-1 (Flt-1) und VEGFR-2 (KDR) auf der Oberfläche von Endothelzellen binden kann. Bevacizumab vermindert so die Ausknospung neuer Blutgefässe in Richtung Tumor, was das Tumorwachstum und eine Metastasierung im Körper bremst. Da der Wirkmechanismus auch für andere bösartige Tumoren von Bedeutung sein könnte, wird zurzeit geprüft, ob Bevacizumab auch bei der Therapie anderer Krebsformen eingesetzt werden könnte.

Bevacizumab (Avastin®) hat in den USA im Februar 2004 von der FDA die Zulassung erhalten. Avastin® wird alle 14 Tage mit einer Dosis von 5 mg/kg KG, zunächst über einen Zeitraum von 90 Minuten, intravenös infundiert. Wird die Infusion gut vertragen, kann die Infusionsdauer bis auf 30 Minuten reduziert werden.

Dass solche neuen Interventionsstrategien auch unerwartete Nebenwirkungen haben können, zeigt das Auftreten von gastrointestinalen Perforationen und Wund-Dehiszenz bei der Behandlung von Kolon- und Rektum-Karzinomen. Ein schwerer und zum Teil tödlich verlaufender Blutsturz war bei der Behandlung von nicht-kleinzelligem Lungenkarzinom mit Avastin® zu beobachten.

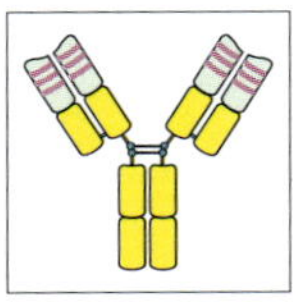

6.5.7 Eculizumab

Eculizumab ist ein rekombinanter, humanisierter monoklonaler Antikörper, der spezifisch an das terminale Komplement-Protein C5 bindet und die Spaltung von C5 in C5a und C5b verhindert. Dadurch kann sich der Membran-Angriffskomplex (MAK, *membrane attack complex*) nicht bilden und es kommt nicht zur Zytolyse, der attackierten Zelle (Abb. II.6.14, vgl. Kap. I.2.1.2).

Dieser Antikörper wird entwickelt, um Patienten zu behandeln, die an paroxysmaler nächtlicher Hämoglobinurie (PNH) leiden. Diese Krankheit, deren Inzidenz mit 1:100.000 bis 1:500.000 angegeben wird, wird durch eine somatische Mutation im *PIG-A*-Gen pluripotenter hämatopoetischer Stammzellen verursacht. Das *PIG-A*-Gen codiert für ein essentielles Enzym im Rahmen der Synthese eines Glykosyl-Phosphatidylinositol (GPI)-Ankers, der bestimmte Proteine in der Membran auf der Zelloberfläche fixiert. Unter diesen Proteinen ist auch CD59 (TAP, Protektin), dessen Funktion darin besteht, die Ausbildung des Membran-Angriffskomplexes auf Blutzellen zu inhibieren.

PNH ist eine seltene, chronische Krankheit. Die Patienten leiden oft an chronischen Symptomen wie Abgeschlagenheit, abdominale Schmerzen, Dysphagie und eben Hämoglobinurie. In schweren Fällen benötigen die Patienten häufige Infusionen und sie besitzen ein extrem erhöhtes Thrombose-Risiko, besonders in den hepatischen und zerebralen Venen. Die Überlebensrate der PNH-Patienten nach der Diagnose beträgt ca. 50 % nach 10 Jahren und ca. 28 % nach 25

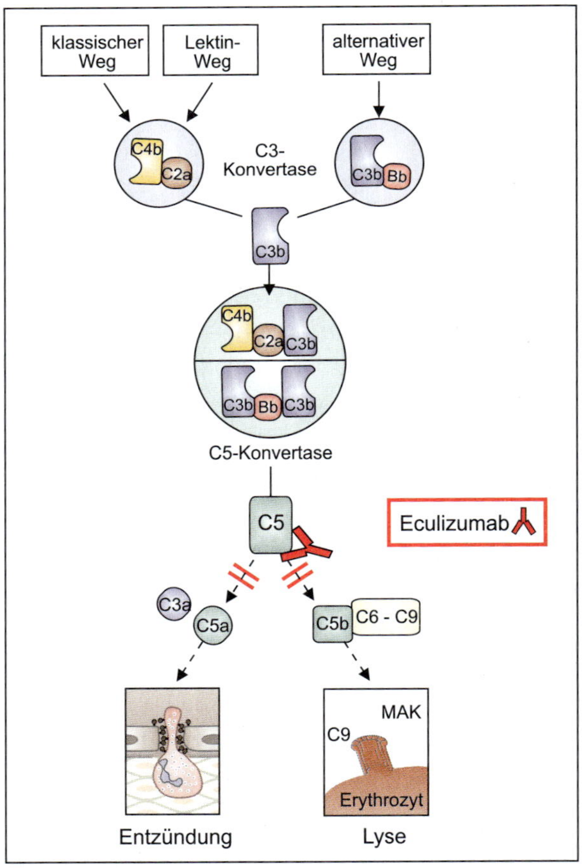

Abb. II.6.14: Wirkmechanismus von Eculizumab
Eculizumab bindet spezifisch an das terminale Komplement-Protein C5 und verhindert dessen Spaltung in C5a und C5b. Dadurch kann sich nicht der Membran-Angriffskomplex bilden und es kommt nicht zur Zytolyse, der attackierten Zelle.

Jahren. Die Behandlung der PNH ist momentan auf Steroide (z. B. Prednison), immunsuppressive Medikamente und Bluttransfusionen beschränkt. All dies hat bemerkenswerte Nebeneffekte und keine oder nur wenig Auswirkungen auf das Ausmaß der Hämolyse bei PNH-Patienten.

Unter der Therapie mit Eculizumab akkumulieren Typ-III-Erythrozyten (Erythrozyten ohne GPI-verankerte Proteine) bis zu einem Anteil von 80 %, was mit der Hypothese im Einklang steht, dass der Antikörper die Hämolyse durch Inhibition von C5 hemmen kann. Viele der in den bisherigen Studien behandelten Patienten berichteten u. a. auch über eine relevante Steigerung der Wohlbefindens und der Lebensqualität. Welche Langzeiteffekte (positive und negative) eine solche Therapie allerdings nach sich zieht, ist noch nicht bekannt.

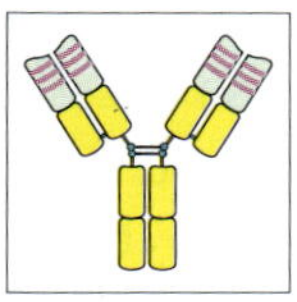

6.5.8 Fontolizumab (anti-IFN-γ)

Fontolizumab (HuZAF®) ist ein rekombinanter, humanisierter monoklonaler Antikörper, der gegen IFN-γ gerichtet ist. Der Antikörper wurde zur Behandlung von Patienten entwickelt, die an mittel- bis schwergradig aktivem Morbus Crohn leiden.

T-Zellen im entzündeten Darm von Morbus-Crohn-Patienten exprimieren vermehrt Proliferationsmarker und produzieren neben IL-2 verstärkt auch IFN-γ. Dieses Zytokin ist ein starker Makrophagenaktivator und liefert durch Aktivierung solcher Zellen vermutlich einen entscheidenden Beitrag zur Amplifikation der lokalen Immunkaskade (vgl. Kap. I.2.1.1, I.3.1.1, I.3.3.1). Weitere IFN-γ-Wirkungen beinhalten die Induktion von HLA-Klasse-II-Antigenen auf Entzündungszellen und Epithelien sowie direkte epithelschädigende Effekte mit Entwicklung einer Permeabilitätsstörung. Bei der Induktion der T-Zell-Produktion von IFN-γ ist vermutlich von Makrophagen sezerniertes IL-12 beteiligt.

Die Immunantwort bei Morbus Crohn zeigt Charakteristika einer T-Zell-vermittelten Hypersensitivitätsreaktion vom verzögerten Typ (Typ-IV-Überempfindlichkeitsreaktion, vgl. Kap. I.4.2.4), wobei bevorzugt so genannte T-Helfer-1- (T_H1)-Zytokine wie IFN-γ, IL-2 und IL-12 von den Entzündungszellen exprimiert werden. Durch die Bindung des Antikörpers an IFN-γ wird die Interaktion des Zytokins mit seinem Rezeptor verhindert, wodurch auch die Entwicklung von T_H1-Zellen blockiert wird. Dadurch werden erheblich weniger Makrophagen, Monozyten und natürliche Killerzellen aktiviert und die Präsentation von MHC-Molekülen wird reduziert.

Nach ersten klinischen Studien mit 4 und 10 mg/kg KG scheint Fontolizumab den CDAI (Crohn's Disease Activity Index) signifikant zu senken und von den Patienten gut vertragen zu werden; unerwünschte Ereignisse vom Schweregrad 3 oder 4 wurde nicht beobachtet.

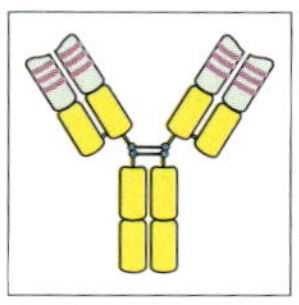

6.5.9 Mepolizumab

Eosinophile Granulozyten, die verschiedene Granulaproteine und Zytokine sezernieren, werden seit längerem mit der Pathogenese von Asthma in Verbindung gebracht. Der Hauptweg der Aktivierung der Eosinophilen geht dabei über eine T_H2-Zellantwort und über das Zytokin Interleukin 5 (vgl. Kap. I.3.1.1, Kap. 3.3.1.1, Kap. I.3.3.2.2, Tab. I.3.3 und Abb. I.3.27). Insofern lag es nahe, einen Ansatz zur Asthma-Therapie über eine Blockierung dieses Signalwegs zu versuchen. Mepolizumab ist ein humanisierter Antikörper (IgG1, κ-Kette), der gegen humanes IL-5 gerichtet ist und dessen Bindung an die α-Kette des IL-5-Rezeptorkomplexes auf Eosinophilen verhindert. Damit wird der Signalweg für die Rekrutierung, Aktivierung, Wachstum und Differenzierung sowie Überleben der eosinophilen Granulozyten unterbunden. Bei der Anwendung zeigte sich allerdings, dass mit einer einmaligen Gabe von 10 mg/kg KG Mepolizumab zwar die Zahl der zirkulierenden Eosinophilen für eine Dauer von 4 Monaten um 80 bis 90 % reduziert werden konnte, allerdings verbesserte sich dabei nicht die Asthma-Symptomatik.

Einen Orphan-Drug-Status könnte der Antikörper Mepolizumab hingegen zur Therapie des Hypereosinophilen Syndroms (HES) erhalten. Diese seltene Krankheit – man schätzt in Deutschland insgesamt wenige hundert Patienten – wurde erstmals 1968 von HARDY und ANDERSON an Patienten beschrieben, die kardiopulmonäre Symptome, Fieber, Gewichtsverlust und Eosinophilie aufwiesen. Da im Blutbild dieser Patienten reife Eosinophile vermehrt auftraten und nicht undifferenzierte Granulozyten, deuteten die Autoren das Hypereosinophile Syndrom als besondere Form einer Überempfindlichkeitsreaktion und nicht als eine Leukämieform.

Die Ausprägung des HES ist sehr variabel, sehr häufig sind jedoch Hautläsionen, weshalb die HES-Patienten meist zunächst beim Dermatologen vorsprechen. Gravierend sind die durch die von den Granulasekreten der Eosinophilen hervorgerufenen Organschäden, die dann schließlich zum Tod führen können.

Die allgemein gültigen Diagnosekriterien für das HES sind eine länger als 6 Monate dauernde Eosinophilie mit > 1,5 × 10^9/l, kein Befall mit Parasiten, keine Allergie und kein sonstiger erkennbarer Grund für die erhöhte Eosinophilenzahl sowie zusätzliche Anzeichen oder Symptome einer Organschädigung, v. a. Herz, Lunge, zentrales und peripheres Nervensystem und Haut. Die Krankheit betrifft mehr Männer als Frauen (Verhältnis 9:1) und tritt vor allem zwischen dem 20. und 50. Lebensjahr auf.

In den ersten Studien zur Therapie des HES mit Mepolizumab wurden drei intravenöse Infusionen von 10 mg/kg KG (maximal 750 mg) im Abstand von jeweils 4 Wochen verabreicht. Die Therapie wurde von den Patienten gut vertragen und die Zahl der Eosinophilen wurde signifikant reduziert, was sogar noch 12 Wochen nach der letzten Infusion anhielt.

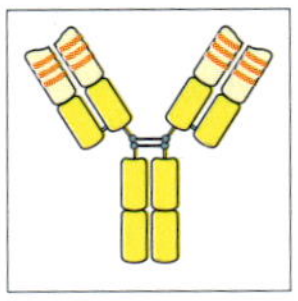

6.5.10 HuMax®-IL15

HuMax®-IL15 ist ein vollständig humaner Antikörper mit hoher Affinität gegen Interleukin 15 (IL-15). Bei IL-15 handelt es sich um ein Zytokin, das in einem frühem Stadium einer Ablaufkette erscheint, die letztlich zu einer Entzündung führt. IL-15 ist ein besonders interessantes krankheitsrelevantes Target, da es an mehreren Stufen des Zyklus von Entzündungsreaktionen beteiligt ist. IL-15 induziert sowohl die Produktion von TNF-α, der sich als entscheidender Akteur bei Entzündungen erwiesen hat, als auch bei der Aktivierung von entzündungsfördernden T-Zellen. Diese T-Zellen fördern ihrerseits die weitere Produktion von IL-15, was den Zyklus schließlich zu einem Teufelskreis werden lässt.

HuMax®-IL15 könnte das Potential zur Behandlung einer große Bandbreite von Patienten besitzen, da es die Aktivität von IL-15 blockiert und somit auf breiter Front Entzündungsprozesse beeinträchtigt, die im Zusammenhang mit Krankheiten wie Rheumatoide Arthritis, Psoriasis (Schuppenflechte) und Morbus Crohn auftreten.

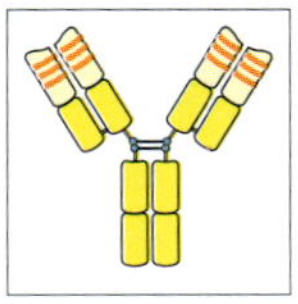

6.5.10 Lerdelimumab

Lerdelimumab (CAT-152, Trabio®) ist ein „humaner" monoklonaler IgG_4 Antikörper, der gegen den *Transforming Growth Factor Beta 2* (TGF-β_2) gerichtet ist. Dieses Protein wird unter anderem als Antwort auf eine Verletzung – beispielsweise am Auge nach einer Glaukom-Operation – produziert. Dies führt dann zur Bildung von Narbengewebe, das den Erfolg der Glaukom-Operation gefährden kann.

Das Glaukom bzw. der Grüne Star stellt eine der häufigsten Erblindungsursachen in Industrieländern dar. Wenn es mittels medikamentöser Glaukomtherapie nicht gelingt, den intraokularen Druck ausreichend zu senken, bleibt nur mehr ein operativer Eingriff. Die Anzahl der Glaukom-Operationen in USA und Europa belaufen sich auf ca. 250.000 pro Jahr, so dass eine signifikante Gruppe von Patienten von diesem Antikörper profitieren könnte. Aus diesem Grund wurde dem Wirkstoff im April 2001 auch der *Orphan-drug*-Status zuerkannt.

Bisher wurden zur Unterdrückung einer Narbenbildung durch exzessive Produktion von TGF-β Mitomycin C und 5-Fluoruracil eingesetzt. Diese Wirkstoffe weisen jedoch auch eine nicht zu unterschätzende Nebenwirkungsproblematik auf.

Das neue Behandlungskonzept beruht darauf, dass TGF-β_2 die dominante Iso-Form im Auge darstellt und seine Blockade eine postoperative Narbenbildung verhindern sollte. Auf diesem Konzept aufbauend wurde der rekombinante humane monoklonale Antikörper entwickelt.

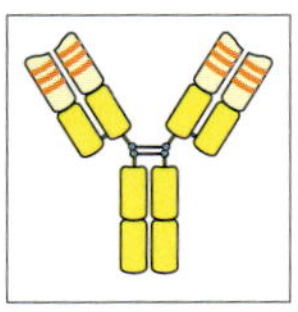

6.5.11 *Metelimumab*

Metelimumab (CAT-192) ist ebenfalls ein „humaner" monoklonaler IgG$_4$-Antikörper, der allerdings gegen den *Transforming Growth Factor Beta 1* (TGF-β_1) gerichtet ist. Er soll die Narbenbildung und Fibrose in unterschiedlichen klinischen Konstellationen verhindern.

Fibrose ist oft die Folge chronischer Entzündungen, Durchblutungsstörungen oder degenerativer Prozesse. Organe und Gewebe verändern sich durch den hohen Bindegewebsanteil so stark, dass sie irgendwann nicht mehr in der Lage sind, ihre eigentliche Funktion wahrzunehmen.

Eine Folge pathologisch verlaufender fibrotischer Prozesse ist die Sklerodermie. Dieser Krankheit liegen wahrscheinlich chronische Entzündungsprozesse zugrunde. Zwar steht bei der Sklerodermie eine Sklerose der Haut im Vordergrund, jedoch ist nicht nur die Haut von dem Erkrankungsprozess betroffen, sondern auch das Gefäßbindegewebe und innere Organe, wie z. B. der Magen-Darm-Trakt, die Lunge und die Nieren. Die Erkrankung wird daher auch als progressive systemische Sklerose bezeichnet. Metelimumab wird unter anderem für den Einsatz bei der Sklerodermie entwickelt. Für diese Indikation wurde dem Antikörper Anfang 2002 der *Orphan-drug*-Status zuerkannt.

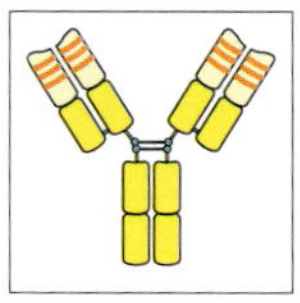

6.5.12 *Belimumab*

Belimumab (LymphoStat-B®) ist ein „humaner" monoklonaler Antikörper, der die biologische Aktivität des B-Lymphozyten-Stimulators (BLyS) blockiert. Der B-Lymphozyten-Stimulator spielt eine wichtige Rolle bei der Entwicklung von B-Zellen zu Plasmazellen. Eine pathologisch zu hohe Aktivität dieses Differenzierungsfaktors könnte zur Produktion von Autoantikörpern führen, die die Ursache bestimmter Autoimmunerkrankungen sind. So wird Belimumab derzeit in Hinblick auf eine Behandlung des systemischen Lupus erythematodes (SLE) klinisch getestet. Da SLE bisher nicht adäquat behandelt werden kann, wurde Belimumab von der FDA der *Orphan-drug*-Status zuerkannt.

Auch im Hinblick auf die Indikation „aktive Rheumatoide Arthritis" wird Belimumab klinisch geprüft.

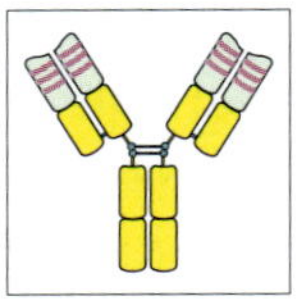

6.5.13 Tocilizumab (Atlizumab)

Tocilizumab ist ein humanisierter monoklonaler Antikörper, der gegen den humanen IL-6-Rezeptor gerichtet ist. Durch die Rezeptorblockade könnte der Verlauf der Rheumatoiden Arthritis günstig beeinflusst werden.

In einer randomisierten, doppelblinden, placebokontrollierten Multicenterstudie, mit Patienten, die an Rheumatoider Arthritis erkrankt waren, normalisierten sich die CRP-Werte bei 76 % der Patienten, die alle 4 Wochen 8 mg/kg KG Tocilizumab über einen Zeitraum von 3 Monaten erhielten. Eine Funktionsverbesserung um mindestens 20 % der Kriterien des American College of Rheumatology (ACR20) stellte sich bei 78 % der Patienten ein und bei 40 % der Patienten verbesserte sich der ACR50-Score.

Tocilizumab befindet sich in Japan für die Indikation Rheumatoide Arthritis in der Phase III, in den USA in der Phase II der klinischen Entwicklung. Für die Indikation juvenile Rheumatoide Arthritis befindet sich Tocilizumab in Großbritannien und Japan in der Phase II.

6.6 Diagnostische Antikörper

Diagnostische Antikörper unterscheiden sich von den therapeutischen Antikörpern vor allem in der Häufigkeit der Anwendung. Während wir in den vorherigen Kapiteln immer wieder gehört haben, dass die Verträglichkeit der Moleküle wichtig ist, wird bei den diagnostischen Antikörpern auf die Spezifität und kurze Halbwertszeit Wert gelegt. Insofern ist es auch nicht verwunderlich, dass hier durchaus auch Maus-Antikörper und Antikörperfragmente eingesetzt werden.

6.6.1 Arcitumomab

Arcitumomab (CEA-Scan®) ist ein Fab-Fragment eines monoklonalen Antikörpers aus der Maus (anti-CEA IMMU-4-Maus Fab'). Dieser Antikörper ist gerichtet gegen das so genannte Carcinoembryonale Antigen (CEA), das von verschiedenen Tumoren exprimiert wird, darunter Kolon-, Rektum-, Ösophagus-, Magen-, Pankreas-, und Gallengangtumore, sowie das medulläre Karzinom der Schilddrüse und Karzinome der Lunge, der Mammae, der Ovarien, des Endometriums und des Cervix.

Zugelassen ist CEA-Scan allerdings nur zur szintigraphischen Verwendung bei Patienten mit histologisch nachgewiesenem Kolon- oder Rektumkarzinom zur Darstellung von Rezidiven bzw. Metastasen. Es ist also ein reines Diagnostikum. Pharmakodynamische Wirkungen scheint das Antikörperfragment nicht auszuüben.

CEA-Scan wird als Kit geliefert, denn vor Gebrauch muss es mit einer Natriumpertechnetat-Lösung [^{99m}Tc] rekonstituiert werden. Erwachsene erhalten eine Einzelinjektion von 1 mg Antikörperfragment (750 – 1.000 MBq). Die Lösung (5 – 10 ml) wird als intravenöse Injektion über einen Zeitraum von ca. 30 Sekunden verabreicht. Nach 2 bis 5 Stunden werden dann die jeweiligen bildgebenden Verfahren durchgeführt. Zu bedenken ist, dass in Studien 0,8 bis 12,5 % falsch positive Ergebnisse detektiert wurden. Regionen für potentiell falsch-positive Ergebnisse liegen im Bereich der großen Organe des Blutkreislaufes (Herz, größere Gefäße etc.) bei sehr frühen Aufnahmen (1 – 3 Stunden nach der Injektion), im Bereich von Antikörperfragment-Metabolisierungszentren (Nieren und Blase) sowie im Intestinaltrakt bei späten Aufnahmen (18 – 24 Stunden nach der Injektion).

Als monoklonaler Maus-Antikörper induziert CEA-Scan die Bildung humaner Anti-Maus-Antikörper (HAMAs). Dies ist bei wiederholter Anwendung zu bedenken. Bei Patienten, in deren Seren mit einem geeigneten Assay keine HAMAs nachgewiesen wurden, dürfen wiederholte Anwendungen in einem Abstand von nicht weniger als 3 Monaten stattfinden. Die dem Patienten verabreichte kumulative Strahlendosis muss dabei in Betracht gezogen werden.

Eine Stunde nach der Infusion sinkt der Blutspiegel bereits auf 63 % der Basisparameter. Nach 5 Stunden beobachtet man ca. 23 %, nach 24 Stunden ca. 7 %. Die Verteilungshalbwertszeit beträgt etwa eine Stunde, die Eliminationshalbwertszeit etwa 13 ± 4 Stunden, wobei 28 % des radioaktiven Markers innerhalb der ersten 24 Stunden nach der Applikation im Urin ausgeschieden werden.

Als Nebenwirkungen wurden vorübergehende Eosinophilie, Übelkeit, Bursitis, Urtikaria, generalisierter Juckreiz, Kopfschmerzen, Magenbeschwerden, Fieber und Überempfindlichkeitsreaktionen bis hin zu anaphylaktoiden Reaktionen berichtet.

Bei einer verabreichten Aktivität von 750 MBq beträgt die Effektiväquivalenzdosis für einen 70 kg schweren Patienten normalerweise 9,8 mSv. ^{99m}Tc zerfällt unter Emission von γ-Strahlung einer Energie von 140 keV und einer Halbwertszeit von 6 Stunden zu Tc, das als nahezu stabil angesehen werden kann.

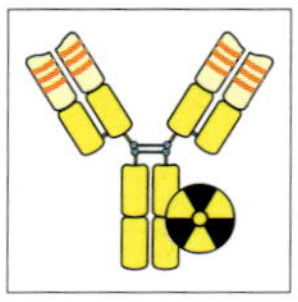

6.6.2 Volumumab

Volumumab (HumaSPECT®) ist ein intakter, humaner monoklonaler Antikörper (MAb 88BV59). Dieser Antikörper wird von einer humanen lymphoblastoiden Zelllinie produziert, die durch Infektion mit dem Epstein-Barr-Virus transformiert wurde. Es handelt sich um einen Antikörper des Isotyps IgG3, der eine leichte κ-Kette trägt.

Volumumab erkennt einen Komplex von Zytokeratin-Polypeptiden mit einem Molekulargewicht von 35 bis 43 kDa, der auch als CTAA16.88 oder CTA#1 bezeichnet wird. Dieser Proteinkomplex wird häufig auf differenzierten kolorektalen Adenokarzinomen exprimiert und gilt als tumorassoziiertes Antigen.

HumaSPECT® ist in der rekonstituierten Form mit ^{99m}Technecium markiert. Er wird als Kit geliefert. 10 mg Antikörper besitzen nach Rekonstitution eine Aktivität von 900 bis 1.300 MBq.

HumaSPECT® ist indiziert zur Durchführung szintigraphischer Bildgebung zum Nachweis von Rezidiven und/oder Metastasen bei Patienten mit histologisch nachgewiesenen kolorektalen Karzinomen. Die Dosis wird innerhalb von 5 Minuten intravenös verabreicht. Der empfohlene Aufnahmezeitpunkt ist 14 bis 20 Stunden nach der Injektion des Antikörpers. Pharmakodynamische Wirkungen scheinen von der Präparation in der vorgeschlagenen Dosis nicht auszugehen.

HumaSPECT® ist nicht für kolorektale Karzinome spezifisch. Der Antigenkomplex wird auch in Karzinomen des Verdauungstraktes (z. B. Tumore des Magens und des Kolons), der Lungen, der Brust, der Eierstöcke und der Prostata exprimiert. In Studien wurden zwischen 5 und 10 % der Befunde als falsch positiv identifiziert. Eine wiederholte Anwendung sollte in Abständen von nicht weniger als einem Monat erfolgen. Dabei ist die gesamte, dem Patienten im Laufe der Zeit verabreichte Strahlendosis zu berücksichtigen.

Die Pharmakokinetik des mit ^{99m}Tc markierten Votumumab ist durch ein biphasisches Eliminationsmuster mit einer Halbwertszeit der Distribution von $t_{1/2\alpha}$ = 6 ± 4 Stunden und einer relativ langen Eliminations-Halbwertszeit von $t_{1/2\beta}$ = 35 ± 11 Stunden gekennzeichnet. Die mittlere Verweildauer (MRT) beträgt 44 ± 13 Stunden. Die Serum-Clearance ist niedrig (Cl = 1,4 ± 0,5 ml/min), und das Verteilungsvolumen ist gering (V_{55} = 3,4 ± 0,9 l).

Für einen Patienten mit einem Körpergewicht von 70 kg errechnet sich eine Effektivdosis bei Applikation von 900 bis 1.300 MBq von 8 bis 10,4 mSv. ^{99m}Tc zerfällt unter Emission von γ-Strahlung einer Energie von 140 keV und einer Halbwertszeit von 6 Stunden zu Tc, das als nahezu stabil angesehen werden kann.

6.6.3 Sulesomab

Sulesomab (LeukoScan®) ist ein monoklonales Antikörperfragment (IMMU-MN3 Fab'-SH) aus der Maus, das gegen Granulozyten gerichtet ist. Das Fragment bindet sowohl an das carcinoembryonale Antigen (CEA) als auch an das so genannte nichtspezifische kreuzreagierende Antigen (NCA90) auf der Oberfläche von Granulozyten. Dieses Antigen wird von praktisch allen Neutrophilen exprimiert. Somit zeigt dieses Antikörperfragment Bereiche an, wo Granulozyten akkumulieren und deutet damit auf Infektions- und Entzündungsherde hin.

Nach Rekonstitution mit ca. 1.100 MBq ^{99m}Tc (als Natrium-Pertechnetat) ist Sulesomab zur szintigraphischen Bildgebung bei Patienten mit Verdacht auf Osteomyelitis, einschließlich Patienten mit diabetischen Fußgeschwüren zur Darstellung des Orts und Ausmaßes von Infektionen/Entzündungen und Knochen indiziert. Eine pharmakodynamische Wirkung scheint der markierte Antikörper nicht zu entfalten.

Die radioaktiv markierte Lösung wird durch intravenöse Injektion verabreicht. Die Immunszintigraphie sollte ein bis acht Stunden nach der Injektion durchgeführt werden.

Auf der Basis zweier kontrollierter Studien mit LeukoScan® zum Nachweis der Wirksamkeit und Verträglichkeit bei insgesamt 175 auswertbaren Patienten wurden eine Sensitivität von 88,2 %, eine Spezifität von 65,6 %, eine Genauigkeit von 76,6 %, ein positiver Vorhersagewert von 70,8 % und ein negativer Vorhersagewert von 85,5 % bestimmt.

Da LeukoScan® mit CEA kreuzreagiert, ist zu beachten, dass eine Wechselwirkung mit CEA-produzierenden Tumoren auftreten kann.

Wegen der effektiven Induktion von humanen Anti-Maus-Antikörpern (HAMAs) kommt eine wiederholte Anwendung von LeukoScan® nur bei Patienten in Betracht, deren Seren in einem Fragment-Assay keine HAMAs aufweisen. Die dem Patienten verabreichte kumulative Strahlendosis muss dabei berücksichtigt werden.

Als unerwünschte Wirkungen können Eosinophilie und Gesichtsausschlag auftreten.

LeukoScan® wird im Wesentlichen über die Niere ausgeschieden, wobei 41 % des radioaktiven Markers innerhalb der ersten 24 Stunden nach Verabreichung im Urin ausgeschieden werden. Die Blutspiegelkonzentration ist eine Stunde nach der Infusion bereits auf 34 % der Basisparameter, nach vier Stunden auf 17 % und nach 24 Stunden auf 7 % der Basisparameter gefallen.

Für einen 70 kg schweren Patienten errechnet sich bei einer verabreichten Aktivität von 750 MBq eine Effektiväquivalenzdosis von 7,7 mSv. ^{99m}Tc zerfällt unter Emission von γ-Strahlung, einer Energie von 140 keV und einer Halbwertszeit von 6 Stunden zu Tc, das als nahezu stabil angesehen werden kann.

7 Antiallergika

7.1 Einleitung

Die Inzidenz allergischer Erkrankungen scheint weltweit zu steigen. Man schätzt, dass ca. 15 bis 20 % der Erwachsenen an unterschiedlichen allergischen Erkrankungen leiden.

Allergien sind besondere immunologische Reaktionen des Organismus gegenüber verschiedenen ubiquitären oder seltenen Substanzen und Partikeln, die primär für den Organismus nicht schädlich sind. Eine allergische Bereitschaft (allergische Diathease) wird zwar vererbt, die definitive allergische Reaktion auf eine bestimmte Substanz wird dann allerdings erworben.

Der erste Kontakt mit dem Allergen (Antigen) verläuft klinisch unbemerkt und symptomlos. Allerdings „lernt" das Immunsystem bei diesem Kontakt das Allergen als solches kennen und kann bei erneutem Kontakt mit unangenehmen Symptomen darauf reagieren. Es kommt nun zur klinischen Manifestation.

Steigert sich die Reaktionsantwort von Kontakt zu Kontakt, spricht man vom *Boostern*. Die Art der klinischen Antwort hängt vom Allergen und der Reaktionsfläche (Haut, Schleimhaut, Darmschleimhaut) ab. Große Moleküle oder makromolekulare Komplexe (z. B. Pollen) werden Typ-I-Allergene und niedermolekulare Substanzen Typ-IV-Allergene genannt. Medikamente nehmen eine Sonderstellung ein, weil häufig erst bestimmte Stoffwechselprodukte als Allergene fungieren. Haptene sind niedermolekulare Stoffe, die nach Bindung an körpereigene Substanzen zum Vollantigen werden.

Die unterschiedlichen Allergie-Arten wurden bereits in Kapitel I.5.2 besprochen. Pathologische Effekte sind vor allem Urtikaria, hereditäres Quincke-Ödem, Rhinoconjunctivitis allergica, anaphylaktischer Schock, allergisches Kontaktekzem, atopische Dermatitis, Arzneimittelexantheme und -reaktionen.

Arzneimittel zur Behandlung dieser Erkrankungen sind vor allem

- H_1- Antihistaminika
- Glucocorticoide
- Mastzellstabilisatoren
- Anti-IgE-Antikörper.

Glucocorticoide wurden bei den Immunsuppressiva (II.2.3.6) besprochen; der Anti-IgE-Antikörper Omalizumab (Xolair®) wurde in Kapitel II.6.5.2 diskutiert. In diesem Kapitel sollen Mastzellstabilisatoren und H_1-Antihistaminika besprochen werden.

7.2 Antihistaminika

Histamin dient als ein lokaler Botenstoff der Entzündung, als parakriner Stimulus der Magensäuresekretion und als nervale Überträgersubstanz. Im hier zu besprechenden Zusammenhang interessiert besonders die erst genannte Funktion, die es bei allergischen Reaktionen zu unterdrücken gilt.

Allergene oder so genannte Histaminliberatoren induzieren die Freisetzung von Histamin aus Mastzellen und basophilen Granulozyten. Bei der allergischen Reaktion vom Typ I, die auch als anaphylaktische Sofortreaktion bezeichnet wird, sind es bivalente Antigene, die zellfixierte IgE-Antikörper brückenartig miteinander verbinden. Dies bewirkt eine intrazelluläre Ca^{2+}-Mobilisierung, die zur Exozytose der Speichergranula und zur Freisetzung des Histamins führt. Im betroffenen Gewebe ruft Histamin verschiedene Effekte hervor, an denen unterschiedliche Histaminrezeptoren beteiligt sind.

So kann die Gefäßerweiterung in den Arteriolen *indirekt* über H_1- und *direkt* über H_2-Rezeptoren ausgelöst werden: H_1-Rezeptoren in der Zellmembran der Gefäßendothelzellen induzieren die Abgabe von Stickstoffmonoxid, das die glatten Gefäßmuskelzellen der Arteriolen erschlaffen lässt; direkt kann der Gefäßtonus durch Erregung von H_2-Rezeptoren der Gefäßmuskelzellen vermindert werden. Dies erklärt, weshalb bei anaphylaktischen Kreislaufreaktionen auch H_2-Antihistaminika eingesetzt werden. Am venösen Ende des Kapillarbettes, in den Venolen, vermitteln H_1-Rezeptoren ein Zusammenziehen der Endothelzellen; die entstehenden Lücken erlauben den Ausstrom von Plasmaflüssigkeit. Zum Ort der Histamin-Freisetzung können über den Prozess der Chemotaxis andere Entzündungszellen angelockt werden. So scheint Histamin über H_4-Rezeptoren die Einwanderung von eosinophilen Granulozyten fördern zu können, die charakteristisch für atopische Entzündungen sind. Der H_4-Rezeptorsubtyp wurde erst vor wenigen Jahren entdeckt. Offenbar kommt er vorwiegend (oder gar ausschließlich) in der Peripherie vor, im Gegensatz zum H_3-Rezeptor, der hauptsächlich im ZNS lokalisiert ist.

Eine bedeutende Wirkstoffgruppe zur Therapie allergischer Symptome sind die H_1-Antihistaminika. Durch Bindung an die H_1-Rezeptoren wird die Wirkung des ausgeschütteten Histamins an Gefäßen, glatter Muskulatur, Nerven- und Entzündungszellen blockiert. Entsprechend werden durch Histamin induzierte Vasodilatation und Gewebeödem, wie bei Quaddeln und Rhinorrhö, sowie Juck- und Niesreiz unterdrückt.

H_1-Antihistaminika sind wirksam bei allergischer Rhinokonjunktivitis. Bei der allergischen Rhinitis betrifft dies die Symptome Niesreiz und Sekretion, aber kaum die „verstopfte Nase". Bei Rhinitis im Rahmen einer Erkältungskrankheit bieten H_1-Antihistaminika daher keinen Nutzen.

Bei atopischem Ekzem können H_1-Antihistaminika den Juckreiz günstig beeinflussen, wohl auch wegen des sedierenden Effektes.

Indiziert sind die Wirkstoffe ferner bei Urtikaria, bei anaphylaktischen oder anaphylaktoiden Reaktionen auf Nahrungs-, Arznei- und Kontrastmittel sowie bei Histamin-induziertem Juckreiz.

Im Stufenschema der Asthma-Therapie sind H_1-Antihistaminika nicht enthalten. Sie nützen, wenn beim Asthmatiker gleichzeitig eine allergische Rhinitis besteht. Eine neuere Studie zeigte jedoch, dass mit Cetirizin eine deutliche Reduktion der Inzidenz von allergischem Asthma und Urtikaria bei Kindern zwischen 1 und 2 Jahren mit atopischem Ekzem nach Langzeittherapie (18 Monate) erzielt werden konnte. Wahrscheinlich ist dies auf eine bei den meisten neueren Wirkstoffen nachgewiesene antientzündliche Komponente im Wirkungsspektrum zurückzuführen. Diese umfasst eine Inhibition der Produktion von Histamin, Zytokinen und Lipidmediatoren aus Mastzellen, Basophilen und Makrophagen sowie der Adhäsion und Migration von Entzündungszellen ins Gewebe.

Bei den H_1-Antihistaminika wird heute zwischen Wirkstoffen der ersten und der zweiten Generation unterschieden. Als Unterscheidungskriterium gilt die Fähigkeit, eine Sedierung herbeizuführen. Die sedierende Wirkung lässt sich auf

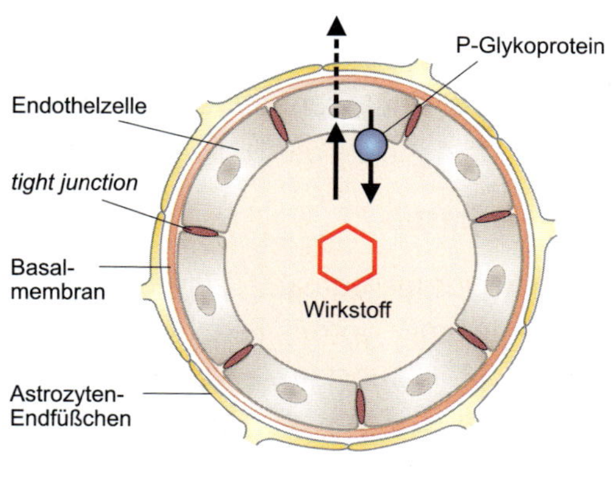

Abb. II.7.1: Wirkstoffe an der Blut/Hirn-Schranke. Das P-Glykoprotein kann Wirkstoffe beim Übertrittsversuch über die Blut/Hirn-Schranke zurück in den Blutkreislauf pumpen. Allerdings sind diese Pumpen sättigbar, so dass ein Wirkstoff dann doch noch zentrale Wirkungen entfalten können.

eine Blockade der zentralen H_1-Rezeptoren zurückführen, die Wachheit vermitteln. Die nicht oder wenig sedierenden H_1-Antihistaminika der 2. Generation vermögen die Blut/Hirn-Schranke nur schwer zu überwinden. Sie sind wahrscheinlich Substrate des P-Glykoproteins, das die Substanzen beim Übertrittsversuch über die Blut/Hirn-Schranke zurück in den Blutkreislauf pumpt (Abb. II.7.1). Da diese Pumpen sättigbar sind, können bei hohen Konzentrationen auch die H_1-Antihistaminika der 2. Generation sedierend wirken.

In pharmakokinetischer Hinsicht verhalten sich H_1-Antihistaminika sehr ähnlich. Sie werden rasch im Gastrointestinaltrakt aufgenommen und binden zu 80 bis 90 % an Plasmaeiweiß (Fexofenadin nur zu 50 – 70 %). Die Wirkstoffe der 1. Generation haben verglichen mit den Wirkstoffen der 2. Generation allerdings meist eine kürzere Halbwertszeit (Tab. II.7.1).

Tab. II.7.1: Vergleich der H_1-Antihistaminika der 1. und 2. Generation

	H_1-Antihistaminika der 1. Generation	**H_1-Antihistaminika der 2. Generation**
Pharmakokinetik		
Absorption	schnell	schnell
T_{max}	2 – 3 Stunden	0,9 – 3 Stunden
$t_{1/2}$	2 – 3,5 Stunden	7 – 24 Stunden (Astemizol 13 Tage!)
Metabolismus	hepatisch durch CYP450, inaktive Metaboliten	hauptsächlich hepatischer *first-pass*-Metabolismus, einige Substanzen haben aktive Metaboliten
Elinimation	langsam, renal	primär renal, einige über Galle und Darm
Wirksamkeitsprofil		
H_1-Rezeptorbindung	kompetitiv, reversibel	nicht-kompetitiv
Sicherheitsprofil		
ZNS-Wirkung	sedierend, suppressiv/stimulatorisch	nicht-sedierend (Cetirizin geringfügig sedierend)
Kardiotoxizität	keine	Verlängerung des QT-Intervalls und Arrhythmien bei Terfenadin und Astemizol
Andere unerwünschte Wirkungen	anticholinerg, antimuskarinerg, antiadrenerg	generell nicht vorhanden, bei z. B. Cetirizin selten anticholinerge Effekte
Arzneimittelinteraktionen	Verstärkung der Sedierung durch Alkohol und Sedativa	Inhibition durch antifungale Azole und Makrolidantibiotika
Nach Frölich und Kirch, Praktische Arzneitherapie, Springer-Verlag		

Pharmakologische *In-vitro*-Studien an Histamin-H_1-Rezeptoren habe gezeigt, dass alle derzeit untersuchten Antagonisten pharmakologisch exakt als inverse Agonisten beschrieben werden müssen, da sie die Basalaktivität des Rezeptors (konstitutive Aktivität) reduzieren. Auch inverse Agonisten hemmen den stimulierten Rezeptor. Wegen dieser Besonderheit, die bisher wenig bekannt ist, sollten die Wirkstoffe nicht als „H_1-Rezeptorantagonisten" sondern stattdessen bevorzugt als „H_1-Antihistaminika" bezeichnet werden.

Nachfolgend sind ausgewählte H_1-Antihistaminika beschrieben.

7.2.1 H_1-Antihistaminika der 1. Generation

Für alle oral applizierten Wirkstoffe dieser Gruppe gilt, dass sie auch bei bestimmungsgemäßem Gebrauch das Reaktionsvermögen so weit verändern können, dass die Fähigkeit zur aktiven Teilnahme am Straßenverkehr oder zum Bedienen von Maschinen beeinträchtigt wird. Dies gilt in verstärktem Maße im Zusammenwirken mit Alkohol.

Auch sind die Wirkstoffe als Doping-Mittel bei Sportarten eingestuft, bei denen Konzentration und innere Ruhe eine Rolle spielen, wie z. B. Schießen, Golf, Bobfahren, Curling, Fechten, Skispringen und Motorsport.

Freiverkäufliche H_1-Antihistaminika sollten nicht für Kinder unter einem Jahr abgegeben werden.

7.2.1.1 Clemastin

Clemastin (Hydrogenfumarat, Tavegil®) ist ein Antihistaminikum vom Benzhydrylether-Typ (Abb. II.7.2). Die Substanz wirkt als selektiver Antagonist am H_1-Rezeptor. Der Antagonismus an 5-HT- sowie cholinergen Rezeptoren ist weitaus schwächer ausgeprägt.

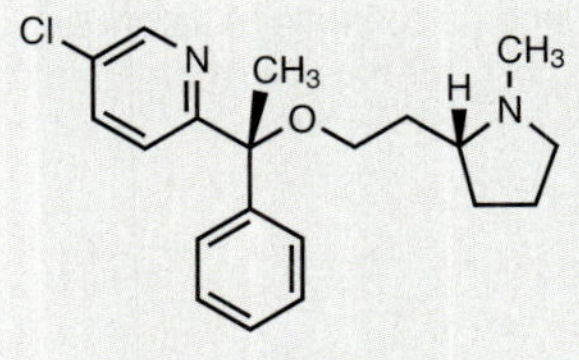

Abb. II.7.2

Die juckreizstillende Wirkung setzt rasch ein und hält ca. 12 Stunden an. Die vasokonstriktorischen Effekte begründen den Einsatz in der Schockbehandlung.

Orale Darreichungsformen sollten mit Flüssigkeit vor den Mahlzeiten eingenommen werden.

Name	**Clemastin (Hydrogenfumarat)**
Spezialitäten	**Tavegil®**
Indikation	• Zur systemischen Behandlung von akuten Allergien sowie zur adjuvanten Behandlung des anaphylaktischen Schocks und des allergisch bedingten Angioödems. • Zur Prophylaxe in Kombination mit einem H_2-Rezeptorantagonisten von Histamin-bedingten Reaktionen, bei Verdacht auf Kontrastmittelallergie bzw. -Pseudoallergie und bei allgemeinen Nebenwirkungen während der Magenfunktionsdiagnostik. • Zur lokalen Behandlung in Form eines Gels bei juckenden und allergischen Hauterkrankungen sowie bei Sonnenbrand und Insektenstichen.
Mechanismus	Kompetitive Inhibition der Histamin-Bindung
Dosierung	Oral: 2 × täglich 2 mg; topisch: mehrmals täglich

Metabolismus: Die systemische Bioverfügbarkeit beträgt ca. 40 %. Clemastin wird in der Leber intensiv durch Mono- und Didemethylierung sowie durch Glucuronid-Konjugation metabolisiert. 0,1 % des Wirkstoffs werden unverändert, 45 bis 65 % in Form der Metabolite renal ausgeschieden.
Unerwünschte Wirkungen: Mundtrockenheit, Kopfschmerzen, Schwindel, Hautreaktionen, Übelkeit, Gastralgie, Obstipation, Sedierung, bei Kindern auch Erregungszustände des ZNS. In seltenen Fällen auch Überempfindlichkeitsreaktionen (Hautausschlag, Atemnot, Schock).
Interaktionen: Bei gleichzeitiger Behandlung mit dem Raucherentwöhnungsmittel Bupropion und weiteren Arzneimitteln, die die Krampfschwelle herabsetzen, wie Antipsychotika, Antidepressiva, Antimalariamittel, Tramadol, Theophyllin, systemische Glucocorticoide, Gyrasehemmer, sedierende Antihistaminika, Stimulanzien und Appetitzügler, ist das Risiko von Krampfanfällen erhöht. Ferner wird die zentraldämpfende Wirkung des Wirkstoffs durch Ethanol verstärkt

7.2.1.2 Dimentindenmaleat

Dimetindenmaleat (Fenistil®) ist nicht nur ein H_1-Rezeptorantagonist, der Histamin kompetitiv von H_1-Rezeptoren verdrängt (Abb. II.7.3). In niedrigen Konzentrationen (10^{-5} M) aktiviert Dimetindenmaleat auch den Abbau von Histamin durch Stimulation der Histaminmethyltransferase. Das Enzym wird allerdings in höheren Dimetindenmaleat-Konzentrationen (ab 5×10^{-4} mol/l) gehemmt. *In vitro* konnte gezeigt werden,

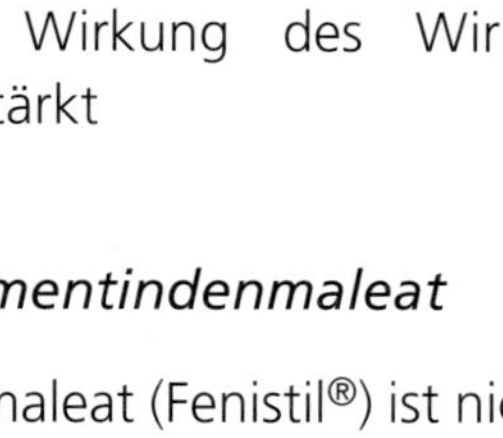

Abb. II.7.3

dass Dimetindenmaleat auch die Freisetzung von Histamin aus den Mastzellen hemmt. Neben der Hemmung Histamin-induzierter Reaktionen wurde bei höheren Dosierungen auch eine antagonistische Aktivität von Dimetindenmaleat gegenüber Bradykinin, Serotonin und Acetylcholin beobachtet. Bei topischer Applikation zeigt Dimetindenmaleat lokalanästhetische Eigenschaften.
Hinsichtlich der unerwünschten Sedierung als Begleiterscheinung von Dimetinden soll sich nach 1 bis 2 Tagen eine Toleranz entwickeln.
In der Schwangerschaft ist Dimetindenmaleat kontraindiziert.
Metabolismus: Die systemische Bioverfügbarkeit beträgt ca. 70 %. Die Eliminationshalbwertszeiten beträgt im Mittel 6,3 Stunden (p.o., i.v.) bzw. 11 Stunden (p.o. als retardierte Darreichungsform). Dimetinden wird hydroxyliert sowie methoxyliert. Der Hauptmetabolit ist 6-Hydroxydimetinden. Ca. 5 % werden unverändert renal ausgeschieden.
Unerwünschte Wirkungen: Müdigkeit, Mundtrockenheit, Wärmegefühl, Beschwerden des Magen- und Verdauungstraktes (einschl. Übelkeit), Brustbeklemmung; Kopfschmerz, Schwindelgefühl, Geschmacksirritationen, Beeinträchtigung des Sehvermögens. Bei intranasaler Applikation leichte, vorübergehende Reaktionen der Nasenschleimhaut wie Trockenheit oder Brennen. Sehr selten Überempfindlichkeitsreaktionen, Ödem, Hautausschlag, Muskelkrampf; Beeinträchtigung der Atmung, allergische Hautreaktionen.
Interaktionen: Bei gleichzeitiger Behandlung mit dem Raucherentwöhnungsmittel Bupropion und weiteren Arzneimitteln, die die Krampfschwelle herabsetzen, wie Antipsychotika, Antidepressiva, Antimalariamittel, Tramadol, Theophyllin, systemische Glucocorticoide, Gyrasehemmer, sedierende Antihistaminika, Stimulanzien und Appetitzügler, ist das Risiko von Krampfanfällen erhöht. Ferner wird die zentraldämpfende Wirkung des Arzneistoffs durch Ethanol verstärkt.

Name	Dimetindenmaleat
Spezialitäten	Fenistil®
Indikation	• Zur symptomatischen Linderung von Histamin-bedingtem Juckreiz, wie Nesselsucht (Urtikaria), Kontaktdermatitis, Ekzeme und andere juckende Hautkrankheiten (Neurodermitis, windpockenassoziierten Juckreiz bei Kleinkindern, Überempfindlichkeit gegen Nahrungs- und Arzneimittel, Quincke-Ödem • Zur symptomatischen Linderung von allergischem Schnupfen bei Patienten über 6 Jahren. • Zur Prämedikation in Kombination mit einem H_2-Rezeptorantagonisten zur Vermeidung von durch Histaminfreisetzung ausgelösten klinischen Reaktionen wie z.B. vor Narkosen und vor parenteraler Gabe von Röntgenkontrastmitteln oder Plasmaersatzmitteln. • Als Adjuvans bei anaphylaktischem Schock. • Lokal bei Insektenstichen, Sonnenbrand, Verbrennungen 1. Grades
Mechanismus	Kompetitive Inhibition der Histamin-Bindung
Dosierung	Erwachsene: 3 × 1 – 2 mg täglich. Kinder über 3 Jahren: 3 × 1 mg täglich

7.2.1.3 Dexchlorpheniramin

Dexchlorpheniramin (Polaronil®) ist das rechtsdrehende Enantiomer des racemischen Chlorphenamins (Abb. II.7.4). Es besitzt einen doppelt so starken antihistaminischen Effekt wie das Racemat.

Die Einnahme im letzten Drittel der Schwangerschaft sollte möglichst vermieden werden, da Neu- und Frühgeborene mit schwerwiegenden Nebenwirkungen auf Antihistaminika reagieren können.

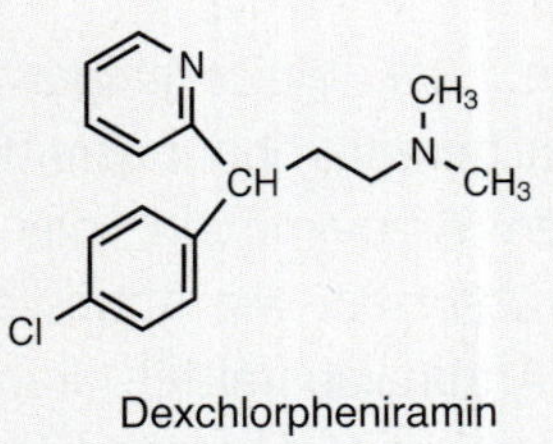

Abb. II.7.4

Metabolismus: Die systemische Bioverfügbarkeit liegt bei ca. 55 %. Der Wirkungseintritt wird nach 10 bis 30 Minuten beobachtet. Die Eliminationshalbwertszeit beträgt 17 bis 30 Stunden. Der Wirkstoff wird oxidativ in der Leber metabolisiert. Hauptmetabolite sind inaktives Monodesmethylchlorphenamin und inaktives Didesmethylchlorphenamin. 10 bis 20 % des Wirkstoffs werden unverändert, weitere 20 % als Monodesmethylchlorphenamin und 3 % als Didesmethylchlorphenamin renal ausgeschieden. Das quantitative Verhältnis der renal ausgeschiedenen Substanzen hängt stark vom pH-Wert des Harns ab.

Unerwünschte Wirkungen: Die häufigste Nebenwirkung ist leicht bis mäßig ausgeprägte Schläfrigkeit. Andere mögliche Nebenwirkungen betreffen das Herz/Kreislauf-System, das Blutbild, das Nervensystem, den Magen/Darm-Trakt, Harnwege und den Atemtrakt. Ferner können die Nebenwirkungen Urtikaria, Hautrötung, Überempfindlichkeitsreaktionen, Lichtempfindlichkeit, erhöhte Schweißabsonderung, Schüttelfrost sowie Mundtrockenheit und Trockenheit der Nasen- und Rachenschleimhaut auftreten.

Interaktionen: Bei gleichzeitiger Behandlung mit dem Raucherentwöhnungsmittel Bupropion und weiteren Arzneimitteln, die die Krampfschwelle herabsetzen, wie Antipsychotika, Antidepres-

Name	Dexchlorpheniramin
Spezialitäten	Polaronil®
Indikation	Allergische Erkrankungen der Atemwege und der Haut wie allergische Rhinitis, Urtikaria, Überempfindlichkeitsreaktionen im Nasen- und Rachenbereich, allergische Ekzeme, Nahrungsmittelallergien, Berufs- und Arzneimittelexantheme, Insektenstiche.
Mechanismus	Kompetitive Inhibition der Histamin-Bindung
Dosierung	Erwachsene: 3 – 4 × 1 – 2 mg täglich. Kinder unter 12 Jahren: 3 – 4 × 1 mg täglich. Kinder von 2 – 6 Jahren: 3 – 4 × 0,5 mg täglich

siva, Antimalariamittel, Tramadol, Theophyllin, systemische Glucocorticoide, Gyrasehemmer, sedierende Antihistaminika, Stimulanzien und Appetitzügler, ist das Risiko von Krampfanfällen erhöht.

7.2.1.4 Chlorphenoxamin

Chlorphenoxamin (Systral®) ist ein H_1-Rezeptorantagonist vom Colamin-Typ (Abb. II.7.5). Die H_1-antagonistische Wirkung von Chlorphenoxamin ist stärker als die der Muttersubstanz Diphenhydramin und hält länger an. Chlorphenoxamin entfaltet auch an Acetylcholin-, Serotonin- und Dopamin-Rezeptoren antagonistische Effekte.
Chlorphenoxamin wird in topischen Zubereitungen eingesetzt. Es besitzt eine ausgeprägt lokalanästhetische Wirkung. So ist die rasch spürbare antipruriginöse Wirkung in erster Linie auf die schnell einsetzende lokalanästhetische Wirkung zurückzuführen, die von der nachfolgenden Antihistamin-Reaktion unabhängig ist. An Histamin-induzierten Hautquaddeln konnte außerdem eine ausgeprägt gefäßabdichtende, antiexsudative Wirkung nachgewiesen werden.

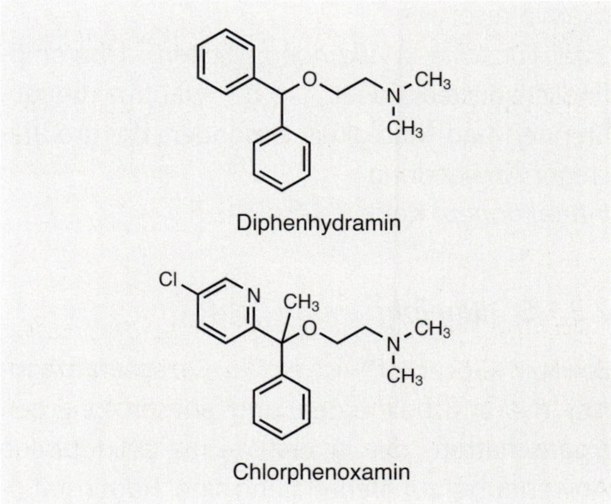

Abb. II.7.5

Name	Chlorphenoxamin
Spezialitäten	Systral®
Indikation	Zur Lokalbehandlung von allergischen, juckenden Hauterkrankungen wie Sonnenbrand, Insektenstiche, leichte Verbrennungen, Quallenverbrennungen, Frostbeulen, Urtikaria, Ekzeme.
Mechanismus	Kompetitive Inhibition der Histamin-Bindung
Dosierung	Mehrmals täglich auf die erkrankten und juckenden Hautpartien aufgetragen

Chlorphenoxamin weist auf Grund seiner Lipophilie (Einführung eines p-Chloratoms bei einem Aromaten und einer alpha-Methylgruppe gegenüber Diphenhydramin) eine hohe Affinität zur Haut auf. Diese Eigenschaft ist eine wichtige Voraussetzung für seine topische Anwendung.

Obwohl keine Anhaltspunkte für eine fruchtschädigende Wirkung bestehen, sollte Chlorphenoxamin topisch nicht in den ersten drei Schwangerschaftsmonaten großflächig angewendet werden.

Metabolismus: Bei bestimmungsgemäßer topischer Anwendung werden keine für systemische Wirkungen relevanten Mengen von Chlorphenoxamin resorbiert.

Unerwünschte Wirkungen: Selten: Überempfindlichkeitsreaktionen, z. B. Hautreaktionen, Brennen und Müdigkeit, besonders bei großflächiger Anwendung

Interaktionen: Keine

7.2.1.5 Bamipin

Bamipin (Soventol®) ist ein H_1-Rezeptorantagonist mit anticholinergen und antiserotonergen Eigenschaften, der in erster Linie als topische Anwendung zur Behandlung von Hautirritationen geeignet ist (Abb. II.7.6).

Metabolismus: Bei sachgemäßer Anwendung sollten keine relevanten Wirkstoffkonzentrationen systemisch aufgenommen werden.

Unerwünschte Wirkungen: Bei entsprechend disponierten Patienten oder in höherer als der angegebenen Dosierung können anticholinerge Wirkungen wie Mundtrockenheit, Akkomodationsstörungen oder Miktionsbeschwerden beobachtet werden. Lokal kann es zu reversiblem leichtem Brennen kommen, besonders wenn das Gel auf Schleimhäute aufgetragen wird. Wird das Gel großflächig auf entzündlich veränderte Stellen aufgetragen, sind auch systemisch Wirkungen infolge perkutaner Resorption möglich (Unruhe, Verwirrtheitszustände und Pupillenerweiterung bei Kindern, Müdigkeit bei Erwachsenen).

Interaktionen: Keine

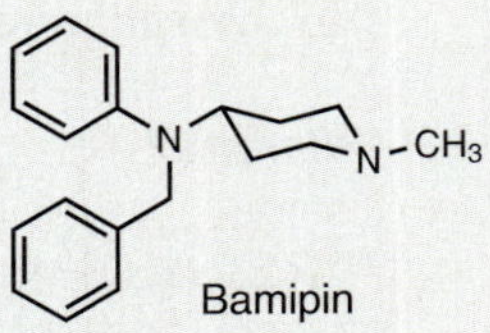

Abb. II.7.6

7.2.2 H_1-Antihistaminika der 2. Generation

Nahezu alle neueren H_1-Antihistaminika, die in den letzten Jahren Marktreife erreicht haben, zeichnen sich durch eine verbesserte Rezeptorselektivität und eine erhöhte Affinität, durch reduzierte oder fehlende zentrale Effekte und/oder durch zusätzliche vorteilhafte, nicht-H_1-Rezeptor-vermittelte Effekte aus. Die Klassifizierung dieser Wirkstoffe als H_1-Antihistaminika der 2. Generation basiert jedoch hauptsächlich

Name	**Bamipin**
Spezialitäten	**Soventol®**
Indikation	Zur Behandlung juckende Hauterkrankungen (wie z. B. Urtikaria), Insektenstiche, Sonnenbrand, Quallenerytheme, Kälteschäden, leichte Verbrennungen.
Mechanismus	Kompetitive Inhibition der Histamin-Bindung
Dosierung	Das Gel wird mehrmals täglich, falls erforderlich in 1/2-stündigen Abständen, auf die betroffenen Hautstellen aufgetragen.

auf den deutlich reduzierten oder gänzlich fehlenden sedierenden Eigenschaften. Auf Grund dieser Eigenschaft sind Wechselwirkungen mit Alkohol sehr viel seltener. Auch anticholinerge Wirkungen spielen eine deutlich geringere Rolle, obwohl gelegentlich (vor allem bei hohen Konzentrationen, s. o.) über Mundtrockenheit, Schwindel, Kopfschmerz und auch Müdigkeit berichtet wird. Dies betrifft vor allem die Wirkstoffe Cetirizin und Azelastin.

2.2.2.1 Cetirizin

Cetirizin (Zyrtec®) ist der Hauptmetabolit von Hydroxyzin, eines zur Gruppe der Tranquillanzien gerechneten Stoffes aus der Diphenylmethan-Reihe (Abb. II.7.7). Neben antihistaminischen Eigenschaften besitzt Cetirizin in gewissen Maßen auch sedierende, antikonvulsive, antiemetische und lokalanästhetische Eigenschaften. Gelegentlich wird Cetirizin gar als Anxiolytikum eingesetzt.

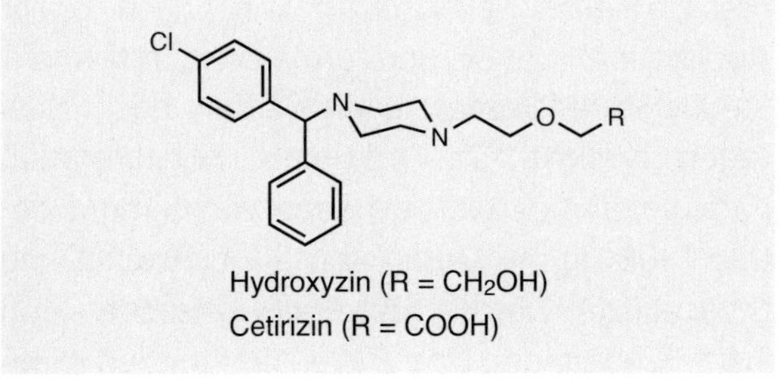

Abb. II.7.7

Beim Cetirizin ist die alkoholische Gruppe des Hydroxyzin-Moleküls durch eine Carboxylgruppe ersetzt. Chemische Verwandtschaft besteht auch zu den H_1-Antihistaminika Meclozin und Oxatomid. Auf Grund seiner im Vergleich zum verwandten Hydroxyzin und anderer (sedierender) H_1-Antihistaminika stark polaren Eigenschaften überwindet Cetirizin die Blut-Hirn-Schranke kaum. Es gibt jedoch Hinweise darauf, dass die Inzidenz unerwünschter zentraler Nebenwirkungen (wie Somnolenz) unter Cetirizin höher ist als bei anderen Antihistaminika der 2. Generation.

Die Bindung an die Histamin-H_1-Rezeptoren scheint sehr selektiv zu sein. Hinweise, dass Cetirizin an andere Rezeptoren wie Dopamin-, Serotonin- und Calciumantagonisten-Rezeptoren vom Verapamil-Typ sowie an adrenerge und cholinerge Rezeptoren bindet, gibt es nicht. Cetirizin beeinflusst im Vergleich zu anderen nichtsedierenden Antihistaminika wie z. B. Terfenadin das EEG deutlich weniger.

Möglicherweise tragen auch membranstabilisierende Eigenschaften (Hemmung der Freisetzung von Histamin aus Mastzellen nach Antigen-Antikörper-Reaktionen), wie sie auch bei Oxatomid und Loratadin beobachtet werden, zu den antiallergischen Eigenschaften der Substanz bei.

Ferner hemmt Cetirizin die Infiltration eosinophiler, basophiler und neutrophiler Granulozyten. Die klinische Relevanz dieser Eigenschaft ist bisher nicht abschließend bewertet.

Dosen von 5 bis 20 mg scheinen bei Patienten mit leichtem Asthma einen protektiven Effekt gegen durch Inhalation vernebelten Histamins ausgelöste Bronchospasmen zu entfalten. Bei Allergen-induzierten Bronchospasmen beschränkt sich die Protektion allerdings auf die allergische Spätreaktion.

Metabolismus: Cetirizin wird peroral gut und rasch resorbiert. Die systemische Bioverfügbarkeit liegt bei ca. 70 %. Nach oraler Gabe von 10 mg Cetirizindihydrochlorid über 10 Tage wird eine mittlere Steady-State-Plasmakonzentration von 311 ng/ml beobachtet. Die Eliminationshalbwertszeit liegt bei 7,4 bis 9 Stunden. Cetirizin wird nur in sehr geringem Umfang durch oxidative O-Dealkylierung metabolisiert. Ca. 70 % werden hauptsächlich in unveränderter Form renal ausgeschieden. Bei schweren Nierenerkrankungen besteht daher Kumulationsgefahr. Bei Patienten mit chronischen Lebererkrankungen ist die Eliminationshalbwertszeit um ca. 50 bis 85 % erhöht und die Gesamt-Clearance um ca. 40 bis 60 % reduziert.

Unerwünschte Wirkungen: Gelegentlich treten bei Dosen ab 20 mg/Tag Müdigkeit/Schläfrigkeit und gastrointestinale Beschwerden auf. Seltener beobachtet man Kopfschmerzen, Schwindel,

Name	**Cetirizin**
Spezialitäten	**Zyrtec® u. a.**
Indikation	Zur Behandlung von Krankheitssymptomen bei allergischen Erkrankungen wie: • chronischer Nesselsucht (Urtikaria) mit Beschwerden wie z. B. Juckreiz, Quaddelbildung, Rötung der Haut • chronischem allergischem Schnupfen • Heuschnupfen mit Beschwerden wie z. B. Niesen, Nasenlaufen, Nasenjucken, Nasenverstopfung, Rötung bzw. Jucken der Augen sowie Tränenfluss. Zusätzlich wird Cetirizin, in Abhängigkeit vom Zulassungsstatus des jeweiligen Fertigarzneimittels, als unterstützende Maßnahme zur Unterdrückung asthmoider Zustände allergischer Herkunft angewendet.
Mechanismus	Kompetitive Inhibition der Histamin-Bindung
Dosierung	Jugendliche ab 12 Jahren und Erwachsene erhalten 10 mg täglich. Die Dosis kann bei Erwachsenen zur unterstützenden Behandlung asthmoider Zustände allergischer Herkunft auf 20 mg täglich erhöht werden. Kinder von 2 – 12 Jahren erhalten bei einem KG von < 30 kg 5 mg und bei einem KG von > 30 kg täglich 10 mg Bei Patienten mit Niereninsuffizienz sollte die empfohlene Dosis halbiert werden. Bei Patienten mit Leberinsuffizienz muss die Dosierung individuell eingestellt werden, besonders bei gleichzeitig vorliegender Niereninsuffizienz.

Agitiertheit, Müdigkeit, Mundtrockenheit und gastrointestinale Beschwerden. In Einzelfällen kommt es zu Überempfindlichkeitsreaktionen und Leberfunktionsstörungen (Hepatitis, Transaminaseerhöhung).

Interaktionen: Die AUC wird durch Einnahme mit der Mahlzeit nicht verändert. Allerdings wird t_{max} später erreicht und c_{max} um 23 % reduziert.

7.2.2.2 Levocetirizin

Levocetirizin (Xusal®) ist das R-Enantiomer von Cetirizin und blockiert selektiv periphere H1-Rezeptoren (K_i = 3,2 nmol/l). Die Affinität von Levocetirizin ist damit doppelt so hoch wie die von Cetirizin (K_i = 6,3 nmol/l). Levocetirizin dissoziiert von den H_1-Rezeptoren mit einer Halbwertszeit von 115 ± 38 Minuten und weist damit gegenüber Cetirizin eine erheblich längere Verweilzeit am Rezeptor auf.

In EKG-Ableitungen wurden keine relevanten Auswirkungen von Levocetirizin auf das QT-Intervall beobachtet.

Metabolismus: Levocetirizin wird nach oraler Applikation schnell und umfassend resorbiert. Steady-State-Plasmaspiegel werden nach zwei Tagen erreicht. Die maximale Konzentration nach einer mehrtägigen Gabe von 5 mg/d beträgt 308 ng/ml. Dosen von 5 mg bzw. 10 mg Levocetirizin werden mit Halbwertszeiten von 7,6 ± 1,4 Stunden bzw. 7,8 ± 1,6 Stunden eliminiert. Renal werden durchschnittlich 85 % der eingenommenen Dosis ausgeschieden. Nur ca. 13 % einer Levocetirizin-Dosis werden mit den Fäzes eliminiert.

Weniger als 14 % der Levocetirizin-Dosis werden metabolisiert. Daher ist anzunehmen, dass Unterschiede auf Grund genetischer Polymorphismen oder gleichzeitiger Einnahme von Enzyminhibitoren zu vernachlässigen sind.

Unerwünschte Wirkungen: Häufige unerwünschte Wirkungen sind Kopfschmerzen, Schläfrigkeit, Mundtrockenheit, Müdigkeit, Schnupfen, Rachenentzündung, Abgeschlagenheit, Bauchschmerzen, Migräne

Interaktionen: Die leicht zentraldämpfende Wir-

Name	Levocetirizin
Spezialitäten	**Xusal®**
Indikation	Zur Behandlung von Krankheitssymptomen bei allergischen Erkrankungen wie: • saisonaler allergischer Rhinitis (einschließlich der damit verbundenen Augensymptomatik) • perennialer allergischer Rhinitis • chronischer idiopathischer Urtikaria.
Mechanismus	Kompetitive Inhibition der Histamin-Bindung
Dosierung	Jugendliche ab 12 Jahre und Erwachsene erhalten 5 mg Levocetirizin täglich. Bei (älteren) Patienten mit eingeschränkter Nierenfunktion muss die Dosis in Abhängigkeit vom Schweregrad der Niereninsuffizienz reduziert werden. Bei Patienten mit ausschließlich eingeschränkter Leberfunktion ist keine Dosisanpassung erforderlich. Bei Patienten mit gleichzeitig eingeschränkter Leber- und Nierenfunktion ist die Dosis anzupassen. Kinder von 6 – 12 Jahren erhalten 5 mg Levocetirizin täglich. Für Kinder unter 6 Jahren ist keine geeignete Dosisanpassung möglich.

kung kann durch Ethanol verstärkt werden. Ansonsten sind keine klinisch relevanten Interaktionen zu erwarten.

7.2.2.3 Fexofenadin

Fexofenadin (Telfast®) ist der pharmakologisch aktive Metabolit (Carbonsäure) von Terfenadin (Abb. II.7.8). Fexofenadin wird in der Leber nicht metabolisiert. Ferner hat Fexofenadin wegen einer sehr niedrigen Affinität zu kardialen Kaliumkanälen im Gegensatz zu Terfenadin kein kardiotoxisches Potential (keine *Torsades de pointes*, keine QTc-Intervallverlängerung, keine Arrhythmien).
Die saisonale allergische Rhinitis wird mit 120 mg ausreichend wirksam über 24 Stunden therapiert.

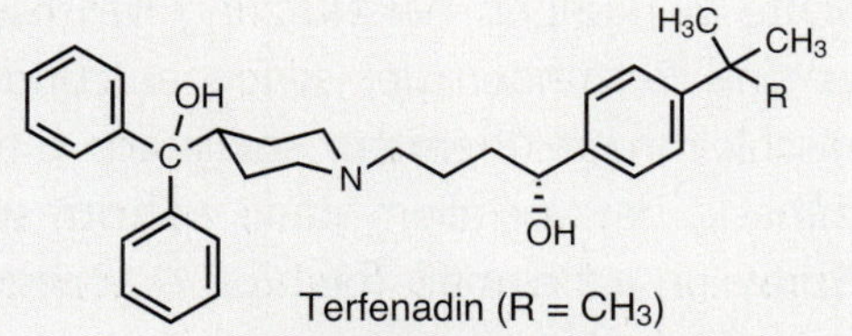

Abb. II.7.8

Metabolismus: Fexofenadinhydrochlorid wird rasch und vollständig resorbiert. Die terminale Eliminationshalbwertszeit liegt bei ca. 14 Stunden (11 – 15 Stunden nach Mehrfachgabe). Fexofenadin wird kaum (5 %, hepatisch oder nicht-hepatisch) metabolisiert, 3,5 % werden wahrscheinlich durch die Darmflora zu einem Methylester metabolisiert, der in den Fäzes zu finden ist. Nur 0,5 bis 1,5 % werden durch Cytochrom P450 inaktiviert. Der Hauptanteil (80 %) wird über die Fäzes unverändert ausgeschieden.
Unerwünschte Wirkungen: Gelegentlich kommt es zu Kopfschmerzen, Schläfrigkeit, Schwindel, Übelkeit, Virusinfektion, Dysmenorrhoe, Müdigkeit; selten beobachtet man Somnolenz; Exantheme; Urtikaria; Pruritus und andere Überempfindlichkeitsreaktionen wie z. B. Quincke-Ödem, Engegefühl in der Brust, Atemnot, Flush und systemische anaphylaktische Reaktionen.
Interaktionen: Die Gabe von Aluminium- oder Magnesiumhydroxid-haltigen Antazida 15 Minuten vor der Einnahme von Fexofenadin vermindert die Bioverfügbarkeit von Fexofenadinhydrochlorid, wahrscheinlich durch Bindung im Gastrointestinaltrakt. Es sollten daher 2 Stunden zwischen der Einnahme von Fexofenadinhydro-

Name	**Fexofenadin**
Spezialitäten	**Telfast®**
Indikation	Zur symptomatischen Behandlung der saisonalen allergischen Rhinitis.
Mechanismus	Kompetitive Inhibition der Histamin-Bindung
Dosierung	Erwachsene und Kinder ab 12 Jahren erhalten 1 × 120 mg Fexofenadin täglich. Eine spezielle Dosisanpassung bei älteren Patienten oder bei Patienten mit Nieren- bzw. Leberfunktionsstörungen ist nicht erforderlich.

chlorid und Aluminium- bzw. Magnesiumhydroxid-haltigen Antazida liegen.

7.2.2.4 Azelastin

Azelastin (Allergodil®) ist ein basisch substituiertes Phthalazinon-Derivat (Abb. II.7.9). Es besitzt damit keine Strukturverwandtschaft zu anderen Vertretern der Gruppe der H_1-Antagonisten.

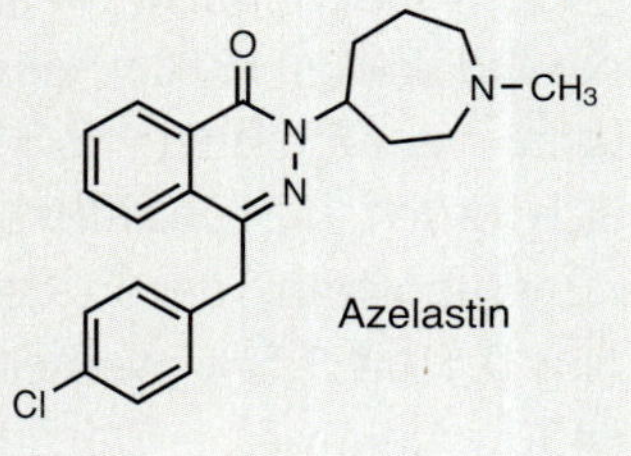

Abb. II.7.9

In einem *In-vitro*-Testsystem konnte gezeigt werden, dass Azelastin sowohl die Antigen-vermittelte als auch die nicht durch Antigene stimulierte Freisetzung von Histamin aus Ratten-Mastzellen hemmt. In dieser Hinsicht scheint Azelastin potenter zu sein als z.B. Ketotifen, Cromoglicinsäure, Theophyllin, Diphenhydramin oder Astemizol. Darüber hinaus scheint Azelastin in humantherapeutisch relevanten Dosierungen auch die durch Leukotriene und den Plättchen-aktivierenden Faktor (PAF) induzierte nasale Obstruktion sowie Bronchokonstriktion zu hemmen. Als ein Mechanismus wurde dabei die Hemmung der Synthese von Cysteinyl-Leukotrienen nachgewiesen.

EKG-Auswertungen von Patienten, die in Langzeitbehandlungen Azelastin oral in hoher Dosierung erhielten, bestätigen, dass die multiple Gabe von Azelastin keinen klinisch relevanten Einfluss auf das QTc-Intervall hat. Bisher wurden unter oraler Azelastin-Therapie keine ventrikulären Arrhythmien oder *Torsades de pointes* festgestellt.

Azelastin lindert bereits nach der ersten Anwendung die akuten Beschwerden innerhalb von Minuten. Gleichzeitig haben die Augentropfen eine besonders lange Wirkdauer und verhindern für die nächsten 12 Stunden die Ausschüttung weiterer allergischer Botenstoffe.

Metabolismus: Nach oraler Gabe wird Azelastin-HCl schnell und nahezu quantitativ resorbiert (ca. 95 %: Substanz plus Metabolite). Die absolute Bioverfügbarkeit der Muttersubstanz nach oraler Gabe wurde beim Menschen mit 82 % ermittelt (bei intranasaler Applikation: etwa 40 %). Nach oraler Einmalgabe wurden in verschiedenen Studien die mittleren terminalen Halbwertszeiten der Muttersubstanz im Bereich von 17 bis 28 Stunden (im Mittel ca. 20 Stunden) ermittelt.

Unerwünschte Wirkungen: Häufige unerwünschte Wirkungen bei Nutzung des Nasensprays sind Reizungen der schon entzündeten Nasenschleimhaut (Brennen) sowie ein bitterer Geschmack, der vor allem dann auftritt, wenn das Spray unsachgemäß (bei zurückgeneigtem Kopf) angewendet wird.

Gelegentliche unerwünschte Wirkungen sind Müdigkeit, Schläfrigkeit, Mundtrockenheit,

Name	Azelastin
Spezialitäten	Allergodil®
Indikation	Zur symptomatischen Behandlung der saisonalen allergischen Rhinitis (Heuschnupfen) und der ganzjährigen allergischen Rhinitis.
Mechanismus	Kompetitive Inhibition der Histamin-Bindung
Dosierung	Erwachsene, Jugendliche und Kinder (ab 6 Jahre) erhalten 2 × täglich (morgens und abends) 2 mg Azelastin. Bei Patienten über 65 Jahren wird empfohlen, mit 2 mg Azelastin täglich zu beginnen.

leichte lokale Reizerscheinungen am Auge wie Brennen, Jucken, Tränen (beim Einsatz von Augentropfen) und Gewichtszunahme bei nasaler Anwendung. Seltener kommt es zum Anstieg von Leberenzymen.
Interaktionen: Keine

7.2.2.5 Ebastin

Ebastin (Ebastel®) verursacht nur eine geringe Beeinträchtigung zentraler Funktionen (Abb. II.7.10). Das Risiko des Auftretens von anticholinergen Effekten ist gering, jedoch nicht vollständig auszuschließen. Auf Grund der langen Halbwertszeit des wirksamen Hauptmetaboliten Carebastin (Ebastinsäure) genügt eine einmal tägliche Anwendung. Bei der empfohlenen Dosierung von 10 bis 20 mg pro Tag wurden keine kardiotoxischen Effekte beobachtet. Kardiotoxische Effekte sind jedoch nicht auszuschließen, wenn Ebastin zusammen mit CYP3A4-Hemmern oder bei entsprechenden Vorerkrankungen (bekannter QT-Zeit-Verlängerung) verabreicht wird. Neben der H_1-antihistaminergen Wirkung

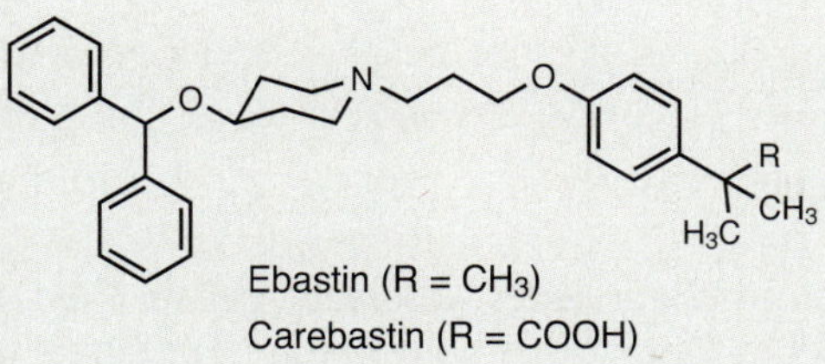

Abb. II.7.10

wurde in vorklinischen Studien auch eine Hemmung der Leukotrien- und Prostaglandinfreisetzung beobachtet. Zudem wurden positive Wirkungen auf die Eosinophilenaktivierung und zusätzliche antiinflammatorische Effekte nachgewiesen.
Metabolismus: Ebastin wird nach oraler Applikation schnell resorbiert und unterliegt dann einem ausgeprägten First-pass-Metabolismus. Ein Steady-State mit Plasmaspiegeln von 130 bis 160 ng/ml wird nach Mehrfachapplikation von 10 mg Ebastin täglich nach 3 bis 5 Tagen erreicht. Die Halbwertszeit des Metaboliten beträgt 15 bis 19 Stunden. 66 % des Metaboliten Carebastin werden als konjugierte Metaboliten im Urin ausgeschieden.
Unerwünschte Wirkungen: Kopfschmerzen, Müdigkeit, Mundtrockenheit, Pharyngitis, Abdominalschmerzen, Verdauungsstörungen, Schwächegefühl, Nasenbluten, Schnupfen, Nebenhöhlenentzündung, Übelkeit und Schlafstörungen
Interaktionen: *In-vitro*-Untersuchungen an humanen Lebermikrosomen zeigen, dass die Metabolisierung von Ebastin zu Carebastin vorwiegend über das CYP3A4-Enzymsystem erfolgt. Bei gleichzeitiger Verabreichung von Ketoconazol oder Erythromycin (beides CYP3A4-Inhibitoren) werden signifikante Erhöhungen der Plasmaspiegel von Ebastin festgestellt. Damit steigt das Risiko kardiotoxischer Effekte. Bei gleichzeitiger Nahrungsaufnahme steigen der Plasmaspiegel von Carebastin, dem aktiven Hauptme-

II
7
Antiallergika

Name	**Ebastin**
Spezialitäten	**Ebastel®**
Indikation	• Zur symptomatischen Behandlung der saisonalen und perennialen allergischen Rhinitis mit oder ohne allergischer Bindehautentzündung. • Zur Besserung von Juckreiz und zur Verringerung der Quaddelneubildung bei unklarer Urtikaria.
Mechanismus	Kompetitive Inhibition der Histamin-Bindung
Dosierung	Bei allergischer Rhinitis erhalten Kinder ab 12 Jahren und Erwachsene 10 mg Ebastin einmal täglich. Bei starker Symptomatik sowie bei perennialer allergischer Rhinitis kann die Dosis auf 20 mg Ebastin einmal täglich erhöht werden. Bei Urtikaria erhalten Erwachsene über 18 Jahren 10 mg Ebastin einmal täglich.

taboliten von Ebastin, um das 1,5- bis 2fache und auch die AUC, während t_{max}, unverändert bleibt. Die klinische Wirksamkeit wird jedoch dadurch nicht beeinflusst.

7.2.2.6 Levocabastin

Mit Levocabastin (Livocab®) werden nach topischer Anwendung an Auge bzw. Nase die Symptome der allergischen Konjunktivitis (Jucken, Rötung, Chemosis, Schwellung der Augenlider,

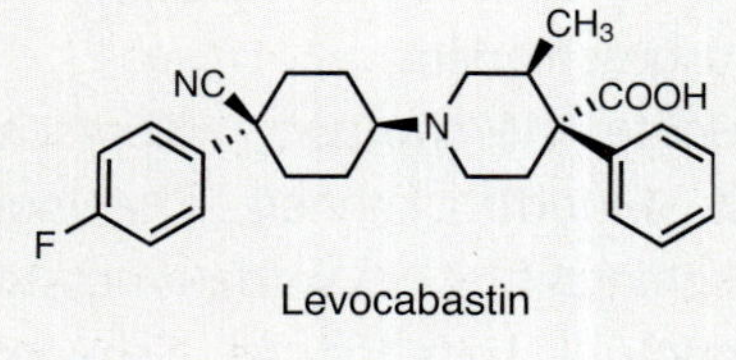

Abb. II.7.11

Tränenfluss) bzw. der allergischen Rhinitis (Niesen, juckende Nase, Rhinorrhö) schnell und dauerhaft über mehrere Stunden beherrscht.

Im Vergleich zu anderen bisher topisch angewendeten H_1-Antagonisten (Diphenhydramin, Azelastin) weist Levocabastin (Abb. II.7.11) eine höhere Rezeptoraffinität auf.

Verglichen mit der ebenfalls topisch angewendeten Cromoglicinsäure besitzt Levocabastin eine vergleichbar effektive Wirkung gegen die Symptome Niesen, Jucken der Nase und laufende Nase.

Das Gefühl einer trockenen Nasenschleimhaut beseitigen lokal angewendete Antihistaminika dagegen in der Regel nicht.

Metabolismus: Bei intranasaler Anwendung werden 30 bis 40 µg pro Sprühstoß (0,1 ml = 0,05 mg Levocabastin) absorbiert. Die Bioverfügbarkeit wird bei Anwendung am Auge mit 30

Name	**Levocabastin**
Spezialitäten	**Livocab®**
Indikation	Zur symptomatischen Behandlung der allergischen Rhinitis.
Mechanismus	Kompetitive Inhibition der Histamin-Bindung
Dosierung	Im Allgemeinen werden 2 × täglich 2 Sprühstöße in jedes Nasenloch geben. Die Dosis kann auf 3 – 4 × täglich 2 Sprühstöße in jedes Nasenloch erhöht werden. Für Kinder und Erwachsene gilt die gleiche Dosierung.

bis 60 % und bei Anwendung in der Nase mit 60 bis 80 % angegeben. Die Eliminationshalbwertszeit ist mit 35 bis 40 Stunden sehr lang. 70 % der resorbierten Dosis wird vor allem als unveränderte Substanz renal ausgeschieden.
Unerwünschte Wirkungen: Gelegentlich kommt es zu vorübergehendem leichtem Brennen der Nasenschleimhaut. Selten werden allergische Reaktionen beobachtet.
Interaktionen: Keine

7.2.2.7 Mizolastin

Mizolastin (Zolim®, Mizollen®) ist zur Behandlung der saisonalen und perennialen Rhinokonjunktivitis sowie bei (allergisch bedingter) Urtikaria zugelassen.
Mizolastin (Abb. II.7.12) besitzt eine um den Faktor 10 höhere Affinität zum H_1-Rezeptor als Terfenadin und Cetirizin sowie eine um den Faktor 20 höhere als Loratadin. Die Substanz erwies sich in klinischen Studien als mindestens ebenso wirksam wie Terfenadin, Cetirizin und Loratadin, eignet sich aber besser zur Behandlung der nasalen Obstruktion. Zusätzlich scheint Mizolastin auch die Histaminfreisetzung aus Mastzellen und die Einwanderung von Neutrophilen zu hemmen. Weder in klinischen noch in präklinischen Studien war ein anticholinerger Effekt nachweisbar. Die Affinität zu serotonergen, noradrenergen und Muskarin-Rezeptoren ist sehr gering.

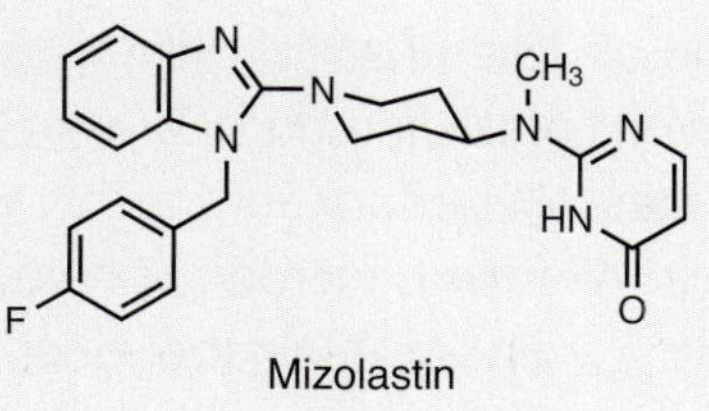

Abb. II.7.12

Metabolismus: Die Eliminationshalbwertszeit von Mizolastin beträgt durchschnittlich 13 Stunden. Die Metabolisierung erfolgt hauptsächlich (zu 2/3) über Glukuronidierung der unveränderten Substanz. Untergeordnet erfolgen CYP3A4-katalysierte Hydroxylierungen. 0,5 % der Dosis werden unverändert renal ausgeschieden. Die Metaboliten werden vorwiegend biliär/intestinal eliminiert.
Unerwünschte Wirkungen: Bei empfindlichen Patienten Verlängerung des QT-Intervalls im EKG mit dem Risiko schwerer Herzrhythmusstörungen, Müdigkeit und Mattigkeit, Appetitsteigerung, möglicherweise mit Gewichtszunahme, Mundtrockenheit, Diarrhö, abdominale Schmerzen (einschließlich Dyspepsie); Kopfschmerzen. Selten beobachtet man geringfügige Veränderungen des Blutzuckerspiegels und der Elektrolytwerte mit bisher unklarer klinischer Bedeutung bei sonst gesunden Patienten.
Interaktionen: Folgende Arzneistoffe dürfen nicht gleichzeitig mit Mizolastin verabreicht werden:

- Arzneistoffe, die bekanntermaßen das QT-Intervall verlängern, wie Klasse-I- und Klasse-III-Antiarrhythmika
- Makrolidantibiotika (z. B. Erythromycin)
- systemisch wirkende Imidazol-Antimykotika (z. B. Ketoconazol)

Name	**Mizolastin**
Spezialitäten	**Zolim®, Mizollen®**
Indikation	Zur symptomatischen Behandlung der saisonalen allergischen Rhinokonjunktivitis (Heuschnupfen), einer perennialen allergischen Rhinokonjunktivitis, einer Urtikaria.
Mechanismus	Kompetitive Inhibition der Histamin-Bindung
Dosierung	Für Erwachsene, auch ältere Patienten, und Kinder ab 12 Jahren beträgt die empfohlene Tagesdosis 10 mg Mizolastin.

7.2.2.8 *Loratadin*

Loratadin (Lorano®, Loratadin-Stada®) besitzt neben seiner Affinität zu peripheren H_1-Rezeptoren auch gewisse Mastzell-stabilisierende Eigenschaften und ist damit vergleichbar mit Oxatomid und Ketotifen. Möglicherweise trägt diese Hemmung der Freisetzung von Histamin aus Mastzellen zur antihistaminergen Wirkung der Substanz bei. Zu Alpha-Adrenozeptoren oder Cholinozeptoren besitzt Loratadin nur eine schwache Affinität. Anticholinerge Effekte sind daher – ebenso wie bei Astemizol oder Terfenadin – nur schwach ausgeprägt.

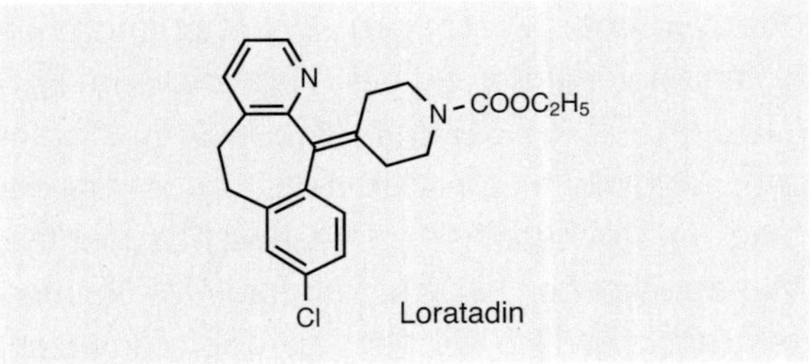

Abb. II.7.13

Im Vergleich zu anderen H_1-Antihistaminika zeigte Loratadin (Abb. II.7.13) in tierexperimentellen Studien teilweise eine stärkere (z. B. gegenüber Terfenadin, Astemizol, Promethazin oder Diphenhydramin) oder längere (z. B. gegenüber Azatadin oder Terfenadin) antihistaminische Wirkung. Diese ist möglicherweise durch eine sehr langsame Dissoziation des aktiven Metaboliten Descarboethoxy-loratadin vom H_1-Rezeptor zu erklären.

Im Gegensatz zu den klassischen H_1-Antihistaminika konnte bei gleichzeitiger Einnahme von Alkohol und Loratadin in therapeutischen Dosen eine Einschränkung der psychomotorischen Leistungsfähigkeit weder im Tierversuch noch beim Menschen beobachtet werden. Auch bei gleichzeitiger Verabreichung anderer zentralwirksamer Substanzen wie Barbituraten oder Diazepam zeigt Loratadin im therapeutischen Dosisbereich keine Verstärkung zentralnervöser Effekte. Trotzdem sollte Loratadin vorsichtshalber nicht gleichzeitig mit den genannten Substanzen eingenommen werden. In Studien mit erhöhten Dosen wurde in Abhängigkeit von der Dosierung eine erhöhte Inzidenz von Somnolenz gefunden.

Loratadin besitzt keine signifikante Affinität zu H_2-Rezeptoren, behindert nicht den Noradrenalin-Reuptake und besitzt praktisch keinen Einfluss auf Funktion und Schrittmacheraktivität des Herzens.

Metabolismus: Loratadin ist dosisproportional bioverfügbar. Ein Steady-State wird nach 5 Tagen erreicht. Loratadin wird bei der ersten Leberpassage annähernd vollständig – vorrangig durch das Cytochrom-P450-Isoenzym 3A4 (untergeordnet CYP2D6) – an der Carbamat-Gruppe zum aktiven Metaboliten Descarboethoxy-loratadin (DCL) verstoffwechselt. Letzteres wird weiter über Hydroxylierung und Konjugation metabolisiert. Der Hauptmetabolit, DCL, ist pharmakologisch aktiv. Innerhalb eines Zeitraumes von 10 Tagen werden ca. 40 % der Dosis über den Urin und ca. 40 % über die Fäzes ausgeschieden und zwar hauptsächlich in Form konjugierter Metaboliten. In den ersten 24 Stunden erfolgt die Ausscheidung überwiegend renal (27 % der Dosis). Unverändertes Loratadin und sein aktiver Metabolit finden sich im Urin nur in Spuren. Die pharmakokinetischen Eigenschaften von Loratadin und DCL werden bei eingeschränkter Nierenfunktion nicht wesentlich beeinflusst. Allerdings werden höhere Werte für AUC und c_{max} von Loratadin (bei einer Kreatinin-Clearance von 30 ml/min oder kleiner: bis um 73 % erhöht) und dessen aktivem Metaboliten (bis um 120 % erhöht) gemessen als bei normaler Nierenfunktion. Veränderungen der Eliminationskinetik gegenüber Gesunden wurden auch nicht bei Patienten, die sich einer Hämodialyse unterziehen müssen, beobachtet. Auch eine gestörte Leberfunktion scheint die Plasmaeliminationshalbwertszeit von Loratadin und DCL nicht signifikant zu verlängern. Bei schweren Leberfunktionsstörungen empfiehlt der Hersteller jedoch, die Behandlung vorsichtshalber mit der halben Dosis (5 mg) zu beginnen und dann schrittweise die Dosis zu erhöhen.

Name	**Loratadin**
Spezialitäten	**Lorano®, Loratadin-Stada®**
Indikation	Zur symptomatischen Behandlung der allergischer Rhinitis und der chronischen idiopathischen Urtikaria.
Mechanismus	kompetitive Inhibition der Histamin-Bindung
Dosierung	Erwachsene und Jugendliche ab 12 Jahren erhalten 1 × 10 mg Loratadin täglich. Kinder von 2 – 12 Jahren mit einem KG > 30 kg erhalten 1 × 10 mg Loratadin täglich. Kinder mit einem KG < 30 kg sollten den Wirkstoff nicht erhalten. Patienten mit schweren Leberfunktionsstörungen sollten eine geringere Initialdosis erhalten, da die Clearance von Loratadin vermindert sein kann. Es wird eine Initialdosis von 10 mg Loratadin jeden 2. Tag bei Erwachsen und bei Kindern mit einem Körpergewicht > 30 kg empfohlen.

Unerwünschte Wirkungen: Gelegentlich: Mundtrockenheit, insbesondere nach hohen Dosen, Kopfschmerzen, Nervosität, Hyperkinesie (v. a. Kinder), Unwohlsein, abdominale Schmerzen, gesteigerter Appetit, Konjunktivitis, Atembeschwerden, Dysphonie, Infektionen des oberen Respirationstrakts. Selten werden beobachtet: leichte Sedierung bei Dosen über 40 mg pro Tag, Haarausfall, Brustvergrößerung, anaphylaktische Reaktionen, vor allem der Bronchien, Erythema multiforme, angioneurotisches Ödem, periphere Ödeme, Arthralgien, Myalgien. In Einzelfälle können Leberfunktionsstörungen (Hepatitis, Erhöhung von Transaminasen und/oder Bilirubin, Lebernekrose), Herz-Kreislauf-Effekte wie ventrikuläre Extrasystolen, Synkopen und Tachykardie auftreten.

Interaktionen: In Einzelfällen können bei gleichzeitiger Behandlung mit einem Serotonin-Reuptake-Hemmer EKG-Veränderungen wie verlängerte QT-Intervalle mit *Torsades de pointes* vorkommen. Bei gleichzeitiger Gabe von Ritonavir, einem starken Hemmstoff der Biotransformation durch die Isoenzyme CYP3A4, CYP2D6 und CYP2C9, kann es zu erhöhten Plasmakonzentrationen der durch diese Enzyme metabolisierten Arzneistoffe kommen.

7.2.2.9 Desloratadin

Desloratadin (Aerius®) ist ein nicht sedierender, langwirksamer Histamin-Antagonist. Nach oraler Applikation hemmt es selektiv die peripheren Histamin-H_1-Rezeptoren und tritt allenfalls geringfügig in das zentrale Nervensystem über.

Desloratadin (Descarboethoxy-loratadin) ist ein aktiver Metabolit des H_1-Rezeptorenblockers Loratadin (Abb. II.7.14). Präklinische Bindungsstudien an klonierten humanen H_1-Rezeptoren zeigen, dass die Affinität von Desloratadin etwa 200mal höher ist als die von Loratadin, für die Hemmung des Histamin-induzierten Calcium-Einstroms in die CHO-H1-Zellen wurde eine etwa 40fach stärkere Wirksamkeit festgestellt. Desloratadin war gegenüber Loratadin stärker bei der Inhibition der Histamin-Freisetzung aus

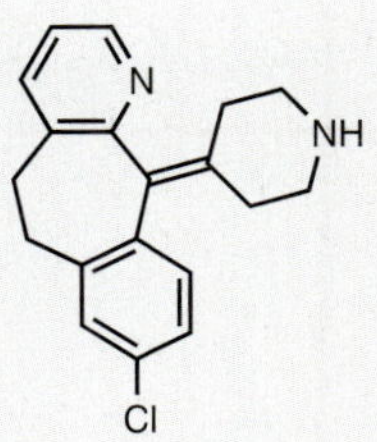

Abb. II.7.14

Anti-IgE-behandelten menschlichen Basophilen wirksam. Ferner ließen sich sowohl die PAF-induzierte Eosinophilen-Chemotaxis als auch die TNF-alpha-induzierte Eosinophilen-Adhäsion und die Hydroperoxid-Produktion unterdrücken. Desloratadin beeinflusst Vorgänge, die an der Entzündungsreaktion in den Atemwegen beteiligt sind: So inhibiert Desloratadin die Freisetzung von IL-6 und IL-8 aus stimulierten humanen Mastzellen (HMC-1-Zellen) und war hierbei deutlich potenter als Loratadin und Cetirizin. Auch andere gemessene Eigenschaften lassen vermuten, dass Desloratadin eine starke antiinflammatorische Wirkkomponente aufweist, die insbesondere in der Langzeitanwendung die allergische Entzündung und damit auch die nasale Obstruktion positiv beeinflussen kann. Die klinische Relevanz dieser Beobachtungen ist noch zu bestätigen.

Im Rahmen einer klinischen Studie mit Mehrfachdosen, in der Desloratadin in einer Dosierung von bis zu 20 mg täglich über 14 Tage verabreicht wurde, wurde keine statistisch signifikante oder klinisch relevante kardiovaskuläre Wirkung beschrieben. In einer klinisch-pharmakologischen Studie, in der Desloratadin in einer Dosierung von 45 mg täglich (das 9fache der klinischen Dosis) über 10 Tage verabreicht wurde, zeigte sich keine Verlängerung des QTc-Intervalls.

In Wechselwirkungsstudien mit Mehrfachdosen an Ketoconazol und Erythromycin wurden keine klinisch relevanten Veränderungen der Desloratadin-Plasmakonzentrationen beobachtet.

Metabolismus: Die Bioverfügbarkeit von Desloratadin ist bei Dosierungen von 5 bis 20 mg dosisproportional. Die terminale Eliminationshalbwertszeit liegt bei 21,2 bis 24,1 Stunden. Desloratadin wird extensiv und rasch durch Hydroxylierung durch die Cytochrom-P450-Isoenzyme 3A4 und 2D6 in der Leber zu 3-Hydroxydesloratadin metabolisiert. 40 bzw. 46 % einer Dosis werden, hauptsächlich als Metaboliten, renal bzw. biliär/intestinal ausgeschieden.

Unerwünschte Wirkungen: Müdigkeit, Mundtrockenheit, Kopfschmerzen. Sehr selten werden beobachtet: Tachykardie, Herzklopfen, Abdominalschmerzen, Übelkeit, Erbrechen, Dyspepsie, Diarrhö, Leberenzymerhöhungen, erhöhtes Bilirubin, Leberfunktionsstörungen, Überempfindlichkeitsreaktionen (wie Anaphylaxie, Angioödem, Pruritus, Hautausschlag und Urtikaria)

Interaktionen: Eventuell verstärkt zentraldämpfende Wirkung bei gleichzeitiger Einnahme von Ethanol.

Name	**Desloratadin**
Spezialitäten	**Aerius®**
Indikation	Symptomatische Behandlung der allergischen Rhinitis und der chronisch idiopathischen Urtikaria
Mechanismus	Kompetitive Inhibition der Histamin-Bindung
Dosierung	Erwachsene und Jugendliche (12 Jahre und älter) erhalten 1 × täglich 5 mg.

7.3 Mastzellstabilisatoren

Unter dem Begriff Mastzellstabilisatoren subsummiert man zwei Wirkstoffe: Die Cromoglicinsäure bzw. deren Dinatriumsalz und Nedocromil. Diese Substanzen verhindern sowohl die durch den IgE-Antigen-Komplex ausgelöste als auch die nichtallergische Degranulation von Mastzellen. Der genaue Wirkmechanismus ist nicht bekannt, und wahrscheinlich resultiert der positive klinische Effekt auch aus der Summe vieler Einzeleffekte. Möglichweise sind Veränderungen der Calciumpermeabilität und eine Phosphodiesterasehemmung beteiligt. Es werden aber auch Mastzell-unabhängige Entzündungsreaktionen gehemmt, darunter das chemotaktische Anlocken von Eosinophilen und Neutrophilen, die Freisetzung verschiedener Mediatoren aus Makrophagen, neuronale Mechanismen der Entzündung und die Wirkung von Plättchen-aktivierendem Faktor. Eventuell besitzen Cromoglicinsäure und Nedocromil auch bronchospasmolytische Effekte durch eine präsynaptische Hemmung von nicht-adrenergen, nicht-cholinergen (NANC) Nerven. Auch eine vermehrte Phosphorylierung eines intrazellulären Proteins über Proteinkinase C, das entscheidend an der Stabilisierung der Mastzellmembran beteiligt sein soll, wird diskutiert.

7.3.1 Cromoglicinsäure, Dinatrium-Cromoglicinat (DNCG)

Cromoglicinsäure (Intal®, DNCG STADA® u. a.) ist ein Bis-Chromon-Derivat (Abb. II.7.15) und wird als Dinatriumsalz (DNCG) angewendet. Die Substanz stabilisiert bei längerer Anwendung die Mastzellmembran und verringert dadurch die Degranulation sensibilisierter Mastzellen. So werden weniger Entzündungsmediatoren freigesetzt, die in den Zellen bereits präformiert vorliegen. Zu diesen zählen Histamin, Kinine, der eosinophile chemotaktische Faktor (ECF) und der neutrophile chemotaktische Faktor (NCF). Ebenfalls unterbleibt weitgehend die Provokation einer Neusynthese von Arachidonsäure-Folgeprodukten aus Membranstrukturen, wie Prostaglandine und Leukotriene (z. B. LTB4). Prophylaktisch angewandt inhibiert Cromoglicinsäure sowohl die vorwiegend Histamin-vermittelte Sofortreaktion als auch die u. a. durch Leukotriene ausgelöste Spätreaktion. DNCG wirkt aber auch bei nicht primär immunologisch vermittelten Mechanismen wie z. B. Anstrengungsasthma und SO_2-induziertem Asthma.

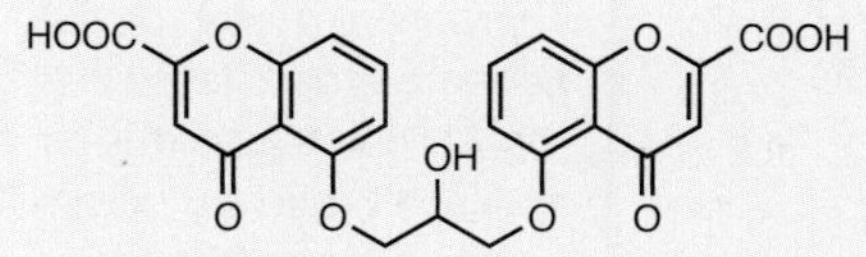

Cromoglicinsäure

Abb. II.7.15

Neben anderen postulierten Wirkmechanismen blockiert DNCG zusätzlich den mit dem IgE-Rezeptor gekoppelten Calciumkanal und hemmt dadurch den über diesen Rezeptor vermittelten Einstrom von Calcium in die Mastzelle und in der Folge deren Degranulation. DNCG wird hierbei spezifisch an ein Cromoglicinsäure-Bindungsprotein (CBP) gebunden, welches Teil des durch den IgE-Rezeptor kontrollierten Calciumkanals ist. Dieser Mechanismus spielt bei der Protektion aller in Frage kommenden Schleimhäute (Bronchien, Auge, Nase, Darm) eine Rolle. Als Folge unterbleibt nach oraler Applikation gleichzeitig eine Permeabilitätssteigerung der Darmmucosa, die für den verstärkten Durchtritt von Allergenen, spezifischen Immunkomplexen und Mediatoren erforderlich ist. DNCG besitzt keine vasokonstriktorischen, antihistaminischen oder glucocorticoiden Wirkungen.

Cromoglicinsäure ist nicht zur Behandlung akuter Asthma-Anfälle geeignet.

Metabolismus: Intranasal: wird weniger als 7 % resorbiert. Nach inhalativer Applikation gelangen etwa 8 % in die Atemwege und werden wahrscheinlich vollständig resorbiert. Der Rest (etwa 92 %) wird verschluckt und gelangt in die Fäzes; nur etwa 1 bis 2 % wird im Gastrointesti-

Name	**Cromoglicinsäure, Dinatrium-Cromoglicinat (DNCG)**
Spezialitäten	**Inatal®, DNCG STADA® u.a.**
Indikation	Prophylaxe asthmatischer Beschwerden bei allergischem und nicht-allergischem Asthma
Mechanismus	Stabilisierung der Mastzellmembran
Dosierung	Erwachsene und Kinder erhalten 4 × täglich je 2 Hübe (1 Hub enthält 1 mg Cromoglicinsäure-Dinatriumsalz). Diese Tagesdosis kann verdoppelt, die Applikationshäufigkeit bei Bedarf auf 6 × täglich erhöht werden. In der Asthmatherapie eignet sich Cromoglicinsäure nur zur Prophylaxe, aber nicht zur Therapie akuter Asthmaanfälle. Eine Versuchsdosis sollte mindestens über 4 Wochen gegeben werden. Die volle Wirkung stellt sich im Allgemeinen nach 2 – 4 Wochen ein. Eine schrittweise Dosisreduktion über 1 Woche wird empfohlen. • Nach Erreichen der therapeutischen Wirkung können die Dosierungsintervalle auf das zur Aufrechterhaltung der Symptomfreiheit erforderliche Maß verlängert werden.

naltrakt resorbiert. Nach Applikation am Auge werden etwa 0,03 % einer DNCG-Dosis absorbiert

Unerwünschte Wirkungen: Gelegentlich bis selten treten bei inhalativer Anwendung folgende unerwünschte Wirkungen auf: eine mit Husten einhergehende Irritation des Rachens und der Trachea, die in Einzelfällen bis zu einer Reflexbronchokonstriktion führen kann; ferner Dermatitis, Myositis, Gastroenteritis, Hautexantheme. Sehr selten kann eine Bronchokonstriktion zum Absetzen von DNCG zwingen.

Bei nasaler Applikation beobachtet man leichte, vorübergehende Reizerscheinungen in der Nase, Kopfschmerzen, Geschmacksirritationen.

Nach intraokulärer Applikation können auftreten: Augenbrennen, Fremdkörpergefühl, Chemosis (Ödeme der Bulbusbindehaut), Hyperämie.

In Einzelfällen können schwere Überempfindlichkeitsreaktionen auftreten.

Interaktionen: Keine

7.3.2 Nedocromil

Nedocromil-Natrium (Tilade® u.a.) ist ein Arzneistoff, der nach topischer Applikation im Bronchialtrakt, in der Nase und am Auge antiallergisch und antiinflammatorisch wirkt. Wie die strukturverwandte Cromoglicinsäure ist Nedocromil (Abb. II.7.16) nur prophylaktisch wirksam.

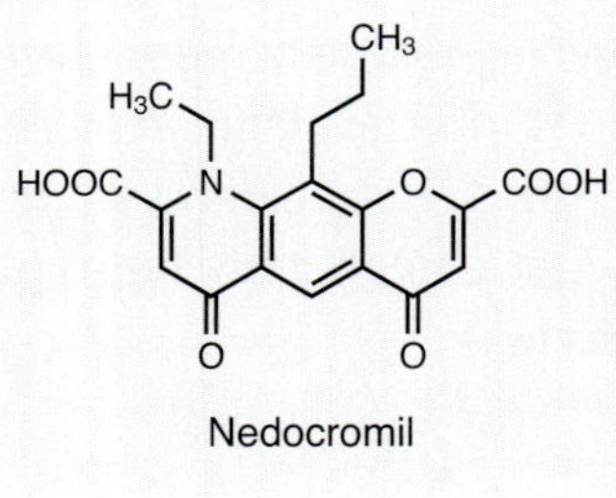

Abb. II.7.16

Nedocromil inhibiert die Aktivierung diverser Zellarten (u.a. Mastzellen, Eosinophile, Neutrophile und Monozyten) und beeinflusst so die allergische Typ-I-Reaktion an Schleimhäuten. Weiter bewirkt Nedocromil eine Hemmung der Freisetzung von Entzündungsmediatoren wie Histamin, Leukotriene und Zytokine aus diesen verschiedenen Entzündungszellen.

An den Bronchien verringert Nedocromil die Hyperreaktibilität, Husten sowie die Häufigkeit und den Schweregrad der Obstruktion.

In einigen experimentellen Modellen scheint Nedocromil wirksamer zu sein als Cromoglicin-

Name	Nedocromil-Natrium
Spezialitäten	Tilade ® u. a.
Indikation	Prophylaxe asthmatischer Beschwerden bei allergischem und nicht-allergischem Asthma
Mechanismus	Stabilisierung der Mastzellmembran
Dosierung	Erwachsene und Kinder ab 6 Jahre inhalieren 4 × täglich 2 Sprühstöße (à 2 mg Nedocromil-Dinatrium). Bei gutem und dauerhaftem Therapieerfolg kann eine schrittweise Reduzierung der Dosis bis auf 2 × 2 Sprühstöße täglich versucht werden.

säure. In anderen, klassischeren Modellen ist die Wirksamkeit jedoch vergleichbar.

Metabolismus: Der nach Inhalation in die tieferen Atemwege gelangte Anteil der Dosis wird praktisch quantitativ resorbiert. Mit einem Wirkeintritt kann frühestens eine Woche nach Therapiebeginn gerechnet werden.

Unerwünschte Wirkungen: Vereinzelt ist über Kopfschmerzen, Schwindel und gastrointestinale Beschwerden wie Übelkeit, Erbrechen, Verdauungsstörungen und Bauchschmerzen berichtet worden. Im Einzelfall treten Exanthem und Pruritus auf. Wie auch andere Dosieraerosole kann durch das Arzneimittel Husten und ein Bronchospasmus ausgelöst werden. Bei der Anwendung kann ein ungewöhnlicher oder unangenehmer Geschmack auftreten.

Interaktionen: Keine

8 Die Insektenstich-Allergie: Grundlagen und Verhaltensmaßnahmen

Eine Sensibilisierung gegen Insektengifte im Hauttest oder im Serum (RAST) lässt sich bei bis zu 18 % Erwachsener und bei bis zu 15 % aller Kinder nachweisen (vgl. Kap. III.4.2). Doppelsensibilisierungen gegen Bienen- und Wespengift liegen bei bis zu 20 % der Insektengift-Allergiker vor. Allerdings ist nur ca. 1 % dieser Fälle klinisch relevant. Bis zu 5 % der Gesamtbevölkerung und 1 bis 5 % der Kinder entwickeln allergische Allgemeinreaktionen nach Bienen- und Wespenstichen. Insektengift-Allergien kommen in gleichem Maße bei Atopikern und Nicht-Atopikern vor. Die Mortalität ist insgesamt außerordentlich gering.

8.1 Allergische Reaktionen auf Insektenstiche

Nur wenige stechende Insekten können beim Menschen eine Allergie auslösen (vgl. Kap. I.5.2.1). In Deutschland sind Bienen (*Apis mellifera*) und Wespen (*Vespula spec.*) die wichtigsten Noxen für Insektenstich-Allergien. Hummeln (*Bombus spec.*) oder Hornissen (*Vespa crabro*) spielen für die Auslösung systemischer Stichreaktionen eine untergeordnete Rolle.
Die Zusammensetzung ihrer Gifte ist ähnlich, weshalb klinisch und labordiagnostisch Kreuzreaktionen zwischen den einzelnen Insektengiften relevant sind.
Bienenstiche erfolgen meist in der Zeit von Frühling bis Herbst, wohingegen mit Wespenstichen eher im Hochsommer und Herbst zu rechnen ist.
An dem in der Haut steckenden Stachel mit anhängender Giftblase kann man den Bienenstich (im Gegensatz zum Wespenstich) erkennen. Da mit der Verweildauer des Stachels das Schmerzgefühl und die Stärke der Reaktion steigt, sollte der Stachel schnell entfernt werden, ohne dabei den Giftsack auszudrücken. Wespen belassen nach einem Stich den Stachel nicht in der Haut und können deshalb auch mehrfach stechen.
Im Zentrum der lokalen Schwellung nach einem Bienenstich ist meist eine Rötung zu erkennen, die durch die hämolytische Wirkung des Mellitins bedingt ist.

8.2 Pathogenese der allergischen Stichreaktion

Bei Insektengift-Allergien handelt es sich um systemische Reaktionen vom Soforttyp (vgl. Kap. I.5.2.1). Nach einem ersten Kontakt mit dem Insektengift kommt es zur Bildung spezifischer IgE-Antikörper, die auf der Oberfläche von Mastzellen und basophilen Granulozyten gebunden werden. Eine klinische Manifestation einer allergischen Reaktion bleibt zu diesem Zeitpunkt noch aus. Allerdings kommt es zu einer Sensibilisierung. Ein erneuter Stich führt zur Vernetzung der zellständigen IgE-Moleküle mit dem Insektengift. Es kommt in der Folge zu Zelldegranulation und Freisetzung von Transmitter-Substanzen, die die allergische Reaktion einleiten.

8.3 Klinische Erscheinungsformen

Die Reaktionen auf einen Insektenstich können von „normal" bis lebensbedrohend ausfallen.
Eine normale Reaktion auf einen Insektenstich ist mit Schmerz verbunden und beinhaltet eine Rötung und Schwellung an der Einstichstelle, die im Verlauf von 24 Stunden abklingen.
Bei verstärkten Reaktionen erreichen die lokalen Schwellungen Durchmesser über 10 cm und per-

sistieren über mindestens 24 Stunden. Besonders gefährlich kann eine verstärkte Lokalreaktion bei Stichen im Gesichts- und Halsbereich sein. Eine derartige, lokale toxische oder allergische Reaktion kann eine lebensbedrohliche Schwellung auslösen.

Allergische Allgemeinreaktionen auf Insektenstiche treten innerhalb von Minuten bis zu einer Stunde nach einem Stich auf. Das Auftreten von Brennen und Juckreiz im Bereich der Handflächen und Fußsohlen, sowie im Rachenraum, an der Zunge oder den Ohren kurz nach einem Insektenstich kann ein erster Hinweis auf eine sich entwickelnde, ernst zu nehmende allergische Allgemeinreaktion sein. Hautsymptome zeigen sich als generalisierte Rötung, Juckreiz, Urtikaria und Angioödem.

In 20 bis 25 % der allergischen Reaktionen auf Insektenstiche kommt es zu gastrointestinalen Symptomen mit Übelkeit, Erbrechen und Diarrhö. In weiteren 20 bis 25 % der Reaktionen kann es zu respiratorischen Symptomen wie Heiserkeit, Ausbildung eines Glottisödems, Bronchialobstruktion mit Giemen und Husten bis hin zu schwerer Atemnot kommen. Kardiovaskuläre Symptome wie Blutdruckabfall, Kollaps und Bewusstseinsverlust treten in 5 bis 10 % der Fälle auf.

Neben den typischen Soforttypreaktionen kann es jedoch auch noch Stunden oder Tage nach einem Stich zu untypischen Erscheinungsbildern kommen: Vaskulitis, Nephropathie, Enzephalitis, Dermatitis, thrombozytopenische Purpura und Serumkrankheit wurden bei Erwachsenen beschrieben. Bei Kindern sind diese ungewöhnlichen, verzögerten Reaktionen jedoch außerordentlich selten.

8.4 Therapeutische Maßnahmen

Die Therapie umfasst:

1. Allergiekarenz (siehe Kasten)
2. Pharmakotherapie
3. Hyposensibilisierungsbehandlung (spez. Immuntherapie)

Karenzmaßnahmen

- Verzehr von süßen Speisen, Eis oder Getränken im Freien vermeiden.
- Nicht aus Flaschen oder Getränkedosen trinken, Trinkgläser abdecken, Trinkhalme verwenden.
- Nach dem Essen Hände waschen und Mund abwischen.
- Obst- oder Blumenpflücken, Aufenthalt in der Nähe von Abfallkörben, Mülleimern, Tiergehegen vermeiden.
  - Keine Parfüms oder parfümierte Kosmetika verwenden.
  - Insekten nicht mit hektischen Bewegungen von Futterquellen verscheuchen.
  - Die Haut durch Kleidung weitgehend bedeckt halten (ein Repellent bietet keinen Schutz!). Helle Kleiderfarben sind gegenüber dunklen zu bevorzugen.
  - Nicht barfuß laufen, kein offenes Schuhwerk.
  - Beim Motorradfahren Helm, Handschuhe und Motorradkleidung der Haut dicht anliegend tragen. Offene Fahrradhelme sind mit einem Netz zu versehen.
  - An Tagen mit schwülheißer Witterung besonders vorsichtig sein, da die Tiere bei solcher Witterung aggressiv sind.
  - Fenster tagsüber geschlossen halten oder durch Insektennetze sichern. Abends kein Licht bei geöffneten Fenstern, da Hornissen nachtaktiv sind und dann bevorzugt Lichtquellen anfliegen.
  - Auf versteckte Insekten (besonders im Bett oder in Schuhen) achten.
  - Bienen- oder Wespennester und deren Einzugsbereich sind zu meiden. Nester in der Nähe eines ständigen Aufenthaltes müssen durch Imker bzw. Feuerwehr entfernt werden.
  - Bei Annäherung von Insekten oder in Nestnähe sind hastige oder schlagende Bewegungen zu vermeiden, langsam zurückziehen!
  - Bei Angriff durch Bienen oder Wespen den Kopf mit Armen oder Kleidung schützen. Im Falle eines Stiches die Stichstelle mit der Hand abdecken. Gegebenenfalls stecken gebliebene Stachel möglichst rasch entfernen.

4. Umfassende Aufklärung. Der Patient soll über das Verhalten im Falle eines neuerlichen Stiches informiert werden (siehe Kasten).

Verhalten bei neuerlichem Stich

- Ruhe bewahren! Menschen in der Umgebung über das Stichereignis und mögliche Folgen informieren.
- Einen in der Haut verbliebenen Stachel sofort entfernen. Den Stachel nicht mit den Fingern herausziehen (Giftsack könnte ausgedrückt werden!), sondern mit den Fingernägeln wegkratzen.
- Medikamentöse Erstmaßnahmen:
  - Verordnetes Antihistaminikum und
  - Cortison-Präparat entsprechend ärztlicher Anweisung anwenden.
  - Bei Atemnot, Zungenschwellung oder Kreislaufbeschwerden Adrenalin inhalieren (tiefes Einatmen von 2 bis 3 Sprühstößen, jeweils nach Inhalation Luft 10 Sekunden anhalten und langsam durch die Nase wieder ausatmen; falls schwere Kreislaufbeschwerden im Vordergrund stehen, müssen 15 bis 20 Hübe inhaliert werden).

Dem Patienten sind Medikamente zur Selbstbehandlung (Notfallset) bei neuerlichen Stichen zu verordnen. Hierzu gehören:

- ein schnell wirksames Antihistaminikum zur oralen Einnahme,
- ein Corticosteroid zur oralen Einnahme (bei Kindern auch als Suppositorium),
- Adrenalin zur Inhalation (derzeit nur als Import erhältlich; in besonderen Fällen Adrenalin zur Injektion nach entsprechender Schulung),
- Notfallausweis.

Bei einem neuerlichen Stich sollen nicht-hyposensibilisierte sowie hyposensibilisierte Patienten, bei denen die Therapiewirksamkeit noch nicht gesichert ist, unverzüglich ein Antihistaminikum (z. B. Dimetindenmaleat 8 mg oder Clemastin 4 mg) sowie ein Corticosteroid (100 mg Prednisolonäquivalent) anwenden. Erst wenn systemische Symptome auftreten – vor allem bei Dyspnoe oder Zungenschwellung – kommt ein Adrenalin-Dosieraerosol (initial 2 bis 20 Hübe, wobei ein Hub 0,22 mg Adrenalin entspricht) zum Einsatz.

Unabhängig davon sollen alle Patienten möglichst rasch einen Arzt aufsuchen!

Als kausale Behandlung der Insektengift-Allergie wird die Hyposensibilisierung mit Insektengiften angesehen. Die Indikation zur Insektengift-Hyposensibilisierung besteht nur bei Anamnese einer systemischen Stichreaktion vom Soforttyp und dem Nachweis einer IgE-vermittelten Sensibilisierung auf das reaktionsauslösende Insektengift. Bei Kindern sollte die Behandlung stationär durchgeführt werden, da sich die Insektengifte durch eine hohe Allergenpotenz auszeichnen, so dass es zu Beginn der Behandlung zu allergischen Reaktionen wie nach einem Insektenstich kommen kann.

Wenn die Erhaltungsdosis von 100 mg erreicht ist, gehen die Nebenwirkungen zurück und die Injektionsintervalle werden von zunächst wöchentlich auf einmal monatlich ausgedehnt. Die gesamte Behandlungsdauer beträgt bei der Mehrzahl der Patienten zwischen 3 und 5 Jahre. Die Effizienz der Hyposensibilisierung liegt bei 98 %.

9 Die allergenspezifische Immuntherapie (Hyposensibilisierung)

9.1 Einleitung

Die spezifische Immuntherapie (SIT, Hyposensibilisierung, Desensibilisierung, Allergieimpfung) durch subkutane Injektion ansteigender Dosen des relevanten Allergens geht auf NOON im Jahre 1911 zurück. Sie ist neben der Allergenkarenz die einzige kausale Therapie allergischer Erkrankungen. Die Therapieerfolge sind insbesondere bei Pollen- und Insektengift-Allergien durch zahlreiche kontrollierte Studien belegt, obwohl bis heute die genauen immunologischen Wirkmechanismen dieser Behandlung nicht genau verstanden sind. Bedeutsam scheint jedoch eine Wirkung auf T-Lymphozyten zu sein.

Entsprechend ihrer Zytokinproduktion werden $CD4^+$-T-Helferzellen in T_H1-Zellen und T_H2-Zellen eingeteilt (vgl. Kap. I.3.1.1). T_H1-Zellen produzieren u. a. Interferon gamma (IFN-γ), Tumor-Nekrose-Faktor beta (TNF-β) und Interleukin-2 (IL-2). T_H2-Zellen hingegen produzieren bevorzugt IL-4, IL-5, IL-6, IL-10 und IL-13. Immunantworten, welche überwiegend durch eine Stimulation der T_H2-Zellen getragen werden, führen zu einer hohen allergenspezifischen IgE-Produktion durch B-Lymphozyten und zu weiteren charakteristischen Merkmalen allergischer Immunreaktionen (vgl. Kap. I.5.2.1).

Neben der individuellen Disposition des Patienten und Umwelteinflüssen spielt offensichtlich die verabreichte Allergenmenge und die Art der Allergenexposition eine Rolle. Es konnte gezeigt werden, dass allergische Reaktionen vom Soforttyp bevorzugt ausgelöst werden, wenn kleine Allergenmengen wiederholt über das Epithel des Respirationstraktes und der Haut verabreicht werden.

Das Grundprinzip der klassischen Hyposensibilisierung mit subkutanen Allergeninjektionen ist die Applikation möglichst großer Allergenmengen. Dadurch kommt es zu einer vielfältigen Beeinflussung der Immunantwort auf unterschiedlichen Ebenen.

In immunologischen Studien konnte nachgewiesen werden, dass es unter einer subkutanen Hyposensibilisierungsbehandlung relativ rasch zu einer Verschiebung des T_H1-/T_H2-Verhältnisses zugunsten der T_H1-Antwort kommt (vgl. Abb. I.5.8). Man weiß heute noch nicht, ob T_H2-Zellen in Richtung T_H0- oder T_H1-Zellen umorientiert oder ob sie funktionell inhibiert werden. Langfristig kommt es zu einer Verminderung der allergenspezifischen IgE-Produktion und zu einer Beeinflussung von Effektorzellen, darunter Mastzellen, basophile und eosinophile Granulozyten.

9.2 Kontraindikationen

Absolute Kontraindikationen sind

- **schwerwiegende Leiden** wie Tuberkulose, Leberfunktionsstörungen und Niereninsuffizienz, maligne Tumorerkrankungen, schwere Erkrankungen des Immunsystems wie Autoimmunerkrankungen und Immundefizienz.
- **fortgeschrittene Krankheiten der Atemwege** einschließlich Emphysem, generalisierte Bronchiektasie und Cor pulmonale sowie eine chronische bronchitische Symptomatik. Bei chronischer Atemwegserkrankung mit entsprechenden morphologischen Umbauvorgängen kann eine Immuntherapie, auch bei Nachweis einer eventuell primären allergischen Ätiologie, nur noch zu eingeschränkten Erfolgen führen.

Relative Kontraindikationen sind

- **Infekte** und **Entzündungsprozesse** im Bereich des Reaktionsorgans, vorzugsweise eitrige Rhinitis, Sinusitis und Bronchitis; ggf. ist eine intensive Infektbehandlung vor der Immuntherapie erforderlich.
- **Asthma bronchiale** mit einer eingeschränkten Lungenfunktion von < 70 % FEV1 (FEV1: Luftmenge, die innerhalb einer Sekunde ausgeatmet wird) stellt wegen erhöhter Komplikationsraten eine relative Kontraindikation dar; hier sollte zunächst eine konsequente Dauermedikation erfolgen.
- Bei bekannter **Schwangerschaft** sollte eine Immuntherapie nicht begonnen werden.
- Bei einem **Anfallsleiden** kann unter medikamentöser Therapie die spezifische Immuntherapie erfolgen.
- **Kardiovaskuläre Erkrankungen** mit erhöhtem Risiko von Nebenwirkungen nach Adrenalingabe stellen eine weitere relative Kontraindikation dar (außer bei Insektengift-Allergie).
- Medikamentöse Therapie mit **Immunsuppressiva** und **Betablockern** (auch Augentropfen); ACE-Hemmer sind als Kontraindikation nicht hinreichend belegt.

9.3 Allergenextrakte

Grundsätzlich sind die Extrakte im Kühlschrank bei einer Temperatur von 4 bis 8 °C zu lagern. Sie dürfen niemals einfrieren, da sich sonst die biologische Aktivität ändern kann. Eine versehentlich eingefrorene Flasche ist zu verwerfen. Ferner ist der Extrakt vor Wärme und UV-Licht zu schützen. Während der Behandlung werden die Extrakte in der Praxis oder Klinik im Kühlschrank aufbewahrt und nur zum Gebrauch kurz entnommen.

Unterschiedliche technische Verfahren werden eingesetzt, um Allergenextrakte, ausgehend von einem Rohmaterial, herzustellen. Entscheidend ist die Standardisierung des Extraktes auf gleich bleibende Mengen der relevanten Allergene.

Da jeder Naturextrakt ein extrem komplexes Gemisch aus einer Vielzahl unterschiedlicher Moleküle ist, ist die Angabe der Allergenkonzentration nicht trivial. Als praktikable Lösung haben die meisten Hersteller ein Verfahren gewählt, das die Gesamtpotenz eines Extraktes im Vergleich zu einem Standard (Referenzextrakt) angibt. Darüber hinaus wird durch strikte Standardisierung eine annähernd gleich bleibende relative Zusammensetzung sichergestellt (Tab. II.9.1). Andererseits muss bedacht werden, dass eine solche relative Vergleichbarkeit nur für Extrakte eines einzelnen Herstellers gegeben ist. Extrakte unterschiedlicher Hersteller können durchaus unterschiedliche Gehalte an einzelnen Allergenen aufweisen. Daher sollte während einer Hyposensibilisierung kein Wechsel zwischen Extrakten unterschiedlicher Hersteller erfolgen.

Neben wässrigen Allergenextrakten, die in der Regel mehrfach täglich bis mehrfach wöchentlich injiziert werden, wurden Allergene auch an bestimmte Stoffe adsorbiert, um ihre Freisetzung zu verzögern. Verwendet werden zu diesem Zweck u. a. Aluminiumhydroxid oder L-Tyrosin. Solche Allergenlösungen werden in der Regel in wöchentlichen bis mehrwöchigen Abständen injiziert. Die resultierenden Allergenextrakte werden als Semi-Depot-Präparate bezeichnet. Weiterhin werden von einigen Herstellern so genannte Allergoide angeboten, die ebenfalls Depoteigenschaften aufweisen und ggf. zusätzlich an Tyrosin adsorbiert werden können. Dabei handelt es sich um Allergene, die durch Behandlung mit Formaldehyd (oder Glutaraldehyd) modifiziert wurden. Dies führt zu einer Veränderung der Allergen-Konfiguration, wodurch auch die Erkennbarkeit durch Immunglobulinmoleküle bzw. B-Zellen modifiziert wird, was u. a. eine erhöhte therapeutische Sicherheit dieser Produkte zur Folge haben soll (z. B. verminderte Mastzelldegranulation). Es muss jedoch betont werden, dass nie alle B-Zell-Epitope zerstört werden und daher sehr wohl unerwünschte Wirkungen auftreten können. Deshalb dürfen die allgemein für die SIT geforderten Sicherheitsrichtlinien (vgl. Kap. II.9.5 „Praktische Durchführung") auch bei der Verwendung von Allergoiden nicht ignoriert werden.

Die Modifikation der Allergene bei der Allergoidbildung kann außerdem die Stimulationseigenschaften (ggf. über eine unterschiedliche Wirkung auf die antigenpräsentierenden Zellen) für T-Zellen verändern. Inwieweit diese Veränderungen dem Therapieziel der Umstimmung der Immunantwort mit dem Endergebnis der Reduktion der klinischen Phänomene dienlich sind (z. B. durch eine höhere tolerierbare Allergendosis) oder nicht, muss durch weitere Untersuchungen geklärt werden. Klinische Studien zur therapeutischen Wirksamkeit der Allergoide liegen aber vor.

Tab. I.9.1: Gängige Charakterisierungsmerkmale von Allergenextrakten

Einheit	Herleitung
Noon-Einheit (NE)	Extrakt aus 1 µg/Allergen = 1 NE
Gewicht/Volumen (W/V)	Menge Allergenausgangsmaterial/Volumen der Extraktionsflüssigkeit z. B. 1/10.000
Protein-Stickstoff-Einheit (PNU)	1 µg Proteinstickstoff = 1 PNU
Histamin-Äquivalent-Prick (HEP)	Extraktkonzentration, die bei atopischen Kontrollpersonen die gleiche Reaktionsstärke im Prick-Test hervorruft wie Histamin in einer Konzentration von 1 mg/ml
Biologische Einheit (BE)	1 HEP = 1000 BE/ml

9.4 Indikation

Nach einem Positionspapier der *European Academy of Allergology and Clinical Immunology* (EAACI; www.eaaci.net) ist die Indikation zur Immuntherapie gegeben, wenn

- die Relevanz eines Allergens oder einer Allergengruppe für die Auslösung der Beschwerden gesichert wurde,
- eine ausreichende Allergenkarenz nicht möglich ist,
- eine Immuntherapie für das Allergen bzw. die Allergengruppe durch klinische Studien als sicher und effektiv belegt wurde (Tab. II.9.2).

Auf Seiten des Patienten muss die Bereitschaft zur ausreichenden Mitarbeit vorhanden sein, was neben Sicherheitsüberlegungen ein Grund dafür ist, Kinder unter 5 Jahren noch nicht zu behandeln. Weitere Voraussetzungen sind in Tab. II.9.3 aufgelistet.

Tab. II.9.2: Allergengruppen, für die qualitativ hochwertige Allergenextrakte mit erwiesener Wirksamkeit zur Verfügung stehen

Allergengruppe
Bienen- und Wespengift
Baumpollen (insbesondere Birke, Erle, Hasel)
Gräser- und Roggenpollen
Hausstaubmilben
Beifuß
Katzenallergen und einige andere Tierepithelien
(Schimmelpilze)

Tab. II.9.3: Voraussetzungen für eine erfolgreiche Hyposensibilisierung

Voraussetzung
Ausschluss nicht-allergischer Ursachen der Beschwerden
Umfassende allergologische Diagnostik mit Ermittlung aller potentiell relevanten Sensibilisierungen
Nachweis der klinischen Relevanz der Sensibilisierungen (Anamnese, Provokationstestung)
Auswahl weniger (bis zu 3) klinisch relevanter und zueinander passender Allergene (-gruppen)
Vorhandensein eines geeigneten Extraktes (standardisierter, ausreichend hoher Gehalt an den wesentlichen Allergenen; Freiheit von Kontaminationen)
Ausreichende Compliance auf Seiten des Patienten

9.5 Praktische Durchführung

Grundsätzlich sollten keine eigenen Mischungen hergestellt werden, auch nicht aus den Präparaten des gleichen Herstellers. Die Etiketten sollten nicht verändert werden. Das Datum des Anbruchs der Flasche oder der Rekonstitution mit einem Lösungsmittel (nur bei einigen Allergenen notwendig) sollte vermerkt werden. Für die Immuntherapie eines Patienten sollte immer die gleiche Packung verwendet werden, die mit seinem Namen versehen wird.

In der Regel geben die Hersteller sinnvolle Allergenmischungen vor, wie z. B. Pollen von früh blühenden Bäumen, Gräser- und Roggenpollen. Da die allergene Gesamtpotenz eines Extraktes aus Sicherheitsgründen nicht beliebig gesteigert werden kann, führt der Wunsch nach einer großen Zahl verschiedener Allergene in einem Extrakt zu einer Verminderung des Gehaltes einzelner Allergene. Hierdurch wird die Wirksamkeit der Therapie für alle Allergene herabgesetzt.

Deshalb sollte man sich für die Immuntherapie auf wenige Allergene, die zueinander passen, beschränken. Sinnvoll scheint es, einen Extrakt auf maximal 3 Allergengruppen zu beschränken. Die Allergenlösungen sind rezeptpflichtig! Ergänzend sollte ein Bestellschein ausgefüllt werden. Bestellscheine stellen die Firmen zur Verfügung, um die Bestellabläufe zu optimieren und um die Sicherheit zu erhöhen, z. B. um sicherzustellen, dass eine Fortsetzungsbehandlung mit höheren Allergenkonzentrationen erst nach Bestellung einer Aufbaubehandlung für den gleichen Patienten erfolgt.

Vor Therapiebeginn ist der Patient über die Therapierisiken, Alternativen und Verhaltensmaßregeln aufzuklären. Hierfür ist noch keine schriftliche Aufklärung erforderlich. Man sollte jedoch unbedingt den Vermerk über das Aufklärungsgespräch in der Akte, ggf. mit anwesenden Zeugen aufnehmen. Ideal ist eine schriftliche Einverständniserklärung.

Vor jeder Injektion muss der Patienten nach relevanten Veränderungen seines Gesundheitszustands (bei Asthmatikern möglichst aktuelle Peak-Flow-Messung) und seiner aktuellen Medikation befragt werden. Nach einer aktiven Schutzimpfung sollte die nächste Gabe des Allergenextraktes nach Abklingen der Impfreaktion, also erst ca. 14 Tage nach der Impfung erfolgen. Auch das Vorliegen von akuten Infekten sollte zu einer Verschiebung der Allergenapplikation führen. Wird hierbei ein Intervall von 14 Tagen nicht überschritten, kann im bestehenden Therapieschema weiterbehandelt werden.

Das Führen eines Tagebuches ist empfehlenswert. Entsprechende Vordrucke stellen die meisten Firmen zur Verfügung. Was die Intervallüberschreitungen betrifft, geben die Hersteller der Allergenextrakte Orientierungshilfen bezüglich der Dosisreduktion vor. Dies gilt ebenso für Reaktionen, die über eine geringe Lokalreaktion an der Injektionsstelle hinausgehen. Auch bezüglich der Steigerung der Allergendosis (ansteigende Injektionsvolumina bei gleicher Allergenkonzentration in einer Flasche, ansteigende Allergenkonzentrationen in den unterschiedlichen Flaschen) geben die Hersteller erprobte Schemata vor, die jedoch unter Umständen an den individuellen Patienten angepasst werden müssen. Für hochgradig sensibilisierte Patienten bieten manche Firmen eine zusätzliche Allergenlösung mit besonders geringer Konzentration zur Einleitung der Behandlung an.

Auf Grund der Zwischenanamnese ist die Allergendosis für jede Injektion individuell zu bestimmen. Begonnen wird die Injektionsserie im Allgemeinen mit 0,1 ml (Tuberkulinspritze) aus Flasche 1 (Flasche A), ggf. auch 0,05 ml bzw. mit noch stärkeren Verdünnungen bei hohem Sensibilisierungsgrad (z. B. Insektengifte).

Der Allergenextrakt in der Spritze ist vor der Injektion anzuwärmen, z. B. durch Umgreifen der Spritze mit der Hand.

Man verwendet eine 14er bis 18er Kanüle. Die Injektion ist streng subkutan an der Streckseite des Oberarms durchzuführen, da diese Region besonders gefäßarm ist und der Oberarm bei Bedarf abgebunden werden kann. Nach Desinfektion der Injektionsstelle wird in eine angehobene Hautfalte subkutan langsam injiziert. Vor dem Einspritzen des Extraktes ist stets eine Aspiration vorzunehmen. Ein Wechsel des Armes von Injektion zu Injektion ist üblich, aber nicht obligat.

Die Injektion muss durch den Arzt selbst erfolgen und darf nicht delegiert werden.

Nach der Injektion muss der Patient für mindestens 30 Minuten unter ärztlicher Aufsicht überwacht werden. Notfallbehandlungsmaßnahmen müssen unmittelbar zur Verfügung stehen. Eine entsprechende Ausrüstung ist vorzuhalten und ihr Einsatz sollte mit allen involvierten Mitarbeitern erprobt werden.

Grundsätzlich können alle allergischen Symptome wie Urtikaria, Angioödem, Asthma bronchiale bis hin zum anaphylaktischen Schock vorkommen. Ursächlich sind überwiegend Applikationsfehler (Verwechslung der Lösung, intravasale Injektion) und Missachtung von Kontraindikationen und Verhaltensmaßregeln. Der Patient sollte am Tage der Injektion körperliche Anstrengungen (körperlich schwere Arbeit, Sport), aber auch andere „Stressoren" (z. B. Alkohol) meiden. Treten überschießende unerwünschte Wirkungen auf, ist neben der Therapie die Überwachung entsprechend zu intensivieren und zu verlängern.

Anaphylaktoide Reaktionen werden je nach Schweregrad in 4 Stadien eingeteilt. Die Konsensuskonferenz der Arzneimittelkommission der Deutschen Ärzteschaft hat für die Akuttherapie anaphylaktoider Reaktionen die in Tabelle II.9.4 aufgeführten Vorgaben gemacht:

Tab. II.9.4: Maßnahmen bei anaphylaktoiden Komplikationen

Reaktion	Behandlung
Lokalreaktion (Stadium 0)	
Übermäßige Schwellung/Rötung der Injektionsstelle	• Allgemeine Maßnahmen (s. o.) Zusätzlich je nach Schweregrad: • Kühlen! • Antihistaminikagabe (evtl. oral)
Leichte Allgemeinreaktion (Stadium 1)	
Allgemeine Hautrötung, Urtikaria, Pruritus (insbesondere an den Handtellern und Fußsohlen), Schleimhautreaktionen (z. B. Nase, Konjunktiven); Allgemeinreaktionen (z. B. Unruhe, Kopfschmerz)	• Allgemeine Maßnahmen (s. o.) Zusätzlich: • Blutdruck- und Pulskontrolle • Gabe eines H_1- und eines H_2- Antihistaminikums (z. B. Dimetindenmaleat 8 mg und Cimetidin 400 mg, jeweils i. v.) und eines Corticosteroids (50–125 mg Prednisolon oder Äquivalente i. v.).
Ausgeprägte Allgemeinreaktion (Stadium 2)	
Kreislaufdysregulation (Blutdruck-, Pulsveränderung); Atemnot (leichte Dyspnoe, beginnender Bronchospasmus) Stuhl- bzw. Urindrang; Angstgefühl	Bei pulmonaler Reaktion: • Inhalation eines Betasympathomimetikums oder Adrenalin • Bei Progredienz: Adrenalin 1 mg/10 ml: 0,1 mg/min. i. v. • Bei kardiovaskulärer Reaktion • Ringer-Laktat-Lösung ≥ 500 ml i. v. • Weiterhin wie bei Stadium 1, aber • 250 – 500 mg eines Corticosteroids i. v.
Starke Allgemeinreaktion (Stadium 3)	
(sehr selten, aber u. U. innerhalb von Sekunden nach der Injektion): Schock (schwere Hypotension, Blässe); Bronchospasmus mit bedrohlicher Dyspnoe; Bewusstseinstrübung oder -verlust, ggf. mit Stuhl- bzw. Urinabgang	Bei pulmonaler Reaktion • Wie bei Stadium 2, bei unzureichendem Therapieeffekt zusätzlich Theophyllin initial 5 mg/kg KG i. v. Bei kardiovaskulärer Reaktion zusätzlich: • Ringer-Laktat-Lösung ≥ 2000 ml i. v. • Kolloide (z. B. HES 200.000, bis zu 2000 ml i. v.) • Adrenalin 1 mg/10 ml: 0,1 mg/min. i. v. oder Dopamin 2,5 mg/70 kg/min. i. v. • Bei Progredienz nach etwa 1 mg Adrenalin: 1. Noradrenalin 0,05–1 mg/min. 2. H_1-Antagonist + H_2-Antagonist i. v. (Dosis s. Stadium 1) Anschließend 1000 mg Prednisolon oder Äquivalente i. v.
Vitales Organversagen (Stadium 4)	
Manifestes Versagen der Vitalfunktionen (Atem-/Kreislaufstillstand)	• Reanimation (Intubation, Beatmung, externe Herzdruckmassage) • Adrenalin (+ Dopamin + Noradrenalin) • Weitere Volumensubstitution

9.6 Therapieschemata

Die **präsaisonale Hyposensibilisierung** ist die häufigste Form der Immuntherapie für saisonale Allergene. Dabei werden nach Ende der Allergiesaison die Hyposensibilisierungslösungen bestellt und die Behandlung beginnt – jedes Jahr erneut – mit der Aufbaubehandlung. Es wird also mit der geringsten vorgesehenen und für den individuellen Patienten geeigneten Allergenmenge begonnen und dann in wöchentlichen Abständen weiter gesteigert. Bei Erreichen der individuellen Erhaltungsdosis wird diese Dosierung wiederholt bis zum Einsetzen des Pollenflugs. Dann wird die Behandlung unterbrochen und im nächsten Jahr nach Ende der Allergiesaison mit einer Aufbaubehandlung erneut eingeleitet.

Bei der **perennialen Hyposensibilisierung** wird nach initialer Aufbaubehandlung die Dosis bei Beginn des Pollenflugs stark reduziert (z. B. auf 1/3), aber fortgesetzt (co-saisonaler Anteil). Nach Ende der Pollensaison wird die Dosis dann erneut langsam auf die Erhaltungsdosis gesteigert, wobei man sich zwar an den Vorgaben des Herstellers orientieren kann, aber die Behandlung wie immer individuell auf den einzelnen Patienten abstimmen muss. Dies hat den Vorteil, dass man nicht in jedem Jahr erneut bei „Null" anfangen muss, sondern bereits von dem Niveau ausgehen kann, das während der Allergiesaison vertragen wurde. Insgesamt ergibt sich so eine höhere kumulativ verabreichte Allergendosis und eventuell ein besserer Therapieerfolg. Nachteilig ist, dass auch während der Saison Injektionen erforderlich sind (was teilweise durch eine geringere Anzahl notwendiger Injektionen beim Dosisaufbau nach Abschluss der Saison ausgeglichen wird) und dass die Steuerung dieser Therapie auch während der Saison mit wechselnder natürlicher Allergenexposition mehr Erfahrung verlangt.

Die subkutane Immuntherapie, präsaisonal und perennial, wird in der Regel ca. 3 Jahre lang durchgeführt. Zeigt sich nach dem 1. bzw. 2. Jahr kein erwartungsgemäßer Therapieerfolg, ist die Indikation insbesondere bezüglich der klinischen Relevanz der ausgewählten Allergene erneut zu überprüfen. Im Einzelfall kann auch länger als 3 Jahre therapiert werden, was vor allem für Insektengift-Allergien empfohlen wird. Auch kann eine SIT natürlich mit den gleichen oder auch anderen Allergenen wiederholt werden, wenn der Therapieerfolg nachlässt und die Indikationsstellung entsprechend erfolgt ist. Die gleichzeitige Anwendung der üblichen symptomatischen antiallergischen Pharmaka beeinträchtigt die Wirkung der SIT nicht, kann jedoch die Reaktionslage des Patienten auf Allergeninjektionen beeinflussen, was insbesondere bei Reduktion der Pharmakotherapie zu beachten ist.

III Immunologische Techniken und Methoden

1 Isolierung und Charakterisierung von Immunzellen

1.1 Isolierungsmethoden

1.1.1 Physikalische Trennmethoden

Traditionelle Trennmethoden basieren auf Unterschieden der Zellen in Größe und Dichte. Menschliche Lymphozyten werden zumeist aus peripherem Blut durch Dichtezentrifugation über einen Ficoll-Hypaque®- oder Percoll™-Gradienten erhalten (Abb. III.1.1). Ficoll-Hypaque® besteht aus dem Kohlenhydrat-Polymer Ficoll™ und der Jod-haltigen Verbindung Metrizamid. Percoll™ ist mit Polyvinylpyrrolidin beschichtetes, kolloidales Silica. Nach Zentrifugation erhält man an der Phasengrenze zwischen Blut und Ficoll™ bzw. Percoll™ eine Population von mononukleären Zellen, die von Erythrozyten und polymorphnukleären Granulozyten gereinigt sind. Diese Population nennt man periphere mononukleäre Blutzellen (PMBC) und setzt sich hauptsächlich aus Lymphozyten und Monozyten zusammen.

1.1.2 Selektionsmethoden

Mit der Verfügbarkeit von monoklonalen Antikörpern lassen sich Zellen anhand unterschiedlicher Oberflächenmarker trennen. Die Antikör-

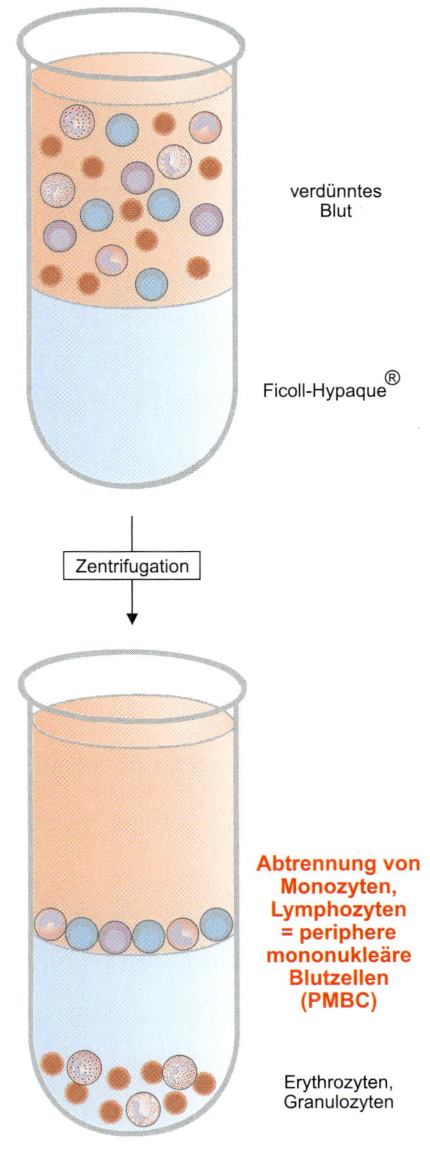

Abb. III.1.1: Isolierung von peripheren mononukleären Blutzellen über Dichtezentrifugation.
Blut wird gerinnungsunfähig gemacht und verdünnt über ein bestimmtes Volumen von Ficoll-Hypaque® oder Percoll™ geschichtet. Durch Zentrifugation wandern Erythrozyten und polymorphkernige Granulozyten auf Grund ihrer größeren Dichte durch das Ficoll-Hypaque® bzw. Percoll™ hindurch und sammeln sich am Boden des Röhrchens an. Mononukleäre Zellen, die aus Lymphozyten und Monozyten bestehen, bilden an der Grenzschicht eine Bande, die abpipettiert werden kann.

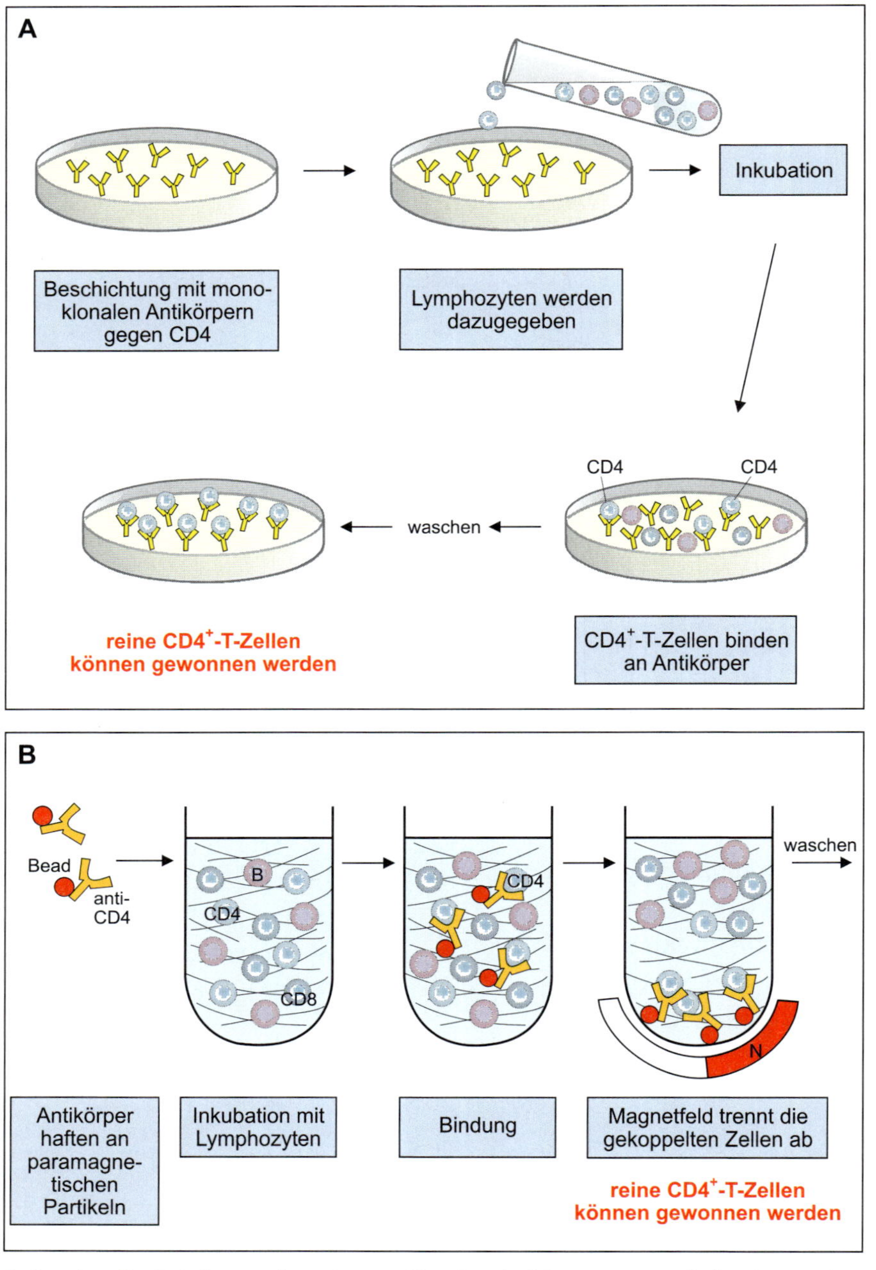

Abb. III.1.2: Isolierung von Immunzellen mittels monoklonaler Antikörper.

A Panning: Petrischalen werden mit monoklonalen Antikörpern gegen ein bestimmtes Lymphozytenantigen (z. B. CD4) beschichtet. Werden Lymphozyten in die Platten gegeben und inkubiert, haften nur die CD4-positiven T-Zellen und können von der restlichen Lymphozytenpopulation getrennt werden.
B Magnetische Partikel: Lymphozytensubtyp-spezifische Antikörper (z. B. Anti-CD4) können auf paramagnetische Partikel aufgebracht werden. Werden diese mit einer heterogenen Lymphozytenpopulation inkubiert, bindet die entsprechende Subpopulation. Durch Anlegen eines Magnetfeldes lassen sich die gekoppelten Zellen von den restlichen Lymphoyzten abtrennen.

per können ganz einfach auf Petrischalen fixiert sein, in die die zu trennende Zellpopulationen transferiert wird. Diese Technik wird „Panning" genannt (Abb. III.1.2 A). Häufig sind heute die Antikörper an Magnetbeads gekoppelt, die ein einfaches Trennen der gebundenen Zellen zulässt (Abb. III.1.2 B). Sehr reine Zellpopulationen lassen sich durch die Technik des so genannten Fluorescence activated cell sorting (FACS) erhalten (vgl. Kap. III.1.2).

1.1.3 Funktionelle Trennmethoden

Zellen lassen sich auf Grund bestimmter funktioneller Eigenschaften voneinander trennen, wie

> Als **Mitogen** wird eine Substanz bezeichnet, die relativ unspezifisch DNA-Synthese und Zellteilung, bevorzugt in Lymphozyten, bewirkt.

beispielsweise Anheftung an Plastikmaterial im Falle von Phagozyten oder Adsorption an Nylon-Wolle im Fall von T-Lymphozyten. Unterschiedliche Mitogene können zur Anreichungen von entsprechend responsiven Lymphozyten Populationen verwendet werden (Tab. III.1.1)

Tab. III.1.1: Einige Mitogene und ihre entsprechenden, responsiven Zellen

Mitogen	Responsive Zelle
Phythämagglutinin (PHA)	T-Zellen
Concanavalin A (ConA)	T-Zellen
Pokeweed Mitogen (PWM)	T- und B-Zellen
Lipopolysaccharide (LPS)	B-Zellen (Maus)

Die Induktion einer selektiven Zytolyse durch Verwendung entsprechender Antikörper gegen Oberflächenantigene und Komplement führt ebenfalls zur Anreicherung von Populationen der überlebenden Zellen.

1.2 Charakterisierung von Immunzellen

Die wichtigste und potenteste Technik zur Charakterisierung von Immunzellen stellt die Durchfluss-Zytometrie dar. Die Durchfluss-Zytometrie ist eine analytische Technik, Zellpopulationen zu phänotypisieren, die einen speziellen Apparat benötigt (Durchfluss-Zytometer oder FACS). Ein Durchfluss-Zytometer kann die Fluoreszenzmarkierung an einer einzelnen Zelle detektieren und dabei die Anzahl der entsprechenden Zellen in einer Population bestimmen. Zellsuspensionen werden dazu mit Fluoreszenz-markierten Antikörpern bzw. anderen Molekülen inkubiert und selektiv für die Analyse gekennzeichnet. Das Gemisch an Zellen wird durch eine Düse gedrückt. Dadurch entsteht ein feiner Flüssigkeitsstrahl mit vereinzelten Zellen, der dann einen Laserstrahl passiert. Bei jeder Zelle kommt es zu einer Lichtstreuung und falls Fluoreszenzfarbstoffe an der Zelle vorhanden sind, werden diese angeregt und fluoreszieren entsprechend. Photodetektoren messen sowohl das gestreute wie auch das emittierte Licht. Im ersten Fall können Aussagen zur Größe und Granularität der untersuchten Zellen gemacht werden. Die gemessene Fluoreszenz lässt Aussagen über die Menge an gebundenem Antikörper, d. h. über die Expression bestimmter Antigene auf der Zelle zu (Abb. III.1.3 A).

> **Immunphänotypisierung** liefert die Information über Zelloberflächenantigene und zytoplasmatische Antigene einer Zellpopulation. Die Immunphänotypisierung wird unter Verwendung von monoklonalen Antikörpern und eines Durchfluss-Zytometers durchgeführt. Die erhaltene Information lässt Aussagen über Klonalität und Zelllinienzugehörigkeit zu. Diese Daten sind klinisch wichtig für die Diagnose von Leukämien und Lymphomen. Die Immunphänotypisierung wird jedoch immer in Kombination mit morphologischen Kriterien bei der Diagnose von Leukämien oder Lymphomen verwendet.

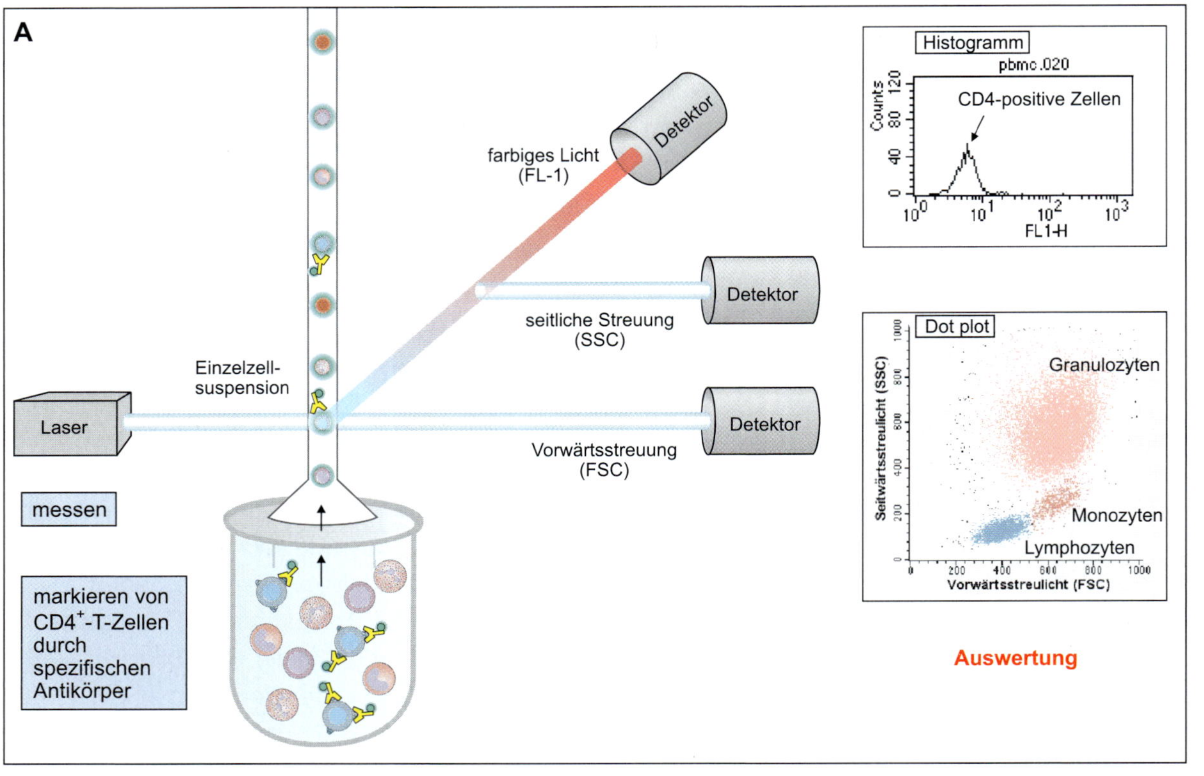

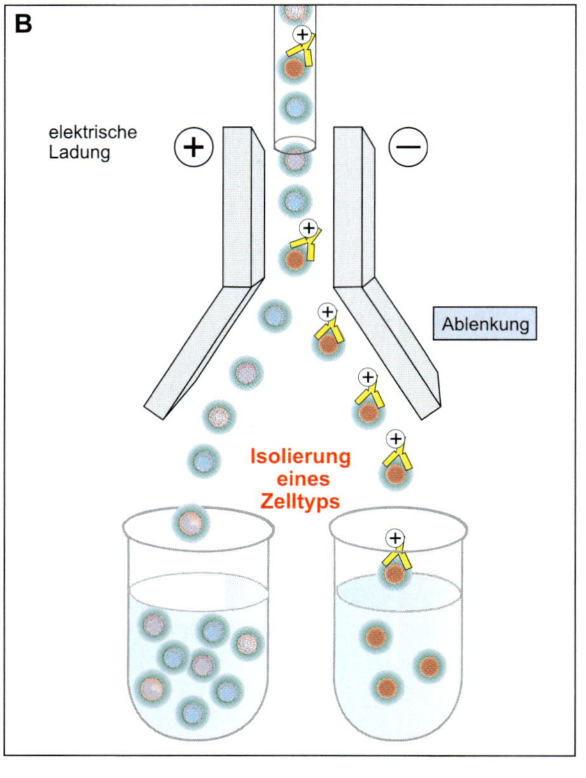

Abb. III.1.3: Das Prinzip der Durchfluss-Zytometrie.
A Zellen werden mit Fluoreszenzfarbstoffen markiert und durch eine enge Düse gedrückt, sodass ein Strahl von Flüssigkeit entsteht, in dem sich vereinzelte Zellen befinden. Photodetektoren messen die Lichtstreuung, die ein Maß für die Größe und die Granularität einer Zelle darstellt. Dadurch können beispielsweise in einem Punktdiagramm (dot plot, rechts unten) in dem jeder Punkt eine Zelle darstellt, Blutzellen auf Grund ihrer Größe und Granularität aufgetrennt und quantifiziert werden. Photodetektoren messen aber auch die Emissionen der verschiedenen Fluoreszenzfarbstoffe. Damit lässt sich eine Aussage über die Menge an verschiedenen Proteinen an der Zelloberfläche machen. Zur Messung nur einer Art von Oberflächen-Protein wählt man die Darstellung als Histogramm (rechts oben).
B Ein Zellsorter verfügt über eine Einrichtung, die eine elektrische Ladung erzeugen kann. Dadurch ist es möglich, markierte geladene Zellen abzulenken und von nicht-markierten Zellen zu isolieren.

In einer Zellsorter-Apparatur wird eine elektrische Ladung erzeugt, die genau dann von der Düse durch den Flüssigkeitsstrahl geschickt wird, wenn sich darin eine Zelle befindet. Markierte, geladene Zellen werden abgelenkt und können isoliert werden. Durch unterschiedlich markierte monoklonale Antikörper lassen sich so spezifische Subpopulationen von Zellen separieren (Abb. III.1.3 B).

1.2.1 Funktionelle Charakterisierung von Lymphozyten und Phagozyten

Die Bestimmung der Funktionsfähigkeit von Lymphozyten und Phagozyten ist insbesondere bei der Diagnose und Überwachung von Patienten mit angeborener oder erworbener Immunschwäche, bei Tumorpatienten und bei Patienten mit Autoimmunerkrankungen von Bedeutung.

B-Zellen kann man einfach hinsichtlich ihrer Funktionalität charakterisieren, da sie als essentielle Funktion Antikörper produzieren, die man relativ leicht nachweisen kann.

T-Zellen-Funktionen sind vielfältig und daher ist ihre funktionelle Charakterisierung schwieriger. Beispielsweise wird ihre Eigenschaft, bestimmte Zytokine zu produzieren, herangezogen oder aber ihre zytotoxischen Eigenschaften bestimmt bzw. ihr Proliferationsvermögen auf bestimmte Stimuli evaluiert.

1.2.1.1 Zytokinproduktion

Mittels des ELISPOT-Tests lässt sich die Häufigkeit von Zytokin-sezernierenden Zellen in einer Zellkultur bestimmen (Abb. III.1.4). Dazu werden Kulturplatten verwendet, die mit einem Antikör-

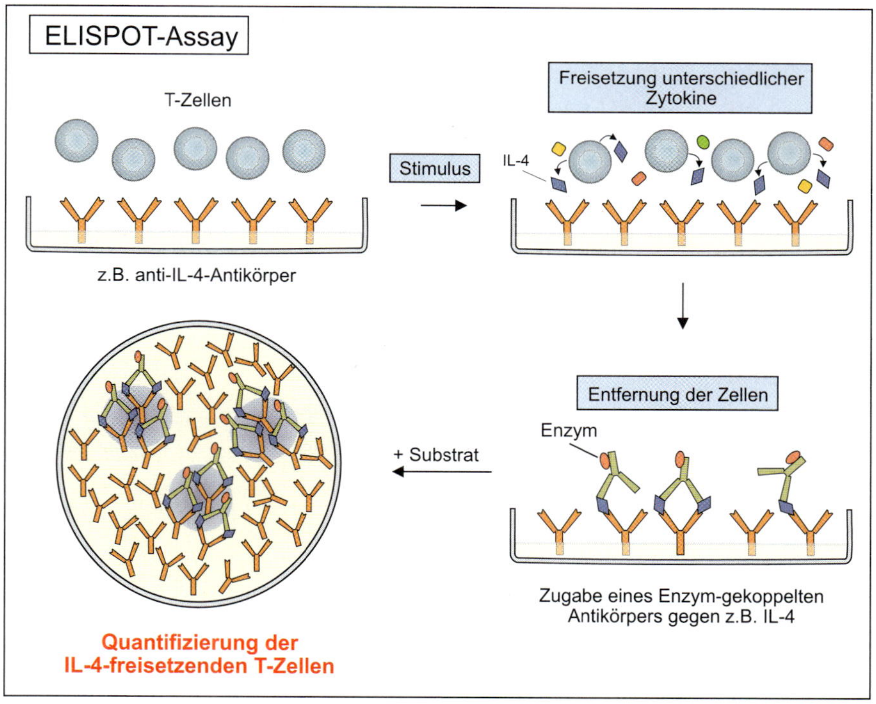

Abb. III.1.4: Quantifizierung Zytokin-freisetzender T-Zellen mittels ELISPOT-Assay.

Eine definierte Anzahl von T-Zellen werden in Kulturschalen ausgesät, die mit Antikörper gegen ein spezifisches Zytokin (z. B. IL-4) beschichtet sind. Die Zellen werden durch einen Stimulus aktiviert und setzen Zytokine in den Kulturüberstand frei. Das von einer Zelle freigesetzte IL-4 wird von den nahegelegenen Antikörpern gebunden und können durch einen zweiten Antikörper, der z. B. wiederum an ein Enzym gebunden ist, das ein Substrat zu einem Farbstoff umsetzen kann, als Hof (Fleck) sichtbar gemacht werden. Die Anzahl der T-Zellen, die IL-4 sezernieren, lässt sich durch Auszählen der Flecken pro Schale bestimmen.

per gegen ein spezifisches Zytokin beschichtet sind. T-Zellen werden mit einem ausgesuchten Antigen stimuliert und auf die Platten gegeben. Wenn eine aktivierte T-Zelle das entsprechende Zytokin freisetzt, wird dies auf der Kunststoffplatte von dem spezifischen Antikörper festgehalten. Nach Entfernen der Zellen kann durch Zugabe eines markierten zweiten Antikörpers gegen das Zytokin ein Fleck an den Stellen sichtbar gemacht werden, wo sich vorher entsprechende aktivierte T-Zellen befunden haben. Mit demselben Prinzip lassen sich von B-Zellen sezernierte spezifische Antikörper nachweisen und sichtbar machen.

1.2.1.2 Zytotoxizität von T-Zellen

Aktivierte CD8-positive T-Zellen töten Zellen, die den von ihnen spezifisch erkannten MHC-I/Peptid-Komplex tragen, ab. Diese Funktion lässt sich durch einen Test nachweisen, der darauf beruht, dass die Zielzellen mit dem Radioisotop Natriumchromat ($Na_2{}^{51}CrO_4$) gefüttert werden. Werden die markierten Zellen durch T-Zellen abgetötet, kann man das radioaktive Natriumchromat im Überstand messen und das Ausmaß der zytotoxischen Aktivität bestimmen (Abb. III.1.5).

1.2.1.3 Lymphozyten-Transformations-assay

Dieses Verfahren wird als *In-vitro*-Test zur Evaluierung der Lymphozytenfunktion in Patienten herangezogen (vgl. Kap. I.5.1). Lymphozyten werden mit unterschiedlichen Faktoren, wie Mitogenen, Superantigenen oder Antikörpern gegen Oberflächenmarker (anti-CD3) aktiviert. Wendet man dabei spezifische T-Lymphozyten-Aktivatoren (ConA, Phythämagglutinin, anti-CD3) und B-Lymphozyten-Aktivatoren (Anti-Immunglobuline, LPS, oder *Staphylococcus-aureus*-Protein-A) an, kann man die Funktionsfähigkeit von B- bzw. T-Lymphozyten differenziert betrachten. Ähnliche Tests mit dem gleichen Ziel sind der so genannte Lymphozyten-Antigen-Stimulationstest oder Lymphozyten-Mitogen-Stimulationstest. Gemessen wird in der Regel die Proliferation der Lymphozyten durch Einbau von Thymidin in die DNA oder die Expression von CD69, welches einen Aktivierungsmarker für Lymphozyten darstellt, sowie die Sekretion von Zytokinen (EIA).

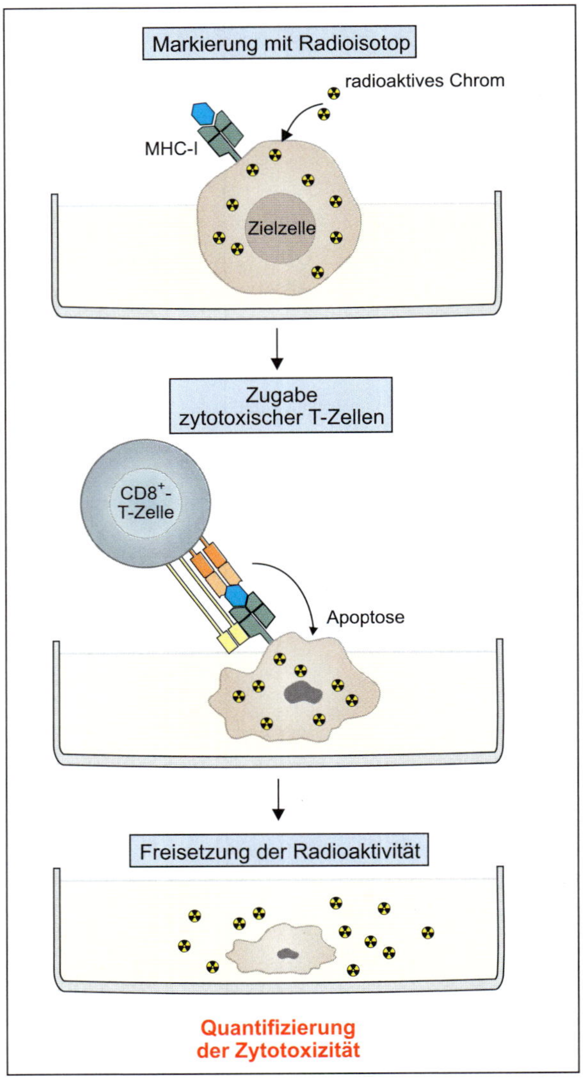

Abb. III.1.5: Bestimmung der Zytotoxizität von aktivierten CD8-positiven T-Zellen.
Eine Zielzelle mit MHC-I/Peptid-Komplex wird mit radioaktivem Chrom beladen. Werden die entsprechenden antigenspezifischen T_c-Zellen dazugegeben, kommt es nach einigen Stunden zur Zerstörung der markierten Zielzellen. Die zytotoxische Aktivität lässt sich anhand der freigesetzten Radioaktivität bestimmen.

1.2.1.4 *Phagozyten-Funktionsassays*

Es gibt hier im Wesentlichen drei verschiedene Funktionen von Phagozyten, die zur Untersuchung der Funktionalität herangezogen werden:

1. Chemotaxis: Makrophagen werden in einer Boyden-Kammer ausgesät. Ein Chemokin wird auf der anderen Seite der Kammer verabreicht. Gemessen wird anschließend die Migrationsfähigkeit der Makrophagen.
2. Lyse: Makrophagen werden mit radioaktiv markierten Tumorzellen oder Bakterienzellen inkubiert (siehe unter „Zytotoxizitätsassay für T-Zellen"). Die Fähigkeit der Makrophagen, die Zellen zu töten wird durch Bestimmung von Radioaktivität im Überstand bestimmt.
3. Phagozytose: Die Aufnahme von markierten Partikeln (Bakterien, Latex beads, Zymosan) kann durchfluss-zytometrisch bestimmt werden.

2 Detektion von löslichen Faktoren

2.1 Detektion und Isolierung von Antikörpern bzw. Antigenen

Antigenspezifische Antikörper können elegant aus einem Antiserum durch Affinitätschromatographie isoliert werden, bei der man die spezifische Bindung eines Antikörpers an ein Antigen ausnützt, das an eine feste Matrix gekoppelt ist. Das gleiche Prinzip kann auch zur Isolierung bestimmter Antigene verwendet werden, wobei Antikörper, die auf feste Materialien (Plastik, Gel-Beads, Magnetic-Beads) aufgebracht sind, zum Einsatz kommen. In beiden Fällen wird die Antigen- bzw. Antikörperlösung mit der festen Phase inkubiert, was in Form einer Säule sein kann, oder im so genannten Batchverfahren bzw. in Kulturschalen erfolgt. Die Antikörper bzw. das Antigen binden und können nach Entfernen anderer Bestandteile von der festen Phase durch geeignete Elutionsmittel mit entsprechenden pH-Werten (Acetat-Puffer pH 3 oder Diethylamin pH 11,5) entfernt werden (Abb. III.2.1).

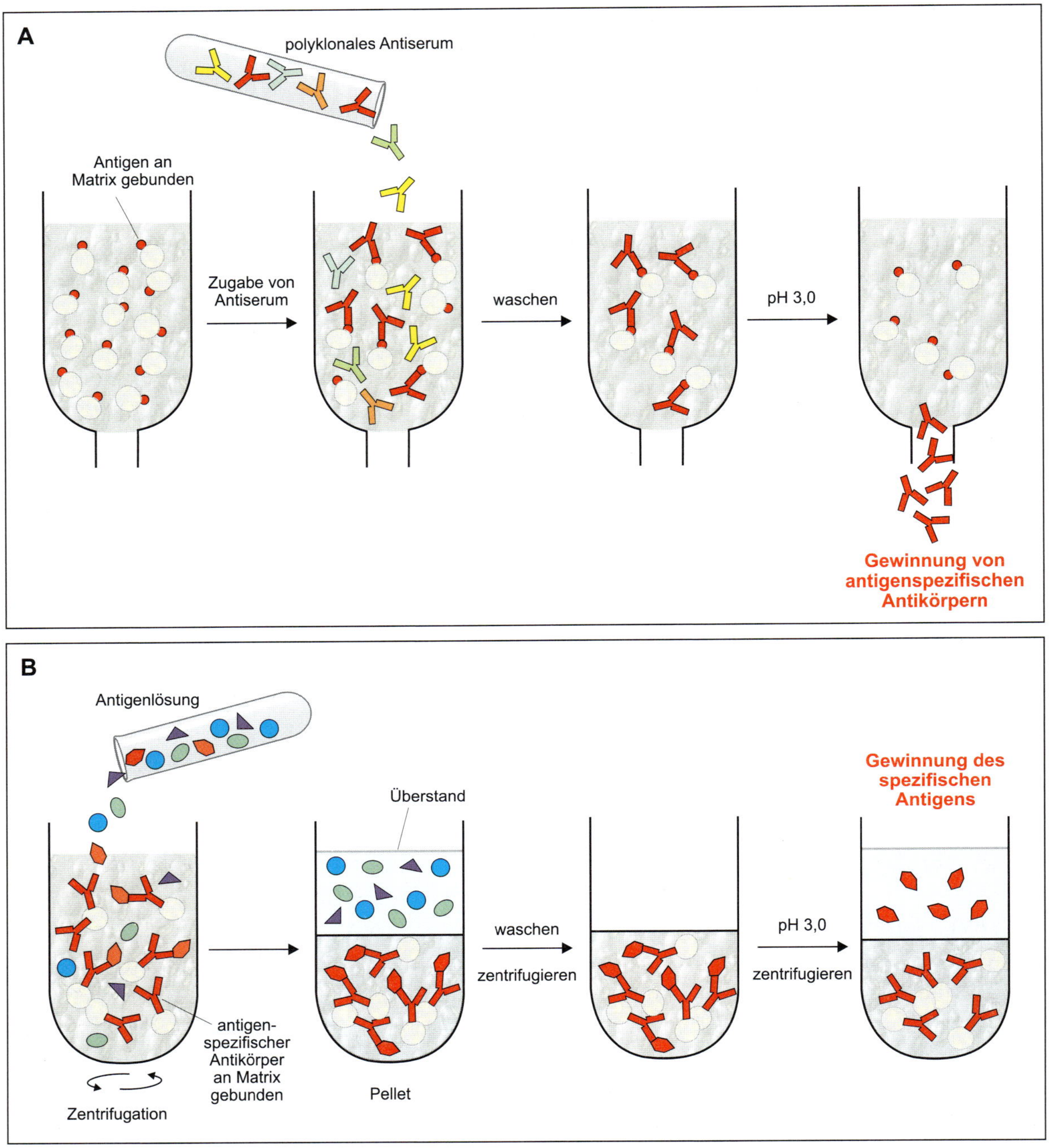

Abb. III.2.1: Affinitätschromatographie als Basis der Detektion und Isolierung von Antikörper- oder Antigen-Molekülen.

A Aufreinigung von Antigenspezifischen Antikörpern über eine Säule mit unlöslicher Matrix auf der Antigen fixiert ist.

B Isolierung von Antigen im Batchverfahren. Antigen-spezifische Antikörper werden an unlösliches Matrixmaterial gekoppelt. Das Antigengemisch wird unter Rühren mit dem Gel inkubiert. Nicht gebundene Antigene werden durch Waschen des Gels entfernt und das spezifische Antigen durch Verwendung von sauren oder basischen Puffern anschließend eluiert.

2.2 *Detektion von Antigen-Antikörper-Reaktionen*

Grundlage der hier nur exemplarisch aufgeführter Immunassays ist die Detektion einer Antigen-Antikörper-Reaktion, die über radioaktiv markiertes Antigen (RIA) oder enzym-markierte Antikörper (EIA) detektiert werden.

2.2.1 *Radioimmunoassay*

Der Radioimmunoassay (RIA) wird immer noch angewendet zur Quantifizierung von sehr geringen Mengen an Antigen, z. B. bestimmter Hormone. Der RIA basiert auf der Tatsache, dass eine definierte Menge an radioaktiv markiertem Antigen mit endogen vorkommendem Antigen um die Bindung am Antikörper kompetiert. Eine typische RIA-Standardkurve ist in Abbildung III.2.2 A gezeigt. Diese Methode wird wegen des problematischen Einsatzes von Radioaktivität zunehmend vom EIA ersetzt.

2.2.2 *Enzym-Immunassay*

Der **EIA** (Enzym-Immunassay) ist eine Methode, die Antigen-Antikörper-Reaktionen mittels Enzymaktivität misst. Es gibt unterschiedliche Techniken; die gebräuchlichste ist der **ELISA** (Enzym-gekoppelter Immunadsorptionsassay). Das Prinzip ist in Abbildung III.2.2 B dargestellt. Es handelt sich hierbei um einen so genannten Sandwich-Assay. Dabei wird der antigenspezifische Antikörper auf Platten oder Beads immobilisiert und mit der Antigen-Probe inkubiert. Es bilden sich Antigen-Antikörper-Komplexe, die durch einen weiteren Antikörper gegen das Antigen, der mit einem Enzym gekoppelt ist, quantifiziert werden können. Die Quantifizierung geschieht photometrisch, nachdem das zugefügte Enzymsubstrat zu einem gefärbten Produkt umgesetzt wurde. Zumeist werden Konjugate der Enzyme Alkalische Phosphatase oder Meerrettichperoxidase verwendet.

2.2.3 *Western-Blot oder Immunoblot*

Der Western-Blot oder Immunoblot ist eine Methode, die ein Antigen mit Hilfe von markierten Antikörpern sichtbar macht, nachdem es über Gelelektrophorese nach Größe aufgetrennt und auf eine Membran fixiert wurde. Der Vorteil dieser Methode ist, dass durch die Möglichkeit, das exakte Molekulargewicht des immunreaktiven Antigens zu bestimmen, die Spezifität der Analyse erhöht ist. Der Western Blot wird beispielsweise als bestätigender Test für HIV-Antikörper nach einem ELISA-Screening durchgeführt (Abb. III.2.3).

2.2.4 *Immunhistochemie*

Die Immunhistochemie ist eine Methode, um Antigene im Gewebe zu detektieren. Es werden dazu entweder Enzym-gekoppelte oder Fluoreszenz-markierte Antikörper verwendet. Im Falle von Enzym-gekoppelten Antikörpern wird ein farbloses Substrat in ein unlösliches farbiges Produkt umgewandelt, das dort ausfällt, wo sich der an das Antigen gebundene Antikörper befindet. Hier gibt es unterschiedliche Detektionsmethoden, die sich in ihrer Sensitivität unterscheiden. Die so genannte ABC-Methode verwendet beispielsweise biotinylierte Antikörper und Avidin das mit biotinylierter Peroxidase im so genanntem ABC-Komplex vorliegt. Bindet der biotinylierte Antikörper an ein Antigen, so führt diese Reaktion durch Gabe von ABC-Komplexen zur Ausbildung von makromolekularen Komplexen, da Avidin vier Bindungsstellen für Biotin besitzt.

Immer häufiger finden Fluoreszenz-markierte Antikörper Verwendung, wobei unterschiedliche Fluoreszenzfarbstoffe angewendet werden. Die häufigsten Farbstoffe sind Fluorescein (FITC), das

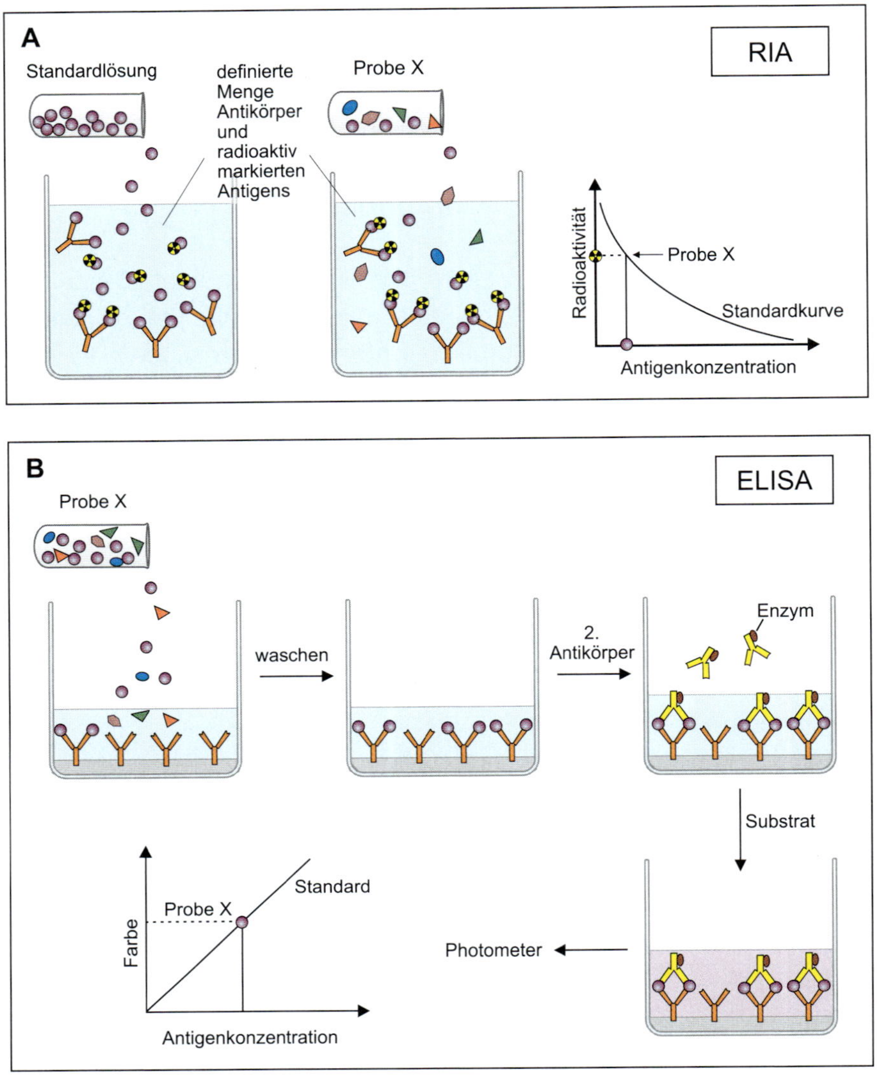

A kompetitiver RIA: Serienverdünnungen von Antigen oder der Probenlösung werden eine definierte Menge an Antikörper und radioaktiv markiertes Antigen zugegeben. Markiertes Antigen steht in Konkurrenz mit endogenem Antigen (in der Probelösung) bzw. dem Antigen der Standardverdünnungsreihe, an die Antikörper zu binden. Je mehr nicht markiertes Antigen vorhanden ist, desto weniger radioaktives Antigen wird gebunden. Nach der Trennung der Antigen-Antikörper-Komplexe von nicht-gebundenem, radioaktiv markiertem Antigen wird die Radioaktivität in der Verdünnungsreihe und den Proben bestimmt. Die Werte der Verdünnungsreihe dienen zur Erstellung einer Standardkurve, aus der sich die Menge an Antigen in der Probenlösung bestimmen lässt.
B Sandwich-ELISA: Die Probenlösung mit dem zu bestimmenden Antigen wird in Vertiefungen, die mit spezifischen Antikörpern beschichtet sind, gegeben. Nach Bindung des Antigens wird ein zweiter antigenspezifischer Antikörper hinzugefügt, der an ein Enzym gekoppelt ist. Dieser bindet an den Antigen-Antikörper-Komplex. Durch Zugabe von Substratlösung kann die Menge an gebundenem Antikörper photometrisch bestimmt werden. Über das gebildete, farbige Produkt wird die Konzentration des eingesetzten Antigens im Vergleich zu einer Standardkurve bestimmt.

Abb. III.2.2: Immunassays zur Quantifizierung von Antigen.

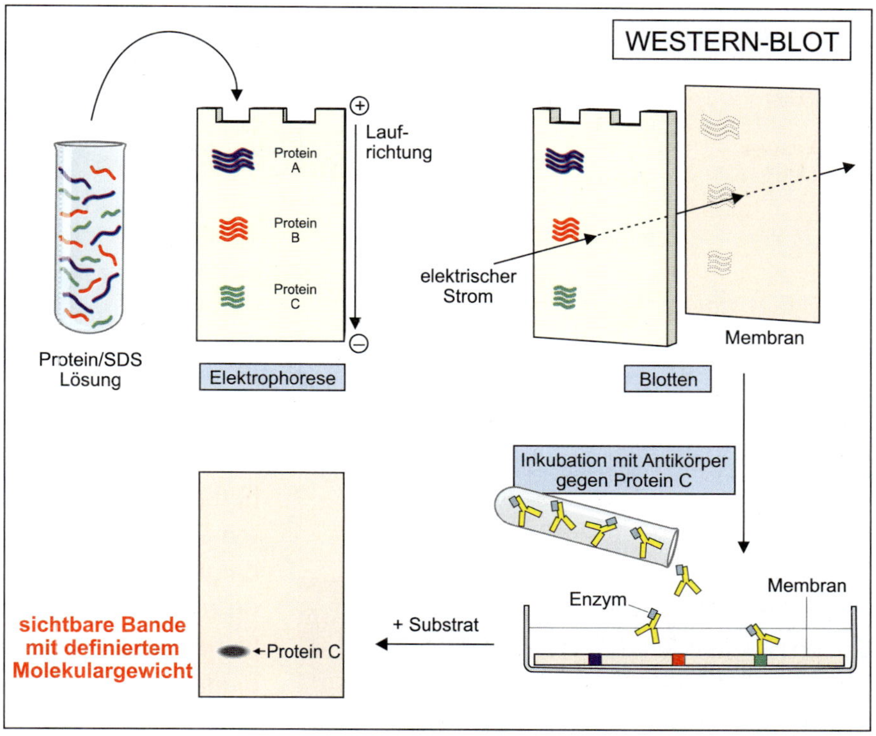

Abb. III.2.3: Western-Blot-Technik bzw. Immunoblot-Technik. Eine mit SDS denaturierte Proteinlösung wird durch Elektrophorese (SDS-Polyacrylamid) nach Molekülgröße aufgetrennt und anschließend durch elektrischen Strom auf eine Membran transferiert. Durch Inkubation der Membran mit einem Antikörper, der ein spezifisches Protein erkennt, kann dieses sichtbar gemacht werden: Der Antikörper ist mit einem Enzym gekoppelt, das nach Substratgabe die entsprechende Bande sichtbar werden lässt.

grünes Licht aussendet, Texas-Red, das rotes Licht emittiert oder Rhodamin und Phycoerythrin (PE), die beide orangefarbenes Licht abstrahlen. Die Verwendung der Fluoreszenz-Markierung bringt eine höhere Sensitivität, benötigt jedoch ein Fluoreszenzmikroskop zur Detektion (Abb. III.2.4).

Die neu entwickelte konfokale Mikroskopie gewährleistet eine hohe Auflösung und erzeugt ultradünne optische Schnitte durch Zellen und Gewebe. Die Auflösung wird durch Verwendung von Licht mit geringer Intensität erhöht, das aber zwei Photonen zur Anregung nötig macht. Man verwendet dazu einen gepulsten Laserstrahl. Nur wenn dieser auf die Fokalebene des Mikroskops fokussiert wird, reicht die Lichtintensität zur Anregung der Fluoreszenz aus. Auf diese Weise beschränkt sich die Fluoreszenzabstrahlung auf den optischen Abschnitt.

2.2.5 Agglutinationsreaktionen

Eine Antigen-Antikörper-Reaktion kann mittels Verklumpung (Agglutination) von Partikeln sichtbar gemacht werden. Als Partikel werden häufig Erythrozyten oder Latex-Partikel verwendet, an die entweder Antigen oder Antikörper adsorbiert sind. Werden rote Blutkörperchen als Carrier verwendet, spricht man auch von Hämagglutinationsreaktionen. Die Agglutination kommt durch Quernetzung der Antigen-Antikörper-Bindung zustande. In der Klinik machen Agglutinationsreaktionen einen Großteil der serologischen Tests aus. Die AB0-Blutgruppenbestimmung (Abb. III.2.5 A) stellt beispielsweise eine Hämagglutinationsreaktion dar. Agglutinationsreaktionen werden routinemäßig zur Typisierung von roten Blutkörperchen herangezogen. Um Blutgruppenantigene zu bestimmen,

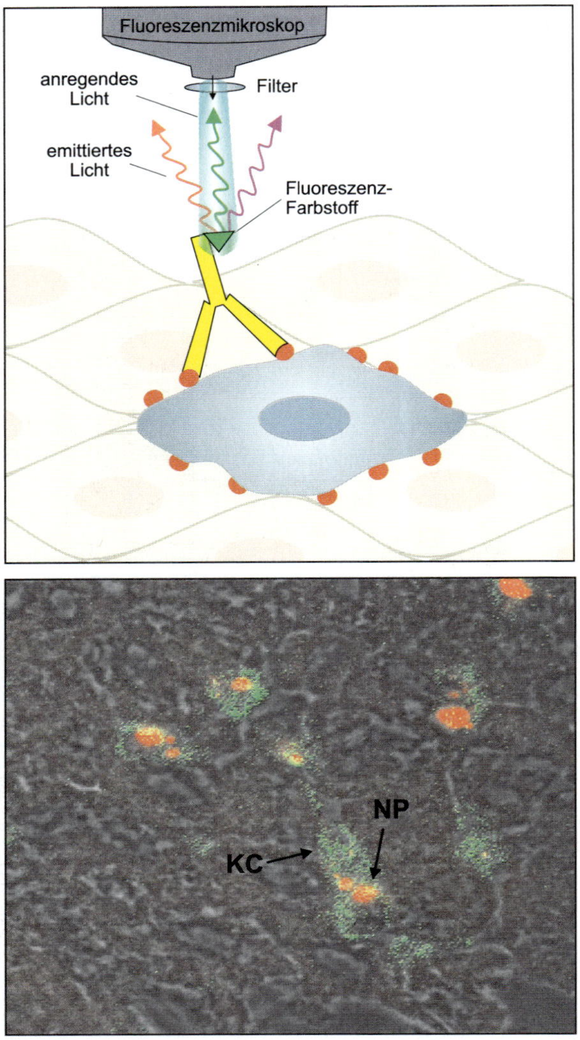

Abb. III.2.4: Immunhistochemie am Beispiel der Immunfluoreszenzmikroskopie.
Antikörper, die mit Fluoreszenzfarbstoffen markiert sind, können das Vorhandensein entsprechender Antigene in Zellen oder Gewebe sichtbar machen. Zur Sichtbarmachung wird der Farbstoff normalerweise mit grünem oder blauem Licht angeregt. Das abgestrahlte Licht liegt in verschiedenen Bereichen des sichtbaren Spektrums, das durch einen selektiven Filter zum Betrachter gelangt.
Das Beispiel zeigt Lebergewebe, deren Makrophagen (KC) mittels eines spezifischen Antikörpers grün angefärbt wurden. Die Makrophagen haben Partikel (NP) aufgenommen, die mit Texas-Red gefärbt wurden.

werden Erythrozyten auf einem Objektträger mit Antikörper gegen die A- oder B-Gruppe von Antigenen inkubiert. Falls das Antigen präsent ist, kommt es zur Agglutination und es bildet sich ein Klumpen auf dem Objektträger. Die Identifizierung von Autoantikörpern, wie bespielsweise dem Rheumafaktor (anti-IgG-IgM-Antikörper) oder Rhesusfaktor (antiRh-Antigen-IgG) in Patientenserum basiert ebenfalls auf Agglutination. Beim so genannten RA-Test werden Latex-Partikel verwendet, an die gepoolte IgG-Moleküle adsorbiert sind und mit Patientenserum inkubiert. Anti-IgG-IgM vernetzt diese Partikel und es kommt zur Agglutination. Anti-Rh-Antikörper haben dagegen nicht die Fähigkeit, Erythrozyten oder andere Partikel zu agglutinieren. Daher wird im so genannten Coombs-Test, der die Rhesus-Inkompatibilität nachweist, die Agglutination durch Zugabe von Anti-IgG-Antikörpern herbeigeführt. Es gibt den direkten und indirekten Coombs-Test, dessen Prinzip in Abb. III.2.5 B dargestellt ist. Der Coombs-Test wird auch häufig zum Nachweis von Antikörpern gegen Medikamente verwendet, die an rote Blutkörperchen binden und eine hämolytische Anämie hervorrufen.

2.2.6 *Präzipitationstechniken*

Ausreichende Mengen an Antikörper können in wässriger Lösung mit löslichem Antigen Komplexe bilden, die sich zu einem sichtbaren Präzipitat aus quervernetzten Aggregaten entwickeln können. Solche Aggregate bilden sich nur, wenn es sich um einen bivalenten Antikörper und um ein Antigen handelt, das bi- oder polyvalent ist. Die Menge an gebildetem Präzipitat hängt von den absoluten Konzentrationen der Reaktionspartner und von deren Konzentrations-Verhältnis ab. Eine maximale Präzipitation, die am so genannten Äquivalenzpunkt erreicht wird, ist durch ein optimales Verhältnis von Antikörper zu Antigen gekennzeichnet (Abb. III.2.6).
Präzipitate können in Lösung durch Zentrifugation oder durch Nephelometrie quantifiziert werden. Präzipitatreaktionen können auch in einer Agarmatrix als Präzipitationszonen identifiziert werden (Immundiffusion).

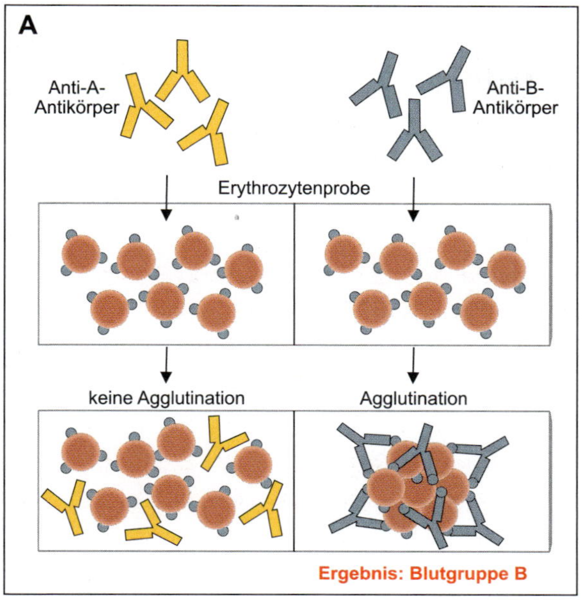

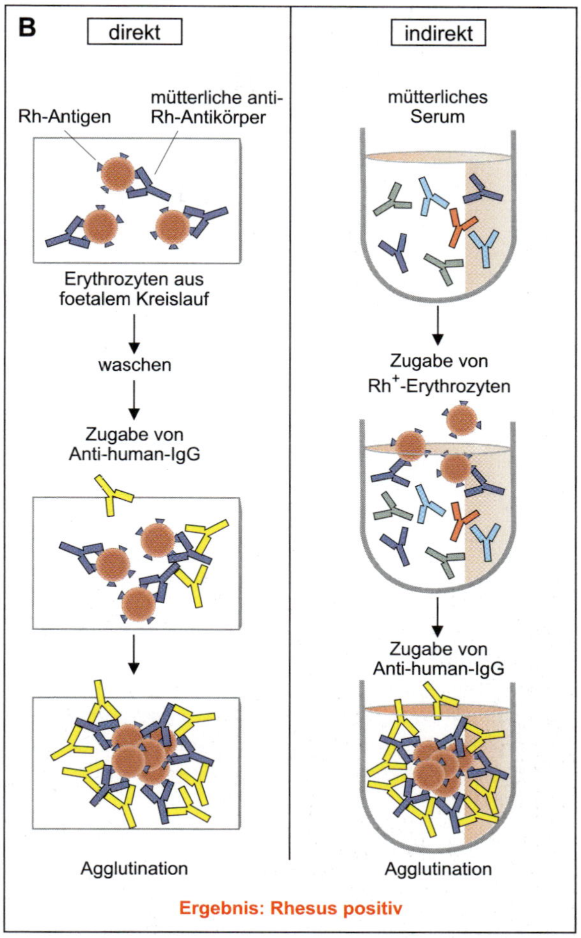

Abb. III.2.5 Agglutinationsreaktionen in der Diagnostik.

A Hämagglutinationsreaktion zur Blutgruppenbestimmung: Rote Blutkörperchen werden auf einem Objektträger sowohl mit Anti-A- als auch mit Anti-B-Antikörpern vermischt. An Hand der Agglutination lässt sich die Blutgruppe dieser Person bestimmen.

B Coombs-Test zum Nachweis von Antikörpern gegen das Rhesus-Blutgruppenantigen: Beim direkten Test wird dem Föten Blut entnommen. Sind bereits Anti-Rh-Antikörper von der Mutter in den Fötus gelangt, lassen sich diese maternalen Antikörper auf der Oberfläche der fötalen Erythrozyten nach Zugabe von Anti-Mensch-Antikörpern an der Agglutination der Erythrozyten detektieren. Für den indirekten Test wird Serum der Mutter gewonnen und dieses mit Rh^+-Erythrozyten inkubiert. Falls Anti-Rh-Antikörper vorhanden sind, kommt es nach Zugabe von Anti-Mensch-Antikörpern zur Agglutination.

2.2.6.1 Nephelometrie

Die Nephelometrie ist eine Technik, die auf einer Präzipitationsreaktion beruht und eine quantitative Bestimmung von Substanzen erlaubt. Bei diesen Substanzen handelt es sich zumeist um Proteine in Lösung, die durch Zugabe von Antikörpern ausgefällt werden. Die Trübung der Lösung ist ein Maß für die Menge an gebildeten Antigen-Antikörper-Komplexen und kann über die Streuung eines Laserstrahles (Neon-Helium) im Nephelometer gemessen werden. Als Standard dienen bekannte Konzentrationen von Antigen. Diese Methode wird in der klinischen Immunologie zur Quantifizierung von Komplement-Faktoren und Immunglobulinen verwendet.

Unter Turbidimetrie versteht man ganz allgemein die Quantifizierung von Substanzen in Suspension auf Grund der Tatsache, dass die Suspension die Lichttransmission reduziert.

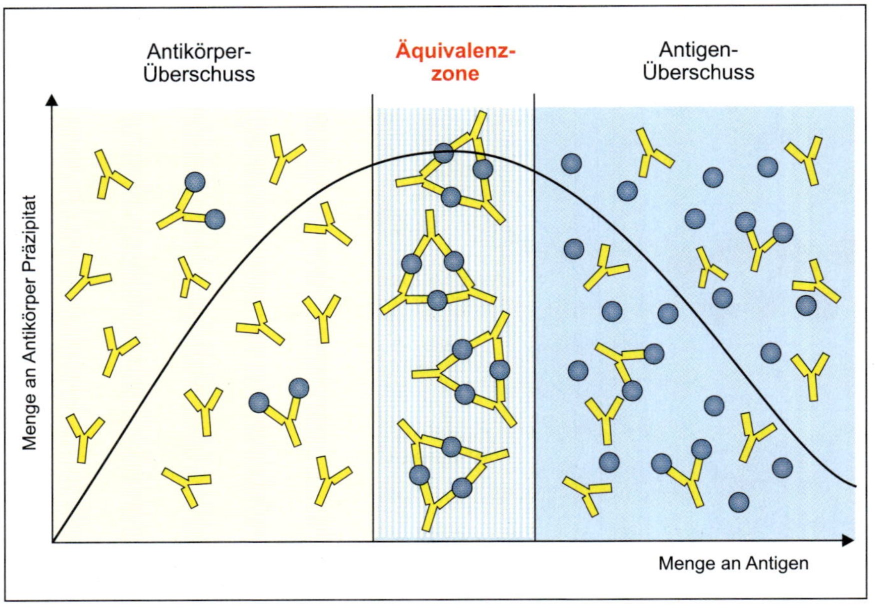

Wird die Menge an präzipitiertem Antikörper gegen steigende Mengen an zugegebenem Antigen aufgetragen, werden drei Zonen durchlaufen: Eine Zone, in der der Antikörper im Überschuss vorliegt – hier findet die Präzipitation nicht optimal statt; eine Äquivalenzzone, die durch eine maximale Präzipitation von Antigen und Antikörper und keine freien Antikörper- oder Antigen-Moleküle gekennzeichnet ist, sowie eine Zone des Antigenüberschusses, wo noch freies Antigen im Überstand nachweisbar ist.

Abb. III.2.6: Präzipitationsreaktionen.

2.2.6.2 Immundiffusion

Hierbei wird Antikörper gleichmäßig in Agar eingegossen, während das Antigen nur in ein ausgestanztes Reservoir eingebracht wird. Das Antigen diffundiert in den Agar und an der Stelle, wo Antigen und Antikörper äquivalente Konzentrationen erreichen (vgl. Abb. III.2.6), kommt es zur Ausbildung von Präzipitaten in Form eines sichtbaren Rings. Der Durchmesser des Rings kann nach Vergleich mit Standardverdünnungen des Antigens als Grundlage einer Quantifizierung des eingebrachten Antigens herangezogen werden (Abb. III.2.7). Diese Technik wird Radiale Immundiffusion oder Mancini-Methode genannt. Eine Abwandlung dieses Assays ist der so genannte Ouchterlony-Test. Hier werden Antikörper- und Antigenlösungen in zwei getrennten Ausbuchtungen im Agar eingebracht (Doppelte Immundiffusion). Antigen und Antikörper diffundieren und bilden am Äquivalenzpunkt eine Präzipitationslinie aus.

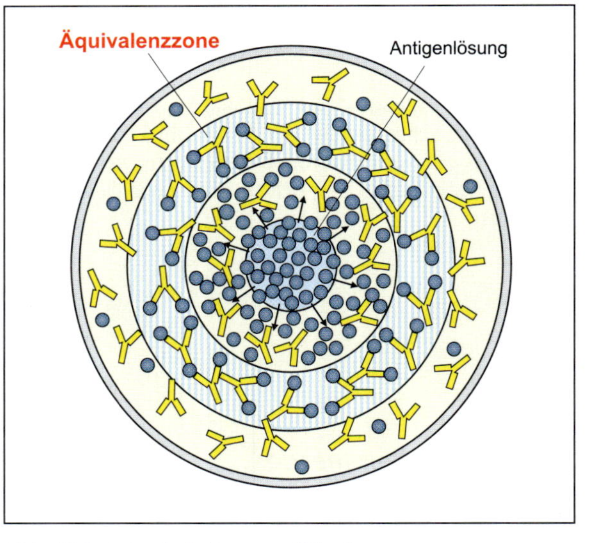

Abb. III.2.7: Radiale Immundiffusion. Antikörper wird gleichmäßig in Agar eingebracht. In der Mitte ist ein Reservoir für die Antigenlösung ausgestanzt. Das Antigen diffundiert kreisförmig nach außen und an der Äquivalenzzone zeigt sich eine sichtbare Präzipitationslinie.

3 Herstellung von Antikörpern

3.1 Hybridoma-Technik zur Herstellung von monoklonalen Antikörpern (Abb. III.3.1)

Mäuse werden mit einem Antigen X immunisiert und ihre Milzzellen nach mehrmaligem Boostern gewonnen. Um die Milzzellen zu immortalisieren, werden sie mit unsterblichen Myelomzellen mittels Polyethylenglykol (PEG) fusioniert. Es entstehen so genannte Hybridomazellen, die mit Hilfe von Aminopterin selektioniert werden. Nicht-fusionierte Myeloma-Zellen sterben dabei ab, weil ihnen das Enzym Hypoxanthin-Guanin-Phosphoribosyltransferase (HGPRT) für die Nukleotid-Synthese fehlt. Nicht-fusionierte Milzzellen sind ebenfalls nicht lange lebensfähig, so dass nur die Hybridomazellen die Aminopterin-Selektion überleben, sofern ihnen noch die Substrate Hypoxanthin und Thymidin im Medium angeboten werden. Diese wachsenden Hybridomazellen werden in ELISAs (vgl. Kap. III.2) auf ihre Fähigkeit, Antikörper zu produzieren, getestet und anschließend kloniert. Das heißt, man verdünnt eine Zellsuspension derart, dass pro Zellkulturvertiefung nur eine Zelle vorliegt, die sich dann vermehrt. Ein solcher Klon produziert nur einen ganz spezifischen Antikörper, der gegen ein spezifisches Epitop des Antigens X gerichtet ist. Daher werden diese Antikörper monoklonale Antikörper genannt.

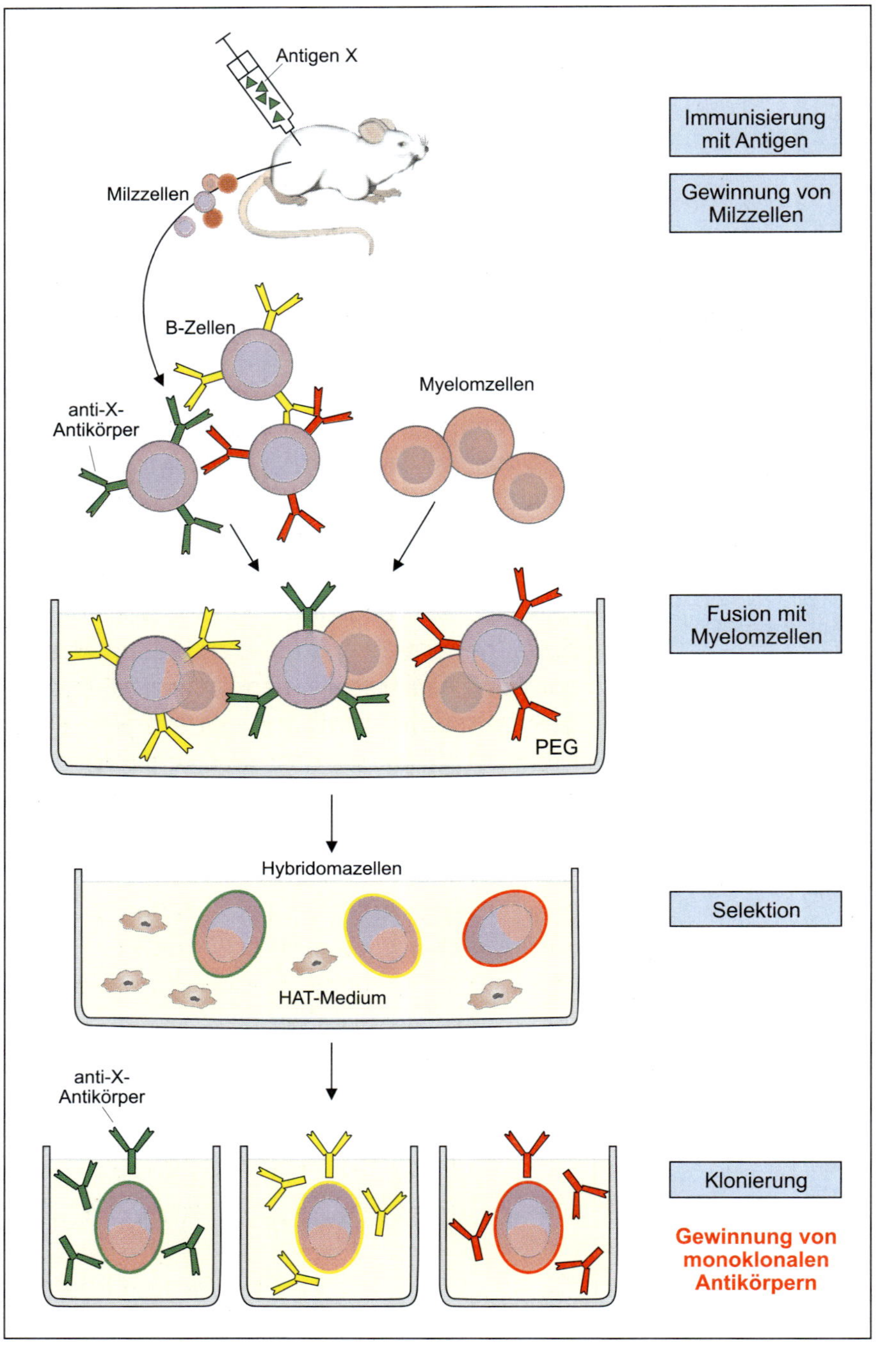

Abb. III.3.1: Hybridoma-Technik zur Herstellung von monoklonalen Antikörpern.

Milzzellen, die von mit einem Antigen X immunisierten Mäusen gewonnen wurden, enthalten B-Zellen, die anti-X-Antikörper produzieren. Diese Zellen werden in Gegenwart von PEG mit Myelomzellen fusioniert und dann in HAT-Medium überführt. Für Myelomzellen ist HAT (Hypoxanthin-Aminopterin-Thymidin) tödlich, da ihnen das Enzym Hypoxanthin-Guanin-Phosphoribosyltransferase (HGPRT) fehlt. Hybridomazellen erhielten dieses Enzym von den Milzellen und können selektiv in HAT-Medium überleben.
Die wachsenden Hybridomazellen werden auf ihre Fähigkeit, Antikörper zu produzieren, überprüft und entsprechend kloniert.

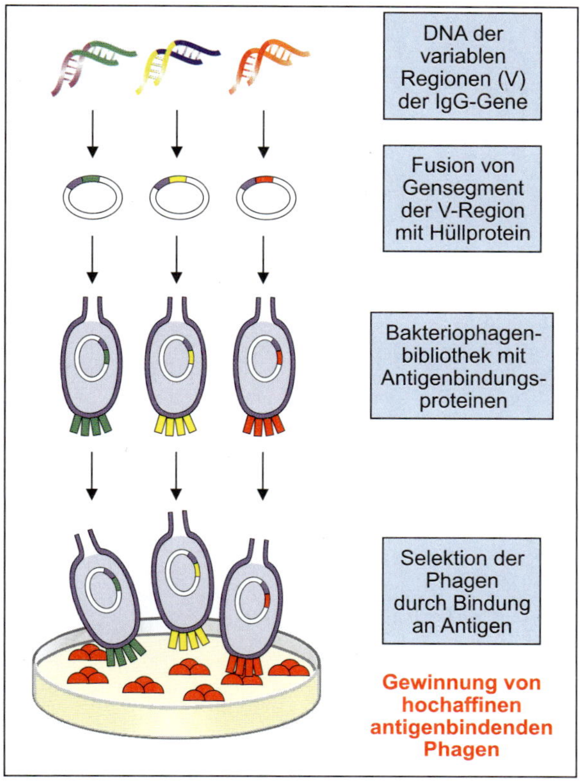

Abb. III.3.2: Phage-Display-Technik zur Herstellung von V-Regionen von Antikörpern.
DNA-Fragmente, die für die variable Regionen von Antikörper codieren, werden in filamentöse Phagen kloniert und zwar so, dass jeder Phage eine variable Region der schweren und leichten Kette als Fusionsprodukt mit einem Hüllprotein des Bakteriophagen exprimiert. Die entstandene Phagen-Display-Bibliothek kann in Bakterien weitervermehrt und durch wiederholten Antigenkontakt selektioniert werden. Nach einigen Selektions-/Vermehrungs-Zyklen erhält man spezifische, hoch affine antigenbindende Phagen. Die genetische Information kann anschließend aus den Phagen isoliert und in Säugerzellen stabil integriert werden. Diese Zellen produzieren dann konstant den entsprechenden Antikörper.

3.2 Gentechnische Herstellung von Antikörpern durch Phage-Display-Technik

Zunächst müssen Gensegmente, die die antigenbindende variable Domäne von Antikörpern codieren, isoliert werden (Abb. III.3.2). Dazu werden in der Regel Milzzellen oder periphere B-Zellen – auch humanen Ursprungs – verwendet, deren mRNA isoliert und in komplementäre DNA (cDNA) umgeschrieben wird. Die DNA-Fragmente, die für die variablen Regionen der Antikörper codieren, werden mit dem Gen für ein Hüllprotein eines Bakteriophagen fusioniert. In der Folge werden Bakterien mit diesen Phagen infiziert. Die dabei entstehenden Phagenpartikel präsentieren an ihrer Oberfläche ein Antikörper-Fusionsprotein. Eine Sammlung vieler unterschiedlicher Phagen wird als Phagen-Display-Bibliothek bezeichnet. Ein Antigen-spezifischer Phagenpartikel kann durch Antigenkontakt („Panning", siehe Kap. III.1.1 und Abb. III.1.2 A) selektioniert und zur erneuten Infektion von Bakterien verwendet werden. Nach einigen Runden der Selektion erhält man hoch affine Phagen, die wie Antikörper verwendet werden können. Die Phagen-DNA, die für die Antigen-bindenden Regionen codiert, kann isoliert und mit Genen der konstanten Teile von Antikörpern kombiniert werden. Transfiziert man eukaryontische Zellen, die selbst keine Antikörper produzieren, wie z. B. die schon bekannten Myelomzellen, mit diesen rekonstruierten Antikörper-Genen, so sezernieren diese Zellen Antikörper, die die gleichen Charakteristika wie monoklonale Antikörper besitzen. Mit dieser Methode lassen sich humane Antikörper produzieren; ein Antikörper, der auf diese Art hergestellt wurde und inzwischen als Therapeutikum zugelassen ist, ist Adalimumab (Humira®, vgl. Kap. II.4.3.2).

3.3 Transgene Mäuse als Antikörperproduzenten

Humane Antikörper können auch in transgenen Mäusen hergestellt werden. Die bei dieser Technik verwendeten transgenen Mäuse sind genetisch verändert, um die humanen Antikörpergene zu tragen. Die Expression der Maus-eigenen Antikörpergene wird unterdrückt, und durch die Expression humaner Antikörpergene funktionell ersetzt. Die Herstellung der Antikörper erfolgt wie bei der bekannten Hybridoma-Technologie. Diese Hybridomazellen produzieren dann humane Antikörper einer bestimmten Spezifität gegen das vorgegebene Antigen.

4 Methoden in der Diagnose von Immunerkrankungen

4.1 Immundefizienzen bzw. Immunkompetenz

Im Allgemeinen lassen sich Patienten mit einer Immunschwäche klinisch aufgrund einer Krankheitsgeschichte mit wiederholten Infektionen erkennen.

Die Immunkompetenz wird durch unterschiedliche Tests evaluiert: Das Vorhandensein der einzelnen Zelltypen im Blut wird durch hämatologische Verfahren bestimmt, an die sich häufig eine FACS-Analyse anschließt, mit der die Subpopulationen der Lymphozyten erfasst werden. Die Menge an verschiedenen Immunglobulinen im Serum wird über ELISA-Techniken bestimmt. Die Funktionalität von Phagozyten lässt sich an frisch aus dem Blut isolierten polymorphkernigen Leukozyten und Monozyten über ihrer Fähigkeit, Bakterien zu phagozytieren und abzutöten bestimmen.

Die Effizienz des Komplementsystems lässt sich beurteilen, indem man die sogenannte CH_{50} bestimmt. Dies ist die Serumverdünnung, die noch 50 % der mit Antikörper assoziierten roten Blutkörperchen in einem Testansatz lysiert.

Zur genaueren Abklärung eines Immundefektes sind häufig noch speziellere Verfahren notwendig. Hier werden Lymphozytenfunktionstests, wie die Induktion der Proliferation oder die Zytokinfreisetzung und die Bildung von Immunglobulinen herangezogen.

4.2 Überempfindlichkeitsreaktionen

4.2.1 Prick-Test

Der so genannte Prick-Test stellt ein Diagnose-Verfahren für Typ-I-Überempfindlichkeitsreaktionen dar. Man verabreicht kleinste Dosen an Allergen auf die Haut. Es kommt bei einer Typ-I-Überempfindlichkeitsreaktion dann innerhalb von Minuten zur Histaminfreisetzung aus Mastzellen und zu einer typischen Rötung und Schwellung (erythematöse Quaddelbildung) an der Auftragsstelle. Der Prick-Test ist einfach und schnell und ist angenehmer als ein intradermaler Test und damit auch bei Kindern anwendbar (Abb. III.4.1).

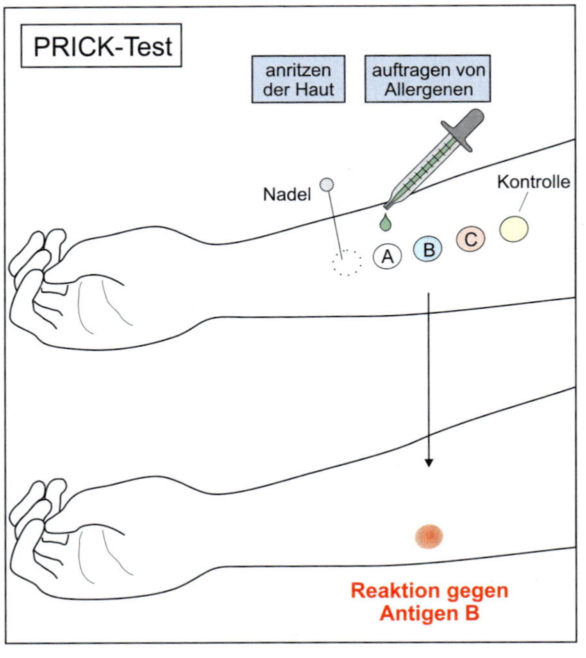

Abb. III.4.1: Prick-Test.
Hautareale, auf die verdünnte Allergene gegeben werden, werden vorher mit einer sterilen Nadel etwas angeraut. Nach Auftropfen des Allergens kommt es zu einer typischen, durch Histamin vermittelten Reaktion. Der Test ist zur Detektion von Typ-I-Reaktionen geeignet.

4.2.2 Radioimmunosorbent-Test

Eine Typ-I-Überempfindlichkeitsreaktion lässt sich auch durch Messung der Serum-IgE-Konzentration diagnostizieren. Hierzu gibt es den so genannten Radioimmunosorbent-Test (RIST), dies ist ein Solid-Phase-Radioimmunoassay. An Dextran gekoppelte Antikörper gegen IgE werden mit Patientenserum inkubiert, gleichzeitig ist radioaktives IgE als Kompetitor im Versuchsansatz enthalten. Je mehr IgE im Patientenserum enthalten ist, umso weniger radioaktiv markierte IgE-Moleküle können an die Anti-IgE-Beads binden. Über die Messung der an den Beads gebundenen Radioaktivität im Vergleich zu einer Standardverdünnung kann somit die Menge im Serum vorhandener IgE bestimmt werden.

4.2.3 Radioallergosorbent-Test

Mittels des Radioallergosorbent-Test (RAST) lassen sich ebenfalls Allergen-spezifische IgE-Antikörper im Patientenserum nachweisen. Hierbei werden spezifische Allergene, die an feste Phasen gekoppelt sind, verwendet. Das Serum der Patienten wird mit diesen Allergen-Komplexen inkubiert. Nach Waschschritten wird dann gebundenes IgE mittels radioaktiv-markierten anti-IgE-Antikörpern quantifiziert (Abb. III.4.2).

4.2.4 Patch-Test

Der Patch-Test ist ein Assay zur Diagnose von Hautüberempfindlichkeitsreaktionen, insbesondere von Kontaktallergien (Typ IV). Hierbei wird ein Stück Baumwollstoff oder Papier mit unterschiedlichen Kontaktallergenen imprägniert und für 24 bzw. 48 Stunden auf den Rücken des Patienten aufgebracht. Nach weiteren 24 bzw. 48 Stunden wird die entsprechende Hautstelle untersucht. Die Entwicklung eines geröteten Ödems mit Bläschenbildung stellt ein positives Testergebnis dar (Abb. III.4.3).

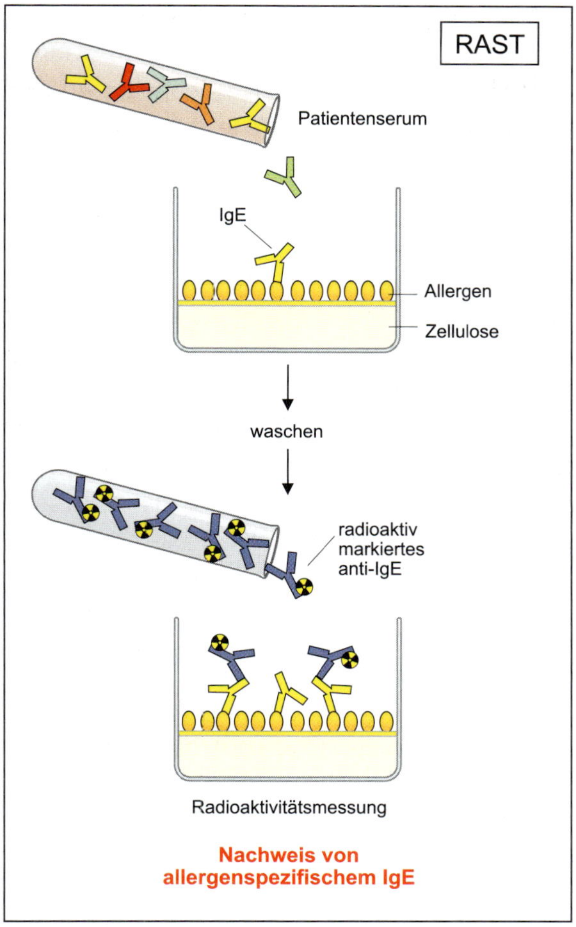

Abb. III.4.2: RAST.
Das spezifische Allergen ist auf einem unlöslichen Material aufgebracht (Zellulose, Dextran-Partikel, etc.). Das zu untersuchende Serum des Patienten wird mit dieser Allergen-Matrix inkubiert und die enthaltenen antigenspezifischen IgE-Moleküle können binden. Nach einem Waschschritt werden radioaktiv markierte anti-IgE-Antikörper dazugegeben, durch die sich gebundenes IgE aus dem Serum quantifizieren lässt.

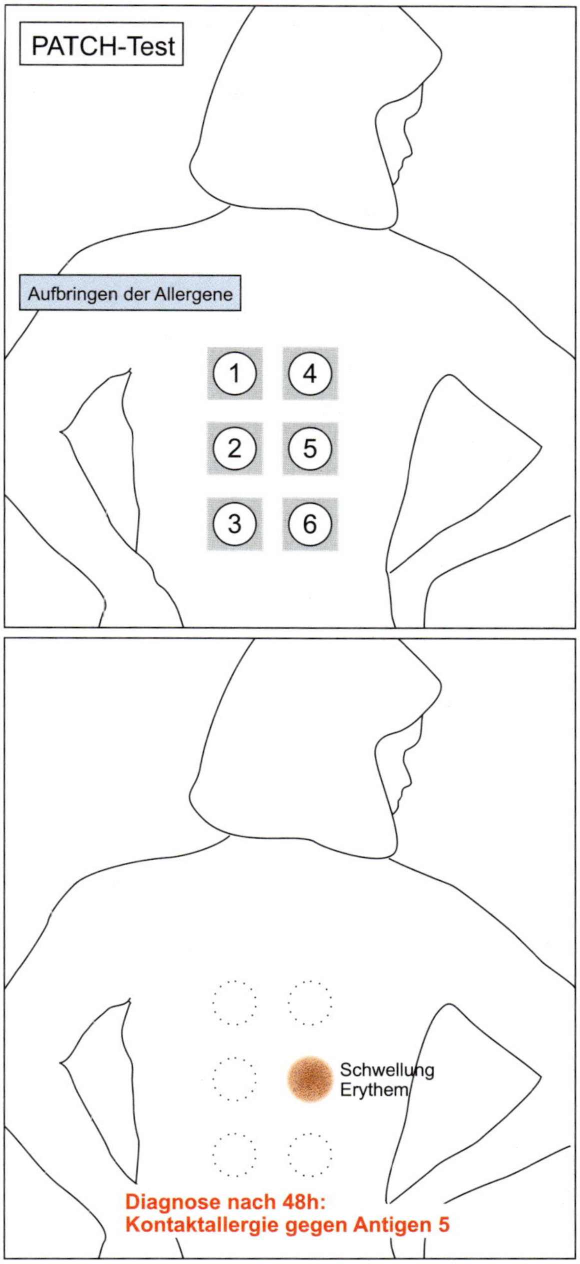

Abb. III.4.3: Patch-Test.
Dieser Test detektiert Hautallergien insbesondere vom Typ IV. Auf ein Stück Baumwolle oder Papier werden unter Verdacht stehende Antigene aufgetragen und auf die Rückenhaut für 24 bis 48 Stunden aufgelegt. Der Test wird nach weiteren 48 h nach Auftragen der Allergene ausgewertet. Die Entwicklung eines Erythems mit einer Schwellung und Bläschenbildung zeigt ein positives Testergebnis an, d. h. es besteht eine Kontaktallergie gegen das spezielle Antigen.

4.2.5 Tuberkulin-Test

Der Tuberkulin-Test zeigt eine zellvermittelte Immunität gegen *Mycobacterium tuberculosis* an. Dabei wird Tuberkulin intradermal gespritzt. Es kommt nach 24 bis 48 Stunden zu einer Rötung der Haut. Diese Reaktion zeigt an, dass der Patient in der Vergangenheit mit diesem Krankheitserreger Kontakt hatte, ist aber für die Diagnose einer akuten Tuberkulose nicht brauchbar.

4.3 Autoimmunerkrankungen

Autoantikörper-Assays sind Tests, mit denen Antikörper gegen körpereigene Strukturen und Substanzen nachgewiesen werden können. Hierbei gibt ist verschiedene Techniken, wie Autoantikörper detektiert werden können. Agglutinationsreaktionen (vgl. RA-Test), Immunfluores-

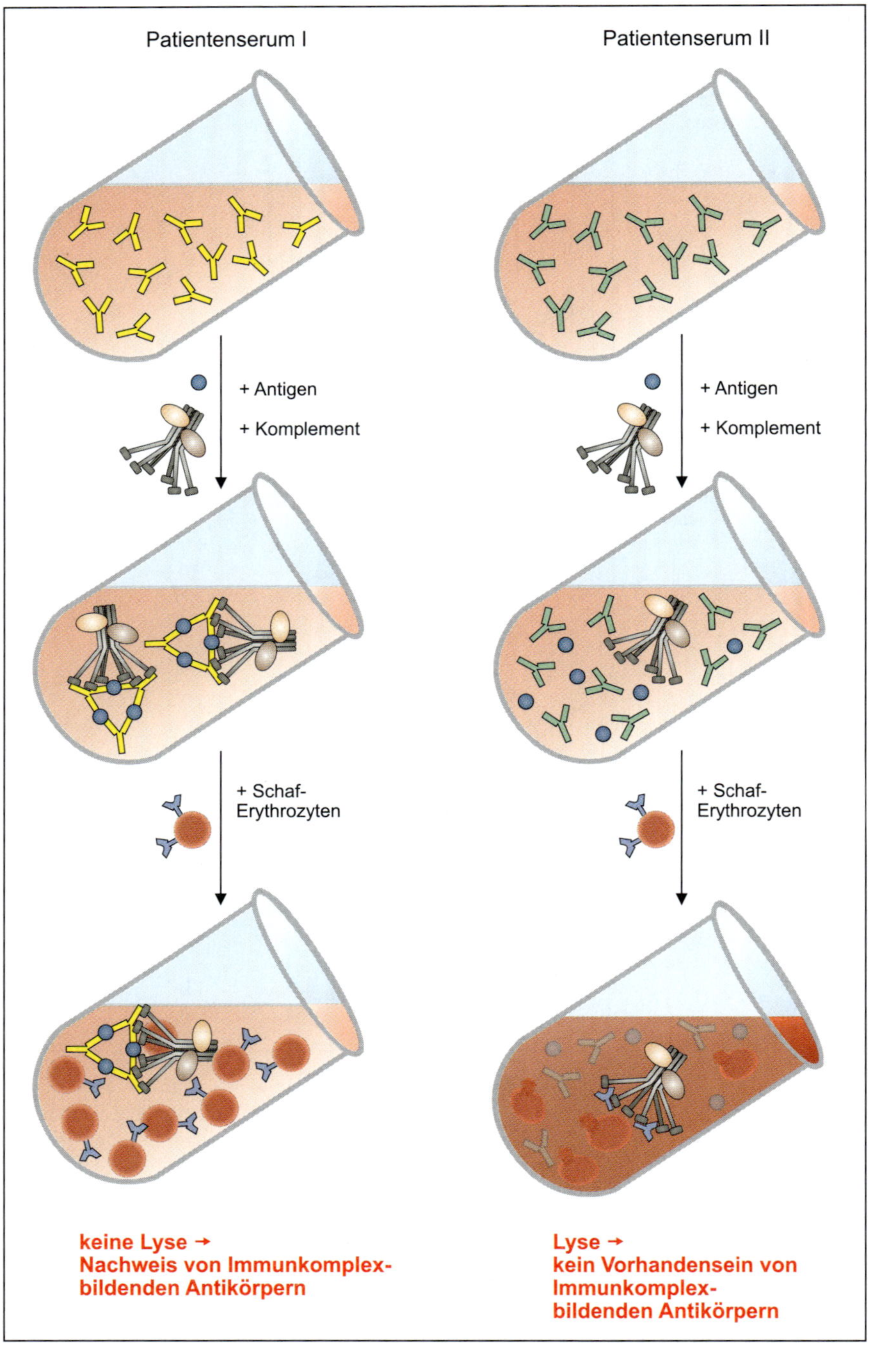

Patientenserum, das auf die Fähigkeit, Immunkomplexe mit einem Antigen zu bilden, getestet werden soll, wird mit Antigen inkubiert. Anschließend wird eine bestimmte Menge an Komplement zugegeben. Falls Immunkomplexe entstanden sind, wird das Komplement adsorbiert und steht der Hämolyse von mit Antikörper beschichteten Schaferythrozyten nicht mehr zur Verfügung. In Serum, das keine Immunkomplexe gebildet hat, kommt es dagegen zur Hämolyse.

Abb. III.4.4: Immunkomplexnachweis.

zenzmethoden (Nierengewebe, Goodpasture-Syndrom, SLE-antinukleäre Antikörper) und ELISA Techniken werden häufig verwendet.

4.3.1 *Komplement-Fixierungsassay*

Ein Nachweis von Immunkomplexen kann über so genannte „Komplement-Fixierungsassays" erbracht werden (Abb. III.4.4). Dabei wird eine bestimmte Menge an Komplement und mit Antikörper beschichtete Schaferythrozyten mit dem Testmaterial vermischt. Sind Immunkomplexe vorhanden, binden die Komplement-Faktoren an die Immunkomplexe und stehen nicht mehr für die Lyse der Schaferythrozyten zur Verfügung. Tritt dagegen Hämolyse auf, ist der Test negativ, d. h. es sind keine Immunkomplexe im Patientenserum vorhanden.

4.4 *Transplantation*

4.4.1 *Mikrolymphozytotoxizität*

Eine Technik zur Typisierung von HLA-Antigenen ist die so genannte Mikrolymphozytotoxizität. Dabei werden Lymphoyzten isoliert und in Mikrotiterplatten mit Antikörpern gegen spezifische HLA-Moleküle inkubiert und anschließend mit Komplement versetzt. Überall dort, wo die Anti-HLA-Antikörper ihr spezifisches Antigen auf den Lymphozyten gefunden haben, kommt es zur Komplement-vermittelten Lyse der Zellen (Abb. III.4.5).

Inzwischen werden immer häufiger monoklonale Antikörper gegen bestimmte HLA-Moleküle verwendet und die HLA-A-, HLA-B- und HLA-C-Typisierung wird überwiegend durchfluss-zytometrisch durchgeführt. Durch Verwendung von Antikörpern gegen spezifische B-Zellantigene können diese ebenfalls mittels Durchfluss-Zytometrie identifiziert und auf HLA-DR- und HLA-DQ-Moleküle untersucht werden.

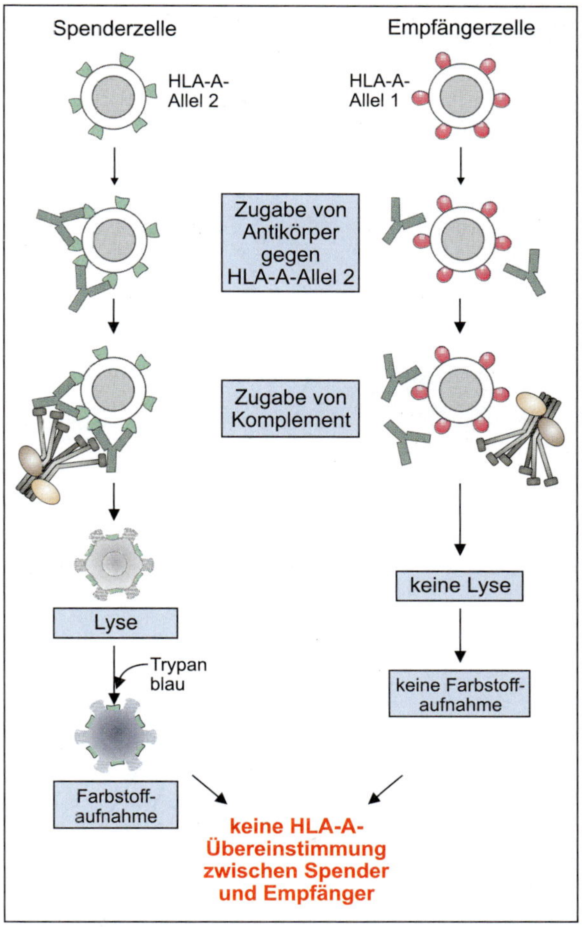

Abb. III.4.5: Mikrolymphotoxizität.
Weiße Blutzellen vom potentiellen Spender und vom Empfänger werden in unterschiedliche Mikrotiterplatten pipettiert. Den Zellen werden Antikörper gegen HLA-Antigene zugefügt. Wenn das entsprechende Antigen auf der Oberfläche der Leukozyten vorhanden ist, kommt es nach Zugabe von Komplement zu deren Lyse. Die lysierten Zellen lassen sich mit einem Trypanfarbstoff anfärben und quantifizieren.

4.4.2 *Mixed-Lymphocyte-Reaktion*

Die mixed-lymphocyte-Reaktion (MLR) wird zur Untersuchung der Verträglichkeit zwischen Spender- und Empfängerlymphozyten bei Knochenmarktransplantationen und Organtransplantationen herangezogen (Abb. III.4.6). Es werden dazu Lymphozyten des Donors und des Empfängers zusammen kultiviert. Lymphozyten proliferieren auf Stimulation durch Antigen eines „fremden", anderen Lymphozyten.

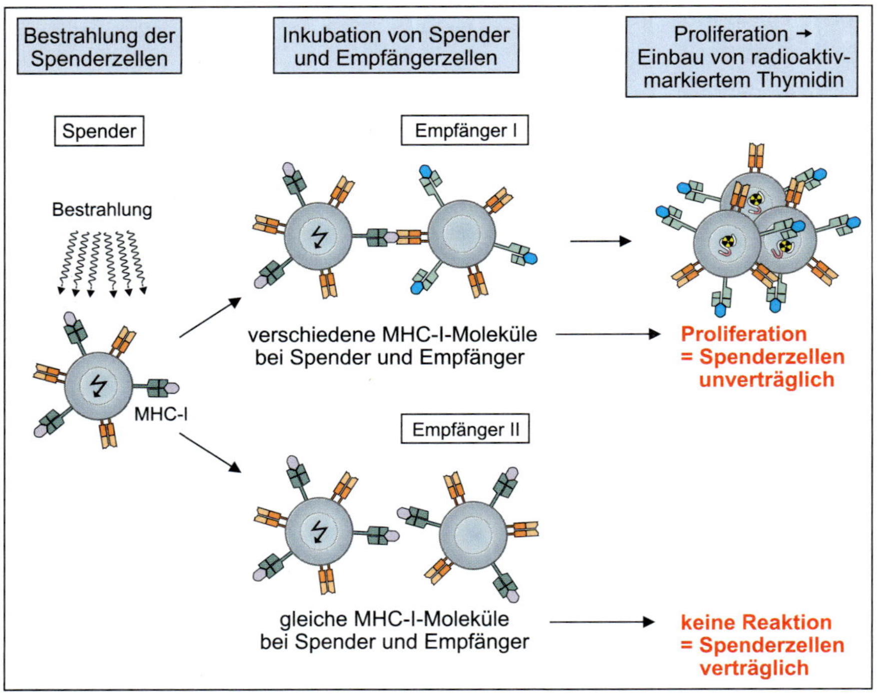

Mit dieser Reaktion lassen sich Klasse-II-HLA-Antigene auf Spender- und Empfängerzellen identifizieren. Lymphozyten des Spenders werden bestrahlt, um ihre Proliferation zu unterbinden und anschließend mit den Empfängerzellen inkubiert. Wenn sich die MHC-II-Moleküle der Zellen unterscheiden, werden sich die Empfängerzellen schnell teilen und radioaktiv-markiertes Thymidin in ihre DNA einbauen. Die Menge an eingebauter Radioaktivität stellt ein Maß für die Unterschiede in den MHC-Molekülen von Spender- und Empfängerzellen dar.

Abb. III.4.6: Mixed-Lymphocyte-Reaktion.

Das Maß der Proliferation wird als Messparameter herangezogen. Eine der beiden Lymphozytenpopulationen (Empfänger) wird in der Regel mit Mitomycin C oder durch Bestrahlung proliferationsunfähig gemacht, allerdings präsentieren sie immer noch ihre Antigene. Sind in der Donorpopulation T-Zellen enthalten, die diese Antigene erkennen, werden sie zur Proliferation angeregt. Die Proliferation wird anhand des Einbaus von radioaktiv markiertem Thymidin gemessen. Dadurch lässt sich die Histokompatibilität zwischen Spender und Empfänger abschätzen: Wenn viel Radioaktivität eingebaut wurde, sollte ein anderer Spender ausgesucht werden.

Stichwortverzeichnis

A

J

K

L

M

Q

R

U

V

W

X

Y

Z